14th Edition

환경과학 Environmental Science

A Study of Interrelationships

환경과학교재편찬위원회 옮김

ELDON D. ENGER
Delta College

BRADLEY F. SMITH
Western Washington University

McGraw Hill Education

도서출판 동화기술

Environmental Science, 14th Edition

1 2 3 4 5 6 7 8 9 10 DHT 20 15

Original: Environmental Science, 14th Edition © 2015
By Eldon Enger, Bradley Smith
ISBN 978-0-07-353255-4

This authorized Korean translation edition is jointly published by McGraw-Hill Education Korea, Ltd. and Dong Hwa Technology Publishing Co. This edition is authorized for sale in the Republic of Korea.

This book is exclusively distributed by Dong Hwa Technology Publishing Co.

When ordering this title, please use ISBN 978-89-425-9052-0

Printed in Korea

사회에서 환경과학의 역할

우리는 거대한 변화와 도전의 시기에 살고 있다. 인류는 지구를 크게 변화시켰다. 에너지를 제공하기 위하여 사용하는 화석연료는 기후를 변화시키고, 인류를 부양하기 위하여 사용하는 토양자원의 이용은 절멸을 초래하고, 어류 개체군의 남획은 많은 해양종의 개체를 감소를 초래하고, 담수 자원은 결핍되고 있다. 동시에 우리는 다른 지표에서 뚜렷한 개선을 본다. 에너지 효율과 대체에너지 기술이 주류가 되어가고 있으며, 인구성장은 감소하고, 대기오염과 수질오염 문제는 세계의 많은 지역에서 다루어지고 있으며, 생물다양성 상실, 기후변화, 인간 건강과 같은 문제는 세계적 차원에서 다루어지기 시작하고 있다.

그러나 아직 많은 도전이 남아 있으며 지구에 대한 인류의 영향을 경감하기 위한 추가적인 기회가 있다. 지구 시스템이 어떻게 작동하는지를 설명하는 근본적인 원칙을 이해하는 것은 이러한 시스템을 연구하는 과학자 뿐 아니라 모든 사람들에게 필수적인 지식이다. 이 원칙은 정치, 산업, 상업 지도자에게 특히 중요한데, 그 이유는 그들이 내리는 정치적, 기술적, 경제적 결정이 지구에 영향을 미치기 때문이다.

왜 "관계의 연구"인가?

환경과학은 여러 학문 분야에 걸친다. 환경문제는 인간과 자연세계 사이의 상호작용 결과로 초래되기 때문에, 우리는 환경문제의 해결책을 추구할 때 과학적인 면과 사회적인 면 모두를 포함해야만 한다. 따라서 이 교재의 중심 주제는 상관성이다. 역사적인 관점을 가지고, 경제적 · 정치적 현실을 평가하고, 상이한 사회적 경험과 인종적 배경의 역할을 인식하고, 이들을 자연계를 묘사하는 과학과 우리가 어떻게 자연계에 영향을 미치는지를 통합하는 것이 중요하다. 본 교재인 "환경과학: 상관관계의 연구"는 모든 환경문제를 논의할 때 이러한 정보 공급원을 모두 통합한다.

환경과학은 또한 전 지구적인 과학이다. 강의 오염, 삼림벌채, 관개를 위한 강 흐름의 변경과 같은 일부 환경문제는 지역적이지만, 기후변화, 해양의 남획, 생물다양성의 상실과 같은 다른 문제는 진정으로 세계적이다. 추가적으로 전체 지구에 영향을 미치는 황사를 초래할 수 있는 중국과 아프리카 농부의 행동, 지구 대기의 이산화탄소 농도를 증가시키는 화석연료 에너지의 개인적인 소비와 같은 개별적이고 지역적인 사건이 함께 세계적인 문제를 초래할 수 있다. 따라서 본 교재의 상호관계 주제의 또 다른 면은 다양한 문화를 포함하는 문제, 이슈, 해결책을 강조하는 특징을 의도적으로 포함한 것이다.

본 교재는 스페인어, 중국어, 한국어로 번역되어 출판되었다. 따라서 칠레의 수도인 산티아고, 상하이, 서울, 시애틀의 학생들은 지속가능한 생각과 활동에 관련된 "방법과 이유(hows and whys)"를 배운다. 하루를 마무리 하면서 인간은 동일한 공기, 물, 그다지 크지 않은 지구를 공유한다. 이것이 지속되도록 하는 것이 우리 모두에게 중요하다.

이 교재의 독창성은 무엇인가?

**저자는 이슈에 대한 균형 잡힌 관점을 제시하고,
개인적인 편견이나 유행하는 철학을 애써 피한다.**

본 교재의 목적은 독자가 무엇을 생각할지 이야기하는 것이 아니다. 오히려 저자의 목표는 독자가 환경문제의 본질을 파악하고 자신의 견해를 형성하도록 복잡한 이슈의 본질을 이해하는데 필요한 정보와 개념적인 체제에 대한 접근을 제공하는 것이다. 교재의 2가지 특징은 독자가 이슈에 대하여 생각하고 자신의 사고를 형성하도록 장려한다.

- Chapter 마지막의 **이슈와 분석**은 현실세계 현재의 이슈를 보여주고 학생이 연관된 복잡한 사회적, 정치적, 과학적 상호작용에 대하여 생각하도록 유발하는 문제를 제공한다.

이슈와 분석

누가 CO_2 배출을 감소해야 하는가?

우측 도표는 2011년 CO_2 배출의 상위 10개 국가를 보여준다. 이 10개국은 세계 CO_2 배출의 67%를 차지한다. 따라서 이러한 국가들이 미래의 CO_2 배출과 대기 중 CO_2 양의 증가의 결과로 발생할 기후변화 영향의 심각성에 커다란 영향을 미칠 것이다. 중국은 세계 CO_2 배출의 25% 이상을 차지하고 미국은 약 17%를 차지한다. 그러나 중국과 미국은 인구가 많기 때문에 인구가 작은 국가에 비하여 더 많은 이산화탄소를 배출하리라 예상한다.

배출을 살펴보는 다른 방식은 1인당 생산되는 배출을 비교하는 것이다. 1인당 기준에서 미국은 중국에 비하여 2.3배의 CO_2를 더 배출한다. 일본과 독일과 같은 일부 선진국은 미국에 비하여 낮은 1인당 CO_2 배출을 나타낸다. 미국에 비하여 일본의 1인당 CO_2 생산은 60%이고 독일은 절반이다. 인도와 러시아는 1인당 CO_2 배출이 낮은 인구가 많은 국가이다. 이들이 중국과 비슷한 경제성장을 하면 세계의 CO_2 배출은 크게 증가할 것이다. 세계적인 CO_2 배출을 감소하기를 원한다면, 전체 배출의 큰 부분을 차지하는 국가들이 배출을 감소해야 한다는 것이 명백하다. 또한 경제적 성장을 원하는 국가들(러시아, 인도, 그리고 많은 국가들)은 이산화탄소 배출을 증가시키지 않고 성장해야만 한다.

- 이산화탄소 배출을 감소하기 위하여 미국과 중국은 어떠한 행동을 취할 수 있는가?
- 신흥 산업국이 이산화탄소 배출을 증가시키지 않고 경제적으로 발전하도록 장려하기 위하여 국제사회는 어떠한 행동을 취할 수 있는가?
- 여러분은 모든 국가에 탄소세를 부과하는 조약을 지지하는가?

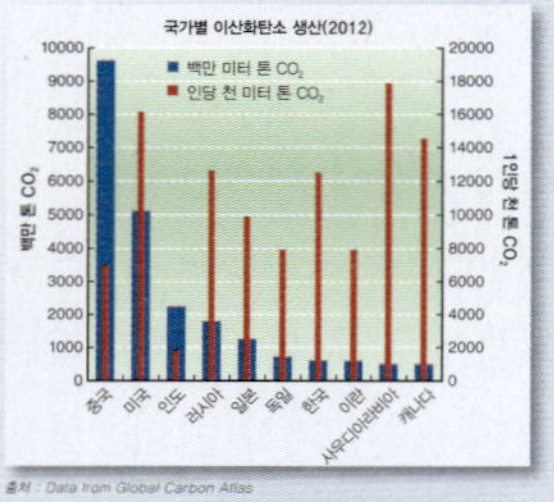

출처 : Data from Global Carbon Atlas

- 각 chapter의 **"여러분의 선택은?"**의 특징은 학생들이 특정한 이슈에 대하여 입장을 정하고 그들의 입장을 지지하는 논거를 개발하도록 하여, 학생들이 비판적 사고 기술을 강화하도록 도와준다.

여러분의 선택은?

기후변화는 여러 가지 방식으로 범람의 발생을 증가시킬 것이다. 해수면의 상승은 연안 저지대를 위협할 것이다. 강력한 폭풍은 보통 범람원으로 간주되지 않는 지역에 영향을 미칠 수 있는 연안 폭풍 해일을 초래할 것이다. 심한 폭우는 개울과 강 수면이 상승하여 물길에 인접한 지역을 범람할 것이다. 대부분의 보험은 범람 피해를 보상하지 않는다. 연방정부는 범람의 위험이 있는 지역의 사람들에게 범람 보험이 가능하도록 하였지만, 대부분의 사람들은 비싸기 때문에 보험에 가입하지 않는다. 범람이 발생하면 희생자들은 정부 지원과 자선 단체의 도움을 구한다. 범람의 비용을 줄이는 한 가지 방법은 범람이 발생할 수 있는 지역에 건물을 짓는 것을 막는 것이다. 이는 연방법이나 주법 또는 지방 조례로 시행될 수 있다. 가정이나 사업에 대한 범람 피해를 감소하는 법률이나 조례를 제정한다. 범람에 취약한 지역에 건물을 짓는 것을 방지하는데 사용될 수 있는 기준을 3가지 이상 열거하고 각각의 기준을 선택한 여러분을 정당화하라.

저자는 환경문제가 본질적으로 세계적이라고 인식한다.

교재의 3가지 특징이 이러한 관계를 지지한다.

- 교재 전반에 걸쳐 저자는 북미 뿐 아니라 전 세계의 **사례**를 이용하여 주장을 입증하였다.
- **"집중 탐구"**, **"녹색 행진"**, **"과학, 정치, 정책"**, **"이슈와 분석"**과 같은 박스 글은 본문의 기초적인 논의에 대한 세계적 정서를 제공하기 위하여 선정되었다.

집중 탐구

바이오매스 연료와 개발도상국

세계의 대부분이 에너지원으로 화석연료를 사용하지만, 개발도상국의 상당수는 에너지원으로서 바이오매스에 의존한다. 바이오매스는 목재, 풀, 농업 폐기물, 똥 등이다. UN에 의하면 20억 명(세계 인구의 30%)이 요리와 집 난방에 바이오매스를 연료로 사용한다. 개발도상국에서 사용되는 에너지의 거의 40%가 바이오매스에서 온다. 그러나 일부지역에서는 이 비율이 훨씬 높다. 예를 들면 사하라 남부 아프리카에서는 땔나무가 소비되는 에너지의 약 80%를 제공한다. 세계적으로 삼림에서 제거되는 목재의 약 60%가 연료로 사용된다.

이러한 바이오매스 의존은 몇 가지 주요한 영향을 미친다.

- 종종 여성과 아동은 땔나무를 수집하여 집으로 운반하기 위하여 먼 거리를 걷고 긴 시간을 소비해야 한다.
- 연료가 덮개가 없는 불이나 비효율적 난로에서 연소되기 때문에, 연기가 집을 오염시키고 사람의 건강에 영향을 미친다. 세계보건기구(WHO)에 의하면 개발도상국에서 급성호흡기감염의 40%가 바이오매스 연소와 관련된 실내 대기질의 악화와 연관되어 있다고 추산된다. 앓게 되는 사람의 대부분은 가족을 위하여 음식을 요리하는 어머니와 함께 집에서 지내는 아동이다.
- 종종 연료는 지속불가능하게 수확된다. 따라서 저렴한 에너지원의 필요는 삼림벌채의 원인이다. 더 나아가 벌채된 지역은 토양 침식의 경향이 높다.
- 똥이나 농업 폐기물이 연료로 사용되면, 이는 토양의 비옥도를 개선하기 위한 첨가제나 유기물 함량에 사용될 수 없다. 따라서 이러한 물질을 연료로 사용하는 것은 농업 생산성에 부정적인 영향을 끼친다.

베어낸 나뭇가지를 운반하는 네팔 여성.

- 교재 뒤쪽의 쉽게 이용할 수 있는 **접어 넣은 지도**는 학생들이 국가나 지역을 지리적으로 빠르게 찾을 수 있도록 한다.

저자는 많은 환경 이슈가 복잡한 사회적, 경제적, 문화적 견해를 포함한다는 것을 인식한다.

- 처음 세 chapter는 사람들이 어떻게 환경문제를 바라보는지를 이해하는데 관련된 근원적인 사회적, 경제적, 보건적, 윤리적 관점에 초점을 맞추었다.
- **"과학, 정치, 정책"** 특징은 환경문제의 과학적인 이해가 정책결정을 위한 사회적, 정치적 목적의 렌즈를 통하여 여과되는지를 보여준다.

과학, 정치, 정책

유기 작물, 건강한 토양, 정책 논쟁

2010년 Washington 주립대학에서 수행된 연구는 유기농과 전통적인 딸기 농장의 과일과 토양 특성을 비교하였다. 연구는 31가지의 화학적 · 생물학적 토양 특성, 세 종류 딸기 품종의 맛과 영양을 분석하였다. 연구에 의하면 유기농장은 더 맛있고 영양가가 높은 딸기를 생산하였으며 토양을 건강하게 하고 유전적으로 다양한 토양 미생물을 나타냈다.

조사된 모든 농장은 미국에서 딸기의 90%를 생산하는 캘리포니아 주에 있었다. 캘리포니아 주는 토양 훈증제의 사용에 대하여 진행되고 있는 논란의 중심이기도 하다. 연구의 전통적 농장은 해충을 제어하기 위하여 토양 훈증제로 오존을 결핍시키는 브롬화메틸을 사용한다. 브롬화메틸은 건강 옹호자와 50인 이상의 노벨상 수상자가 사용을 반대하지만 독성이 높은 요오드화메틸로 대체되기로 예정되어 있다. 캘리포니아 주의 선출직 공무원은 EPA에 요오드화메틸의 승인을 재고할 것을 요청한다.

연구의 다른 결과는 다음 사항을 포함한다.

- 유기농 딸기는 훨씬 높은 항산화 작용과 아스코르브산을 포함한다.
- 유기농 딸기는 저장 기간이 길다.
- 유기농 딸기는 더 많은 건중량을 가진다.

연구는 또한 유기농장의 토양이 몇 가지 핵심적인 화학적 · 생물학적 특성에서 우수하다는 것을 발견하였다. 여기에는 높은 질소와 미량영양소 함량, 미생물 생물량, 효소 활성도, 토양이 탄소를 제거하는 능력이 포함된다.

미국 농무성(USDA)에 의하여 수행된 다른 연구는 유기농이 무경작 농업에 비하여 토양 유기물을 개선하였다고 보고하였다. 이는 유기농업이 잡초를 죽이기 위하여 경작과 재배에 의존하기 때문에 토양을 위협한다는 전통적인 생각과 상반된다. 그러나 USDA 연구는 유기농장의 정상적인 활동으로 퇴비와 피복식물로서 유기물을 추가하는 것은 경작에 의한 손실을 상쇄하고 남는다는 것을 보여주었다.

이러한 두 연구는 유기농과 토양 건강과 질에 대한 분야에서 증가하는 연구의 대표적인 사례이다. 의회는 논쟁의 몇 가지 관점에 대하여 관련되어 있다. USDA는 의회의 지시에 의하여 무엇이 "유기농"으로 판매될 수 있을지를 결정하는 지침을 확정하였다. 의회는 또한 유기농업과 전통농업 옹호자의 양쪽으로부터 모두 로비를 받고 있다. 여러분은 이러한 정치적 논쟁의 양쪽 조직의 예를 확인할 수 있나요? 집단의 입장은 지난 십년에 걸쳐 변화되었나요? 만약 그렇다면 여러분은 왜 이러한 일이 생겼다고 생각하는가?

- 각 chapter의 끝에 있는 "비판적 사고 문제"는 학생들이 정보를 평가하고, 편견을 인식하고, 논쟁 뒤의 가정을 특징짓고, 정보를 조직화하는 것을 필요로 한다.

저자는 긍정적인 부분에 초점을 맞추는 것이 중요하다는 것을 인식한다.

환경과학은 종종 부정적인 부분에 초점을 맞추는 것으로 보이는데, 이는 어떠한 환경 사태의 결과 중 하나가 문제를 강조하고 변화가 필요한 부분을 지적하기 때문이다. 우리는 개인과 조직의 많은 긍정적인 활동을 종종 간과한다. 따라서 각 chapter에는 긍정적인 부분에 주의를 환기시키는 2가지 특색이 있다.

• "**녹색 행진**" 박스는 긍정적인 환경영향을 가지는 활동을 서술한다. 이러한 활동의 일부는 국가에 의하여, 일부는 기업에 의하여, 일부는 개인적인 노력에 의하여 수행된다.

녹색 행진

붉은 벼슬 딱따구리의 개체군 증가

붉은 벼슬 딱따구리(*Picoides borealis*)는 멸종위기종으로 등록되어 있다. 이 중간 크기의 새(홍관조 크기)는 지배적인 수컷과 암컷이 집단의 양육하지 않는 구성원의 도움으로 새끼를 양육하는 협동적 군체 둥지새이다. 그들은 토착성 yellow pine(소나무의 일종) 숲이 있는 남부 버지니아 주 남부에서 텍사스 주 동부의 미국 동남부에서만 발견된다. 이 지역의 전형적인 소나무 종은 slash pine, shortleaf pine(단엽송), loblolly pine(미송), longleaf pine(왕솔나무)이다. 원래의 숲은 성체 나무가 웬만한 지중화(ground fire)를 견딜 수 있도록 산불에 적응되었다. 이는 오히려 개방된 숲 유형을 가져왔다. 딱따구리는 일반적으로 늙고 병든 왕솔나무에 구멍 보금자리를 짓는다.

딱따구리가 이용하는 나무는 상업적으로도 중요하다. 따라서 늙은 나무는 벌채되고, 소나무의 자연적인 입목은 넓은 면적이 단일 종으로 식목되고 나무는 늙기 전에 벌채되는 인공림으로 대체되어 적합한 번식 서식지가 심각하게 감소하였다. 적합한 서식지의 대부분이 사유지이기 때문에 붉은 벼슬 딱따구리 개체군을 보호하는 것은 사유림 소유자, 보존단체, 주와 연방정부, 상업적 목재회사의 협동을 필요로 한다.

1998년 International Paper는 멸종위기종의 상태를 감시하는 책임이 있는 미국 어류 및 야생동물국과 그들의 토지에 적합한 보금자리 서식지의 양을 증가시키기 위한 협약을 체결하였다. International Paper는 붉은 벼슬 딱따구리의 군체를 유지하기 위한 특정한 구획의 숲을 사용하지 않기로 합의하였다. 이러한 구획의 하나는 조지아 주 Bainbridge 인근의 Southlands Experimental Forest였다. 1998년 협약이 조인되었을 때 이 지역에는 3마리의 암컷 붉은 벼슬 딱따구리가 있었다. 2008년에는 50개체 이상이 있었다. 이러한 증가는 새 서식지의 보호와 개선 및 다른 지역에서 새의 이주에 기인한다. 오늘날 이 범위 전체에 약 1만5천 마리의 붉은 벼슬 딱따구리가 있다. 2006년 제지회사는 미국 내 거의 대부분의 보유 토지를 매각하기로 결정하였다. 환경적으로 민감한 많은 토지가 Nature Conservancy와 Conservation Fund, 주 정부와 같은 보존기구에 매각되었다. Southlands Experimental Forest는 Conservation Fund에서 일부 자금지원을 받아 조지아 주에 매각되었다. 이러한 토지의 이전은 이 붉은 벼슬 딱따구리 개체군의 증가를 보호한다.

붉은 벼슬 딱따구리 서식지

붉은 벼슬 딱따구리

• Chapter 마지막의 **녹색 활동**은 비교적 단순하고 긍정적인 환경영향을 가지는 개인적인 변화를 고려하도록 학생에게 요구하는 것이다.

녹색 활동

1. 육류를 적게 먹는다. 소는 메탄을 생산한다.
2. 전기 회사로부터 환경 친화적 에너지를 구입한다.
3. 에너지를 적게 사용하면 이산화탄소도 적게 방출된다.
4. 할 수 있는 한 자주 걷거나 자전거를 탄다.

Eldon D. Enger

Bradley F. Smith

차례

Chapter 6
인구: 특징과 문제 139

Chapter 7
에너지와 문명: 소비 형태 175

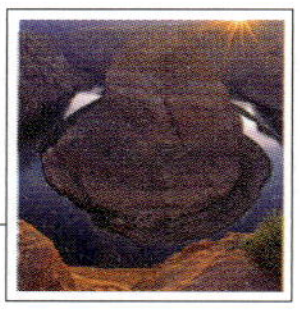

Chapter 14

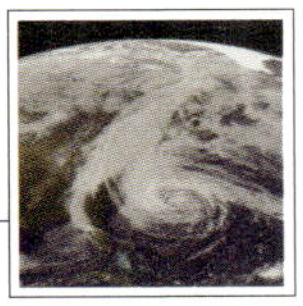

Chapter 15

chapter 1

환경의 관계

Environmental Interrelationships

CHAPTER OUTLINE

◀ 환경과학은 인간과 자연 세계 사이의 관계이다. Uganda의 농부는 식량과 가족의 수입을 공급하는 작은 농장을 만들기 위하여 원시림의 일부를 개간하였다.

목적

이 장을 학습한 후 여러분은 다음을 달성하여야 한다.

- 환경과학의 분야는 과학에 부가하여 사회, 정치, 경제적 관점을 포함한다는 것을 인식한다.
- 환경과학의 관련된 본질을 설명하는 사례를 설명한다.
- 대부분의 사회적, 정치적 결정이 정치적 관할에 의하여 이루어지지만, 환경문제는 왜 이러한 인위적인 경계와 필연적으로 일치하지 않는지를 이해한다.
- 지속성의 개념을 이해한다.
- 인구의 성장이 환경문제의 원인이 된다는 것을 인식한다.
- 사람은 생태계가 제공하는 편의에 의존한다는 것을 인식한다.
- 식량 안보는 저개발 국가의 많은 사람들에게 문제라는 것을 이해한다.
- 환경문제의 해결을 어렵게 하는 통치 문제가 있다는 것을 인식한다.
- 환경의 질은 인간의 건강에 중요한 영향을 미친다는 것을 인식한다.
- 개인의 안전은 경제, 정치, 문화, 사회, 환경적 관점을 통합한다는 것을 이해한다.
- 세계화의 환경적 영향을 묘사한다.
- 에너지 사용이 환경문제에서 중심적인 역할을 인식한다.

Yellowstone에서 늑대의 중요한 역할

Mississippi 강 서부의 초기 탐험가들은 환상적인 간헐천, 진흙 도가니, 온천 지형에 대하여 이야기 하였다. 그들은 또한 풍부한 야생 생물과 물고기로 가득한 강에 대해서도 이야기 하였다. 수차례 정부의 공식적인 탐험을 통하여 이러한 이야기를 확인한 이후에, 1972년 Yellowstone 국립공원이 세계에서 최초로 국립공원으로 지정되었다. 더 많은 사람들이 서부로 정착하고 목장과 농장이 설립되면서, 농장주와 목장주 뿐 아니라 사냥꾼도 서부의 국유지에서 포식자 종의 수를 감소시키라는 압력이 있었다. 또한 포식자 종은 사냥꾼이 선호하는 엘크, 사슴 등의 수를 감소시킨다는 일반적인 생각이 있었다. 따라서 미국 의회는 1914년 국립공원을 비롯한 국유지에서 늑대와 기타 포식자를 제거하기 위한 예산을 제공하였다. 1926년 Yellowstone에서 늑대가 제거되었다. 늑대가 사라지자 의도하지 않은 결과가 폭포처럼 발생하였다.

- 공원에서 포식자를 제외한 다른 종의 사냥은 금지되었기 때문에, 엘크의 개체군이 증가하였다. 부가적으로 늑대가 잡아먹는 코요테도 크게 증가하였다. 1935년에 공원 관리자는 엘크의 커다란 개체군에 의한 과도한 방목이 공원의 서식처를 파괴하기 시작한다는 것을 느꼈다. 따라서 서식처를 보호하기 위하여 엘크, 들소, 가지뿔 영양을 포획하기 위한 계획이 실시되었다. 이 계획은 서식지에 대한 올바른 이해가 이루어진 1960년대에 중단되었다.
- 코요테는 생쥐, 다람쥐, 토끼 등 소형 포유류 종의 수를 크게 감소시켰다.
- 가지뿔 영양의 수도 코요테가 새끼 영양을 잡아먹어 감소하였다.
- 개울 주변의 사시나무와 버드나무 개체군이 엘크가 뜯어 먹어서 감소하였다.

결국 공원 관리인과 생물학자가 늑대의 제거에 의하여 유발된 심각한 변화를 이해하기 시작하면서, Yellowstone 국립공원에 늑대를 재도입하기 위한 결정이 내려졌다. 1995년과 1996년 31마리의 늑대를 최초로 도입한 이후 현재는 약 100마리의 개체군이 서식하고 있다. Yellowstone 생태계의 몇 가지 변화는 늑대의 귀환에 직접적으로 기인한다.

- 늑대는 엘크를 잡아먹는다. 이는 늑대가 재도입되기 전의 약 1만9천 개체에서 현재는 4천 개체 미만으로 상당히 감소시켰다.
- 늑대가 존재하면서 엘크의 습성도 변화되었다. 늑대의 포식 행동으로 인하여 엘크는 더 경계하고 많이 이동해야 하기 때문에, 엘크는 버드나무, 사시나무를 먹을 수 있는 시간이 감소하였다. 엘크 습성의 변화와 무리 크기의 감소는 강을 따라 사시나무와 버드나무가 재생할 수 있도록 하였다. 이는 먹이를 얻기 위하여 개울 주변의 나무를 이용하는 비버의 수를 증가시켰다. 비버가 건설한 댐은 유속을 감소시키고 지하수의 보충을 증가시킨다. 더구나 개울둑 주변의 버드나무는 물을 차갑게 하고 물고기의 서식처를 개선한다. 버드나무는 또한 명금(우는 새)의 서식처를 제공한다.
- 늑대는 코요테와 직접 경쟁하고 기회가 있으면 죽인다. 따라서 늑대의 재도입 이후 코요테 개체군은 뚜렷이 감소하였다. 코요테의 먹이인 들쥐, 생쥐 등 설치류의 개체군이 증가하였다는 증거가 있다. 이러한 먹이 이용도의 증가는 여우, 매, 부엉이의 수를 증가시켰다.

따라서 늑대의 재도입은 경관을 통한 물의 흐름이 버드나무, 사시나무, 비버, 명금, 여우, 설치류, 매, 부엉이와 같은 많은 생물의 개체군을 증가시켰고, 코요테와 엘크와 같은 다른 생물의 개체군은 감소시켰다는 것은 정당하다. 이는 진실로 초기 자연학자인 뮤어(John Muir; 1838-1914)가 지적한 바와 같다. *어떤 것이라도 잡아당기면 우주의 모든 것과 연결되었다는 것을 알게 될 것이다.*

늑대의 재도입

엘크의 감소

버드나무의 증가

비버의 증가

1.1 환경과학의 본질

환경과학(**environmental science**)은 세계에 대한 인간의 영향의 과학적 그리고 사회적 관점을 포함하는 학제간 분야이다. **환경**(**environment**)이라는 단어는 보통 생물에 영향을 미치는 주변 상태를 의미하는 것으로 이해된다. 넓은 정의에서 환경은 생물에 일생을 통하여 영향을 미치는 모든 것이다. 차례로 인간을 포함한 모든 생물은 환경의 많은 요소에 영향을 미친다. **과학**(**Science**)은 가설을 설정하고 이를 지지하거나 반박하는 검증을 포함하는 자연계에 대한 연구의 접근이다. 그러나 인간은 복잡한 사회로 조직화되어 있기 때문에, 환경과학은 정치, 사회조직, 경제, 윤리, 철학도 다루어야 한다. 따라서 환경과학은 환경문제를 해결하는데 중요한 전통적 과학, 개인과 사회적 가치, 경제적 요인, 그리고 정치적 현실의 혼합이다(그림 1.1).

학문의 분야로서 환경과학은 발전하지만, 문명의 초기 역사에 뿌리를 두고 있다. 많은 고대 문화는 식량, 물, 수송을 제공하는 식물, 동물, 지리학적 특징을 숭배하였다. 이러한 특징은 아직도 많은 현대인에 의하여 인정되고 있다. 다음 소로(Henry David Thoreau, 1817−62)의 인용은 1세기 이상 되었지만, 현재의 환경 철학과 일치한다.

> 나는 단지 시민으로서의 자유와 문화에 대비하여 절대적인 자유와 야생의 자연에 대하여 말하고 싶다. 인간을 사회의 구성원이 아니라 자연의 부분으로서 거주자로 간주한다.

환경의 상태에 대한 현재의 관심은 소로와 같은 철학자와 카슨(Rachel Carson)과 같은 과학자에 의하여 시작되었으며 1970년 최초 지구의 날(Earth Day)의 조직에서 강조되었다. 그 이후 지구의 날은 이 책무를 재확약하였다. 세계의 상태에 대한 지속적인 관심과 인간이 어떻게 영향을 미치고 영향을 받는가의 결과로서 환경과학은 이제 많은 대학에서 정규 과목이다. 또한 고등학교의 교과과정에도 포함된다. 환경과학 교과에서 다루어지는 대부분의 개념은 과거에 생태학, 보존학, 생물학, 지리학 과목에서 가르치던 것이다. 환경과학은 이러한 과목의 과학적 관점을 경제학, 사회학, 정치학과 같은 사회과학과 통합하여 새로운 학제간 분야를 생성하였다.

밀접한 관계가 핵심 개념이다

환경과학의 연구를 흥미롭고, 좌절감을 주고, 도전적으로 만드는 핵심적인 요인은 겉보기에는 관계가 없는 요인들 사이의 매우 밀접한 관계이다. 옐로우스톤 국립공원의 늑대와 엘크 사이의 관계에 대한 서두의 이야기는 밀접한 관계의 주제를 보여준다. 늑대가 없을 때 엘크와 코요테가 증가하였지만 비버, 강가의 버드나무와 사시나무, 일부 새의 서식지는 감소하였다. 늑대가 되돌아오면서 엘크 수의 감소와 행동의 변화가 초래되어 식생이 회복되고 비버의 수가 증가하였다. 그러나 이러한 밀접한 관계는 이러한 극적 사건에서 단순히 동물과 식물의 관계만이 아니다. 거기에는 철학적, 경제적, 정치적 행위자를 포함하는 인간이 지배하는 중

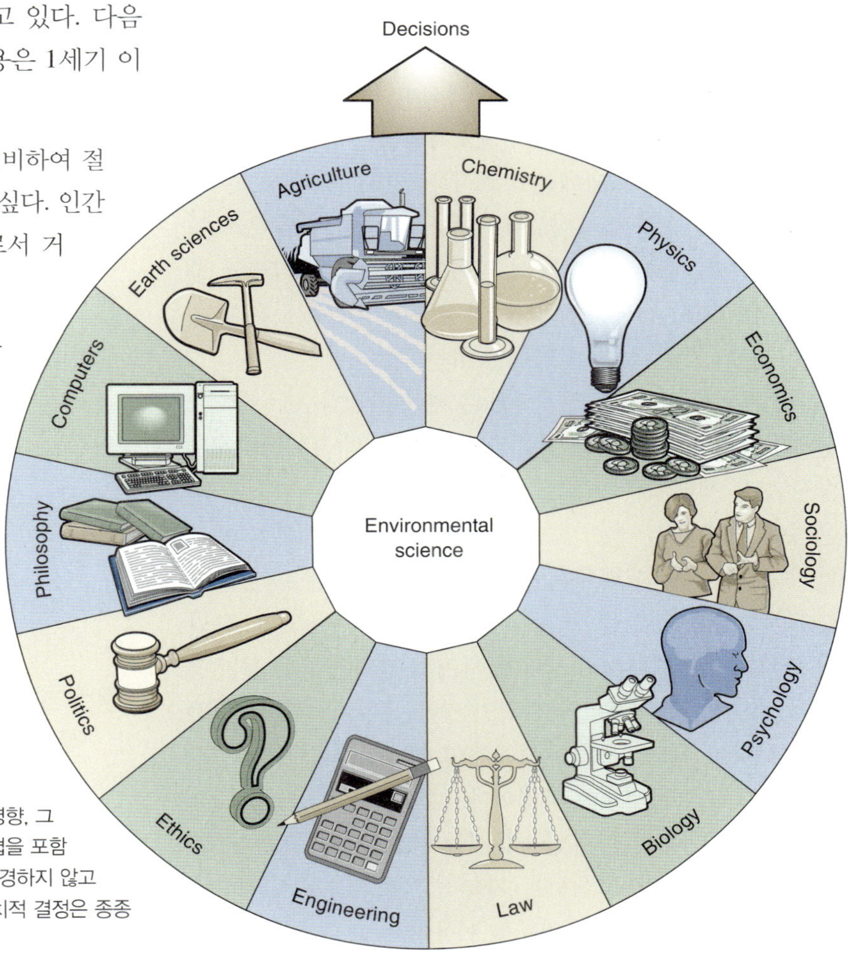

그림 1.1 환경과학: 환경과학의 분야는 과학적 원리, 경제적 영향, 그리고 정치적 활동의 이해를 포함한다. 환경적 결정은 종종 타협을 포함한다. 과학적 또는 경제적 관점에서 지지될 수 있는 결정은 변경하지 않고 정치적인 관점에서 지지되지 않을 수 있다. 환경에 관련된 정치적 결정은 종종 경제적 분석에 의하여 지지되지 않을 수 있다.

요한 극적 사건도 있다.

예를 들어 많은 생물학자와 환경학자가 생물학적인 이유로 늑대를 이전의 서식지로 회복하는 것이 중요하다고 주장하지만, 다른 사람들은 이 문제를 윤리적 관점에서 본다. 그들은 인간이 늑대를 이전의 서식지로 회복해야 하는 윤리적 의무가 있다고 느낀다. 공원관리자는 늑대가 없고 엘크 개체군이 커져서 발생하는 문제를 쉽게 알 수 있지만, 늑대를 되돌리는 문제를 단순히 결정할 수 없다. 가축을 잡아먹는 동물을 통제하는 오랜 역사가 극복되어야 한다. 목장주는 늑대의 재도입에 강력히 반대하며 경제적인 문제로 바라본다. 늑대가 공원을 떠나서 가축을 죽이면 그들은 돈을 잃는다. 의회에서 농장의 로비는 매우 강력하며 재도입을 방지하기 위하여 오랜 기간 투쟁하였다. 오랜 기간의 청문회와 늑대가 죽인 가축에 대하여 농장주에게 보상하는 기금을 포함한 타협을 통하여 미국 어류 및 야생동물국(Fish and Wildlife Service)은 재도입을 하도록 승인하였다. 따라서 옐로우스톤에 늑대를 재도입하는 것과 연관된 강한 관련성은 인간 활동의 사회적, 경제적, 정치적 영역에도 적용된다.

생태계 접근

상관성의 관념은 생태계 개념의 핵심이다. **생태계(ecosystem)**는 생물과 물리적 환경이 상호작용하는 단위를 형성하는 지역이다. 생태계 내에는 상호작용의 복잡한 망상조직이 있다. 예를 들어 날씨는 식물에 영향을 미치며, 식물은 토양의 미네랄을 이용하고 동물의 먹이이며, 동물은 식물의 종자를 퍼뜨리고, 식물은 토양을 안정화시키며, 식물은 물을 증발시키고, 이는 날씨에 영향을 미친다.

어떤 생태계는 쉽게 인지되는 경계를 가진다. 예는 호수, 섬, 범람원, 산에 의하여 분리된 유역 등이다. 큰 생태계는 항상 작은 생태계를 포함한다. 예를 들어 커다란 유역은 많은 수의 호수, 강, 개울, 그리고 다양한 육상 생태계를 포함할 수 있다. 삼림 생태계는 수백 평방 km에 걸칠 수 있으며 늪 지역, 빈터, 개울을 하부 생태계로 포함할 수 있다. 초원과 사막의 전이지대처럼 생태계 사이의 경계는 종종 불분명하다. 초원은 그 지역의 역사적인 강우 유형에 따라 점진적으로 사막이 된다. 따라서 생태계의 경계를 정의하는 것은 때로는 실질적 편의성의 문제이다.

그러나 생태계 접근은 환경문제를 다루는데 중요하다. 환경과학자의 임무는 발생하는 자연적 상호작용을 인지하고 이해하여 이를 인간이 자연계를 이용하는 용도와 통합하는 것이다.

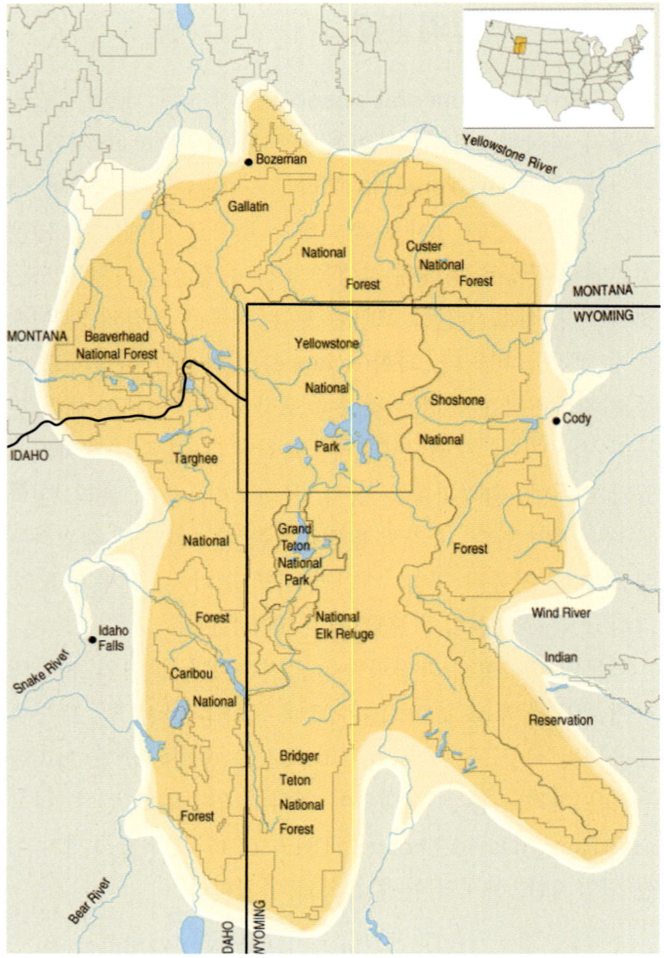

그림 1.2 환경문제는 종종 여러 정치적 관할권을 포함한다: 와이오밍 주의 북서부에 위치한 옐로우스톤 국립공원의 위치는 인접한 아이다호 주와 몬태나 주의 시민도 와이오밍 주 시민과 함께 공원에 대한 결정에 의하여 영향을 받는다는 것을 의미한다. 추가적으로 공원 주변에 삼림, 피난처, 인디언 보호구역이 위치하고 있다. 이러한 존재는 옐로우스톤 국립공원과는 상이한 목적을 가질 수 있다.

출처: 미국 국립공원 관리청

정치적, 경제적 문제

대부분의 사회적, 정치적 결정은 정치적 관할권에 의하여 이루어지지만, 환경문제는 이러한 인위적인 정치적 경계와 일치하지는 않는다. 예를 들면, 옐로우스톤 국립공원은 와이오밍 주의 북서쪽에 위치한다(그림 1.2). 따라서 와이오밍 주뿐 아니라 몬태나 주와 아이다호 주와 같은 경계 주의 시민도 옐로우스톤에 늑대를 재도입하는데 반대하는 토론에 포함되었다. 시민들은 일단 늑대가 공원으로 돌아오면 늑대가 공원 주변의 지역으로 이주할 것이라는 것을 인지하였다.

녹색 행진

개인의 결정이 중요하다

독자에게

환경과학은 문제를 두드러지게 하기 때문에, 많은 개선점과 긍정적인 변화가 종종 간과된다. 이러한 좋은 소식에 주의를 끌기 위하여 이 교재는 긍정적인 환경 영향을 보인 활동을 서술할 것이다. 각 장의 "녹색 행진(Going Green)"은 특정한 녹색 전략을 보여준다. 부가하여 각 장의 마지막에는 "녹색 활동(Acting Green)"에서 지속가능한 사회를 이끌기 위하여 여러분이 공동으로 만들 수 있는 변화를 제안한다.

장래 세대가 가치 있는 지구를 물려받기 위해서는 지속가능성이 핵심 가치가 되어야 한다는 인식이 늘고 있다. 녹색 발의권(green initiative)을 지지하는 사람들은 다양한 방식으로 동기가 부여되었다. 일부는 그들이 땅에서 수월하게 살아야 하는 윤리적, 도덕적 신념에 의하여 유발되었다. 일부는 에너지 비용과 환경의 오류를 교정하는데 연관된 비용의 증가라는 경제적 현실에 의하여 자극되었다. 일부는 단순히 녹색 가치를 가지고 있다고 보이기를 원한다.

이러한 동기유발에 관계없이, 세계의 사람들은 녹색 결정을 내리고 있다. 협의회와 연주회를 조직하는 사람들은 그들 행사의 영향을 상쇄하기 위한 탄소 채권을 매입한다. 회사는 소비자가 녹색 생산품을 찾는다는 것을 알았다. 국가는 시민들이 더 지속적으로 생활하도록 하는 법을 통과하였다. 녹색 계획은 그러나 궁극적으로 매일 결정을 하는 개인에 의존한다. 나는 진정으로 몇 켤레의 양말이 필요한가요? 나는 최신의 전자 기기를 진실로 원하나요? 나는 지역에서 생산된 상품을 구입해야 하나요? 최종 분석에서 매일 내리는 결정은 대부분 환경 영향을 가지고 있으며 여러분의 역할을 한다.

환경을 보호하기 위하여 여러분이 할 수 있는 10가지 일

1. 운전을 줄인다(걷기, 자전거, 대중교통, 합승). 에너지 효율이 높은 차를 선택한다.
2. TV, 컴퓨터, DVD 플레이어를 대기상태에 놓지 않는다. 대기상태에서도 전기가 소비된다.
3. 신문, 깡통, 유리병, 윤활유 등 가능한 모든 것을 재활용한다. 하나의 알루미늄 깡통을 재활용하면 TV를 3시간 보거나 100W 전구를 20시간 사용할 수 있다. 2011년 알루미늄 깡통의 65%가 재활용되었다.
4. 물을 필요 없이 흐르게 하지 않는다. 물 절약형 샤워 꼭지를 설치하고 세탁기나 식기세척기를 채워서 사용한다. 이러한 장치에 사용되는 물을 가열하는데 에너지가 소비된다.
5. 휘발유, 기름, 또는 제초제와 다른 잔디와 정원 살충제를 싱크대, 표면수, 땅, 또는 쓰레기에 버리지 않는다. 이러한 종류의 제품을 안전하게 폐기하기 위해서는 지역 가정 유해폐기물 수집 기관을 확인한다.
6. 지역에서 생산된 식품을 먹는다. 직접 재배하거나 지역 농민, 자연 식품가게, 식품 협동조합을 지지한다.
7. 불필요하거나 재사용할 수 있는 물건은 자선단체나 중고품 할인 매점에 가져간다. 그러한 물품은 매립장으로 가지 않고 다른 사람이 사용할 수 있다.
8. 가능하면 포장하지 않은 상품으로 구입하고 과대 포장을 피한다. 재활용 포장도 생산에는 에너지와 자원이 필요하다. 충전할 수 있는 용기를 사용한다.
9. 살충제, 세제, 페인트, 다른 제품의 라벨을 읽는다. 유해물이 적게 포함된 제품을 선택한다.
10. 견문이 넓고 활동적인 시민이 된다. 투표하고, 대중 토론회에 참여하고, 지역, 주, 국가 또는 국제적인 환경 관심사에 관여한다.

이 목록은 단지 시작이다. earth911.com 웹페이지에 들어간다. 이 목록에 여러분은 얼마나 많은 활동을 추가할 수 있나요?

유사하게 대기오염도 여러 지역 단위 정부, 여러 주 또는 지방, 심지어는 다른 국가를 포함할 수 있다. 중국에서 발생한 대기오염은 미국 서부 연안 주와 캐나다 브리티시컬럼비아의 대기질에 영향을 미친다. 국소적으로는 멕시코 후아레즈에서 발생한 대기오염은 인근 텍사스 주의 엘패소에 문제를 유발한다. 그러나 문제는 대기질보다 인간의 건강이다. 낮은 임금과 덜 엄격한 환경법은 일부 미국 기업이 경제적인 이점으로 멕시코로 이주하도록 영향을 미쳤다. 멕시코와 많은 다른 개발도상국은 환경 이미지를 개선하기 위하여 노력하며 외국 투자에 의하여 발생하는 돈을 그들 국민이 거주하는 조건과 환경을 개선하는데 필요로 한다.

1.2 새로운 세계 문제

환경 변화가 사람의 건강, 신체적 안정, 물질적 욕구, 사회적 유대를 위협하는 세계를 상상해보라. 이는 점점 강력해지고 빈번한 폭풍과 상승하는 해수면에 둘러싸인 세계이다. 어떤 사람은 심각한 홍수를, 반면에 다른 사람은 강력한 가

집중 탐구

대학의 지속성 의안

고등교육 지속가능성 발전협회(AASHE)는 미국과 캐나다의 전문대학 및 대학 회원으로 구성된 조직으로 2006년 설립되었다. 현재 800개 이상의 회원 대학이 있다. AASHE의 임무는 고등교육의 모든 면에서 지속가능성을 증진하는 것이다. 지속가능성의 정의는 인간과 생태적 건강, 사회 정의, 안정된 생계, 모든 세대에 더 나은 세계를 포함한다. AASHE의 핵심 개념은 고등교육이 학생과 종업원을 지속가능성의 중요성을 이해하고 이를 달성하기 위하여 노력하도록 준비하는데 지도자가 되어야 한다는 것이다. 더 나아가 대학은 운영과 교과과정에서 지속가능성을 두드러지게 나타내야 한다.

목적을 달성하기 위하여 AASHE는 회원을 교육하기 위한 회의와 워크샵을 후원한다. 또한 대학에서 지속가능한 실천에 대한 정보 교환을 용이하게 하기위한 네트워크 기회와 전자게시판도 제공한다.

AASHE는 교육기관이 지속가능성 달성을 위한 진도를 평가하도록 하는 등급 체계를 개발하였다. 지속가능성 추적, 평가, 등급 시스템(Sustainability Tracking, Assessment, and Rating System; STARS)은 교육과 연구, 운영, 행정과 재정의 3개 주요 범주에 초점을 맞춘다.

여러분의 대학도 회원인가요? AASHE 웹사이트에 가서 회원 명단을 확인해보세요.

그림 1.3 인구 성장: 인구 성장의 대부분은 저개발 국가에서 발생한다. 경제적으로 발전한 세계의 인구 성장률은 안정적이거나 감소하고 있다.

몸을 경험한다. 종의 절멸은 과거에 경험하지 못하였던 속도로 일어난다. 안전한 물은 점점 제한적이 되고, 경제활동을 방해한다. 토양의 퇴화는 수백만 명의 생명을 위협한다.

이것이 현재의 세계이다. 그러나 세계 환경 개발 위원회(World Commission on Environment and Development; 브룬트란트 위원회 Brundtland Commission)는 1987년 보고서인 우리의 공통 미래(**Our Common Future**)에서 "인류는 발전을 지속가능하게 할 수 있는 능력을 가지고 있다"라고 결론지었다. 보고서의 중요한 기여는 **지속가능성(sustainability)**이라는 용어를 "미래 세대가 자신들의 요구를 충족할 수 있는 능력을 손상하지 않고 현재의 욕구를 충족시키는 개발"이라고 간결하게 정의한 것이다. 따라서 브룬트란트 위원회는 개발과 환경의 연결을 다루었으며, 정책 결정자들이 세계적인 문제의 해결에 있어서 환경, 경제, 사회적인 문제 사이의 상호관계를 고려하도록 요구하였다. 위원회에서 확인한 새로운 세계 문제는 지속적인 인구 성장, 기능적 생태계의 유지, 식량 안보, 환경 관리, 건강, 안보, 국제화, 에너지를 포함한다.

인구 성장

현재의 환경 위기의 핵심 원인은 순전히 사람 수라고 말하는 것이 합당하다. 사람 수가 적다면, 환경 자원과 서비스에 대한 압력은 훨씬 작을 것이다. 그러나 인구 성장의 원인은 단지 생물학적은 아니다. 사람들은 몇 명의 자녀를 가질지를 결정하는 능력과 수단을 가지고 있지만 다양한 문화

그림 1.4 생태계 서비스: 수분(가루받이)은 중요한 생태계 서비스이다.

적, 경제적 이유로 종종 대가족을 가진다. 결과적으로 인구는 지속적으로 성장하며, 대부분의 증가는 빈곤한 국가에서 일어난다(그림 1.3). 이 성장은 자원에 압력을 가하며 환경을 악화시키고 종종 사람을 빈곤의 고리에 가둔다. 빈곤은 영양실조와 가용한 의료의 접근 부족으로 인하여 건강을 해치게 한다.

경제적으로 발달한 국가는 일반적으로 안정적이거나 감소하는 인구를 보이며 많은 국가는 경제에 필요한 노동력을 제공하기 위하여 개발도상국에서의 이민을 장려한다.

기능적 생태계의 유지

사람이 가족을 위한 식량과 다른 자원을 추구하면서, 필연적으로 자연 생태계에 영향을 미치게 된다. 지구 표면의 대부분은 곡물을 재배하고 가축을 먹이기 위한 농경 용도로 변환되었다. 이러한 변환은 자연 생태계가 파괴되거나 퇴화되게 한다. 우리는 생물다양성과 기능적인 생태계가 경제적 가치를 가지고 있고 이를 상실하면 심각한 경제적 결과를 초래한다는 것을 인식하기 시작하고 있다.

생물의 한 종이 절멸하면, 이의 손실은 생태계 전체에 물결과 같은 영향을 미친다. 장의 서두에서 설명하였듯이 늑대의 지역적인 절멸은 식물과 다른 동물의 개체군에 변화를 초래하였다. 과학자들 사이에는 현재의 절멸률이 지질학적 과정의 대량 절멸시 발생하였던 것과 유사하다는 공감이 있다.

생태계의 손실은 생태계가 제공하는 서비스의 상실을 초래한다는 연관된 우려이다. 이러한 **생태계 서비스(ecosystem service)**는 식량, 미네랄, 재생가능한 에너지, 물과 같은 공급 서비스; 폐기물 분해, 수정, 물과 대기의 정화, 해충과 질병의 통제와 같은 조절 서비스; 정신적, 휴양, 문화적 혜택과 같은 문화적 서비스; 영양분의 순환, 광합성, 토양 형성과 같은 지지적 서비스를 포함한다(그림 1.4). 이러한 서비스를 변경시키는 환경 변화는 인간의 안정에 영향을 미친다. 모든 사람들이 생태계 서비스에 의존하지만, 가장 가난한 사람들이 특히 환경 재화와 서비스에 삶을 의존하며, 이는 환경 변화에 특히 민감하고 취약하게 한다.

그림 1.5 식량 안보: 대부분의 저개발국가에서 소규모 농업은 사람들이 필요로 하는 식량을 제공한다. 환경재해가 작물에 영향을 미치면 사람들은 굶게 된다.

식량 안보

세계는 풍부한 식량을 가진 사람, 적당한 식량을 가진 사람, 식량이 종종 부족한 사람으로 나뉜다. 가난한 사람들은 가족을 부양하기 위하여 자신들이 재배하는 식량에 의존하는 자급자족 농민이다(그림 1.5). 가뭄, 범람, 동물이나 작물의 질병 창궐과 같은 환경 재앙은 종종 식량의 부족과 영양실조를 초래한다.

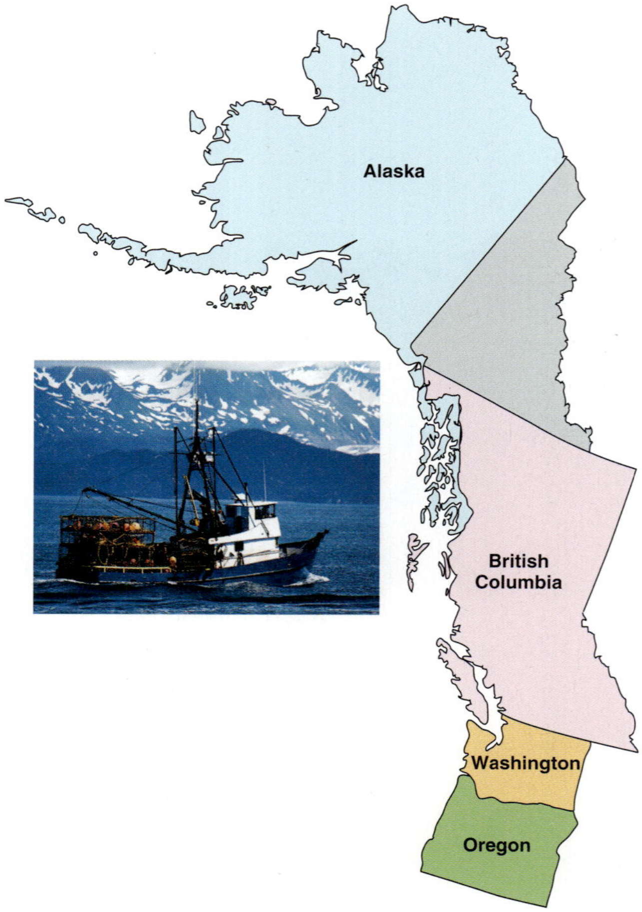

그림 1.6 환경문제의 지역적 본질: 북서부의 연어 어업 규제는 몇 개의 주와 캐나다 British Columbia 지역을 포함한다. 이들 정부는 어획철과 사용될 수 있는 어구의 종류를 규제한다.

세계에서 생산되는 식량의 양은 현재 모든 사람을 적절히 부양할 수 있다. 사람들이 식량부족을 직면하며, 식량은 잉여 농산물을 가진 곳으로부터 식량이 필요한 사람에게 운반될 수 있다. 그러나 이는 생각만큼 단순하지 않다. 가난한 사람은 식량을 구입하거나 운반비를 지불할 능력이 없다. 식량을 제공하는 인도주의적 단체나 정부가 이러한 긴급 계획에 자금을 지원해야만 한다. 관련된 문제는 식량을 필요로 하는 사람이 식량이 배급되는 곳으로 이동해야 하며, 이는 난민촌의 정착이나 도시 내와 주변에 무단 거주자의 증가를 초래한다.

따라서 농부에게 더 나은 농경법, 개선된 씨앗, 식량을 제공하지만 토지에 손상을 덜 미치는 작물을 제공하기 위한 주요한 노력이 행해지고 있다.

환경 관리

환경과 개발 사이의 이해가 증대되고 있음에도 불구하고, 지속가능한 발전에 대한 진보는 더뎠다. 많은 국가들은 환경, 경제, 사회적 문제를 독립적인 문제로 고려하는 정책을 지속적으로 입안한다. 그 결과 경제발전 전략은 종종 장기적 발전이 의존하는 생태계를 유지하는 필요성을 묵살한다. 이러한 분리의 좋은 예는 범람의 우려가 있는 해안선과 범람원에 계속 주택을 건설하는 것이다. 2005년 허리케인 Katrina와 2012년 허리케인 Sandy에 의하여 초래된 피해 정도는 일부 정부기관이 연안습지의 파괴와 폭풍우에 대한 연안 지역사회의 취약성 증가 사이의 연관을 보지 못한데 최소한 부분적인 책임이 있다.

미국 태평양 북서부와 캐나다 British Columbia의 연어 군집 감소 문제는 관리 문제의 또 다른 국면을 나타낸다(그림 1.6). 정치적 경계를 가로지르는 자원과 연관된 정치적, 경제적 마찰이 일반적으로 존재한다. 미국 견지에서만 보더라도 이 자원의 이용에 대한 결정에 영향을 미치는 5개의 연방 내각 수준 부처와, 2개의 연방 기관, 5개의 연방법, 수많은 부족 조약이 있다. 더 나아가 여러 주와 지역의 상업적 어민은 이러한 어류의 수확과 관련한 어떠한 결정에 의해서도 경제적으로 영향을 받는다. 어민들은 모두 정치적으로 활발하고 주, 지역, 국가 정부의 법과 판결에 영향을 미치려고 한다. 훌륭한 과학이 항상 법과 정책의 동기가 되지 않는다는 것이 확실하다.

환경과 건강

세계 수많은 사람의 건강은 인간에 의한 환경의 변화에 의하여 영향을 받는다. 세계보건기구(WHO)에 의하면 모든 질병의 거의 1/4이 환경 노출에 의하여 초래된다. WHO는 매년 1천3백만 명의 사망이 환경 개선에 의하여 방지될 수 있다고 추정한다.

빈곤국가에서 사망의 1/3은 환경적 원인을 가진다. 대기오염과 수질오염, 작업장 위험, 교통관련 부상, 자외선 조사, 소음, 기후변화와 생태계 변화를 포함하는 환경 위험은 세계 건강을 개선하기 위하여 모두 다루어져야 한다. 다음의 예는 환경 상태와 인간 건강이 어떻게 연관되었는지를 보여준다.

(a) 비만

(b) 수질오염

(c) 대기오염

(d) 교통체증

그림 1.7 환경과 건강: 그림 1.7a는 증가하는 수의 선진국에서 주요한 건강 우려인 비만을 보여준다. 그림 1.7b는 인도 도시 빈민굴에서 오염된 물에 세탁을 하는 여성을 보여준다. 사람들은 하류에서 동일한 물을 야채를 씻는데 사용하여 질병 전파의 위험을 증가시킨다. 그림 1.7c는 중국 Shanghai의 대기오염을 보여준다. 대기오염은 중국의 주요한 건강문제이다. 그림 1.7d는 중국 Chengdu의 교통체증을 보여준다. 이러한 종류의 교통 상태는 종종 부상과 사망을 가져오는 사고를 초래한다.

대기오염(***air pollution***)은 대부분의 개발도상국에서 심각한 문제이다. 대부분의 도시지역에서 대중은 규제되지 않은 산업적 출처와 빈약한 오염통제 장치를 가진 차량으로부터 오는 나쁜 대기질에 노출된다. 추가적으로 많은 사람들은 취사와 난방을 위한 나무의 연소가 나무 연기를 방출하기 때문에 작업장과 집에서 높은 수준의 대기오염에 노출된다. 대기오염과 관련된 일반적인 질병은 폐렴, 폐기종, 기관지염이며 이는 매년 6백만 명의 사망을 유발한다.

수질오염(***water pollution***)은 수로로 오염물질의 산업과 도시에서의 방출에 의하여 초래된다. 개발도상국의 많은 사람은 안전한 음용수나 위생시설에 접근할 수 없다. 처리되지 않은 인간 폐기물이 물을 오염시키면, 질병생물은 사람에서 사람으로 쉽게 전파된다. 오염된 음용수에 의하여 초래되는 설사는 탈수와 영양실조를 유발하며 매년 2백만 명에 가까운 사망을 가져온다. 사망자의 대부분은 아동에서 발생한다.

(a)

(b)

(c)

그림 1.8 환경과 안보: 그림 1.8a는 주변 지역이 홍수로 범람되었음에도 불구하고 우물에서 물을 얻고 있는 젊은이를 보여준다. 그림 1.8b는 2002년 콜로라도 주의 No Name Creek 산불을 보여준다. 그림 1.8c는 해변이 수영에 안전하지 않다는 것을 나타낸다. 이러한 모든 상황은 사람을 위험에 처하게 하며 안보 개념을 감소한다.

말라리아(***malaria***)는 모기에 의하여 운반되는 원생동물 기생충에 의하여 유발된다. 감염된 모기에 의하여 물리는 것으로부터 사람을 보호하는 계획은 많은 개발도상국에서 질병을 제거하였다. 그러나 말라리아는 사하라 이남의 아프리카에서 매년 50만 명 이상의 사망을 초래한다. 사람이 말라리아에 일단 감염되면, 질병 증상이 지속적으로 발현되며 모기에 물리면 모기도 감염되어 다른 사람에게 질병을 운반한다. 질병의 순환을 파괴하기 위해서는 환경을 변화시켜 모기가 번식할 장소를 감소시키고 사람들이 모기에 물리는 것을 방지하는 것을 포함한다.

가정과 직장에서의 **사고**(***accidents***)와 교통사고에 의한 사망은 매년 90만 명에 이른다. 사고에 의한 사망의 절반 이상이 교통사고에 의하여 초래된다. 후진국의 대부분에서 도로 상태는 열악하고, 차량은 정비가 잘 안 되고, 도로와 가로에서 보행자, 자전거, 우마차, 차량의 혼합은 많은 사고를 초래한다.

암과 관상동맥 심장질환(***cancer and coronary heart disease***)은 매년 4백만 명의 사망을 초래한다. 이는 전 세계적으로 흔하지만 선진국에서 가장 빈도가 높다. 이러한 질병의 환경적 원인은 다양하지만 담배연기에 노출, 자외선에 노출, 먹는 음식의 종류와 양을 포함한다. 비만도 원인이 된다.

새로 출현하는 질병(***emerging diseases***)은 새로운 생물이나 환경변화에 의하여 문제가 된 생물에 의하여 초래된다. 1980년 이래 35종류 이상의 감염성 질병이 새로 출현하거나 중요하게 되었다. 종종 이러한 질병은 동물 질병이 사람

(a)

(b)

그림 1.9 세계화와 침입종: 말조개(Zebra mussel)는 평형수를 배출하는 유럽 선박에 의하여 디트로이트 지역으로 운반되었다. 말조개는 신속하게 오대호 지역과 미시시피 강 배수 구역으로 확산되었다. 그림 1.9a는 말조개가 이름 지어진 줄무늬를 보여준다. 그림 1.9b는 말조개로 뒤덮인 유속계를 보여준다.

여러분의 생각은?

오대호 연안 주의 주지사들은 오대호로부터 물의 수출을 금지하는 협약서에 서명하였다. 그들은 물이 주의 시민들에게 필요한 중요한 자원이며 수출은 주민의 자원을 박탈하는 것이라고 주장한다. 물이 부족한 지역은 오대호의 물이 미국의 모든 시민이 공유해야할 자원이라고 주장한다. 주지사들이 선언한 정책을 지지하거나 반박할 논거를 개발하시오.

에게 전파되도록 하는 동물과 인간 사이의 상호작용으로부터 초래된다. AIDS 바이러스와 여러 독감 바이러스가 그 예이다. 다른 사례에서 인간에 의한 환경의 변화는 생물의 변화를 더 치명적으로 만든다. 예를 들면 항생제의 폭넓은 사용은 결핵과 메티실린 내성 *Staphylococcus aureus*(MRSA)와 같은 항생제 내성 세균의 진화를 초래하였다.

그림 1.7은 환경과 건강 사이의 몇 가지 연관을 보여준다.

환경과 안보

개인의 안보는 경제적, 정치적, 문화적, 사회적, 환경적 관점을 통합한다. 이는 자원에 대한 안정적이고 믿을 수 있는 접근과 자연적, 인위적 재해로부터 안전을 의미한다. 환경 자원은 수많은 사람의 생계에 중요한 부분이며, 이러한 자원이 환경 변화에 의하여 위협을 받게 되면, 개인의 안보 또한 위협을 받게 되어 분쟁과 사회적 불안정이 초래된다(그림 1.8). 예를 들면 수량과 수질에 대한 논쟁이 세계의 많은 곳에서 진행되고 있으며, 토지 소유권이 소수의 부유한 사람에게 집중되면 혁명과 토지의 재분배가 종종 발생한다.

인간의 이주와 도시화는 환경 변화와 복잡한 관계를 가진다. 홍수와 가뭄과 같은 자연 재해와 전쟁과 같은 인위적 재해는 많은 사람이 새로운 지역으로 이주하도록 한다. 새로운 이주자에 의한 인구의 지역적인 증가는 자원의 공급과 적절한 생태계 서비스를 제공하기 위한 지역의 환경 수요를 증가시킨다. 따라서 지역 생태계는 일반적으로 퇴화된다.

특히 도시화는 환경에 뚜렷한 압력을 초래한다. 빠른 도시 성장은 종종 도시가 주민에게 적절한 서비스를 제공하는 것을 압도하고 산업폐기물과 생활폐기물은 지역 환경을 오염시킨다. 반면에 도시는 규모의 경제, 지속가능한 운송, 효율적인 에너지 선택을 제공할 수 있으며, 이는 환경에 대한 압력을 완화시킬 수 있다.

과학, 정치, 정책

국가 안보 정책과 기후변화

한해, 기근, 달갑지 않은 이주자에 의하여 유발되는 분쟁은 역사만큼 오래되었다. 그러나 더 많은 군사 분석가들은 기후변화가 이러한 문제를 세계적으로 악화시킬 것으로 생각하고 위축되는 자원이 시민들을 자포자기하게 하는 상황에서도 치안을 유지하도록 조장한다. 기후변화에 관한 정부간 패널(Intergovernmental Panel on Climate Change; IPCC)의 분석은 기후변화가 다양한 방식으로 발현될 것으로 예측한다. 해수면의 상승, 빙하의 녹음, 기후 양상의 변화, 농업 생산의 변화는 음식과 음용수의 잠재적 부족에 직면하게 될 가능성이 높게 된다.

이러한 잠재적인 분쟁의 예는 2008년 인도가 방글라데시와 국경에 저지대가 해수면의 상승으로 범람하여 유민이 된 불법이주자의 유입을 방지하기 위하여 설치한 첨단 울타리이다. 상승하는 온도는 수자원 공급을 고갈하고 토지 이용을 변화시켜서, 이미 취약한 아시아와 아프리카의 사회는 많은 사람들이 더욱 부족한 자원을 극성스럽게 요구하면서 분쟁과 심지어는 전쟁으로 치닫게 될 것이라고 주장되고 있다.

2007년 미국 워싱턴 D.C.의 CNA Corporation에서 수행한 "***국가 안보와 기후변화의 위협***"이라는 연구는 향후 30~40년 동안에 기후변화가 미국의 안보에 어떠한 영향을 미칠지에 대하여 연구하기 위하여 10여 명의 퇴역 제독과 장군을 소집하였다. 보고서에서는 다음과 같이 권장하였다.

- 기후변화의 국가 안보에 대한 결과는 국가 안보와 국가 방어 전략에 충분히 통합되어야 한다.
- 미국은 세계 안보와 안정에 심각한 혼란을 피할 수 있는 수준에서 기후변화를 안정화시킬 수 있도록 더 강력한 국가적, 국제적 역할에 전념해야 한다.
- 미국은 저개발국가가 기후 영향을 관리할 수 있는 역량과 탄력을 구축하도록 돕는 세계적인 동반자 관계에 전념해야 한다.
- 국방성은 에너지 효율성을 통한 미국의 전투력을 개선할 수 있는 개선된 경영관리와 혁신적인 기술의 채택을 가속화하여 작전 역량을 증강하여야 한다.
- 국방성은 향후 30년간 세계적인 해수면의 상승, 극한의 기상 사태, 기타 예견되는 기후변화가 세계에 있는 미군 시설에 미치는 영향을 평가하여야 한다.

군사 계획자들은 기후변화의 위협을 심각하게 받아들이고 있다. 국가와 국제 안보 환경에서, 기후변화는 새로운 적대적이고 긴장을 초래하는 요인을 추가하는 것이 더욱 명백해지고 있다. 가장 단순한 수준에서 기후변화는 현재 우리가 겪는 것보다 훨씬 지속적인 자연적이고 인위적인 재앙을 초래할 수 있는 잠재력이 있다. 그 결과는 사회적인 요구가 정부와 정책결정자들이 대처할 수 있는 역량을 초월하는 정치적 불안정을 불러일으킬 수 있다.

그러나 이러한 권고를 평가하고 실행을 위한 입법을 제안하는 것은 의회의 정치 지도자와 대통령에게 달려 있다.

인도 북동부 아삼주 듀브리 지역 케다 마을의 인도-방글라데시 국경의 철조망 장벽 부근에서 철야 경계를 하고 있는 인도 국경 보안군(Border Security Force of India; BSFI) 병사.

환경과 세계화

세계화는 아이디어, 재화, 문화적 관점의 세계적인 교환이다. 특히 세계화는 상업 거래가 전 세계의 대부분에 걸쳐 일어날 수 있도록 한다. 환경과 세계화는 밀접하게 연결되어 있다. 무역의 세계화는 외래종의 전파를 가져왔다. 예를 들면 말조개(zebra mussel)는 지난 25년에 걸쳐 북미에 전파되었으며, 상당한 생태적, 경제적 영향을 초래하였다(그림 1.9). 이의 도입은 미국, 캐나다, 구소련 사이의 밀 선적의 극적인 증가와 일치한다.

세계화된 세계에서 환경보호에 대한 중요한 결정은 정치적 또는 과학적 요인보다는 기업 관리와 경과에 더 관계가 있다. 불행히도 이는 2010년 멕시코 만 유류 오염사고의 현

이슈와 분석

정부 규제와 사유재산

정부가 여러분의 생활에 침입하는 데는 많은 방법이 있다. 많은 종류의 환경규제는 사람들에게 행동을 바꿀 것을 요구한다. 그러나 가장 논쟁의 여지가 많은 상황은 정부가 사유재산권을 침해할 경우이다. 멸종위기종법은 사람들이 멸종위기종 또는 위협종에 해를 끼치지 않을 것을 요구한다. 멸종위기종은 사냥되거나 수확될 수 없으며 그들을 보호하기 위한 특별한 지역이 종종 설정된다.

많은 사람들은 토지를 구입한 이후에야 멸종위기종이 서식하고 있다는 것을 알게 되었다. 그렇게 되면 의도했던 대로 토지를 이용할 수 없는 상황에 처하게 되며, 토지는 가치를 대부분 상실하게 된다. 일부 사람들은 그들이 멸종위기종의 서식지인지를 몰랐기 때문에 토지를 원래 목적으로 사용할 수 있도록 허용되어야 한다고 주장한다. 다른 사람들은 연방정부에 의하여 소중한 재화의 가치를 박탈당했기 때문에 정부가 그 손실에 대하여 보상해야 한다고 주장한다.

반면에 규제를 시행하는 임무를 가진 사람은 그들은 단순히 법을 따르며 토지소유주는 반드시 복종해야 한다고 말한다.

멸종위기에 있는 캘리포니아 솔새는 연안 쑥 서식지에서 서식하는 작은 회색 새이다. 개발자와 캘리포니아 솔새를 보존하기 위하여 노력하는 사람들은 타협하였다. 원래 개발이 계획되었던 토지의 일부는 솔새의 서식지로 남겨두었다.

- 여러분은 토지소유주가 연방정부에 의하여 그들의 손실에 대한 보상을 받아야 한다고 생각하나요?
- 토지를 구입하는 사람은 그들이 구입하기를 원하는 토지에 대하여 조사를 더 많이 해야 할까요?

Preserved California Gnatcatcher Habitat

California Gnatcatcher

실 중 하나이다. 국가들은 기업이 이전해 나가는 것이 두려워서 엄격한 환경법의 집행을 꺼릴 수 있다.

그러나 환경 자체가 세계화에 영향을 미칠 수 있다는 것이 종종 간과된다. 자원은 세계 경제 성장과 무역에 동력을 제공한다. 기후변화와 같은 환경 위기의 해법은 조화된 세계적 행동과 통치의 더 큰 세계화를 필요로 한다.

지구 자연계에 대한 우려와 인간이 자연계에 어떻게 영향을 미치는가를 다루기 위한 국제적인 활동의 예는 다음과 같다:

세계정상회담

환경우려에 대한 최초의 국가 수장의 세계적 회의는 공식

(a)

(b)

(c)

(d)

그림 1.10 에너지 이용과 환경: 에너지에 대한 세계적 수요는 계속 성장하여 천연 자원과 환경에 계속 증가하는 부담을 지운다. 그림 1.10a와 1.10b는 수송과 가정 조명을 제공하기 위한 에너지 소비를 보여준다. 그림 1.10c는 멕시코 만에서 에너지원으로 석유를 공급하는 시추 플랫폼이다. 그림 1.10d는 독일 가정에서 태양 전지판을 나타낸다. 독일은 화석연료에 대한 의존도를 감소하기 위한 약속을 하였으며 태양 전지판 설치에 보조금을 지급한다.

적으로 국제연합환경개발회의(UNCED)로 알려진 1992년 Rio de Janeiro의 세계정상회담에서 개최되었다. 회담의 핵심적 결과 중 하나는 Agenda 21로 알려진 지속가능한 개발에 대한 일련의 정책선언이다.

1992년 회의에서 178개국 이상이 지속가능한 발전에 대한 3가지 문서인 Agenda 21, 환경과 발전에 대한 Rio 선언, 삼림의 지속가능한 관리를 위한 원칙의 성명을 채택하였다. UNCED는 협약의 이행에 대한 감시와 보고를 위하여 1993년 창설되었다. 진도를 평가하기 위한 후속회의는 1997, 2002, 2012년 개최되었다.

기후변화

1997년 일본 교토의 제3차 UN 기후변화 체제 연례회의에 125개 국가의 대표가 모였다. 이 회의는 일반적으로 기후변화에 대한 교토 회의로 불리는데, 참여국으로부터 지구 온난화와 연관된 6가지의 온실 기체의 전반적인 배출을 1990

년 수준의 최소한 5% 이하로 감축하겠다는 약속을 받았다. 교토 의정서는 현재까지 환경보호와 국제외교에 매우 중요한 조치로 간주된다. 대부분의 국가는 목표를 충족하지 못하였는데, 이는 가장 중요한 온실기체인 대기 중 이산화탄소의 증가 때문이다. 추가적인 기후변화 회의에서 모든 국가가 준수할 의무가 있는 계획을 수립하지 못하였다. 국가는 온실기체 배출 감소를 권장 받았지만 대부분의 국가는 의미 있는 진전을 보이지 못하였다.

에너지와 환경

세계는 알맞은 가격에 에너지를 불충분하고 불안정하게 공급받고, 에너지의 과소비로 인한 환경 피해의 2가지 위협에 직면해있다. 에너지의 세계적인 수요는 계속 증가하여 천연 자원과 환경에 지속적인 부담을 지운다(그림 1.10). 2003~2012년의 10년 동안에 세계의 에너지 소비는 25% 증가하였다. 이러한 증가의 대부분은 아시아와 남미의 개발도상국 경제권에서 유발되었다. 중국, 인도, 한국, 브라질, 멕시코가 에너지 사용이 크게 증가한 국가에 속한다.

이산화탄소 배출의 세계적인 증가는 주로 화석연료의 사용에 기인한다. 전통적 바이오매스(화목과 똥)는 개발도상국에서 중요한 에너지원으로 남아 있으며, 21억 명이 난방과 조리에 사용한다. 에너지 수요 성장의 둔화, 연료 공급의 다변화, 기후 불안정 배출의 완화 필요성이 어느 때보다도 시급하다. 그러나 생물연료와 같은 대체 에너지의 확장 또한 면밀하게 계획되어야 한다. 브라질은 현대 생물연료인 에탄올의 생산을 향후 20년간 2배 증가시킬 것으로 기대한다. 생산 목표를 달성하기 위한 충분한 곡물을 생산하기 위해서 경작 면적이 빠르게 증가하고 있으며, 잠재적으로 전체 생태계에 위협이 되고 있다.

요약

환경과학은 환경문제의 해결에 도달하기 위하여 과학, 경제, 윤리, 정치 사이의 상호관계를 포함한다. 대부분의 환경 단위 또는 생태계는 정치적 경계와 일치하지 않기 때문에 인위적인 정치적 경계는 환경문제를 관리하는데 어려움을 일으킨다. 지속가능성의 개념은 우리가 자원을 어떻게 이용할지에 대한 결정을 할 때 미래 세대를 고려할 것을 요구한다. 더 나아가, 세계의 인구가 증가하였고 국가 사이의 사람과 재화의 교환이 성장하였기 때문에, 많은 환경문제는 본질적으로 세계적이 되었다. 이는 정부들이 그들을 지탱하는 환경을 손상하지 않고 시민들이 건강하고, 안전하고, 적절한 급식을 위하여 어떻게 협력하느냐의 문제를 제기한다. 에너지 사용은 지속가능성과 관련된 주요한 문제로 남아 있다.

녹색 활동

1. 슈퍼마켓에서 지역에서 생산된 제품을 찾는다. 지역에서 생산된 제품을 운반하는데 적은 에너지가 사용된다.
2. 지역 환경단체에 가입한다.
3. 4월의 지역 지구의 날 행사에 자원봉사를 한다.
4. 여러분 지역에 전형적인 자연보호구역, 자연센터, 공원을 방문하고 5가지 식물을 동정하는 것을 배운다.
5. League of Conservation Voters의 웹 사이트를 방문하여 채점표 탭을 눌러서 여러분 지역 의원들의 "환경점수"를 확인한다.

복습문제

1. Yellowstone 국립공원에 늑대의 재도입에 대한 정치적, 경제적, 생물학적 견해에 대한 예를 든다.
2. 환경문제 해결에 생태계 접근방법이 무엇을 의미하는지 묘사한다.
3. 지속가능성을 정의한다.
4. 자연생태계가 제공하는 몇 가지 종류 서비스의 예를 든다.
5. 사회적, 정치적 요인이 환경문제 결정에 어떻게 영향을 미치는지 예를 든다.
6. 다음 설명이 왜 옳은지 설명한다. 세계에는 모든 사람을 부양하기에 충분한 식량이 있지만 일부 사람은 충분히 가지고 있지 않다.
7. 환경문제를 해결하는 것이 관리의 문제에 의하여 어떻게 더 어렵게 되었는지 설명한다.
8. 노출된 사람의 건강 악화와 사망을 초래하는 환경상태의 예를 든다.
9. 석유, 물, 토양에 대한 전쟁은 왜 일어나는가?
10. 세계화의 환경적 결과에 대한 예를 든다.
11. 에너지원으로서 화석연료를 사용하는 것과 관련된 주된 환경문제는 무엇인가?
12. 세계 어느 지역의 에너지 사용이 증가하는가?

비판적 사고 문제

1. 여러분이 서부 주의 미국 하원이고 지역구에 새로운 야생지역이 제안되고 있다고 상상한다. 여러분의 결정에 영향을 미치기 위하여 누가 접촉하리라고 생각하는가? 여러분은 어떠한 행동을 취할 것인가? 그 이유는?
2. 여러분은 일자리 또는 환경에 대한 문제를 어떻게 평가할 것인가? 여러분은 경제성장에 어떠한 제한을 둘 것인가? 환경보호에 대해서는?
3. 여러분이 지역 환경문제에 관심이 있는 환경론자라고 가정한다. 어떠한 환경문제가 있을 것인가?
4. 중국 대표자와 토의 중에 여러분은 세계 국가 중에서 중국이 가장 많은 양의 온실기체에 기여한다고 말한다. 중국 대표자는 미국을 포함한 선진국은 높은 생활수준을 가져다준 200년에 걸친 화석연료의 사용과 산업화로부터 혜택을 받았다고 주장한다. 중국 사람은 왜 동일한 생활수준을 경험하면 안 되는가? 여러분은 어떻게 대응할 것인가? 현재의 상황은 100년 전과 다른가?
5. 여러분은 Yellowstone 국립공원의 감독자이며 공원을 관리하기 위하여 생태계 접근방법으로 이동하기를 원한다. 생태계 접근방법은 현재의 공원을 어떻게 변화시킬 수 있을까? 여러분은 주변의 토지소유주에게 여러분의 아이디어를 어떻게 나타낼 것인가?
6. 기후변화 문제를 경제적, 기후학적, 사회학적, 정치학적, 농학적 관점의 몇 가지 상이한 관점에서 바라본다. 각각의 영역이 지구온난화에 대한 우리의 이해에 기여할 수 있는 몇 가지 질문은 무엇일까?

chapter 2

환경윤리
Environmental Ethics

CHAPTER OUTLINE

◀ 인간의 이용은 자연계를 변화시킨다. 어느 종류의 이용이 윤리적인지 종종 물어보아야 할까요? 농경을 위하여 열대림을 개간하는 것은 윤리적으로 지지할 수 있나요?

목적

이 장을 학습한 후 여러분은 다음을 달성하여야 한다.

- 사회에서 윤리의 역할을 이해한다.
- 개인의 윤리적 책임의 중요성을 인식한다.
- 자연에 대한 3가지 상충하는 태도를 열거한다.
- 물질적 부와 자원 이용 사이의 연관을 설명한다.
- 환경 정의와 연관된 요인을 기술한다.
- 기업의 태도가 환경의 상태에 어떻게 연결되는지 설명한다.
- 환경 선도 기업이 어떻게 더 지속가능한 실행을 촉진하는지 서술한다.
- 수익과 환경 보전(triple bottom line)에 대하여 서술한다.
- "환경 보호에 관한 광고 활동(greenwashing)"의 개념을 설명한다.
- 기업이 규모로 인하여 미치는 영향을 서술한다.
- 경제 성장과 환경 퇴화 사이의 관계를 설명한다.
- 풍요, 빈곤, 환경 퇴화 사이의 관계에 대해 일부를 설명한다.
- 환경에 대한 개인의 윤리적 책임의 중요성을 설명한다.
- 환경에 대한 세계적 행동이 왜 필요한지 설명한다.

바다사자와 연어-환경과 윤리적 진퇴양난

동물 보호 단체는 컬럼비아 강의 Bonneville 댐 인근의 보호 어류 종을 포식하는 캘리포니아 바다사자를 포획하여 도살하려는 계획에 대하여 법정에서 투쟁을 계속하고 있다. 오리건, 워싱턴, 아이다호 주는 2006년 미국 수산청(NMFS)에 컬럼비아 강 상류로 회유하는 어류에게 병목으로 작용하는 댐 바로 아래에서 연어, 옥새송어, 철갑상어를 먹는 캘리포니아 바다사자를 포획하도록 최초로 허가를 요청하였다. 이 요청은 이러한 위협받거나 멸종위기에 있는 어류 개체군을 보호하기 위한 노력의 일환이었다.

그러나 캘리포니아 바다사자 또한 보호되었다. 해양포유류 보호법은 그 동물이 위협받거나 멸종위기종의 감소나 회복에 상당한 영향이 있지 않으면 모든 해양포유류의 포획을 금지한다. 다른 바다사자 종인 스텔라 바다사자는 해양포유류 보호법과 멸종위기종법에 의하여 보호되기 때문에 포획이 금지되어 있다.

2008년 3개 주는 매년 85마리의 캘리포니아 바다사자를 도살하도록 허가를 받았지만, 미국 제9 순회법원은 이 허가를 2010년 무효화하였다. 연방 항소심은 NMFS가 상업적 어획과 수력발전소에 비하여 바다사자가 멸종위기 어류에 대하여 왜 더 커다란 위협을 가하는지를 설명하지 못하였다고 하였다. 2012년 NMFS는 매년 92마리의 캘리포니아 바다사자를 도살하거나 영구히 포획할 수 있는 다른 허가를 하였다. 이 허가는 2016년까지 유효하며, 주들이 특정한 조건 하에서 바다사자를 포획하고 안락사 시키거나 사살할 수 있도록 허용한다. 동물애호협회는 멸종위기종법과 해양포유류 보호법에 의거하여 새로운 소송을 하였다. 그들은 NMFS가 단순히 제9 순회법원에 의하여 제기된 문제를 해결하지 않고 도살 허가를 지지하는 분석을 다시 사용하였다고 주장한다. 이 바다사자 대 연어 전쟁은 계속되고 있다.

컬럼비아 강의 Bonneville 댐 부근에서 연어를 포획하는 캘리포니아 바다사자.

2.1 새로운 윤리의 필요

> 내 일생을 통하여 사진에서 본 가장 아름다운 물체는 달에서 바라본 우주에 걸려있는 명백하게 살아있는 행성인 지구이다. 첫눈에는 헤아릴 수 없는 생명체의 독립적인 종으로 구성되어 있는 것으로 보이지만, 가까이 살펴보면 모든 물체 하나하나, 인간을 포함한 작동하는 부분은 작동하는 다른 부분에 상호의존적으로 연결되어 있다. 이는 달리 이야기하면 우리가 알고 있는 유일하고 진정한 폐쇄생태계이다.
>
> —토머스(Lewis Thomas)

> 우리가 어느 것이든 하나만 집어내려고 하면, 이것이 우주의 모든 다른 것과 얽혀 있다는 것을 알게 된다.
>
> —뮤어(John Muir)

그림 2.1 우주에서 바라본 지구: 인간 사이의 정치적, 지리적, 국가적 차이는 이 관점에서는 중요하지 않은 것으로 보인다. 사실상 우리는 모두 동일한 행성을 공유하고 있다.

최근 기술의 경이 중 하나는 우주의 관점에서 지구를 볼 수 있다는 것이며, 이는 태양계에서 유일한 푸른 공이다(그림 2.1). 우주에서 우리 자신을 바라보면, 우리의 고향 행성에서 하는 많은 일은 다른 물체나 다른 사람에게 연결되었다는 것이 명백해진다. 이는 하버드 대학의 생태학자인 클라크(William Clark)가 지적하였듯이, 세계적 종으로서 "우리의 지식을 공유하고, 행동을 조화시키고, 행성이 주는 것을 공유한다−지속가능한 발전의 경로를 따라 지구의 변화를 관리하는 가망을 가지고 있는가."

어떤 사람은 개발되지 않은 강에서 가치를 찾지 못하며 자연 상태로 흐르도록 두는 것을 비이성적으로 느낀다. 세계에 걸쳐서 흐르는 강은 인간의 혜택을 위한 전력, 관개, 항해를 제공하기 위하여 통제되어야 한다고 주장될 수 있다. 또한 이러한 자원을 이용하지 않는 것은 낭비라고 주장될 수도 있다.

미국 태평양 연안 북서부에서 오래된 삼림의 가치에 대한 논쟁이 있다. 경제적 관계자들은 삼림을 목재 생산을 위하여 사용하기를 원하며 그렇게 하지 않는 것은 경제적 곤경을 초래할 것으로 생각한다. 그들은 나무는 인간의 경제적 혜택을 위하여 필요한 방식으로 사용되어야 하는 단순한 자원이라고 주장한다. 반대되는 관점은 삼림을 이루고 있는 모든 생명체는 경제적 유용성 이상의 가치를 가지고 있다는 것이다. 나무를 벌채하는 것은 발달하는데 수백 년이 소요되었고 거의 대체 불가능한 윤리적으로 중요한 무엇인가를 파괴한다.

사람과 환경 사이의 상호작용은 인류의 문명만큼 오래되었다. 이러한 상호작용을 관리하는 문제는 그러나 현재 전례 없는 상호작용의 속도, 규모, 복잡성에 의하여 변화되었다. 한때는 오염은 지역적이고 일시적인 사건으로 보였다. 현재 오염은 여러 나라를 포함하며 여러 세대에 영향을 미칠 수 있다. 화학과 방사능 폐기물 처분은 점점 더 국제적인 오염 문제가 되어가고 있다. 많은 유럽 국가는 국경을 통과하는 방사능과 독성 폐기물의 운반에 대하여 우려를 하고 있다. 한때는 생태적 보전과 경제적 성장 사이의 간단한 대결이 이제는 다중의 경제적, 정치적, 윤리적 차원을 포함하는 복잡한 균형 작용이 되었다.

현재의 기술이 가능하게 한 환경 변화의 특징과 자연 환경의 중요성에 대한 대중의 인식 증가는 환경 도전의 새로운 시기에 진입하였다는 것을 의미한다. 전 세계에 걸쳐 사람들은 이러한 도전에 직면하기 위하여 필요한 것은 새롭고 더 건전한 환경윤리의 개발이라는 것을 이해하기 시작하고 있다.

2.2 환경윤리

윤리는 철학의 한 분야이다. 윤리는 무엇이 옳고 무엇이 그른지를 정의하는 것을 추구한다. 예를 들어 대부분의 문화는 필요 없이 살생하는 것이 잘못이라는 생각에 대하여 윤리적 의식을 가지고 있다. 많은 문화는 이 신념을 생명에 대한 권리의 존재에 기초하고 있다. 윤리는 어떠한 행동이 잘못이고 왜 잘못인지를 이해하는 것을 도와줄 수 있다. 이 책을 통하여 논의된 문제(에너지, 인구, 환경 위해, 생물다양성, 토지이용 계획, 대기질 등)는 윤리적 차원을 가진다.

윤리는 무엇이 선량한 삶이고 어떻게 이러한 삶을 살지를 구성하는 것에 대하여 생각하는 넓은 방식이다. 윤리는 옳음과 그름, 바른 결정하기, 선량한 삶을 사는데 필요한 특징과 속성에 대한 질문을 다룬다. 응용윤리는 이러한 문제를 실질적인 방식에서 어떻게 살아갈 것인지에 대하여 특별한 강조를 하면서 이 문제를 다룬다. 환경윤리는 자연계와 인간과 지구 사이의 관계에 대하여 윤리적 사고를 적용한다. 환경윤리는 환경 연구의 핵심 특징이지만, 인간 사회가 오염, 자원 감손, 절멸 위협, 지구기후 교란을 의미 있게 다루면서 많은 분야에 응용된다.

가장 보편적인 의미에서 환경윤리는 3가지 핵심 주장을 고려하도록 한다.

1. 지구와 지구상의 생물은 도덕적 지위를 가지며, 부연하면 우리의 윤리적 고려의 가치가 있다.
2. 지구와 지구상의 생물은 고유한 가치를 가지며, 이는 그들이 인간의 요구를 충족하기 때문만 아니라 단순히 존재하기 때문에 도덕적 가치를 가진다는 의미이다.
3. 생태계 개념에 기초하여 인간은 다른 형태의 생명과 환경을 포함하는 "전체(whole)"를 고려해야만 한다.

환경윤리는 어떠한 윤리적 결정에서도 이해당사자 범주의 실제적 범위를 훨씬 면밀하게 고려할 것을 요구한다. 여기에는 직접 연관된 사람도 포함할 수 있지만, 이해당사자는 오늘날의 환경적 결정에 의하여 영향을 받을 수 있는 미래 세대도 포함할 수 있다. 이해당사자는 결정이 내려진 곳에서 멀리 떨어져 살지만 그러한 환경적 결정에 의하여 영향을 받을 수 있는 사람도 포함할 수 있다. 또한 이해당사자는 자연계 자체도 포함할 수 있다. 이 개념은 이해당사자가 인간이거나 자연계 자체의 동물, 식물, 생태계든 각각의 이해당사자의 도덕적 지위 또는 고유의 가치를 고려하도록 한다. "자연의 도덕적 지위" 개념은 환경윤리를 사회윤리로부터 구분하는 중요한 특징이다.

이해당사자에 대하여 논의할 때 미래의 이해당사자를 포함하는 것은 매우 중요하다. 미래는 환경윤리에 특히 타당한 범주이다. 많은 윤리적 결정에서, 우리의 행동의 영향은 직접적이며 명백하다. 그러나 많은 환경윤리적 결정에서 우리의 행동의 영향은 누적적이고, 장기적이고, 최소한 단기적인 점에서 숨겨진다. 예를 들어 새로 조성된 주거단지의 유출수는 궁극적으로 인근 강으로 흘러들어간다. 불투수성의 가로와 보도로 인하여 강수는 빠르게 강으로 운반되고 잔디의 비료와 제초제, 길의 기름과 다른 액체, 거주하는 사람의 폐기물을 함께 운반한다. 처음에는 손상 효과가 미세할 수 있다. 그러나 시간에 따라 이러한 효과는 축적되고 강의 특징은 근본적으로 그리고 파괴적으로 변경된다.

환경윤리는 또한 장소에 대하여 다르게 생각하도록 한다. 이는 환경윤리가 생물권과 생태계와 같은 살아 있는 실체의 관점에서 결정을 고려하도록 강요한다. 따라서 특정한 행동의 가능한 영향을 추적할 때, 우리는 가까운 초기 효과가 결정적인 효과의 연쇄반응을 어떻게 초래할 수 있는지 면밀히 주의하여야 한다.

상충하는 윤리적 입장

사람이 강한 개인적 윤리 책임을 가지고 있더라도, 그들은 책임의 일부가 상충하는 것을 발견할 수 있다. 예를 들어 시장이 도시 주변의 토지를 보존하려는 윤리적 책무를 가지고 있지만 동시에 도시 외곽에 새로운 공장을 건설하는 것과 연관된 직업을 창출하는 윤리적 책무도 있다. 다중의 윤리적 가치 사이에 부딪히는 어려운 균형이 종종 존재한다.

볼 수 있듯이 윤리는 매우 복잡할 수 있다. 환경을 다루는 윤리적 문제는 사람에게 좋은 것이 환경에 좋은 것과 상충되는 것으로 보이기 때문에 특히 복잡하다. 삼림을 보호하는 것은 벌목 직업을 잃는 것을 의미할 수 있다. 일부 실질적인 상충이 존재하는 것을 인식하면서도, 환경이 승리할 때 사람이 패배하는 것은 아니라는 것을 아는 것도 중요하다. 놀랍도록 많은 사례에서 환경에 좋은 것이 사람에게도 좋다는 것으로 판명되었다. 예를 들어 삼림 보호는 벌목 직업을 감소시키지만, 건강한 삼림은 휴양, 양식, 관광에서 새로운 직업을 창출할 수 있다. 진정한 "win-win" 상황은 환경 결정에서 우선순위가 되었다.

종교의 녹색화

여러 해 동안 환경문제는 과학자, 법률가, 정책결정자의 관심사항으로 간주되었다. 이제는 환경 위기의 윤리적 차원이 더 명백해지고 있다. 미래 세대에 대한 우리의 윤리적 책임은 무엇인가? 환경을 파괴하지 않는 정당한 개발을 어떻게 보장할 것인가? 환경 도전에 대한 실행 가능한 해결책을 찾는데 종교와 문화적 관점이 고려될 수 있는가?

최근까지만 하더라도 종교계는 세계가 직면하고 있는 환경우려의 규모에 대하여 알지 못한다고 내부적인 종파적 문제에 몰두하였다. 물론 자연계는 세계의 주요 종교에서 현저하게 나타난다. 유대교, 기독교, 이슬람교 신의 물질세계의 창조; 힌두교와 자이나교의 윤회설의 기초가 되는 업(karma) 과정에서 신성의 발현; 불교에서 생명의 상호의존성; 유교와 도교의 법칙을 따르는 도(Tao; 길) 등이다.

오늘날 많은 종교지도자는 문화와 가치의 영속적인 형성자로서 종교가 현재의 환경적 난국에 대하여 다시 생각하게 하는 주요한 기여를 할 수 있다는 것을 인식한다. 종교는 살인, 자살, 대량학살에 대한 윤리를 개발하였으며; 이제는 생명 파괴와 생태계 파괴에 대응하여 도전하고 있다. 더 나아가 환경은 건전한 종교간 대화에 대하여 가장 강력한 우려가 되고 있다. 공통적인 화제는 모든 생명의 상호의존성에 대한 세계 종교의 공유된 의견과 함께 지구 자체이다.

이러한 신념에 기반을 둔 환경주의의 증가는 대부분 환경을 위한 종교연합(NRPE)의 공적이다. NRPE는 조직적 종교의 모든 분야에 걸쳐 신의 창조의 배려 임무를 완성하기 위하여 1993년 설립되었다. NRPE는 미국 천주교 회의, 그리스도교 교회 국가 회의, 환경과 유대교 생활 연합, 복음 환경 네트워크 등을 포함하는 다양한 종교조직 집단의 관계를 세웠다.

이 조직들은 NRPE와 함께 자신의 다양한 영적 가르침과 맞물리는 환경 프로그램을 개발한다. 예를 들어 천주교 교구, 유대교 회당, 신교와 동방정교 교회, 복음 집회 등 135,000여 모임이 성직자를 위한 설교, 주일학교 선생님을 위한 교육 계획, 심지어는 교회와 유대교 회당 건물 관리자를 위한 보존 정보 등을 포함하는 환경문제에 대한 자원 재료를 제공한다.

대부분의 문제에 대하여 보수적인 입장으로 알려진 복음 기독교인까지도 녹색화되어 가고 있다. 콜로라도에 기반을 둔 복음주의 국가연합은 3천만 회원이 빈곤과의 투쟁과 함

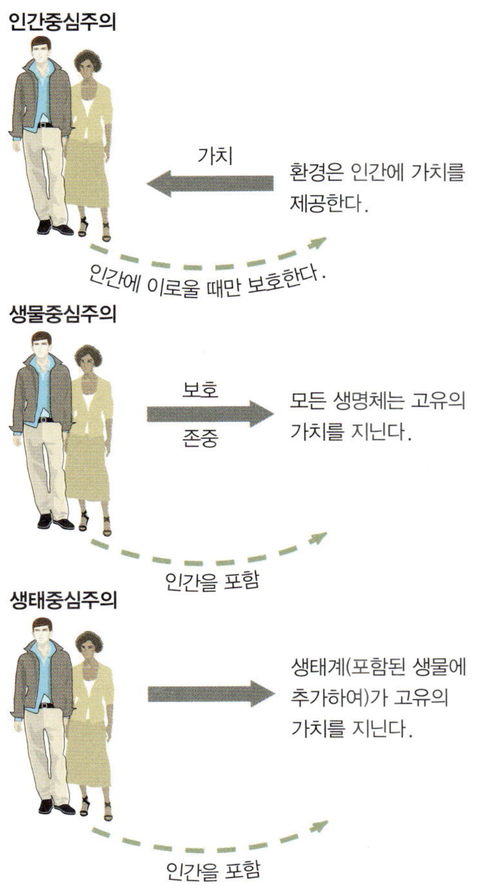

그림 2.2 철학적 접근법: 3가지 주요한 접근법 중에서 단지 인간중심주의만이 모든 가치를 인간의 요구와 이익에 속하는 것으로 한다.

께 환경을 보호하기 위한 "성경적으로 균형 잡힌 의제"를 추구하도록 역설한다. 복음주의 목사인 볼(Jim Ball)은 2004년 "예수는 어떤 차를 운전할까요?"라는 캠페인을 시작하여 하이브리드카를 홍보하였다.

환경윤리에 대한 3가지 철학적 접근

문제의 복잡성으로 인하여 환경 철학자는 환경에 관련한 우리의 윤리적 책임을 더 명확하게 볼 수 있도록 다수의 이론적 접근법을 개발하였다. 이러한 환경적 의식을 가진 시기에, 대부분의 사람은 환경적으로 책임을 가질 필요가 있다고 동의한다. 독성 폐기물은 지하수를 오염시키고, 유류 오염은 해안선을 파괴하며, 화석연료는 이산화탄소를 발생하여 지구온난화를 가중시킨다. 따라서 환경윤리의 목적은 이미 많은 사람이 우려하듯 환경에 대하여 우려를 가지는 것을 단순히 확신시키는 것이 아니다. 대신에 환경윤리는 환경 책임의 도덕적 기반과 이 책임이 어디까지 확장되는지에 초점을 맞추고 있다. 환경에 대한 도덕적 책임에 대하여 3가지 주요한 이론이 있다. 각각은 환경 책임에 대하여 지지할 수 있지만, 접근법은 상이하다(그림 2.2).

인간중심주의

이러한 이론의 첫 번째는 **인간중심주의(anthropocentrism)** 이다. 인간중심주의는 모든 환경 책임이 인간의 관심에서만 유도된다는 관점이다. 이 이론의 가정은 모든 인간만이 도덕적으로 중요하고 직접적인 도덕적 지위를 가진다는 것이다. 환경은 인간의 복지와 생존에 결정적이기 때문에, 인간은 인간의 관심에서 유도된 의무인 간접적인 의무를 가진다. 우리는 지구가 인간의 삶을 지탱하고 인간이 생활하기에 즐거운 장소로 남아 있도록 환경적으로 쾌적하게 남아 있을 것을 보장해야 한다. 그렇지만 이 관점에 의하면 환경의 가치는 인간의 도구적인 값어치에 존재한다. 자연은 본질적으로 인간이 조작하기 위한 도구이다.

일부 인간중심론자는 우리의 환경적 책임이 사람이 환경으로부터 받는 즉각적인 혜택과 미래 세대가 받게 될 혜택으로부터 유도된다고 주장한다. 그러나 비평자들은 미래 세대가 아직 존재하지 않기 때문에, 따라서 엄격하게 이야기하면 죽은 사람이 가지는 권리만큼 권리를 가질 수 없다고 주장한다. 그렇지만 이 논쟁에 대한 양측은 모두 환경적 관심은 오로지 인간의 이해관계에서만 도출된다고 인정한다.

생물중심주의

환경에 대한 도덕적 책임의 두 번째 이론은 **생물중심주의(biocentrism)** 환경윤리이다. 생물중심주의의 넓은 해석에 따르면, 모든 형태의 생명은 존재할 고유의 권리를 가진다. 많은 생물중심주의자들은 종 사이의 위계를 인지한다. 예를 들면 일부는 식물 종보다 동물 종을 보호할 더 큰 책임을 가지고 있으며, 무척추동물보다 포유류를 보호할 더 큰 책임이 있다고 믿는다. "생물중심주의 인류평등주의자(biocentric egalitarian)"로 알려진 다른 집단의 생물중심주의자는 모든 생물이 존재할 정확하게 동등한 권리를 가지고 있다는 관점을 보인다. 생존의 행위는 불가피하게 식량과 은신처를 위한 도살이 관련되기 때문에 생물중심주의 인류평등주의자가 어디에 선을 긋고 여전히 윤리적으로 모순이 없을지를 알기는 어렵다.

생태중심주의

생태중심주의(ecocentrism)라고 불리는 환경 책임의 세 번째 접근법은 환경이 인간이나 동물의 이해에서 단순히 유도된 것이 아니라 직접적인 도덕적 고려를 받을 자격이 있다는 것을 주장한다. 생태중심주의에서는 서식하는 생명체뿐 아니라 환경 자체가 도덕적 가치를 가지고 있다고 시사한다. 일부 생태중심주의자는 특정한 생태계가 생물학적 생활이 가능하게 하는 기질(matrix)로서의 체계적인 가치로서 이야기한다. 다른 사람들은 특정한 생태계를 넘어서서 지구의 생물학적 시스템이 전체로서 도덕적 지위를 부여하는 통합성을 가지고 있다고 시사한다. 다른 의견은 더 나아가서 행성에 인격을 부여하는데, 대지(Mother Earth) 또는 가이아(Gaia)가 어머니처럼 생명에 대한 동일한 권리를 가져야 한다고 시사한다.

생태중심주의의 가장 저명한 초기 대변인은 생태학자인 레오폴드(Aldo Leopold)이다. Leopold는 그의 생애에 목격한 경관의 가차 없는 파괴에 대응하여 저술한 **모래땅의 사계**(*A Sand County Almanac*; 1949년 출판)라는 책으로 유명하다. **모래땅의 사계**는 인류와 지구 사이의 관계를 재정의하였다. Leopold는 한 장을 모두 "토지 윤리"에 바쳤다.

> 현재까지 도출된 모든 윤리는 단 하나의 전제에 기초한다. 이는 개인이 상호의존적인 부분으로 이루어진 군집의 구성원이라는 것이다. 토지 윤리는 토양, 물, 식물, 동물을 포함하는 군집, 즉 토지의 경계를 단순히 확대한 것이다. 토지 윤리는 *Homo sapiens*의 역할을 토지 군집의 정복자로부터 토지의 평범한 구성원이며 시민으로 변화시켰다. 이는 동료 구성원에 대한 존경과 군집에 대한 존경을 내포한다. 토지에 대한 윤리적 관계가 토지에 대한 사랑, 존경, 감탄과 토지의 가치에 대한 높은 평가 없이 존재할 수 있다는 것을 저자는 상상할 수 없다. 가치에 대하여 저자는 단순히 경제적인 가치를 넘어서, 철학적 개념의 가치를 의미한다.

Leopold가 "토지 윤리"에서 제시한 것은 많은 사람에게 인간이 자신을 환경에 대하여 어떻게 지각하는지에 대한 급진적 변화로 보였다. 원래 인간은 자신을 토지의 정복자로 보았다. Leopold에 의하면 이제 인간은 토지와 물도 포함하는 군집의 구성원으로 우리를 볼 필요가 있다.

Leopold는 "사물은 군집의 본래 모습, 안정성, 아름다움을 보존할 때 옳다. 다른 경우는 그르다.... 우리는 토지가 우리에게 속하는 상품으로 간주하기 때문에 토지를 남용한다. 우리가 토지를 우리가 속하는 군집으로 생각할 때 우리는 토지를 사랑과 존경으로 사용하기 시작할 것이다."

기타 철학적 접근법

전통적인 정치적 국가적 경계의 중요성이 사라지거나 바뀌고 있으며, 새로운 환경 철학의 변화가 빠르게 출현하고 있다. 이러한 변화의 대부분은 인류가 자연의 일부이며 자연의 구성 요소는 상호의존적이라는 인식에 기초하고 있다. 앞에서 논의한 3가지 윤리적 입장을 넘어서, 철학자들이 환경 위기를 다루기 위하여 개발한 사고의 다른 영역은 다음을 포함한다.

이코페미니즘(Ecofeminism) — 사회가 여성을 대하는 것과 환경을 대하는 방식 사이에는 중요한 이론적, 역사적, 경험적 연관이 있다는 관점.

사회생태학 — 사회적 위계가 환경 파괴를 초래하는 행동과 직접적으로 연관되어 있다는 관점. 사회생태학자는 환경 정의 운동의 강력한 지지자이다(26–29쪽 참조).

생태근본주의(심층생태학; Deep ecology) — 지구와의 일체감(oneness)이라는 새로운 의식이 환경과의 건강한 관계를 위한 필수적인 출발점이라는 일반적으로 생태중심적인 관점. 생태근본주의는 또한 생물중심 인류평등주의 세계관을 포함한다. 대부분의 생태근본주의자는 환경 활동가이다.

환경 실용주의(Environmental pragmatism) — 윤리보다는 정책에 중심을 두는 접근법. 환경 실용주의자는 원대한 견지를 지닌 인간중심 윤리가 환경정책에 대하여 생태중심 윤리와 대부분 동일한 결론에 이를 것이라고 생각한다. 결과적으로 그들은 윤리적 이론을 강조하는 것은 도움이 되지 않는다는 것을 깨달았다.

환경 미학(Environmental aesthetics) — 자연계에서 아름다움을 어떻게 음미할지에 대한 학문. 일부 환경 미학 옹호자들은 자연환경을 보호하는 가장 효과적인 철학적 근거는 자연적 미를 보호하는 관점에서 생각하는 것이라고 생각한다.

동물보호/복지(Animal rights/welfare) — 이 입장은 인간이 비인간 동물에 대하여 강한 도덕적 의무가 있다고 역설한다. 엄격히 말해서 이는 책무가 개별 동물에 대한 것이며 생태계나 생태적 건강에 대한 것이 아니기 때문에 환경적 입장이 아니다. 동물 보호 옹호자들은 농장 동물과 의학 연구에 이용되는 동물에 대하여 특히 우려한다.

2.3 환경적 태도

환경윤리를 면밀하게 연구한 사람들에게도 모든 일에 하나의 특정한 윤리에 따라서 행동하는 것은 결코 용이하지 않다. 윤리적 책무는 상이한 시기에 상이한 방향으로 끌고 간다. 이러한 어려움으로 인하여, 특정한 윤리적 관점이 아니라 환경에 대하여 일반적인 **태도** 또는 **접근법**의 관점에서 이야기 하는 것이 때로는 쉽다. 3가지 가장 보편적인 접근법은 (a) 개발 접근법, (b) 보전 접근법, (c) 보존 접근법이다.

개발

개발 접근법(development approach)은 3가지 접근법 중에서 가장 인간중심적이다. 이는 인류가 자연의 주인이고 주인이 되어야 하며 지구와 지구 자원은 우리의 이익과 만족을 위해서만 존재한다고 가정한다. 이 접근법은 자본주의 노동 윤리에 의하여 강화되었으며, 이는 역사적으로 인간은 시장성이 높은 제품으로 변환하기 위하여 토지와 물질에 노동을 투입하여 가치를 창조해야 한다고 말한다.

억제되지 않은 형태에서 개발 접근법은 인간 상태의 개선은 더 많은 자연을 인간의 이용을 위하여 변환하는 것을 필요로 한다고 시사한다. 이 접근법은 인간의 창의력을 높게 생각하며 지속적 경제성장 자체로 사회의 도덕적 이상이라고 주장한다. 개발 접근법에서 환경은 인간이 경제적으로 이용하는 만큼만 가치가 있다. 이러한 사고방식은 국가의 산업화와 현대화 과정에 수반된다.

보전

보전주의자 접근법(preservationist approach)은 환경에 대한 보편적인 3가지 태도 중에서 가장 생태중심적이다. 모든 자연을 인간의 이용을 위하여 변환하는 것이 아니라, 보전주의자는 자연의 대부분을 그대로 보전하기를 원한다. 그들의 주장에 의하면 자연은 인간의 이용과 별개로 고유의 가치를 가지고 있다. 보전주의자는 그들의 입장을 명확히 표현하는 다양한 방식을 가지고 있다.

19세기에 보전주의자는 종종 자연계를 보호하는 종교적인 이유를 공개적으로 주장하였다. 뮤어(John Muir)는 "그들의 눈을 산의 신에 올리는 대신에, 전능한 금전에 올리는" 자들을 "신전 파괴자, 황폐하게 하는 상업주의의 추종자"로 비난하였다. 이는 더 나은 비용-편익 분석에 대한 요청이 아니다. Muir는 자연을 상품이 아니라 동반자로 서술

(a) 개발

(b) 보전

(c) 보존

그림 2.3 환경적 태도: 개발, 보전, 보존은 자연에 대한 상이한 태도이다. 이러한 태도는 개인의 윤리적 책무를 반영한다.

하였다. Muir는 자원의 희귀성과 상관없이 자연은 신성하다고 주장한다.

에머슨(Emerson)과 소로(Thoreau)와 같은 철학자는 자연을 신성(divinity)이 가득한 것으로 생각하였다. 휘트먼(Walt Whitman)은 풀잎이 별의 운행과 차이가 없다고 찬양하였다. "상업, 정치, 연회, 사랑 등을 소진한 다음에 남아 있는 것에서 궁극적으로 만족하거나 영원히 입을 수 있는 것을 찾았나요? 자연은 남아 있다"고 Whitman은 적었다. 이러한 철학자들은 자연을 경제활동의 자원으로서가 아니라 피난처로 생각하였다.

많은 보전주의자가 생태중심주의 윤리를 채택하지만, 일부는 주장에 인간중심주의의 원칙도 포함한다. 이러한 보전주의자는 심미적 또는 휴양 목적으로 자연의 많은 부분을 온전하게 보전하기를 희망한다. 그들은 자연이 아름답고 회복을 시키며 미래의 인간이 하이킹, 캠핑, 낚시, 또는 고독을 즐기기 위하여 야생지가 존재하는 것을 보장하기 위하여 보전되어야 한다고 믿는다.

보존

세 번째 환경적 접근은 **보존주의자 접근법(conservationist approach)**이다. 보존주의자는 무제한의 개발과 보전 사이의 균형을 맞추는 경향이 있다. 보존주의자는 인간의 안녕을 촉진하는데 관심이 있기 때문에 인간중심주의이다. 그러나 보존주의자는 환경관리에 대한 결정에서 장기적인 인간의 재화에 대하여 넓은 범위를 고려하는 경향이 있다. 예를 들어 보존주의자인 핀쇼(Gifford Pinchot)는 미국 삼림을 어떻게 관리할지에 대하여 20세기 초에 보전주의자인 Muir와 논쟁을 하였는데, 삼림은 인간의 요구와 이익에 맞도록 주로 관리되어야 한다고 생각하였다. 그러나 Pinchot는 삼림 재생의 시간을 위하여 벌채 속도가 낮게 유지되어야 한다는 것을 알았다. 그는 또한 넓은 삼림을 온전하게 보존하는 것이 주변의 인류에게 수질을 보전할 수 있다는 것도 실감하였다.

많은 사냥꾼들은 보존주의자이다. 북미와 북유럽의 사냥꾼은 물새, 사슴, 엘크의 넓은 서식지를 보호하였다. 사냥꾼은 생각에 있어서 생물중심주의와 인간중심주의 요소를 모두 가지고 있다. 윤리적으로 민감한 사냥꾼은 종종 인간이 아닌 동물 종의 가치를 보며 사냥하면서 윤리적 압박감을 가진다. 인간이 고기를 수확하는 이익이 궁극적으로 동물이 생존을 유지하는 것을 능가하지만, 그들은 동물이 풍경 속에서 존재할 위치가 있고 야생동물의 건강한 개체군이 포함되면 세계는 더 좋은 장소라고 종종 믿는다.

지속가능한 개발

UN 후원 하에 발간된 문서인 브룬트란트 보고서(Brundtland Report)에서 처음 사용된 **지속가능한 개발(sustainable development)**은 종종 "미래 세대가 그들의 요구를 충족할 수 있는 능력을 손상하지 않고 현대 세대의 요구를 충족할 수 있는" 것으로 정의된다. 보존주의처럼 지속가능한 개발은 풍경의 생태적 건강을 보전하면서 빈곤을 경감하기 위하여 적절한 발달의 촉진을 추구하는 중용이다. 지속가능한 개발은 오로지 환경문제에만 초점을 맞추지 않는다. UN의 2005년 세계 정상 문서는 지속가능한 개발의 "상호의존적이고 상호 강화하는 대들보"를 경제 개발, 사회 발달, 환경보호로 가리킨다(그림 2.4). 토착민은 문화라는 네 번째의 지속가능한 개발의 대들보가 있다고 주장하였다.

녹색 개발은 경제적 사회적 고려에 비하여 환경적 지속가능성을 옹호하는 것을 우선시하기 때문에 일반적으로 지속가능한 개발로부터 구별된다. 지속가능한 개발의 지지자는 녹색 개발이 획득할 수 없는 전반적인 지속가능성을 개선하는 환경을 지속가능한 개발이 제공한다고 주장한다. 예를 들어 극히 높은 유지비용이 드는 첨단의 하수처리 시설은 재정자원이 부족한 지역에서는 유지될 수 없다. 파산으로 인하여 폐쇄된 환경적으로 이상적인 시설은 환경적 관점에서 어느 정도 덜 효과적이더라도 지역사회에 의하여 유지될 수 있는 시설에 비하여 명백하게 지속가능성이 낮다.

그럼에도 다른 연구자들은 환경과 사회적 도전을 개발 활동의 기회로 본다. 이는 이러한 지구적 요구를 개인 기업이 혁신적이고 기업적인 해결책을 제공하는 기회로 만드는 지속가능한 기업 개념에서 특히 진실이다. 이러한 관점은 이

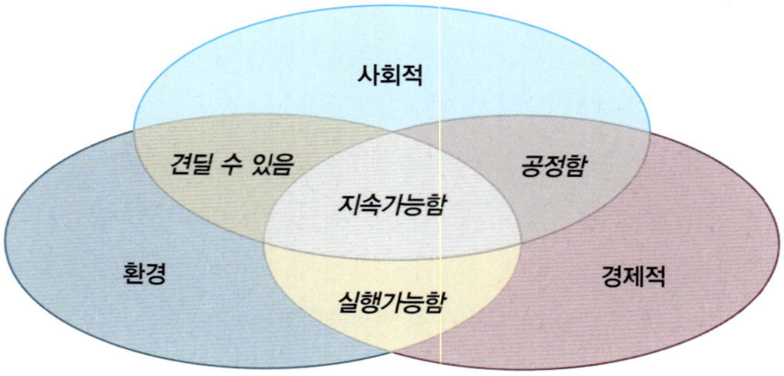

그림 2.4 지속가능한 개발의 계획: 지속가능한 개발은 사회적, 환경적, 경제적 관심이 모두 충족될 때 일어난다.

집중 탐구

자연의 초기 철학자들

환경운동 배후의 철학은 19세기에 뿌리를 두고 있다. 많은 저명한 보존 철학자 중에서 에머슨(Ralph Waldo Emerson), 소로(Henry David Thoreau), 뮤어(John Muir), 레오폴드(Aldo Leopold), 카슨(Rachel Carson)이 두드러진다.

1836년 발간된 "자연(Nature)"이라는 수필에서 Emerson은 "자연 뒤에, 자연 전체에, 영혼이 존재한다"라고 저술하였다. Emerson은 만연한 경제 개발의 초기 비판가였으며, 그는 그 시기의 사회적, 영혼적 오류로 간주된 것의 교정을 추구하였다. 1840년 발행된 간행물에서 Emerson은 "현재 검토해야 할 질문은 상업의 위험이다. 돈, 신용, 증기, 철도 등으로 무역에 의한 자연의 침입은 인간과 자연의 균형을 위협하고 뒤엎는다."고 주장하였다.

Thoreau는 Emerson과 비슷한 신념을 지닌 작가이자 자연주의자였다. Thoreau의 경향은 "도시 문명의 허위에 대한 자연과 야생의 진실"에 기초한다. 매사추세츠 주 Concord시 주변의 교외는 도시의 상업주의가 그를 우울하게 한 만큼 그를 매혹시키고 활력을 주었다. Thoreau가 그의 걸작인 "Walden"을 저술한 곳은 Condord 부근이었으며, 이는 그가 자연의 "삶의 진정한 사실"을 직접 접촉하기 위하여 Walden 연못가의 작은 오두막에서 2년의 삶을 묘사한 것이다. 그 이후 저술과 일지에서 Thoreau는 예언자적 관점에서 자연에 대한 그의 느낌을 요약하였다.

> 그러나 대부분의 사람은 자연에 대하여 걱정하지 않으며, 많은 사람들은 그들이 생존할 수 있다면 뭉뚱그려 럼주 한잔에 자연의 모든 아름다움에 대한 자신의 몫을 팔 수 있는 것으로 느껴진다. 신에게 감사하게도 인간은 아직 날 수 없어서 대지처럼 하늘에 폐기물을 버릴 수 없다! 그런 점에서는 우리는 현재까지는 안전하다. 이는 바로 소수 사람의 만행으로부터 모두를 보호할 필요가 있다는 것에 대하여 일부 사람들이 관심을 가지지 않는 이유이다.

Muir는 철학자의 지적인 숙고를 지도자의 강경하고 실용적인 특징과 결합하였다. Muir는 "황무지는 신성을 반영하고, 인간성을 살지게 하며, 영혼에 활기를 띠게 한다."고 믿었다. Muir는 사람들에게 황야를 즐기기 위하여 잠시 도시를 떠날 것을 확신시키려 하였다. 그러나 그는 황야가 위협받고 있다고 느꼈다.

1876년 Sacramento Record Union에서 출간된 "신의 최초 사원: 우리는 우리의 숲을 어떻게 보전할 것인가?"라는 논설에서 Muir는 정부의 통제만이 "바보들의 파괴"로부터 세쿼이아 숲을 구할 수 있다고 주장하였다. 1890년대 초에 Muir는 "태평양 연안의 산맥지역을 탐구하고, 즐기고, 접근하고" 이 지역을 보전하기 위한 정부 지원을 얻기 위하여 시에라 클럽(Sierra Club)을 조직하였다. 서부에서 그의 활동은 요세미티 계곡(Yosemite Valley)의 개발을 제한하는 것을 연방정부에 확신시켰으며, 이는 미래 세대를 위하여 아름다움을 보전하였다.

Leopold는 초기 보존운동의 사상가이자 활동가였다. 철학자로서 Leopold는 *모래땅의 사계(A Sand County Almanac)*에 그의 감정을 요약하였다.

> 황야는 인간이 문명이라고 하는 인공물을 만들어낸 원료이다. 어느 살아있는 사람도 선구자의 등골을 휘감는 대초원 꽃의 바다의 긴 풀의 초원을 다시 볼 수 없을 것이다. 어느 살아있는 사람도 호수 주(Lake States)의 미개척 솔밭, 연안 평원의 저지 삼림지대, 거대한 활엽수를 다시 볼 수 없을 것이다.

미국 New Mexico 주의 산림청에서 근무하면서 Leopold는 초기 황야지역으로서 숲의 일부를 보호하기 위하여 일하였다. 열심인 사냥꾼으로서 Leopold는 그의 산림청 업무의 일부로서 포식자의 통제에 대한 태도에 대하여 많은 것을 배웠다. 그는 산림청을 그만두고 경기 운영분야의 선구자가 되었다. Wisconsin 대학의 경기 관리 교수로서 그는 풍경에서 야생생물의 적절한 균형을 유지하기 위하여 조절된 사냥이 유지되어

에머슨

소로

뮤어

레오폴드

카슨

야 한다고 주장하였다. 그의 1949년 사망 직후에 발간된 모래땅의 사계는 그의 토지 윤리의 원칙을 결정하였다.

대부분의 사람이 무엇이 잘못되었는지 이야기 하지만, 그것을 변화시키려고 하는 사람은 거의 없다. Carson은 이 극소수 사람 중의 하나이다. 저명한 자연주의자이고 베스트셀러 자연작가인 Carson은 1960년 New Yorker에 살충제에 대한 폭넓은 토론을 일으킨 연재물을 출판하였다. 1962년 그녀는 "*침묵의 봄(Silent Spring)*"을 출간하였으며, 이는 음식, 야생생물, 인간에 미치는 살충제의 잠재적인 위험을 극적으로 표현하였으며 궁극적으로는 미국에서 살충제의 사용을 변화시켰다. 침묵의 봄은 합성 살충제의 효과에 대한 연구 이상이었으며, 1950년대 후반의 고발이었다. Carson은 인간이 진보의 이름으로 화학을 통하여 자연을 지배하여서는 안 된다고 주장하였다.

Carson 책의 일부 기술적인 세부사항은 나중에 오류로 나타났지만, 살충제가 생태계를 오염시킬 수 있고 광범위한 피해를 유발할 수 있다는 그녀의 기본적인 논제는 정립되었다. 불행히도 Carson은 그의 책이 환경 인식과 20세기의 활동 역사의 종요한 사건 중 하나로 인정되기 전에 암으로 사망하였다.

제 많은 경영대학원에서 가르치고 있다.

환경과 개발에 대한 1992년 브라질 리우데자네이루(Rio de Janeiro)의 UN 회의는 Agenda 21이라고 하는 지속가능한 개발의 로드맵을 설정하는 문서를 작성하였다. 2002년 남아프리카에서 속행된 회의에서는 지속가능한 개발을 위한 이행 계획을 작성하였다. 2002년 회의의 많은 참관자들은 빈곤을 경감하고 환경을 보호하는데 국제적인 진보가 없는지에 대한 의문을 가졌다. 문제의 일부는 지속가능한 발전의 개발과 보전 관점 사이의 올바른 균형을 어떻게 맞출지에 대하여 사람들의 견해가 다르다는 것이다.

2.4 환경 정의

환경 정의(Environmental justice)는 환경윤리의 사회적 정의의 표현이다. 환경 정의 운동은 유색인종의 저소득 지역사회에 불균형적으로 위치한 독성, 유해, 위험한 폐기물 시설의 불공평한 분포에 도전하기 위하여 출현하였다. 이 운동은 인간 지역사회의 보호를 개선하고 일반적으로 야생의 자연에 대해서는 관심이 덜하기 때문에 환경주의의 명백한 표현이다. 이는 사람이 살고, 일하고, 노는 곳의 환경 보호이다. 지난 20년 동안에 환경 정의는 지역사회 지향의 반독소 활동에서 경제 발전과 환경 저하의 지구적 규모의 불평등을 다루는 것으로 범주를 확대하였다.

환경 정의의 인식은 시민권, 공중 보건, 지역사회 조직 노력에서 크게 초래되었다. 그 결과 이 운동은 환경 위해의 불공정한 분포에 도전하고 자연 자원의 혜택에 쏟고, 저소득 지역사회에 영향을 미쳐 오염을 방지하는 노력을 촉진한다. 이는 빈곤층과 주변층을 특별 관심의 목표로 만들어 자연을 보호하려는 전통적인 환경주의자의 노력을 따른다. 환경 정의의 힘은 공평의 기본적 윤리에 호소한다는 점에 있다. 이 운동의 구성원은 정치적으로 주변층, 저소득 군집인 유색인종이 그러한 커다란 부담을 겪는 것은 부당하다고 주장한다.

1982년 노스캐롤라이나 주 Warren County의 아프리카계 미국인 주민은 PCB 오염된 폐기물의 투기 장소로 그들의 지역사회의 매립장이 이용되는데 대하여 항의를 하였다(그림 2.5). 일부 관찰자들은 그 계획이 주에서 가장 빈곤하고 정치적으로 영향력이 없는 사람들을 이용하는 것이라고 주장한다. Warren County 주민은 매립장으로 향하는 트럭 앞의 도로에 누워서 직접적인 행동을 하였다. 수백 명이 체포되었으며, 여기에는 이 항의를 지지하기 위하여 노스캐롤라이나로 여행한 Washington, D.C.의 연방 하원의원인 Walter Fauntroy도 포함되었다.

항의 이후에 수많은 연구에 의하여 독성폐기물 처리시설이 실제로 소수인종 지역에 불균형적으로 위치한다는 것이 빠르게 확인되었다. 그뿐 아니라 연구는 주민이 가난한 소수인종으로 이루어진 지역에는 법 집행이 더디고 부과된 벌금이 낮다는 것도 밝혔다. 1990년대 초에 환경 정의는 환경보호의 필수적인 요소로 환경운동 전체에 걸쳐 인식되었다.

1998년 미국 환경보호청(EPA)은 환경 정의를 공평한 대우의 단순한 문제로 특징지었다. EPA는 "민족, 인종, 사회경제적 집단을 포함하는 어떠한 집단의 사람도 연방, 주, 지역, 종족의 계획과 정책에서 초래되는 산업, 도시, 상업적 운영 또는 시행의 부정적인 환경 결과의 불균형적 분담이 있어서는 안 된다"는 원칙에 대한 연방 정부의 공약을 나타내었다. 환경 정의에 대한 EPA의 웹사이트 (http://www.epa.

(a)

(b)

그림 2.5 환경 정의: (a) 환경 정의 운동의 발상지인 노스캐롤라이나 주의 Warren County. (b) Warren County 주민들이 지역 매립장에 유해 PCB를 투기하는데 항의한다.

gov/compliance/environmentaljustice)는 환경 정의가 "인종, 피부색, 국적, 수입에 관계없이 모든 사람이 환경법, 규제, 정책의 개발, 이행, 수행에 대하여 의미 있게 관련되는 것"도 포함한다고 주장한다.

환경 정의는 따라서 시민권과 밀접하게 연관되어 있다. EPA의 정의에 의하면 고의적인 차별이 관련되지 않는다. 한 사회 집단에 불공평하게 영향을 미치는 어떠한 행동도 EPA 규정 위반이다. 무엇을 판단할지와 비교의 기준이 무엇이 되어야 하는가를 정의하는 데에서 어려움이 발생한다.

한 집단이 부당하게 불리한 조건에 놓였는지를 평가하는 첫 단계로서 정책결정자는 누가 영향을 받았는지를 고려하여야 한다. 대부분의 인종 자료는 조사 지역, 우편 번호, 시 경계, 국가에 연관된다. 만약 시설이 부유한 county에 위치하지만 가난한 지역사회에 가까운 county 경계 가까이 위치한다면 정책결정자는 어떻게 선을 그을 것인가? 탁월풍이 고려되어야 할까요? 많은 산업 부지는 땅값이 싼 곳에 위치하며, 저소득층은 생계비용을 최소화하기 위하여 이러한 지역에 거주하는 것을 선택할 수 있다. 이러한 결정은 어떻게 평가되는가?

또 다른 어려움은 특정한 집단이 불이익을 받는지 받는다면 어떻게 받는지를 결정하는 것이다. 매립장, 화학공장, 다른 산업 활동은 다른 사람들에게 해를 끼칠 수 있지만, 일부에게는 혜택을 가져온다. 그것들은 직업을 창출하고, 토지가를 변화시키며, 지역사회에서 소비되는 소득을 발생한다. 공무원은 혜택과 손실을 어떻게 비교하는가? 잠재적인 건강상의 위해는 어떻게 직장과 고소득이 가져다주는 전반적인 건강상의 혜택과 어떻게 비교되는가?

복잡함에도 불구하고 정부가 환경비용과 혜택이 시민에 미치는 영향의 공정성을 보장하기 위하여 할 수 있는 많은 방법이 분명히 있다. 정부는 주택, 교육, 고용에서 차별을 배제하기 위한 법과 명령을 정립하였지만, 환경 정의 운동이 시작되기 전까지는 환경 실행에서 차별을 다루기 위하여 거의 역할을 하지 않았다. 환경 정의 문제를 특히 골칫거리로 만드는 요인은 문제를 일으키는 사람과 책임을 지는 사람 사이의 전도된 관계이다. 연구에 의하면 사회의 부유층이 대부분의 폐기물을 생산하지만, 가난한 계층이 이 폐기물 부담의 대부분을 지게 된다.

환경 정의는 다양한 범위의 문제를 포함한다. 어디에 유해 오염시설을 설치할지의 문제에 추가하여, 운반, 안전한 주거, 납 중독, 수질, 휴양에의 접근, 소음공해에 노출, 생계형 어업의 실행 가능성, 환경 정보에의 접근, 유해 폐기물의 정화, 허리케인 Katrina와 같은 자연 재해에의 노출과 관련한 환경 정의의 문제가 발생한다(39쪽 이슈와 분석 참조). 미국에서 환경 정의 문제는 미국 인디언 원주민 보후구역의 오염과 관련해서도 발생한다. 환경 정의에 대한 더 많은 의문은 특정한 지역과 국경 지역에 오염 공장이 집중되는 경향을 일으키는 국제 무역 정책에서 초래된다.

미국의 환경 운동은 중산층과 부유한 백인의 우려로서 시작되었다. 환경 정의는 운동의 인구를 넓혔으며 단순히 무시되었던 많은 중요한 환경문제의 프로필을 제고하였다. 소수인종, 원주민, 유색인종은 환경과 관련된 인종, 계급, 차별, 공평에 대한 대화를 강요하였다. 그들은 환경 파괴의 양상이 중요한 사회적 차원을 가지고 있다는 것을 의심의 여지없이 정립하였다.

환경 정의 운동은 지역사회 기반의 조직이 대학 연구진과 짝이 되었을 때 가장 강력하였다. 지역 집단은 주변의 환경문제에 대한 완전한 지식이 있었지만, 학계는 지역 문제와 관련된 과학적, 분석적, 법적 전문기술을 가지고 기여하였다. 이러한 상이한 종류의 집단 간의 협력이 자신의 정보를 제공하고 차별적 환경 활동과 더 공정한 접근의 필요성에 대한 더욱 강력한 논쟁을 전진시킬 수 있다.

환경 정의 주요 사건

1982

국가적 관심은 노스캐롤라이나 주의 Warren County의 저소득 소수인종 지역사회의 주의 14개 county에서온 PCB 오염된 토양으로 채워진 매립장에 대한 일련의 항의에 집중되었다. 500명 이상이 체포되었다. 이 항의는 미국 회계감사원(GAO)이 8개의 남부주의 유해성 폐기물 매립장의 조사를 개시하도록 촉구하였다. GAO 조사는 매립장의 3/4이 소수인종 지역사회에 위치하고 있다고 결론지었다.

1987

인종 정의에 대한 연합 그리스도의 교회(United Church of Christ) 위원회는 인종이 미국 전체에 걸쳐 독성 폐기물 시설의 위치 결정에 가장 중요한 요인이었다는 것을 보여주는 보고서를 출간하였다. 60% 이상의 아프리카계 미국인과 라틴 아메리카계 사람이 유해 폐기물 부지 부근에 거주하고 있다. 전미 법률 저널(National Law Journal)에 의한 유사한 연구도 소수인종 지역사회의 공해기업은 벌금을 54% 적게 냈으며 EPA가 국가 우선 행동 목록(national priority action list)에 폐기물 부지를 위치하는데 20% 이상 더 기간이 소요되었다.

1992

EPA는 모든 기관의 정책과 계획에서 환경 정의 문제를 검토하기 위하여 환경 정의국(Office of Environmental Justice)을 설립하였다. EPA는 저소득층과 소수인종 지역사회가 납, 오염된 어류, 대기 오염, 유해 폐기물, 농업용 살충제에 더 노출된다고 보고하였다.

1994

Clinton 대통령은 모든 연방 기관이 환경 정의를 고려하기 시작하도록 요구하는 지시인 행정명령 12898에 서명하였다. 이 명령은 "각각의 연방 기관은 계획, 정책, 활동이 소수인종 인구와 저소득층 인구에 미치는 인간의 건강 또는 환경에 미치는 불균형적으로 높은 악영향을 인식하고 다루어서 환경 정의를 달성하는 것을 임무의 일부로 하여야 한다"고 명시하였다.

2003

미국 인권 위원회는 연방 인권 집행의 감시 책임을 지는 독립된 집단인데, 의회에 "님비 현상(Not in My Backyard)"이라는 보고서를 발행하였는데, 이 보고서는 여러 연방 기관(EPA, DOT, HUD, DOI)이 1994년 환경 정의 행정명령을 완전히 실행하는데 실패하였다는 것을 발견하였다.

2004

환경 정의에 대한 미국 법률가 협회 특별 위원회는 모든 사람을 위한 환경 정의: 입법, 정책, 의안 제출권의 50개 주 조사(2004)를 발간하였다. 이 보고서는 주들이 법을 집행하고 환경 정의의 목표에 명백한 의미를 부여하기 위하여 수행한 법령, 정책, 의안 제출권, 기타 공약을 판정하였다. 2004년 3월 감찰청(Office of Inspector General)은 "*EPA*는 환경 정의에 대한 행정 명령의 의도를 시종일관 실행할 필요가 있다"라는 보고서에서 Bush 행정부에서 환경 정의의 처리를 요약하였다. 10년 후에도 EPA는 일상의 운영에 환경 정의를 통합하기 위한 "명백한 통찰력 또는 포괄적인 전략적 계획을 개발하지 않았으며, 가치, 목적, 기대, 수행 측정을 정립하지 않았다."

2005

2005년 7월의 미국 회계감사원 보고서인 "환경 정의: *EPA*는 대기오염 규제법을 개발할 때 환경 정의에 더 많은 주의를 기울여야 한다"에서 대기오염 규제법의 입안시 환경 정의 문제를 다룬 방식을 비판하였다.

허리케인 Katrina가 New Orleans를 강타하였다. 폭풍이 지나간 자국에서 당국은 575건의 유류와 독성 화학물질 유출을 보고받았다. 이 중에서 10개의 대규모 유류 유출은 8백만 갤런에 달하였다. 허리케인은 6층 높이의 쓰레기 산으로 1천개의 축구장을 덮을 수 있는 1억 yd^3 이상의 더미를 생산하였다. 이 엄청난 양의 쓰레기는 유색인종의 주거지역 인근에 도시 매립장을 급히 허용하도록 하였다.

2007

연합 그리스도의 교회는 1987년의 획기적인 연구의 개정판인 "20년차의 독성 폐기물과 인종"을 발표하였다.

새로운 방법론을 사용하여 이 보고서는 "유해 폐기물 분포의 인종적 불균형은 과거에 보고된 것보다 크다"라는 것을 발견하였다. 사실상 이러한 방법은 유색인종이 미국의 유해 폐기물 시설의 3 km 내의 인근에 살고 있는 인구의 대부분을 차지한다는 것을 보여주었다.

2009

EPA는 알래스카, 캘리포니아, 일리노이, 펜실베이니아, 사우스캐롤라이나에 총 $800,000을 지급하는 주 환경 정의 협력 협정을 착수하였다.

EPA는 "환경 정의 연구와 의사 결정의 강화: 불균형적 환경 건강 영향의 과학에 대한 토론회"를 후원하였다. 이 토론회는 환경 정의의 우려를 EPA의 의사결정 과정에 통합하기 위하여 체계적이고 과학적으로 방어할 수 있는 접근법을 개발하기 위한 기초를 쌓기 위하여 계획되었다.

2010

EPA는 "*New Orleans*에서의 환경 정의, 대기질, 재화의 이동, 녹색 직업에 대한 토론회"를 후원하였다.

2013

미국 보건후생성(Department of Health and Human Services; HHS)은 환경 정의 시행 진도 보고서를 발표하였다. 이 보고서는 이해당사자 고용, 정책 개발과 보급, 교육과 훈련, 연구와 자료 수집, 분석, 봉사 영역에서의 환경 정의에 대한 HHS의 역할과 기여를 밝혔다.

2.5 사회 환경윤리

사회에 의하여 표현되는 환경윤리는 개인, 상업, 국가 지도자를 포함하는 다양한 범위의 사회적 행위자에 의하여 형성된 결정과 선택의 산물이다. 서구의 선진 사회는 오랫동안 지구가 천연 자원의 무제한적인 매장량, 폐기물의 무한정한 소화 능력, 억제되지 않는 성장을 수용할 수 있는 무제한의 능력을 가진 것처럼 행동하였다.

선진국의 경제는 지속적인 성장을 선호하는 원리에 기반을 두고 있다. 불행히도 이러한 성장은 항상 면밀하게 계획되거나 심지어는 바라지 않았다. 이러한 "성장 열광"은 편안한 가정, 설비 좋은 병원, 편리한 교통, 간이음식점, VCR, 가정 컴퓨터, 건전지 작동 장난감과 같은 재생불가능한 자원의 지속불가능한 이용을 초래하였다. 경제적인 견지에서 이러한 성장은 생산성으로 측정된다. 그러나 "무엇이 충분한가?"라는 질문이 생긴다. 가난한 사회는 가진 것이 거의 없지만, 부유한 사회는 결코 "그만! 우리는 충분해."라고 말하지 않는다. 인도의 철학자이자 정치가인 간디(Mahatma Gandhi)는 "지구는 모든 사람의 필요를 충분히 만족시키도록 제공할 수 있지만, 모든 사람의 탐욕은 만족시킬 수 없다."라고 말하였다.

20세기의 마지막 4분기까지도 **경제 성장**과 **자원 개발**은 산업화된 사회에서 자연 환경으로의 가장 지배적인 방향이었다. 개발도상국은 선진국과 유사한 인간중심주의 경로를 따르도록 고무되었다. 지난 40년간 현대의 환경 운동이 태동된 이래, 사정이 변하기 시작하였다. 가장 극적인 변화의 일부는 기업의 영업 관행에서 나타났다.

2.6 기업 환경윤리

환경의 상태에 대한 상업의 막대한 영향은 기업 환경윤리의 중요한 필요성을 강조한다.

기업(Corporation)은 이윤을 위하여 고안된 법적 실체이다. 기업은 재산을 보유하는 권리와 주주의 제한적인 책임과 같은 특정한 권리와 특권을 보유한다. 어떤 법적인 개념에서 기업은 "인위적 개인"처럼 작용하지만, 기업의 주요한 목적은 공중에 혜택을 주거나 환경을 보호하는 것이 아니라 주주를 위하여 재정적 보답을 생성하는 것이다. 이는 그러나 기업이 공중이나 환경에 대하여 윤리적 의무가 없다

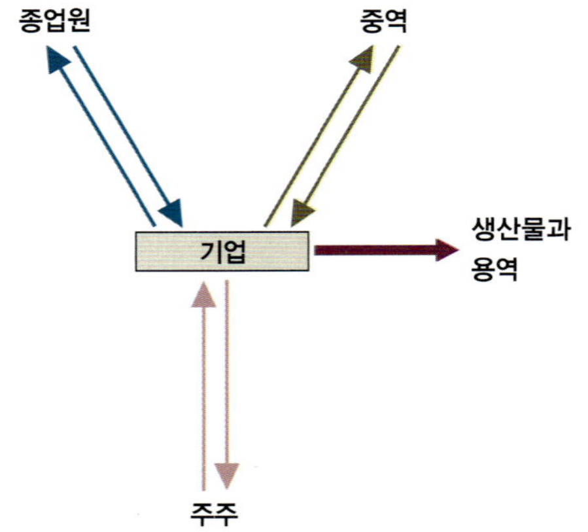

그림 2.6 기업의 의무: 기업의 의무는 주주, 종업원, 또는 중역이 요구하지 않으면 환경을 포함하지 않는다.

그림 2.7 기업 의사 결정: 기업은 이윤을 생성해야만 한다. 기업이 오염 통제와 폐기물 처분을 볼 때 그 비용을 다른 비용과 동일하게 바라보며, 비용의 감소는 이윤의 증가를 가져온다.

는 것을 의미하지는 않는다. 주주는 회사의 중역이 기업을 윤리적으로 운영할 것을 요구할 수 있다(그림 2.6).

상업에서 법인은 개인이나 합자회사를 훨씬 능가하는 조직과 부와 권력의 집중을 허용한다. 우리의 환경에 영향을 미치는 가장 중요한 결정의 일부는 정부나 공공에 의하여 이루어지지 않고 커다란 기업 권력을 휘두르는 중역에 의하여 이루어진다.

폐기물과 오염

원자재의 조달, 제품의 제조와 판매, 폐기물의 처리와 같은 기업의 일상 업무는 대량의 오염을 유발한다. 이는 어느 기업이나 회사가 오염을 기업의 정책으로 채택해서가 아니다. 이는 기업이 존재하기 위하여 제품을 생산하고 수익을 내서 판매하기 위하여 단순히 에너지와 자원을 소비하는 사실 때문이다.

원료가 처리되면 일부 폐기물은 보통 필연적이다. 제조과정의 모든 부산물을 완전히 통제하는 것은 종종 어렵다. 일부 폐기물은 단순히 소용이 없다. 예를 들면 식품 서비스 기업은 식사를 준비하기 위하여 에너지를 사용한다. 대부분의 에너지는 폐열로서 손실된다. 연기와 냄새가 대기로 방출되며 상한 음식은 폐기되어야 한다. 열, 연기, 음식 폐기물은 식품 산업을 하는 비용의 일부로 보인다. 이러한 폐기물을 통제하는 비용은 기업의 이윤을 결정하는데 매우 중요하다.

한 품목의 생산이 저렴할수록, 가능한 이윤은 더 크다. 공중 또는 환경의 안녕과 상관없이 이윤을 최대화하기 위하여 기업이 생산의 질 또는 폐기물 처리의 비용을 깎을 때 윤리가 명백하게 연관된다. 종종 폐수처리 시설을 설치하는 것보다 폐기물을 강에 투기하는 것이 단기적으로는 저렴하고, 여과기로 포획하는 것보다 대기 중으로 폐기물을 방출하는 것이 저렴하다. 이러한 활동을 **외부 비용(external costs)**이라고 부르는데, 기업이 아니라 공중 또는 환경이 비용을 치르기 때문이다. 많은 사람은 이러한 오염을 비윤리적이고 비도덕적으로 간주하지만, 기업의 대차 대조표에서 이는 **이윤(profitability)**을 결정하는 단순한 다른 요인일 따름이다(그림 2.7). 주주는 투자에 대한 수익을 기대하기 때문에, 기업은 환경 또는 사회에 대한 장기적인 혜택보다는 종종 단기적 이윤에 근거하여 의사결정을 하게 된다.

기업 환경윤리가 있는가?

기업은 지난 수년간에 걸쳐 환경문제에 대하여 확실히 더 빈번하게 언급하였다. 이러한 우려는 단지 과장이고 사회적 마케팅(환경 보호에 관한 광고 활동; greenwashing)인가, 아니면 새로운 기업 환경윤리의 시작인가?

환경 보호에 관한 광고 활동은 비공식적으로는 환경 파괴적인 실행을 하면서 녹색 대중 이미지를 표현하고 녹색 발의를 선전하는 기업의 사칭 형태이다. 회사는 환경에 책임을 지는 이미지를 생성하여 환경문제에 대한 대중의 증가하는 우려를 이용하려고 한다. 환경 보호에 관한 광고 활동은 회사가 투자자를 이기고, 시장에서 경쟁적 우위를 형성하고, 비판자들에게 회사의 의도가 선하다고 확신시키도록 도와준다. 환경 보호에 관한 광고 활동의 예는 다음을 포함할 수 있다. 유럽의 맥도널드는 회사 로고를 노란색과 빨간색에서 노란색과 녹색으로 변경한다; 제품이 환경 영향을 저감하려는 시도가 전혀 없지만 음식 제품은 환경 친화적 이미지를 불러일으키는 포장을 한다; 세계 2위의 정유회사인 BP는 로고에 녹색과 노란색의 햇살 디자인으로 "석유를 넘어서"라는 선전 문구로 상표를 바꾼다.

일부 기업은 단지 녹색으로 보이기만을 원하지만, 다른 기업은 더 윤리적인 접근방법을 취한다. 기업은 환경 친화적 또는 위해적 제조 과정을 사용하는 실질적인 선택에 직면한다. 사회 내에서 환경윤리의 개념이 더 굳게 정착되면서, 기업은 더 환경적이고 사회적으로 책임이 있는 관행을 채택하는 압력을 더 받고 있다. 실질적인 개선이 이루어졌다. 예를 들면 Interface Incorporated의 앤더슨(Ray Anderson)은 그의 회사에 생산되는 폐기물의 양을 75% 감소하여 양탄자 산업의 녹색화의 길을 선도하였다. 국제 표준화 기구(International Organization for Standardization; www.iso.org)는 기업이 환경적으로 민감한 생산 관행을 채택하는 것을 권장하기 위하여 ISO 14000이라고 불리는 프로그램을 개발하였다.

1989년 알래스카 *Exxon Valdez* 유류 오염 사고에 대한 업계의 반응은 윤리적 도전에 대한 기업의 혼합된 반응의 좋은 예이다(그림 2.8). 유류 오염법(Oil Pollution Act; OPA)은 미래의 유류 유출에 대한 환경 영향을 저감하기 위하여 1990년 통과되었으며 유출의 94%를 감소시켰다. OPA의 새로운 규제 중 하나는 모든 대형 유조선은 2중 선체를 가져야 하며 그렇지 않을 경우에는 2010년 이후에는 운행이 금지된다는 것이다. 그러나 이 법을 우회하기 위하여 많은 유조선은 유류 운반 작업을 규제가 약한 유류 바지선으로 전환하였다. 이러한 유류 유출 안전의 감소는 New Orleans 부근의 Mississippi 강에서 2008년 7월 유류 바지선이 유조선과 충돌한 것을 포함한 여러 차례의 바지선 유류 유출을 초래하였다. 약 1백60만 리터의 유류가 배출되었다.

환경주의자, 투자자, 기업 집단이 "환경적으로 책임을 지는 경제 연합(Coalition for Environmentally Responsible Economics; CERES)"이라는 집단을 구성하였으며 CERES 원칙(처음에는 Valdez 원칙으로 불렸음)이라고 하는 상관습이 측정될 수 있는 10조의 환경 기준을 고안하였다. CERES 기업은 상관습을 통하여 환경적 우수성을 얻기 위하여 법에 의하여 정해진 요구를 넘어서겠다고 다음과 같이 자발적으로 서약하였다. (1) 생물권의 보호, (2) 천연 자원의 지속가능한 이용, (3) 폐기물의 감축과 안전한 배출, (4) 에너지의 보존, (5) 안전한 기술을 통한 환경 위해의 최소화, (6) 환경 피해를 유발하는 제품과 서비스의 이용, 제조, 판매의 감소, (7) 환경 피해의 복구, (8) 대중에게 건강, 안전, 환경 상태의 통보, (9) 관리 의사 결정에서 환경 정책의 고려,

(a)

(b)

그림 2.8 유류 유출 대응: 1989년 알래스카 주 Prince William Sound의 유류 유출은 CERES 원칙의 개발을 가져왔다. (a) 수달은 유출의 희생자이다. (b) Prince William Sound 해안의 Exxon Valdez호 유출 유류의 청소

(10) 대중에게 연간 환경 감사의 보고 등이다. 오늘날 많은 Fortune 500 회사를 포함한 80개 이상의 기업이 CERES 원칙에 찬성하였다. 추가적으로 CERES는 투자자 네트워크를 통합하였으며, 세계적으로 CERES 기업은 이러한 접근법을 인정하여 많은 기구로부터 환경상을 수여하였다.

1997년 Global Reporting Initiative(GRI)가 설립되었다. CERES에 의하여 UN 환경계획(UNEP)과 공동으로 소집된 GRI는 전 세계의 기업, NGO, 회계 기구, 기업 협회, 이해 관계자의 활발한 참여를 권장한다. GRI의 임무는 경제, 환경, 사회적 수행에 대한 보고의 세계적으로 적용 가능한 지침을 개발하는 것이며, 초기에는 기업에 대하여 궁극적으로는 모든 기업, 정부, NGO에 대한 것이다.

GRI의 지속가능한 보고 지침은 1999년 초안이 발표되었다. GRI 지침은 경제, 환경, 사회적 문제의 "수익과 환경 보전(triple bottom line)"을 망라하는 포괄적이고 지속가능한 보고의 최초 세계적인 틀을 대표한다.

지속가능성 정보의 개선된 발표는 세계화하는 경제의 관리 도전에 대처하기 위하여 필요한 접근법의 혼합에 필수적인 요소이다. 오늘날 전 세계의 2천개 이상의 기업이 경제, 환경, 사회적 정책, 실행과 성과에 대한 정보를 자발적으로 보고한다. 불행히도 이 정보는 때로는 모순이 있고 불완전할 수 있다. 기업, 지역, 규제 요구에 따라 측정과 보고 실행은 크게 변화할 수 있다. GRI의 지속가능성 보고 지침은 이러한 도전의 일부를 다루기 위하여 고안되었다. 현재 33개 국가의 392개 기관이 GRI 지침을 따르고 있다.

녹색 산업 개념

만약 보전이 국가 경제의 파탄을 초래한다면 환경을 보전하기 위한 정치적 의욕이 없을 것이다. 또한 숨 쉴 수 있는 공기, 마실 수 있는 물, 야생생물 종, 공원, 야생을 희생하여 산업 생산성을 높이는 것도 이치에 맞지 않는다. 환경 옹호자들은 기업이 그들의 활동에 의한 경제적 결과를 더 고려하기를 요구한다면 기업의 이윤 추구 욕구도 고려하여야 한다.

기업은 이윤이 현재 또는 미래 세대의 건강을 희생하여 오지 않아야 하고 또는 종의 절멸로부터 오지 않아야 한다는 것을 인지하여야 한다. **자연 자본주의**는 기업이 이윤을 확대하면서 동시에 환경도 잘 보살필 수 있다는 생각이다. 3M 회사는 지난 20년 동안 Pollution Prevention Pays (3P) 계획을 통하여 $5억을 절감하였다. **생태적 환경적 경제**의 혁신은 기업을 하는데 소요되는 모든 사회적 경제적 비용을 볼 수 있도록 하는 회계 기술의 진전을 가져오며 이렇게 함으로써 이러한 비용은 기업 의사 결정자에 의하여 더 이상 외부화 되지 않을 것이다.

1990년대 중반에 산업 생산과 환경 질을 연결하는 **산업 생태학(industrial ecology)**이라 불리는 개념이 나타났다. 산업 생태학의 가장 중요한 요소 중 하나는 생물학적 생산에 산업 생산을 모델링한다는 것이다. 산업 생태학은 폐기물이 어디로 가는지를 고려하도록 산업을 강요한다. 사전에서는 폐기물을 쓸모없거나 가치 없는 물질로 정의한다.

그러나 자연에서는 어느 것도 폐기되지 않는다. 모든 물질은 궁극적으로 재사용된다. 산업 생태학은 지구에서 취한 물질을 고비용으로 폐기하거나 낭비하는 것은 단견이라고 명확하게 밝힌다. 더 이상 사용하지 않는 물질이나 제품은 폐기물이 아니라 잔여재산으로 부를 수 있다. 잔여재산은 우리의 경제가 아직 효과적으로 사용하는 방법을 알지 못하는 것이다. 이러한 관점에서 오염물질은 장소를 벗어난 자원이다. 산업 생태학에서 훌륭한 환경 실행은 훌륭한 경제이다. 이는 오염과 폐기물을 새로운 방식에서 바라보도록 한다.

또 다른 녹색 산업 개념은 **수익과 환경 보전(triple bottom line)**이다. 수익과 환경 보전은 사업 성공을 위한 윤리적 기준으로 불렸다. 사업 성공의 전통적인 측정은 항상 이윤이었다. 최종 결과는 순수하게 재정적인 것이었다. 3개의 최종 결과 개념은 인기를 얻어가고 있는데, 기업의 성공을 재정, 사회, 환경(때로는 사람, 행성, 이윤으로도 불림)의 3개 전선에서 측정하는 것이다. 다른 말로 하면 중역들은 돈뿐 아니라 상업 활동이 사람과 행성에 미치는 영향에도 관심을 가진다는 것이다. 수익과 환경 보전에 대한 옹호자는 이러한 가치를 상업 운영의 핵심 부분으로 만들 때만 기업이 변화하는 세계에서 생존할 수 있다고 말한다. 일부 상업은 수익과 환경 보전을 회사의 규정 또는 정관으로 자발적으로 채택하였으며, 일부는 수익과 환경 보전의 상업이 세제 우대와 같은 혜택을 가져다줄 수 있도록 하는 "지속가능한 기업"을 창립하는 주 법률을 옹호하였다.

환경 운동은 대중의 의견에 효과적으로 영향을 미쳤으며 업계가 더 큰 환경 책임을 지도록 움직이게 하였다. 더 복잡하고 엄중한 환경과 대중 안전 요구는 이 세기를 통하여 기업 의사결정에 더욱 영향을 미칠 것이다. 상업 자체는 환경 혜택을 촉진하고 환경 비용을 최소화하면서도 지평선을 확장하고 이윤을 얻을 수 있는 새로운 방도를 찾을 것이다. 그러나 지구에 인구가 증가하고 소비 수준이 증가하면서, 지구의 환경 부담은 불가피하게 계속 증가할 것이다. 상관습의 변화만으로는 충분하지 않을 것이다.

2.7 개인 환경윤리

사회와 상업의 윤리적 변화는 개인에서 시작되어야 한다. 우리의 개인 활동이 환경 질에 관련이 있으며 우리가 생활하는 동안 환경 질에 어느 정도의 개인적인 책임이 있다는 것을 인식하여야 한다. 다른 말로 하면, 환경윤리는 새로운 국가의 법과 더 나은 상관습에서 뿐 아니라 우리 모두가 생활하는 방식에 중대한 변화를 보여야 한다는 것이다.

지난 10여 년 간에 수행된 다양한 여론 조사는 미국 사람이 환경문제를 기술적으로 신속하게 해결할 수 있다고 생각한다는 것을 보여주었다. Roper 여론조사 기관은 대중이 "운전자가 아니라 사람이 오염을 시키기 때문에, 산업은 무공해 자동차를 개발해야 한다. 전기 소비자가 아니라 석탄 설비가 오염시키기 때문에, 환경적으로 덜 위험한 발전 방법이 발견되어야 한다."고 믿는다는 것을 발견하였다. 많은 개인이 환경이 깨끗해지기를 원하지만, 이를 이루기 위하여 생활양식의 주요한 변화를 원하지 않는다.

신기술은 우리 생활양식의 환경 영향을 저감하는데 미래에 분명히 중요한 역할을 하지만, 개인의 현재 행동 선택도 생태계의 건강에 커다란 차이를 나타낼 수 있다. 환경윤리는 따라서 정부와 상업차원에서뿐 아니라 소비에 대한 개인적 선택의 수준에서도 확립되어야 한다.

2.8 소비의 윤리

1994년 인구와 개발에 대한 국제회의를 위하여 세계에서 대표자들이 카이로에 모였을 때, 개발도상국의 대표자들은 미국에서 태어난 아이는 아프리카나 인도의 아이에 비하여 일생 동안에 최소한 20배의 세계 자원을 소비할 것이라고 항의하였다. 그들은 세계 환경의 문제가 북반구의 과소비이며 단지 남반구, 중국, 또는 인도의 과밀인구만이 아니라고 주장하였다. 북반구의 사람은 너무 많이 소비하는가?

세계 인구의 5%만을 차지하는 북미의 경우 세계 석유의 1/4을 소비한다. 그들은 누구보다도 많은 물을 사용하고 차를 더 많이 소유한다. 그들은 사하라 남부 아프리카의 대부분의 사람보다 많은 식량을 낭비한다. 미국 이외의 세계가 미국 사람이 소비하는 비율로 소비한다면, 이러한 자원을 공급하기 위하여 지구라는 행성을 5개 더 필요로 할 것이다.

식량

2세기 전에 맬서스(Thomas Malthus)는 인구의 성장이 식량 생산을 추월하면서 세계적인 기근은 필연적이라고 선언하였다. 1972년 로마클럽으로 알려진 학자 집단은 끝나가는 20세기에 대하여 거의 동일한 예측을 하였다. 그러나 최소한 아직까지는 세계적 기근은 일어나지 않았는데, 그 이유는 인간의 창의력이 인구 성장을 앞질렀기 때문이다.

비료, 살충제, 고수확 농작물은 지난 40년 동안 곡물생산을 2배 이상 증가시켰다. 오늘날 8억5천만 명이 굶주리고 매년 6백만 명의 5세 이하 아동이 죽어가는 것은 세계에 충분한 식량이 없어서가 아니라 사회적, 경제적, 정치적 상태가 식량이 필요한 사람이 식량을 얻을 수 없게 만들기 때문이다. 이러한 비극은 2000년에 영양실조에 걸린 사람 수만큼이 과체중인 역사적인 사건에 달한 사실에 의하여 더 골치가 되고 있다.

고수확 농작물의 개발에 대한 역할로 1970년 노벨상을 수상한 볼라그(Norman Borlaug)는 유전공학과 다른 새로운 기술이 다음 50년에 걸쳐 식량 생산이 인구 증가를 앞설 수 있도록 할 것으로 예측한다. 그러나 새로운 기술이 논란의 여지가 없는 것은 아니다. 멕시코 정부는 최근에 유전자 조작 옥수수가 자연 옥수수 개체군으로 탈출한 것을 확인하였으며, EU는 유전자 조작 생물을 0.9% 이상 포함한 모든 식품에 표시를 요구하여 미국으로부터 5년간의 수입 금지를 해제하였다.

미래의 식량 생산에 대한 불확실성에는 추가적으로 반복적인 화학약품 사용으로 인한 토양 비옥도의 감소, 조악한 농업 기술에 의하여 초래되는 사막화와 침식, 도시화로 인한 가용한 경작지의 상실과 같은 요인이 포함된다. 빠른 지구 기후 변화의 증가하는 증거는 과거 수확으로부터 미래를 예측하는 것을 매우 신뢰할 수 없게 한다. 21세기 중반에 인구가 90억으로 최대를 보일 때, 충분한 식량이 가용할지 명백하지 않다. 21세기에 충분한 식량이 생산된다고 하더라도, 모든 사람이 공평한 분배를 받을지는 더욱 불확실하다.

과학, 정치, 정책

환경과학자는 환경 정책의 옹호자가 되어야 할까요?

환경과학자는 환경 정책의 옹호자가 되어야 하나요? 이 질문은 환경이 주요한 정책 의제가 된 이래로 정책 논쟁의 중심이 되어 왔다. 더 많은 수의 환경과학자들이 이제는 동의하고 있다. 그들은 과학자들이 과학자이기 전에 시민이라는 이유에서, 능력이 닿는 한 그리고 정당화되고 투명한 방식에서 옹호해야 할 책임이 있다고 주장한다.

옹호에 대한 대부분의 글은 본질을 적절하게 평가하지 않고 적절성만을 본다. 예를 들어 옹호에 대한 찬성이든 반대이든 대부분의 논쟁은 논쟁의 종종 한쪽 면만을 본다. 과학적 신뢰성의 문제가 종종 제기된다. 옹호자로 활동하는 과학자에 반대하는 사람들은 옹호자가 과학적 신뢰성을 종종 훼손한다고 이야기한다. 반론은 과학자의 업적이 투명하게 정직하다면, 과학계가 이를 지지해야 한다고 말할 수 있다. 그러나 과학적 신뢰성은 효율성과 동일한 것이 아니다. 어떤 사람은 과학적인 신뢰성을 가지면서도 옹호에는 효과적일 수도 있고 비효과적일수도 있다.

많은 과학자들이 동의하는 한 가지 영역이 있는데, 이는 시민으로서가 먼저이고 과학자로서는 다음이며, 과학자들은 과학적 자료와 통찰을 정책 결정을 안내하는데 사용해야 할 책임이 있다는 것이다. 도덕가들과 과학자들은 이를 철학적 윤리와 자료를 수집하고 분석하는 과학적 책무의 이상적인 어울림이라고 부른다. 더 많은 과학자들이 정책 문제의 그들의 직업적인 활발한 참여를 요청하고 있다. 그들은 정책 문제에 대한 과학자들의 폭넓은 참여는 훌륭한

과학자들 사이에 틀림없이 의견의 상위를 초래할 것이며 정책 결정 과정을 복잡하게 할 것이라고 주장한다. 그러나 궁극적인 목표는 과정의 단순성이 되어서는 안 되며 사회의 개선이어야 한다고 주장한다. 많은 과학자들은 환경문제에 대한 정책 토론에 참여하지 않는 위험이 참여하는 위험보다 크다고 말한다.

여러분의 생각은 어떤가요? 환경과학자들이 정책 옹호자가 되어야 하나요? 정책 문제에 관여하는 것은 과학자의 역할을 손상하는 것인가요, 아니면 강화하는 것인가요?

에너지

지구상의 모든 사람이 미국 사람의 평균만큼 석유를 소비한다면, 지구의 알려진 매장량은 40년이 지나면 고갈될 것이다. 현재의 소비 속도에서도 확인된 매장량은 21세기를 버티지 못할 것이다. 그러나 기술적 낙관주의자들은 걱정하지 말라 한다. 그들은 새로운 기술이 세계 에너지 위기를 막을 것이라고 한다.

이미 석유회사들은 지하에서 석유를 찾고 추출하는 저렴하고 효율적인 방법을 개발하였으며, 22세기까지 공급을 연장할 수 있을 것이다. 세계의 많은 지역에서 천연가스는 가정과 산업 에너지의 주된 공급원으로서 석유를 대체하고 있다. 새로운 석탄 기화 기술도 청정하고 연장된 화석연료 동력에 대한 약속을 한다.

그러나 지구의 화석연료는 유한하다는 사실을 무시하는 것은 불가능하다. 이러한 연료는 영원히 지구의 주된 동력원이 될 수 없다. 화석연료가 고갈되기 전에, 지구 온난화에 대한 우려는 화석연료를 연소하는 것을 중지시키게 할 수 있다. 더 나아가 화석연료는 세계의 특정한 지역에서만 대량으로 발견되기 때문에, 지정학적 사건은 국가 경제에 재앙이 될 수 있는 급작스런 연료가격의 상승을 초래할 수 있다. 자연재해도 생산기반을 파괴할 수 있으며 따라서 화석연료 공급을 둘러싸고 있는 추가적인 불확실성이다.

더 선견지명이 있는 에너지 회사는 앞을 보고 이미 화석연료를 대체할 수 있는 기술에 투자하고 있다. 일부 국가에서는 정치적 변화의 바람이 원자력발전을 다시 고려하도록 하였다. 다른 국가에서는 태양, 풍력, 파력, 바이오매스가 국가 에너지 수요의 증가하는 부분을 이미 담당하고 있다. 가속되는 지구적 수요와 함께 장차 세계의 수요를 청정에너지 공급이 감당할 수 있을지 불명확하다.

녹색 행진

우리는 너무 많이 소비하는가?

소비의 욕망은 전혀 새로운 것이 아니다. 이는 수천 년간 지속되었다. 사람은 생존하기 위하여 소비를 필요로 한다. 그러나 소비는 사람이 삶을 더 단순하게 하고 자원을 더 효율적으로 사용하는 것을 도와주는 새로운 방법을 찾으면서 진화되었다. 우리는 오늘날 기본적인 요구를 넘어서 사치품을 포함하고 효율성을 개선하기 위하여 기술혁신을 하면서 다양한 자원과 제품을 소비한다. 최소한의 기본적인 요구를 넘어서는 이러한 소비는 자체적으로는 꼭 나쁜 일은 아니며, 역사를 통하여 인류는 우리의 생활이 조금 더 편하도록 만드는 방법을 항상 추구하였다. 그러나 소비자 중심주의에 대하여 이해해야 하는 중요한 문제가 있다.

예를 들면,

- 우리가 소비하는 제품과 자원이 실제로 어떻게 생산되는가?
- 제조 과정이 환경, 사회, 개인에 미치는 영향은 무엇인가?
- 특정한 형태의 소비가 환경, 사회, 개인에 미치는 영향은 무엇인가?
- 무엇이 필수품이고 무엇이 사치품인가?
- 상업과 광고는 그들이 생존하기 위하여 제품의 소비를 촉진하는 주된 수단이다. 우리가 소비하는 것의 얼마가 그들의 필요에 의한 것이고 얼마가 우리의 필요에 의한 것인가?
- 물질적 가치가 다른 사람과 우리의 관계에 어떻게 영향을 미치는가?
- 우리가 물질의 소유에 대하여 평가하는 것이 다른 사람과의 관계에 어떻게 영향을 미치는가?

우리는 다른 수많은 문제에 대해서도 생각해볼 수 있다. 추가적으로 우리는 소비자 중심주의와 소비가 대부분은 아니더라도 많은 사회의 핵심에 있다는 것을 알 수 있다. 소비자 중심주의의 영향은 긍정적이든 부정적이든 우리 생활의 모든 면 뿐 아니라 지구에도 매우 중요하다.

물

미래의 세계는 석유를 필요로 하지 않을지 모르지만, 물이 없으면 인류는 며칠도 버틸 수 없다. 현재 인간은 재생 가능한 담수의 접근 가능한 공급량의 절반 정도를 사용하며, 공급은 매년 재생되어 인간이 이용할 수 있다. 효율성의 개선이 없이 농업생산을 단지 배가하는 것만으로도 물 사용 비율을 85%로 증가시킨다. 다른 에너지원으로 궁극적으로 대체될 수 있는 화석연료와 달리 물은 대체품이 없다.

모든 인간의 생존을 위한 물의 근본적인 역할과 물의 중요성에 대한 우리의 문화적인 회상의 오래됨을 고려할 때, 어떤 사람은 인간이 생태계에서 물의 사용에 대하여 생각의 넓은 공감과 축적된 지혜의 기준을 개발하였으리라 기대할 수 있다. 그러나 물에 대하여 인간이 어떻게 행동해야 할지에 대한 공통적인 이해, 공유된 가치, 수용된 규범인 물 윤리(*water ethic*)는 동시대의 인간사에서 널리 생각되고 있지 않는 것으로 보인다. 물은 전혀 균등하게 평가되고 있지 않다. 어떤 문화는 물의 가치를 대단히 귀중한 것으로 칭찬하지만, 다른 문화는 물이 가치 없는 것처럼 행동한다.

우리는 "물의 행성"으로 불리는 곳에서 살지만, 지구상 물의 99%는 염수이거나 빙하이다. 인류는 나머지 1%의 물에 생존을 의존하고 있다. 1% 물에 대한 경쟁은 지구상의 많은 부분에서 이미 치열해지고 있으며, 물이 풍부한 지역에서 사는 사람들도 물이 소중한 자산이라는 것에 대하여 인식하고 있다. 수자원의 가치를 매기는 것을 넘어서, 우리는 그러나 이제야 우리의 물 습관이 호수, 강, 하구, 해양 환경에 서식하는 모든 생명 형태의 군집에 미치는 아랫방향의 영향에 대하여 인식하기 시작하고 있으며, 이러한 생명형태의 일부는 인류의 생존에 필수적일 수 있다.

세계의 주요 강에 대하여 세계지도는 더 이상 사실을 말하지 않는다. 현재 십여 개의 큰 강은 바다에 도달하기 전에 말라버린다. 이러한 강에는 이집트의 나일 강, 중국의 황허 강, 파키스탄의 인더스 강, 미국의 리오그란데와 콜로라도 강, 호주의 머리 강, 요단강이 포함되며, 이들은 이름을 가진 국가에 도달하기도 전에 말라버린다.

미국 일부 지역의 최근 가뭄은 기본적인 요구에 대한 수자원의 분배에 관심을 집중하였다. 진행되고 있는 캘리포니아 주의 한해는, 많은 도시가 긴급 물 분배와 소비자의 기본요금을 증액하였지만, 다른 도시는 음용수를 골프장에 관개할 수 있도록 허용하고 새로운 수영장의 건설을 허가하고 있다. 물이 어떻게 분배되는가에 대한 결정을 누가 하는가?

캘리포니아 주와 같은 다양한 주가 어떻게 모든 사람을 동등하고 공평하게 취급할 수 있도록 물에 대한 윤리적 결정을 내릴 것인가?

모든 생명 형태에 대한 물질과 매개체로서의 역할에 추가하여, 물은 지질학적 힘으로서도 존경되어야 한다. 최근의 극한 기상사건에 접하여, 세계의 문화는 인간이 물의 순환을 생성하지도 않았고 통제할 수도 없다는 것을 실감하고 있다. 이는 자연을 지배하고 있다는 환상에 익숙한 기술적 문화에게는 어려울 수 있다. 기후계의 진화에서 물이 하는 다중의 역할은 미래의 눈으로 조사되고 있다. 기후의 어떠한 변화도 지구 물 분배의 새로운 양상을 포함할 수 있으며, 이러한 새로운 환경은 인류가 물의 사용을 지배하는 새로운 습관, 정책, 윤리적 규범을 고안하도록 요구할 것이다. 아마도 지금이 새로운 지구적 물 윤리에 대한 논의를 시작할 때일 것이다.

어느 다른 자원보다도 물이 다음 세기에 소비자 중심주의를 제한할 것이다. 세계은행 부총재인 세라젤딘(Ismail Serageldin)은 "다음 세기에 전쟁은 물을 위하여 싸울 것이다."라고 예측하였다.

야생 자연

미국에서 매일 1,000~2,000 ha의 농경지와 자연지가 개발로 상실된다. 세계의 더 많은 사람들이 생활의 현대적 기준을 달성하면서, 토지는 주택, 쇼핑몰, 도로로 전환되며, 공업단지는 계속 증가할 것이다. 지구는 자원 추출과 공해의 수준이 증가하면서 고통을 받을 것이다. 열대우림은 벌채되고 야생지는 포장으로 매몰될 것이다. 양쯔 강과 나일 강과 같은 거대한 강은 이미 댐으로 막혀 물길이 전환되었으며, 더욱 운하처럼 될 것이다. 새로운 세기가 진행하면서 더 많은 사람들이 도시화된 생활을 할 것이다. 에워싸인 야생 자연은 개발에 의하여 서로 생물학적으로 고립될 것이다. 우리는 우리가 조성한 세계에서 살게 될 것이다.

2.9 개인적 선택

식량, 에너지, 물, 야생 자연의 공급에 대한 위협은 반드시 국가적 국제적 수준의 행동을 필요로 할 것이다. 그러나 이러한 각각의 사례에서 윤리적으로 책임이 있는 행동은 개인에서도 시작될 수 있다. 강한 환경윤리를 가진 개인은 지구에 개인적인 영향을 뚜렷하게 감소하기 위한 많은 생활양식의 변화를 가져올 수 있다. 식품의 선택도 하나의 시작점이다. 지역에서 생산된 식품, 먹이사슬이 낮은 단계의 식품, 최소한의 비료와 살충제를 사용하여 생육한 음식을 먹는 것은 식량 생산의 환경 영향을 줄여줄 뿐 아니라, 건강에도 좋다. 심장질환과 특정한 암은 동물성 지방이 많이 포함된 식단과 관계가 깊다. 내구력이 있는 소비자 제품이나 제품을 재사용하거나 수명이 남아 있는 것을 수선하는 것은 여러분의 필요를 충족하기 위하여 땅에서 추출해야 하는 원재료의 양을 줄여준다. 가정과 도로에서 에너지를 보존하는 것은 여러분의 생활양식을 지지하는데 사용하는 화석연료의 양을 줄일 수 있도록 한다. 교외에서보다 시내에서 거주하는 것, 야생지를 보호하기 위하여 로비하는 것, 환경문제를 진지하게 받아들이는 공직자에게 투표하는 것은 모두 여러분 자신의 환경윤리가 환경 영향의 감소에 직접 기여할 수 있는 방법이다. 소비자 행동은 여러분이 믿는 것에 대한 투표이다. 생활양식 선택은 여러분의 윤리적 책무의 표현이다.

생태적 발자국(ecological footprint)의 개념은 개인이 지구에 미치는 환경영향을 측정하기 위하여 개발되었다. 개인의 생태적 발자국은 "개인이 요구하는 자원을 공급하고, 개인이 생산하는 폐기물을 흡수하기 위한 지구의 생산적인 땅의 면적과 물"로 정의된다. 여러분의 생활양식에 대한 몇 가지 질문에 대답하여 여러분의 생태적 발자국을 추정하고 다른 사람의 발자국과 비교할 수 있도록 하는 웹사이트가 있다. 이러한 과제를 한번 수행하는 것은 여러분 자신의 환경영향에 대한 개인적인 책임에 대한 의식을 얻을 수 있는 좋은 방법이다. 생태적 발자국에 대하여 더 배우고 싶으면 다음 웹사이트를 방문하시오.

http://www.earthday.org/Footprint/info.asp

http://www.rprogress.org/newprojects/ecolFoot

마지막으로 개인 활동의 중요성에 대하여 생생하게 관심을 끈 인류학자 미드(Margaret Mead)의 말에 대하여 생각해보시오. "작은 집단의 사려 깊고 의식을 가진 시민이 세상을 변화시킬 수 있다는 것을 결코 의심하지 말라. 실제로 이것이 유일하게 일어난 것이다."

저개발 / 개발

개발도상국에서 한 사람의 상대적인 생태적 발자국

선진국에서 한사람의 상대적인 생태적 발자국

그림 2.9 생활양식과 환경 영향: 세계의 부국과 빈국 사이에는 생활양식과 환경영향에 상당한 차이가 존재한다. 산업화된 세계의 생태적 발자국은 개발도상국의 발자국에 비하여 20~40배 크다. 중국, 인도, 다른 저개발국가의 시민이 북미의 생활기준을 즐긴다면 지구상의 환경 영향은 어떻게 될까요? 우리는 그들이 그러한 기회를 가질 수 없도록 할 수 있는가?

2.10 지구 환경윤리

환경에 대한 인간의 스트레스가 증가하면서, 지구 생태계의 안정성은 점점 더 불확실하게 된다. 작은 환경변화는 대규모의 예측할 수 없는 파괴를 초래할 수 있다. 대기 이산화탄소와 메탄의 증가는 인위적이든 아니든 주요한 생태적 효과를 초래하는 표면온도의 변화를 가져온다. 되먹임 순환이 긴급성을 증가시킨다. 예를 들어 북극지역에서 지구온난화에 의하여 계절적인 강설과 빙하가 조금이라도 감소하면 지구가 흡수하는 태양에너지의 양을 크게 증가시킬 수 있다. 이 추가적인 에너지는 대기 온도를 증가시키며, 적설량을 더욱 감소시킨다. 일단 정립되면 이 되먹임 순환은 연속적으로 자기 강화된다. 어떤 모델은 해류, 영양염의 흐름, 물의 순환이 몇 개월 만에 역사적인 양상에서 급격하게 변화할 수 있다고 예측한다. 이러한 교란은 농경지역을 변화시키고, 종의 멸절을 위협하고, 곡물 수확을 감소시키고, 현재까지 알려지지 않은 지역으로 열대 질병을 전파하여 재앙적인 환경변화를 초래할 수 있다. 빙하는 계속해서 녹고 해수면은 상승하여, 방글라데시, 네덜란드, 심지어는 미국의 플로리다 주와 멕시코 만 연안의 인구밀도가 높은 저지대를 범람시킬 것이다. 수백만 명의 사람이 기근, 홍수, 한해로 유민이 될 것이다.

환경 정의 옹호자들이 지적하였듯이, 이러한 변화는 가난하고 변화에 반응할 수 없는 사람들을 먼저 타격한다. 그러나 예측된 변화는 매우 부유한 국가들도 회피할 수 없는 환경 결과를 겪게 될 정도로 크다. 이러한 시나리오는 먼 미래의 걱정이 아니다. 지금 여기에 있다. 2012년은 기록상 두 번째로 뜨거웠던 해였다. 2012년 미국의 기록적인 대규모 폭풍은 무엇이 비축되어 있는지를 보여주는 단지 조그마한 징조이다.

이러한 문제의 대부분은 지구적인 해결책을 요구한다. 1990년 UN 북미 환경계획 국장인 브라운(Noel Brown)은 다음과 같이 이야기하였다.

> 갑자기 그리고 독특하게 세계는 동일한 일을 이야기하는 것으로 보인다. 우리는 역사에서 공감의 시기로 내가 이름붙인 시기에 접근하고 있는데, 이는 갑자기 대부분의 영역에서 세계 지역사회가 환경이 세계적인 우선순위와 행동의 문제가 되었다는데 동의하는 의식을 가지게 되는 것이다.

환경에 대한 이러한 긴급성과 공동 목적에 대한 새로운 의식은 일부 영역에서 전례에 없던 협력을 가져오고 있다. 정치적인 차이에도 불구하고 아랍, 이스라엘, 러시아, 미국의 환경 전문가들은 수년간 공동 작업을 하고 있다. 어느 한 국가에서의 생태학적 저하는 거의 필연적으로 다른 국가의 삶의 질에 악영향을 준다. 수년간 산성비는 미국과 캐나다 사이의 주요한 자극적인 관계였다. 아프리카의 가뭄과 아이티의 삼림파괴는 난민의 물결을 초래하였다. 나일 강에서 리오그란데까지 물 권리에 대한 분쟁이 타오르고 있다. 제3세계의 성장하는 거대도시는 사회 불안정의 시한폭탄이다.

현재 환경 위기의 대부분은 부유한 국가와 가난한 국가 사이의 커지는 간격에 뿌리를 두고 있으며 그에 의하여 악화되고 있다. 산업화된 국가는 세계 인구의 단지 20%만을 수용하고 있지만, 세계의 재화의 80%를 통제하며 대부분의 공해를 발생하고 있다(그림 2.9). 개발도상국은 인구과잉, 영양실조, 질병에 의하여 심하게 타격을 받고 있다. 이러한 국가들이 선진국을 따라잡고 국민 삶의 질을 개선하기 위하여 분투하면서, 악순환이 시작된다. 신속한 산업화를 위한 그들의 노력은 도시를 중독시키며, 농업 생산을 증가하기 위한 시도는 종종 삼림의 파괴와 토양의 결핍을 초래하며, 이는 더 큰 빈곤을 가져온다.

미래에 대한 가장 중요한 질문 중 하나는 아마도 "세계의 국가들이 그들의 정치적인 차이를 보류하고 세계 환경 활동을 위하여 함께 일할 수 있을까?"이다. 1972년 스웨덴 Stockholm에서 열린 UN 인간 환경에 대한 회의는 바른 방향으로의 한걸음이었다. 그 국제회의로부터 UN 환경계획이 태동하였는데, 이는 환경문제를 다루는 UN의 독립적인 기관이다. 2차 세계 환경회의는 1973년에 브라질에서 3회는 남아프리카에서 그리고 2012년 다시 브라질에서 개최되었다. 각각의 회의는 많은 새로운 국제적인 의제로 Stockholm 회의를 추구하였다. 기후변화에 대한 주요한 세계회의는 1997년 일본 Kyoto에서 개최되었다. 이와 같은 기구와 회의를 통하여 국가들은 공통적인 환경문제를 해결하는데 함께 일할 수 있다.

우리 환경의 미래에 대한 암울한 예측의 정확성을 의심하는 사람들도 우리가 변화하는 행성이 살고 있다는 것을 결코 부정할 수 없다. 현재로부터 50년 심지어는 5년을 다룰 생태적 기준선에 대한 불확실성은 우리의 행동에 대한 환경 결과에 대하여 깊이 생각하는 것이 현명하다는 것을 의미한다. John Muir와 Lewis Thomas가 이 장의 서두에 인용한 발언에서 표명하였듯이, 인간은 행성 지구에 대한 활동의 많은 부분이 시간이 지나면 어떤 사물 또는 어떤 사람에 영향을 미친다고 예상해야 한다. 언제나 우리의 활동은 다른 사람에 해를 끼칠 수 있으며, 우리는 심각한 윤리적 문제에 직면한다. 환경윤리는 우리 가족, 이웃, 동료 시민, 지구에서 살게 될 미래 세대에 미치는 피해를 단순히 최소화시키는 것을 넘어선 의무를 가지고 있다고 시사한다. 환경윤리는 우리가 생태계와 지구의 생물다양성에 초래하는 피해를 최소화하는 의무도 가지고 있다고 시사한다. 생태계는 이제는 많은 사람이 믿고 있지만, 인간 존재에 부인할 수 없는 중요성과는 분리하여 자체로서 도덕적인 고려를 받을 자격이 있다. 우리가 자연 환경을 취급하는 것을 인지하는 것은 앞에 놓여 있는 도전에 좋은 시작점이다.

노벨상 수상자인 마타이(Wangari Maathai, 그림 2.10)는 윤리에 대한 이러한 감정을 수상 후 얼마 되지 않아 연설에서 나타내었다.

이슈와 분석

환경 재해와 빈곤

2005년 8월 29일, 허리케인 Katrina가 앨라배마 주 Mobile과 루이지애나 주 New Orleans 사이의 미국 멕시코 만 연안에 상륙하였다. Katrina는 엄청난 허리케인이었으며, 역사상 최악의 대서양 허리케인 계절에 미국을 타격한 다른 26개의 허리케인과 마찬가지였다. 허리케인이 상륙한지 몇 시간 후에, 폭풍해일과 내륙의 폭우는 New Orleans를 보호하는 제방을 붕괴시켰다. 시의 80%가 침수되었다. 루이지애나 주에서만 1천 명 가까이 사망하였으며, 대부분은 New Orleans에서 발생하였다. 폭풍 이후에 50만 명의 New Orleans 주민에게 강제적인 대피명령이 내려졌다.

허리케인 Katrina에 의하여 초래된 황폐는 환경 파괴가 가난한 사람에게 특히 어려움을 유발할 수 있는 방식의 예를 뚜렷하게 보여주었다. New Orleans 주민의 28%가 빈곤선 이하의 삶을 살고 있다. 허리케인과 피난 선택권에 대한 정보는 도시의 빈곤한 거주민은 접근하기가 더 어려웠다. 이 문제를 더 복잡하게 한 것은, 이러한 빈곤한 주민의 많은 수가 차를 가지고 있지 않다는 것이었다. 환경 정의 추종자로서 불러드(Robert Bullard)는 차, 운전면허, 신용카드가 없이는 적시의 대피 명령도 준수하기 극히 어려울 수 있다고 지적하였다. 허리케인 Katrina가 New Orleans를 난타할 때, 가난한 소수인종 주민은 보통 뒤에 남겨졌으며, New Orleans Superdome과 같은 붐비고 비위생적인 임시 피난처로 피하게 되었다.

New Orleans 시 중심의 외부에서, 허리케인에 의하여 가장 심하게 타격을 받은 지역의 일부는 많은 화학, 석유화학 공장의 근거지였다. 아프리카계 미국인 지역사회에 인접한 미시시피 강의 이러한 공장의 위치는 환경 정의 우려를 제기한 지역의 사회적 경제적 유산이다. 허리케인 Katrina의 항적에서 산업 기반시설에의 피해는 화학물질의 독성 국물이 섞인 홍수로 가정을 위협하였다. 이러한 남겨진 사람들은 오염된 물을 가로질러 안전한 곳으로 이동해야 했다. 침수된 집은 파괴되어야 했다.

재난 이후에 세계적으로 방영된 루이지애나 주의 역경, 고통, 사망에 대한 영상은 부유한 국가에서도 환경 재앙의 부담은 가난하고, 아프고, 나이든 사람들에게 특히 힘들게 닥친다는 것을 보여주었다. 2011년에도 Katrina의 영향은 아직도 느껴진다. 지역사회의 상당한 재건설이 이루어졌지만 특히 빈곤한 New Orleans 구역에는 아직 많은 일이 남아 있다. Katrina의 지속되는 영향은 신체적 건강문제에서도 나타난다. 오염된 물에 대한 단기간의 우려를 넘어서서, 멕시코 만 연안의 병원에 계속 나타나는 문제의 일부는 특정한 피부 감염과 호흡기 문제이다. 부가하여 납, 비소, 기타 화학물질 농도의 증가 New Orleans 전체 특히 빈곤한 지역에 존재한다. 광범위한 청소작업과 파괴는 건강에 악영향을 미치는 대기 독소를 교란하였다.

- 여러분은 환경 재난과 빈곤 사이에 직접적인 연결이 있다고 느끼나요?
- 직접적인 연관이 있다고 느낀다면, 이 영향을 최소화할 수 있는 방법을 시사할 수 있나요?

2005년 8월 28일 New Orleans로 향하는 허리케인 Katrina.

허리케인 Katrina 직후 New Orleans의 홍수.

여러분의 선택은?

큰곰(*Ursus arctos horribilis*)은 30년 이상 미국 멸종위기종법에 의하여 연방의 보호를 받아왔다. 연방정부는 Yellowstone 생태계와 다른 곳에서 곰 개체수의 증가에 기초하여 이제는 보호를 해제하려고 제안하였다. 종이 "회복"되기 위해서는 얼마나 많은 곰이 필요한지에 대하여 보존 생물학자 사이에 상당한 불일치가 있다. 종이 목록에서 제외되면 관리는 개별 주로 이관된다. 주가 수용 가능한 계획을 제안하면, 주는 과거에 목록에 있던 종의 사냥을 포함하는 관리 계획을 도입할 수 있다. 멸종위기종법에는 어떠한 종류의 윤리가 기초가 되는가? 큰곰을 목록에서 제외하는 것에 찬성하는 것과 반대하는 데에 대한 윤리적 주장을 개발하시오.

오늘날 우리는 우리의 생각의 변화 요청에 대한 도전에 직면하고 있으며, 따라서 인간성은 생명을 부양하는 시스템에 대한 위협을 중지해야 한다. 우리는 지구가 지구를 치유하고 이 과정에서 우리 자신을 치유하는 것을 돕도록 요구되고 있으며, 실로 지구의 다양성, 아름다움, 경이의 모든 창조를 포용하도록 요구된다. 우리가 생명의 커다란 가족에 속한다는 의식을 회복할 필요성을 느낀다면 이는 이루어질 수 있으며, 이와 함께 우리는 진화의 과정을 공유하였다. 역사과정에서 인간성이 새로운 의식수준으로 변화하는 것을 요구받고, 높은 도덕적 근거에 도달하도록 요구받는 시기가 왔다. 이는 두려움을 떨쳐버리고 서로에게 희망을 주는 시간이다. 그 시기는 바로 지금이다.

그림 2.10 마타이(Wangari Maathai): Maathai 박사는 2004년 노벨 평화상을 수여하였다. 그녀는 식목을 중심으로 조직된 풀뿌리운동에서 여성에게 능력을 준 그린벨트 운동을 시작하였다.

요약

상이한 문화의 사람들은 세계에서 자신의 입장을 상이한 관점에서 바라본다. 그들의 관점을 형성하는 것에는 종교적 이해, 경제적 압력, 지리학적 위치, 자연에 대한 기본적인 지식이다. 이러한 배경의 다양성으로 인하여, 상이한 문화는 자연계와 이를 구성하는 개별 생물에 상이한 가치를 부여한다. 환경윤리는 이러한 상이한 입장에 대한 정당성을 조사한다.

자연에 대한 3가지 보편적인 태도는 자연이 인간의 목적을 위하여 사용하는 인간을 위한 것이라고 가정하는 개발 접근법; 자연이 자신으로 가치를 가지고 있으며 온전하게 보전되어야 한다는 보전주의자 접근법; 인간이 자연을 인간의 욕구를 충족하기 위하여 사용해야 하지만 지속가능한 방식으로 하도록 권장하는 보존주의자 접근법이다. 보존주의자 접근법은 현재는 일반적으로 "지속가능한 개발"로 알려져 있다.

환경에 대한 윤리적 의무는 보통 사람, 특히 가난한 사람과 소수집단에 대한 윤리적 의무와 연관되어 있다. 환경 정의는 어느 집단도 환경 피해의 부담을 불균형적으로 감당하지 않도록 보장하는 것에 대한 것이다. 환경 정의는 또한 정부가 사회의 상이한 분야를 가로질러 공정하게 환경규제를 개발하고 실행하는 것을 보장하는 것에 관한 것이다. 환경 정의 운동은 여러분이 사람에 대해서도 생각하지 않고서는 자연을 보호하는 것을 생각할 수 없도록 환경주의자들이 인식하도록 하였다.

환경을 보호해야 하는 윤리적 책임이 있다는 인식은 기업, 개인, 국가, 국제적 기구에 의하여 조성될 수 있다. 기업 환경윤리는 주주에게 이윤을 생성해야 한다는 기업 의무의 존재로 인하여 복잡하게 된다. 기업은 종종 대중의 의견과 정치적인 의지에 영향을 미치는데 이용될 수 있는 막강한 경제적 힘을 행사할 수 있다. 많은 기업이 주주에 의하여 상관습에 환경윤리를 포함하도록 현재는 강요되고 있다. 자연자본주의와 기업 생태학은 환경을 보호하면서도 수익성이 있는 상업을 하는 길을 촉진하는 아이디어이다.

법인은 개인으로 구성되어 있다. 환경 우려에 대한 개별 시민의 민감성의 증가는 전체 사회의 정치적, 경제적 기후를 변화시킬 수 있다. 개인은 개인적인 선택과 행동에서 환경윤리에 강한 책임을 보여야만 한다. 생태적 발자국의 개념은 개인이 개인의 환경 영향을 측정하는 것을 돕기 위하여 개발되었다.

환경 보호에 대한 지구적 책임은 대단히 중요하다. 국제적 교역과 통신기술의 가속화는 세계가 작아지면서 지구에 대한 인간성의 잠재적인 영향은 커지고 더 불확실해진다는 것을 의미한다. 경제적 발달이 이미 존재하는 환경영향을 증가하지만 매년 수천만 명의 사람이 증가하고 있다. 지구적 협력과 동의에 대한 기회는 이러한 실질적이고 증가하는 도전에 직면하는데 극히 중요하다. 환경윤리는 작은 개인적 선택에서부터 커다란 국제조약까지 환경에 대한 인간의 태도를 형성하는데 역할을 한다.

녹색 활동

1. 여러분의 생태적 발자국을 계산한다.
2. 여러분의 지역사회나 대학에서 지속가능한 활동에 참여한다.
3. 매주 며칠은 차를 사용하지 않는다. 걷거나, 자전거를 타거나, 대중교통수단을 이용한다.
4. 침묵의 봄, 모래땅의 사계, Walden을 읽는다.
5. 지역 기업과 함께 일하여 녹색 상업개념을 적용하도록 돕는다.
6. 나이든 이웃을 "입양"한다. 그들이 정원, 집, 식품 구매 결정에 더 지속가능하도록 돕는다.
7. 자연 지역에서 오래 걷는다. 전화기, 라디오 등을 집에 두고 온다. 침묵을 듣는다.

연습문제

1. 환경 위기는 왜 새로운 윤리를 요구하는가?
2. 철학자에 의하여 개발된 3가지 종류의 환경윤리를 설명한다.
3. 현대 사회에서 나타나는 환경에 대한 3가지 보편적인 태도를 설명한다.
4. 환경 정의는 왜 환경운동의 부분인가?
5. 기업 행동과 환경윤리 사이의 분쟁은 무엇인가?
6. 개인은 어떻게 기업이 나은 환경 실행을 하도록 지시할 수 있는가?
7. 개인이 자신의 생활에 어떻게 환경윤리를 실행할 수 있는가?
8. 세계적 환경윤리는 환경보호의 광범위한 계획의 어디에 부합하는가?
9. 수익과 환경 보전(triple bottom line)은 기업세계에서 현실적인 개념인가?

비판적 사고 문제

1. 인류중심, 생물중심, 생태중심 관점을 이용하여 삼림을 보호하는 3가지 상이한 윤리적 정당성을 제시하시오.
2. 개발, 보전, 보존의 환경에 대한 접근법 중에서 여러분은 어느 것을 채택하려고 생각하는가? 세계의 모든 사람이 여러분이 취하는 것과 동일한 태도를 공유하는 것이 적절하다고 생각하는가?
3. 늑대와 고래에 대하여 여러분은 개인적으로 어떠한 윤리적 책임을 느끼는가? 미래 세대에 대하여 여러분은 어떠한 윤리적 책임을 느끼는가? 늑대와 고래의 미래 세대에 대하여 여러분은 어떠한 윤리적 책임을 느끼는가?
4. 최근까지 성장과 개발은 의심의 여지없이 좋은 것으로 일반적으로 믿어졌다. 이제는 21세기 초반으로 일부 사람들이 이러한 믿음에 대하여 의문을 가지기 시작한다. 이러한 의문은 개발도상국의 시민에게 제시하기에 적절한 것인가요? 여러분은 개발이 충분히 진행되었다고 주장할 것인가요?
5. 여러분이 회사를 위하여 공해를 제한하고 원료를 적게 사용하지만 비용은 더 많이 소요되는 환경정책을 추구하려고 하는 회사중역이라고 상상하라. 다음 이사회에서 어떠한 문제가 토의될까요? 여러분의 사례를 대표이사와 주주에게 어떻게 표명할 것인가?
6. 1997년 북부 위스콘신 주의 Ojibwa 인디언은 그들의 보호구역을 가로질러 미시간 주의 논란이 있는 구리광산으로 황산을 운반하는 것을 막기 위하여 철로에 앉았다. 여러분을 이 입장에 놓아보세요. 어떠한 가치, 믿음, 관점이 그들의 행동에 기여하였을까요? 이렇게 하는 것이 옳았을까요? Ojibwa 시위자와 미시간 주 구리광산 사이의 과열된 논란을 여러분은 어떻게 중재하려고 시도할 것인가?
7. Wangari Maathai는 아프리카 삼림을 파괴하는데 대항하는 운동을 이끌었다. 환경문제는 시민들이 활동가가 되고 어쩌면 법을 어길 만큼 중요한가요? 환경운동가는 어떻게 몇몇 나무를 구하는 것보다 사람을 먹이고 빈곤에서 구하는 것이 더 중요하다는 개발론자의 입장에 어떻게 반응할 것인가. 환경운동가와 개발옹호자들이 공유하는 어떠한 윤리적 원칙이 있다고 여러분은 생각하나요?
8. 자연의 초기 철학자에 대한 집중 탐구를 다시 읽으시오. 환경위기는 어떤 면에서는 윤리의 문제인가요? 철학은 문제를 해결하는 것을 돕는데 역할을 가지고 있나요? 과학자, 기업의 책임자, 정치인이 환경윤리를 공부해야 할까요? 이 시점부터 여러분의 삶에서 환경윤리가 어떠한 역할을 하게 될까요?

chapter

3 위험도, 경제, 환경적 우려

Risk, Economics, and Environmental Concerns

CHAPTER OUTLINE

◀ 많은 환경문제는 위험도와 비용의 상호 연관된 개념에 의하여 형성된다. 헬멧과 구명조끼의 비용은 거친 물에서 카약을 탈 때 부상이나 사망의 위험도를 크게 감소시킨다.

목적

이 장을 학습한 후 여러분은 다음을 달성하여야 한다.

- 위험도를 평가하는데 위험도의 확률, 결과, 경제적 비용이 중요하다는 것을 인식한다.
- 위험도를 평가하는데 사용되는 도구를 묘사한다.
- 위험도 평가와 위험도 관리 사이의 차이점을 이해한다.
- 위험도 관리활동의 예를 묘사한다.
- 위험도에 대하여 왜곡된 관점을 가지도록 하는 요인을 이해한다.
- 천연자원을 정의하고 재생가능 자원과 재생불가능 자원의 차이를 묘사한다.
- 공급 또는 수요의 변화가 왜 가격에 영향을 미치는지 묘사한다.
- 생태계 서비스를 묘사하고 생태계 서비스에 경제적 가치를 부여하는 것이 왜 어려운지 설명한다.
- 환경비용의 예를 든다.
- 지연비용, 외부비용, 기회비용의 개념을 설명한다.
- 오염비용과 오염예방비용이 어떻게 다른지 묘사한다.
- 비용 편익 분석이 어떻게 그리고 왜 사용되는지 이해한다.
- 경제시스템과 생태시스템이 상이한 방식을 묘사한다.
- 많은 사람들에 의하여 공동으로 소유되고 사용되는 자원은 왜 일반적으로 과잉 개발되는지 설명한다.
- 환경 조건을 개선하기 위하여 사용된 보조금과 시장에 기초한 접근방법의 예를 든다.
- 수명주기 분석과 생산자 책임제도가 재화나 용역을 생산하는데 소요되는 총 비용을 결정하는데 어떻게 사용되는지 설명한다.
- 지속가능한 개발의 개념을 이해한다.
- 환경문제를 해결하는데 시장 접근방법을 이해한다.

음용수, 위생, 질병

세계보건기구(WHO)에 의하면 매년 17억의 설사병 사례가 발생하며 5세 이하의 어린이가 약 76만 명 사망한다. 설사는 탈수를 초래하며 이는 사망의 주된 원인이다. 설사의 주된 원인은 음식이나 물에 있는 병원균을 섭취하여 유발되는 장관의 감염이다. 약 7억8천만 명(인구의 11%)은 안전한 음용수가 부족하며 25억 명(인구의 35%)은 화장실에 접근할 수 없다. 이는 거리, 야외, 집 근처에 배변한다는 것을 의미한다. 안전한 음용수의 부족과 위생시설의 부족은 사람에서 사람으로 질병이 쉽게 전파되도록 한다.

안전한 음용수와 위생시설의 부족에 의하여 초래되는 질병은 몇 가지 경제적 영향을 미친다. 최소한이더라도 질병의 치료는 가정과 국가에 비용을 초래한다. 추가적으로 병든 성인은 일을 할 수 없거나 노동 생산성이 감소하여 가족에게 수입을 적게 가져간다. 안전한 음용수와 관련된 또 다른 경제적 관점은 가정에 물을 얻는데 소요되는 시간이다. 가정에 안전한 음용수가 없으면 가족의 누군가는 –보통 여자 또는 아이– 안전한 음용수가 있는 곳까지 걸어가서 집으로 운반해야 한다. 세탁, 요리, 식수 등 기본적인 요구를 만족하기 위하여 일인당 하루에 약 20리터의 물이 필요하다. 이는 많은 물이 아닌 것 같지만 다음 사항을 고려해보시오. 20리터의 물은 무게가 20 kg이다. 4인 가족은 매일 80 kg의 물을 필요로 한다. 관련된 일과 시간으로 인하여, 일반적으로 물을 얻기 위하여 왕복 30분 이상을 걸어야 한다고 하면, 하루 요구량의 전부를 만족하기 위한 충분한 물을 얻을 수 없을 것이다. 여성과 아동이 가족에 물을 제공하기 위하여 소비되는 시간은 학교에 가고, 작물을 재배하고, 다른 활동으로부터 돈을 버는 것과 같은 더 생산적인 활동에 사용할 수 있는 시간을 감소시킬 것이다.

이러한 질병 부담을 제거하는 가장 간단한 방법은 안전한 음용수와 화장실을 제공하는 것이다. 그런데 왜 이는 실행되지 않나요? 이 목적 달성에 대한 주된 장벽은 경제이다. 세계의 약 20% 사람은 하루에 $1.25 미만으로 생활하며, 이는 자신의 안전한 음용수 공급과 위생시설을 제공하는 것을 불가능하게 한다. 따라서 국가 또는 지방 정부와 일부 외부 기관이 자금을 제공해야만 한다. 가난한 사람이 많은 나라의 정부는 종종 자금이 부족하며 다른 계획에서 식수와 위생시설을 제공하기 위한 계획으로 자금을 전용하는 것이 어렵다.

안전하지 않은 수원에서 물을 얻는 인도의 아동들.

3.1 의사결정

인정하던지 않던지 간에 인생에서 대부분의 결정은 위험도와 비용의 2가지 요인을 고려하는 것을 포함한다. 우리는 흔히 "누군가 신체적, 감정적, 또는 경제적으로 해를 입을 가능성이 어느 정도인가?" 또는 "내가 이 행동을 선택했을 때 비용이 얼마나 소요될 것인가?"와 같은 질문을 한다. 일반적으로 위험도와 비용의 두 요인은 상호 연관되어 있으며 동시에 고려해야 한다. 예를 들어 신체적 위해를 초래하는 위험한 결정은 의료비용이나 법률비용을 지불해야 하는 경제적 조건으로 환원된다. 유사하게 위험한 사업상의 결정은 사업이 실패했을 때 비용의 손실을 초래한다.

환경문제와 관련된 대부분의 결정은 사람과 기타 생명체에 의하여 초래되는 위험을 특징짓는 것과 위험도를 제거하기 위하여 소요되는 비용뿐 아니라 아무것도 하지 않는 비용을 평가하는 것을 포함한다. 예를 들어 노출된 대중의 낮은 비율에서 질병을 초래하는 것으로 생각되는 화학물질에 대한 대중의 노출을 감소하기 위하여 제안된 대기오염 규제를 가정한다. 이러한 경우 산업체는 분명히 이러한 통제를 하는데 막대한 비용이 발생하고 이윤을 감소시킬 것이라는 것을 지적할 것이다. 시민들 또한 규제를 준수하기 위하여 더 큰 정부 관료를 지탱하기 위하여 세금이 소요된다는 것을 지적할 수도 있다.

반면에 옹호론자는 규제가 오염물질에 오염된 지역에서 생활하는 사람들의 질병 위험도를 감소시키고 의료비용을 감소시킨다는 것을 지적할 것이다. 위험도와 경제를 이해하는 것은 환경문제를 다루는 선택권을 평가하는데 중요하기 때문에, 우리는 다음 절에서 위험도와 경제의 본질에 대하여 탐색한다.

3.2 위험도의 특징

위험도(risk)는 상태나 행동이 상해, 손상, 손실을 초래하는 확률이다. 위험을 초래하는 어떠한 활동이나 입장을 고려할 때, 우리는 일반적으로 나쁜 결과의 확률, 나쁜 결과의 영향, 나쁜 결과를 다루는 비용의 세 가지 요인을 고려한다.

- **확률(probability)**은 어느 일이 어느 정도 발생할 수 있는지에 대한 수학적 진술이다. "특정한 질환이 발생할 확률은 1만분의 1이다," 또는 "복권에 당첨될 가능성은 5백만분의 1이다." 확률(*probability*)과 가능성(*possibility*) 사이의 구분을 하는 것이 중요하다. 어느 것이 가능하다고 말할 때 이는 단지 일어날 수 있다는 것만을 말한다. 이는 매우 부정확한 용어이다. 확률은 가능한 사건이 어느 정도 일어날지에 대하여 수학적인 용어로 명확히 정의한다.
- 위험을 수용함으로써 초래되는 나쁜 결과의 영향(*consequences*)은 사소하거나 재앙일 수 있다. 예를 들면 암모니아는 일반적인 가정용품이다. 암모니아에 노출되면 모든 사람이 눈물을 흘리거나 다른 증상이 초래된다. 노출의 확률과 악영향의 확률은 높지만, 영향은 심각하지 않고 회복된 이후에 지속되는 효과가 없다. 따라서 우리는 기꺼이 가정에서 암모니아를 사용하고 귀찮은 노출의 높은 확률을 수용한다. 대조적으로 큰 댐이 붕괴되면, 이는 심각한 재산상의 피해와 하류의 수천 명의 사망을 초래할 수 있다. 댐 붕괴의 영향이 크기 때문에, 붕괴의 확률이 극히 낮도록 매우 높은 공학적 기준을 요구한다.
- 나쁜 결과를 다루는 경제비용(*economic cost*)은 위험을 수용하는 하나의 영향이다. 사람이 병들거나 상처를 입게 되면, 의료비용이 위험의 수용과 연관될 수 있다. 댐이 붕괴되면 생명이나 재산의 손실이 일어나며, 이는 궁극적으로 경제비용으로 변환된다. 위험도의 평가와 관리는 확률, 영향, 결정의 경제비용을 이해하는 것을 포함한다.

위험도 평가

환경 **위험 평가(risk assessment)**는 특정한 환경 요인 또는 조건으로부터 사람이나 환경이 해를 입는 확률을 산정하기 위하여 사실과 가정을 사용하는 것이다. 세계보건기구는 상해와 사망을 초래하는 주요한 환경 요인을 확인하였다(표 3.1).

특정한 활동, 화학물질, 기술, 정책이 인간에 미치는 위험도를 평가하는 것은 어렵다. 몇 가지 정보원과 도구가 이러한 위험도를 명확하게 하는 것을 돕기 위하여 사용된다. 상

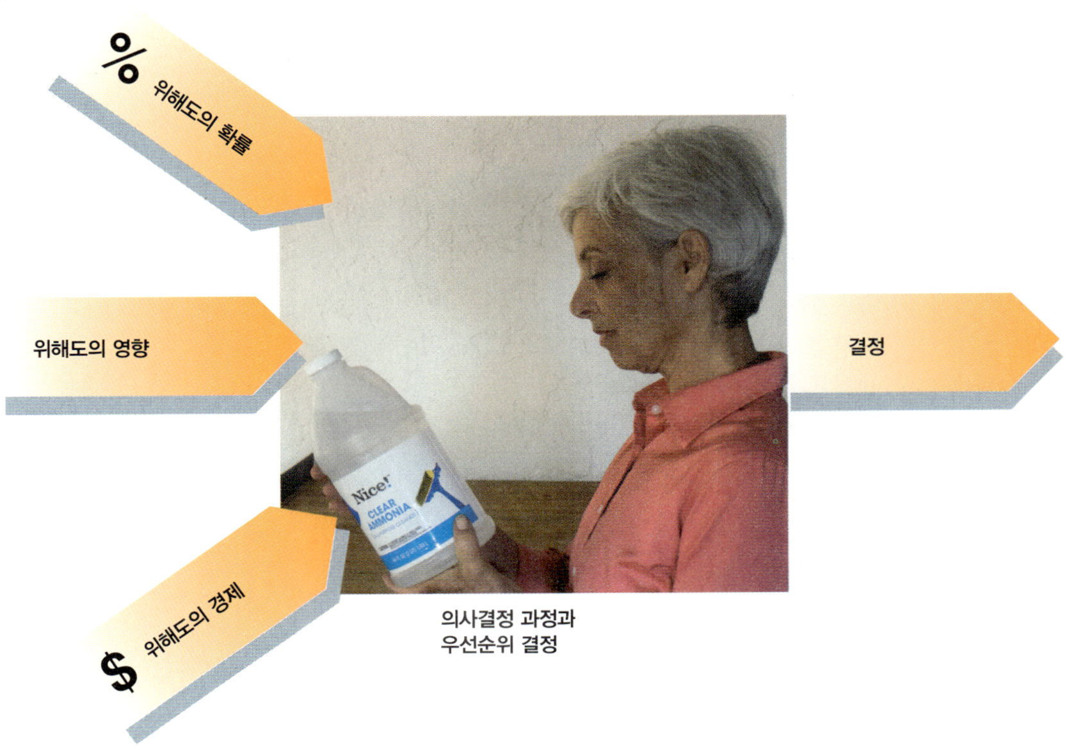

그림 3.1 위해도 평가: 우리는 매일 확률, 영향, 위험을 수용하는 비용을 평가하는 것을 포함하는 많은 결정을 한다.

표 3.1 환경 요인에 기인하는 주요 사망 원인

사망 원인	주요 환경 요인	연간 사망자 (2011)
하기도 감염(기관지염, 폐렴, 유사 질병)	실내와 실외 대기오염	320만 명
만성 폐쇄성 폐질환(폐기종, 만성 기관지염, 유사 질병)	작업장과 가정의 먼지와 연무 흡연	3백만 명
교통상해	열악한 도시 계획 또는 열악한 수송체계의 설계 과속, 음주운전, 헬멧, 안전벨트와 어린이 보호 장치 등을 다루는 부적절한 법률	230만 명
설사성 질병	안전하지 않은 음용수와 위생시설의 결여	190만 명
말라리아	질병을 운반하는 모기에 노출	589,000명

출처: 2013년 WHO 세계 건강 예측 자료

태가 잘 알려져 있으면, 과학자는 위험도를 평가하기 위하여 과거의 경험에 기초한 통계학을 사용한다. 예를 들면 광산에서 석탄 가루로부터 광부가 진폐증을 발생하는 위험도는 잘 정립되어 있으며, 사람들은 연관된 위험도와 위험도를 감소할 수 있는 행동에 대하여 통보받을 수 있다.

그러나 새로운 기술, 화학물질, 정책이 도입되면, 그들이 인간에 미치는 영향에 대하여 정립된 이력이 없다. 이 경우에는 위험도를 평가하는 다른 방법을 사용해야 한다. 화학물질, 방사선, 약제가 인간 건강에 대한 잠재적인 영향을 모델링하는 일반적인 방법은 시험 동물을 알려진 양의 화학물질이나 방사선에 노출시키는 것이다. 상이한 동물 집단을 상이한 투여량에 노출시켜서, 부정적 효과가 관찰되는 수준을 측정하는 것이 가능하다. 그러나 이러한 시험은 인간에 대한 잠재적인 위해의 지시자일 따름인데, 이는 인간은 실험동물에 비하여 민감도가 크거나 작을 수 있기 때문이다. 또한 개인은 감수성이 다르기 때문에, 한 사람에게 전혀 위험도를 나타내지 않는 물질이 다른 사람에게는 높은 위험도를 보일 수 있다. 예를 들면 호흡곤란이 있는 사람은 건강한 개인에 비하여 높은 대기오염물질의 수준에 더 악영향을 받을 수 있다. 따라서 인간에 대한 노출 수준은 일반적으로 실험동물에서 영향을 보이는 수준보다 훨씬 낮게 설정된다.

다른 상황에서는 컴퓨터 시뮬레이션이 새로운 제품이나 정책과 연관된 위험도 평가를 정립하는데 사용된다. 예를 들면 지구 기후변화와 연관된 위험도를 이해하기 위한 시도에서, 기후의 복잡한 컴퓨터 모델이 현재 기후 경향의 잠재적인 위험 영향을 평가하는데 사용되었다. 이러한 컴퓨터 모델은 기후변화의 영향을 경감하기 위하여 고안된 정책 변화의 잠재적 영향을 평가하는 데에도 이용될 수 있다.

인간에 대한 환경 요인의 위험도를 평가하는 것은 극히 중요하지만, 환경학자들은 인간에 의하여 시작된 변화가 생물과 생태계에 미치는 영향에도 관심이 있다. 인간 활동이 종의 절멸을 초래하면, 인간에 대한 직접적인 영향이 명백하지 않더라도 부정적 환경 영향이 있다. 유사하게 현명하지 못한 정책결정은 임산물, 어류, 야생동물, 기타 자원의 지속 불가능한 수확을 초래하여, 미래 세대의 자원을 고갈한다.

위험 관리

위험 관리(risk management)는 위험도 평가의 결과를 이용하고, 위험도에 대한 가능한 반응을 측정하고, 위험도를 최소화하거나 제거하는 적절한 활동을 선택하는 것으로 포함하는 의사결정 과정이다. 이는 상업과 사업에서 모든 훌륭한 환경 관리 체계의 부분으로 포함된다. 위험 관리 계획은 다음을 포함한다.

1. 다양한 종류의 위험도와 관련된 과학적 정보를 평가하기;
2. 얼마나 많은 위험이 수용가능한지 결정하기;
3. 어떠한 위험에 최우선을 둘지 결정하기;
4. 제한된 재원을 소비하여 어디에서 가장 많은 혜택이 실현될지 결정하기;
5. 계획이 어떻게 실시되고 감시할지 결정하기.

자동차 안전은 위험 관리가 어떻게 적용될 수 있을지의 좋은 예를 제공한다. 사람이 자동차 사고에 연관될 확률이 높다는 것을 인식하는 것은 그 위험을 관리하는데 변화를 초래한다. 어떤 관리 활동은 사고의 수를 감소하기 위하여 고안되었다. 교통신호등, 경고 표지, 속도 제한, 음주운전에

대한 법률은 모든 사고의 수를 감소하기 위하여 고안되었다. 다른 활동은 사고에 연관된 사람의 외상을 감소하기 위하여 고안되었다. 에어백, 안전벨트, 충격 에너지를 흡수하는 차량 설계가 그 예이다.

위험 관리의 견지에서 결정의 문제는 궁극적으로 "어느 정도의 위험도가 수용가능한가?"이다. 일반적으로 "위험도 0" 기준이 아니라 **무시해도 좋은 위험도(negligible risk)**의 개념을 이야기 한다. 어느 지점에서 유의성 있는 건강 또는 환경 위해도가 전혀 없는가? 어느 지점에서 공중 건강과 환경을 보호하기 위하여 충분한 안전 여유가 있는가?

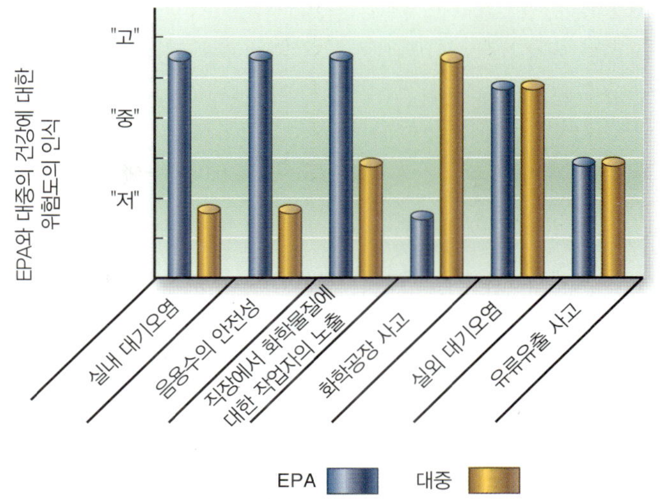

그림 3.2 위험도의 인식: 전문적 조정자와 대중은 항상 위험도가 무엇인지에 대하여 일치하지는 않는다.

위험도의 인식

의사결정자와 공중 보건 과학자가 당면하는 가장 심각한 진퇴양난은 환경 위험도의 과학적 인식과 대중적 인식의 차이를 어떻게 다루는가 하는 것이다. 많은 연구에 의하면 국가의 건강 상태에 진정으로 영향을 미치는 환경 위험요소는 필연적으로 가장 관심을 받는 것은 아니라는 것이다(그림 3.2).

예를 들면 다양한 형태의 실내 대기오염은 실외 대기오염에 비교하여 상대적으로 관심을 적게 받지만 크지는 않더라도 동등한 정도로 건강에 악영향을 미친다. 반면에 유해폐기물 투기는 어떠한 측정 가능한 질병과 연관시키기 어렵지만, 많은 관심과 자원을 끌어들인다. 유해폐기물 투기장에서 발견되는 것과 동일한 화학물질은 가정용 세제, 살충제, 휘발유 등과 같은 일반적인 소비자 제품에 존재할 때, 훨씬 많은 노출과 질병을 가져오지만 대중의 관심을 비교적 적게 받는다.

많은 요인이 사람이 위험도를 인지하는 방식에 영향을 미친다. 표 3.2는 대중이 어떻게 위험도의 중요성을 인식하는데 다양한 요인들이 영향을 미치는지를 보여준다.

대중의 인식이 어떻게 비이성적일 수 있는지의 사례로서 학교의 석면의 존재에 대한 사람의 반응을 살펴본다. 많은 학교와 기타 건물이 일부 건축 자재의 부분으로 석면이 있다는 것이 발견되었을 때, 아동을 보호하기 위하여 이 "위험한 발암성 물질"을 건물에서 즉시 제거하기 위한 대중의 항의가 있었다. 많은 사람의 인식은 아동이 위험에 처해있으며 석면을 포함한 물질을 가진 건물의 석면 근처에 있는 것만으로도 폐암과 기타 암이 초래된다는 것이었다. 그러나 이는 그렇지 않다. 석면이 위험하고 석면 침착증과 폐암과 기타 암을 초래할 수 있다는 것은 사실이다. 그러나 석면 침착증과 기타 질병에 의하여 아프기 위해서는 먼저 노출되어야만 한다. 노출되기 위해서는 석면 섬유를 흡입하거나 삼켜야만 한다. 더 나아가 사람이 질환을 발달하기 위해서는, 여러 해 동안 정기적으로 노출되어야만 한다. 대부분의 경우 석면 노출의 위험도를 최소화하는 최선의 방법은 그대로 두고 페인트와 같은 피복으로 싸는 것이다.

건물의 석면은 수리나 해체하면서 교란되지 않으면 문제가 되지 않으며 이때는 보호 조치를 취한다. 수리와 해체하면서 석면을 포함할 수 있는 먼지에 물을 뿌려서 퍼지지 않도록 하고 주의 깊게 세척하는 것이 필요한 모든 조치이다. 표 3.2의 목록을 살펴보면 석면 노출로부터 질병의 위험도에 대한 많은 관점은 덜 수용 가능하지만 건물의 석면 위험도에 대한 인식은 실제적인 위험도에 비하여 훨씬 크다.

문제가 무엇이든지 사람의 의지를 무시하기는 어려우며, 특히 정서가 확고하고 쉽게 변하지 않을 때 그렇다. 위험도의 문제에서 민주주의에서는 정부와 기타 조직의 적절한 역할에 관한 근본적인 문제가 표면에 떠오른다. 정부는 가용한 자원과 기술을 인간과 생태적 안녕에 가장 큰 유형의 영향을 가질 수 있는데 집중해야 할까요, 아니면 대중이 가장 걱정하는 문제에 집중해야 할까요? 무엇이 적절한 균형인가? 예를 들면 모든 임신부에게 적절한 산전 건강관리를 제공하는 것이 모든 학교 건물에서 석면을 제거하는 것보다 아동의 건강에 더 큰 효과를 가질까요?

이러한 위험도 평가와 관리에 대한 토론에 걸쳐 위험도를 제거하는데 비용이 소요된다는 것이 내포되었다. 많은 경우

표 3.2 사람이 위험도를 어떻게 인지하는지에 영향을 미치는 요인

더 수용 가능함	덜 수용 가능함	사례
자발적으로 수용하는 위험도	타인에 의하여 부여되는 위험도	제한 속도를 초과하는 위험도 대비 음주 운전자에 의하여 초래되는 사고에 연관되는 위험도
개인 통제하의 위험도	타인에 의하여 통제되는 위험도	모닥불에 의하여 초래되는 대기오염 위험도 대비 산업에 의하여 초래되는 대기오염 위험도
명백한 혜택을 가진 위험도	혜택이 적거나 없는 위험도	고임금을 받기 위하여 위험한 작업을 하는 위험도 대비 사과를 따기 위하여 나무 꼭대기에 올라가는 위험도
위험도가 공평하게 분포되어 있음	위험도가 불공평하게 분포되어 있음	독감에 걸릴 위험도 대비 오래된 집에서 납 페인트에 노출될 위험도
신뢰할 수 있는 출처에서 발생하는 위험도	신뢰할 수 없는 출처에서 발생하는 위험도	엔지니어링 회사가 진술한 댐 붕괴의 위험도 대비 개발업자가 진술한 장래의 부동산 가치 하락의 위험도
위험도가 자연의 일부임	위험도가 인간에 의하여 생성됨	태양광에 대한 노출의 위험도 대비 X-선 노출의 위험도
위험도가 익숙함	위험도가 익숙하지 않음	알코올을 섭취하는 위험도 대비 방사선 노출의 위험도
성인에 대한 위험도	아동에 대한 위험도	성인 흡연의 위험도 대비 놀이터에서 아동 상해의 위험도

위험도가 제거되면 제품 또는 서비스의 비용은 증가한다. 사업과 산업은 위험도를 감소시키지만 사업비용을 증가시키는 법률과 규제의 통과를 방지하거나 변경하기 위하여 지속적으로 압력을 가한다. 생물다양성의 상실, 삼림의 농경지로의 전환, 기후변화의 영향과 같은 많은 환경 위험도는 순수한 경제적 관점에서는 평가하기 어렵지만, 경제학은 환경문제를 분석하고 명확하게 하는 것을 도와주는데 사용되는 도구의 하나이다.

3.3 환경경제학

경제학(**economics**)은 재화와 서비스를 생산하기 위하여 사람이 자원을 어떻게 사용할지를 선택하고 재화와 서비스가 대중에게 어떻게 분배되는가에 대한 학문이다. 다시 말해서 경제학은 자원을 어떻게 배치할지 목적을 결정하는 분배 과정이다. 여러 면에서 환경문제는 주로 경제문제이다. 이는 과장된 표현일지 모르지만, 환경문제를 우리의 생활방식의 중심인 정상적인 경제 과정의 밖에서 보는 것은 불가능하다. 석탄 채광, 석유 시추, 목재 벌채, 연료 소각, 재화 수송, 그리고 많은 다른 상업 활동을 하는 회사들은 환경에 악영향을 미친다. 그러나 그들은 제품을 대중에게 판매할 수 있기 때문에 단지 이러한 활동에 종사한다. 정부 규제는 종종 이루어진 환경 피해를 경감하기 위하여 부여된다. 규제는 일반적으로 사업과 산업의 비용을 증가시킨다. 환경문제와 경제 사이의 상호작용을 평가하기 위해서는, 일부 기초적인 경제 개념을 이해하는 것이 중요하다.

자원

경제학자는 **자원**(**resources**)을 사용될 수 있는 어떤 것의 가용한 공급으로 바라본다. 전통적으로 자원에는 노동, 자본, 토지 세 가지가 있다. 노동은 보통 인적 자원으로 간주된다. 자본은 재화와 서비스의 효율적인 생산을 가능하게 하는 모든 것이다(예는 기술과 지식임). 토지는 행성의 천연자원으로 생각될 수 있다. **천연자원**(**Natural resources**)은 인간이 자신의 목적을 위하여 사용할 수는 있지만 생성할 수 없는 구조와 과정이다. 토양의 농업 생산성, 하천, 광물, 삼림, 야생동물, 기상(바람, 태양광, 강우)은 모두 천연자원의 사례이다. 경관 또한 천연자원인데, 이는 우리가 산악 지형과 수력발전에 사용될 수 있는 많은 강우 또는 관광을 육성하는 아름다운 경치 또는 생물자원의 조합이다.

천연자원은 보통 재생가능과 재생불가능으로 분류된다. **재생가능 자원**(**Renewable resources**)은 자연적 과정에 의하여 형성되거나 재생될 수 있다. 토양, 식생, 동물, 공기, 물이 재생가능한데 이는 주로 이들의 양이 감소하거나 질이 저하되면 자연적으로 보수, 재생, 세척을 하기 때문이다. 자원이 단지 재생가능하다고 해서 이들이 소진되지 않

는다는 것을 의미하지는 않는다. 재생가능 자원의 남용은 회복할 수 없는 붕괴를 초래할 수 있다. **재생불가능 자원(Nonrenewable resources)**은 자연 과정에 의하여 대체되지 않거나, 대체 속도가 효과가 없을 만큼 느리다. 예를 들면 철광석, 화석연료, 산악 풍경은 인간의 시간 척도에서 재생불가능하다. 따라서 재생불가능 자원이 소진되면, 영원히 없어진 것이며, 대체물을 찾거나 없이 살아야 한다.

수요와 공급

경제적 재화 또는 서비스는 모든 부족한 것으로 정의될 수 있다. 결핍은 어느 것에 대한 수요가 공급을 초과할 때 항상 존재한다. 우리는 일반적인 결핍상태의 세계에 살고 있으며, 그들을 소비하는 인간의 욕망에 비하여 상대적으로 자원이 제한된다. 자원이 분배되는 기작은 재화나 서비스에 대한 가격의 확정을 포함한다. 가격은 우리가 재화와 서비스를 얼마나 소중히 여기느냐를 서술하며, 재화 또는 서비스의 공급과 이에 대한 사회의 요구 사이의 관계에 의하여 결정된다.

공급(supply)은 주어진 가격에서 사람들이 판매하기를 희망하는 재화 또는 서비스의 양이다. **수요(demand)**는 소비자가 주어진 가격에서 구입하기를 희망하고 구입할 수 있는 재화 또는 서비스의 양이다. 재화 또는 서비스의 **가격(price)**은 화폐 가치이다. 가격을 결정하는 중요한 기작의 하나는 공급과 수요 사이의 관계이며, 이는 종종 **수요/공급 곡선(supply/demand curve)**에 의하여 설명된다. 어떠한 재화 또는 서비스에 대하여, 공급, 수요, 가격 사이의 관계는 끊임없이 변화한다.

예를 들면 중고 골판지의 가격은 공급과 수요에 기초하여 뚜렷하게 변화한다(그림 3.4). 중고 골판지의 공급은 잘 이해되는데 이는 90%의 골판지 포장이 재활용되기 때문이다. 공급은 제품을 운송하기 위하여 필요한 포장의 양에 의하여 주로 결정된다. 경제가 튼튼하고 사람들이 물건을 구입하면, 중고 골판지의 공급은 증가한다. 튼튼한 경제는 사람들이 많이 구입하고 구입은 일반적으로 골판지 용기에 담겨 운송되기 때문에 수요도 자극한다. 수요가 증가하면 제조자가 중고 골판지에 대하여 지불하려고 하는 가격이 상승한다. 반대로 사람들이 물품을 구매를 하지 않으면, 포장이 덜 필요하고, 수요가 감소하고, 가격도 하락한다. 수요를 결정하는 두 번째 요인은 수출 시장의 강세이다. 다른 국가들이 중고 골판지를 구입하면, 국내 시장에 가용한 양이 줄어

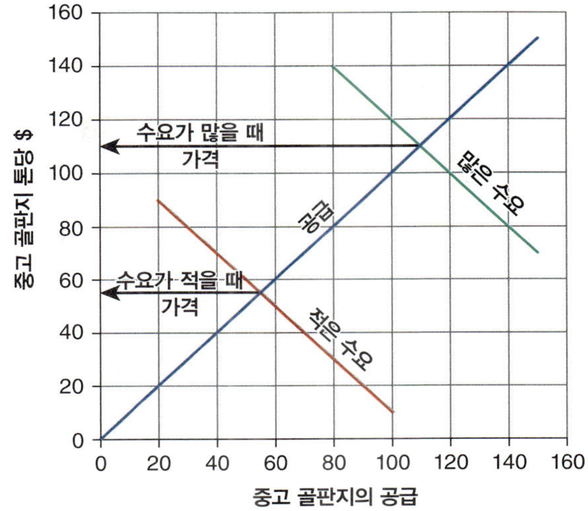

그림 3.3 중고 골판지의 공급과 수요: 물품의 가격은 공급과 수요 사이의 상호작용에 의하여 결정된다. 중고 골판지에 대한 수요는 많은 상품이 발송되거나 중고 골판지가 많이 수출될 때 높다. 수요가 높을 때, 상업은 중고 골판지에 대해 비싼 가격을 기꺼이 지불한다. 수요가 감소하면 가격도 감소한다.

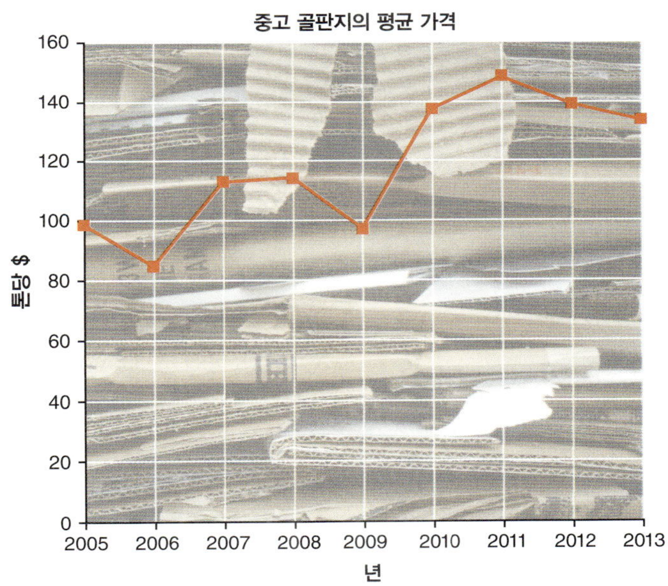

그림 3.4 중고 골판지의 최근 가격: 2000년대 초반의 경제 침체는 중고 골판지의 수요를 감소시켰으며, 제조자가 지불하고자 하는 가격은 하락하였다. 최근에 경제가 개선되면서 중고 골판지 가격은 상승하였다.

들어 가격이 상승한다. 마지막으로 중고 골판지 가격이 너무 높아지면, 골판지 생산자는 골판지를 제조하는데 펄프재를 사용하기 시작할 수 있다.

식품에 지불하는 가격은 공급과 수요의 좋은 예이다. 농부는 작물을 재배하기 위하여 많은 종류의 투입량을 사용한다. 여기에는 트랙터와 기타 기계, 토지의 구입 또는 임대,

특별히 개발된 종자, 비료, 농약, 기계의 연료 등이 포함된다. 따라서 이러한 투입량의 어느 가격이라도 변하면, 작물 재배의 경제도 변하며, 이는 그들이 재배하는 작물의 종류와 양을 평가하도록 한다(그림 3.5).

최근에 미국 정부는 옥수수에서 일정한 양의 에탄올 연료를 생산하도록 요구해서 옥수수의 인위적인 수요를 생성하였다. 이러한 수요의 증가는 가축을 먹이기 위하여 옥수수를 구입하였던 축산농에게 비싼 가격을 지불하도록 하였고, 이는 정육점에서 고기 가격의 상승을 초래하였다. 가뭄, 서리, 봄철의 낮은 온도, 우박, 많은 다른 날씨 조건은 흉작을 가져올 수 있는 반면, 따뜻하고 충분한 강우를 보이는 여름은 풍작을 가져온다. 흉작은 공급을 감소시키고 농부는 작

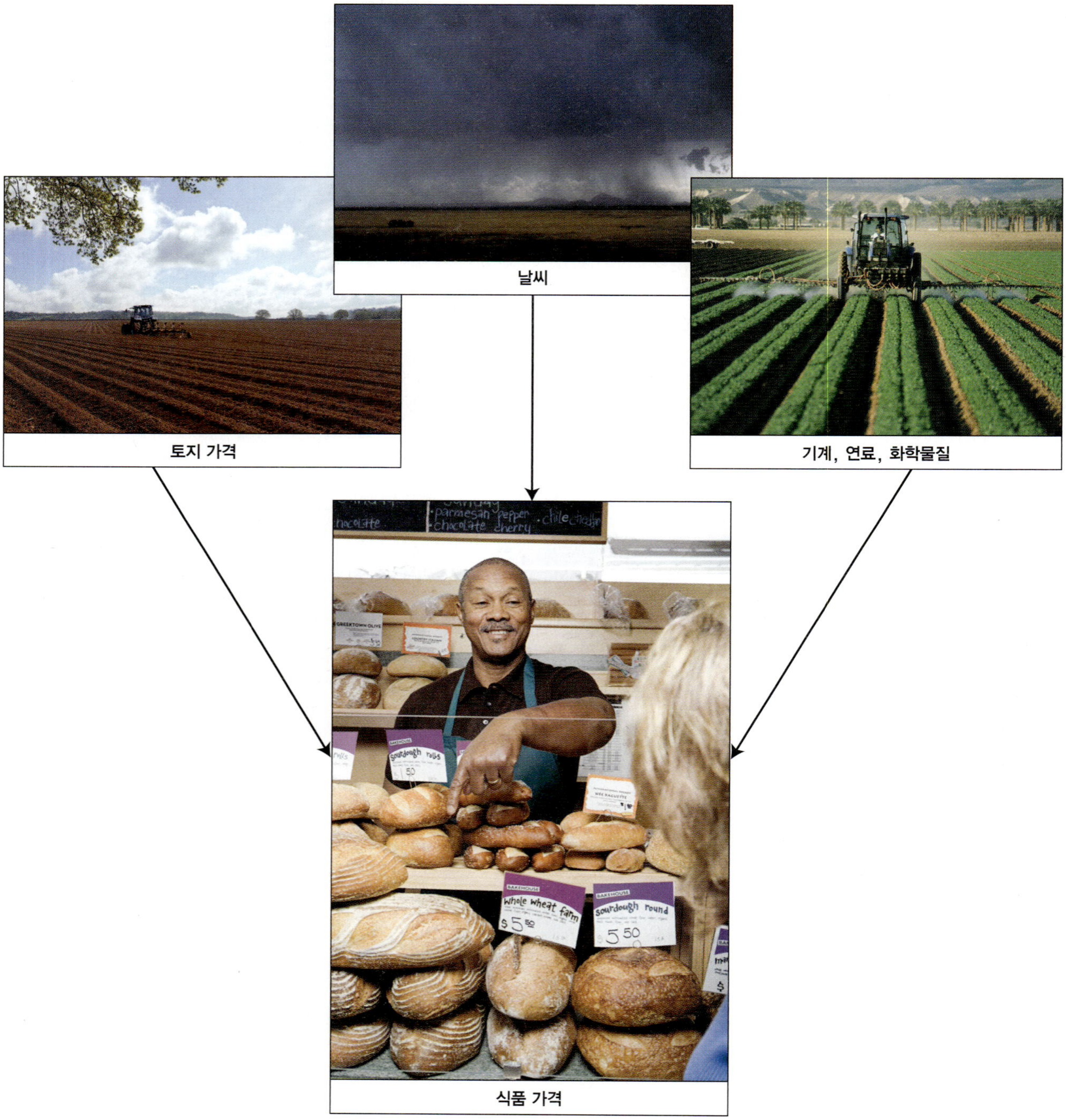

그림 3.5 식품 가격에 영향을 미치는 요인: 많은 요인들이 소비자가 식품에 지불하는 가격에 영향을 미친다. 농부가 요구하는 토지, 기계, 연료, 화학물질이 중요하다. 날씨도 작물 생산에 영향을 미쳐 가격에 영향을 준다.

물에 높은 가격을 받고 슈퍼마켓의 식품 가격은 상승한다. 반대로 풍작은 공급과잉을 초래하며 농부가 받는 작물 가격은 하락한다.

천연자원과 생태계 서비스에 대한 가치 부여

자연은 천연자원과 생태계 서비스를 제공한다. 앞에서 언급하였듯이 천연자원은 인간이 자신의 목적을 위하여 사용할 수는 있지만 생성할 수 없는 구조와 과정이다. **생태계 서비스(Ecosystem service)**는 기능하는 생태계가 인간과 사회에 주는 유익한 효과이다. 둘 다 가치가 있지만 천연자원에 경제적 가치를 부여하는 것이 쉽다.

천연자원

우리는 상대적인 부족의 인식에 기초하여 천연자원의 가치를 부여한다. 우리는 높게 평가하는 재화와 서비스에 기꺼이 지불하지만 풍부하게 존재한다고 생각하는 것에는 지불하려고 하지 않는다. 예를 들면 따뜻하고 안전한 보금자리에는 기꺼이 지불하지만 우리가 마시는 공기에 누군가가 지불하라고 하면 화가 날 것이다.

어떠한 천연자원이 항상 희귀했다면 이는 비싸다. 진주와 귀금속은 항상 희귀했기 때문에 비싸다. 어떤 자원의 공급이 매우 크고 수요는 매우 작다면, 그 자원은 공짜로 생각될 수 있다. 태양광, 바다, 공기는 공급이 매우 크기 때문에 종종 천연자원으로 생각되지 않는다. 그러나 현대 기술은 우리 조상들이 달성할 수 있었던 것 보다 훨씬 큰 정도로 천연자원을 이용할 수 있도록 하였으며 한때 무한정으로 간주되었던 자원이 이제는 희귀하다. 예를 들면 토지와 이를 덮은 토양은 과거에는 무한한 천연자원으로 간주되었지만, 이제는 토지가 유한하고 재생불가능한 자원으로 인식하기 시작하였다. 토지의 경제적 가치는 이용가능한 토지가 없는 대도시 지역에서 가장 높다. 비계획적, 무분별한, 또는 부적절한 사용은 토지와 토양에 심각한 손상을 초래할 수 있다(그림 3.6).

심지어는 재생가능 자원도 과잉개발 될 수 있다. 과잉개발이 심각하고 지속되면 자원 자체가 파괴될 수 있다. 예를 들면 어류, 야생동물, 삼림의 과잉개발은 자연 생태계를 너무 많이 변화시켜 회복할 수 없으며, 재생가능하였던 자원은 재생불가능 자원으로 고갈될 수 있다.

그림 3.6 재생가능 자원의 잘못된 관리: 토양은 재생가능 자원이지만, 잘못된 농업관행은 토양의 손실을 초래하여 토지의 가치를 감소시킬 수 있다. 이 사진에서 물의 침식이 토양을 유실시켜 도랑을 형성하여 토지의 가치를 감소시킨다.

생태계 서비스

기능하는 생태계는 경제적 부유의 명백한 근원이다. 생태계 서비스는 곤충에 의한 가루받이, 삼림의 재성장, 물과 공기의 정화, 폐기물의 분해, 수력, 휴양의 기회 등을 포함한다. 생태계 서비스는 전통적인 시장에서 거래되지 않기 때문에, 경제학자는 그 경제적 가치에 대하여 정보가 없다. 우리는 "멋진 경치"에 직접 돈을 지불하지 않으며 쓰레기통의 분해생물의 가치를 모른다. 물론 어떠한 것이 가격이 없다는 것은 가치가 없다는 것을 의미하지는 않는다. 힘든 일은 생태계 서비스에 부여하는 가치를 드러내도록 결정하는 방식이다.

- 첫 번째로, 우리는 가치를 이끌어 내도록 고안된 질문을 함으로써 사람들의 선호도를 진술하도록 할 수 있다. 여러분은 도시 공원 부근에 거주하는 것을 선호하나요? 여러분은 뒷마당에서 우는 새를 보는 것을 즐기나요?
- 두 번째로, 우리는 사람들의 행동을 관찰함으로써 그 행동으로부터 사람들이 생태계 서비스에 가치를 부여하는 것을 추측할 수 있다. 예를 들면 경관이 좋은 곳의 집은 경관이 없는 곳의 집보다 비싸게 팔린다. 사람들이 자연을 관찰할 수 있는 장소를 여행하면서 시간과 돈을 소비한다면, 그들은 이러한 휴양 기회에 가치를 부여한다.
- 생태계 서비스에 가치를 부여하는 또 다른 방식은 개인이 생태계를 보전하거나 사용하기 위하여 기꺼이 포

기하는 기타 재화나 용역의 최대한의 양을 결정하는 것이다. 예를 들면 대중에게 댐을 건설하여 생산하는 전기를 위하여 송어낚시를 하는 강의 일부를 포기할 수 있는지를 물어볼 수 있다.

2010년 UN은 담수, 산호초, 삼림과 같은 생태계는 빈곤한 시골의 "국내총생산(GDP)"의 47~89%를 차지한다고 보고하였다. 세계 산호초의 최근 추정가치는 매년 약 $300조였다. 기후변화와 다른 요인들로 인하여 산호초 생태계가 붕괴된다면, 수백만 명의 사람이 생활터전을 잃게 될 것이다.

꿀벌과 다른 동물에 의한 가루받이 서비스의 경제적 가치는 세계적으로 연간 약 $2천조로 추산된다. 이 서비스는 양봉의 생존에 대한 세계적인 문제에 의하여 예민한 주목을 받고 있다.

환경비용

대기오염, 수질오염, 식물과 동물의 절멸, 자원의 고갈, 경관 질의 상실은 모두 자원 착취의 환경비용의 사례이다. **환경비용(environmental cost)**은 화폐 가치로 쉽게 변환되지 않기 때문에, 종종 측정하기 어렵다. 이는 특히 방금 토의한 생태계 서비스의 상실에 있어서 사실이다. 경제학자는 전통적으로 환경비용에 대하여 논의하지 않았지만, 환경비용의 두 가지 공통적인 관점을 서술하였다.

이연비용(Deferred cost)은 무시되거나, 인지되지 않거나, 효과가 시간에 따라 축적되지만, 궁극적으로는 갚아야 하는 것이다. 예를 들면 전력과 관개수를 제공하기 위하여 Colorado 강에 댐이 건설되었을 때, 계획 입안자들은 강 흐름의 변화가 멸종위기 조류 종의 서식처를 감소시키고, 물이 차가워져서 토종 어류종의 상실을 초래하고, 강 하류역의 염분 증가를 초래할 것은 예상하지 못하였다. 토양 침식도 이연비용의 또 다른 사례이다. 토양 침식을 증가시키는 관행에 의한 피해는 즉각 느껴질 수 없지만, 피해가 축적되고 토양 비옥도가 감소하면서, 미래 세대에 비용이 명백해진다.

외부비용(External cost)은 재화나 서비스를 생산하거나 소비하는 개인이 아닌 다른 사람이 떠맡아야 하는 비용이다. 예를 들면 벌목 작업이 언덕의 사면에서 너무 많은 나무를 제거하여 개울을 파괴하고 산사태를 유발하면, 벌목 작업은 대중에게 비용을 전가한다. 또 다른 예는 폐업한 기업에 의하여 생성된 수천 개소의 유해폐기물 처리장이다. 이러한 방치된 유해폐기물 처리장의 정화는 정부와 납세자의 책임이 되었다. 이러한 처리장을 생성한 실체는 정화비용을 회피하였다. 유사하게 새로운 쇼핑단지가 건설되면 대중과 자치단체에 의하여 많은 추가적인 외부비용이 지불된다. 추가적인 도로, 경찰과 소방 보호, 하수와 상수도 서비스, 주차장의 유출수, 그리고 인근 토지를 상가로 변환하는 압력은 모두 일반적으로 납세자가 부담하는 외부비용이다.

기회비용(Opportunity cost)은 결정이 자원의 다른 잠재적인 이용을 배제할 때 발생하는 비용이다. 예를 들면 숲 지역에 집을 지으면 하이킹이나 사냥을 위한 토지의 사용은 상실된다. 유사하게 농경지에서 석탄의 노천채굴이 행해지면 지역 경관은 심하게 변경되어 농경지로서의 사용이 더 이상 불가능하다(그림 3.7). 아마도 대부분의 환경비용은 외부비용, 이연비용, 기회비용의 관점을 포함한다.

이러한 모든 종류의 비용을 포함하는 좋은 예는 전기를 저렴하게 생산하기 위한 방법으로 고황 석탄을 사용하여 초래되는 피해이다. 대기 중으로 방출된 황 화합물은 삼림의 성장 감소와 건물과 기타 구조물에 피해를 초래하는 산성비를 유발하였다. 피해는 시간에 따라 축적되어 산성비의 비용은 이연비용이다. 피해 비용은 대중의 좋은 경관의 감소, 임업기업의 수확할 나무의 감소, 부동산 소유주의 건물과 기타 구조물의 수리비용으로 전가되어 전기회사에 의하여 직접 지불되지 않는 외부비용이 된다. 석탄의 생산에는 불필요한 물질을 제거하기 위하여 석탄을 세척하는데 다량의 물을 필요로 한다. 수질이 저하되어 음용수, 관개, 휴양 목적으로 부적합하며, 이는 기회비용을 나타낸다.

사람들이 환경비용의 중요성을 인식하면서, 오염과 환경 저해에 대한 엄격한 통제가 시행되면서 이러한 비용은 경제 비용으로 변환된다. 오염된 물이나 공기를 정화하거나 저하된 토지를 회복하는 데는 경비가 소요되며, 피해를 초래한 사람은 필요한 정화나 복원 비용을 유예 받거나 회피하도록 허용되어서는 안 된다.

오염의 경제학

오염(Pollution)은 인간과 다른 생물의 환경을 저하시키는 물질 또는 에너지를 추가하는 모든 것이다. 그러나 오염에 대하여 생각할 때, 우리는 보통 인간의 건강이나 안녕을 방해하는 것을 대량으로 생산하는 것을 의미한다. 오염에 의하여 입는 피해의 양에 영향을 미치는 두 가지 주요한 요인은 인구의 크기와 새로운 형태의 오염을 만드는 기술의 발

그림 3.7 기회비용: 석탄을 생산하기 위하여 농경지를 채굴하는 것은 장차 토지를 농업을 위하여 사용할 수 없도록 한다.

달이다.

무엇이 오염을 구성하는지에 대해서 일치하는 것이 항상 쉬운 것은 아니다. 어떤 사람에게는 작은 나무 연기 냄새가 상쾌하지만, 다른 사람들은 그 냄새를 싫어한다. 상업은 광고 표지를 가치가 있고 필요하다고 생각할 수 있지만, 다른 사람들은 이를 시각적 공해로 간주한다. 마지막으로 인간과 기타 경제 과정에 의하여 생산된 모든 부정적 효과를 제거하는 것은 불가능하다는 것을 인식하는 것이 중요하다. 어려운 질문은 수용 가능한 오염 수준을 결정하는 것이다(그림 3.8).

사람들이 오염의 비용을 축소된 생활조건과 질병의 관점에서 평가하기 시작하면서, 개인과 국가는 오염이 통제되어야 한다고 요구하기 시작하였다. 오염을 제어하는 비용은 두 종류의 활동으로 구분될 수 있다. **오염비용(Pollution cost)**은 일단 오염이 발생하면 오염 피해를 교정하는데 소요되는 개인 또는 공공의 비용이다. 오염비용에는 오염에 의하여 건강을 해친 사람의 의료 경비, 오염된 산업지역의 정화와 같은 과거 오염을 교정하는 비용, 오염에 의하여 깨끗한 대기, 깨끗한 물, 조용한 주변과 같은 공공 자원의 이용의 손실 등이 포함된다. 앞 절에서 토의되었듯이 이들은 외부비용이며 많은 경우 또한 이연비용이다.

오염예방비용(Pollution-prevention cost)은 예방하지 않으면 일부 생산 또는 소비활동으로부터 초래될 수 있는 오염을 민간 부문이나 정부에서 전적으로 또는 부분적으로 예방하기 위하여 발생되는 비용이다. 강에 하수를 배출하기 전에 지방 정부가 처리하기 위하여 발생하는 비용이 오염예방비용이며, 전기회사에서 배기 굴뚝에 새로운 설비를 설치하여 대기오염을 예방하거나 오염원이 낮은 연료로 전환하기 위하여 발생하는 비용도 마찬가지이다.

오염예방(pollution prevention)의 철학은 가능할 때면 언제든지 발생원에서 오염이 방지되거나 저감되어야 한다는 것이다. 이러한 철학의 중요한 관점은 오염은 대중에 의하여 지불되는 외부비용이어서는 안되고, 잠재적인 오염비용은 내부화되어 제공되는 재화나 서비스의 가격에 반영되어야 한다는 것이다. 일부 산업과 기업 조직이 완화된 환경규제를 위하여 끊임없이 압력을 가하고 새로운 규제를 반대하지만, 많은 회사는 오염을 예방하는 것이 실제로 사업비용을 감소하고 따라서 이윤을 증가시킨다는 것을 보여주었다. 따라서 오염예방은 돈을 벌어준다!

예를 들면, 몇 년 전에 벨기에에 위치한 3M의 유럽 화학 공장은 Scotch™ 상표 Magic™ Tape의 접착제를 생산하기 위하여 오염을 일으키는 용매에서 안전하지만 더 비싼 수성 물질로 전환하였다. 이 전환은 벨기에나 유럽연합의 어떠한 환경법도 만족하기 위한 것이 아니었다. 3M 관리자는 오염법이 전혀 없는 국가에서도 모든 자회사가 지켜야 하는 엄격한 오염예방규제를 채택해야 하는 회사의 정책을 따른 것

건강 위해

수질오염. 이 표지는 세균 밀도가 높아서 수영에 적합하지 않다는 것을 가리킨다.

스모그. 대기오염이 갇힐 때 발생하며 심각한 건강 문제이다.

연기. 연기는 허파에 문제를 일으킬 수 있는 작은 입자를 포함한다.

용매. 용매는 증발하여 국부적 오염을 초래한다.

악취. 사육장은 많은 사람이 불쾌하게 느끼는 냄새 문제를 생성한다.

열오염. 냉각탑은 대기로 열을 방출하여 국부적 안개를 초래한다.

시각 오염. 추한 주변은 불쾌하지만 건강에 해롭지는 않다.

고물 처리장. 보기에는 싫지만 단지 사소한 안전상 위해만을 초래한다.

불쾌함

그림 3.8 오염의 사례: 오염에는 많은 종류가 있다. 일부는 주요한 건강 우려이며, 다른 것들은 단순히 불쾌하다.

이었다. 이러한 정책은 부분적으로 소비자의 친환경 제품의 요구에 대한 반응과 환경적으로 책임 있는 회사의 홍보에 기초한 것이다.

그러나 유사한 환경정책을 취하는 북미의 많은 다국적 기업이 자발적으로든 아니면 법에 의해서든 폐기물을 정화하는 것이 비용을 극적으로 절감할 수 있다는 것을 알아가고 있다. 1975년 3M은 "오염예방은 이익을 준다(Pollution Prevention Pays; P3)."라는 프로그램을 정립하였다. 이러한 회사의 철학은 대기, 수질, 폐기물 오염을 상당히 저감하였다. 최근의 회사 자료는 온실기체는 1990년으로부터

녹색 행진

녹색 일자리

녹색 일자리의 일반적인 정의는 어떠한 방식으로 환경 개선과 관련된 일자리이다. 에너지 절약 도구의 설치와 관련된 것부터 환경관리 회사의 새로운 에너지 기술까지를 포함한다. 노동통계청은 녹색 일자리를 재생가능 에너지, 에너지 효율, 오염 저감, 천연자원 보전, 환경 추종, 교육, 대중의 인식과 연관된 것으로 정의한다. 보고에 의하면 이 녹색 일자리에 적합한 일자리는 2011년 약 480만 개가 있었다. 과거에 상당한 성장을 하였고 계속하여 성장할 것으로 예상되는 2가지 분야는 태양에너지와 풍력에너지 일자리이다.

녹색 일자리 성장의 일부는 정부 주도에서 올 것이다. 2007년 미국 하원은 녹색 일자리 법을 통과시켰는데, 이는 생계 임금과 저소득 지역사회에 경제적 상태의 상승을 제안하는 녹색 직업 영역에 사람들을 훈련하기 위하여 $1억25백만을 제공한다.

민간 부분에서 많은 회사는 지속가능성 직책을 설립하고 최고 경영진 명부에 최고환경책임자를 추가하였다.

- Ecojobs 친환경 일자리
- Green jobs network 녹색 일자리 네트워크
- jobs.greenbiz.com

72% 감소되었고, 에너지 사용은 2000년 이후 42% 감소되었고, 물 사용은 2005년 이후 35% 감소되었으며, 폐기물은 2000년 이후 44% 감소하였다는 것을 보여준다. 폐기물의 감소는 오염예방법을 준수하기 위한 비용 절감을 의미한다. 그러나 많은 경우 3M은 과거에 버렸던 폐기물을 판매하여 실제로 수입을 올렸다. 그리고 3P 프로그램에 의하여 유발된 재활용으로 인하여 3M은 원료를 적게 구입하게 되어 비용을 절감하였다.

Xerox 회사는 지구적 환경 노력에서 재료의 재활용에 초점을 맞추었다. Xerox는 복사기 구매자에게 무료 택배 서비스를 제공하여 매립장으로 갈 금속합금 부품을 포함한 사용된 복사기 카트리지를 픽업하였다. 카트리지와 기타 부품은 세척되어 신제품을 제조하는데 사용된다. 다른 재활용되는 Xerox 복사기 부품은 전원, 모터, 종이 운반 시스템, 인쇄된 기판, 금속 롤러 등을 포함한다. 2012년 1,700톤의 부품이 재사용되었다. 재제작, 재활용, 폐기물 절감은 원자재 구입 물량을 감소시켜 상당한 절약을 가져왔다.

비용 편익 분석

천연자원과 재정은 제한되고 이들의 이용에는 경쟁이 있기 때문에, 천연자원과 재정의 현명한 이용에 대한 결정을 도와주기 위한 절차가 사용되는 것은 필수적이다. **비용 편익 분석(Cost-benefit analysis)**은 편익이 비용보다 큰지를 결정하기 위하여 프로젝트나 행동 방침의 비용과 편익을 계산하는 공식적인 절차이다. 많은 선진국에서 대형 프로젝트, 특히 정부에 의하여 수행되는 것은 환경 영향과 규제에 관련한 어떠한 형태의 비용 편익 분석을 요구하는 것이 오랫동안 사례였다. 예를 들면 미국에서 이러한 요구는 1969년 국가환경 정책법에 의하여 정립되었는데, 이는 주요한 정부 지원 프로젝트에 환경영향평가를 의무화하였다. 더욱 더 세계은행과 같은 국가와 국제 대출기관에 의하여 지원되는 프로젝트에 유사한 분석이 요구되고 있다.

사례 — 깨끗한 물과 개선된 위생시설의 제공

2004년 세계보건기구는 깨끗한 물 공급과 개선된 위생시설을 제공하는데 대한 비용 편익 분석을 출판하였다. 그 연구는 5가지 상이한 단계의 중재에 대한 비용 편익을 평가하였다. 중간 단계는 상당히 적절했으며 깨끗한 물을 제공하고 최소한 가정에서 잠깐 걸어서 구덩이 변소에 접근할 수 있는 것을 평가하였다. 표 3.3은 이 연구의 저자에 의하여 작성된 평가 종류의 개요를 보여준다. 중간 단계의 서비스에 대하여 저자들은 서비스를 제공하기 위하여 소비된 1달러에 대하여 편익은 약 11달러라고 측정하였다.

비용 편익 분석의 이용에 대한 우려

의사결정 과정에서 비용 편익 분석을 사용하는 데에는 명백한 가치가 있다. 그러나 비용 편익 분석이 어떻게 사용되고 다양한 유형의 편익에 경제적 가치를 부여하는 어려움에 대

표 3.3 깨끗한 물과 위생시설에 접근하는 것에 대한 비용 편익 분석

(깨끗한 물 공급원과 개선된 위생시설 모두 가정 근처에 가용함)

인구에 대한 주요한 영향	해설	가정 부근에 깨끗한 물과 위생시설을 제공하는 경제적 편익	가정 부근에 깨끗한 물과 위생시설을 제공하는 비용
영향을 받은 인구	30억 명이 영향을 받음		연간 $226억(연간 인당 $5.30)
설사성 질병의 치료에 의료 시스템에서 적은 비용 지출	9억 사례의 설사가 회피됨	연간 $116억 절감	
환자 가족에게 치료비 절감	병원으로 이동, 약 구매 등	연간 $5.65억 절감	
질병이나 아픈 친척을 보살피기 위하여 손실되는 작업일의 감소	연간 56억 일의 추가적인 작업일 국가의 최저임금으로 계산한 추가 수입(평균 일당 $4.66)	연간 $12억	
조기 사망 회피	조기 사망은 총 평생 소득의 감소를 초래한다.	연간 $56억	
유아의 건강한 날이 증가	건강한 날이 24억 일 증가 더 좋은 평생 건강	연간 $112억	
아동이 학교에 가는 날이 증가	연간 4.43억 일 학교에서 성취도 증가	연간 $21억	
물을 채취하고 위생시설에 접근하는 시간의 감소	연간 5,950시간. 이러한 시간은 임금을 벌기 위하여 사용될 수 있음(국가의 최저임금으로 계산)	연간 $2,290억	
기타 혜택	더 높은 가정 가치 더 많은 여가 시간		
Total		$2,620억	$226억

비용 편익 비 = 11.6 (이 분석에 대하여 $1.00 투자에 대하여 $11.60이 회수된다.)

한 몇 가지 우려가 있다. 일부 사람은 가치의 유일한 척도가 경제적이라면 아름다움, 조용함, 휴양 기회, 깨끗함 등 많은 단순한 비경제적 가치는 간과되거나 무시될 것이라고 주장한다. 더 나아가 상이한 문화, 심지어는 동일한 문화의 상이한 사람은 비경제적 자원에 대하여 매우 상이한 의견을 가질 수 있다(그림 3.9).

제3세계 개발 프로젝트의 사례에서 이러한 이미 어려운 환경문제는 문화적, 사회경제적 차이에 의하여 더 어렵게 되었다. 저개발국가의 예를 들면 프로젝트가 절실히 요구되는 일자리를 제공한다면 깨끗한 공기와 안전한 작업 환경에 낮은 가치를 둘 수 있다.

비용 편익 분석에 대한 특히 강력한 비판은 연구자들이 어떠한 선호도가 비용 편익 분석에서 가장 중요한지를 결정하여야 한다는 것이다. 이론적으로는 비용 편익 분석은 누가 이익을 받거나 또는 비용을 부담하는가에 상관없이 모든 편익과 비용을 계산해야 한다. 그러나 실제는 항상 가능하지 않다. 예를 들어 비용이 커다란 인구에 걸쳐 희박하게 분산된다면 이는 전혀 경비로 인식되지 않을 수 있다. 세계 많은 부분의 대기오염 경비가 이러한 범주에 속한다. 미래 세대, 강과 같은 무생물 물체, 멸종위기종과 같은 비인간에 대한 편익과 비용을 어떻게 계산하는가에 대한 논란 또한 보편적이다.

3.4 경제시스템과 생태시스템의 비교

경제적 과정을 생태적 자원과 비교하는 것과 연관된 문제의 하나는 경제시스템과 생태시스템이 기능하는 방식에 크게 차이가 난다는 것이다. 대부분의 자연 과학자에게 생물다양성의 상실, 기후변화, 기타 많은 환경문제는 사회경제적 시스템과 자연계 사이의 불균형의 징후이다. 인간은 항상 자연계를 변화시켰다는 것이 사실이지만, 이러한 흔적은 과거 경험하였던 어느 것 보다도 현재 훨씬 크다는 것도 명백하다. 자연계에 대한 인간의 활동이 심각한 영향을 미치는 이유 중 하나는 안녕을 위하여 천연자원과 생태적 서비스에

하이킹 오솔길과 오토바이 길 중에서 어느 것이 더 가치가 있나요?	사냥을 위한 해안선과 교역을 위한 해안선 중에서 어느 것이 더 가치가 있나요?	상가 길과 주택가 길 중에서 어느 것이 더 가치가 있나요?

그림 3.9 자원에 대한 경제적 가치의 부여: 우리가 자원을 이용하는 방식은 자원의 인지된 가치에 기초한다. 모든 사람이 자원을 동일한 가치로 보지는 않으며, 가치는 항상 측정하기 쉽지는 않다.

의존하는 인구가 매우 많다는 사실이다.

경제시스템과 생태시스템은 어떻게 다른가

앞에서 언급하였듯이 생태시스템의 많은 기능은 경제적 용어로 변환하기 쉽지 않아서 간과된다. 경제시스템과 생태시스템이 상이한 데에는 몇 가지 근본적인 방식이 있다.

시간 틀(*Time frame*) 경제학과 생태학의 명백한 차이점은 시장과 생태계 시간 틀의 커다란 차이이다. 많은 생태계 과정은 수백, 수천, 심지어는 수백만 년에 걸쳐서 일어난다. 시장 결정의 시간 틀은 짧다. 이는 주식 거래와 같이 몇 분으로 짧거나 공장의 개발과 건설과 같이 몇 년으로 길 수 있다. 미국 경제정책이 관련되면 2년에서 4년의 선거 주기가 기준 틀이다. 투자자와 배당금 수익자에게는 3개월에서 1년의 성과 시간 틀이 규칙이다.

장소(*Location*) 생태계에서 장소는 매우 중요하다. 예를 들면 지하수 자원은 한 장소에서 다른 장소로 이전될 수 없다. 지하수 저장소의 크기와 장소는 토질, 수문지질학적 조건, 지역적 강수량, 지역의 식생, 증발에 의한 손실, 증발산, 지하수 흐름에 의하여 영향을 받는다. 경제적 활동에서 장소는 별로 관계가 없다. 생물지역 또는 국부적, 생태적 특징 내에서 지형, 장소, 기능은 수송비용의 단순한 기능이나 경제적 비교 이점을 제외하고는 경제적 계산에 포함되지 않는다. 생산은 이전될 수 있으며 선호되는 장소는 생산비가 낮은 어느 곳이라도 가능하다.

측정 단위(*Units of measure*) 상이한 단위가 경제학과 생태학에서 변화를 측정하기 위하여 사용된다. 생태시스템은 에너지의 칼로리, 이산화탄소 흡수, 강우량의 cm, 질산염 오염의 p.p.m.과 같은 물리적 단위로 측정된다. 시장경제의 통합적인 측정치는 화폐이다. 변화는 재화나 서비스 가치의 증가 또는 감소로 측정된다. 자원의 경제적 가치에만 초점을 맞추는 것은 환경의 질이나 기능에 심각한 변화를 가릴 수 있다.

복잡성(*Complexity*) 생태시스템은 경제시스템에 비하여 훨씬 복잡성이 크다. 생태시스템을 이해하기 위해서는 특정한 방식으로 서로 상호작용하는 수천 종의 생물을 고려할 뿐 아니라, 공기, 물, 토양과 같은 물리적 특징의 영향을 이해하여야 한다. 경제시스템도 단순하지 않지만, 평가해야 될 구성요소의 수는 훨씬 적다.

생물다양성의 상실은 경제학과 생태학의 상충되는 틀의 예를 설명한다. 예를 들면 경제적 관점에서 육류 생산을 위하여 사용되는 토지의 가치는 생산되는 육류의 경제적 가치에 의하여 평가된다. 그러나 가축을 기르기 위하여 토지를 사용하는 결정은 일반적으로 풀 종의 다양성, 토양의 미생물의 수와 종류, 가축과 토지를 공유하는 동물의 종류, 지하수 수질에 상당한 영향을 미친다. 생태계 단순화 또는 이산화탄소 흡수와 같은 과정의 변화로부터 초래되는 비용은 육류 생산이 확실한 경제적 보상을 가져주는 한 경제적 용어로 측정되지 않는다. 그러나 생태계 과정의 이해를 포함하는 경제적 계획을 개발하는 것이 가능하다.

예를 들면 짐바브웨와 기타 아프리카 국가에서 일부 목장주는 감소된 생물다양성의 경관에서 가축을 기르는 것보다 야생동물의 토착종을 관리하여 생태관광으로 더 많은 돈을 번다. 야생동물 종은 수천 년 동안 지역 경관의 부분이었으며 가축보다 지역에 더 잘 적응되었다.

공동 소유 자원 문제 — 공유지의 비극

모든 사람이 자원의 소유권을 공유하면, 자원을 과잉개발하고 오용하는 강한 경향이 있다. 자원의 공동 소유에 고유한 문제는 하딘(Garrett Hardin)의 1968년도 고전적인 수필인 "공유지의 비극(The Tragedy of Commons)"에서 간략하게 설명되었다. 원래의 "공유지(commons)"는 영국에서 왕에 의하여 누구나 가축을 방목할 수 있도록 공짜로 제공된 목초지였다.

목초지의 크기에 비하여 가축의 수가 적으면 공유지에는 아무런 문제가 없다. 그러나 각각의 목동 입장에서는 자신의 가축이 풀을 먹지 않으면 다른 사람의 가축이 먹을 것이기 때문에 자신의 가축을 최대한 키우는 것이 최적의 전략이다. 따라서 각각의 가축 크기가 성장하고 공유지가 과잉방목 될 때까지 가축의 밀도가 증가한다. 그 결과 가축이 굶어죽게 되어 결국 모두가 잃게 된다. 비극은 최종 결과가 확실하게 명백하지만 아무도 재앙을 막기 위하여 행동하지 않는다는 것이다.

생태권(ecosphere)은 공기, 물, 대체할 수 없는 광물자원으로 비축된 하나의 거대한 공유지인 공동으로 사용해야 할 "대중의 목초지"이지만, 매우 실제적인 한계를 가진 목초지이다. 각각의 국가는 다른 국가와 상관없이 공유지에서 가능한 많은 것을 추출하려고 시도한다. 더 나아가 미국과 기타 산업화된 국가는 매년 총 세계자원의 정당한 몫보다 훨씬 많이 소비하며, 이의 대부분은 저개발 국가로부터 수입된다.

그림 3.10 해양은 공동의 재산 자원이다: 세계의 해양은 누구도 소유하지 않는 공유된 자원이기 때문에, 자원을 분별없이 사용하는 경향이 있다. 연안 지역사회는 해양으로 폐기물을 투기하며 많은 선박은 폐기물을 해양으로 배출한다.

이 문제의 명백한 현대의 사례의 하나는 해양생물의 남획이 포함된다. 누구도 해양을 소유하지 않기 때문에 많은 국가는 존재하는 어류 자원을 이용할 수 있는 권리가 있다고 느낀다. 가축을 방목하는 사례와 마찬가지로 개인은 다른 사람이 포획하기 전에 최대한 많은 어류를 잡으려고 한다. 현재 UN은 세계의 거의 모든 해양 어류가 수용용량 또는 그 이상으로 어획되고 있다고 추산한다.

마지막으로 공원과 가로 같은 토지 자원의 공동 소유권은 다른 환경문제의 근원이다. 공원에 쓰레기를 버리는 사람도 일반적으로 자신의 사유지에는 쓰레기를 버리지 않는다. 해양의 공동 소유권은 선박과 석유시추선이 저렴하게 폐기물을 버리는 곳으로 해양을 이용하도록 한다(그림 3.10).

공유지의 비극은 또한 개인 차원에서도 작용한다. 대부분의 사람이 대기오염을 의식하지만, 자동차 운전을 계속한다. 많은 가족은 2번째 또는 3번째 차를 요구한다. 이러한 사람들이 반사회적은 아니며, 모든 사람이 그렇다면 대부분은 소형차와 적은 차를 기꺼이 운전하며, 대중교통이 적절하다면 단지 한대의 소형차로 잘 지낼 수 있다. 그러나 사람들은 종종 해로운 상황에 고착되어, 다른 사람이 먼저 첫발을 내디디기를 기다리며, 많은 사람들은 모르는 사이에 공유지의 비극에 기여한다. 결국에는 자녀 하나를 더 낳거나, 맥주 캔을 하나 더 소홀히 버리거나, 에어컨을 하나 더 설치한다고 해서 어떠한 해를 끼칠 것인가?

여러분의 선택은?

호수, 개울, 해양, 토양, 지하수의 수은 오염은 진행되고 있는 문제이다. 지표수 오염으로 인하여, 많은 주와 연방 정부 기관은 사람들이 섭취하는 특정한 어류와 패류의 양을 제한하는 건강 권고를 발령하였다. 여러분이 어류나 패류를 먹고 싶으면, 여러분은 주 또는 연방 보건기관의 경고에 기초하여 소비를 제한할 것인가요? 잠재적으로 수은을 포함하는 어류를 소비하는 데 대한 찬성과 반대 논리를 개발하시오.

3.5 환경문제를 다루기 위한 경제적 도구의 사용

환경문제를 다루는 전통적인 방식은 특정한 유형의 행동을 금지하는 규제를 개발하는 것이다. 이는 종종 "명령과 통제" 접근방식으로 불린다. 이는 대기오염과 수질오염의 저감과 멸종위기종의 보호에 매우 효과적이었으며, 환경적 우려는 환경영향평가서에 의하여 다루어질 것을 요구하였다. 그러나 환경 관리를 촉진하기 위하여 경제적 유인을 사용하는 도구도 있다.

보조

보조(subsidy)는 공공의 이익에 중요하다고 간주되는 행동을 장려하기 위하여 정부에서 개인이나 사기업에 주는 선물이다. 보조금은 에너지 효율 전기기구의 구입에 대한 세금의 환불, 오염을 통제하기 위한 특정한 기술에 투자하도록 장려하기 위하여 기업에 저금리 융자나 보조금, 새로운 기술을 개발하기 위하여 산업이나 기업에 대한 세금 우대 등을 포함한다. 융자, 유리한 세금 혜택, 직접적 보조금 등 모든 이러한 선물은 모두 공공의 세금에 의하여 지불되기 때문에, 실제적으로 외부비용이다.

보조 프로그램이 명백한 목적을 가지고 사업을 하는 새로운 길로 나가도록 단기간 사용된다면, 이는 매우 유용할 수 있다. 최근에 개인과 기업의 에너지 효율을 개선하기 위한 보조는 에너지 사용을 상당히 감소시켰다. 정부가 침식성이 높은 토지를 생산에서 영구히 제거하도록 권장하기 위하여 농부들에게 지불하는 것은 침식과 지역 개울의 퇴적물 축적을 감소시킨다. 수질의 개선은 어류에 이롭고, 자연적인 식생의 복귀는 야생동물에 이롭다.

보조의 공통적인 효과는 재화나 서비스의 가격을 진정한 시장가격보다 낮게 유지하는 것이다. 보조된 재화나 서비스의 실제 원가는 제품의 진정한 비용에 도달하기 위해서는 보조비용이 시장 가격에 추가되어야 하기 때문에 보조된 시장가격에 비하여 높다.

일단 보조가 국가의 경제적 조직의 부분이 되면, 배제하기 매우 어렵다. 1996년 미국 하원은 "자유농장법(Freedom to Farm Act)"을 통과시켰는데, 이는 많은 농업 보조를 배제하였으며 농업 보조의 종말로서 환영되었다. 1996년에서 1997년 사이에 농업 보조는 매년 $80억였다. 그러나 후속 입법은 2012년 보조가 거의 $150억로 증가하도록 변경시켰다. 2014년의 농업법은 매년 농부에게 $200억 정도를 보조하는 조항을 포함하고 있다.

도로와 교량의 건설은 미국 연방 예산의 주요한 부분이다. 현재 매년 $140억가 도로의 건설과 개선에 사용된다. 이는 자동차 운송의 보조를 구성한다. 고속도로를 건설하고 보수하는 비용을 충당하기 위한 자동차 사용에 대한 높은 세금은 더 에너지 효율적인 대중교통의 사용을 권장할 것이다.

시장 기반 수단

역사적으로 정부는 규제에 따르지 않는 사람들에 대한 벌금으로 규제를 설정하여 환경 개선의 달성을 추구하였다. 그러나 정부는 환경 목표를 충족하도록 권장하기 위하여 시장 기반 수단으로 알려진 경제적 도구를 점점 더 고려하고 있다. 완고한 지시를 내리는 대신에, 시장 기반 정책은 개인과 산업이 그들에게 경제적으로 타당한 해법을 선택할 수 있도록 한다. 예를 들면 오염을 유발하는 활동에 가격이 설정될 수 있다. 회사는 요구되는 수준의 환경보호를 어떻게 최선으로 달성할지를 자신이 결정하도록 허용된다.

몇 가지 종류의 시장 기반 도구가 현재 사용되고 있다.

정보 프로그램(*Information program*)은 결정을 구입하는 환경 영향에 대한 정보를 소비자에게 제공한다. 선택하는 환경 영향에 대한 정보는 소비자에게 그들의 결정이나 행동을 변화시키는 것이 개인적 이익이라는 것을 명백하게 해준다. 대중에게 전기 기구의 에너지 효율에 대하여 알려주는 정보 인식표, 다양한 자동차의 연비 등급, 안전한 사용과 처분을 설명하는 살충제 제품의 표지 등이 그 예이다.

거래 가능한 배출권(*Tradable emissions permits*)은 회사가 일정한 양의 오염물질을 배출할 수 있는 권리를 부여한다. 특정한 양보다 적게 배출하는 회사는 허가권을 다른 회사에 판매하거나 장차 이용을 위하여 저축할 수 있다. 따라서 오염을 일으키는 산업은 과거에 사회에 부가하였던 외부 비용을 내부화할 수 있는 동기를 가지게 된다. 그들이 오염원을 정화하면, 오염할 수 있는 그들의 권리를 판매하여 이익을 실현할 수 있다. 일단 산업이 허가권을 판매할 수 있는 가능성을 인식하면, 오염을 저감하는 것은 경제적인 이익이 있다는 것을 알게 된다. 석탄 화력발전소에 대한 거래 가능한 이산화황 오염 허가권의 설립은 이산화황 방출량을 크게 감소시켰다.

배출 요금과 세금(*Emissions fees and taxes*)은 환경에 피해를 주는 활동이나 제품을 더 비싸게 하는데, 이는 환경 피해를 감축하는 경제적 유인책을 제공한다. 산업과 개인은 부과금을 지불하는 것보다 오염을 줄이는 것이 더 저렴할 때에는 언제든지 오염 수준을 감소한다.

과학, 정치, 정책

친환경 경제의 발전

미국의 환경정책은 일관된 정책의 개발이 매우 정치화되어서 단편화되는 경향이 있다. 예를 들면 기후학자들은 기후변화가 현실이라는 것을 강조한다. 그러나 의회의 많은 의원은 기후변화가 문제라는 것을 부정하며 이를 다루기 위한 행동을 방해한다. 화석연료 산업은 정부 보조를 계속 받고 있지만, 재생가능 에너지에 대한 보조는 낭비로 간주된다. EPA는 대기 질을 개선하고 독성 화학물질에 대한 노출을 감소하는 프로그램을 성공적으로 도입하였으며 최근에 EPA가 이산화탄소를 대기오염물질로 규제할 수 있도록 하는 대법원의 판결을 받았다. 오바마(Obama) 대통령은 승용차와 트럭에 높은 연료 효율 기준을 정립하는 행정명령을 내렸다. 환경정책에 대한 이러한 단편적인 접근에도 불구하고, 환경문제와 관련된 과학과 기술이 산업 공동체와 대중에게 수용되고 있다는 많은 증거가 있다.

친환경 경제를 추진하는 것은 기업에 의한 지속가능한 정책과 목표와 함께 어느 시기에는 탄소 배출에 가격이 있을 것이라는 산업과 기업의 일반적인 인식이다. 또한 환경 개선과 에너지 효율에 대한 대중의 커가는 관심도 있다.

정보기술, 포장, 친환경 건물과 같은 경제 분야는 연방 정책의 결여와 관계없이 모두 추진력을 가지고 있다. 예를 들면 Cisco Systems 회사는 네트워킹 장비를 고안, 제조, 판매, 서비스한다. 2008년 Cisco Systems의 최고경영자는 2013년까지 회사의 온실기체 배출을 25% 감축하겠다고 공언하였다. Cisco Systems는 이 목표를 2012년 달성하였다. 2013년 Cisco Systems는 추가적으로 온실기체를 40%, 에너지 사용을 15% 감소하고, 재생가능 공급원으로부터 전기 구매를 최소한 25% 구매하겠다고 선언하였다. Cisco의 공약은 회사 자신의 발자국을 넘어선다. 2009년 Cisco는 공급자들이 유사한 환경기준을 준수하도록 강요하기 위하여 공급사슬 혁신 프로그램을 수행하였다.

많은 산업분야는 친환경 경제에 적응하는데 그다지 성공적이 아니었다. 많은 회사가 명백한 환경목표를 가지고 있지만, 상위 600개의 공적으로 교역하는 미국 회사는 지속가능성 성명서를 발간하지 않는다. 에너지 회사, 원재료를 생산하는 회사, 식품가공 회사는 일반적으로 열악한 환경 기록을 나타낸다. 비록 이러한 종류의 회사가 친환경이 되기는 더 어려울 수 있지만, 지속가능성 목표가 결여되어 있다는 것은 환경이 우선이 아니라는 것을 의미한다.

예치금 제도(*Deposit-refund programs*)는 사용된 제품이 재사용 또는 재생을 위하여 반환될 때 환불되는 제품의 가격에 추징금을 부과한다. 예치금 제도는 병과 캔의 재생을 권장하기 위하여 널리 사용되고 있으며, 이는 쓰레기와 이의 수집 비용을 감소시킨다.

계약이행 보증금(*Performance bonds*)은 환경 자원을 보호하기 위한 적절한 배려가 실행되도록 보장하기 위하여 징수되는 요금이다. 인도네시아, 말레이시아, 코스타리카를 포함한 일부 국가는 목재를 벌목한 이후에 재조림을 보장하기 위하여 계약이행 보증금을 이용한다. 미국 또한 노천 채굴 토지의 복원을 보장하기 위하여 이 접근방법을 사용하였다. 계약이행 보증금으로 징수된 돈은 모든 이행 기준이 충족되기 전에는 완전히 양도되지 않는다.

수명주기 분석기법과 생산자책임 재활용제도

수명주기 분석기법(Life cycle analysis)은 전체 내용년수(useful life)에 걸친 제품의 생산, 사용, 재사용, 폐기와 연관된 환경영향을 평가하는 과정이다. 수명주기 분석기법은 신제품 및 연관된 기술의 총 원가를 이해할 수 있도록 한다.

제품 연쇄의 다양한 단계에는 원재료의 획득, 제조 공정, 운송, 소비자의 사용, 사용된 제품의 최종 처분 등을 포함한다. 이러한 접근방법이 사용되면, 제품의 생산, 사용, 처분의 궁극적 환경 영향을 감소할 제품 설계와 공정 기술의 변화를 인지하는 것이 가능하다. 제품 연쇄를 따른 모든 요인은 재료의 선택에 고유한 상류(원재료) 부문의 영향과 제조 과정 자체의 영향부터 제품의 사용과 처분의 하류 부문의 영향 등 제품의 수명주기 환경영향의 책임을 공유한다(그림 3.11).

수명주기 분석기법의 논리적 연장은 생산자책임 재활용제도이다. **생산자책임 재활용제도(Extended product responsibility)**는 제품의 생산자가 내용년수가 지난 후 제품의 최종처분을 포함한 생산과 관련된 모든 부정적인 영향에 책임이 있다는 개념이다. 생산자책임 재활용제도 배후의 논리는 제조자가 제품의 소비자 이후 영향에 대하여 지불해야 한다면, 제조자는 제품을 폐기물을 감소하도록 다르게 설계할 것이라는 것이다.

많은 사람은 독일의 포장 조례를 생산자책임 재활용제도의 첫 번째 사례로 인식한다. 독일 포장 조례 하에서 소비자, 소매상, 포장 제조자는 모두 이 책임을 공유하며, 폐기물 관리의 재정적 부담은 소매상과 포장 제조자에게 부과된다. 이는 제품을 처분하기 위하여 제조한 곳으로 돌려주는 "회수(take back)"의 최초 사례의 하나로 생각된다. 이는 회사가 어떤 제품을 어떻게 제조할지 매우 빈틈없이 바라보도록 하였다. 의도는 "이 물건은 언젠가는 나에게 되돌아올 것이다. 나는 어떻게 이것을 재활용하거나 재사용하거나 처분할 것인가?"라는 것이었다.

미국에는 생산자책임 재활용제도를 강제하는 국가적 입법이 없지만, 특정한 제품의 제조자가 이를 실행한 몇 가지 사례가 있다. 몇 개 주가 니켈 카드뮴 축전지 제조사에게 낡은 전지를 회수하도록 요구하는 입법을 통과시켰을 때, 제조사는 전국적인 회수 프로그램을 실시하였다. 화학 산업은 "Responsible Care®"로 알려진 프로그램을 시행하였다. 이 개념은 캐나다에서 기원하였으며 그 이후 46개 국가로 전파되었다. Responsible Care®의 주된 목표는 화학공정을 개선하고 산업의 제품에 대한 안전한 생산, 운송, 사용, 처분을 보장하는 것이다.

3.6 경제와 지속가능한 발전

지속가능한 발전의 용어에 대한 일반적으로 사용되는 정

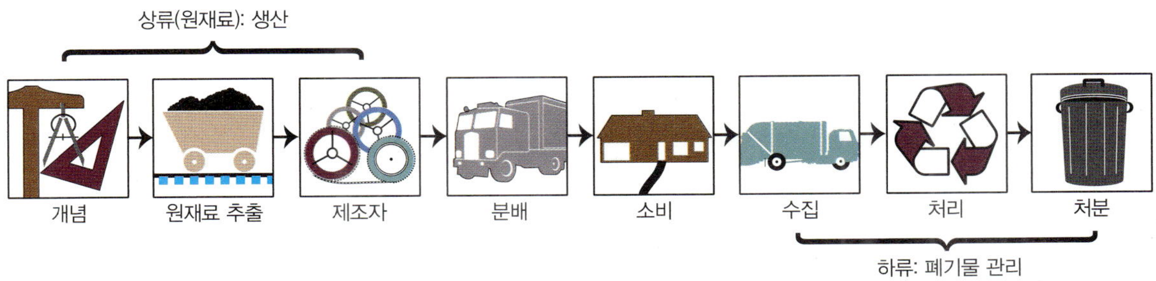

그림 3.11 일반적인 제품의 수명주기: 수명주기 분석기법이 수행될 때, 원료의 획득, 제조 과정 전반, 제품의 최종 처분까지 과정의 모든 단계를 인식하는 것이 중요하다.

이슈와 분석

수은 오염의 경제와 위험

수은은 많은 산업 공정과 제품에 사용되는 화학 원소이다. 수은은 액체 금속이기 때문에 많은 종류의 전기적 응용에 사용된다. 수은의 일반적인 사용은 형광전구, 수은등, 전기 기울기 스위치, 특정한 종류의 소형 배터리 등이다. 또한 치아 충전제를 생산하기 위하여 은과 기타 금속과 합금을 형성한다. 원소상 수은은 자체로 독성이 있지만, 원소상 수은에 직접 접근하는 사람은 거의 없기 때문에 거의 위험이 되지 않는다. 그러나 특정한 세균은 원소상 수은을 메틸수은으로 변환할 수 있으며, 이는 생명체에 의하여 쉽게 흡수되어 체내에 저장된다.

메틸수은으로 변환하는데 가용한 수은의 일부는 자연 암석에서 온다. 따라서 세계의 일부 지역은 다른 지역에 비하여 자연적으로 높은 수은 수준을 나타낸다. 일반적인 인간에 의하여 발생되는 수은의 기원은 발전소나 유사한 시설에서 석탄의 연소이다. 수은은 대기 중으로 배출되어 발전소로부터 바람이 불어가는 지역에 분포된다.

메틸수은의 오염은 상위 영양단계의 어류가 조직에 많은 양의 메틸수은을 축적하는 수서 먹이사슬에서 특히 문제가 된다. 어류는 심장질환의 감소와 연관된 오메가-3 지방산의 중요한 공급원이다. 메틸수은이 존재하는 많은 곳에서, 사람들은 어류의 소비를 극히 제한하도록 권고된다. 메틸수은 수준으로 인하여 어류가 인간 소비에 적합하지 않은 것으로 밝혀지면, 어류를 포획하고 처리하는 사람에게 중요한 경제적 영향을 미치며 소비자의 식품 선택이 제한된다.

2000년 클린턴(Clinton) 행정부에서 EPA는 석탄 화력발전소에서 배출되는 수은의 양을 감축할 것을 명령하였다. 이는 수은이 대기로 방출되지 않도록 수은을 포획하기 위하여 발전소에 고가의 추가 설비를 필요로 한다. 전력산업은 변화가 너무 고비용이라고 항의하였으며, 이 프로그램은 결코 시작되지 못하였다. 2003년 12월 부시(George W. Bush) 행정부에서 EPA는 이 문제를 다루기 위하여 수은 배출 거리 제안을 선언하였다. 이 제안에 의하면 석탄 화력발전소는 특정한 양의 수은 배출량의 허가가 발급된다. 그만큼 수은을 배출하지 않으면 그들은 허가권을 방출하는 수은의 양을 저감할 수 없는 다른 발전소에 판매할 수 있다. 제안자들은 이산화황에 대한 유사한 배출 거래 프로그램은 이산화황의 방출에 커다란 감소를 가져왔다고 지적한다. 수은 배출 프로그램의 비판자들은 이 프로그램이 전력 산업에 대한 특권이라고 한다. 이 프로그램도 결코 실시되지 않았다.

2011년 12월 EPA는 발전소가 배출할 수 있는 수은의 양을 제한하는 규정을 발간하였다. 발전소는 이 규정을 준수하는데 4년의 기한이 주어졌다. 그 결과 제안된 많은 석탄 화력발전소는 보류되었으며 일부 오래된(더 오염시키는) 발전소는 폐쇄되었다.

- 발전소는 어째서 수은 배출 수준을 통제하려고 하는 과거의 노력을 성공적으로 중지시킬 수 있었는가?
- 모든 오염은 비용에도 불구하고 방지되어야 할까요? 아니면 위험도 평가와 경제성 분석이 의사결정 과정의 일부가 되어야 할까요?

의의 하나는 세계환경개발위원회(World Commission on Environment and Development; 일명 Bruntland 위원회로 알려짐)의 1987년도 보고서인 "우리들 공동의 미래(*Our Common Future*)"에서 기원하는 것이다. 이 보고서는 "**지속가능한 발전(sustainable development)**은 미래 세대가 자신들의 욕구를 충족시키는 능력을 손상하지 않고 현재의 욕구를 충족하는 개발이다"라고 주장한다. 이 정의는 경제 발전의 개념을 포함하며, 이는 사람의 생활수준과 지역사회 또는 국가의 경제적 건강을 증진하는 활동을 포함한다. 보통 경제 발전은 어느 정도의 천연자원 개발을 포함한다. 그러나 이는 또한 개선된 교육, 건강관리, 도로, 통신, 많은 다른 요인도 포함한다. 지속가능성은 천연자원의 개발에는 한계가 있지만 개발의 정도가 적절하게 관리되어 자원이 여러 세대에 걸쳐 사용될 수 있다는 환경개념이다.

첫 번째 지구의 날 창립자인 넬슨(Gaylord Nelson)은 지속가능성을 정의하는 5가지 특징을 열거하였다.

1. 재생가능성(*Renewability*): 지역사회는 물, 표층토양, 에너지원과 같은 재생가능 자원을 자체적으로 대체할 수 있는 것보다 빠르게 사용해서는 안 된다. 재생가능 자원의 소비속도는 재생속도를 초과할 수 없다.
2. 대체(*Substitution*): 상황이 허락한다면 지역사회는 재생불가능 자원 대신에 재생가능 자원을 사용해야 한다. 이는 대체의 장벽으로 인하여 어려울 수 있다. 지속가능하기 위해서는 지역사회는 재생불가능 자원이 매우 희귀해지기 전에 변화해야 한다.
3. 상호의존성(*Interdependence*): 지속가능한 공동체는 커

다란 시스템의 일부이며 커다란 시스템이 지속가능하지 않으면 자신도 지속가능할 수 없다는 것을 인식해야 한다. 지속가능한 공동체는 다른 공동체를 불모로 만들도록 자원을 수입하지 않으며, 다른 공동체를 오염시키도록 폐기물을 수출하지 않는다.

4. 적응성(*Adaptability*): 지속가능한 공동체는 충격을 흡수하고 새로운 기회를 이용하도록 적응할 수 있다. 이는 다양한 경제, 교양 있는 시민, 연대정신을 필요로 한다. 지속가능한 사회는 투자를 하고 연구와 개발을 이용한다.
5. 제도적 책무(*Institutional commitment*): 지속가능한 공동체는 지속가능성을 요구하는 법률과 정치적 과정을 채택한다. 공동체의 경제시스템은 지속가능한 생산과 소비를 지탱한다. 공동체의 교육시스템은 지속가능한 행동에 가치를 두고 실행하도록 가르친다.

오늘날 우리는 지속가능성의 목표에 대하여 혼합된 결과를 보고 있다. 많은 기업은 오염의 감소, 폐기물의 감소, 에너지 효율의 개선, 그들의 사업에 많은 변화를 포함하는 지속가능성 목표를 가지고 있다. 대부분의 경우 이들은 환경 영향을 저감하는 신기술과 공정에 상당한 금액의 투자를 포함하는 진지한 노력이다. 마찬가지로 EU의 28개 회원국은 1990년 수준에서 온실기체 배출을 20% 감소하도록 약속하는 많은 정책 변경을 하였다. 2011년까지 온실기체 배출은 18% 감소하였다. 대조적으로 중국과 미국은 함께 온실기체 배출의 45%를 차지하는데, 1990년부터 2011년 사이에 증가를 나타냈다. 그럼에도 불구하고 두 국가는 대부분의 온실기체 생산을 유발하는 화석연료 산업을 계속 보조하고 있다. 삼림 벌채도 혼란스러운 결과를 보인다. 미국과 많은 유럽 국가의 삼림지 면적은 증가하였지만 열대 아프리카, 아시아, 중남미의 삼림지는 삼림이 농경지로 전환되면서 감소하고 있다. 명백히 일부 국가는 지속가능성 개념을 포용하였지만 다른 국가는 그렇지 않다. 또한 다른 국가들은 정치적으로 또는 경제적으로 충족하기 용이한 측면만 선택하고 더 어려운 지속가능성 문제는 무시하였다.

요약

위험도는 어떤 상태나 행동이 상해, 피해, 손실을 초래할 수 있는 확률이다. 위험도 평가는 오염물질이나 독성 약품에 대한 노출로부터 초래될 수 있는 인간 건강 또는 환경에 대한 피해의 확률을 추정하기 위하여 사실과 가정을 사용하는 것이다. 위험도를 계산하는 것은 어렵지만, 위험도 평가는 위험도 관리에 이용되며, 이는 의사결정에서 위험 요인을 분석한다. 인간에 의한 위험도의 인식은 많은 요인에 의하여 변경되며, 이는 실제적 위험도를 부정확하게 측정하도록 한다.

대부분 환경문제는 자원을 어떻게 이용할지에 대한 결정을 둘러싼 경제적인 문제로 바라볼 수 있다. 주된 문제는 생태계 서비스에 어떻게 경제적 가치를 부여하는가이다. 많은 환경비용은 유예되거나(나중에 지불됨) 외부적(문제를 초래하는 실체 외에 의해서 지불됨)이다. 오염은 유예되고 외부비용의 좋은 사례이다. 비용 편익 분석은 정책이 사회적 비용에 비하여 많은 사회적 편익을 생산하는지 측정하는데 사용된다. 비용 편익 분석의 비판은 모든 것이 경제적 가치를 가지고 있는지에 대한 의문에 기초한다. 만약 경제적 사고가 사회를 지배하면, 아름다움과 같은 비경제적 가치는 금전적 가치가 부여될 때에만 생존할 수 있다. 모든 사람에 의하여 공유되는 자원은 과잉개발과 남용의 경향이 크다. 이 개념은 하딘(Garrett Hardin)의 "공유지의 비극(The Tragedy of the Commons)"이라는 수필에서 발전되었다.

공급, 수요, 보조와 같은 경제적 정책과 개념은 환경 의사결정에서 중요한 역할을 한다. 구입할 수 있는 재화와 서비스의 양과 그 물건의 수요사이의 균형은 가격을 결정한다. 보조는 바람직한 행동을 권장하기 위하여 정부가 주는 선물이다. 최근에 환경문제의 경제적 비용을 다루기 위하여 시장에 기초한 접근방법이 몇 가지 개발되었다. 이러한 접근방법은 정보 프로그램, 거래 가능한 배출, 배출세, 예치금 반환 프로그램, 계약이행 보증금 프로그램 등을 포함한다. 이러한 모든 기작의 목표는 자원을 현명하게 사용하기 위하여 단체와 개인에게 이윤 동기를 도입하기 위한 것이다.

경제적 사고의 새로운 학파를 지속가능한 발전이라고 한다. 지속가능한 발전은 미래 세대가 자신들의 욕구를 충족하는 능력을 손상하지 않고서 현재의 욕구를 다루는 행동으로 정의된다. 지속가능한 발전은 가치에 기초한 선택을 요구한다.

녹색 활동

1. 여러분이 흡연을 한다면, 금연하라. 흡연을 하지 않는다면, 흡연하는 친구가 금연하도록 도와준다.
2. 여러분이 사용하는 몇 가지 제품에 대한 "친환경 마케팅" 주장을 연구한다.
3. 여러분의 대학에서 지속가능한 프로젝트에 대하여 활동한다.
4. 지역의 문제에 대한 비용 편익 분석을 개발한다.
5. 재사용할 수 있는 용기나 예치금을 요구하는 제품을 구매한다.

복습문제

1. 위험도를 특징짓는데 어떠한 요인들이 사용되는가?
2. 독소와 같은 환경 요인의 위험도를 특징짓도록 도와주는데 어떠한 도구가 사용되는가?
3. 주요한 세계적 건강 영향을 미치는 3가지 환경요인을 열거하시오.
4. 위험도 관리 활동의 예를 드시오.
5. 천연자원을 정의하고 재생가능 자원과 재생불가능 자원의 예를 드시오.
6. 재화와 서비스의 공급과 수요가 어떻게 상호작용하여 가격을 결정하는지 서술하시오.
7. 생태계 서비스를 정의하고 예를 드시오.
8. 이연비용, 외부비용, 기회비용의 환경적 사례를 드시오.
9. 환경시스템이 경제시스템과 상이한 4가지 방식을 열거하시오.
10. 비용 편익 분석에는 무엇이 통합되어 있는가?
11. 환경 의사결정에서 비용 편익 분석을 사용하는데 대한 몇 가지 우려는 무엇인가?
12. 오염비용과 오염예방비용 사이의 차이를 구별하시오.
13. 공유 자산 자원 소유권의 문제점을 정의하시오. 몇 가지 사례를 드시오.
14. 보조, 시장 기반 도구, 수명주기 분석의 예를 드시오.
15. 어떠한 종류의 위험도가 사람들에게 가장 기꺼이 수용되는가?

비판적 사고 문제

1. 여러분이 조정관이라고 하면, 특정한 화학약품이 "안전"한지 아닌지를 결정하기 위하여 어떤 종류의 정보를 요구할 것인가?
2. 담배에 있는 것과 같은 일부 발암물질은 왜 규제하기가 그렇게 어려운가?
3. 여러분이 루이지애나 주의 Mississippi 강을 따라 새로운 화학공장을 건설하는 위험도를 평가한다고 가정하시오. 여러분이 평가하기를 원하는 위험도 몇 가지를 확인하시오. 위험도가 수용가능한지 여부를 평가하기 위하여 여러분은 어떠한 종류의 자료를 필요로 하는가? 여러분은 일부 위험도가 다른 것에 비하여 정량화하기가 더 어렵다고 생각하나요? 그 이유는?
4. 오염 기업 또는 국가에 배출 허가원의 매매할 수 있는 권리를 허가하는 것은 논란이 있는 생각이다. 일부 사람은 시장이 오염을 제한하는 최선의 방법이라고 주장한다. 다른 사람은 허가권을 거래하는 것은 오염 기업이 계속해서 오염을 시키도록 하고 오염을 농축시킨다고 주장한다. 여러분의 생각은?
5. 여러분이 수력발전 계획의 비용 편익 분석을 수행하는 독립적인 경제학자라고 가정하시오. 이 계획의 비용은 무엇인가요? 편익은? 여러분은 계획의 비용을 어떻게 정량화할 것인가? 편익은? 공식적인 추정의 틀에 맞게 변환하기 위하여 비용이나 편익의 종류 중 무엇이 정량화하기 어렵거나 계획에서 곁길로 빠지는가?
6. 여러분은 환경론자가 전통적인 비용 편익 분석이 개발이 어떻게 환경에 영향을 미치는지를 포함하는 것까지 확대해야 할지에 대하여 어떻게 생각하나요? 이것의 혜택은? 위험도는?
7. 여러분 자신의 삶을 보면, 여러분은 어떠한 종류의 위험도를 무릅쓰나요? 어떠한 종류의 위험을 무릅쓰고 싶지 않나요? 수용 가능한 위험도와 수용 불가능한 위험도에 대한 결정에 여러분은 어떠한 기준을 사용하나요?
8. 현재의 세계적인 성장과 발전은 지속가능한가? 성장이 낮아지면, 개발도상국에 미치는 영향은 무엇인가? 어떻게 하면 자원을 공평하게 분배하면서 성장을 제한하는 목적을 달성할 수 있을까?
9. 우리의 정책은 미래 세대를 위한 자원을 보전하는데 관심을 반영해야 하는가? 만약 그렇다면, 어느 수준의 자원이 보전되어야 하는가? 미래를 위하여 저축하기 위하여 여러분은 기꺼이 무엇이 없이 지낼 용의가 있는가?
10. 여러분이 미국에 소규모 상업을 소유하고 있고 국가 내에서 상업을 확장하기를 원한다면, 여러분은 도심지의 오염된 토지를 구

입할 것인가 아니면 교외에 구입할 것인가? 여러분은 이와 관련된 환경 책임에 대하여 우려할 것인가? 그곳에 위치할 경우 근로자의 건강과 안전에 대하여 우려할 것인가? 그 이유는? 여러분의 우려는 무엇이고, 여러분은 이것을 어떻게 찾을 것인가? 구입과 건설을 위한 융자를 신청하기 전에 여러분은 환경평가를 수행할 것인가? 이제 여러분이 아는 것을 알고 있으면, 여러분의 자금, 근로자의 건강과 안전, 환경에 대한 우려에 대하여 어떤 종류의 위험도 한계를 가지는가?

chapter

4 상호작용: 환경과 생물

Interactions: Environments and Organisms

CHAPTER OUTLINE

◀ 인간의 활동은 생태계를 변화시키며 생태계를 통하여 원자가 순환하는 방식을 변경한다. 삼림을 벌채하는 것은 식생에 묶여있는 탄소를 제거하며 토양 양분의 결핍을 초래하는 침식률도 증가시킨다.

목적

이 장을 학습한 후 여러분은 다음을 달성하여야 한다.

- 생태계의 무생물적, 생물적 요인을 확인하고 열거한다.
- 제한요인의 중요성을 설명한다.
- *서식지*(*habitat*)와 *적소*(*niche*)를 구분한다.
- *개체군*(*population*)과 *종*(*species*)을 구분한다.
- 자연선택의 과정이 생물의 생태적 적소를 형성하는데 어떻게 작용하는지 설명한다.
- 종 분화, 절멸, 공진화를 가져오는 과정을 묘사한다.
- 포식자-먹이, 기생충-숙주, 경쟁적, 상리적, 편리공생 관계를 묘사한다.
- 군집과 생태계를 구분한다.
- 생산자, 소비자, 분해자의 역할을 정의한다.
- 초식동물, 육식동물, 잡식동물, 기생충의 소비자 종류를 구분한다.
- 생태계에서 일부 생물이 왜 핵심종으로 간주되는지 묘사한다.
- 에너지가 생태계를 통하여 흘러가는 것을 묘사한다.
- 영양단계에 대한 먹이망과 먹이사슬의 개념을 연관시킨다.
- 생태계를 통한 탄소의 순환에서 생산자, 소비자, 분해자의 역할을 묘사한다.
- 탄소를 장기간 결합하는 탄소 싱크의 종류를 확인한다.
- 인간의 활동이 어떻게 탄소순환을 변경시켰는지 묘사한다.
- 생태계를 통한 질소의 순환에서 질소고정 세균, 분해자 생물, 질화 세균, 탈질화 세균의 역할을 묘사한다.
- 인간의 활동이 어떻게 질소순환을 변경하였는지 묘사한다.
- 인이 생태계를 통하여 어떻게 순환되는지 묘사한다.

야생생물의 도시환경에의 적응

기후변화와 서식지 상실은 코요테, 곰, 쿠거(mountain lion)를 그들의 서식지에서 몰아내지만, 이는 왜 그렇게 많은 동물이 현재 도시지역으로 이동하는지에 대한 단지 일부분의 이유이다. 비둘기, 다람쥐, 설치류는 시멘트와 가로등처럼 도시 경관의 부분으로 보일 수 있지만, 더 색다른 새로운 야생 서식자의 개체군이 증가하고 있다.

코요테는 교외와 도시 환경에 빠르게 적응하였다. 코요테는 Los Angeles에서 New York까지의 도시에서 출현하였다. 그들은 자신과 새끼를 먹이기 위하여 작은 설치류와 때로는 고양이를 사냥하여 시골 지역에서보다 훨씬 작은 영역에서 사는 것을 배웠다. 2012년 Los Angeles의 생물학자는 Griffith 공원에서 최초로 발견된 쿠거에 전파목걸이를 달았다. Tahoe 호수 주위의 네바다 주에서 곰에 대한 불평은 2002년에서 2012년 사이에 10배 증가하였다. 곰의 일부는 음식 쓰레기도 너무 잘 먹어서 겨울에 동면도 하지 않았다. 2011년 영국 London에서 작업자들은 완공되지 않은 건물의 72층에서 여우가 사는 것을 발견하였다. 여우는 건설 노동자의 음식 부스러기를 먹고 살았다.

남부 플로리다 주의 무분별한 도시 확장(urban sprawl)이 진행되면서, 사람과 악어 사이의 상호작용이 증가하였다. 악어는 일상적인 지식에 의하면 사람의 포식자가 아니지만, 뒤뜰에서 마주치는 것은 어쨌거나 사람을 동요하게 한다. 갈매기는 어업의 감소로 어선으로부터의 찌꺼기를 더 이상 먹을 수 없기 때문에 해안으로부터 내륙의 도시를 침범한다. 추가적으로 매립장이 관리되는 방식의 변화는 갈매기의 이전 먹이 공급원을 제거하였다.

많은 동물이 기후변화와 서식지 파괴에 의하여 쫓겨나기 때문에 도시로 이동하지만, 다른 요인도 관련되어 있다. 대형 육식동물에 대한 가장 큰 요인은 성공적인 보존 노력으로 개체수가 증가하였다는 것이다. 추가적으로 우리가 도시를 더 녹색화시키면서 사람과 동물 모두에게 더 매력적이 되어가고 있다. 다른 요인은 인간과 대형 포식자 사이의 관계가 변화하는 것이다. 이제는 인간의 포획에 대하여 적은 경험을 한 특정한 육식동물 세대가 존재한다. 이러한 육식동물은 선조들과 다르게 도시를 바라보는데, 그들의 선조는 사람과 마주치면 총을 맞을 가능성이 높다는 것과 연관시켰다.

새로운 야생 서식자들은 대부분 사람과 거리를 유지하지만, 이러한 동물과 인간이 공간을 공유할 때 충돌은 불가피하다. 때로 충돌은 침입한 포식자와 길들여진 애완동물 사이에도 일어난다. 더 심각한 충돌은 드물지만 없지는 않다. 2011년 예를 들면 코요테 한 마리가 Denver 교외에서 3차례 어린이를 공격하였다. 많은 주에서 교외의 초등학교는 구내에 곰이 배회하는 것에 대응하여 감금을 명령하였다. 곰은 Los Angeles 교외부터 Washington D.C.의 순환도로까지 인간의 환대로 살이 찌고 있다.

많은 다른 종의 야생생물이 도시 생활에 적응하고 있다는 것은 의심의 여지가 없다. 더 큰 질문은 아마도 "인간이 이러한 새로운 이웃의 존재에 적응할 수 있고 적응하려고 할 것인가?"일 것이다.

4.1 생태학적 개념

생태학(ecology)이라는 과학은 생물이 서로 그리고 무생물 주변과 상호작용하는 방식에 대한 연구이다. 생태학은 생물이 주변 환경에 적응하는 방식, 주변을 어떻게 이용하는지, 생물의 존재와 활동에 의하여 지역이 어떻게 변화하는지를 다루는 넓은 범위의 학문이다. 이러한 상호작용은 생물 사이의 에너지와 물질의 흐름을 포함한다. 에너지와 물질의 흐름이 중지되면, 생물은 죽게 된다.

모든 생물은 어떠한 방식으로 다른 생물에 의존한다. 하나의 생물은 다른 생물을 먹어서 에너지와 원료로 사용할 수 있다. 하나의 생물은 해를 끼치지 않고 임시로 다른 생물을 이용할 수 있다. 하나의 생물은 동물이 식물 종자를 퍼뜨리거나 세균이 유기물을 재사용할 수 있도록 분해하는 것처럼 다른 생물에게 서비스를 제공할 수 있다. 생태학이라는 학문은 많은 전문분야로 나뉠 수 있으며 조직화의 여러 단계에서 바라볼 수 있다(그림 4.1). 생태학의 분야를 심층적으로 탐구하기 전에 우리는 이 분야의 표준 어휘에 익숙해져야 한다.

환경

생물의 일생을 통하여 영향을 미치는 모든 것을 집합적으로 생물의 **환경(environment)**이라고 한다. 환경은 매우 넓은 개념이다. 예를 들어 미국너구리와 같은 동물은 일생 동안

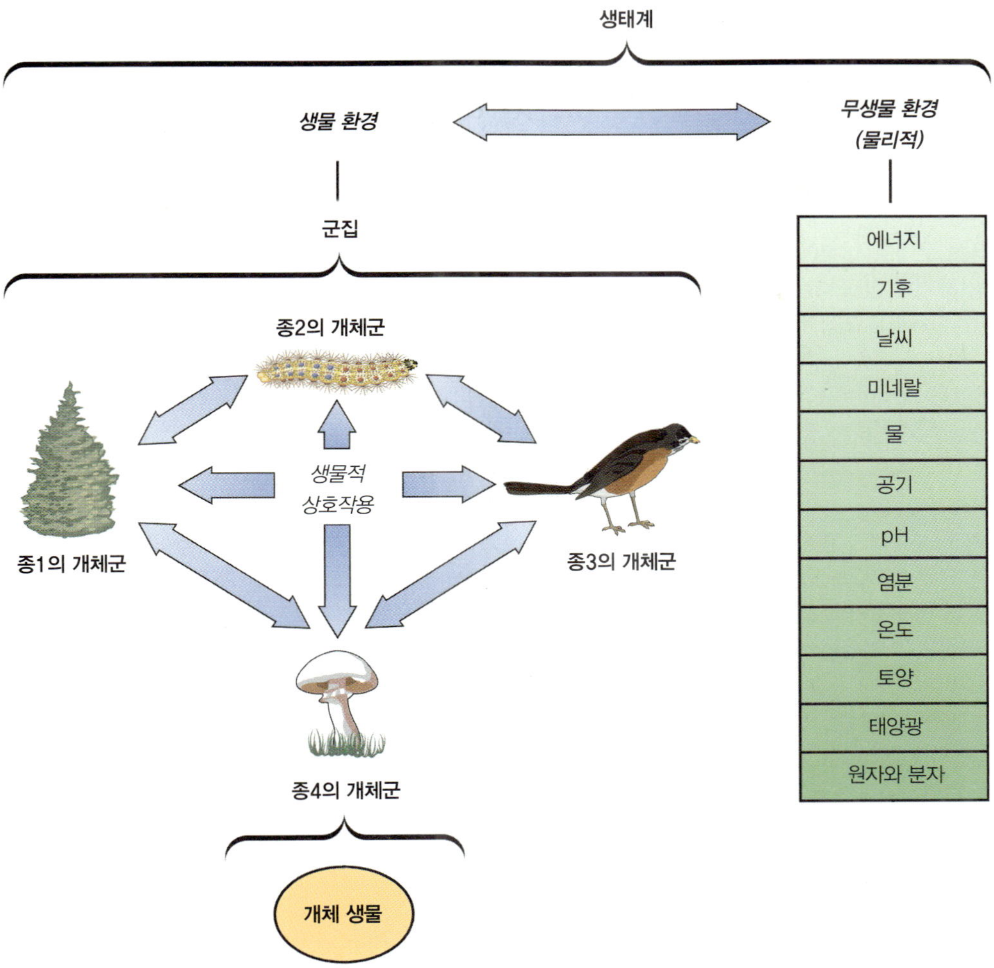

그림 4.1 생태학에서 조직화의 단계: 생태학은 생물과 그들의 환경 사이의 상호작용에 대한 연구를 다루는 과학이다. 이 연구는 군집 상호작용을 통한 넓은 생태계부터 개별 생물에 대한 연구까지 다양한 여러 단계에서 일어난다. 생태학은 또한 날씨, 기후, 태양광, 생물이 신체를 구성하기 위하여 필요로 하는 원자와 분자를 포함하는 물리적 환경의 연구도 포함한다.

에 수백만의 다른 생물(세균, 먹이생물, 기생충, 짝, 포식자)과 상호작용을 하고, 엄청난 양의 물을 마시고, 막대한 양의 공기를 숨쉬고, 온도와 습도의 일변화에 반응한다. 이 목록은 너구리의 환경을 조성하는 다양한 요소를 서술하는 시작일 뿐이다. 이러한 복잡성으로 인하여 환경의 개념을 무생물(abiotic)과 생물(biotic) 요인으로 나누는 것이 유용하다.

무생물적 요인

무생물적 요인(abiotic factor)은 생물에 영향을 미치는 살아있지 않은 것이다. 무생물적 요인은 몇 가지 넓은 범주로 조직화될 수 있다. 이는 에너지, 생명이 없는 물질, 생물이 생활하는 장소의 물리적 특성이다.

에너지는 모든 생물이 자신을 유지하기 위하여 필요로 한다. 거의 모든 생물의 궁극적인 에너지원은 태양이다. 식물의 경우 태양은 식물이 자신을 유지하기 위하여 필요한 에너지를 직접 공급한다. 동물은 식물이나 식물을 먹은 다른 동물을 먹어서 에너지를 획득한다. 궁극적으로 한 지역에서 존재할 수 있는 생명 물질의 양은 식물, 조류(algae), 세균이 포획할 수 있는 에너지의 양에 의하여 결정된다.

탄소, 질소, 인과 같은 원자와 물과 같은 분자 형태의 **무생물 물질**(*nonliving matter*)은 생물의 구조적 골격을 제공한다. 원자는 짧은 기간만 생물의 신체 구조의 부분이 되며, 궁극적으로 호흡, 분비, 사망과 부패를 통하여 모두 환경으로 돌아간다.

생물이 서식하는 공간의 물리적 특징은 크게 변화한다. 각각의 공간은 생물환경의 중요한 무생물적 면이 되는 특정한 구조와 위치를 가진다. 일부 생물은 해양에서 살고, 다른 생물은 해수면의 육지에서 살며, 또 다른 생물은 산꼭대기에서 살거나 공중에서 날아다닌다. 일부 공간은 균질하고 평평하지만, 다른 공간은 다양한 크기의 암석이 섞여있다. 어떤 공간은 적도에 인접하고, 다른 공간은 극에 가깝다.

어느 지역의 날씨와 기후(수년간 날씨의 평균적인 양상)

과학, 정치, 정책

감정과 늑대 관리

수세기 동안 늑대 개체군은 인간의 공격을 받아왔다. 이는 영역과 식량에 대한 오래된 논쟁이며, 전쟁터는 오대호 상부에서 태평양까지 전개된다. 종을 감소시키거나 제거하기 위한 노력은 인간, 가축, 또는 엘크와 사슴과 같은 게임 종을 늑대의 포식으로부터 보호하기 위한 방법으로 정당화되었다. 인간에 대한 공격 가능성은 실제로 존재하지 않았지만, 가축과 게임 종에 대한 공격은 일어났으며 야생생물 관리자들은 큰 게임 사냥을 개선하기 위한 방법으로 늑대의 제거를 지지하였다. 늑대는 대부분의 주에서 궁극적으로 제거되었다.

1967년 멸종위기종 보전법에 의하여 회색늑대가 멸종위기로 등록되었으며, 이는 1973년 멸종위기종법으로 재인가되었다. 1978년 회색늑대는 위협을 받는 종으로 등록된 미네소타 주를 제외하고 48개 주에서 멸종위기종으로 재등록되었다. 1990년대에 늑대가 박멸된 지역으로 재도입하기 위한 행동이 취해졌다.

어떠한 재도입도 많은 과학자들이 늑대가 선호하는 먹이인 엘크 개체군이 해로운 수준에 도달했다고 동의한 Yellowstone 국립공원에서보다 논란이 많지 않았다. 1996년까지 미국 어류와 야생생물국은 캐나다로부터 Yellowstone 지역에 31마리와 중부 아이다호 주에 추가적으로 35마리의 회색늑대를 방사하였다. 2013년 Yellowstone 국립공원의 늑대 개체군은 약 100마리였으며 와이오밍 주, 아이다호 주, 오리건 주, 몬태나 주에 총 1900마리의 늑대가 있다. 늑대는 또한 오리건 주, 아이다호 주, 캐나다 브리티시 컬럼비아에서 워싱턴 주로 분산되고 있다. 워싱턴 주에는 이제 거의 100마리의 늑대가 있다.

야생생물 애호가와 과학계의 대부분이 만족하였다. Yellowstone에만 매년 수만 명이 늑대를 관찰하러와 지역 경제에 $3천 5백만이 유입되었다. 과학자들은 Yellowstone 생태계의 변화를 늑대가 엘크 개체군을 감소시키고 식생을 회복한 것으로 기록하고 있다. 이러한 변화는 생태계를 더 안정적이고 생물학적으로 다양한 상태로 되돌렸다.

반면에 일부 지역 거주자는 가족을 숲으로 데려갈 때 더 이상 안전하게 느끼지 않는다고 말한다. 사냥꾼들도 강하게 불평한다. 그들에게 늑대는 게임 개체군을 약탈하는 네발의 살상기계이다. 2011년 서부에서 늑대는 424마리의 소와 양을 살상하였는데 이는 이 지역 가축 사망의 1%도 되지 않으며, 가축을 공격한데 대하여 274마리의 늑대가 살해당했다.

최근에 늑대 개체군이 증가하면서, 연방정부는 멸종위기종 목록에서 늑대를 제외하고 주가 늑대 관리계획을 수립할 수 있도록 허용하는 제안을 하였다. 2009년 승인된 늑대 관리계획과 함께 서부 주들에서 늑대는 멸종위기종 목록에서 제외되었으며 주는 늑대 관리계획을 실행하였다. 대부분의 관리계획은 늑대의 조절된 사냥을 포함하였다. 그러나 2010년 8월 연방법원 판사는 늑대가 멸종위기종 목록에 계속 남아있어야 한다고 판결하였다. 2011년 4월 의회는 서부 주에서 늑대를 멸종위기종 목록에서 제외하는 조항이 포함된 예산안을 승인하였다. 이 법안은 오바마 대통령에 의하여 승인되고 서명되었다.

많은 주들이 이제는 늑대사냥을 제한적으로 허용한다. 몬태나 주와 아이다호 주는 2011년, 미네소타 주와 위스콘신 주는 2013년 사냥을 허용하기 시작하였다. 2013년 미시간 주는 사냥꾼이 700마리의 개체군에서 43마리의 늑대를 제거하는 것을 허용하는 관리계획을 수립하였다. 같은 해에 늑대사냥을 반대하는 집단이 투표에 부여하기에 충분한 서명을 받았다. 어떤 사람은 이 행동이 전문 게임관리자가 사냥을 관리 도구로서 사용하는 것을 부인할 것이라고 주장한다. 그들은 여러분이 주의 가장 큰 포식자를 30초의 사건 영상이나 TV 광고를 통하여 관리할 수 없을 것이라고 주장한다. 그들은 야생생물 관리가 투표상자가 아니라 과학자에 의하여 결정되어야 한다고 주장한다. 다른 사람들은 투표를 통한 접근법을 주의 시민들의 목소리를 대변하는 것이라고 방어한다. 2013년 미시간 주의 늑대 사냥은 43마리의 할당에서 23마리가 수확되는 결과를 나타냈다.

늑대의 제한적인 사냥이 허용되어야 하나요?

여러분은 공공 투표에 의하여 늑대사냥과 같은 문제가 결정되는 것에 대하여 어떻게 느끼는가?

는 몇 가지 종류의 무생물적 요인을 나타낸다. 여기에는 태양 복사선의 양, 적도에의 근접성, 지배적인 바람 양상, 물과 근접성 등이 포함된다. 어느 지역에서 태양광의 강도와 기간은 온도의 일일 변화와 계절 변화를 초래한다. 온도의 차이는 바람을 발생한다. 태양 복사선은 또한 물이 대기로 증발되도록 하며 이는 나중에 강우로 내린다. 기후에 따라서 강수는 비, 눈, 우박, 안개와 같은 몇 가지 형태를 나타낸다. 더 나아가 계절적 강수 양상이 있을 수도 있다.

존재하는 토양의 유형은 지배적인 날씨 양상, 지역적 지형, 지역의 지질학적 역사에 의하여 결정된다. 이러한 요인은 상호작용하여 굵고, 사질의, 건조하고, 비옥하지 않은 토양부터 습기를 포함하는 미세한 입자로 구성된 비옥한 토양까지의 범위의 다양한 토양을 생성한다.

생물적 요인

생물환경의 **생물적 요인**(**biotic factor**)은 상호작용하는 모든 형태의 생물을 포함한다. 일부 넓은 범주는: 광합성을 하는 식물; 다른 생물을 먹은 동물; 부패를 유발하는 세균과 진균; 질병을 초래하는 세균, 바이러스, 기타 기생생물; 그리고 같은 종의 다른 개체이다.

제한요인

생물이 주변과 다양한 방식으로 상호작용하지만, 특정한 요인이 특정한 종의 성공에 중요할 수 있다. 특이적인 요인의 부족이나 부재는 종의 성공을 제한하는데, 따라서 이를 **제한요인**(**limiting factor**)이라고 한다. 제한요인은 무생물 또는 생물일 수 있으며 종에 따라서 매우 상이할 수 있다. 많은 식물은 물, 빛, 또는 질소 또는 인과 같은 특이적 토양 양분의 부족에 의하여 제한된다. 왕나비는 유액을 분비하는 식물의 가용한 수에 의하여 제한되는데, 이는 발생하는 유충이 유일한 먹이원으로 이 식물을 이용하기 때문이다(그림 4.2).

온도 범위, 습도, 가뭄 기간, 겨울의 길이와 같은 기후 요인도 종종 제한요인이다. 예를 들면, 뱀과 도마뱀의 많은 종이 차가운 기후에서 체온을 유지하기 어려우며 긴 추운 기간에 생존할 수 없기 때문에 따뜻한 지역에 제한된다. 뱀과 도마뱀의 종수를 살펴보면 따뜻한 기후에서 차가운 기후로 이동하면서 감소하는 것을 볼 수 있다.

이는 일반적인 경향이지만, 종에 따라 큰 변이가 있다. 종의 **내성 범위**(**range of tolerance**)는 종이 환경 변이를 견딜 수 있는 정도이다. 일부 종은 넓은 내성 범위를 가지며, 다른 종은 좁은 내성 범위를 가진다. 흔한 줄무늬 뱀(*Thamnophis sirtalis*)은 몇 개의 아종으로 구성되어 있으며 미국 전역과 남부 캐나다에서 발견되고 멕시코에서도 산재된 개체군이 있다. 따라서 이는 다양한 변이의 기후를 견딜 수 있다. 반면에 캐롤라이나 카멜레온(*Anolis carolinensis*)은 매우 좁은 범위의 내성을 보이며 기온이 온화한 미국 남동부에서만 발견된다(그림 4.3).

유액을 분비하는 식물 위의 성체 왕나비

유액을 분비하는 식물을 먹는 유충

그림 4.2 유액을 분비하는 식물은 왕나비의 제한요인이다. 왕나비는 다양한 종류의 유액을 분비하는 식물에 알을 낳는다. 유충은 유액을 분비하는 식물의 잎을 먹는다. 따라서 왕나비는 지역의 유액을 분비하는 식물의 수에 의하여 제한된다.

서식지와 적소

생물을 환경과 떼어놓고 이해한다는 것은 불가능하다. 환경은 생물에 영향을 미치며, 생물은 환경에 영향을 미친다. 이러한 상호작용의 특정 요소에 주의를 집중하기 위하여, 생태학자는 명백하게 이해될 수 있는 서식지(habitat)와 적소(niche)의 2가지 개념을 개발하였다.

서식지–장소

생물의 **서식지**(**habitat**)는 생물이 거주하는 공간, 생활하는 공간이다(주소). 우리는 토양 유형, 물의 가용도, 기후 조건, 그 지역에 존재하는 지배적인 식물 종과 같은 환경의 현저한 물리적 생물학적 특징의 일부를 강조하여 생물의 서식지를 특

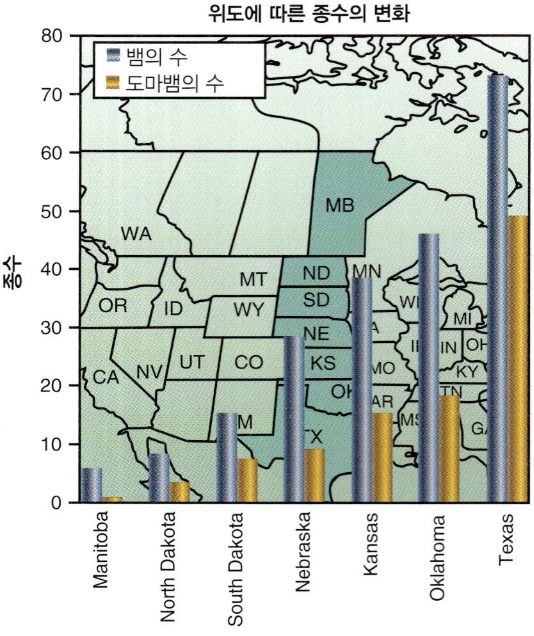

(a)

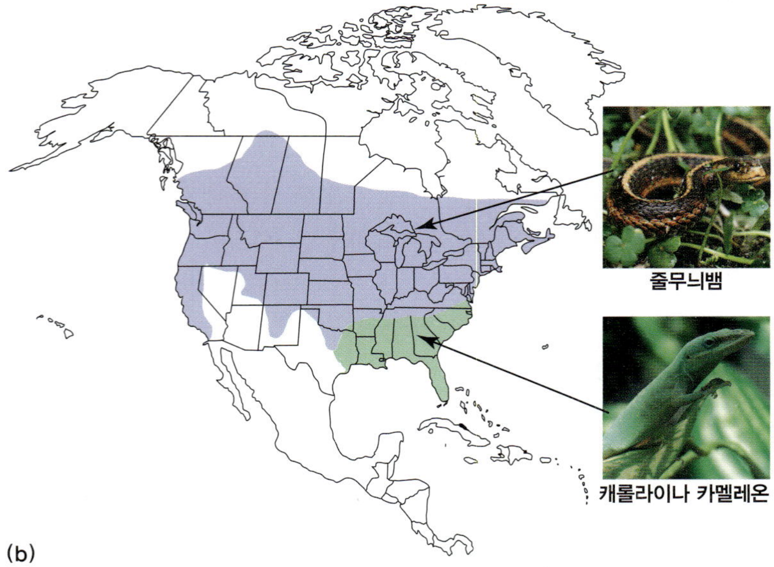

(b)

그림 4.3 온도가 제한요인이다. 저온은 많은 종류의 파충류에 제한요인이다. 뱀과 도마뱀은 따뜻한 지역보다 차가운 지역에서 드물다. (a) 그래프는 북미 중부지역의 뱀과 도마뱀 종수를 보여준다. 남쪽에서 북쪽으로 진행하면서 종수가 감소하는 것을 주목하라. (b) 흔한 줄무늬뱀(*Thamnophis sirtalis*)과 같은 일부 종은 내성 범위가 넓으며 저온에 의하여 제한되지 않는다. 이는 미국 전역과 몇 캐나다 지역에서 발견된다. 그러나 캐롤라이나 카멜레온(*Anolis carolinensis*)은 매우 좁은 내성 범위를 가지고 있으며 따뜻하고 습한 동남부 주에서만 발견된다.

징짓는다. 예를 들어 이끼는 번식하기 위하여 얇은 수막으로 덮여야만 하는 작은 식물이다. 추가하여 태양, 바람, 가뭄에 노출되면 많은 종류가 말라서 사멸된다. 따라서 이끼의 전형적인 서식지는 시원하고, 습하고, 그늘진 곳이다(그림 4.4). 비슷하게 많은 저서동물이 서식하는 급류의, 시원하고, 산소가 많은 개울은 송어에 양호한 서식지이며, 많은 풀이 있는 개방된 대초원은 들소, 프레리도그, 많은 종류의 매가 선호한다. 생물의 특정한 생물학적 요구는 생물이 발견되기 쉬운 서식지의 종류를 결정한다.

그림 4.4 이끼 서식지: 이끼가 건조되면 죽기 때문에 이끼의 서식지는 전형적으로 시원하고, 습하고, 그늘진 곳이다. 추가적으로 이끼는 유성생식을 위하여 얇은 수막이 있어야만 한다.

적소-역할

생물의 **적소(niche)**는 생물이 주변에서 가지는 기능적 역할이다(직업). 생물 적소의 묘사는 생물에 영향을 미치는 상호작용하는 모든 방식뿐 아니라, 물리적 주변을 어떻게 변경하는가도 포함된다. 추가적으로 적소의 묘사는 생물에게 일어나는 모든 것을 포함한다.

예를 들어 비버는 개울을 가로질러 진흙과 막대기로 댐을 건설하여 종종 지역을 범람하게 한다(그림 4.5). 범람은 몇 가지 효과를 가진다. 범람은 비버에게 넓은 면적의 깊은 물을 제공하는데, 이는 자신의 보호를 위하여 필요하다. 범람은 오리와 물고기 같은 다른 많은 동물 종에게 연못 서식지를 제공하며, 물 아래에 뿌리를 내리고 살 수 없는 나무를

비버가 목질 식물을 먹는다.

비버 댐

비버의 갉기

비버 연못은 서식지를 제공한다.

비버 연못은 보금자리 서식지를 제공한다.

그림 4.5 비버의 생태적 적소: 생물의 생태적 적소는 생물과 주변 사이의 복잡한 상호작용이며, 이는 생물이 주변에 영향을 미치는 모든 방식뿐 아니라 생물이 환경에 의하여 영향을 받는 방식도 포함한다. 비버의 생태적 적소는 댐을 건설하여 숲 지역을 범람시키고, 나무를 죽이고, 물새와 다른 동물의 서식지를 제공하고, 포식자에 먹이로서 역할을 하고, 다른 많은 영향을 포함한다.

그림 4.6 민들레의 적소: 민들레는 새로운 지역으로 쉽게 날려가는 많은 씨앗을 생산하기 때문에 교란된 지역을 흔히 침범하는 익숙한 식물이다. 민들레는 많은 초식동물의 먹이로서 봉사하고, 벌에게 꿀을 공급하고, 잎이 제거되더라도 뿌리에서 빠르게 재생장할 수 있다.

사멸시킨다. 연못에 이끌리는 동물과 비버는 종종 포식자의 먹이가 된다. 비버가 사시나무포플러 같은 적합한 먹이를 모두 먹은 뒤에는 연못을 버리고, 개울을 따라 다른 지역으로 이주하여 모든 과정을 다시 시작한다.

이 비버 특성의 이야기에서 우리는 동물이 국소적 환경에 미치는 몇 가지 영향을 열거하였다. 비버는 범람에 의하여 물리적 환경을 변화시키고, 나무를 죽이고, 다른 동물을 위하여 환경을 강화시키고, 포식자의 먹이원이 된다. 이는 비버와 환경과의 상호작용에 대한 많은 면을 단지 피상적으로 흘끗 보는 것이다. 비버의 적소에 대한 모든 면의 완전한 목록은 별도의 책을 만들 수 있다.

다른 익숙한 생물은 민들레이다(그림 4.6). 민들레의 적소는 양지바르고 교란된 장소에서 빠르게 정착하는 기회주의적 식물이라는 사실을 포함한다. 민들레는 바람에 의하여 장거리로 쉽게 운반되는 낙하산 같은 씨앗을 수천 개 생산할 수 있다. (여러분은 성숙한 민들레 열매의 솜털 같은 흰색 씨의 집단을 불어서 이 과정에 아마도 도움을 주었을 수 있다.) 더 나아가 민들레는 종종 1년에 여러 차례 꽃을 피우기도 한다. 매우 많은 씨앗이 있고 매우 쉽게 분배되기 때문에, 민들레는 잔디를 포함한 어느 양지바르고 교란된 장소에 쉽게 자신을 정착할 수 있다. 민들레는 식물이기 때문에 적소의 주요한 면의 하나는 광합성을 수행하여 생장할 수 있는 능력이다. 민들레는 새로운 식물 부분을 생산하기 위하여 토양에서 물과 영양분을 이용한다.

민들레는 성공적으로 생장하기 위하여 직사태양을 요구하기 때문에 잔디를 깎는 것은 식생이 민들레가 그늘지도록 자라는 것을 결코 허용하지 않기 때문에 민들레에 아주 적합한 조건을 제공한다. 어린잎은 샐러드로 먹을 수 있고, 꽃은 민들레 주를 담는데 이용될 수 있다. 벌은 주기적으로 꽃을 방문하여 꿀과 꽃가루를 획득한다.

4.2 자연선택의 역할과 진화

일부 생물은 일반적으로 주변에 잘 적응되어 특정한 적소를 채우기 때문에, 이러한 높은 정도의 적응을 가져오는 과정의 이해를 발전하는 것이 중요하다. 더 나아가 적응을 가져오는 기작은 종 내에서 발생하기 때문에, 종의 본성을 이해할 필요가 있다.

유전자, 개체군, 종

우리는 생물을 몇 가지 관점에서 볼 수 있다. 개체, 같은 종 개체의 집단, 또는 다른 집단으로부터 독특한 집단을 고려할 수 있다. 이는 3가지 상호 연관된 개념을 토의하도록 한다.

유전자(gene)는 개체가 나타내는 특징을 결정하는 독특한 DNA 조각이다. 잎 형태 또는 깃털 색과 같은 구조에 대한, 귀뚜라미 울음소리 또는 이주 활동과 같은 행동에 대한, 광합성 또는 근육 수축과 같은 생리적 과정 등에 대한 유전자가 있다. 각각의 개체는 특정한 세트의 유전자를 가진다.

개체군(population)은 특정한 지리적 지역 내에서 발견되는 같은 종의 모든 생물로 간주된다(그림 4.7). 개체군의 개체는 일부 개별적 변이가 있기는 하지만 매우 유사한 세트의 유전자를 가진다. 개체군의 개체 사이에는 일부 유전적 차이가 존재하기 때문에, 개체군은 개체군 내의 어느 개체보다 많은 종류의 유전자를 포함한다. 번식도 개체군의 개체 사이에서 일어나기 때문에 유전자는 한 세대에서 다음 세대로 전달된다. 종의 개념은 유전자, 집단, 번식에 대한 이러한 생각의 확장이다.

그림 4.7 **펭귄 개체군:** 황제 펭귄의 이 개체군은 남극 인근의 South Georgia 섬에서 왔다.

종(species)은 자연적으로 그들 사이에서 잠재적으로 번식을 할 수 있고 또한 번식하는 자손을 가지는 모든 생물의 개체군이다. 따라서 종의 개념은 개체군의 개념이다. 개별 생물은 종이 아니고 종의 구성원이다. 종은 또한 유전적 개념인데, 이는 다른 종의 개체가 번식을 통하여 유전자를 교환할 수 없기 때문이다(그림 4.8).

어떤 종은 인식하기 쉽다. 우리는 인간을 독특한 종으로 쉽게 인식한다. 대부분의 사람은 민들레를 보았을 때 인식하며 노란 꽃을 가진 다른 종류의 식물과 혼동하지 않는다. 다른 종들은 인식하기가 그렇게 쉽지 않다. 우리는 대부분 한 종의 모기를 다른 종으로부터 구별할 수 없고 상이한 종의 풀을 동정하지 못한다. 이 때문에 우리는 생물을 큰 범주로 함께 묶고 유사한 모습의 종 사이에 존재하는 많은 미묘

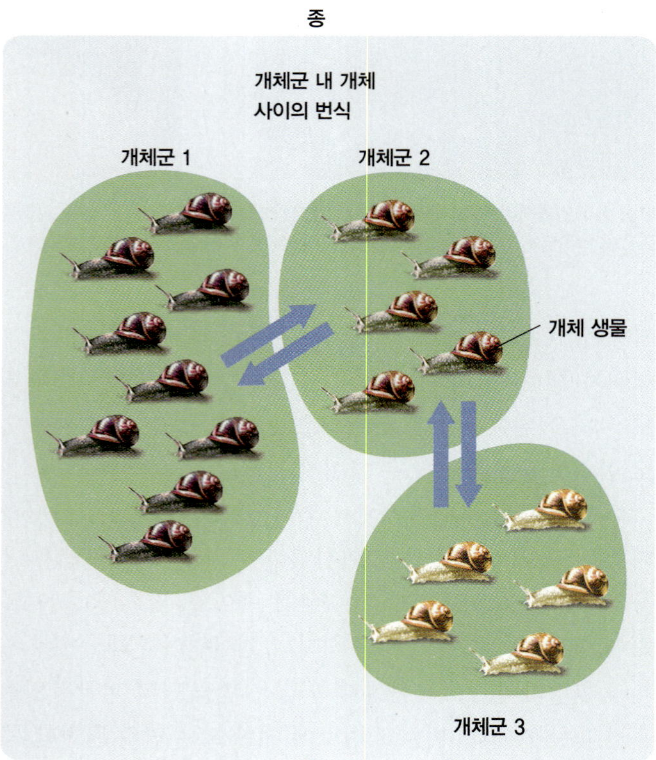

그림 4.8 **종의 개념:** 종은 상호 교배할 수 있고 생산능력이 있는 자손을 생산하는 특정한 종류의 모든 생물이다. 종종 종은 서로 유전적인 차이를 보이는 많은 독특한 개체군으로 구성된다.

한 적소 차이를 인식하지 않는다. 그러나 모기 종은 다른 종과 유전적으로 매우 독특하며 상이한 적소를 점유한다. 특정한 종의 모기만 인간 질병인 말라리아를 보유하고 전파한다. 다른 종은 개 심사상충 기생충을 전파한다. 각각의 모기 종은 낮과 밤의 특정한 시기에만 활동한다. 그리고 각각의 종은 번식하기 위하여 특정한 조건을 필요로 한다.

자연선택

앞에서 보았듯이 생물의 각각의 종은 그 안에서 특정한 역할(적소)을 하는 특정한 서식지에 특이적으로 적응되었다. 그러나 식물, 동물, 진균, 세균의 각 종이 어떻게 이렇게 정확한 방식으로 환경에 들어맞는가? 생물이 나타내는 대부분의 구조적, 생리적, 행동적 특징이 그들이 보유하는 유전자에 의하여 결정되기 때문에, 이러한 특징은 개체가 번식할 때 한 세대에서 다음 세대로 전달된다. 생물이 나타내는 특징과 환경의 요구가 밀접하게 들어맞도록 이끄는 과정은 자연선택으로 알려져 있다.

Darwin은 자연선택의 개념을 발전한 것으로 일반적으로 명성이 있다(그림 4.9). 그가 현대의 유전자 개념을 이해하지 못하였지만, 그는 특징이 어버이에서 자식으로 전달된다는 것을 이해하였다. 그는 또한 생물과 환경 사이의 관계가 매우 적응적인 본질이라는 것을 관찰하였고, 이러한 적응이 어떻게 일어났는지를 설명하기 위하여 자연선택의 개념을 개발하였다.

그림 4.9 다윈(Charles Darwin): Darwin은 각각의 생물이 주변에 적합하게 된다는 것을 관찰하였다. 그는 적응이 어떻게 나타났는지를 설명하기 위하여 자연선택 이론을 발전시켰다.

자연선택(natural selection)은 종 내에서 어느 개체가 번식하고 다음 세대로 유전자를 전달할지를 결정하는 과정이다. 시간에 따라 생물 개체군의 계속되는 세대에서 나타나는 유전자와 특징의 변화를 **진화(evolution)**라고 한다. 따라서 자연선택은 진화가 일어나도록 유발하는 기작이다. 자연선택 과정에는 여러 조건과 단계가 연관되어 있다.

1. 종 내의 개체는 유전적으로 결정된 변이를 보인다. 변이의 일부는 유용하고 나머지는 그렇지 않다. 예를 들면 동일한 종의 개별 동물은 색깔, 크기, 병에 대한 감수성에서 변이를 보인다(그림 4.10). 유전자의 일부 조합은 다른 조합에 비하여 개체의 성공에 더 중요하다.
2. 종 내의 생물은 어버이가 죽을 때 대체에 필요한 자손보다 일반적으로 많은 자손을 생산한다. 대부분의 자손은 죽는다. 하나의 블루베리 관목은 각각의 열매에 여러 개의 씨앗을 가진 수백 개의 열매를 생산할 수 있으며, 한 쌍의 토끼는 매년 여름에 3~4배의 새끼를 가질 수 있다. 씨앗이나 새끼 토끼의 매우 작은 수만 번식할 수 있는 성체가 된다.
3. 개체의 과다한 수는 특정한 자원의 부족을 초래한다. 종 내의 개체는 서로 먹이, 공간, 짝, 공급이 제한적인 다른 요구를 두고 경쟁해야 한다. 여러분이 화분에 100개의 콩 씨앗을 뿌렸다면, 그들의 대부분이 생장하기

그림 4.10 유전적 변이: 유전자가 많은 안면 특징의 원인이 되기 때문에, 이 사진에 나타난 안면 특징의 차이는 유전적 변이의 좋은 시각적 사례이다. 이 학생들 개체군 또한 키, 피부 색, 질병에 대한 감수성, 그리고 많은 다른 특징에서 차이가 난다.

시작할 것이다. 각각은 토양에서 물과 미네랄을 요구하기 때문에 이러한 자원은 부족해진다. 나무오리는 공동이 있는 나무에 둥지를 튼다. 종종 둥지를 틀 자리가 부족해서 일부 나무오리는 알을 낳을 적합할 장소를 찾지 못한다.

4. **개체 사이의 변이로 인하여, 어떤 개체는 필요한 자원을 획득할 기회가 크고, 따라서 다른 개체에 비하여 생존하고 번식할 가능성이 크다.** 필요한 자원을 획득하고 생존의 위협을 피할 수 있도록 하는 유전자를 가진 개체는 생존하고 번식할 가능성이 높다. 덜 적응된 개체가 생존하더라도, 잘 적응된 구성원에 비하여 더디게 성숙하고 그만큼 많이 번식하지 못할 수 있다.

   생물이 환경에 적응된 정도는 번식 성공에 영향을 미치며 이를 적응도(fitness)라고 한다. 적응도가 필연적으로 강하거나 원기 왕성한 상태를 의미하는 것은 아니라는 것을 인식하는 것이 중요하다. 이러한 문맥에서, 적응도는 생물이 주변의 모든 면에 얼마나 잘 적합하여 유전자를 다음 세대에 성공적으로 전달하는가를 의미한다. 예를 들어 북미 서부 소나무 숲에서 많은 소나무 씨앗은 화재 뒤에 정착된다. 일부는 더 빠르게 생장하여 많은 햇빛과 영양분을 획득한다. 더 빨리 생장한 소나무가 생존할 가능성이 높다. 이들이 죽거나 느리게 생장하는 소나무보다 더 오랫동안 번식하고 다음 세대에 더 많은 유전자를 전달할 가능성이 높다.

5. **세월이 흐르고 각 세대가 자연선택의 동일한 과정에 놓이면서, 선호되는 변이를 보이는 개체의 비율이 증가하고 선호되지 않는 변이를 가지는 개체는 감소할 것이다.** 성공적으로 번식하는 개체가 환경에서 성공적으로 만든 특징의 유전자를 다음 세대로 전달하며, 성공적으로 만들어준 유전자가 미래 세대에서 더 보편적이 된다. 따라서 생물의 각 종은 그들이 존재하는 환경에 적응되도록 연속적으로 개선된다.

   자연선택으로부터 초래되는 유전적 변화의 현대적인 실례는 과거에 해충을 통제하기 위하여 사용되었던 살충제에 저항성이 있는 해충 개체군의 발달이 관련된다. 그림 4.12는 흔히 사용되는 제초제에 저항성이 있는 개체군을 가지고 있는 잡초 종수를 보여준다. 제초제가 잡초에 대하여 최초로 사용되었을 때 대부분을 사멸시켰다. 그러나 많은 사례에서 종 내의 일부 개체 잡초식물이 제초제의 효과에 저항하도록 하는 유전자를 가지게 되었다. 이러한 개체는 제초제가 존재할 때 생존에 더 잘 적응되며 생존 가능성이 높게 된다. 그들이 번식할 때 그들은 생존에 기여한 동일한 유전자를 자손에게 전달한다. 몇 세대의 이러한 선택 이후에, 종의 대다수 개체는 제초제에 저항하도록 하는 유전자를 포함하게 될 것이며 제초제는 더 이상 잡초에 효과가 없다.

그림 4.11 과도한 번식: 하나의 블루베리 관목은 매년 수천 개의 씨앗(자손)을 생산한다. 단지 일부만 실제로 발아하며 일부 씨앗만 성숙한 식물이 된다.

진화적 양상

시간에 따른 자연선택의 효과를 살펴보면, 우리는 종에 의해서 표현되는 특징의 상당한 변화와 또한 존재하는 종의 유형 변화를 볼 수 있다. 어떠한 변화는 수천 년 또는 수백만 년의 시간이 소요된다. 제초제 내성과 같은 다른 변화는 몇 년 사이에 일어날 수 있다(그림 4.12). 자연선택은 종에 변화를 가져오는 과정이 연관되며, 생물에서 관찰될 수 있는 자연선택 과정의 최종 결과를 진화라고 한다.

과학자들은 계속적으로 자연선택의 이 이론은 생물의 구조, 기능, 행동의 대부분의 양상의 발달을 설명할 수 있다는 것을 보여주었다. 이는 종이 어떻게 주위에 적응하는가를 설명하는 것을 도와주는 중심 아이디어이다. 환경문제를 토의할 때, 종 변화를 이해하는 것이 도움이 된다. 더 나아가 자연적이든 인간의 작용에 의해서든 환경이 변화하면, 일부 종은 새로운 조건에 적응하지만 반면에 나머지는 적응하지 못한다.

자연선택의 과정에 대한 타당성과 자연선택에서 발생하

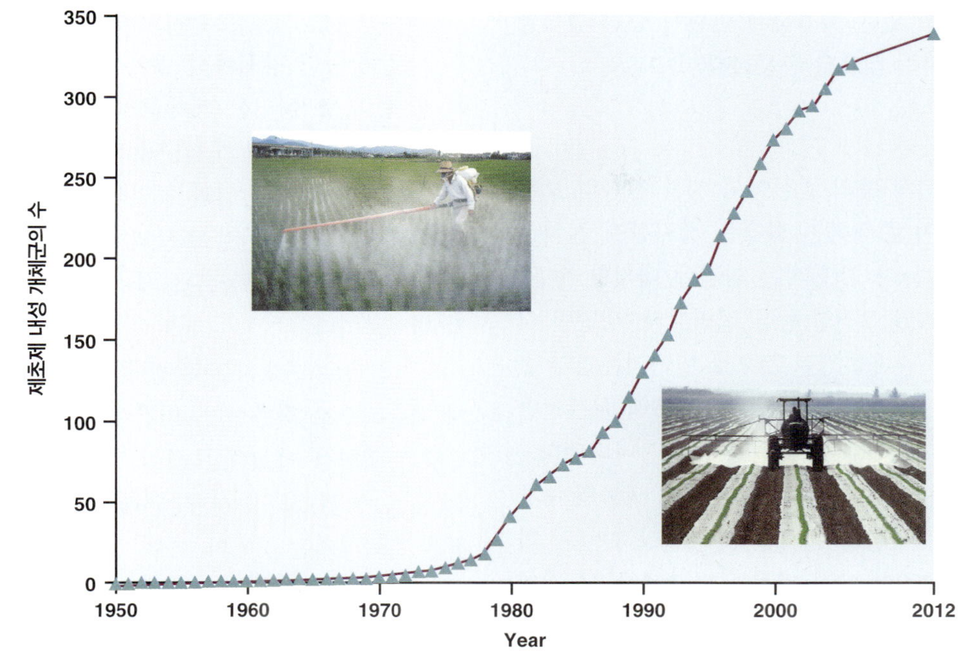

그림 4.12 자연선택에서 초래된 변화: 반복적으로 제초제가 살포된 잡초 개체군은 종종 내성 개체군을 발달한다. 제초제의 효과에 저항할 수 있는 이러한 개체 잡초는 번식할 때까지 생존하여 내성 유전자를 자손에게 전달한다. 따라서 잡초의 내성 개체군이 발달한다. 이 그래프는 보편적으로 사용되는 제초제에 내성을 가진 잡초의 수를 보여준다.

출처: Ian Heap, "The International Survey of Herbicide Resistant Weeds," [cited 31 December 2010]. Internet 자료.

는 진화적 변화를 증명하는 많은 사례가 있다. 곤충, 잡초, 세균의 많은 종이 과거에는 효과적이었던 살충제, 제초제, 항생제에 내성을 가지게 되었다는 것은 보편적인 예이다.

오랜 기간에 걸친 화석 기록에서 생물의 진화적 역사를 살펴보면, 새로운 종이 나타나고 다른 종은 절멸하였다는 것이 명백해진다. 동일한 과정이 현재에도 계속되고 있다.

종 분화

종 분화(**speciation**)는 전에 존재하던 종으로부터 새로운 종이 생성되는 것이다. 종 분화는 종이 고립된 두 아개체군으로 분할된 결과로 발생한다. 만약 두 아개체군이 일부 유전적 차이를 포함하고 환경이 어느 정도 상이하다면, 자연선택이 두 집단에 상이하게 작용하여 서로 달라지기 시작할 것이다. 결국 차이가 두 아개체군이 서로 교배할 수 없을 정도로 커지게 된다. 이 시점에서 둘은 상이한 종이다. 이 과정은 수백만 종류의 상이한 종을 초래하였다. 그림 4.13은 40만 종 이상의 딱정벌레 중에서 일부를 보여준다.

식물 사이에 **다배체성**(**polyploidy**)이라고 하는 보편적인 기작이 새로운 종을 초래한다. 다배체성은 식물 세포의 염색체 조(set)의 수가 증가하는 상태이다. 대부분의 생물은 배수체이며, 이는 2조의 염색체를 가지고 있다는 것이다. 생물은 각각의 부모에서 한조씩을 얻는데, 한조는 난자에 한 조는 정자에 있다. 다배체성 생물은 여러 조의 염색체를 가질 수 있다. 다배체성이 어떻게 생기는지에 대한 자세한 사항은 이 토의에서 중요하지 않다. 많은 식물 종이 염색체의 추가적인 조를 가지고 있는 것을 인식하고, 그들은 다른 수

그림 4.13 종 분화: 이 사진은 딱정벌레의 많은 다양한 종의 일부를 보여준다.

의 염색체 조를 가지고 있는 밀접하게 관련된 종과 번식할 수 없다는 것을 인식하는 것으로 충분하다.

절멸

절멸(Extinction)은 전체 종의 손실이며 생물 진화의 보편적인 특징이다. 생물이 존재하는 환경은 장기간에 걸쳐서 일정하게 유지되지 않는다. 변화하는 환경에 대처할 수 있는 유전적 자원이 결여된 그러한 종은 절멸된다. 생명이 시작된 이래 지구상에서 존재하였던 것으로 믿어지는 5억 종으로 추산되는 생물 중에서, 현재에는 단지 5백만~1천만 종만 존재하고 있다. 이는 98~99%의 절멸률을 나타낸다.

명백하게 이러한 숫자는 추산이지만, 절멸이 생물의 대부분 종의 운명이었다는 사실은 유지된다. 사실상 최근의 화석과 다른 지질학적 특징에 대한 연구는 단지 수천 년 전에 거대한 빙하가 유럽의 대부분과 북미의 북부를 덮었다는 것을 보여준다. 인간은 거대한 들소, 매머드, 검치호랑이, 거대한 동굴곰과 같은 많은 대형 포유류와 공존하였다. 그러나 기후가 따뜻해지고 빙하가 후퇴하면서 환경이 변화하였다. 이러한 환경변화는 계속된 인간의 포식과 함께 변화하는 환경에 적응할 수 없었던 매머드, 거대한 들소, 검치호랑이, 거대한 동굴곰의 대부분을 절멸시켰다(그림 4.14). 인간, 말, 많은 종류의 식물과 같은 다른 종은 새로운 조건에 적응하여 현재까지 생존하였다.

그림 4.14 절멸: 이 그림은 마지막 빙하기 말의 전형적인 풍경을 보여준다. 매머드, 거대한 들소, 아르마딜로와 유사한 빈치목 뿐 아니라 다른 많은 대형 포유류가 절멸되었다.

종의 특정한 개체군의 지역적 절멸도 가능하다. 많은 종은 서로 상당한 방식에서 많은 상이한 개체군으로 구성되어 있다. 종종 이러한 개체군의 일부는 쉽게 절멸에 이를 수 있는 작은 지역적 개체군을 가지고 있다. 이러한 지역적 절멸은 전체 종의 절멸과 동일하지는 않지만, 지역적 절멸은 종종 특정한 유전자 조합의 상실을 초래한다. 멸종위기종에 등록된 많은 생물은 실제로 더 널리 분포된 종의 지역적 개체군이다.

자연선택은 변화하는 환경에 적응하도록 생물이 변화하게 계속적으로 작용한다. 인간이 많은 종류의 종의 절멸에 상당한 영향을 가졌다는 것이 명백하다. 인간이 우리의 목적(농경, 임업, 도시, 사냥, 외래 생물의 도입)을 위하여 환경을 변화시키는 곳마다, 종이 일반적으로 지역에서 대체된다. 넓은 면적이 변경되면, 전체 종이 대체될 수 있다. 궁극적으로 인간 또한 진화의 대상이며 절멸의 가능성이 있다.

절멸은 보편적인 사건이지만, 비교적 짧은 기간에 생명계의 대부분이 절멸된 과거 대량절멸의 몇 가지 사례가 있었다. 배경 절멸률은 연간 약 10종으로 추산된다. 그러나 현재의 절멸률은 이보다 훨씬 높으며, 많은 사람들이 지구에 대한 인간의 영향에 의하여 초래되는 대량절멸의 중간에 있다는 것을 시사하도록 한다. 더 완전한 토의를 위해서는 10장의 생물다양성을 참고하시오.

공진화

공진화(Coevolution)는 2종 이상의 생물이 상호적으로 다른 종의 진화방향에 영향을 미치는 개념이다. 다른 말로 하면 생물이 다른 생물의 진화에 영향을 미친다. 모든 생물은 다른 생물에 의하여 영향을 받기 때문에, 공진화는 보편적인 양상이다.

예를 들어 풀을 뜯어먹은 동물과 그들이 소비하는 풀은 공진화하였다. 풀을 뜯어먹은 동물에게 먹히는 풀은 많은 식물처럼 가지에 끝이 아니라 지면 가까이의 식물 기저에서 생장한다. 더 나아가 풀은 세포벽에 동물이 세포벽을 으깨고 소화하기 어렵게 하는 단단한 물질을 가지고 있다. 풀을 뜯어먹은 동물은 이러한 방해물을 극복하는 상이한 종류의 적응을 하였다. 많은 초식동물은 매우 긴 이빨 또는 단단한 세포벽을 갈면서 닳게 되는 것을 보상하기 위하여 연속적으로 성장하는 치아를 가지고 있다. 소와 같은 다른 동물은 미생물이 소화의 대부분을 할 수 있도록 하는 복잡한 소화관을 가지고 있다.

그림 4.15 공진화: 긴 붉은 관모양 꽃과 생산하는 꿀은 벌새에 매력적이다. 벌새의 긴 부리는 꽃의 바닥에 있는 꿀에 도달할 수 있도록 한다. 이 2종류의 생물은 공진화하였다.

유사하게 많은 종류의 꽃이 가진 붉은 색깔과 꿀의 생산은 벌새에 매력적이며, 벌새는 꽃의 꿀을 소비하는 동시에 꽃을 수분(가루받이)한다. 벌새에 의하여 수분되는 많은 꽃에 공통적인 붉은 색에 추가하여, 많은 꽃들은 길고 관모양이다. 벌새의 긴 부리는 꽃의 형태에 부합된 적응이다(그림 4.15).

"생물 상호작용의 종류"에 대한 다음 절은 생물이 상호작용하는 방식과 오랜 기간의 공진화의 결과를 더 자세하게 탐구할 것이다.

4.3 생물 상호작용의 종류

생태학자는 생물과 그들이 주변과 어떻게 상호작용하는지 살핀다. 아마도 가장 중요한 상호작용은 생물 사이에서 일어난다. 생태학자는 모든 생태계에 공통적인 생물-생물 상호작용의 몇 가지 일반적인 유형을 밝혔다. 생물이 어떻게 상호작용하는지를 자세히 조사하면, 각각의 생물은 그들의 역할에 적합하도록 하는 특이한 특징을 가지고 있다는 것을 알 수 있다. 자연선택 개념을 이해하는 것은 어떻게 상이한 종의 생물 사이의 상호작용이 특정한 역할에 미세하게 조화되었는지 알 수 있도록 한다.

이 절을 읽으면서 각 종이 어떻게 특유한 역할(적소)에 갖추게 하는 특별한 특징을 가지고 있는지 주목하라. 이러한 상호작용은 2종류의 생물이 상호작용하는 것이 관련되어 있기 때문에, 우리는 공진화의 예를 볼 수 있으리라 기대한다. 2종 사이의 상호작용이 장기간 상호작용의 결과라면, 우리는 각 종이 그 역할에 성공적이도록 특유하게 적응된 특징을 가지고 있으리라 기대할 수 있다.

그림 4.16 포식자-먹이 관계: 치타는 아프리카 영양의 포식자이다. 치타는 동등하게 빠른 영양을 잡기 위하여 몹시 빠르게 달릴 수 있다. 카멜레온은 움직이지 않고 있다 먹이를 기습하여 사냥한다. 길고 끈끈한 혀가 의심하지 않고 지나가는 곤충을 포획하는 주요한 수단이다.

포식

포식(Predation)이라고 불리는 보편적인 종류의 상호작용은 **포식자(predator)**라고 불리는 한 생물이 **먹이(prey)**라고 불리는 다른 생물을 죽이고 먹을 때 일어난다(그림 4.16). 포식자는 먹이를 죽이고 먹음으로써 이익을 얻지만 먹이는 해를 입는다. 포식자-먹이 관계의 예에는 사자와 얼룩말, 종달새와 지렁이, 늑대와 큰사슴, 두꺼비와 딱정벌레이다. 심지어는 몇 종의 식물도 포식자 행동을 나타낸다. 파리지옥풀(Venus flytrap)은 빠르게 함께 접혀져 곤충을 포획하여 소화시킬 수 있는 특별하게 변형된 잎을 가지고 있다.

성공하기 위해서 포식자는 몇 가지 전략을 채택한다. 일부 강하고 빠른 포식자(치타, 사자, 상어)는 먹이를 쫓고 제압한다. 도마뱀과 매는 앉아서 기다리다가 가까이 다가오는 먹이를 빠르게 공격하며, 거미는 먹이를 포획하는 것을 돕는 덫을 사용한다. 동시에 먹이 종도 포식을 피하도록 도와주는 많은 특징을 가지고 있다. 많은 먹이 종은 포식자를 탐지할 수 있도록 하는 예민한 감각을 가지고 있으며, 다른 종은 현저하지 않도록 위장하고, 또 다른 많은 종은 포식자가 부근에 있을 때 움직이지 않아 탐지를 피할 수 있다.

많은 먹이 종에 공통적인 적응은 포식자에 비하여 높은 번식률이다. 예를 들면 들쥐는 연간 10~20마리의 새끼를 낳을 수 있지만, 매는 보통 2~3마리이다. 이러한 높은 번식률 덕분에 먹이 종은 높은 사망률을 이기고 생존 가능한 개체군을 유지할 수 있다. 물론 죽고 먹힌 개체 생물은 해를 입지만, 먹이 종은 아닌데, 그 이유는 죽은 먹이 개체는 개체군 중에서 늙고, 느리고, 아프고, 적응을 잘하지 못한 구성원이기 때문이다. 건강하고, 빠르고, 잘 적응한 개체는 생존가능성이 높다. 이러한 생존자가 번식하면, 그 자손은 생존하는 것을 돕는 특징을 가지고 있을 가능성이 높으며, 그들은 환경에 더 잘 적응된다.

동시에 포식자 개체군에서도 유사한 과정이 일어난다. 적응을 제대로 못한 포식자 개체는 먹이를 포획할 가능성이 낮기 때문에, 생존하여 번식할 가능성도 낮다. 포식자와 먹이 종은 모두 자연선택 과정의 참가자이다. 포식자와 먹이 사이의 동적인 관계는 생태학자를 항상 흥미롭게 하는 복잡한 관계이다.

경쟁

두 번째 유형의 종 사이의 상호작용은 **경쟁(competition)**인데, 이는 두 생물이 동일한 제한 자원을 획득하기 위하여 겨루는 것이다. 생태학자는 2가지의 경쟁을 구분한다. **종내 경쟁(Intraspecific competition)**은 동일한 종 구성원 사이의 경쟁이다. **종간 경쟁(Interspecific competition)**은 다른 종 구성원 사이의 경쟁이다. 어떤 경우에도 경쟁에 연관된 두 생물은 모두 어느 정도 해를 입는다. 그러나 이는 승자나 패자가 없다는 것을 의미하지는 않는다. 두 생물이 입은 해의 정도가 다르면, 해를 적게 입은 생물이 경쟁의 승자이고, 해를 많이 입은 생물이 패자이다.

종내 경쟁의 예

북미 로지폴 소나무는 상불 이후에 씨앗을 방출한다. 따라서 많은 수의 소나무 묘목이 가까이에서 생장하기 시작하며 물, 미네랄, 태양광을 두고 경쟁한다. 자원에 대한 접근이 다른 나무의 존재에 의하여 제한되기 때문에 어느 나무도 최대한으로 빠르게 자라지 못한다. 결국 유전적 차이나 특정한 위치로 인하여 일부 소나무는 더 빠르게 생장하여 더 많은 자원을 얻게 될 것이다. 큰 나무는 더 많은 태양광을 받고 작은 나무는 적게 받는다. 시간이 지나면 작은 나무의 일부는 죽는다. 그들은 경쟁에서 패하였다(그림 4.17).

그림 4.17 종내 경쟁: 필요한 자원이 제한적으로 공급될 때는 생물은 항상 이를 위하여 경쟁한다. 이 소나무 사이의 종내 경쟁은 크고 반듯한 줄기를 만들었다. 충분히 빠르게 자라지 못한 나무는 죽었다.

유사하게 두 마리 종달새가 같은 벌레를 두고 경쟁하면 한 마리만 벌레를 얻게 된다. 두 종달새는 벌레를 두고 싸우면서 에너지를 소비하였기 때문에 해를 입었지만, 먹이를 얻은 종달새는 싸우고도 아무것도 얻지 못한 종달새보다는 적게 해를 입었다. 종간 경쟁의 다른 예는 물과 영양분을 두고 경쟁하는 들판의 옥수수나무, 암컷과 교미할 권리를 두고 다른 수컷과 경쟁하는 수컷 엘크, 보금자리로 이용하기 위하여 죽은 나무의 구멍을 두고 경쟁하는 나무오리

그림 4.18 종간 경쟁: 사자와 독수리는 얼룩말의 시체를 두고 종간 경쟁에 연관되어 있다. 이 시점에서 사자가 경쟁에서 이기고 있다.

를 포함한다.

종간 경쟁의 예

많은 포식자 종(매, 올빼미, 여우, 코요테)은 동일한 먹이 종(쥐, 토끼)을 식량원으로 이용할 수 있다. 식량의 공급이 불충분하면, 식량에 대한 강력한 경쟁이 일어나고 어떤 포식자 종이 다른 종에 비하여 더 성공적일 수 있다(그림 4.18).

초원에서 제한된 자원에 대한 동일한 종류의 경쟁이 일어난다. 빠르게 생장하고 키 큰 풀이 물, 미네랄, 태양광을 더 많이 얻지만, 작은 종은 덜 성공적이다. 종종 큰 종이 풀을 먹는 동물, 불, 또는 다른 활동에 의하여 제거되면 작은 종이 더 많이 발견된다.

경쟁과 자연선택

같은 종 구성원 사이의 경쟁은 종의 진화를 형성하는 주요한 힘이다. 자원이 제한적일 때, 적응을 잘 못한 개체가 죽기 쉽고 번식이 어렵다. 가장 성공적인 생물은 자손이 많을 가능성이 높고, 뒤이은 세대는 특정한 환경에서 종의 생존을 선호하는 유전적 특징을 더 많이 포함하게 될 것이다. 같은 종의 개체는 유사한 요구를 가지기 때문에, 그들 사이의 경쟁은 보통 매우 치열하다. 한 개체의 작은 장점은 생사의 차이를 의미할 수 있다.

종내 경쟁과 마찬가지로 종간 경쟁의 효과 중 하나는 성공적인 개체를 많이 가지는 종은 경쟁하는 종보다 환경에 더 잘 적응한 상호작용에서 나타난다.

경쟁적 배제 원리(competitive exclusion principle)는 어느 두 종도 같은 장소에서 같은 시간에 동일한 생태적 적소를 점유할 수 없다는 개념이다. 두 종이 더 유사할수록, 둘 사이의 경쟁은 더욱 치열할 것이다. 경쟁하는 두 종의 한 종이 다른 종에 비하여 그 지역에 살도록 잘 적응되었다면, 적합이 덜한 종은 약간 상이한 적소로 진화하거나, 다른 지리적 지역으로 이주하거나, 절멸된다.

유사한 두 종의 적소 요구를 자세히 조사하면, 보통 두 종 사이에 적소 요구에서 상당한 차이를 발견하게 된다. 적소 요구의 차이는 두 종사이의 경쟁의 강도를 감소시켜 준다. 예를 들면 많은 작은 숲새는 곤충을 먹는다. 그러나 그들은 상이한 방식으로 먹이를 획득할 수 있다. 딱새는 나뭇가지에 앉아서 공중에서 곤충을 낚아채는 짧은 비행을 하며, 딱따구리는 썩어가는 나무에서 곤충을 획득하기 위하여 구멍을 파고, 솔새는 잎 사이를 날면서 곤충을 포획한다.

이러한 범주 사이에도 전문가가 있다. 다른 종의 솔새는 나무의 다른 부분에서 곤충 먹이를 찾는다. 이러한 적소 전문화로 인하여 그들은 서로 직접 경쟁하지 않는다(그림 4.19).

공생관계

공생(Symbiosis)은 다른 두 종 사이의 밀접하고, 오래 지속되는 신체적 관계이다. 다른 말로 하면, 두 종은 보통 신체적으로 접촉하고 최소한 한 종은 이 접촉으로부터 어떤 종류의 이익을 얻는다. 공생관계에는 기생, 편리공생, 상리공생의 3가지 범주가 있다.

기생

기생(parasitism)은 **기생생물(parasite)**이라고 하는 한 생물이 **숙주(host)**라고 하는 다른 생물 내부 또는 표면에 사는 관계이다. 일반적으로 기생생물은 숙주에 비하여 훨씬 작다. 숙주는 이 상호작용에 의하여 해를 입지만, 일반적으로 기생생물에 의하여 바로 죽지 않으며, 일부 숙주 개체는 오래 살 수 있고 기생생물에 의하여 비교적 거의 영향을 받지 않는다. 그러나 일부 기생생물은 매우 파괴적일 수 있다.

새롭게 정립된 기생생물–숙주 관계는 오랜 진화적 역사를 가진 관계에 비하여 훨씬 파괴적이다. 기생생물과 숙주 사이의 오래 지속되는 상호작용에 의하여 두 종은 일반적으로 서로를 수용할 수 있는 방식으로 진화하였다. 숙주를 죽이는 것은 기생생물에게 최선의 이익이 아니다. 만약 죽는다면 기생생물은 다른 숙주를 찾아야만 한다. 마찬가지로 숙주는 기생생물에 대한 방어를 진화하며, 기생생물에 의하

그림 4.19 적소 전문화: 이러한 솔새는 모두 유사한 먹이 습성을 가지지만, 이들이 나무의 다른 부분에서 곤충을 찾기 때문에 경쟁의 강도는 감소된다.

여 발생된 피해를 견딜 수 있는 수준으로 종종 감소시킨다.

많은 기생생물은 생활주기의 상이한 단계에 대하여 둘 또는 그 이상의 숙주 종이 관련된 복잡한 생활사를 가진다. 많은 기생충은 육식동물(최종숙주)에서 성체의 생식단계를 보내지만, 무성생식으로 번식하는 미성숙 단계를 육식동물이 먹이로 이용하는 다른 동물(중간숙주)에서 보낸다.

다른 기생생물 생활주기는 기생생물을 하나의 숙주에서 다른 숙주로 운반하는 동물이 관련된다. 이러한 운반자는 **매개체(vector)**로 알려져 있다. 예를 들면, 많은 흡혈 곤충과 진드기는 잇따른 숙주에서 피를 획득할 때 한 동물에서 다른 동물로 기생생물을 전파할 수 있다. 말라리아, 라임병, 수면병은 이러한 종류의 매개체에 의하여 전파된다.

숙주의 표면에서 사는 기생생물을 **체외기생생물(ectoparasite)**이라고 한다. 촌충, 말라리아 기생충, 많은 종류의 세균, 일부 진균과 같은 많은 기생생물은 숙주의 체내에서 살기 때문에 **체내기생생물(endoparasite)**이라고 불린다. 촌충은 숙주의 장 내에서 살며, 여기에서 소화에 저항할 수 있고 장의 영양분을 이용한다. 숙주가 한두 마리의 촌충만 가지고 있으면 숙주는 거의 불편 없이 얼마동안 살면서, 자신과 숙주를 유지할 수 있다. 기생충의 수가 많으면 숙주는 죽을 수도 있다.

식물도 기생생물이 될 수 있다. 겨우살이는 나무에 기생하는 현화식물이다. 겨우살이는 새가 씨앗을 나무로 운반하면 나무의 표면에 정착한다. 그리고 나무의 도관조직으로 생장해 내려와 자신의 생장을 지탱하기 위하여 이러한 조직에서 획득한 물과 미네랄을 이용한다. 초종용(너도밤나무 뿌리에 기생하는 일년생 풀)과 수정란풀(Indian pipe)과 같은 일부 현화식물은 엽록소가 없으며 광합성을 할 수 없다. 그들은 영양분을 나무뿌리나 토양 곰팡이에서 획득하며 꽃을 피울 때 짧은 기간 땅 위에서 생장한다. 수정란풀은 나무뿌리가 물을 흡수하는 것을 도와주는 곰팡이에 기생한다는 점에서 흥미롭다. 뿌리 곰팡이는 나무에서 양분을 받으며 수정란풀은 곰팡이에서 양분을 획득한다. 따라서 수정란풀은 나무의 간접적인 기생생물이다. 기생은 매우 보편적인 생활전략이다. 세계의 모든 생물을 분류한다면 비기생 종보다 훨씬 많은 기생 종을 찾을 것이다. 여러분을 포함한 각각의 생물은 자신을 숙주로서 사용하는 많은 다른 생물을 가지고 있다(그림 4.20).

편리공생

편리공생(commensalism)은 한 생물은 이익을 얻고 다른 생물은 영향을 받지 않는 생물 사이의 관계이다. 기생 관계가 편리공생으로 진화하는 것을 상상해보는 것도 가능하다. 기생생물은 일반적으로 가능하면 숙주에게 최소한의 해를 미치도록 진화하고 숙주는 기생생물의 부정적인 영향에 대하여 투쟁하기 때문에, 궁극적으로는 숙주가 전혀 해를 받

(a) 촌충은 내부 기생충이다.

(b) 검은다리 진드기는 외부 기생생물이다.

(c) 수정란풀은 기생성의 식물이다.

그림 4.20 기생: 기생생물은 숙주로부터 양분을 획득하기 때문에 관계에서 이익을 얻는다. (a) 촌충은 숙주 장의 내부 기생충이며, 그곳에서 먹이를 흡수한다. (b) 진드기는 숙주의 체액을 빨아 먹는 외부 기생생물이다. (c) 수정란풀(*Monotropa uniflora*)은 엽록소가 없는 현화식물이며 나무뿌리와 상리공생 관계를 가지는 곰팡이에 기생한다. 이 3가지 상황의 숙주는 어느 것도 관계에 의하여 직접 죽지는 않지만, 종종 약해지고 포식자와 질병에 취약하게 된다.

지 않는 상태까지 진화할 수 있다.

편리공생 관계의 예는 많이 있다. 많은 난초, 고사리, 이끼, 넝쿨 식물은 나무를 생장하는 표면으로 이용한다. 다른 식물의 표면에 사는 이러한 식물을 착생식물이라고 한다. 나무는 해나 도움을 받지 않지만, 착생식물은 자신을 정착할 표면이 필요하고 나무 꼭대기에 가까이 가서 태양광과 비를 더 많이 얻을 수 있어서 이익을 받는다. 해양에서 많은 상어에는 빨판상어라고 하는 작은 어류가 부착되어 있다. 빨판상어는 머리 꼭대기에 상어에 부착하는데 이용하는 빨판을 가지고 있다. 이러한 방식으로 빨판상어는 상어가 헤엄칠 때 편승한다. 상어가 먹을 때 빨판상어는 자신을 자유롭게 하고 상어가 놓치는 먹이 부스러기를 획득한다. 그리고 다시 부착한다. 상어는 빨판상어에 의하여 긍정적이나 부정적으로 영향을 받지 않는 것으로 보인다(그림 4.21).

많은 편리공생 관계는 다소 기회주의적이며 장기간의 신체적 접촉이 관련되지 않을 수 있다. 예를 들어, 많은 새는 보금자리를 짓기 위하여 많은 다양한 종의 나무에 의존하지만 매년 같은 나무를 이용하지는 않는다. 유사하게, 봄에 띠호박벌은 일반적으로 더 이상 사용되지 않는 지하의 쥐 둥지에 둥지를 짓는다.

상리공생

상리공생(mutualism)은 다른 종류의 공생관계이며 관련된 두 종 모두에게 실제로 이익이다. 많은 상리공생 관계에서, 그 관계는 필수적이다. 종은 서로 없으면 생존할 수 없다. 다른 관계에서 종은 독자적으로 존재할 수 있지만 상리공생 관계에 관련될 때 더 성공적이다. 일부 가시가 많은 *Acacia* 종은 줄기 위의 작은 구조에 설탕 용액 형태로 먹이를 제공

(a) 상어에 편승하는 빨판상어

(b) 새 둥지 고사리는 나무의 표면에서 살면서 이익을 얻는 착생식물이다.

그림 4.21 편리공생: (a) 빨판상어는 상어에 편승하며 상어가 놓친 먹이 부스러기를 먹는다. 이는 빨판상어에게 이익이다. 상어는 빨판상어의 존재에 의하여 영향을 받지 않는 것으로 보인다. (b) 새의 둥지 고사리는 나무에 해를 끼치지 않지만 생장하기 위한 장소로 나무 표면을 이용하여 이익을 얻는다.

한다. 특정한 종의 개미가 용액을 먹고 나무에서 생활하며, 이들은 나무를 먹는 다른 동물을 공격하여 다른 동물로부터 나무를 보호한다. 두 생물 모두 이익을 얻는다. 개미는 먹이와 살 장소를 받으며, 나무는 자신을 먹이로 사용하는 동물로부터 보호된다.

식물의 성장에 보통 제한요인이 되는 토양 영양소는 질소이다. 콩과 식물(강낭콩, 클로버, 아카시아 나무)과 오리나무와 같은 많은 종류의 식물은 뿌리의 작은 혹에서 사는 세균을 가지고 있다. 뿌리는 특정한 종류의 세균에 감염되면 이러한 뿌리혹을 형성한다. 세균은 질병을 유발하지 않고 식물이 생장에 이용할 수 있는 질소를 포함하는 분자를 제공한다. 질소고정 세균은 사는 장소와 식물이 제공하는 영양분으로부터 이익을 얻으며, 식물은 그들이 받는 질소로 이익을 얻는다(그림 4.22).

유사하게, 많은 종류의 진균이 식물의 뿌리와 연합을 형성한다. 뿌리-진균 연합을 **균근(mycorrhiza)**이라고 한다. 진균은 식물의 뿌리에서 유기분자를 획득하고, 진균의 가지 치는 성질은 식물이 인산염과 질산염 같은 양분을 획득하는 것을 돕는다. 많은 경우에 관계가 필수적이라는 것이 명백하다.

일부 관계는 분류가 어렵다

때로는 생물이 서로 가지는 관계를 분류하기가 쉽지 않다. 예를 들면, 관계가 포식자-먹이 관계인지 숙주-기생충 관계인지를 구분하는 것이 항상 쉽지는 않다. 모기나 진드기를 어떻게 분류할 것인가? 둘 다 살고 번식하기 위하여 피 먹이를 필요로 한다. 그들은 먹이를 죽이거나 먹지 않는다. 또한 숙주 내부나 위에서 오랜 기간 생활하지도 않는다. 이 질문은 모든 종류의 생물 상호작용을 몇 가지 범주로 나누려고 할 때 부딪히는 어려움을 지적한다. 그러나 우리는 그들을 일시적 기생생물 또는 혈액 포식자로 부르면 이 문제를 제거할 수 있다.

잘 들어맞지 않는 다른 관계는 북미 찌르레기와 유럽 뻐꾸기와 같은 특정한 새와 다른 새와의 관계이다. 찌르레기와 뻐꾸기는 둥지를 틀지 않고 다른 종의 새둥지에 알을 낳으며, 다른 종의 새는 자신의 갓 깬 새끼 새를 희생하고 입양된 새끼 새를 보살핀다. 이 상황은 보통 둥지 기생 또는 탁란이라고 한다(그림 4.23).

풀을 뜯어먹는 동물은 어떠한가? 그들은 그들이 먹는 식물에 대하여 포식자인가, 아니면 기생생물인가? 때로는 동물이 먹는 식물을 죽이며, 다른 경우에는 식물의 일부만 단순히 제거하며 그 외는 계속하여 생장한다. 어느 경우에도, 식물은 상호작용에 의하여 해를 입었고 풀을 먹는 동물은 이익을 얻었다.

(a) 질소고정 세균을 포함하고 있는 뿌리혹

(b) 기생생물을 제거하는 소딱따구리

그림 4.22 상리공생: (a) 이 식물 뿌리 위의 혹은 식물에 질소를 가용하도록 하는 이로운 세균을 포함한다. 이 관계는 세균에게도 이로운 데, 그 이유는 세균이 식물로부터 필요한 원료를 획득하기 때문이다. 이는 서로에게 이로운 관계이다. (b) 소딱따구리(새)와 아프리카산 영양(impala)은 상리공생 관계를 가진다. 소딱따구리는 영양의 표면에서 기생생물을 제거하여 먹이를 획득하고 영양은 기생생물의 부하가 감소하여 이익을 얻는다.

그림 4.23 둥지 기생(탁란): 둥지 안의 이 북미산 찌르레기 새끼는 노란 솔새인 숙주 어미에 의하여 먹여진다. 찌르레기 새끼와 어미는 모두 이익을 얻지만 숙주는 자신의 새끼를 기르지 않기 때문에 해를 입는다.

관계의 참여생물 사이에 영구적인 접촉을 요구하지 않는 상리공생 관계도 있다. 벌과 벌이 수분하는 현화식물은 그들의 상호작용으로부터 모두 이익을 얻는다. 벌은 꽃가루와 꿀을 먹이로서 얻고 식물은 수분된다. 그러나 관계의 활발한 부분은 식물 생활의 단지 일부분만 관련되며, 벌은 식량을 위하여 식물의 어떠한 한 종에도 제한되지 않는다. 벌은 계절에 따라 다른 꽃으로 실제로 바꾸어야만 한다.

4.4 군집과 생태계 상호작용

지금까지 우리는 개체 생물이 서로 그리고 물리적 환경과 상호작용하는 특정한 방식에 대하여 토의하였다. 그러나 넓은 관점에서 생태학적 관계를 살펴보는 것이 종종 유용하다. 많은 다른 종류의 상호작용이 관련된 관계에 대하여 초점을 맞추는 2가지 개념은 군집과 생태계이다.

군집(community)은 어느 지역에서 다른 종들의 상호작용하는 모든 개체군의 집합이다. 어떤 종은 사소한 역할을 하는 반면, 다른 종은 주요한 역할을 하지만, 모두 군집의 부분이다. 예를 들면, 대초원의 풀은 주요한 역할을 하는데, 풀은 광합성을 수행하고 그 지역에서 사는 동물에게 먹이와 은신처를 제공하기 때문이다. 메뚜기, 프레리도그, 들소는 풀의 중요한 소비자이다. 들종다리는 많은 종류의 곤충을 소비하며, 그들이 대초원 경치의 현저하고 다채로운 부분이지만, 비교적 사소한 역할을 가지고 있고 대초원 군집의 유지에 하는 일이 거의 없다. 토양의 세균과 진균은 죽은 동식물의 신체를 분해하며 식물에 영양분을 제공한다. 군집은 다른 종들의 상호작용하는 개체군으로 구성되어 있지만, 이러한 종들은 그들의 물리적 세계와도 상호작용한다.

생태계(ecosystem)는 모든 복잡한 상호작용과 물리적 환경과 함께, 군집 사이의 상호작용이 일어나는 공간으로 정의된다. 물리적 세계는 그 지역에서 어떤 종류의 식물과 동물이 살 수 있을지에 주요한 영향을 끼친다. 바나나 나무를 북극에서 보거나 미시시피 강에서 바다코끼리를 보리라고 기대하지 않는다. 바나나 나무는 따뜻하고 습한 열대 지역에 적응되었으며, 바다코끼리는 차가운 바닷물을 필요로 한다. 초원과 특정한 종류의 삼림과 같은 일부 생태계는 주기적인 불에 의하여 형성되었다. 토양의 종류와 수분의 양도 어느 지역에서 나타나는 생물의 종류에 영향을 미친다.

물리적 환경이 어느 지역에서 살 수 있는 생물의 종류에 제한을 두는 것을 이해하는 것은 쉽지만, 생물이 물리적 주변에 영향을 미치는 것을 인식하는 것 또한 중요하다. 나무는 바람의 힘을 파괴하고, 풀을 먹은 동물은 길을 형성하고, 지렁이는 토양을 환기시키는 구멍을 생성한다. 군집과 생태계의 개념은 밀접하게 연관되어 있지만, 생태계는 생물적 과정뿐 아니라 물리적 과정과도 연관되었기 때문에 더 넓은 개념이다.

모든 시스템은 특정한 방식으로 서로 관련된 부분을 가진다. 자전거는 바퀴, 차체, 손잡이, 브레이크, 발판, 의자를 가지고 있다. 부품은 특정한 방식으로 조직되어야 하며 그렇지 않으면 시스템은 작동하지 않을 것이다. 유사하게, 생태계는 특정한 방식으로 조직되어야 하는 부분을 가지고 있으며 그렇지 않으면 생태계는 작동하지 않을 것이다. 생태계의 개념을 더 완전하게 발달하기 위하여, 우리는 생태계를 3가지 관점에서 바라볼 것이다. 이는 생물의 주요한 역할, 생태계 내에서 에너지가 사용되는 방식, 생태계 내에서 원자가 순환되는 방식이다.

생태계 생물의 주요한 역할

생태학자는 전통적으로 생태계 내에서 생물의 역할을 생산자, 소비자, 분해자의 3가지 넓은 범주로 구분하였다.

생산자

생산자(producer)는 환경의 단순한 무기물로부터 복잡한 유기분자를 만들기 위하여 에너지원을 이용할 수 있는 생물이다. 거의 모든 생태계에서 에너지는 태양에 의하여 공급되며, 식물, 조류, 특정한 세균과 같은 생물이 광합성을 수행하기 위하여 빛에너지를 이용한다. 육상생태계에서는 식물이 주요한 생산자이다. 수서생태계에서는 많은 종류의 단세포 생물(특히 조류와 세균)이 지배적인 생산자이다. 이러한 미세한 부유하는 생물을 집합적으로 **식물플랑크톤(phytoplankton)**이라고 한다. 생산자는 생태계에서 에너지를 포획하고 무기물에서 새로운 유기물을 만들 수 있는 유일한 생물이기 때문에, 모든 다른 생물은 직간접적으로 먹이 공급원으로서 생산자에 의존한다.

소비자

소비자(consumer)는 먹이 공급원으로 유기물을 필요로 하는 생물이다. 소비자는 에너지와 자신의 신체를 만드는데 필요한 유기분자를 자신에게 제공하는 유기물을 소비한다. 그들의 역할의 중요한 부분은 유기물을 분해하여 에너지를 획득하고 무기물을 방출하는 호흡이라는 과정이다.

그러나 소비자는 먹이의 종류와 먹이를 획득하는 방식에 기초하여 범주로 세분화될 수 있다.

1차 소비자는 **초식동물(herbivore)**이라고도 하는데 먹이 공급원으로 생산자(식물 또는 식물플랑크톤)를 먹는 동물이다. 잎을 먹는 곤충, 씨앗을 먹는 새, 물에서 식물플랑크톤을 여과하는 동물과 같은 초식동물은 생태계에서 매우 수가 많으며, 먹이사슬의 다음 단계 생물의 먹이로서 이용된다.

2차 소비자 또는 **육식동물(carnivore)**은 다른 동물을 먹는 동물이다. 2차 소비자는 포획하고 먹는 먹이의 종류에 따라 범주로 세분화될 수 있다. 무당벌레와 같은 일부 육식동물은 진드기와 같은 초식동물을 주로 먹으며, 독수리와 같은 다른 육식동물은 어류와 같은 육식동물을 주로 먹는다. 이러한 것은 흥미 있는 개념적 구분이지만, 대부분의 육식동물은 그들이 포획하고 죽일 수 있는 어떠한 동물이라도 먹는다.

추가하여 **잡식동물(omnivore)**이라고 하는 많은 동물은 식물과 동물을 모두 먹이에 포함한다. 육식동물로 간주되는 여우와 곰과 같은 동물도 주기적으로 식단에 많은 양의 식물 물질을 포함한다. 역으로 초식동물로 생각되는 생쥐, 다람쥐, 씨앗을 먹는 새들도 주기적으로 동물을 먹이로서 소비한다.

기생생물도 먹이를 획득하는 특별한 방식을 가진 소비자이다.

분해자

분해자(decomposer)는 에너지원과 신체를 구성하기 위한 원료로서 생명이 없는 유기물을 이용하는 생물이다. 생물이 자신의 일부를 허물 벗거나, 노폐물을 분비하거나, 죽을 때 분해자에 대한 먹이원을 제공한다. 분해자는 호흡을 수행하기 때문에, 그들은 유기물을 무기물로 변환하여 물질을 재순환하는데 극히 중요하다. 많은 작은 동물, 진균, 세균이 이 적소를 차지한다(표 4.1).

핵심종

생태계는 전형적으로 서로 그리고 물리적 주변과 상호작용하는 많은 다른 종으로 구성되어 있다. 그러나 어떤 종은 다른 종에 비하여 더 중심적인 역할을 한다. 이러한 아이디어를 인식하여, 생태학자는 핵심종이라는 개념을 개발하였다.

핵심종(keystone species)은 특정한 생태계의 유지에 중요한 역할을 한다. 대초원 생태계에서 풀을 먹는 동물은 초원의 전형적인 종의 혼합을 유지하는데 매우 중요하다. 풀을 먹는 동물의 많은 영향이 없으면 대초원의 본질은 변한다. 미국 큰 풀 대초원의 연구는 들소가 존재할 때 그 장소의 생물다양성이 증가한다는 것을 보여주었다(그림 4.24). 들소는 전형적으로 풀을 먹으며, 따라서 보통 큰 풀에 의하여

표 4.1 생태계에서의 역할

범주	주요한 역할 또는 활동	예
생산자	광합성 과정으로 단순한 무기분자를 유기분자로 변환	나무, 꽃, 풀, 고사리, 이끼, 조류
소비자	유기물을 먹이원으로 사용	동물, 진균, 세균
초식동물	식물을 직접 먹음	메뚜기, 엘크, 채식주의 인간
육식동물	동물을 죽이고 먹음	늑대, 강꼬치고기, 잠자리
잡식동물	식물과 동물을 모두 먹음	쥐, 너구리, 대부분의 인간
청소생물	고기를 먹지만 종종 사고나 질병에 의하여 죽거나, 다른 동물에 의하여 살해된 동물에서 얻음	코요테, 독수리, 금파리
기생생물	다른 살아있는 생물 내부 또는 표면에 살며 그것에서 먹이를 얻음	촌충, 많은 세균, 일부 곤충
분해자	유기물을 무기물로 되돌림; 원자의 수환을 완료함	진균, 세균, 일부 곤충과 벌레

그림 4.24 핵심종: 들소는 대초원 생태계에서 핵심종이다. 들소는 어느 지역에서 사는 식물의 종류에 영향을 미치고, 오줌과 똥의 형태로 영양분을 제공하고, 특정한 식물과 동물에 특별한 서식지를 제공하는 수렁을 형성한다.

그늘지게 될 작은 식물이 성공하게 한다. 풀이 뜯기지 않은 구획에서는 큰 풀이 우점하게 되고 생물다양성은 감소한다. 들소는 수렁을 토양에 파서 피부를 덮을 수 있는 진흙을 자신에게 제공한다. 이러한 수렁은 일반적으로 교란된 지역에서 사는 많은 식물 종을 유지한다. 들소 오줌은 또한 식물의 중요한 질소 공급원이다.

들소의 활동은 심지어는 불의 영향의 정도에 영향을 미치는데, 불은 초원생태계의 또 다른 중요한 특징이다. 들소는 최근에 불탄 장소에서 먹는 것을 선호하고 이 지역을 매년 수차례 다시 방문하여, 뜯긴 곳과 뜯기지 않은 곳의 조각을 생성한다. 풀이 뜯긴 지역은 불을 유지하기 어려우며, 불은 풀이 뜯기지 않은 부분에 더 우세하다.

핵심종의 개념은 해양생태계에서도 연구되었다. 성게, 해달, 켈프(대형 갈조류) 숲의 관계는 해달이 핵심종이라는 것을 시사한다. 해달 수의 감소는 성게 수의 증가를 초래한다. 성게 수의 증가는 성게에 의하여 켈프가 심하게 뜯기도록 한다. 켈프의 양이 극심하게 감소되면, 켈프 밭에 사는 어류와 많은 다른 동물은 서식지를 잃고 생물다양성이 뚜렷하게 감소한다.

핵심종 개념은 모든 종이 동등하게 취급될 수 없다는 것을 실감하도록 하기 때문에 생태학자와 자원 관리자에게 유용하다. 어떤 종은 중심적인 역할을 하며, 그들을 제거하거나 심각하게 감소하는 것은 생태계를 뚜렷하게 변경시킬 수 있다. 어떤 경우에는 핵심종의 상실이 원래 종의 혼합과는 현저하게 다른 생태계로 영구히 변경시킬 수 있다.

생태계를 통한 에너지의 흐름

생태계는 생물과 그들의 물리적 주위환경으로 이루어진 인지할 수 있고 비교적 안정된 단위이다. 이는 생태계가 변화하지 않는다는 것을 의미하지는 않는다. 생태계 내의 생물은 생장하고, 번식하고, 죽고, 부패한다. 추가하여 생태계는 안정성을 유지하기 위하여 에너지의 연속적인 유입이 있어야 한다. 대부분의 생태계에 유일한 중요한 에너지원은 태양광이다. 생산자가 광합성 과정을 통하여 태양에너지를 포획하고 생태계가 이용할 수 있도록 하는 능력을 가진 유일한 생물이다. 에너지는 탄수화물(설탕, 녹말), 지방, 단백질과 같은 큰 유기분자에 화학결합의 형태로 저장된다. 생산자 분자에 저장된 에너지는 생산자가 먹힐 때 다른 생물로 전달된다.

영양단계

생태계를 통한 에너지 흐름의 각 단계를 **영양단계(trophic level)**라고 한다. 생산자(식물, 조류, 식물플랑크톤)는 첫 번째 영양단계를 이루고, 초식동물은 두 번째 영양단계를 구성한다. 초식동물을 먹는 육식동물이 세 번째 영양단계이며, 다른 육식동물을 먹는 육식동물이 네 번째 영양단계이다. 잡식동물, 기생생물, 청소생물은 때에 따라 무엇을 먹느냐에 따라서 다른 영양단계를 점유한다. 우리가 스테이크 조각을 먹으면 세 번째 영양단계에 있고, 셀러리를 먹으면 두 번째 영양단계에 있다(그림 4.25).

에너지 관계

열역학의 제2법칙은 에너지가 한 형태에서 다른 형태로 변환될 때마다 일부 에너지는 이용할 수 없는 형태(일반적으로 저품질의 열)로 변환된다. 따라서 에너지 변환 뒤에는 항상 유용한 에너지가 감소한다. 에너지가 한 영양단계에서 다음 단계로 전달되면, 각각의 연속되는 영양단계에는 적은 유용한 에너지가 남게 된다. 이 저품질 열의 손실은 주변 환경으로 분산되어 공기, 물, 토양을 덥힌다. 이 열손실에 추가하여, 생물은 자신의 생명 과정을 유지하기 위하여 에너지를 소모하여야 한다. 생장하고, 먹이를 씹고, 보금자리를 방어하고, 물웅덩이를 걷고, 자손을 생산하고 양육하는 데에는 에너지가 소요된다. 따라서 높은 영양단계에 포함된 에너지의 양은 낮은 단계에 비하여 매우 작다. 약 90%의 유용한 에너지가 각각의 다음 높은 단계로 전달되면서 손실된다. 따라서 어떠한 생태계에서도 초식동물 영양단계에 포함

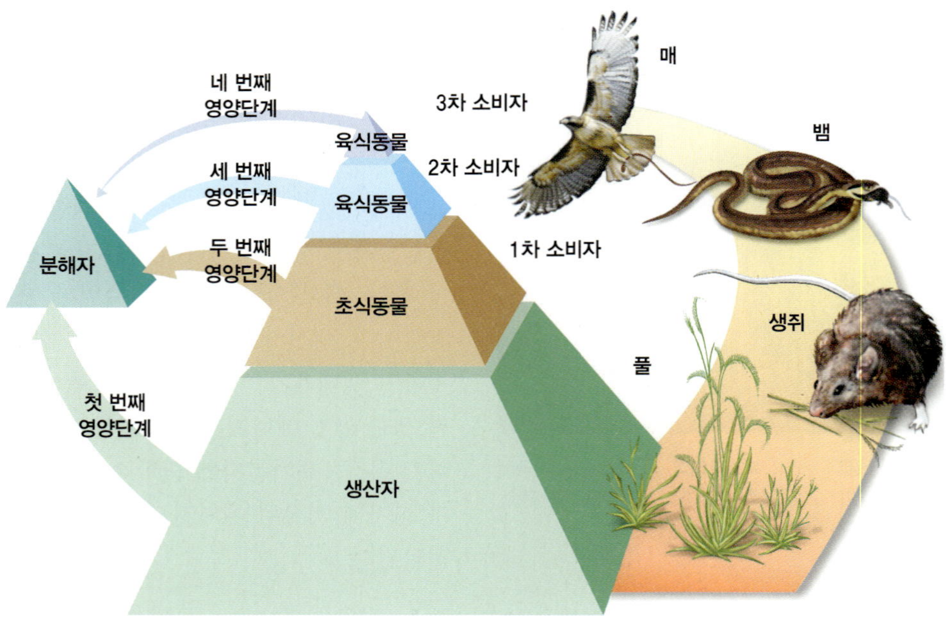

그림 4.25 생태계의 영양단계: 생태계 내의 생물은 생존을 위하여 필요한 에너지를 어떻게 획득하느냐에 따라 영양단계라고 하는 몇 개의 넓은 범주에 놓을 수 있다.

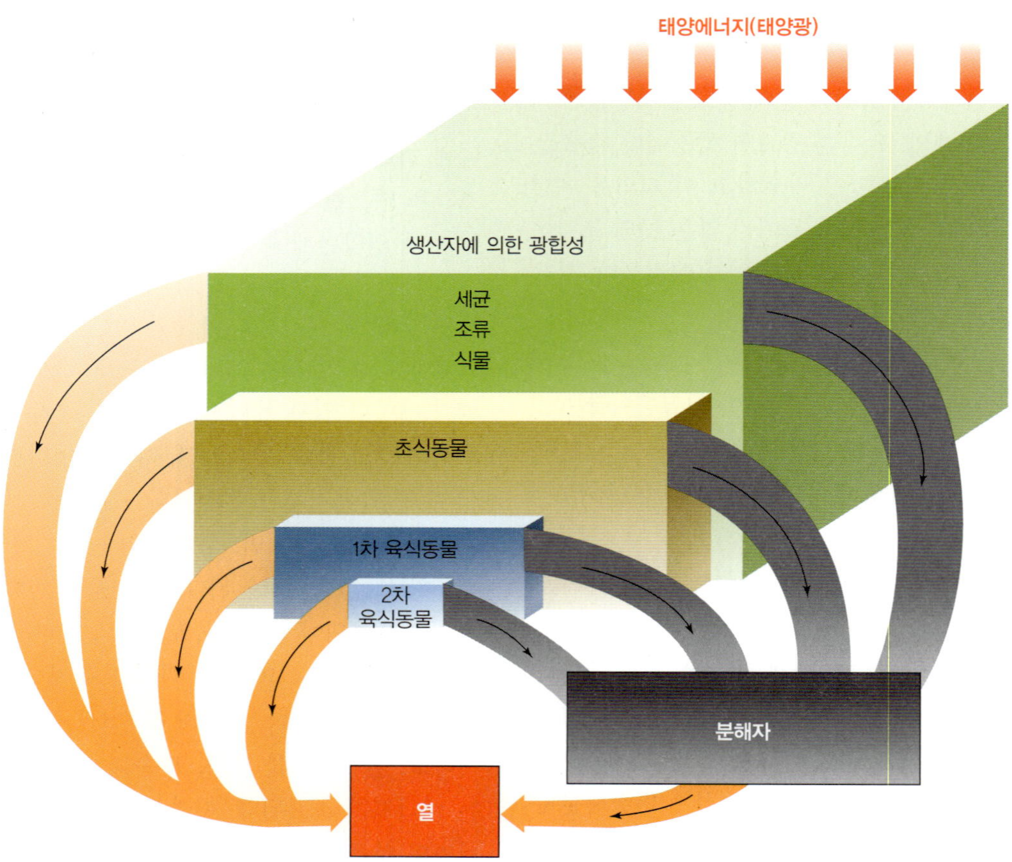

그림 4.26 생태계를 통한 에너지 흐름: 에너지가 생태계를 통하여 흐르면서 영양단계라고 알려진 몇 가지 단계를 통과한다. 각 영양단계는 특정한 양의 에너지를 포함한다. 다른 영양단계로 에너지가 흘러갈 때마다 유용한 에너지의 약 90%가 보통 열의 형태로 주변으로 손실된다. 따라서 대부분의 생태계에서 높은 영양단계는 에너지와 생물이 적게 포함된다.

된 에너지는 생산자 영양단계에 포함된 에너지의 단지 10%에 불과하다. 세 번째 영양단계의 에너지는 첫 번째 영양단계 에너지의 약 1%이다(그림 4.26).

각 영양단계에 포함된 에너지의 양을 실제로 측정하는 것은 어렵기 때문에, 생태학자는 각 단계의 에너지양과 관계를 어림하기 위하여 종종 다른 측정치를 사용한다. 이중 하나는 생물량이다. **생물량(biomass)**은 영양단계에서 살아있는 물질의 무게이다. 단순한 생태계에서는 모든 생산자, 초식동물, 육식동물을 채취하여 무게를 재는 것이 때로는 가능하다. 무게는 에너지에서 나타나는 것과 마찬가지로 한 영양단계에서 다음 단계로 갈 때 동일한 90% 손실을 종종 보인다.

먹이사슬과 먹이그물(먹이망)

먹이사슬(food chain)은 하나의 생물이 다른 생물을 소비하는 결과로서 에너지가 통과하는 상이한 영양단계를 점유하는 일련의 생물이다. 예를 들면, 부들, 갈대, 일부 풀은 연못 부근과 같은 매우 습한 토양에서 잘 자란다. 식물의 잎은 태양광을 포획하고 이산화탄소와 물을 당과 다른 유기물로 변환한다. 잎은 쐐기, 메뚜기, 잎딱정벌레와 같은 식물 먹이에 적응된 씹는 입부분과 소화계를 가진 곤충의 먹이원 역할을 한다. 이러한 곤충의 일부는 거미가 먹고, 거미는 나무에서 아래의 연못으로 떨어져 개구리에 의해 소비된다. 개구리가 한 수련 잎에서 다른 수련 잎으로 수영할 때, 큰 배스(농어과)가 개구리를 소비한다. 인간은 인공 개구리를 은신처에 숨어 있는 배스를 유혹하는 미끼로 사용할 수 있다(그림 4.27). 이 먹이사슬은 여섯 개의 단계를 가지고 있다. 각각의 생물은 특정한 적소를 점유하고 각각의 적소에 맞는 특별한 능력을 가지고 있으며, 먹이사슬의 각 생물은 에너지와 물질을 한 형태에서 다른 형태로 변환하는데 연관되어 있다.

어떤 먹이사슬은 광합성이 일어나는 곳에서 기원한 죽은 유기물의 작은 조각이 연속적으로 공급되는 것에 의존한다. 생명이 없는 유기물의 작은 조각을 **유기 쇄설물(detritus)**이라고 한다. 쇄설물 먹이사슬은 다양한 환경에서 발견된다. 깊은 호수와 해양의 바닥은 광합성을 위해서는 너무 어둡다. 그곳에 사는 동물과 분해자는 광합성이 일어나는 물의 상층부에서 오는 유기물의 작은 조각의 끊임없는 비에 의존한다.

다른 예에서 임상의 토양은 잎을 받으며, 이는 쇄설물 먹이사슬에 연료를 공급한다. 곤충, 갑각류, 벌레, 세균, 진균

그림 4.27 먹이사슬의 영양단계: 한 생물이 다른 생물을 먹으면서, 에너지는 연속적으로 흘러간다. 이를 먹이사슬이라고 한다.

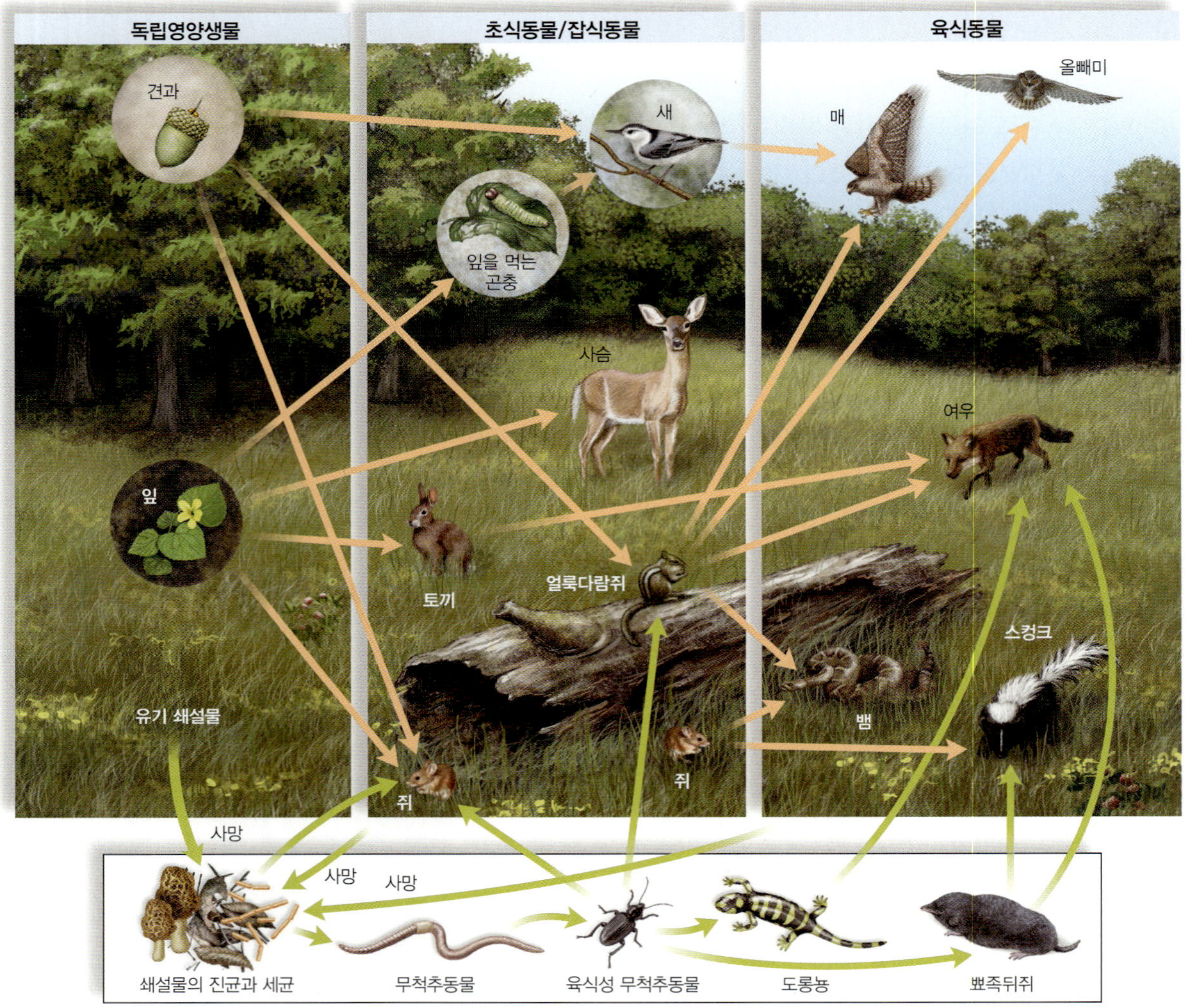

그림 4.28 먹이그물: 먹이그물은 서로 먹는 생물 사이의 많은 종류의 상호작용을 설명한다. 식물이 대부분의 먹이그물의 기초이며, 다양한 동물이 잎, 과일, 다른 식물 부분을 먹는다. 이러한 초식동물은 육식동물에 의하여 먹힌다. 죽은 생물이나 생물의 부분(잎, 통나무, 머리카락, 깃털)과 노폐물(오줌과 똥)은 다양한 분해자 생물에 의하여 작용되며, 분해자는 동물에 의하여 먹힌다.

의 혼합은 큰 조각의 유기물을 분해하는데 협력하며, 동시에 서로 잡아먹는다. 잎이 죽어서 임상에 떨어지면, 세균과 진균이 집락을 형성하며, 이들은 분해과정을 시작한다.

지렁이도 잎을 먹으며 동시에 세균과 진균을 소비한다. 그 지렁이가 새에 의하여 먹히면, 이는 쇄설성 먹이사슬과 광합성 구동 먹이사슬을 포함하는 커다란 먹이사슬의 부분이 된다. 여러 개의 먹이사슬이 중복되고 교차되면 **먹이그물(food web)**이 형성된다(그림 4.28). 이 도표는 군집에서 발생하는 전형적인 상호작용 종류이다. 각 생물은 여러 다른 종류 생물의 먹이원이 된다. 가장 단순한 먹이그물도 복잡하다.

생태계의 영양분 순환-생지화학적 순환

모든 물질은 생태계의 생명이 있는 부분과 없는 부분 사이를 순환하는 원자로 이루어져 있다. 원자의 순환과 연관된 활동은 생물학적, 지질학적, 화학적 과정을 포함한다. 따라서 영양분의 순환은 종종 **생지화학적 순환(biogeochemical cycle)**으로 불린다.

어떤 원자는 다른 원자에 비하여 생명체 내에 더 흔하다. 탄소, 질소, 산소, 수소, 인이 모든 생명체에서 발견되는 단백질, DNA, 탄수화물, 지방 같은 중요한 유기분자에서 발견된다. 유기분자는 서로 부착된 많은 수의 탄소 원자를 포함한다. 이러한 유기분자는 최초에 생산자의 광합성에 의하여 무기분자로부터 제조되었으며 먹이사슬을 따라 한 생물

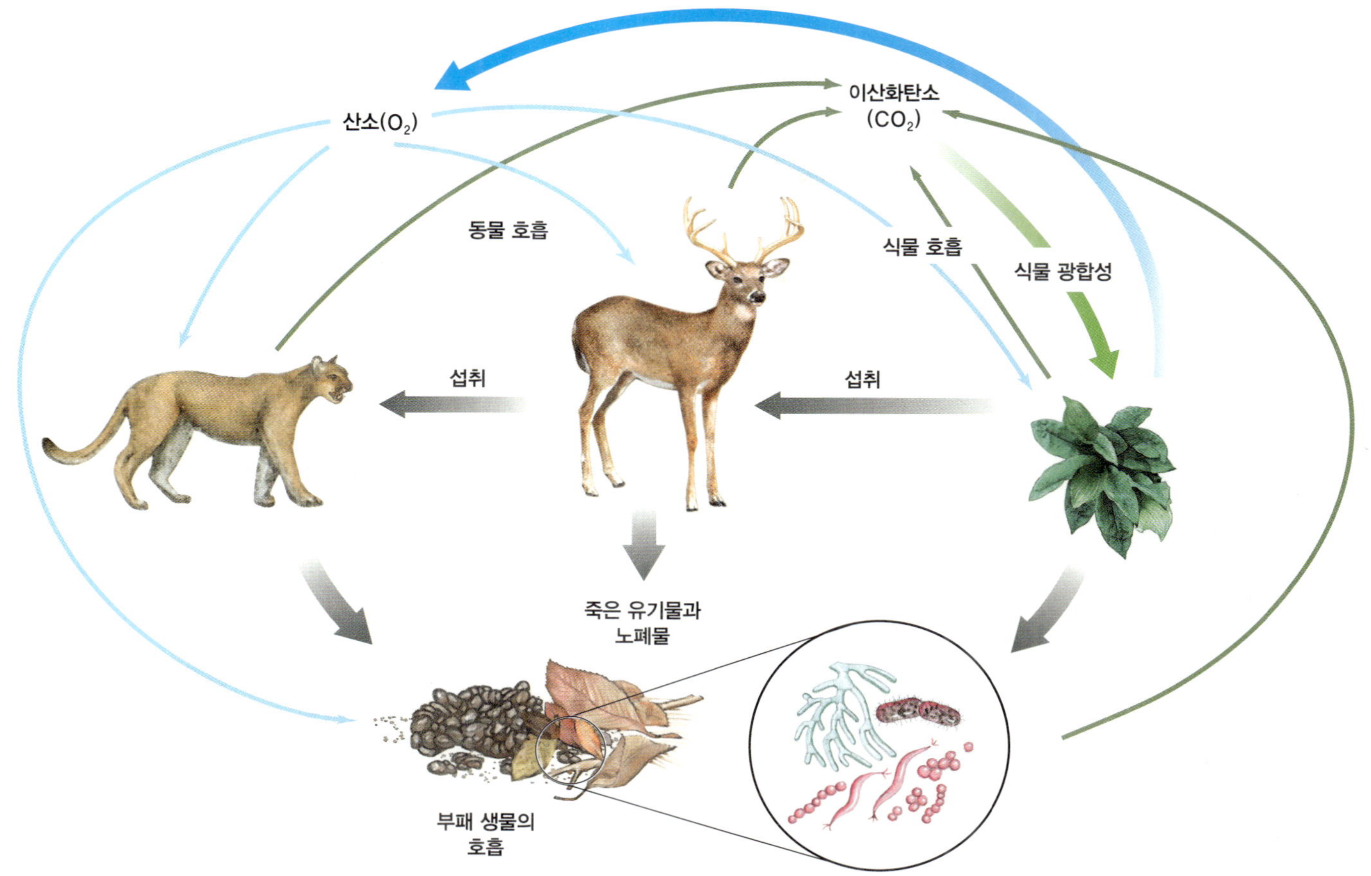

그림 4.29 탄소순환: 탄소원자는 생태계를 통하여 순환된다. 식물은 광합성을 수행할 때 이산화탄소의 탄소원자를 유기분자로 통합할 수 있다. 탄소를 포함하는 유기분자는 동물이 식물이나 다른 동물을 먹을 때 동물로 전달된다. 유기 노폐물이나 죽은 생물은 부패 생물에 의하여 소비된다. 모든 생물, 식물, 동물, 분해자는 호흡을 수행할 때 탄소원자를 대기로 되돌린다. 산소원자는 탄소원자가 순환될 때 동시에 순환된다.

에서 다른 생물로 전달된다. 호흡과 부패의 과정은 궁극적으로 생물의 복잡한 유기분자를 분해하여 무생물 환경으로 되돌아가는 단순한 무기성분으로 변환한다. 이 절에서, 우리는 탄소, 질소, 인의 3종류 원자의 흐름을 군집 내에서 그리고 생태계의 생물적, 무생물적 부분에서 살펴본다.

탄소순환

모든 생명체는 탄소 원소의 분자를 포함하는 유기물로 구성되어 있다. **탄소순환(carbon cycle)**은 탄소를 포함하는 무기분자를 포획하고, 이를 생물이 이용하는 유기분자로 변환하고, 궁극적으로 무생물 환경으로 무기탄소 분자를 방출하는 데 연관된 과정과 경로를 포함한다(그림 4.29).

동일한 탄소원자가 계속 반복하여 사용된다. 사실상 여러분은 어제와 정확하게 동일한 사람이 아니다. 여러분의 탄소원자의 일부가 상이하다. 더 나아가, 그러한 탄소원자는 지난 수십억 년 사이에 많은 다른 종류의 생명체에 연관되었다. 탄소원자의 일부는 공룡, 절멸한 나무, 곤충에 일시적으로 머물렀지만, 이 순간에는 여러분의 일부분이다.

***1.* 생산자의 역할** 생산자는 광합성 과정을 통하여 무기탄소 화합물을 유기화합물로 변환하기 위하여 태양광의 에너지를 이용한다. 이 과정에서 태양광 에너지는 설탕과 같은 유기분자의 화학결합 에너지로 변환된다. 생산자의 무기탄소 공급원은 대기에 기체로서 소량으로 존재하고 물에 용해되어 있는 이산화탄소(CO_2)이다. 광합성 동안에 이산화탄소는 물 분자(H_2O)에서 온 수소와 결합하여 탄수화물과 같은 유기분자를 형성한다. 육상식물에서 광합성은 보통 잎에서 일어난다. 이산화탄소는 공기로부터 잎으로 흡수되며 물은 뿌리에 의하여 토양에서 흡수되어 잎으로 운반된다. 조류와 세균과 같은 수서 생산자 생물은 그들이 사는 물에서 이산화탄소와 물 분자를 흡수한다. (실제로 광합성 활동의 약 50%는 해양에서 일어난다.)

집중 탐구

오대호 먹이사슬의 변화

많은 종류의 인간 활동이 종을 한 장소에서 다른 장소로 분배하는 것을 돕는다. 오대호에는 현재 100종 이상의 외래종이 있다. 바다빙어, 갈색 송어, 몇 종의 연어 등 일부는 의도적으로 도입되었다. 그러나 대부분의 외래종은 인간 활동의 결과로 우연히 도입되었다.

수문과 운하의 건설 전에 오대호는 나이아가라 폭포에 의하여 외래 어류의 다른 종의 침입으로부터 효과적으로 고립되었다. 1800년대 초기에 운하의 건설은 작은 선박이 폭포를 돌아올 수 있도록 하였다. 이는 바다뱀장어와 청어가 오대호로 유입되도록 하였다. 1959년 St. Lawrence 항로의 완성으로 원양선이 오대호로 진입할 수 있도록 하였다. 균형수를 사용하는 관습으로 인하여 원양선은 종을 도입하는데 특히 효과적인 수단이다. 원양선은 화물이 만재가 아니면 부력을 조절하기 위하여 선창으로 물을 펌프한다. (균형수는 안전한 운항을 위하여 빈 배에 하중을 추가한다.) 균형수는 화물을 실을 때 펌프해 낸다. 이러한 선박은 유럽에서 균형수를 채우고 오대호에서 비울 수 있기 때문에, 생물은 유럽 물에서 오대호로 운반될 수 있는 가능성이 매우 높다. 이러한 외래종의 일부는 오대호의 먹이사슬에 심각한 변화를 초래하였다.

Zebra 홍합과 quagga 홍합의 도입은 오대호 먹이그물의 여러 변화와 연관되어 있다. 2종류의 홍합은 빠르게 번식하고 다른 홍합을 포함한 단단한 표면에 부착한다. 이들은 물에서 유기물과 작은 생물을 제거하는 매우 효과적인 여과섭식자이다. 규조류의 다른 미세조류의 양을 측정한 결과 zebra 홍합과 quagga 홍합이 흔한 지역에서는 90%까지 크게 감소하였다. 물의 투명도는 그만큼 증가하였다. 많은 장소에서 과거에 비하여 2배 이상 깊은 곳의 물체를 볼 수 있다.

*Diporeia*는 유기물을 먹는 저서 갑각류이다. *Diporeia* 개체군은 오대호의 여러 장소에서 70% 감소하였다. 많은 사람들은 이러한 감소가 먹이 공급원의 감소에 의한 결과라고 느끼며, 이는 zebra 홍합과 quagga 홍합에 의하여 물에서 제거되고 있다. *Diporeia*가 많은 종류의 저서 어류의 주요한 먹이이기 때문에 먹이사슬을 따라 파급효과가 있었다. 최근에 먹이원으로 *Diporeia*에 의존하는 송어의 일종은 신체 상태가 감소한 것을 나타내었다. *Diporeia*를 먹는 다른 저서 어류는 커다란 포식 어류의 먹이원으로 작용하는데 최근에 이러한 포식 어류의 일부가 개체군과 건강이 감퇴하였다.

Zebra 홍합과 quagga 홍합의 증가와 연관된 또 다른 현상은 오대호에서 독성 조류 대증식 빈도의 증가이다. 왜 이러한 현상이 발행하는지에 대한 명백한 답은 없지만, 2가지의 시사되는 연결이 홍합과 관련된다. 물의 투명도가 독성 조류의 생장을 촉진하거나 홍합이 비독성 조류를 소비하면서 독성 조류를 먹이로서 선택적으로 배척하는 것이다. 따라서 독성 조류가 경쟁적 우위를 가진다.

마지막으로, zebra 홍합과 quagga 홍합이 흔한 곳에는, 토착 홍합과 대합조개가 감소하였다. 첫째로, zebra 홍합과 quagga 홍합이 홍합과 대합조개 토착종과 직접 경쟁을 한다. Zebra 홍합과 quagga 홍합은 물에서 먹이를 제거하는데 매우 효과적이며 먹이에 대하여 토착종을 이기는 것이다. 둘째로, zebra 홍합과 quagga 홍합이 어떠한 단단한 표면에도 부착하기 때문에, 그들이 토착종 대합조개에 부착하여 근원적으로 매몰시킨다.

오대호에 대한 새로운 위협은 시카고에서 미시간 호와 미시시피 강을 연결하는 운하시스템을 통하여 외래종 아시아 잉어(대두어와 백련어)가 침입하는 잠재성을 포함한다. 두 종의 아시아 잉어와 다른 종의 잉어들이 미국 남부의 상업적 양어지에 도입되었다. 그러나 그들은 바로 탈출하여 미시시피 강으로 침입하였으며 상류로 이동하여 쉽게 미시간 호로 침입하였다. 대두어와 백련어는 하루에 몸무게의 40%에 해당하는 플랑크톤을 소비하는 여과섭식자이다. 이들은 오대호 먹이그물의 기반에 더 큰 영향을 미칠 수 있는데, 이는 이미 zebra 홍합과 quagga 홍합에 의하여 크게 변경되었다.

집중 탐구

전체 생태계 실험

많은 환경문제는 해결하기 어려운데, 그 이유는 무엇이 문제를 초래하는지에 대한 가설은 있지만, 가설의 타당성이 실험에 의하여 검증되지 않았기 때문이다. 따라서 정부가 정책을 결정하려고 할 때, 문제가 사실이라는 확실한 증거가 거의 없다고 주장하거나 문제의 원인이 확인되지 않았다고 주장하는 사람이 항상 있다. 몇 가지 예는 다음과 같다. 무엇이 호수의 부영양화를 초래하는가? 무엇이 호수와 강의 산성화를 초래하는가? 무엇이 석탄 화력발전소의 배출이 어류의 수은 증가를 초래하는 가능성인가? 이러한 문제와 관련된 가설의 가장 강력한 검증은 자연 환경에서 대규모로 수행된 실험이다. 몇 가지 이러한 실험이 환경문제의 원인을 확인하는데 결정적이었으며 환경문제를 경감한 정책변화를 가져왔다.

1966년 초에 캐나다 정부는 서부 온타리오에 실험적 호수지역을 설정하였다. 많은 호수들이 환경문제에 대한 질문에 대답하는 것을 도와줄 수 있는 실험에 지정되었다. 한 실험은 인이 호수의 부영양화(조류와 식물의 과도한 생장)의 원인이라는 가정을 검증하였다. 실험실 연구는 탄소, 질소, 또는 인이 원인이 된다고 시사하였다. 이 3가지 영양분 중에서 어느 것이 부영양화의 원인인지 대답하기 위하여, 아령모양의 호수를 좁은 부분에 플라스틱 막을 설치하여 둘로 나누었다.

한 부분은 탄소, 질소, 인을 추가하였고 다른 부분은 탄소와 질소만을 추가하였다. 결과는 명확하였다. 인을 추가한 호수 부분이 조류의 풍부한 생장을 나타냈고 녹색으로 변하였다. 탄소와 질소만 추가하고 인을 추가하지 않은 호수의 다른 부분은 변하지 않았다(사진 참조). 이 실험의 결과로 정부는 세제 제조사에 제품에서 인화합물을 제거하는 것을 요구하고 하수처리장 유출수에서 인을 제거하는 것을 요구하는 것을 정당화하였다.

전체 호수에서 조사한 다른 실험:

- 산성 강하가 호수의 먹이그물에 미치는 영향—먹이가 사라지면서 포식자 어류가 굶게 되었음.
- 댐에 의한 육지 범람의 효과—어류에 수은 함량이 증가하였으며 이산화탄소와 메탄이 대기로 방출됨.
- 수서 식생 제거의 효과—북부 파이크(northern pike) 개체군이 감소함.

각 실험이 끝난 이후에, 캐나다 정부는 호수가 원래의 상태로 되돌려질 것을 요구하였음.

광합성 과정의 중요한 부산물은 산소이다. 산소분자(O_2)는 탄수화물 분자의 제조에 필수적인 수소원자를 제공하기 위하여 물 분자가 분해되기 때문에 광합성 과정 동안에 대기나 물로 방출된다. 남은 산소는 광합성의 폐기물로서 방출된다. 식물과 다른 생산자 생물은 그들이 생산하는 유기물을 생장에 이용하고 다른 필수적인 과정에 에너지를 제공하는데 사용한다는 것을 인식하는 것이 중요하다.

***2.* 소비자의 역할** 초식동물은 생산자 신체의 복잡한 유기분자를 먹이로 이용한다. 초식동물이 식물이나 조류를 먹으면, 초식동물은 복잡한 유기분자를 단순한 유기분자 조립소재로 분해하며, 이는 초식동물의 화학적 구조의 부분인 특정한 유기분자로 재조립된다. 한때 생산자의 유기분자 부분이었던 탄소원자는 이제 초식동물의 유기분자의 부분이다. 소비자는 유기분자를 에너지원으로도 이용한다. 호흡과정을 통하여, 대기의 산소분자는 커다란 유기분자를 이산화탄

소와 물로 분해하는데 이용되며, 에너지가 방출된다. 호흡에 의하여 방출된 화학결합 에너지의 상당부분은 열로서 손실되지만, 나머지는 초식동물에 의하여 운동, 생장, 다른 활동에 이용된다.

유사한 방식으로, 초식동물이 육식동물에게 먹히면, 초식동물의 탄소를 포함하는 분자의 일부는 육식동물의 신체에 통합된다. 나머지 유기분자는 에너지를 획득하기 위하여 호흡과정에서 분해되며, 이산화탄소와 물이 방출된다.

***3.* 분해자의 역할** 동물 폐기물과 죽은 생물에 포함된 유기분자는 이러한 유기물을 먹이원으로 이용하는 분해자에 의하여 작용된다. 분해자의 부패 과정은 호흡과 연관되어 있으며 이산화탄소와 물을 방출한다. 따라서 죽은 생물과 노폐물 유기분자의 탄소원자는 이산화탄소로서 대기로 되돌아가서 다시 이용된다.

***4.* 탄소 싱크** 원자를 활동적이고 단기간의 영양분 순환으로부터 제거하는 과정이나 상황을 **싱크**(*sink*)라고 한다. 탄소원자에 대하여 몇 가지 종류의 싱크가 있다. 일부 식물, 특히 오래 사는 나무는 탄소를 신체에 수 세기 동안 묶어놓을 수 있다. 토양과 퇴적물의 유기물은 활발한 단기 탄소순환으로부터 제거된 한때는 살았던 생물의 잔해이다. 따라서 분해가 느린 환경(툰드라, 북방 삼림, 초원, 늪, 해양 퇴적물)은 탄소를 수백 년에서 수천 년 동안 묶어놓을 수 있는 싱크를 이룬다.

화석연료(석탄, 석유, 천연가스)는 생물의 잔해이며 수억 년이 소요되는 장기적인 싱크이다. 화석연료의 탄소원자는 한때 활발한 탄소순환의 부분이었지만 생물이 분해되지 않고 추적되었을 때 활발한 순환에서 제거되었다. 석유와 천연가스를 형성한 생물은 퇴적물에 의하여 덮인 해양생물의 잔해로 생각된다. 석탄은 퇴적물에 의하여 매장된 식물의 잔해에서 형성되었다. 일단 생물이 매립되면, 분해가 느려지며, 지구의 열과 퇴적물의 압력은 생명체의 잔해가 화석연료로 변환되는 것을 돕는다.

해양은 주요한 탄소 싱크이다. 이산화탄소는 물에 매우 용해가 잘된다. 많은 종류의 탄산염 퇴적암이 해양의 용액으로부터 탄산염의 침전으로부터 형성된다. 추가적으로 많은 해양생물은 탄산칼슘의 골격이나 껍질을 형성한다. 이러한 물질은 해양저에 퇴적되어 시간의 흐름에 따라 석회암으로 변환될 수 있다. 석회암은 일반적으로 많은 수의 화석을 포함한다. 막대한 양의 탄산염 암석은 과거에 지구 대기에 높은 양의 이산화탄소가 존재하였다는 것을 나타낸다.

***5.* 탄소순환의 인간에 의한 변경** 인간은 여러 방식으로 탄소순환을 변형하는데 관련되어 있다.

화석연료를 연소하는 것은 대기로 많은 양의 이산화탄소를 방출한다. 이러한 행동의 한 가지 결과는 대기 중 이산화탄소의 양이 인간이 화석연료를 광범위하게 사용하기 시작한 이래 꾸준히 증가하였다. 이산화탄소의 증가가 세계의 기후변화를 초래한다는 것이 명백해졌으며, 많은 국가가 대기 중 이산화탄소의 증가를 최소화하기 위하여 에너지 사용을 감소하는 것을 추가하고 있다. 이 주제는 대기오염을 다루는 14장에서 더 자세하게 토의될 것이다.

생태계를 변경하는 것도 탄소순환의 변화에 기여하였다. 숲이나 초원을 농경지로 변환하는 것은 다년생 식물을 1년생 식물로 대체한다. 추가적으로 들에서 곡물을 제거하고 토양을 빈번하게 경작하는 것은 토양의 유기물 양을 감소시킨다. 따라서 농경 생태계는 자연 생태계에 비하여 탄소를 효과적으로 저장하지 않는다. 농경지를 제공하기 위하여 숲을 벌채하는 것은 나무를 태우는 것과 연관되며, 이는 대기에 이산화탄소를 기여한다. 그림 4.30은 탄소 싱크의 중요성과 인간의 활동이 탄소순환에 미치는 영향을 보여준다.

질소순환

질소순환은 생태계에서 무생물적 요소와 생물적 요소 사이 그리고 생물 사이의 질소원자 순환과 관련되어 있다. 우리가 호흡하는 공기 기체의 78%는 질소 기체(N_2) 분자로 이루어져 있다. 그러나 2개의 질소 원자는 서로 매우 강하게 단단하게 결합되어, 매우 적은 수의 생물만 이 형태의 질소를 이용할 수 있다. 식물과 기타 생산자는 거의 모든 먹이사슬의 기초에 있기 때문에, 그들은 단백질과 DNA 같은 단백질을 포함하는 새로운 분자를 만들어야 한다. 식물과 다른 생산자는 대기 중의 질소를 이용할 수 없으며 질산염(NO_3^-) 또는 암모니아(NH_3) 형태로 얻어야 한다.

***1.* 질소고정 세균의 역할** 대기 질소는 식물에 의하여 이용될 수 없기 때문에, 질소를 포함하는 화합물은 종종 공급이 부족하며 질소의 가용도가 종종 식물의 생장을 제한하는 요소이다. 식물이 이용할 수 있는 질소 화합물을 획득하는 주된 방식은 토양에 사는 세균의 도움을 받는 것이다.

질소고정 세균은 토양으로 들어가는 질소 기체(N_2)를 식물이 이용할 수 있는 암모니아로 변환할 수 있다. 이러한 세균의 특정한 종류는 토양에서 자유롭게 생활하며 자유생활 질소고정 세균이라고 한다. 공생 질소고정 세균이라는 다른 세균은 특정한 식물과 상리공생 관계를 가지며 콩과식물(완두, 콩, 클로버)과 오리나무 같은 특정한 나무의 뿌리혹에 산다. 일부 풀과 상록수도 식물의 질소고정 능력을 개선하는 것으로 보이는 특정한 뿌리 진균과 유사한 관계를 가지고 있는 것으로 보인다.

***2.* 생산자와 소비자의 역할** 일단 식물과 다른 생산자가 그들이 이용할 수 있는 형태로 질소가 가용해지면 그들은 단백질, DNA, 다른 중요한 질소를 포함하는 유기분자를 만들 수 있다. 초식동물이 식물을 먹으면, 식물 단백질 분자는 아

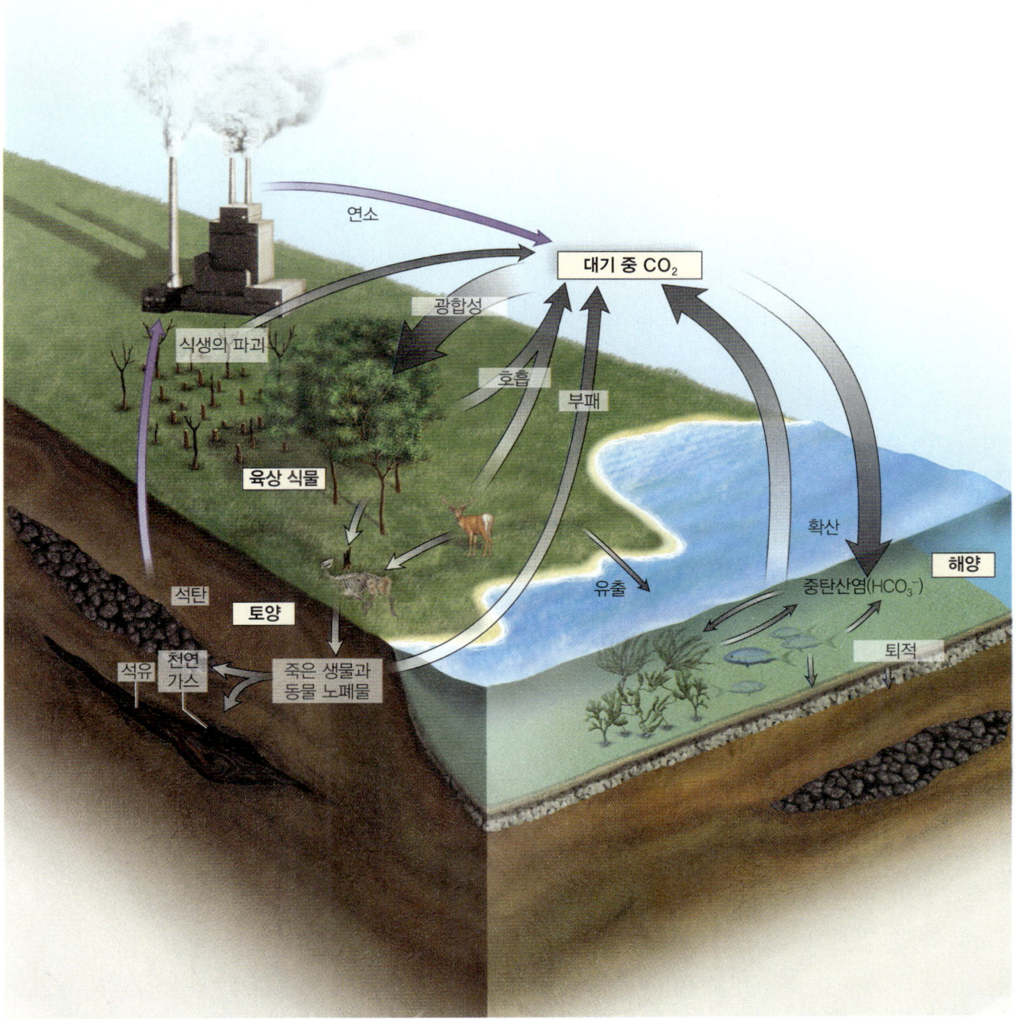

그림 4.30 탄소 싱크와 인간의 영향: 탄소 싱크는 탄소를 오랜 기간 묶어놓는 상황이다. 화석연료, 오래 사는 식생, 토양 유기물, 해양에 용해된 이산화탄소, 해양퇴적물이 싱크의 예이다. 화석연료의 연소, 삼림의 파괴, 토양 유기물을 감소하는 농경활동은 모두 대기로의 이산화탄소 흐름을 증가시킨다. 대기 중의 이산화탄소 증가는 해양에 용해되는 이산화탄소의 양을 증가시킨다.

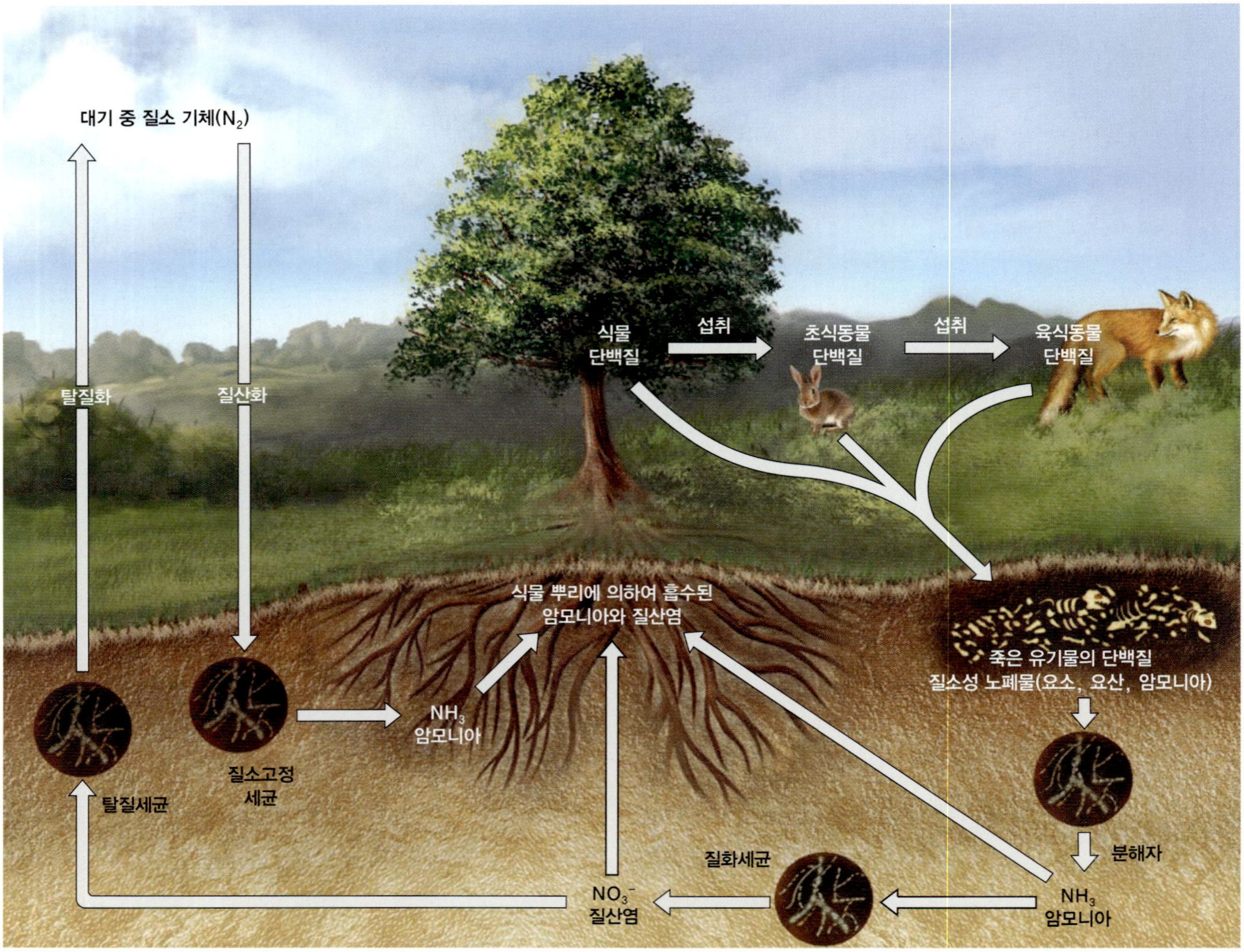

그림 4.31 질소순환: 질소원자는 생태계에서 순환된다. 대기 질소는 질소고정 세균에 의하여 식물이 단백질과 다른 화합물을 만드는데 이용할 수 있는 형태로 변환된다. 질소는 단백질이 먹힐 때 한 생물에서 다른 생물로 전달된다. 죽은 생물과 노폐물은 부패생물에 의하여 작용되어 암모니아를 형성하며, 이는 식물에 의하여 재사용되거나 다른 종류의 세균에 의하여 다른 질소 화합물로 변환된다. 탈질세균은 질산염과 다른 질소함유 화합물을 대기 질소로 변환할 수 있다.

미노산이라고 하는 작은 구성요소로 분해된다. 이러한 아미노산은 초식동물에 일반적인 단백질을 형성하기 위하여 재조립된다. 동일한 과정이 먹이사슬을 통하여 반복된다. 단백질을 변경하거나 분해하는 것과 관련된 대사과정 중에, 소비자는 질소를 포함한 노폐물을 생산한다.

***3.* 분해자와 다른 세균의 역할** 세균과 다른 종류의 부패 생물도 질소순환에 관련되어 있다. 죽은 생물과 그들의 노폐물은 단백질, 요소, 요산 등 질소를 포함하는 분자를 포함하고 있다. 분해자는 이러한 질소를 포함하는 유기분자를 분해하여 암모니아를 방출하며, 암모니아는 많은 종류의 식물에 의하여 직접 이용될 수 있다. 질화세균이라고 하는 몇 종류의 다른 토양세균은 암모니아를 질산염으로 변환할 수 있다. 식물은 질소함유 유기분자의 합성을 위한 질소 공급원으로 질산염을 사용할 수 있다.

마지막으로, 산소가 없는 조건하에서 탈질세균으로 알려진 세균은 질산염이나 질소를 포함하는 다른 화합물을 질소 기체(N_2)로 변환할 수 있으며, 이는 궁극적으로 대기로 방출된다. 이러한 질소 원자는 질소고정 세균의 도움으로 순환으로 재진입할 수 있다(그림 4.31).

***4.* 질소순환의 독특한 특징** 순환적 양상이 탄소순환과 질소순환에 모두 존재하지만, 질소순환은 2가지 뚜렷한 차이를 보여준다. 첫 번째로, 어려운 화학적 변환은 대부분 세균

녹색 행진

인(Phosphorus)이 없는 잔디 비료

많은 호수와 개울은 따뜻한 여름철에 조류와 수서식물의 극심한 생장을 경험한다. 물에 대량의 식생이 존재하면 뱃놀이, 낚시, 수영, 다른 여가활동을 방해한다. 일부 시안세균은 실제로 아프게 하고 죽이는 독성 화합물을 생산한다. 이러한 독소에 인간이 노출되면 보통 피부발진, 건초열 같은 증상, 또는 위장관 경련을 유발한다. 그러나 애완동물, 가축, 야생생물의 사망을 일으키는 중독은 동물이 독성 시안세균을 포함하는 호수나 개울의 물을 마실 때 흔하게 발생한다.

수서식물과 조류의 과잉 생장은 따뜻한 물과 특히 인과 같은 영양분의 충분한 공급에 의하여 자극된다. 이는 해양, 호수 또는 개울과 밀접한 연관이 있는 많은 공동체에 잔디 비료로서 인의 사용을 규제하도록 고려하게 하였다. 2002년 미네소타 주는 잔디 비료로서 인의 사용을 규제한 최초의 주가 되었다. 법은 주의 토양검사가 거의 모든 토양이 적절한 인을 가지고 있고 비료에 추가적인 인이 필요하지 않다는 사실에 기초하여 단정되었다. 과잉의 인은 식물에 의하여 흡수되지 않고 많은 부분이 개울과 호수로 흘러들어가 식물과 조류의 생장을 자극한다. 규제는 잔디 비료에 인의 사용을 금지하거나 심하게 제한한다. 예외는 첫 해에 인을 포함하는 비료를 사용할 수 있는 새로 정착된 잔디이거나, 토양검사가 낮은 인을 나타낸 장소이다. 잔디 관리 산업은 즉각 대응하여 인이 없는 비료를 생산하였다.

이제는 많은 주가 인으로 제조된 비료를 제한하는 규제를 가지고 있지만, 인 비료는 아직 널리 사용되고 있다. 거기에는 대안이 있다. 다음은 사용될 수 있는 몇 가지 잔디와 정원에 대한 조언이다.

- 퇴비를 사용한다. 과일과 야채의 혼합물 여러분의 정원에 자연적인 인(P)을 제공한다.
- 유기물을 추가하는 것은 토양이 자연적인 인을 식물에 방출하도록 도와주며, 인과 다른 영양분이 잘 흡수되도록 한다.
- 추가적인 인이 필요하면, 골분, 대두박, 분뇨와 같은 유기 공급원을 사용한다.
- 비료를 구입할 경우 인이 없는지 확인한다. 자루에 있는 숫자를 확인하면 알 수 있다. 인 숫자는 가운데 숫자이며 이는 "0"이어야 한다.

이나 다른 미생물에 의하여 일어난다. 세균의 활동이 없으면 질소는 거의 가용하지 않을 것이며 세계는 매우 다른 장소일 것이다. 두 번째로, 질소는 질소고정 세균에 의하여 생물로 진입하고 탈질세균에 의하여 대기로 되돌아가지만, 죽은 생물에서 직접 질소화합물을 재순환하고 노폐물을 직접 생산자에게 되돌려주는 2차 회로가 순환에 있다.

5. 질소 싱크 질소의 1차 싱크는 대기의 질소 기체이다. 그러나 사소한 질소 싱크 2가지가 있다.

생명체는 단백질의 부분으로서 질소를 가지기 때문에, 한때 활발한 질소순환의 부분이었던 질소는 유기물이 축적될 때 제거되었다. 대량의 생명이 없는 유기물이 축적되는 생태계에서(늪, 삼림의 부식토, 해양퇴적물), 질소는 비교적 오랜 기간 묶일 수 있다. 추가적으로 일부 질소는 퇴적암에 결합될 수 있으며 어떤 경우에는 풍화에 의해 방출된다. 질소화합물은 물에 매우 잘 용해되기 때문에 퇴적암이 물에 노출되면, 이러한 물질은 용해되어 활발한 질소순환에 재진입한다.

6. 인간에 의한 질소순환의 변경 자연적으로 나타나는 토양에서 질소는 종종 식물 생장을 제한하는 요인이다. 생산량을 증가시키기 위하여, 농부는 추가적인 질소 공급원을 몇 가지 방식으로 제공한다. 무기질 비료가 가용한 질소를 증가시키는 주된 방법이다. 이러한 비료는 암모니아, 질산염, 또는 둘 다 포함할 수 있다.

질소비료의 제조는 대량의 에너지를 필요로 하고 원료로서 천연가스를 이용하기 때문에, 비료는 비싸다. 따라서 농부는 질소를 공급하는 대체 방법을 사용하고 생산비용을 절감한다. 몇 가지 다른 기술이 효과적이다. 농부는 콩과 같은 질소를 생산하는 곡물을 옥수수와 같은 질소를 요구하는 곡물과 번갈아 재배한다.

콩은 뿌리에 공생하는 질소고정 세균을 가지고 있는 콩과

여러분의 선택은?

미국에서 9천만 ha 이상의 땅이 잔디로 식재되어 있고, 매년 1천 km^2의 잔디 풀이 추가된다. 이러한 모든 잔디를 유지하는 것은 엄청난 의무이다. 연간 미국 주택소유주는 잔디를 깎는데 평균적으로 최소한 5일을 소비한다. 잔디는 막대한 양의 물과 살충제를 흡수하며, 농경 목적으로 살포되는 살충제의 10배를 사용한다. 독성 배수는 지하수로 스며들어, 야생생물과 인간의 건강을 위협한다. 미국에서 잔디와 정원을 돌보는데 매년 $2백억이 소비된다. 이 비용의 상당한 금액은 잔디의 생장을 촉진하는 비료의 사용과 연관된다. 잔디에서 비료의 배출은 중대한 수질오염 문제이다. 대부분의 잔디는 비료 없이 자라지만, 잔디의 질은 종종 썩 좋지 않다. 지피식물 또는 자연 조경으로 잔디를 대체하는 것이 종종 가능하다. 사람은 잔디를 유지해야 할까요? 질문의 한쪽을 선택하고 여러분의 입장을 지지하는 논거를 개발하시오.

식물이기 때문에, 콩을 한해 심으면 토양에 남겨진 잉여 질소는 다음해에 자라는 옥수수에 의하여 이용될 수 있다. 일부 농부는 동일한 밭에 콩과 옥수수를 한 줄씩 번갈아 심기도 한다. 약간 상이한 기술은 질소고정 곡물을 짧은 기간 재배하고 곡물을 토양에 갈아엎어 유기물이 분해되도록 한다. 분해에 의하여 방출되는 암모니아는 뒤따르는 곡물의 비료가 된다. 이는 종종 녹색 분뇨로 지칭된다. 농부는 또한 동물생산 작업 또는 낙농장의 분뇨를 밭에 살포하여 토양세균이 유기물을 분해하여 식물이 이용할 수 있도록 질소를 방출하여 토양에 질소를 추가할 수 있다.

농업 배수는 많은 수서생태계를 변경시켰다. 농업 배수는 영양분으로 작용하는 화합물의 혼합으로 구성되어 있다. 2가지 주된 영양분은 질소와 인이며, 둘 다 수서식물, 조류, 식물플랑크톤의 생장을 자극한다.

비료의 영양분은 우리가 식량으로 재배하는 식물의 신체로 통합되는 것으로 의도되어 있다. 그러나 너무 많은 비료가 시비되거나 잘못된 시기에 사용되면, 많은 비료가 수서생태계로 운반된다. 추가적으로 밀집된 환경에서 많은 수의 동물을 식량을 위하여 사육하면 질소와 인 화합물을 포함한 막대한 양의 동물 노폐물을 초래할 수 있다. 이러한 노폐물은 종종 지역의 물 공급원으로 침투한다.

이러한 영양분이 대량으로 담수나 해수에 존재하는 것은 세균, 조류, 수서식물 생장의 증가를 초래한다. 이러한 생물 수의 증가는 많은 다른 효과를 보일 수 있다. 많은 조류는 독성을 띠며, 그들의 수가 뚜렷하게 증가하면 어류가 사멸되고 사람의 중독 사건이 발생한다. 수서생태계에서 식물과 조류 수의 증가는 또한 물에 낮은 산소농도를 가져올 수 있다. 이러한 생물이 죽으면, 분해자가 죽은 유기물을 분해하면서 물에서 산소를 이용한다. 이는 산소 농도를 저하시키며, 많은 생물이 죽는다.

화석연료의 연소도 질소순환을 변경하였다. 화석연료가 연소될 때, 공기 중 산소와 질소가 높은 온도로 가열되고 다양한 질소함유 화합물이 생성된다. (이러한 질소 화합물의 스모그 생산 효과에 대한 토의는 14장 대기질 문제를 참조한다.) 이러한 화합물은 식물에 의하여 생장을 위한 영양분으로 사용된다. 많은 사람들은 이러한 질소 공급원은 비료에 의해 제공되는 것과 함께, 산업혁명 이전 시기에 비하여 오늘날에 가용한 질소의 양을 2배로 증가시켰다.

인순환

인은 생물체의 구조에 보편적인 또 다른 원소이다. 인은 DNA와 세포의 막 구조와 같은 많은 중요한 생물학적 분자에 존재한다. 추가하여 동물의 뼈와 치아는 상당한 양의 인을 포함한다.

인순환은 탄소와 질소순환과 한 가지 중요한 면에서 상이하다. 인은 대기에 기체로서 존재하지 않는다. 인 원자의 궁극적인 공급원은 암석이다. 자연에서 새로운 인 화합물은 암석의 풍화에 의하여 방출되며 물에 용해된다. 식물은 용해된 인 화합물을 필요한 분자를 만드는데 이용한다. 동물은 필요로 하는 인을 식물이나 다른 동물을 소비할 때 획득한다. 생물이 죽거나 노폐물을 분비하면, 분해자 생물은 인 화합물을 토양으로 재순환한다. 인은 먹이사슬에서 생물을 통하여 빠르게 이동하지만, 인 이온은 물에 매우 잘 용해되지 않고 해양에서 침전되어 퇴적물을 형성하고 궁극적으로 해양저의 암석이 된다. 일단 퇴적이 되면 인 이온을 육상생태계에 가용하게 만들기 위해서는 지질학적 융기와 뒤따르

그림 4.32 인순환: 인순환에서 인의 궁극적인 공급원은 암석이며, 용해되면 식물과 동물에 의해 이용되는 인을 제공한다. 인은 DNA 분자와 세포막과 같은 분자에 중요하다. 식물은 뿌리를 통하여 토양에서 인을 획득하고 신체에 통합한다. 동물은 식물을 먹어서 인을 획득한다. 죽은 생물과 노폐물은 분해자에 의하여 분해되어 인을 방출한다. 장기간의 순환에는 대양에서 인을 포함하는 화합물의 퇴적물로의 침전이며 이는 암석을 형성한다. 산맥의 융기는 이러한 퇴적물을 상승시키며 풍화와 침식 과정을 통하여 인이 가용하도록 만든다.

는 풍화가 필요하다. 따라서 해양의 퇴적물은 인의 싱크를 구성한다.

동물의 노폐물은 종종 상당한 양의 인을 가지고 있다(그림 4.32). 많은 수의 바닷새나 박쥐가 수백 년 동안 모인 장소에는, 구아노라고 하는 두꺼운 똥이 인 비료의 중요한 공급원이 될 수 있다. (100쪽 이슈와 분석 참조) 많은 토양과 수서생태계에서 인은 제한요인이며 최대의 수확을 얻기 위해서는 작물식물에 제공되어야 한다. 인 화합물은 암석에서 오기 때문에, 인을 함유하는 암석의 채광이 비료의 인을 제공하는데 필요하다.

농업 배수는 수서생태계에서 수서생산자의 생장을 자극하고 다양한 환경문제를 초래하는 인의 중요한 공급원이다. (이 장의 질소순환에서 농업 배수에 대한 토론을 참조한다.)

이슈와 분석

야생생물과 기후변화

기후는 세계에 야생 식물과 동물의 분포를 결정하는 주요한 요인의 하나이다. 기후가 변화할 때 종이 어떻게 반응하는가에 대한 과거의 증거가 있다. 약 1만8천 년 전 마지막 빙하기가 최대에 이르렀을 때, 미국 북부 절반의 식생은 주로 한대림과 툰드라였다. 오늘날 그러한 식생유형과 그와 관련된 동물 종은 캐나다 중부와 북부에서 발견된다. 빙하기 이후 지구가 따뜻해지면서 종은 그들이 적응된 기후를 쫓아 고위도, 산악지역의 오르막비탈로 이동하였다.

우리는 종이 어떻게 반응하였는지에 대하여 의식을 가지고 있지만, 많은 종을 위협하는 과거와 현재의 기후변화에는 주요한 차이가 일부 있다. 현재의 변화율은 빙하기에서 나올 때 나타났던 것보다 몇 배나 빠르다. 빙하기에서부터 온난화는 약 8천 년이 소요되었지만, 지금은 동일한 크기의 지구 온도 상승을 300년도 안되어서 보게 될 것이다. 식물과 날지 못하는 무척추동물과 같은 운동 능력이 제한된 많은 종은 그들이 적응된 기후가 이동하는 것에 단순히 보조를 맞출 수 없다.

추가적으로 자연 경관은 농경지, 고속도로, 도시와 같은 인간 개발에 의하여 이제 더 단편화되었다. 이러한 개발은 많은 종의 운동에 장벽을 형성하며 그들이 기후변화에 반응하는 능력을 저해할 것이다.

변화하는 기후는 종의 생활사에서 연간 사건의 시기에 영향을 미친다. 연구에 의하면 이주의 시간, 곤충의 출현, 개화와 출아 시간이 최근에 변화하고 있다고 증명하며, 이는 모두 봄의 이른 도래에 의하여 주도된다. 모든 종이 동일한 방식으로 반응하지는 않으며, 이는 종 사이의 생태적 관계의 분리를 초래할 수 있다. 예를 들면 북극에서 곤충의 출현은 3주까지 일찍 나타나지만, 이주성 명금은 월동지를 일찍 떠나지 않는데 그 이유는 이주를 시작하는 신호로 온도가 아니라 낮의 길이에 의존하기 때문이다. 따라서 명금은 둥지에 핵심적인 먹이 공급원이 감소할 때 북극에 도착하며, 이는 덜 성공적인 번식을 결과한다.

과학자는 온난화 경향이 현재의 속도로 계속된다면 지구 종의 1/4은 2050년까지 절멸에 이르게 될 것으로 예측한다. 많은 종이 이미 열기를 느끼고 있다.

- 1999년 중앙아메리카의 마지막 황금두꺼비의 사멸은 기후변화에 의한 최초로 증명된 종의 절멸을 기록하였다.
- 일반적으로 차가운 수온에 의하여 제한되는 태평양 연어가 정상 범위의 훨씬 바깥에서 발견되었다.
- 산호초는 해양저의 1% 미만을 차지하지만, 모든 해양 어류의 1/3에게 먹이와 피난처를 제공한다. 산호초는 해수온이 수주일 동안 여름 평균보다 1℃ 이상 초과하였을 때마다 대량 백화현상이 일어났다. 1979년 이래 대량 백화현상 사건은 점점 더 빈번해지고 있다.
- 북극고래는 동물플랑크톤을 먹는다. 해빙이 없으면 그들의 주된 먹이 공급원은 위협을 받을 수 있다.
- 북극에서 해빙으로 인하여 북극곰은 100년 이내에 지구상에서 사라질 수 있다.

기후변화는 많은 문제들이 연관된 지구적 도전이다.

- 여러분은 기후변화가 야생생물과 어류에 미치는 가능한 특이한 생태적 효과가 무엇이라고 생각하는가?
- 이는 우리가 우려해야 할 가치가 있는 것인가요? 그 이유는?
- 우리 주변의 창조물을 보살펴야 하는 윤리적 또는 도덕적 견해가 있나요?

황금두꺼비

북극고래

요약

생물의 생애를 통하여 영향을 미치는 모든 것을 집합적으로 생물의 환경이라고 한다. 생물의 환경은 생물적 요소와 무생물적 요소로 나뉠 수 있다.

생물이 점유하는 공간을 서식지라고 하며, 환경에서 생물이 하는 역할을 적소라고 한다. 종의 적소는 환경조건의 특이적 조합에 종의 적응을 지시하는 자연선택의 결과이다.

생물은 다양한 방식으로 서로 상호작용한다. 포식자는 먹이를 죽이고 먹는다. 동일한 요구를 가지는 생물은 서로 경쟁하며 상호 해를 끼치지만, 하나가 보통 해를 적게 입고 생존한다. 공생관계는 생물이 서로 신체적 접촉을 하면서 사는 것이다. 기생생물은 다른 생물의 내부나 표면에 살면서 관계에서 이익을 얻으며, 이 과정에서 숙주에 해를 끼친다. 편리공생 생물은 다른 생물로부터 이익을 취하지만 숙주에 해를 끼치지 않는다. 상리공생 생물은 관계에서 모두 이익을 얻는다.

군집은 생물이 상호작용하는 조합인 생태계의 생물적 부분이다. 그러한 생물과 그들의 무생물 환경은 생태계를 구성한다. 생태계에서 에너지는 생산자에 의하여 포획되며 다양한 소비자(초식동물, 육식동물, 잡식동물, 분해자) 영양단계를 통하여 흘러간다. 약 90%의 에너지가 한 영양단계에서 다음 단계로 전달될 때 손실된다. 이는 높은 영양단계의 에너지가 낮은 영양단계에 비하여 훨씬 적은 양이라는 것을 의미한다. 에너지가 통과하여 흐르는 생물의 순서를 먹이사슬이라고 한다. 몇 개의 상호 연결된 먹이사슬은 먹이그물을 형성한다.

생태계를 통한 원자의 흐름은 군집의 모든 생물과 연관된다. 탄소, 질소, 인 순환은 생태계에서 이러한 물질이 어떻게 순환되는가 하는 예이다.

녹색 활동

1. 인(인산염)을 포함하지 않은 세제를 구입한다.
2. 음식 쓰레기를 퇴비화하고, 쓰레기 처리를 이용하지 않는다.
3. 에너지 소비를 줄여서 여러분이 생산하는 이산화탄소의 양을 감소한다.
4. 조경을 위하여 지역의 토착식물을 선택한다.
5. 잔디를 식재한 정원의 면적을 감소하거나 제거한다.
6. 먹이와 피난처를 제공하는 식재를 하여 야생생물의 서식지를 제공한다.
7. 여러분의 정원에 비료나 살충제를 사용하지 않는다.
8. 유산을 남겨라. 여러분의 지역사회에 10그루의 나무를 심는다.
9. 여러분 자신의 식량을 일부 재배한다. 정원은 한 그루의 토마토 나무로 시작할 수 있다! 지역사회 정원을 조직하는 것이 더 좋다!

복습문제

1. 환경의 3가지 무생물적 요소와 생물적 요소를 열거하시오.
2. 파충류의 주된 제한요소를 서술하시오.
3. 생물의 적소는 서식지와 어떻게 상이한가?
4. 인간의 적소를 상세하게 설명하시오.
5. 개체군과 종의 개념은 어떻게 유사한가?
6. 유전적 차이, 자손의 수, 사망이 어떻게 자연선택의 개념과 연관되는지 설명하시오.
7. 자연선택은 적소 개념과 어떻게 관련되는가?
8. 종 분화는 무엇이고 왜 발생하는가?
9. 절멸은 왜 일어나는가?
10. 공진화의 예를 드시오.
11. 5가지의 포식자와 그들의 먹이생물을 열거하시오.
12. 종간경쟁과 종내경쟁의 차이를 설명하시오.
13. 기생, 상리공생, 편리공생은 무엇을 공통적으로 가지는가? 그들은 어떻게 상이한가?
14. 생태계와 군집의 개념은 어떻게 상이한가?
15. 생산자, 소비자, 분해자는 생태계에서 무슨 역할을 이행하는가?
16. 초식동물, 육식동물, 잡식동물의 예가 되는 생물을 말하시오.

17. 무엇이 생태계에서 핵심종을 다른 종으로부터 구분하는가?
18. 생태계에서 영양단계의 개념은 어떻게 에너지 흐름과 연관되는가?
19. 먹이사슬과 먹이그물을 묘사한다.
20. 다음 각각이 탄소순환에 어떻게 관련되는지 묘사하시오. 이산화탄소, 생산자, 유기화합물, 소비자, 호흡, 분해자.
21. 인간활동에 의하여 초래되는 탄소순환의 변화 3가지를 열거하시오.
22. 다음 각각이 질소순환에 어떻게 관련되는지 묘사하시오. 대기질소, 질소고정 세균, 질화세균, 탈질화세균, 생산자, 단백질, 소비자, 분해자.
23. 인간이 변경한 질소순환의 3가지 방식을 열거하시오.
24. 다음 각각이 어떻게 인순환에 관련되는지 묘사하시오. 암석의 인, 생산자, 소비자, 동물 노폐물, 호흡, 분해자.

비판적 사고 문제

1. 세계의 많은 사람들은 음식에 단백질이 매우 조금 있다. 그들은 먹기 위하여 종종 곡물을 재배하지만 소나 다른 고기 공급원을 사육하지 않는다. 이러한 사람들이 소를 먹이기 위하여 재배하는 곡물의 일부를 사용하지 않는지 설명하시오.
2. 일부 사람은 광산으로부터 가용한 인 공급원이 50년이 지나면 소진될 것이라고 예측한다. 만약 인이 가용하지 않다면 생태계에 어떠한 변화가 일어날지 묘사하시오.
3. 북극곰은 빙하에서 바다표범을 사냥하며 상승하는 기온으로 인하여 멸종위기종 목록에 등록되었다. 북극곰의 서식지는 왜 변화하였는가?

chapter

5 생태계와 군집의 종류

Kinds of Ecosystems and Communities

CHAPTER OUTLINE

◀ 생태계는 생물 사이와 물리적 환경 사이의 상호작용을 포함하는 기능적 단위이다. 삼림생태계에서 나무는 태양광을 포획하고 다른 생물을 위한 물리적 환경을 변경하는 지배적인 생산자 생물이다.

목적

이 장을 학습한 후에 여러분은 다음을 달성하여야 한다.

- 1차 천이와 2차 천이 사이의 차이점을 인식한다.
- 육상환경과 수서환경에서 개척자부터 극상군집까지의 천이 과정을 묘사한다.
- 천이와 극상군집의 개념이 어떻게 발달하였고 그들이 현재 어떻게 사용되는지 묘사한다.
- 어느 지역에서 발달하는 군집의 유형을 결정하는 주요한 환경 요인을 확인한다.
- 다양한 육상생물군계의 주요한 무생물적 특징과 생물적 특징을 서술한다.
- 해양생태계와 담수생태계 사이의 무생물적 차이를 서술한다.
- 유영생태계와 저서생태계가 어떻게 상이한지 서술한다.
- 수서생태계에서 식물플랑크톤과 동물플랑크톤의 역할을 묘사한다.
- 해양생태계와 담수생태계 사이의 생물적 차이를 서술한다.

해양생태계의 남획-지구적 재앙

공장어선(factory fishing ship)은 대량의 어류를 포획하고 가공할 수 있다.

어류는 번식할 수 있는 것보다 더 빠르게 포획될 수 있다.

해양생태학자에 의하면 남획은 현재 해양생태계에 가장 큰 위협이다. 남획은 어류가 번식할 수 있는 것보다 더 빠르게 포획되기 때문에 발생한다. 진보된 어업기술과 어류 수요의 증가는 남획을 초래하였으며, 그 결과 여러 해양종이 절멸하거나 위협을 받도록 하였다. 장기적으로 남획은 먹이사슬을 불안정하게 하고 많은 수서 종의 자연적인 서식지를 파괴하기 때문에 해양 군집에 황폐화시키는 영향을 미칠 수 있다.

과거에 어업은 어부가 모든 지역에 접근할 수 없었고 배 위에서 어류를 처리하고 저장하는 능력이 제한되었기 때문에 더 지속가능하였다. 오늘날에는 그러나 작은 어선은 어류를 대량으로 포획하고 처리할 수 있는 대규모 공선(factory ship)으로 대체되었다. 이러한 배는 어류의 큰 떼를 신속하게 찾을 수 있는 수중 음파탐지기와 위성항법시스템(GPS)을 사용한다. 찾는 어류의 종에 따라 수천 개의 갈고리를 가진 낚싯줄이나 중형비행기의 무게를 끌 수 있는 능력을 가진 50 m 폭의 거대한 그물을 어류를 포획하기 위하여 배 뒤에서 끌 수 있다. 포획된 고기는 생선을 처리하고 포장하는 시설을 가진 공선으로 운반된다. 이러한 배는 생선을 냉동하고 통조림을 만들 수 있는 모든 장비를 가지고 있기 때문에, 그들은 만선이 될 때만 기지로 돌아갈 필요가 있다.

오늘날 기업형 어업은 매우 발전되었으며 어부는 이제 수산물에 대한 수요의 증가에 보조를 맞추기 위하여 새로운 해안과 심해를 탐사할 수 있다. UN 식량농업기구(FAO)는 세계 수산업의 70% 이상이 완전히 이용되거나, 과잉 이용되거나, 또는 상당히 고갈되었다고 선언하였다. 연간 세계 어획고는 1억2천5백만 톤이며 증가하고 있다.

어구는 종종 표적으로 하는 어류에 비선택적이다. 그물망을 통과하기에 너무 큰 어류는 포획된다. 따라서 남획은 식품으로 표적된 어류 종뿐만 아니라, 많은 비표적 종도 위협한다. 예를 들면 1톤의 새우를 잡을 때마다 3톤의 다른 어류가 죽거나 던져진다. 이는 부수어획물이라고 한다. 이렇게 포획된 어류의 많은 수는 멸종위기종과 과잉 이용된 종을 포함하며, 이의 95%가 결국 버려진다.

많은 현대식 어획 방법은 또한 비가역적으로 파괴적이다. 예를 들면 저층 트롤은 무거운 금속 롤러를 가진 넓은 그물을 사용하는 기술인데, 장비의 경로에 있는 모든 것을 짓밟고, 망가지기 쉬운 산호를 파괴하고, 암반 성상을 분쇄하고, 부수어획물로서 어류와 동물을 죽인다. 이러한 관행은 민감한 해양생태계에 대황폐를 초래할 수 있다.

어획이 수백만 사람의 식량원이라는 것을 고려할 때, 남획 문제를 해결하려는 시도는 특히 개발도상국에서 쉽지 않다. 지속가능한 어획은 어장의 고갈과 연안생태계의 재안정화의 균형을 잡는 필요한 목표이다.

대부분의 파괴는 되돌릴 수 있다. 어떠한 상황에서는 10년 정도밖에 안 걸리고, 다른 상황에서는 수백 년이 걸릴 수 있다. 결국 세계의 많은 예에서 볼 수 있듯이 생산적이고 건강한 바다를 되찾을 수 있다. 이렇게 하기 위하여 모든 장기간의 성공적이고 지속가능한 연안과 공해상의 어획은 몇 가지 기본적인 규칙에 의하여 관리될 필요가 있다.

- **안전 어획 제한.** 끊임없이 재평가되고, 과학적으로 결정되는 어획에 의하여 포획되고 양륙되는 어류의 총 숫자에 대한 제한. 여기에는 정치적이고 단기간의 경제적 동기는 고려되어서는 안 된다.
- **부수어획물에 대한 제어.** 표적 어획이 아닌 비의도적인 어류, 갑각류, 기타 해양생물의 사멸과 폐기를 예방하기 위한 기술 또는 관리 법칙의 사용.
- **원시적이고 중요한 서식지의 보호.** 생태계의 핵심적인 부분은 파괴적인 어업으로부터 완전히 보호될 필요가 있다. 이러한 부분은 어류의 산란 및 육성지, 민감한 해저, 독특한 탐사되지 않은 서식지, 산호 등이다.
- **감시와 실행.** 어부가 폐쇄된 지역에서 허용된 어획량 이상을 포획하지 않도록 보장하는 감시 시스템. 속이는 것이 비경제적이 되게 하는 상당한 벌금을 부과하는 실행활동이 필요하다.

이러한 목표는 현재 세계에서 현실적인가? 상업적 어획으로부터 정치를 제거하는 것이 가능한가? 여러분은 어떤 종류의 수산물을 먹는지 알고 있나요? 이들은 지속가능한 방식으로 어획되는가? 모르고 있다면, 조언을 위하여 *Guide to Good Fish Guides* (www.fishonline.org)를 보도록 하세요.

5.1 천이

세계의 생태계를 보면 숲, 산호초, 사막, 습지 같은 특정한 유형을 쉽게 인식할 수 있다. 이러한 생태계는 변화하지 않는 것으로 보이지만 그렇지 않다. 매일 식물은 생장하고 죽으며, 동물은 식물과 다른 동물을 먹고, 분해자는 생태계의 생물적 부분을 이루는 화학원소를 재순환한다. 생물은 심지어는 무생물적 요인에 영향을 미친다. 나무는 그늘과 물의 증발로 지역 기후를 변경하며, 분해되는 식물의 유기물은 토양에 습기를 유지하는 것을 돕는다.

우리는 또한 일부 생태계는 안정적이 아니고 인간의 생애 내에 뚜렷이 변화한다는 것을 인식할 수 있다. 예를 들면 방치된 농경지는 숲이 되고 얕은 연못은 소택지나 습지가 된다.

생태계를 장기간 관찰하면 군집 구조가 변화하는 방식의 경향을 볼 수 있다. 일반적으로 이러한 일련의 변화는 궁극적으로 자기영속적인 비교적 오래 존재하고 안정된 종이 조합을 가져온다. 이러한 관찰은 생태학자들이 천이와 극상군집의 개념을 발전하도록 하였다.

천이(succession)는 군집이 시간에 따라 일련의 인지가 능하고 예측가능한 구조의 변화를 통하여 진행하는 것이다. 천이는 생물의 활동이 환경을 구성하는 그들의 주변을 자신에게는 덜 적합하게 하고 다른 종의 생물에 더 적합하게 만드는 변화를 초래하기 때문에 일어난다. 새로운 종이 정착되면 그들은 원래 서식자와 경쟁한다. 어떤 경우에는 원래 종이 완전히 대체될 수 있다. 다른 경우에는 침입종이 지배적 역할을 하면서 초기 종이 대체되지는 않지만 수가 감소할 수 있다. 서서히 시간의 흐름에 따라 뚜렷이 상이한 군집이 정착되었다는 것을 인지할 수 있다. 전형적으로 천이는 결국 극상군집에 도달하게 된다.

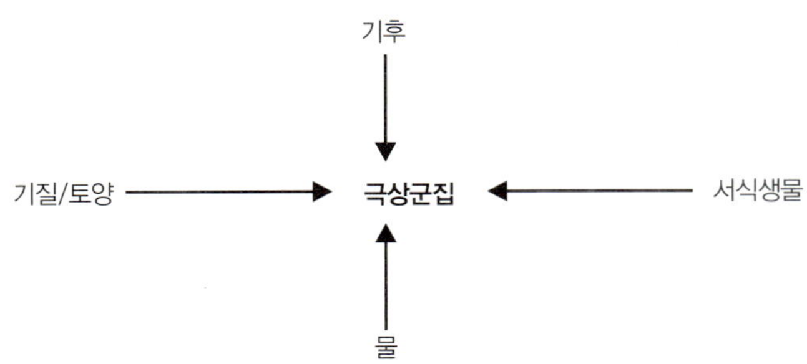

그림 5.1 극상군집의 유형을 결정하는 요인: 어느 장소에서든 발달하는 극상군집의 유형을 결정하기 위하여 상호작용하는 많은 생물적, 무생물적 요인이 있다.

극상군집(climax community)은 천이의 결과인 비교적 안정되고 오래 지속되는 군집이다. 천이의 전통적 관점에서 발달하는 극상군집의 유형은 기후에 의하여 주로 결정된다. 그러나 기상과 기후에 추가하여 토양의 특성, 물의 가용도, 지역적으로 가용한 씨앗 공급원, 교란의 빈도, 지역 외부에서 생물의 침입, 기타 많은 요인이 어느 장소에서 발생하는 천이의 과정과 극상군집의 유형에 영향을 미친다는 것을 인식한다(그림 5.1).

생태학자들은 전통적으로 1차 천이와 2차 천이의 2종류 천이를 인지하였다.

1차 천이(primary succession)는 생물이 전혀 없고 헐벗은 광물 표면 또는 물에서 시작하는 천이적 진행이다. 이러한 상태는 화산활동이 용암의 흐름을 초래하거나 빙하가 생물과 토양을 벗길 때 발생할 수 있다. 1차 천이는 토양이나 식물이 생장을 위하여 이용할 수 있는 영양분이 전혀 없기 때문에 매우 오랜 시간이 걸린다.

2차 천이(secondary succession)는 존재하는 생태계를 파괴하거나 교란하여 시작되는 천이적 진행이다. 이는 더 흔히 관찰되며 1차 천이에 비하여 일반적으로 더 빠르게 진행한다. 이는 화재, 범람, 폭풍, 인간 활동이 생물군집을 파괴하거나 교란할 수 있지만, 식물이 거의 바로 생장을 시작할 수 있는 토양과 씨앗 또는 뿌리가 종종 있기 때문에 사실이다. 추가하여 동물은 주변의 교란되지 않은 생태계로부터 그 지역으로 이주할 수 있다.

1차 천이

1차 천이는 벌거벗은 암석 표면, 순수한 모래, 또는 정지해 있는 물 표면에서 시작될 수 있다. 암석과 모래 위의 천이는 물이 있는 상태에서 발생하는 천이와 어느 정도 상이하기 때문에 이들을 별도로 다룬다. 먼저 육상 천이에 대하여 논의한다.

육상 1차 천이

몇 가지 요인이 어느 지역에서 발달하는 천이의 속도와 극상군집의 유형을 결정한다. 기질의 종류(암석, 모래, 점토)는 발달하는 토양의 유형에 크게 영향을 미친다. 포자, 씨앗, 기타 번식 구조의 종류는 그 지역에 집락을 이룰 수 있는 식물 종을 결정한다. 기후는 어느 지역에서 서식할 수 있는 종과 얼마나 빨리 생장할지를 결정한다. 기질의 종류, 기후, 유기물의 양은 식물 생장에 가용한 물의 양에 영향을 미친다.

그림 5.2 개척자 생물: 이 암석위에 생장하는 지의류는 약간의 쇄설물을 축적할 수 있고, 광합성을 수행하며, 암석을 파괴하는 것을 돕는다. 이러한 모든 활동은 얇은 토양층을 형성하는데 기여하며, 이는 천이의 초기 단계에서 식물의 생장에 필수적이다.

***1.* 개척자 단계(*Pioneer Stages*)** 벌거벗은 암석이나 모래는 생물이 서식하기에 매우 황량한 장소이다. 온도는 격렬하게 변화하며, 토양이 없고, 습기가 거의 없으며, 생물은 바람의 파괴적인 효과에 노출되고, 영양분이 거의 없으며, 생물이 부착하거나 숨을 장소가 거의 없다. 그러나 바람에 실려 온 포자나 일부 종류의 생물의 다른 작은 생식단위가 정착되고 이러한 황량한 장소에서도 생존할 수 있다. 벌거벗은 암석에 최초로 집락을 형성하기 때문에 이러한 생물의 집합을 **개척자 군집(pioneer community)**이라고 한다(그림 5.2).

지의류는 많은 개척자 군집 중에서 보편적인 생물이다. 지의류는 광합성을 수행하는 조류 또는 세균과 암석 표면에 부착하여 물을 유지하는 진균의 2종류 생물 사이의 실질적인 상리공생 관계이다. 지의류의 생장과 발달은 종종 느린 과정이다. 지의류가 접시 크기로 생장하는데 100년이 걸리기도 한다. 지의류는 이 단순한 생태계에서 생산자이며, 지의류와 연관하여 많은 미세한 소비자 생물이 발견될 수 있다. 일부는 지의류를 먹으며 은신처로 이용하는데, 이는 현미경적 동물에게는 이슬도 격렬한 비와 같기 때문이다. 지의류는 암석 표면에 단단하게 부착되기 때문에, 암석 표면에서 날려가거나 쓸려 내릴 수 있는 공기 중 부스러기와 소량의 물을 축적하는 경향이 있다. 지의류에 의하여 생산되는 산은 암석 기질을 작은 입자로 분해한다. 이러한 암석의 파편화는 물리적, 화학적 풍화과정에 의하여 도움을 받는데, 쇄설물의 포획과 지의류와 기타 생물의 사멸에 의한 유기물의 기여와 함께, 궁극적으로 매우 얇은 토양층의 축적을 가져온다.

***2.* 중간 단계(*Intermediate Stages*)** 개척자 군집에 의하여 생산되는 얇은 층의 토양은 천이과정의 다음 단계에 핵심적이다. 토양층은 일부 물을 함유하며 일부 진균, 특정한 작은 벌레, 곤충, 세균, 원생동물, 그리고 아마도 꽃을 피우고 씨앗을 토양으로 떨어뜨려 다음 생장시기에 발아하는 작은 1년생 식물을 일부 부양한다. 이러한 초기 생물과 그들의 생식구조는 매우 작으며 바람이나 비에 의하여 도달한다. 이러한 생물이 생장하고, 번식하고, 사멸되면서, 그들은 토양 축적 과정에 추가적인 유기물을 기여하며, 토양층은 두께가 증가하고 물을 더 많이 보유하도록 한다.

이 단계는 1년생 식물에 의하여 우점되며, 식물이 크고 지의류에 그늘을 지워서 태양광을 박탈하여 지의류 군집을 제거한다. 다년생의 초본과 식물은 종종 더 큰 다년생 목질 관목에 의하여 대체되며, 이는 계속하여 종종 많은 태양광을 필요로 하는 커다란 나무로 대체되며, 이는 계속하여 종종 음지성 나무로 대체되는데, 음지성 나무의 묘목은 성체 나무의 그늘에서 생장할 수 있지만, 양지성 나무의 묘목은 그늘에서 생장할 수 없기 때문이다.

***3.* 극상군집(*Climax Community*)** 궁극적으로 비교적 안정되고, 오래 지속되고, 복잡하고, 상호연관된 식물, 동물, 진균, 세균의 극상군집이 형성된다. 이 예에서 극상군집은 음지성 나무로 이루어진 숲으로 구성되어 있다. 이 과정의 개척자 군집에서 극상군집까지의 각 단계를 **천이단계(successional stage 또는 seral stage)**라고 하며, 전체 순서를 **천이계열(sere)**이라고 한다(그림 5.3).

이 사례에서 지의류 개척자 군집에서 시작하여 극상삼림으로 끝난 천이 과정을 묘사하였지만, 천이의 과정은 이 연속선상의 어느 시점에서도 끝날 수 있다는 것을 인식하는 것이 중요하다. 어떤 극한 기후에서 지의류 군집은 수백 년 지속될 수 있으며 극상군집으로 간주되어야 한다. 다른 천이는 초원-초본 단계에 도달하여 더 이상 진행하지 않는다.

어느 지역에서 발달하는 극상군집의 유형에 관계없이, 천이와 극상군집이 어떻게 상이한지에 대한 일반적인 진술을 하는 것이 가능하다.

1. 극상군집은 오랜 기간 동안 종의 혼합을 유지하는 반면, 천이군집은 존재하는 종에 변화를 보인다.
2. 극상군집은 많은 전문화된 생태적 적소를 가지며, 반면에 천이군집은 더 일반적인 적소를 가진다.
3. 극상군집은 천이군집에 비하여 많은 생물 유형과 생물 사이에 많은 상호작용을 가진다.
4. 극상군집은 영양분을 순환하고 비교적 일정한 생물량을 유지하며, 반면에 천이군집은 새로운 물질을 대량으로 축적한다.

천이의 일반적인 경향은 앞서 나타나는 천이군집에 비하여 복잡성의 증가와 물질과 에너지의 효율적인 이용이다.

수서 1차 천이

육상 천이의 주요한 개념은 수서생태계에도 적용될 수 있다. 해양을 제외하고, 대부분의 수서생태계는 일시적인 것으로 간주된다. 물론 일부는 수천 년 동안 지속될 수 있지만, 정상적인 천이과정의 결과로 사라지고 궁극적으로 육상생태계로 대체될 것이다. 모든 수서생태계는 주변의 토지로부터 토양입자와 유기물이 연속적으로 유입되며, 이는 연못과 호수와 같은 얕은 수체로 점진적으로 메워질 것이다.

1.* 초기 단계—수서 식생*(Early Stages—Aquatic Vegetation) 호수와 연못의 깊은 부분에서는 부생식물과 조류만 존재할 수 있다. 그러나 퇴적물이 축적되면서, 수심은 얕아지며 얕은 수체의 저층 퇴적물에 침수식물의 특정한 종이 뿌리를 정착하는 것이 가능해진다. 그들은 광합성을 수행하며, 이는 유기물이 더 축적되도록 한다. 이러한 식물은 또한 개울이나 강으로부터 연못이나 호수로 흘러들어가는 퇴적물을 포집하여, 수심이 더욱 감소되도록 한다. 결국 물이 더 얕아지면서, 정수식물이 정착되기 시작한다. 정수식물은 물 표면에 떠있거나 공중으로 돌출된 잎을 가지고 있다. 수면 아래의 뿌리와 줄기의 그물구조는 더 많은 물질이 축적될 수 있도록 하며, 저층에 물질이 축적되면서 수심이 감소한다. 이 과정이 진행되면서 축축한 토양(습토)이 형성되며 습토에 서식할 수 있는 풀과 기타 식물이 정착하게 된다. 이러한 천이단계를 축축한 초원이라고 한다.

2.* 후기 단계—육상군집으로의 전이*(Later Stages—Transition to Terrestrial Communities) 축축한 초지의 식물 활동은 토양에서 습기를 빨아들이며, 그리고 토양의 상층에 더

그림 5.3 육상의 1차 천이: 토양의 형성은 1차 천이의 주요한 단계이다. 토양이 형성될 때까지는 그 지역은 가혹한 환경을 변경하는 많은 양의 식생을 지탱할 수 없다. 토양형성이 일단 시작되면, 그 지역은 극상군집을 향한 질서정연한 일련의 단계를 통과하여 진행한다.

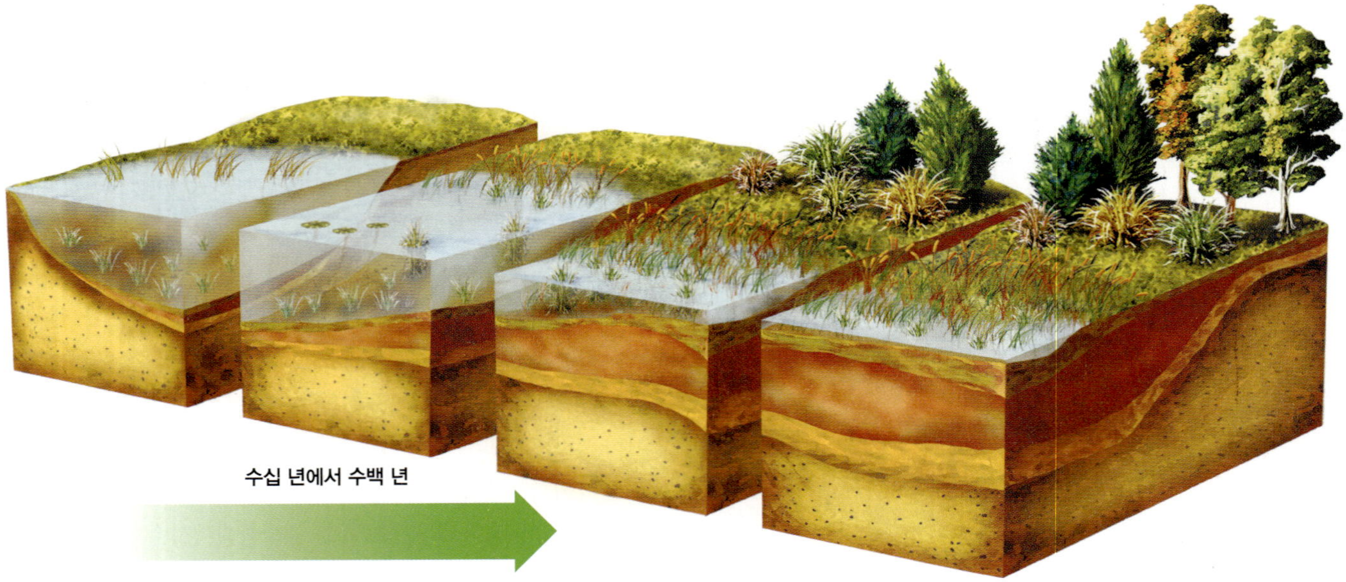

그림 5.4 연못에서 축축한 초원으로의 1차 천이: 얕은 연못은 연못의 생산자에서 오는 유기물로 서서히 메워질 것이다. 궁극적으로 축축한 토양이 형성되고 초원이 정착된다. 많은 지역에서 이는 극상삼림에 의하여 계승될 것이다.

그림 5.5 부유 습지: 많은 북부 지역에서 물이끼는 습한 토양을 견딜 수 있는 식물에 의하여 입식될 수 있는 부유 매트를 형성한다. 뿌리의 망상구조는 매트를 결합하여 부유 군집을 형성한다.

많은 유기물이 추가되면서 어느 정도 건조해진다. 이러한 현상이 나타나면 단계는 전형적인 육상 천이로의 일련의 단계로 들어가며, 궁극적으로 그 지역의 기후에 일반적인 극상군집을 가져온다(그림 5.4).

***3.* 수서 천이의 관찰(*Observing Aquatic Succession*)** 대부분의 호수와 연못의 얕은 부분은 수변에 있기 때문에, 수서 천이의 다양한 단계를 수변에서부터 볼 수 있다. 호수 중앙의 깊은 부분에는 부유식물과 조류만이 존재한다. 수변으로 접근하면서 *Elodea*와 조류매트와 같은 침수식물이 먼저 나타나고, 축축한 토양을 견딜 수 있는 풀과 사초, 그리고 수변에 전형적인 육상 천이의 시작은 그 지역에 전형적인 극상군집을 초래한다.

많은 북부지방의 연못과 호수에서 물이끼는 두껍고 부유하는 매트를 형성한다. 이러한 매트는 축축한 토양조건을 견딜 수 있는 특정한 식물이 정착될 수 있도록 한다. 식물의 뿌리는 매트를 서로 결합하여 부유하는 수령을 정착하며, 이는 작은 나무와 관목뿐 아니라 다른 많은 소형 현화 식물을 포함한다(그림 5.5). 이러한 매트 위를 걷는 사람은 그들이 나무가 흔들리는 것을 목격하거나 매트의 약한 지대를 밟을 때 물에 엉덩이까지 빠질 때 전체 시스템이 부유한다는 것을 인지한다. 결국 이러한 소택지는 점점 건조해지고 이 지역의 정상적인 극상식생이 더 일시적인 소택지 단계를 이어받을 것이다.

2차 천이

동일한 과정과 활동이 1차 천이와 2차 천이를 모두 추진한다. 주된 차이는 2차 천이는 기존의 군집이 파괴되지만 토양의 대부분과 생물의 일부가 남아있을 때 발생한다는 것이다. 산불, 범람, 자연생태계를 농경지로 전환하는 것이 원인이 될 수 있다. 토양의 대부분이 남아있고 식물 생장에 필수적인 많은 영양분이 아직 가용하기 때문에, 천이 과정은 1

성숙한 떡갈나무/호두나무 삼림이 파괴됨	경작지가 방치됨	1년생 식물	초원, 2년생 초본	다년생 초본과 관목이 초원과 2년생 초본을 대체하기 시작함	소나무가 관목을 대체하기 시작함	어린 떡갈나무와 호두나무가 생장하기 시작함	소나무가 죽고 성숙한 떡갈나무와 호두나무에 의하여 대체됨	성숙한 떡갈나무/호두나무 삼림
		1-2년	3-4년	4-15년	5-15년	10-30년	50-75년	

그림 5.6 육상의 2차 천이: 남동 미국의 경작지는 시간에 따른 식물과 동물 군집의 연속적인 변화를 보여준다. 일반적인 양은 1년생 잡초가 초원과 기타 다년생 초본에 의하여 대체되며, 이는 관목에 의하여 대체되고, 관목은 나무에 의하여 대체된다. 식물 종이 변화하면서, 동물 종도 변화한다.

차 천이에 비하여 더 빠르게 진행될 수 있다. 추가적으로 일부 식물과 기타 생물이 교란으로부터 살아남아 계속적으로 생장하고 일부는 뿌리나 씨앗으로 생존하기 때문에, 그들은 그 지역에 빠르게 재정착할 수 있다. 더 나아가 교란된 지역 인근의 손상되지 않은 군집은 교란된 지역으로 이주할 수 있는 씨앗과 동물의 공급원으로 작용할 수 있다. 따라서 새로운 극상군집은 파괴된 것과 닮을 가능성이 높다. 그림 5.6은 미국 남동부의 방치된 농경지에서 나타나는 전형적인 2차 천이인 예전 경작지 천이를 보여준다.

유사하게 비버가 어느 지역을 범람시키면, 기존의 육상 생태계는 수서생태계로 대체된다. 댐 뒤의 지역이 퇴적물과 유기물로 메워지면서, 이는 부유식물, 침수식물, 정수식물, 습한 초원단계를 포함하는 일련의 변화를 통과하지만, 궁극적으로는 그 지역의 전형적인 극상군집으로 되돌아 간다.

많은 종류의 군집은 천이단계로서만 존재하며 교란 이후에 연속적으로 재정착된다. 강 주변의 다양한 삼림지대는 범람이 식생을 제거하는 곳에서만 존재하며, 교란된 범람원에 특정한 종이 정착되도록 한다. 일부 종류의 삼림과 관목 군집은 산불이 때때로 성숙한 삼림을 파괴할 때만 존재한다. 허리케인과 같은 폭우도 또한 특정한 유형의 식물 군집이 정착하도록 하는 삼림의 개활지를 가져오는데 중요하다.

천이와 극상의 현대적 개념

천이와 극상군집의 개념에 대한 우리의 이해는 이러한 개념이 처음 발전된 이래 적지 않게 변경되었다. 일부 역사적 관점은 생태학자들이 천이적 변화에 대한 그들의 개념을 어떻게 변경하였는지를 명확히 하는데 도움이 된다. 유럽 탐험가들이 북미 대륙을 가로질러 여행할 때, 그들은 북미 동부의 단단한 나무 숲, 북부의 상록수 숲, 중부의 초원, 남서부의 사막과 같은 특정한 유형의 군집에 의하여 우점된 방대한 면적의 토지를 보았다. 이러한 지역적 군집은 세계의 이러한 부분의 안정되거나 정상적인 상태로 간주되기 시작하였다. 생태학자들이 생태계가 시간에 따라 개발된 방식을 탐구하기 시작하였을 때, 그들은 이러한 생태계가 토양의 형성과 다양한 식물과 동물로 집락을 이루게 된 긴 여정의 종말점 또는 극상으로 생각하기 시작하였다.

정착민들이 원래의 삼림이나 초원을 제거하고 농사를 위하여 토지를 변환하였을 때, 원래의 "극상" 군집은 파괴되었다. 궁극적으로 조악한 농경관습이 토양을 파괴하면서, 많은 농장은 방치되었고 토지는 "원래" 상태로 되돌려졌다. 이러한 2차 천이는 종종 파괴되었던 삼림을 닮았다. 그러나 대부분의 경우 이러한 천이 삼림은 종이 적고 어떤 경우에는 원래와 완전히 다른 군집의 유형을 보였다. 이러한 새로운 안정된 군집 또한 극상군집으로 불렸지만, 그들은 원래의 극상군집과 동일하지 않았다.

추가하여 유럽과 세계 다른 지역으로부터 종의 도입은 어느 지역을 집락화할 수 있는 생물의 조성을 변화시켰다. 의도적 또는 우연히 도입된 많은 풀과 초본은 잘 정착하였다. 오늘날 일부 군집은 이러한 도입된 종에 의하여 우점된다. 심지어는 질병도 극상군집의 본질을 변경하였다. 밤나무 마름병과 느릅나무병은 특정한 식물 군집에서 한때 우점종이었던 나무 종을 제거하였다.

생태학자들은 세계의 각 지역에 고정되고 미리 정해진 군집이 없다는 것을 인지하기 시작하였으며, 그들은 극상군집 개념을 바라보았던 방식을 변경하기 시작하였다. 현재의 개념은 더 유연하다. 아직 변화기에 뒤따르는 안정된 단계에 대하여 이야기하지만, 생태학자들은 토지가 궁극적으로 "예정된" 극상상태로 되돌아갈 것이라고 믿지 않는다. 그들은 또한 최근에 발달하는 극상군집의 유형은 단순히 기후뿐 아니라 많은 요인에 의존한다는 것을 인식하였다. 이들의 하나는 새로운 지역에 집락을 형성하는 씨앗의 가용도이다. 일부 씨앗은 수십 년 이상 휴지상태로 존재할 수 있고, 반면에 다른 씨앗은 바람, 물, 동물에 의하여 그 지역으로 운반될 수 있다. 매우 유사한 기후와 토양 특징을 가진 두 지역은 토지가 농경으로부터 해방될 때 그 지역에 존재하였던 씨앗으로 인하여 매우 상이한 천이군집과 "극상" 군집을 발달할 수 있다.

더 나아가 우리는 "극상" 군집을 천이군집으로부터 구별하는 유일한 것은 변화가 일어나는 시간 척도라는 것을 인지할 필요가 있다. "극상" 군집은 천이군집처럼 빠르게 변화하지 않는다. 그러나 모든 군집은 석탄 퇴적층을 생산한 습지, 유럽과 북미의 빙하기 전 삼림, 미국 북동부의 소나무 숲처럼, 궁극적으로 대체된다.

많은 인간 활동은 천이 과정의 본질을 변화시킨다. 농업 관습은 작물을 재배하기 위하여 명백히 원래 군집을 변경한다. 그러나 몇 가지 다른 관리 관습 또한 군집을 상당히 변경시켰다. 규칙적인 벌목은 숲을 천이의 초기단계로 되돌린다. 많은 삼림에서 산불의 억제 또한 존재하는 생물의 조성을 변화시켰다. 산불이 억제되면, 주기적 화재에 의하여 사멸되는 식물은 더 흔해지며 화재를 견딜 수 있는 나무는 드물게 된다. 존재하는 물의 양을 변화시키는 것도 군집의 유형에 변화를 가져온다. 어느 지역을 배수하는 것은 원래 서식자를 덜 적합하게 하고 건조한 조건에서 서식하는 종이 더 적합하도록 한다. 유사하게 관개와 범람은 존재하는 물

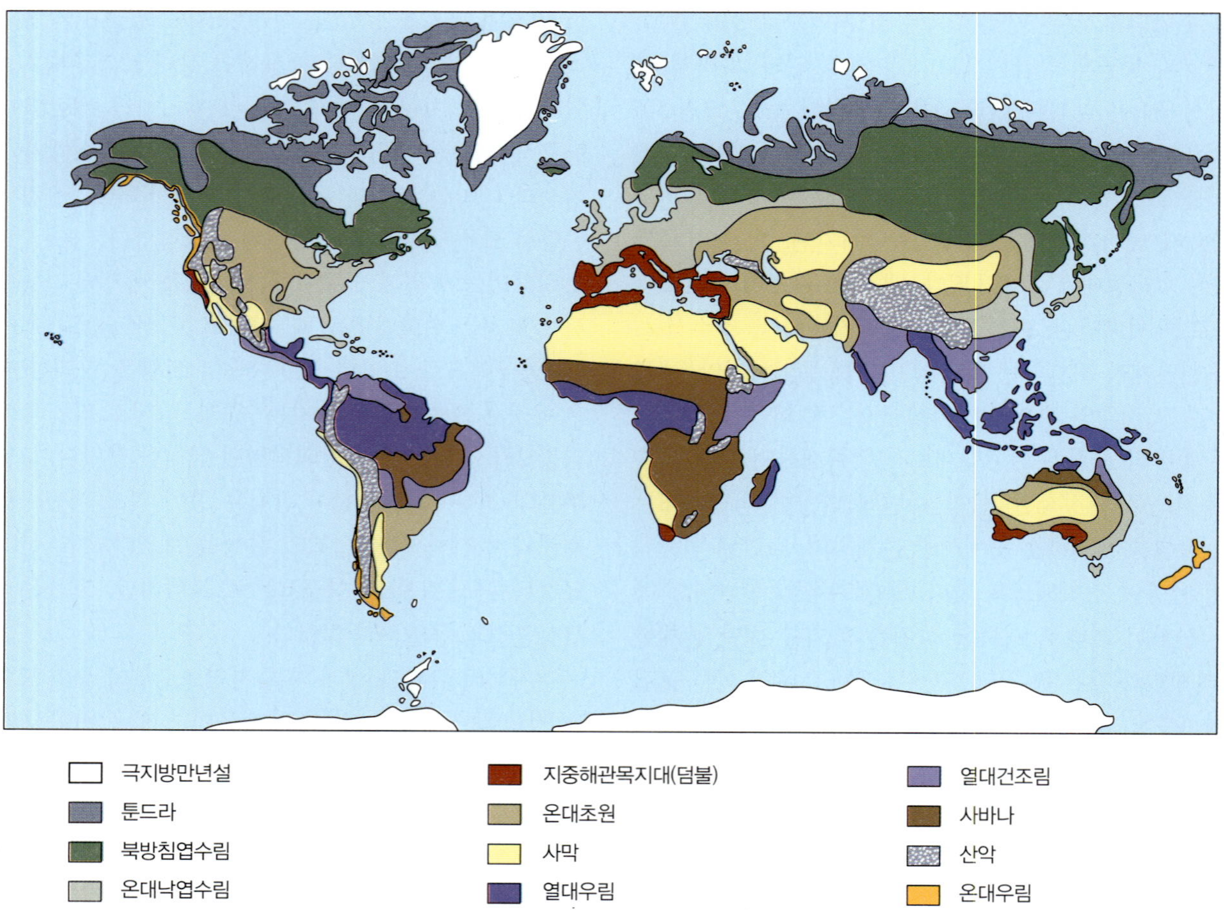

그림 5.7 세계의 생물군계: 대부분의 생물군계는 주요 식생의 유형에 따라 명명되지만, 각각은 또한 식물과 생물군계의 기후조건에 적응된 특화된 집단의 동물도 포함한다.

의 양을 증가시키며 그 지역에 서식할 수 있는 생물의 종류를 변화시킨다.

그러면 우리는 이러한 천이와 극상군집의 개념을 어떻게 해야 할 것인가? 극상 개념은 천이에 특정한 종말점이 있다는 그릇된 관념을 포함하지만, 천이 과정에 확인할 수 있고 예측할 수 있는 양상이 있고 천이의 후기 단계는 초기 단계에 비하여 더 안정적이고 오래 지속된다는 것을 인식하는 것은 아직 중요하다. 우리가 특정한 생물 군집을 극상군집이라고 부르는 것이 정말로 중요하지는 않다.

5.2 생물군계는 기후에 의하여 결정된다.

생물군계(Biomes)는 넓은 지리적 분포를 보이는 육상 극상 군집이다(그림 5.7). 존재하는 생물군계의 유형을 결정하는 주요한 환경요인은 기후이다. 생물군계의 개념은 일반적인 양상과 과정을 논의하는데 유용하지만, 특정한 생물군계 내의 상이한 군집을 조사하면 존재하는 정확한 종에서는 차이를 보인다는 것을 인지하는 것이 중요하다. 예를 들면 아프리카, 호주, 북미 초원의 일반적인 특징은 유사하지만, 식물과 동물 종은 상이하다.

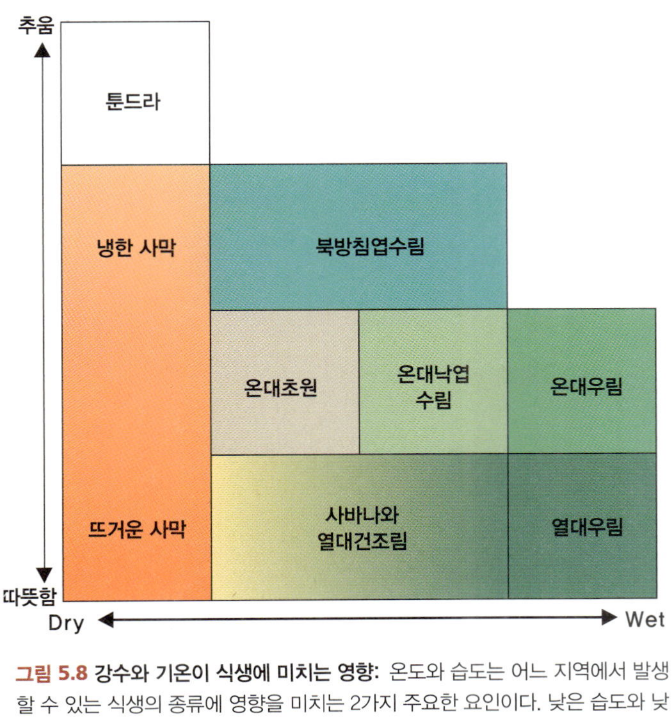

그림 5.8 강수와 기온이 식생에 미치는 영향: 온도와 습도는 어느 지역에서 발생할 수 있는 식생의 종류에 영향을 미치는 2가지 주요한 요인이다. 낮은 습도와 낮은 온도를 보이는 지역은 툰드라를 형성하고; 연중 일부시기에 높은 습도와 결빙 온도를 보이는 지역은 낙엽수 또는 침엽수림을 형성하며; 건조한 지역은 사막; 적당한 양의 강우 또는 계절적 강우는 온대 초원 또는 사바나를 지탱하고; 높은 강우량과 온난한 온도는 열대우림을 부양한다.

강수와 온도

강수와 온도 양상은 세계 어느 지역에서 발달하는 극상군집의 유형에 주요한 영향을 미치는 2가지 주된 비생물학적 요인이다. 강수의 몇 가지 관점이 중요하다. 이는 연간 총 강수량, 내리는 형태(비, 눈, 진눈개비), 계절적 분포이다. 강수는 연중 균등하게 분포되거나 건기와 우기와 같이 특정한 시기에 집중될 수 있다.

온도 양상 또한 중요하며 세계의 다른 지역에서 크게 변화할 수 있다. 열대지역은 연중 따뜻하고 비교적 일정한 온도를 보인다. 극지방은 극히 추운 온도의 긴 겨울과 비교적 짧고 서늘한 여름을 가지고 있다. 다른 지역은 춥고 따뜻한 시기가 더 균등하게 나뉜다(그림 5.8).

온도와 강수는 매우 중요하지만, 다른 요인도 존재하는 극상군집의 유형에 영향을 미칠 수 있다. 주기적인 화재는 대형의 나무 종의 정착을 방지하기 때문에 초원과 관목 극상군집의 유지에 중요하다. 세계의 일부분은 나무의 정착을 방지하고 토양이 빨리 건조되게 하는 빈번하고 강한 바람을 나타낸다. 사질 토양은 빠르게 건조되며 나무와 같은 물을 많이 요구하는 종의 정착을 허용하지 않는 반면, 너무 습한 토양은 특정한 종의 나무만 생장할 수 있도록 한다. 명백히 그 지역에서 현재 서식하는 생물의 유형도 중요한데, 그 이유는 그들의 자손이 새로운 지역을 집락화하는데 가용하기 때문이다.

기후와 식생에 고도가 미치는 영향

육상생태계의 분포는 주로 강수와 온도에 관계된다. 온도는 적도 부근에서 따뜻하고 극지방으로 가면서 차가워진다. 비슷하게 해수면 위의 고도가 높아지면 평균 온도는 감소한다. 이는 적도에서도 높은 산의 정상에서는 차가운 온도를 보일 수 있다. 해수면에서 산꼭대기로 진행하면 적도에서 북극으로 여행하면서 마주치는 것과 유사한 일련의 생물군계를 통과할 수 있다(그림 5.9).

5.3 세계의 주요한 생물군계

다음 절에서 우리는 세계의 주요한 생물군계를 살펴보고 각각의 생물군계에 전형적인 무생물적 생물적 특징을 강조할 것이다.

사막

사막은 강우량이 낮은 세계 전체에서 발견된다.

기후

사막을 결정하는 주요한 요인은 물의 결핍이다. **사막(Desert)**은 연간 강수량이 평균적으로 보통 25 cm(10인치) 미만인 지역이다. 사막에 따라서 언제 어떻게 강우가 내리는가 하는 것은 매우 가변적이다. 어떤 사막은 습기의 대부분을 겨울철 눈이나 비로 받으며, 반면에 다른 지역은 불규칙한 간격으로 폭우의 형태로서 비가 내린다. 비가 폭우형태로 내리면 대부분의 물은 땅으로 스며들지 않고 배수구로 흘러간다. 또한 증발률이 높기 때문에 식물생장과 개화는 보통 습기가 가능한 시기와 일치한다. 사막은 또한 바람이 많다.

우리는 사막을 종종 생명이 없는 뜨겁고 건조한 불모지로 생각한다. 그러나 많은 사막은 연중 대부분 상당히 시원하다. 분명히 Sahara 사막과 미국 남서부와 멕시코의 사막은 연중 대부분 뜨겁지만, 미국 북서부의 사막지역과 중앙아시아의 Gobi 사막은 겨울철 극도로 춥고 비교적 시원한 여름을 보인다. 더 나아가 온도는 24시간 동안 매우 크게 변화할 수 있다. 사막은 비가 거의 내리지 않기 때문에, 대부분 구름이 거의 끼지 않는다고 논리적으로 생각할 수 있다. 태양을 차단하는 구름이 없기 때문에, 낮에는 토양 표면과 그 위의 공기는 매우 빠르게 가열된다. 태양이 지면 구름의 단열층이 없기 때문에 지구에서 열에너지가 재복사되도록 하며, 매우 빠르게 냉각된다. "뜨거운" 사막에서도 특히 겨울철에는 시원하거나 차가운 밤이 일반적이다.

생물

사막에 대한 또 다른 오해는 사막에 생물 종이 거의 살지 않는다는 것이다. 사막에는 많은 종이 있지만, 일반적으로 개체수가 작다. 예를 들면 사막의 현저한 특징은 식물이 분산된 성질이다. 식물 사이에는 상당한 공간이 있다. 그렇지만 존재하는 이러한 종은 건조하고 종종 뜨거운 환경에서 생존하도록 특별히 적응되었다. 예를 들어 물은 잎 표면에서 증발한다. 이러한 상태에 대한 적응으로 많은 사막 식물은 물을 보전할 수 있도록 하는 매우 작은 잎을 가지고 있다. 어떤 식물은 연중 가장 건조한 시기에 잎을 완전히 상실한다. 선인장과 같은 일부 식물은 건기에 사용할 물을 해면질 줄기와 뿌리에 저장하는 능력을 가지고 있다. 다른 식물은 우기까지 휴지상태로 존재하는 신체 부분 또는 씨앗을 가지고 있다. 비가 오면 그들은 발아하고, 신속히 생장하고, 번식하

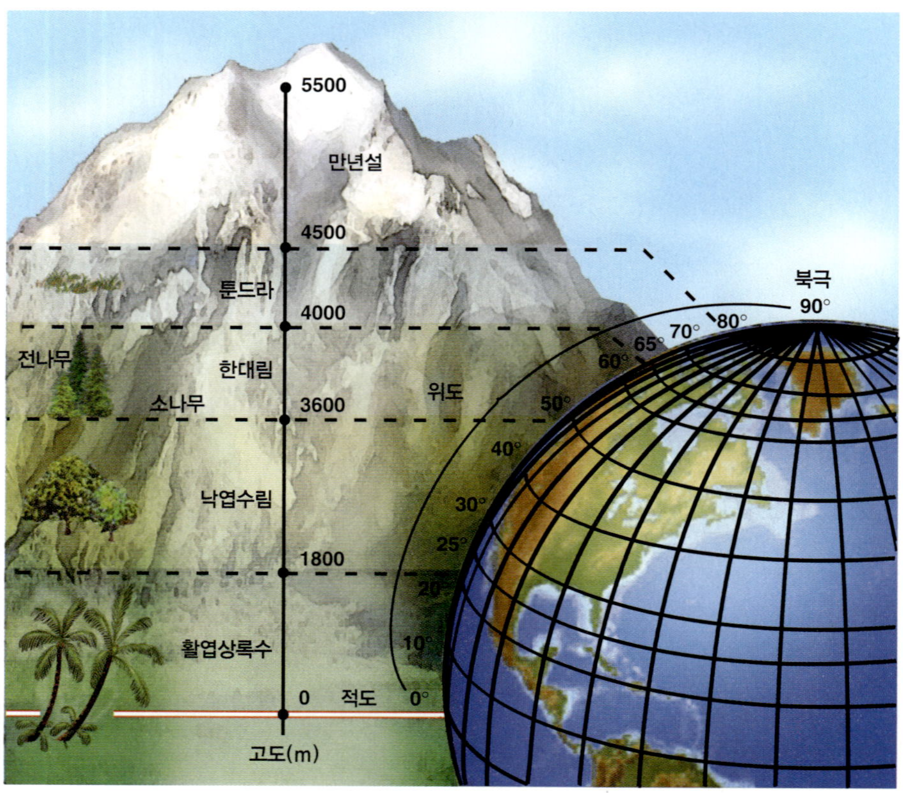

그림 5.9 해수면 고도, 위도, 식생 사이의 관계: 산으로 올라가면 기후는 변화한다. 열대에서도 높은 산은 정상에 눈이 있을 수 있다. 따라서 산을 올라가면서 적도에서 북극으로 여행하면서 경험하는 것과 같은 식생의 동일한 변화를 경험하는 것이 가능하다.

고, 죽거나 다음 우기까지 휴지상태가 된다. 심지어는 다년생 식물도 드문 비와 연관되어 있다. 이러한 시기에 식물은 꽃을 피우고 번식할 가능성이 높다. 많은 사막 식물은 가시로 덮여있다. 가시는 대형동물이 잎과 어린 가지를 먹는 것을 방해한다.

유사하게 동물은 크고 밀집된 개체군을 가지지 않는다. 사막에는 많은 종류의 동물이 있다. 그러나 개체군이 작고, 수많은 종이 소형이고, 대부분은 뜨거운 낮에 활동을 하지 않기 때문에 종종 간과된다. 많은 곤충, 도마뱀, 뱀, 소형 포유류, 초식 포유류, 육식 포유류, 조류가 사막지역에서 보편적이다. 사막에 사는 모든 동물은 최소한의 물로 생존할 수 있다. 일부는 그들이 먹는 식품의 습기에서 거의 모든 물을 취한다. 그들은 일반적으로 물 손실에 저항하는 외피 또는 상피를 가지고 있어서 증발에 의하여 거의 물이 손실되지 않는다. 그들은 물을 보유할 수 있도록 하는 극히 효율적인 신장과 같은 생리적 적응도 한다. 그들은 하루 중 저녁의 서늘한 시간에 활동을 제한하며, 소형 포유류는 낮에 상당한 시간을 지하 굴에서 보내며, 이는 극한 온도를 피하고 물을 보존하도록 한다.

인간의 영향

역사적으로 사막은 인간이 거의 영향을 미치지 않은 지역이었다. 혹독한 기후는 농업을 할 수 없도록 한다. 따라서 수렵채취 사회가 사막과 연관된 보편적인 것이었다. 일부 사막은 목동이 가축을 뜯어먹을 단편적인 식생을 따라 이동하는 유목 목축을 부양한다. 현대 기술은 사막으로 물을 운반하

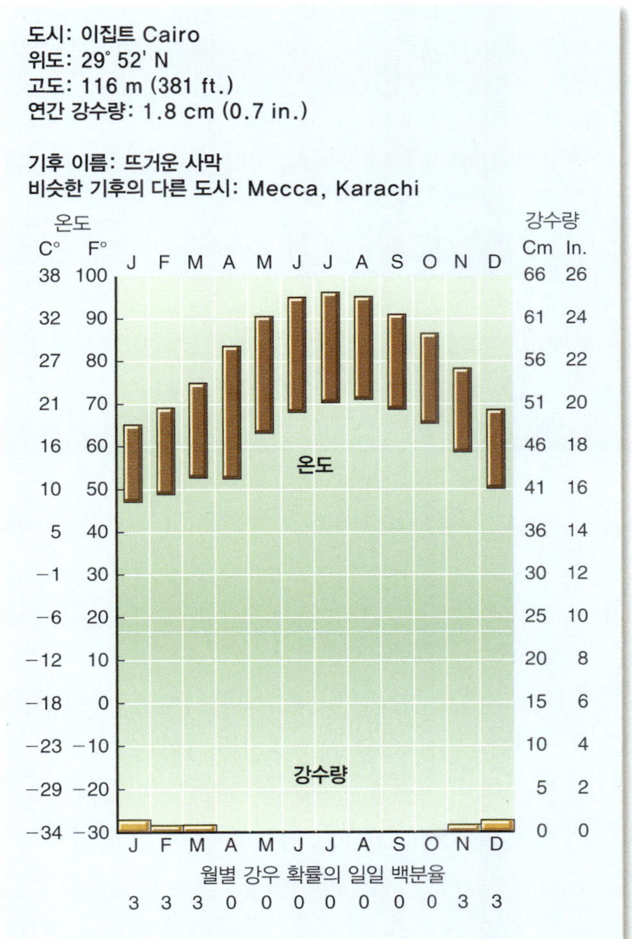

(a)

(b) 사막 풍경

(c) 코요테

(d) 목도리도마뱀

그림 5.10 사막: (a) 이집트 Cairo의 기후도. (b) 사막은 연간 25 cm(10 인치) 미만의 강수를 받지만 그럼에도 생명이 충만하다. 선인장, 쑥, 지의류, 뱀, 소형 포유류, 조류, 곤충이 사막에 서식한다. (c) 북미 사막에는 코요테가 흔하다. (d) 목도리도마뱀은 미국의 많은 사막에 보편적인 파충류이다. 낮의 온도가 종종 높기 때문에, 대부분의 동물은 기온이 뚜렷이 떨어지는 밤에만 활동한다. 세계의 여러 지역에 시원한 사막도 존재하며, 그곳은 강우량이 적지만 온도는 높지 않다.

녹색 행진

보존의 지역권

미국에는 토지의 보존과 관련된 1,600개 이상의 민간조직이 있다. 일부는 특별한 보존가치가 있는 작은 규모의 토지를 보호하기 위한 소규모의 단일목적 조직이다. 반면에 Nature Conservancy는 수백만 에이커를 보호한 국제적 조직이다.

사람들은 자신들의 토지에 대하여 애착을 가지며 사후에도 보전되기를 원한다. 사람들은 토지를 농장이나 목장으로 사용한 오래된 가족사를 가지고 있을 수 있으며 이러한 이용이 계속되기를 원한다. 다른 사람들은 자기의 토지가 지질학, 경관적 가치, 생물다양성으로 인하여 특별한 보존가치를 가지고 있다고 인식할 수 있으며, 공공의 선을 위하여 보호되기를 원한다. 다른 사람들은 자신의 토지를 보전하기를 원하는 단순히 순수한 감정적인 이유를 가질 수 있다. 토지보전 조직에 의하여 사용되는 도구 중 하나는 *보존의 지역권(conservation easement)*이라고 알려진 법적 도구이다.

보존의 지역권은 토지가 상속되거나 팔리더라도 사유 토지에 대하여 부과되는 장래의 사용 또는 개발을 제한하는 법적으로 구속력 있는 계약이다. 예를 들면 보존의 지역권은 토지의 부분을 분할하거나 재산의 특정한 부분에 건물을 제한하는 것을 금지할 수 있고, 지역권은 대중이 중요한 생물학적 또는 지질학적 특징을 볼 수 있도록 접근을 보장해야 한다는 것을 특정할 수 있다.

그들의 동기에 관계없이, 사람들이 보존의 지역권을 맺을 때는 무엇인가를 포기한다. 어떤 경우에 사람들은 보존의 지역권을 기부하고 아무런 재정적 이익을 받지 않는다. 다른 경우에는 재산의 책무를 미래에 제공하기로 동의하는 보존의 지역권을 단체에 판매할 수 있다. 거의 모든 경우 자산에 보존의 지역권을 부여하는 것은 경제적 가치를 감소시키는데, 이는 미래의 사용이 제한되기 때문이다. 그럼에도 수천 명의 사람들이 이러한 협정을 하였다.

2013년 미국에서 2천만 에이커 이상의 토지가 보존의 지역권에 의하여 보호되고 있다. 여러분은 National Conservation Easement Database (NCED) website www.conser-vationeasement.us/에서 여러분 주의 보존의 지역권에 대하여 알아볼 수 있다. NCED는 보존의 지역권 정보에 대한 국가적인 데이터베이스이며, 미국 전체의 토지 신탁과 공공 기관의 기록을 집계한다.

도록 하였다. 이는 관개를 통하여 일부 사막 지역에 도시의 발달과 제한적인 농경을 할 수 있도록 하였다.

온대초원

온대초원(temperate grassland)은 **프레리(prairie)** 또는 **스텝(steppe)**으로 알려져 있으며, 세계의 온대 지역에 널리 분포되어 있다.

기후

사막과 마찬가지로 온대초원의 정착에 기여하는 주된 요인은 가용한 습도의 양이다. 초원은 일반적으로 연간 25~75 cm(10~30인치)의 강우를 받는다. 온대초원은 바람이 불고 뜨거운 여름과 춥거나 온화한 겨울이다. 많은 초원에서 화재는 나무의 침입을 방지하고 죽은 식물에서 토양으로 영양분을 방출하는 중요한 동력이다.

생물

풀이 식생의 60~90%를 차지한다. 많은 다른 종류의 현화식물이 풀과 함께 산재되어 있다(그림 5.11). 일반적으로 풀과 기타 식물은 매우 가깝게 위치하며, 그들의 뿌리는 토양을 함께 묶어주는 그물구조를 형성한다. 일반적으로 많은 양의 물을 요구하는 나무는 물길 주변을 제외하고는 드물다.

주된 소비자는 풀을 먹는 들소, 누(gnu; 영양의 일종), 야생마, 다양한 종류의 양, 소, 염소와 같은 이동성의 초식 포유류의 거대한 무리이다. 초식동물은 풀의 소비자로서 중요하지만, 이들은 또한 똥으로 비료를 공급하고 어린싹을 먹어서 나무 종 식물의 침입을 방해한다.

초식 포유류에 추가하여 메뚜기와 기타 초식성 곤충, 말똥구리, 여러 종류의 파리를 포함하는 다양한 유형의 곤충이 흔하다. 이러한 파리의 일부는 피를 획득하기 위하여 문다. 다른 파리는 대형 포유류의 똥에 알을 낳는다. 일부는 죽은 동물을 먹으며 사체에 알을 낳는다. 생쥐와 다람쥐 같은 소형 초식 포유류도 흔하다.

조류는 종종 초식 포유류와 연관된다. 조류는 포유류에 의하여 자극된 곤충을 먹거나 방목 가축을 무는 곤충을 먹는다. 다른 조류는 식물의 씨앗이나 다른 부분을 먹는다. 파충류(뱀과 도마뱀)와 코요테, 여우, 매와 같은 다른 육식동물은 소형 포유류, 조류, 곤충을 먹는다.

인간의 영향

세계의 습한 초원의 대부분은 농업을 위하여 변환되었는데, 이는 수세기에 걸친 활동에 의하여 발달된 비옥하고 깊은 토양이 옥수수와 밀과 같은 경작 초본의 생육에 유용하기 때문이다. 건조한 초원은 소, 양, 염소와 같은 가축 초식동물을 기르기 위하여 변환되었다. 따라서 교란되지 않은 초지는 거의 없으며, 남아있는 단편은 한때 지구의 방대한 지역을 점유하였던 초원 종의 피난처로서 보전되어야 할 필요가 있다.

사바나

사바나(savanna; 대초원)는 아프리카, 남미, 호주의 열대지역에서 발견되며 이따금 나무나 나무 구획이 산재하는 광범위한 초원으로 특징된다.

(a)

(b) 프레리 경관

(c) 가지뿔영양

(d) 메뚜기

(e) 들종다리

그림 5.11 온대초원: (a) 이란 Tehran의 기후도. (b) 풀은 나무에 비하여 낮은 물 수준을 더 잘 견딜 수 있다. 따라서 적당한 비가 내리는 지역에는 풀이 지배적인 식물이다. (c와 d) 가지뿔영양과 메뚜기는 보편적인 초식동물이며 (e) 들종다리는 북미 초원에서 곤충의 보편적인 소비자이다.

기후

사바나는 연간 50~150 cm(20~60인치)의 비가 내리지만, 비는 연중 균일하게 분포되지 않는다. 일반적으로 장기간의 가뭄 이후에 폭우가 내린다. 이는 생태계가 매우 계절적으로 구성되게 한다.

생물

식물과 동물은 제한요인이 덜 심각한 우기와 일치하도록 번식활동의 시간을 조절한다. 현저한 식물은 풀이지만, 많은 가뭄에 저항성이 있고, 꼭대기가 평평하고, 가시가 있는 나무가 흔하다. 초원과 마찬가지로, 화재는 사바나의 보편적인 특징이며 존재하는 나무는 화재 상해에 저항성이 있다. 이러한 나무의 대부분은 질소고정에 연관된 콩과 식물이기 때문에 특히 중요하다. 나무는 동물에게 그늘과 보금자리도 제공한다. 초원과 마찬가지로 현저한 포유류는 풀을 먹는 동물이다. 호주의 왈라비, 아프리카의 누, 얼룩말, 코끼리, 다양한 종류의 영양, 남미의 캐피바라(강가에 사는 설치류)가 그 예이다. 아프리카에서 풀을 뜯어먹는 동물의 커다란 무리는 다양한 종류의 대형 육식동물(사자, 하이에나, 표범)의 먹이를 제공한다. 많은 종류의 설치류, 조류, 곤충, 파충류가 사바나 생물군계와 연관되어 있다. 곤충 중에서 언덕을 건설하는 흰개미가 특히 흔하다.

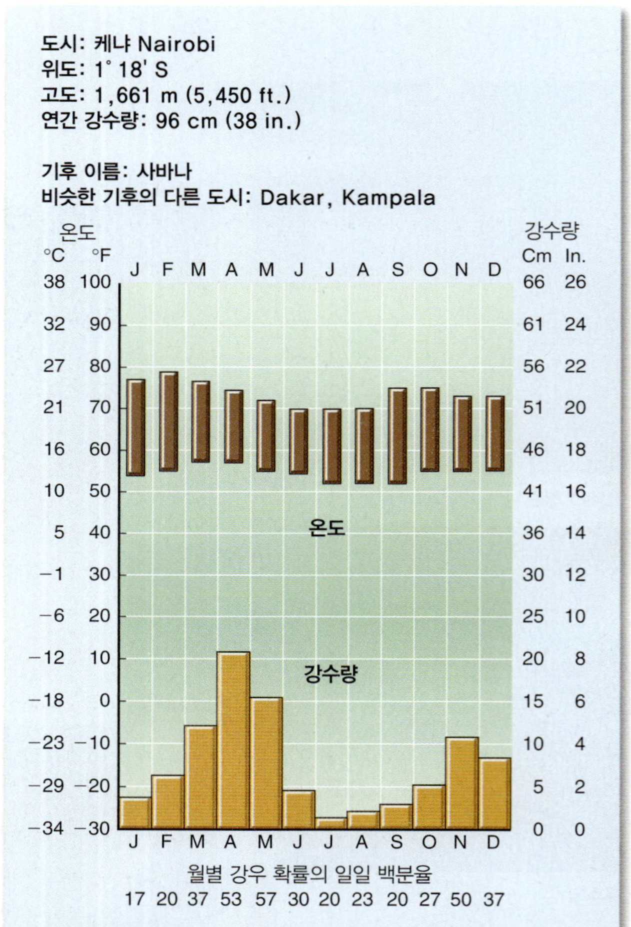

(a)

(b) 사바나 경관

(c) 사자

(d) 독수리

(e) 가젤(아프리카 영양)

그림 5.12 사바나: (a) 케냐 Nairobi의 기후도. (b) 사바나는 계절적 강우를 보이는 열대지방에서 발달한다. 사바나는 일반적으로 풀이 우점하는 식생이며 가뭄이나 화재에 저항이 있는 나무가 산재한다. 아프리카 사바나에서 코끼리나 가젤(아프리카 영양)과 같은 방목 동물(b & e)이 흔한 초식동물이며 사자와 독수리(c & d)는 흔한 육식동물이다.

인간의 영향

사바나는 농업에 의하여 심하게 영향을 받았다. 농경은 습한 지역에서 가능하며, 건조한 지역은 가축을 기르는데 사용된다. 가뭄 기간이 길기 때문에 작물의 재배는 관개가 없으면 종종 어렵다. 일부 지역은 유목 목축을 부양한다. 아프리카에는 방대한 면적이 공원과 자연지역으로 보호되고 있으며 생태관광은 주요한 수입원이다. 그러나 토지를 농업과 방목을 위하여 사용하기를 원하는 사람들과 더 자연적인 상태로 보전하기를 원하는 사람들 사이에 지속적인 투쟁이 있다.

지중해 관목지대(Chaparral)

지중해 관목지대(Mediterranean shrubland)는 해양 가까이 위치하며 관목 식물에 의하여 지배된다.

기후

지중해 관목지대는 습하고 시원한 겨울과, 뜨겁고 건조한 여름 기후를 가진다. 연간 강우는 40~100 cm(15~40인치)이다. 이름이 의미하듯이 이 생물군계는 지중해연안에 전형적이며 남부 캘리포니아 주 연안, 아프리카 남단, 칠레 서해안의 일부, 호주 남부에서도 나타난다.

생물

식생은 뜨겁고 건조한 여름에 적응된 목질 관목이 지배한다(그림 5.13). 종종 식물은 여름철에 휴면을 취한다. 화재는 이 생물군계의 보편적인 특징이며, 관목은 이따금의 화재를 견디도록 적응되었다. 동물의 종류는 이 생물군계의 지역에 따라 크게 변화한다. 많은 종류의 곤충, 파충류, 조류, 포유류가 발견된다. 캘리포니아 주의 관목지대에서 방울뱀, 거

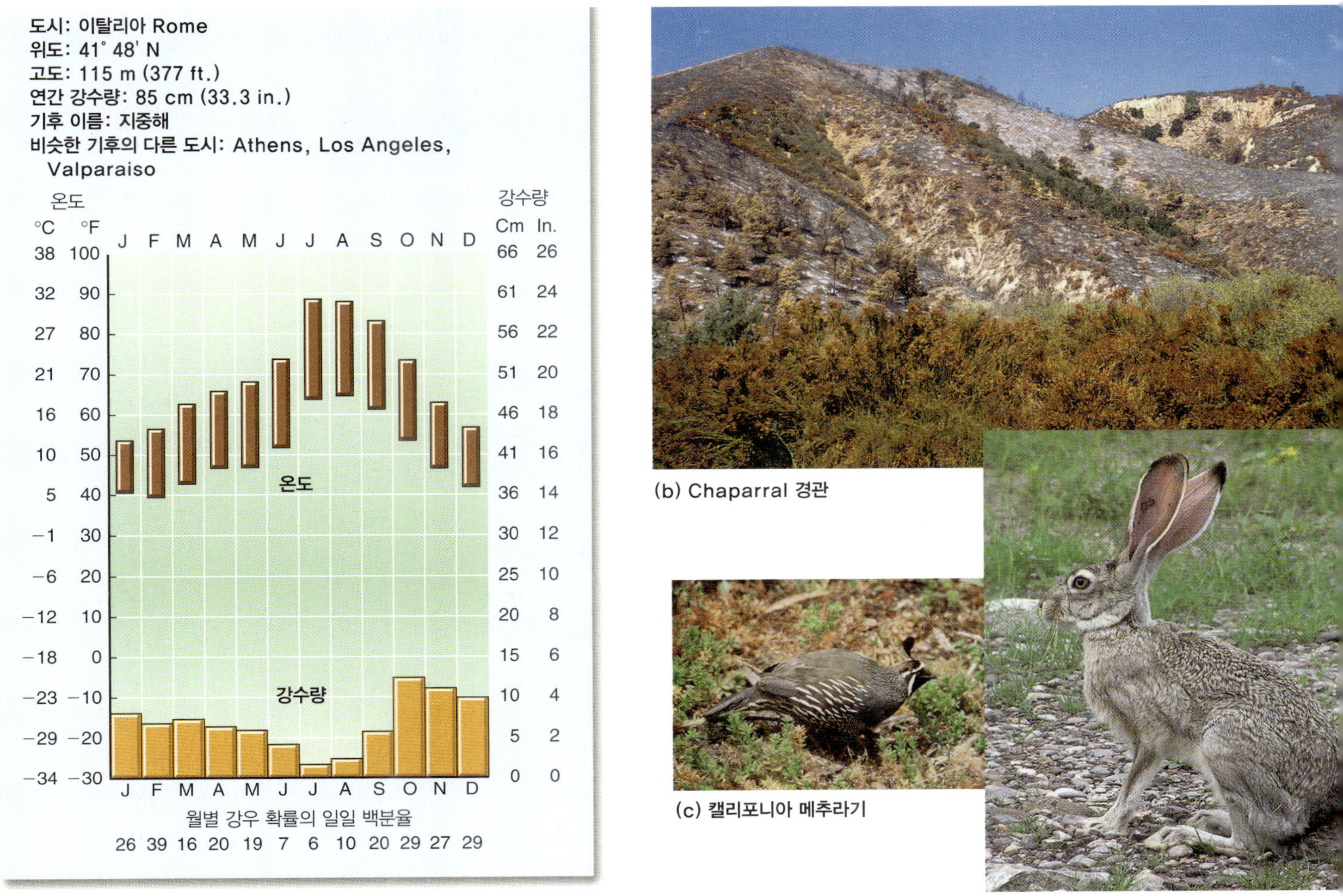

(a)

(b) Chaparral 경관

(c) 캘리포니아 메추라기

(d) 검은꼬리멧토끼

그림 5.13 지중해 관목지대: (a) 이탈리아 Rome의 기후도. (b) 지중해 관목지대는 겨울철 강우와 건조하고 뜨거운 여름으로 특징된다. 휴면 식물은 가뭄에 견디는 목질 관목이다. (c & d) 캘리포니아 주 지중해 관목지대(chaparral)의 흔한 동물은 캘리포니아 메추라기와 검은꼬리멧토끼이다.

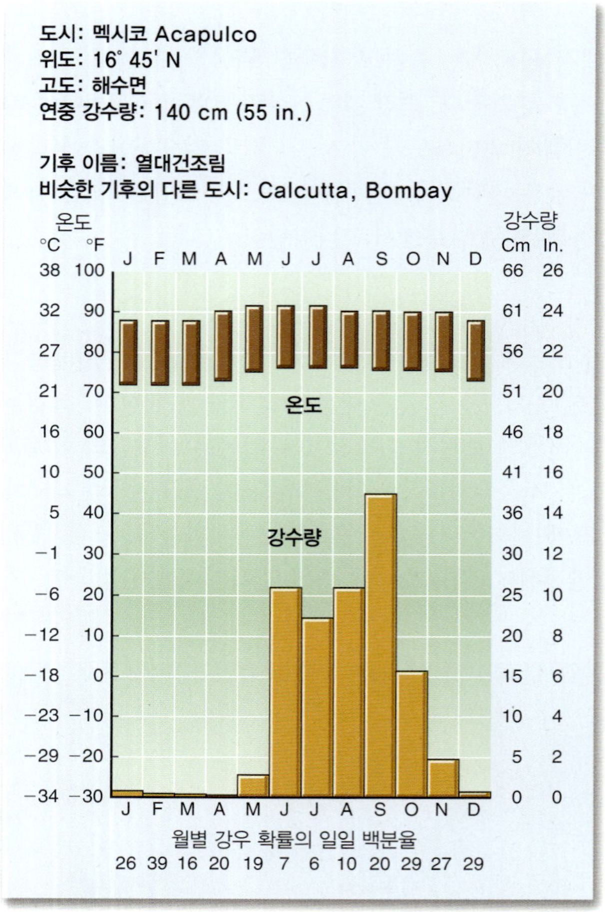

(a)

(b) 열대건조림 경관

(c) 코스타리카의 흰얼굴 코아티

(d) 인도 열대건조림의 코뿔소

그림 5.14 열대건조림: (a) 멕시코 Acapulco의 기후도. (b) 열대건조림은 전형적으로 비가 내리지 않는 수개월의 기간이 있다. 가뭄이 긴 장소에는 많은 나무가 잎을 떨어뜨린다. (c) 코아티는 아메리카 대륙의 열대건조림에서 흔한 동물이다. (d) 멸종위기의 외뿔코뿔소는 아시아 열대건조림의 서식자이다.

미, 코요테, 도마뱀, 설치류가 전형적인 서식자이다.

인간의 영향

교란되지 않은 지중해 관목지대는 거의 존재하지 않는다. 온화한 기후와 해양과의 근접성은 모든 지중해 관목지대가 인간의 활동에 의하여 변형되도록 하였다. 농업은 보편적이며, 종종 관개의 도움을 받고, 많은 주요한 도시가 이 생물군계에 위치한다.

열대건조림

열대건조림(tropical dry forest)은 계절적 강우에 의하여 크게 영향을 받는 또 다른 생물군계이다. 열대건조림은 중미와 남미, 호주, 아프리카, 아시아(인도와 미얀마)의 일부 지역에서 나타난다.

기후

많은 열대우림은 수개월의 맹렬한 강우 뒤에 몇 개월에서 길게는 8개월까지의 건기가 뒤따르는 몬순기후를 보인다(그림 5.14). 강우는 50 cm(20인치)에서 200 cm(80인치)를 보인다.

생물

열대건조림의 강우는 매우 계절적이기 때문에, 많은 식물은 가뭄을 견디는 특별한 적응을 보인다. 긴 건기를 보이는 많은 지역에서 많은 나무는 건기에 잎을 떨어뜨린다. 여기에서 발견되는 동물의 많은 종은 더 습한 열대림지역에서도 발견된다. 그러나 우림에 비하여 건조림에는 종류가 적다.

인간의 영향

열대건조림의 대부분은 인구밀도가 높은 지역에서 나타난

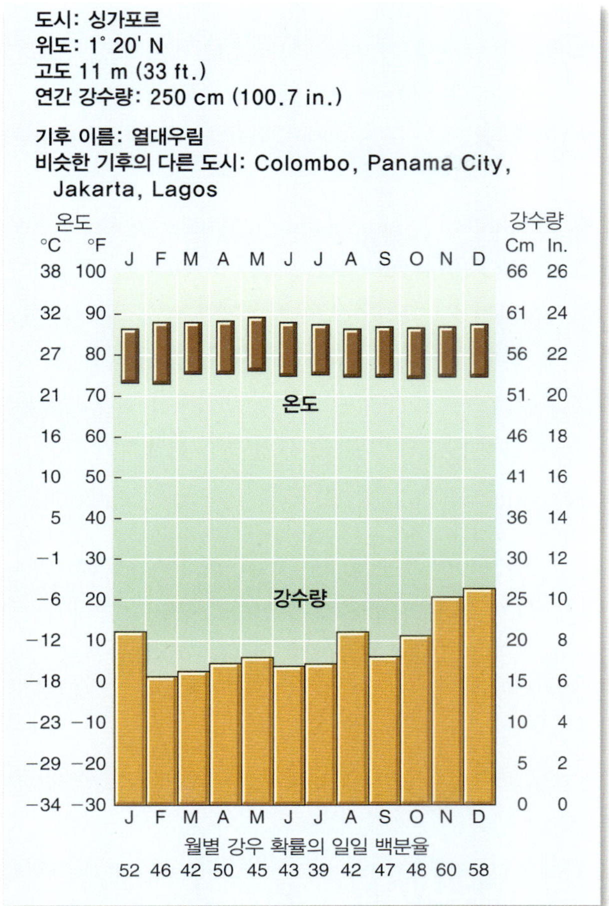

(a)

(b) 열대우림 경관

(c) 푸른 모르포 나비

(d) 다람쥐원숭이

그림 5.15 열대우림: (a) 싱가포르의 기후도. (b–d) 열대우림은 강우량이 많고 따뜻한 온도의 지역에서 발달한다. 열대우림은 극히 다양한 식물과 조류, 나비, 원숭이와 같은 동물의 혼합으로 이루어져 있다.

다. 따라서 연료와 건축자재를 위하여 목재를 벌목하는 것은 이러한 삼림에 크게 영향을 미쳤다. 추가적으로 이러한 건조림의 대부분은 농장이나 동물의 방목을 위하여 변환되었다.

열대우림

열대우림(tropical rainforest)은 중미와 남미, 아프리카, 동남아시아, 카리브해와 태평양의 일부 섬의 적도 부근에 위치한다(그림 5.15).

기후

온도는 보통 온난하고 비교적 일정하다. 서리가 내리지 않으며 거의 매일 비가 내린다. 대부분의 지역은 연간 200 cm(80인치) 이상의 비가 내린다. 일부 지역은 500 cm(200인치) 또는 그 이상 비가 내린다. 온난한 기후와 많은 강우로 대부분의 식물은 매우 빠르게 생장하지만, 토양은 물이 식물에 의하여 즉각적으로 흡수되지 않은 모든 영양분을 운반해가기 때문에 영양분이 빈약하다. 대부분의 나무는 토양의 표면 가까이에 진균(균근류)과 연합된 광범위한 뿌리의 그물구조를 가지며, 이는 영양분이 휩쓸려가기 전에 분해되는 식생으로부터 영양분을 포획하도록 한다.

생물

열대우림은 다른 어느 생물군계에 비하여 종 다양성이 크다. 열대우림에서는 세계의 다른 곳을 합친 것보다 많은 종이 발견된다. 수 평방미터의 좁은 지역에서 수백 종의 나무가 나타날 수 있다. 더 나아가 동일한 종의 2개체 사이에 수 km 이상의 거리가 떨어져 있는 것이 일반적이다. 발사, 티크재, 많은 다른 장식용 목재는 열대 나무에서 온다. 이러한 각각의 나무는 나무를 먹이, 은신처, 지지물로 이용하는 일단의 동물과 식물의 서식지이다. 태양과 임상 사이에 잎의 단단한 벽을 형성하는 수관(canopy)은 2~3층으로 이루어져 있다. 거대목(emergent tree)이라고 하는 일부 나무는 수관 위로 불쑥 내민다. 수관 아래에는 하층 나무 종의 층이 있다.

태양광의 대부분이 나무에 의하여 포획되기 때문에 나무 수관 아래에는 음지 식물만 서식할 수 있다. 추가적으로 하층에는 큰 나무에 부착하여 태양을 향하여 생장하는 많은 덩굴식물이 있다. 덩굴식물이 수관에 도달하면 가용한 태양광을 두고 지지하는 나무와 효과적으로 경쟁할 수 있다. 덩굴식물을 지지하는 것에 추가하여 각 나무는 양치류, 이끼, 난초의 생장을 위한 표면을 제공한다.

최근에 생물학자들은 이러한 숲의 수관에서 서식하는 완전히 새로운 생물군집을 발견하였다. 강우는 새로운 영양분의 공급원인데, 대기 입자와 기체가 비가 내리면서 용해되기 때문이다. 수관은 영양분이 토양에 도달하기 전에 포획하는 많은 종류의 착생식물(다른 식물의 표면에 서식하는 식물)을 포함한다.

이러한 다양한 식물과 동일하게 다양한 동물이 연합되어 있다. 개미, 흰개미, 나방, 나비, 딱정벌레와 같은 곤충이 특히 풍부하다. 조류도 매우 흔하며, 또한 많은 기어오르는 포유류, 도마뱀, 청개구리가 존재한다. 곤충은 이러한 많은 종의 먹이이다. 꽃과 과일이 연중 가용하기 때문에, 꿀과 과일을 먹는 많은 종류의 조류와 포유류가 존재한다. 그들의 활동은 숲 전체에 걸쳐 수분과 씨앗을 퍼뜨리는데 중요하다. 낮은 광도와 서로 시각적인 접촉을 유지하는 것이 어렵기 때문에, 많은 동물들은 소리를 내서 통신한다.

인간의 영향

열대우림은 벌목과 농업으로부터 심한 압력을 받고 있다. 열대우림이 존재하는 많은 국가들은 빈곤하고 이러한 자원을 이용하여 직업과 돈을 획득하려고 한다. 일반적으로 열대우림의 영양분은 대부분 토양이 아니라 생물량에 묶여있고, 많은 강우는 영양분을 빠르게 씻어내기 때문에 농업은 성공적이지 못하였다. 그러나 가난한 사람들은 숲을 태워서 1~2년 작물을 재배하여 먹이를 확보하려고 노력한다. 다른 많은 지역은 가축 방목을 위하여 개간되었다. 임업은 지속 가능한 활동일 수 있지만, 많은 사례에서 그렇지 않다. 숲은 장기적인 생산성을 위하여 보호하려는 노력이 전혀 없이 벌목되고 있다.

온대낙엽수림

온대낙엽수림(Temperate deciduous forests)은 계절의 겨울-여름 변화를 가지고 있으며 겨울에는 잎을 떨어뜨리고 다음 봄에 대체하는 잎을 가진 나무가 있다. 이러한 유형의 숲은 미국의 동부 절반, 캐나다의 중남부와 동남부, 아프리카 남부, 유럽과 아시아의 많은 지역에서 전형적이다.

기후

이 지역은 연간 일반적으로 75~100 cm(30~60인치)의 비교적 균등하게 분포된 강우를 보인다. 겨울은 상대적으로 온화하며, 식물은 연중 절반 정도의 기간에 활발하게 생장한다.

생물

열대온대림 생물군계에서 세계의 각 지역은 생물군계의 주요한 생산자인 특정한 나무 종을 가진다(그림 5.16). 나무 종의 개체가 숲에 걸쳐 분산되어 있는 열대우림과 대조적으로, 온대낙엽수림은 일반적으로 훨씬 작은 종을 보이며 많은 숲은 2~3종의 지배적인 나무 종으로 구성된다. 북미와 유럽의 낙엽수림에서 보편적인 종은 단풍나무, 사시나무포플러, 자작나무, 너도밤나무, 떡갈나무, 호두나무이다. 이러한 키 큰 나무는 임상을 그늘지게 하며, 그곳에서 많은 작은 현화 식물이 봄철에 개화한다. 이러한 봄철 야생화는 식량을 지하구조에 저장한다. 봄철 나무에서 잎이 나기 전에 야생화는 태양광을 포획하여 그늘지기 전에 번식한다. 많은 작은 관목도 숲의 하부에서 발견된다.

이러한 숲은 나무의 잎과 목질을 먹이로 사용하는 다양한 곤충의 서식지이다. 딱정벌레, 나방 유충, 장수말벌, 개미 등이 그 예이다. 이러한 숲에서 서식하는 조류는 봄철에 도착하여, 여름에 새끼를 기르고, 가을에 떠나는 주된 철새이다. 새의 대부분은 먹이로 여름철의 많은 곤충 개체군에 의존한다. 다른 새들은 여름철 생산되는 과일과 씨앗을 이용한다. 딱따구리, 뇌조, 칠면조, 일부 피리새를 포함하는 몇 종류의 조류는 텃새이다. 양서류(개구리, 두꺼비, 도롱뇽)와 파충류(뱀과 도마뱀)는 곤충과 기타 작은 동물을 먹는다. 여

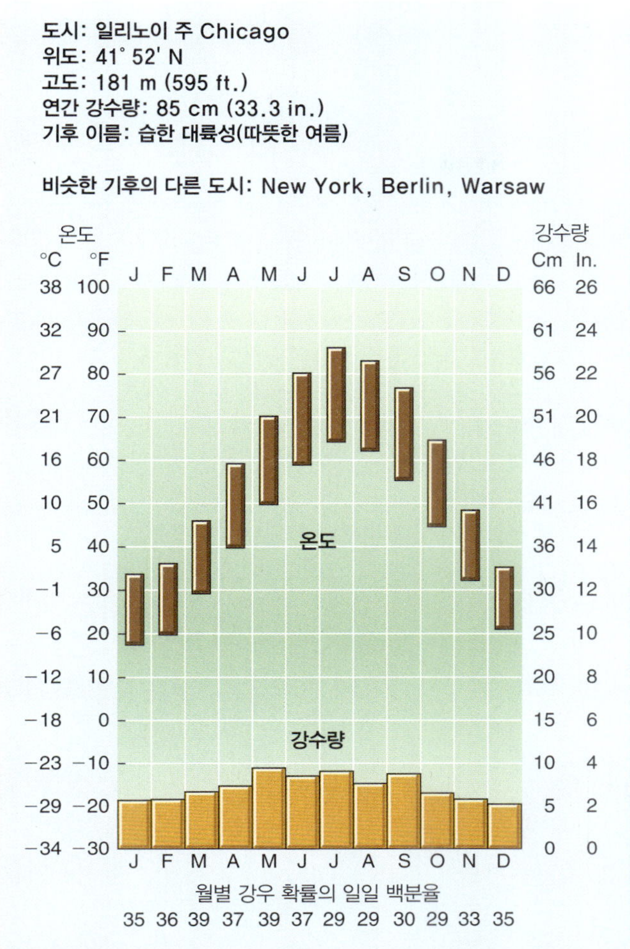

(a)

(b) 여름철의 온대낙엽수림

(c) 가을철의 온대낙엽수림

(d) 너구리

그림 5.16 온대낙엽수림: (a) 일리노이 주 Chicago의 기후도. (b & c) 온대낙엽수림은 연중 상당한 양의 습기가 있지만 연중 일부 기간에 빙점 아래로 온도가 떨어지는 곳에서 발달한다. 이 기간동안 나무는 잎을 떨어뜨린다. (d) 너구리는 북미 온대낙엽수림에서 흔한 동물이다. 이 유형의 숲은 한때 미국의 동부와 캐나다 남동부를 지배하였다.

러 종류의 크고 작은 포유류가 이러한 지역에 서식한다. 생쥐, 다람쥐, 사슴, 뒤쥐, 두더지, 주머니쥐가 흔한 예이다. 이러한 포유류의 주된 포식자는 여우, 오소리, 족제비, 코요테, 맹금류이다.

인간의 영향

대부분의 온대낙엽수림은 인간 활동에 의하여 크게 영향을 받아 많은 면적이 농경을 위하여 제거되었거나 주기적으로 벌목된다. 더 나아가 북미 동부와 유럽의 주요한 인구중심은 원래 온대낙엽수림이 있던 지역이다.

온대우림

온대우림(Temperate rainforest)은 캘리포니아 주 북부, 오리건 주, 워싱턴 주, British Columbia, 알래스카 주 남부의 연안 지역에 존재한다. 뉴질랜드와 칠레의 서남 연안에도 온대우림이 존재한다.

기후

이러한 연안지역에서 서쪽에서 해양 위로 불어오는 탁월풍은 연안으로 습기가 많은 공기를 가져온다. 기단이 연안 산맥을 만나 상승하게 되면, 냉각되어 습기는 비나 눈으로 내린다. 온대우림은 일반적으로 매년 최소한 130 cm(50인치)

집중 탐구

초원의 천이

초원에는 많은 유형이 있기 때문에 이러한 지역에서 천이가 어떻게 일어나는지 일반화하기는 어렵다. 북미의 대부분의 초원은 농업과 가축에 의하여 심하게 영향을 받았다. 이러한 지역에 복구된 초원은 원래 생태계와 크게 상이할 수 있다. 그러나 초원 천이와 전형적으로 연관된 몇 단계가 있는 것으로 보인다.

토지가 경작을 포기하고 나서 1~3년의 짧은 기간이 지나면 농경지는 1년생 활엽 잡초에 의하여 우점된다. 이 점에서 초원 천이는 낙엽수림 천이와 유사하다. 다음 단계는 가변적이며(10년 또는 그 이상) 1년생 풀에 의하여 지배된다. 보통 이러한 초기 단계에는 토양은 빈약한 상태이며 유기물과 영양분이 결여되어 있다. 수년이 지나면 1년생 풀의 사멸과 분해로부터 유기물이 축적되면서 토양 비옥도는 증가한다. 궁극적으로 초원 꽃이 지역에 침입하여 풀과 산재되면서 성숙한 초원이 발달한다. 일반적으로 이러한 진행과정을 통하여 토양은 더 비옥해지고 질이 좋아진다.

원래 북미 초원의 매우 많은 부분이 농업을 위하여 사용되었기 때문에, 토지가 대초원으로 되돌아 갈 수 있도록 허용되더라도 그 지역에 토착성인 모든 원래 식물의 씨앗이 없을 수 있다. 따라서 2차 천이로부터 결과하는 초원은 원래와 정확히 같지 않을 수 있으며 일부 종이 빠질 수 있다. 결과적으로 많은 관리되는 대초원 복원에서 지역 토양에 더 이상 가용하지 않은 씨앗은 다른 공급원에서 도입될 수 있다.

초원에 전형적인 낮은 강우와 화재는 일반적으로 그 시점에서 천이과정이 중단되도록 한다. 그러나 더 많은 물이 가용하거나 화재가 방지되면 목질 나무가 습한 장소에 침입할 수 있다.

활발하게 경작됨

최근에 버려짐

수년간의 천이

이상의 비가 내린다. 대부분의 지역은 300 cm(120인치) 또는 그 이상의 비가 내린다. 더 나아가 비는 연중 내리며 서늘한 기후는 증발을 더디게 하기 때문에 일반적으로 습하다. 이러한 풍부한 물은 비옥한 토양과 온화한 기후와 함께 식물이 무성하게 생장하게 한다.

생물

가문비나무, 미송, 미국 솔송나무는 북미 온대우림의 전형적인 상록침엽수이다. 이 지역의 교란되지 않은(오래된) 숲은 수령이 800년에 달하며 키가 거의 100 m이다. 다양한 종류의 낙엽수(예, 오리나무, 단풍나무, 검은 미루나무) 또한 충분한 빛을 받을 수 있는 개활지에 존재한다. 모든 나무는 나무 표면에서 생장하는 이끼, 양치류, 기타 식물로 덮여있다. 지배적인 색깔은 녹색인데, 이는 표면의 대부분이 그 위에 생장하는 광합성생물을 가지고 있기 때문이다(그림 5.17).

나무가 죽어서 지면으로 넘어지면, 그 장소에서 썩어서 새로운 나무가 정착하는 장소를 제공한다. 이는 숲의 일반적인 특징이기 때문에 넘어져 썩는 나무를 **보호수**(*nurse tree*)라고 부른다.

매우 다양한 동물이 온대우림에 서식한다. 곤충은 식생을 먹이로 사용한다. 딱따구리, 박새, 참새, 휘파람새와 같은 많은 종류의 새는 곤충과 열매를 먹이로 사용한다. 민달팽이는 임상에서 흔히 볼 수 있다. 엘크, 검은꼬리 사슴, 곰, 비버, 올빼미와 같은 다양한 종류의 대형동물도 흔하다. 여

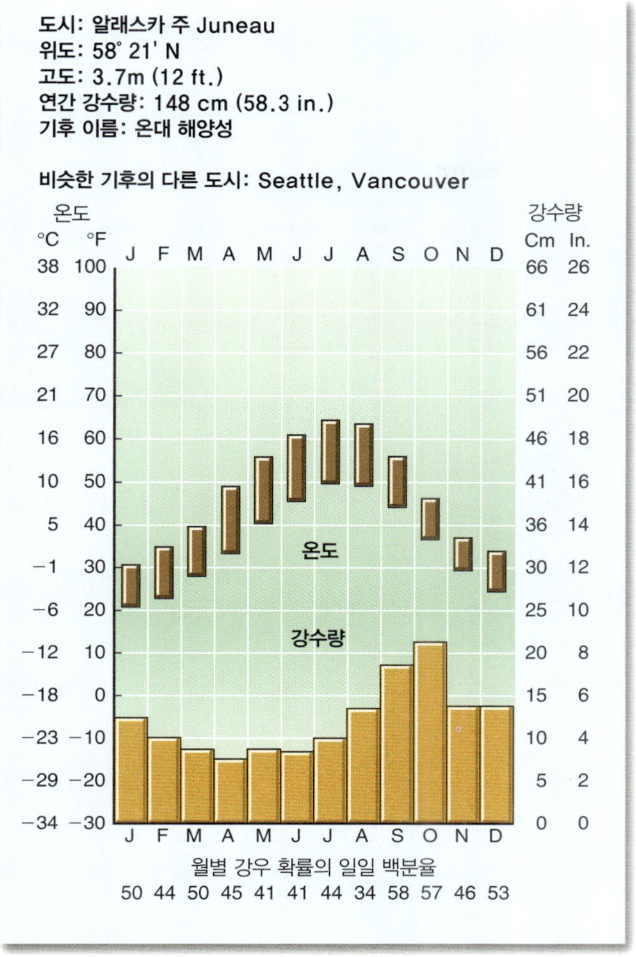

(a)

(b) 온대우림의 경관

(c) 북방 점박이올빼미

(d) 검은꼬리 사슴

그림 5.17 온대우림 생물군계: (a) 알래스카 주 Juneau의 기후도. (b) 온대우림은 높은 강우량으로 특징지어지며, 이는 커다란 상록수와 나무 표면에 생장하는 이끼와 양치류를 부양한다. 검은꼬리 사슴(d)은 이 생물군계에서 흔하며, 이는 또한 멸종위기종인 점박이올빼미(c)의 서식지이다.

러 종의 연어가 계절적으로 개울과 강을 거슬러 올라와 이동하여 산란한다.

인간의 영향

풍부한 나무 자원으로 인하여 온대우림의 절반 이상은 이미 벌목되었다. 남아있는 대부분의 지역도 벌목이 예정되어 있지만, 일부 구역은 멸종위기종인 점박이올빼미와 얼룩바다쇠오리의 서식지이기 때문에 보호되었다.

타이가, 북방침엽수림, 한대림

캐나다 남부의 절반, 북유럽의 일부, 러시아의 대부분에 걸쳐 **타이가**(**taiga**), **북방침엽수림**(**northern coniferous forest**), 또는 **한대림**(**boreal forest**)으로 알려진 상록침엽수림이 존재한다(그림 5.18).

기후

기후는 짧고 서늘한 여름과 많은 눈이 내리는 긴 겨울이다. 겨울은 매우 모질고 6개월까지 지속될 수 있다. 일반적으로 토양은 겨울철에 얼어붙는다. 연간 강우량은 25~100 cm(10~40인치) 범위이다. 그러나 봄철 대량의 눈이 녹고 일반적으로 낮은 온도는 증발을 감소시키기 때문에 기후는 전형적으로 습하다. 경관은 일반적으로 호수, 연못, 소택지가 산재되어 있다.

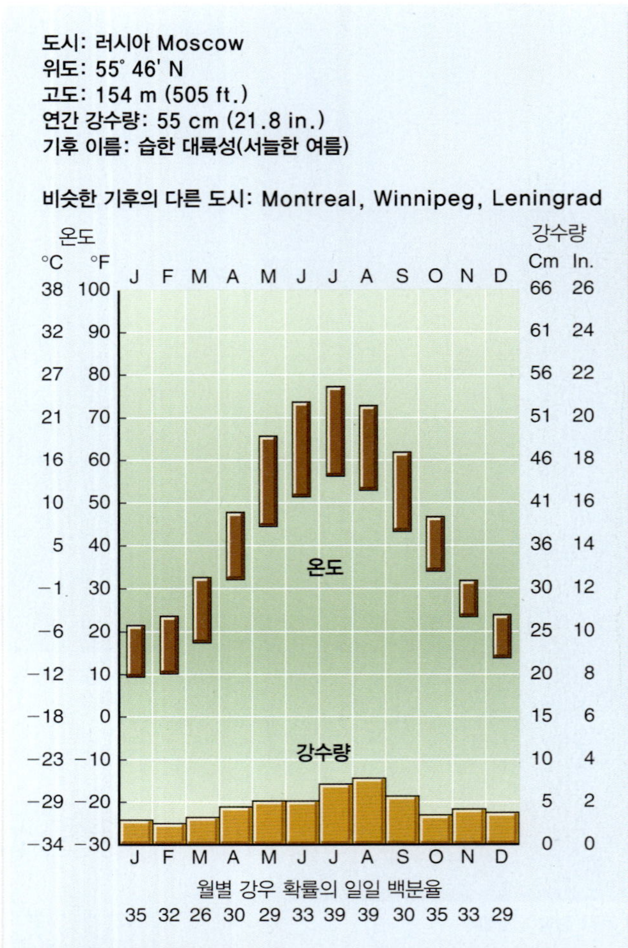

(a)

(b) 타이가 경관

(c) 스라소니와 멧토끼

(d) 겨울철의 타이가

그림 5.18 타이가, 북방침엽수림, 또는 한대림: (a) 러시아 Moscow의 기후도. (b & d) 타이가, 북방침엽수림, 또는 한대림은 겨울이 길고 눈이 많이 내리는 지역에서 나타난다. 나무는 이러한 조건에 적응되어 있으며 그곳에 서식하는 동물에 식량과 은신처를 제공한다. (c) 북미에서 멧토끼와 스라소니는 흔한 동물이다.

생물

가문비나무, 전나무, 낙엽송과 같은 침엽수는 이러한 지역에서 가장 보편적이다. 이러한 나무는 겨울 조건에 특별히 적응되어 있다. 겨울은 습기가 눈으로 내리고 봄철 녹을 때까지 토양위에 남아있기 때문에 나무와 관련된 한 비교적 건조하다. 침엽수의 바늘모양 잎은 물 손실을 방지하기 위하여 적응되어 있으며, 추가적으로 낙엽송은 가을철 잎을 떨어뜨린다. 이러한 나무의 가지는 유연하여 눈의 하중에 의하여 굽혀질 수 있도록 하여 나무에 크게 손상을 끼치지 않고 피라미드형 나무로부터 미끄러져 내리도록 한다. 온대 낙엽수림과 마찬가지로 이 생물군계의 많은 서식자는 여름철 일시적으로 활발하다. 대부분의 새는 철새이며, 여름철 풍부한 곤충 개체군을 먹으며, 이는 길고 추운 겨울철에는 가용하지 않다. 딱따구리, 올빼미, 뇌조와 같은 소수 조류는 텃새이다. 일반적인 포유류는 사슴, 순록, 큰사슴, 늑대, 족제비, 생쥐, 멧토끼, 다람쥐 등이다. 추위로 인하여 이 생물군계에는 파충류나 양서류가 드물게 서식한다.

인간의 영향

인간의 영향은 이 지역의 인구밀도가 일반적으로 낮기 때문에 다른 생물군계에 비하여 덜 심각하다. 벌목은 흔한 활동이며, 스칸디나비아 반도 북부에는 순록 무리가 나타난다.

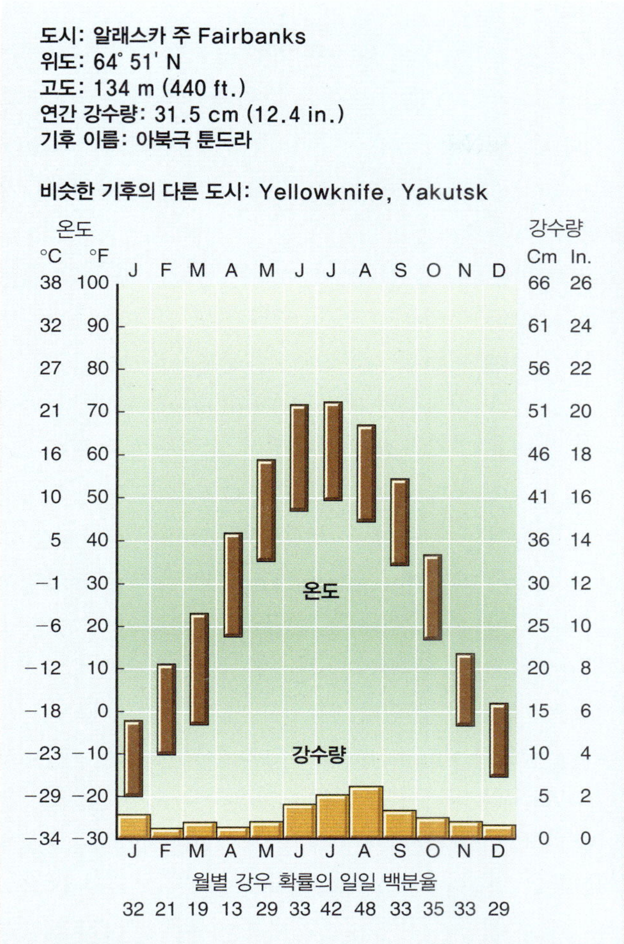

(a)

(b) 툰드라 경관

(c) 얼어붙은 툰드라

(d) 사향소

(e) 흰올빼미

그림 5.19 툰드라: (a) 알래스카 주 Fairbanks의 기후도. (b & c) 북위도 지역과 일부 산의 정상에서는 생장기가 짧고 식물은 매우 더디게 생장한다. 나무는 이러한 극한적으로 추운 지역에서 생존할 수 없는데, 이는 부분적으로 영구동토층이라고 알려진 표면 아래의 영구적으로 얼어있는 토양층이 존재하기 때문이다. 생장이 너무 더디기 때문에 툰드라에 대한 손상은 수 세대 이후에도 볼 수 있다. (d & e) 사향소와 흰올빼미는 툰드라에 흔하다.

많은 원주민은 사냥을 하여 식량을 획득한다.

툰드라

타이가의 북부는 나무가 없고 영구히 얼어 있는 표면 아래 토양을 가진 극히 추운 지역인 **툰드라(tundra)**이다. 이러한 얼어 있는 토양층을 **영구동토층(permafrost)**이라고 한다(그림 5.19).

기후

영구적으로 얼어 있는 토양과 극한적인 추위, 바람 부는 기후(10개월까지의 겨울)로 인하여 이 지역에는 나무가 생존할 수 없다. 강수량은 일부 사막과 유사한 25 cm(10인치) 미만이지만, 겨울철에 내린 눈이 봄철에 녹고 여름 온도가 보통 10°C(50°F) 미만으로 증발을 감소시키기 때문에, 짧은 여름은 습하다. 영구동토층은 물이 토양으로 스며들지 못하게 하기 때문에, 물에 잠긴 토양과 많은 얕은 연못과 물웅덩이가 존재한다.

생물

토양의 상부 몇 cm가 녹으면 많은 식물(풀, 난쟁이 자작나무, 난쟁이 버드나무)과 꽃이끼 같은 지의류가 생장한다. 식물은 보통 20 cm(8인치) 미만의 작은 키이다.

곤충 떼가 여름철에 흔하며 철새의 먹이를 제공한다. 오리와 거위와 같은 많은 물새가 봄철 툰드라 지역으로 이동하며, 그곳에서 가을철 남쪽으로 이동하기 전까지 교미하고 새끼를 기른다. 영구적인 텃새는 뇌조와 흰올빼미이다. 이러한 극한 기후에서는 파충류나 양서류는 전혀 생존하지 못한다. 사향소, 순록, 북극토끼, 나그네쥐와 같은 소수의 강건한 포유류는 짧고 서늘한 여름철에 생장하는 풀과 기타 식물을 먹고 생존할 수 있다. 북극여우, 늑대, 올빼미는 이 지역의 주요한 포식자이다.

툰드라와 유사한 군집의 분산된 구획이 세계의 산 정상에서도 발견된다. 이들은 **고산성 툰드라(alpine tundra)**라고 알려져 있다. 고산성 툰드라의 일반적인 겉모습은 진정한 툰드라와 유사하지만, 식물과 동물의 많은 종은 상이하다. 많은 조류와 대형 포유류가 여름철에 산으로 올라가고 날씨가 추워지면 낮은 고도로 되돌아온다.

인간의 영향

이 지역에는 사람이 거의 살지 않는다. 지역의 원주민이 종종 식량을 위하여 사냥에 의존한다. 그러나 매우 짧은 생장기로 인하여 이러한 종류의 생태계에 대한 상해는 회복이 더디며 따라서 토지는 매우 조심스럽게 다루어져야 한다.

5.4 주요한 수서생태계

육상 생물군계는 강수량과 온도에 의하여 결정된다. 토양 유형과 바람과 같은 다른 요인도 역할을 한다. 수서생태계도 핵심적인 환경요인에 의하여 형성된다. 몇 가지 중요한 요인은 태양광이 물을 침투할 수 있는 능력, 수심, 저질의 성질, 수온, 용해된 소금의 양 등이다.

수서생태계의 본질을 결정하는 중요한 인자는 물에 용해된 소금의 양이다. 용해된 소금이 매우 적은 생태계를 **담수생태계(freshwater ecosystems)**라고 하며, 소금 함량이 높은 생태계를 **해양생태계(marine ecosystems)**라고 한다.

해양생태계

육상생태계와 마찬가지로 해양생태계도 매우 다양하다. 생태학자는 몇 가지 범주의 해양생태계를 인정한다.

유영 해양생태계

원양에서 많은 종류의 생물이 떠있거나 활발하게 유영한다. 갑각류, 어류, 고래는 먹이를 쫓으면서 활발하게 유영한다. 저층에 부착되지 않은 생물을 **유영생물(pelagic organisms)**이라고 하며, 그들이 구성하는 생태계를 **유영생태계(pelagic ecosystem)**라고 한다.

표영생태계에서 플랑크톤이 주요한 생물 범주이다. **플랑크톤(plankton)**이라는 용어는 매우 작고 약하게 유영하여 단순히 해류에 의하여 운반되는 수서생물을 묘사하기 위하여 사용된다. **식물플랑크톤(phytoplankton)**으로 알려진 일부 부유생물은 광합성을 수행하며 표영생태계 먹이망의 기초이다. 원양에서 이러한 생물의 대부분은 작고 현미경적이고 부유하는 조류 또는 세균이다. 그들은 광합성을 수행하기 때문에 **유광대(euphotic zone)**로 알려진 태양광이 침투하는 해양의 상층에서 나타난다. 유광대의 두께는 물의 투명도에 따라 변화한다. 깨끗한 물에서 유광대는 150 m(500 ft.)에 달할 수 있다.

동물플랑크톤(zooplankton)은 식물플랑크톤을 먹는 작고, 부유하거나 약하게 유영하는 많은 종류의 동물이다. 동물플랑크톤은 식물플랑크톤에 비하여 해양의 깊은 수심에 위치하지만 밤에는 식물플랑크톤의 커다란 개체군을 먹기 위하여 위로 이동한다. 동물플랑크톤은 차례로 어류와 대형 새우와 같은 대형동물에 의하여 먹히며, 이들은 연어, 참치, 고등어와 같은 더 큰 어류의 먹이가 된다(그림 5.20).

해양군집의 본질에 영향을 미치는 주요한 요인은 물에 용해된 물질의 종류와 양이다. 특히 중요한 것은 광합성을 수행하는 생물에 가용한 용존 무기영양분의 양이다. 인, 질소, 탄소는 모두 새로운 생명물질의 구성에 필요하다. 물에서 이들은 종종 공급이 부족하다. 따라서 가장 생산성이 높은 수서생태계는 이러한 필수 영양분이 가장 흔한 곳이다. 이러한 지역은 저층으로 가라앉은 영양분을 위로 올려주는 해류가 있는 바다와 강이 부유물과 용존 물질을 퇴적하는 장소이다.

저서 해양생태계

해양 저층에 서식하는 부착여부에 상관없이 저서생물이라고 알려져 있으며, 그들이 구성하는 생태계를 **저서생태계(benthic ecosystem)**라고 한다. 일부 어류, 조개, 굴, 다양한 갑각류, 해면, 말미잘, 그리고 많은 다른 종류의 생물이 저층에 서식한다. 얕은 물에서 태양광은 저층까지 침투할

여러분의 선택은?

미국에서 톨그래스 대초원의 99%는 농경지나 다른 목적으로 변형되었고, 숲의 95%는 한차례 이상 벌목되었고, 습지의 50%는 배수되어 매립되었다. 이의 대부분은 사람들이 자원을 이용하거나 농경지로 변환하였기 때문에 발생하였다. 선진국의 많은 사람들과 환경보존 단체는 빈곤한 국가가 그들의 자연 생태계(특히 열대우림)를 경제발전을 위하여 사용하기 보다는 보전해야 한다고 느낀다. 개발도상국의 많은 사람들은 다른 국가에서 사용하는 것과 마찬가지 방식으로 그들의 자원을 사용할 권리가 있다고 느낀다.

이러한 자원의 보전 또는 개발을 지지하는지 선택하고 여러분의 입장을 지지하는 논거를 준비한다.

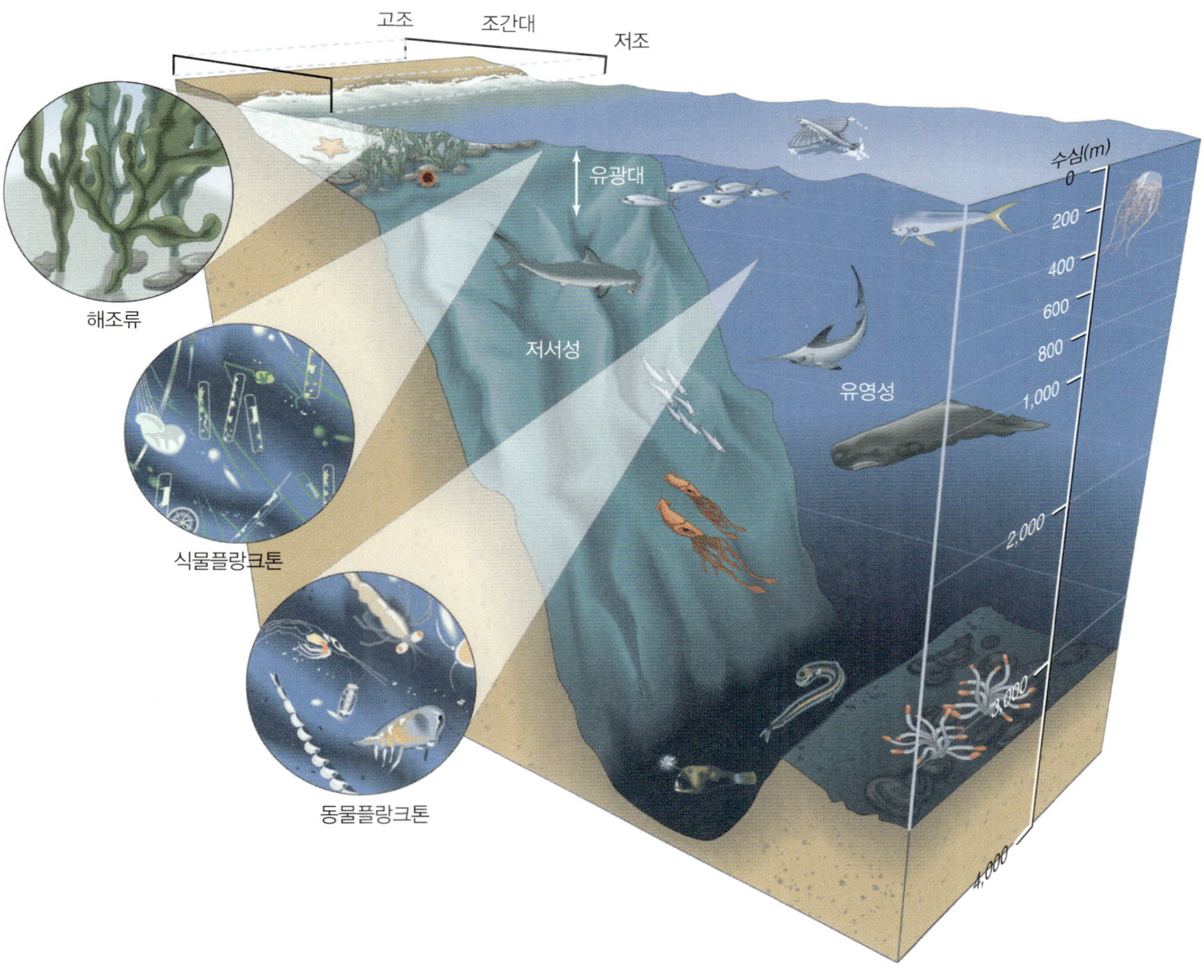

그림 5.20 해양생태계: 해양의 모든 광합성 활동은 유광대라고 불리는 얕은 물에서 일어나며, 이는 연안 부근의 부착조류와 원양의 상층에 미소한 식물플랑크톤에서 일어난다. 소비자는 자유유영하는 유영생물이거나 저층에 사는 저서생물이다. 식물플랑크톤을 먹는 작은 원생동물이나 동물을 동물플랑크톤이라고 부른다.

수 있으며, 빈번히 해조류로 불리는 다양한 종류의 부착성 광합성 생물이 흔하다. 해조류는 부착되어 있고 켈프와 같은 일부 종은 매우 큰 크기로 생장할 수 있기 때문에, 성게, 벌레, 어류와 같은 많은 다른 저서생물이 해조류와 연합되어 있다.

기질은 발달하는 저서군집의 유형을 결정하는 매우 중요한 요인이다. 모래는 바뀌고 이동하기 때문에 대형 식물이나 조류가 정착하기 어렵게 하지만, 일부 조개, 파고드는 벌레, 소형 갑각류에게는 모래가 적합한 기질이다. 조개는 물을 여과하여 플랑크톤이나 쇄설물을 먹거나 모래를 통하여 파고들어 다른 서식동물을 먹는다. 진흙은 홍수림(mangrove)이나 해초와 같이 뿌리를 가진 일부 종류에 적합한 서식지를 제공한다. 진흙은 보통 산소를 적게 포함하지만 위의 물을 여과하여 섭식하거나 진흙 내의 다른 동물을 먹는 다양한 굴을 파는 생물이 서식한다. 해양의 암석 표면은 많은 종류의 대형조류에게 좋은 기질을 제공한다. 이러한 조류가 풍부하게 생장한 곳에는 다양한 종류의 동물이 연합되어 있다(그림 5.21).

온도 또한 정착하는 저서군집의 종류에 영향을 미친다. 산호초나 맹그로브 습지와 같은 일부 군집은 물이 따뜻한 곳에서만 발견된다.

산호초 생태계(coral reef ecosystems)는 자신 주위에 컵 모양의 외골격을 구축하는 산호 동물에 의하여 생성된다. 산호는 골격으로부터 돌출하여 먹이를 포획하고 태양에 노출한다. 산호는 신체 내에 단세포 조류를 포함하기 때문에 태양광에 노출이 중요하다. 이러한 조류는 광합성을 수행하고 자신과 산호 동물의 생장에 필요한 영양분을 제공한다. 조류와 산호 사이의 이러한 상리공생 관계는 생물 생산성이 매우 높은 군집의 기초가 된다.

산호의 골격은 다양한 종류의 동물이 서식할 수 있는 표면을 제공한다. 이들 동물의 일부는 산호를 직접 먹으며, 다른 동물은 산호 생물 사이에 정착한 작은 플랑크톤이나 조류를 뜯어 먹는다. 많은 종류의 어류, 갑각류, 해면동물, 조개, 고둥 등이 산호초 생태계의 구성원이다.

산호초는 따뜻한 물을 필요로 하기 때문에, 산호 생태계는 적도 부근에서만 발견된다. 산호 생태계는 또한 얕고 깨끗한 물을 필요로 하는데, 이는 산호가 광합성을 수행하기 위하여 충분한 태양광이 있어야 하기 때문이다. 산호초는 지구상에서 가장 생산성이 높은 생태계의 하나이다(그림 5.22).

맹그로브 습지 생태계(Mangrove swamp ecosystems; 홍수림)는 해안 부근의 얕은 물과 인근 육지를 점령하는 열대삼림생태계이다. 지배적인 생물은 나무가 잎으로부터 소금을 분비할 수 있기 때문에 고염을 견딜 수 있는 특별한 종류의 나무이다. 물이 얕고 파도의 작용이 너무 크지 않은 장소에서 홍수림은 정착될 수 있다. 발아된 씨앗이 나무에서 떨어지면 물에 떠다닌다. 씨앗이 진흙에 포획되면 뿌리가 발생한다.

맹그로브는 또한 수면 위로 광범위하게 발달된 뿌리를 가지고 있어서, 산소를 획득하고 나무를 지지한다. 나무뿌리는 퇴적물을 포집하고 굴, 게, 해파리, 해면동물, 어류가 서식할 수 있는 장소를 제공한다. 퇴적물의 포집과 얕은 지역으로 맹그로브가 연속적으로 신장되어 한때 얕은 바다가 육상생태계로 발달되게 한다. 맹그로브는 플로리다 주 남부, 카리브 해, 동남아시아, 아프리카, 그리고 열대 개펄이 나타나는 다른 지역에서 발견된다(그림 5.23).

심해생태계(abyssal ecosystem)는 해양 심층에서 나타나는 저서생태계이다. 해양의 이러한 깊은 지역에는 광합성을 지탱할 빛이 없다. 따라서 동물은 유광대로부터 유기물의 연속적인 공급에 의존해야만 한다. 본질적으로 이 환경의 모든 생물은 그들 앞에 표류하는 모든 것을 섭식하는 청소동물이다. 많은 동물은 소형이며 먹이를 찾거나 유인하는 데 사용하는 빛을 발생한다.

하구

하구(estuary)는 담수가 해양으로 유입되는 얕고 반폐쇄 지역으로 이루어진 특별한 범주의 수서생태계이다. 하구 물의 염분은 조석과 강물의 흐름에 따라 변화한다. 여기에 서식하는 생물은 물리적 조건에 특별히 적응되었으며, 종 수는 해양이나 담수에 비하여 적다. 하구는 유입되어 들어오는 강으로부터 유역에 도입되는 많은 양의 영양분으로 인하여 특히 생산성이 높은 생태계이다. 얕은 수심으로 인하여 빛이 유역의 대부분에 침투하기 때문에 생산성은 더욱 증가된다. 식물플랑크톤, 부착조류와 식물은 태양광과 영양분을 이용하여 신속하게 성장한다. 이러한 광합성 활동은 하구의 많은 종의 생물을 부양한다. 하구는 넙치와 새우 같은 어류와 갑각류에 중요한 양성지이다.

성체는 이러한 생산성이 높고 보호된 지역으로 들어가서 번식하고 바다로 되돌아간다. 새끼는 초기 생활을 하구에서 보내고 생장하고 해양에서 생존 가능성이 높아지면 결국 떠

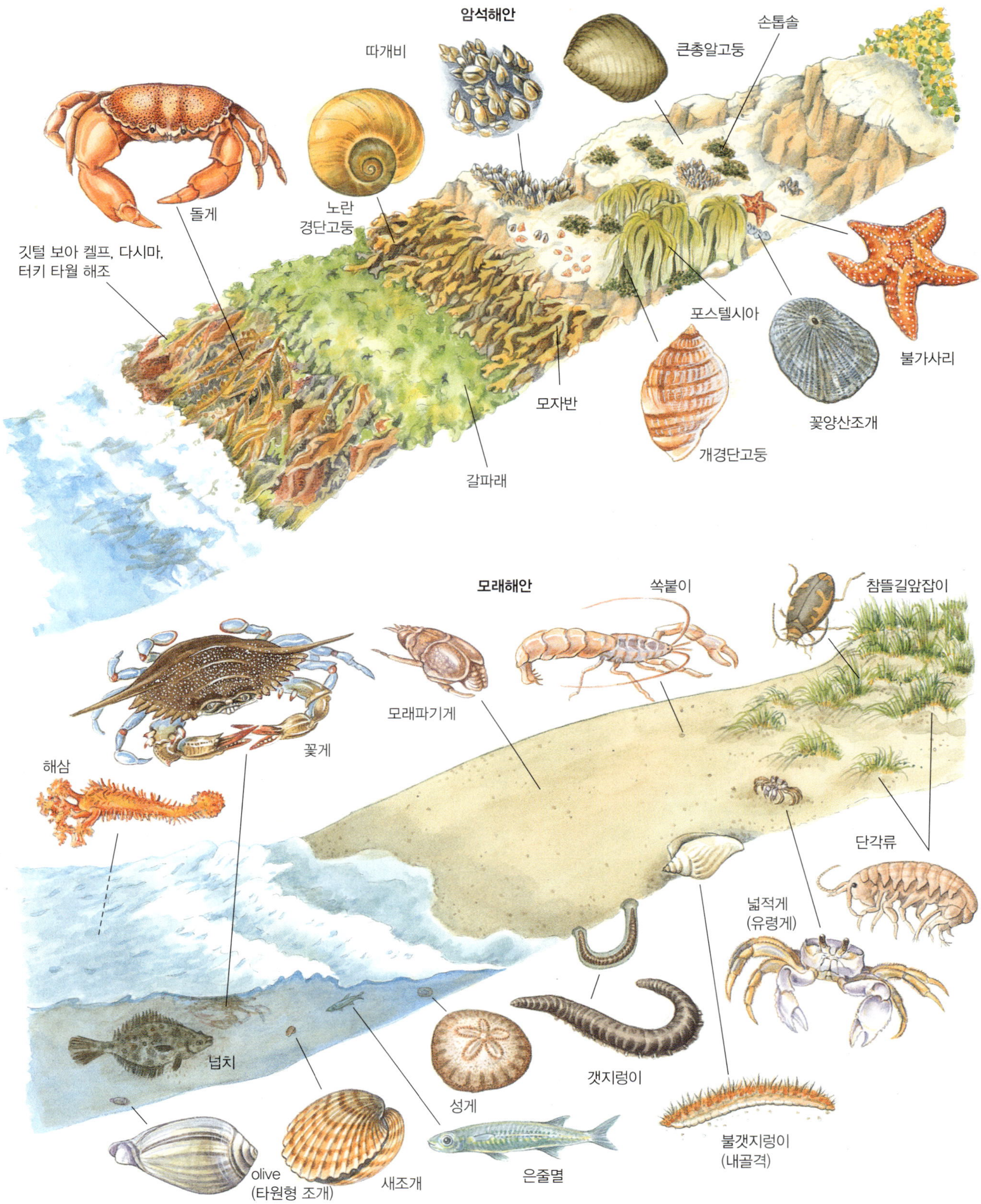

그림 5.21 해안의 유형: 기질의 유형은 해안 부근에 서식하는 생물의 종류를 결정한다. 암석은 모래가 하지 못하는 부착 장소를 제공하는데, 모래는 연속적으로 이동하기 때문이다. 진흙은 산소를 거의 포함하지 않기 때문에 그 안에 서식하는 생물은 이러한 조건에 적응되어야만 한다.

산호초 생물

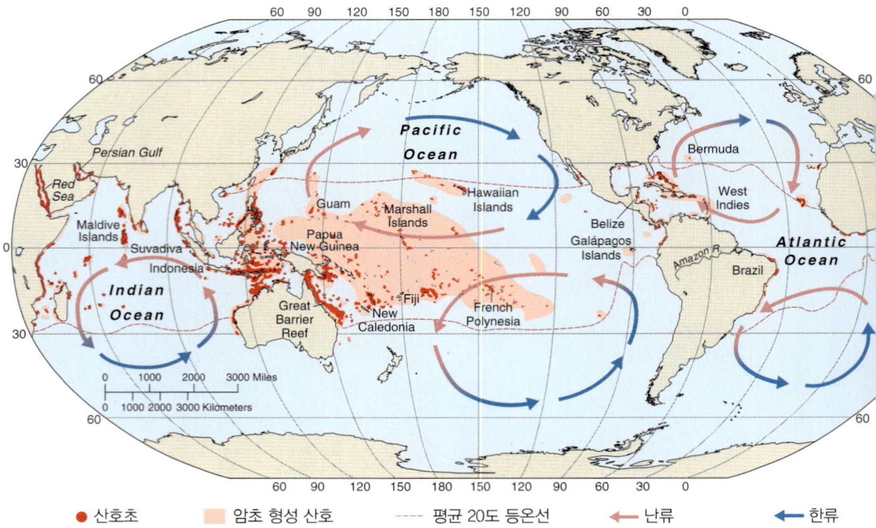

그림 5.22 **산호초:** 산호는 외골격을 분비하는 소형 해양동물이다. 산호는 특정한 조류와 상리공생 관계를 가지며, 이는 두 종류 생물 모두 매우 성공적이 되도록 한다. 골격물질은 많은 다른 종류의 생물이 서식하는 기질로 작용한다. 산호생물은 따뜻한 해양에서 발견된다. 지도는 산호가 적도 부근의 따뜻한 물에 제한되어 있는 것을 보여준다.

대보초(Great barrier reef)

나간다. 하구는 또한 퇴적물을 포집한다. 이 작용은 많은 종류의 오염물질이 해양에 도달하는 것을 방지하며 또한 하구를 점진적으로 메워서 궁극적으로 염습지가 되고 육상생태계의 일부가 된다.

해양생태계에 대한 인간의 영향

해양은 지구 표면의 약 70%를 차지하기 때문에, 인간이 해양에 주요한 영향을 미칠 수 있다는 것을 상상하기는 어렵다. 그러나 인간은 해양을 다양한 방식으로 이용한다. 해양은 어류, 새우, 기타 생물의 형태로 단백질의 주요한 공급원을 제공한다. 그러나 남획은 세계의 전통적인 수산업을 많이 파괴하였다. 어류양식은 영양분의 추가를 초래하였으며 양식 어류에서 야생 어류로 질병의 전파를 유발하였다. 하구는 중요한 어장이지만 농경지를 배수하여 강을 따라 흘러내려와 하구로 들어오는 비료, 동물 폐기물, 농약에 의하여 영향을 받는다. 해양을 수송에 이용하는 것은 유류오염과 해안으로 떠오는 쓰레기를 유발하였다. 산호초는 어업과 강으로부터의 침니에 의하여 변경되었다. 맹그로브 습지는 어류양식을 위한 장소로 변환되었다. 인간이 해양생태계에 커다란 영향을 미치는 것은 명백하다.

그림 5.23 맹그로브 습지: 맹그로브는 해안을 따라 나타나는 매우 습하고 염기가 있는 진흙에서 서식할 수 있는 열대 나무이다. 그들은 퇴적물을 추가적으로 포집할 수 있기 때문에 번식하면서 바다 쪽으로 더욱 확장된다.

담수생태계

담수생태계는 여러 가지 방식에서 해양생태계와 상이하다. 존재하는 소금의 양이 훨씬 적고, 수온은 크게 변화할 수 있으며, 물은 해양으로 이동하는 과정에 있으며, 산소는 종종 공급이 부족할 수 있고, 담수에 서식하는 생물도 상이하다. 특히 현화 식물과 곤충이 담수생태계에서 주요한 역할을 한다. 담수생태계는 다음 2가지 범주로 구분될 수 있다. 호수, 연못, 저수지와 같이 물이 상대적으로 정지해 있는 곳과, 개울과 강처럼 물이 아래로 흘러가는 곳이다.

호수와 연못

큰 호수는 해양과 동일한 특징을 많이 가지고 있다. 따라서 호수생태계의 특성을 묘사하는데 사용되는 많은 동일한 용어는 해양생태계에서 사용되었다. 호수가 깊으면 상층에 유광대(*euphotic zone*)가 있으며, 많은 종류의 식물플랑크톤(*phytoplankton*)과 이를 먹는 동물플랑크톤(*zooplankton*)이 있다. 작은 어류가 동물플랑크톤을 먹고 이는 차례로 큰 어류에 의하여 먹힌다. 담수호에서 나타나는 생물 종은 해양에서 발견되는 종과 상이하지만, 하는 역할은 유사하다. 호수의 기슭과 얕은 부분을 따라서 많은 종류의 현화식물이 저층에 뿌리를 내린다. 일부는 표면에 뜨거나 물 위로 내민 잎을 가지고 있으며 **추수식물(정수식물; emergent plants)**이라고 한다. 부들, 애기부들, 화살촉나무, 수련이 그 예이다. 수면 아래에 잠겨서 뿌리가 있는 식물은 **침수식물(submerged plants)**이라고 부른다. 수초인 *Elodea*와 *Chara*가 그 예이다.

많은 종류의 담수 조류도 얕은 물에서 생장하며, 이는 저층에 매트로 나타나거나 물의 식생이나 기타 물체에 부착한다. 식물과 조류와 연합하여 많은 수의 상이한 종류의 동물이 존재한다. 어류, 가재, 조개, 그리고 많은 종류의 수서곤충이 이러한 식물과 동물의 혼합체에 서식한다. 뿌리를 가진 식생이 있는 지역을 **연안대(littoral zone)**라고 하며, 뿌리가 있는 식생이 없는 호수 부분을 **호소대(limnetic zone)**라고 한다(그림 5.24).

호수의 생산성은 몇 가지 요인에 의하여 결정된다. 온도는 중요한데, 이는 찬 온도는 광합성 양을 감소시키는 경향이 있기 때문이다. 얕은 호수는 빛이 호수 바닥까지 투과하여 전체 수층에 걸쳐 광합성이 일어날 수 있기 때문에 수심이 중요하다. 얕은 호수는 태양광의 가열효과의 결과로 따뜻하다. 호수의 생산성에 영향을 미치는 세 번째 요인은 존재하는 영양분의 양이다. 이는 호수로 영양분을 운반하는 강과 개울에 의하여 주로 결정된다. 지역을 통과하여 흐르는 많은 영양분을 공여하는 강 시스템은 호수로 영양분을 운반한다. 농경과 건설은 토양을 노출시켜 영양분을 방출하며, 개울과 호수에 쓰레기를 버리는 것과 같은 기타 인간 활동도 마찬가지이다. 깊고, 깨끗하고, 차갑고, 영양분이 빈약한 호수는 생산성이 낮으며 **빈영양 호수(oligotrophic lake)**로 불린다. 얕고, 흐리고, 따뜻하고, 영양분이 풍부한 호수를 **부영양 호수(eutrophic lake)**라고 한다.

물의 용존산소 농도는 중요한데, 그 이유는 산소량이 호수에 서식하는 생물의 종류를 결정하기 때문이다. 유기물이 물에 들어가면 세균과 진균에 의하여 분해된다. 이러한 분해자 생물은 호흡을 수행하면서 물로부터 산소를 사용한다. 특정한 양의 유기물을 분해하기 위하여 분해자가 사용하는 산소량을 **생화학적 산소요구량(biochemical oxygen demand; BOD)**이라고 한다.

유기물은 몇 가지 방법으로 수서생태계로 들어간다. 물에 서식하는 생물은 대사 노폐물을 생산한다. 물 내부 또는 부근에 서식하는 생물이 죽거나 신체 일부를 떨어뜨리면, 유기물은 물에 기여된다. 물로 들어가는 영양분의 양도 중요한데, 그 이유는 성장이 자극되는 조류와 식물은 궁극적으로 사멸되어 분해되면서 산소 농도를 감소시키기 때문이다. 많은 수체는 생산자가 사멸되는 겨울철에 산소 수준이 감소한다. 유기물의 양과 종류는 어류, 갑각류, 달팽이와 같은 다른 생물이 이용할 수 있는 산소가 어느 정도인지를 부분적으로 결정한다. 많은 호수는 산소가 낮은 시기를 겪으며, 이

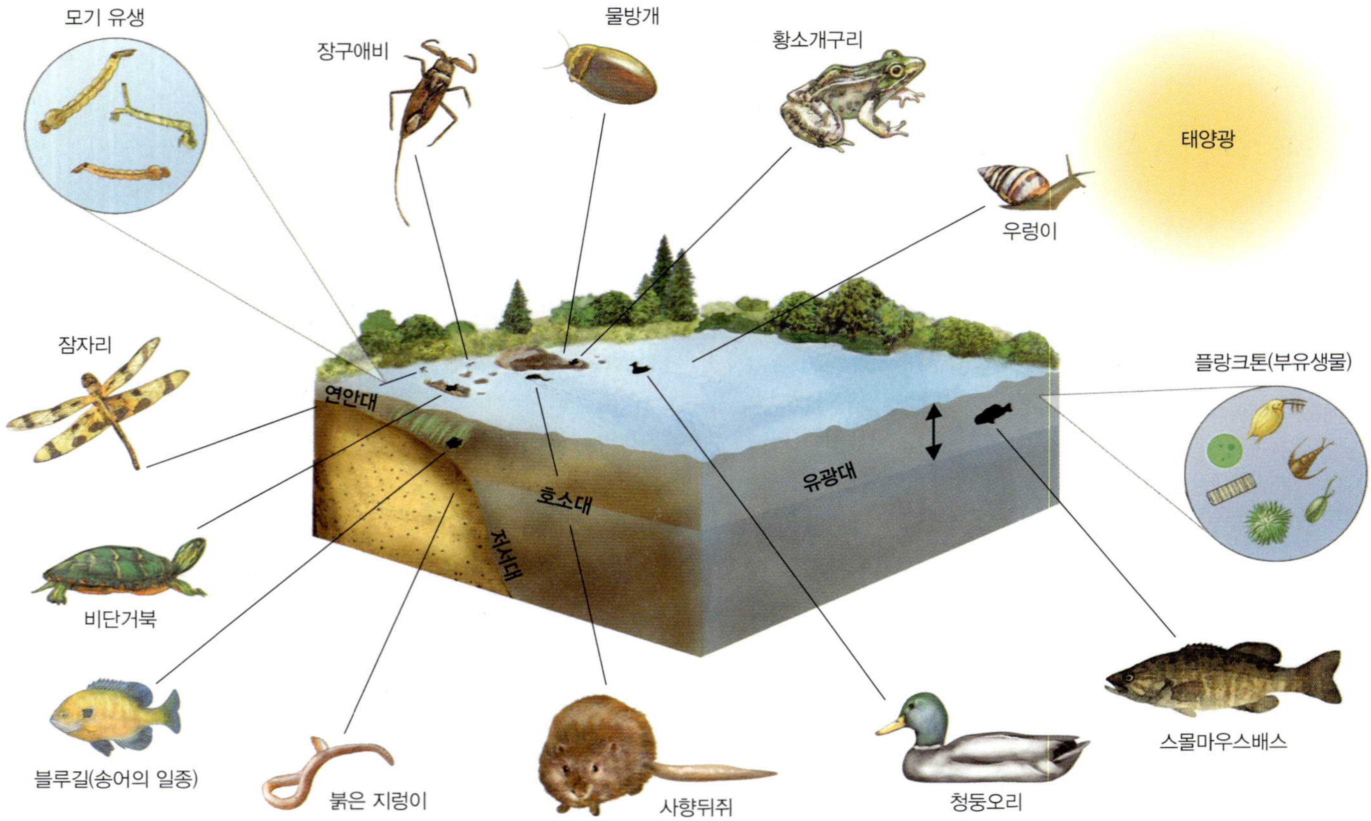

그림 5.24 호수 생태계: 호수는 대부분의 해양생물이 담수에서 살 수 없기 때문에 종이 다르다는 것을 제외하고는 해양과 구조가 유사하다. 많은 종류의 어류, 동물플랑크톤, 식물플랑크톤과 함께 곤충이 담수호에서 일반적인 생물이다.

는 어류와 기타 생물의 사멸을 초래한다.

개울과 강

개울과 강은 담수생태계의 두 번째 범주이다. 물이 움직이기 때문에 부유생물은 부착생물에 비하여 덜 중요하다. 대부분의 조류는 암석이나 바닥의 다른 물체에 부착하여 생장한다. 이러한 부착조류, 동물, 진균을 집합적으로 **부착생물(periphyton)**이라고 한다. 물이 얕기 때문에 빛은 바닥까지 쉽게 투과할 수 있다(크거나 극히 혼탁한 강은 제외). 그렇더라도 광합성 생물은 생장에 필요한 영양분을 축적하기 어려우며, 대부분의 개울은 그리 생산성이 높지 않다. 사실상 영양분의 주요한 유입원은 육상 공급원으로부터 개울로 떨어지는 유기물에서 기원한다. 이들은 주로 나무와 기타 식생의 잎이며, 또한 살아있거나 죽은 곤충의 신체이다.

개울 내에는 유기쇄설물을 먹이 공급원으로 사용하도록 특별히 적응된 생물 군집이 있다. 세균과 진균은 유기물에 집락을 형성하며, 많은 종류의 곤충은 이러한 유기물을 그 위에 서식하는 진균과 세균과 함께 조각내서 먹는다. 곤충의 분변(장 노폐물)과 섭식 과정에서 생산되는 미소한 입자는 떠내려가는 유기물의 작은 조각을 포획하기 위하여 그물을 치는 다른 곤충의 먹이가 된다. 이러한 곤충은 차례로 육식 곤충과 어류에 의하여 먹힌다.

빛 투과가 적은 큰 강과 흐린 개울의 생물은 강으로 흘러가는 많은 개울로부터 떠내려 오는 먹이에 주로 의존한다. 큰 강은 따뜻하고 물이 서서히 흐른다. 결과적으로 산소량은 낮으며, 식물과 동물 종은 변화한다. 강으로 추가되는 모든 유기물은 BOD를 증가시키며 물의 산소를 더욱 감소시킨다. 식물은 강둑을 따라 정착되기 시작하며 광합성을 수행하고 동물의 은신처를 제공하여 생태계에 기여한다.

하구가 담수생태계와 해양생태계 사이의 교량인 것처럼, 늪과 소택지는 수서생태계와 육상생태계 사이의 전이지대이다. **늪(swamp)**은 영구적으로 범람되거나 연중 대부분 범람되는 장소에서 서식할 수 있는 나무를 포함한 습지대이다. **소택지(marsh)**는 풀과 갈대가 우점하는 습지대이다. 대

집중 탐구

Varzea 삼림 – Amazon 강과 육지가 만나는 곳

Amazon 강과 많은 지류는 세계에서 가장 큰 배수분지(남미의 약 40%)와 가장 많은 유량(세계 유량의 약 20%)을 구성한다. 물은 유역의 풍부한 강우(많은 지역이 연간 300 cm 이상의 강우량을 보임)와 Andes 산맥의 눈 녹은 물에 의하여 공급된다. 눈 녹음과 어느 정도는 강우도 계절적이기 때문에 Amazon 강과 그 지류는 계절적 범람의 특징을 나타낸다.

강 유역의 대부분은 매우 평평하다. Iquitos 시는 해양에서 3,600 km 떨어져 있지만 고도는 해발 100 m 밖에 되지 않는다. 강이 범람하면 강 주변의 방대한 지역은 평평한 지형으로 인하여 수 미터의 물로 범람된다. 범람된 지역은 강으로부터 수 km까지 펼쳐진다. 이는 *바르제아(varzea)*라고 하는 계절적 습지를 형성한다. 강에서 멀리 떨어진 범람하지 않는 토지를 *테라 피르메(terra firme)*라고 한다.

계절적으로 범람하는 지역은 Amazon 강우림 총면적의 약 4%를 차지한다. 나무와 기타 식생이 장기간의 범람을 견딜 수 있어야 하기 때문에 *varzea*의 식생은 *terra firme*의 식생과 상이하다.

강과 *varzea*의 동물은 범람에 의하여 큰 영향을 받는다. 강의 동물은 범람과 함께 숲으로 이동하며 삼림 자원을 먹이로 이용한다. *Varzea* 삼림지역은 Amazon 유역의 담수 어업에 중요한데, 그 이유는 많은 어류가 범람된 삼림으로 들어가게 되면 실제로 먹이를 변경하여 과일을 먹는다. 강이 후퇴하는 건기에 어류는 강의 주 수로로 돌아가서 육식동물이 된다. 먹이를 위하여 삼림을 이용하는 것에 추가하여, 어류는 분변에 과일 씨를 살포한다. 악어와 큰 강 수달 같은 동물도 먹이를 구하러 삼림으로 이동해 들어간다.

삼림의 육상 동물은 다른 문제에 직면한다. 강이 상승하면서 그들은 고지대로 퇴각하게 되며 종종 섬에 갇히게 된다. 이는 먹이에 대한 격렬한 경쟁을 초래한다. 원숭이와 새는 범람에 의하여 덜 당황한다. 그들의 대부분은 주된 먹이 공급원으로 나무 과일에 의존하며, 이는 범람 시기에도 가용하다. 원숭이는 단순히 나무에서 나무로 이동하고 새는 물 위로 날 수 있다.

지역의 주기적인 범람은 침니를 퇴적하며, 이는 비옥한 토양을 제공한다. 따라서 *varzea*는 농부가 건기에 작물을 재배하면서 인간 활동에 의하여 영향을 받는다. 작물은 종종 바나나, 벼, 뿌리작물과 함께 일반적인 삼림 식물의 혼합이다. 범람으로 인하여 강가에 거주하는 사람은 고지대나 때로는 각주 위에 집을 짓는다. 강은 지역의 주요한 고속도로이기도 하며 작은 보트가 교통의 가장 일반적인 형태이다.

보트가 주요한 교통수단이다. 바나나를 시장으로 가져가기 위하여 싣고 있다.

매년 일어나는 범람 시기에 강은 이 제방의 거의 꼭대기까지 도달한다.

Varzea 삼림

과학, 정치, 정책

아시아 잉어의 오대호 유입 방지

미국 수역에 몇 종의 아시아 잉어가 도입되었다. 대두어와 백련어 두 종은 연방정부, 몇 개 주, Ontario 지역, Chicago시가 관련된 정책 토론의 초점이 되었다. 두 종은 헤엄치면서 물에서 플랑크톤을 여과하며 하루에 막대한 양의 플랑크톤을 소비할 수 있다. 1970년대에 아시아 대두어는 여과 습성을 매기 호지에서 조류를 제거하는데 사용하기 위하여 미국으로 수입되었다. 그러나 1990년대의 홍수는 어류가 호지에서 탈출하여 Mississippi강으로 들어가게 하였다. 그 이후 매기는 Mississippi강 유역 대부분에 퍼졌으며, 여기에는 Chicago에서 흘러나오는 지류도 포함된다.

이 정책 논쟁에서 중요한 구성 요소는 Michigan호와 Mississippi강을 연결하는 Chicago 하수 운하(Sanitary and Ship Canal)가 존재하는 것이다. 어류의 이주를 방지하면서 선박의 통행을 허용하기 위하여 전기장벽이 설치되었다. 그러나 이러한 장벽은 효과적이 아니었으며, 아시아 잉어는 장벽 너머에서 발견되었다.

많은 과학자와 정책결정자는 오대호의 플랑크톤 섭식 아시아 잉어의 존재가 오대호의 먹이사슬을 크게 변화시키고 연간 $70억 이상의 가치가 있는 스포츠 피싱과 상업적 어업을 위협할 수 있다고 우려한다.

Michigan주와 그 밖의 4개 주, 그리고 캐나다 Ontario에 의한 소송은 Michigan호로 아시아 잉어가 유입되는 것을 차단하기 위하여 운하의 갑문을 폐쇄할 것을 요구하였다. 관광선 운영자와 바지선 회사를 포함한 상업적 사업자는 연결수로의 폐쇄에 반대한다. 잉어가 오대호로 유입되도록 허용하는 잠재적으로 더 커다란 경제적 영향에 반대하여 해운산업을 위한 갑문을 폐쇄하는 경제적

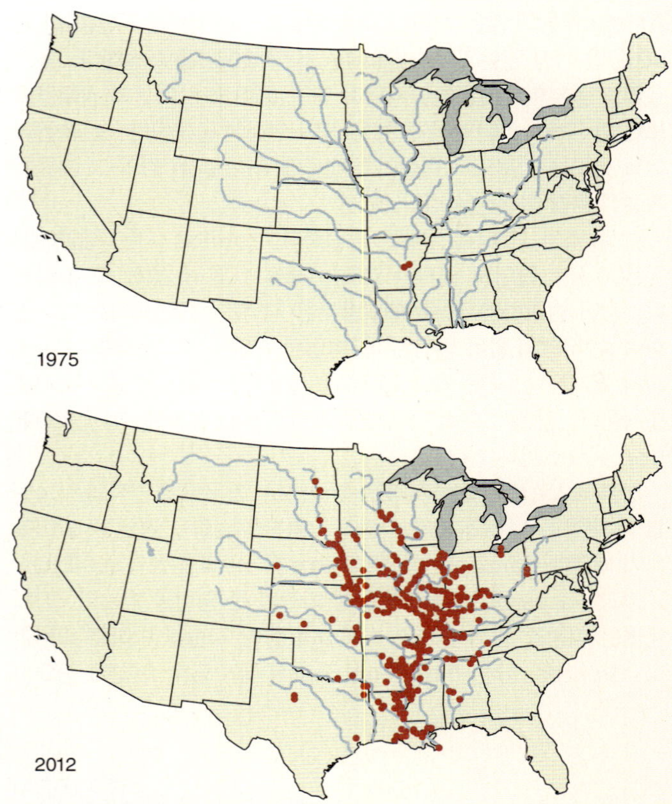

Reported Asian Carp from 1975 – 2012.

부분의 늪과 소택지는 궁극적으로 완전한 육상 군집이 되는 천이 상태이다.

담수생태계에 대한 인간의 영향

강과 호수의 담수 자원은 세계 수자원의 약 0.02%를 차지한다. 대부분의 담수생태계는 인간 활동에 의하여 심하게 영향을 받았다. 땅에서 일어나는 모든 활동은 육지로부터 유출수 때문에 궁극적으로 담수에 영향을 미친다. 농경 유출수, 하수, 퇴적물, 쓰레기는 모두 개울과 호수로 들어간다. 11장 토양에서 이러한 문제를 자세하게 다룬다.

결과를 어떻게 평가할지에 대하여 논쟁이 시작되었다.

2010년 미국 대법원은 Chicago 지역 수로와 Michigan호 사이의 갑문 폐쇄를 명령하지 않기로 판결하였다. 이러한 결정은 연방정부 수준에서 2가지 반응을 초래하였다. Illinois강 유역과 Michigan호 사이의 연결을 폐쇄할 수 있는 가능성을 조사하기 위하여 2011년 "Stop Asian Carp Act" 법안이 상원에 제출되었다. 이 법안은 위원회에 회부되었다. 추가적으로 행정부는 $7백만 예산으로 "Asian Carp Regional Coordinating Committee (ACRCC)"를 설립하였다. ACRCC는 아시아 잉어가 전기장벽을 통과하는지 그리고 장벽의 하류에서 아시아 잉어가 제거되었는지를 결정하기 위한 조사를 수행하였다. 조사방법의 하나는 아시아 잉어 DNA 시료를 위하여 채수하는 것이다. 장벽 너머에서 채집된 시료의 하나는 아시아 잉어 DNA에 대하여 양성반응을 보였다.

2013년 발표된 보고서는 Chicago지역 수로 시스템에서 대두어 또는 백련어에 대하여 58개의 DNA 양성반응을 나타냈다. 이 연구에서 서부 Erie호에서도 6개의 DNA 양성반응이 나타났다. Chicago에서 DNA 양성반응의 일부는 Calumet호에서 발견되었는데, 여기에서 2010년 살아있는 대련어가 포획되었다.

미국 육군 공병대는 잉어의 DNA가 반복적으로 장벽 너머에서 나타났음에도 불구하고, 전기장벽이 잉어가 통과하는 것을 방지한다고 주장한다. 연방기관들은 유전물질이 새의 분변, 어획도구, 바지선, 우수관거에 의하여 운반될 수 있다고 주장한다.

이러한 주장은 Erie호에서 발견된 DNA에 대해서는 더욱 그럴듯하지 않다. Erie호에서 발견된 DNA는 아시아 잉어가 출몰하는 수로에서 160 km 이상 떨어져 있다. 새가 공급원이라면, 이는 새가 잉어를 먹고서 연구진이 물 시료를 채취하기 몇 시간 이내에 장거리를 날아가서 분변을 분비하였다는 것을 의미할 것이다.

Asian Carp in the Mississippi River.

2014년 미국 육군 공병대가 발표한 연구는 수로를 물리적으로 격리하기 위해서는 25년과 $150억~$180억이 소요된다고 주장하였다. 비용의 대부분인 $140억은 Chicago 지역의 홍수 위험 증가를 감소하기 위하여 건설되어야 하는 홍수관리 분지와 유출수 터널에 사용될 것이다.

환경단체는 만족하지 않는다. 그들은 장벽 너머에 아시아 잉어 DNA가 존재하는 것이 어류가 장벽을 넘어서 통과할 수 있는 능력을 가지고 있다는 증거라고 지적하며 운하의 완전한 폐쇄를 요구한다.

이제 여러분이 운하의 운명에 대하여 최종 결정을 내리는 독립적인 입장에 있다고 가정한다. 여러분은 영구히 폐쇄할 것인가, 아니면 그렇지 않을 것인가? 여러분은 일반대중에서 결정을 변호할 수 있나요? 침입종의 전파를 방지하는 것이 가능한가?

이슈와 분석

소코 가오리(Cownose Ray)는 골칫거리인가 아니면 자원인가?

생태계는 생물 사이의 복잡한 상호작용을 포함한다. 해양은 매우 크고 연구하기 어렵기 때문에 생태계 중에서 가장 적게 이해되고 있다. 우리는 해양의 많은 생물을 식량 공급원으로 사용하지만 많은 경우 자원의 분포와 양에 영향을 미치는 힘을 거의 이해하지 못한다. 소코 가오리 개체군의 최근 변화는 먹이사슬의 상하로 반향을 가져왔다.

소코 가오리는 미국 동해안에 분포하며 패류의 일반적인 포식자이다. 가오리는 여름철에 물이 따뜻할 때 Carolina 주와 Chesapeake 만의 해안까지 북쪽으로 이주한다. 가오리는 대량으로 도착하여 굴, 가리비, 기타 해양생물을 섭식한다. 최근에 소코 가오리 개체군의 증가는 동해안을 따라 굴과 가리비 수산업에 큰 손실을 초래하였으며, 이는 수산관리자가 조정을 하도록 하였으며 패류 산업을 보호할 수 있는 변화를 시사하였다. 노스캐롤라이나 주는 부분적으로 소코 가오리의 포식으로 인하여 가리비 수가 너무 적어서 상당기간 가리비 수산업을 실제로 폐쇄하였다. 버지니아 주는 개체군을 감소하고 Chesapeake 만의 패류 산업을 보호하기 위한 방법으로 소코 가오리의 어획을 권장하였다. 그들은 소코 가오리의 이름을 Chesapeake 가오리로 변경하고 조리법도 제공한다.

다양한 과학자들이 소코 가오리 개체군 증가의 주요한 원인으로 상어의 포획을 지적하였다. 지난 50년간 식량을 위한 상어의 포획은 3배 이상 증가하였으며 상어의 많은 종이 상당한 개체군의 감소를 보였다. 상어는 가오리를 포식하며, 상어 개체수의 감소는 더 많은 가오리가 생존하여 개체군이 증가하는 것을 의미한다. 상어 몇 종은 남획되어 미국 해역에서 포획이 규제되거나 금지되었다. 그러나 많은 종류의 상어는 이주성이며 미국 해역 밖에서 포획된다.

그러나 소코 가오리의 포획은 가오리가 수산업을 지탱하기에 충분할 정도로 빠르게 번식하지 않는다고 느끼기 때문에 많은 사람들에 의하여 반대된다. 그들은 가오리가 7년까지 성적 성숙에 도달하지 않으며 암컷은 매년 한 마리밖에 생산하지 않는다는 것을 지적한다.

따라서 이 연극에는 몇몇 중요한 인간 배우가 있다. 여기에는 패류를 수확하여 생계를 유지하는 지역민, 상어를 포획하는 지역 어부와 국제적 어부, 자원을 조절하려고 시도하는 수산관리자, 구성원의 수요와 욕구에 대응하는 주 공무원이 있다.

- 연안역의 많은 부분이 패류 생산을 위하여 규제되어야 하나요?
- 패류는 소코 가오리의 포식으로부터 보호되어야 하나요?
- 누가 소코 가오리를 포획할지 여부를 결정해야 하는가?

요약

생태계는 천이라고 하는 한 종류의 생물이 다른 생물을 대체하는 과정에 의하여 변화한다. 궁극적으로 비교적 안정된 단계에 도달하며 이를 극상군집이라고 부른다. 천이는 1차 천이라고 하는 벌거벗은 암석이나 물에서 시작하거나, 2차 천이라고 하는 원래 생태계가 파괴될 때 발생할 수 있다. 극상으로 이끄는 단계들을 천이단계라고 한다.

주요한 지역적 육상 극상군집을 생물군계(biome)라고 한다. 발달하는 생물군계의 종류를 결정하는 주된 요인은 강우의 양과 연중 분포와 연간 온도 주기이다. 주요한 생물군계는 사막, 온대초원, 사바나, 지중해 관목지대, 열대건조림, 열대우림, 온대낙엽수림, 온대우림, 타이가, 툰드라이다. 각각은 그 지역에 전형적인 기후 조건에 적응된 생물의 특정한 조합을 가지고 있다. 산허리를 올라가면 적도에서 북극으로 여행하면서 나타나는 생물군계의 변화와 동일한 종류를 관찰할 수 있다.

수서생태계는 해양(염수)생태계와 담수생태계로 구분할 수 있다. 해양에서 일부 생물은 개방된 해역에서 생활하며 유영생물로 불린다. 빛은 상층부에만 투과되며 이 지역을 유광대라고 한다. 표면 부근에 부유하는 미소한 광합성 생물을 식물플랑크톤이라고 부른다. 식물플랑크톤은 동물플랑크톤으로 알려진 작은 원생동물이나 동물에 의하여 포식되며, 이는 차례로 어류와 기타 대형 생물에 의하여 포식된다.

해안을 구성하는 물질의 종류는 그곳에 서식하는 생물의 혼합을 결정한다. 암석 해안은 생물이 부착할 수 있는 표면을 제공하지만, 모래 해안은 그렇지 못한다. 진흙 해안은 종종 산소가 빈약하지만, 소택지와 늪이 이러한 지역에 발달한다. 산호초는 산호 동물이 지배하는 열대 해양생태계이다. 홍수림 늪은 나무에 의하여 지배되는 열대 해양 해안 생태계이다. 하구는 담수 개울과 강이 해양으로 들어가는 곳에 나타난다. 하구는 보통 얕고 매우 생산성이 높은 지역이다. 많은 해양생물은 하구를 번식에 이용한다.

곤충은 담수에 흔하지만 해수에는 없다. 호수는 해양과 유사한 구조를 보이지만, 종은 상이하다. 생산성이 빈약한 깊고, 찬물을 가진 호수는 빈영양이라고 하며, 생산성이 높은 얕고 따뜻한 호수는 부영양이라고 한다. 개울은 존재하는 유기물의 대부분이 주변 토지에서 들어온다는 점에서 호수와 다르다. 따라서 개울의 생물은 개울 부근에서 발생하는 토지의 이용에 매우 민감하다.

녹색 활동

1. 여러분의 지역에 토착인 5종의 식물을 동정하는 것을 배운다.
2. 자연센터, 야생동물 보호구역, 주 자연보존지역을 방문한다. 여러분이 확인한 10종을 열거한다.
3. 서식지를 회복하거나 침입종을 배제하는 지역 프로그램에 참여한다.
4. 지역사회의 지구의 날(4월 22일)과 식목일 활동에 참여한다.
5. 국립 야생동물 연합 웹사이트에 방문하여 뒤뜰 야생동물 서식지 프로그램에 대하여 배운다.
6. 빈 터, 도로변, 방치된 농장과 같은 교란된 부지를 방문한다. 천이가 발생하고 있는 어떠한 증거를 여러분은 볼 수 있나요?
7. 지역의 강이나 해안 청소 프로그램에 참여한다.
8. 매주 자연에서 시간을 보내도록 노력한다. 그럴 경우에 전자제품을 소지하지 않는다.

복습문제

1. 천이 과정을 묘사한다. 1차 천이는 2차 천이와 어떻게 상이한가?
2. 극상군집은 천이 군집과 어떻게 상이한가?
3. 열대우림, 사막, 툰드라, 타이가, 사바나, 지중해 관목지대, 열대 건조림, 온대초원, 온대우림, 온대낙엽수림 생물군계에 전형적인 2가지씩의 무생물 특징을 열거한다.
4. 열대우림, 사막, 툰드라, 타이가, 사바나, 지중해 관목지대, 열대 건조림, 온대초원, 온대우림, 온대낙엽수림 생물군계에 전형적인 2가지씩의 생물 특징을 열거한다.
5. 어느 지역에서 발달하는 육상 생물군계의 종류를 결정하는 2가지 주된 요인은 무엇인가?
6. 해발 고도는 존재하는 생물군계의 종류에 어떻게 영향을 미치는가?
7. 해양의 어느 지역이 가장 생산성이 높은가?
8. 식물플랑크톤, 동물플랑크톤, 조류, 산호 동물, 어류 등의 해양생태계에서의 역할은 무엇인가?
9. 해조류, 게, 식물플랑크톤, 어류 중에서 유광대 내에서만 기능하는 것은 무엇인가?
10. 담수생태계와 해양생태계 사이의 차이점 3가지를 열거한다.
11. 하구는 무엇인가? 하구는 왜 중요한가?

비판적 사고 문제

1. "극상군집"의 개념은 이치에 맞나요? 그 이유는?
2. 인간 활동에 의하여 퇴화된 생태계를 복원하는데 대하여 여러분은 어떻게 생각하나요? 복원을 해야 할까요? 그 이유는? 이 재건 비용은 누가 부담해야 하나요?
3. 여러분이 거주하는 생물군계를 확인한다. 이 생물군계를 유지하는데 어떠한 환경 요인이 도움이 되는가? 여러분 생물군계의 현재 건강상태는? 건강에 대한 현재의 위협은 무엇인가? 여러분 생물군계는 100년, 1,000년, 10,000년 전에는 어떠하였을까요?
4. 여러분이 지역 주민에 의하여 그들이 거주하는 열대우림의 개발에 따른 환경 결과가 어떠할 것인가에 대하여 자문을 받은 보존생물학자라고 가정한다. 여러분은 그들에게 무슨 이야기를 할 것인가? 여러분은 왜 이러한 평가를 하였는가? 여러분의 주장에 대하여 어떠한 증거를 인용할 수 있는가?
5. 교재에 의하면 북서태평양의 오래된 온대우림의 약 절반이 벌목되었다. 남아있는 삼림을 어떻게 할 것인지가 아직 문제이다. 일부는 벌목되어야 한다고 하고, 다른 사람들은 보존되어야 한다고 한다. 각 측은 어떠한 가치, 신념, 견지를 가지고 있는가? 이 지역의 오래된 나무를 벌목하는데 대한 여러분의 윤리는 무엇인가? 이 문제에 대하여 여러분이 가지는 가치, 신념, 견지는 무엇인가?
6. 미국의 오래된 삼림은 대부분 벌채되어, 경제적 이득은 현실화되었으며, 2차 조림이 정착되었다. 이는 열대우림에 대해서는 비록 급박하게 상실되고 있음에도 불구하고 그렇지 않다. 그들의 자원을 이미 현금화한 선진국은 개발도상국에서 발생하는 일에 대하여 할 말이 있을까요? 여러분이 행동하는 것에 대하여 왜 그렇게 생각하는가?

chapter 6

인구: 특징과 문제

Populations: Characteristics and Issues

▲ 개체군은 동일한 종의 생물 집합이다. 브라질 Sao Paulo 시장의 군중은 세계 다른 곳이나 심지어는 브라질 내에서의 다른 인간 개체군과 상이한 특징을 가진 지역적 개체군이다. 인구(인간 개체군)는 지구를 크게 변화시켰다.

CHAPTER OUTLINE

목적

이 장을 학습한 후 여러분은 다음을 달성하여야 한다.

- 동일한 종의 2개 개체군이 상이할 수 있는 방식을 5가지 이상 설명한다.
- 개체군 성장률을 결정하는데 출생률과 사망률 모두 중요하다는 것을 이해한다.
- 개체군의 다음 특징에 대하여 정의한다: 출생률, 사망률, 성비, 연령분포, 생물 번식 능력, 공간분포
- 생물 번식 능력의 개체군 성장속도에 대한 중요성을 설명한다.
- 개체군 성장곡선의 지체기, 지수성장기, 감소기, 안정 평형기에 대하여 설명한다. 각각의 단계가 왜 발생하는지 설명한다.
- 제한요인이 어떻게 개체군의 수용용량을 결정하는지 설명한다.
- 외인성과 내인성 제한요인을 구분한다.
- 밀도의존형과 밀도비의존형 제한요인을 구분한다.
- 제한요인의 4가지 범주를 열거한다.
- K 전략가와 r 전략가 사이의 4가지 특징적인 차이를 열거한다.
- 개체군이 주기적으로 변동할 수 있다는 것을 인식한다.
- 과잉번식의 결과를 이해한다.
- 경제발달 단계와 인구성장률 사이의 관계를 설명한다.
- $I = P \times A \times T$의 의미를 설명한다.
- 생태학적 발자국 개념을 서술한다.
- 인구성장이 어떻게 경제적, 사회적, 신학적, 철학적, 정치적 사고에 의하여 영향을 받는지 설명한다.
- 연령분포와 여성의 지위와 역할이 어떻게 인구성장 예측에 영향을 미치는지 설명한다.
- 세계의 대부분 국가의 인구가 빠르게 성장한다는 것을 인식한다.
- 인구통계적 전이 개념의 결과를 서술한다.
- 인구의 빠른 성장과 빈곤이 연관되어 있다는 것을 인식한다.
- 저개발국가의 사람들이 육류를 많이 먹지 않는 이유를 설명한다.

침입 종

대부분 생물 개체군의 크기는 안정적이다. 다른 말로 하면, 출생과 사망이 있고 계절적 또는 단기간의 변동이 있지만, 평균적으로 생물의 수는 거의 동일하게 유지된다. 일부 생물의 개체군은 감소한다. 이러한 개체군은 크기가 작으며 멸종위기종으로 불린다. 또한 많은 생물 종은 빠르게 성장하는 개체군을 가진다. 이러한 종은 일반적으로 전에 종이 존재하지 않았던 지역에 도달하였다. 모든 종의 도입이 성공적은 아니지만, 야생에서 성공한 종을 침입 종이라고 부른다. 침입 종은 식물, 동물, 미생물이던 상관없이 특정한 성질을 가진다.

침입 종은 전에 존재하지 않았던 지역에 도달한다. 그러면 새로운 서식지에 천적이 없고 특이한 번식 특성으로 인하여, 개체군 폭발을 이루게 된다. 침입 종의 특징에는 다음이 포함된다.

- 거의 대부분은 새로운 서식지에 천적이나 질병을 유발하는 생물이 없는 비토착(외래)종이다.
- 대부분의 침입 종은 다양한 서식지에서 살 수 있는 일반종이다.
- 침입 종은 빠르게 생장하고 성숙하며, 많은 자손을 생산하고, 자손의 많은 수가 생존한다.
- 침입 종은 토착종을 성공적으로 능가할 수 있다. 외래 침입 종의 예는 많다.

보리수나무(autumn olive; *Elaeagnus umbellata*)는 아시아에 토착종이며 야생동물의 먹이원과 침식 통제를 위하여 미국에 의도적으로 도입되었다. 보리수나무는 현재 미국 동부 전체와 서부 3개 주에 전파되었다. 이는 다양한 개활된 서식지에서 살 수 있으며, 빠르게 생장하고, 씨를 포함하는 많은 수의 열매를 생산한다. 열매는 새가 먹고 배변할 때 씨앗을 전파한다. 일단 정착되면 보리수나무는 토착종을 그늘로 가려서 억제할 수 있다. 일단 정착되면 보리수나무는 제거하는 것이 거의 불가능하다.

서울호리비단벌레(*Agrilus planipennis*)는 북미에 우연히 도입된 외래종인 아시아산 딱정벌레이다. 이는 아마도 나무제품이나 포장 재료로 도입되었다. 이는 2002년 미시간 주 Detroit에서 최초로 발견되었다. 2002년 전에 비단벌레는 Detroit 지역에 아마도 10년 이상 작은 개체군으로 존재하였을 것이다. 2013년 비단벌레는 동부 22개 주와 Ontario와 Quebec으로 전파되었다. 이는 천적이 없고 물푸레나무(ash tree)의 모든 종에 영향을 미친다. 성체는 늦봄에 출현하여 교미한다. 암컷은 100개까지의 알을 물푸레나무 껍질에 낳는다. 알은 부화하여 껍질에 구멍을 뚫고 껍질 바로 아래 활발하게 생장하는 조직을 먹는다. 이는 결국 나무를 사멸시킨다. 성체는 1 km까지 나를 수 있지만, 인간이 운반하는 목재와 화목이 분산의 주요한 수단이다.

인간(*Homo sapiens*)도 침입 종의 정의에 부합한다. 인간은 아프리카에서 작은 개체군으로 시작되어 전 세계로 퍼졌다. 인간은 매우 적응력이 높고, 다양한 서식지에서 생활할 수 있으며, 자손의 성공률이 높다. 인간은 장거리를 여행할 수 있으며 침입하는 새로운 서식지에서 어떠한 생물도 능가한다.

보리수나무

서울호리비단벌레

인간

6.1 인구 특성

개체군(population)은 어느 지역에 서식하는 동일한 종 개체의 집단으로 정의된다. 예를 들면 마당의 민들레, 도시 하수의 시궁쥐 개체군, 생물학 강의의 학생 수 등이다. 큰 규모에서 세계의 사람은 세계 인구 개체군을 구성한다. 종(*species*)과 **개체군** 용어는 상호 연관되는데, 종은 특정한 생물의 가능한 가장 큰 개체군이기 때문이다. 그러나 **개체군**이라는 용어는 공간과 시간을 명시하여 종의 부분을 가리키는데 사용되기도 한다. 개체군 내의 개체가 인식될 수 있는 것처럼, 동일한 종의 상이한 개체군은 다른 개체군으로부터 구별할 수 있도록 하는 특정한 특징을 가진다. 개체군이 상이한 중요한 방식들은 유전학, 출생률, 사망률, 성비, 연령분포, 성장률, 밀도, 공간분포 등이 포함된다.

유전적 차이

각 지역 개체군은 종의 작은 부분이기 때문에, 그리고 각 개체군은 지역 조건에 적응되기 때문에, 동일한 종의 개체군은 다른 개체군과 상이한 특징을 보이는 것이 일반적이다. 예를 들면 아메리카 흑곰(*Ursus americanus*)은 북미 전체의 숲 지역에서 발견된다. 범위가 매우 넓어서 아메리카 흑곰은 알래스카 주와 캐나다의 툰드라부터 미국 서남부와 멕시코의 건조한 지역까지 다양한 서식지에서 살고 있다. 그 범위 내에서 약 16개의 명백히 상이한 개체군이 존재한다. 그들의 대부분은 반도나 섬에서 다른 개체군으로부터 부분적으로 고립되어 있다. 다른 개체군은 산이나 기타 부분적으로 고립된 숲이 우거진 지역에서 발견된다. 생물학자들은 이러한 상이한 개체군 사이에 몇 가지 유전적 차이를 인식하며 아종으로 부른다. 아종 중 하나는 캐나다 남서부와 미국 북서부의 건조한 지역에서 발견되는 갈색곰이다. 갈색곰은 적갈색 외피로 더 보편적인 흑곰의 아종과 쉽게 구분된다(그림 6.1).

출생률

출생률(natality)은 특정한 시간 동안에 번식을 통하여 개체군에 추가되는 개체의 수를 가리킨다. 새로운 개체 생물이 생산되는 방식에는 무성생식과 유성생식의 두 가지 종류가 있다.

(a) 황갈색 흑곰 (b) 일반적인 흑곰

그림 6.1 흑곰 개체군 사이의 유전적 차이: 적갈색 외피는 갈색곰 아종(개체군)을 흑곰의 다른 아종으로부터 구분하는 유전적 특징의 하나이다.

무성생식

세균과 기타 미소 생물은 주로 무성생식을 하며, 이들은 분열하여 원래 어버이 생물과 동일한 개체를 형성한다. 식물과 해면, 해파리, 몇 종류의 벌레와 같은 많은 종류의 동물은 두 부분으로 분열하거나 자신의 작은 부분을 발아하여 독립적 개체가 되는 무성생식으로 번식한다. 일부 곤충과 도마뱀도 암컷이 유전적으로 동일한 미수정란을 낳는 특별한 종류의 무성생식을 한다.

유성생식

그러나 대부분의 종은 유전적으로 상이한 자손을 생산하는 유성생식을 생활사의 어느 단계에서 가진다. 식물 개체군에서 유성생식은 수많은 씨앗을 생산하지만, 씨앗은 발아하여 새로운 개체를 생산하기 전에 적절한 토양 조건에 떨어져야 한다. 동물 종도 유성생식의 결과로 일반적으로 많은 수의 자손을 생산한다.

인간 개체군에서 **출생률(birth rate)**은 1년간 1천 명에서 태어난 개체의 수이다. 예를 들면 2천 개체의 개체군이 1년에 20개체를 생산하였다면, 출생률은 1년에 천 명 당 10이 된다. 대부분 종의 출생률은 상당히 높다. 대부분의 종은 부모를 대체하기 위하여 필요한 것보다 훨씬 많은 자손을 생산한다.

사망률

개체군의 성장은 출생률(natality)에 의해서만 결정되지 않는다는 것을 인식하는 것이 중요하다. 특정한 기간 동안 개체군 내의 사망수인 **사망률(mortality)** 또한 중요하다. 대부분의 종에서 사망률은 매우 높으며, 어린 개체에서 특히

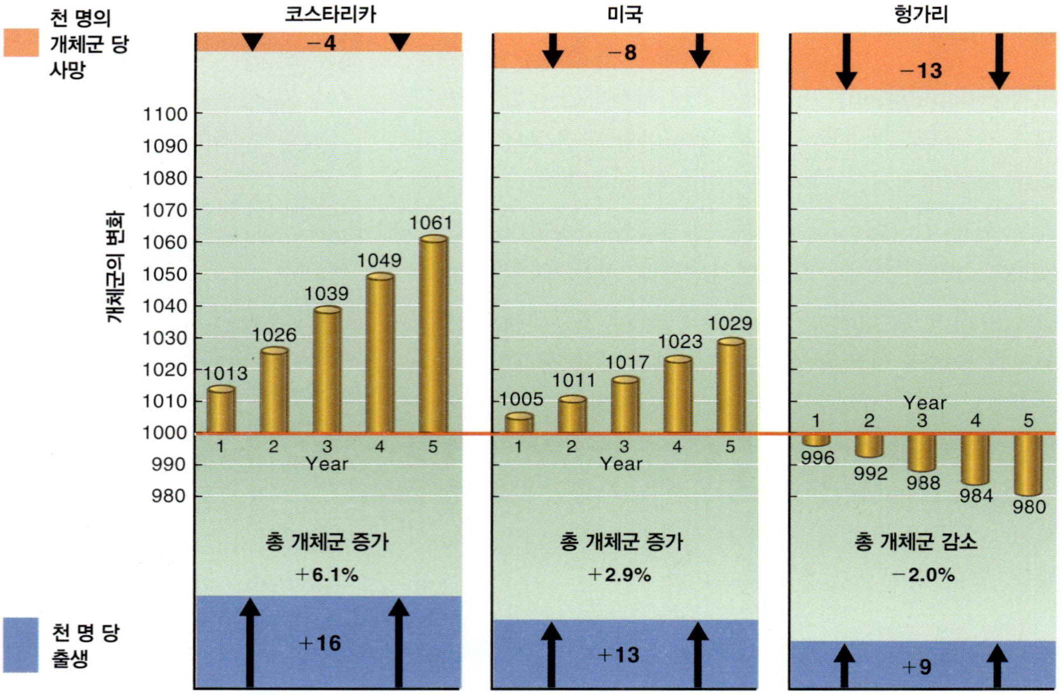

그림 6.2 개체군 크기에 대한 출생률과 사망률의 영향: 개체군이 성장하기 위해서는 어느 기간 동안 출생률이 사망률에 비하여 높아야 한다. 이 3종류 인간 개체군은 출생률과 사망률이 5년 동안 유지될 때 출생과 사망의 결합 효과가 어떻게 개체군 크기를 변화시키는지를 보여준다.

출처: Data from World Population Data Sheet 2013, Population Reference Bureau, Inc., Washington, D.C.

높다. 예를 들어 식물이 생산하는 모든 씨앗 중에서 극히 일부만이 자손을 생산할 수 있는 성체 식물이 된다. 많은 씨앗은 동물에 의하여 먹히고, 일부는 적당한 토양 조건을 만나지 못하여 발아하지 못하며, 발아한 씨앗도 영양분과 태양광을 두고 다른 생물과 경쟁해야만 한다.

인간 개체군 연구에서 **사망률(death rate)**은 매년 1천 개체에서 사망하는 사람의 수로 정의된다. 대부분 종의 높은 어린 개체 사망률에 비하여, 인간과 같은 오래 사는 동물의 유아 사망률은 비교적 낮다. 개체군의 크기가 성장하기 위해서는 번식에 의하여 추가되는 개체의 수는 사망에 의하여 떠나는 개체의 수에 비하여 더 많아야 한다(그림 6.2).

사망률을 바라보는 또 다른 방법은 자손이 특정한 연령까지 생존할 가능성이 어떻게 되는가이다. 이를 구체화하는 것은 생존곡선이다. **생존곡선(survivorship curve)**은 각 나이에서 개체가 생존할 가능성의 비율을 보여준다. 각각의 종은 상이하지만 다음 3가지 일반적 유형의 생존곡선이 인식될 수 있다. 이는 어릴 때 높은 사망률을 보이는 종, 사망률이 모든 연령 집단에서 고르게 분산되는 종, 나이들 때까지 생존율이 높다가 사망률이 높아지는 종이다. 그림 6.3은 이러한 일반적 범주에 맞는 종의 예를 보여준다.

개체군 성장률

개체군 성장률(population growth rate)은 출생률에서 사망률을 뺀 것이다. 인간 개체군 연구에서 개체군 성장률은 보통 전체 개체군의 백분율로 나타낸다. 예를 들면 미국에서 출생률은 인구 1천 명 당 13명이다. 사망률은 1천 명 당 8명이다. 이 차이는 1천 명 당 5명이며, 이는 연간 0.5%의 개체군 성장이다(5/1,000).

성비

개체군 성장률은 개체군의 성비에 의하여 크게 영향을 받는다. **성비(sex ratio)**는 암컷과 수컷의 상대적인 수를 가리킨다. (지렁이와 같은 많은 종류의 생물과 대부분의 식물은 동일한 신체에 두 종류의 성 기관을 가지고 있으며, 이러한 종에서는 성비가 아무런 의미가 없다.) 암컷의 수가 매우 중요한데, 이는 암컷이 궁극적으로 개체군에서 생산되는 자손의 수를 결정하기 때문이다. 진정으로 일부일처인 동물 종이 일부 있다. 일부일처 종에서 수컷은 암컷과 짝을 짓고, 교미하고, 새끼를 함께 키운다. 짝 짓지 못한 암컷이 수정되더라도, 암컷은 새끼를 키우는데 덜 성공적이다. 일부다처 종에서 하나의 수컷은 많은 암컷과 교미할 수 있다. 따라서 수컷의 수는 암컷의 수에 비하여 개체군 성장에 덜 중요하다.

(a) 돌산양

(b) 흰정수리북미멧새

(c) *Cleome droserifolia*

그림 6.3 생존곡선의 유형: (a) 돌산양(Dall sheep)은 비교적 적은 수의 자손을 생산하는 대형 포유류이다. 대부분의 새끼가 생존하며, 개체가 나이들 때까지 생존율이 높고, 나이가 들면 포식과 질병에 더 취약하다. (b) 흰정수리북미멧새의 생존곡선은 많은 조류에 일반적이다. 새끼 때 높은 사망률을 보인 이후, 사망률은 성체 새의 모든 연령에 대하여 거의 동일하다. (c) 로리둘라 속 지중해 관목인 *Cleome droserifolia*와 같은 많은 작은 동물과 식물은 막대한 수의 자손(씨앗)을 생산한다. 사망률은 어린 개체에서 매우 높다. 발아에 알맞은 조건을 찾는 씨앗은 소수이고 많은 묘목과 어린 나무가 사멸한다. 소수의 개체만 노년에 도달한다.

대부분의 종에서 성비는 일반적으로 약 1:1(암컷 하나에 수컷 하나)이다. 그러나 이것이 사실이 아닌 개체군이 있다. 많은 사냥 동물의 개체군에서 수컷이 총을 맞으며(사망률이 높음) 암컷은 맞지 않는다. 그 결과 암컷이 수컷을 능가하는 불균등한 성비가 초래된다. 많은 사회적 곤충 개체군(벌, 개미, 장수말벌)에서 암컷의 수는 항상 수컷보다 훨씬 많지만, 대부분의 암컷은 불임이다. 인간에서 100명의 여아에 대하여 106명의 남아가 태어난다. 그러나 미국에서 20대 중반에 도달할 때면 남성의 높은 사망률은 성비를 동일하게 한다. 높은 남성 사망률은 나이 들어서도 계속되며, 여성이 남성을 초과한다.

연령분포

연령분포(age distribution)는 개체군의 각 연령의 개체수이다. 연령분포는 개체군 성장률에 큰 영향을 미친다. 그림 6.4에서 볼 수 있듯이, 일부는 생식기 전 유생이며, 일부는 생식기 성체이고, 일부는 생식기 후 성체이다. 개체군이 생식기 전 유생의 비율이 높으면, 유생이 성적으로 성숙한 미래에 성장할 것으로 기대될 것이다. 개체군의 대부분이 생식기 성체로 구성되어 있으면, 개체군은 성장할 것이다. 개체군이 생식 성공이 낮은 나이든 개체로 이루어져 있으면, 개체군은 감소할 것이다.

많은 종, 특히 짧은 수명을 가진 종은 연중 뚜렷이 변하는 연령분포를 나타낸다. 종은 일반적으로 연중 특정한 시기에 새끼를 생산한다. 1년생 식물은 봄철이나 우기 이후에 발아하는 씨앗을 생산한다. 따라서 연중 어느 시기에는 대부분의 개체가 새로 발아한 씨앗이며 생식기 전이다. 시간이 지나면서 생존한 거의 모든 묘목은 생식기 성체가 되어 씨앗을 생산한다. 연중 후기에는 모두 죽는다. 유사한 양상이 전체 생활주기를 1년 내에 거치는 많은 곤충에서 나타난다. 곤충은 유생으로서 알에서 나오고, 성체로 변태하고, 교미하여 알을 낳고, 죽는다. 수년간 생존하는 동물은 먹이가 풍부한 시기에 새끼를 생산한다. 북반구 기후에서 이 시기는 일반적으로 봄철이다. 강우가 산발적이거나(사막) 매우 계절적인(사바나와 일부 삼림) 지역에서는 자손의 생산은 비온 후에 발생한다. 따라서 연중 특정한 시기에 생식기 전 개체

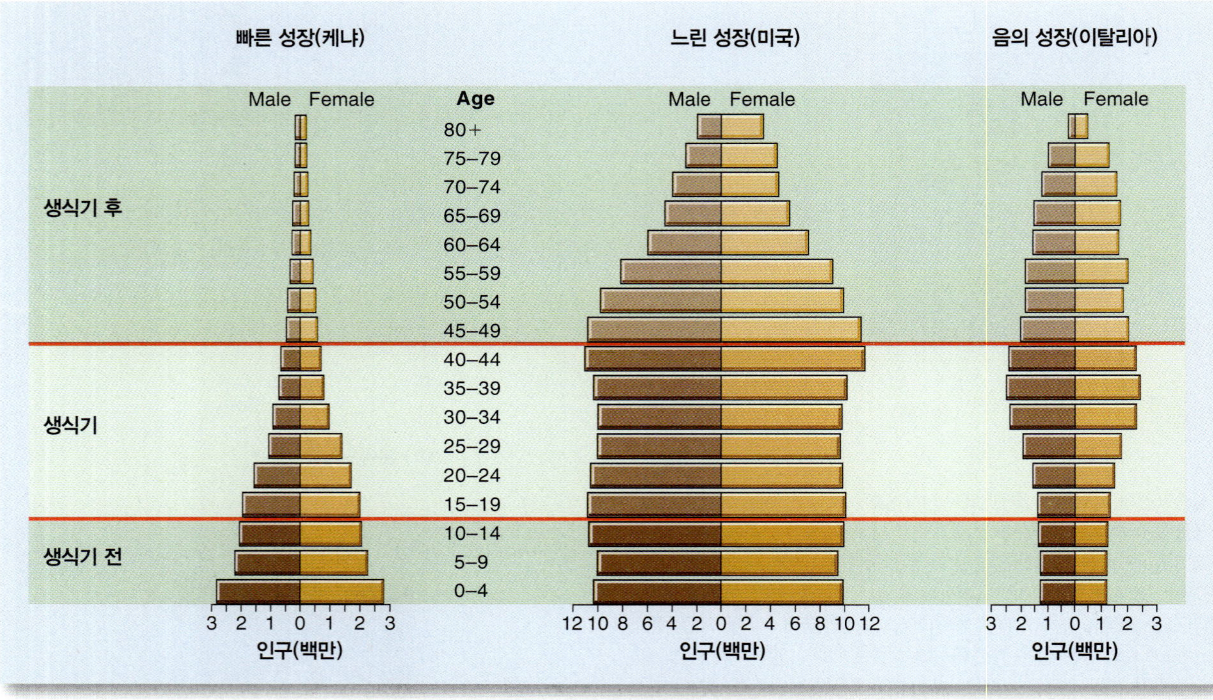

그림 6.4 인간 개체군의 연령분포: 각각의 3가지 범주(생식기 전, 생식기, 생식기 후)의 상대적인 개체 수는 인구의 미래 성장의 좋은 단서가 된다. 케냐는 생식기 성체가 될 많은 수의 젊은 개체를 가지고 있다. 따라서 인구는 매우 빠르게 성장할 것이다. 미국은 높은 비율의 생식기 개체와 보통의 생식기 이전 개체를 가지고 있다. 따라서 인구는 서서히 성장할 것이다. 이탈리아는 감소하는 생식기 개체와 매우 작은 수의 생식기 전 개체를 가지고 있다. 따라서 이탈리아의 인구는 감소하기 시작하였다.
출처: Data from United States Census Bureau International Data Base.

의 수에 급격한 증가가 나타난다.

장기간 생존하는 종에서는 개체군이 이러한 3가지 범주의 개체 비율이 비교적 일정한 연령분포를 가지는 것이 가능하다. 이러한 개체군은 전형적으로 생식기 개체에 비하여 생식기 전 개체를 더 많이 가지고 있으며, 생식기 이후 개체에 비하여 생식기 개체를 더 많이 가지고 있다.

인간 개체군은 몇 가지 유형의 연령분포를 나타낸다(그림 6.4). 케냐의 인구는 커다란 생식기 전과 생식기 요소를 가지고 있다. 이는 당분간 빠른 속도로 계속 증가할 것이라는 것을 의미한다. 미국은 매우 많은 생식기 요소와 감소하는 수의 생식기 전 개체를 가지고 있다. 궁극적으로 이민이 없다면, 미국 인구는 현재의 출생률과 사망률 경향이 계속된다면 감소하기 시작할 것이다. 이탈리아는 많은 생식기 후 개체와 적은 생식기 전 개체를 가진 연령분포를 보인다. 생식기로 진입하는 생식기 전 개체 수가 작기 때문에, 이탈리아의 인구는 감소하기 시작할 것이지만, 감소의 일부는 이민에 의하여 상쇄된다.

개체군 밀도와 공간분포

토양 유형, 서식지의 질, 물의 가용도와 같은 요소로 인하여 생물은 불균등하게 분포된다. 일부 개체군은 좁은 공간에 많은 개체가 집단을 이루고, 반면에 동일한 종의 다른 개체군은 널리 분포될 수 있다. **개체군 밀도(population density)**는 단위 면적당 생물의 수이다. 예를 들면 초파리 개체군은 썩어가는 과일 주위에 매우 밀집되며, 반면에 다른 장소에는 드물다. 유사하게 인간은 도시라고 하는 지역에 종종 높은 밀도로 집단을 이루고, 교외 지역에는 밀도가 낮다.

개체군 밀도가 너무 높으면, 개체군 내의 모든 개체는 필수적인 자원을 두고 서로 격심하게 경쟁하기 때문에 상처를 입게 된다. 식물은 먹이, 은신처, 보금자리를 두고 경쟁할 수 있다. 동물 개체군에서 과밀은 일부 개체가 새로운 지역을 탐색하고 이주하도록 한다. 밀도가 높은 지역에서 새로운 지역으로의 이러한 이동을 **분산(dispersal)**이라고 한다. 분산은 고향 지역의 과밀 상태를 완화시키며 동시에 이주해가는 지역의 개체군을 증가시킨다. 종종 어린 개체가 떠나서 과밀을 완화한다. 개체군에서 이주해 나가는(**emigration**)

압력은 개체군의 빠른 증가를 초래하는 계절적인 번식이나 동일한 종의 구성원 사이에 경쟁을 강화시키는 환경적 변화의 결과일 수 있다. 예를 들면 물구덩이가 마르게 되면 물에 대한 경쟁이 증가하며, 많은 사막 새들은 물이 아직 가용한 지역으로 이주한다.

한 개체군을 떠나는 생물은 종종 다른 개체군의 일원이 된다. 이러한 지역으로 이주해 들어가는 것(**immigration**)은 원래 개체군에 없었던 특징을 도입한다. 유럽인이 북미로 이주했을 때, 그들은 기존의 아메리카 원주민 개체군에 엄청난 영향을 가져온 유전적, 문화적 특징을 가져왔다. 여러 가지 중에서 유럽인은 아메리카 원주민에게 낯선 질병을 가져왔다. 이러한 질병은 아메리카 원주민의 사망률을 증가시키고 출생률을 감소시켜, 개체군 크기에 뚜렷한 감소를 초래하였다.

개체군 성장률에 영향을 미치는 요인들의 요약

개체군은 크기가 증가하는 고유의 경향을 가지고 있다. 그렇지만 방금 보았듯이 많은 요인들이 개체군이 성장할 수 있는 속도에 영향을 미친다. 가장 단순한 수준에서 증가율은 개체군에 가입하는 수에서 떠나는 개체의 수를 감하여 측정된다. 개체는 사망이나 이주(emigration)를 통하여 개체군을 떠나며, 출생이나 이주(immigration)를 통하여 개체군에 가입한다. 출생률과 사망률은 개체군의 암컷 수와 연령을 포함한 여러 요인에 의하여 영향을 받는다. 추가적으로 개체군 밀도는 자원의 제한적인 공급에 대한 강력한 경쟁으로 인하여 개체가 떠나도록 권장한다.

6.2 개체군 성장곡선

각각의 종은 자손을 생산할 수 있는 생물학적 능력인 **생물 번식 능력(biotic potential)** 또는 고유의 번식 용량을 가지고 있다. 수박 또는 나방과 같은 일부 종의 생식기 개체는 매년 수백에서 수천의 자손(씨앗 또는 유충)을 생산할 수 있지만, 거위와 같은 다른 종은 일반적으로 매년 5마리의 새끼를 생산한다(그림 6.5). 곰이나 코끼리 같은 대형 동물은 2~3년에 한 마리의 새끼를 생산한다. 종에 따라 커다란 차이가 있지만, 성체는 그들이 죽을 때 대체하는데 필요한 것보다 훨씬 많은 수의 자손을 일생동안 생산한다. 그러나 많은 수의 자손을 생산하는 생물 중에서 대부분의 새끼는 죽으며, 일부만 생존하여 생식기 성체가 된다.

대부분의 종이 높은 생물 번식 능력을 가지고 있기 때문에, 개체군은 증가하는 자연적인 경향이 있다. 만약 사망률이 요인이 되지 않는 가상적인 상황을 고려하면, 우리는 다음과 같은 상황을 생각할 수 있다. 2마리 생쥐가 4마리 자손을 생산하였고 모두 생존했다면, 자손들은 궁극적으로 자신의 자손을 생산하고, 어미도 계속하여 번식할 것이다. 이러한 조건에서 개체군은 기하급수적으로 성장할 것이다. 기하급수적 성장은 매년 동일한 비율로 개체군의 성장을 가져온다. 예를 들어 개체군이 매년 2배가 된다면, 개체군의 개체는 2, 4, 8, 16, 32가 될 것이다. 개체군은 영원히 기하급수적으로 성장할 수 없지만, 종종 기하급수적 성장기를 가진다.

개체군 성장은 지체기, 지수성장기, 감속기, 안정평형기로 이루어진 특정한 양상을 종종 따른다. 그림 6.6은 전형적인 개체군 성장곡선을 보여준다. 곡선의 첫 번째 부분의 **지체기(lag phase)**로 알려진 시기에, 개체군은 출생이 거의 없기 때문에 매우 서서히 성장하는데, 그 이유는 번식과 자손의 성장 과정에 시간이 소요되기 때문이다. 생물은 번식하기 전에 성체로 성숙해야만 한다. 자손이 성숙하고 교미를 시작하여 새끼를 가질 때, 부모는 두 번째 자손을 생산할 수 있

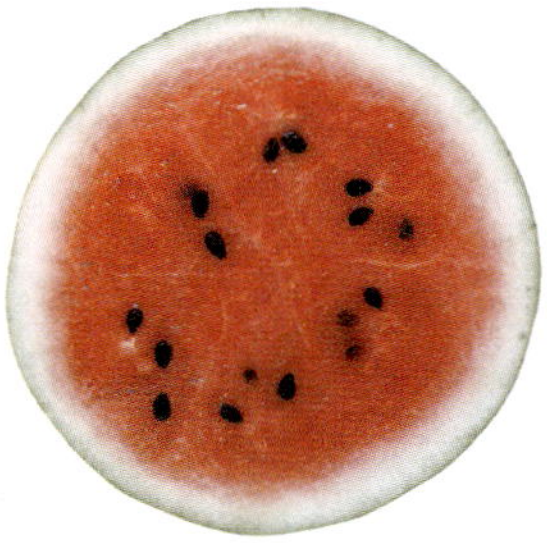

수박 자손(씨앗)

나방 자손(유충)

거위

그림 6.5 생물 번식 능력: 종이 번식하는 능력은 사망하는 개체를 대체하는데 필요한 수를 훨씬 능가한다. 여기에 일부 종의 놀라운 번식 능력의 예를 보였다.

다. 이제 더 많은 생물이 번식하기 때문에, 개체군은 가속하는 속도로 증가하기 시작한다. 이 단계를 **지수성장기(exponential growth phase; 대수기)**라고 한다. 개체군은 출생률이 사망률을 초과하는 한 계속하여 성장한다. 그러나 궁극적으로 출생률과 사망률이 같아지면서 개체군 성장 속도는 느려지기 시작할 것이다. 이를 **감속기(deceleration phase)**라고 한다. 출생률과 사망률이 동일해지면 개체군은 성장을 중지하고 비교적 안정된 개체군 크기에 도달한다. 이 단계를 **안정평형기(stable equilibrium phase)**라고 한다.

비록 개체군의 크기가 변화하지 않더라도 개체는 변화한다는 것을 인식하는 것이 중요하다. 출생이나 이주로 새로운 개체가 진입하고, 사망과 이주로 다른 개체는 떠나간다. 대부분의 생물에서 개체군이 안정평형기로 진입하는 최초의 징후는 사망률의 증가이다. 출생률의 감소도 개체군 크기의 안정에 기여할 수 있다. 보통 이는 사망률의 증가 이후에 나타난다.

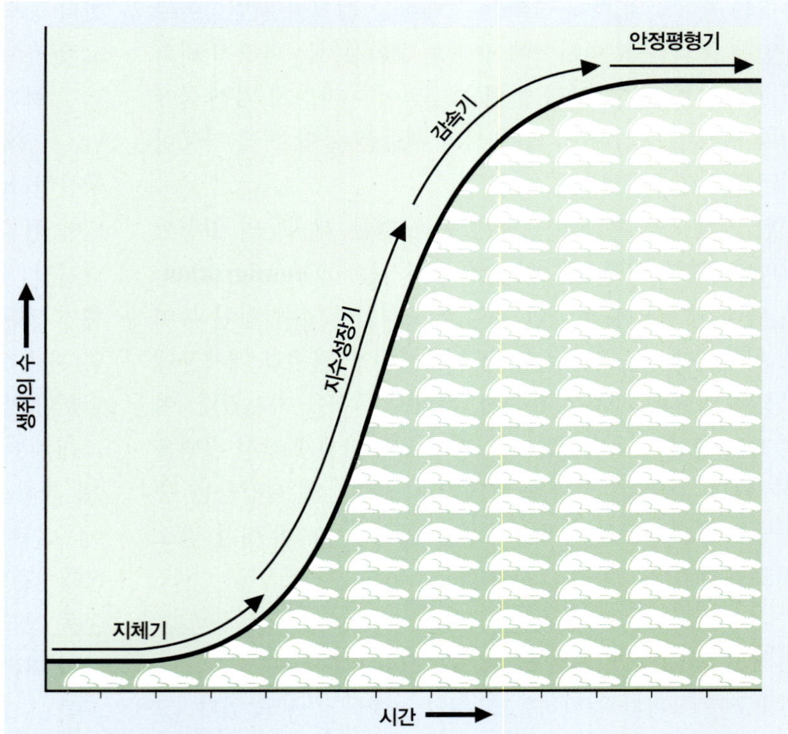

그림 6.6 전형적인 개체군 성장곡선: 이 생쥐 개체군에서 지체기 동안에는 성장이 거의 일어나지 않는다. 지수성장기에 개체군은 증가하는 개체 수가 생식기에 도달하면서 빠르게 증가한다. 궁극적으로 감속기 동안에 개체군 성장은 느려지기 시작하며, 개체군은 출생률과 사망률이 동일한 안정평형기에 도달한다.

6.3 개체군 크기를 제한하는 요인

개체군은 무한정 계속 증가할 수 없다. 궁극적으로 어떤 요인이나 요인의 조합이 개체군의 크기를 제한한다. 무한한 개체군의 성장을 방지하는 요인을 **제한요인(limiting factors)**이라고 한다. 개체군에 작용하는 다양한 모든 제한요인을 집합적으로 **환경저항(environmental resistance)**이라고 한다.

외인성 제한요인과 내인성 제한요인

개체군 외부에서 유래한 개체군을 제어하는 일부 요인을 **외인성 제한요인(extrinsic limiting factors)**이라고 한다. 포식자, 먹이원의 상실, 태양광의 부족, 자연의 사고는 외인성 요인이다. 그러나 많은 종류의 생물 개체군은 개체군 자체 내부에서 유래한 요인에 의하여 조절되는 것으로 보인다. 이러한 제한요인을 **내인성 제한요인(intrinsic limiting factors)**이라고 한다. 예를 들면 밀집한 생활조건 하의 시궁쥐에 대한 연구는 조건에 더 밀집될수록 비정상적인 사회적 행동이 더 흔해진다는 것을 보여주었다. 비정상 행동에는 한 배 새끼 수의 감소, 연중 생산되는 한 배의 감소, 어미가 새끼를 무시하는 가능성의 증가, 성체가 새끼를 많이 죽이는 것 등이 있다. 시궁쥐 개체군 구성원의 행동변화 자체가 개체군 크기를 제한하는 낮은 출생률과 높은 사망률을 초래하였다. 흰꼬리사슴 개체군 사이에서 사슴이 일련의 혹독한 겨울을 경험할 때 번식 성공이 감소한다는 것이 잘 알려져 있다. 시기가 나쁠 때 암사슴은 쌍둥이보다 하나의 자손을 가질 가능성이 더 높다.

밀도의존 제한요인과 밀도비의존 제한요인

밀도의존 제한요인(density-dependent limiting factors)은 개체군 밀도가 증가하면 더 효과적이 되는 것이다. 예를 들면 개체군이 더 커지면 포식자는 개체의 일부를 포획할 가능성이 높아진다. 개체군 증가의 기간이 길어지면 포식자 개체군의 크기도 증가하도록 한다. 질병의 창궐도 밀집한 개체군이 한 개체에서 다른 개체로 기생충의 전파가 쉽도록 하기 때문에 크고 밀집된 개체군에서 더 보편적이다. 앞에서 논의된 시궁쥐의 예는 개체군 밀도가 증가하면서 비정상 행동이 증가하기 때문에 밀도의존 제한요인의 좋은 사례이다. 일반적으로 개체군 구성원 사이에 경쟁이 있을 때마다 경쟁의 강도는 개체군 밀도에 따라 증가한다. 커다란 개체는 오래 사는 경향이 있으며 상대적으로 적은 수의 새끼는 밀도의존 제한요인에 의하여 제어될 가능성이 높다.

밀도비의존 제한요인(density-independent limiting factors)은 개체군의 밀도와 관계되지 않은 개체군 제어 영향이다. 이는 보통 개체군의 밀도와 상관없이 발생하는 본질적으로 우연적 또는 부차적인 외인성 요인이다. 갑작스러운 폭우는 많은 작은 식물 종묘와 토양 생물을 익사시킬 수 있다. 많은 식물과 동물은 늦봄이나 초가을에 오는 서리에 의하여 사멸될 수 있다. 작은 연못은 말라서 많은 생물의 사멸을 초래할 수 있다. 밀도비의존 요인에 의하여 제어될 가능성이 높은 생물은 매우 빠르게 번식할 수 있는 소형의 단기간 생존하는 생물이다.

6.4 제한요인의 범주

대부분 개체군에서 환경저항의 요소로 인식되는 제한요인은 4종류의 넓은 범주로 나뉠 수 있다. (1) 원재료의 가용도, (2) 에너지의 가용도, (3) 노폐물의 축적, (4) 생물 사이의 상호작용이다.

원재료의 가용도

원재료는 많은 형태로 온다. 예를 들면 식물은 엽록소를 생산하기 위한 원재료로서 토양에서 질소와 마그네슘을 필요로 한다. 이러한 미네랄이 충분한 양 존재하지 않으면 식물 개체군은 증가할 수 없다. 비료의 사용은 농업에서 특정한 원재료가 제한요인이 되는 것을 방지하는 방법이다. 하나의 제한요인이 제거되면 어떤 새로운 주요한 제한요인이 나타날 것이다. 이는 물의 양, 식물을 먹은 곤충의 수, 또는 태양광에 대한 경쟁이 될 수 있다. 동물도 특정한 미네랄을 원재료로 요구하며, 그들은 이를 음식물에서 획득한다. 동물은 또한 보금자리를 짓고, 탈출을 위한 장소를 제공하거나, 관찰 장소로 도움이 되는 물체를 필요로 한다.

에너지의 가용도

에너지원은 모든 생물에 중요하다. 식물은 광합성을 위하여 태양광 형태의 에너지를 필요로 하며, 따라서 빛의 양은 많은 식물에게 제한요인이 될 수 있다. 작은 식물이 나무 그늘에 있으면, 그들은 충분한 태양광을 받지 못하기 때문에 잘 생장하지 못하고 작은 개체군을 보인다. 동물은 그들이 먹는 음식의 형태로 에너지를 필요로 하며, 먹이가 부족하면 많은 동물이 죽는다.

노폐물의 축적

노폐물의 축적은 식물에게는 보통 제한요인이 아닌데 그 이유는 노폐물을 거의 발생하지 않기 때문이지만, 다른 종류의 생물에게는 제한요인이 될 수 있다. 세균, 기타 미세한 생물, 웅덩이, 작은 못, 수족관에서 사는 많은 종류의 수서생물은 노폐물에 의하여 제한될 수 있다.

세균 종의 작은 수를 영양분 한천을 포함한 페트리접시에 놓으면, 개체군 성장은 그림 6.7의 곡선을 따른다. 예상과

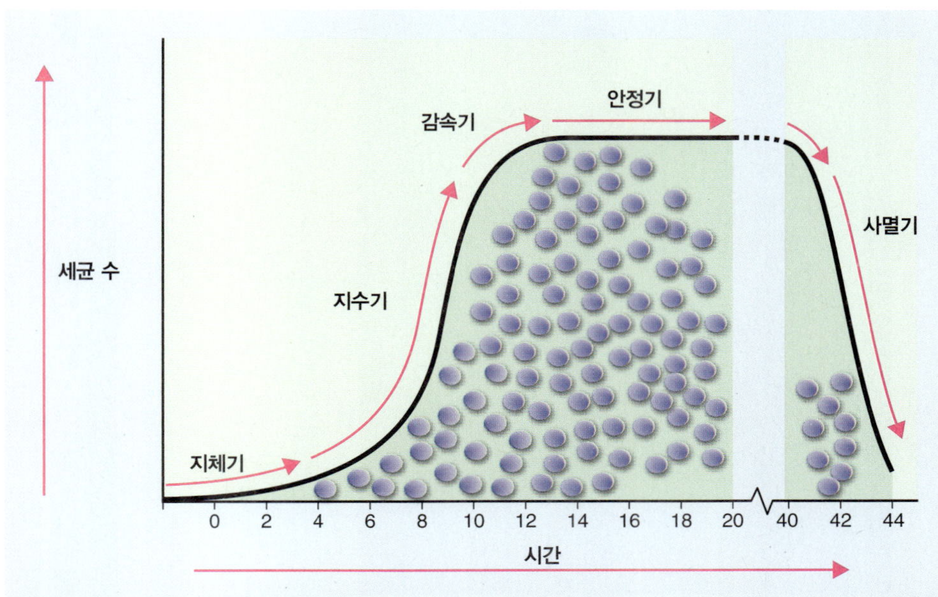

그림 6.7 사멸기를 보여주는 세균 성장곡선: 개체군 크기의 최초 변화는 노폐물이 치명적이 될 때까지 전형적인 개체군 성장곡선을 따른다. 개체군이 감소하기 시작하면 개체군은 사멸기에 접어든다.

녹색 행진

붉은 벼슬 딱따구리의 개체군 증가

붉은 벼슬 딱따구리(*Picoides borealis*)는 멸종위기종으로 등록되어 있다. 이 중간 크기의 새(홍관조 크기)는 지배적인 수컷과 암컷이 집단의 양육하지 않는 구성원의 도움으로 새끼를 양육하는 협동적 군체 둥지새이다. 그들은 토착성 yellow pine(소나무의 일종) 숲이 있는 남부 버지니아 주 남부에서 텍사스 주 동부의 미국 동남부에서만 발견된다. 이 지역의 전형적인 소나무 종은 slash pine, shortleaf pine(단엽송), loblolly pine(미송), longleaf pine(왕솔나무)이다. 원래의 숲은 성체 나무가 웬만한 지중화(ground fire)를 견딜 수 있도록 산불에 적응되었다. 이는 오히려 개방된 숲 유형을 가져왔다. 딱따구리는 일반적으로 늙고 병든 왕솔나무에 구멍 보금자리를 짓는다.

딱따구리가 이용하는 나무는 상업적으로도 중요하다. 따라서 늙은 나무는 벌채되고, 소나무의 자연적인 입목은 넓은 면적이 단일종으로 식목되고 나무는 늙기 전에 벌채되는 인공림으로 대체되어 적합한 번식 서식지가 심각하게 감소하였다. 적합한 서식지의 대부분이 사유지이기 때문에 붉은 벼슬 딱따구리 개체군을 보호하는 것은 사유림 소유자, 보존단체, 주와 연방정부, 상업적 목재회사의 협동을 필요로 한다.

1998년 International Paper는 멸종위기종의 상태를 감시하는 책임이 있는 미국 어류 및 야생동물국과 그들의 토지에 적합한 보금자리 서식지의 양을 증가시키기 위한 협약을 체결하였다. International Paper는 붉은 벼슬 딱따구리의 군체를 유지하기 위한 특정한 구획의 숲을 사용하지 않기로 합의하였다. 이러한 구획의 하나는 조지아 주 Bainbridge 인근의 Southlands Experimental Forest였다. 1998년 협약이 조인되었을 때 이 지역에는 3마리의 암컷 붉은 벼슬 딱따구리가 있었다. 2008년에는 50개체 이상이 있었다. 이러한 증가는 새 서식지의 보호와 개선 및 다른 지역에서 새의 이주에 기인한다. 오늘날 이 범위 전체에 약 1만5천 마리의 붉은 벼슬 딱따구리가 있다. 2006년 제지회사는 미국 내 거의 대부분의 보유 토지를 매각하기로 결정하였다. 환경적으로 민감한 많은 토지가 Nature Conservancy와 Conservation Fund, 주 정부와 같은 보존기구에 매각되었다. Southlands Experimental Forest는 Conservation Fund에서 일부 자금지원을 받아 조지아 주에 매각되었다. 이러한 토지의 이전은 이 붉은 벼슬 딱따구리 개체군의 증가를 보호한다.

붉은 벼슬 딱따구리 서식지

붉은 벼슬 딱따구리

같이 지체기로 시작하여, 지수성장기를 통하여, 궁극적으로 안정평형기에서 일정해진다. 그러나 이 작고 폐쇄된 공간에서는 독성 노폐물을 제거할 방법이 없기 때문에, 축적되어 궁극적으로 세균을 사멸시킨다. 이러한 개체군의 감소를 **사멸기(death phase)**라고 한다.

생물 사이의 상호작용

생물 사이의 상호작용도 개체군 크기의 결정에 중요하다. 예를 들면 흰꼬리사슴과 솜꼬리토끼는 작은 나무와 관목의 잔가지를 먹는다. 초식동물이 반복적으로 어린잎을 먹으면 나무나 관목의 성장이 방해되고 죽을 수 있다. 따라서 초식동물에 의한 손상은 일부 나무와 관목 개체군의 크기를 제한할 수 있다. 많은 단세포 수서생물은 독성 수준으로 축적되는 폐기물을 생산하여 어류의 폐사를 초래할 수 있다. 기생충과 포식자는 개체를 약화시키거나 조기 사망을 초래할 수 있어서, 개체군의 크기를 제한한다.

일부 연구에 의하면 개체군은 개체군 내 개체 사이의 상호작용에 의하여 제어될 수 있다는 것을 나타낸다. 실험실 쥐의 연구는 밀집은 정상적인 사회 행동을 와해하며, 이는 출생을 감소시키고 사망을 증가시킨다. 관찰된 변화에는 비정상적 교미행동, 한 배 새끼 수의 감소, 연간 출산 횟수의 감소, 모성 보살핌의 결여, 일부 쥐는 공격성이 증가하거나 다른 쥐는 물러나는 것 등이 포함된다. 따라서 제한요인은 출생률을 감소시키고 또한 사망률을 증가시킬 수 있다. 많은 다른 종류의 동물도 개체군 밀도가 높을 때 양육 성공의 유사한 감소가 나타났다.

6.5 수용용량

많은 생물의 개체군은 안정평형기에 도달할 때 최대 크기이다. 이는 환경이 개체군 크기의 상한을 설정한다는 것을 시사한다. 생태학자들은 이러한 관찰에 대한 개념을 발달시켰으며, 이를 수용용량이라고 부른다. **수용용량(carrying capacity)**은 어느 지역에서 지속가능한 최대 개체군이다. 수용용량은 제한요인들의 조합에 의하여 결정된다(그림 6.8).

수용용량은 그러나 불변의 값이 아니다. 종종 연속적인 변화, 기후변동, 질병의 창궐, 산불, 범람과 같은 환경적 차이는 특정한 종에 대한 수용용량을 변화시킬 수 있다. 수서생태계에서 수용용량을 결정하는 주요한 요인 중 하나는 물에 있는 영양분의 양이다. 영양분이 풍부한 지역에서는 다양한 종류의 생물 수가 많다. 종종 영양염 수준은 육지로부터의 흐름이나 유출수의 변화와 함께 변동하며, 식물과 동물 개체군도 함께 변동한다. 추가적으로 한 종에 대한 수용용량에 부정적으로 영향을 미치는 변화는 다른 종의 수용용량을 증가시킬 수 있다. 예를 들면 성숙한 삼림을 벌채하고 뒤이어 어린 나무가 생장하면 먹이로 새로 자라는 잎을 먹는 사슴과 토끼의 수용용량을 증가시키지만, 먹이원으로 성숙하고 과일을 생산하는 나무와 은신처로 늙고 속이 빈 나무를 필요로 하는 다람쥐에 대한 수용용량은 감소시킨다.

야생생물 관리 관행은 종종 지정된 사냥종의 수용용량을 증가시킬 수 있는 환경의 변화를 조장한다. 야생생물 관리자의 목표는 사냥꾼이 수확할 수 있는 최대의 지속가능한 개체군을 유지하는 것이다. 일반적인 서식지 변경에는 물웅덩이의 형성, 새끼의 생장을 제공하기 위한 숲의 벌채, 먹이 구획의 식목, 인공적 둥지 장소의 건설 등이 포함된다.

6.6 번식 전략과 개체군 변동

지금까지 우리는 수용용량에 도달하였을 때 모든 생물이 안정된 개체군에 도달하는 것처럼 개체군 성장에 대하여 이야기하였다. 이는 개체군 변화를 이해하기 위하여 시작하는 적절한 방식이지만, 실제 세계는 훨씬 더 복잡하다.

K-전략가와 r-전략가

종은 번식 전략에 기초하여 2가지 넓은 범주로 구분될 수 있다. **K-전략가**는 개체군이 수용용량에 도달하면 일반적으로 안정평형에 도달하는 생물이다. K-전략가는 보통 비교적 안정된 환경을 점유하며 비교적 수명이 길고, 작은 수의 자손을 생산하고, 자손을 보살피는 대형 생물이다. K-전략가의 번식 전략은 번식할 때까지 생존 확률이 높은 소수의 자손을 생산하는데 매우 많은 에너지를 투자한다. 사슴, 사자, 백조가 이러한 종류의 생물의 예이다. 인간은 일반적으로 하나의 자손을 생산하며, 유아사망률이 높은 지역에서도 80% 이상의 아이가 1세 이상 생존하며, 대부분은 성인에 도달한다. 일반적으로 K-전략가의 개체군은 개체군의 크기가 증가하면서 더욱 격심해지는 밀도의존 제한요인에 의하여 제어된다. 예를 들면 매의 개체군 크기가 증가하면서, 가용한 먹이에 대한 매 사이의 경쟁은 더욱 치열해진다. 먹이에 대한 경쟁의 증가는 보금자리에 있는 새끼에게 먹이가 부족하게 하는 밀도의존 제한요인이다. 따라서 많은 새끼가 죽고, 그 지역의 수용용량에 도달하면서 개체군 성장률은 둔화된다.

r-전략가(**r-strategists**)는 일반적으로 수명이 짧고, 많은 자손을 생산하고, 불안정한 환경을 활용하고, 수용용량에 도달하지 않는 소형 생물이다. 예는 세균, 원생동물, 많은 곤충, 일부 소형 포유류이다. r-전략가의 번식 전략은 많은 자손을 생산하기 위하여 많은 양의 에너지를 소비하지만 자손에 제한된(때로는 전무한) 보살핌을 제공하는 것이다. 결과적으로 새끼의 사망률이 매우 높다. 예를 들면 굴 암컷 하나는 백만 개의 알을 생산할 수 있지만, 수정되고 유생으로 생장하는 알 중에서, 일부만 부착에 적절한 장소를 찾아서 성체 굴로 생장할 수 있다. 일반적으로 r-전략가 개체군은 밀도비의존 제한요인에 의하여 제한된다. 이러한 요인은 많은 수의 생물을 사멸시키는 기상 조건의 변화, 연못이 마르거나 산불이 숲을 포기하는 것과 같은 서식지 상실, 먹이 공급원을 파묻어서 전체 개체군의 사멸을 초래하는 많은 눈이나 범람 등을 포함할 수 있다. r-전략가의 개체군 크기는 크게 변동할 수 있다. 그들은 빠르게 번식하며, 개체군 크기는 일부 밀도의존 요인이 개체군의 몰락을 초래할 때까지 증가하며, 붕괴되면 전체 순환을 다시 시작한다(그림 6.9).

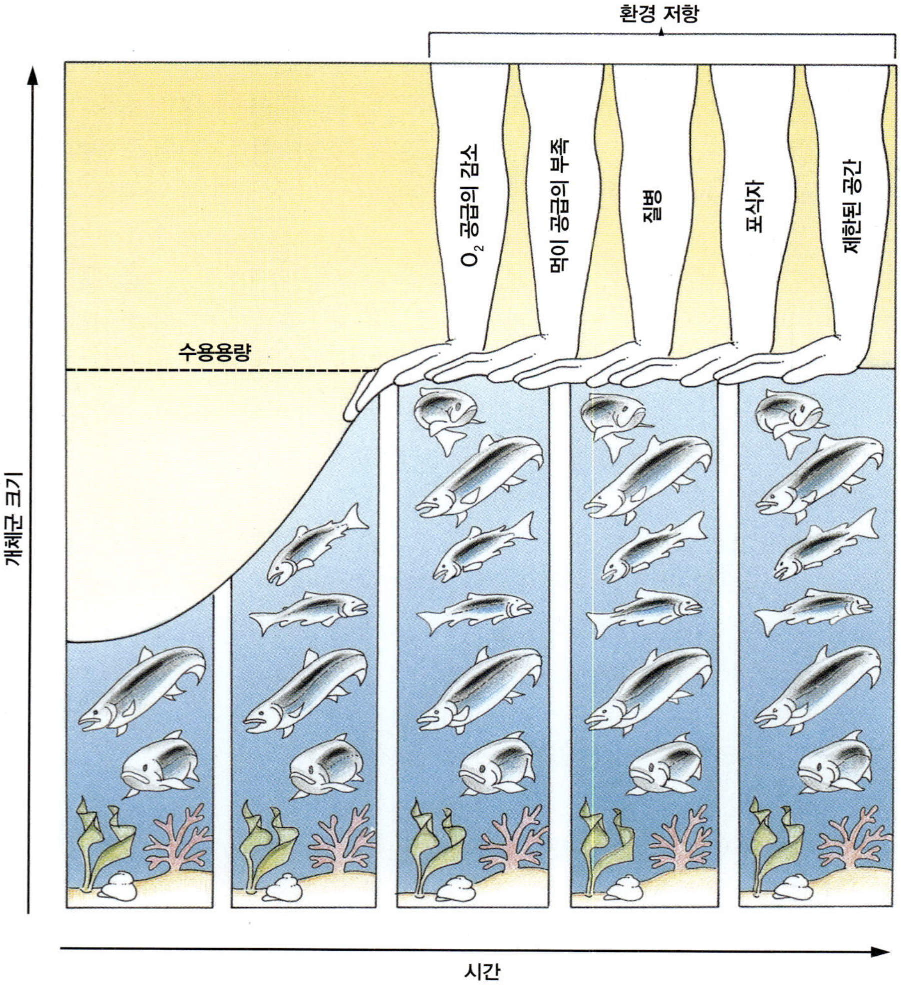

그림 6.8 수용용량: 산소 공급, 먹이 공급, 질병, 포식자, 공간과 같은 환경의 여러 요인들이 주어진 지역에서 생존할 수 있는 생물의 수를 결정하며, 이를 그 지역의 수용용량이라고 한다. 개체군을 제한하는 환경요인을 집합적으로 환경저항이라고 한다.

K-전략가 또는 r-전략가 개염은 이상적인 상황을 묘사한다(표 6.1). (*K*-전략가와 *r*-전략가의 *K*와 *r*은 수식에서 왔으며 *K*는 환경의 수용용량을 나타내고 *r*은 종의 생물 번식 능력을 나타낸다.) 실제 세계에서 많은 생물은 둘 중 어느 범주에도 명백하게 부합하지 않는다. 예를 들면 많은 종류의 포유류는 자손에게 보살핌을 제공하지만 짧은 수명을 가지고 있다. 반면에 거북이와 같은 많은 파충류는 장수하지만, 다수의 알을 생산하고 그들을 보살피지 않는다.

인간은 K-전략가이기 때문에, r-전략가가 진화적 관점에서 생존할 수 있다는 것을 우리가 평가하는 것은 어렵다. 단지 짧은 기간 동안만 존재하는 자원은 만약 한 종의 많은 개체가 자원을 독점하고, 다른 종이 접근하지 못하도록 한다면 매우 효과적으로 이용될 수 있다. 신속한 번식은 한 종을 빠르게 수를 증가시킬 수 없는 다른 종에 대하여 경쟁할 수 있는 위치에 놓는다. 명백히 대부분의 개체는 죽을 것이지만, 그 전에 다시 가용할 수 있는 자원을 이용할 수 있는 일부 자손이나 저항성이 있는 단계를 남길 것이다.

그러나 심지어는 K-전략가도 다양한 이유로 개체군 크기에 일부 변화를 보인다. 하나의 이유는 비교적 안정된 생태계에서도 연간 변이가 있다. 범람, 가뭄, 화재, 혹한, 그리고 유사한 사건이 어느 지역의 수용용량에 영향을 미칠 수 있

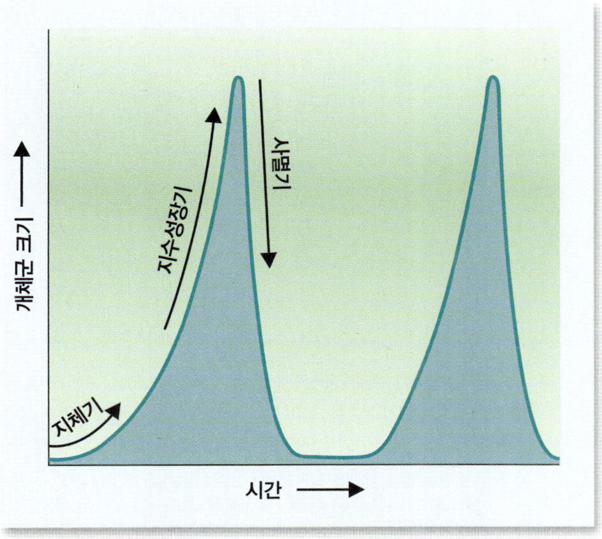

그림 6.9 수명이 짧은 생물에 대한 개체군 성장곡선: 소형이고 수명이 짧은 생물은 종종 여기에 보인 개체군 성장곡선의 유형을 가진다. 지체기 이후에 지수성장기가 뒤따른다. 그러나 안정평형기로 진입하는 대신에, 일부 밀도비의존 제한요인이 개체군을 붕괴시킨다. 그러면 개체군은 다시 증가하기 시작한다.

으며, 따라서 개체군 크기에 변동을 초래한다. 유행성 질병이나 포식의 증가 또한 매년 크기가 변화하는 개체군을 초래할 수 있다. 많은 멸종위기종은 정상적인 환경이 자연적으로 또는 인간의 활동에 의하여 변경되었기 때문에 개체군의 감소가 왔다(10장의 생물다양성 문제 참조).

개체군 주기

지구 북반구에서 많은 종류의 동물이 비교적 큰 개체군 시기에 뒤따르는 작은 개체군의 시기를 가지는 뚜렷한 개체군 주기를 보인다. 이는 일반적으로 생태계가 서로 영향을 미치는 생물의 종류가 적고 비교적 단순하기 때문으로 생각되었다. 이러한 주기의 대부분은 상당히 규칙적이다. 생물학자들은 1920년대부터 이러한 순환에 대하여 연구하였으며, 그들은 북반구 개체군 주기가 왜 그러한지에 대하여 몇 가지 이론을 개발하였다.

하나의 아이디어는 초식동물의 커다란 개체군이 먹는 것은 식물이 맛이 나쁘거나 독성을 띠는 화학물질의 생산을 증가시키도록 한다. 두 번째 생각은 초식동물 개체군이 클 때, 많은 포식자가 그들을 먹는 것으로 바꾸며, 초식동물 개체군이 붕괴되도록 한다. 또 다른 아이디어는 먹이생물과 전문화된 포식자 사이의 상호작용이 자연적으로 개체군 주기를 이룬다는 것이다. 개체군 주기의 기간은 먹이와 포식자의 번식 생물학과 관계된다.

그린란드의 목도리나그네쥐(*Dicrostonyx groenlandicus*) 개체군 생물학 연구는 나그네쥐와 4종의 상이한 포식자 사이의 개체군 상호작용을 보여준다. 나그네쥐는 매우 높은 생물 번식력을 가지고 있다. 나그네쥐는 1년에 2~3배의 새끼를 낳는다. 그들의 개체군은 4종의 상이한 포식자에 의하여 억제된다. 포식자의 3종인 흰올빼미, 북극여우, 긴꼬리도둑갈매기는 나그네쥐의 소비가 나그네쥐 개체군의 크기와 직접 관련된 일반적 포식자이다. 그들은 나그네쥐 개체군에 대하여 밀도의존 제한요인으로 작용한다. 나그네쥐 수가 적으면 이들은 다른 먹이를 찾는다.

예를 들면 흰올빼미는 특정한 지역의 나그네쥐 수가 적으면 다른 지역으로 이주한다. 네 번째 포식자는 짧은꼬리족제비(*Mustela ermina*)인데, 이는 나그네쥐의 전문적 포식자이다. 족제비는 다른 포식자에 비하여 훨씬 나그네쥐에 의존한다. 족제비는 1년에 한번 교미하기 때문에, 족제비 개체군은 나그네쥐에 비하여 느리게 증가한다. 그러나 족제비 개체군이 증가하면 결국 나그네쥐 개체군을 감소시킬 정도로 충분히 많아진다. 그 결과 초래되는 나그네쥐의 감소는

표 6.1 전형적인 K-전략가와 r-전략가의 생활사 특징의 비교

특징	K-전략가	r-전략가
환경적 안정성	안정적	불안정
생물의 크기	대형	소형
수명	길다. 대부분 번식할 때까지 생존	짧음, 대부분 번식 전에 사멸
자손의 수	작은 수 생산, 어미의 보살핌 제공	많은 수 생산, 어미의 보살핌 없음
주된 제한요인	밀도의존 제한요인	밀도비의존 제한요인
개체군 성장 양상	지수성장기 이후에 수용용량에서 안정평형기가 뒤따름	지수성장 이후에 개체군 붕괴
예	악어, 인간, 미국삼나무	원생동물, 모기, 1년생 식물

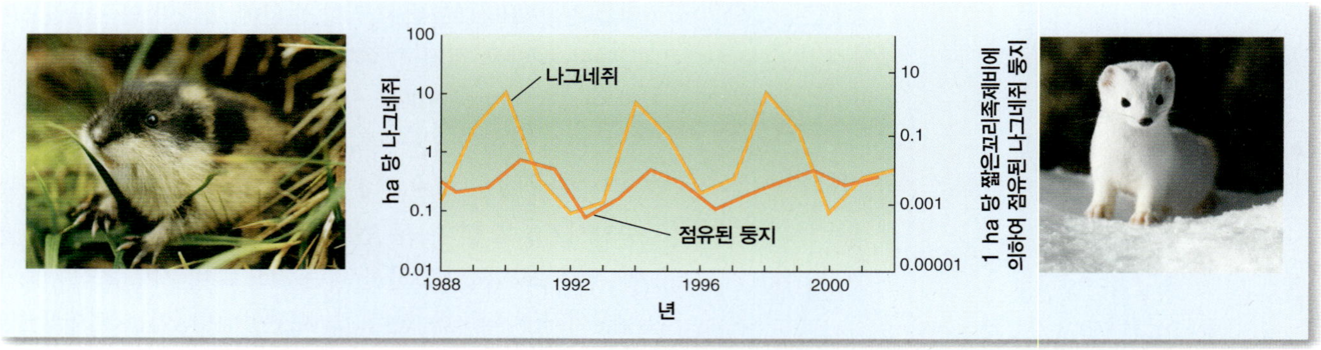

그림 6.10 개체군 주기: 북반구 많은 지역에서 개체군 주기는 보편적이다. 그린란드에서 목도리나그네쥐와 짧은꼬리족제비의 경우 두 개체군 사이의 상호작용은 약 4년의 개체군 주기를 발생한다. 그래프는 ha 당 나그네쥐의 개체군과 ha 당 족제비에 의하여 점령된 나그네쥐 둥지의 수를 보여준다. 1 ha는 1만 m^2이다. 연구진은 다른 방법으로 족제비 개체군 크기를 측정하기가 어려워서, 족제비에 의하여 점령된 나그네쥐 둥지의 수를 족제비 개체군의 간접적인 측정치로 사용하였다. 일반적으로 족제비 개체군 크기는 나그네쥐 개체군에 비하여 지연되어 나타난다.

출처: Data from O. Gilg, I. Hamski, and B. Sittler, "Cyclic Dynamics in a Simple Predator-Prey Community," Transpol'air Online Magazine, www.transpolair.com.

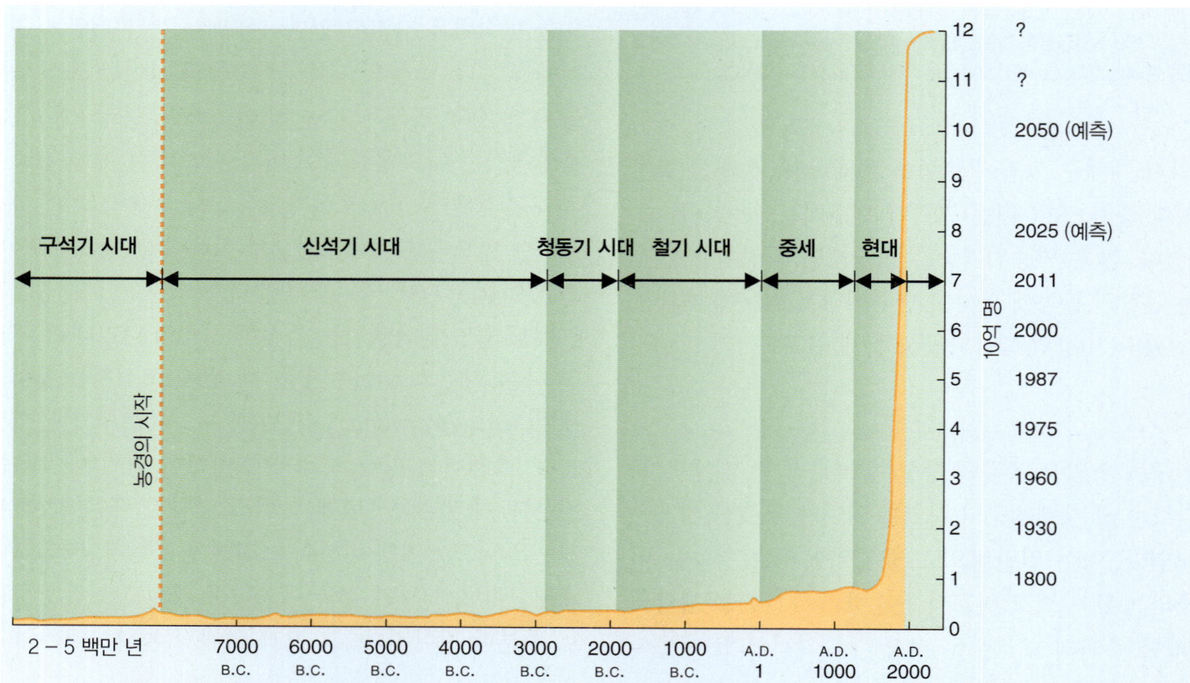

그림 6.11 역사적인 인간 개체군 곡선: A.D. 1800~1930 사이에 인구는 10억 명에서 20억 명으로 배가 되었으며, 1975년 40억 명으로 다시 배가 되었고, 2020년에 80억 명으로 배가 될 것으로 예측된다. 지구의 궁극적인 수용용량에 도달할 때까지 이러한 양상이 얼마나 오래 계속될 수 있을까요?

출처: Data from Jean Van Det Tak, et al., "Our Population Predicament: A New Look," Population Bulletin, vol. 34, no. 5 (December 1979), Population Reference Bureau, Washington, D.C.: and more recent data from the Population Reference Bureau.

족제비의 수를 감소시키며, 이는 나그네쥐가 더 많이 생존할 수 있도록 하며, 이는 결국 족제비 수가 다시 증가하도록 하는 또 다른 주기를 가져온다(그림 6.10).

6.7 인구 성장

인구 성장곡선은 오랜 지체기에 뒤이어 빠르게 증가하는 지수성장기에 접어들었으며 극히 최근에 둔화되는 징후가 보인다(그림 6.11). 인구 크기의 지속적인 증가에 대한 주된 이유는 인간이 사망률을 감소시켰다는 것이다. 다양한 국가

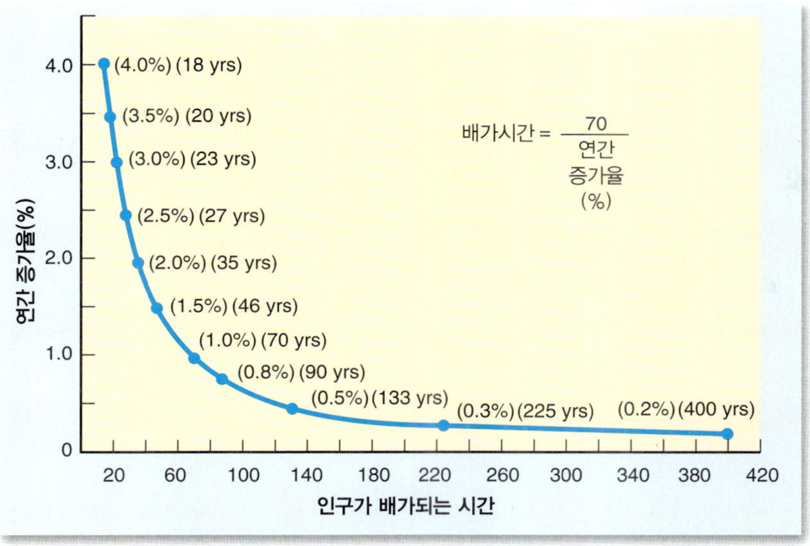

그림 6.12 인구의 배가시간: 이 그래프는 연간 인구 증가율(%)과 배가시간 사이의 관계를 보여준다. 1년에 1%의 인구성장률은 약 70년에 인구의 배가를 초래한다. 1년에 3%의 인구성장률은 약 23년만에 인구의 배가를 가져온다.

들이 식량생산의 증가나 질병의 제어로 환경저항을 감소시켰을 때, 그들은 이 기술을 전 세계를 통하여 공유하였다. 선진국은 개발도상국 국민의 삶의 질을 개선하기 위하여 세계 모든 곳에 의료진을 보냈다. 의사는 영양에 대한 충고를 제공하고, 기술자는 폐수처리 시스템을 개발하였다. 예를 들면 인도와 인도네시아의 개선된 위생시설은 콜레라에 의한 사망을 감소시켰다. 이러한 진보는 출생률은 높게 유지되면서 사망률을 감소시킨다. 따라서 인구는 빠르게 증가한다.

인간 개체군의 상황을 다른 관점에서 검토해보자. 세계 인구는 현재 연 1.2%로 증가하고 있다. 이는 크지 않은 것 같지만, 1.2%에서도 인구는 빠르게 성장한다. 1% 또는 2%의 연간 증가를 파악하는 것은 어려울 수 있다. 어느 개체군에서도 성장률은 복리로 증가하며, 추가된 개체의 대부분은 궁극적으로 번식하기 때문에, 더 많은 개체를 추가한다. 이 성장을 바라보는 한 방법은 인구가 배가되는데 얼마나 많은 시간이 소요되는지 측정하는 것이다. 이는 우리 지역의 사람 수가 배가되면 생활이 어떠할지를 대부분의 사람들이 평가할 수 있기 때문에 가치 있는 방법이며, 배가시간이 우리의 생애 내에서 발생한다면 더욱 그렇다.

그림 6.12는 인간 개체군의 연간 성장률과 이러한 성장률이 지속된다면 인구가 배가되는데 몇 년이 소요될지 사이의 관계를 보여준다. 인구의 배가시간은 70을 연간 증가율로 나누어 쉽게 계산될 수 있다. 따라서 1% 연간 성장률에서 인구는 70년(70/1)에 배가될 것이다. 2% 연간 성장률에서 인구는 35년(70/2)에 배가될 것이다. 현재의 연간 성장률인 1.2%는 인구를 약 58년 만에 배가시킬 것이다.

6.8 인구 특징과 영향

인간 개체군의 진퇴양난은 매우 복잡하다. 이를 평가하기 위하여 우리는 현재의 인구 특징과 그들이 사회적, 정치적, 경제적 상태와 어떻게 연관되는지를 이해해야 한다.

경제발전

세계는 국가의 경제개발 상태에 기초하여 2개의 부분으로 구분될 수 있다. **선진국**은 일반적으로 $25,000 이상의 1인당 수입을 가지며, 유럽 전체, 캐나다, 미국, 호주, 뉴질랜드, 일본을 포함하며, 도합 12억5천명의 인구를 가진다. 나머지 국가는 **저개발국가**로 불리며 1인당 수입이 $15,000 이하이다. 개발도상국의 인구는 총 약 60억 명이며, 거의 30억 명은 하루에 $2 미만에 생활한다. 이러한 정의는 과도한 단순화이며 일부 국가는 예외이지만, 기본적으로 이는 아시아, 라틴아메리카, 아프리카 국민이 선진국에서 사는 사람보다 경제적으로 덜 풍요하다는 것을 의미한다. 집합적으로 선진국은 상대적으로 안정된 인구를 가지고 2014~2015년 사이에 5% 미만 성장할 것으로 예상된다. 그러나 저개발지역은 높은 인구성장률을 가지며 2014~2040년 사이에 약 40% 성장할 것으로 예상된다(그림 6.13). 이러한 경향이 계속된다면 저개발국가의 인구는 현재의 60억 명에서 2050년 84억 명이 될 것이며, 이 지역은 지구 인구의 86% 이상을 차지할 것이다.

인구의 환경영향 측정

인간 개체군 성장은 경제발전과 연결되어 있으며 거의 모든 환경문제에 기여한다. 현재의 인구 성장은 다음을 초래한다.

1. 식량생산이 인구 증가에 보조를 맞출 수 없는 지역의 기근
2. 자원(직장, 재화, 식량)의 가용도에 커다란 불균형이

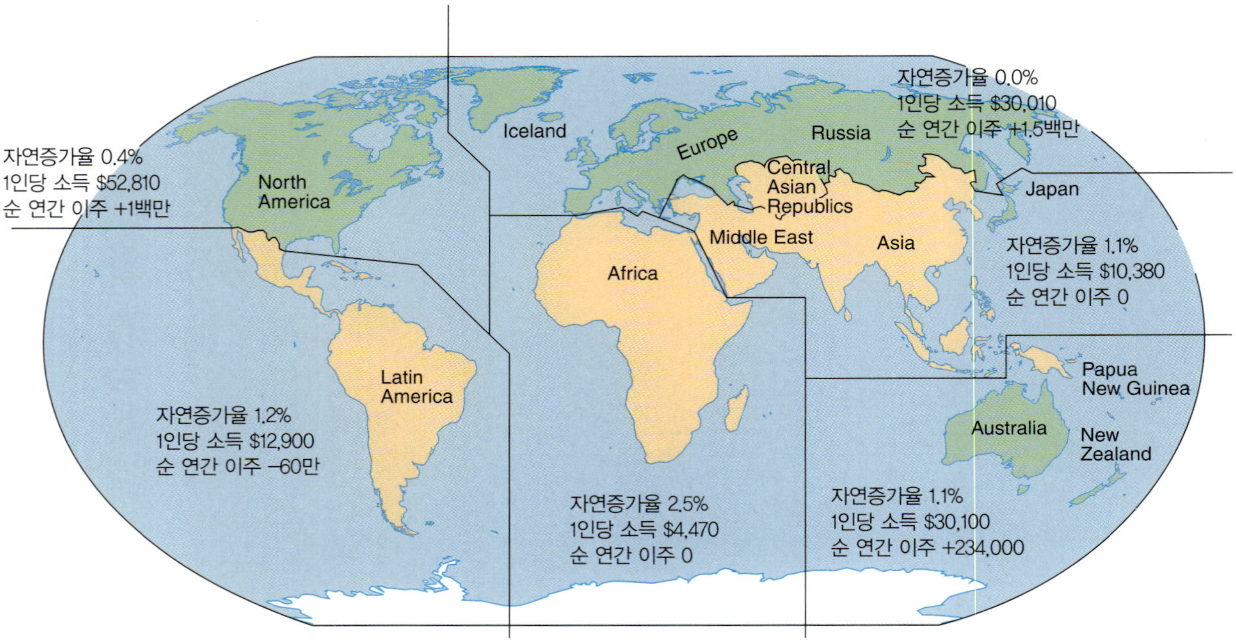

그림 6.13 인구성장과 경제발전(2014): 세계의 인구는 경제적 선진국과 개발도상국으로 구분될 수 있다. 선진국은 녹색으로, 개발도상국은 황갈색으로 표시하였다. 현재 세계 인구의 약 82.5%는 라틴아메리카, 아프리카, 아시아의 개발도상국에 있다. 이러한 지역은 또한 인구성장률이 가장 높다. 이들 국가는 높은 출생률로 인하여 개발도상국으로 남아있을 가능성이 높으며 2050년에는 세계 인구의 약 86%를 차지할 것으로 예상된다. 일반적으로 개발도상국에서 선진국으로 인구의 순이주가 일어난다.

자료 출처: Population Reference Bureau, 2014 Population Data Sheet.

있는 지역의 정치적 불안정

3. 서투른 농경 관습과 천연자원 탐사의 파괴적 영향에 의하여 초래되는 환경 저하(침식, 사막화, 노천 채굴, 지하수 채굴)
4. 인간과 산업폐수에 의하여 초래되는 수질오염
5. 인간이 개인적, 산업적 적용을 위하여 필요로 하는 에너지에 의하여 초래되는 대기오염
6. 인간이 자연생태계를 관리된 농업생태계로 변환하여 초래되는 절멸

몇 가지 요인이 사회가 국가의 자원에 대한 영향을 결정하는데 상호작용한다. 여기에는 가용한 토지와 기타 천연자원, 인구의 크기, 1인당 소비하는 자원의 양, 자원의 이용으로 초래되는 환경 손상 등이 포함된다. 다음의 수식은 이러한 관계를 서술하는 약식이다. $I = P \times A \times T$ [환경에 대한 영향(*Impact on the Environment*) = 개체군 크기(*Population size*) × 풍요함(*Affluence*; 1인당 소비하는 자원의 양) × 기술(*Technology*; 소비되는 물품을 제공하는데 사용되는 방법의 효과)].

인구

국가의 인구가 증가하면 자원에 대한 수요가 증대된다. 일부 국가는 양호한 농경지, 에너지원, 광물원과 같은 풍부한 천연자원을 가지고 있다. 다른 국가들은 빈곤하다. 따라서 일부 국가는 많은 인구를 부양할 수 있지만 다른 국가는 그러지 못한다.

단위 면적당 사람 수인 **인구밀도(population density)**는 인구의 규모를 가용한 자원에 연관시킨다. 아마존유역의 막대한 면적에 퍼져있는 1백만 명의 사람은 영향이 넓은 토지 표면에 분포되기 때문에 조그만 섬 국가의 동일한 1백만 명의 사람에 비하여 자원에 대하여 훨씬 작은 영향을 미친다. 풍부한 자원을 지닌 국가는 자원이 빈약한 국가에 비하여 높은 인구밀도를 부양할 수 있다.

풍요함

선진국의 사람은 막대한 양의 자원을 소비한다. 이러한 국가의 시민은 더 많은 음식 채식식단에 비하여 더 많은 농업 투입을 요구하는 동물 단백질을 특히 섭취한다. 그들은 개발도상국 사람에 비하여 더 많은 물질을 소유하고 막대한 양의 에너지를 소비한다(그림 6.14).

인도 Ahraura 마을 가족의 소유물

독일 Cologne 가족의 소유물

그림 6.14 풍요함의 차이: 이 두 가족은 큰 차이를 보인다. 가족의 구성원 수, 그들이 가진 소유물의 종류, 가지고 있는 에너지를 소비하는 품목의 종류에서 큰 차이를 주목한다.

기술

사람들이 소비하고 사용하는 사물을 제공하는데 사용되는 기술은 환경영향에 대한 중요한 기여자이다. 일부 방법은 효율적이며 영향이 작지만, 다른 것들은 매우 파괴적이다. 예를 들면 가정을 난방하고 취사에 연료를 제공하는 장작은 삼림벌채를 초래할 수 있다. 유사하게, 비효율적이고 오염시키는 석탄 화력발전소는 높은 환경영향을 미친다. 에너지를 제공하기 위하여 더 효율적인 발전소나 풍력 또는 태양에너지를 사용하는 것은 환경영향을 감소한다. 이 방정식의 풍요함과 기술 요소는 서로 떼어놓기가 매우 어렵다. 종종 1인당 에너지 소비는 풍요함과 기술의 결합된 효과를 측정하는데 사용된다.

생태학적 발자국 개념

선진국의 환경영향은 이러한 국가의 인구가 비교적 안정적이고 지역적 환경조건이 양호하기 때문에 종종 과소평가된다. 그러나 선진국은 재화와 용역을 세계의 다른 지역에서 구입하며, 이는 종종 개발도상국의 환경상태를 저하시킨다. 따라서 북미, 일본, 호주, 뉴질랜드, 유럽과 같은 선진국의 환경영향은 자신의 자원에 대한 영향은 최소화되지만 종종 먼 장소에서 느껴진다. 예를 들면 기름야자나무를 기르기 위하여 인도네시아의 삼림벌채가 발생할 수 있다. 나무에서 추출된 야자 기름은 미국에서 판매되는 많은 식품에 사용된다. 따라서 미국에서 판매되는 식품에 사용되는 야자 기름의 양은 인도네시아의 삼림벌채에 기여한다.

이는 사회의 생태적 발자국 개념의 개발을 가져왔다. **생태적 발자국(ecological footprint)**은 인구에 자원을 제공하고 노폐물을 흡수하기 위하여 필요한 토지 면적을 측정하는 것이다. 대부분의 선진국은 그들의 토지면적보다 훨씬 넓은 생태적 발자국을 가진다. 예를 들면 일본은 경제가 매우 발달하였지만 자원은 거의 없다. 따라서 일본은 필요로 하는 대부분의 물질을 수입해야 한다. 한 연구에 의하면 일본의 생태적 영향은 지역적으로 가용한 자원의 거의 다섯 배가 크다고 계산되었다. 그 연구는 미국의 생태적 발자국은 지역적으로 가용한 자원의 1.5배로 추정하였다.

세계 인구가 계속 증가하면서 이에 수반되는 환경 저하를 제한하는 것이 더 어려워진다는 것은 명백하다. 인구성장의 대부분은 경제가 약한 개발도상국에서 발생하기 때문에, 오염 제어, 보건 계획, 지속가능한 농업 관행에 투자할 수 있는 돈이 존재하지 않을 것이다.

세계 인구성장을 조절하는 것이 모든 환경문제를 제거하지는 않을 것이지만, 환경 저하가 발생하는 속도를 감소시

집중 탐구

맬서스와 인구론

1798년 영국인 맬서스(Thomas Robert Malthus)는 인구에 대한 소론을 출간하였다. 그 책에서 Malthus는 대중적인 의견과는 상반되는 아이디어를 제시하였다. 그의 기본적 주제는 인구는 기하학적 또는 지수적 방식(2, 4, 8, 16, 32, 64, 등)으로 증가하지만, 식량을 생산할 수 있는 능력은 산술적 방식(1, 2, 3, 4, 5, 6, 등)으로 증가한다는 것이었다. 이 두 가지 속도의 궁극적인 결과는 인구가 토지에서 식량을 생산할 수 있는 능력을 능가하게 된다는 것이다. Malthus는 전쟁, 기근, 전염병, 자연재해가 인구 크기를 조절하는 수단이 될 것이라고 결론지었다. 그의 예측은 당시 지식인 사회에서 뜨겁게 논의되었다. 그의 가정과 결론은 오류이고 사회의 최고 가치에 반한다고 공격받았다. Malthus가 소론을 집필할 당시 대중적인 견해는 인간의 지식과 "도덕적 구속"이 모든 사람의 요구를 풍부하게 공급하는 세계를 창조할 수 있다는 것이었다. Malthus의 기본 가정의 하나는 "성간의 사교(성교)"는 변하지 않고 계속된다는 것이었지만, 당시 다른 철학자들은 성적 행동이 출산과 관련이 적은 형태를 취하게 될 것이고 인구는 제한될 것이라고 믿었다. 그러나 지난 50년도 안 되는 사이에 피임법은 널리 수용되고 사용되었으며, 선진국에서 주로 사용되고 있다.

Thomas Robert Malthus

Malthus는 피임법의 사용, 농업생산 기술의 주요한 변화, 미국, 호주, 세계의 다른 지역의 식민지에 과잉 인구의 이민을 예견하지 못하였다. 이러한 요인은 높은 사망률과 함께 그의 예측의 가장 파괴적인 일이 발생하지 않도록 방지하였다. 그러나 현재 세계의 많은 지역에서 사람은 1798년 Malthus에 의하여 예언된 인구 제어의 형태(기근, 전염병, 전쟁, 자연재해)를 경험하고 있다. 많은 사람은 그의 원래 예언이 유효하고(시간척도는 옳지 않았지만) 우리는 오늘날 그의 예언이 실현되고 있는 것을 보고 있다.

킬 수는 있을 것이다. 또한 인구가 더디게 성장한다면 세계의 모든 사람들의 삶의 질은 개선될 것이다. 그러면 왜 인간 개체군은 이렇게 빠른 속도로 계속 성장하는가?

6.9 인구 성장에 영향을 미치는 요인

인구는 이 장의 앞에서 논의된 동일한 생물학적 요인에 의하여 지배된다. 인구에 대한 궁극적인 수용용량이 있다. 결국 제한요인이 인구를 안정화되도록 할 것이다. 그러나 다른 생물 종과 달리, 인간은 사회적, 정치적, 경제적, 윤리적 요인에 의해서도 영향을 받는다. 우리는 미래를 예측하도록 하는 지식을 축적하였다. 우리는 사건의 가능한 진로에 기초하여 양심적인 결정을 할 수 있고 그에 따라 우리의 생활을 조절할 수 있다. 우리의 지식의 일부는 인구가 계속 증가하면 사망률과 출생률이 동일해질 것이라는 확실성이다. 이는 사망률이 증가하도록 하거나 출생률을 제한하는 것을 선택하여 일어날 수 있다. 인구를 조절하는 것은 단순한 과정으로 보일 수 있다. 사람들이 출생률을 낮추는 것이 사망률을 높이는 것보다 더 인도적인 것이라는 것을 이해하면, 인간은 "올바른" 결정을 내려야 하고 출생률을 조절해야 하지만, 그러나 이는 그렇게 단순하지 않다.

생물학적 요인

인구, 인구의 특성, 인구 특성이 어떻게 성장에 영향을 미치는가, 성장의 결과에 대한 과학적 연구를 **인구통계학(demography)**이라고 한다. 인구통계학자는 몇 가지 생물학적 지표를 보고서 인구의 미래 성장을 예측할 수 있다. 표 6.2는 세계에서 가장 인구가 많은 10개국의 몇 가지 인구 특성을 보여준다. 이러한 국가들은 경제발전의 상이한 단계와 세계의 다양한 지역을 대표한다.

출생률과 사망률

출생률이 사망률을 초과하면 인구는 성장할 것이다. 일반적으로 출생률과 사망률의 차이가 클수록 인구는 더 빠르게

표 6.2 2014년 인구가 많은 10개 국가의 인구 특성

국가	현재 인구 (백만)	천명 당 출생률	천명 당 사망률	총출산율 (여성의 일생 동안 자녀)	자연 증가율 (연간 %)	15세 미만 인구의 %	이주율 (연간 명)	2014-30년 예상 인구 변화 (%)
세계	7,238	20	8	2.5	1.2%	26%		+16.7%
일본	127.1	8	10	1.4	(-0.2%)	13%	+127,300	(-8.3%)%
러시아	143.7	13	13	1.7	0	16%	+287,400	0
중국	1,364.1	12	7	1.6	0.5%	16%	0	+2.6%
미국	317.7	13	8	1.9	0.4%	19%	+953,100	+11.6%
브라질	202.8	15	6	1.8	0.9%	24%	0	+10%
인도네시아	251.5	20	6	2.6	1.4%	29%	(-251,500)	+22%
인도	1,296.3	22	7	2.4	1.5%	31%	0	+16.5%
방글라데시	158.5	20	6	2.2	1.5%	29%	(-475,500)	+16.8%
파키스탄	194.0	28	8	3.8	2.0%	38%	(-582,000)	+31.3%
나이지리아	177.5	39	13	6.5	2.5%	44%	0	+47.4%

성장할 것이다. 나이지리아와 파키스탄은 사망률보다 출생률이 훨씬 높으며 매우 빠른 인구성장을 보인다. 반대 극단에는 일본, 러시아, 구소련의 많은 국가가 낮은 출생률과 함께 출생률과 동일하거나 초과하는 사망률을 보인다. 유럽의 대부분 국가는 안정적이거나 감소하는 인구를 보인다. 일반적으로 라틴아메리카, 아시아, 아프리카 지역은 높은 출생률과 낮은 사망률 그리고 빠르게 성장하는 인구를 보인다.

총출산율

인구성장 속도를 결정하는 가장 중요한 요인은 인구의 얼마나 많은 여성이 아이를 가지고 각 여성이 얼마나 많은 아이를 가지느냐와 관련되어 있다. 인구의 **총출산율(total fertility rate)**은 여성이 평생 출산하는 아이의 수이다. 총출산율 2.1을 **대체출산율(replacement fertility)**이라고 하는데, 이는 부모가 그들이 사망할 때 2 대체할 수 있는 2자녀를 출산하기 때문이다. 궁극적으로 총출산율이 2.1에서 유지되면 인구성장은 안정될 것이다. 2.0이 아니라 2.1이 사용되는 이유는 일부 아이는 출생 후 오래 생존하지 못하여 인구에 오래 기여하지 못하기 때문이다. 인구가 성장하지 않을 때, 출생자 수는 사망자 수와 동일해지며, 이를 인구의 **제로성장(zero population growth)**이라고 한다.

그러나 몇 가지 이유로 인하여 2.1의 총출산율은 즉각적인 인구의 제로성장과 안정된 인구를 필연적으로 초래하지는 않는다.

연령분포

인구의 각 연령에 속하는 사람 수인 **연령분포(age distribution)**도 인구성장 속도와 커다란 관계가 있다. 인구에 가족을 부양하거나 가까운 장래에 가족을 부양할 젊은 사람이 많다면, 가족을 2자녀로 제한하더라도 인구는 계속 증가할 것이다. 인구의 젊은 사람 수에 따르면, 가족의 크기를 2자녀로 제한하더라도 국가의 인구가 순 증가가 없도록 안정되기 위해서는 20년에서 1세기가 소요될 수 있다. 표 6.2에서 젊은 사람의 수가 가장 많은 국가가 가장 높은 인구성장률 예측을 보인다는 것을 주목한다.

사회적 요인

선진국의 인구는 낮은 출산율과 낮은 인구성장률을 보이고 개발도상국은 높은 출산율과 높은 인구성장률을 보인다는 것이 명백하다. 또한 출산율을 낮추는 것이 모든 사람에게 유리할 것이라는 것도 명백하지만, 그러나 세계의 모든 사람이 그렇게 느끼지는 않는다. 몇 가지 요인이 부부가 원하는 자녀의 수에 영향을 미친다. 이러한 요인 중 일부는 종교적, 일부는 전통적, 일부는 사회적, 일부는 경제적이다.

문화와 전통

가족 크기를 결정하는 주요한 사회적 요인은 문화에서 여성의 지위이다. 많은 남성우위 문화에서 여성의 전통적 역할은 결혼하여 자녀를 키우는 것이다. 이러한 영향은 종종 강한 종교적 조언과도 연관되어 있다. 일반적으로 여성의 교

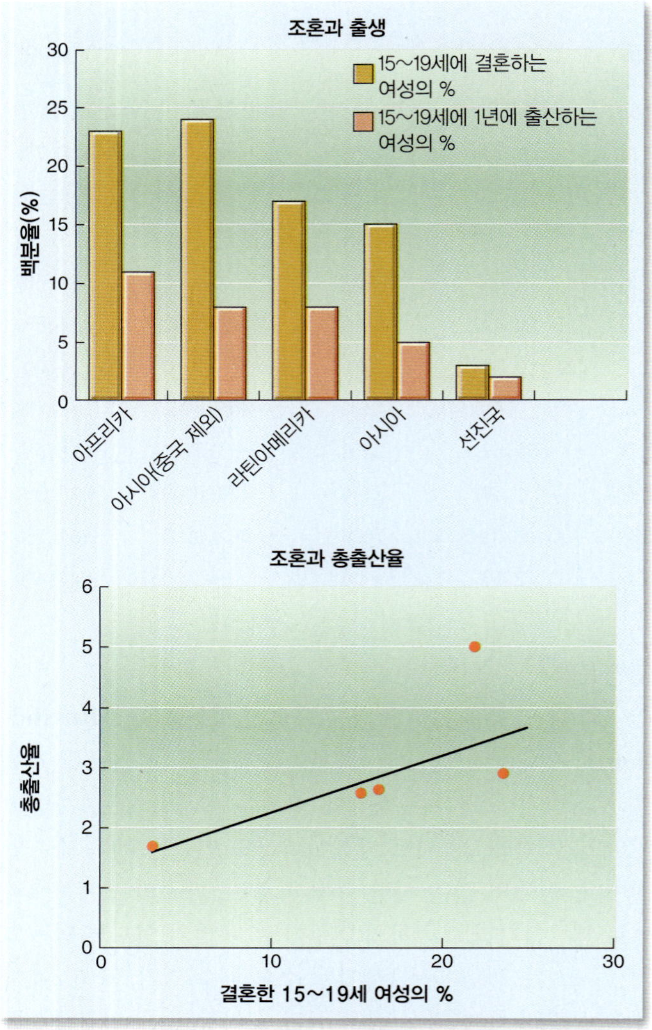

그림 6.15 조혼과 출산율: 조혼이 장려되는 문화에서 여성은 일생의 오랜 기간에 임신의 가능성에 노출되며 총출산율이 높다.

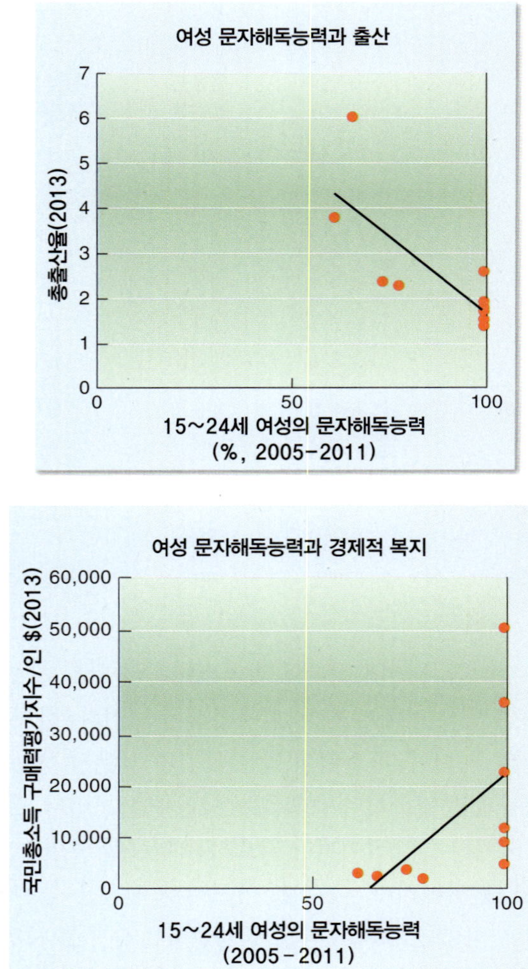

그림 6.16 여성 문자해독능력, 총출산율, 경제적 복지: 이러한 그래프는 여성의 문자해독능력이 총출산율과 1인당 소득에 연관되는지를 보여준다. 자료는 세계의 가장 인구가 많은 10개 국가에서 취하였다. 일반적으로 여성의 문자해독능력이 높을수록 총출산율이 낮고 1인당 소득은 높다.

출처: Data from Population Reference Bureau, 2013 Data Sheet, and World Development Indicators 2013 from The World Bank.

육에는 가치가 전혀 주어지지 않으며, 조혼이 권장된다. 이러한 문화에서 여성은 남편이나 노년기에 부양할 성장한 자녀에 전적으로 의존한다. 조혼이 권장되기 때문에 출산율도 높으며, 이는 가임기의 많은 기간을 임신의 가능성에 노출되기 때문이다(그림 6.15).

교육의 결여는 이러한 문화에서 여성의 선택권을 감소시킨다. 그들은 교육을 받지 못하기 때문에, 직업을 찾을 기회가 감소되고, 결혼을 지연하기가 어렵고, 일반적으로 많은 자녀를 가진다. 대조적으로 대부분의 선진국에서 여성은 교육을 받고, 만혼을 하고, 적은 수의 자녀를 가진다. 세계 인구성장률을 감소시키는데 필요한 단하나의 가장 중요한 활동은 여성을 교육시키는 것이라고 말한다. 여성의 교육수준이 높아지면 출산율도 감소한다. 그림 6.16은 인구가 가장 많은 10개국의 총출산율과 여성의 교육수준을 보여준다. 여성의 교육수준은 총출산율과 인구의 경제적 복지와 강하게 연관되어 있다.

심지어는 자녀를 키우는 관습도 인구성장률에 영향을 미친다. 모유를 수유하는 국가에서 몇 가지 이익이 생긴다. 모유는 유아에 우수한 영양분 공급원일 뿐 아니라 일부 질병에 대한 항체의 공급원이다. 더 나아가 대부분의 여성은 수유를 중지하기 전에는 정상적인 생식주기로 돌아가지 않기 때문에, 여성이 모유를 수유하는 기간에는 다시 임신할 가능성이 낮다. 많은 문화에서 모유 수유는 1~2년간 지속되기 때문에, 이는 추후 출산 사이의 시간을 증가시키는 역할을 한다. 출산 사이의 시간 증가는 가임기 여성의 사망률을 감소시킨다.

산아제한에 대한 태도

여성이 교육을 더 잘 받고 고임금 직업을 가지면서, 그들은 재정적으로 독립적이 되고 결혼을 늦게 할 수 있고 결과적으로 적은 수의 자녀를 가진다. 교육을 잘 받은 여성은 또한 피임에 접근이 가능하고 사용할 가능성이 더 높다. 선진국에서 높은 비율(70% 이상)의 여성이 일반적으로 피임을 한다. 많은 개발도상국에서 피임약의 사용은 훨씬 낮아서, 아프리카에서는 약 34%이고 아시아에서는 중국의 85%를 제외하면 약 57%이다.

산아제한에 대한 접근만으로는 인구문제를 해결할 수 없다는 것을 인식하는 것이 중요하다. 가장 중요한 것은 가족의 크기를 제한하려는 부모의 희망이다. 선진국에서 산아제한은 출생률을 조절하는데 극히 중요하다. 이는 종교와 과거의 역사적 출생률에 상관없이 사실이다. 예를 들면 이탈리아와 스페인은 전통적인 가톨릭 국가이면서 1.4와 1.3의 낮은 총출산율을 보인다. 선진국의 평균은 1.6이다. 명백하게 이러한 국가의 여성은 가족 크기를 규제하기 위하여 산아제한을 이용한다. 대조적으로 전통적으로 가톨릭 국가인 멕시코는 총출산율이 2.2이며, 이는 종교적 전통과 관계없이 저개발국가에서 일반적인 2.6보다 약간 낮다.

저개발국가의 여성은 일반적으로 그들이 이상적으로 생각하는 것보다 자녀를 많이 가지며, 총 자녀수는 대체출산율인 2.1보다 높다. 산아제한에 대한 접근은 그들이 원하는 자녀수에서 제한하도록 할 것이며 더 편리한 간격으로 자녀를 낳을 수 있도록 하지만, 그래도 그들은 대체에 필요한 2.1명 보다 그 이상을 원한다. 그들은 왜 대가족을 원하는가? 거기에는 여러 이유가 있다. 유아사망률이 높은 지역에서 대가족을 가지는 것은 전통적인데, 그 이유는 여성의 자녀 중 몇 명이 성인에 도달하기 전에 사망할 수 있기 때문이다. 이는 저개발국가에서 특히 중요한데, 그곳에는 사회보장에 대한 정부 계획이 없기 때문이다. 부모는 그들이 늙어서 더 이상 일을 할 수 없게 되었을 때 그들의 욕구에 기여할 수 있는 자녀가 여럿 있으면 더 안정된다.

경제적 요인

저개발국가에서 자녀의 경제적 이익은 극히 중요하다. 심지어는 어린 자녀도 가정 경제에 기여할 수 있는 일을 가질 수 있다. 자녀들은 포식자로부터 가축을 보호하고, 땔나무를 모으고, 요리하거나, 물을 나를 수 있다. 선진국에서 많은 자녀수는 경제적인 배출구이다. 그들은 법에 의하여 일할 수 없으며, 많은 비용으로 학교에 보내야 하며, 가족 수입의 많은 부분을 소비한다. 선진국의 많은 부모는 자녀를 가지는 것에 대하여 집이나 차를 구입하는 것과 같은 방식으로 경제적 결정을 한다. "우리는 당장 아이를 가지지 않을 것이다. 우리는 재정적으로 여유가 있을 때까지 기다리려고 한다."

정치적 요인

국가의 인구성장률에 영향을 미치는 2가지 다른 요인은 인구성장에 대한 정부 정책과 이민이다.

정부 인구정책

많은 선진국은 인구성장률이 너무 낮다고 주장하는 공식적인 정책을 개발하였다. 인구가 고령화되고 출생이 매우 적어지면서, 장래에 노동인구의 부족에 대하여 우려하며 사람들이 자녀를 가지도록 장려하는 계획을 제정하였다. 예를 들면 헝가리, 스웨덴과 유럽의 몇 국가들은 유급 출산휴가를 아이가 어릴 때 주고 어머니가 다시 복직하려고 할 때 직업을 보장한다. 많은 국가는 부모 모두 일할 수 있도록 탁아소와 기타 서비스를 제공한다. 이는 출생률을 감소시키는 경향이 있는 경제적 장벽을 일부 제거한다. 미국과 같은 많은 국가의 조세체계는 각 자녀에 대한 공제를 제공하여 자녀에 대하여 간접적으로 보상한다. 캐나다는 자녀를 출산한 부부에게 상여금을 지급한다.

대조적으로 대부분의 개발도상국은 공개적으로 그들의 인구성장률이 너무 높다고 주장한다. 출생률을 감소시키기 위하여 그들은 모성과 자녀 보건과 산아제한에 대한 정보를 제공하는 계획을 가지고 있다. 피임약의 무료 제공 또는 저가 제공도 그들의 인구 조절 노력의 일환이다.

중국과 인도는 세계에서 가장 인구가 많은 국가이며, 10억 이상의 인구를 가진다. 중국은 인구를 조절하기 위한 단계를 취했으며 이제 여성 당 1.6의 총출산율을 가지지만, 인도는 총출산율이 2.4이다. 두 나라 사이의 이러한 차이는 지난 50년 동안의 상이한 정책결정의 결과이다. 중국 인구정책의 역사는 정부정책이 어떻게 시민의 번식활동에 영향을 미치는가에 대한 흥미로운 연구이다. 중화인민공화국이 1049년 설립되었을 때, 정부의 공식정책은 출산을 장려하는 것이었는데, 이는 중국인이 많으면 더 많은 재화와 용역을 생산할 수 있고, 생산은 경제부흥의 핵심이었기 때문이다. 인구는 1949~1955년 사이에 5억4천만 명에서 6억1천4백만 명으로 증가하였다. 그러나 경제발전은 느렸다. 결과적으로 정부는 정책을 변경하여 인구 조절을 장려하기 시작하였다.

1955년 이래 중국은 출산의 수를 감소하는 목적으로 일련의 가족계획 프로그램을 가지고 있었다. 비록 많은 사람들이 이러한 프로그램이 인권침해를 포함한다고 믿지만, 출생률은 점진적으로 감소하였으며, 현재의 총출산율은 대체출산율에 훨씬 못 미치는 1.6이다. 부부의 85%가 피임을 사용하며, 가장 보편적으로 사용되는 형태는 남성과 여성의 불임과 자궁내 장치이다. 유산도 이 프로그램의 중요한 면이다.

대조적으로 같은 50년 동안에 인도는 인구를 조절하는데 전혀 성공하지 못하였다. 과거에 정부 프로그램은 불임시술과 피임약 사용의 목표를 달성하는 것에 강조를 하였지만, 이는 성공적이지 못 하였다. 현재 부부의 55%만 피임약을 사용한다. 2000년에 총출산율을 3.1에서 2010년까지 2(대체출산율)로 낮추는 목표를 가진 새로운 계획이 시행되었다.

이 새로운 계획은 사람의 삶의 질을 개선하는 것을 강조한다. 주요한 추진은 유아사망과 모성사망의 감소, 예방 가능한 질병에 대한 아동의 예방접종, 소녀들이 학교에 가도록 권장하는 것이다. 건강의 개선은 많은 수의 출생에 대한 인지된 요구를 제거할 것이다. 현재 인도 여성의 약 65%가 읽고 쓸 수 있다. 여성의 교육 상태를 개선하는 것을 강조하는 것은 다른 개발도상국의 경험과 관련이 있다. 많은 다른 나라에서 여성의 교육 수준의 증가는 낮은 출산율과 연결되어 있다는 것을 보여주었다. 2010년까지 총출산율 목표인 2.0을 충족하지 못하였지만, 2014년 총출산율은 2.4로 감소하였으며, 이는 긍정적인 경향이다.

이민

국가의 이민 정책 또한 인구성장 속도에 상당한 영향을 미친다. 출생률은 현재 여러 유럽 국가, 일본, 중국에서 매우 낮기 때문에 이러한 국가들은 가까운 장래에 노동연령 국민이 부족하게 될 것이다. 이러한 문제를 해결하는 한 가지 방법은 세계의 다른 지역에서 이민을 장려하는 것이다.

선진국은 이민을 수용하도록 커다란 압력을 받고 있다. 이러한 국가의 생활수준은 피난민이나 그들이 현재 거주하는 곳에 비하여 더 나은 삶을 추구하는 사람에게 엄청난 유인이다. 미국에서 매년 인구 증가의 약 1/3은 이민의 결과이다. 캐나다는 이민을 장려하며 매년 25만~30만 명의 새로운 이민자를 수용하는 목표를 설정하였다.

6.10 인구성장률과 생활수준

국가의 인구가 성장하는 속도와 생활수준 사이에는 역의 관계가 있는 것으로 보인다. **생활수준(standard of living)**은 사람 삶의 질의 정량화를 시도하는 추상적인 개념이다. 다양한 문화가 무엇이 바람직한지에 대하여 상이한 태도와 느낌을 가지고 있기 때문에 생활수준은 정량화하기 어려운 개념이다. 그러나 생활수준의 분석에는 경제적 안녕, 건강 상태, 사회 내에서 개인의 위치를 변화할 수 있는 능력 등 몇 가지 요인이 포함될 수 있다. 그림 6.17은 생활수준을 결정하는데 중요한 몇 가지 요인과 매우 다른 생활수준을 가진 세 국가(미국, 아르헨티나, 케냐)를 비교하였다. 생활수준의 중요한 경제적 측정은 개인의 구매력이다. 구매력의 지표 중 하나는 **국민총소득(gross national income; GNI)**이다. GNI는 국가 내에서 발생한 모든 재화와 서비스와 함께 다른 국가에서 사는 자국민에 의하여 고국으로 보내지는 수입을 측정하는 지표이다. 재화와 서비스의 가격은 국가에 따라 변하기 때문에, 구매력의 실질 비교는 약간의 조정이 필요하다. 따라서 국가 사이의 경제적 복지를 비교하는데 사용되는 기법을 국민총생산 구매력평가(GNI PPP; gross national income purchasing power parity)라고 한다. 마지막으로 GNI PPP는 1인당 GNI PPP를 구하기 위하여 국가의 인구로 나눌 수 있다. 그림 6.17에서 볼 수 있듯이 선진국과 개발도상국 사이에는 커다란 경제적 격차가 존재한다. 그렇지만 개발도상국의 사람들은 선진국 사람들이 누리는 것과 동일한 생활수준을 갈망한다.

건강 기준은 생활수준의 많은 관점을 반영한다. 건강관리, 안전한 음용수, 적절한 식량은 기대수명, 유아사망률, 아동성장률에 반영된다. 미국과 아르헨티나는 유사한 기대수명(75세 이상)과 적절한 영양을 나타낸다. 케냐는 낮은 기대수명(62세), 많은 영양실조 아동(20%가 저체중), 높은 유아사망률(1천 명 당 47명)을 나타낸다. 미국은 낮은 유아사망률(1천 명 당 5.4명)을 나타낸다. 아르헨티나는 중간의 유아

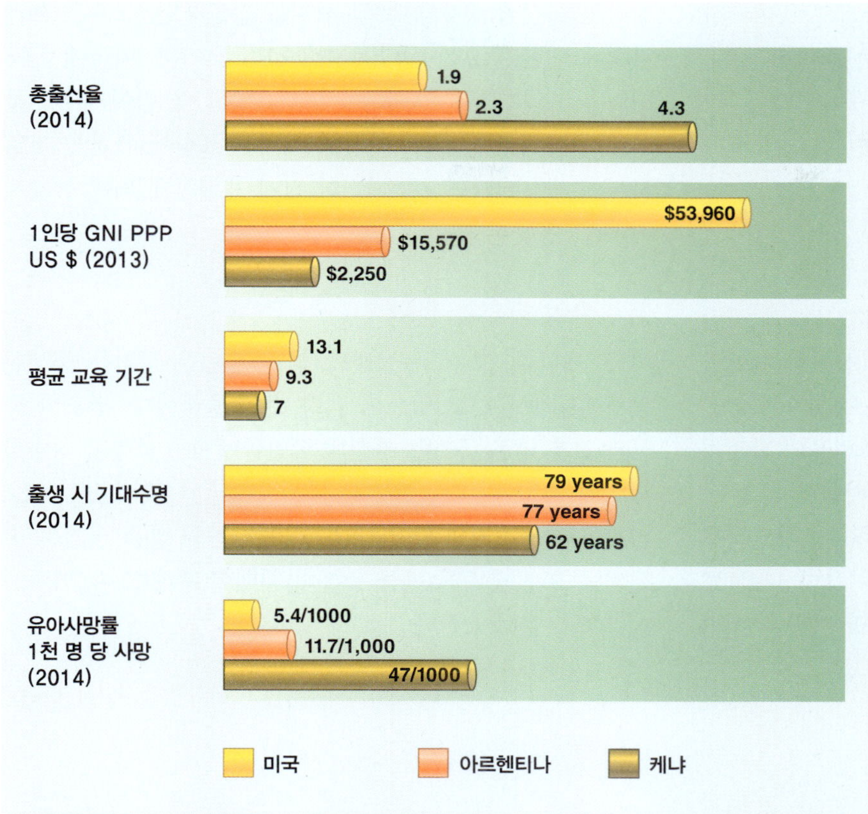

그림 6.17 세 국가에서 생활수준과 인구성장: 생활수준은 개인이 얼마나 잘 사는가에 대한 판단이다. 정확한 정의를 얻는 것은 불가능하지만, 미국, 아르헨티나, 케냐를 비교하면 이러한 국가 사람들이 생활하는데 커다란 차이가 있다는 것이 명백하다.

출처: Data from The Population Reference Bureau, 2014. Population Data Sheet; and United Nations Development Program International Human Development Indicators.

사망률(1천 명 당 11.7명)을 나타낸다.

마지막으로 사람의 교육 상태는 가용한 직업의 종류와 개인의 지위를 개선할 수 있는 가능성을 결정한다. 일반적으로 남성은 여성에 비하여 교육을 받을 가능성이 높지만, 여성의 교육적 지위는 가지게 되는 자녀수와 직접적인 연관이 있고, 따라서 가족의 경제적 복지와 연관이 있다. 미국에서 성인은 평균 13년 이상의 교육을 받는다. 아르헨티나는 9년이고 케냐는 7년이다. 명백하게 이 세 국가 사이에는 생활수준에 커다란 차이가 있다. 평균적인 미국 사람들이 빈곤수준으로 간주하는 것은 평균적인 케냐 사람에게는 사치로 간주될 수 있다.

6.11 기아, 식량생산, 환경저하

인구가 증가하면서 식량 수요는 증가한다. 사람들은 자신이 식량을 재배하거나 구입해야만 한다. 선진국 사람들은 대부분 필요한 것을 구입하며 먹기에 충분한 이상을 가진다. 저개발국가 사람들은 대부분 자신의 식량을 재배해야만 하며 추가적인 식량을 구입할 돈이 매우 적다. 일반적으로 이러한 농부들은 잉여작물이 매우 적다. 작물이 실패하면 사람들은 굶는다. 중국과 인도와 같이 인구밀도가 매우 높은 국가에서도 인구의 대부분이 토지와 농장에서 생활한다. (중국 사람의 46%와 인도사람의 70%가 시골에서 생활한다.)

식량생산의 환경영향

인구는 다른 식물과 동물 개체군이 감소할 때에만 증가할 수 있다. 각 생태계는 그 안에서 존재할 수 있는 최대생물량을 가지고 있다. 생태계 내에서 한 종의 개체군 증가를 허용하는 변화가 있을 수 있지만, 동일한 기본 자원을 두고 경쟁하기 때문에 이는 항상 다른 개체군에 불리하게 영향을 미친다.

인간이 식량을 필요로 할 때는 자연생태계를 인위적으로 유지되는 농업생태계로 변환한다. 식물과 동물의 자연적 혼합이 파괴되며 인간에게 유용한 종으로 대체된다. 이러한 농업생태계가 잘못 관리되면 지역의 총생산은 원래 생태계 아래로 떨어질 수 있다. 아프리카의 사막화와 열대우림의 파괴는 잘 알려진 사례이다. 식량공급이 부족하고 인구가 성장하는 국가에서는 남아있는 자연생태계를 농업으로 변환하려는 압력이 매우 강렬하다. 일반적으로 이러한 지역은 농업에 가장 바람직하지 않으며 생산적이지 않다. 그러나 굶주리는 인구에게는 단기적 이익이 중요한 모든 것이다. 환경의 장기적 건강은 인구의 즉각적인 필요를 위하여 희생된다.

인간 에너지 피라미드

식량에 대한 기초적인 수요의 결과로 저개발국가의 사람은 선진국의 사람에 비하여 낮은 영양단계를 섭취한다(그림 6.18). 식물의 덜 농축된 탄수화물을 영양적으로 가치가 있는 동물 단백질과 지방으로 변환하는 것은 고비용의 과정이다. 동물에게 식물을 먹여서 동물 제품을 수확하는 과정 동안에 원래 식물 에너지의 약 90%가 손실된다(4장 상호작용 참조). 선진국의 많은 현대적 농경 관행은 이보다 나은 효율을 얻을 수 있지만, 개발도상국의 대부분의 사람은 이러한 복잡한 시스템을 이용할 수 없다. 따라서 그들의 전환율은 자연생태계의 특징적인 90% 손실에 접근한다. 따라서 에너지의 경제적 관점에서 개발도상국의 사람은 식물을 동물에게 먹여서 동물을 먹기보다는 식물 자체를 소비해야만 한다. 대부분의 경우 식물을 동물에 먹이면 많은 사람들이 굶어죽게 될 것이다. 반면에 주로 식물로 이루어진 식단에 단백질의 결핍은 영양실조를 초래할 수 있다. 식물성 음식을 적절히 혼합하여 충분한 단백질을 얻는 것이 가능하다. 그러나 식량이 부족한 곳에서 음식을 적절히 혼합하는 것은 종종 가능하지 않다. 따라서 저개발국가의 많은 사람들은 적절한 단백질 부족으로 고통을 받으며, 이는 그들의 신체적, 정신적 발달을 저해한다.

대조적으로 대부분의 선진국에서 육류와 기타 동물 단백질 공급원은 식단의 중요한 부분이다. 많은 사람들이 과다영양으로 고통을 받으며, 다른 의미에서 영양실조이다. 북미인의 약 66%가 과체중이고 30%가 비만이다. 한 사람이 육식동물 단계에서 먹는 것은 초식동물 단계의 10배에 해당하는 생태적 영향을 끼친다. 선진국의 사람이 동물 단백질 섭취를 감소하면, 그들은 세계 자원에 대한 수요를 상당히 감소시킬 것이다. 미국에서 재배되는 거의 대부분의 옥수수와 콩은 동물을 먹이거나 생물연료 생산에 사용된다. 대신에 이러한 곡물이 사람을 부양하는데 사용된다면, 곡물을 더 적게 재배하게 되며 농경지에 대한 영향은 감소될 것이다.

굶주림의 경제와 정치

미국, 캐나다, 호주, 뉴질랜드, 남미의 많은 국가는 풍부한 농경지를 보유하고 있으며 식량 순 수출국이다. 인도와 중국과 같은 많은 국가는 자신의 국민들에게는 충분한 식량을 재배할 수 있지만 수출할 여력은 없다. 일본, 몇몇 유럽국가, 러시아와 구소련의 많은 국가, 아프리카의 많은 국가는 자신의 수요를 충족할 만큼 충분히 재배할 수 없으며, 따라서 식량을 수입해야 한다.

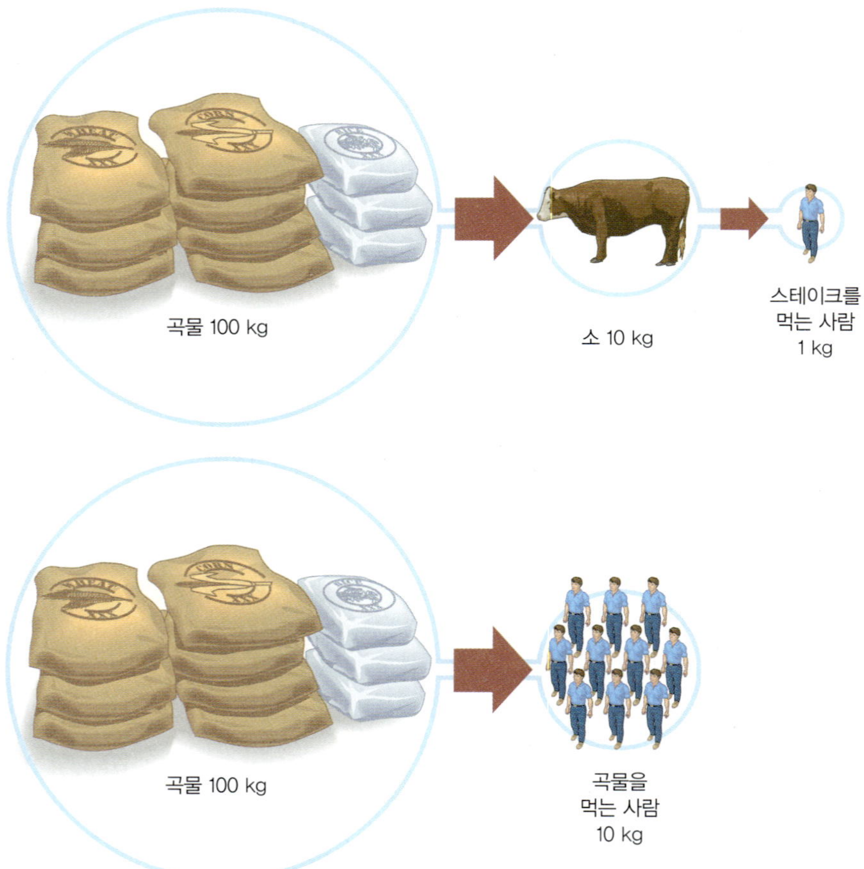

그림 6.18 인구와 영양단계: 인구가 많을수록 인구를 유지하기 위하여 더 많은 에너지를 취한다. 생물이 다른 생물에 의하여 먹힐 때마다 약 90%의 에너지가 손실된다. 따라서 국가의 인구밀도가 높으면, 그들은 식물을 동물에 먹일 때 발생하는 에너지 손실을 감당할 수 없기 때문에 초식동물 단계에서 먹는다. 동일한 양의 곡물은 육식동물 단계에 비하여 초식동물 단계의 10배 사람을 부양할 수 있다.

식량 순 수입국이 반드시 빈곤하지는 않다. 일본과 몇몇 유럽 국가는 식량 순 수입국이지만 그들이 필요로 하는 것을 구입하기에 충분한 경제적 자산을 가지고 있다. 국가가 국민에게 충분한 식량을 생산하지 못하고 구매나 인도주의적 원조를 통하여 식량을 획득할 수 없을 때 굶주림이 발생한다.

세계 식량생산과 기아에 관한 현재의 상황은 매우 복잡하다. 여기에는 경작 가능한 토지, 노동력, 농기계와 같은 식량생산에 필요한 자원, 적절한 작물의 선택, 경제적 유인 등이 관련된다. 여기에는 또한 국가 내에서 식량의 불균형 배분도 관련된다. 이는 종종 경제적인 문제인데, 그 이유는 대부분의 국가에서 가장 빈곤한 사람들이 기본적인 생필품을 구하는데 어려움이 있지만, 부유한 사람은 과잉의 식량과 기타 자원을 보유한다. 추가하여 정치적 활동도 종종 식량 가용도를 결정한다. 전쟁, 외채의 상환, 부패, 부적절한 관리는 종종 기아와 영양실조에 기여한다.

가장 부족한 지역은 사하라 남부의 아프리카이다. 아프리카는 지난 수십 년에 걸쳐 세계적으로 1인당 곡물 생산이 감소한 유일한 주요한 지역이다. 이러한 지역의 사람은 삼림, 관목지, 초원이 농경지로 변환되면서, 한계 토지를 식량생산에 시용하려고 한다. 종종 토지는 지속적인 농업생산을 지탱할 수 없다. 이는 침식과 사막화를 초래한다.

문제의 해결

국민에게 충분한 식량을 생산할 수 없고 필요한 식량을 구입할 수 없는 국가는 어떻게 해야 할까요? 이는 쉬운 문제가 아니다. 문제에 대한 단순한 인도주의적 해법은 선진국이 식량을 공급하는 것이다. 많은 종교단체와 인도주의 단체는 식량을 필요로 하는 사람들에게 식량을 공급하는 훌륭한 서비스로 많은 생명을 구한다. 그러나 목적은 항상 일시적인 도움을 제공하는 것이어야 하며 국가의 사람들이 자신의 문제를 해결하는 기작을 발달하도록 주장해야 한다. 종종 긴급 식량계획은 많은 사람들이 교외(농업) 지역에서 자신을 부양할 수 없는 도시로 이주하도록 한다. 그들은 식량원조에 의존하게 되고 자신의 식량을 재배하기 위하여 일하는 것을 중단하는데, 그 이유는 일하는 것을 원하지 않아서가 아니라 식량배급소로 가기 위하여 농경지를 떠나야 하기 때문이다. 많은 인도주의 단체는 이제 선진국으로부터의 선물로 사람들을 먹여 살리려고 하는 것의 무익함을 인정한다. 그들은 대도시가 아니라 지역 마을에 식량 원조를 제공하고 지역 농업경제의 개선을 위한 유인을 제공하는 프로젝트를 지원한다. 자급을 강조하여야 한다.

6.12 인구통계학적 전이 개념

의심할 여지없이 생활수준과 인구성장률 사이에는 관계가 있다. 생활수준이 가장 높은 국가는 가장 낮은 인구성장률을 보이고, 생활수준이 가장 낮은 국가는 가장 높은 인구성장률을 보인다. 이는 국가들이 자연적으로 **인구통계학적 전이(demographic transition)**라고 하는 일련의 단계를 거친다고 많은 사람들이 시사하도록 하였다.

인구통계학적 전이 모델

인구통계학적 전이 모델은 유럽과 북미의 역사적, 사회적, 경제적 발달에 기초한다. 인구통계학적 전이에서는 다음의 4단계가 일어난다(그림 6.19).

1. 최초에 국가들은 높은 출생률과 높은 사망률을 보이는 안정된 인구를 가진다. 기근과 전염병으로 인하여 사망률은 종종 변화한다.
2. 경제적, 사회적 조건의 개선(질병의 제어와 식량생산의 증가)은 사망률은 감소하고 출생률은 높게 유지되면서 빠른 인구성장기를 초래한다.
3. 국가가 산업경제를 발전하면서, 사람들이 작은 가족을 원하고 피임약의 사용으로 인하여 출생률은 감소하기 시작한다.
4. 궁극적으로 출생률과 사망률은 다시 균형을 이룬다. 그러나 인구는 이제 낮은 출생률과 낮은 사망률을 보인다.

이는 국가가 현대의 산업화 경제를 발전할 수 있고, 그 이후 사회적, 정치적, 경제적 과정이 자연적으로 인구가 안정화되도록 한다는 것을 시사하기 때문에 매우 기분 좋은 모델이다.

모델의 적용

그러나 모델은 일부 중대한 질문을 가져온다. 유럽과 북미에서 나타난 역사적 경향은 현재의 저개발국가에서도 반복될 수 있을 것인가? 유럽, 북미, 일본, 호주는 세계 인구가 적고 에너지와 천연자원이 아직 풍부할 때 이러한 전이기를 통과하였다. 이러한 공급이 현재 저개발국가로 분류된 세계

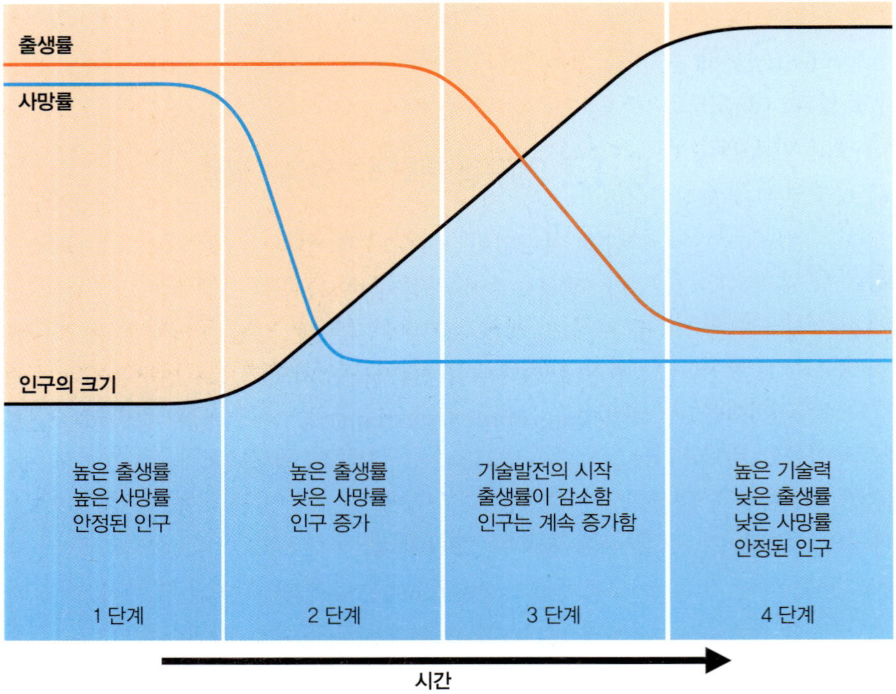

그림 6.19 인구통계적 전이: 인구통계적 전이 모델은 국가가 기술적으로 발전하면서 자동적으로 출생률의 감소를 경험한다는 것을 시사한다. 이러한 확실성은 선진국에 의하여 경험되었다. 그러나 선진국은 세계 인구의 20% 이하만을 차지한다. 저개발국가도 선진국에서 경험한 종류의 기술적 진보를 달성할 수 있을지는 의문이다.

주요 부분의 산업화를 허용할 정도로 충분한지는 의문이다.

더 나아가 유럽과 북미의 국가들이 인구통계학적 전이기를 통과할 때, 그들은 국경 내 또는 식민지에 방대한 면적의 개발되지 않은 토지를 가지고 있었다. 이는 전이의 초기 단계에 인구의 팽창에 대한 안전판을 제공하였다. 이러한 안전판이 없었다면 경제발전을 촉진하면서 동시에 인구를 적절히 처리하는 것은 불가능하였을 것이다. 오늘날 저개발국은 경제적 발전을 위하여 필요한 자본을 축적할 수 없는데, 이는 그들이 국민이 이주할 수 있는 사람이 살지 않는 토지를 가지고 있지 않고 계속 증가하는 인구는 심각한 경제적 고갈을 초래하기 때문이다.

두 번째 우려는 시간요소이다. 세계 인구가 현재와 같이 증가하면서, 산업화는 아마도 인구성장에 상당한 영향을 줄 수 있는 정도로 빠르게 일어날 수 없다. 저개발국가의 국민이 가난할수록 많은 수의 자녀를 가지는 것은 큰 장려책이 된다. 자녀들은 늙은 부모를 보살펴주기 때문에 일종의 사회보장이다. 선진국의 사람들만 노년을 위하여 저축을 할 수 있다. 그들은 양육하는데 고비용인 자녀를 기르거나 다른 방식으로 투자하는 것을 선택할 수 있다.

오늘날 대부분의 사람들은 왜 일부 인구는 안정화되지만, 대부분의 국가는 이러한 전이를 할 수 있게 되려면 경제발전 기금, 교육, 산아제한 정보와 기술의 형태로 도움을 필요로 하는지에 대한 중요한 통찰력을 이 모델이 제공해준다고 느끼고 있다.

6.13 미국 인구 상황

많은 방식에서 총출산율이 낮은 미국 인구는 낮은 출생률을 가진 다른 선진국과 유사하다. 우리는 이러한 조건하에서는 인구가 안정될 것으로 예상할 수 있다. 그러나 2가지 요인이 작용하여 앞으로 50년간 뚜렷한 변화를 가져올 것이다.

미국 인구는 전후 베이비붐 세대를 포함하며, 이는 인구 경향에 뚜렷하게 영향을 미친다. 이러한 베이비붐 세대는 제2차 세계대전 이후 약 15년간(1947~1961)에 걸쳐서 태어났으며, 이 당시 출생률은 지금보다 훨씬 높았으며 연령분포 단면에서 일시적 증가를 나타낸다(그림 6.20). 이 집단의 구성원이 가족을 부양하면서 그들은 미국 인구가 어떻게 성장하는지에 뚜렷한 영향을 미쳤다. 이러한 증가된 인구가 나이 들어가고 젊은 사람들이 가족 크기를 제한하면서, 인구는 점진적으로 고령화될 것이다. 65세 이상의 인구 비율은 1980년의 12%에서 2030년 이전에 20%가 될 것이다.

합법적, 불법적 이민자는 장래의 인구성장 경향에 상당한 영향을 미친다. 여성 1인당 현재의 총출산율인 1.9 자녀에서도 인구는 아직도 매년 0.7% 증가하고 있다. 이의 70%는 출산율과 사망률의 차이에서 기인한 자연증가이다. 나머지는 미국으로 들어오는 이민의 결과이다.

현재 미국의 이민정책은 특징짓기가 어렵다. 남쪽 국경을 통한 불법 이민을 감소하기 위하여 강력한 수단이 취해지고 있다. 이는 부분적으로 많은 불법이민자를 받아들이는 주들에 의하여 의회에 가해지는 압력에 기인한다. 불법이민자는 주가 자금을 지원해야만 하는 교육과 의료비용을 추가한다.

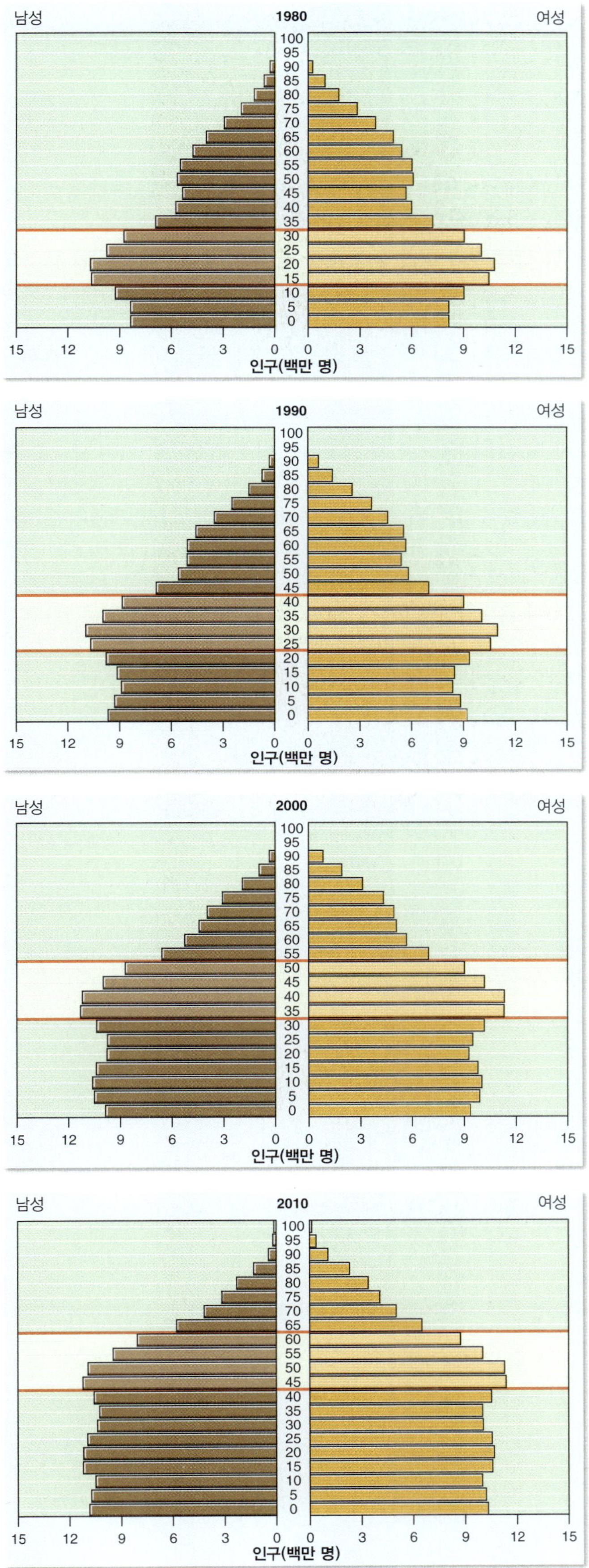

그림 6.20 미국 인구 연령분포의 변화(1980~2010): 이 그래프는 각 연령 수준의 미국의 인구수를 보여준다. 1980년 일시적 증가는 15세에서 시작하여 34세에서 끝난다는 것을 주목하라. 1980, 1990, 2000, 2010년의 연령분포를 비교하면 이 집단의 사람이 인구를 통하여 이동하였다는 것을 볼 수 있다. 인구의 이 부분이 나이 들면서, 이는 미국 인구의 본질에 큰 영향을 끼쳤다. 1970년대와 1980년대에 베이비붐 세대는 학교를 다녔다. 1990년대에 그들은 노동연령 중간이었다. 2010년대에 이들의 일부는 은퇴하기 시작하였으며, 많은 수가 10년 동안 은퇴할 것이다.

출처: Data from the U.S. Department of Commerce, U.S. Census Bureau, International Data Base.

동시에 미국 경제의 일부 부분(농업, 관광)은 특정한 종류의 일을 하는 노동자를 찾을 수 없다. 결과적으로 특별한 초청 노동자가 경제의 이러한 부분의 필요에 봉사하기 위하여 제한된 기간 동안 미국으로 입국이 허용된다. 또한 미국 거주자의 가족 재결합을 위한 이민을 허용하는 지속적인 정책도 존재한다. 명백히 이러한 범주에 속하는 가족은 최근 이민자인 미국 시민을 포함하게 된다. 대부분의 이민 정책은 정치적 결정의 결과이며 미국 인구가 성장하는 속도나 다른 인구통계학적 문제와는 하등의 관계가 없다.

2010년 인구조사에 기초한 예측에 의하면 총출산율이 대체출산율인 2.1 보다 낮은 1.9라는 사실에도 불구하고 인구가 계속 증가하고 제로성장으로 이동하는 것 같지 않다는 것을 가리킨다. 이러한 상황에 대한 주요한 이유는 이민이 매년 약 1백만 명에 이르고, 새로운 이민자들은 일반적으로 젊고 비이민자에 비하여 더 많은 자녀를 가지고 있다.

미국 인구의 상이한 부분 사이에 가족 크기에 차이가 존재한다. 인구의 라틴아메리카 사람과 아시아계 미국인은 대가족을 가지는 경향이 있다. 더 나아가 이러한 집단의 많은 사람들은 최근 이민자이며, 따라서 이러한 부분은 인구가 빨리 성장하고, 백인은 감소할 것이다. 따라서 미국 인구는 미래에 인종적으로 더욱 다양해질 것이다.

6.14 미래는 무엇을 가지고 있는가?

인간은 다른 종과 동일한 제한요인의 지배를 받는다. 인구는 원료와 에너지를 획득하고 폐기물을 안전하게 처리할 수 있는 능력을 넘어서 증가할 수 없다. 우리는 또한 다른 종과 그리고 인간 사이의 상호작용이 인간의 수용용량을 결정하는 것을 돕는다는 것도 반드시 기억해야 한다. 더 나아가 우리가 인구와 수용용량에 대하여 생각할 때, 우리는 지구가 얼마나 많은 사람을 부양할 수 있는지를 설명하는 생물학적 수용용량과, 지구의 얼마나 많은 사람들을 적당한 생

집중 탐구

북미-인구 비교

북미를 구성하는 3개국(캐나다, 미국, 멕시코)은 정치적, 사회적, 경제적으로 상호작용한다. 그들의 인구특성은 그들이 어떻게 상호작용하는지를 결정한다. 캐나다와 미국은 둘 다 유사한 연령구조와 낮은 총출산율을 보이는 부유한 국가이다. 총출산율은 미국이 1.9이고 캐나다는 1.6이다. 두 국가는 비교적 적은 수의 젊은층(인구의 20% 미만이 15세 이하)과 비교적 많은 수의 노년층(약 14~15%가 65세 이상)을 가지고 있다. 이민이 없으면 이들은 안정적이거나 감소하는 인구를 가질 것이다. 따라서 그들은 노동력을 공급하기 위하여 추가적인 인력의 공급을 위한 이민에 의존해야만 한다. 이는 특히 저임금 직업에 대하여 사실이다. 미국은 현재 매년 95만 명의 이민을 받고 있다. 캐나다는 현재 매년 24만 명의 이민을 받고 있다.

멕시코는 반면에 젊고 빠르게 성장하는 인구를 가진다. 약 30%의 인구가 15세 이하이며, 총출산율은 2.2이다. 그러한 속도에서 인구는 50년 이내에 배가될 것이다. 더 나아가 평균적인 멕시코인은 캐나다의 약 40% 그리고 미국의 약 30%에 해당하는 구매력을 가진다. 이러한 상태는 멕시코로부터 다른 국가로 이주하려는 강력한 유인책을 형성한다. 미국에 입국하려고 하는 일반적인 국가이다. 숫자는 평가하기 어려운데, 그 이유는 많은 수가 불법적으로 들어가거나 계절노동자로서 미국에 들어가고 궁극적으로는 멕시코로 되돌아가려고 계획하기 때문이다. 현재 매년 멕시코에서 미국으로 약 38만 명이 들어가는 것으로 추산된다.

멕시코로부터 많은 수의 불법이민자에 대응하여 미국은 담장을 건설하고 감시를 강화하였다. 2012년 약 36만 명이 멕시코로부터 미국으로 국경을 넘으려고 시도하다 체포되었다. 따라서 정상적인 입국초소에서 국경을 넘는 대신에, 불법 이민자는 원격지의 사막의 국경을 넘을 것이며, 이는 노출로 인하여 많은 사망을 초래하였다.

멕시코와 미국 사이의 경제적인 상호작용은 몇 가지 요소를 가지고 있다. 미국에서 일하는 것은 멕시코 이민자들이 경제적 상태를 개선할 수 있도록 한다. 더 나아가 미국에서 이민자들이 존재하는 것은 멕시코에 상당한 경제적 효과를 가지는데, 그 이유는 많은 이민자들이 그들 수입의 상당부분을 가족을 부양하기 위하여 멕시코로 송금하기 때문이다. 북미자유무역협정(NAFTA)은 캐나다, 미국, 멕시코 사이에 비교적 자유로운 재화와 용역의 교환을 허용한다. 결과적으로 많은 캐나다, 미국, 유럽 비즈니스는 특히 미국과 멕시코 국경을 따라 풍부한 저렴한 노동력을 사용할 수 있는 멕시코에 조립공장을 건설하였다. 캐나다와 미국의 노동조합 지도자들은 많은 고임금 직업이 노동력이 저렴한 멕시코로 이전하였다고 불평한다.

국가	2014년 인구 (백만)	1천 명당 출생률	1천 명당 사망률	자연 증가율	총출산율 (여성 1인당 평생 자녀수)	기대 수명 (년)	유아사망률 (1천 출산 당 사망)	1인당 GNI PPP $	15세 이하의 인구 %	65세 이상의 인구 %	연간 이입/이주
캐나다	35.5	11	7	0.4	1.6	81	4.8	$42,590	16%	15%	+248,500
미국	317.7	13	8	0.4	1.9	78	5.4	$53,960	19%	14%	+953,100
멕시코	119.7	19	6	1.4	2.2	74	13	$16,110	28%	6%	(−239,400)

출처: Population Reference Bureau, 2014 Population Data Sheet.

과학, 정치, 정책

가족계획을 위한 충족되지 않은 요구의 자금지원

세계보건기구(WHO)는 "*가족계획에 대한 수요를 충족하는 것은 빈곤을 경감하고 건강을 증진하기 위한 가장 비용효율적인 투자의 하나이다.*"라고 주장한다.

국가의 출생률을 결정하는 가장 중요한 것은 여성이 자녀를 가지거나 가지지 않으려고 하는 욕구이다. 가족계획을 위한 충족되지 않은 요구는 여성에게 다음의 질문을 하여 측정될 수 있다. (1) 그들이 자녀의 수를 제한하려고 하는가? (2) 그들이 연속적인 출산 사이의 시간 간격을 증가하고 싶어 하는가? (3) 그들이 산아제한을 하는가? 이러한 척도를 이용하면 세계적으로 2억 명의 여성들이 충족되지 않는 가족계획 요구를 가지고 있다. 다른 말로 그들은 원하지 않는 임신의 위험에 노출되어 있다.

연구진은 여성을 조사하여 그들이 왜 산아제한을 하지 않는지 몇 가지 이유를 발견하였다. 일부 여성은 피임약의 부작용을 두려워한다. 일부 여성 또는 상대자는 피임약을 반대한다. 일부는 피임 방법을 모르고 있다. 일부는 피임약을 구입할 여력이 없다. 따라서 가족계획 프로그램에는 2가지 측면이 있다. 하나는 여성과 상대자에게 정확한 정보를 제공하는 것이고 다른 하나는 피임약에 대한 접근을 제공하는 것이다. 둘 다 돈이 필요하다.

UN 인구활동 기금(UNFPA)과 다양한 NGO는 여성의 생식 보건을 개선하기 위한 활동에 그들의 활동에 자금을 지원할 기부에 의존한다. 미국 국무성은 모성과 아동 건강을 다루는 것을 포함하는 다양한 개발 계획에 자금을 제공한다.

Nixon, Ford, Carter, 1차 Reagan 행정부 시절에(1969~1985), 미국은 UNFPA의 25~80%의 기금을 지원하였다. 1985년 Kemp/Kasten 수정안의 통과로 인하여 낙태를 강요하거나 불임시술을 하는 기관이나 국가에 미국 자금을 사용하는 것이 금지되었다. 1986년 Reagan 행정부는 UNFPA가 Kemp/Kasten 수정안을 위반한다고 선언하고 UNFPA에 대한 자금지원을 차단하였다. 이는 의회가 7년간 $2억3천5백만을 배정하였지만 대통령에 의하여 자금이 유보된 George H. W. Bush 행정부(1989 - 1992)까지 지속되었다. Clinton 대통령이 당선된 이후(1993~2000) UNFPA에 대한 자금지원이 회복되었다. George W. Bush(2001 - 2008) 당선 이후 UNFPA 자금지원은 대통령에 의하여 다시 삭감되었다.

2009년 Obama 대통령은 UNFPA 자금지원을 재개하였다. 최근에 미국 하원의 일부 의원이 UNFPA의 가족계획 활동에 대한 자금지원을 종식하려고 시도하였다. 그러나 2013년까지 자금지원을 허용하는 중재안이 통과되었다. 1968~1985년 사이에 하원의 대다수와 행정부가 가족계획에 대한 자금지원을 지지하였다는 것이 명백하다. 그러나 Kemp/Kasten 수정안의 통과로 인하여 사정이 변하였으며 지원은 정치적이 되어서, 공화당 행정부는 자금지원을 삭감하고 민주당 행정부는 자금지원을 복구하였다. 세계의 많은 사람들의 생활조건을 개선하기 위한 가족계획의 양당 제휴의 지원으로 시작되었으나, 미국 여성의 77%가 피임약을 사용하고 미국에서 낙태가 합법적임에도 불구하고, 이는 낙태를 둘러싸고 공전하는 당파적 문제가 되었다(그래프 참조). 추가하여 미국 대중의 투표는 미국 대중의 75%가 국제적 가족계획활동을 지지한다는 것을 보여준다. 하원에서 이념적인 논쟁이 계속되고 있으며, 미국은 빈곤국의 가족계획 활동에 자금을 지원하는 것에 대한 명확한 정책이 없다는 것이 명백하다.

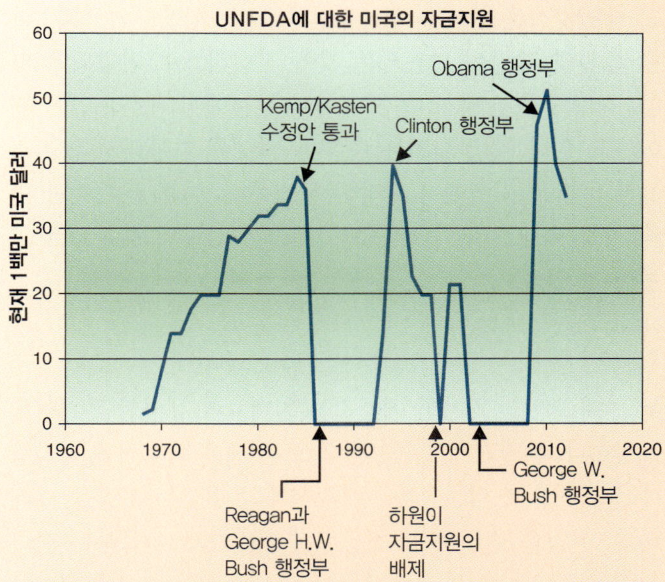

여러분의 선택은?

대부분의 선진국과 마찬가지로, 미국은 노령화된 인구를 가지고 있으며 이민이 없으면 성장이 멈출 것이다. 이민자(합법적, 불법적 모두)들은 비이민자에 비하여 대가족을 가지고 있다. 이민자들은 종종 인구의 나머지가 원하지 않는 저임금 직업을 택한다. 멕시코로부터의 불법 이민자들은 중대한 문제를 구성하며, 미국은 불법 이민을 통제하기 위하여 매년 10억 달러 이상을 소비한다.

결과적으로 많은 사람들은 이민자들이 특정한 기간 동안 미국에 입국하지만 궁극적으로는 모국으로 돌아가야 하는 방문노동자 프로그램을 지지한다. 방문노동자 개념을 지지하는지 또는 반대하는지 선택하고, 여러분의 관점을 지지하는 주장을 개발하시오.

활수준으로 부양할 수 있을지를 묘사하는 문화적 수용용량 사이를 구분해야 할 필요가 있다. 두 개념 중에서 어떠한 것을 우리가 생각하느냐에 상관없이 4가지의 동일한 기초적인 요인이 관련된다. 이러한 4가지 요인에 대하여 자세하게 알아본다.

가용한 원재료

많은 사람들은 원재료를 단순히 가용한 식량의 양으로 생각한다. 그러나 인간은 기술에 더 의존하게 되었으며, 우리의 생활양식은 관개용 물, 유전적 연구, 항생제와 같은 다른 종류의 자원을 사용하는 것에 직접적으로 연결되어 있다. 식량생산은 세계 인구의 일부 부분에서 제한요인이 되어가고 있다. 영양실조는 충분한 식량이 가용하지 않아서 세계의 많은 지역에서 심각한 문제이다. 현재 8억7천만 명의 사람(세계 인구의 1/8)들이 적절한 식량의 부족으로 고통 받고 있다.

가용한 에너지

두 번째 요인인 가용한 에너지는 원재료와 유사한 문제점을 포함한다. 본질적으로 지구상의 모든 종은 에너지를 태양광에 궁극적으로 의존한다. 현재 세계의 인구는 식량을 재배하고, 환경을 변경하고, 이곳에서 저곳으로 이동하는데 화석연료에 의존한다. 에너지 가격이 상승하면 에너지와 기타 필수품의 증가된 비용을 지불하는데 수입이 충분하지 않기 때문에 세계 인구의 대부분은 위기에 처하게 된다. 증가하는 인구를 지탱하기 위하여 이러한 에너지를 이용하는 새롭고 덜 파괴적인 방법이 개발되어야 한다. 에너지 사용의 효율성을 증가하는 것도 화석연료에 대한 수요를 감소시킬 수 있다. 추가적으로, 더 효율적인 태양에너지와 풍력의 변환 시스템을 개발하는 것도 화석연료에 대한 수요를 감소할 수 있다.

폐기물 처리

폐기물 처리는 인간의 수용용량을 결정하는 세 번째 요인이다. 대부분의 오염은 사실상 인간 활동의 폐기물이다. 적절한 하수처리와 안전한 음용수의 결여는 매년 많은 사망자를 초래한다. 일부 사람들은 환경 질에 대한 경시가 주요한 제한요인이 될 것이라고 확신한다. 어느 경우에도 오염을 제어하고 환경을 청소하기 위하여 활동하는 것은 분별이 있는 일이다.

다른 생물과의 상호작용

종의 수용용량을 결정하는 네 번째 요인은 다른 생물과의 상호작용이다. 우리는 인간만이 중요한 종이 아니라는 것을 인식할 필요가 있다. 인간이 우리의 필요를 충족하기 위하여 토지를 변환하면, 우리는 다른 종을 그들의 서식지로부터 추방한다. 이러한 추방된 생물의 대부분은 성공적으로 우리와 경쟁할 수 없으며 이주하거나 절멸된다. 불행히도 인간이 영역을 확장하면서, 이러한 추방된 생물들이 이용할 수 있는 영역은 드물게 된다. 공원과 자연보호구역이 한때 토지의 방대한 영역을 차지하였던 식물과 동물들의 작은 피난처가 되었다. 이러한 피난처가 개발자의 불도저에 짓밟히거나 농업적 이용으로 변환되면, 많은 생물이 절멸될 것이다. 없어도 우리에게 상관이 없는 현재는 중요하지 않은 것으로 보이는 생물이, 언젠가는 우리의 생존에 절실한 중요한 연결이 될 수 있다. 또한 많은 생물이 우리가 그들에 대하여 생각하지 않고 즐기는 서비스를 제공한다는 것을 인식하는 것도 중요하다. 숲의 나무는 물을 방출하고 온도 변화를 온화하게 하며, 꿀벌과 다른 곤충은 작물을 수분하며, 곤충 포식자는 해충을 먹고, 분해자는 죽은 생물을 재순환한다.

이러한 소중한 생물의 서비스를 제거하는 것은 우리의 생활 방식에 해로울 수 있다.

사회적 요인이 인간 개체군에 영향을 미친다.

인간의 생존은 다른 인간과의 상호작용과 협동에 의존한다. 현재의 기술과 의학적 지식은 인구성장을 조절하고 세계 사람의 건강을 증진하는데 가용하다. 그런데 인구는 왜 계속 성장하고, 많은 수의 사람은 왜 빈곤에서 생활하고, 예방할 수 있는 질병으로 왜 고통 받고, 영양실조를 왜 견뎌야만 하는가? 인간은 선택의 자유를 가지고 있으며, 비감정적이고 단순한 생물학적 관점에서 "최선"으로 간주되는 것을 하지 않는 사회적 동물이다. 사람들은 역사적, 사회적 상황, 윤리적, 종교적 고려, 개인적 욕망에 기초하여 결정을 내린다. 인구를 조절하는데 가장 큰 장애는 생물학적이 아니라 철학자, 신학자, 정치가, 사회학자의 영역이다. 모든 분야의 사람들은 그들이 인구문제를 다루는 전략을 성공적으로 개발하려면 인구문제의 원인이 생물학적 요소와 사회적 요소를 모두 가지고 있다는 것을 이해할 필요가 있다.

궁극적인 규모 제한

인간 개체군은 다른 종의 생물과 동일한 생물학적 제한을 받고 있다. 우리는 인구가 궁극적으로 수용용량에 도달하여 안정화될 것이라고 확실하게 말할 수 있다. 수용용량에 도달하였을 때 얼마나 많은 사람이 존재할 수 있을지에 대해서는 일치하지 않는다. 일부 사람은 우리가 이미 수용용량에 도달하였다고 시사하고, 반면에 다른 사람들은 수용용량이 도달하기 전에 인구가 배 이상 증가할 수 있다는 주장을 유지한다. 더 나아가 무엇이 주된 제한요인일지와 더 인구가 많은 세계가 가지게 될 거주자의 삶의 질에 대하여 불확실성이 존재한다. 인구가 현재 매년 1.2%의 속도로 성장을 계속하면, 인구는 2050년에 거의 1백억 명에 도달할 것이다.

모든 K-전략가 종과 마찬가지로 개체군이 증가하면 밀도의존 제한요인이 더 중요하게 될 것이다. 일부 사람들은 식량의 부족, 물의 부족, 폐기물의 증가가 궁극적으로 인간 개체군의 크기를 조절할 것이라고 시사한다. 이러한 사회적 조절은 자발적이거나 비자발적일 수 있다. 선진국에서 가족들은 여성 1인당 2자녀 이하로 출생률을 자발적으로 감소하였다. 세계의 대부분의 빈곤한 국가들은 높은 출생률을 보인다. 그들이 인구를 제한하도록 권장하기 위해서는 어떠한 종류의 수단이 필요한가? 명시된 국가 목표에 대한 자발적인 추종이면 충분할까요, 아니면 강요된 불임시술과 경제적 벌칙이 규범이 될까요? 다른 사람들은 국가들이 제한된 자원의 통제를 획득하기 위하여 전쟁을 시작하거나 또는 이러한 자원을 사용하기 위하여 경쟁하는 사람들을 단순히 제거할지 모른다고 우려한다.

세계 인구의 연령구조를 고려하는 것 또한 중요하다. 세계의 대부분 지역에는 생식기 개인과 생식기 이전 개인이 많이 있다. 이러한 개인의 대부분은 현재 번식하거나 가까운 장래에 번식할 것이기 때문에, 번식률을 감소하더라도 다음 몇 해 동안에는 세계에서 인구가 빠르게 증가할 것이다.

궁극적인 인간 개체군 크기가 얼마나 될지 또는 가장 강력한 제한요인이 무엇일지는 아무도 모르지만, 대부분은 인류가 최대 지속가능한 인간 개체군에 접근하고 있다는 사실에 대하여 동의한다. 인구가 지속적으로 증가한다면, 궁극적으로 가용한 농경지의 면적은 식량수요를 충족할 수 없을 것이다.

이슈와 분석

흰기러기-개체군 문제

흰기러기는 북극과 캐나다의 아북극 지역의 번식지를 사용하며 멕시코 만, 캘리포니아 주, 멕시코의 염습지의 월동지를 사용한다(지도 참조). 흰기러기의 한 개체군은 Hudson 만 주위에 번식지를 가지고 있으며 멕시코 만에 월동지를 가진다. 이 새들은 Hudson 만으로부터 남쪽으로 Mississippi 강 서부의 미국 중앙부를 통하여 멕시코 만의 서해안으로 이동하며, 대륙중앙 개체군으로 불린다. 대륙중앙 흰기러기 개체군은 1969년 60만 마리에서 2013년 460만 마리로 증가하였다. (일부 전문가들은 수가 6백만 마리에 가깝다고 믿는다.) 이러한 수는 너무 많아서 둥지를 트는 새들이 그들의 번식 서식지를 파괴한다.

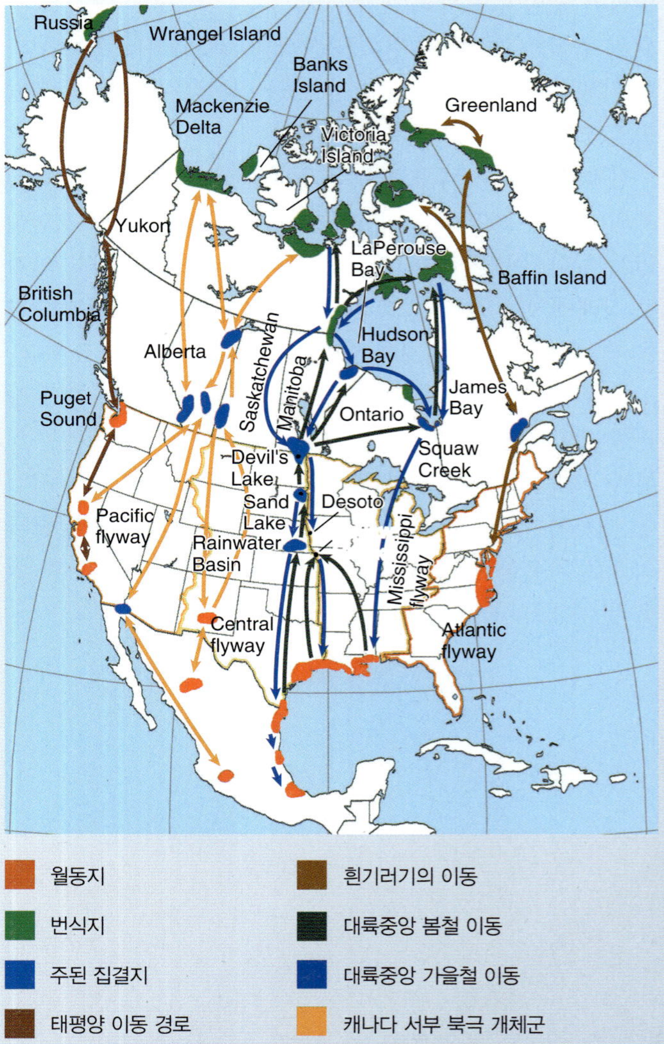

지도는 상이한 흰기러기 개체군의 전통적인 번식지와 월동지 사이의 이주경로를 보여준다.

무엇이 이러한 극적인 인구증가를 초래하였는가? 주된 원인은 섭식 행동의 변화로 보인다. 원래는 겨울철 흰기러기는 멕시코 만 염습지의 수생식생의 뿌리와 괴경을 주로 먹었다. 이러한 서식지와 이들이 제공하는 먹이원이 제한되어 개체군의 크기가 자연적으로 제한되었다. 그러나 습지 면적이 대부분 파괴되었다. 동시에 멕시코 만 연안의 농업(특히 쌀농사)이 대체 먹이원을 제공하였다. 기러기가 농경지를 먹이로 이용하면서 그들은 겨울철에 거의 무한정의 먹이원을 가지게 되었으며, 이는 겨울철 매우 높은 생존율을 가져왔다. 더 나아가 침식에 대한 우려는 이주하는 기러기의 경로를 따라 있는 경작지의 농부들이 무경작 또는 감소된 경작 관행을 사용하도록 하였다. 이러한 경작지는 가을 이동에 먹이를 제공하여 어린 흰기러기의 생존을 증가시켰다. 봄철 이동시 기러기는 북쪽 번식지로 가지고 가는 체지방으로 저장하는데 동일한 먹이원을 이용하였다. 역할을 한 또 다른 요인들은 기러기를 사냥하는 사람의 감소와 추운 북쪽의 번식지에서 번식 성공을 가져오는 기후의 온난화이다.

커다란 기러기 개체군은 캐나다 번식지의 서식지 파괴를 초래한다. 흰기러기는 땅에서 식물을 벗겨먹고, 거대한 군집으로 둥지를 틀기 때문에, 그들은 Hudson 만 부근의 연안 툰드라 식생의 넓은 면적을 파괴하였다(사진 참조). 그 지역의 생장기는 짧기 때문에 더디게 재생된다.

흰기러기 개체군을 제어하고 번식 서식지를 보호하기 위하여 무엇을 할 수 있는가? 여기에는 자연적으로 흘러가거나 개체군 관리 수단을 사용하는 2가지 가능성이 있다. 아무 일도 하지 않으면 기러기는 궁극적으로 번식 서식지를 크게 파괴하여 성공적으로 번식하지 못하게 되고 개체군은 붕괴될 것이다. 그러나 서식지가 회복되는 데는 수십 년이 소요될 것이다. 대안은 문제를 해결하기 위하여 개체군 관리 수단을 사용하는 것이다. 몇 가지 관리 활동이 시행되었다. 여기에는 사냥꾼이 더 많은 기러기를 잡도록 하고, 사

사진은 기러기에 의한 피해의 종류를 보여준다. 울타리 친 땅은 Hudson 만 프로젝트의 Dawn R. Bazely와 Robert L. Jefferies에 의하여 설치되었다.

냥 기간을 늘리고, 봄철과 함께 가을 이동철에도 사냥을 허용하고, 캐나다 토착 군집의 수확을 더 많이 하도록 하는 것을 포함한다. 최근에 미국과 캐나다에서 수확은 증가하였는데, 100만 마리에서 150만 마리의 기러기가 사냥되었다. 예비 증거에 의하면 수확의 증가가 효과를 보이기 시작한다는 것을 시사한다. 그러나 개체군이 제어될 수 있을지를 측정하기 위해서는 몇 년이 더 소요될 것이다.

- Hudson 만의 연안 서식지를 보호하기 위하여 기러기를 사냥하는 것이 정당화된다고 생각하는가?
- 자연적인 힘의 결과로 개체군이 붕괴되는 것과 수확을 증가하여 개체군의 크기를 감소시키는 것 중에서 어느 것이 더 낫다고 생각하는가?

요약

개체군은 어느 지역에 서식하는 동일한 종의 생물 집단이다. 출생률(natality)은 특정한 기간 동안에 번식에 의하여 개체군으로 진입하는 개체의 수이다. 사망률(mortality)은 특정한 기간 동안 개체군에서 사망하는 개체의 수를 측정한다. 개체군 성장은 출생률과 사망률의 결합된 효과에 의하여 결정된다.

개체군의 성비는 수컷과 암컷의 상대적인 수를 서술하는 방식이다. 연령분포와 성비는 개체군 성장에 중요한 영향을 미친다. 대부분의 생물은 사망하는 생물을 대체하는데 필요한 것보다 훨씬 큰 생물 번식 능력을 가진다.

경쟁, 포식, 기생과 같은 개체군 내 개체 사이의 상호작용도 개체군 크기를 결정하는데 중요하다. 생물은 경쟁적 압력의 결과로 어느 지역으로 이주해 들어가거나(immigrate) 이주해 나온다(emigrate).

전형적인 개체군 성장곡선은 지체기에 뒤이어 지수성장기, 감속기, 수용용량에 도달할 때의 안정평형기가 온다. 수용용량은 집합적으로 환경저항으로 알려진 많은 제한요인들에 의하여 결정된다. 환경저하의 4가지 주요한 범주는 가용한 원재료, 가용한 에너지, 노폐물의 폐기, 생물 사이의 상호작용이다. 일부 개체군은 안정평형기 이후에 사멸기를 경험한다.

K-전략가는 일반적으로 수용용량에서 안정된 개체군에 도달하는 대형의 오래 사는 생물이다. 그들의 개체군 크기는 보통 밀도의존 제한요인에 의하여 제어된다. r-전략가 생물은 일반적이고 매우 빠르게 번식하는 소형의 수명이 짧은 생물이다. 그들의 개체군은 일반적으로 수용용량에 도달하지 않고 일부 밀도비의존 제한요인으로 인하여 붕괴된다.

현재 세계의 인간 개체군은 매우 빠르게 성장하고 있다. 인구성장의 원인은 단지 생물학적일 뿐 아니라 사회적, 정치적, 철학적, 신학적이다. 세계의 많은 문제는 인구의 증가로 인하여 유발되거나 악화되고 있다. 성장의 대부분은 저개발국(아프리카, 아시아, 라틴아메리카)에서 발생하며, 그곳의 생활수준은 낮다. 선진국에서는 생활수준이 높고 인구성장이 비교적 느리며, 어떤 경우에는 인구가 감소한다.

인구통계학은 인간 개체군과 이에 영향을 미치는 사물에 대한 연구이다. 인구통계학자는 미래의 성장을 예측하기 위하여 개체군 내의 성비와 연령분포를 연구한다. 개체군 성장은 출생률과 같은 생물학적 요인에 의하여 결정되며, 이는 개체군의 여성 수, 여성의 연령, 사망률에 의하여 결정된다. 사회학적, 경제적 조건도 또한 중요한데, 이는 여성이 원하는 자녀의 수에 영향을 미치고 이는 개체군 성장률을 결정하는 것을 돕기 때문이다. 선진국에서 여성은 보통 직업을 가진다. 남녀는 늦게 결혼하며 자녀를 양육하는 경제적 비용에 기초하여 가지는 자녀의 수를 결정한다. 후진국에서 여성은 일찍 결혼하며 자녀는 추가적인 노동력으로서, 장차 부모를 돌보고, 부모에 대한 지위로서 경제적인 가치를 가진다.

인구통계학적 전이 모델은 국가가 산업화되면 인구가 안정되기 시작한다고 시사한다. 그러나 지구가 전체 세계 인구를 산업화된 국가의 방식으로 부양할 수 있으리라는 데는 희망이 거의 없다. 저개발 국가를 발전시키는데 충분한 에너지원과 기타 천연자원이 충분하거나 인구성장의 경향을 변화시키는데 충분한 시간이 있는지는 의문이다. 고도로 발전된 국가는 장래 저개발 국가와 그들의 부유함을 공유해야 하는 압력을 더 받게 될 것으로 예측된다.

녹색 행진

1. 외래종을 제거하기 위한 지역적 노력에 참여한다.
2. 개발도상국에서 생활조건을 개선하는데 헌신하는 조직에 기부를 한다.
3. 인구정책에 대한 여러분의 관점을 의원에게 표현한다.
4. 일주일간 초식동물 영양단계에서 식사를 한다.
5. 가족을 3세대까지 추적해 올라간다. 여러분의 조부모로부터 시작하여 모든 자손을 열거한다.
6. 조부모, 부모, 여러분 각각에 대하여 형제 수를 측정한다.
7. 세계 인구의 대부분은 하루에 $2.00 미만으로 생활한다. 하루에 $2.00으로 구입할 수 있는 식량으로 먹는다. 이는 가능하다.

복습문제

1. 생물 번식 능력은 어떻게 개체군이 성장하는 속도와 연관되는가?
2. 개체군이 가질 수 있는 3가지 특징을 열거한다.
3. 어떤 개체군은 왜 성장하는가? 어떠한 요인이 이러한 성장의 속도를 결정하는 것을 도와주는가?
4. 개체군 성장 곡선을 그리고 표지를 한다.
5. 어떠한 조건 하에서 사멸기가 발생할 수 있는가?
6. 동물 종의 수용용량을 결정할 수 있는 4가지 요인을 열거한다.
7. 출생률과 개체군 성장의 개념은 어떻게 상이한가?
8. 인간의 개체군 성장곡선은 페트리 접시위의 세균 개체군 성장곡선과 어떻게 비교되는가?
9. 내인성, 외인성, 밀도의존, 밀도비의존 제한요인의 예를 든다.
10. K-전략가와 r-전략가는 어떻게 상이한가?
11. 인간 개체군이 계속 증가하면 다른 종에게는 어떤 일이 일어날 수 있는가?
12. 모든 성공적인 생물은 과잉번식을 한다. 이는 종에게 어떠한 장점을 제공하는가? 어떠한 단점이 발생할 수 있는가?
13. 인구통계적 전이는 무엇인가? 이는 무엇에 기초하는가?
14. $I = P \times A \times T$의 의미를 해석한다.
15. 여러분의 생태적 발자국은 왜 아프리카 사람의 생태적 발자국에 비하여 큰가?
16. 개체군의 연령분포는 어떻게 개체군이 성장하는 속도에 영향을 미치는가?
17. 여성의 경제적 안녕과 지위는 왜 어느 국가에서 태어나는 아이의 수에 영향을 미치는가?
18. 여러분의 생활수준과 저개발국가 사람 사이의 생활수준의 10가지 차이점을 열거한다.
19. 인구과잉 국가에서 사는 사람은 왜 식물을 주된 식량원으로 사용하는가?
20. 세계의 어느 3지역이 가장 높은 인구성장률을 보이는가? 세계의 어느 3지역이 가장 낮은 생활수준을 보이는가?
21. 저개발국가의 여성이 2자녀 이상을 원하는 3가지 이유를 서술한다.
22. 연령분포, 총출산율, 이민이 미국 인구에 영향을 미치는 방식은 어떻게 변화하고 있는가?

비판적 사고 문제

1. 여러분은 왜 어떤 생물은 높은 출생률을 보이고 다른 생물은 낮은 출생률을 보인다고 생각하는가? 예를 들어 솜꼬리토끼는 높은 출생률을 보이고 늑대는 상대적으로 낮은 출생률을 보이는가? 왜 모든 생물은 높은 출생률을 보이지 않는가?
2. K-전략가와 r-전략가 사이의 차이를 고려한다. 이러한 전략을 채택하는데 어떠한 비용이 발생하는가? 각 전략은 어떠한 진화적 혜택을 누리는가?
3. 여러분은 선진국이 저개발국가의 인구성장 제한을 권유하는 것이 적절하다고 생각하는가? 여러분의 윤리에 의하면 무엇이 적절하고 무엇이 부적절한 간섭인가? 이제 여러분이 저개발국가의 시민이라고 가정한다. 선진국에 사는 사람들에 대한 여러분의 응답은 무엇인가? 그 이유는?
4. 인구 성장은 많은 환경문제를 초래한다. 이러한 문제를 몇 가지 밝히시오. 여러분은 기술이 이러한 문제를 해결하는데 어떠한 역할을 한다고 생각하는가? 이러한 문제들이 기술을 통하여 해결되는 것에 대하여 여러분은 낙관적인가요 아니면 비관적인가요? 그 이유는?

5. 여러분은 인구통계학적 전이가 세계 발전을 위하여 실행 가능한 선택이라고 생각하는가? 여러분의 결론을 초래한 증거는 무엇인가? 선진국은 개발도상국의 현재 인구통계학적 전이에 어떠한 역할을 해야 하는가? 그 이유는?
6. 미국인과 수단인 사이의 인구와 자원의 부족에 대한 논쟁을 상상한다. 미국인은 논쟁에 어떠한 견지를 도입하리라고 여러분은 생각하는가? 수단인은 논쟁에 어떠한 견지를 도입하리라고 여러분은 생각하는가? 그들의 공통적인 근거는 무엇일까? 그들은 어느 점에서 상이할까?
7. 개발도상국의 많은 사람들은 선진국 사람들의 생활수준을 달성하기를 희망한다. 개발도상국에서 환경에 대한 이러한 압력의 영향은 무엇일까? 개발도상국과 선진국 사이의 정치적 관계에 대한 영향은? 여러분은 어떠한 윤리적 견지가 이러한 변화하는 관계를 안내해야 한다고 생각하는가?
8. 멕시코에서 일어나는 인구통계학적 변화는 미국에 영향을 미친다. 멕시코는 인구통계학에서 어떠한 문제에 직면해 있는가? 미국은 멕시코의 인구정책에 관련되어야 하는가?

chapter 7

에너지와 문명: 소비 형태

Energy and Civilization: Patterns of Consumption

▲ 현대 문명에 의하여 소비되는 에너지의 양이 우주에서 바라본 북미의 빛에 의하여 예증된다.

CHAPTER OUTLINE

목적

이 장을 학습한 후 여러분은 다음을 달성하여야 한다.

- 모든 생물이 왜 에너지의 연속적인 입력을 필요로 하는지 설명한다.
- 인구 당 에너지 소비가 문명이 수렵과 채취에서 원시 농경을 거쳐 진보된 문화로 발전하면서 증가하는지 묘사한다.
- 새로운 연료가 기계를 작동하는데 사용되면서 어떻게 진보된 현대 문명이 발달하였는지 묘사한다.
- 산업혁명을 사회적 변화와 경제적 변화에 연관한다.
- 자동차가 어떻게 사람의 생활양식을 변화시켰는지 설명한다.
- 화석연료가 미국에서 사용되는 에너지의 80% 이상을 제공한다는 것을 인식한다.
- 국가에서 에너지의 주요한 범주를 묘사한다.
- 대부분의 국가에서 전기의 생산이 경제에 가지는 중심적인 역할을 묘사한다.
- 전기가 다양한 방식으로 생산될 수 있고 국가들은 전기를 어떻게 생산하는지에 대하여 서로 상이하다는 것을 인식한다.
- 에너지 소비가 산업화된 세계보다 개발도상국에서 더 빠르게 성장하는지 설명한다.
- 석유 가격을 결정하는데 있어서 OPEC의 역할을 묘사한다.
- 에너지가 어떻게 이용되는지를 변경하기 위한 국가의 행동을 묘사한다.
- 에너지 수요가 증가하면서, 공급에 대한 경쟁의 증가는 가격을 상승하고 국제적 긴장을 조성한다는 것을 인식한다.

신흥 산업국의 영향

경제학자는 국가를 저개발국가에서부터 미국과 유럽의 많은 국가와 같은 현대의 산업화된 국가까지 연속체로 인식한다. 저개발국은 빈곤에 의하여 정의된다. 1인당 소득이 $1,000 미만이고 경제 상태가 불안정하다. 자급농업이 보편적이며, 산업이 거의 없고, 교육과 보건 서비스가 빈약하다. 개발도상국은 저개발국에 비하여 경제적으로 나으며 현대경제로 진보를 하는 것으로 간주된다. 개발도상국은 경제발전의 수준이 상이한 매우 큰 집단의 국가이다. 중요한 하위범주는 신흥 산업국으로 알려진 국가로 구성되어 있으며, 여기에는 브라질, 인도, 중국, 인도네시아, 남아프리카, 멕시코, 필리핀, 말레이시아, 태국, 터키가 포함된다.

신흥 산업국은 몇 가지 특징을 공유한다. 그들은 낮은 인건비, 큰 국가 기업, 외국으로부터 자본투자로 특징지어지는 성장하는 경제를 가진다. 그들은 강력한 정치적 지도력을 가지고 있으며, 사람은 개선되는 교육, 보건 서비스, 시민권을 가진다. 국가가 산업화된 경제로 변화하면서 사람은 시골의 농업을 떠나서 보수가 높은 제조업에 종사하기 위하여 도시로 이주한다.

산업화와 생활수준의 개선의 또 다른 결과는 에너지 소비의 증가이다. 그래프는 오래된 산업화 경제(미국과 유럽연합)를 신흥 산업화 경제와 대조한다. 2002~2012의 10년간 미국과 EU는 에너지 소비가 감소한 반면 신흥 산업국은 에너지 수요가 빠르게 증가하였다. 중국은 155% 증가하였으며 이제 어느 국가보다 많은 에너지를 소비한다. 인도의 에너지 수요는 80% 증가하였다. 중국, 인도, 그리고 다른 신흥 산업국이 경제를 지속적으로 개선하면서, 에너지 수요는 증가하는데, 이는 산업 이용과 함께 시민이 생활수준을 개선하는 것이 에너지 이용의 증가를 필요로 하기 때문이다.

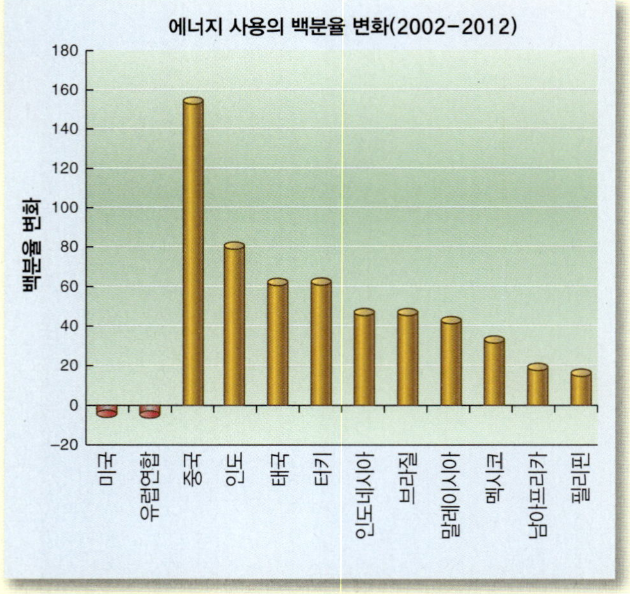

7.1 에너지 소비의 역사

모든 형태의 생명과 모든 사회는 에너지의 연속적인 유입을 필요로 한다. 생물이나 사회를 통한 에너지의 흐름이 정지하면, 그들은 기능을 정지하고 붕괴되기 시작한다. 일부 생물과 사회는 다른 것에 비하여 더 에너지 효율적이다. 일반적으로 복잡한 산업화된 문명을 단순한 수렵-채취자 또는 원시 농경문화에 비하여 더 많은 에너지를 이용한다. 현대사회가 생존하려면 연속적으로 에너지를 소비해야만 한다. 그러나 현재의 공급원이 제한되면서 현대사회는 에너지 소비 양상을 바꾸어야 한다.

생물적 에너지원

에너지는 생명을 유지하는데 필수적이다. 모든 생태계에서 태양이 그 에너지를 제공한다(4장 "상호작용: 환경과 생물" 참조). 에너지의 첫 번째 전달은 광합성 동안에 일어나며, 식물은 빛 에너지를 그들이 생산하는 유기분자 내의 화학적 에너지로 변환한다. 초식동물은 식물의 음식 에너지를 이용한다. 초식동물은 이제 육식동물의 에너지원이 된다.

거의 모든 에너지 요구는 음식에 의하여 공급되기 때문에, 원시인은 생태계 내에서 다른 동물과 전혀 차이가 없었다. 수렵-채취 문화에서 거의 모든 인간의 에너지 요구는 식량, 도구, 연료로서 식물과 동물을 이용하여 충족되었다.

인류 역사의 초기에 사람은 삶을 더 편안하게 하기 위하여 추가적인 에너지원을 이용하기 시작하였다. 인류는 더 신뢰할 수 있는 먹이 공급을 제공하기 위하여 식물과 동물을 순화시켰다. 인간은 더 이상 생계를 위하여 오로지 야생식물을 채취하고 야생동물을 사냥하는데 의존할 필요가 없었다. 가축화된 동물은 수송, 농경, 다른 일의 에너지원도 제공하였다(그림 7.2). 나무나 다른 식물 물질도 건축 자재와 다른 문화적 용도로 이용되었을 뿐 아니라 또한 난방과 요리를 위한 주된 연료 공급원이었다. 궁극적으로 이 바이오매스 에너지는 도구를 만들고 금속을 추출하는 단순한 기술에 이용되었다.

그림 7.1 수렵채집인 사회: 수렵채집인 사회에서 사람은 거의 대부분의 에너지를 야생식물의 채집과 동물의 사냥에서 획득한다.

그림 7.2 동물 동력: 동물의 가축화는 인류 문명의 발전에서 중요한 단계였다. 가축화된 동물은 인간의 근육을 대신하여 동력원을 제공하였다.

아즈텍, 중국, 인도, 그리스, 이집트, 로마와 같은 복잡한 초기 문명의 발달은 도시의 발달을 가져왔으며 에너지 수요의 증가를 초래하였다. 그들은 문화적으로는 진보하였으나, 아직 인간 근육, 동물 근육을 주로 이용하였으며, 에너지원으로 바이오매스를 연소하였다. 이러한 문명은 보통 지배계급과 다양한 하층계급으로 계층화되었다. 노예의 근육은 농경, 건설, 채광, 물건의 수송과 같은 신체적으로 힘든 임무에 중요한 에너지원이었다. 노예는 요리, 재산관리, 숙련된 수공업 같은 숙련된 활동에도 종사하였다.

목재 사용의 증가

인구밀도가 높은 인간 개체군이 연료와 건축자재로 목재를 많이 사용하였을 때, 그들은 용이하게 이용할 수 있는 공급원을 궁극적으로 소진하였고 목재를 수입하거나 대체 에너지 형태를 찾아야 했다. 높은 인구밀도의 오래된 역사로 인하여, 인도와 세계의 다른 부분은 유럽과 북미보다 수백 년 전에 목재의 부족을 경험하였다. 이러한 지역의 많은 곳에서 동물 똥이 연료원으로 목재를 대체하였다. 이는 세계의 일부에서 아직도 이용되고 있다.

서유럽과 북미는 오랜 기간 목재를 연료로 사용할 수 있었다. 유럽의 삼림은 13세기까지 충분한 연료를 공급하였다. 북미에서 광대한 처녀림은 19세기 말까지 적절한 연료를 공급하였다. 유럽과 북미의 발달하는 경제에 운이 좋게, 목재의 지역적인 공급이 감소하였을 때, 화석화된 식물 잔해에서 형성된 석탄이 대체 에너지원으로 가용하였다. 1890년에 석탄은 북미에서 주된 에너지원으로서 목재를 대체하였다.

화석연료와 산업혁명

화석연료(Fossil fuel)는 수백만 년 전에 살았던 식물, 동물, 미생물의 변형된 잔해이다. (이러한 연료의 에너지는 목재의 바이오매스와 마찬가지로 저장된 태양광이다.) 석탄은 석탄기(Carboniferous period)인 2억99백만 년~3억59백만 년 전에, 지구의 기후가 따뜻하고 습하였을 때 형성되었다. 원시 육상식물의 숲을 가진 광대한 늪이 존재하였다. 이러한 조건은 열과 압력에 의하여 석탄의 퇴적물로 변환된 대량의 식물 물질의 축적에 공헌하였다.

석유와 천연가스는 신체가 해양저에 대량으로 축적되어 수백만 년에 걸쳐서 압축된 미세한 해양생물로부터 주로 형성되었다. 상부 퇴적층의 열과 압력은 유기물을 궁극적으로 석유와 기체로 변환하였다.

역사적으로, 광범위하게 사용된 최초의 화석연료는 석탄이다. 18세기 초에, 쉽게 이용할 수 있는 석탄 퇴적층을 가진 세계의 지역은 이 새로운 연료로 전환할 수 있었으며 **산업혁명(Industrial revolution)**이라고 하는 주요한 문화적 변화에 참여할 수 있었다(그림 7.3). 산업혁명은 영국에서 시작되었으며 유럽의 대부분과 북미로 전파되었다. 산업혁명은 물건을 제조하고 수송하는데 있어 인간과 동물의 노동을 대체한 기계의 발명과 연관되었다. 이 변화의 중심은 증기기관의 발견이었으며, 이는 열에너지를 운동에너지로 변환할 수 있었다. 증기기관은 석탄의 대규모 채광을 가능하게 하였다. 증기기관은 광산이 범람하는 것을 방지하기 위하여 물을 양수하는데 사용되었다. 증기기관은 또한 석탄을 지면으로 이동하는 데에도 이용되었다. 증기기관의 에너지의 제조는 소규모 가사기반 작업을 대체하였다.

확장되는 공장은 지속적으로 노동력 공급의 증가를 요구하였기 때문에, 사람은 농장을 떠나서 공장 주변 지역으로 모여들었다. 마을은 도회지가 되고, 도회지는 도시가 되었다. 도시에서 석탄의 광범위한 이용은 대기오염의 증가를 초래하였다. 이러한 변화에도 불구하고, 산업혁명은 진보로 간주되었다. 에너지 소비는 증가하였고, 경제는 성장하였고, 사람은 번창하였다. 200년 동안에 산업화된 국가의 1인당 에너지 소비는 80배 증가하였다.

그림 7.3 산업혁명: 증기기관의 발명은 산업혁명 동안에 많은 기계의 발달을 가져왔다.

원은 목재 또는 석탄이었으며, 대부분의 경우 목재는 빠르게 석탄으로 대체되었다. 쉽게 채굴할 수 있는 석탄의 공급원이 없는 국가는 산업혁명에 참여하지 않았다.

산업혁명 이전에, 유럽과 북미는 주로 시골이었다. 재화는 집에서 소규모로 제조되었다. 그러나 기계와 기계에 동력을 제공하는 석탄의 가용이 증가하면서, 공장 시스템

자동차의 역할

중국인이 기원전 1,000년에 약간의 석유와 천연가스를 이용하였지만, 초기 석유 시굴자인 드레이크(Edwin L. Drake)가 1859년 펜실베이니아 주에 시추한 유정이 현대 석유시대의 시작이었다. 초기 60년의 생산에서, 석유의 주된 이용은 램프에서 연소하여 조명을 제공하는 연료인 등유(kerosene)를 만드는 것이었다. 생산된 휘발유는 폐기물로 버려졌다. 이 시기에 석유는 수요에 비하여 풍부하였으며, 따라서 가격이 낮았다.

내연기관과 자동차의 발명은 석유제품의 수요를 극적으

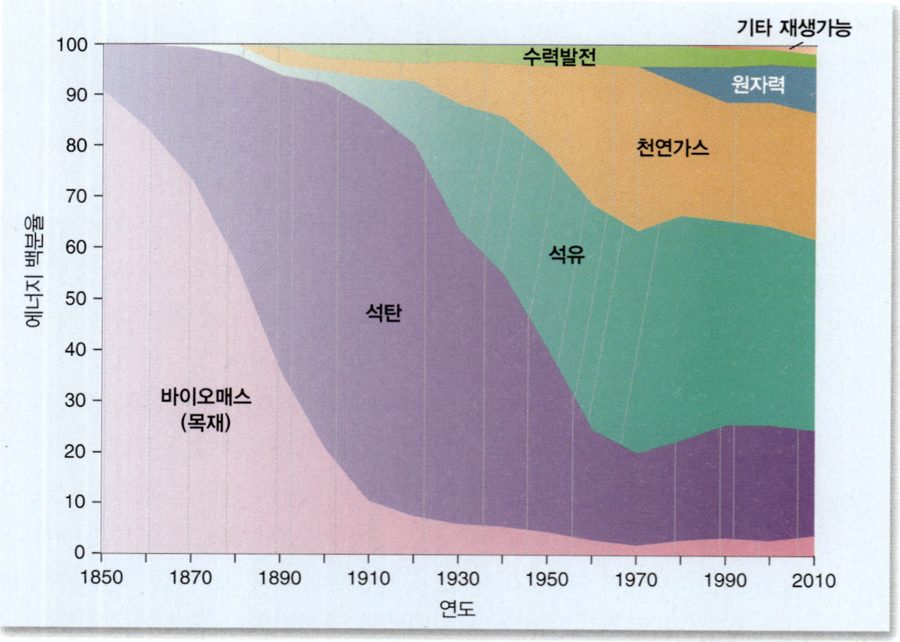

그림 7.4 에너지 공급원의 변화: 이 그래프는 미국에서 다양한 공급원에서 획득되는 에너지의 백분율이 시간에 따라 어떻게 변화하였는지를 보여준다. 1880년까지 목재(바이오매스)가 가장 많이 이용되는 에너지원이었다. 목재는 서서히 석탄에 의해 대체되었으며 1940년까지 석탄은 에너지의 주요한 형태였다. 1960년 이래로 석유와 천연가스는 에너지의 60% 이상을 제공하였으며, 반면에 석탄은 약 20%로 바이오매스는 약 3%로 감소하였다. 핵 발전은 약 9%까지 증가하였으며, 수력발전은 약 4%를 제공한다. 기타 재생가능 에너지원(지열, 태양, 풍력)은 집합적으로 거의 2%에 해당한다.

출처: Annual Energy Review, 2009 and online statistics, Energy Information Administration 자료.

그림 7.5 에너지 요구 생활양식: (a) 상가지역과 직장에서 어느 정도 거리가 있는 교외에 집을 짓는 것은 수송 방식으로 자동차를 많이 이용하는 것과 직접 관련되어 있다. (b) 고속도로 시스템은 한 장소에서 다른 장소로 이동하는 수단을 제공한다. (c) 주차장은 어느 상점가에서도 주요한 특징이다. 커다랗고 폐쇄된 상점가의 냉난방은 상점가로 운전하는데 소비되는 휘발유와 함께, 에너지 요구를 증가시킨다.

로 증가시켰다. 1900년 미국에는 단지 8천대의 자동차가 있었다. 1950년에는 4백만 대 이상, 2010년에는 약 25백만 대가 있었다. 자동차 연료와 윤활유를 만들기 위하여 더 많은 석유가 필요하였다. 이 시기에 석유에 의하여 제공되는 에너지는 1900년 2%에서 1950년 40%로 증가하였으며 현재까지 40% 부근에서 유지되고 있다(그림 7.4).

자동차 산업은 최초로 미국에서 그리고 다른 산업화 국가에서 성장하였으며, 도로의 건설을 초래하였고 이는 에너지를 요구하였다. 따라서 자동차를 운전하는 에너지 비용은 단지 여행에 소비되는 연료보다 더 컸다. 도로가 개선되면서 고속이 가능하게 되었다. 더 크고 더 빠른 차는 더 많은 연료와 심지어는 더 좋은 도로를 필요로 하였다. 따라서 도로는 연속적으로 개선되었고, 더 좋은 차들이 생산되었다. 많은 것이 더 많은 것을 쫓아가는 순환이 시작되었다. 북미와 유럽의 대부분에서, 자동차의 편리성은 더 많은 에너지 요구를 창출한 자동차 2대를 보유한 가족을 조장하였다.

더 많은 차는 자동차 산업, 철강 산업, 유리 산업과 수백 종류의 다른 산업에 더 많은 직업을 의미하였다. 수천 km의 도로를 건설하는 것도 추가적인 직업을 창출하였다. 따라서 자동차 산업은 산업화된 세계에서 경제발전에 주요한 역할을 하였다. 모든 이러한 부는 사람에게 자동차와 다른 생필품을 위한 더 많은 돈을 주었다. 자동차는 원래 사치품이었지만, 이제는 필수품으로 간주되었다.

자동차는 또한 사람의 생활양식도 변경시켰다. 휴가 가는 사람은 장거리를 여행할 수 있었다. 새로운 유흥지와 모텔 체인, 식당, 다른 상업이 자동차를 운전하는 대중을 접대하기 위하여 발달되어 수천 개의 새로운 직업을 창출하였다. 사람들은 직장에서 멀리서 살 수 있게 되어, 교외로 이동하기 시작하였다(그림 7.5).

사람들이 교외로 이동하면서, 그들은 구매 습관도 변화하였다. 노동력을 절약하고 에너지를 소비하는 도구가 가정에 필수적이 되었다. 진공청소기, 접시 닦는 기계, 음식찌꺼기 분쇄기, 자동 차고문 개폐기는 인력이 전기 동력으로 대체된 단지 일부 방식이다. 북미에서 생산된 전기에너지의 약 30%가 가정에서 전등과 전기기구를 작동하기 위하여 이용된다. 우리의 생활양식의 다른 양상도 에너지 의존도를 보여준다. 우리의 사는 곳에 관계없이, 우리는 중앙아메리카 바나나, 플로리다 오렌지, 캘리포니아 상추, 텍사스 쇠고기, 하와이 파인애플, 온타리오 과일, 노바스코샤 바닷가재가 모든 계절에 쉽게 가용하다. 우리가 종종 고려하지 못하는 것은 이러한 물품을 처리하고, 냉장하고, 수송하는데 요구되는 에너지의 양이다. 자동차, 현대적 가정, 농장, 식품점 진열대에 있는 다양한 물품들은 우리의 생활양식이 저렴하고 풍부한 에너지의 연속적인 공급에 어떻게 기초하고 있는가를 나타내는 단지 일부 예이다.

천연가스 사용의 성장

초기에 천연가스는 저장하고 수송하기 어려웠기 때문에 유정에서 연소되는 석유 생산의 폐기물이었다. 1940년 이전에 천연가스는 미국에서 소비된 에너지의 10% 미만을 차지하였다. 1943년 제2차 세계대전에 대응하여, 미국 내에서 석유를 수송하기 위하여 연방 자금으로 송유관이 건설되었다.

전쟁 후 연방정부는 이 송유관을 사기업에 매각하였다. 기업은 송유관을 천연가스를 수송하기 위하여 변환하였다. 따라서 남서부의 천연가스 산지와 중서부와 동부의 시장 사이에 직접적인 연결이 확립되었다. 1970년에 미국에서 소비되는 에너지의 25% 이상이 천연가스에서 왔으며, 주로 가정 난방과 산업적 목적이다.

7.2 에너지가 어떻게 이용되는가

세계의 국가들에 의하여 소비되는 에너지의 양은 크게 변화한다. 이는 인구에서 개인당 소비되는 에너지의 양을 비교하면 쉽게 알 수 있다(그림 7.6). 고도로 산업화된 국가는 저개발국가에 비하여 훨씬 많은 에너지를 소비한다. 그러나 동일한 수준의 발달을 보이는 국가 사이에서도, 그들이 사용되는 에너지의 양과 어떻게 사용하는지에 커다란 차이가 존재한다. 생활의 양식을 유지하기 위하여 미국의 개인은 프랑스, 독일, 일본 사람보다 약 2배, 중국 사람보다 약 3.5배, 인도 사람보다 약 16배의 많은 에너지를 사용한다.

사람이 에너지를 사용하는 목적에도 차이가 존재한다. 산업화된 국가는 다음 3가지 목적으로 거의 균등하게 에너지를 사용한다. (1) 주거 또는 상업적 이용, (2) 산업적 이용, (3) 수송이다. 산업이 거의 없는 저개발 국가는 에너지의 대

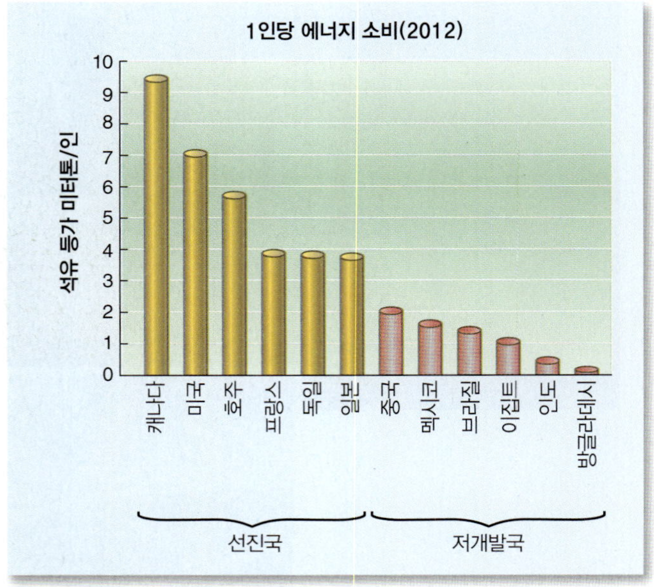

그림 7.6 1인당 에너지 소비: 선진국은 저개발 국가에 비하여 1인당 훨씬 많은 에너지를 사용한다. 그러나 선진국 사이에도 에너지 이용에 커다란 차이가 있다. 미국 사람은 프랑스, 독일, 일본 사람에 비하여 1인당 거의 2배의 에너지를 사용한다.

출처: BP Statistical Review of World Energy, June 2013 and Population Reference Bureau, 2013 World Population Data Sheet 자료.

부분을 주거 목적(요리와 난방)으로 이용한다. 저개발에서 산업화 경제로 전이하는 국가는 산업 기반을 개발하는데 많은 양의 에너지를 이용한다. 그림 7.7은 미국에 대하여 다양한 공급원에서 획득된 에너지의 비율과 에너지가 사용되는 용도 비율을 보여준다.

주거와 상업적 에너지 사용

주거와 상업적 이용에 요구되는 에너지의 양은 세계에 걸쳐 크게 변화한다. 예를 들어 북미에서 사용되는 에너지의 16%는 주거 목적이며 12%는 상업적 목적이지만, 인도에서는 40%가 주거 목적이며 약 3%가 상업적 목적이다. 주거 에너지가 사용되는 방식도 크게 변화한다. 캐나다에서는 기후가 춥기 때문에 주거 에너지의 약 60%가 난방에 사용된다. 그러나 아프리카와 아시아의 많은 지역에서는 가정에서 사용되는 대부분의 에너지가 요리에 이용되며, 그 에너지의 대부분은 장작에서 온다.

컴퓨터와 인터넷은 에너지를 소비하는 비교적 새로운 영역의 경제이다. 초기의 추산은 경제의 이 부분이 미국 전기 에너지 공급의 10% 이상을 소비한다고 시사하였지만, 더 최근의 추산은 전기 에너지 공급의 약 3%를 소비하는 것으로 나타났다.

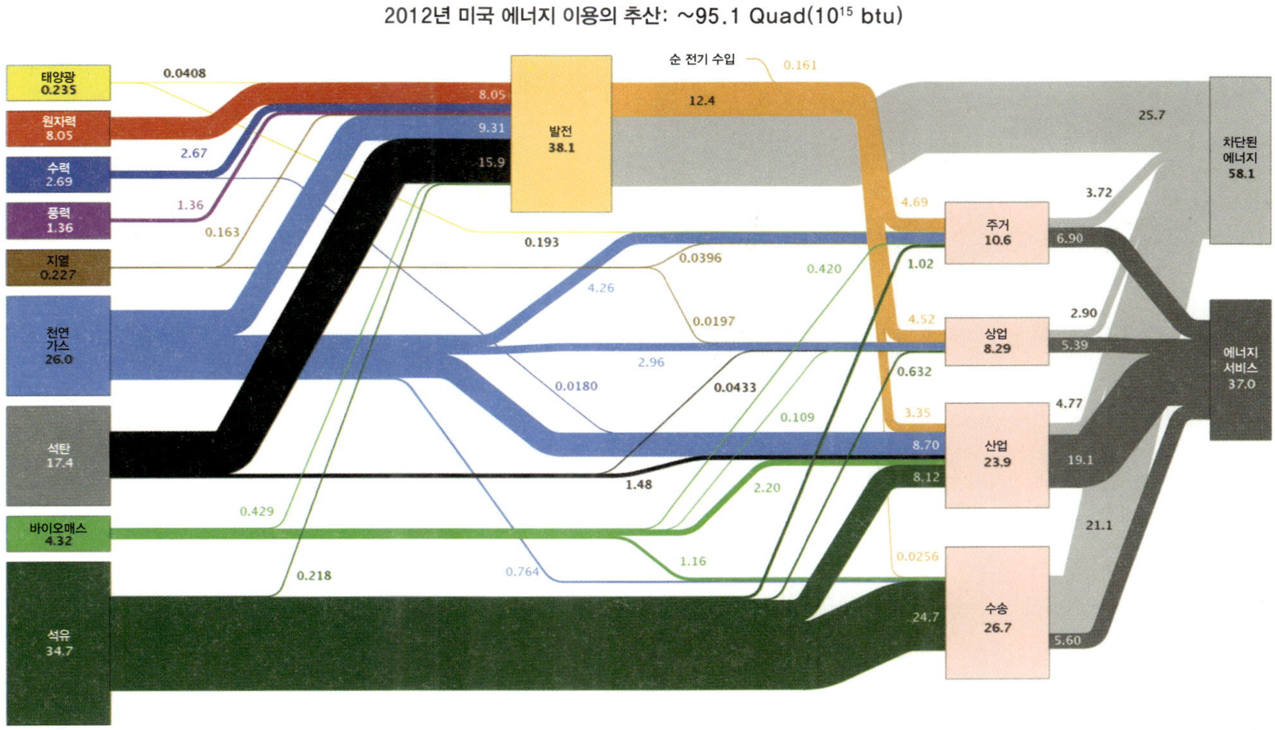

그림 7.7 미국에서 에너지 공급원과 이용: 각 국가는 다르지만, 미국의 에너지 흐름 도표는 전형적인 에너지 공급원과 용도를 보여준다. 주된 공급원은 석탄, 석유, 천연가스, 원자력이다. 많은 양의 에너지가 전기를 생산하기 위하여 사용되며 이는 다른 에너지원과 함께 주거, 상업, 산업, 수송 목적으로 사용된다.

출처: Department of Energy, Lawrence Livermore National Laboratory.

산업적 에너지 사용

산업 과정을 위하여 국가가 사용하는 에너지의 양은 상당히 변화한다. 비산업화 국가는 산업에 거의 에너지를 사용하지 않는다. 그들의 경제는 자급농경과 가정에서의 소규모 제조이다. 새로운 산업이 발달하고 있는 국가는 에너지의 상당 비율을 산업에 사용한다. 그들은 그들 경제의 다른 영역을 희생하여 발전하는 산업에 에너지를 전용한다. 예를 들어 브라질과 중국은 에너지의 40% 이상을 산업 목적으로 충당한다. 고도로 산업화된 국가는 상당한 양의 에너지를 산업에 사용하지만, 그들의 에너지 사용은 다른 분야에서도 높다. 미국에서 산업은 사용되는 에너지의 20%를 점유한다.

수송 에너지 사용

주거, 상업, 산업적 이용과 함께, 수송에 사용되는 에너지의 양도 세계를 통하여 크게 변화한다. 저개발 국가의 일부에서 수송은 매우 적게 에너지를 사용한다. 수송에 이용되는 1인당 에너지는 개발도상국에서 더 크고 선진국에서 가장 높다(그림 7.8). 수송에 충당되는 에너지의 비율에도 커다란 차이가 있다. 방글라데시, 인도, 중국은 에너지의 12% 미만을 수송에 사용하며, 대부분의 산업화된 국가는 동일한 목적으로 25~40%를 사용한다.

일단 국가의 발달 상태를 고려하면, 버스, 기차, 운하, 개

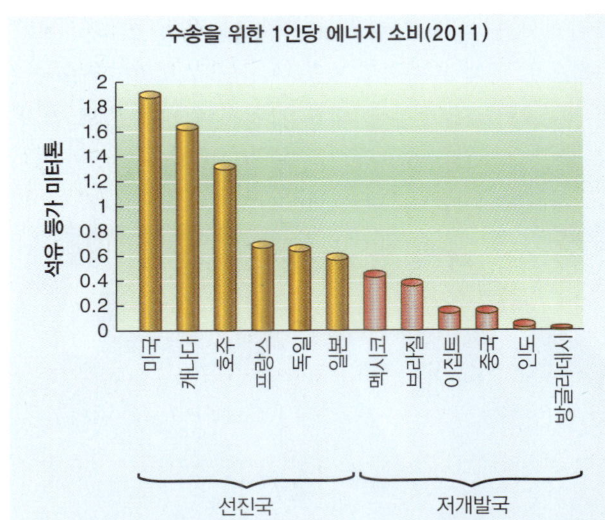

그림 7.8 수송에 사용되는 1인당 에너지(2011): 수송에 사용되는 1인당 에너지는 선진국에서 가장 높다. 그러나 국가 사이에 커다란 차이가 있다. 대부분의 유럽 국가와 일본은 미국과 캐나다에 비교하여 1인당 절반 미만의 에너지를 사용한다.

출처: International Energy Agency online data 2013과 2011 World Population Data Sheet, Population Reference Bureau.

그림 7.9 **대중교통:** 사람은 자동차 여행이 불편하거나, 시간이 소요되거나, 비싼 경우에 대중교통을 사용할 것이다. 대중교통은 개인 자동차로 여행하는 것보다 더 에너지 효율적이다.

인 자동차의 특정한 조합은 수송에 대한 국가의 에너지 사용을 결정하는데 주된 요인이다. 유럽, 라틴아메리카, 그리고 세계의 다른 많은 국가에서는, 개인 자동차 여행에 비하여 더 효과적이고, 정부가 이러한 수송 방법을 지원하고, 또는 서민의 대부분이 자동차를 보유할 여유가 없기 때문에 철도와 버스 수송이 널리 이용된다. 인구밀도가 높은 국가에서 철도와 버스 수송은 특히 효과적이다(그림 7.9). 일반적으로 자동차는 버스나 철도 수송에 비하여 승객 거리 당 훨씬 많은 에너지를 필요로 한다. 추가하여 이러한 국가의 대부분은 연료에 높은 세금을 부과하며, 이는 소비자에게 비용을 상승시키며 대중교통을 사용하도록 장려한다.

북미에서 이 상황은 다르다. 정부 정책은 에너지 비용을 인위적으로 낮게 유지하고 자동차 산업을 지원하였으며, 반면에 버스와 철도 수송에 대한 지원을 제거하였다. 결과적으로 자동차가 지배적인 역할을 하고, 대중교통은 대도시 지역에서 주로 사용된다(그림 7.10). 세계 인구의 약 4.5%를 차지하는 북미의 개인 자동차는 세계에서 생산되는 휘발유의 약 40%를 소비한다. 항공 여행은 에너지 면에서 비교적 비싸지만, 혼자 타고 가는 자동차보다는 약간 더 효과적이다. 그러나 항공기 승객은 장거리를 빠르게 여행하는 편리성에 대하여 지불한다.

7.3 전기에너지

전기에너지는 대부분의 국가에서 매우 큰 부분을 차지하기 때문에 특별히 설명할 가치가 있다. 전기는 에너지가 소비되는 방식이면서 또한 에너지가 공급되는 방식이다. 거의 대부분의 전기에너지는 화석연료를 연소하여 생산된다. 가정에서 난방을 위하여 천연가스를 사용하는 것과 같은 방식으로, 우리는 천연가스를 이용하여 전기를 생산할 수 있다. 전기에너지의 수송은 매우 간단하고 사용할 수 있는 방법은 매우 다양하기 때문에, 전기는 세계의 사람들에게 공급되는 주된 형태이다.

전기에너지는 다양한 방식으로 생산될 수 있다. 전기를 생산하는 주된 방법은 화석연료의 연소, 원자력발전소, 수력발전소, 그리고 재생 가능한 방법(지열, 풍력, 조력, 태양) 등이다. 어느 국가에서 발전에 이용되는 방법의 조합은 국가의 천연자원과 정부 정책에 의존한다. 그림 7.11은 전기를 생산하기 위하여 각 국가가 다양한 기술의 조합을 이용하는지를 보여준다. 노르웨이는 전기의 거의 대부분을 수력발전소에서 얻는다. 아이슬란드는 수력발전과 지열에너지의 조합에서 전기를 얻는다. 프랑스는 원자력발전에 크게

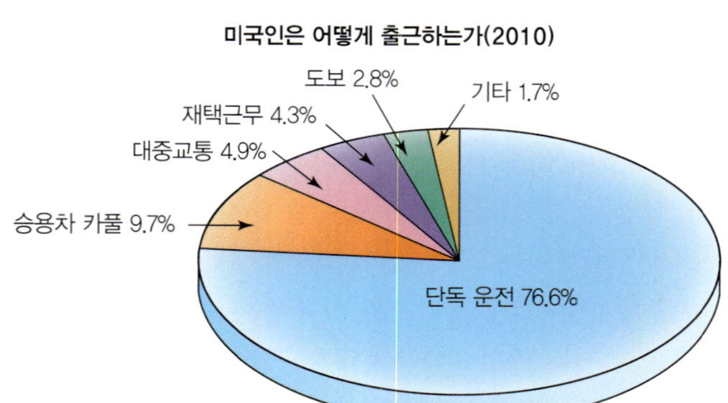

그림 7.10 **미국인은 어떻게 직장에 출근하는가:** 대부분의 미국인은 자동차에 혼자 타고서 출근한다. *(미국 조사통계국의 최신 자료.)*

도시에서 자동차 사용의 감소

세계가 더 도시화되면서, 국가와 시 정부는 사람들을 도시를 통하여 이동하는 가장 효과적인 방법에 직면하게 되었다. 효율성의 연구는 특히 버스, 열차, 고가 수송 활차(trolly) 간은 대중교통이 도시 내에서 사람을 이동하는 가장 에너지 효율적인 방법이라는 것을 보여주었다. 사람들은 개인 자동차의 편리성을 좋아하지만, 차는 도시에서 가장 에너지 효율이 낮은 수송수단이다. 풍자적으로 차를 사용하려는 욕망은 대도시에서 차의 효율성을 더 낮추고 편리성을 감소시키는 교통 혼잡을 초래하였다. 도시계획자의 추가적인 문제는 도시에서 운전하는 사람을 위한 주차장을 제공하는 필요이다. 자동차에서 대중교통으로 이동하는 결정은 종종 정치적으로 어렵다. 대중교통 시스템의 건설과 유지는 고가이며 많은 사람이 대중교통을 지원하기 위하여 세금을 내는 것을 바라지 않는다. 정부는 사람이 대중교통을 이용하고, 자동차 사용을 감소하고, 혼잡을 완화하기 위하여 사람을 확신시키기 위하여 다양한 경제적 도구를 사용하였다. 차의 사용에 대한 제한은 시가 전차, 버스, 열차의 가용성의 증가와 연결되어 있다. 몇 가지 다른 기작이 성공적이었다.

런던

런던 중심부의 혼잡 요금 지대에 진입하는 자동차는 번호판이 사진 찍힌다. 번호판 영상은 운전자가 혼잡 요금 지대에 진입할 때 기록하는 컴퓨터에 연결된다. 도시 중심부의 차량 운전자는 하루에 £10의 요금을 지불해야 한다. 자정까지 지불하지 않는 사람은 벌금을 내야 한다. 체크카드나 신용카드로 직접 요금을 청구하는 자동 지불 선택안도 있다.

스톡홀름

스톡홀름 중심부로 진입하는 차량은 번호판이 기록되어 하루 시간에 따라 세금이 부과된다. 세금은 개인의 은행계좌에서 자동적으로 공제되는 것을 포함한 다양한 방법으로 지불할 수 있다.

홍콩

차 가격의 40%에 해당하는 최초 등록세가 2011년 제정되었다. 차에 부착된 전자 감지장치는 고속도로 운행과 시간을 기록한다. 운전자는 선불 계정에서 요금이 직접 공제되도록 한다(출퇴근 시간이 가장 비싸다).

싱가포르

자동차와 오토바이는 차량이 감지기를 통과하여 싱가포르 중심가의 제한 지대로 진입할 때 현금카드에서 자동적으로 돈을 공제하는 차량 내부 장치가 갖추어져 있다.

스웨덴 고텐부르그

보행자 통행을 장려하기 위하여, 중심 상업가는 파이와 같이 지대로 분할되었으며, 차는 한 지대에서 다른 지대로 이동하는 것이 금지되어 있다. 자동차는 한 지대에서 다른 지대로 외곽 순환도로를 이용하여 이동할 수 있다. 주차 공간도 감소되었고 주차요금도 증액되었다.

로마

버스, 택시, 배달 차량, 지역 거주민 소유의 차를 제외한 모든 교통은 아침 6:30부터 오후 6시 사이에 금지되었다.

도쿄

차량 판매를 체결하기 전에, 차량 구매자는 그 차에 대한 상설 주차 공간이 있다는 증거를 보여주어야만 한다. 많은 차량은 기계식 승강기에 주차된다. 한 달 주차비는 $300~$800 범위이다.

녹색 행진

가정에서 에너지의 절약

파이 도표는 미국의 전형적인 가정에서 에너지가 어떻게 사용되는가를 보여준다. 각각의 범주에서 에너지 사용을 감소하는 방법을 찾는 것은 에너지 사용을 줄이고 에너지 요금을 감소할 수 있다. 가장 저렴한 에너지는 사용하지 않는 에너지이다. 에너지를 보존하는 몇 가지 방법이 있다.

가정 난방과 냉방

- 프로그램 가능한 온도 조절장치를 설치한다. 밤에 잘 때나 낮에 집에 아무도 없을 때 온도를 낮추는 것은 에너지 소비를 5~15% 절감할 수 있다. 이 에너지 절약은 1년 이내에 온도 조절장치 설치비용을 상환할 수 있다.
- 난방기간에 온도를 20℃(68℉)로 낮추고 여름 냉방기간에는 올린다. 난방기나 에어컨이 작동하지 않으면, 에너지도 사용하지 않는다.

조명

- 모든 남아있는 백열전구를 소형 형광등으로 대체한다. 소형 형광등은 3~4배 더 효율적이며 1년 이내에 비용이 상환된다. 15분 이상 자리를 비울 때는 방의 불을 끈다.

온수

- 온수기의 온도조절장치를 49℃(120℉)로 내린다. 높은 온도는 열손실이 커지게 하고 에너지 소비가 증가한다.
- 온수기를 단열한다.
- 목욕 대신에 짧게 샤워를 한다. 온수를 적게 사용할수록 에너지 사용도 적다.
- 접시와 옷을 가득 채운다. 세탁기를 적게 사용하면 사용되는 온수의 물도 감소한다.

전기기구

- 접시 닦는 기계의 건조 사이클을 사용하는 대신에 공기 중에서 말린다.
- 가정 전기기구와 제품의 ENERGY STAR 표지를 확인한다. ENERGY STAR 제품은 미국 에너지성과 환경보호청이 정한 엄격한 효율성 지침을 충족한다.

전자제품

- PC를 2시간 이상 사용하지 않을 경우에는 컴퓨터와 모니터를 끈다. 모니터, 프린터, 다른 부속품을 전원 서지 보호기에 연결하고 사용하지 않을 경우에는 전원을 끈다. 대기 모드에서는 계속 에너지를 사용한다.
- TV와 DVD 플레이어 같은 가정 전자제품을 파워 스트립에 꽂는다. 사용하지 않을 때에는 파워 스트립을 끈다. (TV와 DVD는 대기 모드에서 여전히 몇 watt의 전기를 사용한다.)

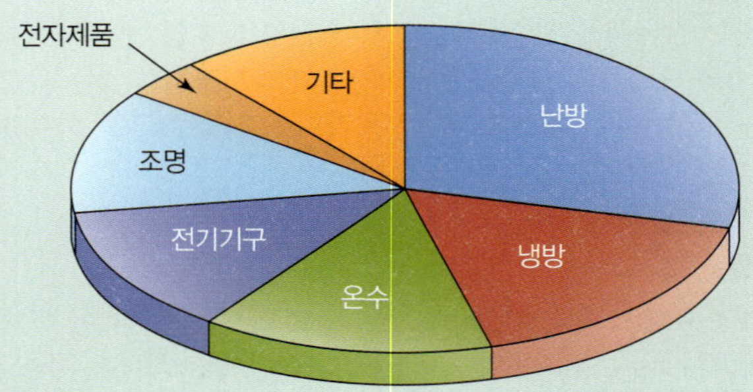

의존하고 있다. 대부분의 국가는 상당한 양의 에너지를 주로 석탄인 화석연료로부터 생산한다.

다른 형태의 에너지 이용과 같이, 세계의 에너지 소비도 지역에 따라 크게 변화한다. 산업화된 국가들은 세계 인구의 20% 정도를 차지하며 전기의 50%를 소비한다. 북미에서 1인당 전기의 사용은 저개발국가의 1인당 평균 에너지 사용의 9.5배이다. 방글라데시에서 연간 1인당 전기의 사용은 140 kW이며 이는 100 watt 전구를 2개월 미만 사용할 수 있는 양이다. 북미에서 1인당 전기의 소비는 방글라데시의 90배이다.

전기의 생산과 분배는 국가의 경제 발전에서 중요한 단계이다. 선진국에서 전기의 약 1/4이 산업에 이용된다. 나머지는 주거와 상업목적으로 주로 사용된다. 산업기반을 발전시키고 있는 국가에서 전기의 대부분은 산업에 이용된다. 예를 들면 한국과 중국에서 전기의 약 50%를 산업이 소비한다.

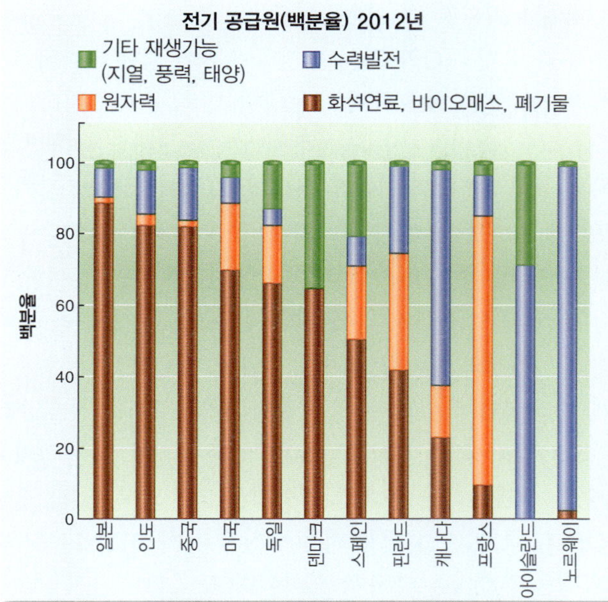

그림 7.11 전기의 공급원: 전기는 화석연료, 핵력, 수력, 기타 재생 가능한 형태(풍력, 태양, 지열, 조석)로부터 발전된다. 그러나 나라들은 전기를 생산하기 위하여 이용되는 기술의 조합에서는 상이하다. 그 차이는 가용한 천연자원과 정부 정책이다. 여기 보여준 국가들은 이러한 차이를 보여주기 위하여 선택되었다. 노르웨이와 아이슬란드는 풍부한 수력발전 자원을 가지고 있다. 추가하여 아이슬란드는 많은 지열 에너지를 가지고 있다. 프랑스는 대부분의 전기를 원자력발전소에서 생산하는 것으로 정치적 결정을 하였다. 덴마크, 스페인, 독일은 특히 풍력과 같은 재생 가능한 기술에서 전기를 생산하는 방침을 결정하였다.

주석: 일본은 평상시에 전기의 20% 이상을 원자로에 의하여 생산하였다. 그러나 2011년 지진은 원자로를 폐쇄하게 하였으며 2013년까지 정상적인 생산을 복구하지 못하였다.

출처: International Energy Agency online data 2013.

7.4 에너지 이용의 경제와 정치

경제성장과 저렴한 에너지의 가용도 사이에는 직접적인 연관이 있다. 인간과 동물의 에너지를 화석연료로 대체하는 것은 산업혁명과 함께 시작되었으며 이는 저렴하고, 취급하기 용이하고, 고효율의 연료 공급에 의하여 크게 가속화되었다. 저렴한 화석연료는 노동자가 더 많은 재화와 서비스를 생산하도록 하였으며, 생산성은 증가하였다. 그 결과 유럽, 북미, 그리고 나머지 산업화된 사회에 전례에 없었던 경제 성장이 결과하였다.

이러한 에너지와 생산성 사이의 연결로 인하여, 대부분의 산업화된 사회는 감당할 수 있는 에너지의 연속적인 공급을 확보하기를 원한다. 에너지 가격이 높을수록, 재화와 서비스도 비싸게 된다. 원가를 낮추기 위하여, 많은 국가는 에너지 산업에 보조를 하였고 에너지 가격을 인위적으로 낮은 수준으로 유지하였다. 화석연료(특히 석유와 천연가스)의 국제무역은 세계 경제와 정치에 주요한 영향을 미친다. 연료의 가격은 소비에 막대한 영향을 가지며, 낮은 가격은 소비를 촉진하고 높은 가격은 소비를 억제한다.

연료 경제와 정부 정책

정부는 사람들이 어떻게 에너지를 이용하는가에 영향을 미치는 정책을 형성한다. 자동차 연비는 정부 정책이 상당한 영향을 가지는 분야의 하나이다. 예를 들어 휘발유 1리터의 가격은 다음 2가지 주요한 요인에 의하여 결정된다. (1) 원유를 구입하여 휘발유로 처리해서 주유소로 운반하는 비용과 (2) 다양한 세금이다. 국가 사이 휘발유 가격의 차이는 대부분 세금의 결과이며 자동차 수송에 대한 정부 정책의 차이를 반영한다. 미국 소비자에 대한 세금 비용은 휘발유 소매가의 약 11%이며, 캐나다는 약 30%가 세금인 반면에, 일본과 많은 유럽 국가는 세금이 휘발유 원가의 40%~60%를 차지한다(그림 7.12). 운행되는 자동차의 종류를 비교하면, 우리는 연료 가격과 연비 사이에 직접적인 상관관계를 찾을 수 있다. 미국과 캐나다에서 차량의 평균 연비는 100 km 당 8.1리터이다(1갤런 당 29마일). 이는 유럽의 평균인 100

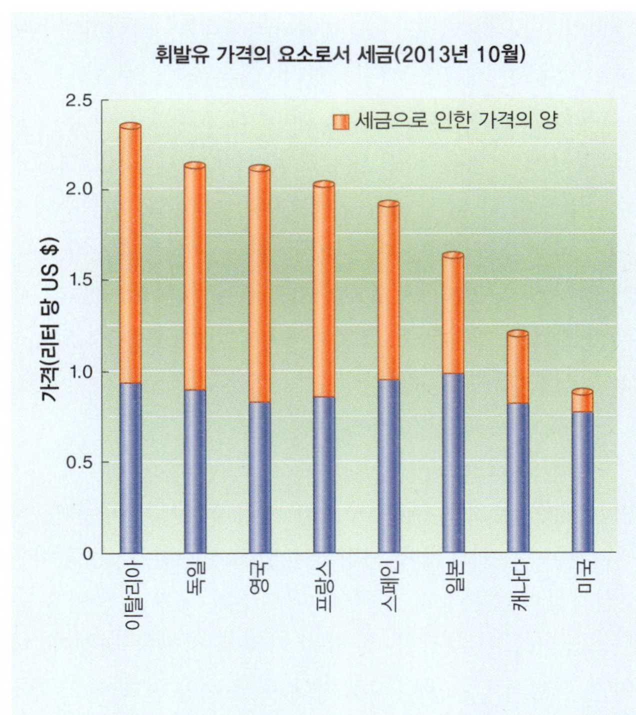

그림 7.12 휘발유 세금과 연료 효율성: 연료에 지불하는 가격은 지불하는 세금에 의하여 크게 영향을 받는다. 높은 연료 가격은 소비자가 높은 연료 효율성을 가진 자동차를 선택하도록 한다.

출처: International Energy Agency 온라인 자료.

km당 5.51리터(1갤런 당 43마일)와 비교된다. 유럽 운전자는 평균적으로 미국과 캐나다의 운전자에 비하여 연료비를 2배 이상 지불하며 같은 거리를 운전하는데 미국 운전자에 비하여 30% 적은 연료를 사용한다. 세금이 유럽에서 휘발유 가격의 대부분을 차지하기 때문에, 정부 세금 정책이 연료 효율적 자동차를 구입하도록 동기를 제공한다.

정부의 또 다른 목적은 도로를 건설하고 보수하는데 필요한 자금을 생성하는 기작을 갖는 것이다. 많은 유럽 국가는 도로를 건설하고 보수하는데 사용하는 것보다 더 많은 자금을 거두어들인다. 미국은 반면에 연료세, 통행료, 다른 세입으로부터 도로에 필요한 비용의 약 50%를 조달한다. 미국의 비교적 저렴한 연료비용은 여행을 더 많이 하도록 조장하며, 이는 도로 보수비용을 증가시킨다.

EU는 교토 의정서를 준수하기 위하여 단계를 취했는데, 이는 대기 중으로 방출되는 이산화탄소 양의 감소를 의무화한다. 이산화탄소 감소 목표를 달성하기 위하여, 유럽 자동차 제조사들은 2008년까지 km 당 이산화탄소 방출을 140 g으로 줄이는데 자발적으로 동의하였다. 그들은 2011년 135.7 g CO_2/km에 도달하였다. 2013년 EU는 2020년까지 95 g CO_2/km의 새로운 목표를 설정하였다. 이는 59 mpg에 해당한다. 많은 유럽 국가는 차에서 방출되는 이산화탄소의 양에 기초하여 세금을 제정하였다. 많은 양을 배출하는 차를 소유한 사람은 높은 세금을 낸다. 대조적으로 미국은 교토 의정서에 서명을 하지 않았으며 1990년대 내내 연비가 감소하였으며 더 많은 사람들이 2005년까지 SUV를 구입하고 운전하였다. 2005년 이후 미국에서는 연료 효율이 아주 작게 좋아졌다. 2011년 오바마 대통령에 의하여 발표된 새로운 연료효율 기준은 2025년까지 연료 효율성을 54.5 mpg으로 향상할 것을 요구한다.

전기요금 책정

전기는 많은 용도로 매우 중요한 에너지원이기 때문에, 다른 나라들이 전기요금을 책정하는 방식을 보는 것은 흥미롭다. 전기산업의 본질로 인하여, 대부분의 국가는 산업을 규제하고 공기업이 부과할 수 있는 가격에 영향을 미친다. 더 나아가 전형적으로 산업 수요자에 대한 비용은 거주 고객에 부과되는 비용의 1/2 정도이다. 일반적으로 높은 가격은 사용을 억제한다.

OPEC의 중요성

석유 수출국 기구(OPEC)는 세계의 주요한 석유 수출국 5개 국가가 카르텔을 형성하기로 동의한 1960년 9월 시작되었다. 사우디아라비아, 이라크, 쿠웨이트 등 3개국은 아랍 국가이고 베네수엘라와 이란은 아니었다. 오늘날 13개 국가가 OPEC에 속해있다. 여기에는 사우디아라비아, 쿠웨이트, 리비아, 알제리, 이라크, 카타르, 아랍에미리트 등 7개 아랍 국가와 이란, 인도네시아, 나이지리아, 에콰도르, 앙골라, 베네수엘라 등 6개의 비아랍 국가를 포함한다. OPEC 국가는 전세계 1조2천억 배럴의 원유 매장량의 약 72%를 통제한다. 중동의 OPEC 국가가 전체의 50%를 통제하며, 이는 OPEC과 중동이 세계적인 중요한 영향력을 가지도록 한다. 오늘날 OPEC 국가는 전 세계 석유 생산의 40% 이상을 통제하며 가격을 결정하는 주요한 세력이다(표 7.1).

OPEC 국가 사이의 연대의 증가, 중동의 지속적인 정치적 불안정, 중국과 인도와 같은 국가의 증가하는 수요는 달러화의 가치와 석유 투기자의 활동과 결합하여, 석유 가격의 변동을 크게 한다. 2012년에서 2013년 사이에 석유는 배럴 당 $100선에서 거래되었다.

7.5 에너지 소비 경향

역사적 관점에서, 에너지 소비의 변화를 계획하는 것이 가능하다. 경제, 정치, 대중의 태도, 그리고 다른 많은 요인이 에너지 사용 경향을 분석하는데 통합되어야 한다.

에너지 사용의 성장

2012년 세계 에너지 소비는 125억 톤의 석유에 해당하였으며, 이는 지난 10년간 20% 이상 증가하였다. 이 전체 중에서 석유, 천연가스, 석탄과 같은 전통적인 화석연료는 거의 90%에 달한다.

세계 에너지의 거의 절반은 OECD 구성원인 25개 국가에 의하여 소비된다. 이러한 국가(호주, 뉴질랜드, 일본, 캐나다, 멕시코, 미국, 유럽 국가들)는 선진국이다. 2003~2012의 10년간에 걸쳐 OECD 국가의 에너지 소비는 근본적으로 변화하지 않았다. 이는 주로 2008년 시작된 세계적인 불황에 기인한다. 또한 서비스 기반의 경제로의 변환도 있었으며, 에너지 집약적 산업은 비OECD 국가로 이동하였다. 대조적으로 아시아의 많은 국가는 2003~2012년 사이의 10년 동안에 경제가 확장되었으며 에너지 소비가 거의 70% 증

여러분의 선택은?

휘발유 가격은 뜨거운 주제이다. 미국 사람이 다른 경제적으로 발달한 국가에서 사는 사람보다 휘발유에 절반 이하를 지불하지만, 많은 사람들은 미국 가격이 너무 높다고 느낀다. 다른 사람들은 휘발유 가격의 인상이 미국인이 에너지를 사용하는 방식을 변화하도록 자극하는데 필수적이라고 생각한다. 휘발유 가격을 낮게 유지할 것인지 아니면 인위적으로 가격을 올릴 것인지에 대한 지지를 선택하시오. 여러분의 입장을 지지하는 논거를 개발하시오.

표 7.1 세계의 주요한 석유 생산국

	국가	백만 미터 톤 (2013)	전체의 백분율
OPEC	**Saudi Arabia**	**547.0**	**13.3**
	Russian Federation	526.2	12.8
	United States	394.9	9.6
	China	207.5	5.0
OPEC	**Iran**	**174.9**	**4.2**
	Canada	186.6	4.4
OPEC	**United Arab Emirates**	**154.1**	**3.7**
OPEC	**Kuwait**	**152.5**	**3.7**
OPEC	**Iraq**	**152.4**	**3.7**
	Mexico	143.9	3.5
OPEC	**Venezuela**	**139.7**	**3.4**
OPEC	**Nigeria**	**116.2**	**2.8**
	Brazil	112.2	2.7
	Norway	87.5	2.1
OPEC	**Angola**	**86.9**	**2.1**
OPEC	**Qatar**	**83.3**	**2.0**
	Kazakhstan	81.3	2.0
OPEC	**Algeria**	73.0	1.8
OPEC	**Libya**	**71.1**	**1.7**
	Columbia	49.9	1.2
	Oman	45.8	1.1
	United Kingdom	45.0	1.1
OPEC	**Indonesia**	**44.6**	**1.1**
	Azerbaijan	43.3	1.1
	India	42.0	1.0
	Egypt	35.4	0.9
	Argentina	31.0	0.8
	Malayasia	29.7	0.7
OPEC	**Ecuador**	**27.1**	**0.7**
	World	**4118.9**	

출처: BP Statistical Review of World Energy, 2013.

가하였다. 이러한 양상이 계속될 것으로 기대하며 신흥 경제국은 더 많은 에너지를 필요로 할 것이다(그림 7.13). 그들이 더 많은 에너지를 요구하고 세계적인 경제가 개선되면, 더 많은 에너지의 수요를 예상할 수 있으며 가격도 상승할 것이다.

가용한 에너지원

석유는 세계의 주요한 에너지원으로 남아있으며, 주요 에너지 수요의 약 33%를 차지한다. 석탄은 30%, 천연가스는 24%를 차지하며, 나머지는 주로 원자력과 수력으로 공급된

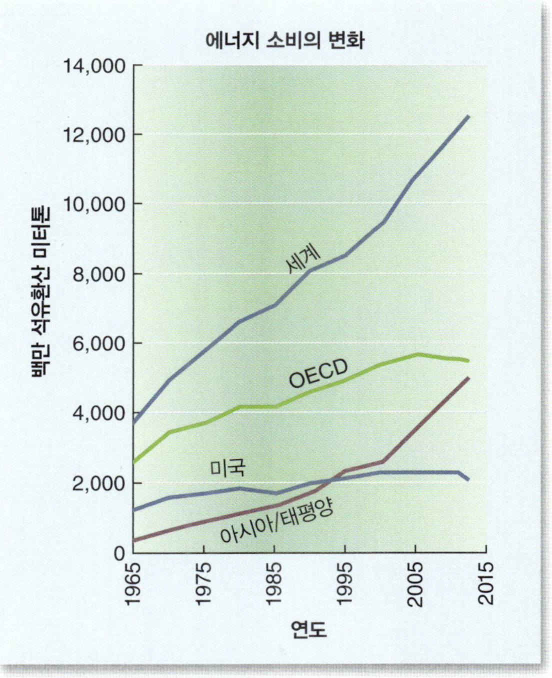

그림 7.13 지역별 세계 에너지 소비의 변화: 세계 에너지 소비는 꾸준히 증가하였다. 현재 OECD 국가의 에너지 소비는 세계 소비의 45%를 차지한다. 최근에 아시아 태평양 지역의 에너지 사용은 가장 빠르게 증가하였으며 선진국의 에너지 사용은 감소하였다.

출처: BP Statistical Review of World Energy, 2013 자료.

다. 이러한 비율은 가까운 장래에도 계속될 것이다.

정치적, 경제적 요인

정치적, 경제적 요인은 에너지 소비에 커다란 영향을 미친다. 에너지 사용을 결정하는 주요한 요인은 세계적인 경제 상태, 석유를 공급하는 지역의 정치적 안정성, 그리고 석유의 가격이다. OPEC과 중동 국가가 세계 석유 생산의 40% 이상과 매장량의 70% 이상을 통제하기 때문에, 이 지역의 정치적 안정은 매우 중요하다(그림 7.14). 대부분 사람의 에너지 소비 행태는 에너지 자원을 현명하게 사용하겠다는 욕구보다는 경제에 의하여 유발된다. 에너지 가격이 상승하면, 다른 모든 것의 가격도 상승하며 결국 소비가 감소한다. 역으로, 에너지 가격이 하락하면 소비가 증가한다.

1980년대에 에너지 비용이 하락하였으며 북미와 유럽의 사람은 에너지 소비에 대하여 걱정을 덜 하였다. 집과 건물의 냉난방을 위하여 더 많은 에너지를 사용하였으며, 더 많은 가전제품을 구입하고 사용하였으며, 큰 차를 구입하였다. 정부는 에너지에 대한 세금을 증가하거나 감소하고, 에너지 생산자에게 보조금을 지급하고, 다른 수단을 이용하여 에너지 가격을 조작할 수 있다.

지난 수년간에 세계 석유 가격은 몹시 변덕스러웠다. 1999년에 경제 불황을 겪고 있던 동남아시아와 예상보다 따뜻한 겨울을 보낸 북미와 서유럽에서 모두 석유 수요가 감소한 탓으로, 배럴당 석유 가격이 $13 아래로 떨어져서 소비자들이 혜택을 보았다. 그 이후 중국, 인도, 그리고 다른 빠르게 산업화되는 국가의 수요 증가와, 중동의 정치적 불안정(부분적으로 이라크와 아프가니스탄 전쟁의 결과), 그리고 OPEC 국가 사이의 결속력 증가로 인하여 석유 가격이 상승하였다. 2003년 석유 가격은 배럴당 약 $32였다. 2008년 배럴당 $147을 넘었으며 이는 5년 내에 360%의 증가였으며 2008년 말 하락하였다. 경제 상태가 개선되고 수요가 증가하면서, 가격은 상승할 것으로 기대된다.

그림 7.14 페르시아 만 OPEC 국가: 페르시아 만의 6개 OPEC 국가(사우디아라비아, 이라크, 이란, 쿠웨이트, 카타르, 아랍에미리트 연합)는 세계의 석유 매장량과 생산의 대부분을 통제한다. 이 지역의 정치적 불안정은 석유 가격의 상승을 초래한다.

이슈와 분석

정부 조치와 에너지 정책

정부는 원하는 행동을 장려하기 위하여 경제적 수단을 사용한다. 재화와 용역에 대한 세금은 인위적으로 가격을 상승시키며 대안을 찾도록 촉진한다. 보조금은 개인이나 기업이 특정한 종류의 활동을 추구하도록 장려하는 정부로부터의 선물이다. 정부 규제는 특정한 기준이나 활동을 명시하며 이러한 기준을 지키지 않는 사람에게는 벌금이나 수수료가 부과된다.

에너지 정책에 대하여 이러한 도구가 사용되는 몇 가지 방식이 있다.

1. 지구 온난화의 문제는 탄소세에 대한 아이디어가 생기게 하였다. 이산화탄소는 화석연료가 사용될 때 방출되며, 따라서 탄소세는 에너지에 부과되는 세금이다. 이 세금은 에너지 가격을 인위적으로 상승시키며 사람들이 에너지를 적게 사용하도록 행동을 변화시키거나 이산화탄소를 적게 방출하는 에너지 형태로 바꾸게 한다.
2. 휘발유나 경유 연료에 대한 세금은 소비자가 운전 습관이나 운전하는 차량의 종류를 변경하도록 촉진한다.
3. 석유 회사는 석유를 탐사하도록 장려하는 많은 보조금을 받는다. 태양 에너지나 풍력 에너지 같은 특정한 대체 에너지원을 탐사하도록 적은 보조금도 제공된다.
4. 집에 에너지 효율적 변화를 만드는 개인에게 주어지는 세금 공제는 에너지 절약 기술에 투자하도록 장려한다.
5. 자동차에 대한 연료 경제성 기준은 제조사가 특정한 기일까지 기준을 충족하도록 요구하고 그렇지 못하면 벌금을 내야 한다.

이러한 모든 결정에는 지지자와 비방자가 있다. 여러분은 어떻게 느끼는가?

- 여러분은 회사가 석유를 탐사하도록 보조하는 것에 찬성하나요?
- 여러분은 휘발유에 대하여 세금을 올리는 것을 지지하나요?
- 정부는 모든 화석연료에 대하여 탄소세를 부과해야 하나요?
- 자동차 제조사는 더 연료 효율적인 차량을 제조하도록 강요되어야 하나요?
- 정부는 에너지를 이용하는 방식을 변경하는 사람에게 세금 우대를 제공해야 하나요?

요약

모든 생명체에게 에너지의 항구적인 공급이 필요하다. 에너지는 사회에 주요한 영향을 미친다. 사용되는 에너지의 양과 문명의 복잡성 사이에는 직접적인 상관관계가 존재한다.

목재는 초기 문명에 에너지와 건설 자재의 대부분을 제공하였다. 인구 밀도가 높은 지역에서 목재의 대량 사용은 결국 부족을 초래하였으며, 따라서 화석연료가 주요 에너지원으로서 목재를 대체하였다. 화석연료는 수백만 년 전에 살았던 식물, 동물, 미생물의 유해로부터 형성되었다. 화석연료의 소비는 노동력을 절약하는 기계의 발명과 함께 산업혁명을 초래하였으며, 이는 선진국에서 현재의 기술 지향 사회의 발달을 가져왔다.

자동차의 발명은 사람의 생활양식에 주요한 변화를 초래하였으며, 이는 더 많은 에너지의 소비를 가져왔다. 현대사회의 석유에 대한 에너지원으로서의 높은 의존도는, 세계 석유의 대부분을 통제하는 OPEC 국가가 집단행동을 통하여 석유 가격을 결정할 수 있다.

전 세계에 걸쳐서, 주거와 상업적 이용, 산업, 수송, 전기 기구는 에너지를 필요로 한다. 재정적, 정치적, 그리고 다른 요인으로 인하여, 국가는 에너지를 사용하는 양과 어떻게 사용하는지에 대하여 다양하다. 일반적으로 부유한 국가는 대량의 에너지를 사용하며 가난한 국가는 훨씬 적게 사용한다. 분석가들은 에너지의 세계적 수요가 꾸준히 증가하고, 산업화되고 있는 국가에 의한 에너지 사용의 성장이 이미 산업화된 국가의 성장보다 클 것으로 예측한다.

녹색 활동

1. 여러분이 매일 화석연료나 전기에너지를 요구하는 활동에 종사하는 10가지를 열거하시오.
2. 일주일간의 여러분의 교통 활동을 기록한다. 운전한 거리, 지불한 지하철 요금, 택시 요금 등을 기록한다. 이 중 정말로 필요했던 여행은 얼마나 되는가?
3. 의원에게 에너지 정책에 대한 여러분의 의견을 표현하는 편지를 쓴다.
4. 근처 가게까지 1 km 미만이라면 왕복 2 km를 반시간 이내에 걸어 다녀올 수 있으며 화석연료 에너지를 사용하지 않아도 된다. 차를 사용한다면 왕복하는데 얼마나 소요되나요? (방을 떠나서 가게에 들어갈 때까지 그리고 돌아오는 과정에 걸리는 시간을 잰다.)

연습문제

1. 초기 문명에서 동물을 길들이는 것은 에너지 이용을 어떻게 변화시켰는가?
2. 식량에 추가하여 문명은 어떠한 에너지를 요구하는가?
3. 어느 나라가 산업혁명에 참여하는 것을 결정하는데 석탄의 가용도는 어떻게 중요한가?
4. 어떠한 요인이 에너지원을 목재에서 석탄으로 바뀌게 하였는가?
5. 어떤 주요한 요인이 에너지원을 석유의 사용으로 바뀌게 하였는가?
6. 미국에서 수송의 형태로서 자동차가 지배적이 되도록 이끈 2가지 요인을 서술하시오.
7. 시민이 에너지를 어떻게 이용하는지 변화하도록 하기 위하여 정부가 취하는 2가지 조치를 서술하시오.
8. 전기에너지가 다른 종류의 에너지에 대하여 가지는 장점은 무엇인가?
9. 국가에 따라 전기요금이 상이한 2가지 이유를 말하시오.
10. 산업화된 사회에서 3가지 주요한 에너지 이용의 범주를 열거하시오.
11. OPEC은 왜 세계 경제에 중요한가?
12. 정치와 경제적 사건이 어떻게 에너지 가격과 사용에 영향을 미치는지 예를 드시오.
13. 현재의 경향에 근거하여, 다음 10년 동안 에너지 가용도와 가격에 어떠한 일이 일어날 것인가?

비판적 사고 문제

1. 여러분이 산업혁명에 대하여 글을 쓰는 역사가라고 생각하시오. 또한 여러분이 환경과학과 그 전망에 대하여 새로운 지식을 가지고 있다고 상상하시오. 여러분은 유럽과 미국에서의 산업의 발달에 대하여 어떠한 종류의 이야기를 할 것인가? 이는 성공적인 또는 비극적인 이야기일 것인가, 아니면 다른 종류의 이야기일 것인가? 그 이유는?
2. 미국에서의 휘발유 세금을 대부분의 유럽인이 휘발유에 지불하는 비율로 증가한다면 어떠한 효과가 나타날까요? 그 이유는? 이러한 가능성에 대하여 여러분은 어떻게 생각하는가?
3. 일부 사람은 미국에서 휘발유를 생산하고 사용하는 모든 비용을 고려하지 않기 때문에 휘발유 가격이 인위적으로 낮다고 주장한다. 여러분이 휘발유의 "진정한" 가격을 알려고 한다면, 여러분은 어떠한 종류의 요인을 고려할 것인가?
4. 자동차의 도처에 존재하는(ubiquitous) 본질은 미국을 어떻게 변화시켰는가? 여러분은 이러한 변화가 균형적, 긍정적, 또는 부정적 중 어느 것이라고 느끼는가? 미국에서 자동차 이용에 대한 미래가 어떻게 될 것인가? 이는 어떻게 성취될 수 있는가?
5. OPEC은 알려진 석유 매장량의 70% 이상을 통제한다. 이는 어떠한 정치적, 경제적 영향을 가진다고 여러분은 생각하는가? 이는 에너지 사용에 어떠한 영향을 미치나요?
6. 예측되는 에너지 소비가 현재의 지구 온난화에 대한 우려에서 세계 정치와 경제에 어떻게 영향을 미치리라고 생각하는가?

chapter

8 재생불가능 에너지원

Nonrenewable Energy Sources

▲ 이 사진에 석탄과 석유 둘 다 묘사되었다. 거대한 석탄 열차가 유정을 통과하고 있다. 석유는 일반적으로 송유관에 의하여 수송된다.

CHAPTER OUTLINE

목적

이 장을 학습한 후 여러분은 다음을 달성하여야 한다.

- 화석연료를 산업화된 국가의 주요한 에너지원으로 인식한다.
- 재생불가능 에너지원과 재생가능 에너지원의 차이를 구별한다.
- 자원과 매장량의 차이를 구분한다.
- 매장량 변화를 초래하는 3가지 요인을 서술한다.
- 석탄 형성과정의 단계로서 토탄, 갈탄, 역청탄, 무연탄을 판정한다.
- 천연가스와 석유는 고대 해양퇴적물로부터 형성된다는 것을 인식한다.
- 가장 많은 석탄, 석유, 천연가스 매장량을 가진 세계의 지역을 열거한다.

- 어떤 지역에서는 석탄의 표면채광이 사용되고 다른 지역에서는 지하채광이 사용되는지 이유를 설명한다.
- 석탄의 채광과 사용에 관련된 부정적 환경영향 3가지를 서술한다.
- 과거에 비하여 현재 석탄을 탐색하고 생산하는 것이 고비용인지 이유를 설명한다.
- 퇴적물로부터 획득된 석유와 천연가스의 비율을 증가하기 위하여 2차적인 회수방법이 개발된 것을 인식한다.
- 천연가스의 수송은 세계의 일부 지역에서 아직도 문제라는 것을 인식한다.
- 천연가스의 추출과 사용에 관련된 주요한 환경문제를 서술한다.
- 석유 가격의 상승과 기후변화에 대한 우려가 원자력에 대한 태도에 왜 영향을 미쳤는지 설명한다.
- 핵분열 과정을 서술한다.
- 핵연쇄반응을 서술한다.
- 원자로가 어떻게 전기를 생산하는지 서술한다.
- 원자로의 기본적인 유형을 서술한다.
- 증식형 원자로가 다른 원자로와 어떻게 다른지 설명한다.
- 핵연료 주기의 단계를 열거한다.
- 핵분열에 의하여 생성되는 방사선의 종류를 서술한다.
- 시간, 거리, 차폐 개념이 방사선 보호와 어떻게 연관되는지 서술한다.
- 체르노빌(Chernobyl), 스리마일 섬(Three Mile Island), 후쿠시마 제1원전(Fukushima Dai-ichi) 사고의 영향을 비교한다.
- 원자력발전소를 폐로하는 과정을 설명한다.

수압파쇄

석유와 천연가스 광상은 지하에 저수지처럼 존재하는 것이 아니라 모래 입자 사이의 공간 또는 지하 깊은 곳의 암석 퇴적층 균열에 작은 축적층으로 존재한다. 석유와 천연가스는 모래와 같은 공극이 많은 퇴적층을 통하여 비교적 쉽게 이동할 수 있지만 혈암과 같은 비공극 물질을 통해서는 쉽게 흐르지 않는다. 혈암은 퇴적암이다. 혈암은 수백 만 년 전에 형성되었는데, 서서히 흐르는 물에서 점토와 미사 입자가 침전되고 그 후에 압력과 열에 의하여 암석으로 변환되었다. 이러한 퇴적물은 수서생물(특히 미생물)을 포함하고 있었기 때문에 이러한 생물의 유기 화합물은 혈암이 형성되는 동안에 석유와 가스로 변환되었다. 수압파쇄(단순히 파쇄라고도 함)는 공극성이 아닌 혈암과 같은 지질 구조물로부터 석유와 천연가스를 획득하는 진보된 기술이다.

수압파쇄는 새로운 기술은 아니다. 수압파쇄는 대부분 수직으로 천공된 수백만 개의 유정에서 1940년부터 사용되었다. 그러나 1990년 이래로 수압파쇄는 혈암으로부터 석유와 가스를 생산하는데 매우 중요하게 되었다. 이 기술은 생산성을 개선하기 위하여 유정이 천공되는 방식과 유정에 물질을 펌프해 넣은 방법의 변경을 포함한다. 수압파쇄를 하기 위하여 혈암층까

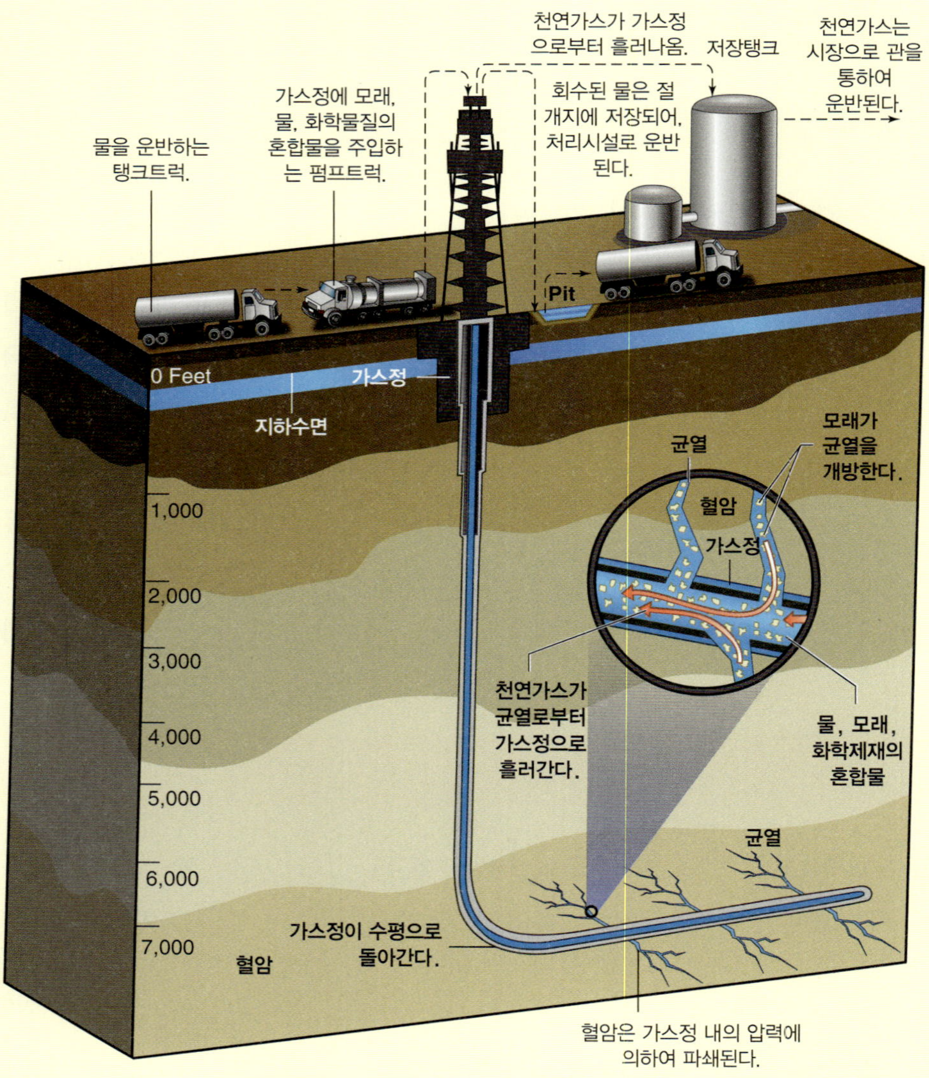

지 수직 시추공이 천공되지만 그 이후 시추공에 의하여 넓은 면적의 혈암 퇴적층이 교차되도록 수평으로 향한다. 공정의 다음 단계는 소량의 모래와 화학물질을 높은 압력 하에서 대량의 물(수백만 리터)과 함께 유정으로 주입한다. 압력은 암석에 존재하는 균열의 크기를 증가시키고 새로운 균열을 형성한다. 물을 제거하면 모래는 혈암 뒤에 남고 균열이 지지되어 개방된다. 이러한 기술의 조합은 혈암에서 가스와 석유를 방출시키고 표면으로 펌프될 수 있도록 한다.

화석연료의 추출 방법은 환경에 영향을 미치며, 수압파쇄도 전혀 다르지 않다.

- 수백만 리터의 물이 각각의 유정에 사용되기 때문에, 수자원의 관리가 문제이다. 이는 표면수가 거의 없고 대수층은 이미 완전히 사용되고 있는 건조한 지역에서 특히 그러하다.
- 수압파쇄에 사용된 물은 표면으로 되돌아가고 오염물질을 포함하기 때문에, 오염물질을 제거하기 위하여 처리되거나 환경적으로 수용가능한 방식으로 처분되어야 한다. 종종 이러한 액체는 처분정으로 펌프된다.
- 일부 유정이나 가스정은 누출이 일어나며, 그 누출이 지표면 부근이면, 대수층이 오염될 수 있다.
- 혈암 퇴적층은 시추 액체가 제거되거나 가스나 석유가 추출될 때 표면으로 운반되는 해로운 물질을 포함할 수 있다. 이러한 물질에는 방사성 물질, 소금, 기타 화학물질 등이 포함된다.

환경 영향에 관계없이, 수압파쇄는 엄청난 경제적 영향을 가져왔다. 2000년에 미국에서 천연가스의 약 1%가 수압파쇄에 의하여 생산되었다. 2011년에는 이는 수천 개의 새로운 가스정이 시추되어 25%로 증가하였다. 천연가스 가격은 하락하였으며, 전력회사와 기타 산업이 석탄이나 석유로부터 천연가스로 전환하도록 하였다. 이는 이산화탄소 배출을 감소시켰다. 노스다코타 주와 몬태나 주의 수압파쇄는 혈암으로부터 석유를 방출하는데 사용되었으며 미국에서 주요한 새로운 석유 공급원을 제공하였다. 수압파쇄에 의한 석유와 천연가스의 생산은 수천 개의 유정 굴착을 포함하기 때문에, 수천 개의 새로운 일자리가 창출되었다.

8.1 주요 에너지원

7장에서는 에너지 소비의 역사적 발전과 문명의 진보가 에너지의 가용도와 개발과 어떻게 밀접하게 연관되어 있는지에 대한 개요를 나타내었다. 새로운 제조 공정은 신뢰할 수 있는 에너지원에 의존한다. 기술은 20세기에 비약적으로 발전하였다. 1900년부터 2010년 사이에 세계 에너지 소비는 약 17배 증가하였으며 경제활동은 40배 증가하였지만, 인구는 4배보다 약간 더 증가하였을 뿐이다(표 8.1).

산업화된 국가에서 가장 보편적으로 사용되는 에너지원은 석유, 석탄, 천연가스와 같은 화석연료이며, 이는 세계 에너지의 약 80%를 공급한다. 화석연료는 수백만 년 전에 형성되었다. 화석연료는 수백만 년에 걸쳐 광합성의 결과로 생물체에 의하여 생산된 에너지가 풍부한 유기분자가 축적되어 형성되었다. 화석연료는 농축되고, 저장된 태양에너지로 생각될 수 있다. 화석연료 형성 속도는 매우 느려서 인간 역사의 과정동안에는 거의 형성될 수 없다. 우리는 생산될 수 있는 것보다 훨씬 빠르게 이러한 자원을 사용하고 이러한 물질의 양은 유한하기 때문에, 이들은 **재생불가능 에너지원(nonrenewable energy source)**으로 알려져 있다. 결국 인간의 수요는 석탄, 석유, 천연가스의 공급을 소진할 것이다.

표 8.1 세계 인구, 경제 생산, 화석연료 소비

	인구(10억)	총 세계생산 (1조 국제 $, 1990)	화석연료 소비 (10억 석탄 등가 미터톤)
1900	1.6	1.1	1
1950	2.5	4.1	3
2010	6.9	44.0	17

재생불가능 화석연료에 추가하여 몇 가지 재생가능 에너지원이 있다. **재생가능 에너지원(Renewable energy source)**은 자신을 보충하거나 태양계의 특징으로서 지속적으로 존재한다. 재생가능 에너지원은 주로 수력과 장작으로 현재 전 세계에서 사용되는 에너지의 약 12%를 공급한다. 재생가능 에너지원은 9장에서 자세히 토의한다.

8.2 자원과 매장량

화석연료, 철광석, 우라늄광석과 같은 재생불가능 자원의 매장량을 논의할 때, 채취될 수 있는 매장층과 할 수 없는 매장층을 구분하는 것이 중요하다. 기술적인 관점에서 **자원(resource)**은 잠재적으로(*potentially*) 채취될 수 있는 사람

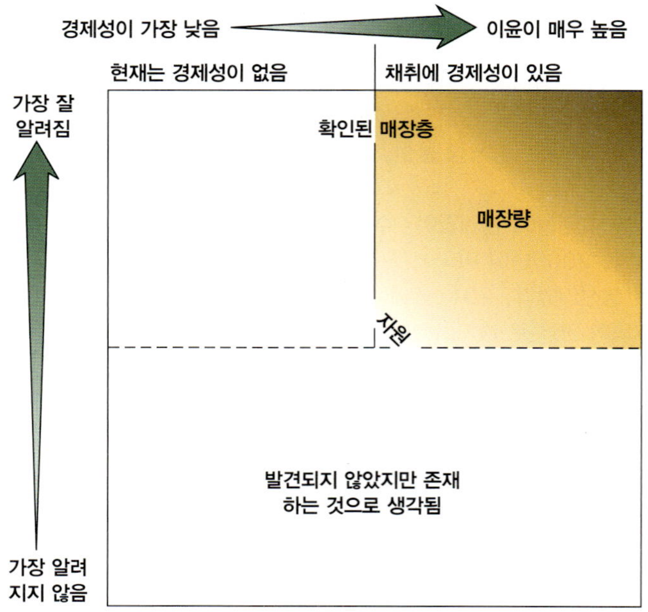

그림 8.1 자원과 매장량: 자원은 존재하는 것으로 생각되는 물질의 양이며, 발견되지 않은 매장층과, 장차 기술이나 시장 조건의 변화에 의하여 이윤이 있게 생산될 수 있을지라도, 현재 이윤이 있게 사용될 수 없는 매장층도 포함한다. 매장량은 현재 경제적 상태에서 현재의 기술을 사용하여 이윤이 있게 채취될 수 있는 자원의 부분이다. 매장량은 이 도표의 우상단에 나타냈다. 색깔이 진할수록 매장층이 잘 알려져 있으며 채취하는 것이 더 이윤이 있다.

출처: 미국 광산국(U.S. Bureau of Mines) 자료.

이 이용할 수 있는 자연적으로 나타나는 물질이다. **매장량(Reserve)**은 일반적인 경제조건 하에서 기존의 기술로 물질이 수익성 있게 추출될 수 있는 알려진 매장층이다. 따라서 매장량은 전체 자원의 부분이다. 매장량의 개념은 경제적인 생각이라는 것을 인식하는 것이 중요하며 이는 세계에 존재하는 물질의 총량에 단지 느슨하게 연결되어 있다(그림 8.1).

한 국가가 처분할 수 있는 화석연료 또는 광석의 매장층을 논의할 때 자원과 매장량이라는 용어가 모두 사용된다. 이는 이러한 개념 사이의 차이가 이해되지 않으면 상당한 혼란을 초래할 수 있다. 석탄 또는 석유와 같은 자원(*resource*)의 총량은 매년 사용되는 양에 의해서만 변화한다. 매장량(*reserve*)은 기술의 진보, 새로운 매장층의 발견, 경제적 조건의 변화 등에 의하여 변화한다. 더 나아가 국가는 정치적인 이유로 매장량을 수정한다. 따라서 자원의 총량은 감소하지만, 매장량은 크게 증가할 수 있다.

화석연료의 가용도에 대하여 읽을 때, 연료를 제거하고 처리하는 비용이 연료의 시장 가격보다 높으면, 아무도 그 연료를 생산하지 않을 것이라는 것을 기억해야 한다. 또한 연료를 생산, 정제, 수송하는데 사용된 에너지가 연료를 연소할 때 생산되는 에너지보다 크면, 그 연료는 생산되지 않을 것이다. 자원을 개발하기 위해서는 순수 유용한 에너지 산출이 필수적이다. 그러나 장래에 새로운 기술이나 가격의 변화는 현재는 이윤이 없는 일부 화석연료의 채굴이 이윤이 있도록 할 수 있다. 그럴 경우 이러한 자원은 매장량으로 재분류될 것이다.

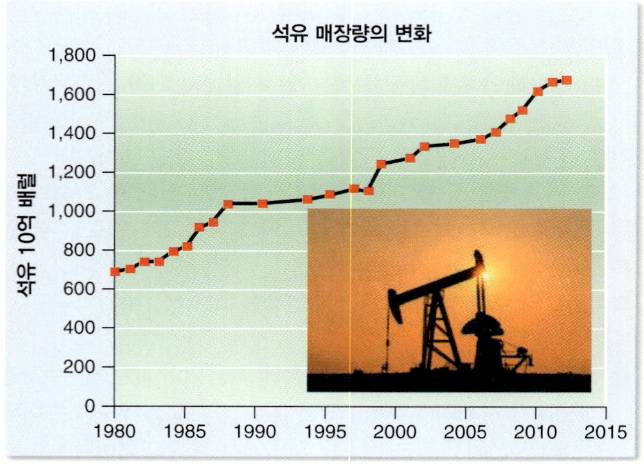

그림 8.2 확인된 석유 매장량의 변화: 그림은 1980–2012년 사이의 확인된 석유 매장량의 변화를 보여준다. 1980년대의 주요한 변화는 새로운 발견이라기보다 주로 정확한 보고에 기인한다.

출처: BP Statistical Review of World Energy, 2013년 자료.

매장량의 개념을 더 설명하고 기술과 경제가 어떻게 그 크기에 영향을 미치는지를 알기 위해 석유의 역사를 자세히 살펴보자. 1859년 펜실베이니아 주에서 북미 최초의 유정이 시추되었을 때, 이는 지구상 석유량의 추정치를 크게 확장시켰다. 갑자기 석유 매장량의 급격한 증가가 나타났다. 뒤따라서 여러 해 동안 새로운 매장층이 발견되었다. 개선된 시추기술에 의하여 깊은 석유 매장층이 발견되었으며, 근해의 시추는 해양저 아래 석유의 위치를 입증하였다. 그들이 발견되었을 때, 이러한 심부 매장층과 근해 매장층은 세계 석유 자원의 추정 규모를 증가시켰다. 그러나 이는 필연적으로 세계 석유 매장량을 증가시키지는 않았다. 시추와 펌프 방법의 진보와 석유 가격의 상승으로 궁극적으로 많은 이러한 매장층으로부터 석유를 채취하는 것이 이윤이 있게 되었다. 이러한 매장층을 채취하는 것이 경제적이 되면서 이들은 매장량으로 재분류되었다(그림 8.2).

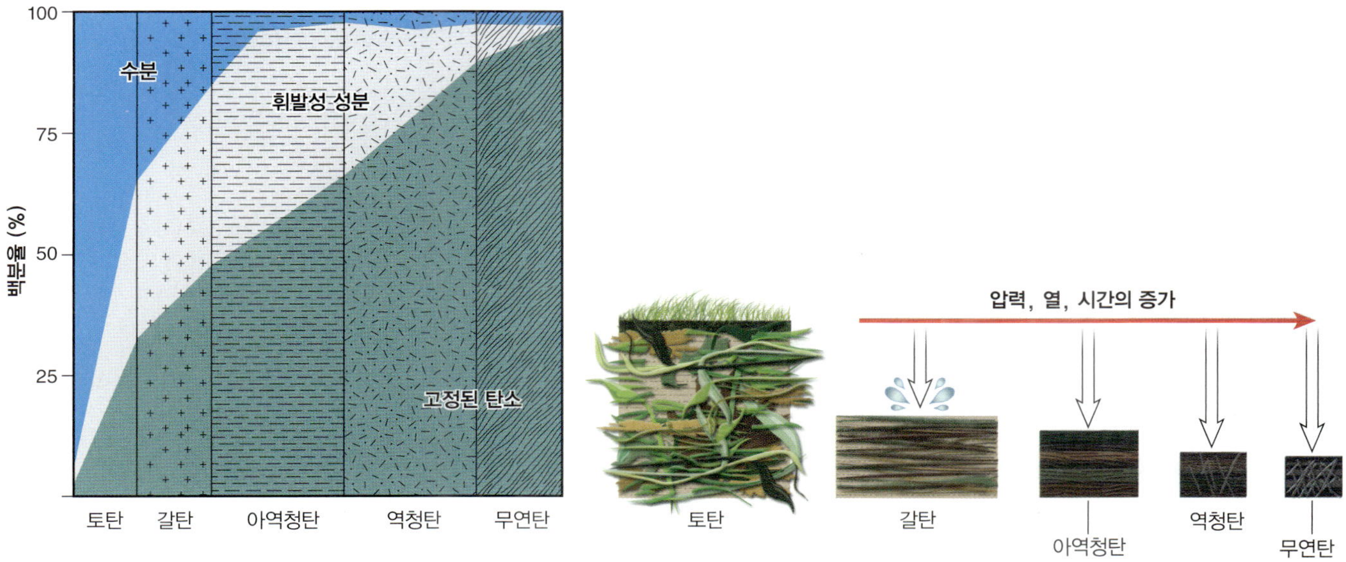

그림 8.3 다른 종류의 석탄: 석탄은 매장되고 압력과 열의 영향을 받은 식물 물질로부터 형성된다. 따라서 발생된 변화의 정도에 기초하여 몇 가지 종류의 석탄이 있다. 토탄은 아주 적게 변경되고 높은 습도를 가진 최근에 죽은 식물 물질이다. 갈탄, 아역청탄, 역청탄, 무연탄으로 진행할수록 수분이 낮고 탄소 함량이 높다.

8.3 화석연료의 형성

화석연료는 보존되고 지질학적 힘의 결과로 변형된 한때 생명체의 잔존물이다. 석탄의 형성은 석유와 천연가스의 형성에 비하여 커다란 차이가 있다.

석탄

석탄은 열과 압력을 받은 식물 물질로부터 형성되었다. 담수 늪은 3억 년 전 지구의 많은 부분을 덮었다. 이러한 늪의 조건은 식물의 성장이 매우 빨라서 많은 식물 물질이 축적되었다. 이러한 식물 물질이 물 아래에 축적되었기 때문에 분해는 저해되고 유기물의 해면질 덩어리가 형성되었다. 이러한 고대 식물의 화학적 성질과 그 당시 분해 생물 종류의 부족 또한 식물 물질의 축적에 기여하였다. 오늘날 우리는 습지에서 형성되는 토탄(peat)이라고 하는 식물 물질의 퇴적층을 볼 수 있다.

지구의 지질학적 변화로 인하여 유기 퇴적층의 일부는 바다에 잠겼다. 습지에 축적되었던 식물 물질은 퇴적물에 의하여 덮였다. 퇴적층 위의 퇴적물 무게는 퇴적층을 압축하고 지구로부터 열은 물과 기타 휘발성 화합물의 증발을 일으켰다. 이렇게 원래 식물 물질은 석탄으로 변환되었다. 유기물이 지질학적 과정에 지배된 시간에 따라 몇 가지 다른 등급의 석탄이 생성된다(그림 8.3). 그림 8.4는 세계 석탄 매장층의 분포를 보여준다.

석유와 천연가스

석유와 천연가스는 석탄과 마찬가지로 과거의 산물이다. 이들은 현미경적 해양생물로부터 기원하였다. 이러한 생물이 죽어서 해저에 축적되고 퇴적물에 의하여 파묻히고, 분해물은 석유 방울을 방출하였다. 진흙 퇴적물은 서서히 혈암이라는 분산된 석유 방울을 포함한 암석을 형성하였다. 혈암은 흔하고 많은 석유를 포함하고 있지만, 혈암에서 추출하

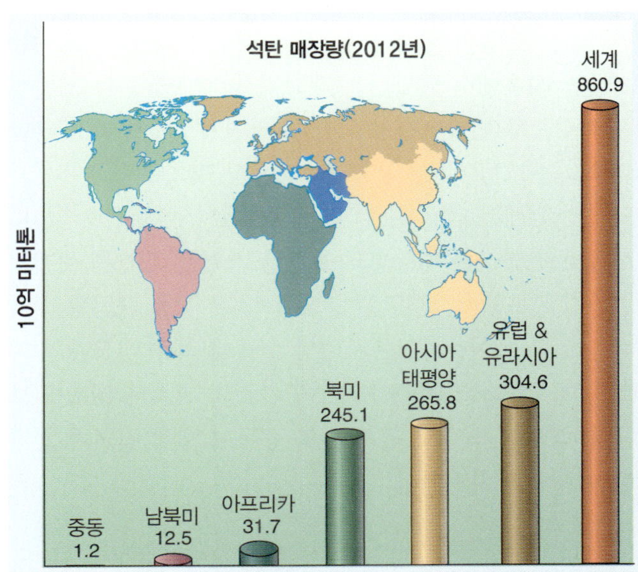

그림 8.4 회수할 수 있는 세계 석탄 매장량(2012년): 세계 석탄 매장층의 대부분은 북미, 유럽, 유라시아, 아시아/태평양 지역에 존재한다.
출처: BP Statistical Review of World Energy, 2013년 자료.

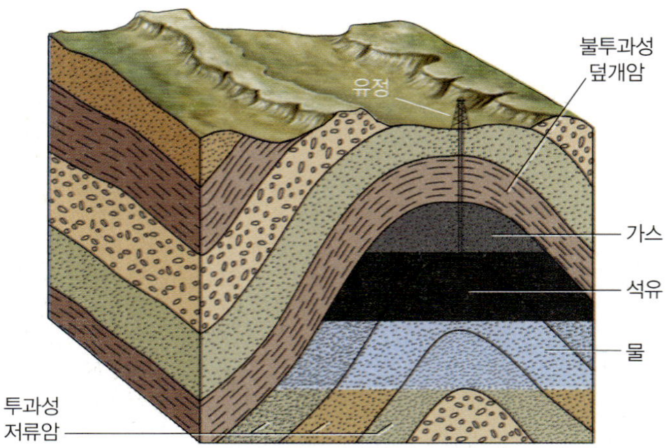

그림 8.5 원유와 천연가스 광상: 석유와 천연가스는 퇴적암 층의 습곡이나 운동이 물과 기체의 압력이 석유와 가스를 혈암으로부터 불투과성 암석으로 씌워진 공극성 사암으로 밀어 내는 조건을 생성하는 특정한 지질학적 조건에서 발견된다.

는 것은 석유가 농축되어 있지 않기 때문에 어렵다. 그러나 석유를 포함하는 혈암 위에 다공성 사암층이 형성되고 그 위에 불투과성 암석층이 형성되는 경우 석유의 농축이 종종 형성된다. 보통 포획된 석유는 액체 집단으로 존재하지 않고 사암 공극 내에 석유의 농축으로 존재하는데, 여기에서 석유는 물과 기체 압력이 혈암에서 밀어내기 때문에 축적된다(그림 8.5). 이러한 석유의 축적은 암석층이 지질학적 힘에 의하여 습곡 될 때 더 잘 발생한다.

천연가스는 석유와 마찬가지로 화석 잔해로부터 형성된다. 지구 내부에서 발생하는 열이 충분한 온도에 도달하며, 천연가스는 석유와 함께 또는 석유 대신에 형성된다. 이는 유기물이 석유에서 나타나는 것보다 더 가볍고, 더 휘발성인 탄화수소로 변형되면서 생긴다. 천연가스에서 가장 흔한 탄화수소는 메탄(CH_4)이다. 물, 액체상 탄화수소, 기타 기체도 가스정에서 펌프 될 때 천연가스에서 존재할 수 있다.

석유와 천연가스 매장층의 형성을 가져온 조건은 세계에 균질하게 분포되어 있지 않다. 그림 8.6은 석유 매장량의 지리적 분포를 보여준다. 중동 지역이 세계 석유 매장량의 약 50%를 차지한다. 그림 8.7은 천연가스의 지리적 분포를 보여준다. 유라시아(주로 러시아)와 중동이 세계 천연가스 매장량의 70%를 차지한다.

8.4 화석연료의 사용과 관련된 문제

석탄, 석유, 천연가스의 3가지 재생불가능 화석연료 자원은

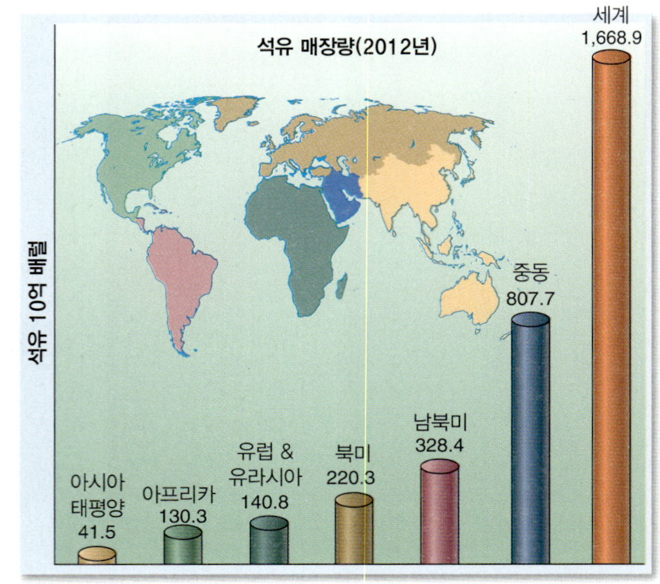

그림 8.6 세계 석유 매장량(2012년): 세계 석유 공급은 동일하게 분포되어 있지 않다. 중동이 세계 석유 매장량의 약 50%를 조절한다.
출처: BP Statistical Review of World Energy, 2013년 자료.

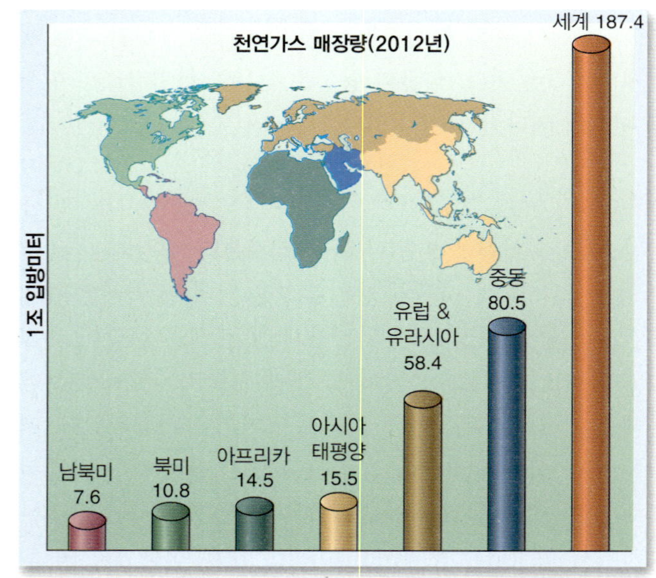

그림 8.7 세계 천연가스 매장량(2012년): 천연가스 매장량은 석유와 석탄과 마찬가지로 세계의 특정한 지역에 집중되어 있다. 중동과 유럽, 유라시아가 세계 천연가스 매장량의 70% 이상을 보유하고 있다.
출처: BP Statistical Review of World Energy, 2013년 자료.

세계적으로 소비되는 에너지의 80% 이상을 공급한다. 각각의 연료는 장단점이 있으며 생산과 사용에 특별한 기술을 필요로 한다.

석탄의 사용

석탄은 세계에서 가장 풍부한 화석연료이지만, 세계에서 사용되는 에너지의 30% 미만을 공급한다. 석탄의 질은 변화하며 일반적으로 토탄, 아역청탄, 역청탄, 무연탄의 4가지 범주로 구분된다. 토탄(갈탄)은 높은 수분함량을 보이며, 성질이 무르며 가장 바람직하지 않은 형태이다. 토탄은 낮은 에너지 함량을 가지고 있으며 장거리 수송하는 것은 비경제적이다. 따라서 대부분의 토탄은 석탄광산 인근에 건설된 발전소에서 연소된다. 사용되는 토탄의 60% 이상은 유럽에서 온다.

아역청탄은 토탄에 비하여 낮은 수분 함량과 높은 탄소 함량(46−60%)을 가지며 일반적으로 발전소 연료로 사용된다. 역청탄은 낮은 수분 함량과 높은 탄소 함량(60−86%)을 보인다. 역청탄은 주로 발전소에 사용되지만 시멘트 생산과 제철과 같은 다른 산업적 적용에도 사용된다.

추출 방법

석탄은 퇴적층 아래에 식물 물질이 매몰된 결과로 형성되기 때문에 채굴되어야만 한다. 석탄을 채굴하는 2가지 방법은 표면채굴과 지하채굴이다(그림 8.8). **표면채굴(Surface mining**; 노천채굴)은 아래에 있는 석탄을 얻기 위하여 석탄 광맥 위에 위치한 물질인 **표토(overburden)**를 제거해야 한다. 석탄은 표토 두께가 100 m 미만일 때 일반적으로 표면채굴을 한다. 이러한 종류의 채광 작업은 광맥의 대부분의 석탄을 제거하고 0.5 m까지의 얇은 석탄층에 대해서도 이윤이 있도록 사용될 수 있기 때문에 효율적이다. 이러한 이유로 표면채굴은 석탄 매장량의 가장 최선의 이용을 가져다준다. 표면채굴 방법의 진보와 더 나은 장비의 개발은 미국에서 표면채굴 활동을 1970년의 30%에서 현재는 70% 이상으로 증가시켰다.

표토가 두꺼울 경우에는 표면채굴이 너무 고비용이 되기 때문에, 석탄은 **지하채굴(underground mining)**로 추출된다. 깊이 매장된 석탄층은 2가지 방법으로 도달할 수 있다. 석탄이 두꺼운 표토 아래에 매장된 평평한 국가에서 석탄은 수직갱에 의하여 도달된다. 석탄층이 종종 언덕의 사면을 따라 표층에 노출되는 구릉 지역에서는 연층갱도(drift-mine opening)에 의하여 도달된다.

그림 8.8 석탄 채굴 방법: 표면채굴(노천채굴)은 아래에 있는 석탄층에 도달하기 위하여 위의 토양과 암석을 제거하기 위하여 거대한 장비를 사용한다. 지하채굴은 수직으로 내려가는 갱도, 또는 석탄 광맥이 언덕 사면에서 표면으로 노출되면 연층갱도 채굴도 가능하다.

건강과 안전 문제

건강과 안전은 세계에서 가장 위험한 직업의 하나인 석탄 채굴과 관련된 중요한 우려이다. 미국에서 2000−2010년의 10년 동안 석탄 채굴을 포함한 모든 채굴 활동에서 매년 60명 이상의 사망자와 12,000명의 부상자가 발생하였다. 이는 특히 지하채굴에서 그렇다. 메탄가스 폭발과 사고는 매년 많은 광부를 사망하게 한다. 많은 광부가 폐에 미세한 탄진 입자가 축적되어 초래되는 **진폐증(black lung disease)**으로 고통 받는다. (25년 이상 광산에서 일한 광부의 8% 이상이 진폐증 양성으로 판정되었다.) 석탄 입자는 폐와 혈액 사이의 기체 교환을 저해한다. 진폐증과 관련된 의료비용과 사망 연금은 석탄 채굴의 간접비용이다. 이러한 의료비용은 부분적으로 연방정부에 의하여 지불되기 때문에, 전체 의료비용은 석탄 가격에 반영되지 않지만 납세자에 의하여 연방세금 형태와 높은 의료보험 비용으로 지불된다.

수송 문제

석탄은 부피가 크기 때문에 운송은 문제를 나타낸다. 일반적으로 석탄은 생산되는 곳 부근에서 사용되는 것이 가장 경제적이다. 철로 운반이 광산에서 석탄을 수송하는 가장 경제적인 방법이다. 철로 운반비용은 선로의 건설과 유지

비용과 함께 기다란 철도차량을 이동하는데 소요되는 에너지 비용을 포함한다. 일부 지역에서는 석탄이 열차에서 선박으로 옮겨진다.

환경문제

에너지원으로서 석탄의 채굴, 수송, 사용은 몇 가지 심각한 환경문제를 나타낸다.

1. **경관의 교란**(***Landscape disturbance***). 표면채굴(노천채굴)은 석탄에 접근하기 위하여 표토가 이동되면서 경관을 교란한다. 가장 논란이 많은 표면채굴 방법은 **산꼭대기 제거(mountaintop removal)**이다. 이 방법에서 석탄층에 도달하기 위하여 산꼭대기가 제거되며, 쓸모없는 토양과 암석은 인접한 계곡으로 밀어 넣는다. 이는 경관의 교란에 추가하여 다른 문제를 발생한다. 예를 들면 계곡은 배수하는 개울을 가지고 있으며, 계곡으로 밀어 넣어진 토양과 암석은 물을 오염시킨다.

채굴 작업이 완료된 이후에 지역을 회복하여 경관의 교란 영향을 최소화하는 것이 가능하다(그림 8.9). 그러나 회복은 토지를 원래 수준의 생산성으로 거의 되돌리지 못한다. 회복 비용은 석탄 가격에 포함되기 때문에, 채광회사는 종종 가능하면 최소화하려고 한다. 지하채굴 방법은 표면채굴에 비하여 표면 환경을 교란하지 않지만, 광산이 붕괴되면 지반침하가 일어난다(그림 8.10). 추가적으로 석탄으로부터 제거되고 분리되어야 하는 부스러기가 광산 입구 주변에 커다란 폐기물 더미를 생성한다.

석탄은 운송되기 전에 세척 처리되어야 한다. 이는 석탄 슬러리라고 하는 액상 폐기물질을 초래한다. 이는 석탄과 기타 입자 그리고 물의 혼합물이다. 일반적으로 이 액체 폐기물은 댐 뒤의 개방 연못의 처리 장소에 저장된다. 이러한 연못으로부터 누출은 지역 개울을 오염시키며, 댐의 붕괴는 홍수를 유발한다.

2. **산성 광산폐수**(***Acid mine drainage***). 석탄은 식물 잔해에서 형성된 화석연료이기 때문에, 원래 식물의 단백질에 존재하였던 황을 포함한다. 황은 **산성 광산폐수(acid mine drainage)**와 대기오염에 연관된다(그림 8.11). 산성 광산폐수는 산소, 물, 특정한 세균의 연합된 작용에 의하여 석탄의 황이 황산을 형성하도록 할 때 발생한다. 황산은 석탄이 채굴되기 전에도 석탄 광맥에서 스며 나올 수 있다. 그러나 이 문제는 석탄이 채굴되고 표토가 교란되어 비가 황산을 개울로 씻어내도록 할 때 악화된다. 개울은 너무 산성이 되어 특정한 종의 세균과 조류만 생존할 수 있다. 오늘날 많은 국가는 광산으로부터 유출수의 양을 규제하지만, 이러한 규제가 시행되기 전에 폐광된 지하광산과 표층광산은 계속하여 강과 개울을 오염시킨다.

3. **대기오염**(***Air pollution***). 석탄의 채굴과 수송에 의하여 먼지가 발생한다. 선적과 하역 장소에서 대기 중으로 방출되는 대량의 석탄먼지는 지역적 대기오염 문제를 유발할 수 있다. 석탄을 수송하기 위하여 선박이나 철도차량이 사용되면, 다른 종류의 물품을 운송하기 전에 세척

(a) 복원되지 않은 노천채굴 **(b) 복원된 노천채굴**

그림 8.9 표층광산 복원: (a) 이 사진은 토지를 회복하기 위한 노력을 전혀 하지 않은 표층 채굴된 넓은 지역을 보여준다. (b)는 대조적으로 효과적인 표면채굴 회복의 예이다. 이 부지는 야생동물 서식지를 제공하기 위하여 경사를 주고 재식생을 하였다.

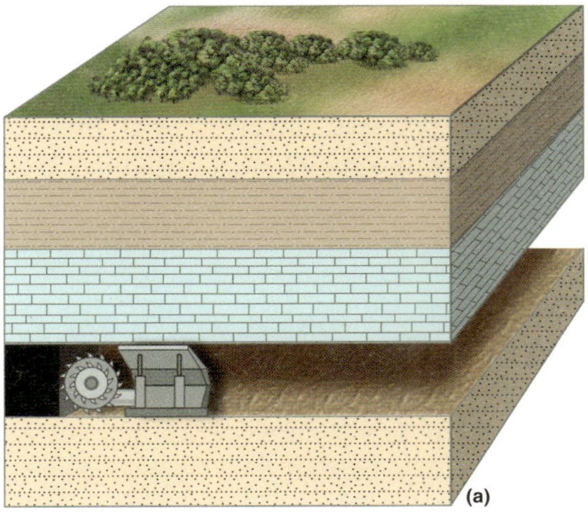

(a)

(b)

그림 8.10 지반침하: (a) 석탄이 제거되면 공간이 남는다. 일반적으로 지하 광산은 붕괴되어 위의 토양이 침하되도록 한다. (b) 사진의 구멍과 함몰은 지반침하의 결과이다.

비용이 소요된다.

석탄 연소 시 오는 대기오염은 대기 중으로 수백만 미터톤의 물질을 방출하며 환경에 수백만 달러의 피해를 일으키는 원인이 된다. 전기를 생산하기 위하여 석탄을 연소하는 것이 이러한 종류의 공해의 주된 원인이다.

산성강하(*Acid deposition*)도 석탄 연소와 연관된 문제의 하나이다. 산성강하는 석탄이 연소되고 황산화물이 대기 중으로 방출되어, 산 형성 입자가 축적되도록 할 때 발생한다. 매년 세계적으로 1억5천만 미터톤의 이산화황이 대기 중으로 방출되며, 대부분 석탄화력 발전소에서 기원한다. 이러한 문제는 14장 대기질 문제에서 자세히 토의한다.

수은(*Mercury*)은 석탄에 존재하기 때문에 석탄을 연소할 때 공기 중으로 방출된다. 수은은 동물 신체에 축적되며 어류와 같은 포식자의 신체에 높은 농도로 존재할 수 있기 때문에 문제이다. 따라서 연방정부와 주정부는 소비하기에 안전한 어류의 양과 종류에 대한 권고를 발령하였다. 수은 오염에 대한 추가적인 정보는 14장을 참조하시오.

이산화탄소와 기후변화(*Carbon dioxide and climate change*)는 석탄의 연소와 연관된 다른 문제이다. 대기 중 증가하는 이산화탄소의 양은 지구온난화와 그 결과 나타나는 기후변화의 원인이다. 석탄의 연소는 다른 화석연료에 비하여 획득되는 에너지 당 더 많은 이산화탄소를 방출하기 때문에, 많은 산업이 다른 에너지원으로 전환하였다.

그림 8.11 산성 광산폐수: 강의 붉은 색은 산성 광산폐수의 일반적인 특징이다.

석유의 사용

세계적으로 소비되는 에너지의 약 33%가 석유에서 온다. 석유는 에너지원으로서 석탄에 비하여 우수한 몇 가지 특징을 가지고 있다. 석유의 추출은 석탄채굴에 비하여 환경 피해를 적게 초래한다. 석유는 석탄에 비하여 농축된 에너지원이며, 연소 시 오염이 적고, 관을 통하여 쉽게 이동될 수 있다. 미국에서 사용되는 석유의 거의 절반은 자동차의 휘발유이다.

추출 방법

오늘날 지질학자들은 석유를 포함하는 지하 구조를 찾기 위하여 일련의 시험방법을 사용한다. 가능한 지역이 확인되

집중 탐구

석유와 천연가스의 비재래적 공급원

접근하기 용이한 재래적 석유원이 찾기 어려워지고 석유 가격이 상승하면서, 비재래적 석유원의 개발이 경제적이 되었다. 이러한 비재래적 공급원은 높은 점성을 가지는 탄화수소와의 혼합물로 존재하거나 석유의 이동을 허용하는 통로가 적은 기반암으로 인하여 쉽게 흐르지 않기 때문에 개발하기 어렵다. 이러한 비재래적 공급원에는 타르 샌드(유사), 석유 혈암, 타이트 오일 등이 있다.

유사(**Tar sands**; *oil sands*)는 점토, 모래, 물, 그리고 역청(bitumen)이라고 하는 진한 석유의 조합이다. 역청은 너무 걸쭉해서 지상으로 펌프될 수 없고 노천굴이나 노천광으로 채굴되어야만 한다. 역청과 모래의 혼합물은 역청을 추출하기 위하여 처리되어야 하며, 역청은 송유관을 통하여 흐르는 석유를 생산하도록 변경되어야만 한다. 이 과정의 모든 단계는 에너지를 필요로 한다. 에너지에 대한 순 회수는 약 5대 1이다. 다른 말로 하면 공정에 투입된 에너지 1단위에 대하여 5단위를 얻는다는 것이다. 유사는 세계 많은 장소에서 발견되지만, 유일한 주된 상업적 생산은 캐나다 앨버타 주에서만 이루어진다.

앨버타 주의 유사로부터 석유의 생산은 캐나다 송유관 회사가 앨버타 주로부터 몬태나 주, 캔자스 주를 거쳐 네브래스카 주 Steele City까지 석유를 운반하기 위한 Keystone XL 송유관 계획을 제안하였을 때 정치적인 문제가 되었다. 환경단체, 의원, 오바마 대통령 모두 송유관 건설여부의 결정에 관련되었다.

석유 혈암(**Oil shale**)은 석유를 추출하기 위하여 가열해야만 하는 고점성의 탄화수소 혼합물을 포함하고 있다. 일반적으로 혈암을 채굴하여 처리 장소로 수송한다. 석유 혈암으로부터 석유를 생산하는 비용은 높기 때문에, 석유 혈암 처리시설을 개발한 국가는 거의 없다.

타이트 오일(**Tight oil**: 경 타이트 오일; light tight oil)은 석유를 포함한 암석(혈암 또는 빈틈없는 사암)이 공극성이 아니기 때문에 흐를 수 없는 점성이 낮은 탄화수소의 혼합물로 구성되어 있다. 석유가 흐를 수 있도록 통로를 열기 위하여 수평 시추와 수압 파쇄가 사용된다. (이 장 앞의 **수압파쇄** 참조). 노스다코타 주와 몬태나 주의 타이트 오일 생산은 미국에서 원유의 주요한 공급원이 되었다.

면, 석유가 실제로 존재하는지 측정하기 위하여 유정을 시추한다. 도달하기 용이한 많은 유전은 이미 개발되었기 때문에, 현재의 시추는 접근이 용이하지 않은 지역의 소량의 석유에 초점을 맞추며, 이는 가장 최근에 발견된 석유의 비용은 과거 대규모의 찾기 쉬운 공급원에 비하여 높다. 대지 아래에 위치한 석유 매장층은 찾기가 더 어려워졌기 때문에, 지질학자는 해양저를 포함하여 탐색 범위를 확대하였다. 근해 시추 플랫폼을 건설하는 것은 수백만 달러가 소요될 수 있다. 비용을 절감하기 위하여 하나의 플랫폼으로부터 70개까지의 유정을 시추한다(그림 8.12).

일단 석유원이 발견되면, 기술적 문제는 석유를 추출하고 표면으로 수송하는 것이다. 석유 매장층과 연관된 수압과 기체압이 충분히 높으면, 유정을 시추할 때 석유는 표면으로 밀려나온다. 자연압이 충분하지 않으면, 석유는 표면으로 펌프되어야 한다. 이러한 기술은 1차 회수방법(*primary recovery method*)으로 불리며 공급원의 지질학적 특징과 석유의 점도에 따라 5–30%를 추출할 수 있다. 대부분의 유전에서 석유를 더 많이 회수하기 위하여 2차 회수방법이 사

그림 8.12 해양 시추: 시추 플랫폼이 해양저에 안정화되면, 천연가스나 석유를 획득하기 위하여 많은 유정을 가라앉힐 수 있다.

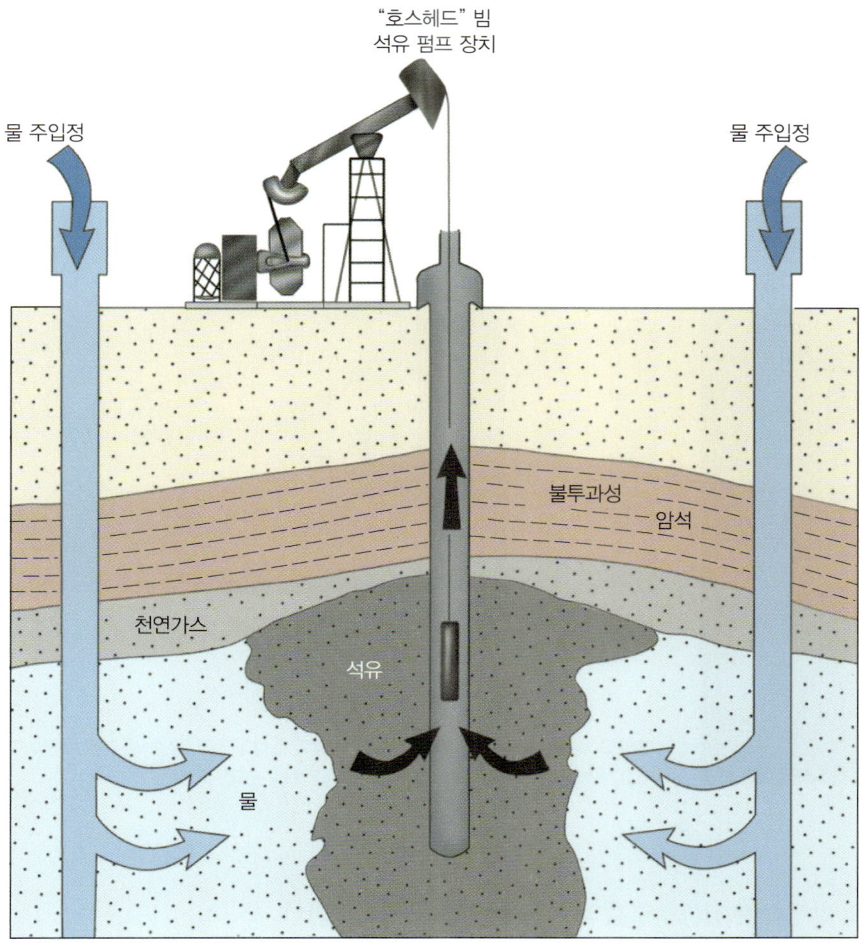

그림 8.13 2차 회수: 석유를 획득하는 일반적인 2차 회수방법은 석유를 포함하는 암석에 물을 주입하는 것이다. 이는 암석에서 석유를 밀어내서 표면으로 펌프될 수 있도록 한다.

용된다. 2차 회수방법(*secondary recovery method*)은 석유를 암석의 공극으로부터 몰아내기 위하여 물이나 기체를 유정으로 주입한다(그림 8.13). 이러한 기술은 일반적으로 석유의 40%까지 추출한다. 석유 가격이 상승하면 고비용의 공격적인 회수방법이 경제적이 된다. 3차 회수방법(*tertiary recovery method*)은 증기를 유정에 주입하여 석유의 점도를 낮추어서 더 쉽게 흐르도록 한다. 다른 방법은 기체나 화학물질을 공격적으로 유정으로 주입하는 것이다. 이러한 방법은 모두 고비용이며 석유 가격이 높고 추가적인 생산의 가능성이 높을 때에만 사용된다.

원유의 처리

모암에서 얻은 석유는 대부분의 사용에 적합한 형태가 아니다. 원유의 다양한 성분은 증류탑에서 가열에 의하여 분리되고 수집된다. 증류 이후에 제품은 열분해에 의하여 더욱 정제된다. 이 과정에서 경유와 난방유와 같은 휘발성이 약한 액체로부터 등유 휘발유와 같은 휘발성 화학물질을 높은 비율로 얻기 위하여 열, 압력, 촉매가 사용된다. 추가적으로 정제과정은 플라스틱, 섬유, 페인트, 고무와 같은 다양한 합성 화합물의 원재료로 사용되는 석유화학제품을 생산하는데 사용될 수 있다.

환경문제

시추 장소에서 토지의 교란이 있기는 하지만, 원유 유출이 석유의 생산, 수송, 사용과 연관된 주된 환경문제이다. 석유는 액체이기 때문에, 일반적으로 관을 통하여 이동된다. 이러한 관이 파열되거나 누출되면, 석유는 토양, 지하수, 지표수를 오염시킨다. 이는 시추 장소부터 석유가 사용되는 곳까지 어느 곳에서나 발생할 수 있다.

석유가 대양을 가로질러 수송되어야 할 때에는 거대한 초대형 유조선이 사용된다(그림 8.14). 초대형 유조선으로부터 해양에서의 석유유출은 뉴스 매체에 의하여 널리 보도되었다. 새로운 규제, 유조선 선체 설계의 변화, 안전에 대한 커다란 주의로 인하여 수송되는 석유의 양은 증가하였지만, 유조선 유출의 수는 지난 수십 년간 감소하였다(그림 8.15). 주요한 선박 사고는 놀랍고 대량의 석유를 방출하지만, 세계적으로 인간에 의한 석유 오염의 단지 10% 정도만이 유조선 사고에 기인한다.

해저에 유정을 굴착하기 위한 플랫폼의 사용은 막대한 원유 누출을 초래하였다. 1995년 이래 해양으로 원유와 천연가스의 방출을 초래한 해양 시추장치에 약 50건의 파손 또는 사고가 발생하였다. 가장 큰 2건은 멕시코 만에서 발생하였다. 1979년 *Ixtoc 1* 원유 유출은 약 700미터톤의 원유가 방출된 것으로 추정되었다. 2010년 *Deepwater Horizon* 원유 시추장치는 화재가 나서 침몰하였다. 결국 밀봉될 때까지 약 1만 미터톤의 원유가 방출된 것으로 추정되었다. 이는 가장 큰 원유 누출 기록이다.

원유 유출에 의하여 기인한 환경 피해는 방출된 원유의 양, 영향을 받은 면적, 기후와 기상, 기타 요인을 포함한 여

(a) 알래스카 횡단 송유관

(b) 유조선

그림 8.14 원유의 수송: (a) 송유관과 (b) 유조선이 원유 수송의 주된 수단이다. 사고가 발생하면, 원유의 유출은 토양이나 물을 오염시킨다.

러 요인과 관계된다. 석유유출은 지난 50년간 발생하여 왔으나, 그 영향은 아직 잘 이해되지 못하고 있다. 해양 표면의 원유는 호흡을 위하여 표면으로 떠올라야 하는 조류, 파충류, 포유류의 표면을 덮을 수 있다. 원유는 독성을 가지기 때문에, 원유를 섭취한 어류와 기타 해양생물은 영향을 받을 수 있다. 원유가 해안에 도달하면 연안을 따라 표면을 덮고 식생과 해양생물을 사멸시키고, 수영, 뱃놀이, 낚시, 기타

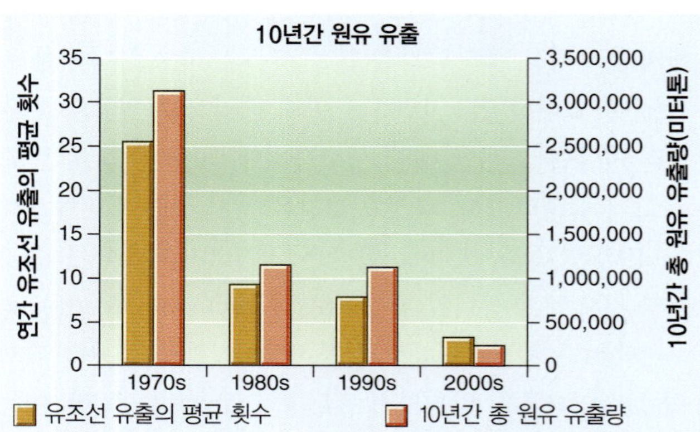

그림 8.15 유조선으로부터 원유 유출: 강력한 규제의 제정, 초대형 유조선의 설계 개선, 안전에 대한 주의는 유조선으로부터 유출을 크게 감소시켰다.

인간의 이용에 부적합하도록 한다.

대량의 원유를 해양으로 방출하는 사고는 놀라운 사건이고 지역 환경에 커다란 영향을 미칠 수 있지만, 사고에 의한 방출은 세계 해양으로의 원유 방출의 작은 부분이다. 미국 국립연구위원회(National Research Council; NRC)의 해양연구위원회(Ocean Studies Board)는 해양오염을 개관하는 보고서를 출간하였다(그림 8.16). 해양으로 유입되는 원유의 대부분은 자연적인 삼출과 기계(자동차, 트럭, 보트, 잔디 깎는 기계, 제트스키)의 윤활유와 연료의 사용으로부터 오염이다. 이러한 잔류물은 개울로 씻겨 들어가 해양으로 운반된다.

가장 접근이 쉬운 석유 시추 부지가 개발되면서, 해저나 북극과 같은 힘든 환경 조건을 가진 부지의 시초에 대한 압력이 있다. 추가적으로 시추가 금지되었던 지역의 부지도 압력을 받고 있다. "과학, 정책, 정치: 북극 국립 야생동물 보호구역"을 참고하시오.

석유 제품의 증발과 석유 연료의 불완전 연소는 대기오염을 유발한다. 이는 14장 대기질 문제에서 토의한다.

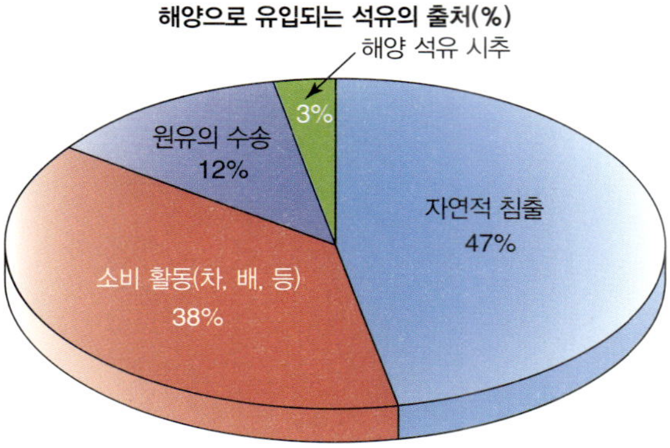

그림 8.16 해양 유류 오염원: 원유 유출은 비교적 좁은 지역에 대량의 원유를 방출할 수 있지만, 해양의 대부분의 오염은 자연적인 침출과 육지와 해운에서 석유를 사용하는 결과의 분산된 출처에서 온다.

천연가스의 사용

천연가스는 화석연료 에너지의 세 번째 주요한 공급원이며, 세계 에너지의 20% 이상을 공급한다.

추출 방법

천연가스를 획득하기 위한 시추 작업은 원유와 유사하다. 실제로 하나의 유정은 석유와 천연가스를 함께 산출할 수 있다. 석유와 마찬가지로 매장층에서 최대한 천연가스를 획득하기 위하여 공기나 물을 유정으로 펌프하는 2차 회수 방법이 사용된다. 천연가스 생산에서 수압파쇄의 역할 증가에 대해서는 이 장 서문의 "수압파쇄"를 참고하시오. 처리한 다음에 천연가스는 소비자가 사용하도록 관으로 운반된다.

수송 방법

천연가스의 수송은 세계의 일부 지역에서 아직 문제이다. 중동, 멕시코, 베네수엘라, 나이지리아에서 유정은 소비자에서 너무 멀어서 가스수송관이 실질적이지 않기 때문에, 천연가스의 대부분이 유정의 폐기물로서 소각된다. 그러나 천연가스를 수송하고 다른 제품으로 변환하는 새로운 방법이 탐색되고 있다. −162°C에서 천연가스는 액체가 되며 기체상태보다 부피가 1/600밖에 되지 않는다. 생산지에서 수요지로 **액화천연가스(liquefied natural gas)**를 수송하기 위하여 가스운반선이 설계되었다. 2012년 약 3,280억 m^2의 천연가스가 액화천연가스 형태로 국가사이에 운반되었다. 이는 세계에서 소비되는 천연가스의 약 10%이다.

액화천연가스에 대한 주된 대중의 우려는 선적과 하역시설에서의 안전이다. 새로운 항구가 제안될 때, 사고나 테러 활동으로부터 초래될 수 있는 폭발에 대한 우려가 있다. 이러한 우려로 인하여 선적 및 하역 시설은 해안으로부터 수 km 이격되어 위치한다.

환경문제

세 종류의 화석연료 중에서 천연가스가 가장 환경에 덜 파괴적이다. 천연가스정은 지역적 냄새 문제가 있을 수 있지만 눈에 거슬리는 폐기물을 발생하지 않는다. 폭발이나 화재 위험을 제외하고는, 천연가스는 수송 도중에 환경에 전혀 피해를 미치지 않는다. 천연가스의 연소 산물은 이산화탄소와 물이다. 천연가스의 연소는 온실기체인 이산화탄소를 생산하지만, 석탄이나 석유에 비하여 적게 생성한다. 기후변화에 미치는 이산화탄소의 역할은 15장 기후변화: 21세기 문제에서 논의한다.

천연가스는 주로 열에너지로 사용되지만, 석유화학제품이나 비료와 같은 다른 목적에도 사용된다. 메탄은 대기 중 질소와 결합하여 암모니아를 형성하는 수소 원자를 포함하며, 암모니아는 비료로 사용될 수 있다.

8.5 원자력

원자력은 화석연료에서 기원하지 않지만, 채광에 의하여 획득되는 우라늄에 의하여 연료를 얻는다. 화석연료와 마찬가지로 우라늄도 재생불가능하다. 세계적으로 원자력의 에너지는 석탄, 석유, 천연가스, 수력 다음으로 다섯 번째로 중요한 에너지 공급원이다.

원자력의 성장에 영향을 미치는 힘

상호작용하는 여러 힘이 원자력의 발달에 영향을 미쳤다. 그중 중요한 것은 정치적 과정에 의하여 정부 정책에 변형된 환경과 경제 문제이다. 발전소 해체 계획, 발전소의 수명 연장, 새로운 발전소의 건설은 시민 의견의 관점에서 국가 정부에 의한 정치적 결정이다. 세계의 많은 부분에서, 강한 반핵 정서가 있다. 사람들이 반핵 태도를 견지하는 데에는 많은 이유가 있다. 일부는 세계 평화에 대한 위협으로 보기 때문에 핵은 모든 것을 반대한다. 다른 사람들은 잠재적 핵 오염과 폐기물 처분 문제의 환경문제에 대하여 우려한다.

기후변화의 위협에 대한 수용은 원자력에 대한 주요한 영향을 미친다. 핵발전소는 이산화탄소를 생산하지 않기 때문에, 일부 환경조직을 포함한 많은 사람은 원자력의 가치를 재평가하였으며 에너지 방정식의 지속적인 부분으로 본다.

다른 강한 사회적 힘은 경제이다. 석유와 천연가스의 가격이 상승하면서 이러한 공급원으로부터 전기 생산비용이 상승하였다. 이는 원자력이 더 매력적이 되도록 하였다. 화석연료 매장량이 거의 없는 개발도상국은 원자력발전소를 건설할 가능성이 높다.

민주주의 정부는 시민들의 투표에 기초하여 정책을 결정한다. 많은 정부는 이러한 힘에 반응하여 비원자력 국가로 선언하였다. 예를 들면 호주, 뉴질랜드, 덴마크, 아일랜드, 포르투갈, 룩셈부르크, 그리스, 오스트리아는 원자력을 에너지 선택으로 추구하지 않겠다고 선언하였다. 다른 국가들은 전기 공급원으로서 원자력을 단계적으로 배제한다고 선언하였다. 그럼에도 이러한 정책은 경제적이고 환경적 현실이 정책에 직면하면 변화될 수 있다.

표 8.2 원자로 통계(2013년 10월)

지역	운영 가능한 원자로	건설 중인 원자로	계획된 원자로
세계	432	70	173
미국	100	3	9
프랑스	58	1	1
일본	50	3	9
러시아	33	10	28
한국	23	5	6
인도	20	7	18
캐나다	19	0	2
중국	17	30	59
영국	16	0	4
우크라이나	15	0	2
스웨덴	10	0	0
독일	9	0	0
나머지 국가	62	11	35

출처: Data from World Nuclear Association.

원자력의 현재 상태

2013년 10월 기준으로 432기의 원자로가 운영 중이다. 원자력발전소는 세계에서 생산되는 전기 에너지의 약 11%에 해당한다. 또한 13개 국가에서 70기의 원자력발전소가 건설 중에 있다. 추가적으로 173기가 계획단계에 있다. 대부분은 중국, 인도, 일본, 한국이며, 10년 내에 89기가 새로 추가될 계획이다. 러시아는 28기를 추가로 계획하고 있으며, 미국도 9기에 대하여 승인요청을 하였다(표 8.2). 미국은 세계의 23% 정도인 100개의 원자력발전소가 운영되고 있다.

과학, 정치, 정책

북극 국립 야생동물 보호구역

북극 국립 야생동물 보호구역(Arctic National Wildlife Refuge; ANWR)은 석유의 수요를 둘러싼 지속되는 투쟁의 중심이었다. 1960년 360만 ha가 북극 국립 야생동물 구역으로 지정되었다. 1980년 알래스카 국가 이해 토지 보호법의 통과에 의하여 8백만 ha로 확장되었으며, 35만 ha는 사람이 거주하지 않는 땅으로 지정하였다. 그 법안은 이 지역을 북극 국립 야생동물 보호구역(ANWR)으로 개명하였다. 법안의 핵심 조항은 ANWR을 격렬한 정치적인 위치가 되도록 하였다. 법령은 보호구역의 연안 평지에서 석유 시추나 기타 개발활동이 일어나기 전에 미국 하원으로부터 구체적인 허가를 요구하였다. (지도의 1002 지역 참조).

이 지역의 중요성에 대한 과학적 정보는 최소한 2가지 상이한 견지에서 온다. 야생동물 생물학자는 연안 평원에 야생동물의 밀도가 매우 높으며 Porcupine caribou(북미산 순록의 일종)

북극 국립 야생동물 보호구역(ANWR)에서 이동 중인 순록

무리의 주요한 출산지로 판단하였다. Porcupine caribou 무리의 이동에 대한 연구는 출산기에 ANWR의 남부지역과 인접한 Yukon 지방에서 연안 평원으로 이동한다고 보여주었다. 일반적으로 50~70%의 순록 새끼가 매년 연안 평원에서 출생한다. 연안 평원은 포식자(회색곰, 늑대, 독수리)가 적고, 임신하고 양육하는 순록에게 필요한 풍부한 식량을 제공하기 때문에 중요하다.

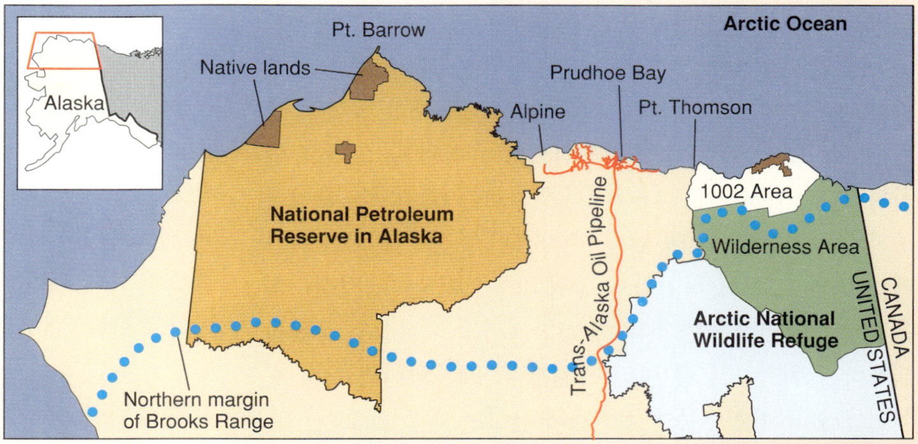

출처: Data from USGS Fact Sheet 0028–01: online report.

미국 지질조사국(U.S. Geological Survey)의 석유 지질학자의 연구는 연안 평원과 북극해의 인접한 수역에서 100억 배럴 정도의 회수 가능한 석유가 있다고 추산하였다. 미국 기타 지역의 추정량은 1,200억 배럴이다. 이러한 추정치를 확인된 매장량이라고 하는 알려진 석유 매장층으로부터 구분하는 것은 중요하다. 미국의 총 확인 매장량은 약 280억 배럴이다.

그곳에는 국제적 관계도 있다. 보호구역은 캐나다의 북부 Yukon 국립공원과 접하고 있다. 많은 동물, 특히 북미 순록 집단의 구성원은 정기적 연간 이동으로 경계를 건너 이동한다. 미국은 조약에 의하여 이러한 이동 경로를 보호하는 의무가 있다.

따라서 ANWR의 지위는 경쟁하는 이해세력 사이의 투쟁의 중심에 있다. 주요한 경기자는 이 지역을 야생으로 보전하고자 하는 환경론자; 석유 생산의 배당금으로 주 활동의 대부분의 자금을 지원하는 알래스카 주; 석유 재원으로부터 배당금을 지급받는 알래스카 주민; 보호구역에 시추를 원하는 석유회사; 보호구역의 지위에 대한 어떠한 변화에도 투표해야 하는 의원; 보호구역에 관련된 어떠한 입법에서 서명하거나 거부권을 행사해야 하는 대통령이다.

- 환경론자는 전체 보호구역을 야생으로 지정하는 것을 지지하며, 석유 수요를 감소시킬 수 있는 에너지 보존의 개선 때까지 보호구역의 어느 곳도 개발되어서는 안 된다고 주장한다. 그들은 보호구역의 시추는 이주하는 수백만 마리의 조류, 순록, 북극곰의 서식처에 해를 끼칠 것이라고 주장한다.
- 알래스카 주는 세입의 약 80%를 석유에 의존하며 판매세나 소득세가 전혀 없다. 더 나아가 모든 알래스카 주민은 석유회사로부터 조성된 주 자금으로부터 매년 배당 수표를 받는다. 그렇지만 일부 알래스카 주민은 시추를 지지하고, 나머지는 반대한다. 알래스카 북부 연안에 거주하는 이누피아트(Inupiat) 에스키모는 ANWR에서 시추하는 것을 대부분 지지한다. Inupiat족은 석유 재정과 석유회사로부터의 토지임대료가 그들의 생활수준을 향상시킬 것으로 믿는다. 지역의 다른 미국 원주민 부족인 그위친(Gwich'in)족은 보호구역의 남부 가장자리에 거주하는데, 시추를 반대한다. 그들은 시추가 매년 가을 지역을 통과하는 순록의 이주에 영향을 미치며 가족의 식량을 준비하는 능력에 영향을 미친다고 주장한다.
- 석유회사는 되풀이하여 석유 매장량이 개발되어야 하며 석유는 야생동물이나 망가지기 쉬운 북극 생태계에 위협을 끼치지 않고 회수될 수 있다고 주장한다.
- 하원의원은 이 문제에 대하여 분할되어 있다. 최근에 이는 정당 차원의 문제가 되었는데, 대부분의 공화당원은 시추를 지지하고 대부분의 민주당원은 반대한다. 알래스카 주의 연방 의원은 시추를 지지한다. 시추를 지지하는 주장의 하나는 외국 석유에 대한 의존도를 감소하려는 욕구이다. 매년 ANWR의 시추를 허용하는 법안이 하원에 상정된다.
- 미국 대통령 또한 중요한 역할을 한다. 2002년 부시(George W. Bush) 대통령은 시추의 지지를 다시 확약하였다. 그러나 그가 서명할 수 있는 시추를 허용하는 법안이 하원을 통과하지 않았다. 오바마(Obama) 대통령은 시추 반대를 표명하였다. 법안이 하원을 통과하면 오바마 대통령은 서명할지 거부할지를 결정해야 한다.

환경론자, 알래스카 주민, 에너지 산업, 정치인 등의 경쟁하는 관심은 ANWR을 주요 표제에서 계속 유지할 것이다.

그림 8.17은 북미에서 원자력발전소의 위치를 보여준다. 추가적인 원자력발전소를 건설하는 것에 추가하여, 많은 원자력발전소가 원래 설계수명보다 기간을 연장하여 운영하도록 허가받았다. 대부분 현재의 원자력발전소는 원래 40년까지의 설계수명을 가졌지만, 많은 발전소에 대한 공학적 평가는 훨씬 오래 안전하고 경제적으로 운영될 수 있다고 인정하였다. 미국과 다른 나라에서 원자로는 60년까지 운영하도록 수명연장을 허가받았다. 추가적인 발전소가 40년 허가에 달하면, 그들도 허가가 연장될 가능성이 높다. 발전소의 운영수명을 연장하는 것은 해체가 지연되고 손실된 용량을 대체하기 위한 새로운 발전소(원자력 또는 화석연료)의 건설이 불필요하기 때문에 전력을 생산하는 비용을 감소한다.

8.6 원자력 에너지의 본질

원자력 에너지가 어디에서 오는지를 이해하기 위해서는, 원자 구조를 알아야 한다. 모든 원자는 양전하를 띠는 양성자(proton)와 전하가 없는 중성자(neutron)를 포함하는 핵(nucleus)이라고 하는 중심부로 구성되어 있다. 핵 주위에 작고 음전하를 띠는 전자(electron)가 회전한다. 같은 전하는 서로 반발하기 때문에 핵에 양전하를 띠는 양성자를 붙잡기 위하여 어떤 힘이 필요하다. 이를 **핵력**(*nuclear force*)이라고 한다. 대부분의 원자에서 핵 내부에 다양한 힘이 균형을 이루고 있으며 따라서 핵은 안정된다. 그러나 일부 원자의 동위원소는 **방사능(radioactive)**을 띠며, 이는 원자의 핵이 불안정하고 자발적으로 붕괴된다. 중성자, 전자, 양성

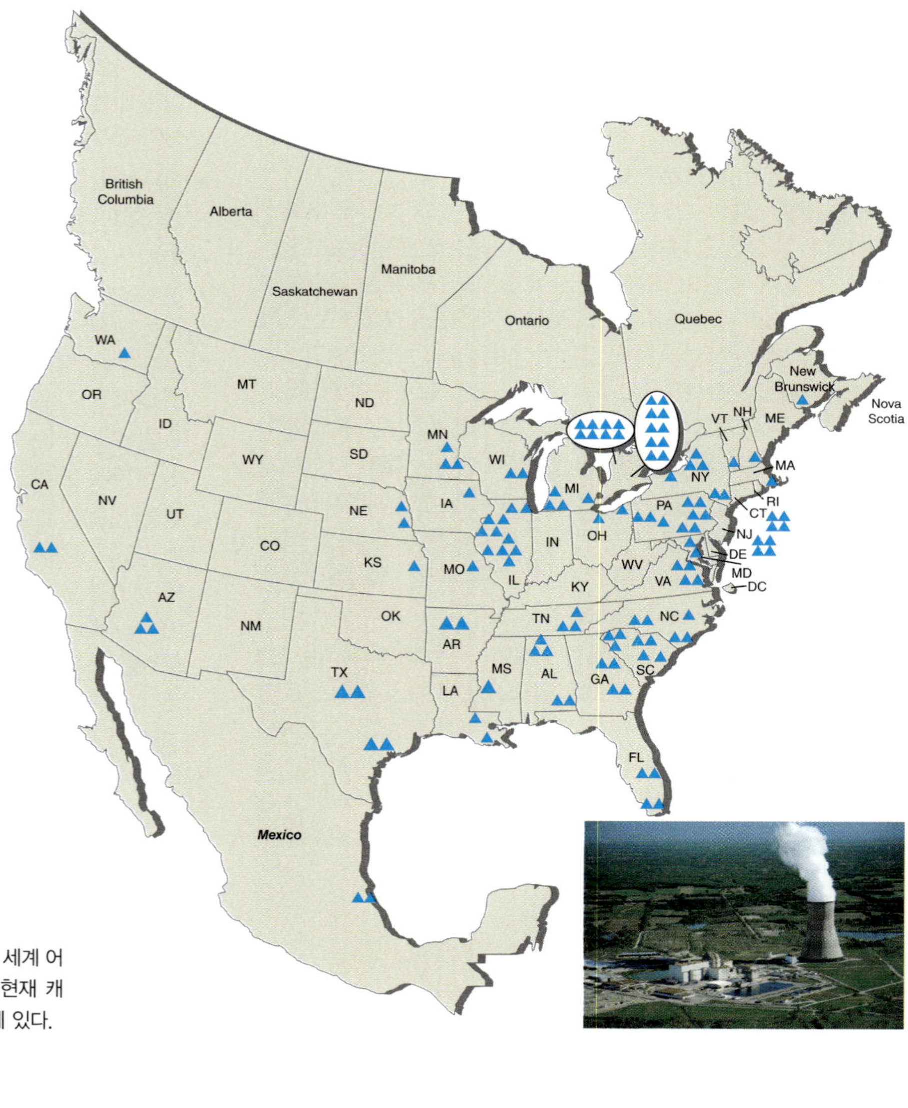

그림 8.17 북미의 원자력발전소 분포: 미국은 100개로 세계 어느 국가보다 많은 수의 원자력발전소를 가지고 있다. 현재 캐나다는 19개, 멕시코는 2개의 원자력발전소가 운영 중에 있다.

표 8.3 일부 방사성 동위원소의 반감기와 중요성

방사성 동위원소	반감기	중요성
우라늄-235	7억년	원자력발전소 연료
플루토늄-239	24,110년	원자력 무기 일부 원자력발전소 연료
탄소-14	5,730년	특정한 화석의 연령 측정
아메리슘-241	432.2년	연기 탐지기에 사용
세슘-137	30.17년	전립선 암 치료 산업에서 물체의 두께 측정에 사용
스트론튬-90	29.1년	우주선의 동력원 골종암의 치료
코발트-60	5.27년	방사선에 의한 식품의 멸균 암 치료 용접 접합선의 검사
이리듐-192	73.82일	용접 접합선의 검사 특정한 암의 치료
인-32	14.3일	생물학 연구의 방사성 추적자
요오드-131	8.06일	갑상선 암의 진단과 치료
라돈-222	3.8일	폐암을 유발하는 일부 지역의 대기에서 자연적으로 나타남.
라돈-220	54.5초	일부 지역에서 자연적으로 발생하며 폐암을 유발한다.

자, 다른 큰 입자가 핵붕괴 과정에서 방출되며, 함께 막대한 에너지도 방출된다. 특정한 동위원소에서 붕괴속도는 일정하다. 이는 **방사성 반감기(radioactive half-life)**로 측정되고 표현되는데, 이는 방사성 물질의 절반이 자발적으로 붕괴되는데 소요되는 시간이다. 표 8.3에 몇 방사성 동위원소의 반감기를 열거하였다.

핵붕괴는 핵에서 **방사선(radiation)**의 형태로 에너지를 방출하는데, 여기에는 3가지 주요한 유형이 있다.

알파선(Alpha radiation)은 2개의 중성자와 2개의 양성자로 구성된 이동하는 입자로 구성되어 있다. 알파선은 공기 중에서 1 m 미만 진행할 수 있으며 종이나 피부의 외부 비생물 층에 의하여 차단될 수 있다.

베타선(Beta radiation)은 핵에서 방출된 이동하는 전자로 구성되어 있다. 베타입자는 알파입자에 비하여 빠르게 이동하며 공기를 2 m 정도 투과할 수 있다. 베타입자는 옷, 유리, 알루미늄의 층에 의하여 차단될 수 있다.

감마선(Gamma radiation)은 입자로 구성되지 않은 전자기 방사의 한 종류이다. 다른 형태의 전자기 방사에는 X

원소의 동위원소	방사선의 유형	반감기
Uranium-238 (U-238) 양성자 = 92 중성자 = 146		4.5 billion years
↓	알파 (양성자 2, 중성자 2)	
Thorium-234 (Th-234) 양성자 = 90 중성자 = 144		24.5 days
↓	베타(전자)	
Protactinium-234 (Pa-234) 양성자 = 91 중성자 = 143		1.14 minutes
↓	베타(전자)	
Uranium-234 (U-234) 양성자 = 92 중성자 = 142		233,000 years
↓	알파 (양성자 2, 중성자 2)	
Thorium-230 (Th-230) 양성자 = 90 중성자 = 140		83,000 years
↓	알파 (양성자 2, 중성자 2)	
Radium-226 (Ra-226) 양성자 = 88 중성자 = 138		1,590 years
↓	알파 (양성자 2, 중성자 2)	
Radon-222 (Rn-222) 양성자 = 86 중성자 = 136		3.825 days
↓	알파 (양성자 2, 중성자 2)	
Polonium-218 (Po-218) 양성자 = 84 중성자 = 134		3.05 minutes
↓	알파 (양성자 2, 중성자 2)	
Lead-214 (Pb-214) 양성자 = 82 중성자 = 132		26.8 minutes
↓	베타(전자)	
Bismuth-214 (Bi-214) 양성자 = 83 중성자 = 131		19.7 minutes
↓	베타(전자)	
Polonium-214 (Po-214) 양성자 = 84 중성자 =130		0.00015 seconds
↓	알파 (양성자 2, 중성자 2)	
Lead-210 (Pb-210) 양성자 = 82 중성자 = 128		22 years
↓	베타(전자)	
Bismuth-210 (Bi-210) 양성자 = 83 중성자 = 127		5 days
↓	베타(전자)	
Polonium-210 (Po-210) 양성자 = 84 중성자 = 126		140 days
↓	알파 (양성자 2, 중성자 2)	
Lead-206 (Pb-206) 양성자 = 82 중성자 = 124		안정

그림 8.18 U-238의 방사성 붕괴 경로: 불안정한 동위원소가 붕괴되면, 궁극적으로 다른 원소인 안정동위원소가 생성된다. 이 과정에서 안정동위원소가 되기 전에 몇 가지의 불안정한 다른 원소의 동위원소를 통과한다.

선, 빛, 라디오파가 있다. 감마선은 신체, 수 cm의 납, 거의 1 m의 콘크리트를 통과할 수 있다.

방사성 동위원소가 붕괴하고 입자를 방출하면, 다른 종류의 원자가 된다. 예를 들면 우라늄-238은 납을 생산하지만, 이 과정에서 몇 단계를 거친다(그림 8.18).

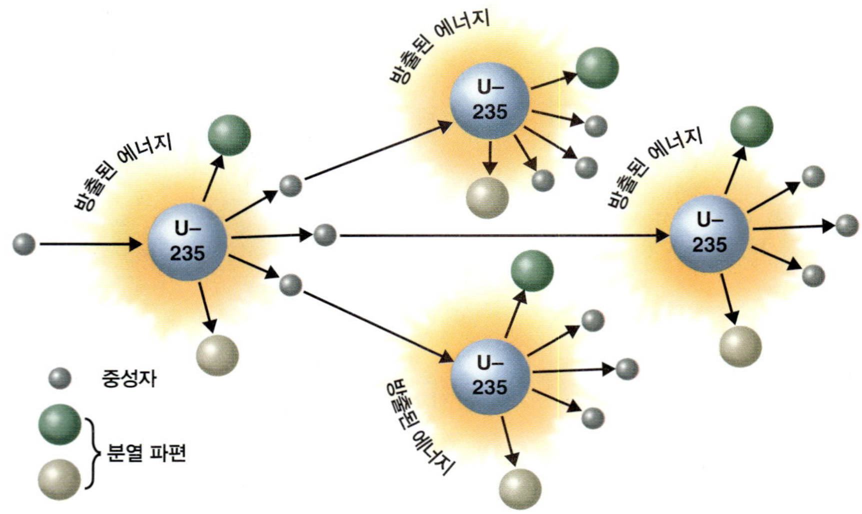

그림 8.19 핵연쇄반응: 중성자가 U-235의 핵을 타격하면 에너지가 방출되고, 몇 개의 분열 파편과 중성자가 생성된다. 새로 방출된 중성자는 다른 U-235 핵을 타격하여, 핵이 분열되고 추가적인 중성자와 에너지가 방출되도록 한다. 이러한 일련의 사건을 핵분열연쇄반응(nuclear fission chain reaction)이라고 한다.

8.7 핵연쇄반응

붕괴될 때 알파선, 베타선, 감마선의 방출에 추가하여 몇 종류의 원자는 중성자를 방출한다. 운동하는 중성자가 특정한 다른 원자의 핵을 때리면, 그 핵도 분열되게 한다. 분열될 수 있는 핵을 가진 원자를 **분열가능(fissionable)**하다고 하며 분열되는 과정을 **핵분열(nuclear fission)**이라고 한다. 이러한 분열하는 핵이 또한 중성자를 방출하면, 이는 다른 원자의 핵을 타격할 수 있으며, 이는 다시 붕괴하여 **핵연쇄반응(nuclear chain reaction)**이라고 하는 연속 과정을 초래한다(그림 8.19). 단지 특정한 종류의 원자만이 핵연쇄반응을 일으키는데 적합하다. 원자로에 일반적으로 사용되는 2종류의 물질은 우라늄-235와 플루토늄-239이다. 추가하여 핵연쇄반응이 일어나기 위해서는 임계질량이라고 하는 특정한 양의 핵연료가 있어야 한다. 이 과정에서 원자탄이나 원자로에서 방출되는 대량의 에너지를 발생한다.

8.8 핵분열로

원자로(nuclear reactor)는 핵분열연쇄반응이 지속적으로 통제되어 일어날 수 있도록 하는 장치이다. 제어된 핵연쇄반응에는 연료, 감속재, 제어봉, 노심냉각제의 4가지 중요한 물질이 연관되어 있다.

- 원자로에 가장 보편적으로 사용되는 연료(*fuel*)는 **우라늄-235(uranium-235; U-235)**이다. 핵이 분열되면 빠르게 운동하는 2-3개의 중성자가 방출되며, 이와 함께 일할 수 있도록 동력화 할 수 있는 많은 양의 에너지가 방출된다.
- 감속재(*Moderator*)는 다른 U-235 핵을 분열시키고 연쇄반응을 유지하는데 더 효과적이도록 빠르게 운동하는 중성자를 느리게 하는데 사용된다. 가장 일반적으로 사용되는 감속재는 물과 흑연이다.
- 제어봉(*Control rod*)은 분열에 의하여 생산된 중성자를 흡수하고 중성자가 다른 원자를 분열시키는 것을 방지하는 비분열성 물질을 포함한다. 제어봉을 원자로 내부로 이동하면 분열을 일으키는데 이용할 수 있는 중성자의 수가 감소되고 반응은 느려진다. 제어봉을 제거하면 분열이 더 많이 일어나고, 더 많은 입자, 방사선, 열이 발생한다.
- 냉각제(*coolant*)는 원자로 내부에서 생산되는 막대한 양의 열을 관리하기 위하여 필요하다. 냉각제는 노심에서 열을 전달하여 터빈이 전기를 생산하도록 하는데 필요하다. 대부분의 원자로에서 노심냉각제는 물이며, 물은 감속재로도 사용되지만, 기체나 액체금속도 특별한 유형의 원자로에서 냉각제로 사용될 수 있다.

전기를 생산할 때, 원자로는 화석연료의 연소와 동일한 기능을 한다. 원자로는 열을 발생하며, 열은 물을 전기를 생산하는 터빈을 작동하는 수증기로 변환한다. 터빈을 통과한 다음에, 수증기는 냉각되어야 하며, 물은 원자로로 되돌아가서 다시 가열된다. 수증기의 생산을 위한 열을 제공하도록 다양한 종류의 원자로가 건설되었다. 다양한 원자로는

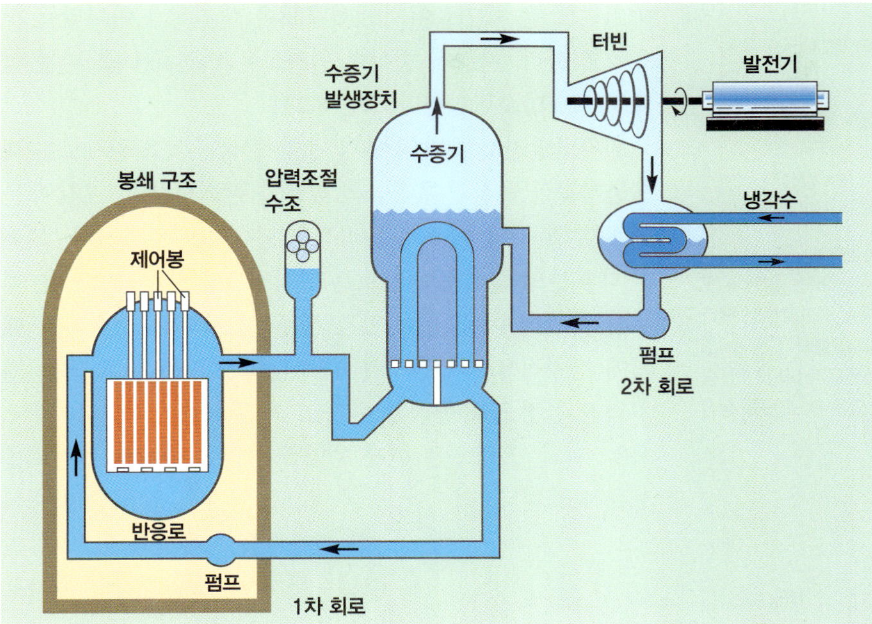

그림 8.20 가압수형 원자로: 가압수형 원자로에서 핵분열에 의하여 발생되는 열은 감속재와 노심 냉각제로 작용하는 물의 온도를 상승시킨다. 원자로는 밀폐된 용기이기 때문에, 물은 수증기를 생성하지 않는다. 과열된 물은 전기를 생산하기 위하여 터빈을 회전시키는 수증기를 생산하는 2차 순환으로 열을 전달한다.

사용된 감속재, 노심 냉각 방식, 노심의 열이 수증기를 생산하는 방식에서 상이하다. 세 가지 가장 보편적으로 사용되는 원자로의 종류에는 비등수 원자로, 가압수형 원자로, 중수로이다.

비등수 원자로(Boiling-water reactor)는 감속재와 노심 냉각제로 물을 사용한다. 수증기는 원자로 내부에서 형성되어 직접 터빈으로 전달되며, 이는 회전하여 전기를 발생한다. 비등수 원자로의 단점은 방사선을 제거하기 위하여 터빈으로 통과하는 수증기를 처리해야 한다는 것이다. 그러고도 일부 방사성 물질이 수증기에 남기 때문에 발전 건물 전체가 차폐되어야 한다. 세계 원자로의 약 20%가 비등수 원자로이다.

가압수형 원자로(Pressurized-water reactor)는 감속재와 노심 냉각제로 물이 사용되지만 원자로 내에서 수증기가 형성되지 않도록 압력을 가한다(그림 8.20). 2차 순환이 원자로 내의 가압수로부터 수증기 발생기로 열을 전달한다. 수증기는 터빈을 회전시켜 전기를 발생한다. 이러한 배열은 수증기의 방사선 위험을 감소시키지만 수증기 발생기의 2차 순환을 위하여 건설비가 추가된다. 세계 원자로의 약 60%가 가압수형 원자로이다. 현재 건설 중인 원자로의 대부분이 이 유형이다.

중수로(Heavy-water reactor)는 냉각제로 물을 사용하는 세 번째 유형의 원자로이다. 이 유형의 원자로는 캐나다에서 개발되었으며 노심 냉각제와 감속재로서 분자구조에 수소 동위원소인 중수소를 포함하는 물을 사용한다. 중수소 원자는 더 흔한 수소 동위원소에 비하여 2배 무겁기 때문에, 중수소를 포함하는 물은 보통 물에 비하여 약간 무겁다. 중수로는 2차 회로에서 보통의 물을 수증기로 전환하기 위하여 수증기 발생장치를 사용하는 점에서 가압수형 원자로와 유사하다. 중수로의 주요한 장점은 U-235를 농축해야 하는 다른 원자로에 비하여 자연적으로 나타나는 우라늄 동위원소의 혼합물을 적합한 연료로 사용한다는 점이다. 중수로는 농축 연료를 필요로 하지 않기 때문에 연료를 생산하는 비용이 다른 원자로에 비하여 저렴하다. 원자로의 약 10% 정도가 이 유형이다.

현재는 널리 보급되어 있지 않지만 장차 중요하게 될 2가지 유형의 원자로가 있다.

가스 냉각로(Gas-cooled reactor)는 영국 원자과학자에 의하여 개발되었다. 이산화탄소가 흑연 감속 노심의 냉각제로 작용한다. 중수로와 마찬가지로 우라늄의 자연적 동위원소 혼합물이 연료로 사용된다. 그러나 이는 널리 보급되지 않았다. 중국이 가까운 장래에 한 기를 건설하려고 하는 유일한 국가이다.

증식형 원자로(Nuclear breeder reactor)는 전기를 생산하기 위하여 운영되면서 새로운 핵연료를 형성하는 핵분열로이다. 이 과정은 빠르게 운동하는 중성자를 필요로 하기 때문에, 물은 중성자를 너무 빠르게 완속시키기 때문에 사용될 수 없고 증식형 원자로의 대부분은 감속재가 없이 기능한다. 노심으로부터 열을 매우 효과적으로 제거하는 것이 필수적이기 때문에, 대부분의 증식형 원자로는 노심 냉각제로 액체 금속(종종 액체 나트륨)을 사용한다. 따라서 종종 액체금속 고속증식로(*liquid metal fastbreeder reactor*)라고 불리기도 한다. 빠르게 운동하는 중성자가 분열될 수 없는 우라늄-238(U-238) 핵을 타격하고 흡수되면, 분열가능한 **플루토늄-239(plutonium-239; Pu-239)** 원자가 생성된

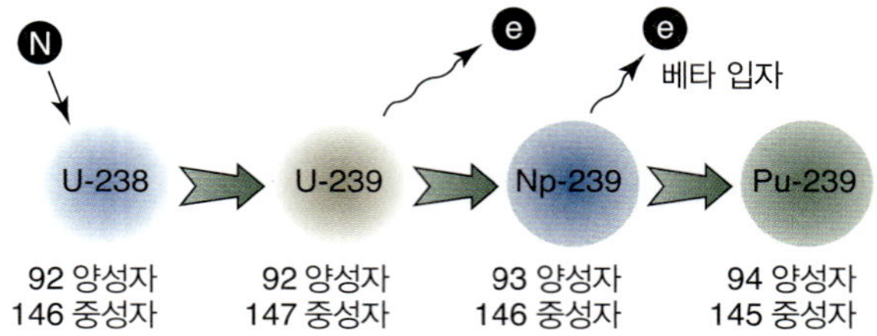

그림 8.21 증식형 원자로에서 Pu-239의 형성: 빠르게 운동하는 중성자(N)가 U-238 원자핵에 의하여 흡수되면, U-238로부터 Pu-239를 생성하는 일련의 반응이 초래된다. 2가지 중간 원자는 U-239와 Np-239이며, 이는 핵으로부터 베타 입자(전자)를 방출한다. (핵의 중성자는 베타입자를 방출하여 양성자가 될 수 있다.) 이러한 일련의 반응은 중요한데, U-238은 안정적이고 핵연료가 아니지만, 중성자를 추가하면 불안정하고 분열되어 핵연료로 작용할 수 있는 Pu-239를 생산하기 때문이다.

다. U-235는 핵연료이지만 U-238은 핵연료가 아니라는 것을 기억하라. 따라서 증식형 원자로는 비연료(U-238)를 연료(Pu-239)로 변환한다(그림 8.21).

원자력발전소 개발의 초기 단계에서, 증식형 원자로는 재생불가능한 물질인 우라늄의 필요를 감소시킬 수 있기 때문에 핵분열 개발 이후의 논리적인 단계로 간주되었다. 그러나 대부분의 증식형 원자로는 실험적으로 간주되었으며, 핵무기 생산에 이용될 수 있는 플루토늄-239를 생산하기 때문에 정치적으로 민감하다. 대부분의 국가는 사고 또는 정치적인 결정으로 증식형 원자로 계획을 중지하였다. 영국, 독일, 미국, 프랑스는 현재 운영하지 않는 증식형 원자로를 보유하고 있다. 러시아, 중국, 인도, 일본은 운영 중인 증식형 원자로를 보유하고 있으며, 인도는 현재 새로운 증식형 원자로를 건설하고 있다.

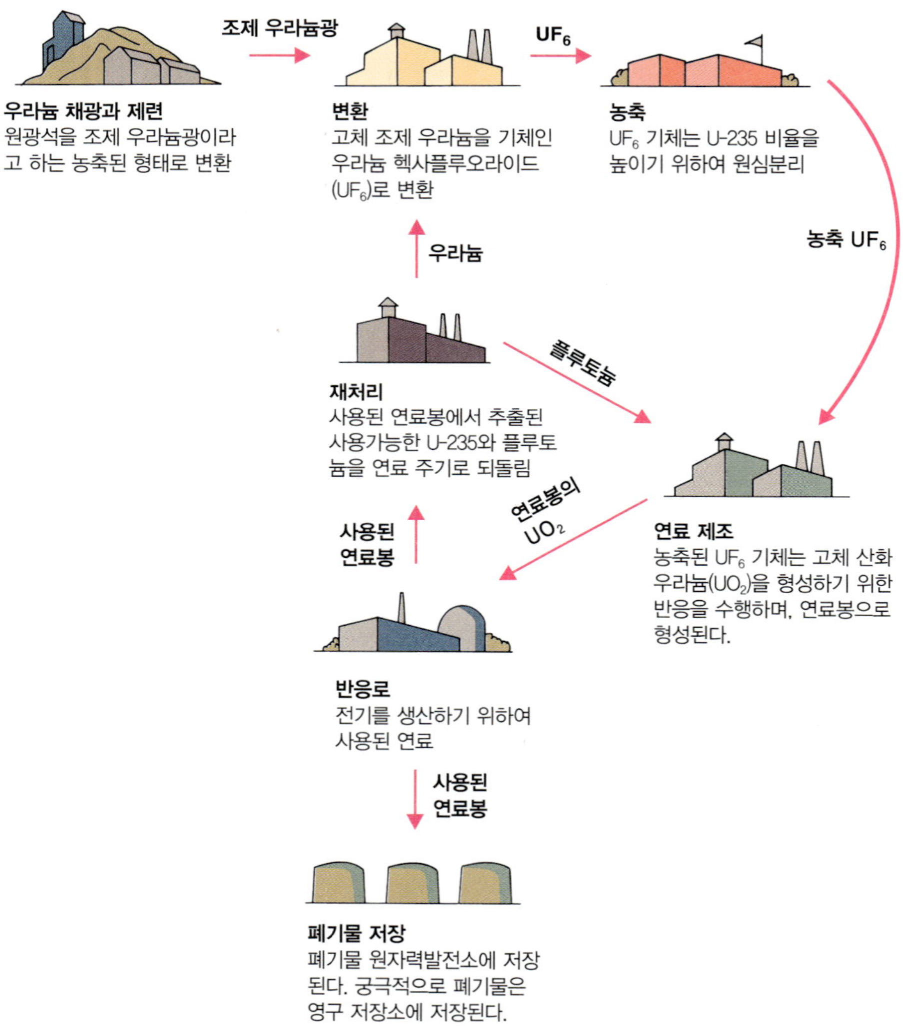

그림 8.22 핵연료 주기의 단계: 핵연료를 획득하는 과정은 채광, 원광석에서 우라늄의 추출, U-235의 농축, 연료봉의 제조, 원자로에 연료의 설치 및 사용, 폐기물의 처분을 포함한다. 일부 국가는 취급해야만 하는 폐기물의 양을 감소하는 방법으로 사용된 연료를 재처리한다.
출처: 미국 에너지성(US Department of Energy).

8.9 핵연료 주기

에너지를 생산하기 위하여 핵연료를 사용하는 결과를 평가하기 위해서는, 핵연료 주기를 이해하는 것이 중요하며, 이는 우라늄의 채광부터 발전소로부터 폐기물의 처분까지를 추적한다.

1. **우라늄 광석의 채광과 제련**(***mining and milling***)은 핵연료 주기의 첫 단계이다(그림 8.22). 저급의 우라늄 광석은 지하 또는 노천 채굴로부터 획득된다. 광석은 무게로 약 0.2%의 우라늄을 포함한다. 채광한 이후에 광석은 제련 과정을 거친다. 광석을 파쇄하고 우라늄을 농축하기 위하여 용매로 처리한다. 제련은 조제 우라늄광(yellow-cake)이라고 하는 70~90% 산화우라늄을 포함하는 물질을 생산한다. 세계 우라늄 생산의 약 70%는 호주, 카자흐스탄, 러시아, 남아프리카, 캐나다, 미국

의 광산에서 유래한다.

2. 자연적으로 나타나는 우라늄은 99.3%의 비분열성 U-238과 단지 0.7%만의 분열성 U-235를 포함하고 있기 때문에 U-235의 **농축(*Enrichment*)**은 필수적이다. 이러한 U-235의 농도는 대부분 원자로 유형에 충분히 높지 않다. U-235와 U-238의 질량은 매우 차이가 작고, 화학적 차이도 미묘하기 때문에, 농축은 어렵고 고비용의 공정이다. 농축과정은 질량의 작은 차이에 의하여 두 종류의 우라늄 동위원소를 분리하기 위하여 원심분리기를 사용한다. 농축은 U-235 함량을 0.7%에서 3%로 증가시킨다.

3. **연료의 제조(*Fuel fabrication*)**는 농축된 물질을 분말로 변환시키고, 이는 연필 지우개 크기의 펠릿으로 성형한다. 이러한 펠릿은 길이가 4 m 정도의 금속 연료봉으로 밀봉되며, 이는 반응로에 장전된다.

4. 반응로에서 **연료의 사용(*Use of the fuel*)**은 시간에 따라 연료봉의 U-235 양을 감소시킨다. 약 3년이 지나면 연료봉은 연쇄반응을 유지하기에 충분한 방사성 물질을 가지지 못하며, 사용된 연료봉은 새것으로 교체되어야 한다. 사용된 연료봉은 아직 매우 방사성이 높으며, 약 1%의 우라늄과 1%의 플루토늄을 포함한다. 사용된 연료봉은 방사성을 띠기 때문에, 환경 피해와 건강에 위험을 예방하기 위하여 주의 깊게 관리되어야 한다.

5. **재처리 또는 보관(*Reprocessing or storage*)**은 사용된 연료봉에 대한 선택권이다. 재처리는 사용된 연료에서 남아있는 U-235와 플루토늄을 추출하고, 플루토늄에서 U-235를 분리하여, 이 둘을 사용하여 새로운 연료봉을 제조하는 것이다. 플루토늄은 사용된 우라늄(대부분 U-238)과 혼합하여 일부 종류의 원자력발전소에 연료로 사용될 수 있는 혼합 산화 연료를 형성한다. 현재 인도, 일본, 러시아, 프랑스, 영국이 핵폐기물로 저장하는 대안으로서 사용된 연료봉을 재처리하는 시설을 운영하고 있다. 과거 사용된 연료의 약 30%가 재처리되었다.

핵폐기물을 재처리하는 국가는 저장하는 결정을 하였다. 최초에 폐기물은 원자력발전소 부지에서 저장되지만, 장기적인 계획은 안정된 지질학적 구조물에 폐기물을 매립하는 것이다. 방사능 폐기물과 관련된 문제는 이 장의 마지막에서 논의된다.

6. **수송(*Transportation*)**은 핵연료 주기의 각 단계와 관련되어 있다. 우라늄 광산은 처리 시설로부터 약간 이격되어 있다. 연료봉은 발전소로 운반되어야 하며, 사용된 연료봉은 재처리 시설이나 저장소로 운반되어야 한다. 연료 주기의 이러한 연관은 각각 방사능 물질을 방출할 수 있는 사고와 취급부주의 가능성을 보여준다. 따라서 수송 방법은 사용되기 전에 매우 면밀하게 고안되고 시험되며 수송 사고로 인하여 상당한 방사성 물질의 방출은 전혀 없었다. 그러나 많은 사람들은 방사성 물질의 수송은 위험하다고 확신한다. 다른 사람들은 위험이 극히 작다고 만족한다.

8.10 핵연료의 사용과 관련된 문제

핵연료의 사용과 관련된 대부분의 우려는 연료와 사용 후 폐기물에 의하여 생성되는 방사선과 관련된 위험이다.

이온화 방사선의 생물학적 영향

알파 또는 베타 입자 또는 감마선이 원자와 상호작용할 때, 이는 원자로부터 전자를 제거하여 이온이 형성되게 한다. 따라서 이러한 종류의 방사선을 **이온화 방사선(ionizing radiation)**이라고 한다. (X선은 핵붕괴의 결과로 형성되지 않지만 이온화 방사선의 한 형태이다.) 생체 조직에서 이온화가 발생하면 세포의 DNA 또는 다른 중요한 분자에 피해를 초래할 수 있다. 피해의 정도와 종류는 방사선의 종류, 방사선 량, 노출 기간, 조사된 세포의 종류에 따라 변화한다.

이온화 방사선은 DNA에 영향을 미치기 때문에, 세포 내부의 유전적 메시지의 변화인 돌연변이를 초래할 수 있다. 난소나 정소에서 발생하는 돌연변이는 돌연변이 난자나 정자를 형성할 수 있으며, 이는 비정상적 자손을 초래할 수 있다. 불필요한 방사선으로부터 이러한 기관을 차폐하기 위하여 주의가 필요하다. 신체 다른 조직에서 발생하는 돌연변이는 암이라고 하는 비정상적인 조직의 성장으로 발현된다. 방사선 노출의 증가와 강하게 연관된 두 가지 일반적인 암은 백혈병과 유방암이다. 돌연변이는 본질적으로 영구적이기 때문에, 이는 시간에 따라 축적된다. 따라서 여러 해에 걸친 방사선의 축적된 영향은 생애의 후반에 암의 발생을 초래할 수 있다. "집중 탐구: 방사선의 측정"에서 방사선 노출을 어떻게 측정하는지 서술한다.

커다란 조사량(1,000~1백만 rem)의 영향은 사람이 아프거나 사망하기 때문에 명백하다. 그러나 작은 조사량으

집중 탐구

방사선의 측정

상이한 목적으로 방사선을 측정하는 몇 가지 방법이 있다. 표는 일부 보편적인 단위와 값을 보여준다.

인체에 의하여 흡수되는 방사선의 양은 방사선으로부터 조직에 잠재적인 피해를 정량화하는 방식이다. **흡수된 조사량(absorbed dose)**은 물질에 의하여 흡수된 에너지의 양이다. 이는 그레이(gray) 또는 래드(rad)로 측정된다. 그러나 알파입자에 의하여 초래되는 피해는 베타입자나 감마선에 의하여 초래되는 것보다 20배 더 크다. 따라서 선량 당량이 사용된다. **선량 당량(dose equivalent)**은 흡수된 조사량에 특성인자를 곱한 것이다. 선량 당량의 단위는 시버트(sievert) 또는 렘(rem)이다. 베타와 감마 방사의 특성인자는 1이다. 알파 방사의 특성인자는 20이다. 따라서 알파 방사의 선량 당량은 흡수된 조사량의 20배이다.

방사선 측정 단위			
측정되는 것	국제 과학단위	미국에서 보통 사용되는 단위	적용
핵 붕괴 수	**베크렐(Bq)** 1 Bq = 1 붕괴/초	**퀴리(Ci)** 1 Ci = 370억 붕괴/초 1 *Ci* = 370억 *Bq*	방사선 공급원의 강도를 정량화
흡수된 조사량	**그레이(Gy)** 1 Gy = 1 줄/물질 kg	**래드(rad)** 1 rad = 0.01 줄/물질 kg 1 *rad* = 0.01 *Gy*	흡수된 에너지양을 정량화
선량 당량	**시버트(Sv)** 1 Sv = Gy *X* 특성인자*	**렘(rem)** 1 rem = rad *X* 특성인자* 1 *rem* = 0.01 *Sv*	조사량의 잠재적 생물학적 영향을 정량화

*베타와 감마 방사선에서, 특성인자 = 1. 알파 방사선에서, 특성인자 = 20.

로부터 알려진 해로운 생물학적 영향을 증명하는 것은 훨씬 어렵다(표 8.4). 보통의 조사량(10~100 rem)은 암과 기형 출산의 가능성을 증가시키는 것으로 알려져 있다. 조사량이 클수록 기형의 가능성이 높다. 낮은 조사량은 일시적인 세포 변화를 초래할 수 있지만, 장기적 영향을 증명하는 것은 어렵다.

현재의 연구는 저준위 방사선에 대한 반복적 노출과 연관된 위험 평가를 시도하고 있다. 따라서 저준위의 만성적 방사선은 많은 논란을 유발한다. 일부 사람들은 모든 방사선이 위험하고, 안전한 수준이 없으며, 노출을 방지하기 위하여 특별한 주의를 기울여야 한다고 느낀다. 다른 사람들은 그 이하에서는 생물학적 영향이 전혀 없는 노출의 역치 수준이 있다고 느낀다. 한 가지 문제는 방사선 노출에 대한 지연된 영향이 있을 가능성이다. 방사선은 DNA에 영향을 미치는 것으로 가정되기 때문에, 노출 당시에는 영향이 명백하지 않지만 영향을 받은 유전자가 활성화될 때 나중에 나타날 수 있다는 것이다. 이는 암과 같은 특정한 건강 문제와 방사선에 대한 과거의 노출을 연결시키려는 시도를 복잡하게 한다. 아무도 무노출이 될 수 없으며, 평균적인 사람은 자연적 기원과 의학적 기원에서 매년 0.2~0.3 rem에 노출된다.

방사선 보호

시간, 거리, 차폐는 방사선 보호의 기본적인 원칙이다. 이러한 세 가지 원칙 뒤의 기본적인 아이디어는 총 누적 조사량이 최소화되어야 한다는 것이다.

- 시간(*Time*)은 방사선원에 오래 노출될수록 더 많은 방사선이 흡수되기 때문에 중요하다.
- 거리(*Distance*)는 방사선원에서 멀리 떨어질수록 방사선에 피폭될 가능성이 낮기 때문에 중요하다. 추가적으로 알파선과 베타선은 대기 중에서 짧은 거리만 이동할 수 있다.

표 8.4 방사선의 영향

공급원 또는 기준	조사량	생물학적 영향
핵폭탄 폭발 또는 핵시설에서 우연한 노출	100,000 rem/사건	즉각적인 사망
핵사고 또는 X선에 대한 우연한 노출	10,000 rem/사건	1–2일 내에 혼수, 사망
	1,000 rem/사건	2–3주 내에 사망
	800 rem/사건	궁극적으로 100% 사망
	500 rem/사건	좋은 의료 간호로 50% 생존
	100 rem/사건	백혈병의 가능성 증가
	50 rem/사건	혈액 세포 수의 변화 관찰
	10 rem/사건	초기 배아에 기형 발생 가능
장의 X선	1 rem/절차	피해 또는 영향의 증명이 어려움
직업적으로 노출된 사람의 상한선	5 rem/년	
원자력발전소 이외의 핵시설로부터 방출의 상한선	0.5 rem/년	
자연적 배경 방사선	0.2–0.3 rem/년	
배경 이상의 방사선에 대한 일반의 노출 상한선	0.1 rem/년	
원자력발전소 방출의 상한선	0.005 rem/년	

- **차폐**(*Shielding*)는 방사선을 차단하고 사람이 노출되는 것을 방지할 수 있기 때문에 중요하다. 감마선은 공기를 통하여 수 m 이상 이동할 수 있고 신체를 투과할 수 있기 때문에 차폐는 매우 중요하다. 물, 납, 콘크리트는 감마선으로부터 차폐하는데 사용되는 일반적인 물질이다. 방사선을 생성하는 물질이 신체로 진입하는 것을 방지하기 위하여 다른 종류의 차폐가 필요하다. 알파선과 베타선은 쉽게 차단되지만, 알파선과 베타선을 방출하는 방사성 동위원소가 섭취되거나 흡입되면, 방출되는 방사선은 접촉하는 세포에 피해를 미칠 수 있다. 따라서 동위원소로부터의 차폐는 마스크, 장갑, 보호복장과 같은 장비를 포함한다(그림 8.23).

대부분의 경우 사람은 이온화 방사선을 감지할 수 없기 때문에, 보호를 위해서는 특별한 감지기가 필요하다. 이는 피폭하는 방사선의 양을 기록하는 필름 배지처럼 단순할 수 있다. 이러한 종류의 장비는 방사선의 과거 **노출**(*past exposure*)을 측정하며, 이는 사람이 **장래의 노출**(*future exposure*)을 회피해야 할지 결정하는데 유용하다. 이는 방사선 위험을 가지는 환경에서 작업하는 사람에게 매우 중요하다. 종업원이 받을 수 있는 방사선 노출의 양에는 한계가 있기 때문에, 모니터링은 작업 배정의 변경이나 총 노출을 제한하는 조치를 취할 수 있도록 한다.

원자로 안전

현재 432기의 운용되는 핵발전소와 추가적으로 과거에는 운용되었으나 폐쇄된 150기가 있다. 대부분의 원자력발전소는 심각한 사고 없이 운용되었다. 그러나 1979년 스리마일 섬, 1986년 체르노빌, 2011년 후쿠시마의 3건의 사고는 원자력발전소 안전에 대한 우려를 발생하였다.

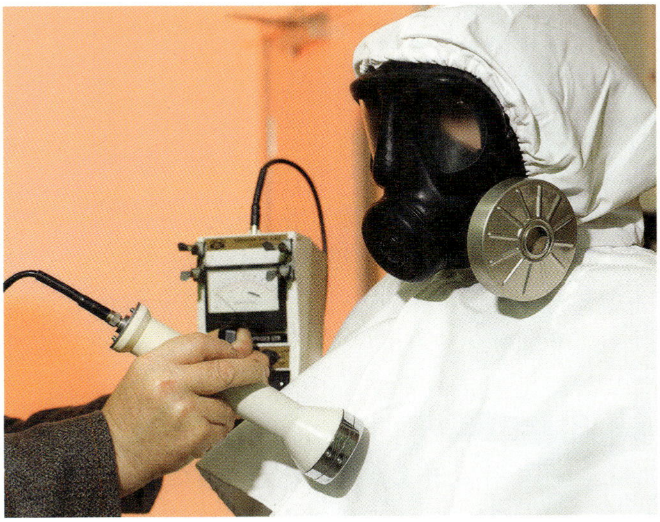

그림 8.23 보호 장비: 방사선 노출에 처한 장소에서 작업하는 사람은 자신을 보호하기 위한 단계를 취해야 한다. 이 작업자는 보호복장과 호흡기를 착용하고 있다. 보호복장의 표면은 옷에 방사성 먼지 입자가 있는지를 측정하기 위하여 가이거 계수기(Geiger counter)로 확인하고 있다.

스리마일 섬

스리마일 섬(Three Mile Island) 원자력발전소는 펜실베이니아 주 Middletown 부근의 Susquehanna 강에 위치하고 있다. 1979년 3월 28일, 원자로에 냉각수를 공급하는 주

펌프가 고장 났다. 이 시점에서 비상 냉각제가 반응로에 범람하여 온도를 안정화시켜야 했다. 냉각제는 노심으로 흘러들어가기 시작하였지만, 압력 안전밸브가 개방 위치에서 교착되어 노심에서도 물이 흘러나왔다. 추가적으로 반응로가 냉각제로 범람되었는지를 조작자에게 알려주는 감지기가 없었다. 다른 정보에 의존하여 조작자는 노심이 범람되었다고 가정하여 자동 비상 냉각 시스템을 분리하였다. 비상 냉각제가 없어서 반응로 온도는 급격히 상승하였다. 제어봉은 궁극적으로 반응로의 분열을 정지시켰지만, 냉각제의 손실로 인하여 부분적인 노심 용융이 발생하였다. 따라서 사고는 장비의 고장, 조작자에게 적절한 정보의 결여, 조작자의 결정의 결합에 의하여 초래되었다.

그림 8.24 스리마일 섬: 손상을 입은 스리마일 섬의 원자력발전소(왼쪽)는 운영 중에 있는 자매 원자로(오른쪽)와 함께 감시되면서 보관되고 있다.

그러나 되돌아보면, 격납용기의 구조는 설계된 대로 작용하였으며 노심에서 방사성 물질의 방출을 방지하였다. 그날 나중에 방사성 수증기가 대기 중으로 배출되었다. 이 지역의 사람이 받았을 방사선 조사량은 약 0.001 rem으로 추정되었다. 이는 정상 배경 방사선인 0.2~0.3 rem과 비교된다. 무력화된 원자로는 결국 10억 $의 비용으로 연료가 제거되었다. 이는 아직 운영되고 있는 쌍 원자로가 유용한 수명에 도달할 때까지 감시되면서 보관되고 있다(그림 8.24). 그때가 되면 두 원자로 모두 해체될 것이다.

체르노빌

체르노빌(Chernobyl)은 Kiev 북쪽에 있는 우크라이나의 작은 도시인데, 세계의 최대 원자력발전소 사고로 인하여 1986년 봄에 불명예스럽게 되었다.

1986년 4월 25일 오전 1시, 체르노빌 원자로 4호기에서, 수증기가 차단되면 아직 회전하는 터빈이 생산할 수 있는 전기의 양을 측정하기 위한 시험이 시작되었다. 이는 비상 노심 냉각 시스템이 작동을 위하여 에너지를 필요로 하기 때문에 중요한 정보였으며, 타성으로 작동하는 터빈은 다른 공급원이 가용할 때까지 에너지의 일부를 제공할 수 있다.

실험하는 도중에 조작자는 6가지 중요한 안전 규정을 위반하였다. 그들은 원자로의 모든 자동 경보시스템, 자동 폐쇄 시스템, 비상 노심 냉각 시스템을 정지시켰다.

시험이 진행되면서 반응로의 출력은 정상 수준을 넘어서 상승하였으며 계속 상승하였다. 조작자는 제어봉을 반응로에 삽입하여 분열을 중지시키도록 설계된 비상 시스템을 활성화시켰다. 그러나 너무 늦었다. 노심은 이미 변형되었으며, 제어봉은 적절히 맞지 않았으며, 반응은 중지될 수 없었다. 4.5초 뒤에 반응로의 에너지 수준은 2천배 증가하였다. 반응로의 냉각수는 수증기로 변환되었으며 반응로로부터 1천 미터톤의 콘크리트 지붕을 날려버렸고, 노심의 일부분인 흑연도 연소되었다.

10초도 되지 않아서, 체르노빌은 세계 최악의 원자력발전소 사고의 장면이 되었다(그림 8.25). 불타는 반응로를 제어하는데 10일이 소요되었다. 즉각적인 결과는 사망자 37명, 급성 방사선병 환자 237명을 포함한 500명의 입원, 그리고 11만6천명이 대피되었다. 피난민 중에서 2만4천명이 고준위 방사선에 피폭되었다. 현재 이러한 사람의 일부는 방사선 노출에 기인한 건강 문제를 겪고 있다. 특히 낙진에 노출된 아동과 태아는 체르노빌에서 방출된 방사성 요오드 131에 대한 노출로 갑상선 암의 빈도가 높게 나타나고 있다.

후쿠시마 제1호기

2011년 3월 11일 일본 연안 북동쪽 130 km 떨어진 곳에서

그림 8.25 체르노빌 사고: 4번 반응로의 통제되지 않은 연쇄반응은 일련의 폭발과 화재를 초래하였다. 사진의 원으로 표시한 지역을 보시오.

진도 9의 지진이 지진 부근의 몇 원자로를 자동적으로 폐쇄시켰다. 뒤따르는 해일(tsunami)은 후쿠시마 원전 1호기를 범람하였다. 열교환기가 피해를 입었고, 지역으로 전력이 차단되었으며, 비상시 동력을 제공하도록 설계된 경유 발전기는 범람되어 작동이 중지되었다. 후쿠시마 제1호기의 반응로는 폐쇄 과정에서 열을 제거하기 위한 냉각수를 펌프하기 위하여 전력을 필요로 하는 오래된 비등수 원자로였다. 지진과 해일이 일어났을 때, 6기의 원자로가 운영 중이었으며 3기는 연료공급 또는 정비를 위하여 중지중이었다. 6개 원자로는 반응로 인근에 사용된 연료저장 설비도 가지고 있었다.

반응로를 냉각하는 능력의 상실과 인근의 사용한 연료 저장시설은 과열된 반응로와 사용한 연료 저장시설에서 수소의 방출로 기인한 폭발과 화재를 초래하였다. 한때는 냉각수를 공급하기 위하여 해수가 사용되었지만, 동력이 복구되고 펌프 장치가 수리되거나 교체되면서, 담수가 다시 냉각에 사용되었다. 2011년 4월 말에 반응로와 폐연료 저장시설은 안정한 것으로 간주되었지만, 6개 반응로 중에서 4기는 매우 심하게 피해를 입어서 해체될 필요가 있다. 이는 수년이 소요될 것이다.

폭발, 화재, 냉각 시스템의 누출은 대기와 해수로 방사선을 방출하였다. 발전소 20 km 이내에 거주하는 사람은 대피되었으며 요오드-131이 갑상선에 축적되는 가능성을 감소시키기 위하여 요오드 보조제를 섭취하였다. 영향을 받은 지역의 작물과 우유는 대기 방사성 물질에 대한 노출 가능성을 감소시키기 위하여 판매가 금지되었다. 요오드-131의 반감기는 8일이기 때문에 빠르게 수준이 감소하였다. 그러나 세슘-134와 세슘-137의 다른 두 방사성 동위원소는 반감기가 각각 2년과 30년이다. 따라서 그들은 환경에 오래 잔류한다. 일본 정부는 사고 직후 손상을 입은 원전 부지 주위에 대피지역을 설정하였으며 언제 주민이 돌아오기에 안전할지를 측정하기 위하여 감시 장소를 설정하였다. 원전 인근에서 측정된 해수 중 방사능 수준의 단지 약간 증가한 수준을 보였다.

손상된 원전을 제어하기 위하여 작업하는 종업원과 청부업자는 정상 노출 이상을 받았다. 30명이 원래의 100 mSv 한계를 초과하였으며 2명의 작업자는 비상시 처리하는 작업자에 허용되는 한계(250 mSv)를 초과하였다. 현재 상황은 안정적이며 먼저 부지에 저장된 폐연료봉의 제거가 계획되어 있고, 그 이후 반응로의 손상된 연료봉의 제거를 시작할 것이다. 궁극적으로 3기의 손상된 반응로는 30~40년 지나서 해체될 것이다.

이러한 각각의 사고 이후에 에너지원으로서 원자력의 역할에 대한 재검토는 이해할 만하다. 스리마일 섬과 체르노빌은 새로운 원자력발전소 건설의 관심을 완화시켰다. 후쿠시마 제1호기 사고는 많은 국가들이 특히 조업중지 동안에 냉각수를 순환하기 위하여 펌프를 필요로 하는 많은 오래된 원자력발전소의 안정성을 재평가하도록 하였다. 그러나 대부분 현재 원전의 연속적인 안전한 운영, 수동적 안전 시스템을 갖춘 새로운 설계, 이산화탄소를 방출하지 않는 에너지 형태에 대한 수요는 많은 국가의 생각을 변경시켰다. 일부 오래된 원전은 폐쇄될 것이지만 현재 건설 중인 시설은 완공될 것이다.

테러행위

2001년 9월 11일 뉴욕과 워싱턴 D.C.에 대한 테러 공격 이후, 원자력발전소의 잠재적인 테러 공격에 대한 공포가 유

녹색 행진

원자력발전소 부지의 공공 이용을 위한 반환

Big Rock Point 원자력발전소는 미국에서 건설된 다섯 번째 원전이다. 이는 소규모(67 MW)의 비등수 원자로이다. 원자로가 1997년 폐쇄되었을 때, 미국에서 가장 오래(35년) 운영된 원자력발전소였으며 전 기간에 걸쳐 안전하게 운영되었다. 마지막 20년의 운영기간 동안 Big Rock Point는 시간 손실 사고 없이 운영되었다. 원전은 1962년 허가되었으며 초기에는 연료공급의 종류와 관련된 문제의 연구에 사용되었다. 1965년 주된 목적은 전기를 생산하는 것이었지만, 10년간만 전기 생산에 사용되었으며, 또한 의료 목적으로 코발트-60의 생산에도 사용되었다.

1997년 Big Rock Point의 소규모와 일부 장비의 개선 필요로 인하여, 비경제적으로 판단되었으며 폐쇄되었다. 해체는 거의 즉각적으로 시작되었다. 원전의 고용인들은 해체 책임을 맡은 계약자와 함께 작업하도록 재훈련되었다. 작은 크기로 인하여 반응로 수조는 제거되어 저준위 방사능 폐기시설로 운반되었으며 원전의 나머지는 오염이 제거되고 파괴되었다. 2007년 미국 원자력 규제위원회(Nuclear Regulatory Commission)는 제한 없는 사용을 위하여 정화된 175 ha와 미시간 호의 1 mile 해안을 개방하였다. 원래 원자력발전소 부지의 일부는 폐연료봉의 저장을 위하여 유보되었다. 그 기능은 폐핵연료를 수용하기 위한 핵폐기물 시설이 건설되면 중지될 것이다. 해체 과정은 거의 9년이 소요되었으며 $3억9천만의 경비가 투입되었다.

발되었다.

핵전문가의 세론은 항공기에 의한 원자력발전소에 대한 피해는 격납건물이나 반응로에 심각한 피해를 미치지 않을 것이며 정상적인 비상 기능과 격납 기능은 방사성 물질의 방출을 방지할 수 있을 것이라는 것이다.

대부분의 폐핵연료는 원자력발전소에 저장되기 때문에, 이러한 시설은 테러 공격에 취약한 것으로 우려된다. 다시 말하면 핵전문가에 의한 분석은 이러한 시설에 대한 피해는 일부 방사능 물질의 방출을 초래할 수 있지만, 이는 원전 부지에 국한될 것이라는 것이다. 다루기 가장 힘든 오염은 대기 중 방사성 물질이 자연환경으로 분산되는 것이다.

방사성 물질을 포함하는 테러와 연관된 가장 큰 위협은 아마도 더티 밤(dirty bomb; 방사능 물질이 포함된 폭탄)일 것이다. Dirty bomb은 방사능 분산 장치(Radiological Dispersal Device; RDD)라고도 알려져 있다. 이는 진정한 핵무기 또는 장치가 아니며 단순히 재래식 폭발물과 방사능 물질의 결합이다. 이러한 장치의 폭발은 다수의 사람을 살상하기 보다는 교란을 초래하고 공포를 형성하기 위하여 환경에 방사능 물질을 분산하도록 고안되었다. 이러한 폭탄을 형성하는데 사용될 수 있는 가장 쉽게 구할 수 있는 방사능 물질은 의료설비와 유사한 기관에서 온다. 원전 또는 핵무기 시설의 고준위 방사성 물질은 획득하기가 더 어렵지만 더 위험한 핵물질을 분산할 것이다.

핵폐기물 처분

발전소로부터 핵폐기물의 처분은 주된 우려이다. 실제로 연료로부터 폐기물을 재처리하거나 폐기물을 안전한 장소에 놓는 두 가지 대안만이 있다. 몇 국가는 핵폐기물의 양을 감소하기 위하여 재처리를 사용한다. 다른 국가는 핵발전소에 임시 저장한다. 궁극적으로 이러한 폐기물은 지하에 장기 저장할 필요가 있다. 핵폐기물의 처분에 관련된 문제는 이 장의 마지막 절에서 토의된다.

원자력발전소의 해체

모든 산업시설은 기대 수명을 가지며, 이는 이윤을 가지면서 운영될 수 있는 연도수이다. 화석연료든 원자력이든 발전소의 기대 수명은 약 30~40년이며, 그 이후에는 서비스를 중단한다. 화석연료 발전소의 해체는 비교적 단순하고 신속하다.

건물 철거용 철구와 불도저는 발전소를 조각내며 이는 매립장으로 운반된다. 환경에 대한 유일한 피해는 보통 폭파에 의하여 발생하는 먼지이다.

원전의 해체는 그다지 단순하지 않다. 사실상 원자력발전소는 파괴되지 않고 폐로된다. **폐로(Decommissioning)**는 연료의 제거, 표면의 정화, 오염된 건물이나 장비에 사람이 접촉하지 않도록 영구히 방지하는 것을 포함한다.

원자로의 폐로는 두 단계의 과정이다:

이슈와 분석

심해 석유 시추

2010년 4월 *Deepwater Horizon* 해저 석유 굴착장치는 화재가 나서 침몰하였다. 사고 시 석유의 방출을 방지하기 위한 안전장치는 고장 났으며 석유의 흐름이 정지되기에는 약 3개월이 소요되었다. 그 기간 동안 1만 미터톤의 석유가 방출되었으며, 가장 대규모 석유누출의 기록을 세웠다. 유정 부지의 수심은 약 1.6 km였다. 따라서 누출을 제어하기 위한 노력은 특별한 원격장치의 사용을 필요로 하였으며 유정의 밀폐를 지연시킨 많은 문제에 직면하였다.

내무성의 즉각적인 대응은 멕시코 만에서 모든 시추를 중단하는 것이었으며, 어업도 단축되었다. 이는 영향을 받은 주 정부와 석유회사의 상당한 저항에 직면하였으며, 법정에 제소되었다. 그러나 활동 중단은 실행되었다.

해양과 연안 환경에 대한 석유의 영향을 감소하기 위하여 몇 가지 과정이 개시되었다. 석유를 작은 방울로 쪼개서 미생물이 쉽게 분해하도록 분산제가 사용되었다. 석유의 일부를 봉쇄하여 선박 안으로 펌프하고, 연안에 도달하는 것을 방지할 수 있도록 방재 지지봉(boom)이 사용되었다. 이러한 노력은 석유누출의 영향을 크게 감소한 것으로 보이지만, 피해를 평가하기 위한 연구가 지속되고 있다.

2010년 10월 멕시코 만의 시추 중단은 해제되었으며 석유회사는 더 엄격한 허가 요구사항을 충족한 이후에 시추 재개가 허용되었다.

그러나 멕시코 만의 석유누출은 플로리다 주에서부터 델라웨어 주까지 미국 동해안을 따라 다른 연안지역의 계획된 개발에 영향을 미쳤다. Obama 행정부는 멕시코 만 석유누출 직전에 이 지역을 개발하도록 개방하였다. 이 지역의 시추를 지지하는 사람은 이 지역의 석유가 해외 석유에 대한 의존도를 감소시킬 것이라고 주장한다. 2010년 11월 연방정부는 이전의 계획을 번복하여 멕시코 만 이외에 다른 연안역의 연안 석유시추의 확대를 7년간 지연시켰다. 연안 주와 석유회사는 이러한 금지에 대하여 반론을 하였다.

- 휘발유 가격이 갤런 당 $5로 상승한다면 여러분은 연안 시추를 지지할 것인가요?
- 연안 주의 경제적 관심이 연안 시추를 결정하는 방정식에 포함되어야 할까요?
- 연안 시추를 불필요하게 만드는 석유에 대한 의존도를 줄이는 방법이 있나요?

불타는 Deepwater Horizon 석유 시추 장비.

1단계는 반응로에서 사용된 연료봉과 물을 제거하여 적절하게 저장하거나 처분하는 것을 포함한다. 이는 방사능의 99%를 제거한다. 남아있는 방사능 물질은 오염물과 활성화된 물질로 구성되어 있다. 활성화된 물질은 발전소가 운영되는 동안 방사성 동위원소로 변환된 원자이다. 이러한 물질은 발전소가 완전히 폐로되기 전에 처리되어야 한다.

2단계는 시설의 최종 처분을 가져온다. 폐로의 이 2단계에는 3가지 선택이 있다.

1. 폐쇄되는 즉시 발전소를 오염제거하고 분해한다.
2. 짧은 반감기를 가지는 방사능 물질이 분해되도록 여러 해 동안 발전소를 안정화시키고 나서 발전소를 분해한다. (그러나 이 과정은 60년 이내에 완료되어야 한다.)
3. 강화 콘크리트로 반응로를 덮어서 발전소의 오염된 부분을 매몰하고 발전소 주변에 장벽을 설치한다. (현재 이 대안은 소규모 연구 시설에만 적합한 것으로 간주된다.)

오늘날 세계적으로 100기의 상업적 원자력발전소, 45기의 실험용(시작품) 반응로, 250기의 연구용 반응로가 폐쇄되었고 폐로의 다양한 단계에 있다.

최근의 경험에 의하면 대형 발전소를 폐로시키는 비용은

여러분의 선택은?

미국은 원자력으로부터 20%의 전기를 발생하는 운영 중인 100기의 원자력발전소를 보유하고 있다. 그러나 미국은 북한과 이란과 같은 국가가 원자력발전 능력을 개발하는 것을 방지하려고 한다. 미국은 다른 국가가 원자력발전을 개발하는 것을 방지할 수 있을까요?

한 편을 선택하고 여러분의 관점을 지지하는 논쟁을 개발하시오.

\$2억~\$4억로 나타나며, 이는 전기를 발생하는 비용의 약 5%이다. 과정은 국가에 따라 상이하지만, 폐로 경비는 일반적으로 발전소의 유용한 주기에 걸쳐 징수된다.

8.11 핵폐기물 처분

방사능 폐기물은 RCRA의 정의에 의하면 위험하고 독성을 가지며 다른 유해물질과 상이한 방식으로 규제된다. 미국에서 핵 연구는 최초에는 핵무기의 생산에 초점을 맞추었다. 제2차 세계대전 이후에, 원자력의 개발을 권장하기 위하여 원자력 위원회(Atomic Energy Commission)가 설립되었다. 이 기관의 기능은 원자력 규제위원회(Nuclear Regulatory Commission; NRC)와 에너지성(Department of Energy; DOE)에 의하여 인수되었으며, 현재 핵폐기물의 관리에 주된 책임이 있다. NRC는 원자력발전소 폐연료, 원자력발전소 폐로와 연관된 폐기물, 다양한 기원의 저준위 폐기물의 관리에 주된 책임이 있다. DOE는 연구와 무기 개발로부터 초래된 오염 부지의 청소와 연관된 폐기물에 주요한 책임을 가진다.

핵폐기물의 기원

핵연료 주기(nuclear fuel cycle)는 우라늄의 채광, 처리, 핵반응로에서 연료로 사용, 폐연료의 재처리와 처분을 포함한다. 과정의 모든 단계는 일부 핵폐기물을 발생한다. 추가적으로 핵물질은 무기의 제조에 사용될 수 있다. 과거 핵 연구와 무기 개발의 유산은 대량의 폐기물과 오염을 초래하였으며 특별한 고려를 필요로 한다.

핵 연구와 무기 생산으로부터의 오염

미국에서 핵 연구와 개발은 최초에는 제2차 세계대전 기간에 사용하기 위한 무기 개발과 관련되어 있었다. 핵 연구 역사의 초기에 방사능 폐기물로부터의 위험은 무기 생산의 시급한 필요로 인하여 저평가되었거나 중요하지 않은 것으로 간주되었다. 연구시설과 생산시설의 대부분은 유해화학물질과 사소한 방사능 폐기물을 매립하거나, 지하에 펌프하거나, 연못에 저장하거나, 강에 방출하는 방식으로 처리하였다. 제2차 세계대전 이후에 무기개발에 대한 연구는 에너지를 생산하기 위한 핵반응의 사용에 대한 연구와 함께 진행되었다. 궁극적으로 에너지성(DOE)은 이러한 활동에 책임을 맡았으며 핵에너지 연구와 무기생산에 사용된 시설의 관리책임을 맡게 되었다. 일부 시설은 핵에너지 연구와 무기생산 모두를 위하여 사용되었다. 더 나아가 군사적 사용은 플루토늄의 생산과 농축을 포함한다. 생산시설과 저장시설은 주변의 토지와 마찬가지로 반드시 오염되었다. 그 결과 DOE는 유해화학물질과 방사성 물질로 함께 오염된 많은 수의 부지를 관리하게 되었다.

문제의 크기는 거대했다. 500개소가 넘는 부지가 정화작업이 필요한지를 결정하기 위하여 평가되었다. 100개소 이상이 어느 수준의 정화를 필요로 하였다. 이러한 부지의 문제에는 다음이 포함된다.

- 수십만 미터톤의 우라늄과 감손 우라늄의 포장과 처분.
- 플루토늄 생산과 연관된 플루토늄과 폐기물의 포장과 처분.
- 수십만 리터의 액체 폐기물의 처분.
- 수십만 입방미터의 초우라늄 폐기물의 포장과 처분.
- 백만 입방미터 이상의 저준위 방사능 폐기물의 포장과 처분.
- 오염된 토양 또는 지하수의 복원.

DOE가 정화에 책임을 맡게 된 이후, 약 90개소의 주요한 부지가 정화되었다. 매년 적은 수의 부지가 있으며 남아있는 부지는 크기가 작다. 현재 15개소의 부지에서 정화작업이 진행되고 있다(그림 8.26). 이러한 부지에서 발생하는 폐

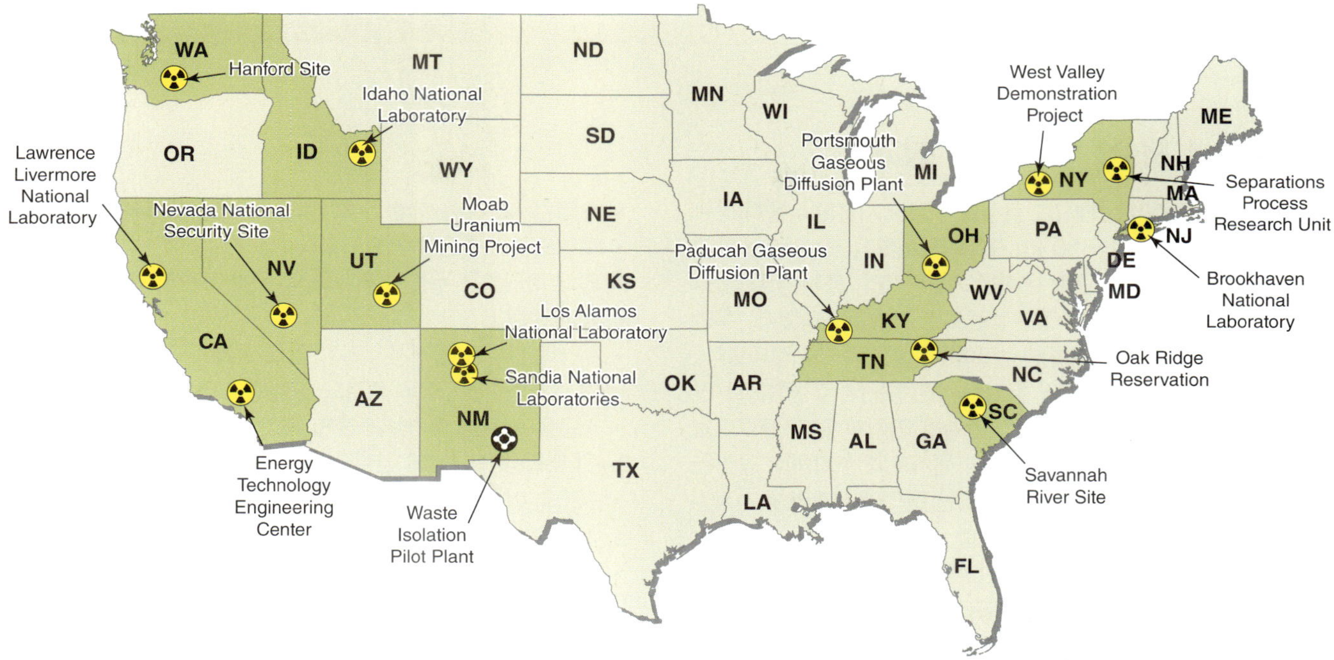

그림 8.26 오염된 핵 부지 잔류지: 에너지성(DOE)은 100개소 이상의 오염된 핵무기와 연구 부지를 관리하게 되었다. 2014년 기준으로 15개소의 부지에서 정화작업이 진행되고 있다. 폐기물 격리 파일럿 플랜트(WIPP)는 정화 부지가 아니다. 이는 초우라늄 폐기물의 저장 장소이며 정화 부지로부터의 모든 초우라늄 폐기물이 그곳으로 이전되면 해체될 것이다.

출처: 미국 에너지성(DOE) 자료.

기물은 현장에서 봉쇄되거나 처분시설로 운반된다.

핵무기

핵무기의 중요성이 감소한 결과로 추가적인 문제가 발생하였다. 소련과 동유럽의 정치적 붕괴는 서구와 동구의 많은 수의 핵무기가 불필요하게 하였다. 그러나 세계의 국가는 그들의 핵무기를 어떻게 처분하는가? 일부 핵물질은 원자로에서 연료로 사용하도록 전환될 수 있으며, 일부 반응로는 농축 우라늄이나 플루토늄을 수용하도록 변경될 수 있다. 이러한 물질의 안전은 특히 구소련에서 우려사항이다.

원자력발전소 폐기물

원자력발전소에서 핵연료의 사용은 폐연료봉과 방사성 물질과의 접촉으로 인하여 오염된 기타 물질에서 오는 폐기물의 생산을 결과한다. 현재 폐연료봉은 "임시적으로" 원자력발전소에 저장된다.

처분 방법

다른 국가에서 핵폐기물이 정의되는 방식에는 차이가 있지만, 4가지 일반적인 폐기물의 범주가 있다. 각각은 상이한 수준의 위험을 나타내며 취급과 처분에 특정한 방법을 필요로 한다.

초우라늄 폐기물 처분

초우라늄 핵폐기물(*Transuranic nuclear waste*)은 우라늄보다 큰 원자를 다량으로 포함하고 있는 반감기가 20년 이상인 방사능이 높은 폐기물이다. 이러한 폐기물의 대부분은 핵무기의 생산과 관련된 과정에서 온다. 미국내 과거 핵무기 부지의 정화가 진행되면서, 초우라늄 폐기물은 저장을 위하여 뉴멕시코 주 Carlsbad 인근의 폐기물 격리 파일럿 플랜트(Waste Isolation Pilot Plant; WIPP)로 수송된다. 이 시설은 1999년 3월 폐기물을 수용하기 시작하였다(그림 8.27). 1999년 이래 WIPP는 사고 없이 운영되었으나, 2014년 2월 갱도에서 소금을 운반하는데 사용되는 트럭에 의한 화재와 방사능 방출의 2건의 분리된 사고가 발생하였다. 방사능 방출의 수준은 매우 낮았다(4 mrem 미만). 방사능 방출은 방출의 원인이 확인되고 교정될 때까지 시설이 폐쇄되도록 하였다.

집중 탐구

Hanford 시설: 핵 잔존물 창고

1943년 3월 미국 정부는 대규모 플루토늄 생산 시설을 수용하기 위하여 워싱턴 주 남부에 1,650 km^2를 획득하였다. Hanford 부지는 Columbia 강에 위치하며, 온화한 기후, 격리, 풍부한 물 등 원자로와 재처리 시설의 운영에 필수적인 모든 것을 제공하였다. 주민은 퇴거하는데 3주일의 통지를 받았으며, 건설은 즉시 시작되었다.

이 시설은 제2차 세계대전의 무기를 개발하는데 결정적으로 간주되었기 때문에, 먼저 소규모 개발단계를 거치지 않고 플루토늄의 산업적 생산을 시작하였다. 최초의 원자로와 화학처리 공장은 1944년 말에 완공되었다. 그 이후 20년 동안에 8개의 추가적인 반응로와 7개의 처리공장이 건설되었다.

Hanford 플루토늄과 우라늄 생산 시설은 더 이상 운영되지 않는다. 그러나 이는 미국에서 가장 대규모이고 가장 복잡한 정화 부지인 오염과 폐기물의 유산을 남겼다. Hanford 시설의 초기 운영 역사에서 저준위 폐기물은 지면에 투기하거나 우물로 펌프하였다. 기타 액체 폐기물은 수조에 저장되었다. 여러 해에 걸쳐 많은 수조는 더 안전한 용기로 옮겨지기 전에 누출되었다. 결과적으로 토양과 지하수는 약 4백만 리터의 폐기물로 오염되었다. 차수되지 않은 도랑에 고형폐기물의 매립도 토양과 지하수 오염을 초래하였다.

정화 작업은 방대하였다.

- 202,000 m^3의 액체 방사능 폐기물
- 2,100미터톤의 사용된 핵연료
- 20미터톤의 플루토늄
- 750,000 m^3의 매립되거나 저장된 폐기물
- 522동의 오염된 건물
- 177개의 지하 저장 수조
- 1,700개소의 개별 폐기물 부지
- 208 km^2의 오염된 지하수

1989년 미국 에너지성(DOE), 환경청(EPA), 워싱턴 주 에너지부는 3자간 합의라고 알려진 유해물질의 정화와 개선된 관리를 요구하는 합의서에 서명을 하였다.

다음은 성취된 일부 목록이다.

- 오염된 지하수는 매월 수억 리터 속도로 펌프되고 처리된다.
- 토양오염의 특징이 서술되었다.
- 액체 폐기물은 누출의 위험이 있는 것으로 생각되는 수조에서 제거되었다.
- 9기의 원자로 중에서 7기가 연료가 제거되고 장기 저장되었다. 나머지 원자로의 폐로도 진행되고 있다.
- 저준위 방사능 폐기물과 혼합 폐기물을 보유하기 위하여 차수된 매립장이 현장에 건설되었다.
- 500회 이상의 초우라늄 폐기물이 WIPP로 선적되어 보내졌다.
- 저장되었던 우라늄은 안전한 부지로 이전되었다.
- 741동의 건물이 오염 제거되고 해체되었다.
- 저준위 액체 폐기물을 유리로 변환하는 공장의 건설이 시작되었지만, 이는 2019년이 되어야 운영이 시작될 것으로 예상된다.

그러나 아직 할 일이 많이 남아있다. 계속되는 지하수의 처리가 오염 수준을 더 감소시킬 것이지만, 일부 오염물질은 아직 지하수로부터 Columbia 강으로 유입되고 있다. 더 심각하게 오염된 Hanford의 부지는 앞으로도 40년까지 정화를 필요로 할 것이다.

우라늄 채광과 제련 폐기물

우라늄 채광과 제련 폐기물(*Uranium mining* and *milling waste*)은 무기와 원자력을 위하여 우라늄을 준비하는 데서 생성된다. 이러한 폐기물은 저수준의 방사능을 보이지만 배경수준은 초과한다. 이러한 폐기물과 연관된 가장 심각한 문제는 감마선의 직접 조사, 바람에 날린 먼지, 라돈 가스의 방출, 침식과 표층수로 물질의 확산, 지하수의 오염이다(그림 8.28). 폐기물 관리활동에는 울타리를 설치하고, 경고 표지를 설치하고, 부지에 대중을 오지 못하게 하는 토지이용 제한을 설치하는 것 등 단순한 활동이 포함된다. 그러나 폐기물을 토양과 암석의 두꺼운 층으로 피복하는 것은 침식, 바람에 날리는 입자, 지하수 오염을 방지한다. 피복은 또한 감마선과 라돈 가스의 방출을 크게 감소시킨다.

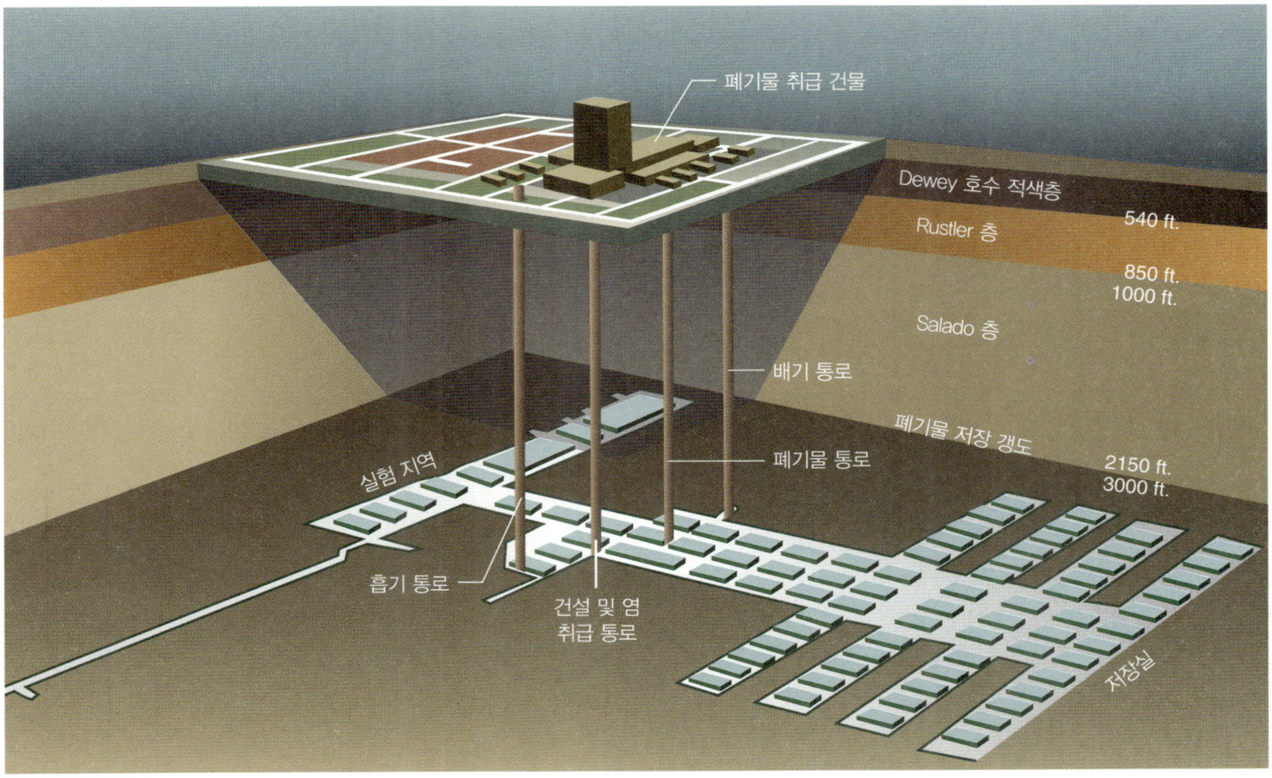

그림 8.27 폐기물 격리 파일럿 플랜트(WIPP): 미국 에너지성의 정화 활동에서 생성된 초우라늄 방사능 폐기물이 저장을 위하여 뉴멕시코 주 Carlsbad 인근의 WIPP로 운반되고 있다.

출처: 미국 에너지성(DOE).

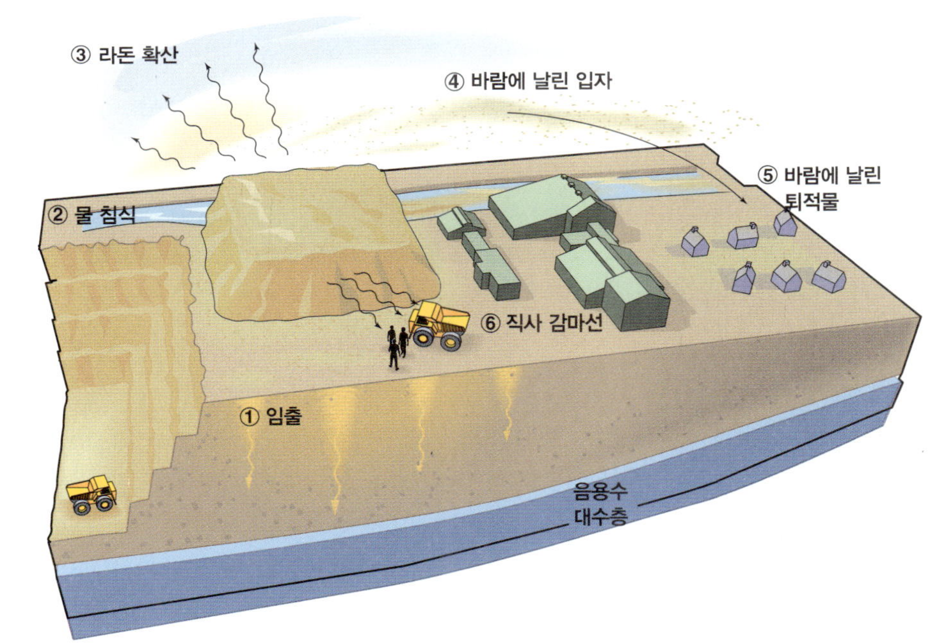

그림 8.28 우라늄 광산 광미: 광미의 방사선 양은 낮지만, 방사능은 아직 인간의 건강에 위협을 나타낸다. 방사능은 환경을 통하여 분산될 수 있으며 몇 가지 방법으로 인간과 접촉할 수 있다. (1) 방사성 물질은 지하수로 용해될 수 있다. (2) 방사능 물질은 침식을 통하여 지표수에 유입할 수 있다. (3) 라돈 가스는 광미에서 확산되어 대기 중으로 유입될 수 있다. (4) 광미 부근에 거주하는 사람은 대기의 입자를 받아들이거나, (5) 입자로 피복된 물체와 접촉하거나, (6) 감마선을 직접 받을 수 있다.

출처: 미국 환경청(EPA).

고준위 방사성 폐기물 처분

고준위 방사성 폐기물(*High-level radioactive waste*)은 사용된 연료봉과 연료봉의 재처리에서 오는 방사성이 높은 물질로 구성된다. 고준위 방사성 폐기물의 처분은 원자력 산업에서 주요한 문제가 되었다. 프랑스, 일본, 러시아, 영국, 중국, 인도, 스위스, 벨기에, 불가리아와 같은 몇몇 국가에서 원자력 시설의 절반 이하에서 사용된 연료봉이 폐기물 양을 줄이기 위하여 재처리된다. 미국을 포함한 다른 국가는 사용된 연료봉을 재처리하지 않고 저장해야 한다.

임시 저장(*Temporary Storage*) 미국에 원자로 부지에 70,000미

과학, 정치, 정책

원자력발전소 폐기물의 처분

원자력발전소 폐연료봉의 처분은 최초의 상업용 원자로가 운용을 시작한 1957년 이래로 지속적인 문제였다. 그 이후 50년 이상 사용된 연료봉의 핵폐기물을 취급하는 데는 폐기물의 양을 감소하기 위하여 재처리하거나 안전한 장소에 저장하는 단지 2가지 방법밖에 없다는 것이 명백해졌다. 미국의 정책은 핵폐기물을 재처리하기 보다는 저장하는 것이었다. 연방법은 미국 정부가 사용된 핵연료의 저장을 위한 해결책을 제공할 것을 요구한다. 미국의 모든 원자력발전소는 궁극적으로는 폐기물이 안전한 연방 설비에 보관될 것이라는 가정 하에 운영되고 있다. 미국 국립 과학원(National Academy of Sciences)은 지하저장소가 원자력발전소의 폐기물을 취급하기에 최선의 방법이라고 권장하였다.

고준위 방사성 폐기물의 저장소를 설립하기 위한 미국의 노력은 길고 복잡하다. 다음은 이 과정의 주요한 단계의 간략한 연대기를 보여준다.

- 1982 — 미국 하원은 에너지성에 핵폐기물 부지의 조사, 건설, 운영의 책임을 주는 법안을 통과시켰으며 1998년까지 완공하도록 하였다.
- 1987 — 처음에 몇 개소의 부지가 고려되었으며 Yucca 산이 추가적인 연구를 위하여 선정되었다.
- 1994-1997 — Yucca 산 부지의 적합성을 연구하기 위하여 5마일 길이의 U자형 터널(실험 연구시설)이 건설되었다.
- 2002 — 부시(George W. Bush) 대통령이 Yucca 산을 핵 저장소 부지로 지정하는 하원의 연합 해결책에 서명하였다.
- 2008 — DOE는 원자력 규제위원회에 사용된 핵연료와 고준위 방사성 폐기물 저장소를 Yucca 산에 건설하는 허가 지원서를 신청하였다.
- 2010 — 오바마(Obama) 대통령은 Yucca 산의 자금을 회수하였으며 원자력 규제위원회는 시설을 운영하기 위한 요청을 취소하였다. Obama 대통령은 또한 "미국의 핵 미래에 대한 푸른 리본 위원회(Blue Ribbon Commission on America's Nuclear Future)"를 설립하였다.
- 2012 — 미국의 핵 미래에 대한 Blue Ribbon 위원회 2012 보고서는 다음의 성명을 포함하였다.

  권고 #1: 미국은 사용된 연료와 고준위 핵폐기물의 안전한 처분을 위하여 하나 이상의 영구적인 심층 지질학적 시설의 적기 개발로 이어지는 통합 핵폐기물 관리 프로그램을 수행해야 한다.
- 2013 — 미국 상소법원은 국가의 핵 저장소로서 Yucca 산의 지정은 아직 유효하며 원자력 규제위원회(NRC)와 대통령은 법을 무시하고 Yucca 산을 폐쇄하기 위한 계획을 진행할 수 없다고 판결하였다.
- 미래 — 미래는 불확실하지만, 사용된 핵연료를 저장하는 영구적인 해결책이 향후 10년 동안은 가능하지 않다는 것이 명백하다.

Yucca 산

터톤의 방사능이 높은 사용된 연료봉이 저장되어 있다. 이러한 저장 장소의 대부분은 미국 정부가 연구 저장시설을 건설할 때까지 일시적인 저장을 제공하기 위한 물로 채워진 용기이다(그림 8.29). 영구 저장시설이 완공되지 않았기 때문에, 많은 시설의 저장 공간이 고갈되고 있다. 그 결과 저장 연못은 더 이상 폐기물을 수용할 수 없기 때문에 원자력 규제 위원회는 방사능이 낮은 오래된 폐연료봉을 지상의 건식 통에 보관하도록 허용하였다. 현재 사용된 연료봉의 약 25%가 지상에 저장되고 있다(그림 8.30).

고준위 핵폐기물의 영구적 처분(***Permanent Disposal of High-Level Nuclear Waste***) 대부분의 전문가는 고준위 핵폐기물의 처분에 대한 실행 가능한 해결책은 안정된 지질학적 구조에 매립하는 것이라고 동의한다. 그러나 핀란드와 스웨덴만 부지를 선정하였다. 캐나다는 부지를 선정하는 과정에 있으며, 미국은 사용한 연료봉을 다루는데 명백한 정책을 정립할 수 없었다. ("과학, 정치, 정책: 원자력발전소 폐기물의 처분" 참조.) 폐기물이 시설에 저장되기 위해서는 최소한 10년은 기다려야 할 것이다.

그림 8.29 **사용된 연료봉의 저장:** 사용된 연료봉은 초기에 물로 채워진 연못에 저장된다.

그림 8.30 **사용된 연료봉의 지상 저장:** 이러한 통은 오래되고 방사능이 약한 사용된 연료봉을 수용한다. 이러한 유형의 저장은 Yucca 산의 약속된 영구적인 정부 저장 부지가 건설되지 않았고 물 저장 풀은 용량에 도달하여 필요하지 않을 수 없게 되었다.

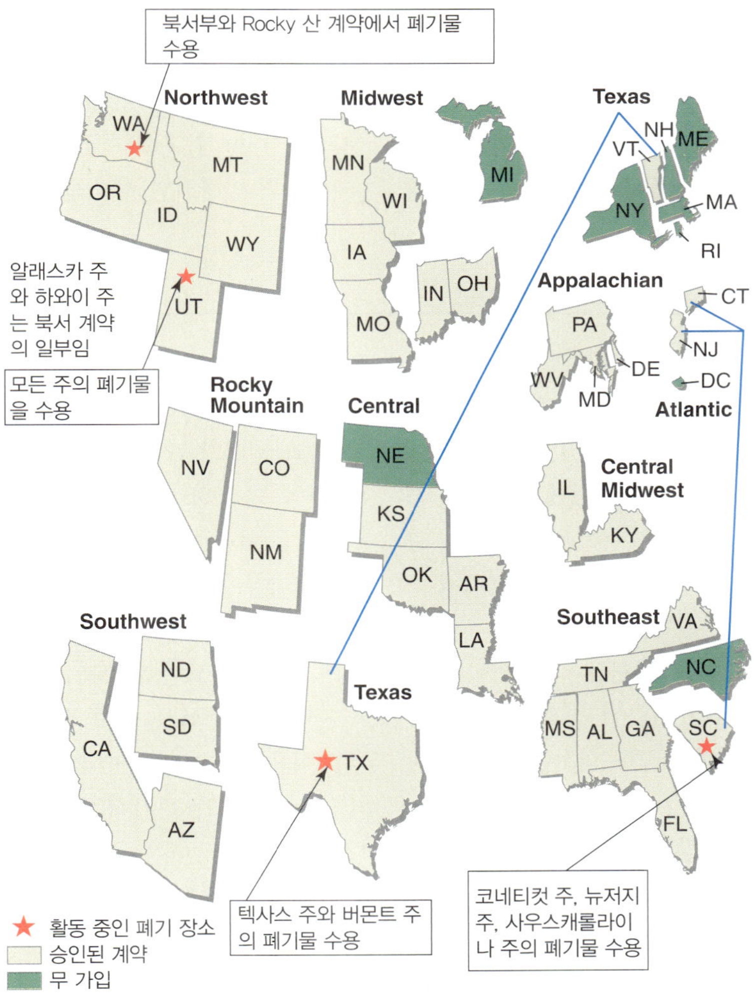

그림 8.31 **저준위 방사능 폐기물 부지:** 모든 주는 저준위 방사능 폐기물의 처분에 책임이 있다. 많은 주는 처분 부지를 유치하기 위하여 계약을 형성하고 주를 선택하였다. 그러나 대부분의 지정된 주는 처분 부지를 개발하지 않았다. 따라서 대부분의 주는 폐기물을 수용하기 위하여 유타 주의 부지에 의존한다. 지도는 현재의 계약과 사용 중인 처분 부지를 보여준다.

출처: 핵규제위원회(Nuclear Regulatory Commission).

저준위 방사성 폐기물 처분

저준위 방사성 폐기물(*Low-level radioactive waste*)은 다른 하나의 범주로 분류되지 않는 소량의 방사능을 포함하는 폐기물이다. 저준위 폐기물은 원자력 시설, 무기 시설, 병원, 연구 기관 등 다양한 기원에서 오며, 의료 분야에서 사용된 방사성 물질, 방사성 물질을 가지고 작업한 사람이 착용한 보호 의복, 오염된 청소 물질, 방사성 동위원소의 다른 많은 현대적인 이용에서 온 물질 등을 포함한다.

미국은 매년 57,000 m^3의 저준위 방사성 폐기물을 처분한다. 이는 현재 사우스캐롤라이나 주, 워싱턴 주, 유타 주, 텍사스 주의 처분 부지에 매립된다. 1980년 하원은 모든 주에 자신의 저준위 방사성 폐기물 저장 부지를 마련하도록 1986년의 최종 기한을 설정하였다. 나중에 몇 주가 지역적인 계약을 형성하고 한 주를 선정하여 계약의 모든 주를 위한 처분 부지를 제공하도록 허용하는 변경이 있었다.

몇 개의 주는 어느 계약에도 가입하지 않았다. 그림 8.31은 현재의 계약과 활동 중인 저준위 방사성 폐기물 처분 부지를 보여준다. 그림 8.31에서 볼 수 있듯이, 대부분의 계약과 무가입 주는 저준위 방사성 폐기물을 처분할 수 있는 영구적으로 가용한 장소를 가지고 있지 않고 유타 주의 저장 시설에 대한 접근에 의존한다. 그림 8.32는 저준위 방사성 폐기물의 일반적인 저장 방법을 보여준다.

그림 8.32 저준위 방사성 폐기물의 저장: 저준위 방사성 폐기물은 특별히 설계된 토지 매립 부지에 저장된다.

요약

주요한 에너지원은 재생불가능하고 궁극적으로 소진될 화석연료이다. 자원은 사람의 이용을 위하여 자연적으로 발생하는 물질이며, 이는 잠재적으로 추출될 수 있는 것이다. 매장량은 기존의 기술과 현재의 경제적 조건하에서 수익성 있게 물질이 추출될 수 있는 알려진 매장층이다. 매장량의 규모는 새로운 매장층의 발견, 새로운 기술의 적용, 경제적 조건의 변화에 의하여 변화한다.

석탄은 세계에서 가장 풍부한 화석연료이다. 석탄은 식물 물질이 매장되고 시간에 따라 변화된 결과로 형성되었다. 존재하는 물과 탄소의 상대적인 양에 의하여 몇 가지 품질의 석탄이 결정된다.

석유와 천연가스는 매장되고, 압축되고, 변화된 미생물로부터 형성되었다.

석탄은 노천 채광이나 지하 채광에 의하여 획득된다. 석탄 추출과 연관된 문제점은 노천 채광에 의한 경관의 교란과 지하 채광에 의한 지반침하이다. 진폐증, 폐기물 더미, 수질오염과 대기오염, 산성 광산폐수도 부가적인 문제이다.

석유와 천연가스는 석유나 천연가스를 포함하는 지질학적 구조에 시추하여 획득된다. 석유의 가용도가 감소하면서, 북극과 해저와 같은 더 어려운 장소의 개발과 시추가 증가하였다. 추가적으로 매장층에서 더 많은 비율의 석유를 추출하기 위하여 고비용의 2차와 3차 회수 방법이 개발되었다. 석유누출은 석유의 이용과 관련된 주요한 환경문제이다. 천연가스는 3가지 형태의 화석연료 중에서 환경영향이 가장 작다. 주요한 환경적 우려는 폭발을 방지하는 것이다.

원자력발전소는 세계 전기 에너지의 약 11%를 제공한다. 석유 가격이 상승하고 기후변화에 대한 우려로 인하여, 많은 국가들이 추가적인 원자력발전소 건립 계획을 가지고 있다.

핵분열은 입자(알파, 베타, 중성자 등)와 에너지를 방출하는 원자핵의 분할이다. 방사성 물질의 농도가 충분히 높으면, 이는 핵연쇄반응을 지지할 것이다. 핵연쇄반응에서 한 원자의 붕괴에서 방출된 중성자는 다른 원자를 타격하여 분할되도록 하고 또한 중성자를 방출한다. 발생되는 에너지는 다양한 목적으로 사용될 수 있다. 원자로에서 U-235의 분할은 물을 가열하여 수증기를 생산하여 전기를 발생한다. 비등수 원자로, 가압수형 원자로, 중수로, 가스 냉각로, 실험적 증식형 원자로를 포함하는 다양한 종류의 원자로가 건설되었다. 모든 원자로는 연료를 가진 노심, 반응 속도를 조절하는 감속재, 원자로의 과열을 방지하는 냉각장치를 가지고 있다.

핵연료주기는 우라늄 원광석의 채광과 농축, 연료봉으로 제조, 원자로에서 연료의 사용, 사용된 연료봉의 재처리 또는 저장을 포함한다. 연료와 폐기물은 수송되어야 한다. 주기의 모든 단계에서 노출의 위험이 있다. 전체 주기를 통하여 핵물질의 우연한 방출을 방지하기 위하여 커다란 주의를 기울여야 한다.

방사선 노출의 생물학적 영향은 방사선이 조직의 특정한 분자를 이온화시켜서 매우 반응성이 크게 만들기 때문에 발생한다. 이러한 반응성이 큰 분자는 다른 중요한 생물학적 분자와 상호작용하여 이러한 분자들이 정상적인 기능을 수행하지 못하도록 변경시킨다. 주된 우려는 유전적 돌연변이와 암을 초래할 수 있는 DNA에 발생하는 변화이다. 극히 다량의 방사선 조사량은 주된 분자 변화를 초래하여 직접 세포를 사멸시킨다. 방사선으로부터 사람을 보호하는 단순한 방법은 사람이 노출되는 시간의 제한, 방사선 공급원으로부터 거리의 유지, 방사선 공급원 주변에 차폐 물질을 제공하는 것이다.

미국의 스리마일 섬, 우크라이나의 체르노빌, 일본의 후쿠시마에서의 사고는 원자력발전소의 안전에 대한 우려를 제기하였지만, 상승하는 에너지 가격과 기후변화에 대한 우려는 많은 국가에서 원자력발전소의 건설을 촉진하였으며 더 많은 원전이 계획단계에 있다. 핵폐기물의 처분은 고비용이고 논란이 있다. 지질학적으로 안정된 지역에 장기간 보관하는 것이 가장 일반적으로 지지되는 대안이다. 러시아, 일본, 영국은 궁극적으로 장기 저장소에 위치하여야 할 핵폐기물의 양을 줄이는 대안으로 핵재처리 시설을 운영한다.

핵폐기물은 주로 핵무기의 생산과 원자력발전소의 폐기물의 결과이다. 초우라늄 폐기물은 주로 핵무기를 위한 우라늄과 플루토늄의 처리에서 온다. 미국 에너지성(DOE)은 초우라늄 폐기물의 정화에 대한 책임을 맡게 되었다. 폐기물은 저장을 위하여 뉴멕시코 주의 폐기물 격리 파일럿 플랜트(WIPP)로 운반된다. 우라늄 채광과 광미는 일반적으로 낮은 수준의 방사성을 띠며 보통 폐기물을 토양으로 피복하거나 부지 주변에 울타리를 설치하여 관리된다. 원자력발전소의 고준위 폐기물은 현재 원전 현장의 물로 채워진 풀이나 지상 건식 통에 보관되고 있는 사용된 연료봉으로 주로 이루어져 있다. 궁극적으로 그들은 미국 정부에 의하여 제공되는 영구적인 저장 부지에 저장될 것이다. 저장을 위한 부지를 선정하는 것은 정치적인 문제가 되었으며 영구적인 부지가 운영되기까지는 여러 해가 소요될 것이다. 저준위 폐기물은 소량의 방사성 물질을 포함하는 물질이다. 저준위 폐기물은 대학, 병원, 원자력발전소와 같은 기관에 의하여 생성된다. 각각의 주는 자신의 폐기물 관리에 책임이 있지만, 대부분은 저장 부지를 선정하기 위하여 다른 주와 연합하였다. 현재 저준위 폐기물의 저장을 위하여 특별히 설계된 매립장이 4개소 있다.

녹색 활동

1. 오른쪽 도표를 이용하여 여러분의 월간 탄소발자국을 계산하시오. 미국인의 평균 이산화탄소 발생량은 월간 1.7톤(연 20톤)의 CO_2이다. 주석: 여러분의 가족이 여러 명이면, 각 범주에 사용된 총 에너지를 가족 수로 나누어 여러분 개인의 탄소발자국을 측정한다.
2. 여러분의 지역 전기회사에 연락하거나 홈페이지에 접속하여 생산된 전기의 몇 %가 원자력인지, 석탄 화력발전소인지, 천연가스 발전소인지를 측정하시오.
3. 미국은 100개소의 전기를 생산하는 원자력발전소를 보유하고 있다. 어느 것이 여러분이 사는 곳에서 지리적으로 가장 가까운지 확인하시오. 인터넷 검색을 하면 이 정보를 찾을 수 있을 것이다.
4. 지역 병원에 전화하여 대표자에게 병원에서 핵폐기물을 어떻게 처분하는지 문의한다.

에너지 사용	*CO_2 톤*
전기 (kW-h) × 0.0006 =	
천연가스 (Therm) × 0.00591 =	
난방유 (갤런) × 0.01015 =	
휘발유 (갤런) × 0.0087 =	

복습문제

1. 에너지의 가장 중요한 3가지 공급원의 이름을 대시오.
2. 매장량과 자원의 차이를 구분하시오.
3. 석유 매장량의 규모 증가를 초래할 수 있는 3가지 요인을 서술하시오.
4. 석탄을 형성하는 지질학적 과정을 서술하시오.
5. 갈탄, 역청탄, 무연탄 사이의 차이를 서술하시오.
6. 석유와 천연가스 형성과정을 서술하시오.
7. 세계 어느 지역이 석탄 매장량이 가장 많은가? 석유는? 천연가스는?
8. 석탄 사용의 3가지 환경 영향을 열거하시오.
9. 2차와 3차 석유 회수 방법은 무엇인가? 그 방법들의 사용은 왜 석유 가격과 관련되는가?
10. 석유의 추출과 수송과 연관된 가장 보편적인 환경문제는 무엇인가?
11. 천연가스는 석유와 석탄에 비하여 어떠한 환경적 장점을 가지는가?
12. 어떠한 환경적 우려가 사람들이 원자력을 더 수용하게 하였는가?
13. 방사성 동위원소의 핵붕괴 산물은 무엇인가?
14. 핵연쇄반응은 무엇인가?
15. 원자력발전소가 어떻게 전기를 생산하는지 서술하시오.
16. 핵연료주기 단계의 이름을 대시오.
17. 방사선은 어떻게 생물에 피해를 초래하나요?
18. 해로운 방사선으로부터 사람을 보호하는 3가지 주요한 방법을 열거하시오.
19. 체르노빌, 스리마일 섬, 후쿠시마에서 무슨 일이 일어났나요? 왜 그런 일이 발생했나요?
20. 원자력의 사용과 연관된 주요한 환경문제는 무엇인가?
21. 원자력발전소 폐로의 1단계에서는 어떤 일이 발생하나요?
22. 원자력발전소 폐로의 2단계에서는 어떠한 대안이 가용한가요?
23. 핵폐기물의 주요한 공급원은 무엇인가요?
24. 초우라늄 폐기물은 무엇이고 이는 어떻게 처분하나요?
25. 고준위 폐기물은 무엇이고 이는 현재 어떻게 제어되나요?
26. 저준위 방사성 폐기물의 예를 드시오.

비판적 사고 문제

1. 미국 중서부의 석탄 화력발전소는 동부의 산성비에 기여하였다. 다른 에너지원은 석탄에 비하여 더 비용이 많이 들며, 따라서 전기요금을 상승시킨다. 동부 주의 시민은 중서부의 전력회사가 발전하는 방법을 변경하도록 압력을 가할 수 있을까요? 이러한 변화를 가져오기 위해서는 어떠한 기법이 가용할까요?
2. 지구온난화에 대한 최근의 우려는 미국에서 원자력 산업을 되살리기 시작하였다. 여러분은 전기를 생산하는데 석탄 대신에 원자력이 사용되어야 한다고 생각하나요? 그 이유는?
3. 일부 주는 소비자가 전기 공급자를 선택하는 것을 허용한다. 여러분은 비용이 더 들더라도 원자력이나 석탄의 대안을 선택할 것인가요?
4. 여러분이 다른 에너지원의 경제비용과 환경비용을 안다고 할 때, 여러분은 전기 생산을 보충하기 위하여 지역 전기회사가 원자력 또는 석탄을 사용하도록 권장할 것인가? 여러분의 권장을 결정하는데 어떠한 기준을 사용할 것인가?
5. 방사능 폐기물의 처분은 원자력 산업의 커다란 문제이다. 핵폐기물 처분을 고려할 때 평가되어야 하는 일에는 어떠한 것이 있는가? 저장 계획이 적절한지 아닌지를 판단하는데 여러분은 어떠한 기준을 사용할 것인가?
6. 핵무기 실험은 환경으로 핵 방사선을 방출하였다. 이러한 실험은 국가 안보에 필수적인 것으로 항상 정당화되었다. 여러분은 동의하나요? 아니면 동의하지 않나요? 핵무기 실험에는 어떠한 혜택이 있나요?

chapter

9 재생가능 에너지원

Renewable Energy Sources

▲ 태양광은 지구에 연속적인 에너지원을 제공한다. 태양광은 생물량의 에너지로 변환되며, 이는 세계에서 가장 보편적으로 이용되는 재생가능 에너지원이다.

CHAPTER OUTLINE

에너지 투자 수익률

- 9.1 재생가능 에너지의 상태
- 9.2 재생가능 에너지의 주요한 종류
- 9.3 에너지 보존

집중 탐구: 바이오매스 연료와 개발도상국

과학, 정치, 정책: 재생가능 연료 명령

녹색 행진: 하이브리드 차량과 전기 차량

이슈와 분석: 옥수수 에탄올 연료는 합리적인가?

목적

이 장을 학습한 후 여러분은 다음을 달성하여야 한다.

- 재생가능 에너지원을 재생불가능 에너지원으로부터 구별한다.
- 재생가능 에너지원은 현재 세계 에너지의 약 13%를 제공한다는 것을 인식한다.
- 땔나무는 저개발 국가의 많은 지역에서 주요한 에너지원이며 땔나무 부족은 보편적이라는 것을 인식한다.
- 그들이 생산하는 폐기물을 에너지를 제공하는데 일반적으로 사용하는 산업을 확인한다.
- 도시 고형폐기물을 에너지를 생산하기 위하여 연소할 때 고려해야 하는 기술적 요인과 경제적 요인을 서술한다.
- 에너지를 제공하는데 곡물 잔류물을 사용하는 부정적인 환경 영향을 확인한다.
- 에너지를 제공하기 위하여 곡물 잔류물 또는 에너지 조림의 사용을 평가할 때 고려해야 하는 경제적 요인을 서술한다.
- 바이오매스로부터 에너지를 생산하는데 사용되는 4가지 과정을 열거한다.
- 바이오매스를 에너지를 제공하는데 사용하는 것과 관련된 4가지 환경문제를 서술한다.
- 수력을 개발하는 것과 관련된 환경문제를 서술한다.
- 능동 태양열 난방과 수동(자연형) 태양열 난방이 어떻게 상이한지 서술한다.
- 태양 에너지로부터 전기를 생산하는데 사용되는 2가지 방법을 서술한다.
- 전기를 생산하기 위하여 바람, 지열, 조석 에너지가 어떻게 사용되는지 서술한다.
- 바람, 지열, 조석 에너지는 적절한 지질학적 또는 지리적 특징을 가진 지역에서만 개발될 수 있다는 것을 인식한다.
- 에너지 보존은 추가적인 에너지원에 대한 우리의 요구를 상당히 감소시킬 수 있다는 것을 인식한다.

에너지 투자 수익률

사회에 의한 에너지의 사용은 매우 복잡한 과정이다. 이는 에너지 대안을 평가하는 것을 어렵게 하며 그들을 비교하는 어떠한 방식을 필요로 한다. 한 가지 방법은 에너지원이 생산하는 에너지의 양과 그 에너지를 생산하는데 필요한 에너지의 양을 측정하는 것이다. 모든 에너지원은 그 잠재력을 발달하기 위하여 에너지 유입을 필요로 한다. 예를 들면 석유 1배럴을 생산하기 위해서는 석유 생산을 위한 유정을 개발하기 위하여 상당한 양의 에너지가 투입된다. 석유의 원천을 탐색하기 위해서 에너지가 사용되었다. 석유에 도달하기 위하여 시추하는데도 에너지가 사용되었다. 석유를 표면으로 펌프하는 데에도 에너지가 사용되었다. 따라서 에너지 회계를 하면 에너지를 얻기 위하여 투자된 에너지의 양을 측정하는 것이 가능하다. 이는 에너지 투자 수익률(Energy Return On Investment; EROI)이라고 한다.

$$\text{EROI} = \frac{\text{획득된 에너지}}{\text{에너지를 얻기 위하여 소요되는 에너지}}$$

또한 EROI는 에너지를 생산하고 사용하는 과정의 여러 시점에서 EROI를 측정할 수 있다는 것을 이해하는 것도 중요하다.

1. 에너지 회계를 시작하는 보편적인 방법의 하나는 유정, 풍력 터빈, 또는 석탄광산과 같은 생산 시점에서 EROI를 측정하는 것이다.
2. 그러나 일부 에너지원은 소비자가 이용할 수 있기 전에 변형되어야 한다. 석유는 정제되어야 하며, 석탄은 분쇄되고 세척되어야 하며, 풍력 터빈의 전기는 전선을 통하여 전달되기 전에 승압되어야 한다.
3. 더 나아가 에너지원을 소비자에게 도달하게 하는 에너지 비용이 있다. 천연가스는 사용자에게 펌프되어야 하며, 휘발유는 주유소로 배달되어야 하고, 석탄은 소비자에게 운반되어야 하며, 에너지를 공급원에서 소비자에게 보내기 위해서는 전선이 유지되어야 한다.
4. 마지막으로 에너지를 사용하는데 에너지 비용이 있다. 자동차가 다니기 위해서는 길이 건설되고 유지되어야 하며, 건물에 열을 분산하기 위해서는 난로의 송풍기가 필요하며, 낡아서 파손되는 전기기구는 대체품이 제작되어야 한다.

이러한 모든 비용이 고려되면 사회가 에너지원을 사용하는데 순 양의 에너지 균형을 위해서는 생산지(예; 유정)에서 3:1의 EROI가 필요하게 될 것이다.

표는 몇 가지 공급원에서 수집한 EROI 범위에 대한 정보를 제공한다.

에너지원	에너지 출력/에너지 입력 (EROI)
화석연료	
석유와 가스 1930	100+
석유와 가스 1970	30
석유와 가스 2005	11 to 18
1970년 발견	8
천연가스 2005	10
석탄(광산 입구)	80
타르 샌드	2-4
타이트 오일	5
원자력	5-15
재생가능	
수력발전	100+
풍력 터빈	18
평판 태양열 수집기	1.9
집광형 태양열 수집기	1.6
광기전	6.8
사탕수수 에탄올	0.8-10
옥수수 에탄올	0.8-1.6
바이오디젤	1.3

자료 출처: Murphy, David J., and Hall, Charles A. S. Year in review—EROI or energy return on (energy) invested. Annals of the New York Academy of Sciences 1185 (2010) 102-118.

이러한 자료로부터 몇 가지 결론을 도출할 수 있다.

- 최근의 석유와 천연가스의 발견과 개발은 초기 발견에 비하여 훨씬 낮은 EROI를 보인다.
- 비재래식 석유 공급원(타르 샌드, 타이트 오일)은 재래적 공급원에 비하여 훨씬 낮은 EROI를 나타낸다.
- 수력발전, 풍력 터빈, 광기전은 재생가능 에너지원 중에서 가장 좋은 EROI를 보인다.

9.1 재생가능 에너지의 상태

화석연료(석유, 천연가스, 석탄)의 연소와 원자력으로부터 전기는 세계에서 사용되는 에너지의 약 87%를 제공한다. 화석연료의 연소는 인간에 의하여 유발되는 이산화탄소 배출의 대부분에도 책임이 있다. 과거 10년 동안 에너지 소비는 약 30% 증가하였으며 미래에도 에너지 수요가 상당한 증가를 계속할 것으로 예상해야 한다.

재생가능 에너지(Renewable energy)는 스스로 보충되는 과정에 의하여 제공되거나 태양계의 특징으로서 연속적으로 존재한다. 태양은 재생가능 에너지의 1차적인 공급원이다. 세계 에너지 사용 관점에서, 바이오매스는 주된 재생가능 에너지원이다. 광합성 과정은 태양광을 식물 생물자원으로 변환한다.

이산화탄소 + 물 + 태양광 에너지
→ 바이오매스(화학적 에너지) + 산소

이 에너지는 목질, 전분, 기름, 기타 화합물과 같은 식물의 유기분자로 저장된다. 모든 형태의 바이오매스(식물, 동물, 조류, 균류)는 태양 에너지에 기원한다. 바이오매스는 끊임없이 생산되기 때문에, 이는 재생가능 에너지 형태이다. 태양, 바람, 지열, 조석 에너지는 연속적으로 가용하기 때문에 재생가능 에너지원이다. 현재 재생가능 형태의 에너지에 대하여 커다란 관심이 있다. 이러한 관심을 자극하는 몇 가지 요인이 있다. 화석연료는 재생불가능하기 때문에, 희귀해지면 가격이 상승한다. 화석연료의 가격이 상승하면, 재생가능 에너지원의 경제는 개선되며 재생가능 에너지에 투자하는 경제적 유인이 있다. 화석연료가 저렴하면, 재생가능 에너지의 많은 형태는 경제적으로 경쟁할 수 없다. 그러나 화석연료의 가격이 상승하면서, 재생가능 에너지의 많은 형태가 경제적으로 실용적이 된다. 세 번째 요인은 기후변화에 대한 우려이며, 이는 주로 화석연료의 연소로부터 발생하는 이산화탄소 배출에 의하여 주도된다. 일반적으로 재생가능 에너지원은 이산화탄소 배출을 추가하지 않는다.

현재 재생가능 에너지원(바이오매스, 수력발전, 풍력터빈, 태양 에너지, 지열 에너지, 조석 에너지)은 세계 총에너지의 약 13%를 공급한다. 바이오매스는 세계에서 사용되는 에너지의 약 10%를 차지하는데, 이는 땔나무와 기타 식물 물질이 개발도상국의 대부분에서 주요한 에너지원이기 때문이다.

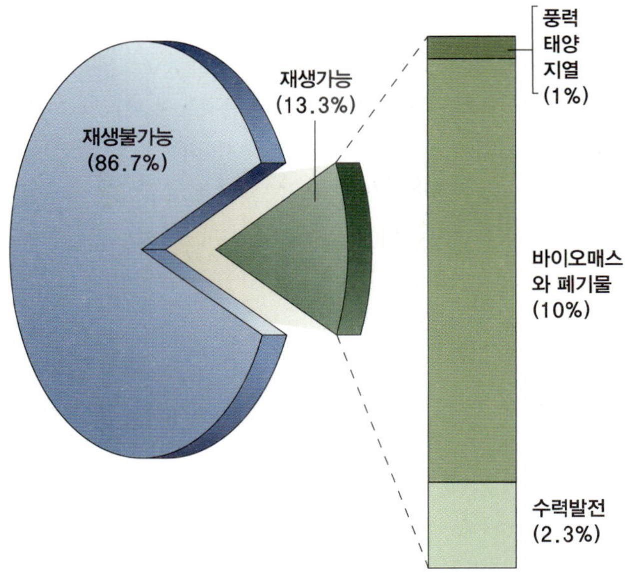

그림 9.1 총 에너지 소비 비율로서 재생가능 에너지(World 2011): 세계에서 소비되는 에너지 중에서, 약 87%는 재생불가능 화석연료와 원자력에서 온다. 재생가능 에너지원은 13%를 제공하며, 바이오매스와 폐기물의 소각은 모든 재생가능 에너지 소비의 75% 이상을 차지한다.

출처: International Energy Agency 자료.

수력발전은 약 2.3%를 차지하고 나머지 재생가능 기술은 약 1%를 차지한다(그림 9.1). 일부 낙관적 연구는 2050년까지는 이러한 공급원이 세계 에너지 수요의 절반을 공급할 수 있을 것으로 시사한다. 이는 가능할 것 같지 않지만, 재생가능 에너지원은 화석연료 공급이 더 비싸지면서 훨씬 더 중요하게 될 것이다.

9.2 재생가능 에너지의 주요한 종류

많은 사람들이 재생가능 에너지가 에너지 공급과 기후변화 문제에 대한 해답이라고 간주하지만, 재생가능 에너지가 인간 에너지 수요의 상당한 비율을 충족하기 위해서는 아직 극복해야 할 많은 기술적, 경제적, 문화적 도전이 있다. 이 절에서는 재생가능 에너지의 주요한 종류를 검토하고, 그들의 잠재력과 도전을 살펴본다.

바이오매스 변환

바이오매스(Biomass)는 산업혁명 이전에는 거의 모든 인류 에너지 요구를 충족하였다. 모든 바이오매스는 광합성을 통하여 태양광을 식물물질로 변환하는 녹색 식물로 추적될 수 있다. 1850년도까지만 해도 미국 총 에너지 소비의 90%가 목재 형태의 바이오매스였다. 산업혁명 이후 선진국 에너지 요구의 대부분은 화석연료의 연소에 의하여 충족되었다. 그러나 바이오매스는 아직도 저개발국가의 사람들에 의하여 사용되는 에너지의 주요한 형태이다. 예를 들면, 아프리카 지역에서는 에너지 공급의 거의 50%가 바이오매스로부터 획득된다. 인도는 25%, 방글라데시는 28%의 에너지를 바이오매스로부터 획득한다.

바이오매스의 주요한 유형

바이오매스 에너지에는 땔나무, 도시와 산업 폐기물, 농업 작물 잔류물과 동물 폐기물, 에너지 농장과 같은 몇 가지 뚜렷한 공급원이 있다.

땔나무(*Fuelwood*) 동일한 양의 석탄이나 석유에 비하여 부피와 낮은 에너지 수준으로 인하여, 목재는 장거리 수송에 실질적이지 않기 때문에, 대부분 지역적으로 사용된다. 저개발 국가에서 목재는 수세기 동안 연료의 주된 공급원이었다. 사실상 목재는 아직도 세계 인구의 거의 절반에게 주된 에너지원이다. 이러한 지역에서 목재의 주된 사용은 요리를 위한 것이다. 대부분의 저개발 세계에서 요리는 덮개가 없는 불로 요리된다. 덮개가 없는 불 대신에 연료 효율적인 난로를 사용하는 것은 에너지 요구를 50% 감소시킬 수 있다. 효율성을 개선하는 것은 목재 자원을 보호하고, 땔나무를 획득하기 위한 시간과 돈을 절약하고, 나무 연기를 적게 호흡하기 때문에 사람의 건강을 개선할 수 있다(그림 9.2).

선진국도 풍부한 삼림 자원을 가지고 있으며, 미국, 캐나다, 노르웨이, 핀란드, 스웨덴과 같은 나라는 에너지의 4~25%를 땔나무에서 획득한다.

폐기물(*Waste*) 다양한 종류의 폐기물은 사회에 의하여 생산되는 바이오매스와 기타 연소가능한 물질의 주요한 공급원이다. 제재소, 제지공장, 사탕수수에서 설탕을 처리하는 공장과 같은 특정한 산업은 바이오매스를 제품을 생산하는 원재료로 사용하며, 그 과정에서 톱밥, 나무 조각, 폐지, 사탕수수 찌꺼기와 같은 가연성 폐기물을 생성한다. 이러한 산업은 일반적으로 그들의 작업을 위한 에너지를 제공하기 위하여 이러한 폐기물을 연소한다. 도시 고형폐기물도 에너지원이다. 도시 폐기물의 약 80%가 가연성이며 60% 이상은 바이오매스에서 유도되었다. 플라스틱, 섬유, 고무, 유사한 물질은 나머지 가연성 쓰레기 부분에 기여한다(그림 9.3). 그러나 에너지를 생산하기 위하여 도시 고형폐기물을 사용하는 것은 폐기물을 분류하여 무기물로부터 가연성 유기물을 분리하는 것이 필요하다. 분류는 폐기물을 생산하는 사람이 하는 것이 가장 경제적인데, 이는 주민과 산업이 그들의 쓰레기를 음식쓰레기, 가연성 물질, 유리, 금속으로 분리해야 한다는 것을 의미한다. 쓰레기는 구획이 나뉜 수집 트럭에 의하여 수집되어야 한다.

(a)

(b)

그림 9.2 요리를 위한 목재의 사용: 개발도상국의 많은 사람은 목재를 요리를 위한 주요한 연료로 사용한다. 목재에 대한 의존은 삼림 벌채의 주요한 원인이다. (a) 아프리카와 같은 세계의 많은 지역에서, 종종 덮개가 없는 불에서 요리한다. 이는 연료의 매우 비효율적인 사용이다. (b) 인도의 이러한 상황과 같이 단순한 진흙 난로의 사용도 효율을 크게 증가시킨다.

에너지를 생산하기 위하여 도시 고형폐기물을 연소하는 것은 폐기물 처분 비용이 고려될 때에만 경제적으로 합리적이다. 다른 말로 하면 고형폐기물의 에너지는 비싸지만, 폐기물로부터 에너지를 생산하는 비용으로부터 회피된 매립 비용을 공제할 수 있다. 매립비용이 비싼 곳에서는, 고형폐기물을 에너지로 전환하는 시설은 경제적으로 합리적이다.

(a) 톱밥과 나무 조각은 에너지를 생산하기 위하여 사용될 수 있다. (b) 제지공장은 폐기물을 소각한다. (c) 쓰레기는 에너지를 제공하기 위하여 소각될 수 있다.

그림 9.3 폐기물로부터의 에너지: 제재소와 제지공장과 같은 삼림제품 산업의 많은 부분은, 자신들이 생산하는 폐기물을 자신들의 산업 과정의 에너지원으로 사용한다. 도시 고형폐기물도 에너지를 발생하는데 사용될 수 있는 가연성 물질을 대량 포함하고 있다.

미국에서 고형폐기물의 약 12%가 86개소의 소각장에서 소각되며, 250 MW의 전기를 생산한다. 유럽과 일본은 가용한 토지가 훨씬 적으며 매립을 제한한다. 따라서 이러한 국가는 고형폐기물 소각률이 훨씬 높다. 서유럽의 국가에는 400개소 이상의 폐 에너지 공장이 있다. 일본은 약 80%의 폐기물을 소각하고 독일은 재순환불가능한 폐기물을 거의 모두 소각한다.

곡물 잔류물과 동물 폐기물(*Crop residues and animal wastes*) 대체 에너지원을 찾으면서, 곡물 잔류물이 가능한 것으로 확인되었다. 세계의 여러 지역에서 밭에 남겨진 짚과 줄기를 수집하여 난방과 요리에 연료를 제공하는데 사용한다. 동물 폐기물도 에너지로 사용된다. 동물 똥은 건조하여 연소하거나 가연성 기체를 제공하기 위하여 혐기성 소화조에서 처리된다. 그러나 이 개발에는 몇 가지 장애물이 있다.

곡물 잔류물은 부피가 크고 낮은 에너지 대 중량 비율을 가진다. 따라서 연소하거나 에탄올로 변환하기 위하여 곡물 잔류물을 수확하는 것은 밭과 처리장과의 이동 거리가 짧을 때에만 타당하다. 밭에서 곡물 잔류물을 제거하는 것은 농업에 몇 가지 부정적인 영향을 미친다. 이는 토양이 노출되기 때문에 침식이 증가하며, 잔류물이 토양에 통합되지 않기 때문에 유기물에 의하여 제공되는 혜택이 감소한다. 마지막으로 셀룰로오스에서 에탄올을 생산하는 것은 현재는 경제성이 없다.

에너지 농장(*Energy plantations*) 많은 곡물은 에너지 생산의 명확한 목적을 위하여 재배될 수 있다. 에너지를 위하여 사용되었던 작물에는 삼림 조림, 사탕수수, 옥수수, 사탕무, 곡물, 켈프(대형 갈조류), 팜유 등 다양하다. 작물이 에너지 사용에 적합한지는 2가지 주요한 요인이 결정한다. 양호한 에너지 작물은 단위 토지 당 매우 높은 건중량을 산출한다. 높은 산출량은 토지 요구량을 감소시키며 바이오매스로부터 에너지를 생산하는 비용을 낮춘다. 유사하게 바이오매스 작물로부터 생산될 수 있는 에너지의 양은 작물을 재배하기 위하여 요구되는 에너지보다 더 많아야 한다. 미국 중서부의 심하게 기계화된 옥수수 농장과 같이 어떠한 경우에는, 옥수수에서 생산된 에탄올에 포함된 에너지가 트랙터, 비료의 제조, 곡물을 에탄올로 처리하는데 사용되는 에너지보다 그다지 많지 않다. ("이슈와 분석: 옥수수 에탄올 연료는 합리적인가?" 참조.)

바이오매스 변환 기술

바이오매스를 에너지원으로 사용하기 위해서는 소각되어야 한다. 종종 바이오매스를 운반하고 사용하기 용이하도록 다른 형태로 변환하는 것이 중요하다. 바이오매스 에너지를 사용하기 쉽게 하는 몇 가지 기술이 있다. 여기에는 직접 연소와 열병합 발전, 에탄올 생산, 혐기성 소화, 열분해가 있다.

직접 연소(*Direct combustion*) 바이오매스와 폐기물이 에너지 생산에 사용되는 가장 일반적인 방식은 연소하여 열이나 전기를 생산하는 것이다. 개발도상국의 대부분에서 바이오매스로부터 유도되는 에너지의 주된 사용은 집을 난방하고 요리를 위한 열을 제공하는 것이다.

대규모 공정이 산업 공정에 동력을 제공하거나 전기를 생산하기 위하여 사용된다. 대규모 바이오매스 전력생산 시스템은 바이오매스의 높은 수분 함량으로 인하여 화석연료 시

집중 탐구

바이오매스 연료와 개발도상국

세계의 대부분이 에너지원으로 화석연료를 사용하지만, 개발도상국의 상당수는 에너지원으로서 바이오매스에 의존한다. 바이오매스는 목재, 풀, 농업 폐기물, 똥 등이다. UN에 의하면 20억 명(세계 인구의 30%)이 요리와 집 난방에 바이오매스를 연료로 사용한다. 개발도상국에서 사용되는 에너지의 거의 40%가 바이오매스에서 온다. 그러나 일부지역에서는 이 비율이 훨씬 높다. 예를 들면 사하라 남부 아프리카에서는 땔나무가 소비되는 에너지의 약 80%를 제공한다. 세계적으로 삼림에서 제거되는 목재의 약 60%가 연료로 사용된다.

이러한 바이오매스 의존은 몇 가지 주요한 영향을 미친다.

- 종종 여성과 아동은 땔나무를 수집하여 집으로 운반하기 위하여 먼 거리를 걷고 긴 시간을 소비해야 한다.
- 연료가 덮개가 없는 불이나 비효율적 난로에서 연소되기 때문에, 연기가 집을 오염시키고 사람의 건강에 영향을 미친다. 세계보건기구(WHO)에 의하면 개발도상국에서 급성호흡기감염의 40%가 바이오매스 연소와 관련된 실내 대기질의 악화와 연관되어 있다고 추산된다. 앓게 되는 사람의 대부분은 가족을 위하여 음식을 요리하는 어머니와 함께 집에서 지내는 아동이다.
- 종종 연료는 지속불가능하게 수확된다. 따라서 저렴한 에너지원의 필요는 삼림벌채의 원인이다. 더 나아가 벌채된 지역은 토양 침식의 경향이 높다.
- 똥이나 농업 폐기물이 연료로 사용되면, 이는 토양의 비옥도를 개선하기 위한 첨가제나 유기물 함량에 사용될 수 없다. 따라서 이러한 물질을 연료로 사용하는 것은 농업 생산성에 부정적인 영향을 끼친다.

베어낸 나뭇가지를 운반하는 네팔 여성.

스템에 비하여 낮은 효율을 보인다. 그러나 바이오매스를 석탄 화력발전소의 구성 요소로 사용하면 효율성을 개선시킨다. 더 나아가 바이오매스 발전소가 열과 전리를 함께 제공하기 위하여 사용될 수 있으면(열병합 발전 시스템), 경제성과 에너지 효율이 상당히 개선된다. 이는 바이오매스가 목재 제품, 제지, 설탕 산업에서 이용되는 방식이다.

생물 연료 생산(*Biofuels production*) 에탄올은 설탕을 발효하여 생산될 수 있다. 설탕은 식물에서 직접 획득되거나 식물의 전분이나 셀룰로오스를 설탕으로 변환하여 생산될 수 있다.

일반적으로 설탕이나 전분은 바이오매스 작물을 분쇄하여 물과 효모와 혼합하고 발효조라고 하는 커다란 수조에서 따뜻하게 유지하여 추출될 수 있다. 효모는 설탕을 분해하여 에탄올과 이산화탄소로 변환한다. 희석된 알코올 제품으로부터 물과 기타 불순물을 제거하기 위하여 증류과정이 필요하다. 설탕의 낮은 가격과 석유의 높은 가격은 브라질이 대량의 사탕수수를 이용하여 에탄올을 생산하도록 촉구하였다. 에탄올은 100% 에탄올에서 20% 에탄올과 80% 휘

그림 9.4 생물 연료: 생물 연료(E85와 바이오디젤)는 세계 많은 지역에서 구입할 수 있다.

발유까지 다양한 혼합물로 자동차 연료로 판매된다. 전체적으로 에탄올은 브라질 자동차 연료의 약 50%를 제공한다.

미국에서 옥수수를 에탄올 생산에 사용하고 휘발유와 혼합한다. 미국의 대부분의 휘발유는 10%까지 약간의 알코올을 포함하는데, 이는 엔진 효율을 개선하고, 대기오염을 감소하고, 연료라인에서 물이 어는 가능성을 줄여준다. E85는 에탄올이 85%이고 휘발유가 15%인 연료이다. 이는 혼합연료(flex-fuel) 차량이라고 하는 최신 모델의 차에 사용될 수 있다(그림 9.4).

바이오디젤은 콩, 평지씨, 팜유와 같은 다양한 작물의 기름과 동물 지방으로부터 생산될 수 있다. 이러한 원재료는 연료로 사용되기 위해서는 화학적으로 변형되어야 한다. 현재 세계적으로 소비되는 경유의 약 2%가 바이오디젤이다. 유럽이 세계 총생산의 약 50%로 바이오디젤 연료 생산에서 앞장서고 있다.

혐기성 소화(*Anaerobic digestion*) 혐기성 소화는 산소가 없을 때 세균의 작용을 통하여 축축한 녹색 바이오매스나 동물 폐기물을 분해하는 것과 관련된다. 이 과정은 생물가스라고 하는 주로 메탄과 이산화탄소로 이루어진 혼합물을 생산한다. 가장 보편적으로 사용되는 기술은 가정이나 농장과 관련된 활동에 사용되는 기체를 생산하는 농장의 소규모 소화조를 포함한다. 수백만 개의 소형 메탄 소화조가 중국, 인도, 한국과 같은 국가에서 사용되고 있다(그림 9.5). 대형의 산업적 규모의 농장 작업에서도 동물 폐기물을 처리하여 생물가스를 포획하기 위하여 혐기성 소화조를 사용한다. 유사하게 많은 하수처리장도 생물가스를 포집한다. 두 경우 모두 수집된 메탄은 열을 제공하거나 기계를 작동하기 위하여 사용될 수 있다. 매립장에서도 혐기성 소화가 일어난다. 많은 매립장에서 생산된 메탄가스는 궁극적으로 대기 중으로 탈출한다. 그러나 매립장에 구멍이 뚫린 관을 삽입하여 가스를 추출할 수 있다. 이러한 방식으로 가스는 자연 압력하에서 관을 통하여 이동하여, 단순히 대기 중으로 탈출하

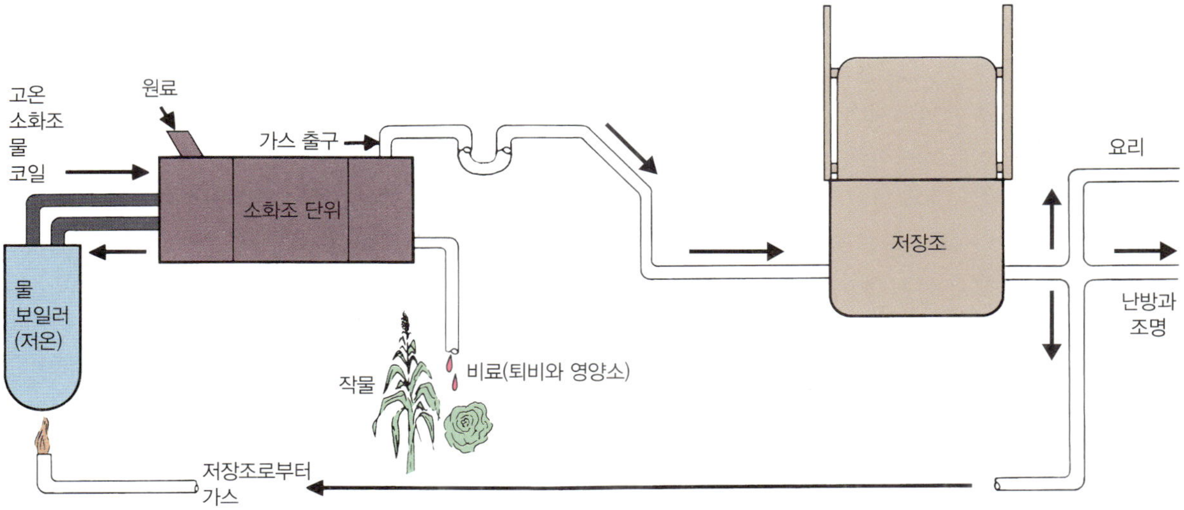

그림 9.5 메탄 소화조: 소화조 단위 내에서 혐기성 세균은 동물 폐기물을 메탄가스로 변환한다. 이 가스는 연료원으로 사용된다. 이 과정에서 발생하는 슬러지는 비료로 사용된다. 많은 저개발국가에서 이러한 유형의 소화조는 에너지원을 제공하고 비료를 공급하고 질병을 감소하도록 도와주는 동물 폐기물을 관리하는 이점을 가지고 있다.

여러분의 선택은?

많은 주는 전력회사가 그들이 생산하는 전기의 일정량을 재생가능 공급원으로부터 "생산"할 것을 요구한다. 그러한 요구를 충족시키기 위하여 많은 전력회사는 단순히 다른 회사로부터 "재생가능" 전기를 구입하고 재생가능 기술에 투자하지 않는다. 그렇게 하도록 허용해야 할까요? 한편을 선택하고 여러분의 관점을 지지하는 논거를 개발하시오.

그림 9.6 혐기성 생물반응기: 이 생물반응기는 커다란 낙농장에서 동물 똥거름으로부터 메탄을 생산하는데 사용된다.

여 온실기체 배출에 기여하기보다, 에너지원으로 사용될 수 있다. 일부 새로운 매립장은 혐기성 소화를 촉진할 수 있도록 설계되었으며, 이는 폐기물의 부피를 감소시키고 소중한 에너지 부산물을 제공한다.

열분해(*Pyrolysis*) 열분해는 고형 바이오매스를 더 유용한 연료로 변환하는 공정이다. 바이오매스는 산소가 부족한 환경에서 가열되거나 부분적으로 연소되어 원래 연료에 비하여 에너지 밀도가 높은 탄화수소가 풍부한 가스 혼합물, 석유 같은 액체, 탄소가 풍부한 고형 잔류물(숯)을 생산한다. 개발도상국에서 숯가마는 단순히 지면에 목재나 목재로 채워진 구멍에 불을 지르고 흙으로 덮는 것이다. 연기가 나는 불은 목재를 서서히 숯으로 변환한다.

가스화는 열분해의 한 형태이며, 가스 생산을 최적화하기 위하여 더 많은 공기와 높은 온도에서 수행된다. 발생로 가스로 알려진 가스는 이산화탄소와 질소와 함께 일산화탄소, 수소, 메탄의 혼합물이다. 이 기체는 원래의 고형 바이오매

그림 9.7 사막화: 많은 지역에서 땔나무의 수요는 삼림의 파괴를 초래하였다. 이는 사막화의 주요한 원인이다.

스보다 더 용도가 넓으며, 열 공급원이나 전기를 생산하기 위하여 내연기관이나 가스터빈에 사용될 수 있다.

환경문제

에너지원으로 바이오매스와 폐기물을 사용하는 것은 환경적으로 좋은 것으로 종종 생각되지만, 이는 많은 상당한 환경 영향을 가진다.

서식지와 생물다양성 상실(*Habitat and biodiversity loss*) 세계에 걸쳐 13억 명의 사람이 충분한 목재를 획득할 수 없거나 생장을 초과하는 속도로 목재를 수확해야만 하는 것으로 추산된다. 이는 아시아와 아프리카에서 삼림의 많은 부분을 파괴하였으며 이러한 지역의 사막화를 재촉하였다(그림 9.7).

바이오매스 에너지와 연관된 또 다른 문제는 생물다양성의 상실이다. 사탕수수, 곡물, 팜유, 기타 식물을 심기 위하여 자연 생태계를 파괴하는 것은 지역의 생물다양성을 감소시킬 수 있다. 농장은 자연 생태계의 복잡성이 결여되어 있으며 해충이나 질병에 의한 광범위한 손상에 취약하다.

대기오염(*Air pollution*) 목재를 소각하는 것은 대기오염

과학, 정치, 정책

재생가능 연료 명령

과학적 연구는 바이오매스로부터 어떻게 에너지를 생산할 수 있을지에 대한 많은 정보를 제공하였다. 국제적 과학자와 정책결정자 집단은 대기 중 CO_2 농도 증가의 영향과 기후변화에 대한 잠재력에 대한 정보도 제공하였다. 설탕과 전분에서 에탄올의 생산은 잘 이해된다. 이론적으로 식물의 주요한 구조 분자인 셀룰로오스로부터 에탄올을 생산하는 것도 가능하다. 이러한 모든 과학적 정보의 단편과 함께 석유 수입 의존도를 줄이고 농업과 대체에너지 산업을 촉진하려는 욕망에서, 하원은 휘발유에 일정량의 재생가능 연료를 명령하는 2가지 법안인 "에너지 정책법(2005)"과 "에너지 독립 및 안보법(2007)"을 통과하였다. 이 두 법안은 많은 에너지 관련 문제를 다루었지만, 다음 항목은 재생가능 연료 명령과 관련된다.

- 에탄올 공장 건설을 위한 보조금이 제공되었다.
- 옥수수 기반 에탄올, 셀룰로오스 에탄올, 바이오디젤, 진보된 연료와 같은 다른 종류의 재생가능 연료가 인정되었다. 각각의 연료는 휘발유에 비하여 온실기체를 적게 생산한다는 것을 증명해야 한다.
- 휘발유 생산자는 일정한 양의 재생가능 연료를 휘발유에 혼합해야 하며 그렇지 않으면 벌금을 부과한다.
- 2005년에서 2020년 사이에 이러한 각각의 재생가능 연료의 양을 계획에 따라 증가하여 휘발유에 첨가한다(그래프).
- 휘발유에 에탄올을 혼합한 배합자에게 에탄올 1갤런 당 $0.45의 세액공제가 제공되었다.

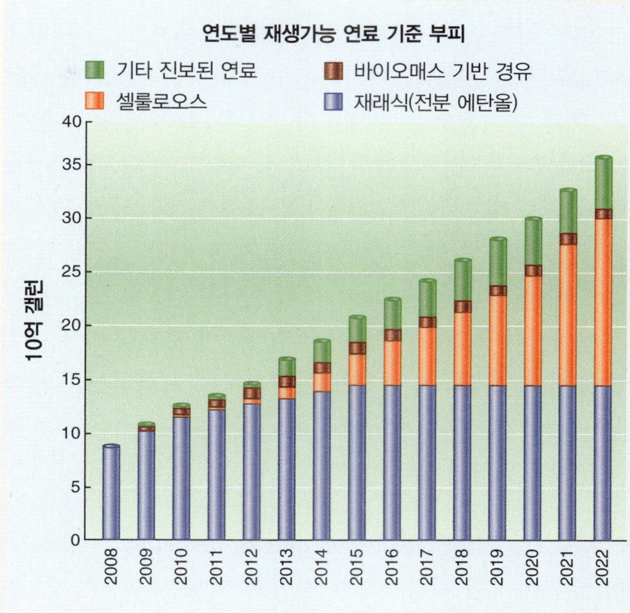

출처: DOE Alternative Fuels Data Center 자료.

의도하지 않은 결과

에너지 정책법이 통과된 2005년부터 2012년 사이에 에탄올 생산에 사용된 옥수수의 양은 옥수수 생산량의 40%로 증가하였다.

- 이는 2005~2012 사이에 옥수수 재배 토지의 면적을 16% 증가시켰으며 옥수수 가격을 240% 상승시켰다.
- 농부들은 한계 토지를 생산에서 제외하여 농업 프로그램에서 받는 것보다 옥수수를 재배하는 것이 더 많은 돈을 벌 수 있기 때문에, 침식될 수 있는 농경지를 보존프로그램에서 제외하여 옥수수를 재배하였다.
- 에탄올을 만들기 위한 추가적인 옥수수 수요는 가격을 상승시켰기 때문에, 가축에 옥수수를 먹이는 농부는 비싼 가격을 지불해야 했으며, 이는 육류와 낙농 제품의 가격을 상승시켰다.
- 농부는 옥수수만 많이 재배하고 다른 곡물은 적게 재배하였기 때문에, 다른 곡물의 가격도 공급 감소로 인하여 상승하였다.

휘발유를 생산하는 회사도 문제를 겪었다.

- 많은 차량이 에탄올 함량이 높으면 손상될 수 있기 때문에 휘발유에 10% 이상의 에탄올을 추가할 수 없었다. 따라서 휘발유 회사는 휘발유에 넣을 수 있는 에탄올의 양이 제한되었으며 2011년 이래로 명령된 양을 충족할 수 없었다.
- 2010년부터 셀룰로오스 에탄올의 사용을 시작하도록 요구되었지만 가용하지 않았기 때문에 그렇게 할 수 없었다.
- 이러한 두 가지 문제로 인하여 명령된 양을 충족하지 못한데 대한 벌금을 지불하였다. 그들은 벌금에 항의하였으며 명령된 에탄올 양을 감소시켜 줄 것을 요청하였다.

초기에는 휘발유에 에탄올을 사용하는데 대하여 휘발유에 에탄올을 혼합하는 사람에게 갤런 당 $0.45의 세액공제가 있었다. 이 보조금은 2011년에 소멸되었으며, 이는 에탄올 가격의 비용이 증가한다는 것을 의미하였다. 동시에 휘발유 혼합자들은 그들이 구입할 수 있는 에탄올의 양에 제한을 받았다.

- 에탄올의 가격 상승은 소비자에게 전달되었지만, 휘발유 가격은 변동이 매우 커서 알기가 어려웠다.
- 혼합연료 차량은 85% 에탄올과 15% 휘발유인 E85 연료를 사용할 수 있지만, 단위 거리 당 비용이 E85가 더 높아서 그렇게 하지 않았다. (자세한 사항은 이 장 마지막의 "이슈와 분석"을 참조.)
- 에탄올의 주요한 생산자 몇 곳이 파산하였다.

원이다. 개발도상국의 사람들은 종종 덮개가 없는 불이나 빈약하게 설계된 비효율적 난로에서 나무를 사용한다. 이는 다량의 연기(입자상 물질)와 일산화탄소와 탄화수소와 같은 불완전 연소의 기타 산물을 방출하며, 이는 질병과 사망을 초래한다.

호흡기 질환은 대부분의 시간을 집에서 보내는 여성과 아동에게 특히 흔하다. 선진국에서도 바이오매스의 연소로부터 오는 대기오염은 문제이다. 영국 London과 같은 일부 도시는 목재의 소각을 완전히 금지하고 있다. 콜로라도주 Vail은 주택 당 단지 하나만의 목재를 소각하는 난로를 허용한다. 많은 지역은 방출되는 입자와 기타 오염물질 양을 감소하는 특별한 오염제어가 갖추어진 난로를 요구한다.

고형폐기물의 연소는 몇 가지 추가적인 문제를 야기한다. 고형폐기물은 처리된 종이와 플라스틱을 포함하는 혼합물을 포함할 가능성이 높기 때문에, 폐기물의 연소에서는 추가적인 대기오염물질이 방출된다.

이산화탄소와 기후변화(*Carbon dioxide and climate change*) 과학자 사이에는 지속가능한 양식으로 사용되는 바이오매스 연료와 폐기물은 대기 이산화탄소의 순증가를 초래하지 않는다는 의견의 일치가 존재한다. 이는 바이오매스 연료의 사용에 의하여 방출되는 모든 이산화탄소는 광합성을 통하여 흡수된다는 가정에 기초한다. 화석연료를 바이오매스 연료로 대체하는 것을 증가하면 이산화탄소 배출과 기후변화의 영향을 감소시킬 것이다.

식량 생산에의 영향(*Effects on food production*) 한계지 또는 저이용 토지를 에너지 작물 재배를 위하여 사용하는 것은 사리에 맞지만, 비옥한 경작지를 사용하는 것은 맞지 않다. 세계에는 충분한 식량이 없는 사람들이 수백만 명 있기 때문에, 토지를 식량작물로부터 에너지작물로 변환하는 것은 윤리적 문제를 야기한다.

작물 잔류물과 동물 폐기물을 에너지원으로 사용하는 것도 일부 문제를 야기한다. 이러한 물질은 농부에서 중요한 유기물과 토양 영양분의 공급원을 제공한다. 이는 특히 개발도상국의 자급자족 농민에게 사실이다. 그들은 비료를 구입할 여유가 없으며 토양 비옥도를 유지하기 위하여 이러한 물질에 의존한다. 그러나 그들은 에너지도 필요로 한다. 따라서 그들은 이 바이오매스 자원을 어떻게 사용할지에 대하여 어려운 결정을 내려야 한다.

수력발전

사람들은 다양한 기계에 물을 이용하여 동력을 공급하였다. 수력의 초기 사용에는 곡물의 제분, 나무의 톱질, 섬유산업에서 기계의 작동 등이었다. 흐르는 물은 포획되어 전기로 변환할 수 있는 에너지를 가진다. 이를 수력발전 또는 **수력**(*hydropower*)이라고 한다.

현재 수력발전은 세계 전기의 약 16%를 제공한다. 세계 일부지역에서는 수력발전이 전기의 주된 공급원이다. 남미와 중미에서 전기의 65%가 수력발전에서 온다. 노르웨이는 전기의 95%와 모든 에너지의 50% 이상을 수력발전에서 얻는다. 캐나다는 59%, 미국은 전기의 약 8%를 수력발전소에서 얻는다.

수력을 획득하는 기술

가장 보편적인 유형의 수력발전소는 물을 저수지에 저장하기 위하여 강에 댐을 사용한다(그림 9.8). 저수지에서 방출된 물은 터빈을 통과하여 흘러서, 터빈을 회전시키고, 터빈은 전기를 생산하는 발전기를 활성화시킨다. 대부분의 수력발전은 대형 댐에서 오며, 이는 인류의 가장 큰 공학적 공적의 하나이다. 표 9.1에는 가장 큰 수력발전 시설의 위치와 규모를 열거하였다. 2006년 중국은 세계에서 가장 큰 수력 댐인 Three Gorges Dam을 Yangtze 강에 건설하였다. Three Gorges Dam(싼샤 댐; 三峡 댐)은 발전 용량이 22,500 MW이다. 대부분의 수력이 대형 저수지에 건설된 대규모 발전소(수천 MW급)에서 얻어지지만, 소규모 발전소(10 MW급 미만) 또한 중요한 기여를 한다. 소규모 발전소는 작은 강, 경사가 급하고 물이 일정하게 흐르는 개울에 건설될 수 있으며, 저수지가 없이도 수력이 발전될 수 있다. 중국에는 80,000개 이상의 작은 발전소가 있으며, 미국에는 거의 1,500개가 있다. 추가적으로 미소수력발전소(1 MW 미만)는 가정, 농장, 마을과 같은 지역적 수요를 위한 전기를 공급하기 위하여 원격지에 건설될 수 있다.

추가적 수력의 잠재성

지난 10년간에 걸쳐, 세계적으로 수력발전에 의하여 공급되는 에너지는 거의 40% 증가하였다. 수력발전을 개발하는 가능성은 산악지역과 큰 강의 계곡에서 최고이다. 수력발전의 장차 증가는 주로 저수지에 대형 발전소(수천 MW급)의 개발에서 올 것이다.

(a) 일본 Kuroyon 댐

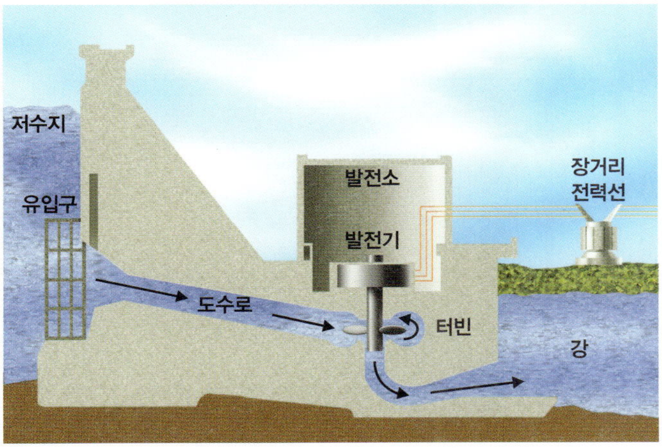

(b) 수력발전소

그림 9.8 수력발전소: (a) 저수지에 채워진 물은 전기를 생산하는데 사용된다. 추가적으로 저수지는 홍수조절 수단으로 작용하고 휴양 장소를 제공한다. (b) 그림은 수력발전소가 어떻게 전기를 생산하는지 보여준다.
Source: (b) Tennesese Valley Authority.

캐나다, 미국, 유럽, 일본과 같은 세계의 일부 지역은 이미 그들의 수력발전 잠재력의 50% 정도를 개발하였다. 새로운 수력발전 시설의 개발 가능성은 대부분 아프리카, 아시아, 남미, 동유럽, 러시아에 있다.

환경문제

수력발전은 재생가능 에너지원이고 대기오염물질이나 수질오염물질을 방출하지 않지만, 수력발전 시설과 연관된 환경 영향이 아직 있다. 수력발전 댐의 가장 명백한 영향은 과거에 삼림이나 농업에 이용되었던 방대한 면적의 토지가 범람하는 것이다. 조성되는 저수지는 매우 클 수 있다. 북부 Quebec의 Le Grand 강의 James 만 프로젝트는 13,000 km^2 이상의 토지를 잠기게 하였다. 중국 Three Gorges 댐의 건설은 153개의 도시와 4,500개의 마을을 범람하였으며 백만 명 이상을 이주시켰다. 추가적으로 수많은 고고학적 유적이 침수되었으며 Three Gorges의 경치가 좋은 협곡의 자연이 변화되었다.

표 9.1 세계의 가장 큰 수력발전소

이름	국가	정격용량(MW)
Three Gorges Dam	중국	22,500
Itaipu	브라질/Paraguay	14,000
Guri (Simon Bolivar)	베네수엘라	10,200
Tucurui	브라질	8,370
Grand Coulee	미국	6,809
Longtan Dam	중국	6,426
Sayano Shushenskaya	러시아	6,400
Krasnoyarskaya	러시아	6,000
Robert-Bourassa	캐나다	5,616
Churchill Falls	캐나다	5,429
Bratskaya	러시아	4,500
Laxiwa	중국	4,200
Xiaowan	중국	4,200

댐과 저수지는 유역을 크게 변경시킨다. 강에 댐을 건설하는 것은 강의 정상적인 흐름을 변경시키며 하류의 수질(온도, 입자상 물질의 양, 산소농도 등)을 변화시킨다. 댐은 또한 어류의 회유 양상을 변경하며 종종 어류가 산란하기 위하여 상류로 회유하는 것을 방지한다. 이러한 영향은 댐이 하류로 최소한의 흐름을 유지하기에 충분한 물을 방출하도록 하고 어류가 댐을 통과하여 상류로 이동할 수 있도록 계단식 어도를 설치하여 감소될 수 있다. 정상적으로 하류로 운반되는 침니는 댐에 의하여 포획되어 저수지의 바닥에 퇴적된다. 이러한 침니는 서서히 저수지를 메워서 댐이 저장하고 발전에 사용할 수 있는 물의 양을 감소시킨다. 댐 하류의 강은 홍수 시 강의 충적지를 일반적으로 비옥하게 하는 침니도 박탈한다.

새로운 댐 뒤의 범람된 지역은 분해되는 식생을 포함한다. 분해와 관련된 세균은 2가지 부정적 영향을 가진다. 세균은 이산화탄소를 방출하며 일부 세균은 토양에 자연적으로 존재하는 수은을 어류에 축적되는 메틸수은으로 변환할 수 있다. 이는 식량으로 어류에 의존하는 사람들에게 건강상 위해를 제기한다. 이 두 가지 문제는 일시적으로 생각되며 일단 범람된 식생이 분해되면 감소될 것이다.

태양 에너지

태양은 종종 세계 에너지 문제의 궁극적인 해답으로서 언급된다. 태양은 세계의 수요를 훨씬 넘어서는 에너지 공급을 연속적으로 제공한다. 사실상 매일 태양으로부터 받는 에너지의 양은 다른 모든 에너지원으로부터 생산되는 에너지 양보다 600배 크다. 그러나 태양 에너지는 모든 형태에서 에너지 수요의 1% 미만을 제공한다. 태양 에너지의 주된 문제는 본질상 단속적이면서 확산되어 있다는 것이다. 이는 햇빛이 있는 낮에만 이용할 수 있고, 지구 전체에 걸쳐 분산되며, 수집하기 어려운 해양과 같은 많은 장소에 떨어진다. 태양 에너지를 사용하는 모든 시스템은 태양광이 가용하지 않을 때 에너지를 저장하거나 보조 에너지원을 사용해야 한다. 태양광 가용도의 차이로 인하여 세계의 어느 지방은 다른 곳에 비하여 태양 에너지의 사용에 더 적합하다.

태양 에너지는 세 가지 방식으로 이용된다.

1. 수동(자연형) 난방 시스템에서, 태양 에너지는 수집된 장소에서 사용되도록 직접 열로 변환된다.
2. 능동 난방 시스템에서는, 태양 에너지가 열로 변환되

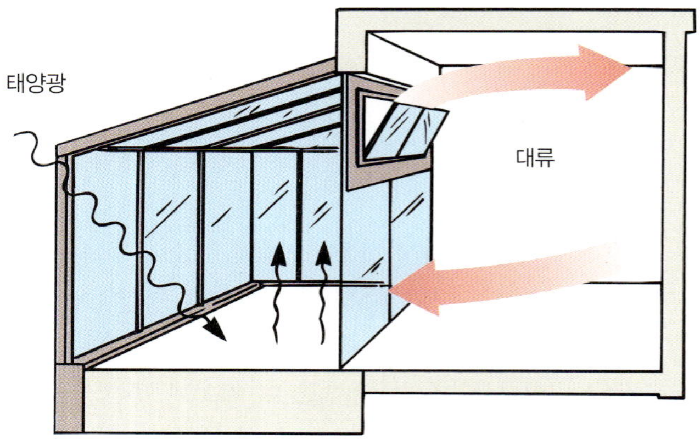

(a) 태양열 공간

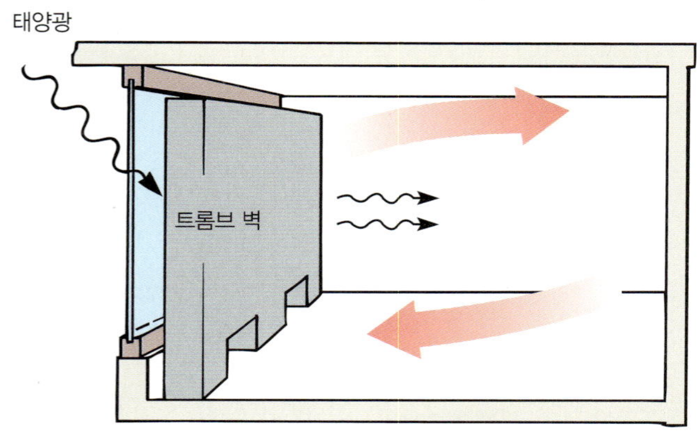

(b) 트롬브 벽

(c) 태양열 주택

그림 9.9 자연형 태양열 설계: (a) 태양열 공간(sunspace)은 집에 부착된 온실과 같다. 태양열 공간에 포획된 열은 주거 공간으로 전달될 수 있다. (b) 트롬브 벽은 태양이 지면 집에 열을 방출하는 창 근처에 놓인 열 흡수체이다. (c) 이 주택은 태양 에너지를 사용하는 몇 가지 특징을 보여준다. 꼭대기의 고창층은 태양광이 진입할 수 있도록 하여 조명을 제공한다. 남향 창은 태양광이 집을 데울 수 있도록 하고, 지붕의 태양전지판은 추가적인 태양 에너지를 포획한다.

지만, 열은 수집된 장소에서 사용되는 장소로 전달되어야 한다.

3. 태양 에너지는 물을 가열하여 터빈을 회전시키거나 광기전 셀을 이용하여 발전하는 데에도 사용될 수 있다.

수동(자연형) 태양열 시스템

맨발로 보도나 아스팔트 포장 표면을 햇빛이 비치는 날 걸어본 사람은 누구나 자연형 태양열 난방을 경험하였다. **자연형 태양열 시스템(passive solar system)**에서, 빛에너지는 표면에 흡수될 때 열에너지로 변환된다. 주택과 건물은 난방과 채광에 자연형 태양열 에너지를 사용하도록 설계될 수 있으며, 이는 재생불가능 에너지원의 필요를 감소시킨다(그림 9.9).

북반구에서, 건물의 남향은 항상 대부분의 태양광을 받는다. 따라서 자연형 태양열 난방을 위하여 설계된 건물은 보통 커다란 남향 창을 가진다.

태양열을 흡수하고 저장하는 물질은 태양이 비치는 마루와 벽에 붙박이로 설치될 수 있다. 마루와 벽은 낮에 가열되며, 열이 가장 필요한 밤에 서서히 열을 방출한다. 이러한 자연형 태양열 설계 특징을 직접적 이득(*direct gain*)이라고 한다.

다른 자연형 태양열 난방 설계는 태양열 공간이나 트롬브 벽을 포함한다. 태양열 공간(온실과 매우 유사함)은 건물의 남향에 설치된다. 태양광이 유리를 통과하면 태양열 공간을 가열한다. 적절한 통풍에 의해 열이 건물로 순환되도록 한다. 트롬브 벽(*trombe wall*)은 매우 두껍고 검은색으로 칠해진 남향 벽이며 많은 열을 흡수하는 물질로 이루어져 있다. 벽의 수 cm 앞에 설치된 창유리는 열을 보유하도록 도와준다. 벽은 낮 동안에 서서히 가열되며, 밤 동안에 점진적으로 냉각되면서 건물 내부로 열을 방출한다.

많은 자연형 태양열 시스템은 채광도 제공한다. 채광(*Daylighting*)은 건물의 내부를 밝게 하기 위하여 단순히 자연 태양광을 이용하여 내부 조명을 위한 전기의 수요를 줄이는 것이다. 북향 방과 상위 단계 조명을 위하여, 지붕 꼭대기 가까이에 배열된 고층창이 사용되며 내부의 개방된 마루 계획은 빛이 건물 전체에 반사될 수 있도록 한다.

물론 지나친 태양열 난방과 채광은 뜨거운 여름철에는 문제가 될 수 있다. 자연형 태양열 건물을 여름철 시원하게 유지하는 설계 특징이 있다. 예를 들면 여름철 태양이 너무 강할 때 창문을 가려주도록 현수막을 고안할 수 있다. 태양열 공간을 건물의 나머지 부분과 격리할 수 있다. 또한 건물은 여름철 신선한 외부공기 환기를 이용하도록 설계될 수 있다.

능동 태양열 시스템

능동 태양열 시스템(active solar system)은 태양열 집열 장치, 펌프, 열을 생산된 장소에서 가열할 장소로 운반하는 배관 시스템을 필요로 한다(그림 9.10).

능동 태양열 집열 시스템은 온수기, 수영장, 가정에 열에너지를 제공하기 위하여 가장 일반적으로 사용된다. 태양광은 단속적이기 때문에, 능동 태양열 난방 시스템은 열저장기구를 필요로 하며 보통 태양열 에너지가 불충분할 때 에너지를 제공하기 위한 재래적 에너지 공급원도 필요로 한다. 암석, 물, 특별히 생산된 제품이 낮 동안 열을 저장하고, 저장 매체는 태양이 빛나지 않을 때 열을 방출한다.

능동 태양열 공간 난방 시스템은 재래적인 시스템으로부터의 상당한 양의 난방 에너지를 건물이나 시스템의 수명에 걸쳐서 상쇄할 수 있다면 경제적으로 합리적이다. 능동 태양열 시스템은 신축 건물에 가장 용이하게 설치되지만, 어떤 경우에는 기존 구조에서 설치될 수 있다. 능동 태양열 시스템의 사용에 있어서 주요한 고려사항은 설치에 따르는 초기비용이다.

태양 발생 전기

태양 에너지는 두 가지 상이한 방식으로 전기를 생산하는데 사용될 수 있다. 재래식 발전소와 유사하게 터빈을 돌리는 수증기를 생산하는데 이용되거나, 태양광으로부터 직접 전지를 발생하는데 이용되는 광전지이다.

재래식 전기 발생(*Conventional electric generation*) 터빈을 이용하여 전기를 생산하기 위해서는, 수증기를 만들기 위하여 물을 가열하기 위해 태양의 에너지를 수집하고 집중해야 한다. 태양열 발전 탑(*solar power tower*)이라고 하는 한 가지 고안은 거울을 이용하여 태양광을 중앙 지점에 집중하여 온도를 올려서 수증기를 생산한다. 현재의 모든 설비는 소규모(5~20 MW)이다. 몇 개의 대형(50~400 MW) 태양열 발전 탑이 미국, 이스라엘, 남아프리카에서 건설 중에 있다.

현재 가장 성공적인 상업용 설계는 포물선 홈통인데, 이는 관 안의 기름을 390℃까지 가열할 수 있다. 이 열은 물

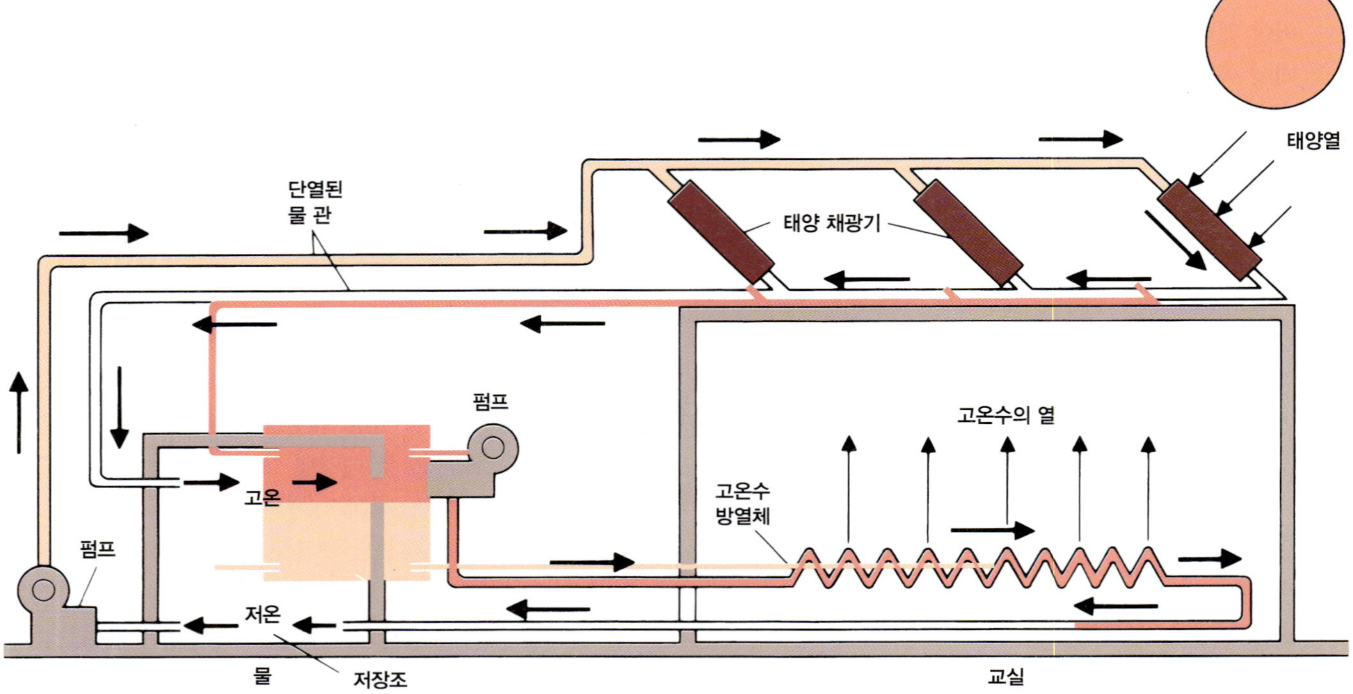

그림 9.10 능동 태양열 난방: 능동 태양열 시스템은 태양열 집열 장치, 펌프, 열 저장 시스템, 열을 한 장소에서 다른 장소로 전달하기 위한 배관 시스템을 필요로 한다.

로 전달되어, 물을 수증기로 바꾸어 재래식 발전 터빈을 작동하는데 사용된다. 캘리포니아 주 모하비(Mojave) 사막에 있는 354-MW 태양 에너지 발생 시스템(Solar Energy Generating System; SEGS)이 세계에서 가장 큰 태양열 전기 발생 시설이다. 62-MW Nevada Solar One 발전소가 2007년에 개소되었고, 280-MW Solana 발전소가 2013년 애리조나 주에서 송전을 시작하였다. 약 12개소의 포물선 홈통 발전소가 건설 중에 있으며 2014~2017 사이에 송전을 시작할 예정이다. 그림 9.11은 발전 탑과 포물선 홈통의 예를 보여준다.

광기전(*Photovoltaics*) 광기전(PV)은 빛을 전기로 직접 변환하는 반도체 장치이다. 광기전은 보통 미량의 다른 원소와 함께 실리콘으로 제조된다. 기본적인 구조 단위는 광

(a) 태양열 발전 탑

(b) 포물선 홈통

그림 9.11 재래식 태양열 전기 발생: (a) 발전 탑은 태양광을 중앙 지점에 집중하여 수증기를 생산한다. (b) 포물선 홈통은 기름을 가열하여 물로 열을 전달하여 수증기로 변환한다. 두 가지 경우 모두 터빈을 회전시키고 전기를 생산하기 위하여 수증기가 사용된다.

전지(photovoltaic cell; solar cell)이다. 광전지 집단은 태양전지판(solar panel)이라고 하는 모듈로 결합되며 태양전지판 집단은 배열(array)로 연결된다. 개별 태양전지판 모듈은 저전압 직류(DC) 장치이지만, 모듈의 결합된 배열은 고전압을 생산한다. 일부 가정과 기타 응용에서, 전기는 직류로 사용되며 직류를 사용할 수 있는 모터와 기타 장치를 필요로 한다. 이러한 응용에서 야간에 에너지를 제공하기 위하여 축전지 저장 시스템이 필요하다. 그러나 대부분의 가정에서는 교류를 사용하기 때문에, 인버터(inverter; 역변환기)라고 하는 직류를 교류로 변환하는 장치가 필요하다. 이는 가정에서 필요시에는 전력망으로부터 교류를 사용할 수 있도록 해주며, 태양 전지판이 가정에서 필요한 것보다 많은 전기를 생산하면 전력망으로 전기를 공급할 수 있도록 한다.

박막 태양전지는 단지 수 μm 두께의 반도체 판을 사용한다. 더구나 접히거나 다양한 형태로 성형될 수 있으며, 이는 태양전지가 옥상 지붕널, 지붕 타일, 건물 외관, 채광창이나 안마당의 유리 등 두 가지 역할을 할 수 있도록 하였다. 그러나 이는 전통적 태양전지에 비하여 전기를 생산하는데 비효율적이다.

태양광 설비비용, 시스템의 효율성, 정부 정책의 세 가지 요인이 광전지 산업을 주도한다. 시스템 가격이 하락하고 효율이 증가하면, kW-h 당 가격은 하락한다. 현재 설비비용은 하락하고 효율은 증가하고 있다. 따라서 광전지의 전기요금은 하락하고 석탄과 원자력의 발전 비용은 상승하고 있다. 현재 광전지로부터의 전기는 일부 장소에서는 전력망으로부터의 전기보다 저렴하다. 그러나 광전지 시스템을 가정에 설치하는 비용은 고가이다. 많은 정부와 일부 전력회사는 자택 소유주가 시스템을 설치하는 초기비용을 도와주기 위하여 보조금을 제공한다.

최근에 세계적으로 설치된 광전지의 양은 극적으로 증가하였다. 2010년 10,000 MW의 광전지가 설치되었다. 2012년 31,000 MW가 설치되었다. 미국의 태양 에너지 용량은 2011년에서 2012년 사이에 138% 증가하였다. 이러한 성장의 대부분은 정부 보조금에 기인한다. 많은 유럽 국가는 화석연료에 대한 의존도를 줄이고 재생가능 에너지 설치를 보조하기로 약속하였다. 독일, 스페인, 일본, 중국, 미국이 설치된 광전지 양을 주도하고 있다. 그림 9.12는 광전지 기술의 전형적인 응용을 보여준다.

환경문제

태양 에너지는 재생가능하기 때문에, 환경영향이 최소한이다. 그러나 단위를 형성하는 실리콘과 기타 물질의 제조에는 많은 양의 에너지가 필요하다. 열 또는 광기전 발전소는 거울이나 태양광 수집기를 위치하기 위하여 넓은 면적의 토지를 필요로 한다. 캘리포니아 주의 SEGS 시스템은 면적이 6.4 km^2이다. 건물에 광전지나 물 가열 시스템을 설치하는 것은 추가적인 공간이 필요하지 않으며 종종 건물 설계에 통합된다.

(a) 설치되고 있는 광기전 지붕널

(b) 태양전지판

(c) 광기전 발전소

그림 9.12 광기전 응용: 광기전 장치는 여러 방식으로 이용될 수 있다. (a) 광기전 지붕널은 지붕에 설치될 수 있다. (b) 태양전지판은 가정이나 다른 건물의 표면에 설치될 수 있다. (c) 다수의 태양전지판이 결합되어 전력망에 공급하는 발전소 역할을 할 수 있다.

바람 에너지

수 세기 동안 바람은 배를 운항하고, 곡물을 갈고, 물을 펌프하고, 다른 형태의 일을 하는데 이용되었다. 최근에 바람은 전기를 발생하는데 이용되었다(그림 9.13).

2008년 미국 DOE는 2030년까지 미국 전기의 20%를 바람으로부터 발생하는 것이 기술적으로 가능하다는 보고서를 발간하였다. 어떤 지역은 다른 지역보다 바람 에너지를 생산하는데 더 적합하다. 그림 9.14는 미국 내 바람 에너지 잠재력이 있는 지역을 보여준다. 그러나 장소는 문제가 될 수 있다. 다코타 주와 같은 장소는 가장 강한 바람이 불지만, 에너지를 사용하는 인구 중심으로부터 멀리 떨어져 있어서 전선을 통하여 전기를 전도할 때 많은 양이 손실될 수 있다.

바람은 변화하기 때문에, 각각의 풍력 터빈에 의하여 발생하는 에너지의 양도 변화한다. 이는 바람으로부터의 전기 에너지는 다른 더 신뢰성이 높은 에너지원과 결합되어야 한다는 것을 의미한다.

바람으로부터 발전하는 기술은 설치하기가 비교적 용이하기 때문에, 매년 꽤 큰 용량의 증가가 일어난다. 2010년에는 세계적으로 약 200,000 MW의 설치된 용량이 있었다. 2012년에는 20% 증가하여 238,000 MW가 되었다. 미국, 독일, 중국은 설치된 용량의 약 60%를 차지한다. 새로운 풍력 용량의 빠른 발전이 있었지만, 현재 풍력에 의하여 생산되는 총 전기 에너지는 세계 전체 에너지 소비의 1% 미만이라는 것을 인식하는 것이 중요하다.

그림 9.13 바람 에너지: 풍력 발전기 단지는 대량의 전기를 생산할 수 있다.

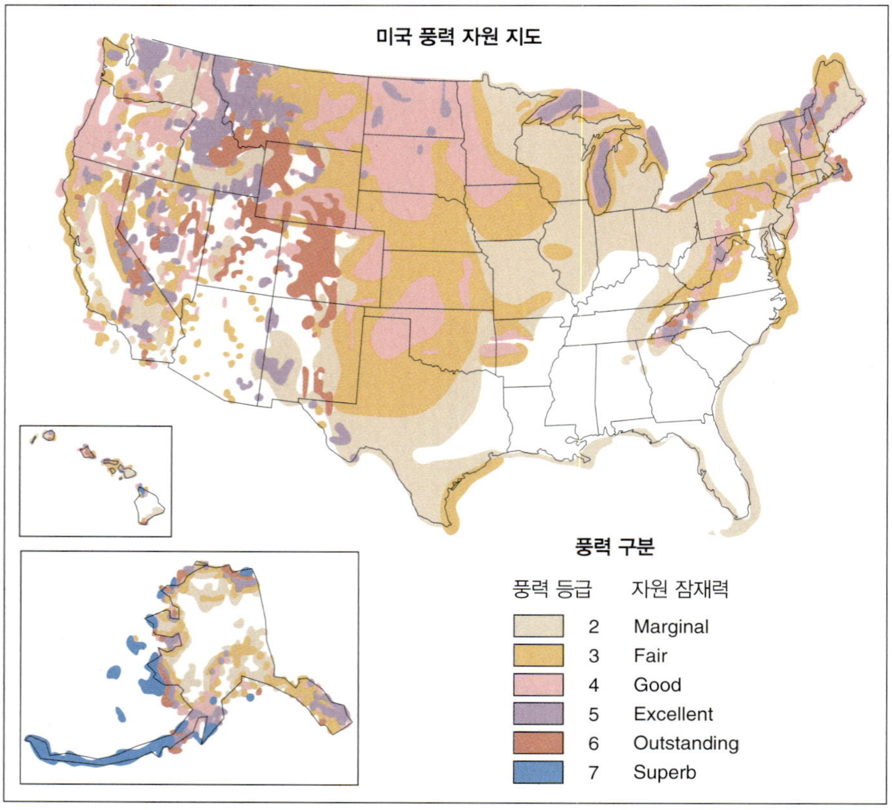

그림 9.14 풍력 에너지 잠재력: 이 지도는 바람 에너지로부터 전기를 공급할 수 있는 잠재력의 관점에서 미국 지역의 순위를 매겼다.

출처: 미국 에너지성(Department of Energy)

환경문제

풍력 발전기는 몇 가지 부정적 영향을 가진다. 움직이는 날개는 조류와 박쥐에게 위험요소이다. 그러나 신형 풍차는 느리게 움직이는 회전자를 가지고 있어서 황금 독수리 같은 많은 새들이 쉽게 피할 수 있다. 추가적으로 일부 사람들은 많은 수의 풍력 발전기 광경을 시각 오염으로 간주한다.

지열 에너지

지열 에너지(Geothermal energy)는 두 가지 상이한 방식에 의하여 획득된다. 뜨거운 마그마가 표면에 접근하는 지질학적 활성 지역에서는, 아래 암석으로부터의 열은 물을 가열하는데 이용될 수 있다. 가열된 물은 직접 건물을 난방하거나 또는 증기 터빈을 통하여 전기를 생산하는데 이용될 수 있다.

미국은 세계에서 지열에 의하여 발생되는 전기의 약 30%를 생산한다. Pacific Gas and Electric Company (PG&E)는 1960년부터 지열 에너지로부터 전기를 생산하고 있다. PG&E의 샌프란시스코(San Francisco) 북부에 위치한 발전 단위 단지는 세계에서 가장 크며 700 MW의 동력을 제공하는데, 이는 70만 가구 또는 290만 인구에 충분한 규모이다. 그러나 큰 안목에서 보면 지열 전기는 미국 총 에너지 소비의 1% 미만을 차지한다. 상당한 양의 지열 전기를 생산하는 다른 나라는 필리핀, 이탈리아, 멕시코, 일본, 뉴질랜드, 인도네시아, 아이슬란드이다. 아이슬란드에서 지열 에너지의 절반은 전기를 생산하는데 사용되고 나머지 절반은 난방에 사용된다. 수도인 레이캬비크(Reykjavik)에서 모든 건물은 석유를 사용할 경우 소요되는 비용의 25% 미만으로 지열 에너지로 난방된다.

그림 9.15 지열 발전소: 지열 갱정에서 획득된 수증기가 전기를 생산하는데 이용된다.

지질학적으로 활성이 아닌 지역에서도 열펌프(heat pump)를 사용하여 지열 에너지를 획득하는 것도 가능하다. 모든 물체는 열에너지를 포함하고 있으며, 이는 추출되고 다른 지역으로 운반될 수 있다. 지열 열펌프 시스템은 지하 도관의 폐쇄회로를 활용한다. 물과 부동액 용액이 관을 통하여 순환되며 열은 냉장고가 열을 내부에서 외부로 이동하는 것과 같은 방식으로 용액에서 추출되어 건물로 이동된다. 일반적으로 수확되는 열에너지의 양은 시스템을 작동하는데 사용되는 전기 에너지 양의 3~4배이다.

환경문제

지질학적 활성 지역의 지열 에너지를 이용하는 것은 몇 가지 환경문제를 야기한다. 증기는 종종 황화수소 기체를 포함하며, 황화수소는 썩은 계란 냄새가 나며 불쾌한 형태의 대기오염이다. (지열 기원의 황화물은 제거될 수 있다.) 증기의 광물은 관과 장비를 부식하여, 유지관리 문제를 일으킨다. 광물은 폐수가 지역 수체로 방출되면 어류에 독성을 띠기도 한다.

조력

조석은 달과 태양에 의하여 행사되는 중력에 의하여 초래된다. 두 물체 사이의 중력 인력의 규모는 물체의 질량과 그들 사이의 거리에 관계한다. 달은 지구에 커다란 중력을 가하는데, 그 이유는 달이 태양에 비하여 훨씬 질량이 작지만 훨씬 가깝기 때문이다. 이러한 인력은 지구 표면의 71%를 차지하는 해양이 달을 향하여 가리키는 축을 따라 부풀어 오르게 한다. (달이 표면에서 가장 먼 곳의 지구를 당기기 때문에 달에서 가장 먼 쪽도 부풀어 오른다.) 조석은 물로 된 피복의 아래에 있는 지구의 회전에 의하여 생성되며, 해안을 따라 관찰될 수 있는 규칙적으로 순환하는 수위의 상승과 하강을 초래한다. 따라서 매일 두 번의 고조와 두 번의 저조가 나타난다. 태양, 달, 지구가 직선상에 있을 때, 태양과 달의 결합된 효과는 더 높은 조석(대조)을 발생한다.

어떠한 연안지역은 다른 지역에 비하여 높은 조석을 보인다. 이는 만과 어귀 같은 지역적인 지리적 특징에 의한 조석의 증폭에 의한 결과이다. 실용적인 양의 동력을 생산하기 위해서는, 고조와 저조의 차이가 최소한 5 m는 되어야 한다. 세계의 약 40곳에서 이러한 조석 범위를 가진다. 조석이 높을수록 특정한 지역에서 더 많은 전기가 생산될 수 있으며 생산되는 전기의 비용이 낮아진다. 방금 서술한 제한 사항으로 인하여 조석에서 생산할 수 있는 전기의 잠재력은 단지 60,000 MW 정도로 추산된다.

조석 에너지를 획득하는 기술

조석 에너지를 전기로 변환하는데 필요한 기술은 전통적인 수력발전소와 유사하다. 첫 번째 필요조건은 조수 만 또는 하구를 가로지르는 댐이다. 이러한 댐을 건설하는 것은 값비싸다. 따라서 최적의 조석 장소는 만이 좁은 입구를 가지고, 요구되는 댐의 길이를 감소하는 것이다. 댐을 따라 특정한 지점에 갑문과 터빈이 설치된다. 댐 양쪽의 수위 차이가 적절할 때 갑문을 개방한다. 물이 댐의 높은 쪽에서 낮은 쪽으로 흐르면서, 물의 흐름은 터빈을 돌리고 전기를 생산한다.

조석 에너지를 이용하는데 필요한 기술은 잘 정립되어 있지만, 조력은 고비용이며, 단지 하나의 주된 조석발전소가 운영 중이다. 이는 프랑스 북부 해안의 랑스(La Rance) 강 입구에 있는 240 MW 설비이다(대규모의 석탄 또는 원자력 발전소는 약 1,000 MW의 전기를 생산한다.) La Rance 발전소는 1966년부터 운영되고 있으며 프랑스에서 매우 신뢰성이 높은 전기 공급원이었다(그림 9.16). 다른 곳에는 캐나다 노바스코샤(Nova Scotia)의 Annapolis Royal에 20 MW 시설, 러시아 Murmansk 부근의 0.4 MW 조력발전소, 중국 동부의 Jangxia Creek의 0.5 MW 시설이 있다. 현재 한국에서 252 MW 시설이 건설 중이며 세계의 다른 지역은 잠재력에 대하여 평가하고 있다.

환경문제

조석 에너지는 전기의 재생가능 공급원이며 기후변화에 기여하지 않는다. 그러나 만이나 하구에 댐을 건설하여 조석 흐름을 변경하는 것은 수서생태계와 연안생태계에 부정적인 영향을 초래할 수 있으며, 항해와 휴양에도 영향을 미친다.

조력발전의 환경영향을 밝히기 위하여 수행된 연구에 의하면 각각의 장소가 상이하고 영향은 지역 지리에 크게 의존한다는 것으로 나타났다. La Rance 댐에 의해서는 지역 조석이 아주 작은 변화를 보였으며, 환경영향은 사소했지만, 이는 다른 모든 장소에 적용되지는 않는다. 모든 경우 장벽과 터빈은 어류와 다른 해양 종의 회귀에 영향을 미친다.

그림 9.16 조력발전소: 프랑스 La Rance 강 하구 발전소는 세계 최대의 조력 발전소이다.

9.3 에너지 보존

사회가 사용하는 에너지의 양은 많은 요인에 의하여 결정된다. 여기에는 경제 발달의 수준, 에너지의 비용, 사회적 기대, 에너지 사용과 관련된 정부 정책 등이 있다.

많은 문화적 또는 생활양식 요인은 비교적 저가의 에너지 이용도에 의하여 형성되었다. 커다란 주택, 실외 조명, 넓은 잔디, 가정용 오락기구 시설, 자동차 여행, 많은 "노동 절약" 도구(낙엽 송풍기, 승마형 잔디 깎는 기계, 식기세척기 등등)는 대량의 에너지를 사용한다. 에너지 비용이 높으면, 무엇이 필수적인지에 대하여 다른 선택을 할 것이며 에너지 효율성을 더 신중하게 평가할 것이다.

물건의 가격과 에너지 효율성 사이에는 일반적으로 상관관계가 있다. 종종 서투르게 설계되고 에너지 비효율적인 건물과 기계는 저렴하게 생산될 수 있다. 단기 비용(구입 가격)은 낮지만, 유지와 에너지 사용의 장기 비용은 높다. 일반적으로 더 효율적인 건물과 기계의 가격은 높지만, 초기 가격의 차이는 수년간에 걸친 에너지 비용의 절약에 의하여 보상된다. 이를 회수기간이라고 한다.

미국과 캐나다는 비슷한 경제적 위치에 있는 다른 국가에 비하여 일인당 두 배 정도의 에너지 소비를 보인다는 것이 명백하다("7장 에너지와 문명: 소비 형태" 참조). 따라서 에너지 보존 수단은 일인당 에너지 소비를 충분히 줄일 수 있다는 것이 그럴듯하게 보인다. 에너지 보존은 에너지의 "공급원"으로 생각될 수 있는데, 이는 에너지 수요를 감소시

녹색 행진

하이브리드 차량과 전기 차량

많은 대도시 지역에서 자동차 배기가스는 대기질 문제의 주요한 기여자이다. 연료의 화학적 에너지가 자동차의 운동으로 변환되는 효율의 증가는 대기오염을 크게 감소시킬 것이다. 화석연료의 공급원은 제한적이기 때문에, 가용도가 감소하게 될 것이며 높은 효율은 제한된 공급을 연장시킬 것이다. 성능과 연료 효율을 개선하기 위하여 차량을 변경하는 데에 진보가 있었다. 여기에는 가벼운 재료를 사용하여 차량의 무게를 감소, 저항을 줄이기 위한 형태의 유선형화, 좋은 타이어, 기타 많은 변경 등이 포함된다. 에너지 효율을 더 증가시키기 위해서는 더 혁신적인 기술이 필요하다.

정지된 차량을 움직이게 하는 데는(가속) 매우 많은 에너지가 필요하며, 움직이는 차량을 정지시키는 데도(감속) 동일한 양의 에너지가 필요하다. 내연기관은 차량이 일정한 속도(rpm)로 운행하고, 가속하거나 감속할 때 최대 효율 미만으로 운행할 때 가장 효율적으로 작동한다. 따라서 가속하기 위하여 내연기관을 사용하는 것은 효율적이 아니며 대기오염에 상당히 기여한다. 차량을 정지시키기 위하여 브레이크를 작용하면, 움직이는 차량이 가지고 있는 운동에너지는 브레이크 시스템의 열로 변환된다. 따라서 차량을 가속하기 위하여 방금 사용된 에너지는 차량이 정지할 때 열로서 손실된다. 더 나아가 대도시 지역에서 자동차는 엔진이 회전하면서 상당한 시간을 신호에 대기한다. 따라서 도시 운행에서 보편적인 교통정체는 연료의 화학적 에너지를 바퀴를 회전시키는 운동에너지로 효율적으로 전달하는 것을 뚜렷이 감소시키는 조건을 제공한다.

전기모터는 매우 효율적이기 때문에 다양한 종류의 차량에 사용된다. 완전 전기 차량에서 축전지가 유일한 에너지원이며 충전하기 위하여 외부 전원에 접속해야 한다. 하이브리드 전기 차량에서 전기모터는 차 운행을 시작하고(가속) 저속으로 운행할 때만 에너지를 제공한다. 내연기관이 고속도로에서 고속에 도달하기 위하여 요구되는 추가적인 에너지를 제공한다. 재래식 차량에서 차가 교통이나 정지신호에서 공회전 할 때 많은 에너지가 허비된다. 하이브리드 차량에서 축전지에 의한 전기모터만이 교통정체에서 이용되기 때문에 연료가 사용되지 않는다. 축전지는 차가 휘발유 엔진으로 다시 변환될 때 재충전된다. 축전지는 복열 제동(regenerative braking)이라고 하는, 차의 운동에너지가 제동 시 포획되어 축전지의 전기화학적 에너지로 저장되는 과정으로 재충전된다. 내연기관은 고속에서 도와주는 데에만 사용되기 때문에, 재래식 차량의 엔진에 비하여 소형이고 경량이며 적은 연료를 소비한다. 오늘날 거의 모든 자동차 제조사는 생산품 조합에 한 종류 이상의 하이브리드 차량을 포함한다.

완전 전기 차량도 중요하게 되었다. 현재 완전 전기 차량은 주로 출퇴근용으로 사용되는데, 이는 대부분 완전 충전 시 130 km 이하만 운행할 수 있기 때문이다. 또한 이들은 일반적으로 축전지를 완전히 충전하는데 수 시간이 소요된다. 전기차량은 연료를 사용하지 않고 운행 시 배출가스를 생산하지 않지만, 충전하는데 사용되는 전기는 발전소에서 온다. 발전소가 석탄이나 천연가스로 운영된다면, 연료 소비와 배출이 발생한다.

쉐보레(Chevrolet)의 Volt는 휘발유 엔진도 가지고 있는 전기차량이다. 그러나 차량을 추진하기 위하여 휘발유를 사용하는 대신에, 엔진은 전기모터에 전기를 제공하는 발전기에 동력을 제공한다. 따라서 이는 많은 방식에서 하이브리드 차량과 유사하다.

키기 때문에 장래의 에너지 수요를 충족하는 것을 용이하게 한다. 추가적으로 이는 소비자의 돈을 절약한다.

일부 보존 기술은 복잡하며 상당한 투자를 필요로 하지만, 다른 것들은 단순하고 성취하는데 거의 비용이 들지 않는다(그림 9.17). 예를 들면 표준 백열등 설비에 사용될 수 있는 고효율 소형 형광등 전구는 25%의 에너지로 동일한 빛을 발생하고, 수명이 6배이며, 열을 적게 발생한다. LED 전구는 더 좋다. LED는 백열전구에 비하여 20%의 에너지를 사용하고 수명이 25배이다. 조명은 미국 전기 소비의 14%를 차지하기 때문에, 이러한 전구의 광범위한 사용은 에너지 소비를 상당히 감소할 수 있다. 창문에 저방사 유리를 사용하는 것은 빛은 통과하도록 하면서도, 건물에 유입되는 에너지의 양을 줄여준다. 이러한 유리를 새 건물과 대체 창문에 사용하는 것은 에너지 소비에 주요한 영향을 미칠 수 있다. 자동 감광 장치(automatic dimming device) 또는 자동 빛 차단 장치와 같은 많은 다른 기술들이 새 건축에 사용되고 있다. 에너지 절약 창문과 문의 사용, 비효율적 난방 시스템과 전기기구의 대체, 건물의 단열을 향상하는 것 등은 많은 에너지를 절약할 수 있지만 상당한 투자를 필요로 한다. 반대로 겨울철 건물의 온도를 낮추거나 여름철 온도를 높이는 것은 돈이 들지 않고 냉난방을 제공하는데 필요한 에너지를 감소시킨다.

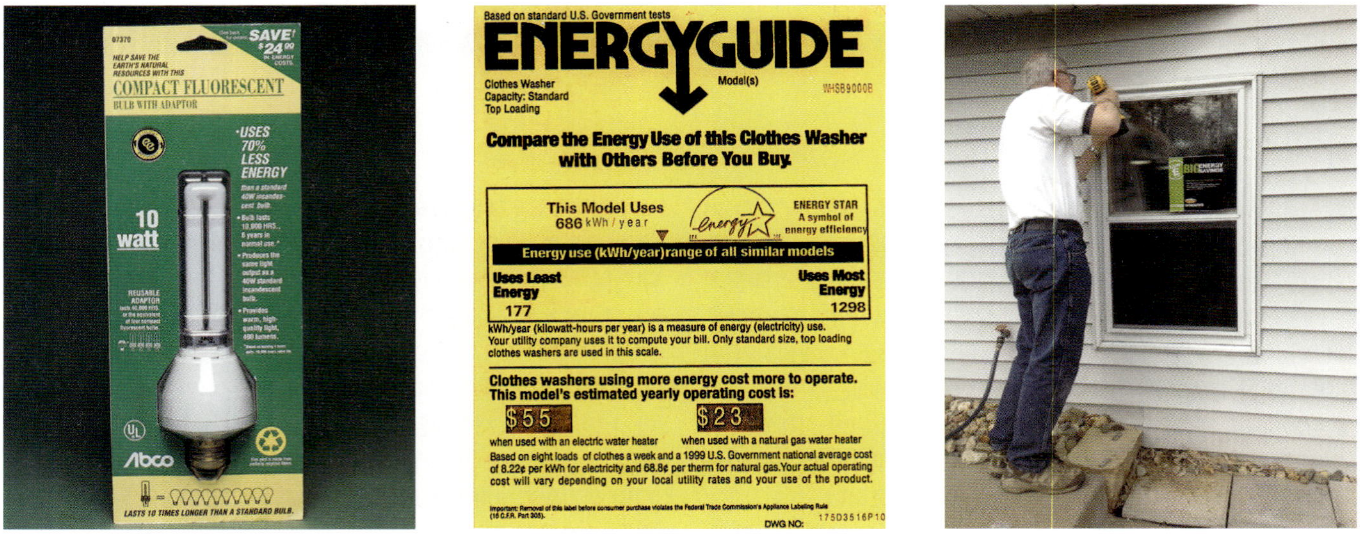

(a) (b) (c)

그림 9.17 에너지 보존: (a) 형광등, (b) 에너지 효율성 전기기구, (c) 저방사 유리창의 사용은 에너지 소비를 상당히 감소시킬 수 있다.

정부의 유인책

에너지의 효율적 이용으로 이전하는 데에는 장려책이 필요하다. 일부 사람들은 도덕적 논의에 의하여 에너지 사용을 줄이도록 확신시킬 수 있지만 대부분의 사람들은 낭비적 사용에 대한 상당한 벌금이나 에너지 소비를 줄인데 대한 보상이 없으면 그들의 생활양식을 변화시키려 하지 않는다. 최근에 미국 정부는 평균 에너지 소비를 감소시킬 수 있는 법을 통과하거나 정책을 수립하였다. 이러한 발의의 대부분은 세제상의 유도조치와 같은 경제적 보상을 제공하거나 경제적 벌칙(세금과 벌금)을 부과하는 것이다. 다음은 에너지 효율을 개선하기 위하여 의도된 정부의 행동이다.

- 자동차와 트럭의 제조에 높은 연료 절약 기준을 부과. Obama 행정부에 의하여 제정된 새로운 기준은 2025년까지 54.5 mpg(mpg=miles per gallon; 23.1 km/L)의 연료효율을 설정하였다.
- 단열, 창문, 문, 난방 및 냉방 시스템, 기타 전기기구를 개선하는 사람에 대한 세제상의 유인.
- 매우 비효율적인 백열전구의 사용을 2014년까지 단계적 제거. 이 법안을 훼손하기 위한 정치적 동기의 노력이 있었지만, 대부분의 소매상은 고효율 전구만 제공한다.
- 전기기구에 대한 고에너지 효율 기준의 정립.
- 효율적인 전기 배전에 투자.
- 고속 철도 수송의 개선.

전력회사도 에너지 보존 상황의 일부이다. 많은 전력회사는 고객들이 에너지 수요를 감소하도록 도와주는 에너지 보존 계획을 가지고 있다. 새로운 발전소를 건설하는 것은 고비용이 소요되기 때문에, 전력회사는 사람들이 에너지를 비효율적으로 사용하였을 때 빠르게 증가하는 것으로부터 전기 사용을 방지하는 유인책을 가지고 있다.

이슈와 분석

옥수수 에탄올 연료는 합리적인가?

에탄올을 연료로서 사용하는 것의 실행가능성을 평가하기 위해서는 에너지 이득과 경제적 경쟁력의 두 가지 관점에서 회계분석을 하는 것이 필요하다.

에너지 분석

에탄올을 생산하는데 필요한 에너지의 양을 평가하는 많은 연구가 이루어졌다. 현재 북미에서 에탄올은 옥수수에 함유된 전분을 발효하여 만들어진다. 이는 맥주나 포도주를 제조하는데 사용되는 것과 본질적으로 동일한 과정이다. 따라서 에탄올을 제조하기 위한 에너지 투입은 농부가 옥수수를 경작하고, 심고, 수확하고, 수송하는데 사용된 연료를 포함한다. 추가적으로 비료, 제초제, 기타 농약도 생산하고 뿌리는데 에너지를 필요로 한다. 마지막으로 에탄올을 제조하기 위하여 옥수수를 발효하고 희석된 용액으로부터 에탄올을 증류하는 것도 에너지를 필요로 한다. 이러한 모든 에너지 투입의 회계에 대한 다양한 분석이 시도되었는데 결과는 0의 에너지 이득부터 30%의 순 이득까지 범위를 보였다. 1단위의 에너지를 투입하여 1.3단위의 에너지가 에탄올로서 생산되면, 순 이득은 0.3단위이다.

혼합연료 차량은 고농도 에탄올을 연료로 사용하도록 설계된 엔진과 기타 부품을 가지고 있다. 가장 보편적으로 이용되는 혼합물은 E85연료인데, 이는 85% 에탄올과 15% 휘발유를 포함한다. 에탄올은 휘발유의 67.2% 밖에 에너지를 가지고 있지 않기 때문에, 휘발유에 비하여 에탄올이나 E85 연료는 주행거리가 짧다.

동등한 에너지를 제공하기 위하여 필요한 부피		
휘발유	*에탄올*	*E85 연료*
1	1.49	1.42

미국에서 에탄올이 휘발유/에탄올 혼합물의 옥탄가를 증가시키기 위하여 휘발유에 10%까지 첨가된다. 이 혼합물은 변경되지 않은 엔진에 사용될 수 있으며 엔진 성능을 개선하여 대기오염을 적게 발생한다.

2013년 생산된 에탄올의 양은 약 500억 리터였다. 에탄올을 생산하기 위하여 필요한 에너지의 양을 제외하면, 에너지의 순 이득은 약 150억 리터의 에탄올이다. 이는 2013년 사용된 휘발유의 3% 미만이다.

경제성 분석

휘발유에 비하여 에탄올은 67.2%, E85는 75%만의 에너지를 포함하기 때문에, 경쟁력이 있기 위해서는 휘발유에 비하여 저렴해야 한다. 따라서 E85가 보통 휘발유에 비하여 더 경제적이 되기 위해서는 가격이 휘발유 가격의 72% 이하여야 한다. 다른 말로 하면 보통 휘발유에 비하여 28% 저렴해야 한다. E85는 보통 휘발유에 비하여 저렴하지만, 28% 만큼 저렴하지 않으며 따라서 보통 휘발유에 비하여 더 비싸다.

달러 당 동일한 에너지를 제공하기 위한 가격/갤런		
휘발유	*에탄올*	*E85 연료*
\$3.00	\$2.00	\$2.15

여러분은 어떻게 생각하는가?

- 에탄올은 재생가능 연료이기 때문에 연료로서 제공하는 것이 중요한가요?
- 대중은 에탄올 연료를 사용하도록 요구되어야 하나요?
- 에탄올의 생산에 보조금을 지급해야 하나요?

요약

세계 에너지의 약 13%는 재생가능 에너지이며 이 중 10%는 바이오매스에서 온다. 땔나무는 산업화된 국가에서 중요하지 않은 에너지원이지만 저개발국가에서는 주된 연료원이다. 바이오매스는 요리를 위한 열을 제공하거나 전기를 생산하기 위하여 연소될 수 있으며, 또는 알코올로 변환되거나 메탄을 발생하기 위하여 사용될 수 있다. 일부 지역사회에서 고형폐기물은 폐기물의 양을 감소하고 또한 에너지를 공급하기 위하여 소각된다. 저개발국가에서 에너지를 제공하기 위하여 바이오매스를 사용하는 것은 서식지와 생물다양성의 상실에 기여하며, 연료가 비효율적 난로나 덮개가 없는 상태로 소각되기 때문에 대기오염을 초래한다.

수력은 세계 전기의 약 16%를 제공하며 세계의 많은 지역에서 상당히 증가될 수 있다. 그러나 수력의 개발은 범람지역을 필요로 하며 따라서 사람의 이주를 필요로 할 수 있다. 수력발전소를 개발하는 다른 환경영향은 어류와 기타 생물의 서식지 변화와 개울의 흐름을 변경하는 것이다. 태양 에너지는 능동난방과 수동난방 시스템으로 수집되고 이용될 수 있으며 두 가지 상이한 방식으로 전기를 생산하는데 사용될 수도 있다. 거울은 터빈에 동력을 제공하는 수증기를 생산하기 위하여 태양광을 집중하는데 사용될 수 있다. 광전지는 전기를 생산하는데 사용될 수 있다. 일정한 태양광의 공급이 결여된다는 것이 태양 에너지의 주된 제한사항이다. 풍력은 전기를 발생하는데 이용될 수 있지만, 넓고 개방된 지역과 많은 수의 풍력 발전기를 필요로 한다. 지열과 조석 에너지의 사용은 토지의 특정한 지리적 지질학적 특징을 필요로 한다. 따라서 이러한 에너지원의 사용은 제한적이다.

에너지 보존은 생활수준을 눈에 띠게 변화시키지 않고 에너지 수요를 감소시킬 수 있다. 그러나 대중은 즉각적인 혜택을 제공하지 않는 변화를 위해서는 일반적으로 유인책을 필요로 한다. 따라서 대부분의 에너지 보존 계획은 증가된 비용(벌금, 세금) 또는 보조금(세금 공제) 형태의 경제적 유인책과 연관되어 있다.

녹색 활동

1. 여러분의 지역 전력회사와 연락하거나 웹 사이트를 방문하여 어느 비율의 전기가 화석연료, 원자력, 수력, 기타 재생가능 에너지원에서 오는지 측정한다.

2. 여러분의 전력회사는 친환경 에너지를 구매할 수 있는 기회를 부여하나요? 그럴 경우 비용은?

3. 여러분이 에너지 사용을 줄일 수 있는 10가지 방법을 개발한다. 이 중에서 다섯 가지를 실행한다.

복습문제

1. 재생가능 에너지원의 일반적인 특징은 무엇인가?
2. 세계 에너지의 몇 %가 재생가능 에너지원에서 오는가?
3. 어떤 재생가능 에너지원이 재생가능 에너지의 대부분을 제공하는가?
4. 자체적으로 에너지를 제공하기 위하여 일반적으로 그들이 생산하는 폐기물을 사용하는 산업을 열거하시오.
5. 에너지를 생산하기 위하여 도시 폐기물을 소각하는 것은 왜 북미보다 유럽에서 더 보편적인가?
6. 생물연료 에탄올은 어떻게 생산되는가?
7. 에너지를 제공하기 위하여 바이오매스를 사용하는 부정적 환경영향 세 가지를 열거하시오.
8. 수력 개발의 부정적 환경영향은 무엇인가?
9. 자연형 태양열 난방 시스템과 능동 태양열 난방 시스템을 비교하시오.
10. 전기를 생산하기 위하여 태양광이 사용되는 두 가지 상이한 방식을 서술하시오.
11. 사람들이 추가적인 풍력 에너지 개발에 반대하는 두 가지 이유를 열거하시오.
12. 세 가지 에너지 보존 기술을 열거하시오.

비판적 사고 문제

1. 여러분이 대체에너지 연구의 예산을 수립 중인 에너지성(DOE) 공무원이라고 가정한다. 어느 분야에 자금을 투입할지 결정하고 왜 그러한 선택을 하였는지 설명하시오. 여러분의 결정에 대한 정치적 반향은 무엇이라고 생각하는가? 그 이유는?
2. 중국의 Three Gorges 댐 프로젝트와 같은 대형 댐 계획은 전체적으로 유익한가요? 여러분은 그러한 계획이 유익하지 않다고 믿나요? 여러분은 어떠한 대안을 추천하나요? 그 이유는?
3. 에너지 보존은 화석연료에 대한 의존도를 줄이는 한 가지 방법이다. 여러분이 집, 직장, 학교에서 화석연료 사용을 줄이고 돈을 절약할 수 있는 일들이 무엇인가?
4. 본 교재에서 개요를 설명한 대체 에너지 자원 중에서 어느 것이 여러분의 지역에서 가장 유용한가? 이는 어떻게 실행될 수 있을 것인가?

chapter

10 생물다양성 문제

Biodiversity Issues

▲ 생물다양성을 측정하는 방법의 하나는 어느 지역에서 상이한 종들의 수이다. 이 사진은 표범이 아프리카 탄자니아 Serengeti의 아프리카 평원에서 이동하는 누(gnu; 아프리카 영양)와 얼룩말을 바라보고 있다.

CHAPTER OUTLINE

목적

이 장을 학습한 후 여러분은 다음을 달성하여야 한다.

- 인간이 자연 생태계를 뚜렷이 변경한다는 것을 인식한다.
- 생물다양성 상실의 주요한 원인을 진술한다.
- 유전적 다양성, 종 다양성, 생태계 다양성의 예를 든다.
- 생물다양성의 가치를 서술한다.
- 사막화의 원인을 판정한다.
- 멸종위기 종 적색목록을 서술한다.
- 담수 생태계의 생물다양성이 왜 인간의 활동에 의하여 커다란 위험에 처해있는지 이해한다.
- 북서 태평양에서 성장하는 연어가 왜 1세기 이상동안 감소하였는지 서술한다.
- 멸종위기 종 법안과 생물다양성 조약의 역할에 대하여 서술한다.
- 야생동물과 어류 자원의 지속가능한 이용을 촉진하는 기술을 서술한다.

생물탐사와 의학–생물다양성의 가치

많은 세계의 주요한 약은 생물다양성으로부터 간접적으로 유도되었다. 자연에서 잠재적으로 소중한 유전자원과 생화학 화합물을 찾는 과정을 생물탐사라고 한다. 미국 식품의약청(FDA)에서 1945~2012년 사이에 승인된 모든 항암제의 거의 절반이 천연물이나 천연물 유도체에서 개발되었다. 2012년에 세계에서 가장 많이 판매된 약의 43%는 천연물에서 직접 획득되거나 유도되었다. 사람들에게 익숙한 많은 약이 천연물에서 유도되었다. 아스피린을 예를 들면 원래 버드나무 껍질에서 유도되었다. 암 치료에 사용되는 탁솔(Taxol)은 주목에서 유도되었다.

의학 연구에 상당한 기회를 가지고 있는 많은 식물과 동물이 멸종 위협을 받고 있다. 예를 들면 곰은 동면할 때 뼈 질량을 상실하거나 오줌을 배설하지 않는다. 이러한 능력을 연구하면 잠재적으로 골다공증과 신부전을 치료하는 방법에 대한 통찰력을 얻을 수 있다. 8종의 곰 중에서 6종이 자연 보호를 위한 국제 연맹(International Union for Conservation of Nature)의 2012년 Red List의 멸종 위협을 받고 있는 종에 등재되었다. 남부 위 부화 개구리는 개구리가 산과 효소의 분비를 저해하고 위에서 기르는 새끼를 보호하기 위하여 사용하는 물질의 특징을 과학자들이 조사하기 전에 절멸되었다. 남부 위 부화 개구리는 소화성 궤양으로 고통 받는 사람들을 구제할 수 있었을 것이다.

생물다양성, 생태계, 인간의 건강 사이의 관계는 단순한 천연물 기반 약품의 생산을 넘어선다. 연구에 의하면 신선한 물에 대한 접근, 건강한 토양, 꽃가루 매개자(새, 곤충 등)와 같은 생태계 서비스가 위태로운 극히 빈곤한 지역에서는 인간의 건강도 위협을 받는다고 밝혀졌다. 더욱 더 퇴화된 생태계에 의하여 초래되는 영양실조는 높은 질병 빈도와 연결되어 있다. 추가적으로 세계의 변화하는 생물다양성에 의하여 질병의 양상이 상당히 변화할 것이라는 증거가 증가하고 있다.

개발도상국가의 약 80%의 사람이 전통적인 약품에 의존하며, 이들의 대부분은 식물에서 유도되었다. 약효를 가진 많은 식물이 멸종위기에 처해있으며, 건강관리와 소득을 얻기 위하여 이들에 의존하는 지역에서 특히 그러하다.

제약 산업이 의약품 생산을 위한 생물다양성과 이로부터 유도된 성분의 가치를 평가하는 동기의 증가는 생물다양성을 보존하는 커다란 경제적 유인책을 제공하도록 도와줄 것이다. 유인책은 제품 혁신과 천연물 기반 약품 사이의 연관을 증명하는 것과 브라질과 케냐와 같은 국가의 생물탐색 과정의 보증 요소이다. 이러한 유인책의 도움이 없으면 현재의 식물과 동물의 멸종 속도에서는 2년에 하나의 주요한 약품이 손실되어 소중한 기회가 손상되는 것으로 추정된다.

"마다가스카르 여인이 잎과 꽃이 항암제로 사용되는 장밋빛 협죽도과 식물(*Catharanthus roseus*)을 채취하고 있다."

10.1 생물다양성의 상실과 절멸

생물다양성(Biodiversity)은 어느 지역의 유전자, 종, 생태계의 다양성을 서술하는데 사용되는 광범위한 용어이다. 생물다양성은 개체군의 크기가 크게 감소하거나, 종이 절멸되거나, 생태계가 파괴되거나 크게 변경될 때 상실된다. **절멸(Extinction)**은 종의 사멸, 즉 특정한 종류의 모든 개체가 제거되는 것이다. 절멸은 생물 진화의 장구한 역사에서 보편적인 사건이다. 그러나 이 절의 뒤에서 보듯이, 절멸과 생물다양성의 상실은 지구를 인구가 지배한 주요한 결과이다. 과거 수백 년에 걸쳐, 인간은 지구의 역사에 일반적인 속도보다 1천~1만 배로 절멸률을 증가시켰다. 조류 종의 약 1/8, 포유류 종의 1/4, 파충류 종의 1/3, 거북이 종의 절반이 위협을 받고 있다. 세계 산호초의 10% 이상이 상실되었다. 남아있는 산호초의 거의 60%가 인간의 활동에 의하여 위협받고 있다. 홍수림(mangrove forest)은 바닷가의 늪 지역에서 나타나는데, 매년 1% 이상 감소하고 있다. 지구 육지 표면의 약 25%가 재배하는 작물로 변환되었다. 생물다양성과 밀접하게 연관된 생태계 서비스의 약 60%가 퇴화되거나 지속가능하지 않게 사용되고 있다. 여기에는 담수의 유지; 어류 군집의 생존; 대기와 수질 정화; 지역적 국부적 기후, 천연 재해, 해충의 조절 등이 포함된다.

현재 생물다양성에 영향을 미치는 가장 빠른 변화는 개발도상국에서 발생하고 있다. 이는 생물다양성 상실과 생태계 서비스 퇴화의 해로운 효과는 가난한 사람에 의하여 불균형적으로 감당되고 있다. 기후변화와 과도한 영양염의 부하가 장차 더 심각해질 것으로 예상되는 생물다양성에 영향을 미치는 두 가지 주요한 요인이다. 생물다양성과 자연 자산을 잘 보호하는 것은 정부, 산업, 국제기구의 모든 수준에 걸쳐서 통합된 노력을 필요로 할 것이다. 생태계의 생산성은 여러 사항 중에서 투자, 교역, 보조금, 세제, 규제의 정책 선택에 의존한다.

이 장을 시작하기 전에 생물다양성에 대한 인간 영향에 관한 문제의 생태적 개념을 적용할 수 있도록 5장을 복습하는 것이 필요하다.

표 10.1 멸종하게 될 확률

가장 멸종할 가능성이 높음	가장 멸종할 가능성이 낮음
낮은 개체군 밀도	높은 개체군 밀도
좁은 지역에서 나타남	넓은 지역에 걸쳐 나타남
전문화된 적소	일반화된 적소
낮은 번식률	높은 번식률

가장 멸종할 가능성이 높음

가장 멸종할 가능성이 낮음

절멸의 경향이 있는 생물의 종류

종의 모드 개체가 제거될 때 완전한 절멸이 일어난다. 우리는 완전한 절멸 외에도 개체군의 **지역적인 절멸**(*local extinction*)을 흔히 관찰할 수 있다. 최종적은 아니지만, 지역적 절멸은 그 종의 미래가 고무적이 아니라는 것을 지시한다. 더 나아가 개체군의 크기가 감소하면, 개체군 유전적 다양성의 일부가 상실될 수 있다.

현대의 지역적 절멸에 대한 연구는 특정한 유형의 종이 다른 종에 비하여 절멸될 가능성이 높다는 것을 시사한다. 표 10.1은 절멸에 영향을 미치는 주요한 요인을 열거하였다. 먼저, 분산된 개체들의 작은 개체군을 가지는 종이(낮은 개체군 밀도) 상대적으로 높은 밀도의 커다란 개체군을 가진 종에 비하여 성공적으로 번식하는 것이 더 어렵기 때문에 절멸될 가능성이 높다. 두 번째로, 섬과 같이 좁고 제한된 지역의 생물은 그 지역의 환경변화가 일시에 전체 종을 제거할 수 있기 때문에 절멸의 가능성이 높다. 넓은 지역에 분산된 생물이 하나의 사건에 의하여 부정적으로 영향을 받을 가능성이 훨씬 적다. 세 번째로, 전문종이 일반종에 비하여 절멸되기 쉽다. 전문종은 환경의 몇 가지 핵심 요인에 의존하기 때문에, 이러한 요인에 부정적인 영향을 미치는 어떠한 것도 절멸을 초래할 수 있지만, 일반종은 대체 자원을 이용할 수 있다. 마지막으로 먹이사슬의 높은 영양단계에 있는 육식동물은 먹이 종과 비교하여 낮은 개체군 뿐 아니라 번식 속도도 낮다.

토끼, 너구리, 쥐는 곧 멸망할 것 같지 않은 좋은 동물의 예이다. 그들은 높은 개체군 밀도와 광범위한 지리적 분포를 가진다. 추가적으로 그들은 높은 번식률을 가지며 다양한 조건에서 생존할 수 있으며 다양한 종류의 먹이를 먹을 수 있는 일반종(generalist)이다.

치타는 낮은 개체군 밀도를 가지고, 아프리카의 특정한 지역에 제한되며, 낮은 번식률을 가지고, 매우 전문화된 먹이습성을 가지고 있기 때문에 멸종될 가능성이 높다. 치타는 개활지에서, 낮에, 홀로 작은 영양을 협살해야 한다. 유사하게 전체 흰두루미 종은 고립된 습지를 가져야 하는 겨울과 여름 서식지에 제한된 약 375개체만으로 이루어져 있다. (포획되고 실험 개체군을 포함하면 약 500개체가 넘는다.) 추가적으로 흰두루미의 번식률은 낮다. 교미한 짝으로부터 하나의 어린 새가 성공적으로 부양된다.

인간 활동의 결과에 의한 멸종

한때 인간은 먹이사슬에서 단지 하나의 소비자였다. 인간은 다른 동물과 마찬가지로 포식자의 먹이가 되었으며 질병과 사고에 의하여 사망하였다. 그들이 사용하였던 단순한 도구는 주변에 주요한 변화를 일으키지 못하였기 때문에, 이러한 인류는 주변에 장기적인 영향을 미치지 않았다. 인구가 증가하고, 도구와 사용하는 방법이 진보하면서, 하나의 인간이 주변에 미칠 수 있는 영향은 엄청나게 증가하였다. 많은 생태계에서 화재는 자연적 사건이었지만, 인간이 게임을

(a) (b) (c)

그림 10.1 인간이 세상을 변화시키는 능력의 변화: 기술이 진보하면서 인간이 주변을 변화시키는 능력은 매우 증가하였다. (a) 인간이 기술이 없었을 때, 인간은 자연계에 단지 작은 영향을 미쳤다. (b) 농업혁명은 지구의 적합한 장소의 많은 부분을 농경지로 변환하도록 하였다. (c) 현대의 농업기술은 지구의 대부분을 농경지로 변환하였다.

사로잡고 정원을 조성하기 위하여 토지를 개간하는 것은 극상군집을 파괴할 수 있었고 정상보다 더 빈번하게 초기 천이단계로 복귀시킬 수 있었다.

기술이 진보하면서, 목재는 연료와 건축자재로 수확되었으며, 토지는 농업을 위하여 개간되었고, 개울은 수력을 제공하기 위하여 댐을 건설하였고, 다양한 광물자원은 에너지를 제공하고 기계를 만들기 위하여 채광되었다. 이러한 변경은 많은 인구가 생존할 수 있도록 하였지만, 항상 그 전에 존재하였던 생태계를 희생한 대사였다.

오늘날 지구상에 70억 이상의 인구가 있어서 지구 표면의 거의 대부분은 어떠한 방식으로든 인간 활동에 의하여 영향을 받았다. 인간 활동의 주요한 영향 중 하나는 생물다양성의 감소이다.

유전적 다양성

유전적 다양성(Genetic diversity)은 개체군이나 종에 존재하는 다양한 종류의 유전자 수를 서술하는 용어이다. 높은 유전적 다양성은 많은 상이한 종류의 유전자가 존재하며 개체군 내의 개체는 상이한 구조와 능력을 가진다는 것을 지시한다. 낮은 유전적 다양성은 개체군의 거의 모든 개체가 동일한 특징을 가진다는 것을 지시한다. 몇 가지 사항이 개체군의 유전적 다양성에 영향을 미친다.

1. 돌연변이(*Mutation*)는 생물의 유전정보의 변화이다. 돌연변이는 이미 존재하는 유전자를 변형하여 새로운 유전정보를 개체군에 도입한다. 우리가 관찰하는 돌연변이의 대부분은 해롭지만, 가끔 돌연변이가 새로운 가치 있는 특징을 초래한다. 예를 들면 과거 어느 시점에 특정한 곤충 종의 DNA에 DDT가 발명되기도 전에 살충제인 DDT에 내성을 가지는 개체를 형성한 돌연변이가 발생하였다. 이러한 돌연변이 내성을 가지는 개체는 DDT가 사용되기 전까지는 이러한 곤충 개체군에 매우 드물었다. 따라서 이러한 특징은 이를 가지고 있는 곤충에 매우 소중하게 되었다. DDT 내성을 결여한 곤충은 DDT와 접촉하였을 때 사멸되었지만, DDT 내성인 개체는 종을 번식하도록 남겨졌으며, 따라서 DDT 내성은 이 개체군에서 더 흔하게 되었다. DDT 내성의 진화는 인간 항생제 내성의 진화와 유사하다.

   생물의 진화에 대하여 생각하면, 단세포 조상으로부터 복잡한 식물, 동물, 진균의 진화에는 엄청난 수의 돌연변이가 필요하다는 것이 명백하다. 필경 한 종에 의하여 나타나는 모든 특징은 돌연변이의 결과이다.
2. 한 개체군에서 다른 개체군으로 종 개체의 이주(*Migration*) 또한 개체군의 유전적 다양성을 변화시키는 중요한 방식이다. 대부분의 종은 지역적 환경 조건에 적응된 많은 개체군으로 구성된다. 생물이 한 개체군을 떠나 다른 개체군으로 들어갈 때마다, 이는 떠난 개체군에서 유전정보를 감해서 합류하는 개체군에 추가한다. 이주하는 개체가 희귀한 특징을 가지고 있으면, 이는 두 개체군 모두의 유전적 다양성에 커다란 영향을 미칠 수 있다. 이주의 정도가 클 필요는 없다. 유전자가 개체군에 들어가거나 떠나는 한, 유전적 다양성은 변화한다.
3. 유성생식(*Sexual reproduction*)은 유전적 다양성에 영향을 미치는 또 다른 과정이다. 유성생식의 과정은 새로운 유전정보를 생성하지는 않지만, 수정 시 두 개체의 유전정보가 혼합되어 새로운 유전적 조합(*genetic combination*)을 형성하여 독특한 개체를 발생한다. 이

는 개체군의 유전적 다양성을 직접적으로 변화시키지는 않지만, 새로운 구성원은 개체군의 어느 구성원에 비해서도 우월한 독특한 특징의 조합을 가지게 되어 새로운 구성원은 자손을 생산하는데 훨씬 성공적이 되고 미래 세대의 유전적 다양성에 영향을 미칠 것이다.

4. **개체군 크기**(*Population size*)는 유전적 다양성과 관련된 중요한 요인이다. 개체군이 작을수록, 개체군은 유전적 다양성이 작으며 특이한 특징에 대한 유전자의 변이가 더 적다. 추가적으로 작은 개체군에서는 우연한 사건이 유전적 다양성을 크게 변화시킬 수 있다. 예를 들면 100개체로 구성되고 이 중 95개체는 붉은 꽃을 가지고 5개체는 흰 꽃을 가진 장미 종의 개체군을 고려한다. 붉은 꽃을 가진 5개체의 사멸은 유전적 다양성을 크게 변화시키지 않을 것이다. 그러나 흰 꽃을 가진 5개체의 사멸은 개체군에서 그 특징을 제거할 수 있다.
5. **선발 육종**(*Selective breeding*)도 종의 유전적 다양성에 영향을 미칠 수 있다. 길들여진 식물과 동물은 특정한 원하는 특징을 선택하여 여러 세대에 걸쳐 변화되었다. 바람직하지 않은 특징은 제거되고, 바람직한 특징은 선택되었다. 이러한 과정의 결과 중 하나는 유전적 다양성의 상실이다(그림 10.2). 현대의 많은 가축화된 생물은 야생 선조와 매우 상이하며 인간의 도움이 없이는 생존할 수 없다. 개체군 크기를 감소하던지 아니면 선발 육종에 의해서든 유전적 다양성이 감소되면, 종종 어떤 특징의 해로운 유전자가 양친 모두에게 존재할 수 있다. 이러한 경우에 양친의 해로운 유전자가 자손에게 전달되면, 자손의 생존은 위협을 받을 수 있다.

종 다양성

종 다양성(**Species diversity**)은 어느 지역에 존재하는 상이한 종의 수를 측정하는 것이다. 어느 지역은 자연적으로 높은 종 다양성을 가지는 반면 다른 지역은 낮은 종 다양성을 가진다(그림 10.3). 예를 들면 열대우림은 매우 높은 종 다양성을 보이는 반면, 북극지역은 낮은 종 다양성을 가진다는 것은 잘 알려져 있다. 한 가지 접근 방법은 단순히 어느 지역의 상이한 종의 수를 세는 것이다. 이를 종종 **종 풍부도**(*species richness*)라고 한다. 종 다양성을 바라보는 또 다른 방식은 존재하는 종의 상이한 분류학적 범주의 수를 고려하는 것이다. 이는 **분류학적 풍부도**(*taxonomic richness*)라고 한다. 생물의 많은 상이한 분류학적 범주(개구리, 조류, 포유류, 곤충, 소나무, 이끼)를 가진 지역은 적은 분류학적 범주(풀, 곤충, 조류, 포유류)를 가진 지역보다 높은 종 다양성을 가질 것이다.

종 다양성을 측정하는 것은 쉽지 않다. 한 가지는 우리는 얼마나 많은 종이 있는지를 모른다. 추사된 종의 실체 수는 수천만에서 1억의 범위를 보인다. 약 1백40만 종이 기술되었지만, 매년 새로운 종이 발견되며, 세균과 같은 일부 집단에서는 수백만 종이 아직 명명되지 않았다. 종 다양성을 측정하는 것과 연관된 또 다른 문제는 어느 지역에서 모든 종을 찾아내는 것이 어렵다는 것이다. 많은 종은 자연적으로 희귀하며, 다른 종은 도달하기 어려운 장소에 서식하거

(a) 유전적으로 다양한 원주민 옥수수

(b) 유전적으로 동일한 사료용 옥수수

그림 10.2 유전적 다양성: 유전적 다양성은 개체군에 유전자 종류의 수를 측정하는 것이다. 다양한 색깔과 다양한 형태의 원주민 옥수수 종자에는 동일한 사료용 옥수수에 비하여 더 많은 유전적 다양성이 나타난다.

(a) 소나무 조림지– 낮은 종 다양성　　(b) 사막 생태계– 높은 종 다양성

그림 10.3 종 다양성: (a) 조림은 낮은 종 다양성을 가진다—우점식생은 한 종의 나무로 구성되어 있다. (b) 이 사막은 몇몇 종이 우점식생을 이룬다. 여러분은 몇 가지 상이한 종을 찾을 수 있나요?

나 특정한 시기에만 활동한다. 예를 들어 열대림 수관의 생물의 종류를 검사하여 이전까지 알려지지 않았던 많은 종을 발견하였다. 표 10.2는 특정한 분류학적 집단의 상이한 종류의 종수에 대한 현재의 자료를 보여준다.

몇 가지 요인이 특정한 장소의 종 다양성에 영향을 미친다.

1. 지역의 지질학적 진화적 역사(*geologic and evolutionary history*)는 종 다양성에 영향을 미친다. 앞에서 언급하였듯이 열대우림은 극 지역에 비하여 자연적으로 높은 종 다양성을 보인다. 이는 아마도 비교적 최근의 기후 사건에 기인했을 것이다. 2만 년 전에 빙하는 북유럽의 대부분, 북미의 북부지방, 아시아의 일부를 덮었다. 빙하는 존재하는 종의 수를 극적으로 감소시켰으며, 빙하가 후퇴하면서 지역으로 이주하였을 것이다. 그러나 이러한 종류의 극적인 변화는 열대지역에서 발생하지 않았으며, 따라서 더 많은 종을 보유하고 있다.
2. 이주(*Migration*)는 존재하지 않았던 지역에 새로운 종을 도입할 수 있다. 이러한 도입이 종 다양성을 증가할 수 있는 것을 보는 것은 쉽지만, 일부 침입 종은 원래 존재하던 종들이 침입자와 경쟁할 수 없어서 실제로 종 다양성을 감소시킨다. 예를 들어 북미에서 얼룩무늬홍합은 많은 토착 홍합의 개체군 크기를 감소시키는 영향을 나타냈다. 토착 홍합의 많은 종은 절멸 위협을 받고 있다.
3. 고려하는 지역의 크기(*size of the area*) 또한 종 다양성

표 10.2 분류학적 집단에 의하여 기술된 종의 수

분류학적 집단	기술된 종의 대략적인 수
곤충	950,000
식물	270,000
비곤충 절지동물(거미, 진드기, 갑각류 등)	113,000
균류	100,000
선형동물	80,000
연체동물	70,000
원생동물	31,000
어류	29,300
조류	27,000
편형동물	25,000
지렁이 및 관련 생물	12,000
해면동물	10,000
조류	9,900
세균, 시안세균	9,000
해파리, 산호, 빗해파리	9,000
파충류	8,240
불가사리, 성게	7,000
양서류	5,900
포유류	5,400
윤충류	1,800
고세균	260
기타	27,000
총계	**1,800,800**

에 영향을 미친다. 일반적으로 고려하는 지역의 크기가 클수록, 종 다양성도 크다. 이는 많은 종류의 공간과 거기에 적응된 생물을 포함한 자연적인 결과이다. 예를 들어 사막에서 종 다양성을 측정하면, 조사하는 지역에 개울이나 물웅덩이가 포함되면 다양성이 크게 증가할 것이다.

4. 인간의 활동(*Human activity*)은 지역의 종 다양성에 커다란 영향을 미친다. 인간이 어느 지역을 개발하면, 자연생태계는 인간이 관리하는 농업, 삼림, 양식, 도시 생태계로 변환된다. 인간은 특정한 종을 수확하여 이용한다. 인간은 더 바람직한 종과 경쟁하는 종들을 특별히 제거한다. 인간은 그 지역에 토종이 아닌 종들을 도입한다. 이러한 주제는 이 장의 뒷부분에서 깊이 논의된다.

생태계 다양성

생태계 다양성(Ecosystem diversity)은 어느 지역에 존재하는 생태계 종류의 수를 측정하는 것이다. 세계의 많은 지역은 존재하는 생태계 종류의 관점에서 상당히 균등한 것으로 보인다. 예를 들면, 서부 호주의 많은 부분, 북아프리카, 남서 미국과 인접한 멕시코는 사막이다. 일반적인 유사성이 있지만(낮은 강우량, 가시가 많은 목질 식물, 매우 적은 물에서 생존할 수 있는 동물), 이러한 사막은 각각 상이하며 각 지역에 전형적인 특이한 생물이 있다. 더 나아가 이러한 사막의 내부에는 물이 이용 가능한 국부적 지역이 있다. 이러한 지역에는 강, 샘, 물을 수집하고 보유할 수 있는 암석 노두가 있다. 이러한 지역은 사막의 다른 곳에서 발견되지 않는 생물 종을 부양한다. 많은 다른 사례에서, 허리케인, 화재, 홍수, 화산 폭발 등은 원래 식생을 파괴하여 존재하는 생물의 다양성에 커다란 기여를 하는 초기 천이단계의 구획을 초래한다.

추가적으로 국부적 지형 조건은 지배적인 유형과 상이한 경관의 구획을 형성할 수 있다. 산등성이는 일반적으로 북향과 남향 사면에 상이한 식생을 가지고 있다(그림 10.4). 토양 유형의 차이도 독특한 식생을 지지한다. 이러한 독특한 장소에는 그곳에 전문화된 동물이 서식하기도 한다. 지역 내에 많은 미소서식지가 존재하기 때문에, 연구지역이 넓을수록 더 많은 종류의 생태계가 존재한다.

그림 10.4 생태계 다양성: 이 지역은 높은 생태계 다양성을 보인다. 여기에는 호수, 호수를 둘러싸는 낙엽수, 중앙의 침엽수, 산 중턱의 키 작은 식생과 같은 최소한의 4가지 상이한 생태계가 존재한다.

10.2 생물다양성의 가치

대부분 생물다양성을 유지하는 것이 좋은 일이라고 동의하지만, 정부와 개인이 생물다양성에 영향을 미치는 일상의 결정에 대하여 논리를 적용할 수 있도록 생물다양성을 보전하는데 가치를 두는 요구가 존재한다. 생물다양성에 가치를 부여하는 많은 상이한 방식들이 있다. 일부는 생물이 작용하는 생태적 역할을 이해하는 것을 포함하고, 다른 것들은 냉철한 경제적 분석을 포함하며, 나머지는 윤리적 고려에서 유래한다.

생물학적 서비스와 생태계 서비스의 가치

인류는 지구상의 생물다양성에 완전히 의존한다. 모든 생물은 다른 생물과의 방대한 관계의 그물구조에 연관되어 있다는 것을 인식하는 것이 중요하다. 공생의 질소고정 세균은 특정한 식물의 뿌리에서 서식한다. 토양을 형성하는 생물은 식물과 동물이 제공하는 죽은 유기물을 먹고 생활한다. 동물은 식물이나 다른 동물을 먹는다. 생물은 생태계의 부분인 자신을 지지하는 배역이 없으면 최적으로 기능할 수 없다. 지구상 각각의 종에 대한 모든 가능한 역할을 생각한다는 것은 불가능하지만, 생태계와 이를 구성하는 생물에 의하여 제공되는 서비스의 넓은 범주를 일부 확인하였다. 이 목록은 경제시스템의 부분이 아닌 생태계 서비스를 서술하며, 우리는 직접적으로 지불하지 않는다. 이 목록을 검토하면 생태계 서비스가 우리의 생활에 얼마나 중요한지를 이해하게 도와줄 것이다.

영양소 순환

탄소, 질소, 인, 그리고 많은 다른 화학적 원소는 세균과 다른 생물의 복잡한 배열에 의하여 생태계를 통하여 순환된다. 질소고정 세균은 식물이 이용할 수 있는 형태로 질소를 제공하여 특히 가치가 있다.

문화적 이용

사람은 자연계를 많은 종류의 비소모적 방법에 이용한다. 경관과 개별 생물의 향유, 과학적 연구와 기타 교육적 활동, 특정한 장소와 사물의 정신적인 중요성은 모두 생태계의 문화적 이용 사례이다.

물 조절과 공급

본래대로의 토양과 식생은 물의 흐름을 느리게 하고 토양에 침투하여 대수층을 재충전하도록 한다. 이러한 과정은 물이 농업, 산업, 가정에서 이용할 수 있도록 한다. 본래대로의 식생을 가진 지역에서, 물은 서서히 방출되기 때문에 본래대로의 생태계는 가뭄으로 인한 피해를 쉽게 받지 않는다. New York 시는 지역 강으로부터 정수하는 고비용의 정수장을 건설하기보다, 물이 유래하는 배수지역을 보호하여 주민에게 저렴하게 물을 제공할 수 있다는 것을 알았다.

교란 규제와 침식 조절

화재, 홍수, 폭풍, 산사태, 인간의 활동에 의하여 초래된 교란된 부지에 식물과 동물을 입식하는 것은 상처를 치유하고 계속되는 피해를 방지한다. 더 나아가 본래대로의 생태계는 홍수와 침식 조절을 제공한다. 홍수림, 습지, 기타 습지는 해안선을 침식으로부터 보호한다. 삼림지역과 초원의 뿌리 그물구조는 토양을 서로 결합하고 유역을 보호한다.

폐기물 처리

분해자 생물은 자연적 그리고 인간이 생산한 유기 폐기물을 재순환한다. 과도한 영양소는 생물에 의하여 제거되며 오염물질은 대기, 토양, 물에서 제거되어 덜 해로운 물질로 변환된다.

식량과 원료

세계의 많은 부분에서, 사람들은 호구지책의 경제에 관련되며 식량과 원재료를 위해 생태계에 직접적으로 의존한다. 그들은 식량과 약품으로 야생 동식물을 수확하며 가축의 먹이, 건축자재, 땔나무로 제공하기 위하여 식물을 이용한다. UN 식량농업기구(Food and Agriculture Organization; FAO)는 세계적으로 수확되는 모든 목재의 60% 이상이 연료로서 연소된다고 추산한다. 이의 대부분은 개인에 의하여 수집되며 집을 난방하고 요리하는데 사용된다.

대기와 기후 서비스

많은 대기 기체는 생물과 대기 사이를 순환한다. 특히 광합성에 의한 이산화탄소의 제거는 지구의 온난화를 조절하는데 중요하다. 많은 국가는 기후변화의 우려에 대한 반응으로 대기로부터 이산화탄소를 제거하기 위하여 나무를 심었다. 질소와 황 화합물 같은 다른 오염물질도 특히 토양과 접촉할 때 생물에 의하여 변형된다. 대기 상층부의 오존은 자외선으로부터 보호한다.

휴양

자연지역은 증가하는 도시 인구에게 중요한 휴양 기회를 제공한다. 캠핑, 하이킹, 카약타기, 낚시, 수렵, 생태관광, 관광은 운동과 즐거움을 제공한다.

생물학적 제어 서비스

모든 생물은 다른 종류의 생물과 복잡한 일련의 상호관계에 관련되어 있다. 이러한 관계의 일부는 해롭다. 우리는 가축화된 식물과 동물에 해를 초래하는 생물을 해충(pest)이라고 이름 붙인다. 그러나 모든 해충은 자신에 해를 끼치는 생물을 가지고 있다. 잠자리, 제비, 박쥐는 질병을 운반하고 귀찮게 하는 모기를 먹고; 무당벌레는 진드기를 먹고; 고양이는 종종 농장에서 설치류 개체군을 제어하기 위하여 유지된다.

수분(가루받이) 서비스

많은 다른 종류의 곤충은 식물이 성공적으로 열매를 맺기 위하여 극히 중요한 꽃가루 매개자이다. 살충제의 광범위한 사용으로 이러한 이로운 곤충을 실수로 제거하는 것은 농업 생산에 부정적으로 영향을 미칠 수 있다. 최근 꿀벌 개체군의 감소는 이러한 수분 서비스의 가치를 강조하였다.

서식지/피난처

피난처와 기타 보호된 지역은 우려되는 종을 보호하는 장소를 제공하고, 특정한 종의 육성장으로 작용하고, 이주하는 종의 일시적인 휴식 장소를 제공한다. 물새 사냥을 후원하는 조직인 Ducks Unlimited는 회원의 자금으로 오리와 거위의 습지 보금자리 서식지를 보호하는데 사용한다.

유전적 자원

우리가 잠재적으로 유용한 생물의 절멸을 초래하면, 인간의 목적을 위하여 사용할 수 있는 기회를 상실한다. 옥수수, 밀, 쌀과 같은 우리의 가장 중요한 식품 곡물의 야생 조상의 대부분은 절멸한 것으로 생각된다. 질병을 통제하고 치료하는데 사용되는 가장 보편적인 약품의 50% 이상은 식물과 동물에서 유도되었으며 매년 새로운 약품이 발견된다.

토양 형성

암석의 풍화는 토양을 형성하는 새로운 광물질을 제공한다. 세균, 진균류, 미소동물, 식물 뿌리는 유기물을 분해하고, 토양의 광물질 부분에 통합하고, 토양의 느슨한 조직을 생성하는 토양 형성에 연관되어 있다. 농지와 상업적 삼림을 포함한 모든 육상생태계는 이러한 생물에 의하여 제공되는 토양형성 서비스에 의존한다. 인간의 식량 공급은 토양의 보호와 관리 그리고 토양 형성을 도와주는 생물에 의존한다.

생태계 서비스에 대한 가치 부여

어머니 같은 자연의 생명 부양 서비스는 얼마나 가치가 있는가? 어떤 의미에서 그 가치는 무한하다. 지구의 경제는 비옥한 토양, 담수, 호흡에 알맞은 공기, 온화한 기후가 없으면 바로 붕괴될 것이다. 그러나 "무한한"은 토지 이용과 정책 결정을 안내하는 방정식에서 너무 자주 "영(zero)"으로 해석된다. 신생 학문분야인 생태경제학의 실행자는 천연자원과 건강한 자연생태계가 생성하는 생명 서비스를 모두 저하시킬 수 있는 지속불가능한 경제적 선택을 회피하도록 국가를 돕기 위하여 더 확실한 명수가 필요하다고 믿는다.

물을 정화하고, 토지를 구입하고, 나무를 구입하여 식재하기 위해서는 돈이 필요하기 때문에, 이러한 모든 서비스는 금전적 표현으로 변환될 수 있다. 생태계의 경쟁적인 이용 사이의 선택은 생태계에 부여될 수 있는 금전적 가치에 의하여 종종 결정되기 때문에, 많은 환경 사상가는 온전히 기능하는 생태계에 의하여 제공되는 많은 서비스에 가치를 부여하려고 노력하기 시작하였다. 명백히 이는 쉬운 임무가 아니며, 많은 사람들은 생태계 서비스에 금전적 가치를 부여하려고 하는 최초의 시도에 대하여 얕잡아 볼 것이지만, 이는 생태계가 어떻게 이용되어야 할지에 대한 경제적 결정을 할 때 사람들이 생태계 서비스의 중요성을 고려하도록 강요한 중요한 첫걸음이다. 표 10.3은 생태학자, 지리학자, 경제학자를 포함한 전문가 위원단에 의하여 부여된 생태계 서비스의 대략적인 가치를 나타낸다. 연구에 의하면 연간 33조 달러의 추정된 가치를 부여하였으며, 이는 많은 사람들이 낮다고 간주한다. 현재의 세계 총국가생산은 연간 약 50조 달러이다. 따라서 토지 사용과 천연자원이 어떻게 관리될지에 대한 결정을 할 때 생태계의 "무료" 서비스는 간과되지 않아야 한다.

직접적인 경제적 가치

지구의 생태적 건강에 크게 의존하는 세 가지 주요한 경제적 분야에는 농업, 임업, 어업이 있다. 각각은 세계 경제에

표 10.3 다양한 생태계 서비스의 추산

생태계 서비스	가치 (1조 $US)
토양 형성	17.1
휴양	3.0
영양분 순환	2.3
물 조절과 공급	2.3
기후 조절(온도와 강우)	1.8
서식지	1.4
홍수와 폭풍 보호	1.1
식량과 원재료 생산	0.8
유전자원	0.8
대기 기체 균형	0.7
수분(가루받이)	0.4
모든 기타 서비스	1.6
생태계 서비스의 총 가치	**33.3**

수조 달러를 기여한다. UN 식량농업기구(FAO)는 수출에 근거하여, 농업이 세계 경제에 약 6,700억 달러를 기여하며, 임산물의 수확과 교역은 연간 2,000억 달러, 수산자원은 약 800억 달러를 책임진다. 그러나 이러한 생산의 대부분은 생산된 국가에서 소비되고 수출되지 않기 때문에, 실제 경제적 가치는 수출 가치에 비하여 훨씬 크다. 예를 들어 수산자원의 40% 미만이 국제적으로 교역되기 때문에, 실제 가치는 800조 달러보다 크다.

세계의 많은 지역에서 많은 농업, 임업, 수산업 제품은 지역의 공식적인 경제에 결코 포함되지 않는다는 것을 이해하는 것 또한 중요하며, 따라서 금전적 가치를 부여하는 것이 어렵다. 예를 들어 땔나무, 생선, 사냥 고기, 기타 야생 식품은 종종 수확하는 사람에 의하여 직접 소비되거나, 지역 시장에서 판매되거나, 다른 재화나 서비스와 교환된다(그림 10.5).

의약용 식물, 상아, 가죽, 많은 기타 자연 제품과 같은 특산품 시장도 있다. 번식 능력을 초과하여 수확되었거나 수확되고 있는 소중한 종의 많은 역사적인 사례가 있다. 상아의 수확은 코끼리의 수를 점진적으로 감소시켰으며, 가죽을 얻기 위한 악어의 수확은 악어 수를 감소시켰다. 두 사례 모두 수확의 규제는 자원을 보전하였다. 악어 개체군은 회복되었으며 미국에서 다시 포획되고 있다. 아프리카의 많은 국가는 코끼리 개체군이 너무 크기 때문에 고기와 상아를 위한 코끼리의 포획도 허용되어야 한다고 주장한다.

생물다양성의 경제적 가치를 바라볼 때 생물다양성의 잠재적 가치를 고려하는 것도 중요하다. 예를 들어 현재의 많은 약품은 생물에서 기원하였다. 얼마나 많은 잠재적 약품이 아직 발견되지 않았는가? 생물다양성을 보호하는 것은 미래에 경제적으로 중요한 자원을 보호하는 것으로 생각될 수 있다.

윤리적 가치

많은 사람들은 모든 종은 고유한 가치를 가지고 있으며 인간 종의 사려 없는 활동에 의하여 불필요하게 제거되지 않고 존재할 수 있는 기본권을 가지고 있다는 입장이 성립될 수 있다고 주장한다. 이는 사회적 또는 경제적 고려와 무관한 윤리적 입장이다. 이러한 철학적 입장을 지지하는 사람에 의하면, 절멸 자체는 나쁘지 않지만, 인간에 의하여 초래되는 절멸은 나쁘다. 이는 인간이 단순히 지구에서 탁월한 위치를 달성한 생물이라는 철학적 입장과 대조되며, 따라서

그림 10.5 비공식 경제: 어류와 같은 많은 제품이 지역 시장에서 판매되거나 교환되기 때문에 농업, 임업, 수산업의 실제 경제적 가치를 측정하는 것은 어렵다.

우리가 초래하는 절멸은 다른 힘에 의하여 초래된 절멸과 전혀 차이가 없다는 것이다.

다른 사람들은 자연 경관과 과정을 경험하는 것은 중요한 인간의 권리라고 주장한다. 완연한 가을 경치에서 숲이 있는 언덕의 아름다움, 사슴의 우아한 움직임, 줄무늬뱀이나 나비를 발견했을 때 아이에서 볼 수 있는 경이는 모두 감동적인 사건이다. 단지 존재하는 것만으로 가치가 있으며, 따라서 그들은 관찰될 수 있다.

사람이 취하는 윤리적 입장은 일반적으로 경험에 의하여 형성된다. 1800년, 북미 인구의 94%는 시골 환경에서 거주하였으며 자연 환경에서 매일 식물과 동물을 접하였다. 또한 자연 생태계가 어떻게 작동하는지에 대하여 기본적인 이해가 있었다. 자신의 소의 젖을 짜고, 고기를 얻기 위하여 동물을 도축하고, 그들이 부분인 자연계의 날씨, 계절, 기타 주기적인 변화를 관찰하였다. 농업을 위하여 생태계를 변화시

집중 탐구

세렌게티(Serengeti) 고속도로

탄자니아 정부는 Serengeti를 가로질러 고속도로를 건설하는 것을 계획하고 있다. 논란이 많은 프로젝트는 교역을 증가시키고 경제성장을 자극하기 위하여 제안되었다. 제안된 새로운 고속도로는 전통적인 동물 이동 경로에 심각한 영향을 미칠 수 있고 아프리카 평원의 미묘한 생태계에 충격을 줄 수 있다. 영양(gnu)과 얼룩말의 연중 이동에 대한 부정적인 영향은 현재 150만으로 추산되는 커다란 집단을 잠재적으로 20만까지로 감소시킬 수 있다. 이는 케냐와 탄자니아의 관광 운영자에게 심각한 우려를 제기하였다.

2010년 32개 국가의 과학자들은 Serengeti 국립공원을 가로지르기 보다는, 우회하는 대체 경로를 찾을 것을 촉구하는 청원에 서명하였다. 과학자들은 도로의 건설은 "이동하는 동물에게 심각하고, 부정적이고, 복구할 수 없는 영향을 초래할 것"이라고 믿는다. 과학자들은 또한 "제안된 도로는 이동에 필수적인 중요한 야생지역을 관통한다. 도로 표면의 종류는 차이가 없다. 이동 자체가 쉽게 붕괴될 수 있으며, 모든 야생동물, 초원, 전체 생태계에 황폐시키는 결과를 가져올 것이다."라고 주장하였다.

"Save the Serengeti"라는 조직이 형성되었으며 과학자, 보존조직, 여행업과 함께 제안된 고속도로와 관련된 문제를 해결하기 위하여 일하고 있다. 탄자니아 정부는 그러나 계획을 추진하려는 의도로 보인다. 2013년 현재 Serengeti 고속도로 문제는 동아프리카 법원에서 아직까지 청문회를 하고 있다.

여러분은 이 분쟁을 어떻게 다룰 것인가?

타협할 수 있나요? 아니면 타협이 늘 가능한 것은 아닌가요?

고속도로는 어떻게 이러한 이동에 영향을 미칠 것인가?

키기도 했지만, 생태계가 어떻게 기능하는지에 대한 기본적인 이해를 가지고 있었다. 오늘날 북미 인구의 80% 정도가 도시 환경에서 거주하며 이러한 자연적 과정과 제한된 접촉과 경험을 가지고 있다. 동일한 역학이 세계에 걸쳐 작용하고 있다. 오늘날 세계 인구의 50% 이상이 도시에 거주한다.

도시 거주자는 자연적으로 기능하는 생태계에 대하여 개인적인 경험이 거의 없기 때문에, 자연 생태계가 제공하는 가치에 대하여 상이한 생각을 가지고 있다. 생물다양성에 인간이 부여하는 가치는 중요한데, 그 이유는 그것이 생물다양성에 대한 위협에 정치적, 사회적 기구가 반응하는 방식을 형성하기 때문이다.

10.3 생물다양성에 대한 위협

생물다양성을 보전하기 위한 노력은 생물자원을 이용하려는 욕망과 생물다양성을 유지하려는 희망 사이의 긴장을 포함한다. 자원을 개발하는 가치는 경제적인 관점에서 측정될 수 있다. 농지, 목재, 동물 제품은 경제 시장에서 측정할 수 있는 금전적 가치를 부여받을 수 있다. 반면에 생물다양성의 보전과 생물에 의하여 제공되는 환경 서비스에는 종종 경제적 가치를 부여하기가 어렵다. 따라서 환경론자는 그들의 주장을 위하여 윤리적 또는 생물학적 논쟁에 의존한다. 결정은 생물다양성의 일부를 보전하면서 일부 자원의 이용을 허용하는 절충안을 종종 포함한다.

생물다양성 감소를 위협하는 주요한 인간의 영향에는 서식지 상실; 남획, 외래종의 도입, 포식자와 해충 제어 활동, 기후변화의 5가지가 있다.

서식지 상실

서식지 상실(*Habitat loss*)은 인간 활동이 자연 생태계를 인간 지배 시스템으로 변환한 결과로 발생한다. 초래되는 변화는 원래 생태계의 부분이었던 종의 수를 제거하거나 감소시키는 것이다.

국제자연보호연맹(International Union for Conservation of Nature and Natural Resources; IUCN)은 서식지 상실이나 단편화에 의하여 멸종위기 종의 약 80~90%가 위협을 받고 있다고 추산한다. 유사하게 서식지 상실과 단편화는 과거 절멸의 주요한 원인으로 생각된다. 서식지 상실을 초래하는 주요한 활동은 농경, 임업, 가축의 방목, 수서 서식지의 변경, 도시와 산업 경관으로의 변환이다.

종종 자연 서식지의 파괴는 전체적이 아니고 인간에 의하여 변경된 경관과 함께 분산되고 비교적 변경되지 않은 서식지의 구획을 남긴다. 그러나 이러한 활동이 숲새에 대한 영향을 연구하는 과학자는 숲이 작은 구획으로 감소되면서, 지역에서 많은 종의 새가 사라졌다는 것을 발견하였다.

농업으로의 전환

약 40%의 세계 육지 표면은 경작지와 영구적 초원으로 변환되었다. 일반적으로 가장 생산적인 자연생태계(삼림과 초원)는 사람의 사용에 의하여 맨 먼저 변경되고 가장 심하게 관리되었다. 거의 모든 농업 관행은 원래 식생을 제거하고 외래의 가축화된 작물과 동물로 대체하는 것을 포함하기 때문에, 생물다양성의 상실이 뚜렷하다. 예를 들어 지중해와 중동의 대부분은 한때 농경지로 전환된 방대한 삼림을 지지하였으나, 현재는 건조한 관목지이다. 유럽에서 원래 숲이 거의 남아있지 않다. 북미에서 동부 낙엽수림은 감소되었으며, 미국의 거의 대부분의 원래 초원은 농경지로 변환되었으며, 그 결과 일부 종의 상실을 초래하였다.

인구가 증가하면서 식량을 재배하기 위하여 더 많은 공간이 필요하다. 환경을 변경하려는 현재의 압력은 인구밀도가 높은 지역에서 크다(그림 10.6). 오늘날 농경지는 더 많은 사람을 부양하도록 압력을 받고 있으며, 이의 현명한 이용은 세계 인구의 건강과 안녕에 필수적이다. 11장 토양과 토양의 이용, 12장 농경 방법과 해충 관리에서 농경지 이용 양상을 자세히 살펴본다.

임업 관행

세계 삼림의 역사와 현 상태는 잘 알려져 있다. 입목의 경제적 가치는 평가될 수 있으며, 야생동물과 유역 보호를 위한 삼림의 중요성은 가치가 부여될 수 있다. 원래 미국의 거의 절반, 캐나다의 3/4, 유럽의 거의 대부분, 그 외 세계의 상당한 부분은 삼림이었다. 삼림은 연료, 건축자재, 농업

그림 10.6 삼림의 농경지로의 변환: 코스타리카 산의 이 농장은 한때 숲으로 덮여 있었다.

을 위한 토지 개간을 위하여 단지 방해가 된다는 이유로 제거되었다. 이러한 삼림을 파괴하는 활동은 종종 **산림벌채(deforestation)**로 불린다. 이러한 활동은 많은 삼림지를 파괴하고 다른 삼림을 초기 천이단계로 되돌렸으며, 이는 서식지로 성숙한 삼림을 필요로 하는 특정한 동물과 생물 종의 상실을 초래하였다. 이러한 삼림 생태계의 대부분이 인간 활동에 의하여 광범위하게 변형되었지만, 일반적으로 모든 대륙은 아직 상당한 면적의 삼림지를 가지고 있다. 그림 10.7은 온대 지방(특히 넓은 삼림지역을 가지고 있는 북미, 유럽, 중국)은 삼림이 유지되거나 증가하는 반면, 열대림은 상실되고 있다는 것을 보여준다. 중국의 변화는 최근의 일이며 방대한 재조림 프로젝트를 포함한다.

현대의 삼림관리 관행은 삼림의 생물다양성을 일부 유지하면서 경제적 개발을 허용하는 절충안을 포함한다. 벌목활동은 종종 선택적이며 특정한 종의 나무를 우선적으로 제거한다. 이는 나무의 종 다양성의 변화를 초래한다. 벌목은 또한 성숙한 수목을 필요로 하는 많은 종류의 동물 서식지를 파괴한다. 소나무 제비, 회색곰, 쿠거는 모두 인간 활동에 의하여 비교적 영향을 받지 않은 숲 서식지를 필요로 한다. 성숙한 삼림을 제거하면 그들의 개체군 크기를 감소시키며 결과적으로 개체군의 유전적 다양성을 감소시킨다.

예를 들면 현재 호주에는 주머니개미핥기라고 하는 다람쥐 크기의 유대류는 흰개미와 개미가 기생하는 오래된 숲에 전적으로 의존한다. 흰개미는 주머니개미핥기의 주된 먹이원이며, 곤충의 활동에 의하여 속이 빈 나무와 가지는 주머니개미핥기가 숨을 장소를 제공한다. 나무를 벌목하는 것은 명백하게 이미 절멸 위기에 처한 이 종에 부정적 영향을 미

삼림 지역의 순 변화(2005~2010; 천 ha)

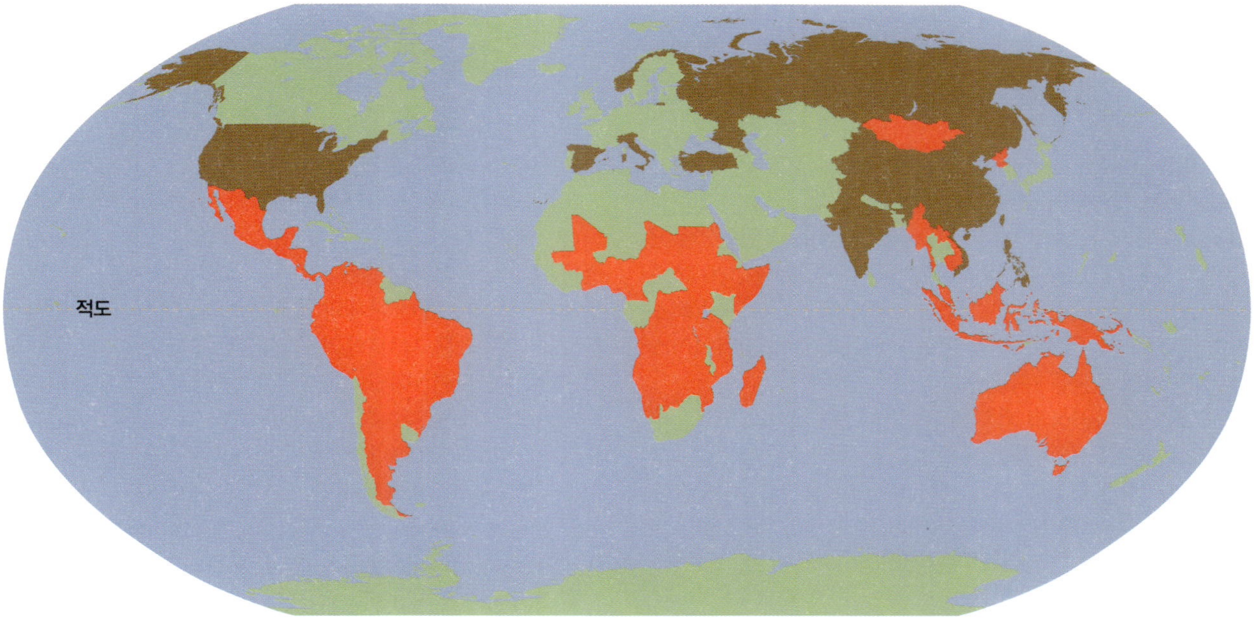

순 손실 > 50 ha

순 증가 > 50 ha

순 변화(획득 또는 손실) < 50 ha

그림 10.7 삼림 지역의 변화: 적색으로 표시된 지역은 기간 동안 50,000 ha 이상의 삼림 지역의 순 손실을 겪은 지역이며, 갈색으로 표시된 지역은 50,000 ha 이상의 순 증가를 겪은 곳이다. 갈색으로 표시된 지역은 연간 0.5% 이상의 속도로 증가한다. 녹색으로 표시된 지역은 삼림을 유지하고 있다. 남미, 아프리카, 호주의 대부분의 열대림은 상실되고, 반면에 비열대 지역은 유지되거나 성장하고 있다는 것이 명백하다.
출처: UN 식량농업기구(FAO) 자료.

칠 것이다.

많은 종의 식물과 동물에 대한 서식지로 작용하는 것에 추가하여, 삼림은 다른 많은 생태계 서비스를 제공한다. 삼림 지역은 기후를 변화시키고, 물 유출 속도를 감소시키고, 침식으로부터 토양을 보호하고, 휴양 기회를 제공한다. 나무는 다량의 물을 증발산하고 토양을 그늘지게 하기 때문에, 나무를 제거하면 종종 뜨겁고 건조한 기후를 초래한다. 나무와 기타 식물은 표면에 물을 보유하여 유출 속도를 감소시킨다. 느린 유출은 더 많은 물이 토양으로 스며들어 지하수 자원을 재충전한다. 따라서 나무의 제거는 더 빠른 유출을 초래하여 홍수와 토양 침식이 더 빈번해진다. 토양 입자는 개울로 씻겨 들어가 퇴적을 초래한다. 토양입자의 상실은 토양의 비옥도를 감소시킨다. 개울로 들어가는 입자는 어류 개체군의 산란장을 뒤덮고 생물다양성을 감소시킬 수 있다. 개울 주위의 나무가 제거되면, 개울물은 태양광에 대한 노출의 증가로 따뜻해진다. 이는 또한 어류 개체군에 부정적 영향을 미칠 수 있다.

세계의 많은 지역에서 벌목을 위한 도로의 건설은 숲에 대한 접근을 증가시키고 농사를 위하여 숲을 개간하려고 하는 농부 "공유지 무단 거주자"의 이주를 초래한다. 도로는 밀렵꾼이 숲의 야생동물에 용이하게 접근하도록 한다. 마지막으로 지역의 야생 자연이 파괴되고, 이는 휴양을 위하여

그림 10.8 전문화된 유대류인 주머니개미핥기: 이 소형의 유대류 포유류는 생존을 위하여 흰개미와 개미가 기생하는 나무를 필요로 한다. 흰개미는 먹이를 제공하고, 속이 빈 가지와 나무는 숨을 장소를 제공한다. 병든 나무의 오래된 숲이 상실되면 주머니개미핥기의 절멸을 초래할 것이다.

과학, 정치, 정책

생물다양성의 경제적 가치와 정치적 가치

인류는 거의 3천년 동안 천연두에 의하여 역병에 걸렸다. 18세기 중반에 천연두는 사망률이 30%로서, 매년 유럽에서 40만 명을 사망하게 하였다. 1796년에 제너(Edward Jenner)가 천연두에 대한 면역을 유도하기 위한 수두의 효과를 증명하였다. 1979년 천연두는 인간과 유전물질의 천재적인 이용에 의하여 박멸된 최초의 질병이 되었다. 수두는 소와 젖 짜는 여인에게 성가신 바이러스인데, 수백만 명의 생명을 구하였다.

핵심적으로 생물다양성의 가치를 매기는 것은 질병의 치료, 우리가 식량으로 사용하는 식물과 동물의 유전적 다양성의 보존, 해충 구제, 수분, 기후 조절과 같은 생태계 서비스를 제공하는 생물의 가치를 인식하는 것과 같은 문제에 대한 생명의 조직과 해법, 특히 유전적인 것에 대한 가치를 매기는 것이다.

경제학자는 다양한 관점에서 여러 해 동안 이 질문을 다루어 왔다. 각각의 사례에 대해 종 또는 생태계와 같은 기능 단위를 보존하는 비용을 이용하는 가치나 종이 이용되지 않을 때 발생하는 가치의 상실을 측정하여 계산된 경제적 편익에 대하여 평가된다. 그러나 진정한 해답은 경제학자가 아니라 사회와 사회의 정치지도자에 의하여 결정된다.

예를 들면 우리가 이용하는지의 여부와 상관없이 우리가 얼마나 관심을 가지는지와 같은 종의 내재적 가치는 다른 고려사항을 극복할 수 있으며, 종의 음울한 운명을 희망적인 미래로 변환할 수 있다. 이의 사례는 판다(panda)인데, 판다는 경제에 거의 쓸모없고 매우 높은 보존비용을 가지고 있지만, 단지 계속 존재하는 것만으로도 우리의 행복에 크게 기여할 수 있다.

생물다양성의 진정한 가치는 명백히 막대하며, 경제학자의 인간 중심 초점을 훨씬 넘어 확장되지만, 우리 사회가 생물다양성의 보존을 위하여 기여하는 것은 오히려 작다. 인류가 자원 이용의 현재 문제를 인식하는 한, 현재의 문제는 미래에 우리가 당면한 문제의 종류에 대한 좋은 지시자일까요? 현재 경제가 우리를 어디로 이끌고 가는가를 보면, 미래에는 자원이 훨씬 부족할 것이며 불안정한 세계에서 살게 될 것이다. 더 예방적인 접근이 필요하다고 믿더라도 우리가 미래 세대에 명백하게 가치를 두려면, 얼마나 더 예방적이 되어야 할까요? 예를 들면 일부 국가는 미래의 문제를 위하여 유전 물질을 저장(종자은행과 같은)하기 시작하였다. 이는 멋진 아이디어일지 모르지만, 이것이 충분한지 아니면 이는 단지 생물다양성을 보존하는 임시방편의 접근방법인가요? 생물다양성 상실의 높은 속도에서 UN은 2010년 이 문제를 강조하기 위하여 "세계 생물다양성의 해(International Year of Biodiversity)"를 선포하였다. 2011~2020의 10년은 "UN 생물다양성 10년(United Nations Decade on Biodiversity)"이다.

우리는 생물다양성의 상실을 다루기 위하여 충분히 행동하고 있는가? 사회는 미래 문제를 해결하기 위하여 감소하는 생물다양성의 보유량이 충분하다고 믿는가? 만약 이것이 오해라면, 우리는 또 다른 천연두의 대가를 지불할 의향이 있는가? 정책결정자는 이러한 임무에 부응하는가?

성숙한 삼림을 방문하기를 원하는 사람들에게 가치를 상실하게 할 것이다.

다양한 숲 수확방법의 환경 영향

가장 논란이 많은 벌목 관행은 **개벌(clear-cutting)**이다(그림 10.9). 이름이 내포하듯이 넓은 지역의 모든 나무가 제거된다. 이는 매우 경제적인 수확방법이지만 토양을 상당한 침식력에 노출시킨다. 단번에 넓은 토지가 제거되면, 삼림의 재정착을 더디게 하고 야생동물에 상당한 영향을 미친다. 경사가 완만한 일부 지역은 개벌이 나무를 수확하는 합리적인 방법이며 환경 피해는 제한된다. 이는 지역의 개울둑을 따라 교란되지 않은 숲의 경계가 남겨져 있을 때 특히 사실이다. 나무의 뿌리는 개울둑을 안정화시키고 퇴적을 지연시킨다. 또한 나무가 제공하는 그늘은 일부 어류 종에 치명적일 수 있는 물의 가온을 방지한다.

개벌은 재성장이 더딘 급경사 지역에서 매우 파괴적일 수 있다. 이러한 조건에서는 **구획 개벌(patchwork clear-cutting)**을 사용하는 것이 가능하다. 이 방법은 훼손하지 않은 삼림 구획 중에서 작은 지역이 개벌된다. 이는 개벌과 연관된 많은 문제를 감소시키며 또한 성숙한 숲이 아닌 천이과정의 숲에서 번창하는 사냥 동물의 종에 대한 조건도 개선시켜준다. 예를 들면 사슴, 뇌조, 토끼는 성숙한 숲과 초기단계 천이 숲의 혼합으로부터 혜택을 받는다.

자연적 재파종과 재성장이 더딘 개벌 지역은 **재조림(reforestation)**이라고 하는 과정의 나무를 재식재할 필요가 있다. 재조림은 정착되기 위하여 종종 벌거벗은 토양을

그림 10.9 개벌: 개벌은 넓은 지역의 모든 나무를 제거하며 토양을 침식 힘에 노출시킨다. 그림은 캐나다 British Columbia의 개벌을 보여준다.

그림 10.10 열대 산림벌채: 열대 지역의 산림벌채는 생물다양성을 크게 감소시킨다.

필요로 하는 많은 침엽수 종에 특히 중요하다. 많은 낙엽수는 그루터기에서 다시 싹이 트거나 임상에 뿌려진 씨앗에서 빠르게 성장할 수 있기 때문에, 낙엽수림에서 재조림은 그다지 중요하지 않다.

일부 나무 종의 **선택적 수확(Selective harvesting)**도 중요하지만 수확자의 관점에서는 다른 방법에 비하여 효율적이거나 경제적이지 않다. 그러나 이는 숲 생태계를 완전히 교란하지 않고 개별적으로 성숙한 가치가 높은 나무를 취할 수 있도록 한다. 많은 열대림에서 마호가니와 같은 가치가 높은 나무는 종종 선택적으로 수확된다. 그러나 도로의 건설에 의하여 숲에 방대한 피해가 있으며 선택된 종이 베어 넘어지면서 비상업적 나무에 피해가 있다.

열대 산림벌채에 대한 특별한 우려

열대림은 다른 육상생태계에 비하여 높은 종 다양성을 가진다. 다양한 나무 종의 혼합은 북부 온대림에서 사용되는 전통적인 기술과 상이한 수확 기술을 필요로 한다. 추가적으로 열대림은 벌목 후에 온대림처럼 재생이 잘 되지 않는다. 현재 열대림은 장기적 생산성을 위하여 거의 관리되지 않고 있으며, 재생불가능 자원처럼 단기적, 경제적 기초에서만 수확되고 있다. 세계적으로 열대림은 연간 약 0.6%의 속도로 상실되고 있다(그림 10.10).

열대 산림벌채에 의하여 몇 가지 우려가 제기되고 있다. 첫 번째로 넓은 면적의 열대림 벌채는 세계의 종 다양성을 뚜렷이 감소시킨다. 두 번째로 열대림은 매우 효과적으로 강우를 포획하고 빠른 유출을 방지하고 잎과 나무에서 증산되는 다량의 물은 대기의 습도를 증가시키기 때문에, 이러한 숲의 파괴는 기후를 뚜렷이 변화시켜 일반적으로 뜨겁고 건조한 기후를 초래한다. 세 번째로 토양의 성질과 결합된 높은 강우량은 벌목된 토지가 쉽게 침식되도록 한다. 마지막으로 이산화탄소를 포획하는 숲의 잠재력을 보존하는데 관심을 가지게 되었다. 나무는 광합성을 수행하면서 다량의 이산화탄소를 포획한다. 이는 지구 온난화에 기여하는 이산화탄소 수준의 증가를 방지한다. (지구 온난화와 기후변화에 대한 토의는 14장 대기질 문제를 참고한다.)

또 다른 복잡한 요인은 인구가 세계의 열대지역에서 빠르게 성장한다는 것이다. 더 많은 사람은 더 많은 식량을 필요로 하며, 이는 삼림지가 농경지로 변환되는 것을 의미하며 숲의 목재, 연료, 배수지역 보호, 야생동물 서식지, 생물다양성, 이산화탄소 저장소로서의 가치는 상실된다는 것을 의미한다.

조림지 임업

많은 임산물 회사는 농부가 작물을 관리하는 것과 동일한 방식으로 숲 조림지를 관리한다. 그들은 단일 종을 식재하며, 고수확 농업 작물과 동일한 방식으로 신속하게 성장하는 잡종 나무의 동일 수령의 숲이 개발되었다. 필요하면 비료를 시비하며, 잡초와 해충이 제어된다. 경쟁 종과 해충을 제어하기 위하여 제어된 산불과 살충제의 공중 살포가 사용된다. 그러한 숲은 낮은 종 다양성을 가지며 더 자연적이고 혼합된 종의 숲에 비하여 야생동물이나 기타 이용에 가치가 적다. 더 나아가 많은 관리된 숲에 식재된 나무는 외래종일 수 있다. 호주의 유칼립투스(*Eucalyptus*) 나무는 남미, 아프리카, 세계 다른 지역에 식재되었으며, 북부 잉글랜드와 스

그림 10.11 삼림 식재: 남아프리카의 이 유칼립투스 삼림 조림지는 성숙한 나무와 앞의 어린 나무를 모두 보여준다. *Eucalyptus* 종은 남아프리카 토착종이 아니다.

코틀랜드의 대부분의 숲은 토착 소나무와 유럽 본토와 북미에서 수입된 종으로 혼합되어 있다.

이러한 집약적으로 관리되는 숲에서, 단일 종의 조림지는 자연적으로 번식하는 혼합 숲의 100년에 비하여 20년에 수확 가능한 크기로 성숙한다. 그러나 목재 제품의 질은 감소된다. 이러한 숲의 대부분에서는 개벌이 수확의 일반적인 방법이며, 벌목이 끝난 땅은 바로 재식목된다(그림 10.11).

방목지와 방목 관행

방목지는 목초나 목초와 한발에 내성이 있는 관목의 혼합을 부양하는 건조하거나 반건조 토지로 이루어져 있다. 이러한 토지는 작물을 부양하기에는 너무 건조하지만 종종 가축화되거나 반가축화된 동물을 낮은 밀도로 사육하는데 사용된다. 어떤 경우에 동물은 영구적인 개방지에서 유지되며, 다른 경우에 적합한 목초를 찾기 위하여 유목 집단이 이곳저곳으로 이동한다. 양, 소, 염소는 유럽과 아시아의 토종이며 미주, 호주, 뉴질랜드, 아프리카의 많은 지역으로 도입되었다.

방목지를 가축화된 동물의 목초지로 변환하는 것은 생물다양성에 주요한 영향을 미친다. 방목지의 생산성을 증대시키기 위한 노력으로, 관리 기술은 독성이 있거나 방목 동물의 먹이로 쓸모없는 특정한 식물 종을 특별히 제거하거나, 지역의 토종이 아닌 특정한 목초를 식재할 수 있다. 어떤 경우에는 토착 동물이 포식자이거나 가축에 질병을 전파하여 가축에 위협이 되면 토착 동물이 제거되기도 한다. 추가적으로 가축의 선택적 먹이 습성은 토착 식물의 특정한 종을 감소시키고 다른 종은 증가시키는 경향이 있다.

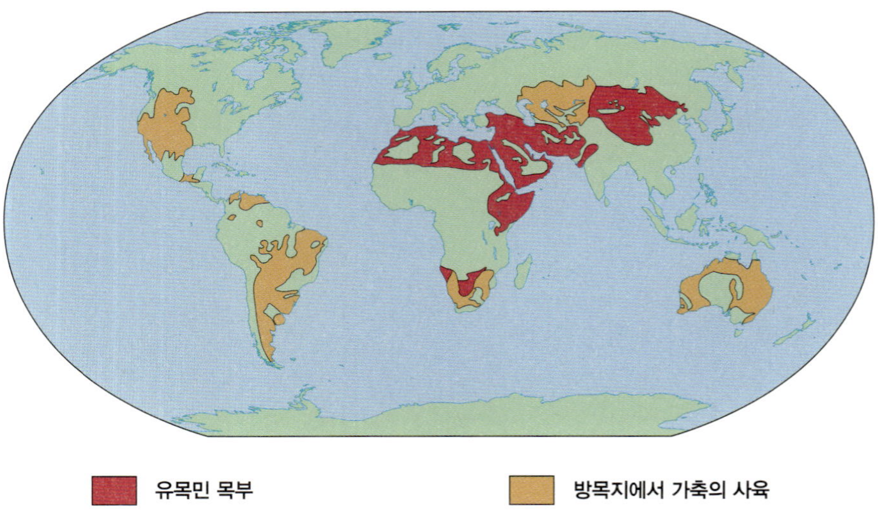

그림 10.12 방목지의 이용: 세계의 건조지역과 반건조지역은 관개를 하지 않으면 농업을 부양할 수 없다. 이러한 지역의 많은 곳에서는 가축을 기를 수 있다. 강우량이 작지만 규칙적인 곳에서는 영구 방목지가 나타난다. 유목민 목부는 강우가 불규칙적이고 빈약한 지역을 이용할 수 있다.

강우량이 적고 종종 예측이 어렵기 때문에, 방목지의 가축 수를 조절하는 것이 중요하다. 영구 목초지에서 동물이 서식하는 경우, 동물의 수는 먹이를 제공하는 목초지의 용량에 맞추도록 동물 수가 조절될 수 있다. 세계의 많은 지역에서 유목민 목자는 마초가 적은 곳에서 마초가 많은 곳으로 동물을 단순히 이동한다. 이는 종종 여름철 고위도 지역으로 또는 최근에 비가 내린 곳으로 동물을 이동하는 것을 포함하는 계절적 활동이다.

인구 압력이 큰 세계의 많은 지역에서는 과잉 방목이 심각한 문제이다. 인구가 증가하면서 절박한 사람은 토지에 너

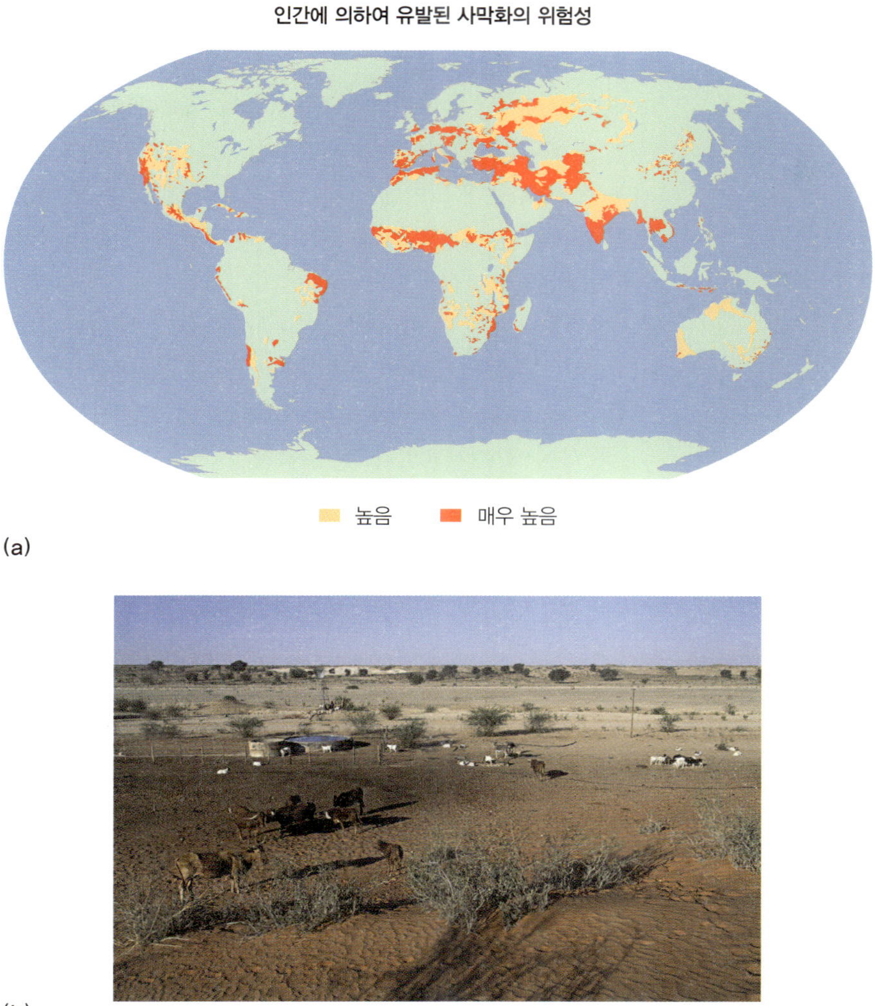

(a)

(b)

그림 10.13 사막화: (a) 사막화가 우세한 세계의 지역. (b) 건조지역과 반건조지역은 과잉방목과 실패한 농경 관행에 의하여 사막으로 변환될 수 있다. 식생의 상실은 바람과 물에 의한 침식을 증가시키고, 증발률을 증가시키며, 토양으로 침투하는 물의 양을 감소시킨다. 이러한 모든 조건은 사막과 같은 지역의 발달을 촉진한다.
출처: 미국 농무성(Department of Agriculture).

무 많은 동물을 방목하려고 한다. 그들은 땔나무를 위하여 나무를 자른다. 과잉 방목되면 많은 식물이 사멸되며, 식생의 피복이 상실되면 토양이 풍화에 노출되며, 토양 비옥도가 상실되고, 이는 식생을 부양할 수 있는 토지의 능력을 더욱 감소시킨다. 땔나무를 위하여 나무를 자르는 것도 유사한 효과가 있지만, 이러한 나무의 대부분이 질소고정에 중요한 콩과 식물이기 때문에 특히 피해가 크다. 콩과 식물을 제거하면 더욱 토양 비옥도를 감소시킨다. 이러한 토지의 심각한 혹사는 토지를 더욱 사막과 같은 생태계로 변화시킨다. 인간의 부적절한 사용에 의하여 이러한 건조지와 반건조지를 사막으로 변환시키는 것을 **사막화(desertification)**라고 한다. 사막화는 세계에 걸쳐 발견될 수 있지만, 강우가 불규칙하고 예측하기 어렵고, 가족의 식량을 제공하기 위하여 상당한 압력을 받고 있는 생계형 농부와 유목민 목부가 많은 아프리카 북부와 아시아의 일부에서 특히 우세하다(그림 10.13).

수서생태계의 서식지 상실

담수생태계는 특히 종이 풍부하다. IUCN은 생존을 위하여 담수생태계에 의존하는 종은 약 45,000종이 있다고 추산한다. 강 시스템은 선모양이며 상류부터 하구까지 다양한 상이한 서식지를 제공한다. 시원한 상류에서 따뜻한 강 하구에 비하여 상이한 종들이 발견된다. 더 나아가 각각의 강 시스템은 다른 강으로부터 격리되어 있다. 따라서 종은 각 강 시스템의 특이한 특징에 부합하도록 진화되었다. 결과적으로 강 시스템에는 고유성(endemism; 다른 지역에서는 발견되지 않는 지역 종)이 높다. 유사하게 많은 호수도 격리되어 있으며 고유성이 높다. Victoria 호에는 한 때 세계의 다른 곳에서는 발견되지 않는 300여 종의 어류가 있었다.

담수생태계의 생물다양성은 인간 활동으로부터 커다란 위협을 받고 있다.

- 강은 운항을 용이하게 하기 위하여 수로를 팠으며, 이는 강의 유량을 증가시키고 천수 서식지를 감소시킨다.
- 홍수조절과 동력을 제공하기 위하여 댐이 건설되었으며, 이는 강의 흐름과 수온을 변화시킨다.
- 산업, 도시, 농장의 오염물질은 호수와 개울로 진입하여 민감한 종에게 물을 부적합하게 만들었다.
- 외래종이 의도적 또는 우연히 도입되었다. 예를 들면 Victoria 호수로 Nile 강 농어의 도입은 약 200여 종의 토종 어류의 절멸을 초래하였으며, 미국에서 얼룩말홍합은 많은 토종 홍합의 위협을 초래하였다.
- 어류와 기타 생물자원이 남획되었다.

표 10.4 담수생태계에서 절멸 위협을 받는 종

생물 집단	종의 백분율
담수 거북이(세계적)	50%
양서류(세계적)	32
어류(세계적)	20
어류(유럽)	38
어류(마다가스카르)	54
어류(동아프리카)	54
어류(미국)	37
홍합(미국)	69
가재(미국)	51
강도래(미국)	43
잠자리와 실잠자리(미국)	18

자료 출처: IUCN; U.S. data from http://www.natureserve.org.

- 도시, 산업, 관개 목적으로 물의 취수는 강을 마르게 하였다. Aral 해는 농지를 관개하기 위한 물의 취수 결과로 크기가 감소하였고 염분이 증가하였다. 미국의 Rio Grande와 Colorado 강과 중국의 황하는 도시와 관개에 사용하기 위한 물의 취수 결과로 바다에 도달하기 전에 주기적으로 마른다.
- 삼림 벌채와 농업활동은 퇴적과 물의 가온을 초래하였다.

문제의 규모는 표 10.4에 나타내었다.

서식지 상실은 수서생태계에서도 문제이다. 해양생태계에서 수확의 대부분은 저서 어류가 쉽게 수확될 수 있는 천해에 국한되어 있다. 저서 어류와 패류를 수확하는 일반적인 방법은 바닥을 따라 끄는 어망인 저인망(trawl)의 사용을 포함한다. 저인망은 다양한 종을 포획하며, 대부분 상업적으로 소중하다. 저인망은 해저를 교란하고 어류 개체군이 회복하기 어려운 조건을 생성한다. 추가적으로 어획량의 25%는 일반적으로 상업적 가치가 전혀 없는 종으로 구성되어 있다. 이들은 배 너머로 던져서 폐기된다. 그러나 이들은 대부분 죽었으며, 이들의 제거는 해저의 생태적 본질을 더욱 변경시킨다. 일부 사람들은 해저에 대한 피해로 인하여 저인망은 어업 기술로서 금지되어야 한다고 주장한다.

담수호, 개울, 강은 운항, 관개, 홍수 조절, 전력 생산 목적으로 변경되었으며, 모두 자연 생태계와 존재하는 수서 생물의 수와 종류를 변화시킨다. 이러한 주제는 13장 물 관리에서 토의된다.

북서 태평양의 토종인 연어의 양은 1세기 이상 감소하고 있다. 1800년대 후반에는 Columbia 강 유역에 생존 가능한 개체군을 유지하기 위하여 부화장의 증가가 필요하게 되었다. 1900년대 초반에 오리건 주와 워싱턴 주는 연어 어업에 대하여 금어기와 어구 유형의 규제를 하였다. 태평양 연어는 과거에 서식하였던 워싱턴 주, 오리건 주, 아이다호 주, 캘리포니아 주의 40%의 강에서 사라졌다. 태평양 연어의 감소는 28종의 연어와 옥새송어 군집을 멸종위기 종 보호법(Endangered Species Act; ESA)에서 멸종위기에 처한 종 목록에 추가되었다. 과잉수확, 서투른 부화장 관리, 벌목, 채광, 댐, 관개, 방목, 도시와 산업 발달과 같은 연어의 감소 원인이 확인되었다. 그러나 인간 활동과 연어 개체군에 대한 부정적 영향 사이의 특정한 인과관계는 정립하기가 종종 어렵다.

북서태평양에서 전력을 제공하고 운항을 돕기 위한 댐의 광범위한 개발은 성체 연어가 산란을 위하여 상류로 이동하고 어린 연어가 바다로 이동하는 것을 거의 불가능하게 하였다. 계단식 어도(Fish ladder)와 다른 기술은 어류가 댐을 통과하도록 하는데 성공적이지 못하였다. 문제에 대한 유일한 해결책은 많은 댐을 제거하거나 크게 변경하는 것이다.

도시와 산업적 이용으로 변환

미국 국토의 약 4.3%가 도심, 산업용지, 사람과 제품을 이동할 수 있도록 하는 수송 기반구조로 개발되었다. 이는 미국 총 면적의 비교적 낮은 비율이지만, 도시 지역은 인간 활동에 의하여 가장 심하게 영향을 받는다. 도시 지역의 대부분은 식물 성장을 방지하고 빗물을 지역 개울과 강으로 전환시키는 불투수성 표면으로 포장되어 있다. 추가적으로 개울과 기타 자연 특징도 사람의 수요에 부응하도록 변경된다. 생물다양성이 극적으로 감소되고, 이러한 환경에서는 가장 잘 적응된 생물만이 생존할 수 있다.

광산과 석유와 천연가스 생산과 같은 일부 산업은 도심으로부터 멀리 떨어져 위치하지만, 많은 산업부지는 도심과 연관되어 있다. 그러나 그들의 영향은 도심과 유사하다. 토지는 자연 생태계가 파괴되도록 하는 방식으로 변경된다.

남획

남획(*Overexploitation*)은 생물이 번식할 수 있는 것보다 빠르게 인간이 생물을 수확할 때 발생한다. 남획은 일부 생물

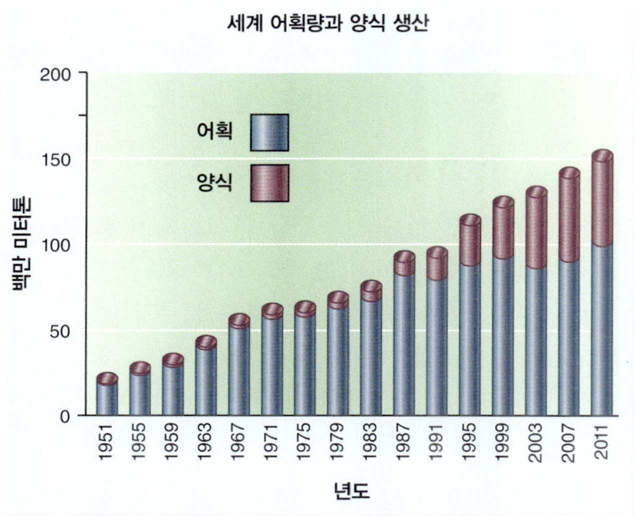

그림 10.14 세계 어류 생산의 경향: 어획고는 1987년까지는 꾸준히 증가하였다. 그 이후 어획고는 거의 일정하게 유지되었다. 이는 세계 어류가 용량까지 개발되었다는 것을 지시한다. 양식은 계속 증가하여 총 생산은 계속 증가한다. 이러한 자료는 중국이 어류생산 통계를 엄청나게 높게 보고한다고 생각되어 의문이 제기되었다. 이는 최근에 어획고가 실제로는 감소하였다는 것을 의미한다.
출처: Food and Agriculture Organization of the United Nations 자료.

을 절멸로 이끌었으며 많은 생물을 위협하였다. IUCN에 의하면 남획은 멸종위기 종 동물의 30% 이상과 식물의 8% 정도에 책임이 있다.

생물은 매우 다양한 목적을 위하여 수확된다. 모든 종류의 동물은 도살되고 단백질원으로 섭취된다. 인간은 식량에 추가하여 생물을 다양한 목적으로 이용한다. 많은 식물과 동물은 장식으로 사용된다. 꽃을 꺾고, 동물 가죽을 입고, 동물 부위는 성욕 촉진제로 사용된다. 미국에서 선인장의 많은 종이 사람들이 정원에 기르기를 원하여 심각하게 감소되고 있다. 세계의 다른 지역에서 코뿔소 뿔은 단검 손잡이를 만들거나 분말로 만들어 최음제로 판매하기 위하여 사용된다. 일부 사람들이 이러한 제품에 막대한 돈을 지불할 의사가 있기 때문에, 파렴치한 사람들이 법을 어기고 실현할 수 있는 손쉬운 이익을 위하여 이러한 동물을 밀렵한다.

해산 어류의 남획

UN은 어부의 수가 증가하면서 세계 수산업의 70%가 남획되거나 완전히 어획되어 수많은 어업이 남획의 위험에 처해있다고 추정한다. 그림 10.14는 포획된 어류의 양과 양식에 의하여 생산된 양을 함께 보여준다. 어부에 의하여 어획된 어류의 양은 1987년 이래 거의 일정하게 유지되지만, 어류 양식에 의한 생산량은 증가하였다. 더 효과적인 포획방법과 어획 노력의 증가가 해산 어류의 수확량을 유지하는데 필요하다는 것을 주목하는 것이 중요하다. 미국 국립해양대기국(National Oceanic and Atmospheric Administration; NOAA)에 의하여 수행된 연구에 의하면 미국 해역에서 어류 개체군의 40개 군락이 남획에 처해있다는 것을 보여주었다. 남획되는 군락 중에는 북동부의 정어리, Mexico 만의 적어(red snapper), 서해안의 태평양 참다랑어가 있다. 그 연구는 21개의 군락이 2000년 이래 건강한 수준으로 복구되었으며, 북동부의 핵심 군락인 Georges 퇴(Bank)의 대구, 대서양 대구, 돔발상어는 2010년 건강한 수준에 도달하였다. 전반적으로 모든 어류 군락의 약 16%가 미국 해역에서 남획에 처해있으며, 이는 개체군이 시간에 따라 유지하기에 너무 높은 수준으로 어획되고 있다는 것을 의미한다.

해양 어류자원이 남획되고 있다는 또 다른 징조는 어획되는 어종의 변화이다. 상업적 수산업은 과거에는 소비자에게 받아들이기 어려운 것으로 간주되었던 어종의 판매를 시도하고 있다. 이러한 행동은 원하는 종의 어획고 감소의 결과이다. 이러한 범주의 "새로 발견된" 어류의 사례는 아귀와 오렌지 러피(orange roughy)이다.

양식

양어(양식)는 어류 생산의 공급원으로서 중요성이 증가하고 있다(그림 10.15). 연어 양식은 특히 성공적이었다. 이는 다양한 종의 연어를 바다의 "가두리(pen)"에서 기르며, 이는 어류의 빠른 성장을 달성하기 위하여 먹이와 기타 관리기술을 도입한다. 노르웨이, 칠레, 캐나다, 스코틀랜드가 연어 양식의 선두 국가이다. 양어장에서의 연어 생산은 빠르게 증가하였다. 1988년 판매된 연어의 20% 미만이 양어장에서 생산되었지만, 2004년에는 65% 이상으로 증가하였다. 동일한 기간 동안 야생에서 어획한 연어는 비교적 일정하였다. 그러나 어류를 양식하는 방법은 환경영향이 없는 것이 아니다.

이러한 밀식된 환경에서 어류를 양식하는 것은 섭취되지 않은 먹이와 어류가 방출하는 폐기물로 인하여 주변 해수의 영양분의 증가를 초래한다. 이는 패류와 같은 다른 어업에 부정적으로 영향을 미치는 국소적 조류의 대증식을 초래할 수 있다. 불가피하게 어류의 일부는 탈출한다. 외래종의 도입은 토착종에 부정적인 영향을 미칠 수 있다. 일부 사람은 양식되는 어류의 유전적 군체에 대해서도 우려한다. 도입된 새로운 유전적 군체가 탈출하여 야생 어류와 교배되면

(a) 해양에서의 양식

(b) 담수에서의 양식

그림 10.15 양식: 사진 (a)는 캐나다 British Columbia의 해양 양식 가두리를 보여준다. 이러한 가두리에서 양식되는 어류는 가축과 마찬가지로 사료를 주고 관리된다. 사진 (b)는 담수 어류 양식지를 보여준다. 세계의 많은 지역에서 이러한 양식지는 지역 주민에게 중요한 단백질 공급원을 제공한다.

야생 군집의 유전적 조성을 변화시킬 수 있다. 경제적인 면에서 양식 연어양의 증가는 어획하는 연어 어부가 받는 가격을 떨어뜨린다.

현재 모든 양식 생산의 약 60%가 담수에서 오며, 생산량은 빠르게 증가하고 있다. 담수 종 양식은 일반적으로 어류, 새우, 기타 종을 밀접하게 관리할 수 있도록 하는 양어지의 건설을 포함한다. 이는 매우 낮은 기술 수준으로 건설될 수 있으며 세계의 저개발국가에서도 쉽게 달성될 수 있다.

담수 양식의 환경영향은 해양 시스템에서의 양식의 영향과 유사하다. 어류의 밀식으로부터 영양분의 과부하는 지역적 수체를 오염시킬 수 있으며, 외래종의 탈출은 토착종에 해를 미칠 수 있다. 추가적으로 담수 양식은 토지를 새로운 목적으로 변환한다. 관련된 토지는 종종 많은 사람들이 보호되어야 한다고 느끼는 홍수림 습지나 기타 습지이다. 환경적 우려에도 불구하고 담수 양식의 생산성은 증가하는 인구에 필요한 단백질을 제공할 수 있는 잠재력을 가지고 있으며, 따라서 빠른 속도로 계속 증가할 것으로 예상된다.

야생동물과 식물의 지속불가능한 수확

야생동물은 다양한 이유로 수확될 수 있다. 가장 주된 것은 세계의 많은 지역에서 식량 수요이다. 포획되거나 죽일 수 있는 어떠한 동물도 식량으로 사용될 수 있다. 야생동물의 고기를 종종 **"덤불 고기(bush meat)"**라고 하는데 이는 야생을 의미하는 덤불에서 포획되기 때문이다. 문제의 정도에 대한 추산은 상이하지만, 수확이 지속불가능하다는 데 대하여 넓은 동의가 있다. 야생동물 보호협회(Wildlife Conservation Society)는 아시아와 아프리카의 약 70%, 라틴아메리카의 약 40%가 지속불가능하게 사냥되고 있다고 추산한다. 이러한 관행이 야생의 특정한 종의 지역적 절멸을 초래하고 있다는 것이 명백하다. 더 나아가 침팬지와 고릴라와 같은 멸종위기 종이 종종 포획된다.

야생 고기와 기타 동물 제품의 교역은 다양한 이유로 주요한 문제가 되었다. 야생동물의 사냥은 생존 문화의 부분이며, 따라서 정상적 활동으로 간주된다. 가난한 사람은 야생동물을 고기와 다른 목적으로 수확하고 판매하여 돈을 벌 수 있다. 많은 종류의 야생동물이 진미로 간주되어 가정과 식당 거래에서 높게 평가된다. 개발도상국의 많은 곳에서 야생동물의 보전에 대한 규제는 잘 발달되지 않거나 거의 무시된다. 열대림의 벌목작업과 연관된 도로는 대부분의 삼림에 접근할 수 있도록 한다. 현대 기술(총과 인공조명)은 동물을 효율적으로 찾고 죽일 수 있도록 한다.

살아있는 동물을 애완동물과 수족관 거래를 위하여 수확하는 것은 상당한 문제이다. 많은 종류의 조류, 파충류, 어류가 애완동물로서 요망되기 때문에 위협받고 있다. 일반적으로 개별 생물을 포획하는 독립된 행동이 문제가 아니라, 훨씬 광범위한 영향을 미치는 포획방법이 문제이다. 예를 들어 둥지를 트는 새를 포획할 때 많은 둥지가 파괴된다. 열대 해양어류의 경우 어류를 기절시키기 위하여 독소가 사용되며, 소수의 가치 있는 개체를 포획하기 위하여 많은 다른 어류가 죽는다. 더 나아가 외래종 애완동물 시장의 대부분은 동물의 장거리 수송을 포함하기 때문에, 포획된 동물의 사망률이 높다.

야생동물 종은 동물의 신체 일부가 특히 가치가 있기 때문에 사냥된다. 상아와 동물 가죽은 많은 문화에서 공예품

그림 10.16 전통의약품: 케냐 Nairobi의 Mukuru 빈민가에서 판매하는 전통의약품

과 의복으로 높은 가치가 있다. 일부 동물의 신체 부분은 특정한 의약적 성질을 가지고 있는 것으로 생각되며, 다른 것들은 전통적 문화 풍습에서 사용되기 때문에 사냥된다. 예를 들어 코뿔소 뿔은 최음제로 생각되며, 일부 문화에서 코뿔소 뿔은 칼의 손잡이로 소중하게 생각한다. 이러한 믿음은 원하는 종의 거래를 활발하게 하였다.

전통의약은 많은 수의 상이한 식물과 동물을 이용한다(그림 10.16). 세계 인구의 약 80%가 현대의 서구양식 의약 치료 대신 전통문화 약품을 사용하기 때문에, 의약 식물과 동물을 수확하는 것은 세계의 많은 지역에서 심각한 문제이다. 이러한 관습에서 사용되는 약품의 많은 부분은 멸종위기 식물과 동물에서 유도된다. 식물 일부 종의 수확은 그 종이 위협받을 정도까지 개체군을 감소시켰다. 예를 들면 아시아와 아메리카의 인삼 나무는 전통의약에 이용하기 위하여 크게 감소되었다. 호랑이 뼈와 코뿔소 뿔은 다양한 전통의약품에 중요하다. 이러한 제품의 거래는 이러한 동물의 개체군에 상당한 압력을 가한다.

외래종의 도입

세계화는 세계적으로 수천 종의 침입 외래종을 전파하는 원인이 된다. 이러한 종은 토착종의 생물다양성에 두 번째로 큰 위협일 뿐 아니라 인간의 건강에도 해로울 수 있다. 신종 질병은 수송의 증가와 과거에는 외딴 생태계에 인간이 침입한 결과로 증가하고 있다. 도입된 조류, 설치류, 모기와 벼룩을 포함한 곤충류는 모두 인간 질병의 매개체와 보유숙주로 작용할 수 있다. 해운은 세계 상품의 80% 이상을 운반하며 매년 국제적으로 100억 미터톤 이상의 평형수를 이동한다. 많은 원하지 않는 생물들이 유해 조류 대증식(harmful algal bloom; HAB)을 초래하는 것과 같이 외국 지역에 정착한다. 침입종은 장기적으로 공중보건에 영향을 미치며 국가 경제에 막대한 비용을 초래한다. 그리고 이러한 증가하는 위협을 제어하기 위한 노력은 새로운 문제를 발생할 수 있다. 예를 들면 특정한 해충 종을 처리하기 위하여 살충제를 살포하는 것은 토양과 담수 공급을 오염시킬 수 있다.

외래종의 도입은 외래종이 종종 토착종을 직접 죽이거나 직접적으로 경쟁하여 절멸로 이끌 수 있다. 외래종의 도입은 다양한 이유로 일어난다. 일부 도입은 의도적인 반면, 다른 것은 우연히 일어난다. 의도적 도입의 이유는 상당히 다양하다. 농업적으로 중요한 식물과 동물의 대부분은 도입된 것이다. 다른 생물은 사람이 특정한 식물이나 동물을 좋아하기 때문에 도입되었다. 많은 식물은 원예 목적으로 도입되었다. 일부 도입된 종은 쉽게 제어된다. 예를 들어 농업적으로 중요한 식물의 대부분은 야생에서 성장하지 않는다. 다른 도입은 우연히 일어났으며 수입 물품에 숨겨져서 도달하였다. 모든 외래종이 문제가 되는 것은 아니지만, 일부 생물은 널리 분산되어 토착종을 대체한다.

IUCN은 조류의 약 30%와 식물의 15%가 침입 외래종에 대하여 성공적으로 경쟁할 수 없기 때문에 위협을 받고 있다. 많은 섬에서 쥐는 알을 먹고 새끼 새를 죽이기 때문에 둥지를 트는 새에 주요한 영향을 미친다. 호주에 고양이와 여우의 도입은 많은 종의 토착 유대류 개체군의 감소를 초래하였다. 고양이와 여우는 토착 야생동물의 효과적인 포식자이며 호주 본토의 많은 종류의 토착 포유류의 절멸을 초래하였다.

질병의 도입도 아메리카 대륙 삼림에 상당한 영향을 미쳤다. 나무의 두 가지 진균 질병은 아메리카 대륙 삼림의 특징을 뚜렷이 변화시켰다. 밤나무 마름병은 아메리카 밤나무를 본질적으로 제거하였으며, 느릅나무 병은 아메리카 느릅나무의 수를 크게 감소시켰다.

다양한 종류의 곤충도 생태계 구조에 영향을 미쳤다. 매미나방은 북미 전역에 전파되었다. 매미나방 유충은 숲 나무의 잎을 먹고 성숙한 떡갈나무가 다른 나무에 비하여 고엽으로 인하여 죽을 가능성이 높기 때문에 삼림 생태계가 뚜렷이 변화되었다. 아시아 긴뿔 딱정벌레는 북미에 최근에 도입되었다. 이 하늘소는 New York에서 1996년 발견되었다. 아시아 긴뿔 딱정벌레 유충은 낙엽수의 목질을 먹으며 종종 나무의 사망을 초래한다. 아시아 긴뿔 딱정벌레는 아마도 중국으로부터 원목 포장재 내부에 포함되어 북미로 도입되었을 것이다. 현재는 미국과 캐나다 동부의 몇 지역에만 제한되지만, 아시아 긴뿔 딱정벌레는 지역의 낙엽수에 커다란 피해를 미칠 수 있는 잠재력을 가지고 있으며, 미국과 캐나다 정부는 문제를 통제하기 위하여 행동을 취하고 있다. 창궐을 제어하는 유일한 방법은 감염된 나무를 구제하는 것이다.

특정한 불개미 종도 문제를 일으킨다. 수입된 불개미는 침입 해충이며 특히 미국, 호주, 필리핀, 중국을 포함한 세계 많은 지역으로 전파되었으며, 여러 차례의 쏘기와 물기의 격렬함으로 두려움을 끼친다. 일부 사람은 불개미 독에 알레르기 반응을 보이며, 어떤 경우에는 알레르기 반응이 치명적일 수 있다. 치료와 제어를 위하여 매년 수백만 달러가 소비되고 있다. 유럽말벌은 유럽, 북아프리카, 온대 아시아의 토착종이지만 1950년대 이래 북미, 남아프리카, 남미, 뉴질랜드로 전파되었다. 말벌은 심각한 해충이며, 공격적으로 둥지를 방어하며 교란되면 몰려나와 공격한다. 침은 고통을 주며, 여러 차례 쏘이거나 목에 쏘이면 위험할 수 있다.

담수 생태계도 우연한 도입과 의도적 도입에 의하여 크게 영향을 받았다. 얼룩무늬홍합과 유라시아 톱풀은 커다란 문제를 초래한 두 종류의 우연한 도입종이다. 얼룩무늬홍합은 Detroit 부근의 St. Clair 호수에서 1985년경에 최초로 발견되었다. 그들은 유럽 선박의 평형수로부터 방출되었을 가능성이 높다. 얼룩무늬홍합은 오대호 지역의 미국 동부와 인접한 캐나다의 대부분 지역과 Mississippi 강 유역에 전파되었다. 얼룩무늬홍합은 하수처리장과 기타 산업 시설의 취수관을 막히게 한다. 얼룩무늬홍합은 토착종 홍합의 표면에 군집을 형성하며, 종종 토착종을 사망하게 한다. 또한 얼룩무늬홍합은 물에서 많은 플랑크톤을 여과하여 더 많은 수서식물이 성장하게 하여 담수 생태계를 변화시켰다.

유라시아 톱풀은 1940년대에 Washington, D.C.에서 발견되었지만 그 이후 미국과 캐나다 남부 대부분의 지역으로 전파되었다. 유라시아 톱풀의 도입은 의도적이었을지 모르지만, 전파는 소형 배, 야생동물, 표류에 의한 우연한 전파에 의하여 일어났다. 톱풀은 많은 물에서 소형배의 운항을 방해할 수 있는 두터운 매트를 형성한다. 그림 10.17은 이러한 외래생물의 예를 보

(a) 성체 매미나방

(b) 매미나방 쐐기

(c) 아시아 긴뿔 딱정벌레

(d) 얼룩무늬홍합

(e) 유라시아 톱풀

그림 10.17 침입종: 이러한 종들이 미국으로 도입된 경로는 상이하다. (a, b) 매미나방은 의도적으로 미국에 도입되었고 우연히 탈출하였다. (c) 아시아 긴뿔 딱정벌레는 포장용 나무상자를 통해 도입되었다. (d) 얼룩무늬홍합은 유럽으로부터 평형수를 통해 도입되었다. (e) 유라시아 톱풀은 수족관 식물로 도입되었다.

호수 송어

옐로퍼치

토착종	도입종
강 칠성장어	바다 칠성장어
호수 송어 강 송어 뱅어 청어 송어	브라운 트라우트 무지개송어 곱사송어 은연어 큰 연어 대서양 연어
서커류	
황어 은빛 물고기	잉어
메기 둑중개	
	바다빙어 청어류
북미산 농어	대서양 연안산 농어
작은입 배스 줄무늬 농어	개복치
옐로퍼치 월아이	작은 농어류

브라운 트라우트

바다빙어

그림 10.18 오대호의 토착 어류 종과 도입된 어류 종: 오대호는 많은 비토착 어류 종의 도입으로 뚜렷이 변화되었다. 일부(칠성장어, 청어류, 잉어)는 우연히 도입되었으며, 나머지(청어, 강 송어, 무지개송어)는 의도적으로 도입되었다.

여준다.

외래 어류의 도입도 자연적으로 발생하는 담수 생태계에 큰 영향을 미쳤다. 예를 들면 오대호는 우연한 그리고 의도적인 어류 종의 도입에 의하여 뚜렷이 변화되었다. 바다칠성장어, 바다빙어, 잉어, 청어, 민물송어, 연어 몇 종은 모두 오대호 생태계에 새로 도입되었다(그림 10.18). 바다칠성장어는 호수 송어와 기타 종에 기생하며 토착 호수 송어 개체군을 거의 배제하였다. 칠성장어 문제를 제어하기 위해서는 개울에서 미성숙 칠성장어를 죽이는 매우 특유한 살충제를 사용해야 한다. 이러한 기술은 성숙한 칠성장어가 산란을 위하여 상류로 회유하며, 유생은 하류로 회유하여 호수로 들어가기 전에 몇 년간 개울에서 보내기 때문에 작용한다. 칠성장어를 부분적으로 제어하여 호수 송어 개체군은 증가하였다(그림 10.19). 호수 송어의 회복은 특히 바람직한데, 이는 호수 송어가 한때 중요한 상업 어종이었기 때문이다.

오대호로의 또 다른 우연한 도입종인 상업적 또는 오락적 가치가 거의 없는 작은 어류인 청어류는 1960년 이후 문제가 되었는데, 청어류 개체군이 너무 커서 대량 폐사하여 호숫가를 오염시켰다. 다양한 연어종도 비슷한 시기에 청어류를 제어하고 호수 송어 개체군을 대체하기 위하여 도입되었는데, 이는 칠성장어에 의하여 약화되었다. 이러한 연어의 도입은 경제적으로 성공하였고 스포츠 낚시 산업에 수백

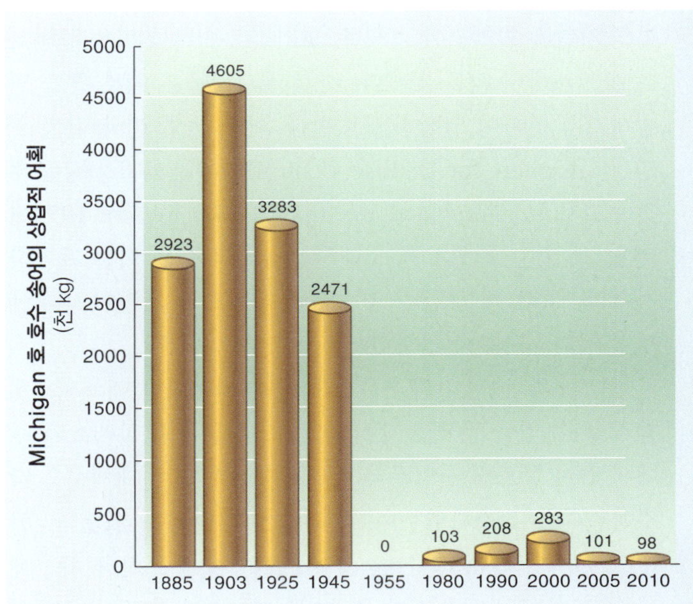

그림 10.19 상업적 어획에 미치는 칠성장어의 영향: 칠성장어는 오대호에 1932년 도입되었다. 칠성장어는 호수 송어의 체외 기생생물이기 때문에, 오대호의 호수 송어 개체군에 극적인 영향을 미쳤다. 칠성장어가 번식하는 것을 방지하는 계획의 결과로, 칠성장어 수는 어느 정도 감소되었으며, 호수 송어 개체군은 방류 계획의 도움으로 회복되고 있다.

만 달러를 산출하였지만, 이는 연어가 경쟁하는 호수 송어와 같은 일부 토착 어류에 부정적인 영향을 미쳤다. 연어는 또한 상류로 회유하며, 이곳에서 토착 어류의 산란을 교란

한다. 연어의 대부분 종은 산란 후 사망하며, 이는 국지적 악취 문제를 초래한다.

오대호에 최근에 도입된 다른 종에는 대합조개, 얼룩무늬 홍합, 문절망둑(round goby)과 강농어의 2종의 어류가 있다. 아마도 이들은 모두 유럽의 담수 또는 기수의 평형수에서 도입되었을 것이다. 이러한 외래 도입종은 빠르게 증가하고 있으며 오대호에 존재하는 종의 조성을 변화시키고 있다.

포식자와 해충 생물의 제어

인간의 활동에 방해가 된다고 특정한 생물을 계획적으로 사멸시키는 것도 생물다양성을 감소시킨다. 많은 대형 포식자는 인간이 식량으로 사용하는 가축 동물을 포식하기 때문에 지역적으로 제거되었다. 북미의 퓨마와 회색곰은 부분적으로 가축 손실을 감소하기 위하여 사냥되어서 작고 고립된 개체군으로 감소되었다. 아시아의 호랑이와 유럽의 사자와 늑대도 비슷한 이유로 감소되거나 제거되었다.

해충 종의 일부 멸종은 바람직한 것으로 간주된다. 대부분의 사람은 말라리아 기생충, 모기, 쥐, 벼룩의 멸종에 의하여 불안해하지 않을 것이다. 사실상 사람들은 일부 종을 멸종시키기 위하여 열심히 노력한다. 예를 들면 미국 질병 관리센터(Centers for Disease Control)의 이환율과 사망률 주간 보고서(*Morbidity and Mortality Weekly Report*; 1979년 10월 26일)는 천연두를 초래하는 바이러스는 이를 제거하기 위한 여러 해 동안의 연속적인 노력으로 인하여 인구에서 소멸되었다고 선언하였다.

한때 오락 종의 개체군은 포식자가 제어되면 대폭적으로 증가할 수 있을 것으로 생각되었다. 예를 들면 알래스카 주에서 연어 통조림 산업은 흰머리독수리가 연어 개체군을 감소시킨다고 주장하였으며, 독수리에 보상금을 걸었다. 알래스카 주에서 1917년에서 1952년 사이에 보상금 때문에 128,000마리의 독수리가 살생되었다. 그러나 포식자 제어가 오락 종의 개체군을 증가시킨다는 이 이론은 포식자가 보통은 우수한 동물을 포획하지 않기 때문에 대부분의 경우 유효하지 않은 것으로 판명되었다. 포식자는 오락 사냥에 적합하지 않은 병들거나 상처 입은 개체를 포획할 가능성이 높다.

한때는 도움이 되리라 생각되었지만, 보상금이나 기타 형태의 포식자 관리는 북미에서 거의 제외되었다. 사실상 추는 다른 방향으로 흔들렸으며, 포식자 제어는 대부분의 경우 비용 효과적이 아닌 것으로 간주된다. 이러한 일반적 경향의 예외는 알래스카 주와 캐나다에서 늑대의 사냥과 포획이다. 늑대를 포획하는 근본적 이유는 늑대가 큰사슴과 순록을 포식하기 때문이다. 이러한 지역에 거주하는 많은 사람들은 식량원의 상당한 부분을 야생 사냥에 의존하기 때문에, 늑대 개체군을 제어하는 것은 정치적으로 인기가 있다. 그러나 포획하는 늑대의 수는 규제된다.

그림 10.20 서식지 보호: 울타리 왼쪽 지역은 소의 방목으로부터 보호되었다. 이 지역은 심하게 방목된 지역에서 생존할 수 없는 식물과 동물의 많은 토착종에게 안식처를 제공한다.

찌르레기 개체군의 제어는 커틀랜드 솔새(Kirtland's warbler)의 번식 성공을 증강하기 위하여 사용되었다. 찌르레기는 Kirtland 솔새를 포함한 다른 새의 둥지에 알을 낳는다. 찌르레기 알이 부화되면, 부화한 새끼는 솔새 새끼를 둥지로부터 밀어낸다. 따라서 커틀랜드 솔새 둥지 주변에서 찌르레기를 포획하고 죽이는 것은 이 멸종위기 솔새 종의 번식을 증강하는데 사용되었다.

많은 종은 경쟁하는 도입종과 인간의 간섭으로부터 보호받을 수 있는 피난처를 필요로 한다. 많은 야생동물의 토착 방목지 종은 소와 양 같은 도입된 초식 동물의 배제로부터 혜택을 받는데 그 이유는 초식 가축이 없으면 더 많은 자연적인 초원 군집이 복구될 수 있기 때문이다(그림 10.20).

기후변화

과학자와 대중이 기후가 변화한다는 것을 인식하면서, 종의 생존에 기후변화의 역할은 문제가 되었다. 많은 종은 생리적 내성의 한계 가까이 존재한다. 온도의 작은 변화는 그들을 고비 너머로 밀어낼 수 있다. 양서류, 산호, 북극 종의 세 가지 생물 집단이 기후변화에 의하여 크게 영향을 받은

그림 10.21 **기후변화는 북극 동물에 영향을 미친다:** 북극곰은 지구온난화의 결과로 멸종위기 종으로 등록되었다. 따뜻한 물은 해빙을 감소시키며 북극곰은 주된 먹이인 바다표범을 포획하는데 어려움을 겪는다. 북극곰 뒤의 빙하에 있는 잡은 동물의 유해를 주목하시오.

것으로 보인다. 국제 자연보호연맹(International Union for Conservation of Nature and Natural Resources; IUCN)은 기후변화의 영향으로 양서류 종의 약 30%가 위협을 받고 있다고 추산한다. 많은 개구리 종이 지난 수십 년 동안 일반적이 된 진균병에 의하여 위협을 받고 있다. 많은 사람은 지구 온난화와 질병의 창궐 사이에는 관련이 있다고 생각한다. 산호는 세계 전체에 걸쳐 감소하고 있다. 많은 과학자는 따뜻해지는 물이 산호의 사멸을 초래하는 질병의 발생을 촉진한다고 생각한다.

북극과 남극 종은 차가운 온도에 적응되어 있으며 종종 빙하에 의존한다. 북극과 남극에서 해빙의 융해는 이동 양상과 먹이 이용도를 변화시킨다. 북극곰이 IUCN에 의하여 위기에 처한 종으로 등록되고 미국 어류 및 야생동물관리국(Fish and Wildlife Service)에 의하여 멸종위기 종에 등록된 것은 북극해 빙하의 붕괴가 북극곰이 먹이를 획득할 수 있는 능력에 영향을 미친다는 인식이다. 북극곰은 바다표범을 주된 먹이원으로 이용하며 바다표범이 숨쉬기 위하여 올라올 때 포획하기 위하여 호흡구멍이나 유빙 가장자리에서 기다린다. 북극곰은 또한 유빙에서 쉬고 있는 바다표범에 살그머니 접근한다. 개방된 수역이 많아질수록 바다표범은 호흡구멍에 그다지 의존할 필요가 없으며 북극곰은 먹이를 획득하기가 더 어려워진다. 더 나아가 북극곰은 유빙에 도달하기 위하여 훨씬 먼 거리를 헤엄쳐야 한다(그림 10.21).

남극에서 해빙의 상실은 일부 펭귄 개체군이 남쪽으로 이동하도록 하였으며, 남극 먹이그물의 기저에 있는 크릴(소형 갑각류) 양의 감소와 관련된 것으로 보인다.

기후변화는 비토착 식물 종에도 영향을 미친다. 20세기 초반 이래로 북미 많은 지역의 생육기는 약 2주 증가하였다. 많은 비토착 종은 긴 생육기와 함께 개화시기를 변화하고 있다. 예를 들면 유럽에서 수입된 털부처꽃은 미국에서 1세기 전에 비하여 24일 이르게 꽃이 만발한다. 식물 침입종은 본질적으로 매우 적응성이 있으며 토착종에 비하여 비정상적 환경에 더 신속하게 반응한다. 기후변화의 도움으로 침입종은 경쟁자를 그늘지게 해서 제거하고 영양분, 물, 꽃가루 매개자를 더 많이 차지하는 것과 같은 이른 개화와 함께 오는 혜택을 수확한다.

10.4 생물다양성을 보전하기 위하여 무엇을 해야 할 것인가?

생물다양성을 보전하기 위한 노력은 다양한 접근방법을 포함한다. 그 중 가장 첫 번째는 종을 절멸로부터 보호하기 위한 효과적인 수단을 수행하기 위하여 생물의 생활사를 이해할 필요성이다. 몇몇 국제조직이 생물의 절멸을 방지하기 위하여 활동한다. IUCN은 멸종위기 종 목록에 70,000종을 평가하였으며 이 중 21,000종 이상을 절멸의 위협을 받고 있다고 등록하였다. IUCN은 절멸의 위협을 받는 종을 위급하게 위협받는(critically endangered) 종, 위협받는(endangered) 종, 위기에 처한(vulnerable) 종으로 구분하였다. 멸종위기 종은 절멸을 위협하는 조건이 지속되면 생존할 가능성이 희박하다. 이러한 생물은 보존하기 위한 인간의 행동을 필요로 하며, 그렇지 않으면 절멸될 것이다.

IUCN은 멸종위기 종 목록을 개정하여 발간한다. 최근의 25,000종의 척추동물에 대한 연구에서, 양서류의 41%, 포유류의 25%, 파충류의 22%, 조류의 13%, 상어와 같은 연골어류의 33%, 참다랑어와 같은 경골어류의 15%가 위협을 받고 있다고 보고되었다.

척추동물은 모든 종의 약 3%만 차지하지만, 그들은 먹이사슬과 전반적인 생태계에 지극히 중요하며, 훨씬 많은 자료가 가용하다. 생태학자인 윌슨(Edward O. Wilson)은 척추동물을 다양성의 "중추(backbone)"로 서술하였다. IUCN은 매우 현저한 국제적인 보호기구이지만 변화를 가져오기에는 거의 힘이 없다. IUCN은 일반적으로 국가들이 그들 영역내의 식물과 동물의 완전한 자원조사를 하도록 하여 위험에 처한 종을 보호하는 것을 추구한다. IUCN은 또한 관련된 국가내의 식물학자와 동물학자를 훈련시키는 것을 권장한다. (현재 열대지방의 생물에 익숙한 식물학자와 동물학자가 결정적으로 부족하다.) IUCN은 또한 절멸의 위험에 처한 종을 보호하기 위한 보호구역의 설정을 권장한다.

법적 보호

생물다양성을 보전하기 위한 국제적 노력은 UN의 다양한 활동을 포함한다. 세계의 대부분의 국가는 생물다양성협약(Convention on Biological Diversity; CBD)을 비준하였다. 미국은 협약을 비준하지 않은 다섯 국가 중의 하나이다. 미국은 조약에 서명은 하였지만 상원의 비준을 받지 못하였다. 서명한 국가가 지켜야 할 생물다양성협약의 몇 가지 핵심 요소는 다음과 같다.

- 생물다양성의 보존과 지속가능한 이용을 위한 국가전략의 개발
- 생물다양성 보전에 중요한 생물다양성 요소의 확인
- 생물다양성의 모니터링
- 생물다양성의 보전과 지속가능한 이용에 해로운 영향을 가지는 활동을 확인
- 보호구역 시스템의 제정
- 퇴화된 생태계를 복원하고 회복하며 멸종위기 종의 복구를 촉진함
- 멸종위기 종과 개체군의 보호를 위하여 필요한 법률을 개발하거나 유지함
- 생물자원의 보존과 지속가능한 이용에 대한 고려를 국가 정책결정에 통합

정부들이 1992년 생물다양성 협약(CBD)과 2000년 생물안정성에 대한 카르타헤나 의정서(Cartagena Protocol on Biosafety)를 채택하였을 때, 그들은 증가하는 세계 인구의 식량, 건강, 기타 요구를 충족하기 위하여 생물다양성을 보존하고 요소들을 사용하는 지속성의 긴급한 중요성을 인식하였다. CBD와 Cartagena 의정서의 본문에 인간 건강에 대한 특별한 언급은 현대 생물공학에 의하여 초래된 유전자변형 생물의 사용과 방출에 연관된 위험성과 연관하여 작성되었다. 추가적으로 협약은 당사국이 의약 연구에 사용되는 것과 함께 의약, 농업, 기타 경제적 가치를 가지는 종을 확인하고 모니터하는 것을 요구한다. 이와 같이 협약은 인간 건강과 생물다양성 정책을 통합하는 유용한 틀을 제공하고, 이 둘 사이의 중요한 연결을 더욱 인식하도록 한다.

생물다양성의 상실에 대한 인식과 우려는 세계의 많은 선진국에서 높다. 그러나 선진국은 교란되지 않은 지역이 거의 없으며 많은 취약한 종이 이미 제거되었다. 생물다양성 상실의 잠재성은 열대, 개발도상국에서 가장 크다. 많은 생물학자들은 열대우림에 나머지 전 세계를 합한 것만큼 많은 종이 있다고 추정한다. 불행히도 생물다양성의 상실은 개발도상국의 일반 대중에게는 그들 정부가 생물다양성 조약을 비준하였음에도 불구하고 우선이 아니다. 우려수준의 이러한 차이는 선진국은 잉여식량, 높은 가처분소득, 높은 교육수준을 가진 반면에, 저개발국가의 사람은 인구성장률이 높고, 종의 절멸과 같은 장기적인 문제가 아니라 식량과 숙소의 긴급한 요구에 가장 우려하기 때문에 이해할 수 있다. 그러나 선진국은 우리의 활동이 간접적으로 절멸과 관련될 수 있기 때문에 결백하지는 않다. 우리가 저개발국가에서 낮은 가격으로 목재, 농산품, 어류를 구입할 때, 우리는 개발도상국의 사람들이 그들의 자원을 남획하도록 권장하며 따라서 절멸률에 영향을 미친다.

미국에서 생물다양성의 보존과 관련된 주요한 활동은 1973년 멸종위기 종법(Endangered Species Act)의 통과

여러분의 선택은?

UN은 2006년~2020년까지 생물다양성 상실 속도를 뚜렷이 감소시키려는 목표는 확고한 과학과 효과적인 제어 기작이 없으면 달성될 수 없을 것이라고 선언하였다. 일부 과학자는 현재의 절멸률은 인간 발달 과정의 어느 시기보다도 천배가 더 크다고 추산한다. UN 환경기구(UNEP)의 관리자는 "만약 우리가 2020년까지 측정가능한 성공을 보여주지 못하면, 정치적 공약은 훼손되고, 대중의 이익이 상실되고, 생물다양성 연구와 관리에 대한 투자는 감소되고, 환경기구는 더욱 약화될 것이다"라고 선언하였다. 여러분은 이것이 정확한 진술이라고 생각하나요? 아니면 이는 단순히 쓸데없는 걱정이라고 느끼나요? 여러분의 입장을 방어하시오.

집중 탐구

천년 생태계 평가 보고서와 천년 선언

2005년 천년 생태계 평가(Millennium Ecosystem Assessment) 종합 및 천연자원 보고서라고 하는 주요한 연구가 발간되었다. 여기에는 세계의 선도적인 전문가 약 1,300명의 투입과 UN, 세계은행, IUCN을 포함한 여러 국제기구 사이의 협력관계가 포함되었다. 그 연구는 4년간에 걸쳐 수행되었으며 95개 국가의 전문가가 참여하였다. 보고서는 UN 생물다양성협약, 람사 습지보호협약, UN 사막화방지협약, 이동성 야생동물협약의 4가지 국제조약의 평가 요구의 일부를 충족하기 위한 기작으로 정부들에 의하여 인식되었다. 다음은 보고서의 주요한 결과를 강조하였다.

- 인간은 다른 어느 기간보다도 지난 50년 동안 더 빠르고 광범위하게 생태계를 변화시켰다. 이는 주로 식량, 담수, 목재, 섬유, 연료에 대한 빠르게 증가하는 수요를 충족하기 위하여 행하여졌다. 1945년 이래로 18세기와 19세기를 합한 것보다도 더 많은 토지가 농지로 변환되었다. 전문가들은 이는 포유류, 조류, 양서류 종의 10~30%가 현재 절멸위협을 받는 지구상 생명다양성의 상당하고 대체적으로 되돌릴 수 없는 손실을 초래하였다고 이야기 한다.
- 성취된 인간의 복지와 경제발전의 상당한 순 이득에 기여한 생태계 변화는 다른 서비스의 퇴화 형태로 비용의 증가를 통하여 달성되었다. 지난 50년 동안 작물, 가축, 양식생산의 세 가지 생태계 서비스만 강화되었다. 어획과 담수와 같은 2가지 서비스는 현재의 수요와, 미래의 수요를 훨씬 적게 유지할 수 있는 수준을 훨씬 넘어섰다.
- 생태계 서비스의 퇴화는 21세기 전반기 동안 상당히 악화될 수 있다. 과학자에 의하여 탐구된 모든 가능한 미래에서, 과학자들은 굶주림을 제거하는데 진보가 있으리라고 예상하지만, 2015년까지 굶주림으로 고통 받는 사람의 수를 절반으로 줄이는데 필요한 것보다 훨씬 느릴 것으로 추정한다. 전문가들은 산림벌채와 같은 생태계 변화가 말라리아나 콜레라 같은 인간 병원균의 양에 영향을 미칠 뿐 아니라, 새로운 질병의 출현 위험성도 증가시킬 것이라고 경고한다.

이러한 평가의 주된 결론은 모든 사람의 생활수준을 개선하기 위하여 자연 서비스를 지속적으로 이용하면서도, 지구의 자연 서비스에 가하는 긴장을 완화시키는 것은 인간사회 권력 내부에 있다는 것이다. 그러나 이를 달성하기 위해서는 정책결정의 모든 단계에서 자연이 취급되는 방식에 주요한 변화와 정부, 산업, 시민사회에 새로운 형태의 협력을 필요로 한다.

천년선언의 근원적인 가치

평화, 발전, 환경, 인권, 취약하고 굶주리고 가난한 사람, 아프리카, UN을 위한 60가지 목표를 요약한 천년선언은 다음의 중심적인 가치에 근거한다.

21세기의 국제관계에 필수적인 특정한 기본적 가치에는 다음이 포함된다.

- **자유(Freedom).** 남성과 여성은 존엄하게, 굶주림과 폭력, 억압, 불의의 두려움으로부터 자유롭게 자신의 삶을 영위하고 자녀를 부양할 권리가 있다.
- **평등(Equality).** 어느 개인이나 국가도 발전으로부터의 혜택의 기회를 거부당해서는 안 된다. 여성과 남성의 평등한 권리와 기회는 보장되어야 한다.
- **연대(Solidarity).** 세계적인 도전은 평등과 사회정의의 기본적인 원칙에 준수하여 비용과 부담을 공평하게 분배하는 방식으로 관리되어야 한다. 고통 받거나 혜택을 받지 못하는 사람은 많은 혜택을 받는 사람으로부터 도움을 받아야 한다.
- **관용(Tolerance).** 인간은 신념, 문화, 언어의 다양성에도 불구하고 서로 존경해야 한다. 사회 내부와 사회 간의 차이는 두려워하거나 억압되어서는 안 되며, 인류의 소중한 자산으로 소중히 여겨져야 한다. 평화의 문화와 모든 문명간의 대화는 적극적으로 촉진되어야 한다.
- **자연에 대한 경의(Respect for nature).** 모든 살아있는 종과 천연자원을 관리하는 데에는 지속가능한 개발의 교훈에 따라 사리 분별이 있어야 한다. 이러한 방식으로만 자연이 우리에게 제공하는 헤아릴 수 없는 부가 보존되고 후손에게 전달될 수 있다. 생산과 소비의 현재와 같은 지속불가능한 양상은 우리의 미래와 후손의 복지의 이익을 위하여 변화되어야만 한다.
- **공유된 책임(Shared responsibility).** 세계적인 경제발전과 사회발전을 관리하는 책임은 국제적 평화와 안보에 대한 위협과 함께 세계의 국가들 사이에 공유되어야 하며 다각적으로 시행되어야 한다. UN은 세계에서 가장 보편적이고 가장 대표적인 기구로서 중심적인 역할을 수행해야 한다.[1]

1.United Nations General Assembly, "United Nations Millennium Declaration," Resolution 55/2, United Nations A/RES/55/2, 8 September 2000.

녹색 행진

생물다양성과 관련된 소비자 선택

여러분이 소비자로서 내리는 결정은 생물다양성에 중요한 영향을 미칠 수 있다. 구매 결정이 생물다양성에 어떻게 영향을 미치는가에 대한 정보를 제공하는 많은 조직과 산업이 있다. 다음은 그 예이다.

지구 섬 연구소(Earth Island Institute)는 돌고래를 해치지 않는 참치 제품을 보증하며 어선에 독립적인 감시자를 태우는 것을 포함한 몇 가지 기준을 준수하기로 동의한 회사들을 열거한 웹사이트를 유지한다.

삼림관리협의회(Forest Stewardship Council)는 핵심적인 10가지 관리원칙에 따라 관리되는 삼림에서 생산된 목재와 종이제품을 인증하는데, 관리원칙의 하나는 삼림자원의 관리에서 생물다양성을 유지하는 것이다. 이 기구는 그 기준을 충족하는 회사와 제품을 열거하는 웹사이트를 유지한다.

다우림 동맹(Rainforest Alliance)은 다우림과 관련된 다양한 제품과 서비스에 대하여 보증을 제공한다. 여기에는 그늘에서 기른 커피, 코코아, 생태관광과 같은 제품이 포함된다.

해양수족관위원회(Marine Aquarium Council)는 수족관 거래에 관련된 생물이 지속가능한 방식으로 생산된다는 것을 보증한다.

이러한 기관은 모두 생물다양성을 보호하는 방식으로 제품이 생산된다는 것을 확인하는 로고를 가지고 있다.

를 포함한다. 이 입법은 종을 멸종위기 또는 위협으로 지정하고 멸종위기에 처한 모든 종에 대하여 연방정부의 관할에 두는 것이다. **멸종위기 종(Endangered species)**은 절멸될 급박한 위험에 처한 매우 작은 수를 가지는 종이다(그림 10.22). **위협 종(Threatened species)**은 환경의 결정적인 요인이 변화하면 절멸될 수 있는 종이다. 미국의 1,350개의 종과 아종이 미국 내무성 멸종위기 종과에 의하여 멸종위기 또는 위협으로 지정되었다. 멸종위기 종법은 정부 기관이 멸종위기 종을 절멸로 가져갈 수 있는 행위를 해서는 안 되며 모든 정부 기관은 이러한 종을 보존하기 위하여 필요한 수단을 사용해야 한다고 지시한다.

절멸을 방지할 수 있는 핵심은 멸종위기 종이 필요로 하는 서식지를 보존하는 것이기 때문에, 많은 미국 정부기관과 사설조직은 민감한 서식지를 구입하거나 멸종위기 종에 적합한 서식지를 보전하기 위하여 지역을 관리하였다. 종의 보호는 서식지의 보존을 필요로 하기 때문에 불가피하게 토지소유주는 그들의 토지를 사용하는 것을 상실할 직면에 처한다. 개발 목적으로 토지를 사용하는 것을 방해하여 연방정부가 토지를 박탈하였다고 주장하는 많은 소송이 토지소유주에 의하여 제기되었다.

이러한 압력의 결과로 종 보존 계획이 정착되면 토지의 일부를 사용하는 것을 허용하도록 규칙이 변경되었다. 멸종위기 종법에 대한 또 다른 변경은 1978년 하원이 연방이 선언한 주요 재난지역이나 국가 방어, 또는 7인의 "멸종위기 종 검토 위원회(Endangered Species Review Committee)"에 의하여 법에 대하여 예외가 부여될 수 있도록 개정하였을 때 이루어졌다. 이 집단은 생물의 절멸을 재가할 수 있는 권한을 가지고 있어서 "구세군(God Squad)"이라는 별명이 붙여졌다. 위원회가 프로젝트의 경제적 편익이 해로운 생태적 영향보다 가치가 있다고 판단하면, 위원회는 멸종위기 종법으로부터 프로젝트를 면제해준다.

종을 멸종위기 또는 위협으로 지정하는 것은 비교적 확인하기 쉬운 대형 생물로 편향되어 있다. 많은 생물 집단은 거의 알려져 있지 않기 때문에 특정한 종이 멸종위기인지 아닌지를 평가하는 것이 어렵다. 표 10.5는 상이한 분류학적 범주의 존재하는 종수와 멸종위기로 간주되는 비율을 비교한다. 대부분의 멸종위기 또는 위협 종은 조류, 포유류, 특정 범주의 식물, 일부 곤충(특히 나비), 몇몇 연체동물, 어류이다. 세균, 균류, 대부분의 곤충, 기타 많은 두드러지지 않은 생물은 분해자로서 질소와 탄소 순환에 중요한 역할을 하지만 멸종위기 종 목록에는 드물게 나타난다.

멸종위기에 처한 야생동식물종의 국제거래에 관한 협약(Convention on International Trade in Endangered Species of Wild Fauna and Flora; CITES)은 정부간의 국제 협정이다. 이 협약의 목적은 야생 동물과 식물 표본의 국제 거래가 그들의 생존을 위협하지 않도록 보장하는 것이

검은발 족제비

갈라파고스 거북

미션 블루 나비

녹색 벌레잡이식물

자이언트 판다

스라소니

하와이 기러기

파인배런스 청개구리

그림 10.22 멸종위기 종: 멸종위기 종은 매우 낮은 수가 존재하여 절멸의 즉각적인 위험에 처해있는 종이다. 이러한 생물은 멸종위기 종의 예이다.

표 10.5 분류학적 집단에 의한 멸종위기 종과 위협 종

분류학적 집단	세계적으로 기술된 대략적 종 수	멸종위기 종 또는 위협 종의 미국 수	IUCN 위협 목록	IUCN 위협 목록의 총 종수 비율
곤충	950,000	57	623	0.07%
식물	270,000	742	8,438	3.1%
곤충과 연체동물을 제외한 무척추동물	257,800	36	507	0.2%
연체동물	81,000	145	979	1.2%
어류	29,300	138	1,201	4.0%
조류	9,900	90	1,217	12.0%
파충류	8,240	40	422	5.0%
양서류	5,900	23	1,808	29.0%
포유류	5,400	84	1,094	20.0%
세균, 조류, 진균, 원생동물	163,000	2	18	0.0%

출처: IUCN Red List of Threatened Species and The U.S. Fish and Wildlife Service website 자료.

다. 현재 기원국가에서 개체군을 보호하기 위하여 특정 종의 수출과 수입을 제한하기로 동의한 170개 이상의 회원국이 있다. 국제 거래를 통한 남획에 대하여 CITES에 의하여 보호를 받는 약 5,000종의 동물과 28,000종의 식물이 있다.

야생생물 개체군의 지속가능한 관리

많은 종류의 육상 야생동물이 오락 동물로서의 가치, 절멸로부터 보호, 기타 목적으로 인하여 관리되고 있다. 생태계 변경을 초래하는 것을 포함한 몇 가지 기술이 특정한 야생동물 개체군을 증대하는데 사용된다. 이러한 기술은 서식지 분석과 관리, 개체군 평가와 관리, 피난처의 확립 등을 포함한다.

서식지 분석과 관리

특정한 종을 관리하는 것은 그 종의 서식지 요구를 이해하는 것이 필요하다. 어떤 동물의 서식지는 먹이, 물, 은폐를 제공해야 한다. **은폐(cover)**는 자연력이나 적으로부터 동물을 숨기거나 보호하는 물리적 특징의 모든 조합을 의미한다. 몇 종류의 보호가 중요하며 동물이 쉬고 새끼를 기를 수 있는 장소, 적으로부터 탈출할 수 있는 장소, 자연력으로 보호된 장소 등을 포함한다.

일단 종의 중요한 서식지 요구가 이해되면, 종의 성공을 개선하기 위한 서식지 변경의 단계를 취할 수 있다. 종의 성공을 증강하기 위한 서식지 변경을 **서식지 관리(habitat management)**라고 한다. 멸종위기 종인 Kirtland 솔새는 어린 뱅크스소나무의 밀집한 입목 부근에 둥지를 튼다. 둥지는 포식자에 취약하고 밀집한 은신처에서 잘 숨을 수 있기 때문에 밀도는 중요하다. 뱅크스소나무는 산불이 난 후에 씨앗을 방출하고 산불 뒤에 자연적으로 밀집한 입목을 재정착하는 산불에 적응된 종이다. 따라서 새로운 밀집된 뱅크스소나무 입목을 재생하기 위한 계획된 산불이 이 멸종위기 새에게 적절한 서식지를 제공하기 위하여 사용되었다.

서식지 관리는 또한 오락 종이 선호하는 먹이인 일부 식물 종을 촉진하는 형태를 가질 수도 있다. 예를 들면 사슴에 대한 서식지 관리는 지역의 수목을 베어내어 많은 어린 나무, 묘목, 키 작은 관목의 성장을 촉진하여 사슴이 필요로 하는 먹이와 보호를 제공하기 위하여 자연적인 재성장을 허용하는 것을 포함할 수 있다. 이 경우 다람쥐와 같은 다른 동물 종은 주요 먹이 공급원으로 나무의 씨앗에 의존하기 때문에 성숙한 나무가 베어지면 배제될 수 있어서 삼림 관리와 사슴 관리는 통합되어야 한다.

개체군 평가와 관리

개체군 관리는 계획을 필요로 하는 또 다른 중요한 활동이다. 오락 동물 종은 서식지의 수용용량을 초과하지 않도록 종종 관리된다. 야생동물 관리자는 적절한 수준으로 개체군을 정착하고 유지하기 위하여 몇 가지 기술을 사용한다. 개체군의 개체수 조사는 허용되는 한계에 있는지를 확인하기 위하여 개체군을 정기적으로 점검하는데 사용된다. 이러한 개체수 조사 활동은 사냥꾼에 의하여 도살된 동물 숫자 기

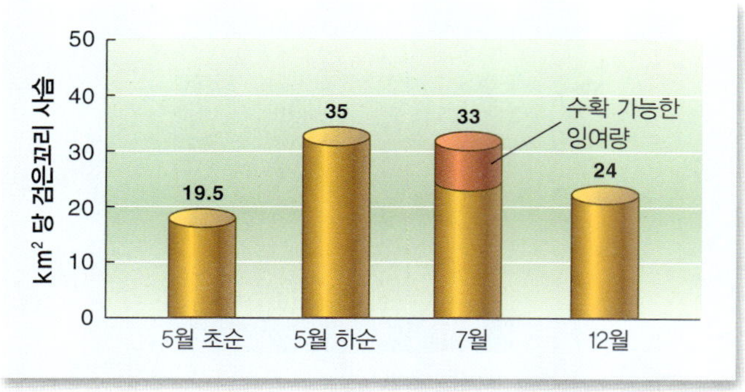

그림 10.23 야생동물 개체군의 관리: 검은꼬리 사슴 개체군의 계절적 변화는 많은 오락 종에서 일반적이다. 사냥철은 보통 가을로 정해지는데 이는 수용능력이 낮은 겨울이 되기 전에 잉여 동물이 수확되도록 하기 위해서이다.

출처: R. D. Taber and R. F. Dasmann, "The Dynamics of Three Natural Populations of the Deer Odocoileus hemionus columbianus," Ecology 38, no. 2 (1957): 233-46. 자료.

록, 번식기 동안에 지저귀는 새의 숫자 기록, 분변 수의 계산 등 다양한 다른 기술을 포함한다.

야생동물 관리는 운동과 고기를 위하여 사냥으로 동물을 수확하는 것을 종종 포함하기 때문에, 사냥 활동의 규제는 중요한 개체군 관리기술이다. 사냥철은 보통 적절한 번식을 보장하고 사냥철 동안에 건강한 개체군을 최대한 제공하기 위하여 규제된다. 사냥철은 보통 가을에 시행되기 때문에 잉여 동물은 겨울이 되기 전에 제거된다. 겨울은 동물이 따뜻하게 유지하는 능력에 짐이 되며 또한 대부분의 온대지역에서 먹이 공급이 부족한 시기이다. 잘 관리된 야생동물 자원은 가을에 많은 수의 동물이 수확될 수 있도록 하면서도, 건강한 개체군이 겨울에 생존하여 다음 봄에 번식할 수 있도록 남겨둔다(그림 10.23).

종의 개체군이 원하는 수 아래인 일부 사례에서 생물은 인공적으로 도입될 수 있다. 도입은 절멸된 지역으로 종이 재도입되는 경우 가장 종종 일어난다. 늑대는 옐로스톤(Yellowstone) 국립공원과 북부 중서부(미시간 주, 위스콘신 주, 미네소타 주) 넓은 삼림 지대에 성공적으로 재도입되었다. 유사하게 미시간 주와 온타리오 지방의 교환으로 미시간 주에는 큰사슴이 온타리오 지방에는 칠면조가 재도입되었다.

일부 오락 종은 오락 사냥 목적으로 도입된 비토착 종이다. 꿩은 원래 아시아산이지만 유럽, 영국, 북미에 도입되었다. 뉴질랜드의 모든 대형 오락 동물은 도입된 종인데, 그 이유는 이들 섬의 원래 생물상에는 전혀 없었기 때문이다. 몇 종의 사슴은 아시아로부터 유럽으로 도입되었다. 이들의 대부분은 사슴 공원에서 사육되는데, 여기에서 동물은 놓아먹이는 가축과 비슷하다. 그들은 스포츠를 위하여 사냥되거나 음식을 제공하기 위하여 도살된다. 외래종의 도입은 한때 보편적이었다. 그러나 오늘날 이러한 도입은 종종 토착종의 생존능력의 감소를 초래하거나 도입된 종이 골칫거리가 되는 것으로 인식된다.

이주하는 동물의 특별한 문제

물새(오리, 거위, 백조, 뜸부기 등)는 이동하기 때문에 특별한 관리문제를 나타낸다. **철새(Migratory bird)**는 수천 km를 나를 수 있으며 봄철 북쪽으로 이동하여 여름에 번식하며 겨울철 차가운 날씨가 여름철 서식지인 연못, 호수, 개울을 얼어붙게 하면 남쪽으로 돌아간다(그림 10.24).

많은 물새가 캐나다와 북부 미국에서 둥지를 트고 겨울에는 남부 미국과 멕시코에서 둥지를 트기 때문에, 이 야생동물 자원의 관리와 파괴를 예방하기 위하여 캐나다, 미국, 멕시코 사이의 국제적인 협약이 필요하다. 서식지 관리는 몇 가지 형태로 나타난다. 캐나다에서는 대부분의 번식이 일어나는데, 정부와 Ducks Unlimited와 같은 민간단체는 새들의 보금자리를 제공하는 작은 연못과 호수의 배수를 방지하기 위하여 일하였다. 추가적으로 실행가능한 곳에는 새로운 저수지를 만들었다. 새들은 가을철 사냥철에 남쪽으로 이동하기 때문에 일련의 야생동물 피난소가 휴식장, 먹이, 사냥으로부터 보호를 제공한다. 추가적으로 이러한 피난소는 새들의 지역적 개체군을 기르는데도 사용될 수 있다. 겨울철에는 이러한 새의 대부분은 남부 미국에 집합한다. 이러한 지역의 피난소는 물새가 먹이와 은신처를 찾을 수 있는 중요한 월동지역이다.

유사한 관리 문제가 아프리카와 유라시아에도 존재한다. 습지대에 의존하는 많은 새는 유라시아와 아프리카 사이를 이동한다. 1995년 아프리카-유라시아 물새 보존에 대한 국제 협정이 진행되었다. 협정의 진전은 세계 육지 표면의 40%와 117개 국가를 포함하기 때문에 복잡한 과정이었다. 몇몇 중요한 국가가 협정에 서명하였지만, 많은 국가는 아직 하지 않았다.

사하라 사막 이남의 아프리카에서 많은 종의 야생동물은 여러 국가를 포함하는 넓은 범위를 가로질러 이동한다. 다른 국가들은 종종 수확에 대한 상이한 규칙을 가지고 있으며, 이동하는 동물에 대한 장벽이 종종 있다. 예를 들면 국가 사이의 경계를 가리키는데 울타리가 보통 사용된다. 이러한

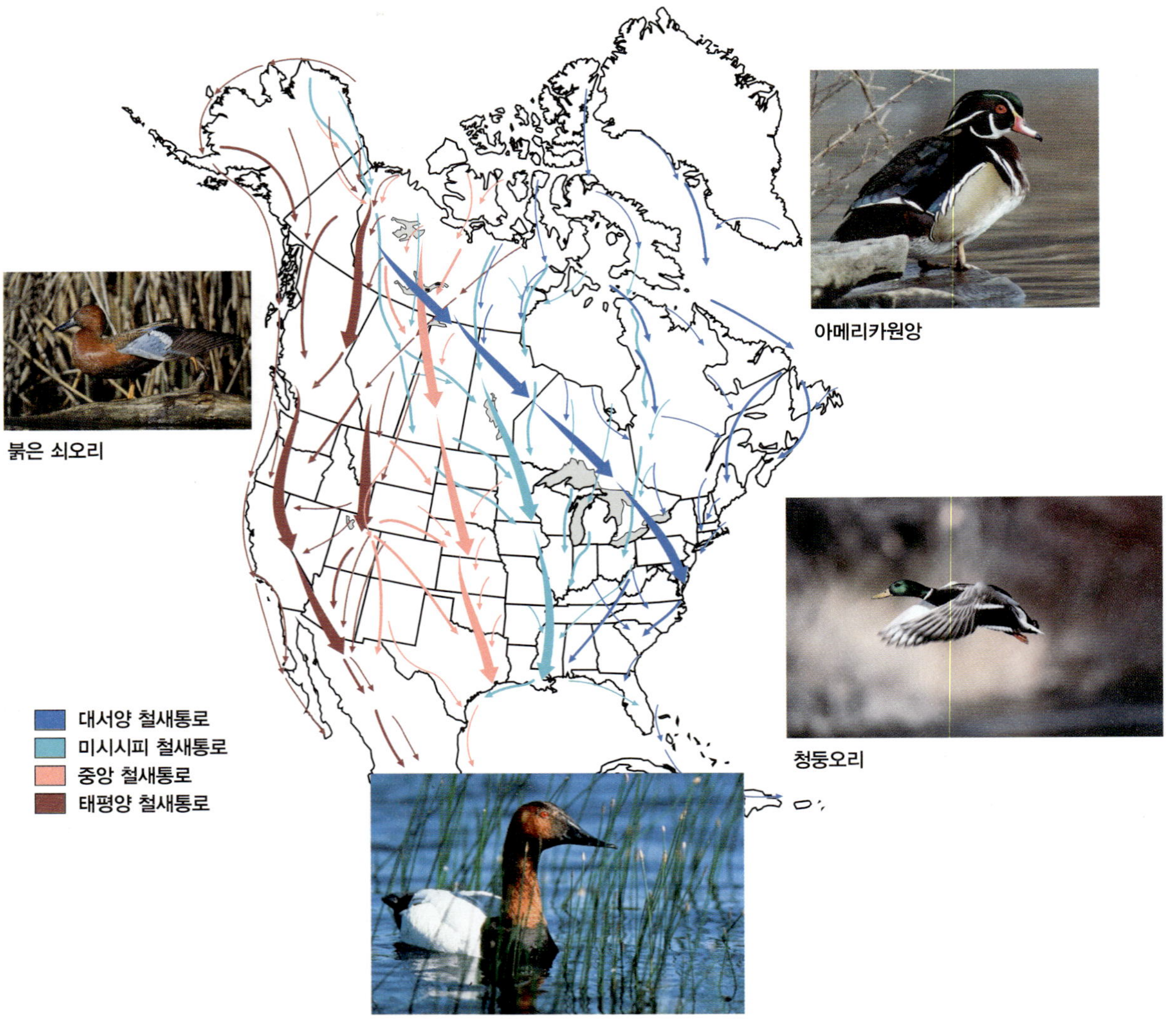

그림 10.24 북미 물새의 이동경로: 철새는 이동할 때 전통적인 경로를 따른다. 이들은 대서양, 미시시피, 중앙, 태평양 철새통로라고 알려져 있다. 이러한 물새의 대부분은 캐나다에서 부화하여, 미국을 통과하여 이동하고, 남부 미국 또는 멕시코에서 월동한다.

동물들의 이동에 편의를 제공하기 위하여 비교적 새로운 개념의 국경에 걸친 공원이 개발되었다. 국경에 걸친 공원과 함께 나타나는 일반적인 활동은 동물의 이동을 방해하는 구조물을 제거하는 것이다.

어류 개체군의 지속가능한 관리

해양 수산자원의 관리와 연관된 주요한 문제의 하나는 수확의 한계에 대한 합의를 달성하는 어려움이다. 해양은 어느 국가에도 속하지 않기 때문에, 모든 국가는 어느 곳이든지 원하면 자원을 이용할 권리가 있다고 느낀다. 각각의 국가는 자원의 지속가능한 이용과 상관없이 자신의 이익을 위하여 자원을 이용하는 것을 추구하기 때문에, 자원을 관리하기 위하여 국제적 협정이 필요하다. 이러한 협정은 정치적 차이와 자원의 본질에 대한 경시로 인하여 달성하기 어렵다. (3장의 "공동 소유 자원 문제-공유지의 비극"을 참고)

몇 가지 이유로 해양의 가장 생산적인 지역은 육지와 인접하다. 천해에서는 전체 수심이 태양광에 노출된다. 식물과 조류(algae)는 광합성을 수행하며, 생물생산성이 높다. 육지에서 씻겨 내려온 영양분은 이러한 물을 더욱 비옥하게 한다. 더 나아가 육지는 해저로부터 영양분을 위로 운반하는 해류를 변경한다. 상업적으로 중요한 많은 어류와 기타 해산식품 종은 저층서식자인데, 깊은 수심에서 이들을 어획하는 것은 실질적이 아니다. 따라서 어획압력은 수심이 얕고 상대적으로 영양분이 풍부한 지역에 집중된다. 국가들은

집중 탐구

캘리포니아 콘도르

캘리포니아 콘도르(*Gymnogyps californianus*)는 빙하기 동안에 북미에서 나타난 대형 포유류의 시체를 먹도록 적응된 것으로 생각된다. 대형의 빙하기 포유류의 절멸과 함께, 콘도르의 주요한 먹이가 사라졌다. 1940년대에 그들의 범위는 캘리포니아 주 Los Angeles 부근의 좁은 지역으로 축소되었다. 인간 활동에 의하여 초래된 서식지의 추가적인 단편화, 사냥에 의한 사망, 납 탄환을 담고 있는 동물을 먹어서 발생하는 사망은 1986년 야생개체군을 약 17개체로 감소시켰다.

낮은 번식 잠재력은 종의 수가 증가하는 것을 어렵게 하였다. 콘도르는 6살이 될 때까지 성적으로 성숙하지 않으며, 암컷은 일반적으로 2년에 한 개의 알을 낳는다. 이 종의 생존에 관한 우려로 인하여, 1987년 남아있는 모든 야생 콘도르는 번식 개체군으로 사용하기 위하여 포획되었다. 총 개체군은 27개체였다. 계획은 어린 콘도르를 사육 상태에서 길러서, 궁극적으로 야생으로 방사할 수 있는 커다란 개체군을 얻는 것이었다. 우리에서 사육하는 것은 매우 복잡한 활동이다. 처음 낳은 알을 제거하여 인공적으로 부화하여 추가적인 알을 획득할 수 있다. 암컷은 첫 번째 알이 제거되면 두 번째 알을 낳을 것이다. 새끼를 기르는 것은 주의 깊은 계획을 필요로 한다. 새끼는 사람이 먹이를 주지만, 먹이를 사람과 관련시키면 안 된다. 이는 궁극적으로 야생으로 방사되었을 때 동물의 부적절한 행동을 초래할 것이다. 따라서 어미 새를 닮은 꼭두각시가 새끼 새를 먹이는데 이용된다.

이러한 노력은 암컷 한 마리당 자손의 수를 증가시켰으며 1991년 사육되는 개체군이 54개체가 되었으며, 두 마리의 콘도르가 Los Angeles 북부의 야생으로 방사되었다. 1992년 여섯 마리가 더 방사되었다. 1996년 콘도르의 두 번째 개체군이 유타 주 경계 부근의 Grand Canyon 북부 애리조나 주에 도입되었다. 목적은 각각 150개체의 두 개체군을 가지는 것이다. 포식에 의한 자연사망률에 추가하여, 전력선과 접촉과 먹이와 함께 납 탄환을 섭식한데서 오는 납 중독과 같은 예상하지 못한 사망률이 있었다. 이러한 사망률 문제를 감소하기 위하여, 현재 방사되는 새는 전력선을 피하도록 가르치는 훈련기를 통과한다. 추가적으로 납 중독을 치료하기 위하여 일부 콘도르를 재포획하였다. 이들은 결국 야생으로 다시 방사될 것이다.

2013년 개체군은 야생의 237개체와 사육되는 198개체의 435마리로 증가하였다. 2002년 이래로 콘도르는 멕시코 정부와 협동하여 캘리포니아 주 바하(Baja)로 방사되었다. 멕시코에는 11마리의 콘도르가 있다. 2007년 최초로 한 쌍이 알을 낳았다. 그러나 알은 둥지에서 사라졌다.

200해리(약 370 km) 한계를 설정하여 그들 주변의 해역을 통제하고 그 해역 내에서 어획을 제어한다. 그러나 인접한 국가들이 함께 주장하는 해역에서 사용되는 어획 관행에 논쟁을 하기 때문에 분쟁을 해결하지 못하였다. 캐나다와 미국은 바닷가재 어획의 관리에 대하여 지속적으로 논쟁하고 있으며 북대서양 대구 어획에 대해서도 1990년대 초 붕괴될 때까지 논쟁을 하였다.

최근에 몇몇 국가는 그들의 영해 내에 어획이 허용되지 않는 지역을 지정하였다. 일부 연구는 이러한 유보지가 수산자원의 일부를 보호하고 어획에 개방된 주변지역에 어류가 다시 서식하게 하는 효과적인 방법이라고 시사한다. 이 접근방법은 저층에 서식하거나 저층의 특이한 구조와 연관된 어류 종에 특히 효과적이다.

담수 어업도 해양 어업과 동일한 문제에 직면하지만, 강, 호수, 개울은 종종 특정한 국가 내에 제한되기 때문에 일반적으로 규제하기가 용이하다. 세계 많은 지역의 사람들이 식량으로 담수 어류를 수확하지만, 양은 해양 어업에 의하여 생산되는 것에 비하여 상대적으로 적다. 더 나아가 담수 어류 자원의 관리는 수체가 작고 인구가 자원에 접근이 용이하기 때문에 훨씬 강력하다. 세계 대부분에서 담수 어류 관리는 오락과 상업적 식량 목적의 두 가지의 관리를 모두 포함한다.

수산자원 관리자는 반드시 두 이해집단을 만족시키도록 노력해야 한다. 스포츠 낚시꾼과 상업적 목적으로 수확하는

그림 10.25 어류 개체군의 모니터링: 담수 수산생물학자가 몬태나 주 강에서 기절한 송어를 연구한다. 이러한 어류는 오락 낚시와 관광을 증진하기 위하여 부화장에서 배양되어 강으로 방출된다.

사람 모두 규제에 따라야 한다. 그러나 규제는 일반적으로 상업적 어민이 그물과 같은 다른 수확방법을 사용할 수 있도록 허용한다. 북미의 대부분 지역에서 담수 어업은 주로 스포츠 낚시를 위하여 관리된다. 어류는 포식자로부터 탈출할 수 있도록 통나무, 그루터기, 바위, 해초밭 같은 은폐물을 필요로 한다. 어류는 또한 산란하고 새끼를 기르기 위하여 특별한 지역을 필요로 한다. 이는 연어를 위한 개울의 자갈밭, 블루길이나 배스를 위한 호수의 모래지역, 파이크(pike)를 위한 습지대이다. 담수 수산생물학자는 서식지의 일부 특징을 오락 어류의 원하는 종을 증가할 수 있도록 조작하려고 노력한다. 이는 인공 산란지 또는 보호를 제공하는 것이 될 수 있다. 어류가 번식할 수 있는 기회를 주기 위한 어획기의 규제도 중요하다.

이러한 기본적 우려에 추가하여, 수산생물학자는 수질에 대하여 특히 관심을 가진다. 사람이 물을 사용하거나 물 주변의 토지를 교란할 때, 수질이 영향을 받는다(그림 10.25). 예를 들면 독성 물질은 어류를 직접 사멸시키고, 물속의 유기물은 산소를 감소시킬 수 있다. 산업에 의한 물의 사용이나 개울을 둘러싼 나무를 제거하는 것은 물을 가열시키며 특정한 종에 적합하지 않도록 한다. 부적절한 유역관리는 퇴적을 초래하여 산란지를 덮고, 어린 어류의 아가미를 막히게 하고, 먹이생물이 서식하지 못하도록 저층을 변화시킨다. 수산생물학자는 아마도 호수나 개울 내부에서 일어나는 일과 마찬가지로 어떤 일이 외부에서 일어나는지에 대하여서도 우려한다.

요약

생물다양성의 상실은 주요한 우려가 되었다. 생물다양성은 몇 가지 방식으로 측정될 수 있다. 유전적 다양성은 개체군 크기가 감소되면 감소된다. 종 다양성은 지역 개체군이나 세계적으로 종이 절멸될 때 감소한다. 생태계는 생물과 물리적 환경 사이의 상호작용을 포함한다.

생물다양성의 상실에 관한 우려는 종의 가치를 바라보는 몇 가지 방식에 기초한다. 기능하는 생태계와 구성 생물은 경제적 관점에서 쉽게 측정되지 않기 때문에 종종 간과되는 많은 소중한 서비스를 제공한다. 예를 들면 질소고정 세균은 작물에 질소를 제공하며, 광합성은 먹이를 생산하고, 분해자는 유기물을 순환한다. 다른 생물자원도 경제적 용어로 측정될 수 있다. 야생에서 수확되는 고기와 생선은 커다란 경제적 가치를 가지며, 많은 종류의 약품이 식물과 동물에서 유도되고, 상아나 동물 가죽은 빈번히 거래된다. 많은 사람은 생물다양성의 상실을 윤리적 문제로도 간주한다. 그들은 "인간이 다른 종을 절멸로 이끌 권리가 있나요?"라는 질문을 한다.

생물다양성 상실의 주요한 원인은 인간이 생태계를 농업과 방목으로 변환하는 것, 지속불가능한 수준으로 종을 수확하여 남획하는 것, 생태계를 교란하고 토착생물과 먹이경쟁을 하는 외래종을 도입하는 것, 해충 생물과 대형 포식자를 의도적으로 죽이는 것, 기후변화이다.

생물다양성의 보호는 일반적으로 국가법과 국제협정에 의한 법적 보호, 지속가능한 수준에서 종과 생태계의 이용을 관리하는 두 종류의 활동을 포함한다. 이러한 관리활동은 일반적으로 사냥, 어획, 기타 사용에 대한 규제를 확립하는 것을 포함한다.

이슈와 분석

상징의 문제

멸종위기 종에 대하여 생각할 때 우리는 거의 항상 포유류나 조류를 상상한다. 북미에서 늑대, 회색곰, 다양한 고래, 흰머리독수리, 미국 흰두루미 등을 멸종위기 종으로 판정한다. 대합조개, 어류, 식물, 곤충 등은 거의 생각하지 않는다. 특정한 종은 대중의 관심을 끌 수 있기 때문에, 그들을 카리스마적인 종이라고 한다. 추가적으로 대부분의 카리스마적인 종은 상위 영양단계의 육식동물이다. 고래, 흰두루미, 코끼리, 물수리를 구하기 위하여 사람들은 조직을 구성하지만, Tar 강의 가시홍합이나 동굴 가재, San Diego의 요정새우를 구하기 위한 관심은 거의 없다.

- 어떠한 요인이 조류나 포유류를 대합조개나 가재에 비하여 높게 순위를 매기게 하는가?
- 우리는 늑대나 캘리포니아 콘도르에 소비하는 만큼 Tar 강 가시홍합에 대하여 소비해야 할까요?
- 돈은 제한되어 있기 때문에, 여러분은 제한된 자원을 어떤 종에 소비할지를 어떻게 결정할 것인가요?

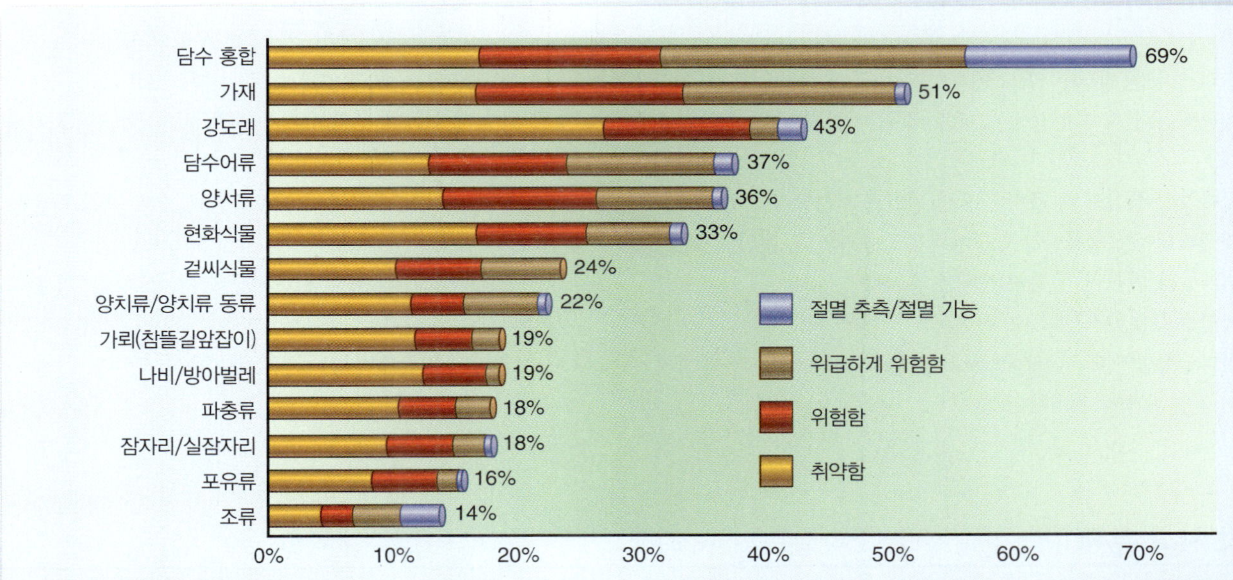

출처: Natureserve, *Precious Heritage* 자료.

녹색 활동

1. 조경 식물로서 외래종을 식재하지 않는다. 외래종은 골칫거리가 되거나 토착식물 종을 해치는 질병을 운반할 수 있다.
2. 그 물줄기에서 나오지 않았으면 식물, 어류, 기타 동물을 그 물줄기에 절대로 방사하지 않는다.
3. 외래 애완동물을 구입하지 않는다. 일부는 골칫거리가 되며 나머지는 지속가능하지 않은 방식으로 수확된다.
4. 외래 침입 종을 제거하기 위한 조직에 참여한다. 지역의 자연센터, Audubon 협회, Nature Conservancy, 또는 유사한 조직에 전화를 한다.
5. 제품이 지속가능한 방식으로 생산되었다고 가리키는 제품 표지를 찾는다.

연습문제

1. 인간이 직접적으로 생태계를 변경하는 세 가지 방식의 이름을 댄다.
2. 인간의 영향은 왜 과거 어느 때보다도 지금 더 큰가?
3. 개체군의 유전적 다양성에 영향을 미치는 세 가지 요인을 서술한다.
4. 생물다양성 상실의 세 가지 주요한 원인을 서술한다.
5. 해양생태계에서 생물다양성 상실의 주요한 원인은 무엇인가?
6. 삼림개발과 연관된 세 가지 문제를 열거한다.
7. 사막화는 무엇인가? 무엇이 사막화를 초래하는가?
8. 생물다양성협약(Convention on Biological Diversity)의 세 가지 핵심 구성 요소를 열거한다.
9. 야생동물 관리자가 사용하는 여섯 가지 기술을 열거한다.
10. 물새관리와 연관된 특별한 문제점은 무엇인가?
11. 무엇이 절멸이고, 왜 절멸은 발생하는가?
12. 생물자원에 의하여 제공되는 생태계 서비스의 세 가지 예를 열거한다.
13. 절멸을 방지하기 위하여 취해질 수 있는 세 가지 행동을 열거한다.
14. 종의 서식지 요구와 종의 전반적인 생존 성공 사이의 관례를 서술한다.
15. 종 보존에서 멸종위기 종 목록의 역할을 서술한다.

비판적 사고 문제

1. 존재하였던 종의 98~99%는 절멸되었다. 거의 대부분은 인간이 지구상에 출현하기 훨씬 전에 절멸되었다. 우리는 오늘날 생물의 절멸에 대하여 우려해야 하는가?
2. 여러분은 심각한 굶주림을 겪고 있는 국가의 농업을 지지하기 위하여 생태적으로 중요한 삼림의 제거와 초원의 경작을 지지하는가? 생태계를 보존하는 것과 인간의 이익 사이의 어디에 한계를 정하는가?
3. 태평양 북서부 아메리카 원주민 부족은 전통 문화를 보존하고 조약 권리를 지키기 위하여 멸종위기 고래를 사냥하도록 허용되었다. 이제는 다른 국가도 고래를 사냥할 위협이 있다. 여러분은 원주민 부족이 그들의 권리를 부정해야 된다고 생각하나요? 그 이유는?
4. 제약회사는 회사가 가능한 의약적 가치를 가지고 있는 생물을 찾을 수 있도록 일부 개발도상국이 강우림을 보존하도록 돕고 있다. 여러분은 이러한 협정에 대하여 어떻게 느끼나요? 여러분은 제약회사에 어떠한 제한을 둘 것인가? 그 이유는?

chapter

11 토양과 토양의 이용

Soil and Its Uses

▲ 토양은 대부분 먹이사슬의 기초가 되는 식물을 지탱하는 자원이다. 우리는 토양을 보존되어야 하는 소중한 자원으로 생각해야 한다.

CHAPTER OUTLINE

목적

이 장을 학습한 후 여러분은 다음을 달성하여야 한다.

- 토양과학의 연구가 어떻게 발달하였는지 서술한다.
- 지구 표면을 형성하고 침식한 지질학적 과정을 서술한다.
- 토양 형성에 관련된 물리적, 화학적, 생물학적 요인을 열거한다.
- 토양 비옥도에 부식토의 중요성을 설명한다.
- 토양 조직과 토양 구조의 차이를 구별한다.
- 조직과 구조가 어떻게 토양 대기와 토양수에 영향을 미치는지 설명한다.
- 토양 형성과 비옥도에 대한 살아있는 생물의 역할을 설명한다.
- 토양 단면의 다양한 층을 서술한다.
- 물과 바람에 의한 토양 침식 과정을 서술한다.
- 등고선 농경, 대상(띠) 농경, 계단식 밭, 수로, 방풍림, 보존 경작이 어떻게 토양 침식을 감소하는지 설명한다.
- 토양의 남용은 토양 비옥도를 감소시키고, 개울을 오염시키고, 값비싼 개선 수단을 필요로 한다.
- 경작에 적합하지 않은 토지가 어떻게 다른 목적으로 여전히 생산적으로 사용될 수 있는지 설명한다.

살아있는 토양

살아있는 토양에 대하여 많은 글들이 작성되었다. 대부분은 과학적이고 사실적이었으며, 일부는 감동적이었고, 나머지는 창조적이었다. 그러나 세대가 지나가면서 중심 주제인 "토양이 지구상의 모든 생명을 부양한다."를 다시 관심을 받게 하는 것이 중요하다. 토양이 없으면 아무것도 생존할 수 없다. 건강한 토양은 건강한 환경을 지지하며, 건강한 환경은 건강한 생활을 지지한다. 여러분이 콘크리트에서 벗어나 다음 걸음을 걸을 때, 수백만의 유익한 생물이 여러분의 발아래 토양에서 일상의 먹기, 숨쉬기, 생존하기, 사멸하기를 거친다는 것을 생각하시오. 한 컵의 비옥한 토양은 지구상의 인간만큼 많은 세균을 포함한다.

인간은 음식을 먹고, 물을 마시고, 공기를 숨쉬고, 경치를 즐기지만, 소수만이 주기적으로 야외와 숲을 걷고 살아있는 토양을 유지하기 위하여 토지가 우리로부터 무엇을 원하는지를 이해한다. 지구 토지와 물의 운명은 인간이 일상의 요구를 충족하기 위하여 어떻게 사용하는지에 의하여 결정된다. 우리가 미래 세대의 기회를 감소시키지 않고 오늘날의 요구를 충족시킬 수 있을 때에만 우리는 지속가능성의 시험을 충족할 수 있을 것이다.

인간은 대부분 매일 토지 위에서 살거나 토지와 함께 일하지 않는다. 그렇지만 공동사회의 어디에선가 토양을 치유하는 노력에 참여할 기회를 찾을 수 있다. 우리가 교외에 거주한다면, 우리는 가정과 정원 폐기물을 퇴비화하고 적절한 비율의 비료, 살충제, 제초제만을 사용할 수 있을 것이다. 우리가 농부라면, 보존경작과 기타 보존 실행을 채택할 수 있을 것이다. 우리가 가축을 기른다면, 퇴비의 산더미를 유용한 부산물로 바꾸는 효과적인 영양분 관리 시스템을 만들 수 있을 것이다. 우리는 또한 공개토론회에서 우리의 목소리를 낼 수 있을 것이다. 지역의 정치적 활동에서 활발하게 활동하면서 우리는 정치적 결정자에게 우려를 전달할 수 있을 것이다.

여러분은 세계의 토양 질을 보호하고 형성하는 것과 같은, 장기적인 해법을 위한 임무를 지도하고 노력하는, 교회나 지역사회 조직 내에서 일할 방법을 찾을 수 있다.

결국 우리는 각각 토양에 대한 책무에서 어떤 종류의 활발한 역할을 할 수 있을 것이다. 역할은 다양한 형태가 될 수 있지만, 우리가 만지는 세계를 건설하고, 복구하고, 개선하는 효과를 가져야 한다.

11.1 과학으로서 토양의 연구

토양과학은 지구 표면의 천연자원으로서 토양을 연구하는 것이다. 토양과학에는 토양 형성, 분류와 지도 작성, 토양의 물리적 · 화학적 · 생물학적 성질과 비옥도, 토양의 이용과 관리에 관련된 성질 등이다. 토양과학의 분야는 비교적 새롭지만, 토양이 문명에 미치는 영향은 영원하다.

6천 년 동안 인류는 농업을 위하여 토양을 경작하고, 배수하고, 관개하였다. 더 오랫동안 인간은 토양을 건설자재로 사용하였다. 4천 년 전에 중국인은 생산성과 세금 부과를 위한 기초로서 토양을 분류하였다. 전체 초기 인간 역사에 걸쳐, 분류 시스템은 인간의 생활에 중요한 토양을 구분하기 위하여 발달되었다.

과학으로서 토양의 연구는 최근의 진보이다. 화학, 지리학, 지질학 분야는 르네상스 이후 태동하였으며, 화학은 17세기에 과학으로 수용되었다. 18세기에 지리학자는 영국의 토양을 분류하고 지도를 작성하였다. 1862년 팔로우(Friedrich Fallou)는 토양의 과학적인 연구에 **토양학**(*pedology*)이라는 용어를 만들었다. 1876년 체르노젬(chernozem; 흑토) 토양을 연구하기 위하여 러시아에서 학제간 위원회가 조직되었다. 이러한 협력을 통하여 지리학자겸 지질학자인 도쿠챠프(Vasili Dokuchaev)는 토양 조사에 대한 기초를 개발하였다. 1941년 제니스(Hans Jennys)는 개념적 방정식 $S = f(cl, o, r, p, t, \ldots)$을 제안하였다. 여기에서 토양(S; soil)은 기후(cl; climate), 생물(o; organims), 고저 또는 지

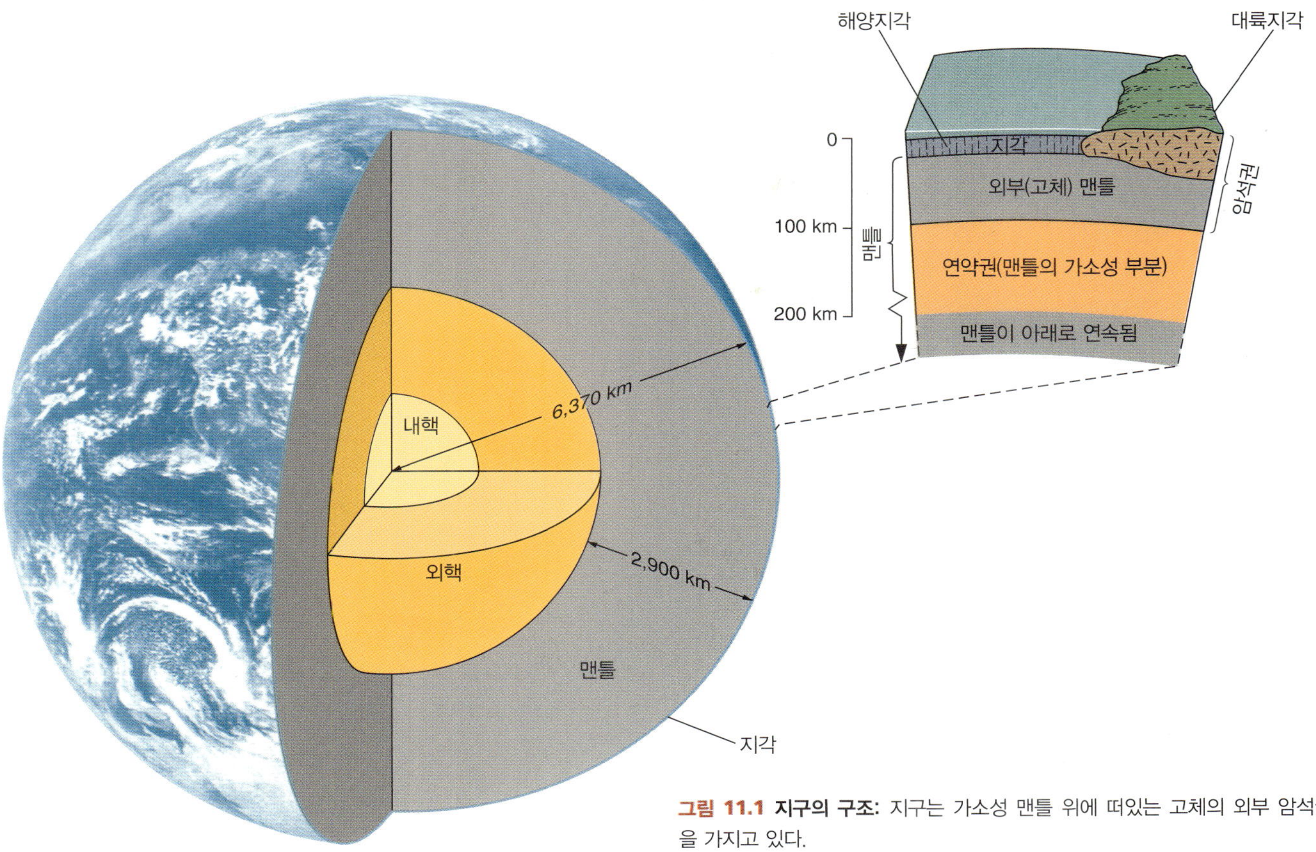

그림 11.1 지구의 구조: 지구는 가소성 맨틀 위에 떠있는 고체의 외부 암석권을 가지고 있다.

형(r; relief), 모암(p; parent material), 시간(t; time), 그리고 인간의 활동을 포함한 지정되지 않은 요인들(...)의 함수이다. 그의 방정식은 시간의 개념을 종합하였으며 오늘날까지도 따르는 토양과학의 모범을 형성하였다. 토양과 토양의 이용을 이해하기 위해서는, 지구를 형성한 기본적인 지질학적 과정부터 시작하는 것이 중요하다.

11.2 지질학적 과정

우리는 지진, 화산폭발, 홍수, 폭풍이 우리가 거주하는 곳의 표면을 변화시키는 것을 인식하기 전까지는 지구를 안정되고 변화하지 않는 것으로 생각하는 경향이 있다. 지구에는 토지를 형성하는 힘과 이를 파괴하는 반대되는 힘이 있다. 대부분의 형성하는 과정은 판(*plate*)이라고 하는 지구 표면의 거대한 부분이 이동하는 것과 관련된다.

지구는 외부 지각, 가소성 맨틀의 두꺼운 층, 중심핵으로 구성되어 있다. **지각(crust)**은 아래의 맨틀에 비하여 극히 얇고 가벼운 고체의 덮개이다. **맨틀(mantle)**은 지구의 대부분을 형성하는 층이며 주로 철로 이루어진 작은 핵을 둘러싼다. 지각과 인접한 맨틀의 최외각 부분은 고체이다. 집합적으로 지각과 고체 외부 맨틀을 **암석권(lithosphere)**이라고 한다. 외부 맨틀의 바로 아래에 **연약권(asthenosphere)**으로 알려진 얇은 층이 있으며, 이는 가소성 흐름을 이룰 수 있다. 연약권 아래에서 맨틀은 더 고체성질을 띤다. 핵은 주로 철과 니켈로 구성되어 있으며 고체 중심과 액체 외부 지역으로 이루어진다(그림 11.1).

판 구조론(Plate tectonics)은 지구의 외부 표면이 지각과 맨틀의 외부로 구성된 커다란 판으로 구성되어 있으며, 이러한 판이 액체 외부 맨틀의 표면 위로 서서히 이동한다는 개념이다. 지구에서 오는 열은 난로 위에서 액체를 가열할 때 일어나는 것과 유사하게 매우 느리지만 맨틀의 외부 층이 서서히 이동하도록 한다. 맨틀의 가소성 외부층 위의 판의 이동은 서로 독립적이다. 따라서 일부 판은 서로 분리되고, 다른 판은 충돌한다.

판이 서로 분리될 때, 액체 맨틀이 위로 이동하여 간격을 채우고 응고된다. 따라서 새로운 지각이 액체 맨틀로부터 형성된다. 지구 표면의 약 절반은 지난 2억년 동안 이러한 방식으로 형성되었다.

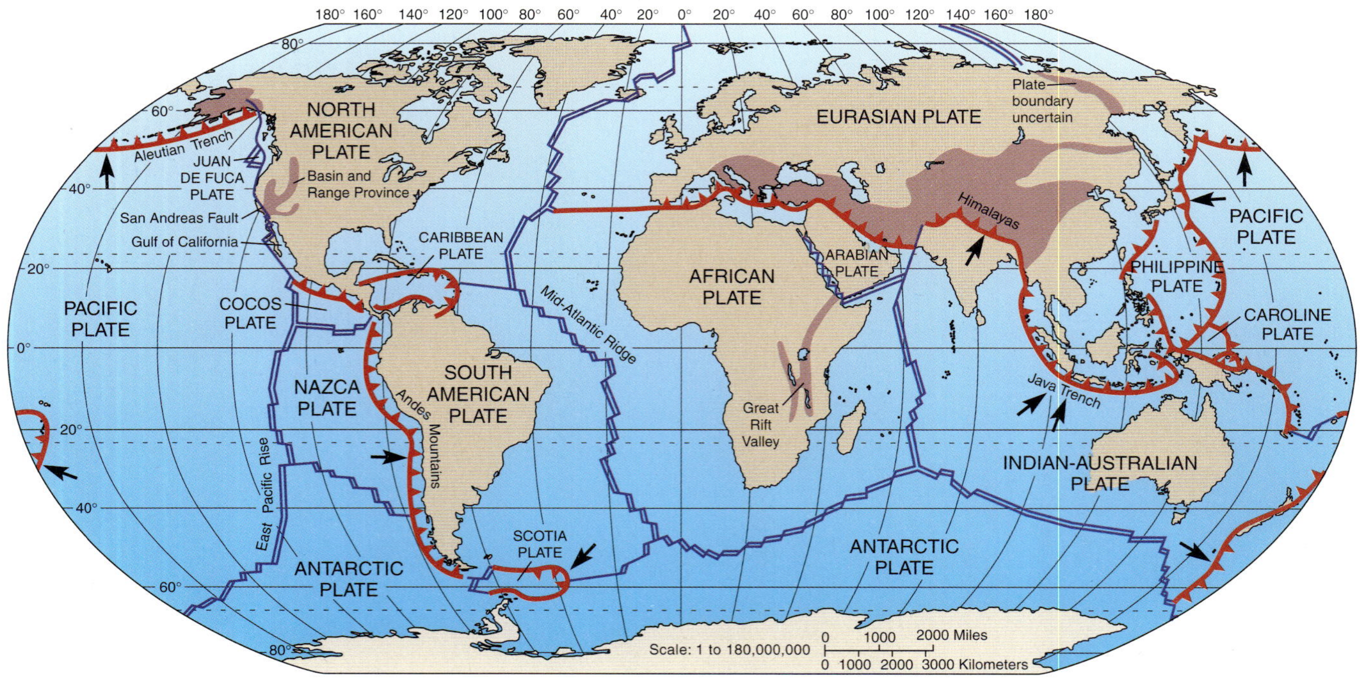

그림 11.2 판 구조론: 지구의 외부 표면을 형성하는 판은 서로에 대하여 이동한다. 판들은 세계의 어느 지역에서는 분리되고 다른 지역에서는 충돌한다.

판이 지구의 한 부분에서 분리되면 다른 곳에서는 충돌해야 한다. 판이 충돌하는 곳에서는 몇 가지 사건이 일어날 수 있다(그림 11.2). 종종 판 하나가 다른 판 아래로 미끄러져 용융된다. 이러한 일이 일어나면 빈번하게 일부 액체 맨틀이 표면으로 올라와서 화산이 형성되며, 이는 산맥의 형성을 초래한다. 북미와 남미의 서해안은 두 판이 충돌하는 많은 화산과 산맥을 가지고 있다. 화산활동은 지각으로 새로운 물질을 추가한다. 두 판이 해저에서 충돌하면, 화산은 궁극적으로 표면에 도달하여 화산섬의 사슬을 형성하며, 이는 알류샨(Aleutian) 열도와 많은 카리브 해(Caribbean) 군도에서 볼 수 있다. 두 대륙판이 충돌하면 어느 판도 아래로 내려가지 않으며 지각은 휘어져 산맥을 형성한다. 히말라야(Himalayan), 알프스(Alp), 애팔래치아(Appalachian) 산맥은 두 대륙판의 충돌로부터 형성된 것으로 생각된다. 지구 표면의 이러한 이동은 모두 지진과 연관되어 있다. 판의 이동은 느리고 점진적으로 미끄러지는 운동일 뿐 아니라 작은 도약으로 나타나는 경향도 있다. 그러나 지구 두 판 사이의 작은 도약은 인간이 만든 상대적으로 작은 구조와 건물에는 거대한 운동이며, 따라서 이러한 작은 이동은 막대한 피해를 초래할 수 있다.

이러한 형성 과정은 상승한 표면을 낮게 하는 과정에 의하여 상쇄된다. 중력은 고지대를 깎아 내리는 힘을 제공한다. 이동하는 물과 얼음(빙하)과 바람은 이 과정을 도와주지만, 효과는 암석 입자의 크기와 관련된다. 몇 가지 **풍화(weathering)** 기작이 움직이는 물과 공기에 의하여 이동되도록 입자 크기를 감소시키는데 중요하다. **기계적 풍화(Mechanical weathering)**는 암석의 화학적 성질을 변화시키지 않고 암석 입자의 크기를 감소시키는 물리적 힘에 의하여 초래된다. 기계적 풍화의 일반적인 원인은 암석의 분쇄를 초래하는 온도의 변화, 큰 조각의 암석을 작은 조각으로 쪼개는 물의 얼음으로의 결빙과 확장, 식물과 동물의 작용이다.

암석은 균일하게 팽창하지 않기 때문에, 큰 암석을 가열하면 틈이 생기며, 따라서 암석 조각이 벗겨져 떨어진다. 이러한 조각은 반복적으로 물이 얼고 얼음이 녹는 과정과 같은 다른 과정에 의하여 크기가 더 감소할 수 있다. 암석 깨진 것과 균열 사이로 스며든 물은 결빙하면서 팽창하여 균열이 넓어지도록 한다. 다음에 녹으면 더 많은 물이 넓어진 균열을 채우며, 또 다른 결빙기에 더 확대된다. 번갈아 일어나는 결빙과 해빙은 커다란 암석을 작게 쪼갠다(그림 11.3). 틈새에서 생장하는 식물 뿌리도 암석을 쪼개기에 충분한 힘을 가할 수 있다.

암석의 물리적 붕괴는 암석 분자를 이동시켜 서로 마찰하게 하는 힘에 의해서도 초래된다(마멸). 예를 들면 빙하는

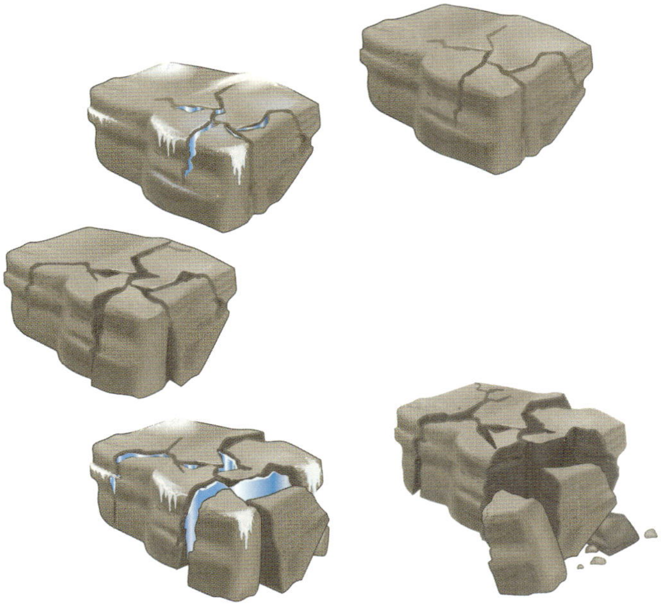

그림 11.3 **결빙과 해빙에 의한 물리적 파쇄:** 암석의 균열은 물로 채워진다. 물이 결빙되어 얼음이 되면 팽창한다. 얼음의 압력은 균열을 확장시킨다. 얼음이 녹으며, 물이 다시 균열을 채운다. 물은 다시 얼어서 균열을 넓게 한다. 반복되는 결빙과 해빙은 암석을 작은 조각으로 쪼갠다.

암석 입자들이 서로 마모되게 하여 작은 조각의 매끄러운 표면을 형성한다. 이러한 입자는 빙하가 녹을 때 퇴적된다. 세계의 많은 지역에서 토양이 형성되는 모암은 빙하 퇴적물로 이루어져 있다. 바람과 움직이는 물도 작은 입자들이 충돌하게 하여 더욱 풍화되게 한다. 개울이나 해변의 암석과 자갈의 매끄러움은 물이 그들을 서로 마찰시켜서 날카로운 가장자리를 제거하였다는 증거이다.

바람과 움직이는 물도 작은 입자를 제거하여 새로운 장소에 퇴적시켜서, 새로운 표면을 풍화과정에 노출시킨다. 예를 들면 미국 남서부의 Grand Canyon 풍경은 쉽게 운반되는 입자를 제거하고 풍화에 저항이 있는 암석은 남긴 바람과 움직이는 물의 결합에 의하여 생성되었다(그림 11.4).

화학적 풍화(Chemical weathering)는 암석을 화학적으로 변화시켜 쉽게 분쇄되거나 용해되도록 한다. 대기에 노출된 작은 암석 파편의 일부는 산화될 수 있는데, 이는 대기의 산소와 결합하여 다른 화합물로 화학적으로 변화한다. 다른 종류의 암석은 가수분해라고 하는 과정을 통하여 물 분자와 결합할 수 있다. 종종 산화되거나 가수분해 된 분자는 물에 용해가 잘되며, 따라서 비나 움직이는 물에 의하여 제거될 수 있다. 비는 보통 약산성이며 산성 성분은 암석의 용해를 도와준다.

중력으로 인하여 입자의 지배적인 운동은 높은 고도에서 낮은 곳으로 이동한다. 이러한 입자를 느슨하게 하고 재배치하는 과정을 침식이라고 한다. 바람은 모래와 먼지를 움직일 수 있으며 암석의 표면을 모래를 뿜어 닳게 할 수 있다. 빙하는 큰 암석을 움직일 수 있으며 암석을 서로 또는 지구 표면과 마찰하게 하여 표면을 둥글게 한다. 움직이는 물은 개울과 강으로 많은 물질을 운반한다. 추가적으로 호수 연안과 해안의 파도 작용은 입자를 연속적으로 마모되게 하고 운반한다.

그림 11.4 **침식된 풍경:** Grand Canyon 국립공원의 풍경은 바람과 움직이는 물의 작용에 의하여 생성되었다. 이러한 힘에 의하여 제거된 입자는 다른 곳에 퇴적되며 새로운 장소에서 토양의 일부가 되었다.

11.3 토양과 토지

방금 토의된 지질학적 과정은 토양과 토지의 발달에 모두 관련되지만, 토양과 토지는 동일하지 않다. **토지(Land)**는 해양에 의하여 덮이지 않은 지구의 부분이다. **토양(Soil)**은 토지 위의 얇은 피복이며 광물, 유기물, 생명체, 공기, 물과 같이 식물 생명의 성장을 함께 도와주는 물질의 혼합물로 구성되어 있다. 토양 구성 요소의 비율은 토양의 유형에 따라 상이하지만, 전형적인 양질의 농업용 토양은 약 45% 광물, 25% 공기, 25% 물, 5% 유기물이다(그림 11.5). 이러한 조합은 양호한 배수, 통기, 유기물을 제공한다. 농부는 토양의 성질이 어떠한 종류의 작물이 성장할 수 있을지를 결정하고 어떠한 농업 방법이 사용되어야 할지를 결정하기 때문에 토양에 특히 관심이 있다. 도시 거주자도 토양의 건강이 그들이 섭취하는 음식의 질과 양을 결정하기 때문에 토양에 대하여 관심이 있다. 토양이 남용되어 더 이상 작물이 생장

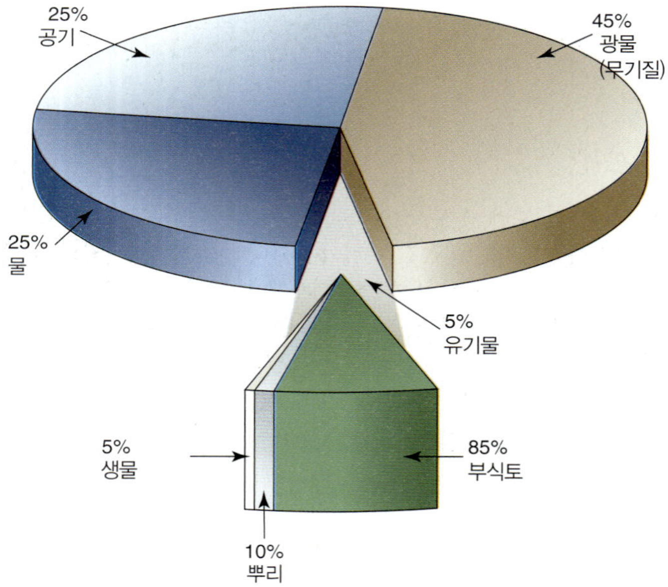

그림 11.5 토양의 구성 성분: 토양은 조성이 크게 변화하지만, 모두 광물, 공기, 물, 유기물의 동일한 기본적 구성 성분을 포함한다. 유기물은 부식토, 뿌리, 기타 생물체 등으로 세분될 수 있다. 나타낸 비율은 좋은 토양에서 나타나는 것이다.

할 수 없거나 침식되어 대기와 수질을 저하시키면, 도시와 시골 거주자 모두 고통을 겪는다.

11.4 토양 형성

토양과 토양층은 어떻게 그리고 언제 형성되었는가에 따라 서로 상이하다. 토양과학자는 토양이 어떻게 형성되는 가를 설명하고 어느 장소에서 상이한 토양이 나타날 수 있는가를 예측하는 것을 돕기 위하여 다섯 가지 토양 요소를 사용한다. 과학자들은 또한 매일 진행되는 토양 물질의 추가와 제거와 함께 토양 내부의 활동과 변화를 고려한다.

토양 형성 요소

토양 모재(*Parent material*) 기반암에서 직접 풍화되는 토양은 거의 없다. 이러한 "잔류" 토양은 원래의 암석과 동일한 일반적 화학성질을 가진다. 토양은 더 흔히 다른 곳에서 이동해온 물질로 형성된다. 모재는 먼 곳에서 이동하였거나 가까운 거리에서 왔을 수 있다. 바람에 날린 "황토(loess)"는 미국 서부에서 흔하다. 이는 많은 지역에서 "빙퇴토(glacial till)"를 덮는다. 빙퇴토는 빙하에 의하여 마모되고 이동된 물질이다. 토양이 형성되는 물질을 **토양 모재(parent material)**라고 한다. 토양의 하부에 이러한 물질은 이동하는 물, 얼음, 바람에 의하여 퇴적되었을 때로부터 비교적 변화되지 않았을 수 있다.

강 퇴적물은 개울이 흐르는 속도에 따라 다른 조직을 가진다. 빠르게 이동하는 물은 자갈, 암석, 모래를 남긴다. 서서히 이동하는 물과 호수는 물의 퇴적물이 침전되면 미세 조직의 물질(점토와 침니)을 남긴다.

기후(*Climate*) 토양은 기후에 따라 변화한다. 온도와 습도는 풍화와 침출의 양상이 상이하게 한다. 바람은 특히 건조한 지역에서 모래와 다른 입자를 재분배한다. 강우의 양, 강도, 시기, 종류는 토양형성에 영향을 미친다. 온도의 계절변화와 일변화는 습도의 효율성, 생물활동, 화학반응의 속도, 식생의 종류에 영향을 미친다.

지형(*Topography*) 경사와 방향은 토양의 습도와 온도에 영향을 미친다. 태양을 바라보는 급경사는 집의 남향과 마찬가지로 따뜻하다. 급경사 토양은 침식되어 형성되는 표토를 상실할 수 있다. 따라서 급경사지는 경사 상부에서 퇴적물을 받아들이는 거의 편평한 토양에 비하여 얇다. 깊고 진한 색의 토양은 낮은 지대에서 예상된다.

생물학적 요인(*Biological factors*) 식물, 동물, 미생물, 인간은 토양 형성에 영향을 미친다. 동물과 미생물은 토양을 혼합하고 굴과 공극을 형성한다. 식물 뿌리는 토양에 통로를 열어준다. 다른 유형의 뿌리는 토양에 다른 영향을 미친다. 풀뿌리는 토양 표면 부근에서 "섬유성(fibrous)"이며 쉽게 분해되어 유기물을 추가한다. 미생물은 뿌리와 토양 사이의 화학적 교환에 영향을 미친다. 인간은 토양을 매우 광범위하게 혼합할 수 있기 때문에 토양 물질은 다시 토양 모재로 간주된다.

토착 식생은 기후, 지형, 생물학적 요인과 함께 토양 밀도, 깊이, 화학, 온도, 습도와 같은 많은 토양 요인에 의존한다. 나뭇잎은 표면에 떨어져서 토양 위에서 분해된다. 생물은 이러한 잎을 분해하여 토양의 상부와 혼합한다. 나무와 관목은 상당한 깊이까지 성장할 수 있는 커다란 뿌리를 가지고 있다.

시간(*Time*) 이러한 모든 요인이 토양과 작용하는 시간도 하나의 요소이다. 시간에 따라 토양은 다른 형성 요인을 반영하는 특징을 나타낸다. 토양 형성 과정은 연속적이다. 홍수로부터의 퇴적과 같은 최근 퇴적물은 토양 발달 활동으로부터 어떠한 특징도 나타내지 않는다. 이전의 토양 표면과 아래의 토양층은 묻힌다. 활발한 범람원 위의 단구(terrace)는 범람원과 유사하게 보이지만, 오래된 토지 표면이며 더 발달된 특징을 나타낸다.

이러한 토양 형성 요인은 "안정된" 풍경에서도 토양에 계속하여 영향을 미친다. 물질은 그 표면에 퇴적되며, 물질은 표면에서 바람에 날리거나 씻겨 내려진다. 추가, 제거, 변경은 기후, 풍경의 위치, 생물학적 활동에 따라 느리거나 빠를 수 있다.

시간에 따라 작용하는 물리적, 화학적, 생물학적 사건의 결합은 토양 형성의 원인이 된다. 토양 형성은 암석의 오래된 층이나 용암류나 빙하 활동의 최근 지질학적 퇴적물로 이루어진 토양 모재의 파쇄로부터 시작한다. 발달되는 토양의 종류와 양은 존재하는 토양 모재의 종류, 존재하는 식물과 동물, 기후, 관련된 시간, 토지의 경사에 의존한다. 앞에서 토의되었듯이 토양 모재의 분쇄는 풍화로 알려져 있다. 기후와 암석 물질의 화학적 성질은 풍화 속도에 커다란 영향을 미친다. 유사하게 입자의 크기와 화학적 성질도 그 지역에서 발달하는 토양의 성질에 커다란 영향을 미친다.

토양의 발달에서 생물의 역할도 매우 중요하다. 이러한 변형된 토양 모재에 입지를 마련하는 최초의 생물은 토양 형성에도 기여한다. 지의류(이끼)는 종종 암석 표면에서 생장하여 작은 입자를 포획하는 개척자 군집을 형성한다. 죽은 지의류와 기타 유기물의 분해는 밑에 있는 암석을 화학적으로 변화시키고 파쇄를 더욱 촉진하는 산을 방출한다. 식물 뿌리에서 방출되는 화학물질도 암석 입자의 화학적 분쇄를 촉진한다.

식물과 동물 잔존물의 분해로부터 초래되는 유기물을 **부식토(humus)**라고 한다. 부식토는 표면에 축적되고 궁극적으로 광물 입자의 상층과 혼합되는 매우 중요한 토양 구성요소이다. 이러한 물질은 토양으로부터 식물이 흡수하는 영양소를 포함한다. 부식토는 또한 수분 함유 능력과 토양의 산성도를 증가시키며, 따라서 산성 조건에서 용해가 더 잘되는 무기 영양소가 식물에 이용될 수 있도록 한다. 부식토는 또한 토양 입자를 서로 달라붙게 하여, 물이 흡수되고 공기가 토양에 섞이도록 하는 느슨하고 무른 토양을 형성한다. 치밀한 토양은 공극이 작기 때문에 통기가 잘 안되며, 물이 침투되기 어려워서 흘러내린다.

굴을 파는 동물, 토양 세균, 진균, 식물 뿌리도 토양 형성의 생물학적 과정의 일부이다. 가장 중요한 굴을 파는 동물은 지렁이이다. 1 ha의 토양은 1년에 9 미터톤의 토양을 처리할 수 있는 500만 개체의 지렁이 개체군을 부양할 수 있다. 이러한 동물은 문자 그대로 토양을 통과하여 섭식하며 유기물과 무기물을 더욱 혼합하여 식물이 이용할 수 있는 영양소의 양을 증가시킨다. 지렁이는 종종 토양의 깊은 층에서 식물 뿌리가 밀집되어 있는 지역으로 올려서 토양 비옥도를 개선한다. 토양 통기와 배수 또한 지렁이와 선충류, 진드기, 곰벌레, 미소한 곤충과 같은 작은 동물의 세굴에 의하여 개선된다. 작은 토양 동물은 또한 죽은 유기물을 표면에서 수집하여 굴과 터널로 운반하여 유기물이 토양으로 혼합되는 것을 도와준다. 식물의 뿌리가 죽어서 분해되면, 유기물과 영양소를 토양으로 방출하고 물과 공기의 통로를 제공한다.

진균과 세균은 분해자이며 많은 광물 순환에서 중요한 연결 역할을 한다(5장 상호작용: 환경과 생물). 그들은 동물과 함께 유기물을 작은 입자로 분해하고 영양소를 방출하여 토질을 개선한다.

기후와 시간도 토양 발달에 중요하다. 일반적으로 극도로 건조하거나 추운 기후는 토양을 매우 더디게 발달하며, 습하고 따뜻한 기후는 더 빠르게 발달한다. 춥고 건조한 기후는 토양 형성에 필요한 유기물의 축적률이 낮다. 더 나아가 화학적 풍화는 낮은 온도와 물이 없을 때 느리게 진행한다. 이상적인 기후조건 하에서 부드러운 토양 모재는 15년 이내에 1 cm의 토양을 발달할 수 있다. 열악한 기후 조건하에서, 단단한 토양 모재는 1 cm의 토양을 발달하는데 수백 년이 소요될 수 있다. 어느 경우에든지 토양 형성은 더딘 과정이다(표 11.1).

강우량과 유기물 양은 토양의 pH에 영향을 미친다. 강우량이 높은 지역에서, 칼슘, 마그네슘, 칼륨과 같은 염기성 이온이 토양에서 녹아나오며, 더 산성의 물질이 남는다. 추가적으로 유기물의 분해는 토양의 산성도를 증가시키는 경향이 있다. 토양의 pH는 영양소의 이용도에 영향을 미치기 때문에 중요하며, 이는 어떠한 종류의 식물이 생장할지에 영향을 미치고, 토양에 추가되는 유기물의 양에 영향을 미친다. 칼슘, 마그네슘, 칼륨은 중요한 식물 영양소이기 때문에, 이들이 녹아나와 상실되면 토양 비옥도가 감소한다. 과도하게 산성인 토양도 알루미늄 이온이 용해되게 하며, 알루미늄 이온은 높은 농도에서 많은 식물에 독성을 띤다(14장 대기질 문제의 산성비에 대한 토론을 참조). 대부분의 식물은 pH 6~7 사이의 토양에서 잘 생장하지만, 월귤나무(blueberry)와 토마토는 산성 토양에서도 잘 생장한다. 대부

표 11.1 2.5 cm의 토양이 형성되는 데 걸린 시간 동안 일어난 일.

2012	허리케인 Sandy가 미국 북동부를 황폐시켰다.
2011	세계 인구가 70억에 도달하였다.
2005	허리케인 Katrina가 미국 멕시코 만 연안 지역을 황폐시켰다.
2001	미국에서 테러 공격이 수천 명을 살해하였다.
1989	Berlin 장벽의 붕괴는 냉전의 종식을 신호하였다.
1975	미군이 베트남에서 철수하였다.
1973	미국 하원에서 멸종위기 종법이 통과되었다.
1970	첫 번째 "지구의 날(Earth Day)"이 거행되었다.
1969	미국 우주인 암스트롱(Neil Armstrong)이 달 위를 걸었다.
1964	킹(Martin Luther King, Jr.) 목사가 노르웨이 Oslo에서 노벨 평화상을 수여하였다.
1963	케네디(John F. Kennedy) 대통령이 텍사스 주 Dallas에서 암살되었다.
1961	소련 우주 비행사 가가린(Yuri Gagarin)이 지구를 선회한 최초의 인간이 되었다.
1953	한국전쟁이 종전되었다.
1952	소크(Jonas Salk) 박사가 소아마비 백신을 성공적으로 시험하였다.
1945	제2차 세계대전이 종전되었다.
1935	미국 토양보존국(Soil Conservation Service)이 설립되었다.
1934	가뭄이 대평원의 "황진지대(Dust Bowl)" 지역에 격심한 모래 폭풍을 초래하였다.
1918	제1차 세계대전이 종전되었다.
1903	라이트(Orville Wright)가 자기추진 비행기의 최초 비행에 성공하였다.
1877	에디슨(Thomas Edison)이 축음기를 발명하였다.
1875	벨(Alexander Graham Bell)이 전화기를 발명하였다.
1838	모스(Samuel F. B. Morse)가 전신 시스템의 부호를 개발하였다.
1829	브라유(Louis Braille)가 맹인을 위한 점자 시스템을 발간하였다.
1804	루이스(Lewis)와 클락(Clark)이 북미를 가로지르는 수로를 찾기 위하여 "Corps of Discovery" 탐험을 시작하였다.
1789	프랑스 혁명이 바스티유(Bastille) 감옥에 대한 공격으로 시작되었다.
1776	대륙 의회는 독립선언문을 채택하였다.
1741	천문학자인 셀시우스(Anders Celcius)가 섭씨온도 척도를 도입하였다.
1732	워싱턴(George Washington)이 탄생하였다.
1724	수은온도계의 발명가인 파렌하이트(Daniel Gabriel Fahrenheit)가 화씨온도 척도를 고안하였다.
1689	표트르 1세(Peter the Great)가 러시아의 차르가 되었다.
1650	세계 인구가 5억 명에 도달한 것으로 추정되었다.
1631	최초의 신문인 Gazette de France가 Paris에서 발간되었다.
1620	Plymouth 식민지의 필그림(Pilgrim) 지도자가 Mayflower 맹약을 통하여 통치권을 확립하였다.
1564	셰익스피어(Shakespeare)와 갈릴레오(Galileo)가 탄생하였다.
1513	리언(Juan Ponce de Leon)이 플로리다 주에 발을 디딘 최초의 유럽인이 되었다.
1512	미켈란젤로(Michelangelo)가 시스틴 성당(Sistine Chapel) 천장의 그림을 완성하였다.
1507	독일 지리학자인 발트제뮐러(Martin Waldseemuller)가 신세계를 최초로 "아메리카"로 불렀다.

인용: NRCS poster PI-06, 2006.

분의 농업 상황에서 토양의 pH는 토양에 화학물질을 추가하여 조절된다. 토양 산성도를 낮추기 위해서 석회를 추가할 수 있으며, 산성도를 높이기 위하여 황산과 같은 산 형성 물질을 첨가할 수 있다.

11.5 토양 성질

토양 성질은 토성, 구조, 대기, 습도, 생물 함유량, 화학적 구성 등을 포함한다. **토성(soil texture)**은 토양 내의 광물 입자 크기에 의하여 결정된다. 가장 큰 토양 입자는 직경이 2.0 mm 이상인 조각으로 이루어진 자갈이다. 0.05~0.2 mm 사이의 입자는 모래로 구분된다. 침니 입자는 직경 0.002~0.05 mm 사이이며, 가장 작은 점토 입자는 직경이 0.002 mm 미만이다.

모래와 자갈 같은 큰 입자는 입자 사이에 작은 공간이 많이 있어서 공기와 물이 토양을 통하여 흐를 수 있도록 한다. 이러한 종류의 토양은 물이 매우 빠르게 배수되며, 종종 소중한 영양소를 식물 뿌리가 도달할 수 없는 하부 토양층으로 운반한다. 점토 입자는 편평한 경향이 있으며 쉽게 함께 압축되어 물의 운동을 크게 감소시키는 층을 형성한다.

그러나 토양은 단일 크기의 입자로만 구성되는 경우가 드물다. 다양한 입자들이 많은 상이한 결합으로 혼합되어, 많은 다양한 토양 분류를 가져온다(그림 11.6). 농업적 사용에 이상적인 토양은 **옥토(loam)**라고 하며, 이는 큰 입자의 좋은 통기와 배수 특징을 점토 입자의 영양분을 보유하고 물을 보존하는 능력과 결합한다.

토양 구조는 토성과 다르다. **토양 구조(Soil structure)**는 다양한 토양 입자들이 서로 응집하는 방식을 가리킨다. 사질 토양의 입자는 서로 부착되지 않기 때문에 과립상 구조를 가진다. 점토질 토양의 일자는 서로 달라붙어 커다란 집합체를 형성한다. 입자 크기가 혼합된 토양은 작은 집합체를 형성한다. 양질 토양은 쉽게 부서진다(friable; 무르다). 토양 구조와 수분 함량은 토양이 얼마나 부서지기 쉬운지를 결정한다. 사질 토양은 매우 쉽게 부서지고, 점토질 토양은 그렇지 않다. 점토질 토양이 수분이 너무 많을 때 작업하면 부수기 어려운 거대한 덩어리로 달라붙는다.

농업에 이용하기에 좋은 토양은 부스러지기가 쉬우며 공기와 물을 포함할 수 있는 공간이 있다. 사실상 공기와 수분 함량은 이러한 공극 공간의 존재와 관계가 있다(그림 11.7).

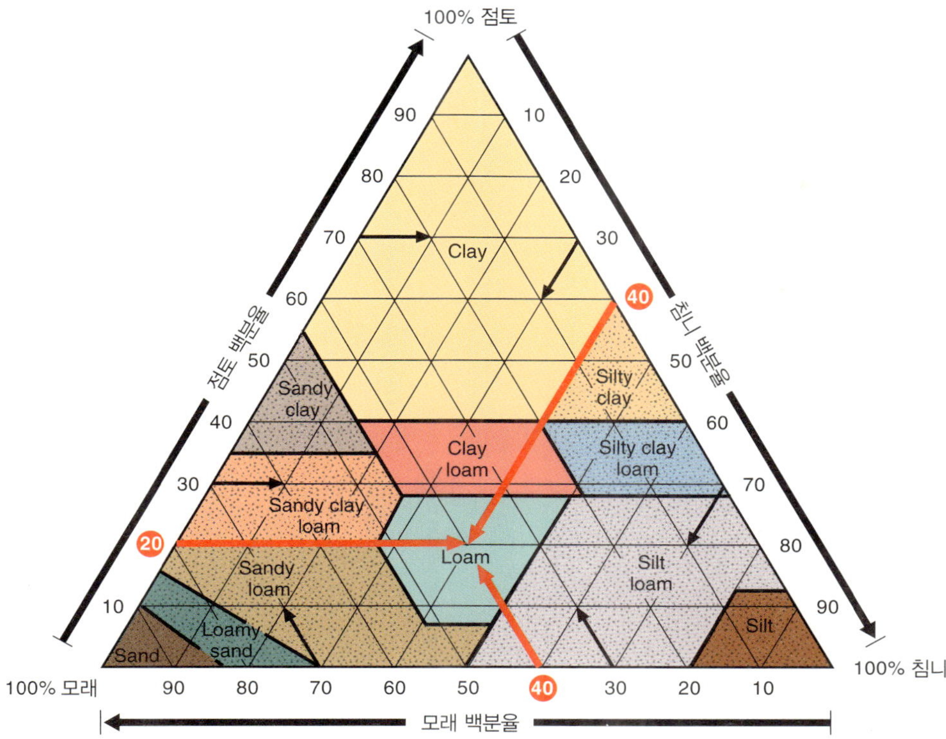

그림 11.6 토성: 토성은 토양의 점토, 침니, 모래의 비율에 관계한다. 옥토(loam)는 대부분의 작물에 가장 좋은 토성을 가지고 있다. 도해에서 볼 수 있듯이, 토양이 40% 모래, 40% 침니, 20% 점토로 구성되면 옥토이다.
출처: U.S. Soil Conservation Service 자료.

좋은 토양에서 과잉의 물이 배수되면 1/2~2/3의 공간이 공기를 포함한다. 공기는 식물 뿌리 세포와 모든 다른 토양 생물에 산소 공급원을 제공한다. 공기와 물의 양 사이의 관계는 고정되어 있지 않다. 비가 많이 내린 후에는 대부분의 공간이 물로 채워져서 식물 뿌리와 기타 생물이 이용할 수 있는 산소가 적어진다. 과잉의 물이 토양에서 배수되지 않으면 식물 뿌리는 산소 부족으로 사멸할 수 있다. 뿌리는 문자 그대로 익사한다. 반면에 토양 습도가 충분하지 않으면 식물은 물 부족으로 시들 것이다. 토양 습도와 공기는 토양 생물의 수와 종류를 결정하는 데에도 중요하다.

원생동물, 선충류, 지렁이, 곤충, 조류(algae), 세균, 진균은 토양의 전형적인 서식자이다(그림 11.8). 토양에서 원생동물의 역할은 확실하게 확인되지 않았지만, 다른 형태의 토양 생물에 기생생물이나 포식자로 작용하는 것으로 보이며, 따라서 이러한 생물의 개체군을 조절하는 것을 도와준다. 선형동물 또는 환형동물이라고도 하는 선충류는 죽은 유기물의 분해를 돕기도 한다. 일부 선충류는 식물 뿌리 위에 기생한다. 곤충과 기타 토양 절지동물은 굴을 형성하고 유기물을 소비하고 분쇄하여 토양에 기여하지만, 식물 뿌리를 먹는 주된 작물 해충이다. 몇몇 종류의 세균은 대기로부터 질소를 고정할 수 있다. 조류는 광합성을 수행하며 다른 토양 생물에 의하여 소비된다. 세균과 진균은 물질의 부패와 순환에 중요하다. 그들의 화학적 활동은 복잡한 유기물을 식물이 영양소로 이용하는 단순한 형태로 변화시킨다. 예를 들면 이러한 미생물의 일부는 유기물의 단백질 성분을 암모니아나 질산염으로 변환시킬 수 있으며, 이는 식물이 이용할 수 있는 질소 화합물이다. 생산되는 질소의 양은 유기물의 종류, 미생물의 유형, 배수, 온도에 따라 변화한다. 마지막으로 토양은 모든 생물이 다른 생물에 의하여 소비되는 복잡한 먹이사슬을 포함하고 있다는 것을 인식하는 것이 중요하다. 이러한 모든 생물은 토양 단면이라고 하는 토양의 독특한 층 내부에서 활동한다.

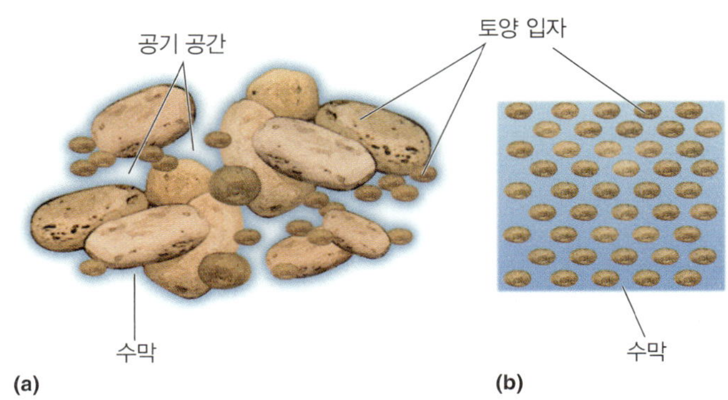

그림 11.7 공극 공간과 입자 크기: (a) 다양한 크기의 입자로 구성된 토양은 물과 공기를 위한 공간을 모두 가진다. 입자는 표면에 물이 결합되어 있으며, 일부 공간은 너무 커서 공기 공간이 존재한다. (b) 균일하게 작은 입자로 구성된 토양은 공기를 위한 공간이 적다. 뿌리는 공기와 물을 모두 필요로 하기 때문에 (a)의 토양은 (b)의 토양에 비하여 작물을 더 잘 부양한다.

그림 11.8 토양 생물: 모든 이러한 생물은 토양을 차지하며 토양 입자를 재배열하고, 화학적 변환에 참여하고, 죽은 유기물을 순환하여 토양에 기여한다.

11.6 토양 단면

토양 단면(soil profile)은 화학적 조성, 물리적 성질, 입자 크기, 유기물의 양에서 상이한 토양 내 일련의 **지평층(horizon)**이다(그림 11.9). 토양층을 서술하고 분류하는 몇 가지 체계가 있다. 일반적으로 토양의 최상부 층은 깊은 층에 비하여 더 많은 영양소와 유기물을 포함한다. 상부 층은 *A*층 또는 표토라고 한다. *A*층은 유기물과 혼합된 작은 광물 입자로 구성된다. 유기물의 높은 함량으로 인하여 색깔이 진하다. 표면에 **두엄(litter**; 분해되지 않았거나 부분적으로 분해된 유기물) 층이 존재하면 이를 *O*층이라고 한다. 삼림 토양은 일반적으로 *O*층을 가지고 있다. 많은 농업 토양은 표층 작물 잔류물을 통합하도록 작업하기 때문에 *O*층이 없다. 유기물이 분해되면서 *A*층에 통합된다. *A*층의 두께는 경사가 심한 산비탈의 1 cm 미만에서 중부 북미의 비옥한 초원에서 1 m 이상의 사이에서 변화한다. 대부분의 생명체와 영양소가 *A*층에서 나타난다. 물이 *A*층을 통하여 내려가면서 용존 유기물과 광물을 하부 층으로 운반한다. 이 과정을 **침출(leaching**; 용탈)이라고 한다. 철 화합물 같은 짙은 물질의 침출로 인하여 *A*층의 아래에 밝은 색깔의 *E*층이 발달한다. 모든 토양이 *E*층을 발달하지는 않는다. *E*층은 보통 토양을 통과하여 흘러내리는 물이 영양소를 용해하여 아래의 *B*층으로 운반하기 때문에 영양소를 거의 포함하지 않고 있다. *B*층은 종종 하층토라고 부르는데 *A*층에 비하여 유기물과 생물을 적게 포함하고 있다. 그러나 *B*층은 상부 층에서 침출된 영양소를 축적한다. 종종 상층토에서 용탈된 점토 광물이 이 층에 퇴적된다. 영양분이 축적되기 때문에 많은 토양에서 *B*층은 식물에 영양소의 소중한 공급원이며, 그러한 하층토는 잘 발달된 뿌리 시스템을 지지한다. 침출되는 양은 가용한 강우에 관계하기 때문에, 강우량이 작은 곳

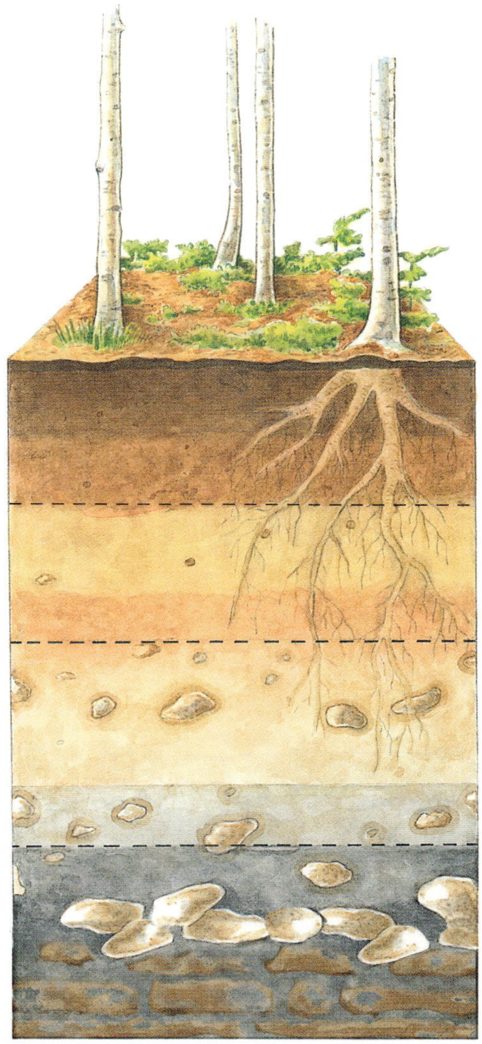

그림 11.9 토양 단면: 토양은 물리적, 화학적, 생물학적으로 상이한 층을 가진다. 상층은 *A*층이라고 하며 유기물의 대부분을 포함한다. 표면에 유기물을 수집하는 것을 *O*층이라고 하며, 이는 분해되지 않은 상층(O_i)과 부분적으로 분해된 저층(O_a)으로 나눌 수 있다. 대부분의 토양은 *A*층 아래에 밝은 색의 *E*층을 가지고 있다.

에서 발달하는 초원 토양은 종종 발달되지 않은 *B*층을 가지며, 반면에 강우량이 많은 삼림지대의 토양은 보통 잘 발달된 *B*층을 가진다.

하층토 아래 지역은 *C*층이라고 하며 풍화된 토양 모재로 이루어져 있다. 이 토양 모재는 유기물을 포함하고 있지 않지만, 일부 토양 특성에 기여한다. *C*층 광물의 화학조성은 토양 pH를 결정하는 것을 돕는다. 토양 모재가 석회암이면 토양은 산을 중화하며, 화강암이면 산을 중화할 수 없다. *C*층 토양 모재의 특성은 토양의 수분 흡수율과 함수율에도 영향을 미칠 수 있다. 마지막으로 *C*층은 *R*층으로 알려진 기반암 위에 얹혀 있다.

토양 단면과 토양 발달에 기여하는 요인은 매우 다양하다. 북미에서 15,000종류 이상의 독립된 토양 유형이 분류되었지만, 세 가지 주요한 분류는 초원, 삼림, 사막이다(그림 11.10). 세계 경작지의 대부분은 초원 토양 또는 삼림 토양으로 구분될 수 있다.

초원지역의 강우량은 비교적 적기 때문에 토양층 깊이 침투하지 않는다. 풀과 식물 뿌리의 대부분은 표층 근처에 존재하며, 표토로부터 심층으로 광물의 침출이 거의 일어나지 않는다. 식물의 뿌리는 풀이 죽은 장소에서 썩기 때문에, 깊은 표층이 발달한다. 침출이 없기 때문에 하층토가 얇게 되며, 이는 광물과 유기물 함량이 낮기 때문에 뿌리의 성장을 지지하지 않는다.

삼림 토양은 강우량이 풍부한 지역에서 발달한다. 물은

그림 11.10 주요한 토양 유형: 토양 유형에는 수천가지가 있지만, 대부분은 세 가지 넓은 범주로 분류될 수 있다. 초원에서 형성된 토양은 깊은 *A*층을 가지고 있다. 얕은 *B*층은 뿌리 생장을 지지하기에 충분한 영양소를 가지고 있지 않다. 삼림 토양에서 *A*층은 얇으며, 침출에 의하여 많은 영양소가 *B*층으로 운반된다. 따라서 뿌리는 *A*층과 *B*층에서 모두 나타난다. 사막 토양은 매우 얇은 *A*층을 가지고 있다.

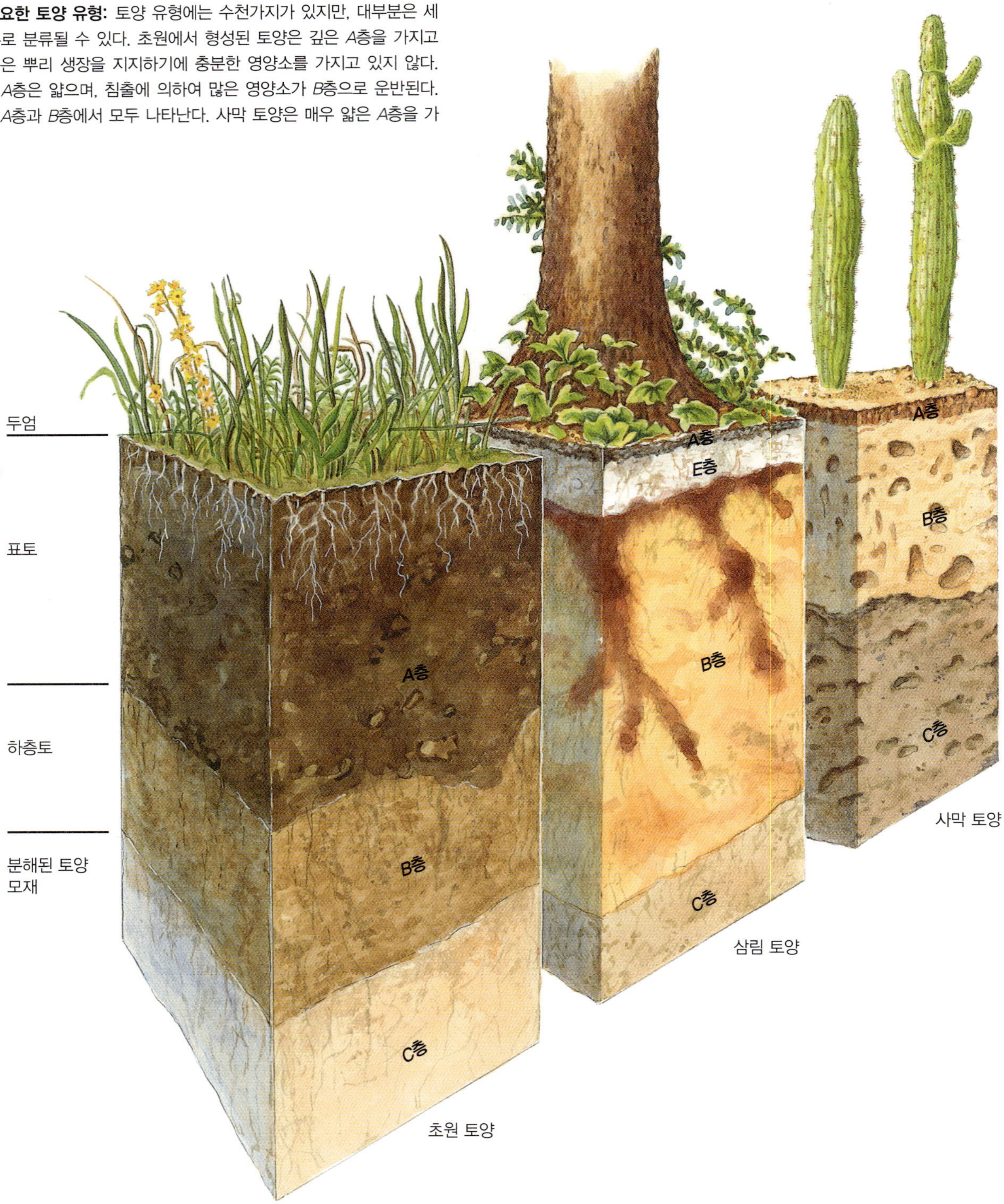

토양을 통과하여 내려가기 때문에 토양의 깊은 층에는 습기가 매우 많다. 나무뿌리는 이 층으로 침투하여 필요한 물을 추출한다. 잎과 기타 식물 성분은 토양 표면으로 떨어져 표면에 유기물의 얇은 층을 형성한다. 이 유기물은 분해되어 토양 상층의 광물질과 혼합된다. 토양을 통하여 흐르는 물은 표토에서 식물 뿌리의 대부분이 위치한 하부토로 물질을 운반한다. *B*층에 축적되는 물질 중 하나는 점토이다. 일부 토양 특히 삼림 토양에서 점토나 기타 광물은 축적되어

과학, 정치, 정책

유기 작물, 건강한 토양, 정책 논쟁

2010년 Washington 주립대학에서 수행된 연구는 유기농과 전통적인 딸기 농장의 과일과 토양 특성을 비교하였다. 연구는 31가지의 화학적 · 생물학적 토양 특성, 세 종류 딸기 품종의 맛과 영양을 분석하였다. 연구에 의하면 유기농장은 더 맛있고 영양가가 높은 딸기를 생산하였으며 토양을 건강하게 하고 유전적으로 다양한 토양 미생물을 나타냈다.

조사된 모든 농장은 미국에서 딸기의 90%를 생산하는 캘리포니아 주에 있었다. 캘리포니아 주는 토양 훈증제의 사용에 대하여 진행되고 있는 논란의 중심이기도 하다. 연구의 전통적 농장은 해충을 제어하기 위하여 토양 훈증제로 오존을 결핍시키는 브롬화메틸을 사용한다. 브롬화메틸은 건강 옹호자와 50인 이상의 노벨상 수상자가 사용을 반대하지만 독성이 높은 요오드화메틸로 대체되기로 예정되어 있다. 캘리포니아 주의 선출직 공무원은 EPA에 요오드화메틸의 승인을 재고할 것을 요청한다.

연구의 다른 결과는 다음 사항을 포함한다.

- 유기농 딸기는 훨씬 높은 항산화 작용과 아스코르브산을 포함한다.
- 유기농 딸기는 저장 기간이 길다.
- 유기농 딸기는 더 많은 건중량을 가진다.

연구는 또한 유기농장의 토양이 몇 가지 핵심적인 화학적 · 생물학적 특성에서 우수하다는 것을 발견하였다. 여기에는 높은 질소와 미량영양소 함량, 미생물 생물량, 효소 활성도, 토양이 탄소를 제거하는 능력이 포함된다.

미국 농무성(USDA)에 의하여 수행된 다른 연구는 유기농이 무경작 농업에 비하여 토양 유기물을 개선하였다고 보고하였다. 이는 유기농업이 잡초를 죽이기 위하여 경작과 재배에 의존하기 때문에 토양을 위협한다는 전통적인 생각과 상반된다. 그러나 USDA 연구는 유기농장의 정상적인 활동으로 퇴비와 피복식물로서 유기물을 추가하는 것은 경작에 의한 손실을 상쇄하고 남는다는 것을 보여주었다.

이러한 두 연구는 유기농과 토양 건강과 질에 대한 분야에서 증가하는 연구의 대표적인 사례이다. 의회는 논쟁의 몇 가지 관점에 대하여 관련되어 있다. USDA는 의회의 지시에 의하여 무엇이 "유기농"으로 판매될 수 있을지를 결정하는 지침을 확정하였다. 의회는 또한 유기농업과 전통농업 옹호자의 양쪽으로부터 모두 로비를 받고 있다. 여러분은 이러한 정치적 논쟁의 양쪽 조직의 예를 확인할 수 있나요? 집단의 입장은 지난 십년에 걸쳐 변화되었나요? 만약 그렇다면 여러분은 왜 이러한 일이 생겼다고 생각하는가?

뿌리의 생장을 제한하고 물이 토양 깊은 층에 도달하는 것을 방지하는 비교적 불투과성인 "경질토(hardpan)"를 형성한다.

사막 토양은 매우 빈약하게 발달된 층을 가진다. 강우가 매우 적기 때문에, 사막은 식물 생장을 크게 지지하지 않으며 대부분의 토양은 노출된다. 따라서 유기물이 거의 토양에 추가되지 않으며, 상층으로부터 하층으로 물질이 거의 침출되지 않는다. 토양의 대부분은 바람과 물에 노출되기 때문에, 유기물과 작은 입자의 많은 부분이 바람이나 비가 올 때 갑자기 밀어닥치는 홍수에 의하여 휩쓸려 나간다.

유럽의 북부, 러시아, 캐나다에서 전형적인 춥고 습한 기후에서는 분해속도가 감소되기 때문에 유기물이 상당히 축적될 수 있다. 이러한 토양의 극단적인 산성도 또한 분해 속도를 감소시킨다. 덥고 습한 기후 또한 유기물이 매우 빠르게 분해되고, 용존 물질이 풍부한 강우에 의하여 빼앗기기 때문에 토양층이 빈약하게 발달된다.

열대우림은 식물의 매우 활발한 생장과 믿을 수 없을 만큼 다양한 동식물 종을 부양하기 때문에, 열대 토양은 당연히 매우 비옥할 것으로 생각된다. 따라서 많은 사람들이 열대 토양에서 작물 재배를 시도하였다. 특별히 열대 토양에 적응된 특정한 종류의 작물을 재배하는 것은 가능하지만, 대부분의 전통적인 작물 종은 성공적이 아니다. 왜 그런지를 이해하기 위해서는 열대우림 토양의 성질을 이해하는 것이 중요하다. 열대우림 기후의 두 가지 특징은 토양의 성질에 커다란 영향을 미친다. 고온은 유기물의 분해를 빠르게 하기 때문에 토양은 두엄이나 부식토가 거의 없다. 높은 강우량은 토양의 상층에서 영양분을 침출하여 철과 알루미늄이 풍부한 토양을 남긴다. 높은 철 함량은 이러한 토양의 대부분에 붉은색을 띠게 한다. 영양분이 빠르게 제거되기 때문에 열대우림 토양은 그다지 비옥하지 않다. 더구나 식생이 제거되면 토양은 빠르게 침식된다.

식생의 종류와 강우에 의하여 초래되는 차이에 추가하여 지형도 토양 단면에 영향을 미친다(그림 11.11). 비교적 평형한 지역에서 토양형성 과정에 의하여 형성되는 표토는 적소에 수집되고 점진적으로 깊이가 증가한다. 기복이 있는 언덕이나 가파른 경사에 형성된 표토는 생성되자마자 종종 경사 아래로 운반된다. 그러한 경사에서 표토의 축적은 경작된 작물을 지지하는데 충분하지 않다. 경사에서 제거된 표토는 결국 평평한 범람원에 퇴적된다. 이러한 지역은 광범위한 지역에서 생성된 표토의 수집 장소로 작용한다. 그 결과 이러한 강바닥과 삼각주 지역은 매우 깊은 표토층을 가지며 매우 생산성이 높은 농경지이다.

그림 11.11 토양 단면에 미치는 경사의 영향: 사면의 넓은 지역에서 형성된 표토는 물의 흐름에 의하여 연속적으로 경사 아래로 운반된다. 이는 경사의 바닥에 축적되며 두꺼운 *A*층을 형성한다. 그 결과 형성된 낮은 지대는 깊고 비옥한 표토를 가지고 있어서 매우 생산성이 높고, 반면에 경사의 토양은 생산성이 낮다.

11.7 토양 침식

침식(***Erosion***)은 물, 바람, 빙하에 의하여 토양이 닳고 운반되는 것이다. 나무 피복의 상실로 인한 토양 퇴화와 유출량의 증가에 대한 우려는 플라톤(Plato)의 그리스 Attica 지방에 대한 글에서 기원전 4세기까지 거슬러 올라간다.

> . . . 그곳에는 죽은 시체의 해골만 남아있으며, 작은 섬과 마찬가지로 토양의 모든 비옥하고 부드러운 부분은 사라지고, 단지 토지의 잔해만 남았다. 그러나 국가의 원시적인 상태에서는 산은 토양으로 덮인 높은 언덕이었으며, 우리가 아는 Phelleus 평원은 비옥한 토양으로 가득했고, 산에는 나무가 풍부하였다. 마지막까지 남아있는 흔적 중에서 일부 산은 단지 꿀벌만을 유지할 수 있지만, 그다지 오래되기 전까지는 그곳에서 자라는 커다란 집을 덮기에 충분한 크기의 나무를 베는 것을 볼 수 있었고, 인간이 재배하고 가축에 풍부한 먹이를 제공할 수 있는 많은 다른 큰 나무도 있었다. 더욱이 토지는 연중 강우의 혜택을 거둬들였지만, 지금은 물은 헐벗은 대지를 흘러 바다로 잃어버리고 있다. . .

토양 침식은 세계 도처에서 일어나고 있지만, 일부 지역이 다른 지역에 비하여 더 노출되었다. 침식은 풀, 관목, 나무가 사라지는 곳은 어느 곳에서나 발생한다. 삼림벌채와 사막화는 모두 토지를 침식에 노출시킨다. 벌채된 지역에서 물은 경사지고 노출된 경사지를 씻어내려 토양을 침식한다. Colorado 강의 Grand Canyon, 이집트의 Nile 강 범람원, 언덕 사면의 골짜기, 강 하구에 발달하는 삼각주는 모두 토양을 이동하는 물의 능력을 입증한다. 폭풍우 뒤의 진흙탕 물을 본 사람은 누구나 물에 의하여 이동하는 토양을 관찰하였다. 움직이는 물의 힘은 대량의 토양을 운반할 수 있도록 한다. 침식은 자연적인 과정이지만, 이는 토양을 노출되도록 하는 농업 관행에 의하여 크게 가속된다. Mississippi 강은 매년 3.25억 미터톤 이상의 토양을 북미 중앙부에서 멕시코 만으로 운반한다. 이는 전체 지역에서 약 1 mm의 표토층을 제거하는 것

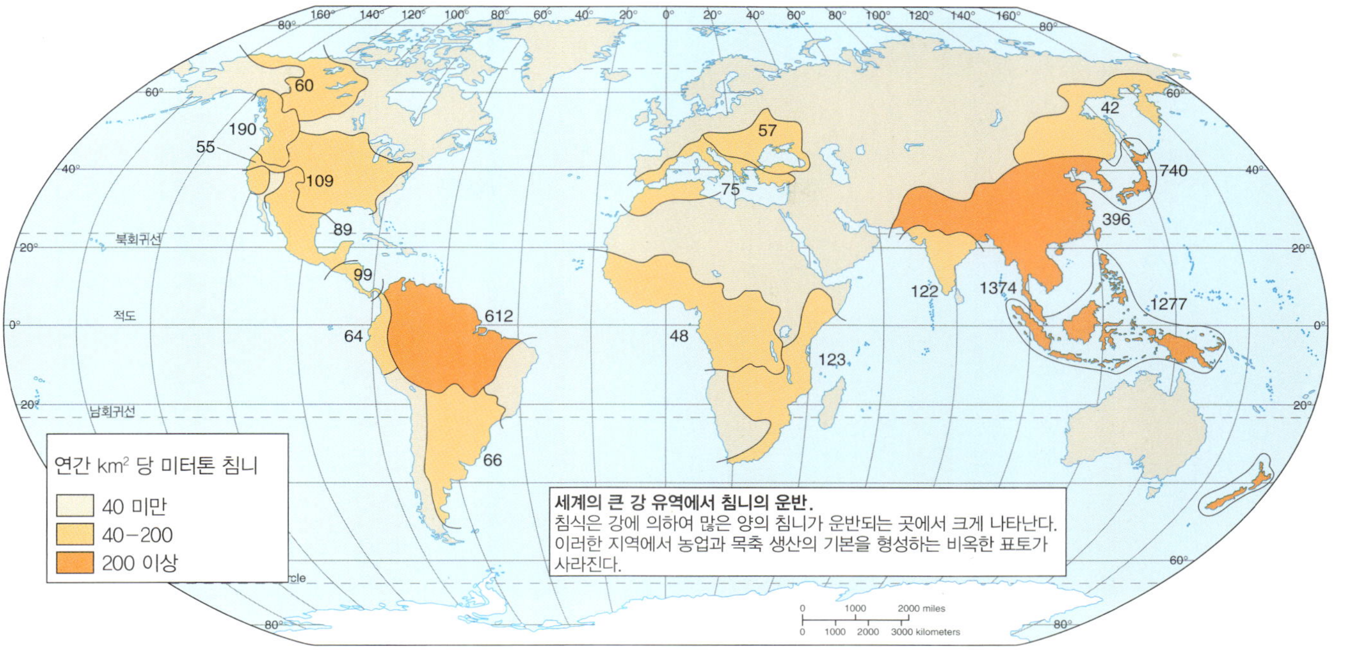

(a)

(b)

그림 11.12 세계적 토양 침식: (a) 토양 침식은 세계에 널리 펴져 있다. (b) 침니가 많은 강은 상류의 서투른 토양보존 관행의 증거이다.

출처: (a) 미국 토양보존청(Soil Conservation Service)

과 동일하다. 침식 속도는 장소에 따라 변하지만, 물에 의한 토양의 이동은 세계 모든 개울과 강에서 발생한다. 캘리포니아 주의 작은 개울인 Dry Creek은 단지 500 km 길이의 본류와 지류를 가지고 있지만, 매년 340 km²의 지역에서 180,000미터톤의 토양을 제거한다. 사막화된 지역에서 농경, 건설, 채광, 농경을 위해 개간되거나, 가축에 의하여 과잉방목 되어서 노출된 토양은 단순히 날려간다. 바람에 의한 침식은 아프리카와 아시아에서 가장 광범위하다. 바람이 토양을 흩날리면 퇴화된 지역을 남길 뿐 아니라 퇴적되는 지역의 식생을 매몰하고 사멸시킨다. 이는 또한 배수구와 관개 수로를 메운다. 박토에 고도기술의 영농이 적용되면, 토양은 씻겨 내려가고 화학적 살충제와 비료가 유출수를 오염시킨다. 매년 침식은 생성되는 것보다 훨씬 많은 표토를 휩쓸어가며, 이는 주로 토양을 노출시키는 농경 관행에 기인한다(그림 11.12).

세계적으로 침식은 매년 254억 미터톤의 토양을 제거한다. 아프리카에서 토양 침식은 농부들이 벌채한 사면으로 밀려들면서 위험한 수준에 도달하였다. 예를 들면 에티오피아에서 토양 손실은 연간 15억~20억 m³ 사이의 속도로 손실되며, 4백만 ha 정도의 고원이 돌이킬 수 없이 퇴화되었

(a)

(b)

그림 11.13 풍식작용: (a) 이 들판의 건조하고 보호되지 않은 표토가 바람에 날려간다. 바람의 힘은 모든 표토를 제거하고 수천 km를 운반할 수 있다. (b) Sahara 사막 바로 남쪽의 반건조 지역은 특별히 취약한 위치이다. 강우는 예측할 수 없으며, 이는 종종 작물 재배 실패를 초래한다. 추가하여 인구 압력은 이 지역 사람들이 한계지에 작물 재배를 시도하도록 강요한다. 이는 종종 풍식작용의 증가를 초래한다.

다. 아시아에서 네팔의 동부 언덕은 토지의 38%가 토양이 씻겨 내려가서 방치된 경작지이다. 서구에서는 에콰도르가 허용되는 수준의 20배 속도로 토양을 상실하고 있다.

국제농업개발기금(International Fund for Agricultural Development; IFAD)에 의하면, 작물을 재배하고 가축을 방목하면서 관목과 나무의 유지를 결합한 전통적인 노동집약적 소규모 토양보존 노력이 토양 침식을 제어하는데 가장 잘 작용한다. 파키스탄의 일부에서 IFAD에 의하여 강수 유출, 침식, 퇴적에 의한 강의 피해를 제어하기 위하여 1980년 시작된 계획은 작물 산출과 가축 생산을 20~30% 증가시켰다.

심각하게 침식된 토양은 모든 표토와 일부 하부토를 상실하였으며 더 이상 생산적인 농경지가 아니다. 대부분의 현재 농업 관행은 대체되는 것보다 빠르게 토양을 상실한다. 등고선 농경과 계단식 밭과 같은 침식을 감소하는 농경 관행은 이 장의 "토양보존 관행"에 대한 절에서 토의된다.

바람도 토양을 이동시키는 중요한 작용자이다. 특정한 조건하에서 바람은 많은 양을 이동할 수 있다(그림 11.13a). 풍식작용은 골짜기를 남기지 않기 때문에 물에 의한 침식만큼 명확하지는 않다. 그럼에도 심각한 문제가 된다. 풍식작용은 토양이 노출된 건조하고 나무가 없는 지역에서 가장 흔하다. 아프리카의 Sahel 지역에서 가뭄, 과잉방목, 부적절한 농경 관행에 의하여 대부분 토지의 식생이 발가벗었다. 이는 토양의 광범위한 풍식작용을 초래하였다(그림 11.13b). 북미의 대평원 지역에서 1800년대 유럽인의 정착 이래로 4차례의 심각한 풍식작용이 일어난 시기가 있었다. 이 지역에 연간 30 cm 미만의 비가 내리면 작물을 부양하기에 충분한 습도가 없다. 이러한 현상이 수년간 연속적으로 발생하면, 이를 가뭄이라고 한다. 농부는 비를 바라면서 작물을 심는다. 비가 내리지 않으면 농부는 다른 작물을 준비하기 위하여 밭을 다시 경작한다. 따라서 느슨하고 건조한 토양이 노출되며, 풍식작용이 발생한다. 이러한 시기에 대량의 먼지가 공기 중에 발생하여 그 지역은 황진지대(Dust Bowl)로 알려졌다. 1930년대에 바람은 Dust Bowl에서 3백50만 ha의 농경지를 파괴하였으며 추가적인 2천만 ha에 심각한 피해를 끼쳤다.

1920년대 후반 미국에서 양호한 작물 산출과 밀의 높은 가격은 경작지의 빠른 증가를 조장하였다. 1930년대에 가뭄이 닥쳤을 때 많은 농부를 토지에서 몰아낸 파국적 토양 침식이 일어났다. 1940년대까지 250만 명이 대평원을 떠났다. 1930년대에 미국 정부는 단기적인 경제적 구제와 장기적인 농업 연구개발을 위한 포괄적인 수단의 종합정책을 실행하였다. 이러한 발의에는 다음의 사례가 포함된다.

- 긴급 농업 융자법 — 대부금을 갚을 수 없는 농부들을 도와서 농장의 폐쇄를 방지
- 농장 파산법 — 위기 시에 은행이 농부의 소유권을 박탈하는 것을 금지
- 한발 구제사무국 — 위기 지역의 가축을 합리적인 가격에 구입
- 재정착국 — 농업으로부터 사용 중지된 토지를 구입
- 토양보존사무국이 새로운 토양보존 계획을 개발하고 시행하기 위하여 농무성 내에 설립되었다. 이 기관은 국가 토양조사도 시행하였다.

다행히도 많은 토양보존 관행이 시행되어 토양을 보호하였다. 그러나 대부분의 토양이 침식으로 상실되었으며, 더 보호적인 수단이 취해져야 한다.

11.8 토양보존 관행

토양이 이용될 수 있는 농경활동의 종류는 토양 구조, 토성, 배수, 비옥도, 암석정도, 토지의 경사도, 강우량과 성질, 기타 기후 조건에 의하여 결정된다. 약 20%의 비교적 높은 비율의 미국 토지가 작물을 재배하는데 적합하다. 그러나 단지 2% 정도의 토지만 어떠한 형태의 토양보존 관행을 필요로 하지 않는다(그림 11.14). 이는 미국의 거의 모든 토양이 바람이나 물에 의한 토양 침식의 영향을 감소하기 위하여 어떠한 방식으로든 관리되어야 한다는 것을 의미한다.

세계의 모든 지역이 미국만큼 농업 잠재력을 가진 토지 공급이 충분하지 않다(표 11.2). 예를 들면 세계적으로 약 11%의 토지 표면이 경작에 적합하며, 추가적으로 24%가 영구 초원이다. 미국에서는 약 20%가 경작지이며 25%가 영구 초원이다. 이를 단지 6%가 경작에 적합하고 29%가 초원으로 이용될 수 있는 아프리카 대륙과 대조하라. 캐나다는 단지 5%만 경작에 적합하고 3%는 초원에 적합하다. 유럽은 30%로 가장 높은 경작지 비율을 보이지만, 단지 17%만의 영구 초원을 가지고 있다.

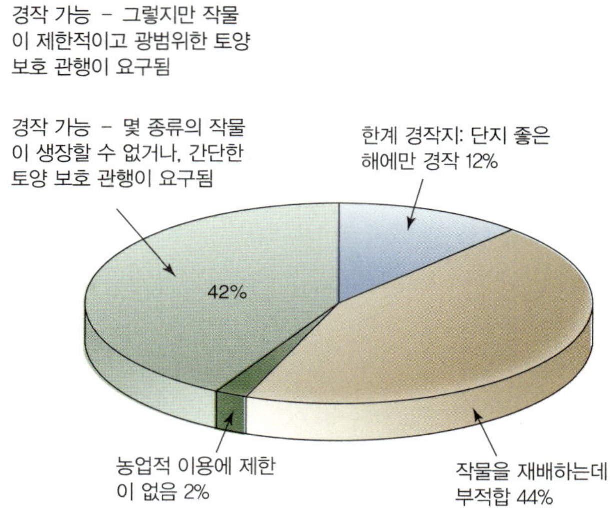

그림 11.14 농업 목적으로 사용되는 미국의 토지: 미국 토지의 단지 2%만이 어떤 토양보존 관행을 사용하지 않고 경작될 수 있다. 이 2%는 풍식작용을 받지 않는 주로 평지다. 나머지 땅의 42%는 토양 보호를 위한 특별한 고려가 필요하거나 작물의 종류가 제한된다. 토지의 12%는 강우와 기타 조건이 이상적인 해에만 작물을 제공할 수 있는 한계 경작지이다. 44%는 작물을 경작하는데 적합하지 않지만 가축의 방목이나 삼림과 같은 다른 목적으로는 사용될 수 있다.

표 11.2 농업에 적합한 토지의 백분율

국가	경작지 백분율	초원 백분율
세계	11.0	26.0
아프리카	6.3	28.8
이집트	2.8	5.0
에티오피아	12.7	40.7
케냐	7.9	37.4
남아프리카	10.8	66.6
북미	13.0	16.8
캐나다	4.9	3.0
미국	19.6	25.0
남미	6.0	28.3
아르헨티나	9.9	51.9
베네수엘라	4.4	20.2
아시아	15.2	25.9
중국	10.3	30.6
일본	12.0	1.7
유럽	29.9	17.1

출처: World Resources, 2011 자료.

농업으로 전환될 수 있는 토지는 매우 작기 때문에 우리는 가지고 있는 것을 현명하게 이용해야 한다. 식량농업기구(FAO)의 연구에 의하면 세계 농토의 40%까지가 토양 퇴화에 의하여 심각한 영향을 받고 있다. 세계자원연구소는 토지의 퇴화는 세계 방목지의 약 70%, 천수답의 40%, 관개지의 30%에 영향을 미치고 있다고 주장한다. UN 환경계획에 의하면 아프리카의 5억 ha로 추산되는 토지가 1950년 이래 토양 퇴화로 영향을 받고 있으며, 농경지의 65%가 여기에 포함된다.

Sahara 사막 남부의 아프리카는 일인당 식량생산이 지난 40년간 정체된 세계에서 유일하게 남아있는 지역이다. 1970년 이래로 100% 증가한 약 1.8억만 명의 아프리카인이 건강하고 생산적인 삶을 유지하기에 충분한 식량에 접근하지 못하고 있다.

토양 비옥도의 고갈이 아프리카에서 일인당 식량생산이 낮은 주요한 원인이다. 수십 년 동안 소규모 농부는 토양을 보충하기에 충분한 양의 거름이나 비료를 사용하지 않아서 다량의 영양분을 토양으로부터 제거하였다. 토양 비옥도 보충 접근방법은 지난 10년간 아프리카에서 자연적으로 이용할 수 있는 자원을 이용하여 개발되었다. 여기에는 질소고정 콩과 나무의 이용과 영양분을 축적하는 관목의 잎을 생물량 전달하는 것이 포함된다.

콩과 나무는 어린 옥수수 작물 사이에 간작하여 건조기 동안의 휴경기에 생장하도록 하였다. 포획된 질소의 양은 선진국에서 옥수수를 재배하는 상업적 농부가 시비하는 비료의 양과 비슷하다. 나무에서 목재가 수확된 이후에, 질소가 풍부한 잎, 콩깍지, 녹색 가지는 다음 계절의 시작에 옥수수를 심기 전에 괭이로 토양에 묻는다. 이 두엄은 나무뿌리와 함께 분해되어 토양으로 질소와 기타 영양소를 방출한다.

길가와 울타리의 영양분을 축적하는 관목의 잎 생물량을 경작지로 이동하는 것도 비료를 주지 않고 옥수수 산출량을 배가시킬 수 있는 영양분을 추가한다. 이러한 영양분의 유기 공급원은 칼륨과 미량영양소 같은 다른 식물 영양분도 공급하기 때문에 효과적이다. 생물량을 자르고 논밭으로 운반하는 것은 노동 요구량이 높기 때문에, 이는 야채와 같은 고가치 작물에는 유리하지만 비교적 저가인 옥수수에는 그렇지 않다. 농경지의 세계적 확장은 최근 수십 년간 적당했지만, 관개 면적이 증가하고 휴경기가 감소하여 면적당 더 많은 산출이 되면서 증강은 빨랐다.

많은 기술이 농업을 하면서 침식으로부터 토양을 보호할 수 있도록 한다. 더 보편적인 방법들이 여기에서 토의된다. 물이나 바람에 의한 침식에 의하여 토양이 손실될 때마다 가장 생산적인 층인 표토가 제일 먼저 제거된다. 표토가 제거되면 토양 비옥도가 감소하며, 손실된 비옥도를 회복하기 위하여 비싼 비료가 사용되어야 한다. 이는 우리가 구입하는 식품의 가격을 상승시킨다. 추가적으로 농경지로부터 과도한 양의 토양을 개울로 이동하는 것은 몇 가지 바람직하지 않은 영향을 끼친다. 첫 번째로 더러운 개울은 깨끗한 개울에 비하여 심미적으로 덜 유쾌하다. 두 번째로 개울에 너무 많은 퇴적물은 가시도를 감소시키고, 산란지를 덮고, 어류의 아가미를 막히게 하여 어류 개체군에 영향을 미친다. 수백 km 상류의 현명하지 못한 농경 관행으로 인하여 어획도 빈약할 수 있다. 세 번째로 강에 의하여 운반되는 토양은 궁극적으로 어딘가에 퇴적된다. 많은 사례에서 이 토양은 운항 수로를 확보하기 위하여 준설에 의하여 제거되어야 한다. 우리는 세금으로 준설 비용을 지불하며, 이는 매우 값비싼 작업이다.

이러한 모든 이유로 인하여 표토의 손실을 최소화하기 위하여 적절한 토양 보존 수단이 채택되어야 한다. 그림 11.15는 부적절한 토양 보존 관행을 적절한 토양 보호와 대비하였다. 토양이 흐르는 물의 영향으로부터 보호되지 않으면, 표토가 제거되고 도랑이 형성된다. 이는 경사지 위로 물의 흐름을 느리게 하여 방지될 수 있다.

토질 관리 요소

- **유기물의 증강(Enhance organic matter):** 토양의 유기물이 자연적으로 높거나 낮더라도, 새로운 유기물을 매년 추가하는 것은 아마도 토질을 개선하고 유지하는 가장 중요한 방법이다. 유기물의 규칙적인 추가는 토양 구조를 개선하고, 물과 영양분 보유 용량을 증강하고, 침식과 치밀화로부터 토양을 보호하고, 토양 생물의 건강한 군집을 부양한다. 유기물을 증가시키는 관행에는 논밭에 작물 잔류물을 남기고, 높은 잔류물 식물을 포함한 윤작을 선택하고, 많은 양의 뿌리와 잔류물을 가지는 건강한 식물을 재배하는 최적의 영양분과 물 관리 관행을 사용하고, 피복 작물을 재배하고, 똥거름이나 퇴비를 사용하고, 저경작 또는 무경작 시스템을 사용하고, 뿌리를 덮는 것 등이 포함된다.
- **과도한 경작의 회피(Avoid excessive tillage):** 경작을

(a)

(b)

그림 11.15 토양 보존 관행의 서투른 것과 올바른 것: (a) 이 토지는 침식으로부터 보호할 식생이 거의 없기 때문에 표토를 상실한다. (b) 경사진 농지는 흐르는 물에 의한 토양 침식을 최소화하기 위한 대상(띠 모양) 등고선 농경을 보여준다. 생산성이 있는 농경지가 되기 위해서는 언제까지나 계속되어야 한다.

감소하는 것은 유기물의 손실을 최소화하고 토양 표면을 식물 잔류물로 보호한다. 경작은 표층 토양을 느슨하게 하고, 모판을 준비하고, 잡초와 해충을 제어한다. 그러나 경작은 토양 구조를 파괴하고, 침식의 위협을 증가시키고, 이로운 생물의 서식지를 파괴하고 치밀화를 초래한다. 새로운 장비는 토양의 교란을 최소화하면서 작물 생산을 할 수 있도록 한다.

- **해충과 영양분 효율 관리(Manage pests and nutrients efficiently):** 토양의 중요한 기능은 화학물질을 완충하고 독성을 제거하는 것이지만, 토양의 해독 용량은 제한적이다. 살충제와 화학비료는 소중한 혜택을 주지만, 또한 잘못 취급되면 비표적 생물에 해를 끼치고 물과 공기를 오염시킨다. 유기 공급원의 영양분도 오용되거나 과용되면 오염시킬 수 있다. 효과적인 해충과 영양분 관리는 토양과 해충의 검사와 모니터링, 필수적인 화학물질만을 일을 마무리하기 위하여 적기에 적소에 사용하고, 윤작, 피복 작물, 퇴비 관리와 같은 해충과 영양분 관리의 비화학적 접근방법을 사용하는 것을 의미한다.
- **토양 치밀화 방지(Prevent soil compaction):** 치밀화는 뿌리와 토양 생물이 이용할 수 있는 공기, 물, 공간의 양을 감소시킨다. 치밀화는 반복되는 통행, 혼잡한 통행, 젖은 토양 위로 걷는 것 등에 의하여 초래된다. 무거운 장비에 의한 깊은 치밀화는 교정이 어렵거나 불가능하기 때문에 예방이 필수적이다.
- **지면의 피복 유지(Keep the ground covered):** 벌거벗은 토양은 바람과 물의 침식에 민감하며 건조와 굳어지기 쉽다. 지면 피복은 토양을 보호하고, 곤충과 지렁이 같은 대형 토양 생물의 서식지를 제공하며, 물 이용도를 개선할 수 있다. 토지는 표면에 작물 잔류물을 남기거나 피복 작물을 식재하여 피복될 수 있다. 지면 피복에 추가하여 살아있는 피복 작물은 추가적인 유기물을 제공하고, 연속적인 피복과 토양 생물에 먹이를 제공한다. 지면 피복은 봄철 토양의 지연된 가온, 질병, 표면에 인의 과도한 축적 등의 문제를 방지하기 위하여 반드시 관리되어야 한다.
- **작물 시스템의 다양화(Diversify cropping systems):** 다양성은 몇 가지 이유로 유익하다. 각각의 식물은 독특한 뿌리 구조와 토양에 잔류물 종류를 기여한다. 토양 생물의 다양성은 해충 개체군을 제어하는 것을 도와주며, 경작 관행의 다양성은 잡초와 질병 압력을 감소시킬 수 있다. 풍경을 가로지르는 다양성은 완충대, 소규모 밭, 등고선 대상 재배(contour strip cropping) 등을 사용하여 증가될 수 있다. 시간에 따른 다양성은 장기적 윤작을 이용하여 증가될 수 있다. 경관을 가로지르거나 시간에 따라 식생을 변경하는 것은 식물의 다양성 뿐 아니라 농장에 서식하는 곤충, 미생물, 야생동물의 종류도 증가시킨다.

등고선 농경

등고선 농경(Contour farming)은 토지 경사에 직각으로 경작하는 것이며, 토양 침식을 방지하는 가장 단순한 방법

그림 11.16 등고선 농경: 경사와 직각으로 경작하는 것은 물의 흐름을 느리게 하고 토양 침식을 방지하는 일련의 이랑을 생성한다. 이러한 토양 보존 관행은 완만한 경사에 유용하다.

그림 11.17 대상(띠 모양) 농경: 기복이 있는 토지에서는 등고선 농경과 대상 농경의 조합이 과도한 토양 침식을 방지한다. 띠는 경사와 직각으로 밀이나 건초와 같이 밀집하게 심는 작물과 옥수수나 콩과 같은 줄뿌림 작물의 띠를 교대하여 식재된다.

의 하나이다. 이 관행은 완만한 경사에 유용하며 경사에 직각으로 일련의 작은 이랑을 형성한다(그림 11.16). 각각의 이랑은 물이 경사를 흘러내리는 것을 방지하는 댐으로 작용한다. 이는 더 많은 물이 토양 속으로 스며들도록 한다. 등고선 농경은 토양 침식을 50%까지 감소시키며, 건조한 지역에서 물을 보존하여 작물 산출을 증가시킨다.

대상(띠 모양) 농경

경사가 너무 급하거나 너무 길면, 등고선 농경만으로는 토양 침식을 방지할 수 없다. 그러나 등고선 농경과 대상 농경을 조합하면 가능하다. **대상 농경(Strip farming)**은 건초, 밀, 기타 작은 곡물과 같은 밀집하게 심는 작물의 띠를 옥수수, 콩, 목화, 사탕무와 같은 줄뿌림 작물의 띠와 교대하여 심는 것이다(그림 11.17). 밀집하게 심은 작물은 물의 흐름을 늦추며, 이는 토양 침식을 감소시키고 더 많은 물이 땅으로 흡수될 수 있도록 한다. 토양의 종류, 경사도, 경사의 길이는 띠의 폭을 지시하며 대상 농경 또는 등고선 농경 중 어느 것이 실용적인지를 결정한다.

(a)

(b)

그림 11.18 계단식 밭: 계단식 밭의 건설에는 토양의 이동과 평평한 면 사이의 심한 경사의 보호를 필요로 하기 때문에, 계단식 밭을 건설하는 것은 값비싸다. (a) 여기에 보여준 계단식 밭은 이용할 수 있는 평평한 땅이 매우 적은 국가에서 사는 사람들에게 극히 중요하다. 계단식 밭은 유지하기 위하여 많은 에너지와 손 노동을 필요로 하지만 심각한 침식이 없이 토지를 효과적으로 농업에 이용하도록 한다. (b) 계단식 개념의 이러한 변경은 캐나다, 유럽, 미국에서 일반적인 농경 관행인 대형 농기계의 사용을 할 수 있도록 한다.

계단식 밭

경사가 심한 토지에서 토양 침식을 방지하는 유일한 실용적 방법은 계단식 밭을 건설하는 것이다. **계단식 밭(Terrace)**

녹색 행진

친환경 조경

전통적 조경과 현재의 조경 유지 관행은 종종 인간의 요구와 미학을 충족시켜 주지만, 종종 해로운 환경 영향을 미친다. 이러한 영향에는 다음 사항이 포함된다.

- 휘발유 동력 조경 장비(잔디 깎는 기계, 다듬는 기계, 송풍기)는 북미 도시 대기오염의 5% 이상을 차지한다.
- 살충제의 주거지 사용은 일반적으로 면적당 농장에서 사용하는 양의 20배이다.
- 정원 폐기물(대부분 깎아낸 잔디)은 수집되는 도시 고형폐기물의 20%를 차지하며 대부분 아직도 매립장으로 간다.
- 잔디는 자연 삼림지대의 물 흡수 용량의 10% 미만이며, 이는 종종 교외 범람의 이유이다.

자연 조경 또는 토착 조경은 우리의 필요와 미학을 환경과 균형 잡으려고 시도한다. 자연 조경은 지역과 이동 동물의 서식지를 제공하고, 토착 식물을 보존하고, 수질을 개선한다. 토지 소유주는 잔디 깎기, 물주기, 비료를 주고, 잔디와 정원 지역을 처리하는데 소요되는 시간과 경비를 감소하여 혜택을 받는다. 자연 조경은 또한 침식, 메마른 토양, 심한 경사, 불량한 배수와 같은 문제를 다루는데도 사용될 수 있다. 자연 조경의 원칙은 다음 사항을 포함한다.

- 가능한 최대한도로 기존의 자연 지역을 보호한다(삼림지대와 습지, 개울 통로, 풀밭).
- 조경의 중추를 형성하기 위하여 지역에 토착식물을 선택한다.
- 잔디의 사용을 줄이고, 대신에 삼림지대, 풀밭, 기타 자연적 조림을 설치한다.
- 살충제의 사용을 줄인다.
- 동력 조경 장비의 사용을 줄인다. 잔디의 크기를 축소하고 적절한 토착종을 덜 질서정연한 배열로 식재하는 것은 동력장비의 광범위한 사용에 대한 필요를 감소시킬 것이다. 여러분이 일단 토착식물을 탐색하고 실험하기 시작하면, 이러한 식물의 대부분이 정원의 진부한 선택을 대체하는 것 이상이라는 것을 곧 알게 될 것이다. 토착 식물은 노동력과 유지비용을 줄여주고, 야생동물의 서식처를 제공하고, 장소 감각을 생성할 것이다.
- 토착 식물과 경쟁에서 이기고 생물다양성의 감소를 초래하는 침입 외래종의 사용을 피한다. 예는 노르웨이 단풍, 칡, 털부처꽃, 찔레나무 등이다.
- 토양과 물의 보존을 시행한다. 경사를 자연 식생으로 안정시키고, 식물 주위 뿌리를 덮고, 한해에 내성이 있는 종을 심는다.
- 고형폐기물을 제거하기 위하여 현장에서 퇴비를 만들고 뿌리를 덮는다. 대부분의 비료를 대체할 수 있는 토양 첨가제인 자신만의 뿌리 덮개를 만든다.

증가하는 수의 지역사회가 도시 퇴비화시설을 개발하고 있다. 이러한 지역사회는 정원 폐기물, 음식 찌꺼기, 생분해성 제품을 포함하는 "유기 녹색 폐기물"의 가두 수집을 제공한다. 만들어지는 퇴비는 정원에 사용하도록 지역사회 구성원이 이용할 수 있다.

여러분의 지역사회는 유기 녹색 폐기물의 가두 수집을 제공하고 퇴비를 여러분이 사용할 수 있도록 하나요?

은 물을 보유하고 침식되는 양을 크게 감소하기 위하여 경사와 직각으로 건설되는 평평한 지역이다(그림 11.18). 계단식 밭의 형성은 평평한 농지가 부족한 국가에서 수세기 동안 사용되어 왔다. 그림 11.18a에서 보여주는 계단식 밭의 형성은 작은 기계의 사용과 상당한 수작업을 필요로 하며 세계 많은 지역에서 일반적인 기계화된 농경에는 적합하지 않다. 그림 11.18b에 보여준 변경은 대형 농기계의 사용을 할 수 있도록 한다. 계단식 밭 형성은 침식을 제어하는 값비싼 방법인데, 그 이유는 평평한 지역을 건설하기 위하여 토양을 이동해야 하고, 계단 사이의 경사진 지역을 보호하고, 부단한 보수와 유지를 필요로 하기 때문이다. 경사의 길이와 경사도, 토양의 유형, 강우량과 같은 많은 요인이 계단식 밭의 형성을 실행할 수 있는지를 결정한다.

수로

등고선 농경, 대상 농경, 계단식 밭과 같은 토양 보존 관행에도 농부는 물의 이동을 위한 보호된 통로를 제공해야 한다. **수로(waterway)**는 물이 수집되고 흐르는 경사진 토지가 함몰된 곳이다. 적절하게 유지되지 않으면 이러한 지역은 침식에 매우 취약하다(그림 11.19). 수로가 영구적인 뗏장 피복으로 덮여서 유지되면, 물의 속도는 감소되고, 뿌리는 토양 입자를 제 자리에 유지하며, 토양 침식이 감소된다.

(a)

(b)

그림 11.19 수로의 보호는 침식을 방지한다: (a) 보호되지 않은 수로가 도랑으로 변환되었다. (b) 잘 유지된 수로는 경작되지 않는다. 잔디의 띠는 물의 흐름을 지연시키고 침식으로부터 아래 토양을 보호한다.

방풍림

등고선 농경, 대상 농경, 계단식 밭, 수로의 유지는 모두 물에 의한 침식을 감소하는 중요한 방법이지만, 바람도 특히 건조지역과 같은 특정한 토양에서 문제이다. 풍식작용은 토양이 보호되면 감소될 수 있다. 가장 좋은 보호는 표면 위에 식생의 층이다. 그러나 토양을 식재를 위하여 준비하는 과정과 식재의 방법은 종종 토양을 바람에 노출시킨다. **방풍림(windbreak)**은 바람의 완전한 힘으로부터 벌거벗은 토양을 보호하는 나무나 기타 식물을 식재하는 것이다. 방풍림은 바람의 속도를 감소시키며, 그로 인하여 운반해 나가는 토양의 양을 감소시킨다(그림 11.20). 일부 사례에서 나무의 열이 바람의 힘을 감소하기 위하여 탁월풍에 직각으로 식재되며, 다른 경우에는 건초나 곡물의 띠가 넓은 면적의 토양이 노출되도록 남겨두는 줄뿌림 작물과 교대로 식재되는 일종의 대상 농경이 실시된다. 세계의 일부 지역에서 토양을 보호하는 유일한 방법은 전혀 경작을 하지 않을 뿐 아니라 잔디로 영구적인 피복을 하여 남겨두는 것이다.

(a)

(b)

그림 11.20 방풍림: (a) 대평원 지역에서 나무는 풍식작용으로부터 보호를 제공한다. 도로변의 나무는 탁월풍으로부터 토지를 보호한다. (b) 이 벌판에서 일시적인 식생의 띠는 방풍림으로 작용한다.

11.9 전통적 경작 대 보존 경작

세계 대부분의 전통적 경작 방법은 씨뿌리기를 위하여 토양을 준비하고 잡초를 제어하기 위하여 농기계의 광범위한 사용을 필요로 한다. 일반적으로 밭은 쟁기질하고 곡물을 심기 전에 1~3차례 가래로 갈거나 써레질 한다. 토양을 뒤엎는 쟁기질은 몇 가지 바람직한 효과가 있다. 모든 잡초나 잡초 씨는 묻혀서 밭에서 잡초 문제를 감소시킨다. 이전 경작의 작물 잔류물은 토양으로 통합되어 빠르게 분해되어 토양

여러분의 선택은?

일부 토양 과학자에 의하여 대규모 토양 침식에 대하여 성공적으로 작용하는 유일한 방법은 넓은 면적에 걸쳐 생산 용량을 증가시키는 토지 관리 관행을 실행하는 것이다. 이러한 믿음은 토양 보호가 소규모 유기농에 의하여 가장 잘 수행된다는 또 다른 학파와 반대된다. 토양보존과 농업관행에 대한 이러한 모순되는 태도 중 하나를 지지하는 논쟁을 개발하시오.

구조에 기여한다. 토양의 깊은 층으로 용출된 영양분도 표면 가까이 돌려진다. 짙은 색 토양이 태양에 노출되어 빠르게 가온된다. 가온 효과는 생장기가 짧은 지역에서 가장 중요하다. 많은 지역에서 밭은 작물이 수확되고 나서 가을에 쟁기질하며 토양은 겨우내 노출된다.

쟁기질한 이후 토양은 가래나 써레로 작업하여 흙덩어리를 분쇄하고, 남아있는 잡초를 사멸시키고, 씨앗을 뿌릴 수 있도록 토양을 준비한다. 씨앗을 뿌린 다음에도 잡초 문제가 아직 있을 수 있다. 농부는 종종 줄 사이에서 생장하는 잡초를 죽이기 위하여 줄뿌림 작물을 경작해야 한다. 농부가 밭에 갈 때마다 경비가 소요되며, 동시에 토양이 바람이나 물 침식에 노출되는 시간을 증가시킨다.

최근에 화학적 제초제와 농기구의 혁신이 일어나면서 새로운 경작 시스템이 몇 가지 개발되었다. 이러한 경작 관행은 토양 표면에 작물 잔류물을 남겨두어 토양을 보호하며, 따라서 침식력에 노출되는 시간을 감소시킨다. **감소경작(reduced tillage)**은 잡초를 제어하고 토양에 씨 뿌림 준비를 위한 경작을 적게 사용하는 방법이지만 일반적으로 씨를 뿌린 후에 토양 표면의 15~30%를 작물 잔류물로 덮어서 남겨둔다. **보존경작(conservation tillage)** 방법은 토양에 교란되는 정도를 더욱 감소시키며 씨를 뿌린 후에 30% 이상의 토양 표면을 작물 잔류물로 덮어서 남겨둔다. 새로운 작물을 심기 전에 원하지 않은 식생을 죽이고 그 이후에도 잡초를 제어하기 위하여 선택적 제초제를 사용한다. 보존경작의 몇 가지 변형이 사용된다.

1. 부초경작(Mulch tillage)은 씨뿌리기 직전이나 씨뿌리기를 하면서 전체 표면을 경작하는 것이다.
2. 대상경작은 씨를 뿌릴 좁은 띠만 경작하는 것이다. 나머지 토양과 이전 경작의 작물 잔류물은 교란하지 않고 남겨둔다.
3. 이랑(골타기)경작은 전년도의 마지막 경작을 한 이랑을 남겨두고 이랑 사이에 남겨진 잔류물과 함께 이랑에 씨 뿌리는 것이다. 작물은 잡초를 감소하기 위하여 연중 재배될 수 있다.
4. 무경작 농업은 표면에 아직 이전 경작의 잔류물을 가지고 있는 토양에 틈새를 만들어 씨를 뿌리는 특별한 씨뿌리는 기계를 사용한다.

감소경작과 보존경작은 모두 농부가 작물을 생산하는데 필요로 하는 시간과 연료를 감소시켜 주며, 따라서 경제적으로 절약이 된다. 2000년까지 미국의 절반 이상의 경작지는 감소경작이나 보존경작 방법을 사용하여 경작되었다(표 11.3). 많은 종류의 작물에 대하여 전통적 경작방법에 의하여 생산되는 산출량과 동등하다.

침식의 감소에 추가하여 감소경작의 다른 긍정적 효과는 다음과 같다.

1. 야생동물의 겨울 먹이와 이용할 수 있는 은신처가 증가하며, 이는 야생동물 개체군의 증가를 초래할 수 있다.
2. 유출량이 적기 때문에 개울과 강의 매몰이 감소한다. 이는 오락을 위한 깨끗한 물과 운항을 위하여 수로를 유지하기 위한 준설을 줄여주는 결과를 가져온다.

표 11.3 다양한 경작 방법의 비교

경작 방법	연료 사용(l/ha)	소요 시간(h/ha)
전통적 경작(쟁기질)	8.08	3.00
감소경작	5.11	2.20
부초경작	4.64	2.07
이랑(골타기)경작	4.12	2.25
무경작	2.19	1.21

출처: University of Nebraska, Institute of Agriculture and Natural Resource 자료.

3. 줄뿌림 작물은 전통적 경작방법으로는 그러한 작물로 변환될 수 없는 기복이 많은 토지에 식재될 수 있다. 이는 농부가 낮은 가치의 초원을 더 큰 경제적 산출을 가져오는 경작지로 변환할 수 있도록 한다.
4. 밭에 자주 가지 않아도 되기 때문에, 제초제 생산을 위해 필요한 석유화학 제품 원료를 고려하더라도 석유가 절약된다.
5. 일모작만 가능하였던 밭에 이모작을 할 수 있다. 일부 지역에서는 밀을 수확한 직후에 농부는 밀 그루터기에 직접 콩을 심었다.

그러나 보존경작 방법에도 일부 불리한 점이 있다.

1. 이전 식생의 잔류물은 토양의 가온을 지연시키며, 이는 차례로 일부 작물의 파종을 며칠 지연시킬 수 있다.
2. 작물 잔류물은 토양으로부터 증발을 감소시키며 토양 깊은 층으로부터 물과 토양 영양소가 위로 이동하는 것을 저해하여 식물의 생장을 방해할 수 있다.
3. 식물 잔류물의 축적은 식물 해충과 질병의 은신처를 제공하여 살충제와 살진균제를 더 많이 필요로 할 수 있다. 이는 동일한 작물이 반복적으로 동일한 장소에 파종될 때 특히 사실이다.

보존경작은 토양 침식에 대한 완전한 해답은 아니지만 배수가 좋은 토양에서 토양 침식을 감소하는데 유용하다. 보존경작은 농부가 토양의 상태에 대하여 세심한 주의를 기울이고 해충에 대처할 것을 요구한다.

1972년 미국에서 1천2백만 ha에 어떠한 형태의 보존경작을 하였다. 약 130만 ha는 무경작 방법으로 농사를 지었다. 1992년에는 보존경작의 면적이 6천만 ha로 증가하였으며, 이 중 620만 ha는 무경작 방법으로 농사를 지었다. 2013년 미국 경작지의 93%가 어떠한 형태의 감소경작 관행을 하였다.

11.10 비농경지의 토양 보호

모든 필지의 토지는 토성, 기후, 경사도와 같은 토지가 사용될 수 있는 방식에 영향을 미치는 특징을 가진다. 이러한 모든 요인을 고려하면 지구의 각 지역에 대한 올바른 사용이 결정될 수 있다. 토양의 현명한 계획과 세심한 경작은 토지와 토양이 식량과 기타 생활필수품을 제공하는데 필수적이다. 모든 토지가 작물이나 연속 재배에 적합하지는 않다. 일부 토지는 경작지로 사용하기 위하여 쟁기질을 하면 절대 안 되는 침식이 심한 토양을 가지고 있지만, 그럼에도 다른 기능을 할 수 있다. 적절한 토양보존 관행을 사용하면, 작물에 사용할 수 없는 토지의 대부분은 방목, 목재 생산, 야생동물 생산, 경관과 휴양 목적으로 사용될 수 있다. 그림 11.21은 너무 건조하여 재배에 적합하지 않은 토양이, 적절하게 사용되면 소나 양의 방목을 할 수 있다는 것을 보여준다.

그림 11.22에 보여준 토지는 심한 경사와 얕은 토양으로 인하여 작물이나 방목에 적합하지 않다. 그러나 소중하고 생산적인 토지인데, 이는 목재, 야생동물 서식지, 휴양 기회를 제공하는데 사용될 수 있기 때문이다.

그림 11.21 식량을 재배하기 위한 토지의 비작물 사용: 토지가 적절하게 보호되고 관리되면, 이 토지는 방목을 통하여 식량을 생산할 수 있지만, 토지는 표토가 너무 얕고 강우량이 너무 적기 때문에 작물을 심기 위하여 결코 경작되어서는 안 된다.

그림 11.22 삼림과 휴양에의 이용: 이 토지는 작물을 생산하거나 가축을 부양할 수 없지만, 목재, 야생동물의 서식지, 휴양 기회를 제공한다.

집중 탐구

토지 역량 등급

모든 토지가 작물을 재배하거나 도시를 건설하는데 적합하지는 않다. 경사도, 토성, 바위투성이, 침식도, 기타 특징이 토지 필지를 최선으로 사용하는 것을 결정한다. 사람들이 토지를 현명하게 사용하도록 권장하는 시도에서, 미국 토양보존국은 토지 이용 가능성을 분류하기 위한 체계를 확립하였다. 표는 토지의 8개 등급과 각각의 특징과 역량을 열거하였다. 사진은 이러한 등급이 어떻게 공존하는지를 보여준다.

불행하게도 가정과 산업의 대부분은 유형 I과 II 토지에 위치하는데, 이는 농업적 사용에 제한이 가장 적다. 이는 토지의 최선의 사용이 아니다. 지대설정법과 토지이용 관리 계획은 토지이용 역량을 고려하고 토지가 최선의 잠재력으로 사용되도록 보장하는 수단을 시행해야 한다.

- 여러분은 토지가 적절하게 사용되지 않는다고 느끼는 곳의 예를 여러분의 지역사회에서 제공할 수 있나요?
- 여러분의 의견은 토지이용 계획이 더 많아야 한다고 생각하나요? 아니면 더 적어야 한다고 생각하나요?
- 적합하지 않은 토지에 건물을 짓거나 농경을 하는 결과에는 어떠한 것이 있나요?

	토지 등급	특징	역량	특별한 보존 수단
경작에 적합한 토지	I	우수하고, 평평하고, 배수가 좋은 토지	경작지	정상적인 좋은 관행이 충분함
	II	좋은 토지; 경사, 사질 토양, 빈약한 배수와 같은 사소한 제한이 있음	경작지 초원	대상 경작 등고선 농업
	III		경작지 초원 유역	대상 경작 등고선 농업 계단식 밭 수로
	IV	토양 경사, 배수의 심각한 제한이 있는 그저 그런 토지	초원 과수원 도시 산업 제한적 경작지	제한된 기반에 작물 등고선 경작 대상 경작 계단식 밭 수로
경작에 적합하지 않은 토지	V	방목과 삼림에 사용; 바위투성이, 얕은 토양, 축축함으로 인하여 약간 제한	방목 삼림 유역 도시 산업	적절하게 방목되거나 벌목되면 특별한 주의가 필요 없음; 쟁기질 하면 안 됨
	VI	중간정도 경사로 인하여 방목과 삼림에 약간의 제한		때로는 방목이나 벌목이 제한될 수 있음
	VII	침식에 취약한 급경사로 인하여 방목과 삼림에 심각한 제한 방목이나 벌목에 이용될 때 세심한 관리가 필요요함		방목이나 벌목에 이용될 때 세심한 관리가 필요
	VIII	급경사, 얕은 토양, 물 부족 또는 물 과잉으로 방목과 삼림에 부적합		방목이나 벌목에 이용되면 안 됨; 급경사와 토양의 결핍이 문제를 나타냄

식물환경복원–오염된 토양의 식물을 이용한 정화

오염된 토양은 생태계 건강과 토지 개발 모두에 심각한 문제를 초래한다. 토양은 많은 시스템의 합류점에 놓여있기 때문에, 토양오염은 자연환경의 다른 부분으로 전파될 수 있다. 예를 들면 지하수는 토양을 통과하여 침투하여 토양 오염물질을 개울, 강, 우물, 음용수로 운반할 수 있다. 침식도 동일한 문제를 생성한다. 오염된 토양에서 생장하는 식물은 자체 내에 위험한 수준의 오염물질을 포함할 수 있다. 오염된 토양에서 불어오는 먼지는 직접 흡입될 수 있다. 도시 환경에서 오염된 토양은 소중한 개활지를 공원이나 상업적 개발에 이용할 수 없도록 한다.

오염된 토양을 정화하는 이익에도 불구하고, 작업 비용과 노력으로 인하여 복원이 종종 일어나지 않는다. 토양 광물과 토양 오염물질은 모두 서로 결합하게 하는 작은 전하를 가지고 있으며, 따라서 오염된 토양의 정화를 매우 어렵게 한다. 토양은 또한 밀도가 높은 매질이다. 이는 오염된 토양을 대지 밖에서 처리하거나 처분하기 위하여 굴착하는 것을 작업에 필요한 시간, 노동력, 중장비로 인하여 매우 고비용이 되게 한다. 따라서 저렴한 현장 복원 기술이 많은 관심을 받아왔다. 흥미 있고 유망한 기술의 하나가 식물환경복원이다.

식물환경복원(Phytoremediation)은 오염된 토양을 정화하기 위하여 전문화된 식물을 이용하는 것이다. 높은 수준의 토양 독소에 노출된 대부분의 식물은 사멸하지만, 연구자들은 특정한 식물은 내성이 있으며, 일부 집단은 실제로 잘 성장한다는 것을 발견하였다. 두 집단의 식물이 흥미가 있지만, 잘 성장하는 식물은 이들 일부가 실제로 체내에 높은 수준의 토양오염 물질을 운반하고 축적한다는 것을 보여주어 복원의 특정한 잠재력을 보여준다. 이러한 식물을 **초축적자(hyperaccumulator)**라고 한다.

초축적자는 중금속 오염된 토양을 정화하는데 사용된다. 예를 들면 겨자 잎은 Boston에서 오염된 지역에서 납을 제거하는데 이용되며, 수경재배한 해바라기는 Chernobyl 원자력발전소 주변의 물에서 방사성 금속을 제거하는데 이용된다.

대부분의 중금속은 필수 식물 영양소이기도 하며, 따라서 식물은 금속을 흡수하는 능력을 가진다. 그러나 오염된 토양에서 중금속 수준은 정상의 수백 배에 이르며 식물에 독성을 띨 수 있다. 초축적자는 실제로 이러한 높은 농도를 선호한다. 본질적으로 초축적자는 자연적인 진공청소기 역할을 하며, 토양에서 오염물질을 빨아들여 잎과 줄기에 축적한다. 금속을 제거하는 것은 지상 위의 초축적자를 가지치기하거나 베어서 대량의 토양을 굴착하지 않고 단순하게 처리할 수 있다.

내성은 있지만 초축적자가 아닌 식물도 식물환경복원에서 역할이 있다. 휘발유와 기타 연료에서 발견되는 탄화수소와 같은 탄소를 포함하는 유기 독소는 미생물 작용에 의하여 분해될 수 있다. 내성 식물은 다른 식물이 자라기에 너무 독성이 있는 장소에서 번성할 수 있다. 그들은 차례로 토양으로부터 유기오염물질을 제거하는데 필요한 미생물 작용을 증대시킨다.

식물환경복원에는 많은 제한이 있다. 이는 적절한 오염 감소가 나타나기까지 여러 생장 계절이 소요되는 느린 과정이다. 또한 초축적자 자체가 오염 위험이 될 수 있다. 예를 들면 금속이 풍부한 식물을 먹는 동물은 독소가 먹이사슬로 진입하게 한다. 식물의 금속 농도가 독성을 초래하기에 충분히 높다고 생각되면, 식물을 인간과 야생동물로부터 격리하는 방법이 있어야 한다. 추가적으로 식물환경복원은 새로운 관행이며 전통적인 처리 수단과 비교하여 다양한 독소를 정화하는 효과가 항상 알려진 것은 아니다. 그러나 더 많은 연구와 실행으로 식물환경정화는 증가할 수 있다.

- 여러분은 식물환경복원이 오염된 토양을 정화하는데 미래가 있다고 느끼나요?
- 여러분은 지역사회에 식물환경복원이 사용될 수 있는 오염된 장소가 있다고 생각하나요?

요약

지구 표면에는 연속적인 흐름이 있다. 지각 구조판의 운동은 오래된 육지가 침식작용에 의하여 마모되고 새로운 육지의 형성을 초래한다. 토양은 광물, 유기물, 살아있는 생물, 공기, 물의 조직화된 혼합물이다. 토양형성은 토양모재가 온도의 변화, 동결과 해동, 빙하에 의한 입자의 이동, 물의 흐름, 바람과 같은 물리적 과정에 의하여 분해되면서 시작된다. 산화와 가수분해는 토양모재를 화학적으로 변경할 수 있다. 생물도 토양에 굴을 파서 혼합하고, 영양소를 방출하고, 분해하여 토양형성에 영향을 미친다.

표토는 부식토와 무기물의 혼합을 포함하며, 둘 다 토양에 영양분을 공급한다. 작물을 생장할 수 있는 토양의 능력은 토양 내 무기물, 유기물, 물, 공기 공간에 의하여 결정된다. 토양의 광물 성분은 모래, 침니, 점토 입자의 다양한 혼합으로 구성된다.

토양 단면은 두엄의 *O*층; 유기물이 풍부한 *A*층; 물질이 침출되는 *E*층; 위에서 침출된 물질을 축적하는 *B*층; 약간 변경된 토양모재로 구성된 *C*층으로 구성되어 있다. 삼림 토양은 일반적으로 얕은 *A*층과 *E*층을 가지며, 대부분의 뿌리가 발달하는 깊고 영양분이 풍부한 *B*층을 가지고 있다. 초원 토양은 보통 풀뿌리의 대부분을 포함하는 두터운 *A*층을 가진다. 초원 토양은 *E*층이 결여되어 있으며 얇은 *B*층에는 영양분이 거의 없다.

토양 침식은 물이나 바람에 의한 토양의 제거와 운반이다. 등고선 영농, 대상 영농, 계단식 밭, 수로, 방풍림, 보존 경작과 같은 보존 관행의 적절한 사용은 토양 침식을 감소할 수 있다. 오용은 토양의 비옥도를 감소시키며 대기질과 수질 문제를 초래한다. 작물에 적합하지 않은 토지는 방목, 목재, 야생동물 서식지, 휴양에 이용될 수 있다.

녹색 활동

1. 지역 단체와 함께 강과 개울 주변에 나무와 토착 식생을 심는다.
2. 생물분해성 가정과 정원 폐기물을 퇴비로 만든다.
3. 여러분의 지역사회와 대학의 자연 또는 토착 조경을 지지한다.
4. 정원에 식재하면서 손톱 밑에 토양을 묻힌다!
5. 여러분이 거주하는 곳에 어떤 종류의 토양이 존재하는지 알아본다. 조그마한 구멍을 뚫는다. 토양은 점토, 모래, 또는 이전 건물의 잡석인가요?

복습문제

1. 토양과 토지는 어떻게 상이한가?
2. 토양의 5가지 주요한 성분의 이름을 댄다.
3. 토양형성의 과정을 서술한다.
4. 토양 모재를 작은 조각으로 분쇄하는 5가지 물리적 · 화학적 과정의 이름을 댄다.
5. 비옥도에 추가하여 어떠한 다른 특징이 토양의 유용성을 결정하는가?
6. 토양 입자 크기는 어떻게 토성과 배수에 영향을 미치는가?
7. 토양 단면을 서술한다.
8. 침식을 정의한다.
9. 토양 침식을 감소하는 것을 도와주는 3가지 토양보존 관행을 서술한다.
10. 경작지 이외에 토양의 다른 가능한 이용은 무엇인가?

비판적 사고 문제

1. 최소경작 토양보존은 잡초를 제어하기 위하여 종종 많은 양의 제초제를 사용한다. 여러분은 이러한 관행에 대하여 어떻게 생각하는가?
2. 인구가 증가하면서, 우리는 식량 생산을 위하여 더 많은 토지를 사용해야 할까요, 아니면 생산을 위하여 이미 가지고 있는 토지에서 더 많은 식량을 생산하는 것을 도와주는 기술을 사용해야 할까요? 둘 사이의 균형은 무엇인가?
3. 토양형성에 대하여 알고 있는 것을 바탕으로, 북미 중서부에서 두꺼운 *A*층의 존재에 대하여 어떻게 설명할 수 있는가?
4. 농부가 아닌 사람도 왜 토양보존에 대하여 관심을 가져야 하는가?
5. 여러분이 소도시의 주변에 토양 이용 관행을 평가하기 위한 계획의 고문 역할로 고용된 과학자라고 가정하라. 문제가 되는 지역에는 깊은 계곡과 언덕이 있다. 여러분은 환경을 보전하기 위하여 이 지역에 어떠한 종류의 농업, 상업, 벌목 관행을 권장할 것인가?
6. 여러분의 지역사회를 살펴보라. 여러분은 부적절한 토지 이용(도시 또는 교외)의 예를 볼 수 있나요? 이러한 토지 이용 관행의 결과는 무엇인가? 토지 이용을 개선하기 위하여 여러분은 어떠한 건의를 할 것인가?

chapter

12 농경 방법과 해충 관리

Agricultural Methods and Pest Management

CHAPTER OUTLINE

◀ 토지의 농업적 이용은 곡물의 생장을 위하여 자연 세계의 변경을 초래한다. 종종 제초제를 사용하여 해충 종이 통제된다.

목적

이 장을 학습한 후 여러분은 다음을 달성하여야 한다.

- 이동 농업에 대하여 묘사한다.
- 노동 집약적 농사법을 필요로 하는 상황을 묘사한다.
- 기계화가 어떻게 단일경작 농업을 조장하는지 설명한다.
- 단일경작 농업의 장점과 단점을 열거한다.
- 화학 비료가 왜 사용되는지 설명한다.
- 다량영양소와 미량영양소 사이의 차이를 묘사한다.
- 토양 유기물이 왜 중요한지 설명한다.
- 현대 농업이 왜 농약의 광범위한 사용을 하게 하는지 설명한다.
- 지속성 농약과 비지속성 농약을 구분한다.
- 농약 사용과 관련된 4가지 문제점을 열거한다.
- 특정한 농약이 먹이사슬에서 왜 생물증폭 되는지 설명한다.
- 농약이 왜 계속하여 사용되는지 설명한다.
- 농업에 지속가능한 접근방법의 전형적인 특징을 열거한다.
- 통합 해충관리가 왜 해충의 생활사에 대한 완전한 지식에 의존하는지 설명한다.
- 통합 해충관리에 사용되는 기술을 묘사한다.
- 유전자 변형된 생물이 어떻게 생성되는지 묘사한다.
- 작물 식물에 도입된 2가지 가장 보편적인 종류의 유전자 변형을 묘사한다.
- 지속가능한 농업 기술을 사용할 때 일반적으로 요구되는 경제적 사회적 변화를 묘사한다.

농업의 도전-더 많은 사람을 부양하기

모든 사람은 농업을 필요로 한다. 농업은 전체 인구를 부양한다. 개발도상국에서 농업은 경제 성장에 중요한 기여를 하고 빈곤의 감소를 돕는다. 농업은 또한 탄소배출을 감소하고 취약계층이 기후변화에 적응하도록 도와주는 큰 잠재력을 가지고 있다.

인구의 증가 2050년 지구 인구가 97억 명으로 예상되며(2013년에 비하여 36% 증가), 농업생산은 사람의 식량, 가축의 사료, 기계의 연료로서 새로운 수요를 충족하기 위하여 증가되어야만 한다. 농업은 단지 수요를 충족할 뿐 아니라, 환경 발자국을 최소화하고 농부와 다른 사람들을 위한 지속가능한 생계를 생성하여야 한다.

수요의 증가 소득이 증가하면서 나타나는 개발도상국의 중산층은 더 많은 과일과 야채 특히 더 많은 고기를 소비할 수 있게 되며, 이는 생산을 위한 더 많은 물과 땅을 필요로 한다.

토지 자원 사막화, 산림벌채, 과잉방목, 염화, 토양침식 등의 형태로 나타나는 토지의 퇴화는 장기적인 식량안보에 심각한 위협을 초래하며, 특히 아시아에서는 경작 가능한 토지가 부족하고 라틴아메리카와 아프리카에서 추가적으로 토지를 경작하는 것은 높은 환경비용과 기반비용을 초래할 것이다. 세계적으로 13억 명의 사람이 농업생산의 증가에 대한 제한된 가능성을 가진 취약한 토지에서 살고 있다.

물 가용도 농업은 지구 담수의 70~80%를 차지하고, 물의 다른 수요가 훨씬 빠르게 증가할 것으로 예상되기 때문에, 관개를 위하여 이용할 수 있는 물은 최소한의 증가를 보일 것이다. 세계 인구의 1/3은 물 부족 지역에서 살고 있으며, 세계 국내총생산(GDP)의 1/4 가까이가 그 지역에서 생산되며, 물 부족의 더 큰 반향은 농업 분야를 넘어설 것이다. 더 나아가 농업분야는 지구 온실기체 배출의 30%까지의 원인이 되며, 이는 기후변화에 직접 기여한다.

시골의 빈곤 식량이 불안정한 지역에 사는 사람의 대부분은 개발도상국의 시골 빈곤층이다. 따라서 우리는 안정적 식량공급의 목표를 달성하고, 시골 생계의 개선을 통한 빈곤 감소, 생산의 발자국 감소를 통한 환경의 지속가능성과 기후변화에 적응하기 위한 농업의 잠재력을 무시해서는 안 된다.

이러한 도전에 맞서기 위하여, 농업발달은 다음에 초점을 맞추어야 할 것이다.

혁신, 연구, 교육 농업은 지식 집약적 분야이다. 생산성 개선을 위한 연구개발과 농민에게 새로운 기술을 사용하도록 훈련시키는 데 투자가 이루어져야 한다.

지속가능성의 증강 세계는 수요를 충족하고 환경 발자국을 감소하기 위하여 적게 사용하여 많이 생산할 필요가 있다. 이는 토지와 수자원의 효율적인 이용과 농장과 소비자 사이에서 손실을 감소하는 것을 필요로 한다. 선진국도 수확, 수송, 가게, 식당, 가정에 분배하는 과정에서 손실을 겪는다.

빈곤의 감소 시골 빈곤층은 전통적 농사법을 변화시키는 것을 어렵게 하는 빈곤의 순환에 갇혀 있다. 그들은 가용한 수송이나 산물을 보전하는 방법이 없기 때문에 이윤이 높은 시장에 접근할 수 없다. 정부의 수송 기반시설, 마케팅 기작, 식량 보전방법에 대한 투자는 낭비를 감소하고 농민의 수입을 증가할 것이다. 농부의 수입이 개선되면 새로운 작물이나 농사법을 시도할 수 있을 것이다.

12.1 농업의 발전

인류의 초기 선조들은 수렵과 채취를 통하여 식량을 획득하였다. 농업의 발전은 인간이 원하는 종류의 식량을 생산하도록 자연환경을 조작하는 것과 관련되었으며 인구의 증가를 가능하도록 하였다. 농업 발전의 역사는 다양한 종류의 혁신과 연관되었다. 가장 단순한 것은 이동 농업이며, 화전식 농업으로도 알려져 있다.

이동 농업

이동 농업은 작은 면적 삼림의 나무와 다른 식생을 베어내고 불태우는 것을 포함한다(그림 12.1). 연소는 바이오매스

그림 12.1 이동 농업: 토양이 메마르고 인구밀도가 낮은 세계의 많은 지역에서 작물은 생태계의 작은 부분을 교란하고 수 년 간의 회복기를 통하여 재배된다. 식생을 태우는 것은 토양이 소진되기 전에 1~2년 작물이 이용할 수 있는 영양분을 방출한다. 자연 식생의 회복은 침식을 방지하며 일시적인 농업 이용에 의하여 야기된 손상을 복구한다.

에 묶여 있었던 영양분을 방출하며 토양의 영양분이 결핍되기 전에 약간의 작물이 자라도록 한다. 토양이 더 이상 작물을 성장시키는데 적합하지 않으면(2~3년 이내에), 그 장소를 버리고 시간이 지나면 그 지역은 천이 과정을 통하여 삼림으로 되돌아간다.

토양이 메마르고 인구가 적은 일부 지역에서는 이동 농업이 아직도 성공적으로 실행되고 있다. 이 방법은 얇고 영양분이 빈약한 열대 토양과 경사가 심한 곳에서 특히 유용하다. 강우량이 높은 열대지역은 빗물이 토양으로부터 영양분을 씻어 내리기 때문에 영양분이 빈약하다. 삼림에 작은 면적의 개활지가 일시적으로 존재하면 토양에 대한 광범위한 손상을 방지하며 침식이 최소화된다. 이러한 농업 시스템은 인구밀도가 낮을 때에는 성공적이지만, 넓고 인구밀도가 높은 지역에는 적합하지 않다. 인구가 너무 많아지면, 재배지의 면적과 수가 증가하며 동일한 재배지의 연속적인 이용 사이의 시간 간격이 감소한다. 넓은 면적의 삼림이 교란되고 연속적인 이용 사이의 시간이 감소하면, 삼림이 회복되지 않아서 토지의 이전 이용에 의한 손상이 복구되지 않고, 삼림의 성질이 변화하게 된다.

소규모의 이동 농업에 종사하는 사람들의 전통적 농경은 수백 년에 걸쳐 발달하였으며 다른 재배법에 비하여 지역 조건에 더 효과적이다. 일반적으로 이러한 재배지는 **다종작(polyculture)**이라고 하는 여러 식물을 재배하는 시스템이다. 재배지에 식물을 혼합하는 것은 음지식물은 키 큰 나무에 의하여 도움을 받고, 질소를 고정하는 콩과식물은 질소를 요구하는 종에 질소를 제공하기 때문에 유익하다. 추가적으로 종을 혼합 재배하는 것은 일부 식물이 천연적인 방충제인 분자를 생산하기 때문에 해충 문제를 감소할 수 있다. 재배지의 작고 고립되고 일시적인 성질은 해충 출몰의 가능성도 줄여준다. 오늘날 이러한 형태의 농업은 보통 열대지역에서 시행되지만, 많은 미국 원주민 문화는 온대지방에서 이동 농업과 다종작을 하였다는 것을 주목하는 것도 중요하다.

노동집약적 농업

토양이 비옥한 지역에서, 땅을 경작하고, 작물을 심고, 수확하는 데 많은 인력이 관련된 집약적 형태의 농업이 발달하였다. 이러한 유형의 농업은 현재에도 많은 개발도상국에서 실행되고 있다. 노동집약적 농업을 선호하는 3가지 요인은 다음과 같다. (1) 경작지를 기계화할 수 없다. (2) 작물의 종류가 많은 수작업을 필요로 한다. (3) 사람들의 경제적 상태가 기계화 농업에 필요한 도구와 기계를 구입할 수 없다.

작은 농경지를 요구하는 작물이나 지형은 기계화를 방해하는데, 그 이유는 큰 트랙터나 다른 장비가 좁고 이상한 형태의 농경지에서는 효율적으로 사용될 수 없기 때문이다. 세계의 많은 산악지역이 이러한 범주에 속한다. 인구밀도가 높은 국가는 1~2 ha(1 ha는 축구장 크기임)의 많은 작은 농장을 가지고 있으며 이는 역축(끄는 동물)과 소형 휘발유 엔진에 의하여 도움을 받는 인력에 의하여 효율적으로 관리될 수 있다(그림 12.2). 추가적으로 세계의 저개발지역은 인건비가 저렴하기 때문에 씨를 뿌리고, 잡초를 제거하고, 다른 활동 등에 비교적 고가의 기계 대신에 수작업을 사용하도록 조장한다.

추가적으로 일부 작물은 씨를 뿌리고, 잡초를 제거하고,

수작업이 필요함.

작은 불규칙한 논

그림 12.2 노동집약적 농업: 세계의 많은 저개발 국가에서 수작업의 광범위한 사용은 화석연료와 비료를 최소한으로 투입하여 인상적인 생산율을 올리도록 한다. 이러한 종류의 농업은 농경에 적합한 소규모의 토지만 있는 지역에서도 필수적이다.

수확하는데 세심한 취급을 필요로 하기 때문에 많은 수작업을 필요로 한다. 논에 벼를 심고 많은 과일과 야채를 수확하는 것이 예이다. 그러나 노동집약적 농사의 주된 이유는 경제적이다.

많은 선진국에 전형적인 기계화 영농은 많은 면적의 토지를 필요로 한다. 이 토지는 많은 작은 단위로부터 구입되거나 협동농장을 형성하여 생성되어야 한다. 이러한 대규모 토지소유에 대한 사회적 · 정치적 장애물이 극복될 수 있더라도, 아직 장비를 구입하기 위하여 필요한 자본을 획득하는 문제가 있다. 대부분의 아프리카와 아시아의 많은 지역을 포함하는 개발도상국의 대부분에서 이러한 상황이다. 아프리카와 남아시아(인도, 파키스탄, 방글라데시, 아프가니스탄, 인도네시아, 태국 등) 인구의 60%는 시골에 산다. 이러한 사람의 대부분은 기계화되지 않은 농업에 종사한다.

그림 12.3 기계화된 단일경작: 이 밀밭은 단일경작의 사례인데, 이는 고도로 기계화되고 기계의 효율적인 이용을 위하여 넓은 면적이 필요한 유형의 농업이다. 이러한 종류의 농업에서 기계와 화석연료 에너지가 인간과 끄는 동물의 에너지를 대체하였다.

기계화된 단일경작 농업

기계화된 농업은 북미, 호주, 뉴질랜드, 남미와 유럽의 대부분에서 일반적이다. 기계와 화석연료 에너지는 이 전에 인간과 동물의 근육에 의하여 공급되었던 에너지를 꽤 많이 대체하였다. 기계화는 기계를 효율적으로 운용하기 위하여 광활한 면적의 비교적 편평한 토지를 필요로 한다. 추가적으로 효율적인 씨 뿌리기, 경작, 수확을 위하여 넓은 면적의 토지는 **단일경작(monoculture)**이라고 하는 동일한 작물을 심어야 한다.

에너지와 기계화된 농업

기계화된 농업은 인간의 노동력을 석유제품에 저장된 에너지로 대체하였다. 예를 들면, 1913년 미국에서 2,500 kg(5,500 lb.)의 옥수수를 생산하는데 135시간의 노동력이 필요하였다. 1980년 동일한 양의 옥수수를 생산하는데 단지 15시간의 노동력을 필요로 하였다. 석유 제품에 의하여 공급되는 에너지가 120시간의 노동에 해당하는 에너지를 대체하였다. 에너지는 경작, 씨뿌리기, 수확, 관개수의 펌프에 필요하다. 비료와 농약의 제조도 산업 공정의 에너지원과 원료로서 많은 양의 화석연료의 투입을 필요로 한다. 예를 들어 1톤의 비료를 생산하는데 5톤의 화석연료가 필요하다. 추가적으로 기계화된 농업에서 사용되는 농약은 원료로서 석유를 필요로 한다. 선진국은 농업을 지탱하기 위하여 기계를 운영하고 비료와 농약의 생산을 위하여 석유에 의존하기 때문에, 석유의 가용도와 가격의 어떠한 변화도 세계가 식량을 공급하는 능력에 주요한 영향을 미칠 것이다.

단일경작의 문제

기계화된 단일경작이 식량을 생산하는 효과적인 방법이지만, 심각한 약점이 없는 것은 아니다.

- 토양의 보호—전통적으로 기계화 농사법은 매년 작물을 수확할 때 유기물의 대부분을 제거한다. 이는 토양 유기물의 감소를 초래한다. 농업 과학자들과 농부들이 토양의 유기물을 개선할 필요성을 인식하면서, 많은 농부들은 수확 후에 많은 유기물의 양을 남기거나, 토양의 유기물 함량을 증가시키기 위하여 나중에 갈아엎는 작물을 특별히 식재한다. 이러한 토양개선 방법은 토양 침식도 감소한다.

  토양침식은 식생이나 수확하지 않은 식물 부분에 의하여 덮이지 않고 남겨질 때 가장 심각하다. 침식의 문제로 인하여 많은 농부들은 이제 밭이 벗겨져 있는 시간을 줄이는 방법을 사용한다. 그들은 무경작 농경과 침식을 감소하는 다른 기법을 사용한다(11장 토양과 토양의 이용 참조).
- 유전적 다양성의 상실—기계를 이용하여 효과적으로 작물을 심고, 보살피고, 수확하기 위하여 농부는 유전적으로 동일한 씨앗을 밭에 뿌린다. 이러한 특별한 씨앗은 모든 식물이 동시에 발아하고, 동일한 해충에 저항하고, 동시에 익고, 동일한 크기로 생장하게 한다. 이는 농부에게는 소중한 특징이지만, 밭의 식물은 유전적 다양성이 거의 없다. 어느 지역의 농부가 모두 동일한 유전적 변종을 심을 경우, 해충 통제가 심각한 문제가 된다. 질병이나 해충이 전파되기 시작하면, 모든 식물이 동일한 특징을 가지고 있고 따라서 동일한 질병에 취약하기 때문에 문제의 크기는 치명적이 된다. 유전적으로 다양한 작물이 식재되거나 작물이 매년 윤작된다면, 이 문제는 그리 크지 않을 것이다.
- 비료와 농약 의존—농업 기구는 고가이기 때문에, 농부는 몇 작물에 전문화하는 경향이 있다. 이는 동일한 작물이 동일한 밭에 몇 년간 연달아 이식될 수 있다는 것을 의미한다. 이러한 윤작의 결여는 특정한 필수 토양 영양분을 결핍시킬 수 있어서, 토양 화학에 특별한 주의를 기울여야 한다. 추가하여 동일한 작물을 반복하여 식재하는 것은 곤충과 진균 해충의 막대한 먹이 공급으로 생장이 촉진된다. 이는 살충제와 살진균제의 빈번한 사용이나 다른 해충 통제방법을 필요로 한다.

12.2 비료와 농업

비료는 식물에 의하여 제거되는 토양 영양분을 대체하기 때문에 중요하다. 탄소, 수소, 산소와 같은 일부 식물의 화학적 구성단위는 대기 중의 이산화탄소와 토양의 물에 의하여 쉽게 대체되지만, 다른 것들은 쉽게 대체되지 않는다. 종종 공급이 부족한 3가지 주요한 토양 영양분은 질소, 인, 칼륨 화합물이다. 이들은 종종 **다량영양소(macronutrients)**로 지칭되며 화학비료의 보편적인 성분이다.

극히 소량 필요한 특정한 다른 원소는 **미량영양소(micronutrients)**로 알려져 있다. 다량영양소와 미량영양소의 차이에 대한 예로서, 1톤의 감자를 수확하면 10 kg의 질소(다량영양소)가 제거되지만 붕소(미량영양소)는 13 g만 제거된다.

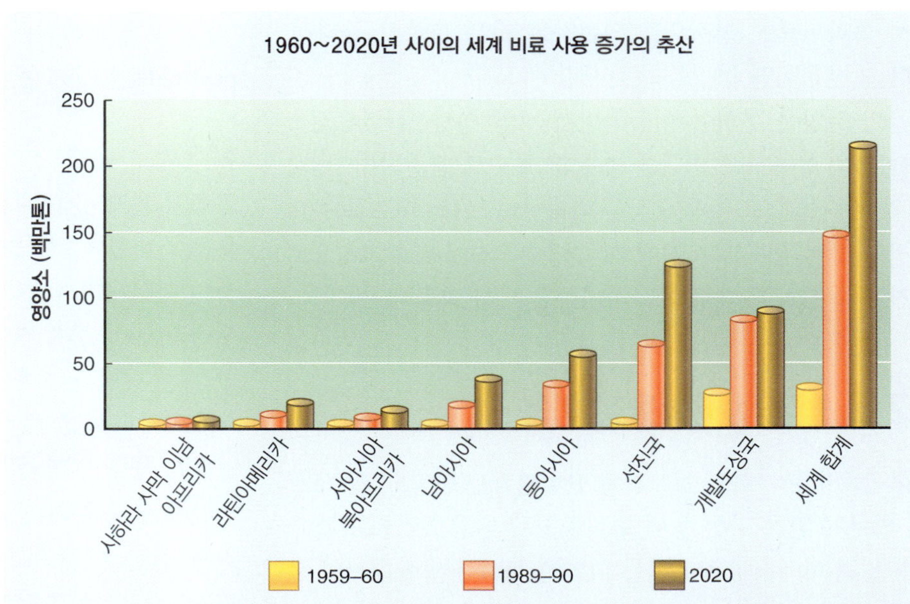

그림 12.4 비료 사용의 증가: 비료의 사용은 더욱 빠르게 증가한다. 사용의 증가는 다음 20년간 개발도상국에서 더 빠를 것이다.

다량영양소와 미량영양소의 대체는 중요한데 이는 작물이 수확되면 작물의 부분인 화학 원소가 밭에서 제거되기 때문이다. 이러한 원소의 많은 부분이 토양에서 기원하기 때문에, 다른 작물을 생육하기 위해서는 대체되어야 한다.

다양한 전문가들은 세계 작물 산출량의 약 25%가 화학비료의 사용에 직접적으로 기인할 수 있다고 추산한다. 비료의 사용은 지난 수십 년간 뚜렷이 증가하였으며 더욱 증가할 것으로 예측된다(그림 12.4). 그러나 비료 생산은 화석연료의 에너지에 의존하기 때문에, 화학비료의 가격과 가용도는 에너지 가격에 의하여 강하게 영향을 받는다. 석유 가격이 증가하면 비료 가격이 상승하며 따라서 식품 가격도 상승한다. 이는 가난한 곳에서 더 민감하게 느껴지는데 그 이유는 농부들이 비료를 구입할 수 없어 그에 따라 작물 소출이 감소하기 때문이다.

화학비료는 무기 영양소를 대체하지만, 토양 유기물을 대체하지는 않는다. 유기물은 토양의 구조를 변경하고, 치밀화를 방지하고 공극을 유지하고, 물과 공기가 뿌리로 이동할 수 있도록 하기 때문에 중요하다. 유기물의 분해는 부식토를 생산하며, 이는 많은 토양 영양소와 다른 분자와 느슨하게 결합하고 pH를 변경하여 영양분이 너무 빠르게 방출되게 하기 때문에 적절한 토양 화학을 유지하는데 도움을 준다. 토양 세균과 다른 생물은 유기물을 에너지원으로 사용한다. 생물은 탄소와 질소 순환에 중요한 연결자로 작용하기 때문에, 유기물의 존재는 생물의 기능에 중요하다. 따라서 화학비료에 전적으로 의존하는 것은 토양의 물리적, 화학적, 생물학적 성질을 변화시킬 수 있다.

물이 토양을 통하여 이동하면서 토양 영양분(특히 질소화합물)을 용해하고 이들을 개울과 호수로 운반하며, 원하지 않는 식물과 조류의 생장을 촉진한다. 이는 비료를 큰비 직전과 같이 잘못된 시기에 시비하거나 식물이 효과적으로 제거할 수 없도록 대량으로 시비하면 특히 그렇다.

12.3 농업적 화학물질 이용

화학비료에 추가하여 기계화된 단일경작은 농약, 생장 조절제, 방부제 같은 다른 농업 화학물질을 대량으로 요구한다. 해충을 통제하는데 사용되는 다양한 화학물질에 대하여 토의하는 기본적인 용어에 대한 이해를 가지는 것이 중요하다. 농약은 원하지 않는 진균, 동물, 식물 등 해충이라고 불리는 개체군의 사멸과 통제에 사용되는 모든 화학물질이다. 해충은 과학적 용어가 아니고 원하지 않는 모든 생물을 가리킨다. 작물을 먹는 곤충은 해충이지만, 벌과 같은 다른 생물은 식물을 수분하는데 유익하다. 원하지 않는 식물은 일반적으로 **잡초(weed)**라고 한다.

농약은 통제에 사용되는 생물의 종류에 근거하여 몇 가지 범주로 세분화된다. **살충제(insecticide)**는 곤충 개체군을 사멸시켜 통제하는데 사용된다. 식물을 약화시키거나 과일을 파괴할 수 있는 원하지 않는 진균 해충은 **살진균제(fungicide)**에 의하여 통제된다. 생쥐와 시궁쥐는 **살서제(rodenticide**; 쥐약)에 의하여 사멸되고, 식물 해충(잡초)은 **제초제(herbicide)**에 의하여 통제된다. 농약은 단지 해충만 사멸시키는 것이 아니라 인간을 포함한 다양한 생명체를 사멸시킬 수 있기 때문에, 이러한 화학물질은 **살생물제(biocide)**로 불리는 것이 더 적절하다. 완벽한 농약은 문제를 일으키는 특정한 해충 생물만 죽이거나 생장을 저해하는 것이다. 해충은 종종 **표적 생물(target organism)**로도 불린다. 그러나 대부분의 농약은 특이성이 매우 높지 않으며 많은 **비표적생물(nontarget organism)**도 사멸시킨다. 예를 들어 대부분의 살충제는 이로운 종과 해충 종을 모두 사멸시키는데, 살서제는 설치류와 함께 다른 동물도 사멸시키며, 제초제는 해충과 비해충인 다양한 종류의 식물을 사멸한다.

많은 오래된 농약은 안정적이고 오랜 기간 활성을 나타낸다. 이들을 **지속성 농약(persistent pesticide)**이라고 부른다. 빠르게 분해되는 농약을 **비지속성 농약(nonpersistent pesticide)**이라고 한다.

살충제

곤충이 통제되지 않으면 농부들이 생산하는 작물의 많은 부분을 소비한다. 조그마한 정원에서 곤충은 수작업으로 제거하여 사멸시켜서 통제될 수 있다. 그러나 넓은 밭에서 이는 실질적이 아니며, 따라서 사람은 해충 곤충을 통제하기 위한 다른 방법을 추가하였다.

추가적으로 많은 곤충은 수면병, 선페스트, 말라리아와 같은 질병을 전파하기 때문에 사람에 해를 끼친다. 모기는 인간에 해로운 30종류 이상의 질병을 운반하는 것으로 알려져 있다. 현재 세계보건기구(WHO)는 2천5백만의 말라리아 사례가 있으며 매년 80만 명이 사망한다고 추산한다. 사망의 대부분은 아동이다. 곤충을 사멸시킬 수 있는 화학물질의 발견은 질병의 통제와 작물의 보호에 주요한 진보

과학, 정치, 정책

제초제의 규제

선진국은 농약의 판매와 사용에 신중한 규제를 설정하였다. 미국에서 EPA는 사용 허가를 받는 각 농약의 효과와 부작용에 대한 신중한 연구를 요구한다. EPA는 원래 생각되었던 것만큼 안전하지 않다는 새로운 정보가 나타났기 때문에 몇몇의 농약 사용을 금지하였다. 예를 들어 EPA는 제초제인 다이노셉(dinoseb)의 사용을 금지하였는데, 이유는 독일 화학회사인 훽스트사(Hoechst AG)의 시험에서 토끼에 선천적 기형을 유발한다는 것을 보여주었기 때문이다. 유사하게 1987년 Velsicol 화학회사는 EPA와 미국에서 클로르덴(chlordane)의 생산과 분비를 중지하는 협약을 체결하였다. 클로르덴은 이전에 흰개미 통제를 제외한 모든 적용에 금지되었었다. 클로르덴으로 처리한 집에서 위험한 수준으로 존재할 수 있다는 것이 증명된 후 최종적으로 사용이 감축되었다. 1987년에 또한 Dow 화학회사는 논란이 되는 2,4,5-T의 생산을 중지한다고 발표하였다. 두 경우 모두 새로운 대체 농약이 개발되었기 때문에 오래된 농약의 사용 중지는 농부와 다른 소비자에게 경제적인 어려움을 초래하지 않았다.

가장 잘 알려진 농약의 규제는 DDT의 규제이다. DDT의 부정적인 영향에 대한 축적된 과학적 증거는 1972년 미국에서 모든 농업적 이용에 금지되도록 하였다. 금지에 대한 이의가 법정에서 제기되었지만 금지가 유지되었다. 이 금지의 결과는 환경의 DDT 수준의 감소와 독수리와 펠리컨 같은 생물 개체군의 회복에서 나타났다.

UNEP(유엔 환경계획)는 1999년 전 세계에 걸친 DDT의 사용을 금지하도록 요청되었다. 이는 DDT 공급원에서 멀리 떨어진 많은 종류의 동물 신체에서 DDT가 나타났으며, DDT가 사용되는 지역의 모유에서 DDT가 나타났기 때문이다. 이는 말라리아의 통제에 관계된 많은 공중보건 전문가로부터 큰 항의를 초래하였는데, 이는 DDT가 세계의 많은 지역에서 말라리아를 전파하는 모기를 죽이는데 널리 사용되고 있기 때문이다. 그들은 DDT의 완전한 금지가 모기의 통제를 비효과적으로 만들어 말라리아에 의한 사망을 증가할 수 있다고 걱정하였다. DDT는 그 이후 스톡홀름 협정에 의하여 세계적으로 농업적 이용이 금지되었지만 질병 매개체 통제에 계속하여 사용되고 있으며 이는 아직 논쟁의 대상이다.

1990년대에 EPA는 많은 농약을 재등록하도록 요구하였다. 이 과정에서 제조사는 제품의 지속적인 생산을 정당화하도록 요구되었다. 많은 경우에 회사들은 등록 과정에 돈을 지출하는 것을 원하지 않았으며, 제품은 시장에서 회수되었다. 다른 경우에는 사용의 다양성이 변경되었다. 예를 들면 가장 널리 사용된 살충제인 클로르피리파스(chlorpyrifos)는 사용이 변화되었다. 생산자와 협상을 통하여 가정과 학교에서의 사용은 배제되었지만, 대부분의 농업 환경에서는 허용되었다.

오늘날 회사가 미국에서 어떠한 농약도 판매하거나 분배하기 전에, EPA는 농약이 인간의 건강이나 환경에 무분별한 위해를 초래하는지 측정하는 연구에 대하여 검토를 해야 한다. 일단 EPA가 결정을 내리면 EPA는 라벨 지침에 따라 사용할 수 있도록 농약을 허가하거나 등록한다. 식품 상품에 농약이 사용되는 것을 허용하기 전에 EPA는 생육과 처리 과정에서 얼마나 많은 농약이 사용될 수 있고, 얼마나 많은 농약이 식품에 잔류할 수 있는지에 대한 한도를 설정한다. 1986년의 식품 품질 보호법(Food Quality Protection Act)은 식품에 대한 기준을 설정하는 결정을 내리는데 농약에 대한 대중의 전반적인 노출(식품, 물, 가정환경을 통한)을 반드시 고려하여야 한다고 지정하였다.

로 찬양되었다.

거의 3천 년 전에 그리스 시인 호머(Homer)는 곤충을 통제하는데 황의 사용을 언급하였다. 수세기 동안 천연적 식물 산물이 곤충 해충을 퇴치하거나 사멸시킬 수 있다고 알려졌다. 곤충을 퇴치하는 능력을 가진 식물은 해충의 통제를 돕기 위하여 작물과 함께 식재되었다. 담배의 니코틴, 열대 콩과식물의 로테논, 국화의 제충국을 추출하여 곤충을 통제하는데 사용하였다. 그러나 식물 산물은 추출하고 적용하는 것이 어려우며 단기간의 효과밖에 없어서, 다른 화합물을 찾았다. 1867년 Paris green이라고 하는 최초의 합성 무기 농약이 제조되었다. 이는 아세트산과 구리의 비소화합물의 혼합물이며 콜로라도 감자 딱정벌레를 통제하는데 사용되었다.

최초로 사용된 합성 유기 살충제는 DDT[1,1,1-trichloro-2,2-*bis*-(p-chlorophenyl)ethane]이었다. DDT는 원래는 완벽한 살충제로 생각되었다. DDT는 저렴하고, 오래 지속되고, 인간에 비교적 해가 없고, 곤충에는 매우 치명적이었다. 발견된 이후 DDT는 농업과 질병을 보유하는 곤충을 통제하는데 널리 사용되었다. 사용된 처음 10년 동안에(1942~1952) DDT는 주로 질병을 보유하는 모기의 통제에 사용되어 5백만 명의 생명을 구한 것으로 추정된다.

그러나 과학자들은 DDT의 사용과 연관된 여러 가지 문제점을 인식하기 시작하였다. 과학자들은 DDT 살포에 반복적으로 노출된 곤충 개체군이 내성을 발달하여 해충 곤충을 사멸하는데 많은 양이 필요하게 되었다. 생태학자와 작물 과학자들은 비표적 생물의 사멸이 주변 환경과 해충 곤충의 천적과 기생충에 어떻게 영향을 미치는지에 대하여 연구를 하였다. 환경에서 DDT의 분해에 대한 연구는 DDT가 긴 반감기(화학물질의 1/2이 분해되는데 소요되는 시간)를 가진다는 것을 밝혔다. 온대지역에서 DDT의 반감기는 10~15년이다. 이는 어느 지역에 1,000 kg의 DDT가 살포되면 10~15년 후에도 500 kg이 아직 남아있으며, 살포된 30년 후에도 250 kg이 아직 남아있다는 것을 의미한다. DDT의 반감기는 토양의 유형, 온도, 존재하는 토양 생물의 종류와 다른 요인들에 관계된다. 열대지방에서 반감기는 6개월로 짧을 수 있다.

마지막으로, 지속성으로 인하여 DDT는 나이든 동물과 높은 영양단계의 동물에 축적되는 경향이 있다. 문제는 독수리, 펠리컨, 가마우지 같은 어류 포식자인 새 종에서 특히 심각하다. 과학자들은 새의 DDT 수준이 증가하면서, 새들은 껍질이 얇은 알을 생산하며, 이는 둥지에서 쉽게 파손된다. 결과적으로 이러한 새 개체군은 가파르게 감소하였다.

DDT가 도입된 이래 살충제로서의 잠재력을 가지는 6만 종 이상의 상이한 화합물이 합성되었다. 그러나 이들 중 대부분은 비용, 인간 건강에 미치는 영향, 다른 단점으로 인하여 생산되지 않았다. 이러한 화합물의 몇 가지 범주가 개발되었다. 현재 사용되는 3가지 범주는 염소화 탄화수소, 유기인산염, 카르바민산염이다.

염소화 탄화수소

염소화 탄화수소(Chlorinated hydrocarbon)는 탄소, 수소, 염소를 포함하는 복잡하고 안정된 구조의 농약 집단이다. DDT는 최초로 제조된 이러한 농약이지만, 몇 가지 다른 화합물도 개발되었다. 다른 염소화 탄화수소는 클로르덴, 올드린, 헵타클로르, 디엘드린, 엔드린이다. 이러한 화합물이 어떻게 작용하는지에 대해서는 완전히 이해되지 않고 있지만, 곤충의 신경계에 영향을 미쳐서 사멸을 초래하는 것으로 믿어지고 있다.

이러한 농약의 중요한 특징 중 하나는 매우 안정적인 화합물이라는 것이다. 이는 장점이면서 또한 단점이다. 한차례만 사용하면 오랜 기간 효과적일 수 있다. 그러나 쉽게 분해되지 않기 때문에, 토양과 먹이사슬의 동물 신체에 축적된다. 따라서 원래의 표적 곤충뿐 아니라 많은 비표적 생물에도 영향을 미친다.

부정적 효과로 인하여 염소화 탄화수소의 대부분은 세계의 대부분 지역에서 더 이상 사용되지 않는다. DDT, 올드린, 디엘드린, 톡사펜, 클로르덴, 헵타클로르는 미국과 많은 다른 선진국에서 금지되었다. DDT는 미국에서 1970년대 초에 금지되었다. 올드린, 디엘드린, 헵타클로르, 클로르덴도 작물에 사용이 금지되었으며, 헵타클로르와 클로르덴은 최근까지 흰개미의 통제에 이용되었다. 1987년 Velsicol 화학회사는 미국에서 클로르덴의 판매 중지에 동의하였다. 그러나 많은 개발도상국이 염소화 탄화수소를 작물과 공중건강을 보호하기 위하여 곤충을 통제하는데 아직 사용하고 있다. 지속성과 많은 국가에서 아직 사용하기 때문에, 염소화 탄화수소는 오염 수준이 감소하기는 하였지만 먹이사슬에 아직 존재한다. 이러한 분자는 대기를 통하여 그리고 수입된 농산물의 미량 오염물질로 금지된 국가에도 계속 침입한다.

유기인산염과 카르바민산염

지속성 살충제와 연관된 문제로 인하여, 몇 시간 또는 며칠 지나면 무해한 물질로 분해되는 비지속성 살충제가 개발되었다. 그러나 다른 살충제와 마찬가지로 비지속성 살충제도 종 특이적이 아니며, 해로운 곤충뿐 아니라 유익한 곤충도 사멸한다. 짧은 반감기는 환경에 독성 물질이 축적되는 것을 방지하지만, 농부에게는 이것이 단점인데 이는 해충을 통제하기 위하여 더 자주 사용해야 하기 때문이다. 이는 더 많은 노동력과 연료를 필요로 하며, 따라서 더 고비용이다.

유기인산염(**organophosphate**)과 **카르바민산염**(**carbamate**)은 둘 다 정상적으로 자극을 전달하는 신경계의 능력에 방해하여 작용한다. 정상적 상태에서 신경 자극은 하나의 신경세포에서 다른 신경세포로 신경전달물질이라고 하는 화학물질로 전달된다. 가장 보편적인 신경전달물질 중 하나는 아세틸콜린이다. 이 화학물질이 신경세포 말단에서 생산되면, 이는 자극이 다음 세포로 전달되도록 하며, 그에 의하여 신경 메시지가 운반된다. 이 전달이 완료되면 콜린에스테라아제라고 하는 효소가 아세틸콜린을 분해하며, 따라서 신경 사슬의 두 번째 신경세포는 단지 짧은 기간만 자극된다. 유기인산염과 카르바민산염은 콜린에스테라아제를 방해하여 아세틸콜린의 파괴를 방지한다. 이는 신경세포가 연속적으로 자극되도록 하여, 신경 활동의 통제되지 않는 발작과 부조화를 유발하여 사망을 초래한다.

이러한 농약은 염소화 탄화수소에 비하여 환경에서 지속성이 작지만, 곤충뿐 아니라 모든 동물의 신경계에 영향을 미치기 때문에, 일반적으로 인간과 다른 척추동물에 훨씬 더 독성을 띤다. 부적절한 사용은 사망을 초래할 수 있기 때문에 이러한 농약을 사용하는 사람은 반드시 특별한 장비를 사용하여야 하며 특별한 훈련을 받아야 한다. 유기인산염은 카르바민산염에 비하여 콜린에스테라아제에 더 강력하게 간섭하기 때문에, 더 위험한 것으로 간주되며, 많은 용도에 카르바민산염으로 대체되었다.

보편적인 유기인산염은 말라티온, 파라티온, 다이아지논이다. 말라티온은 모기 통제와 같은 계획에 널리 이용되지만, 파라티온은 인간에 대한 높은 독성으로 인하여 제한된 유기인산염이다. 다이아지논은 정원에서 널리 이용된다. 카르바릴, 프로폭수르, 올디카브는 카르바민산염의 예이다. 카르바릴(Sevin)은 정원과 농업에서 다양한 종류의 곤충을 통제하는데 널리 사용된다. 프로폭수르는 작물에는 사용되지 않지만 가정과 농장 주변의 곤충을 통제하는데 사용된다. 올디카브는 목화, 콩, 땅콩에 주로 이용되는 제한된 용도의 살충제이다. 올디카브는 지하수 오염과 연관되었으며 감자의 곤충을 통제하는 것과 같은 일부 목적에는 사용이 중단되었다.

제초제

잡초는 특정한 장소에서 자라는 것을 원하지 않는 식물이다. 잡초 제어는 잡초가 토양에서 영양분과 물을 취하여 작물 종이 사용할 수 없도록 하기 때문에 농업에서 매우 중요하다. 추가적으로 잡초는 작물 종에 그늘지게 하여 빠른 생장에 필요한 태양광을 차단한다. 수확기에 잡초는 수확 기계의 효율성을 감소한다. 또한 잡초는 판매 전에 작물로부터 선별되어야 하며, 이는 수확의 시간과 비용을 증가시킨다.

전통적으로 농부는 잡초를 제어하기 위하여 많은 에너지를 소비하였다. 처음에 잡초는 수작업과 괭이를 이용하여 제거되었다. 토양을 경작하는 것도 잡초의 제어를 도와준다. 일단 작물을 심고 나면, 옥수수와 사탕무 같은 줄뿌림 작물은 줄 사이의 잡초를 제거하기 위하여 경작될 수 있다. 이러한 모든 활동은 시간과 연료 면에서 고비용이다. 제초제의 선택적 사용은 농부의 이윤에 엄청난 영향을 미칠 수 있다.

제초제는 유전자 변형 작물에 다량으로 사용된다. 2012년 미국에서 210억 kg의 농약이 옥수수, 콩, 목화의 3종류 작물에 사용되었다. 작물에 사용된 것에 추가하여 제초제는 전력선 통행로, 철로 통행로, 고속도로의 원하지 않는 식생을 제어하고 잔디의 잡초를 제어하기 위하여 널리 사

그림 12.5 제초제의 영향: 이 사진의 잡초는 제초제로 처리되었다. 콩은 영향을 받지 않고 잡초의 경쟁이 없어서 더 잘 생장한다.

용된다.

최근에 개발된 제초제의 대부분은 적절히 사용하면 매우 선택적이다. 일부는 작물을 식재하기 전에 토양의 잡초 씨앗을 사멸시키는 반면, 다른 것은 잡초와 작물이 생장하기 시작한 이후에 사용된다. 어떤 경우에는 제초제를 혼합하여 여러 종의 잡초를 동시에 제어하는데 사용될 수 있다. 그림 12.5는 콩밭에서 잡초를 사멸시키는 제초제 사용의 효과를 보여준다.

몇 가지 주요한 유형의 제초제가 현재 사용되고 있다. 한 가지 유형은 **옥신(auxin)**으로 알려진 천연 성장 조절제를 흉내 내는 합성 식물성장 조절제이다. 이 유형의 초기 2가지 제초제는 2,4-dichlorophenoxyacetic acid (2,4-D)와 2,4,5-trichlorophenoxyacetic acid (2,4,5-T)이다. 활엽수에 사용하면 이러한 화학물질은 정상적인 생장을 교란하여 식물의 사멸을 초래한다. 2,4-D는 약 50년간 사용되고 있으며 지금도 가장 널리 사용되는 제초제이다. 많은 새로운 제초제는 다른 작용 방식을 가진다. 일부는 식물의 광합성 작용을 교란하여 사멸을 초래한다. 다른 것들은 효소를 저해하고, 단백질을 침전시키고, 세포분열을 중지시키고, 또는 세포를 직접 파괴한다.

사용되는 제초제의 농도에 따라 일부는 모든 식물에 독성을 띠는 반면, 다른 것들은 영향을 미치는 식물의 종에 매우 선택적이다. 이러한 제초제 중 하나가 디우론(diuron)이다. 적절한 농도로 적당한 시기에 사용하면 20여 종의 작물에서 1년생 초본과 잎이 넓은 잡초를 제어할 수 있다. 그러나 높은 농도에서는 그 지역의 모든 식생을 사멸시킨다. 페누론(fenuron)은 목질 식물을 사멸시키는 제초제이다. 낮은 농도에서 fenuron은 경작지의 목질 잡초 식물을 제어하는데 사용된다. 높은 농도에서 fenuron은 전력선 통행로와 같은 비경작지에 사용된다.

아트라진(atrazine)은 옥수수, 수수, 사탕수수, 파인애플, 기타 작물, 그리고 크리스마스트리와 침엽수 재조림 식재에 넓은 잎과 초본잎 잡초의 제어에 널리 사용된다. 글리포세이트(glyphosate)는 풀, 사초, 넓은 잎 잡초, 목질 식물을 포함하는 1년생과 다년생 식물의 제어에 사용되는 광범위, 비선택적, 전체에 영향을 미치는 제초제이다. 글리포세이트는 비경작지 뿐 아니라 매우 다양한 종류의 작물에 사용될 수 있다.

살진균제와 살서제

진균 해충은 2가지 범주로 구분할 수 있다. 일부는 유기물의 천연적 분해자이지만, 분해되는 유기물이 작물이나 인간에게 이로운 다른 산물일 경우에 진균은 해충으로 간주된다. 다른 진균은 작물 식물에 기생하며, 식물을 약화시키거나 사멸시켜 산출량을 감소시킨다. 살진균제는 농산물을 손상으로부터 보호하기 위한 훈증제(기체), 식물 사이의 질병 전파를 방지하기 위한 분무나 분말, 씨앗이 발아하기 전에 토양에서 썩는 것으로부터 보호하는 씨앗 처리제로 사용된다. 메틸수은은 발아 전에 씨앗이 손상되는 것을 방지하기 위하여 종종 사용된다. 그러나 메틸수은은 인간에게 극히 독성을 가지기 때문에, 이러한 씨앗은 절대 식품으로 사용되어서는 안 된다. 혼란의 기회를 줄이기 위하여 처리한 씨앗은 밝은 색으로 염색된다.

진균과 마찬가지로 설치류는 식품 공급을 파괴하기 때문에 해롭다. 추가적으로 설치류는 질병을 옮기고 밭의 작물에 손상을 끼친다. 인도와 같은 세계의 많은 지역에서 정부는 쥐를 죽이는 사람에게 보상금을 지불하는데, 이는 식품 공급을 보호하는 저렴한 방법이기 때문이다. 설치류를 제어하기 위하여 여러 종류의 살서제가 개발되었다. 가장 널리 이용되는 것 중의 하나가 와르파린(warfarin)인데 이는 동물이 먹으면 내출혈을 유발하는 화학물질이다. 이는 설치류가 미끼와 함께 warfarin을 먹도록 보통 음식물에 섞는다. 많은 종류의 농약과 마찬가지로 설치류의 일부 개체군은 warfarin 내성을 가지게 되었고, 일부는 미끼가 있는 지역을 회피한다. 많은 경우에 살서제에 의존하기 보다는 설치류 방지 보관 건물을 지어서 최소화될 수 있다.

기타 농업화학물

제초제에 추가하여 다른 농업화학물이 특별한 용도로 사용된다. 예를 들면 수확 전에 목화나무에 합성 옥신을 살포하면 잎이 떨어지도록 한다. 이는 잎이 목화를 따는 기계를 막히게 하지 않기 때문에 수확을 용이하게 한다.

NAA(나프탈렌아세트산)은 사과가 나무에서 떨어져 손상을 입는 것을 방지하기 위하여 과일 생산자들이 사용한다. 이 화학물질은 사과가 나무에서 떨어지는 것을 10일간 추가적으로 유지시키며 이는 수확기간을 길게 하고 손상된 사과를 줄여준다.

다른 조건하에서는 과일이 더 쉽게 떨어지게 하는 것이 중요할 수 있다. 버찌 생산자는 기계 수확기로 나무를 흔들

그림 12.6 통행로를 유지하기 위한 제초제의 사용: 전력선 통행로는 너무 크게 자라 전력선을 방해할 수 있는 목질 식생을 사멸시키는 제초제로 보통 유지된다.

그림 12.7 기계적 수확을 할 수 있도록 하는 버찌(cherry)의 화학적 해체: 화학물질과 기계를 사용하여 농부는 버찌 작물을 신속하게 수확할 수 있다. 이 실행은 버찌를 수확하는 노동력을 감소시키지만 열매를 무르게 하기 위하여 화학물질의 사용을 필요로 한다.

때 버찌가 쉽게 떨어지게 하기 위하여 과일의 물러짐을 촉진하는 에테폰(ethephon)을 사용한다. 이 방법은 과일 수확 비용을 낮추어준다(그림 12.7).

12.4 농약 사용의 문제점

완벽한 농약은 다음의 특징을 가진다.

1. 저렴하다.
2. 표적생물에만 영향을 미친다.
3. 짧은 반감기를 가진다.
4. 무해한 물질로 분해된다.

그러나 완벽한 농약은 발명되지 않았다. 최근에 개발된 많은 농약은 초기의 농약에 비하여 단점이 적지만, 문제가 없는 농약은 전무하다.

지속성

북미와 대부분의 선진국에서 지속성 농약의 사용을 하지 않는 것이 추세이지만, 일부는 특별한 목적으로 아직 허용되고 있으며, 다른 지역에서는 아직도 보편적으로 사용되고 있다. 지속성 농약의 안정성으로 인하여 이러한 화학물질은 장기적인 문제가 되고 있다. 지속성 농약은 작은 토양 입자에 부착되며, 이는 바람이나 물에 의하여 쉽게 세계의 어느 지역으로도 운반된다. 지속성 농약과 다른 오염물질은 극지방의 빙하에서도 발견되었으며 전 세계에 걸쳐 인간을 포함한 동물의 신체 조직에 탐지될 수 있는 양으로 존재한다. 따라서 아프리카에서 모기를 제어하기 위하여 또는 브라질에서 사탕수수 밭을 보호하기 위하여 원래 살포된 화학물질은 전 세계에 분포될 수 있다.

생물축적과 생물증폭

지속성 화학물질과 연관된 문제는 그들이 동물의 신체에 축적될 수 있다는 것이다. 동물이 소량의 지속성 농약을 수용하거나 다른 식품의 지속성 오염물질이 제거될 수 없다면, 동물 내의 농도는 증가한다. 더 많은 물질을 동물 신체 내에 축적시키는 이 과정을 **생물축적(bioaccumulation)**이라고 한다. 많은 지속성 농약의 그 분해산물은 지용성이며 동물의 지방에 축적된다. 영향을 받는 동물이 육식동물에 의하여 먹히면, 이러한 독소는 육식동물의 신체에 더 농축되어, 낮은 영양단계의 생물은 손상을 받지 않더라도, 질병과 사망을 초래한다. 높은 영양단계의 신체에 물질의 수준이 증가하는 현상을 **생물증폭(biomagnification)**이라고 한다.

DDT의 잘 증명된 사례는 생물증폭이 어떻게 일어나는가의 예이다. DDT는 물에는 잘 녹지 않지만 기름이나 지방 화합물에는 용해된다. DDT가 곤충에 떨어지거나 소비되면, DDT는 곤충의 지방조직에 축적된다. 많은 용량은 곤충을 사멸시키지만 소량은 그렇지 않고, 곤충의 신체는 1 ppb까지의 DDT를 축적할 수 있다. 이는 많은 양이 아니지만, 이는 곤충을 먹는 동물에게 엄청난 영향을 미칠 수 있다.

수서 서식지가 소량의 DDT로 살포되거나 유출수에서 DDT를 받게 되면, 작은 수서생물은 주변의 물의 농도에 비하여 250배까지 DDT를 축적할 수 있다. 이러한 생물은 새우, 조개, 작은 어류에 의하여 먹히며, 이들은 차례로 큰 어류에 의하여 먹힌다. 매우 작은 최초의 농도는 이제 너무 높아져서 높은 영양단계의 동물에게 치명적이 될 수 있다. 독수리, 물수리, 가마우지, 펠리컨은 특히 취약한 종이다(그

집중 탐구

멕시코 만의 데드 존

매년 여름 미시시피 강 어구에 18,000 km^2의 주된 "데드 존(dead zone)"이 발달한다. 이 데드 존에는 어류와 저서생물이 거의 없다. 이는 영양분이 풍부한 물에서 조류와 세균이 신속하게 번식하여 나타나는 낮은 산소 수준(저산소증; hypoxia)에 의하여 초래된다. 영양분은 미국 중부의 주요한 농경지역에서 비료의 광범위한 사용과, 농경지가 미시시피 강과 지류에 의하여 배수되는 것으로 추적될 수 있다. 대부분이 중서부 농장의 비료에서 유출되는 1백60만 톤의 질소가 매년 미시시피 강으로부터 흘러나온다.

저산소증 문제는 미시시피 강에서 멕시코 만으로 씻겨 내려오는 질소와 다른 영양염으로부터 시작되며, 그곳에서 원생동물과 미소동물에 의하여 소비되는 광합성 세균과 조류의 대량증식을 유발한다. 생물의 죽은 세포와 배설물은 해저로 침강한다. 이 폐기물을 생장하는 분해자 세균 집락이 소화하면서, 그들은 산소를 보충되는 속도보다 빠르게 소비한다. 산소가 풍부한 미시시피 강물의 흐름은 이 문제를 교정할 수 없는데, 그 이유는 온도와 밀도 차이가 따뜻한 담수가 차갑고 염도가 높은 해수위로 떠있게 하기 때문이다. 갑각류, 벌레, 그리고 기타 많은 동물들이 저산소 지대로부터 수영해 나올 수 없어 사멸된다.

EPA에 의하면 영양염 오염은 미국 하구역의 1/2 이상을 퇴화시켰다. 미국 국립연구 위원회(National Research Council)는 영양염 오염과 어업의 지속가능성을 다음 10년의 미국 연안수가 직면하고 있는 가장 중요한 문제로 지명하였다.

멕시코 만의 어업은 연간 $28억의 수입을 창출하는데, 저산소증의 잠재적인 희생자의 하나이다. 저산소증은 새우의 중요한 이동을 차단할 수 있는데, 새우는 섭식과 산란을 위하여 내륙 종묘장에서 외해로 이동해야만 한다. 흑해와 발트해 같은 세계의 다른 지역에서 저산소증은 일부 상업적 어업의 붕괴의 원인이 되었다.

미시시피 강 유역으로 저산소증을 초래하는 질소의 방출량을 감소할 수 있는 몇 가지 접근법이 있다. 여기에는 다음이 포함된다.

- 질소 기반 비료의 사용을 감소하고 분뇨의 저장을 개선한다. 사육장으로부터 유출을 감소한다.
- 면적의 10%에 비료 집약적 옥수수와 콩 대신에 다년생 작물을 식재한다.
- 가정 폐수로부터 질소와 인을 제거한다.
- 질소 유출을 흡수할 수 있는 2백만~4백만 ha의 습지를 회복한다.

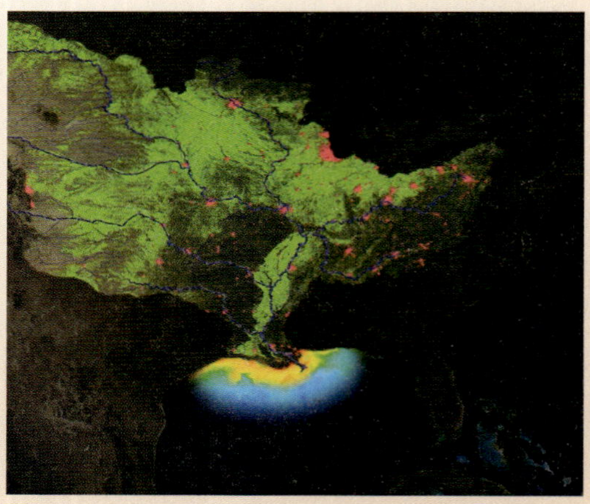

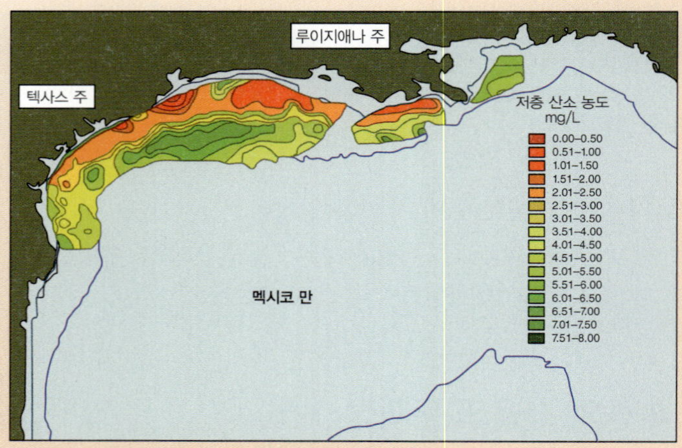

미시시피 강 유역으로 도시와 농업 배소는 조류와 세균의 빠른 성장에 매우 중요한 질소와 인 같은 영양염을 포함한다.
출처: Image on left and data for map from NOAA.

림 12.8).

다른 지속성 분자들도 유사한 양식으로 행동하는 것으로 알려져 있다. 수은, 납, 올드린, 클로르덴, 그리고 변압기의 절연제로 사용되는 PCB(polychlorinated biphenyl)와 같은 기타 염소화 탄화수소도 모두 생태계에서 축적되는 것으로 알려져 있다. PCB는 오대호에서 가마우지 개체군의 감소와 강력하게 연루되었다. 이러한 이유와 다른 이유로 인하여 PCB의 사용은 1979년 중단되었다. PCB 수준이 감소하면서, 가마우지 개체군은 이전 수준으로 회복되었다.

농약 내성

농약과 연관된 또 다른 문제는 해충 개체군(곤충, 잡초, 설

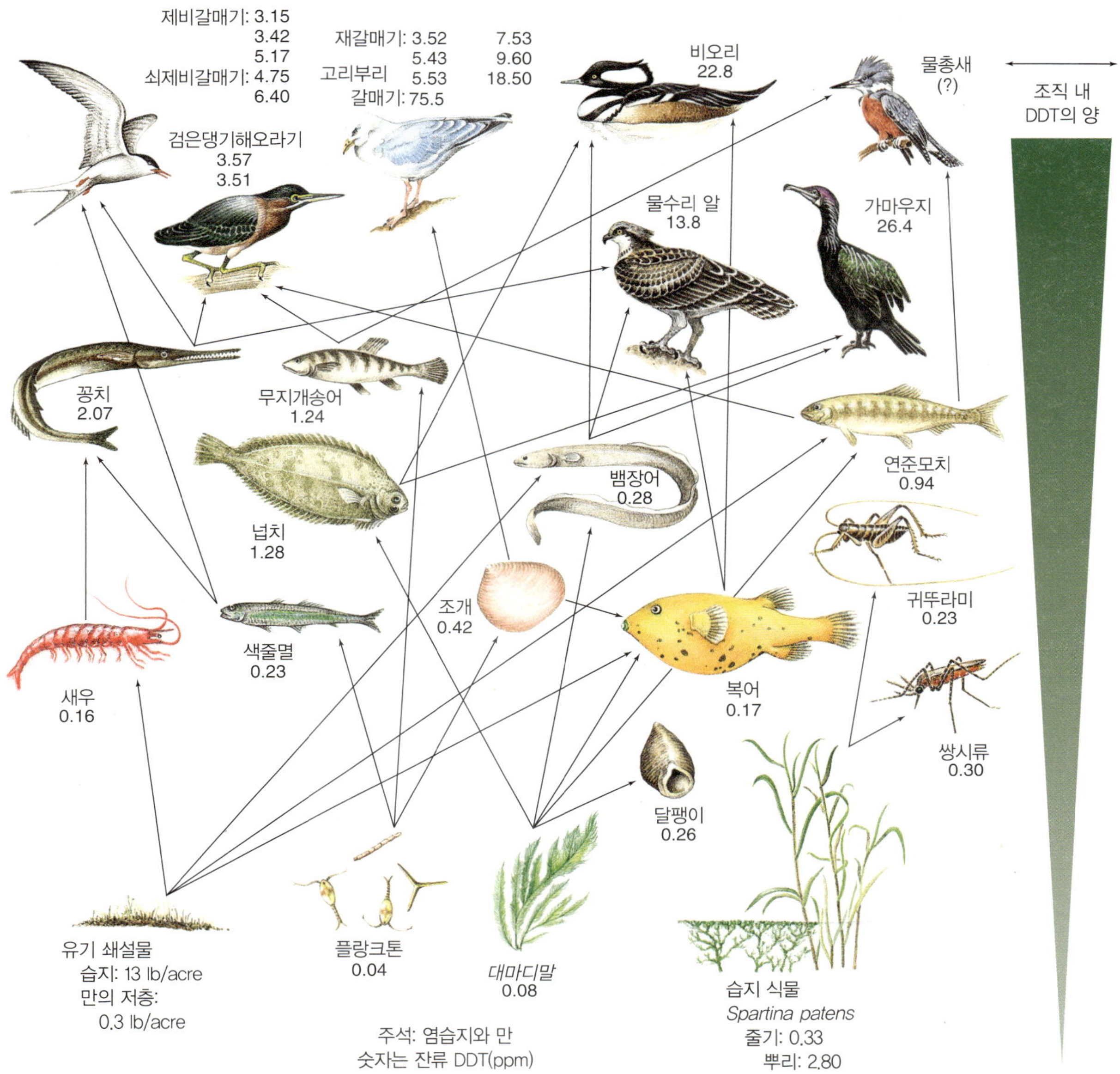

그림 12.8 DDT의 생물증폭: 모든 숫자는 ppm(parts per million)이다. 1 ppm의 농도는 생물의 동일한 1백만 부분에 대하여 DDT 1부분이라는 의미이다. 생산자에서 초식동물을 거쳐 육식동물로 가면서 생물 신체의 DDT 양이 어떻게 증가하는지 주목하라. DDT는 지속성이기 때문에, 이는 먹이사슬의 상위 영양단계에 축적된다.

치류, 진균)의 내성이 되는 능력이다. 농약 내성은 주어진 종의 모든 생물이 동일하지 않기 때문이다. 각 개체는 약간 다른 유전적 조성과 약간 다른 특징을 가진다. 특정한 곤충 해충의 개체군에 살충제가 최초로 사용되면, 이는 감수성이 있는 모든 개체를 사멸시킨다. 살충제에 내성을 가지도록 하는 특징을 가진 개체는 살아남아 번식할 수 있다.

단지 5%만의 개체가 살충제에 내성을 가지게 하는 유전자를 보유하면, 살충제의 최초 사용은 노출된 개체군의 95%를 사멸시키고 곤충 개체군의 크기를 제어하는데 커다란 이익일 것이다. 그러나 살충제에 내성인 생존한 개체는 번식 개체군의 대수를 구성하게 될 것이다. 이러한 개체는 살충제에 견디는 유전적 특성을 보유하기 때문에, 그들 자손의 대부분도 그럴 것이다. 따라서 다음 세대에서 살충제를 견딜 수 있는 개체의 수는 증가할 것이며, 살충제를 두 번째로 사용하면 처음에 비하여 효과적이 아닐 것이다. 곤충 해충의 일부 종은 매달 새로운 세대를 생산할 수 있기 때문에, 살충제에 내성이 있는 개체를 선택하는 이 과정은 5년 이내에 개체의 99%가 살충제에 내성이 있는 개체군을 야기할 수 있을 것이다. 그 결과 그 특정한 살충제는 더 이상 곤충 해충의 제어에 효과적이 아니며, 용량을 증가하거나 더

집중 탐구

중국의 경제 발전과 식량 생산

사람들의 경제 상태가 개선되면, 그 변화는 식사의 질에 반영된다. 특히 육류가 식단에서 차지하는 비중이 커진다. 따라서 사람은 곡물의 일부를 동물에 먹여서 육류, 어류, 계란, 버터와 같은 동물제품을 소비한다. 그들은 더 많은 야채를 먹고 더 많은 식용유를 사용한다. 간단히 말해서 사람은 먹이사슬에서 조금 더 높이 이동한다.

중국의 13억 시민의 상당한 비율이 먹이사슬을 올라가고 있다. 1980년대 초에 일반적인 도시 중국인의 식단은 쌀, 쌀죽, 배추였다. 1990년대 중반에 식단은 최소한 하루에 한번 육류, 계란, 또는 어류로 극적으로 변화하였다. 중국은 세계 인구의 19%를 차지하지만 7%만의 경작지를 가지고 있는데, 다른 말로 하면 중국은 미국보다 적은 경작지를 가지고 있지만 인구는 4배가 넘는다. 중국의 농경지는 사람들이 더 나은 음식으로 간주하는 것에 대한 쇄도하는 수요를 단순히 따라잡을 수 없다.

매년 중국의 총 육류 소비는 10%씩 성장하며, 동물 소비의 사료는 15%씩 성장한다. 1 kg의 새를 위하여 2~3 kg의 사료가 필요한 닭고기 수요는 5년 사이에 2배가 되었다. 중국의 새로운 식단은 사료 곡물을 위하여 미국, 캐나다, 호주에 더 의존하게 만들 것이다. 1997년 중국은 곡물의 순수출국에서 1천6백만 톤을 수입하게 되었다. 이는 2010년 6천만 톤으로 증가하였다. 옥수수의 전환은 더 극적이다. 2009년까지 중국은 옥수수의 순수출국이었지만 닭과 돼지가 많은 옥수수를 먹어서, 중국은 2010년 옥수수를 수입하기 시작하였다. 2015년에는 1천5백만 톤의 옥수수를 수입할 것으로 예측된다.

증가하는 농업 수요를 지탱하기 위하여 중국은 세계에서 가장 큰 비료 수입국이 되었다. 추가적으로 정부는 북방의 한계 토지를 일부 농업을 위하여 변환하고 있다. 그렇더라도 중국의 농경지는 남부 연안 성의 비옥한 다모작 농경지의 손실로 인하여 매년 최소한 0.5%의 농경지가 감소하고 있다.

세계의 대부분과 마찬가지로 관개는 중국에서 농업생산성의 주요한 부분에 책임이 있다. 황하 계곡의 거대한 곡물 벨트에서, 관개 계획은 1950년대와 1960년대에 곡물 소출을 3배로 증가하였으며, 이는 지하수의 심각한 과잉 펌핑을 초래하였다. 오늘날 지하수면은 침하하고 있으며, 대수층이 사라지고, 농부는 이제 물을 두고 산업 및 가정과 경쟁해야 한다.

중국은 분명히 가장 큰 부분이기는 하지만 큰 이야기의 단지 일부분일 따름이다. 중국에 대하여 사실인 것이 아시아의 대부분에 걸쳐서도 발생하고 있다. 인도네시아, 태국, 필리핀과 같은 크고 인구가 많은 나라가 빠르게 도시화되고 있다. 그들은 구매력을 얻고 농경지를 잃고 있으며, 사람들은 식단에 더 많은 동물 단백질과 가공된 음식을 늘려가고 있다. 이러한 변화의 규모를 고려하면, 세계가 미래에 자신을 부양할 수 있는 능력은 예측하기 어렵다.

자주 살포하는 것이 필요하게 된다. 500종 이상의 곤충이 살충제에 내성이 있는 개체군을 가지고 있다.

예를 들면, 계란을 생산하기 위하여 닭을 수용하고 관리하는 가금 시설에서 발견되는 집파리 개체군에 대한 연구가 수행되었다. Cyfluthrin 살충제가 이 시설의 파리 개체군을 제어하기 위하여 정기적으로 사용되었다. 가금 시설은 내성을 발달하는데 우수한 조건을 제공하는데, 이는 파리가 시설 내에서 전 생애를 보내고 살충제에 반복적으로 노출되기 때문이다. 표 12.1은 Cyfluthrin 살충제에 대한 반복된 노출이 가금 시설 집파리 개체군에 내성을 유발하였고 이전에 노출되지 않은 개체군은 내성이 아니라는 것을 보여준다. 감수성이 있는 집파리를 사멸시킨 표준 투여량은 내성 개체군의 파리를 사멸시키지 않았다. 표준 투여량의 100배에서도 내성 가금시설 개체군의 거의 40%가 생존하였다. 곤충이 살충제에 내성을 발달하는 것처럼, 잡초도 제초제 내성을 발달하고, 진균도 살진균제 내성을 발달한다. 현재 하나 이상의 제초제에 내성을 발달한 300종 이상의 잡초가 있고 내성 진균도 100가지 정도의 사례가 있다.

비표적 생물에 미치는 영향

대부분의 농약은 특이성을 보이지 않으며 해충 종뿐 아니라 유익한 종도 사멸시킨다. 농업에서 원하는 작물 식물에 해를 끼치지 않는 제초제가 선정되었고 일반적으로 밭의 모든 다른 식물은 경쟁하는 해충이기 때문에 비표적 생물에 대한 제초제의 영향에 대하여는 우려가 적다. 그러나 살충제는 비표적 생물에 대한 영향과 연관된 몇 가지 문제가 있다. 살충제의 사용은 조류, 포유류, 그리고 해가 없거나 유익한 곤충의 개체군에도 해를 끼칠 수 있다. 일반적으로 척추동물에 해를 끼치는 살충제는 사용이 제한된다. 그러나 해로운 종에만 영향을 미치는 방식으로 살충제를 적용하는 것은 어렵다. 유익한 곤충이 살충제에 의하여 사멸되면, 농약의 사용은 역효과이다. 만약 살충제가 보통 해충 곤충을 제어하는 포식자나 기생 곤충을 사멸시키면, 해충 종의 개체군 성장을 제어하는 자연적인 저지물이 없게 된다. 해충 개체군이 심지어는 초기보다 높은 수준으로 반등하는 것을 방지하기 위하여 추가적인 살충제의 사용이 필수적이다. 농약을 사용하기로 일단 결정이 내려지면, 종종 되돌릴 수 없는 전술이 되는데, 이는 농약의 사용을 중지하면 해충 개체군이 빠르게 증가하여 광범위한 작물 손상을 초래하기 때문이다.

연관된 문제는 살충제의 사용이 존재하는 많은 종의 개체군 구조를 변경시켜 과거에는 문제가 아니었던 종이 심각한 해충이 되는 것이다. 예를 들어 1940년대 목화에 합성 유기 살충제가 보편적으로 사용되었을 때, 솜벌레와 큰담배밤나방의 유충이 주요한 해충이 되었는데, 이는 솜벌레와 큰담배밤나방의 기생충과 포식자였던 비표적 곤충이 제거되었기 때문이다. 1990년대 중반에 말라티온의 반복적 사용이 포식자 곤충을 사멸하여 파밤나방이 미국의 열대와 아열대 지역의 주요한 해충이 되도록 한 유사한 상황이 발생하였다. 살충제의 반복적 사용은 다른 해충 문제가 발달하도록 유발하였다.

인간 건강에 대한 우려

농약을 사용하는 사람과 식품의 농약 잔여물을 먹은 대중에 대한 단기적 · 장기적 건강 효과도 우려이다. 적절히 사용되면 대부분의 농약은 사용자에게 거의 위험을 미치지 않는다. 그러나 많은 경우 농약을 사용하는 사람은 어떻게 작업을 하고 사용 시 어떠한 주의를 기울여야 하는지 알지 못한다. 농약의 약 1/3이 개발도상국에서 사용된다. 개발도상국의 많은 나라에서 농약의 사용에 관련된 규제는 잘 시행되지 않는다. 추가적으로 농부들은 포장의 주의 표지를 이해할 수 없고, 적절한 보호 장구에 접근하거나 사용할 수 없고, 또는 제대로 기능하지 않는 장비를 사용한다. 따라서 매년 급성 중독이 많이 발생한다. 대부분의 사례에서, 노출에서 해방되고 일정한 기간이 지나면 증상이 사라진다. 중독수를 추산하는 것은 획득하기 매우 어려운데, 이는 많은 경우 보고가 되지 않기 때문인데, 그렇지만 미국에서 의료를 필요로 하는 농약 중독이 매년 수천 건에 이른다. 세계보건기구(WHO)는 매년 1백만~5백만 명의 급성 농약 중독과 농약 중독으로부터 약 2만 명이 사망하는 것으로 추정한다.

그러나 대부분의 사람에게 농약 사용에 관련된 가장 위급한 건강 문제는 매우 소량의 농약에 대한 부주의한 노출이다. 많은 농약은 돌연변이를 유발하고, 암을 생성하고, 또는 실험동물에서 기형 출산을 초래하였다. 여러 해 동안 농약에 직업적으로 노출된 농부에 대한 연구는 그들이 일반 대중에 비하여 특정한 종류의 암에 대하여 높은 수준을 가진

표 12.1 Cyfluthrin 살충제에 대한 집파리의 살충제 내성

	정상 개체군의 집파리	가금 시설 개체군의 집파리		
농도 (ng/cm^2)	8.3	8.3 (1×)	83 (10×)	830 (100×)
% 생존율	0	100	90	38

출처: Scott, Jeffrey G., et al., "Insecticide Resistance in Houseflies from Caged-Layer Poultry Facilities," Pest Management Science 56 (2000): 147-153. 자료.

다는 것을 보여준다. 또한 식품의 농약 잔류물 또는 환경오염을 통한 만성적 사소한 노출의 영향에 대한 의문도 있다. 미소량의 농약으로 인하여 건강을 위협할 위험은 자동차 사고, 흡연, 나쁜 식습관 등 다른 위험 요인에 비하여 매우 작지만, 많은 사람들은 농약을 용납하지 못하며 그 판매와 사용을 금지하려고 한다.

12.5 농약은 왜 그렇게 널리 사용되는가?

농약이 그렇게 많은 단점이 있다면, 왜 그렇게 광범위하게 사용되는가? 여기에는 3가지 주요한 이유가 있다. 첫 번째로, 농약의 사용은 세계의 많은 지역에서 생장할 수 있는 식품의 양을 증가시켰다. 세계적 규모로 보면 해충은 작물의 약 35%를 소비한다. 농부, 곡물 저장소 운영자, 식품 산업은 이러한 손실을 줄이기 위하여 끊임없이 노력한다. 농약의 의존에서 후퇴하는 것은 명백히 식품의 생산량이 감소할 것이다. 대부분 국가에서 농업 계획자는 많은 주민의 영양실조와 굶주림을 초래할 수 있는 농약 사용의 변화를 제안하지 않을 것이다.

농약의 경제적 가치는 그렇게 광범위하게 사용되는 두 번째 이유이다. 농약의 경비는 밭을 경작할 필요가 줄고 소출이 증가하여 농부에게 더 많은 이윤을 창출하는 결과에 의한 절약으로 상쇄되고도 남는다. 인간이 경제적이 아니라면, 농부는 농약을 사용하지 않을 것이다. 추가적으로 농약의 생산과 판매는 큰 사업이다. 농약을 개발하기 위하여 수백만 달러를 투자한 회사는 농부에게 제품의 가치를 광고하고 사용을 권장할 것이다.

광범위한 농약 사용의 세 번째 이유는 많은 건강 문제가 농약 없이는 현재 불가능하기 때문이다. 이는 살충제가 곤충매개 질병의 통제에 사용되는 지역에서 특히 사실이다. 말라리아, 황열, 뎅기열, 수면병, 샤가스병, 그리고 몇 가지 곤충매개 질병이 대부분 개발도상국에서 매년 수백만 명의 사람을 사망하게 하고 불구로 만든다. 혜택이 살충제가 사용되지 않을 때 나타나는 위험과 광범위한 공중 건강 결과를 훨씬 능가한다면 이러한 경우의 살충제 사용에 대한 반대 논쟁을 하기 어렵다.

12.6 전통적 농업의 대안

합성 비료, 제초제, 살진균제, 기타 농업화학물질이 발명되기 전에, 농부들은 일반적으로 작물과 함께 다양한 종류의 가축을 길렀다. 대부분의 농장에는 우유, 계란, 육류를 제공하는 소, 닭, 돼지를 키우거나 동력을 제공하기 위하여 말이나 노새를 보유하였다. 농부는 경작지의 비옥함을 유지하기 위하여 다양한 기술을 이용하였다. 윤작은 경작지에 어떤 작물을 심고 다음 해에는 다른 종류의 작물로 대체하는 것이다. 동물은 영농 운영에 중요한 부분이기 때문에, 동물에게 먹이는 곡물과 건초는 윤작의 중요한 부분이었다. 동물 퇴비와 윤작은 토양에 영양분을 제공하였고, 작물의 혼합은 일상적인 해충 문제를 방지하였고, 수작업으로 곤충과 잡초를 사멸하였다. 기계화의 발달과 함께, 넓은 면적이 영농될 수 있었고, 끄는 동물(말, 노새, 황소)은 농장 장비를 끌기 위하여 더 이상 필요하지 않았고, 많은 농부들은 여러 종류의 작물과 동물이 중요한 요소인 혼합 농업으로부터 단일경작으로 변화하였다. 화학비료는 토양 영양분으로서 퇴비를 대체하였고, 윤작은 더 이상 중요하지 않았는데, 이는 건초와 곡물이 역축, 가축, 다른 농장 동물을 기르기 위하여 필요하지 않았기 때문이다. 옥수수, 밀, 목화와 같은 작물의 커다란 경작지는 해충 문제가 발달할 수 있는 기회를 제시하였으며, 화학적 농약이 이 문제를 해결하기 위하여 사용되었다.

오늘날 많은 사람들은 현재의 농경법이 지속가능하지 않으며 우리는 풍작을 보장하고 우리가 기르는 식량과 경쟁하는 해충을 제어하면서, 비료와 농약 의존도를 줄일 수 있는 방식을 찾아야 하고, 토양과 수자원을 보호하고, 야생생물과 다른 환경 자원을 보호하여야 한다고 느낀다.

대안 농업(alternative agriculture)은 광범위한 용어이다. 이는 모든 비전통적 농업방법을 포함하며 지속가능한 농업, 유기농업, 전통적 작물의 대안적 사용, 작물을 재배하는 대안적 방법, 산업적 이용을 위한 작물의 생산 등을 포함한다.

지속가능한 농업(sustainable agriculture)은 경제적으로 실행 가능한 방식으로 적절하고 안전한 식량을 생산하면서 비료와 농약에 대한 의존을 줄이고 농업과 자연계를 보호하기 위하여 전통적 농경방식에 대한 변경을 포함한다.

유기 농업(organic agriculture)은 인공 비료, 화학적 생장 조절제, 항생제, 제초제, 유전자 변형 생물을 사용하는 것

여러분의 선택은?

2006년 미국 연방고등법원은 위스콘신 주 Madison에서 잔디 비료에 인의 사용을 금지하는 것을 유지하였다. 이 금지령은 원래 2004년 Madison의 호수로 유출되는 인의 양을 감소하고 매년 여름 호수를 괴롭히는 조류 대증식을 감소하기 위하여 실행되었다. 비료 제조사는 금지령에 대하여 항소하였으며, 지방 정부는 비료를 규제할 수 없다고 주장하였는데, 이는 주 법률이 제초제의 사용을 통제하기 때문에 지방 정부는 주 법률을 대신할 수 없기 때문이라고 하였다. 상소심은 이 주장을 기각하였는데, "잡초와 먹이(weed and feed)" 산물은 비료-농약 혼합이며, 지방정부가 제초제를 규제할 수 있기 때문에 결합물도 지방 정부에 의하여 규제될 수 있다고 주장하였다. 상소심의 결정을 지지하거나 반박하는 성명서를 작성하시오.

을 포함하지 않는 방법으로 구별된다. 따라서 대부분의 유기농장은 가축이 있는 혼합농장이며 다양한 작물을 재배하고, 이는 윤작에 포함된다.

일반적으로 농업에 대한 지속가능한 접근방법은 몇 가지 넓은 목표로 특징지어진다.

- 토양과 수자원의 보존.
- 비료와 농약 사용의 감소.
- 영농 운영과 주변 자연 생태계의 생물다양성 조장.
- 농장 운영의 경제적 실행 가능성 유지.
- 농부와 사회 전체의 삶의 질 향상.

다음 절에서 이러한 목표를 달성하기 위하여 연관된 몇 기술을 더 자세히 조사할 것이다.

토양과 수자원을 보호하는 기술

전통적인 농사법은 토양과 물에 몇 가지 부정적 영향을 가지고 있다. 토양 침식은 전 세계에 걸친 문제이지만 토지가 사용되는 방식의 다양성 변화를 통하여 제어될 수 있다. 등고선 농경, 계단식 밭, 경작의 감소 등 많은 기술이 11장 토양과 토양의 이용에서 토의되었다. 그러나 토양의 치밀화와 토양 유기물의 감소와 같은 2가지 다른 문제도 중요하다. 농업생산 방법의 몇 가지 변화는 이러한 문제를 감소할 수 있다. 토양에 농경 장비가 통과하는 횟수를 줄이면 치밀화 정도를 감소할 수 있다. 토양에 작물 잔여물을 남기고 이를 토양에 통합하는 것은 토양 침식을 줄이고 토양 유기물 농도를 증가시킨다. 추가적으로 토양에 유기물을 도입하는 것은 치밀화를 덜 일어나게 한다.

농업은 수질오염의 가장 큰 비점오염원이다. 비료의 유출은 수서생물의 생장을 자극하고 수자원을 저하시키며, 제초제는 먹이사슬에 축적될 수 있고, 지하수원은 비료, 제초제, 동물 폐기물에 의하여 오염될 수 있다. 이러한 오염원을 감소하거나 제거하는 것은 자연 생태계를 보호하고 인간건강에 대한 위협을 감소한다. 비료의 유출은 사용되는 비료의 양과 적용되는 조건을 줄여서 경감될 수 있다. 비료를 식물의 필요에 따라 사용하는 것은 식물에 의하여 더 많이 흡수되고 유출이 적도록 보장한다. 토양 유기물의 증가도 유출을 감소시킨다. 더 신중한 선택, 시간 조절, 제초제의 사용은 이러한 물질이 환경 오염물질이 되는 정도를 감소시킬 것이다.

정밀농업(precision agriculture)은 이러한 우려의 대부분을 다루는 새로운 기술이다. 현대 컴퓨터 기술과 지리정보 시스템(GIS)으로 토양과 지형에 근거하여 경작지 내의 다양한 장소에 작물에 적용되는 화학물질을 자동적으로 변경하는 것이 가능하다. 따라서 비료가 적게 사용되고 더 효과적으로 사용된다.

화학비료나 농약을 사용하지 않는 진정한 유기농업 토양과 수자원의 보호에 가장 효과적이지만 이는 농경이 실행되는 방식에 몇 가지 조정을 필요로 한다.

통합 해충관리

통합 해충관리(integrated pest management)는 농약에만 의존하기 보다는 해충을 제어하기 위한 다양한 방법을 사용한다. 통합 해충관리는 작물과 작물이 취약한 특정한 해충의 모든 생태적 측면을 완전히 이해하는 것에 의존하는 해충 제어 전략을 설정하는 기술이다. 이는 작물 식물의 대사, 해충과 해충의 포식자 또는 기생충 사이의 생물학적 상호작용, 특정한 해충을 선호하는 기후 조건, 유익한 곤충을 조장하는 기술 등에 대한 정보를 필요로 한다. 이는 농약의 선택적 사용과 연관될 수 있다. 통합 해충관리를 작동하도록 만들기 위하여 필요한 대부분의 정보는 일반적인 농부의 지식을 넘어선다. 해충의 생활사에서 약점을 정확히 지적하기 위하여 필요한 대사적 생태적 연구는 보통 대학이나 정부 연구소에서만 수행될 수 있다. 이러한 연구는 고비용이며 각 해충은 독특한 생물학을 보이기 때문에 각각의 종에 대하여 완료되어야 한다.

통합 해충관리에는 몇 가지 방법이 채택된다. 여기에는 번식의 교란, 해충을 제어하기 위한 유익한 생물의 사용, 내성 작물의 개발, 농사법의 변경, 농약의 선택적인 사용 등이 포함된다.

번식의 교란

일부 종의 곤충에서, **페로몬(pheromone)**이라는 화학물질이 수컷을 유인하기 위하여 암컷에 의하여 방출된다. 어떤 종의 나방 수컷은 3 km 밖에서도 암컷의 존재를 탐지할 수 있다. 대부분의 나방은 해충이기 때문에 합성 향이 나방의 제어를 위하여 사용될 수 있다. 어느 지역을 페로몬으로 살포하면 수컷을 혼란시키고 암컷을 찾는 것을 방해하여, 이는 이듬해에 나방 개체군을 감소시킬 수 있다. 유사한 방식으로, Gyplure라는 합성 성 유인 분자가 집시나방을 함정으로 유인하여 부착하는데 사용된다. 암컷은 날 수 없고 수컷은 포획되면, 번식률이 떨어지고, 곤충 개체군은 제어될 수 있다.

번식을 감소하는 또 다른 기술은 수컷의 불임이다. 미국 남부와 중미에서 검정파리(screwworm fly)는 소, 염소, 사슴과 같은 대형초식동물을 약화시키거나 사멸시킨다. 암컷 검정파리는 이러한 동물의 열린 상처에 알을 낳고, 그곳에서 유생이 섭식을 한다. 그러나 암컷은 일생에 딱 한번 교미를 하는 것으로 발견되었다. 따라서 파리 개체군은 대량의 불임 수컷 검정파리를 길러서 방출하여 제어될 수 있다. 불임 수컷과 교미한 모든 암컷은 수정란을 생산할 수 없고 번식할 수 없다. 검정파리는 미국과 멕시코 북부에서 제거되었으며, 중미의 대부분 지역도 제거될 것이다. 1988년 검정파리는 남미 소 선적과 함께 리비아에 우연히 도입되었다. 불임 수컷 기술이 파리를 박멸하는데 성공적으로 사용되었다.

해충을 제어하기 위한 유익한 생물의 사용

포식자–먹이 관계의 조작도 해충 개체군의 제어에 사용될 수 있다. 예를 들어 무당벌레는 진드기와 깍지진디의 자연적 포식자이다(그림 12.9a). 인위적으로 무당벌레 개체군을 증가시키면 진드기와 깍지진디 개체군을 줄일 수 있다. 1800년대 후기에 오렌지 나무의 깍지진디는 나무에 손상을 끼치고 작황을 감소하였다. 호주에서 무당벌레 종을 도입하여 해충을 빠르게 제어할 수 있었다. 여러 해 후에 화학적 농약이 이 지역에서 최초로 사용되었을 때, 너무 많은 무당벌레가 부수적으로 사멸되어 깍지진디가 다시 심각한 문제

(a) 진드기를 먹는 무당벌레

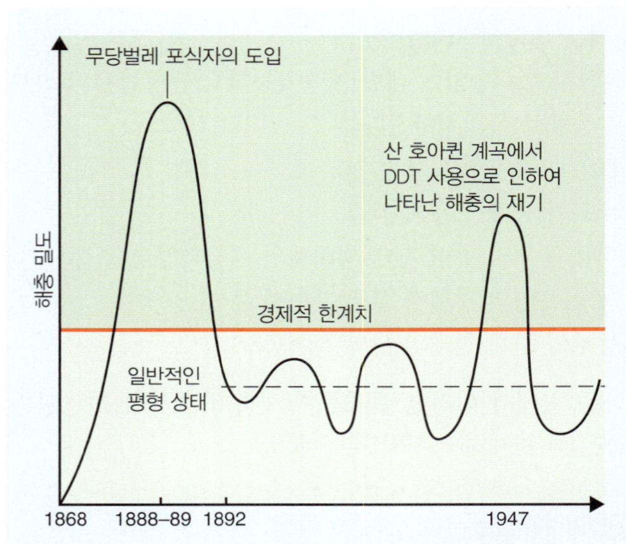

(b) DDT의 도입과 무당벌레와 이세리아깍지벌레 개체군

그림 12.9 자연 포식자를 이용한 곤충 제어: (a) 무당벌레는 진드기를 포함한 많은 종류의 해충 종의 포식자이다. (b) 1989년 무당벌레의 도입은 산 호아퀸 계곡(San Joaquin Valley)의 오렌지 과수원의 이세리아깍지벌레(cottony-cushion scale)를 제어하였다. 1940년대에 DDT는 무당벌레 개체군을 감소시켰으며, 이세리아깍지벌레 개체군이 증가하였다. DDT 사용을 중단하자 무당벌레 개체군이 증가하였으며, 해충 개체군이 감소되고 오렌지 재배자들이 이윤을 얻을 수 있었다.
출처: Source: (b) V. M. Stern, et al., Hilgardia, 29: 93, 1959.

(a) 털부처손

(b) *Galerucella calmariensis*

(c) *Galerucella pusilla*

(d) *Hylobius transversovittatus*

그림 12.10 털부처손의 생물학적 제어: (a) 털부처손은 습지를 침입하고 토종 식물의 생장과 번식을 방해하는 유럽 식물이다. 털부처손을 먹는 몇 종류의 유럽 딱정벌레가 생물학적 제어제로 방출되었다. (b, c) 2종(*Galerucella calmariensis*와 *Galerucella pusilla*)은 새로 생장하는 털부처손의 잎, 새순, 꽃을 먹는다. (d) 또 다른 종(*Hylobius transversovittatus*)은 뿌리를 먹는 유충을 가진다. 이러한 곤충 종은 털부처손의 전파를 늦추는 것으로 보인다.

가 되었다. 농약 사용을 중단하였을 때, 무당벌레 개체군은 회복되었고, 깍지진디는 다시 제어가 되었다(그림 12.9b).

초식 곤충도 잡초를 제어하기 위하여 사용될 수 있다. 털부처손(*Lythrum salicaria*)은 1800년대 중반 유럽으로부터 우연히 도입된 습지식물이다. 이는 양지바른 습지를 점령하고 부들과 같은 토착 식생을 제거하였으며, 그로 인하여 먹이, 둥지, 은신처로 부들에 의존하는 많은 종을 제거하였다(그림 12.10). 털부처손은 미국과 캐나다의 대부분의 주와 지방에 존재한다. 유럽에서 털부처손은 이의 생활주기의 다양한 단계를 공격하는 여러 종의 곤충이 있기 때문에 해충이 아니다. 털부처손은 유럽 식물이기 때문에 이를 제어할 후보 종을 확인하기 위한 탐색을 하였다. 판단기준은 곤충이 털부처손에서만 서식하고 다른 식물에 기생하지 않고 털부처손에 주된 상해를 끼칠 수 있는 능력을 가져야 한다는 것이었다. 5종의 딱정벌레가 다양한 방식으로 털부처손을 공격하는 것으로 확인되었다. 유럽으로부터 이러한 곤충을 도입하면 다른 문제를 유발할지 결정하기 위한 광범위한 연구 이후에, 몇 종이 미국과 캐나다에서 털부처손의 제어를 돕기 위한 후보로 선택되었다. 털부처손으로 만연된 주와 지방의 많은 지역에 이러한 딱정벌레의 몇몇 조합이 방출되었다. 2종(*Galerucella calmariensis*와 *Galerucella pusilla*)은 새로 생장하는 털부처손의 잎, 새싹, 꽃을 먹고, 한 종(*Hylobius transversovittatus*)은 뿌리를 먹는 유생을 가지고 있다. 다른 2종(*Nanophyes brevis*와 *Nanophyes marmoratus*)은 꽃을 먹는다. 여러 종의 딱정벌레에 의한 이러한 다면적 공격은 털부처손의 개체군을 감소시키는데 효과가 있었다.

식물에서 발견되는 자연적으로 나타나는 농약도 해충을 제어하기 위하여 사용될 수 있다. 예를 들면, 금잔화는 토양선충류의 감소를 위해 식재되며, 마늘은 알풍뎅이의 전파를 억제하기 위하여 사용된다.

내성 작물의 개발

농부들은 식물과 동물이 길들여진 이후로 그들의 유전자 조성을 조작하는데 연관되어 있었다. 최초에 농부는 의식적이든 아니면 우연히 어떠한 원하는 특징을 가진 특정한 씨앗을 심거나 기르는 것을 선택하였다. 과거에는 해충이 작물재배지를 황폐시키고 몇 식물만 살아남고 건강하다면, 이러한 건강한 나무의 씨앗이 다음 작물을 산출하는데 이용되었다. 따라서 식물에 내성을 부여한 유익한 인자가 다음 세대로 전달되어, 새로운 세대가 동일한 해충에 대하여 약간 더 내성을 가지게 하였다. 이는 특정한 특징을 가진 지역적 변종을 결과하였다. 1900년대 초에 유전학 법칙이 이해되기 시작하였을 때, 과학자들은 자손이 어떤 매우 원하는 특징을 가질 수 있는 가능성을 높이기 위하여 신중하게 선택된 개체 사이의 정확한 교배를 시작하였다. 이는 교잡 씨앗과 길들여진 동물의 특정한 혈통의 개발을 가져왔다. 제어된 식물과 동물 품종개량은 순화된 식물과 동물에서 수확량의 증가와 보다 좋은 질병 내성을 가져다주었다. 이러한 활동은 순화된 생물의 개량된 변종을 개발하는 주요한 추진력이다.

농사법의 변경

농사법의 변경은 종종 해충의 영향을 감소시킬 수 있다. 일부 사례에서 곤충 해충이 겨울을 나는 장소를 찾는 것을 방지하기 위하여 모든 작물 잔여물을 파괴한다. 예를 들면 가을에 목화 줄기를 조각내고 아래를 쟁기질 하는 것은 비구미의 월동 장소를 감소시키고 그 수를 뚜렷하게 감소시켜서, 고비용의 살충제 사용의 필요성을 감소한다. 많은 농부들은 또한 윤작을 다시 시작하는데, 이는 동일한 종이 연달아 경작지에서 재배될 때 일반적으로 나타나는 특정한 해충의 증가를 방지한다.

농약의 선택적 이용

농약은 통합 해충관리에도 역할을 할 수 있다. 농약이 가장 작은 투여량으로 가장 큰 효과를 가지는 정확한 시간을 확인하는 것은 다음의 이점을 가진다. 이는 농약 사용량을 감소시키면서 해충의 기생충과 포식자가 생존할 수 있도록 할 수 있다. 이러한 정밀한 사용은 해충을 정확히 확인하고, 개체군의 크기를 측정하고, 최대 효과를 위한 농약 사용 시간을 조정할 수 있는 훈련된 전문가의 조력을 종종 필요로 한다. 몇몇 경우에 페로몬 유혹 함정은 경작지에서 곤충 해충을 포획하고, 포획된 곤충의 수를 평가하면 언제 살충제를 사용할지에 대한 지침이 될 수 있다.

통합 해충관리는 농약 가격이 상승하고 특정한 해충에 대한 생물학적 지식이 가용해지면서 더욱 널리 보급될 것이다. 그러나 인간이 작물을 재배하는 한, 우리가 개발하는 방어를 능가하는 해충이 존재할 것이다. 통합 해충관리는 농업의 여명과 함께 시작된 문제에 대한 단지 또 다른 접근방법이다.

유전자 변형 작물

DNA 구조가 밝혀지고 생물의 DNA가 조작될 수 있다는 것이 확정된 이후, 식물과 동물 육종의 완전히 새로운 분야가 태동하였다. **유전공학(genetic engineering)** 또는 **생물공학(biotechnology)**은 생물의 유전자 조성에 특정한 DNA 조각을 삽입하는 것과 관련되어 있다. 변형된 유전자 조성을 가진 생물을 **유전자 변형 생물(genetically modified organism)**이라고 한다. 삽입된 DNA는 심지어는 완전히 다른 생물과 같은 어떠한 공급원에서도 올 수 있다.

농경법에서 2종류의 유전자 변형 생물이 특히 주목을 받았다. 하나는 *Bacillus thuringiensis israeliensis* (Bti)라고 하는 특정한 종류의 세균 유전자의 삽입과 연관되어 있다. 세균 유전자는 자신을 먹는 곤충의 장 내벽의 파괴를 유발하는 물질을 생산한다. 이는 식물의 부분인 자연적 살충제이다. 이러한 유전자는 지금까지 옥수수와 목화를 포함한 몇 작물 식물의 유전자 조성에 삽입되었다.

두 번째 종류의 유전공학은 특정한 작물 식물의 유전체에 제초제 내성 유전자를 삽입하는 것과 관련된다. 이의 농부에 대한 가치는 중요하다. 예를 들면 농부는 밭에 잡초를 제거하기 위한 준비를 거의 하지 않고 목화를 심을 수 있다. 목화와 잡초가 생장하기 시작하면, 경작지에 잡초는 죽이고 목화는 제초제의 영향에 저항할 수 있도록 하는 유전자를 포함하고 있어서 해를 입지 않는 제초제를 살포한다.

표 12.2는 유전공학에 의하여 변형된 몇 가지 특징과 관련된 작물 종류를 열거한다. 유전자 변형 작물을 사용하는 것은 세계적으로 극히 중요하게 되었다. 옥수수, 콩, 목화의 3가지 작물이 특히 중요하다. 미국에서 재배되는 최소한 90%의 목화, 콩, 옥수수가 유전자 변형이다. 세계적으로 콩과 목화의 81%, 옥수수의 35%, 30%의 평지씨(캐놀라)가 유전자 변형이다.

미국은 세계적으로 생육되는 유전자 변형 작물의 40%를 차지한다(그림 12.11). 미국 경작지의 약 50%가 유전자 변형 작물이며 주로 옥수수, 콩, 목화이다.

많은 단체가 유전자 변형 생물의 사용에 반대한다. 그들은 이 기술이 너무 앞서 나가고, 안전을 보장하기 위한 장기적인 연구가 없고, 예측할 수 없는 위험이 있고, 이러한 작물을 생육하면 대중이 유전자 변형 생물로부터 제조된 제품을 소비하고 있다는 것을 알 수 있도록 표지되어야 한다고 주장한다. 2013년 워싱턴 주의 시민은 유전자 변형 식물의 성분을 포함한 식품에 표지를 하는 것을 요구하는 투표 안을 근소한 차이로 부결시켰다. 워싱턴 주의 노력은 유전자 변형 작물에 반대하는 사람들이 표지를 위한 진행되는 투쟁의 일부이다. 2013년 26개 주가 표지 법안을 도입하였다. 코네티컷 주는 2013년 GMO 표지 법안을 통과시켰지만, 이는 다른 4개의 뉴잉글랜드 주가 표지 법안을 통과시키기 전까지는 발효되지 않는다. 메인 주는 5개의 다른 주 또는 총인구가 2천만 명 이상에 해당하는 주들이 유사한 법안을 실행

녹색 행진

지속가능성과 잔디 관리

일반적인 잔디는 특정한 종의 풀의 단일경작이다. 모든 단일경작과 마찬가지로, 잔디는 해충을 제어하고 생장을 위한 영양분을 제공하기 위하여 시간, 에너지, 돈의 지출을 필요로 한다. 녹색의 풀이 자라는 모든 곳은 한때 숲, 대초원, 습지, 사막과 같은 서식지였다. 이는 황무지가 사라지고 야생이 감소하는 것을 우려하는 많은 정원사들이 서식지를 다시 회복하려는 이유이다. 우리는 농부에 의하여 사용되는 동일한 지속가능성 원칙을 우리의 잔디를 유지하는데 적용할 수 있다. 하나의 단순한 변화는 지속적인 관심을 필요로 하는 마당의 잔디 지역을 제거하거나 감소하는 것이다. 잔디 지역을 지면 피복 식물, 암석정원, 자연 생태계로 대체하는 것은 물을 보존하고, 비료와 농약의 필요를 감소시키고, 생물다양성을 증가할 수 있다. 일부 사례에서, 특히 사막 지역에서, 잔디를 자연 식생으로 대체하는 것이 가능하였는데, 이는 급수와 기타 관리를 불필요하게 하였다. 잔디 깎기도 더 지속가능할 수 있다. 깎기 전에 풀이 최소한 8 cm 이상 자라게 하면 몇 가지 장점이 있다. 긴 풀은 토양을 그늘지게 하며, 이는 토양에서 물의 증발을 감소시키고 발아하고 생장하는데 밝은 태양빛을 필요로 하는 일부 잡초의 침입을 감소한다. 자른 풀을 잔디에 두어 분해되도록 하는 것은 자루에 넣어 제거될 유기물을 추가하고 토양 영양분을 되돌려준다.

급수를 거의 필요로 하지 않고 잔디를 자주 깎을 필요가 없는 서서히 자라고 가뭄에 저항성이 있는 새로운 변종 풀을 이용할 수 있다. 일부 사례에서 씨앗을 현재의 잔디에 뿌리면 원래의 잔디 종을 서서히 대체할 수 있을 것이다.

토양의 영양분 함량과 pH를 측정한다. 주요한 토양 영양분은 칼륨, 인, 질소이다. 대부분의 비료는 이러한 3가지 영양분을 포함하는 혼합물이다. 토양에 적절한 영양분이 있으면, 과잉의 영양분은 토양에서 씻겨서 수질 오염의 근원이 된다. 토양 pH는 생장할 수 있는 식물 종류에 커다란 영향을 미치며 토양에 방출되는 영양분의 양에도 영향을 준다. 측정은 지역의 농촌진흥청 지소, 잔디관리 회사, 구입 가능한 키트를 이용하여 수행할 수 있다. 이러한 측정에는 비용이 소요되지만, 필요하지 않은 비료를 구입하는 데에도 비용이 소요된다.

나뭇잎과 기타 식물 물질도 폐기물이 아니라 자원이다. 이러한 물질은 퇴비화하거나 나무와 다른 식물 주변에 덮개로 이용될 수 있다. 잎의 부피가 너무 크지 않으며, 잔디를 깎으면서 간단히 자를 수 있고 토양에 혼합될 것이다.

감소된 잔디 면적과 증가된 생물다양성

넓은 잔디와 낮은 생물다양성

표 12.2 일부 유전자 변형 작물과 변형된 특징

변형된 특징	작물
투입 특징	
제초제 내성	사탕무, 콩, 옥수수, 캐놀라, 목화, 아마, 알팔파, 사탕수수, 쌀, 무
곤충 내성	토마토, 옥수수, 감자, 목화
곤충과 제초제 내성	옥수수, 목화
바이러스 내성	애호박, 파파야
수컷 불임	옥수수, 캐놀라, 무
생산 특징	
변형 기름	콩, 캐놀라
지연된 과일 숙성	토마토, 멜론
비타민 A 강화	쌀
철 강화	쌀
베타 카로틴, 리코펜 강화	토마토
진균 독소(mycotoxin)의 해독	옥수수
시아노겐의 해독	카사바
무카페인	커피콩
비타민 E 강화	캐놀라
고함량 설탕	사탕수수
변형 녹말	감자
고함량 단백질	감자

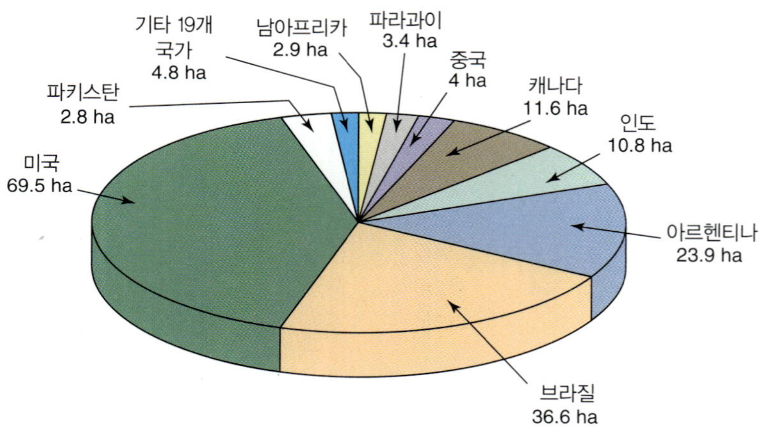

그림 12.11 수백만 ha의 GMO: 2021년 유전자 변형 작물은 28개 국가에서 107.3 ha의 토지에서 재배된다. 약 40%가 미국에서 재배된다.

출처: Data for U.S. from USDA, 2013; data for world from International Service for the Acquisition of Agri-Biothech Applications 2012.

하기 전까지는 발효되지 않는 법안을 통과하였다. 유럽연합(EU)은 미국으로부터 유전자 변형 곡물의 구입에 저항하였다. 이는 농부들이 EU 구매자들에게 작물이 유전자 변형이 아니라는 것을 보장할 수 있고 동시에 유전자 변형 작물을 다른 구매자에게 판매할 수 있도록 곡물의 저장을 분리하도록 하였다. 그러나 태도가 바뀌고 있으며 일부 EU 국가는 이제 유전자 변형 작물을 재배하며 유전자 변형 작물의 구입에 대한 저항이 완화되고 있다.

지지자들은 식물과 동물의 모든 육종은 유전자 조작과 관련되며 유전자 변형은 단지 새로운 종류의 유전자 조작이라고 주장한다. 자연에서 유전자가 종 사이를 이동하며 유전공학은 보편적이고 자연적인 과정을 단순히 더 빈번하게 하는 것일 뿐이라는 많은 증거가 있다. 다음 20~30년에 걸쳐 과학자들은 생물공학 기술을 이용하여 곤충과 질병에 더 내성이 있고, 비료가 적어도 잘 자라고, 자신의 질소 비료를 만들고, 약간 소금기가 있는 토양에서도 잘 자라고, 가뭄을 견디고, 광합성에 태양에너지를 더 효율적으로 이용하는 고산출 식물 품종을 생산할 수 있기를 희망한다. 이러한 새로운 종류의 유전자 변형 생물은 계속하여 개발되고 시험될 것이고, 적절성에 대한 정치적 논쟁도 계속될 것이다.

유전자 변형 식품은 미국과 선진국에서 널리 보급되었다. 오늘날 슈퍼마켓에서 구입하는 식품의 60% 이상이 유전자 변형 작물에서 유도된 성분을 가지고 있다. 이들의 대부분은 옥수수나 콩에서 왔으며, 이는 녹말, 기름, 단백질, 기타 성분을 포함한 식품산업에서 제조되는 수많은 성분의 기본이다.

지속가능한 농업의 경제적, 사회적 측면

윤작은 토양 비옥도를 증가하고, 침식을 감소하고, 해충을 제어하는 효과적인 방식이다. 클로버, 알팔파, 콩과 같은 질소 고정 콩과 식물을 윤작에 사용하는 것은 토양 질소를 증가시키지만 농부에게 다른 요구를 부과한다. 예를 들어 일반적으로 먹이 작물(클로버와 알팔파)을 이용하고 뒤의 작물에 유기 비료를 제공하기 위해서는 가축이 농부의 작업의 일부가 되는 것을 요구한다. 윤작은 또한 농장 기계에 더 많은 투자를 필요로 하는데, 이는 특정한 작물은 전문화된 장비를 필요로 하기 때문이다. 또한 가축을 기르는 것은 사료 보조제와 수의사의 보살핌을 위한 추가적인 경비

이슈와 분석

유기 식품은 무엇인가?

소비자가 어느 것이 유기 식품이고 어느 것이 아닌지를 명백히 확인할 수 있도록 유기 식품이 충족해야 할 기준을 가지고 식품을 표시하는 것이 중요하다. 유기제품의 모든 생산자는 공인되어야 한다. 2002년 이래 미국의 유기 인증은 USDA 국가 유기 식품 프로그램의 권한 하에 일어났으며, 이는 유기인증 기관을 승인하고 규제 과정을 감독한다. 공인은 매년마다 유기 시스템 계획의 제출과 USDA의 승인을 받은 주 또는 사설 기관에 의한 경작지와 처리시설의 검사를 포함한다. 조사관은 장기적 토양관리, 유기농장과 인근 전통적 농장 사이의 완충을 확인하고, 기록유지를 추적한다.

다음 표는 유기 식품 생산의 주요한 요구사항과 식품에 상이한 수준의 유기 함량에 대한 표지 요구사항을 서술한다.

- 많은 사람들은 유기로 표지된 것과 표지되지 않은 식품 사이에 식품 질의 차이가 없다고 느낀다. 여러분은 유기 식품의 영양 품질이 전통적으로 생산된 식품과 다르다고 생각하나요?
- 법률은 소량의 농약 잔류량을 허용한다. 여러분은 왜 잔류량이 허용되어야 한다고 생각하는가?
- 동물이 실외에 접근해야 한다는 법률에 이의가 제기되었다. 여러분은 실외에서 생활하는 것이 생산된 육류, 우유, 계란의 품질을 변화시킨다고 생각하는가?

표 A 유기 공인의 요구사항

유기 작물	유기 가축
토지는 최소한 3년간 금지된 물질이 사용되지 않아야 한다.	도축을 위한 동물은 임신 후반기 1/3부터 또는 가금의 경우 부화 2일 내부터 유기적 관리 하에서 길러야 한다.
유전공학, 이온화 방사선, 하수슬러지의 사용이 금지된다.	가축은 100% 유기질인 제품만 먹여야 한다. 비타민과 미네랄 보조제는 허용된다.
화학비료의 사용을 할 수 없다. 비옥하게 하기 위하여 오로지 동물과 작물 폐기물과 경작 방법만이 사용될 수 있다.	항생제나 호르몬을 사용할 수 없다.
합성 농약을 사용하면 안 되지만, 식물과 다른 자연적 기원으로 제조된 농약은 사용할 수 있다.	동물 복지 조건은 다음 사항을 요구한다. 1. 동물은 실외에 접근할 수 있다. (동물은 건강, 안전, 생산 단계, 토양 또는 수질의 보호를 위한 이유로 일시적으로 가둬 둘 수 있다.) 2. 동물을 건강하게 하기 위한 백신의 사용을 포함한 예방적 건강관리 실행을 채택해야 한다. 3. 병이 나거나 다친 동물은 치료해야 한다. 그렇지만 금지된 의약품(항생제, 호르몬 등)으로 치료된 동물은 유기로 판매할 수 없다.
유기 농업 제품을 연간 $5,000 미만 판매하는 농장과 출하 작업은 공인이 면제된다. 그러나 모든 다른 국가 기준을 준수하면 그들의 제품을 유기로 표시할 수 있다.	낙농 소는 80%의 유기적으로 생산된 사료가 9개월 동안 사용되고, 뒤이어 100% 유기적으로 생산된 사료가 3개월 동안 사용되면 유기 생산으로 변환될 수 있다.

표 B 유기 식품의 표지 필요조건

표지 필요조건	허용된 문장
제품이 오로지 유기적으로 생산된 성분을 포함해야 한다(물과 소금은 제외).	"100% 유기"
제품이 최소한 95% 이상의 유기적으로 생산된 성분을 포함해야 한다(물과 소금은 제외). EPA 농약 허용 수준의 5%까지 포함한 제품은 유기로 판매할 수 있다.	"유기"
최소한 70%의 유기 성분을 포함하는 가공된 제품.	"유기 성분으로 제조"
70% 미만의 유기 성분을 포함한 가공된 제품은 표지의 어느 곳에도 유기라는 용어를 사용할 수 없지만 유기인 개별 성분을 열거할 수 있다.	표지에 유기 성분을 열거할 수 있음.

를 필요로 한다.

그러나 시스템이 아무리 정밀하고 농부가 완성되었다고 하더라도, 농업이 이익이 없고 상당한 가계 수입과 양질의 삶을 제공하지 못한다면 지속가능이 아니다. 비판자들은 지속가능한 또는 유기 영농은 현재의 인구가 요구하는 양의 식량을 생산할 수 없고 단지 특수한 경우에만 성공적일 수 있다고 말한다. 옹호자들은 동의하지 않으며 토양 침식과 오염의 숨은 비용이 포함되면, 유기농업 또는 이의 변형은 전통적 방식의 식량 생산의 대안적 접근법이라고 강조한다. 더 나아가 농부들은 비싼 화학비료와 농약을 지불하지 않아도 되기 때문에 낮은 산출을 수용한다. 추가하여 농부들은 유기적으로 생육한 제품에 종종 할증된 가격을 받는다. 따라서 낮은 산출에도 농부는 이윤을 낼 수 있다.

많은 지속가능한 실행은 작은 가족규모 농장에 도움이 된다. 사회적 관점에서 보면 이는 가족의 모든 구성원이 경제 단위에 어떠한 방식으로 참여한다는 것을 의미한다. 이러한 생활양식은 종종 3세대를 포함한다. 다양한 종류의 제품을 생산하는 소규모 가족 농장은 지역 시장에서 최선의 적소를 찾으며, 종종 소비자에게 직접 판매한다. 따라서 마케팅 기술이 많은 소규모 지속가능한 영농 사업의 성공에 중요하다.

어쩌면 지속가능한 영농법이 더욱 더 배고픈 행성이 직면한 주요한 식량 문제를 다루는 것을 도울 수 있을 것이다. 세계 인구 7명 중 한명이 식량 부족으로 주기적으로 굶주린다. 이는 세계의 식량 생산이 모든 사람을 부양할 수 있음에도 불구하고 사실이다. 일부 국가는 잉여 식량을 가지고 있는 반면 다른 국가는 충분하지 않다. 세계의 굶주림을 부양할 수 있는 장기적인 해법은 복잡하며 다음 사항을 처리하지 않고서는 찾을 수 없을 것이다.

- **인구의 증가**. 식량 문제에 대한 단순한 해법은 부양해야 할 사람이 적은 것이다. 그러나 인구는 증가할 것으로 예측되며 식량 공급이 이미 부족한 지역에서 가장 빠르게 성장하고 있다.
- **빈곤**. 세계 인구의 상당한 부분이 하루에 몇 달러로 생활하는 상황에서, 식품 가격은 가족이 굶주릴지를 결정하는 중요한 요인이다.
- **작물 보조금과 무역 장벽**. 정부는 농부를 보조금과 무역 장벽으로 보호한다. 정부 보조금은 유럽과 북미에서 보편적이다. 농부에게 보조금을 제공하는 것은 그들이 인위적으로 낮은 가격으로 식량을 생산할 수 있도록 한다. 따라서 보조를 받은 농부는 보조를 받지 않은 다른 국가의 농부에 비하여 저렴하게 제품을 판매할 수 있으며 보조금을 받지 않은 농부들이 영농을 계속하는 것이 비경제적이 되도록 한다. 무역 장벽은 국가가 자국의 농부를 보호하거나 다른 국가에 압력을 가하기 위하여 이용된다. 보조금과 무역 장벽은 빈곤한 국가의 농업발달을 저해하며 식량의 구입에 더 의존하도록 한다.
- **높은 연료비**. 세계 잉여 식량의 대부분은 기계화 농업에 의하여 선진국에서 재배되기 때문에, 연료 가격의 인상은 식량 비용에 추가된다.
- **생물연료의 생산**. 유가의 상승은 작물을 생물연료 생산으로 전환하도록 촉진하였다.
- **단백질 수요의 증가**. 세계 부의 상승은 단백질에 대한 커다란 수요를 창출하였다. 동물 단백질은 에너지의 총량을 손실하면서 동물에게 먹이는 작물을 필요로 하고, 이는 이용할 수 있는 전체 식량을 감소시킨다.

요약

소규모 화전 재배지는 일부 지역에서 보편적이지만, 세계 식량의 대부분은 더 영구적인 농장에서 생산된다. 인구 규모가 크고 돈이 부족한 국가에서, 농경의 대부분은 노동집약적이며, 작물을 재배하기 위하여 필요한 많은 작업을 인간의 노동력을 사용한다. 그러나 세계 식량의 대부분은 경작, 식재, 작물의 수확에 인간의 근육이 아니라 에너지를 사용하고, 비료와 농약을 생산하고 사용하는 대규모의 기계화된 농장에서 재배된다.

단일경작은 넓은 면적에 동일한 작물을 매년 식재하는 것과 연관된다. 이는 식물 질병, 해충, 토양 소모 등의 문제를 초래한다. 화학비료는 작물을 수확할 때 제거되는 토양 영양분을 대체할 수 있지만, 토성(soil texture), pH, 생물적 풍부도를 유지하는데 필수적인 유기물을 대체하지는 않는다.

기계화된 단일경작은 화학적 방법에 의하여 해충의 제어에 크게 의존한다. 지속성 농약은 안정적이고 환경에서 지속되며, 생태계에서 생물학적 증폭이 일어날 수 있다. 결과적으로 많은 이전의 지속성 농약은 훨씬 빠르게 분해되고 환경 위해를 덜 나타내는 비지속성 농약으로 빠르게 대체되었다. 그러나 대부분의 비지속성 농약은 이전의 지속성 농약에 비하여 인간에게 더 독성이 강하고 크게 주의를 기울여 취급되어야 한다.

농약(pesticide)은 제어하는 생물에 근거하여 몇 범주로 나뉠 수 있다. 살충제(insecticide)는 곤충, 살진균제(fungicide)는 진균, 살서제(rodenticide)는 설치류를 제어하기 위하여 사용된다. 지속성, 생물증폭, 살충제에 대한 해충의 내성, 인간 건강에 대한 영향으로 인하여 많은 사람들이 식량 재배에 농약을 사용하지 않는 대안을 모색하고 있다.

많은 사람들은 현재의 기계화 농업이 지속가능하지 않으며 영농법에서 다음 종류의 변화를 지지한다. 비료와 농약 사용의 감소, 다양한 작물을 재배하여 생물다양성의 증가, 토양과 물 보존기술의 개선, 농부의 경제적 개선과 생활양식 변화이다. 이러한 변화는 윤작, 통합 해충관리, 농장 운영에 작물과 동물의 혼합, 비료로 동물 비료의 사용 등을 포함한다.

유전자 변형 생물은 세계 농업에 중요하게 되었다. 작물 식물(특히 옥수수, 콩, 목화)은 식물이 곤충 공격과 특정한 제초제에 내성이 있는 유전자를 포함하도록 유전자 변형되었다. 제초제 내성은 작물 식물에 영향을 미치지 않으면서 경작자의 잡초는 사멸시키도록 제초제를 살포할 수 있기 때문에 중요하다.

녹색 활동

1. 여러분의 마당이나 정원에 농약 사용을 감소하거나 배제한다.
2. 지속가능한 농산물의 지역 생산자를 지지한다.
3. 지역 "농부 시장"을 방문한다. 상인과 그들의 판매 전략에 대하여 토의한다.
4. 식료품 가게를 방문하여 여러분의 주나 지역 내에서 재배된 농작물 품목을 3가지 확인한다.
5. 아파트에 작은 용기라 할지라도 여러분 자신의 유기정원을 식재한다.
6. 여러분 가정의 모든 농약의 목록을 작성한다. 필요하지 않은 것을 지역사회의 가정 유해폐기물 처분장으로 가져간다.
7. 나비 정원을 건설한다.

연습문제

1. 이동 농경 관행은 농산물의 생장에 어떻게 영양분을 제공하는가?
2. 이동 농경 관행에서 경작지의 포기가 왜 중요한가?
3. 노동집약적 농경을 필요하게 하는 조건을 열거한다.
4. 기계의 발명과 단일경작의 발달은 어떻게 연결되었는가?
5. 비료는 왜 사용되는가? 비료 사용에 의하여 어떠한 문제가 초래되는가?
6. 대규모 기계화 단일경작의 장점과 단점을 3가지씩 열거한다.
7. 미량영양소는 무엇인가? 이는 다량영양소와 어떻게 다른가?
8. 토양 유기물의 2가지 기능을 열거한다.
9. 살충제가 기계화 농업에서 왜 보편적으로 사용되는지 설명한다.
10. 지속성 농약과 비지속성 농약은 어떻게 다른가?
11. 생물증폭은 무엇인가? 이는 어떠한 문제점을 초래하는가?
12. 해충의 일부 개체군이 어떻게 농약에 내성이 되는지 묘사한다.
13. 지속가능한 영농법은 전통적 기계화 단일경작과 어떻게 다른가?
14. 해충에 대한 완전한 생물학 지식이 통합 해충관리에 왜 중요한지 설명한다.
15. 농약의 사용과 관련되지 않은 해충을 제어하는데 사용되는 3가지 기술을 묘사한다.
16. 유전자 변형생물은 다른 생물과 어떻게 다른가?
17. 곤충 내성과 제초제 내성 유전자 변형 작물에 어떠한 특징이 도입되었는가?
18. 대부분의 지속가능한 농장이 소규모 가족 기업인 3가지 이유를 열거한다.

비판적 사고 문제

1. 여러분이 개발도상국의 공중보건 공무원이라면, 여러분은 말라리아를 전파하는 모기를 제어하기 위하여 DDT의 살포를 허가할 것인가? 여러분의 이유는 무엇인가?
2. 표 12.1을 자세히 본다. 무엇이 살충제의 효과에 변화를 초래하였는가? 여러분이 농촌진흥청 지소 공무원이라면, 농약에 대하여 어떠한 대안을 권장하겠는가?
3. 여러분이 슈피리어 호의 어류를 조사하는 과학자이고 연구하는 어류에서 톡사펜(toxaphene)이 발견되었다. 톡사펜은 목화 농업에서 주로 사용되었으며 1982년 이래 금지되었다. 여러분은 어류에 톡사펜이 존재하는 것을 어떻게 설명할 수 있는가?
4. 농약 사용의 위험은 이익의 가치가 있는가? 어떠한 가치, 믿음, 전망이 여러분을 이러한 결론에 이르게 하였는가?
5. 여러분은 현재의 영농법이 지속가능하다고 생각하는가? 그 이유는? 농업에서 어떠한 변화가 장래 50년에 일어나리라고 생각하는가?
6. 여러분이 농약이 시장에 남을 것인지 아니면 금지될지에 대한 권고를 하려고 하는 EPA 공무원이라고 상상하라. 권고를 하기 위하여 필요한 몇 가지 사실은 무엇인가? 여러분의 결정 결과에 관심이 있는 이익 집단은 누구인가? 그들은 여러분에게 어떠한 정치적 압력을 가할 수 있을 것인가?
7. 소비자들은 작물 생산의 대안 방법을 왜 요구하지 않는가? 농부들은 이러한 방법을 왜 사용하지 않는가?

chapter

13 물 관리

Water Management

▲ 담수는 대부분의 육상 생물과 동물의 생명 유지에 필수적이다. 인간의 가정, 산업, 농업적 이용은 종종 물의 전환을 필요로 한다. 우리는 물의 이용을 관리하면서, 또한 물의 경관적이고 기타 심미적인 가치도 보전해야한다.

CHAPTER OUTLINE

목적

이 장을 학습한 후 여러분은 다음을 달성하여야 한다.

- 물이 수문학적 순환을 통하여 어떻게 순환되는지 설명한다.
- 지하수, 대수층, 유출수의 중요성에 대하여 설명한다.
- 토지의 이용이 침투와 표면 유출수에 어떻게 영향을 미치는지 설명한다.
- 물 이용의 다양한 종류와 각각에 연관된 문제를 열거한다.
- 물 저장과 연관된 문제를 열거한다.
- 수질오염의 주요한 근원을 열거한다.
- 생화학적 산소요구량(BOD)을 정의한다.
- 점오염원과 비점오염원을 구분한다.
- 열이 어떻게 오염의 형태가 될 수 있는지 설명한다.
- 1차, 2차, 3차 하수처리 사이를 구분한다.
- 우수(빗물) 유출과 연관된 몇 가지 문제점에 대하여 묘사한다.
- 지하수 오염의 근원을 열거한다.
- 다양한 연방법이 어떻게 물 이용을 제어하고 오용을 방지하는지 설명한다.
- 물 이용 계획과 연관된 문제점을 열거한다.
- 특정한 물 지역과 서식지를 보전하려고 시도하는 연방법의 근본적 이유를 설명한다.
- 지하수 채굴과 연관된 문제점을 열거한다.
- 건조한 지역에서 대규모 관개와 연관된 염류화 문제에 대하여 설명한다.
- 지방 정부에 의하여 제공되는 물 관련 서비스를 열거한다.
- 전쟁이 왜 물과 관련하여 발생하는지 설명한다.

누가 물을 소유하는가?

우리는 물을 당연한 것으로 간주한다. 우리는 물을 가지는 것이 권리라고 가정하지만, 물은 자원이다. 물은 필요한 곳에 또는 필요로 할 때 항상 이용할 수 있는 것이 아니다. 강은 정치적 경계를 따라 흐르지 않고, 주나 국경을 통과하여 흐른다. 농업부터 제조까지 물에 대한 무한한 수요가 있다. 또한 하류로 흘러 내려가는 물에 의존하는 생태계도 있다. 석유는 많은 혼란을 야기한 지난 세기의 액체였지만, 물은 21세기의 액체이다.

물에 대하여 미국의 법적인 권리는 무엇인가? 기본적으로 미국에서 지표수 권리를 지배하는 2가지 정책이 있는데, 하나는 서부에 대한 것이고 다른 하나는 동부에 대한 것이다.

강기슭 정책은 미국 동부에 적용된다. 강기슭 정책에 의하면 여러분이 강이나 호수 가까이 거주하면 그 물을 사용할 수 있는 "합리적인 권리"를 가진다. 미국 서부에서는 사전 전유 정책을 사용한다. 사람들이 서부를 탐험하고 농업과 채광을 위한 물을 찾기 시작하면서, 강에서 물을 끌어올 필요가 있었다. 사람들은 물의 권리를 원했지만 종종 강기슭 정책이 타당하기에는 강에서 너무 멀리 거주하였다. 따라서 사전 전유가 고안되었다.

사전 전유는 누가 물을 먼저 사용하기 시작했느냐에 기초하여 물 권리를 할당한다. 따라서 여러분이 처음이라면 여러분의 권리가 우선이다. 이는 허가 시스템에 기초를 두었다. 누구든 최초의 허가를 받은 사람이 물에 대한 권리를 가졌다. 그러나 최근에 법원은 최초의 이용은 누가 최초의 허가를 받았는지에 엄격하게 기초하는 것이 아니라 실제로 누가 먼저 있었느냐가 근거가 된다고 규정하였다. 이 해석은 많은 미국 원주민 부족이 지역 물의 최초 사용자였기 때문에 물 권리를 주장하도록 하였다. 미국 반대편에 있는 두 개의 강인 Klamath 강과 Chattahoochee 강은 물 권리에 대하여 증가하는 논쟁의 주요 사건이다.

Klamath 강 유역과 같은 건조한 지역에서는, 종종 사용할 권리를 가지고 있는 모든 사람이 이용하기에 충분한 물이 없다. 가장 오래된 물 권리를 가진 사람이 최초로 권리를 가진 모든 물을 가진다. 수십 년간 유역의 집단들은 누가 가장 상위의 권리를 가지고 있는가에 대하여 경쟁하였다. 2013년 주는 종족의 편에서 결정에 도달하였으며, 주의 조정자는 오리건 주의 Klamath 강 상류 부근의 농장주에게 관개 펌프를 중단하라고 하였다. 주는 중단은 하류에 사는 미국 원주민 부족의 조약 권리를 보호하는데 필요하다고 이야기 하였다. 그러나 물을 중단하면 수백만 달러의 가축 목장 산업을 위험에 빠지게 한다. 강 시스템은 또한 연어와 서커에 물을 제공한다. 물의 중단은 Klamath 인디언 부족이 그들의 어업권을 보호하기 위하여 강에 남겨진 물이 더 많이 필요하다고 주장한 이후에 시행되었다.

부족은 연어와 서커가 보호되는 한 건조한 해에 물을 공유하기 위한 더 나은 계획을 위하여 현재 농장주와 협상을 진행하고 있다.

물 관리는 건조한 미국 서부에서 더 문제가 될 것으로 보이지만, 실제로는 국가적인 문제이다. 미국 공병단은 미국에 수백 개의 저수지를 운영하고 있다. 이러한 저수지는 수 조 리터의 물을 저장하고, 여러 주에 걸친 강 수계의 흐름을 조절한다. 지난 수십 년 사이에 댐이 건설되었기 때문에, 댐 뒤의 저수지에 저장된 물에 대한 수요도 변화하였다.

이는 Chattahoochee 강에 대한 사례이다. Chattahoochee 강은 북동 조지아 주의 Blue Ridge 산에서부터, 앨라배마 주와 플로리다 주를 거쳐 내려와, 멕시코 만의 Apalachicola 만으로 흘러들어 간다. Atlanta 도심이 확장되면서 Chattahoochee 강의 Lanier 호수 저수지에서 더 많은 물을 사용하였으며, 이는 하류의 앨라배마 주와 플로리다 주에 거주하는 사람에게 가는 물이 적어졌다. Atlanta 시의 유출수는 또한 강의 수질을 악화시켰으며, 저수위는 강 하류로 영양분의 흐름에 영향을 미쳤다. 공병단은 강에 4개의 연방 댐을 운영하기 때문에, 갈등의 중심에 서게 되었다. 이는 20년 이상의 법정 투쟁을 초래하였다. 갈등을 해결하기 위하여 주 사이의 계약이 형성되었으며, 문제는 미국 대법원까지 올라갔다. 강 유역은 정치적 경계를 따르지 않으며, 따라서 강을 가지고 모든 사람이 모든 일을 하는데 얼마나 많은 물을 이용할 수 있을지에 대한 많은 긴장이 있다.

근원적인 문제는 전체 강 수계를 통한 물 보존과 물 효율성을 강조할 필요성이다. 우리는 시골과 도시 지역에서 모두 어떻게 성장하고, 이러한 성장을 유지할 수 있는 충분한 물을 이용할 수 있는지에 대하여서도 생각해야 한다.

Chattahoochee 강의 안개

13.1 세계적 물 도전

인도 New Delhi에서 시민들은 한 시간 동안만 담수를 이용할 수 있다는 확성기 알림 소리에 아침에 일어난다. 사람들은 하루에 이용할 물을 욕조와 다른 그릇에 받기 위하여 달려간다. New Delhi의 고유한 물 부족은 물 관리자가 수년 전에 강 상류와 저수지에서 작물을 관개하기 위하여 대량의 물을 전환하기로 결정한데에 주로 기인한다.

건조한 애리조나 주 Phoenix에서 시민들은 교외의 잔디와 골프장에 물을 주는 스프링클러 소리를 듣고 일어난다. Phoenix는 소노라 사막의 한가운데에 위치하지만, 거의 무제한으로 물 공급을 즐긴다. 그곳의 정치인은 관개용수를 농경 작업에서 도시와 교외로 바꾸는 것을 허용하면서, 재생된 폐수를 조경과 비음용수에 사용하도록 허용하였다.

중국에서 모든 지표수의 거의 1/4이 산업용수로도 적합하지 않을 정도로 오염되었으며, 총 물 공급량 중 1/2 미만만 마실 수 있다. 지난 십년간 강력한 규제에도 불구하고, 중국은 수천 개의 소규모 종이공장, 시멘트 공장, 화학공장이 수로로 직접 산업 폐수를 방출하는 것을 제어하느라 분투하고 있다. 이러한 3가지 이야기는 우리가 현대 세계에서 당면하고 있는 중요한 물 도전의 몇 가지를 보도록 한다.

세계기상기구(WMO)에 의하면 현재의 세계 인구성장과 자원 이용도의 예측이 변하지 않으면, 2025년에는 34개 국가가 물을 획득하는데 심각한 어려움을 경험할 것이라고 한다. 물 부족을 경험하는 국가의 인구는 1990년 1억3천2백만 명에서 2025년에는 6억5천3백만 명으로 증가할 것이며, 이는 세계 인구의 약 8%를 나타낸다.

세계의 담수 자원은 많은 지역으로부터 증가하는 수요로 인하여 위협받고 있다. 인구 증가는 음료수, 위생, 하수, 식량 생산, 산업에 더 많은 물을 필요로 한다. 동시에 기후변화는 더 심각한 가뭄에 기여할 것으로 예상된다. 정책결정자는 물을 제공하는 자연 생태계를 훼손하지 않고 물을 공급할지를 알아내야 한다. 기존의 낮은 수준의 기술적 접근은 부족을 감소시키는 것을 도울 수 있으며, 물을 탈염하는 개선된 방법과 같은 공급을 증가시키는 방법도 있다. 모든 수준에서 정부는 물 보존을 위하여 정책을 수립하고 투자를 시작하여야 한다. 그리고 마지막으로 개인은 물을 얼마나 사용하는지를 알아야 하고 이 양을 줄일 수 있는 방법을 찾아야 한다. 인류가 화석연료 기반의 에너지에 대한 대체품을 찾을 수는 있지만, 물의 대체품은 결코 찾을 수 없을 것이다.

13.2 물 문제

액체 상태의 물은 지구상에서 생명이 가능하도록 한 물질이다. 모든 생명체는 최소한 60%의 물을 포함한 세포로 구성되어 있다. 더 나아가 생명체의 대사활동도 수용액에서 일어난다. 생물은 물의 적절한 공급에 접근할 수 있을 때에만 존재할 수 있다. 물은 또한 놀랄 만한 물리적 특징을 가지고 있기 때문에 독특하다. 물 분자는 극성인데, 이는 분자의 한 부분이 약간 양성이고 반대 부분은 약간 음성이다. 이로 인하여 물 분자는 서로 달라붙으며, 또한 다른 분자들을 서로 분리할 수 있는 커다란 능력도 가지고 있다. 물이 용매로서 작용하는 능력과 열을 저장하는 용량도 극성 본질의 직접적인 결과이다. 이러한 능력은 물이 사회적, 산업적 활동에 극히 중요하게 한다. 물은 영양분에서 산업폐수와 생활하수까지 다양한 물질을 용해하고 운반한다. 도시 하수를 잠깐 보더라도 쉽게 물이 폐기물을 용해하고 운반하는 중요성을 지적할 수 있다. 물이 대부분의 물질에 비하여 느리게 가열되고 냉각되기 때문에, 물은 발전소의 냉각과 다른 산업 과정에 대량으로 사용된다. 물이 열을 보유할 수 있는 능력은 큰 수체 인근 지역의 국부적 기후 조건도 변화시킨다. 이러한 지역은 다른 지역의 특징인 커다란 온도변화를 보이지 않는다.

대부분의 인간사용과 일부 상업적, 산업적 이용에, 수질은 수량만큼 중요하다. 물은 용존 염, 식물 및 동물 폐기물, 세균 오염이 거의 없어야 인간이 소비하는데 적합하다. 해양은 지구 표면의 약 70%를 차지하며 물의 97% 이상을 수용한다. 그러나 염수는 인간이 마실 수 없고 또한 많은 산업 과정에도 사용될 수 없다. 담수는 해수에서 발견되는 염이 없다. 지구상에서 발견되는 담수 중에서 극히 작은 부분만 이용할 수 있다(그림 13.1). 마시기에 적합한 오염되지 않은 담수를 **음용수(potable water)**라고 한다. 초기 인간의 이동 경로와 정착 장소는 음용수의 가용도에 영향을 받았다. 한때는 깨끗한 담수의 공급이 무진장한 것으로 간주되었다. 오늘날 시추, 관개, 정화의 발달에도 불구하고 음용수의 위치, 수질, 수량, 소유권, 제어는 중요한 관심사이다.

물이 어떻게 부족하게 되었는지 이해하기 위해서는, 인구가 1900년에 20억 명 미만에서, 2000년 60억 명을 초과하였으며, 2050년에는 90억 명으로 증가할 것이라는 것을 고려하라. 그리고 인간이 지구상에서 생존을 위하여 담수를 필요로 하는 유일한 생명체가 아니다.

그림 13.1 담수 자원: 비록 물은 지구 표면의 70%를 차지하지만, 97% 이상이 염수이다. 3% 미만이 담수이며, 이 중 극히 일부만이 인간의 사용을 위하여 가용하다.

반면에 지구상의 물 공급은 유한하다. 물이 얼음, 증기, 수증기, 액체의 형태이든지 현재 지구상의 물은 백만 년 전에 지구를 해갈시켜 주었던 물의 양과 거의 동일하다. 이 공급량 중 극히 일부만이 우리가 마시고, 세탁하고, 관개하고, 제조하고, 에너지 등을 위하여 의존하는 액체상 담수이다.

세계의 총 물 공급량은 13억8천 km³으로 추산된다. 이 중 약 97.5%가 해수이며 약 2.5%가 담수이다. 담수의 대부분(78%)은 빙하와 만년설에 잠겨있고, 약 21%가 깊은 퇴적물 또는 토양의 지하수이며, 1% 미만이 표층수이다. 표층 담수의 약 87%가 호수에, 11%가 습지에, 2%가 강에 존재한다.

세계의 일부 지역은 풍부한 담수 자원을 가지고 있지만, 다른 지역은 거의 없다. 추가하여 담수에 대한 산업, 농업, 개인적 필요에 대한 수요는 증가하고 있다.

세계 전체에 걸친 음용수의 부족은 오염의 형태로서 인간의 남용에 직접적으로 기인될 수 있다. 수질오염은 세계에 걸쳐 물 공급에 부정적으로 영향을 미친다. 개발도상국의 대부분에서, 안전한 음용수가 부족하다. 세계보건기구(WHO)는 세계 인구의 약 25%가 안전한 음용수에 접근하지 못한다고 추산한다. 심지어는 경제적 선진국에서도 수질이 주요한 문제이다. 유엔환경계획(UNEP)에 의하면 매년 5백만~1천만 명이 물 연관 질병에 의하여 사망한다. 질병은 콜레라, 말라리아, 뎅기열, 이질 등이다. UN은 또한 지난 10년 동안 증가하였으며 안전한 음용수 공급에 경제적 투자를 많이 하지 않으면, 이 증가는 계속될 것으로 보고한다.

불행히도 세계 담수 공급에 대한 전망은 매우 희망적이 아니다. UN과 International Joint Commission(미국-캐나다 두 나라 사이의 공통 수체를 연구하는 연합 기구)의 연구에 의하면, 세계의 대부분이 담수 부족을 경험하고 있으며, 이 문제는 더욱 심해질 것이라고 한다.

가정, 농업, 산업에서 사용되는 물은 담수계에 의하여 제공되는 가장 중요한 재화이다. 인간은 현재 세계 강 기저유량(건기 유량 또는 대부분의 시기에 가용한 물의 양)의 1/5을 사용하지만, 건조한 지역이나 인구밀도가 높은 지역의 강 유역은 훨씬 높다. 이는 이러한 수계에 살거나 의존하는 종에 밀접히 관련되며, 또한 인간의 물 공급과도 관련된다. 1900년~2010년 사이에, 물의 사용은 6배 이상 증가하였으며, 이는 인구 성장의 2배를 넘는다.

물 공급은 세계에 불균등하게 분포되어 있는데, 일부 지역은 풍부한 물을 가지고 있고 다른 지역은 훨씬 제한된 공급을 가지고 있다. 가용한 유출량에 비하여 높은 물 수요를 가지는 배수지역에서는, 물 부족이 증가하는 문제이다. 많은 전문가, 정부, 국제기구는 물 가용도가 21세기에 인류가 직면한 주요한 도전 중 하나이며 물 부족이 발전을 제한하는 핵심적인 요인이 될 것이라고 예측한다.

그림 13.2는 물 압박을 경험하는 지역을 보여준다. 물 전문가는 인구 당 물 공급이 1,700 m³/year인 지역을 파괴적인 물 부족이 빈번하게 일어날 수 있는 상황인 물 압박을 경험한다고 정의한다. 지도에 의하면 현재의 소비 양상이 지속된다고 가정할 때, 2025년에는 추산되는 세계 인구의 43%인 최소한 35억 명이 물 압박 하에서 생활할 것으로 보

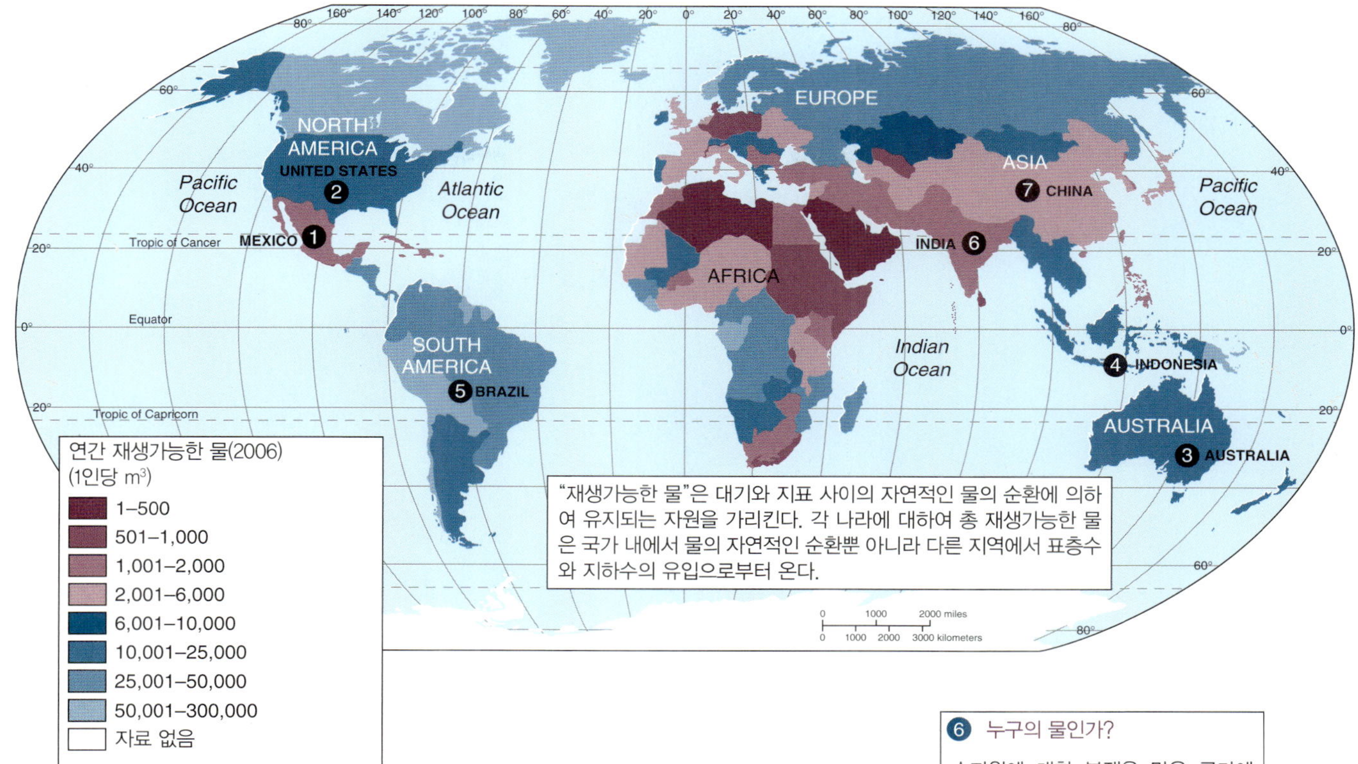

❶ 노후화된 시스템

2천만 명의 인구를 가진 Mexico City는 물 부족으로 고통을 받는다. 노후화된 수도관도 매년 수백만 리터의 물을 낭비한다.

❷ 자원의 고갈

미국 담수의 95%는 대수층의 지하에 존재한다. 현재 많은 대수층이 보충될 수 있는 것보다 빠른 속도로 고갈되고 있다.

❸ 그릇된 관리

호주는 인간이 거주하는 세계에서 가장 건조한 대륙이다. 물의 적절한 관리의 결여와 지구 기후변화의 영향은 호주의 많은 지역에 심각한 물 공급 문제를 초래하였다.

❹ 산업적 수요

인도네시아의 2억3천2백만 인구의 거의 절반이 오염과 빈약한 물 저장으로 인하여 충분한 물이 결여되어 있다. 가용한 물에 대한 경쟁이 가정과 산업 사용자 사이에 심각하다.

❺ 물이 풍부하게 보이는 곳의 부족

브라질의 일부분은 Amazon 강으로 인하여 풍부한 담수 자원을 가지고 있지만, 브라질의 다른 부분은 물 부족으로 고통을 받는다. 오염도 브라질의 담수 공급에 심각한 영향을 미친다.

❻ 누구의 물인가?

수자원에 대한 분쟁은 많은 국가에 영향을 미친다. 예를 들면 인도와 방글라데시는 수십 년간 Ganges 강의 수자원을 두고 격렬한 분쟁을 하고 있다.

❼ 인구 압력

불충분한 담수 공급은 중국이 직면하고 있는 주요한 문제이다. 중국 남부는 적절한 공급을 가지고 있지만, 북부는 빈번한 부족으로 고통 받고 있다. 중국의 북부 지방에 농업과 인구의 중심지가 많이 있다. 또한 3억 명 이상의 중국인이 깨끗한 음용수를 충분히 가지고 있지 않은 것으로 추산된다.

그림 13.2 물 압박을 경험하는 세계의 지역: 지도는 사람들이 물 부족을 경험하는 지역을 보여준다. 현재의 소비 양상이 지속된다고 가정하였을 때, 2025년에는 최소한 35억 명 또는 추정되는 인구의 43%가 물 압박을 받는 강 유역에 거주하게 될 것이다.
출처: United Nations, Population Division, UNDP, and AQUASTAT-FAQ; Population Reference Bureau.

여준다. 이 중에서 24억 명은 매우 높은 물 압박 상태에서 생활하게 될 것이다. 그러나 이러한 일인 당 물 공급 계산은 물 부족을 다루는 상이한 국가들의 대처 능력을 고려하지 않았다. 예를 들어 물이 부족한 고소득 국가는 물 부족에 대하여 담수화나 폐수의 재활용에 투자하여 어느 정도 물 부족에 대처할 수 있을 것이다.

가나의 Volta 강, 수단과 이집트의 Nile 강, 중동의 Tigris 강과 Euphrates 강, 인도의 Narmada 강, 미국의 Colorado 강 유역을 포함하는 몇 강 유역은 일인 당 매년 1,700 m³ 이상에서 그 미만으로 떨어질 것이다. 파키스탄의 Indus 강, 중국의 황하 강, 프랑스의 Seine 강, 멕시코의 Balsas 강, 미국의 Rio Grande 강을 포함한 또 다른 29개의 유역도 2015

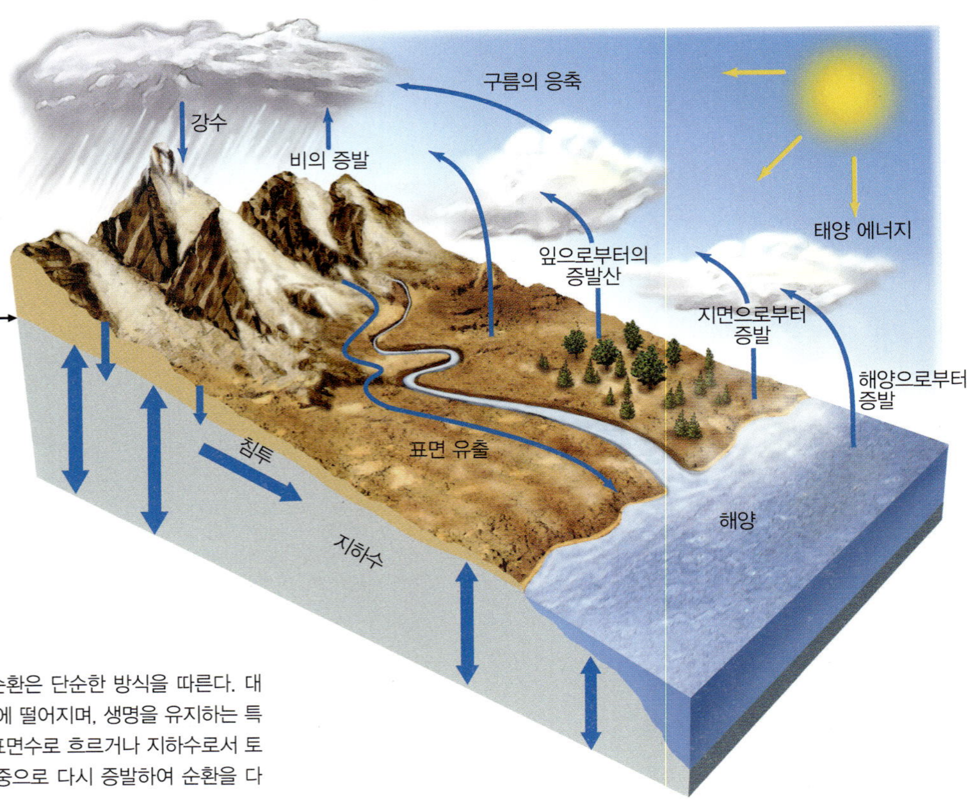

그림 13.3 수문학적 순환: 환경을 통한 물의 순환은 단순한 방식을 따른다. 대기의 습기는 방울로 응축되어 비나 눈으로 지구에 떨어지며, 생명을 유지하는 특징을 모든 생명체에 공급한다. 물은 지구 위를 표면수로 흐르거나 지하수로서 토양을 통하여 흘러서, 해양으로 돌아가서, 대기 중으로 다시 증발하여 순환을 다시 시작한다.

년에 물 부족으로 강등할 것이다.

21세기 초반 4분기의 물 부족, 경쟁, 논쟁의 증가는 인간이 물의 가치를 평가하고 사용하는 방식과 수자원을 이동하고 관리하는 방식을 극적으로 변화시킬 것이다. 더 나아가 연간 강우량의 변화는 일부 지역에서 주기적인 가뭄과 다른 지역에서 파괴적인 홍수를 초래할 것이다. 그러나 강우는 담수를 재생하기 위하여 필요하며, 따라서 물의 순환에서 중요한 연결고리이다.

13.3 수문학적 순환

모든 물은 **수문학적 순환(hydrologic cycle)**이라고 하는 부단한 재순환 과정에 갇혀 있다(그림 13.3). 순환에 연관된 2가지 중요한 과정은 물의 증발과 응결이다. 증발은 액체 분자에 에너지를 추가하여 분자가 멀리 떨어진 기체가 되도록 하는 것과 연관된다. 응결은 기체 분자가 에너지를 방출하고 서로 가까이 다가가 액체가 되는 반대 과정이다. 태양에너지는 해수면, 토양, 담수 수체, 식물 표면에서 물이 증발하도록 유발하는 에너지를 제공한다. 식물에서 증발되는 물은 2가지 다른 기원을 가진다. 일부는 식물에 비, 이슬, 눈으로서 떨어진 물이다. 추가적으로 식물은 토양에서 물을 흡수하여 잎으로 운반하여 증발시킨다. 이 과정을 **증발산(evapotranspiration)**이라고 한다.

공기 중 물 증기는 대기가 순환하면서 지구 표면을 가로질러 이동한다. 온난하고 습한 공기가 냉각되면, 물방울이 형성되고 대지에 강수로 떨어진다. 일부 강수는 증발될 때까지 단순히 표면에 체류할 수 있지만, 대부분은 토양으로 스며들거나 내리막으로 흘러서 개울과 강으로 들어가며, 이는 궁극적으로 물을 바다로 되돌린다. 대지의 표면을 가로질러 이동하여 개울과 강으로 들어가는 표면수를 **유출수(runoff)**라고 한다. 토양으로 진입하여 식물 뿌리에 의하여 흡수되지 않은 물은 토양의 공간과 표면 아래 물질의 공간을 통과하여 암석의 불투수층에 도달할 때까지 서서히 아래로 이동한다. 기질의 공간을 채우는 물을 **지하수(groundwater)**라고 한다. 물은 지하 저장소에 오랜 기간 저장될 수 있다.

물로 포화되는 다공성 층을 **대수층(aquifer)**이라고 한다. 대수층은 우물에 의하여 추출될 수 있는 지하수를 함유하는 자갈, 모래, 침투성 암석의 지하층이다. 대수층에는 비피압(자유면) 대수층, 준피압 대수층, 피압 대수층의 3가지 기

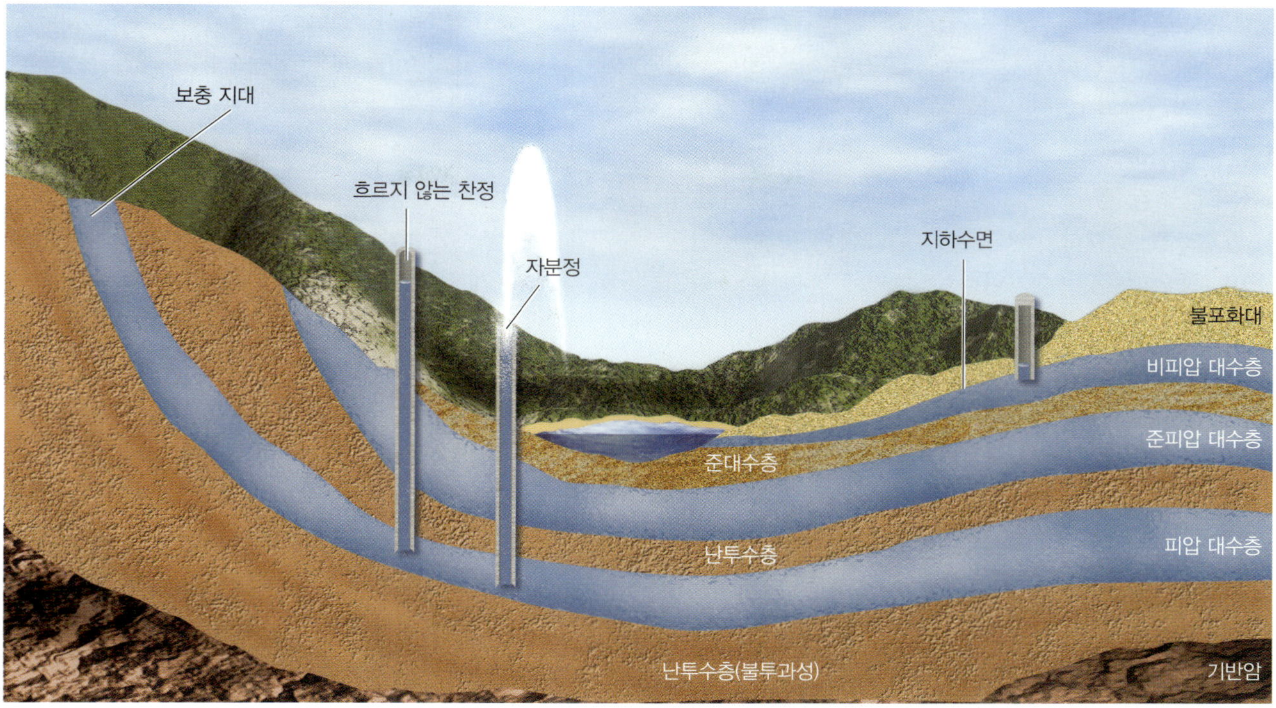

그림 13.4 대수층과 지하수: 지하수는 퇴적물이나 암석층의 공극에서 발견된다. 퇴적물과 암석의 다양한 층은 대수층의 성질과 어떻게 사용될 수 있을지를 결정한다.

본적 종류가 있다(그림 13.4). **비피압 대수층(unconfined aquifer)**은 보통 물이 위의 대지에서 대수층으로 들어가는 대지의 표면 근처에서 나타난다. 물로 포화된 상부 층을 **지하수면(water table)**이라고 한다. 대수층의 아래 경계는 물이 통과하지 못하는 진흙이나 암석의 불투수층이다. 비피압 대수층은 주로 대수층 바로 위 지면에 내리는 비와 아래층으로 침투하는 비에 의하여 주로 보충된다. 이러한 대수층의 물은 대기압이며 지하수면의 경사방향으로 흐르며, 이는 그 위 대지의 표면과 유사하지 않을 수도 있다. 지하수면 위와 대지 표면 사이를 **불포화대(vadose zone**; 통기대라고도 함)라고 하며 이는 물로 포화되지 않았다.

피압 대수층(confined aquifer)은 물에 투과성이 없는 층에 의하여 상부와 하부 모두가 경계 지어져 있으며 대기압보다 큰 압력 하에서 물로 포화되어 있다. 물이 피압 대수층을 통과하여 드나들 수 있으면 그 층을 **준대수층(aquitard)**이라고 하며 대수층은 **준피압 대수층(semiconfined aquifer)**이라고 한다. 피압 대수층과 준피압 대수층은 둘 다 대수층에 구멍을 뚫어 이용하는 지역에서 수 km까지 떨어진 재충전 지역에서 비와 표층수에 의하여 주로 보충된다. 재충전 지역이 대수층에 구멍을 뚫은 곳보다 고도가 높으면, 물은 재충전 지역과 동일한 고도에 다다를 때까지 관을 따라 올라갈 것이다. 이러한 우물을 **찬정(artesian well)**이라고 한다. 만약 재충전 지역이 우물 관의 꼭대기보다 고도가 높으면, 물이 관에서 흘러나오기 때문에 자분정이라고 한다.

대수층 기질의 성질은 대수층이 함유할 수 있는 물의 양과 물이 대수층을 통과하여 흐르는 속도에 영향을 미친다. **공극률(porosity)**은 기질에 있는 공간의 크기와 수의 척도이다. 공극률이 클수록 대수층은 더 많은 물을 포함할 수 있다. 물이 대수층을 통하여 이동하는 속도는 공극의 크기, 공극이 연결된 정도, 기질에 존재하는 균열이나 통로에 의하여 결정된다. 대수층을 통하여 물이 이동하는 속도는 우물에서 분당 얼마나 빠르게 물을 펌프할 수 있을지를 결정한다.

13.4 수문학적 순환에 미치는 인간의 영향

세계의 해양은 지구 기후의 주요한 조절자이며 온실 기체의 중요한 싱크이다. 대륙적, 지역적, 해양분지 규모에서 물 순환은 기후의 장기적 변화에 의하여 영향을 받으며, 인간의 안전을 위협한다. 이러한 변화는 북극의 온도와 산악 빙하를 포함한 바다와 육지의 빙하에 영향을 미친다. 이러한 변화는 해양의 염분과 산성화, 해수면, 강우 양상, 극한의 기후 사건, 그리고 어쩌면 해양의 순환 체제에도 영향을 미친다. 도시화의 증가 경향과 관광 발달은 연안 생태계에 상당한 영향을 가진다. 이러한 모든 변화의 사회경제적 영향은 잠재적으로 막대하다.

인간의 활동은 증발, 유출, 침투에 상당한 영향을 미칠 수 있다. 발전소를 냉각하거나 작물을 관개하기 위하여 물이 사용되면, 증발 속도는 증가한다. 저수지에 갇힌 물도 빠르게 증발한다. 이러한 빠른 증발은 지역적 대기 상태에 영향을 미칠 수 있다. 유출과 침투율도 인간 활동에 의하여 크게 영향을 받는다. 벌목이나 농업에 의한 식생의 제거는 유출을 증가시키고 침투를 감소시킨다. 유출이 더 많기 때문에 토양의 침식도 많아진다. 불투수성으로 포장된 표면의 비율이 높은 도시 복합체도 유출을 증가시키고 침투를 감소시킨다. 도시 지역의 주요한 우려는 폭우를 신속하게 제거하는 방식을 제공하는 것이다. 이는 표면 수로와 홍수용 배수구를 설계하고 건설하는 것과 관련된다. 도시는 폭우가 과잉 물을 제거하기 위한 폭우 관리 시스템의 능력을 넘어설 때 심각한 홍수 문제를 가지게 된다. 많은 도시는 처리시설에서 홍수 배수구 물을 폐수와 결합하는데, 이는 폭우 뒤에 심각한 오염 문제를 초래할 수 있다. 처리시설은 증가한 양의 물을 처리할 수 없으며 처리되지 않은 폐수와 배수구 물이 결합된 것을 받아들이는 수체에 방출해야만 한다.

도시는 산업용과 가정용 물의 공급에도 문제를 가지고 있다. 많은 경우 도시는 음용수로 표층수 공급원에 의존한다. 공급원은 호수 또는 강, 또는 물을 저장하는 인공호수이다. 세계 대도시의 1/3 이상이 깨끗한 음용수의 안정된 흐름을 유지하기 위하여 넓은 면적의 보호된 삼림에 의존한다. 예를 들어 8백만 명 이상의 인구를 가진 New York City는 시민 음용수의 90%를 Catskill 주립공원에 의하여 보호되는 998 km^2의 유역에 의존한다. 추가적으로 물 공급에 대수층이 극히 중요하다. 미국의 많은 대도시 지역은 물 공급을 위하여 지하수에 의존한다. 지하수 공급은 대체되는 것보다 빠르게 사용되지 않는 한 계속하여 사용될 수 있다.

그러나 지하에 얼마나 많은 물이 있는지를 모르는 데에 문제가 있다. 세계적 또는 지역적 수준에 대한 추정치가 있지만 이들은 단지 추정치일 뿐이다. 우리는 특정한 지역의 물 수요를 알고 있다. 예를 들면 캘리포니아 주 사람들은 매년 550억 리터의 물을 양수한다는 것을 알고 있다. 그러나 사유 우물에서 채수하는 개별 농부나 사람은 우물이 마르거나 오염될 때까지 얼마나 많은 물이 우물에 있는지를 알지 못할 수 있다. 미국에 1천6백만 개소의 우물이 있으며, 매년 주거 목적으로 50만 개소의 새로운 우물이 천공된다. 미국을 포함한 세계의 대부분 지역에서 개별 우물 사용은 기록되지 않으며, 누구나 당국에 보고하지 않고 지하수를 양수할 수 있다. 농업용 물 사용을 측정하는 곳은 거의 없다.

표면수와 지하수의 물 사용을 모니터하는 몇 가지 방법이 있다. 물의 취수는 공급원으로부터 취한 물의 양에 대한 측정값이다. 이 물은 일시적으로 이용되고 나서 공급원으로 되돌려져 다시 사용될 수 있다. 예를 들면 공장에서 냉각 목적으로 강에서 물을 취수하면, 이는 대부분의 물을 강으로 되돌린다. 따라서 물은 나중에 다시 이용될 수 있다. 제품에 통합되거나 증발과 증발산을 통하여 대기로 손실되는 물은 동일한 지리적 지역에서 재사용될 수 없으며 따라서 소비되었다고 한다. 관개에 사용되는 물의 대부분은 증발과 증발산에 의하여 손실되거나 작물이 수확될 때 제거된다. 따라서 관개를 위하여 취수된 물은 대부분 소비된다.

13.5 물 이용의 종류

물 이용은 물의 가용도와 산업화 정도에 따라 세계에서 크게 변화한다. 그러나 물 이용은 다음 4가지 넓은 범주로 구분될 수 있다. 이는 (1) 가정에서의 이용, (2) 농업에서의 이용, (3) 산업에서의 이용, (4) 흐름 내 이용이다. 물의 어떤 이용은 소모적이며, 다른 이용은 비소모적이라는 것을 기억하는 것이 중요하다. 담수의 가용도와 이용, 그리고 수자원의 보존은 인간의 안녕에 핵심이다. 지표수와 지하수 자원의 질과 양, 생명을 부양하는 생태계 서비스는 인구의 성장, 교외에서 도시로의 이주, 부의 상승과 자원의 소모, 기후변화의 영향에 의하여 위협을 받고 있다. 현재의 경향이 지속된다면, 18억의 사람이 2025년에는 절대적 물 부족 국가나 지역에서 살게 될 것이며, 세계 인구의 2/3가 물 압박을 받게 될 수 있다.

물의 가정에서의 이용

북미에서 가정에서 사용되는 물의 90% 이상이 도시 물 시스템에 의하여 공급되는데, 이는 일반적으로 복잡하고 고가의 저장, 정화, 분배 시설을 포함한다. 그러나 많은 시골 주민은 처리되지 않은 사유 우물에서 안전한 물을 획득할 수 있다. 도시 물 공급의 거의 37%가 우물에서 온다.

물 공급원(지표수 또는 지하수)과 상관없이 선진국의 도

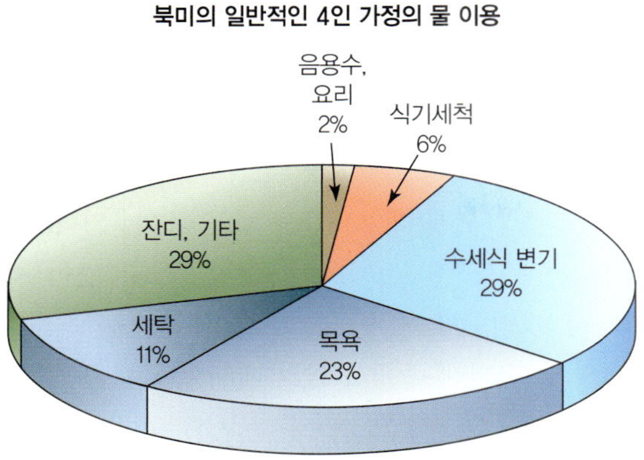

그림 13.5 도시 가정용수 이용: 북미에서 매일 1천5백억 리터 이상의 물이 도시 가정용수 목적으로 사용된다. (비소모적 이용은 파란색과 빨간색으로, 소모적 이용은 녹색과 갈색으로 나타내었다.)

시에서 공급되는 물은 안전성을 보장하기 위하여 처리된다. 급수 이전에 원수의 처리는 보통 다음 과정의 일부 조합과 관련된다. 원수는 입자를 제거하기 위하여 모래나 다른 기질을 통과하여 여과된다. 일부 용존 물질을 제거하도록 하는 화학물질이 물에 첨가될 수 있다. 그리고 대중이 이용하도록 물을 방출하기 전에, 염소, 오존, 자외선으로 아직 존재할 수 있는 모든 생물을 제거하기 위하여 소독된다. 담수가 전혀 가용하지 않은 곳에서는, 고가의 염수 담수화가 이용할 수 있는 유일한 선택일 수 있다. 예를 들어 아랍에미리트는 수요의 90% 이상을 탈염수로 사용한다.

고도로 선진화된 국가의 가정 활동은 많은 양의 물을 필요로 한다. 이러한 가정에서의 이용은 음용수, 에어컨, 목욕, 세탁, 식기세척, 수세식 화장실, 잔디와 정원의 물주기 등을 포함한다. 평균적으로 북미 가정에서 개인은 매일 400리터의 **가정용수(domestic water)**를 사용한다. 약 69%가 폐기물을 운반해가는 용매로서 사용되며(비소모적 사용; 세탁, 목욕, 화장실, 식기), 약 29%는 잔디와 정원에 사용되며(소모적 이용), 단지 아주 소량(약 2%)만이 음용수나 요리에 의하여 실제로 소비된다(그림 13.5). 아직 가정으로 들어가는 모든 물은 마시기에 안전하도록 정화되고 처리된다. 그러나 2011년 수행된 미국에서의 음용수에 대한 연구는 45개 주의 수돗물에서 200종 이상의 규제되지 않은 화학물질을 발견하였다. 오염물질에는 산업용매, 제초제, 냉매, 로켓 연료 성분인 과염소산 등이 포함되었다. 오염물질은 농업, 공장 배출수, 소비자 제품, 도시 유출수, 하수처리시설에서 온다. 미국에서 물 공익사업은 음용수를 처리하기 위하여 연간 5백억 달러와 원수를 보호하고 도시 유출수와 같은 오염원으로부터 오염을 방지하기 위하여 연간 2억 달러 이상을 소비한다. 자연적인 과정은 대도시 지역에서 일반적인 고도로 농축된 폐수에 대처할 수 없다. 눈에 거슬리고 냄새나는 폐수는 잠재적인 건강문제를 야기하기 때문에, 도시는 지역 물 공급원으로 되돌리기 전에 처리해야 한다. 최근까지 거의 모든 지역사회의 물 비용은 너무 저렴했기 때문에 보존에 대한 유인책이 없었지만, 물 부족과 정화 비용의 증가는 세계의 많은 지역에서 가정용수 가격을 증가시켰다(그림 13.6).

수돗물 가격은 도시에 따라 크게 변화한다. 미국에서 San Diego의 물이 가장 비싼데(400리터에 $1.65) 그 이유는 90% 이상이 캘리포니아 주 북부와 Colorado 강에서 펌프되기 때문이다. 덴마크 Copenhagen은 400리터에 $3.43으로 유럽에서 가장 비싸다. 물 부족에도 불구하고 중국은 인플레이션을 막기 위하여 물 값을 400리터에 $0.20로 낮게 유지하였다. 중국의 가격은 보존을 장려하기 위하여 상승하고 있다. 많은 사람들은 요금이 높으면 물을 더 보존할 것이라고 믿으며, 비용은 전 세계에서 증가하고 있다. 그러나

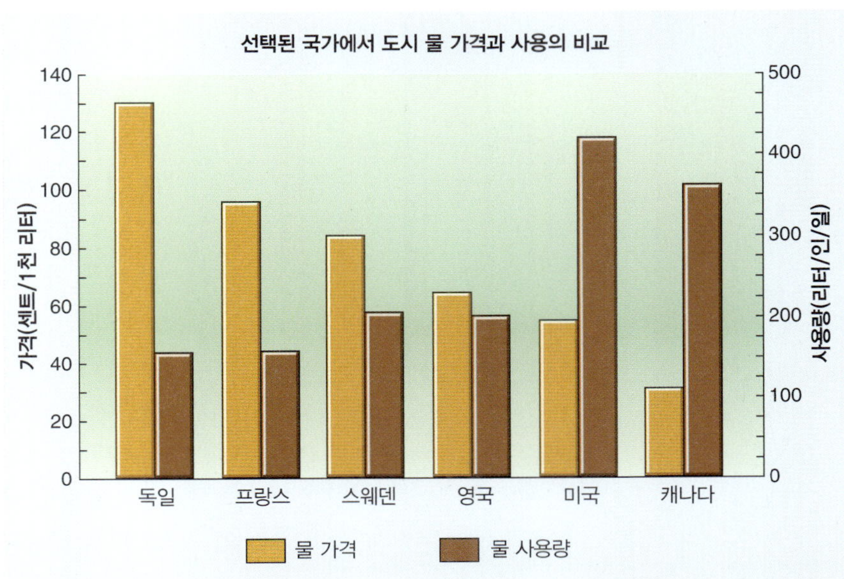

그림 13.6 물 값이 인상되면서 물 사용은 감소한다. 이용되는 물의 양과 가격 사이에는 일반적인 상관관계가 존재한다.

세계의 가난한 시민들에게 깨끗한 물 비용을 어떻게 감당할 수 있도록 하느냐 하는 문제가 남아있다.

물의 가정용 이용은 전체 물 이용의 비교적 작은 부분이지만, 도시의 성장은 질 좋은 물 공급의 개발, 운반, 유지에 문제를 일으켰다(그림 13.7). 아시아와 같이 빠른 인구 성장을 경험하는 지역에서 가정용수는 빠르게 증가할 것으로 예상된다. 중국의 많은 도시는 물 사용에 할당량을 설정하고 대량 사용자에게 높은 가격을 시행한다. 연안 도시인 Dalain에서 매월 8천 리터 이상의 물을 사용하는 가정은 물을 보존하는 가정에 비하여 4배를 더 지불해야 한다. 북미에서 36개 이상의 주가 다음 10년 후에 물 위기를 예상한다. 서부의 빠르게 성장하는 도시들, 특히 건조한 지역의 도시들은, 물 부족을 경험하고 있다. 도시지역의 물에 대한 수요는 때로 직접적인 공급을 초과하며, 특히 공급이 지역의 지표수일 때 그렇다. 이는 물 수요가 높고 강우가 낮은 여름철에 특히 사실이다. 많은 지역사회는 물 사용 감소를 돕도록 고안된 공중 교육 운동을 시작하였다. 추가적으로 연방 수준에서 미국 환경보호청(EPA)은 매우 성공적인 에너지 STAR 프로그램의 모델을 따른 물 효율적 제품의 국가적 소비자 표지 프로그램을 개발하는 과정에 있다. Mexico City는 거의 2천만 명의 인구를 가지고 표층수에 최소한의 접근을 가지고 있는데, 세계에서 가장 심각한 물 관리 문제를 가지고 있다. Mexico 유역의 물 공급은 깨끗한 물의 지속적인 공급을 보장하지 못하는 물 관리 관행에 의하여 심각하게 압박을 받고 있다. Mexico 계곡 대수층의 추출이 거의 100년 전에 시작된 이래, 지하수 수준은 뚜렷이 저하되었다. 도시의 인구가 지속적으로 증가하면서, 관리자들은 160 km 이상 떨어진 곳에서 물의 대체 공급원을 찾도록 강요되었다.

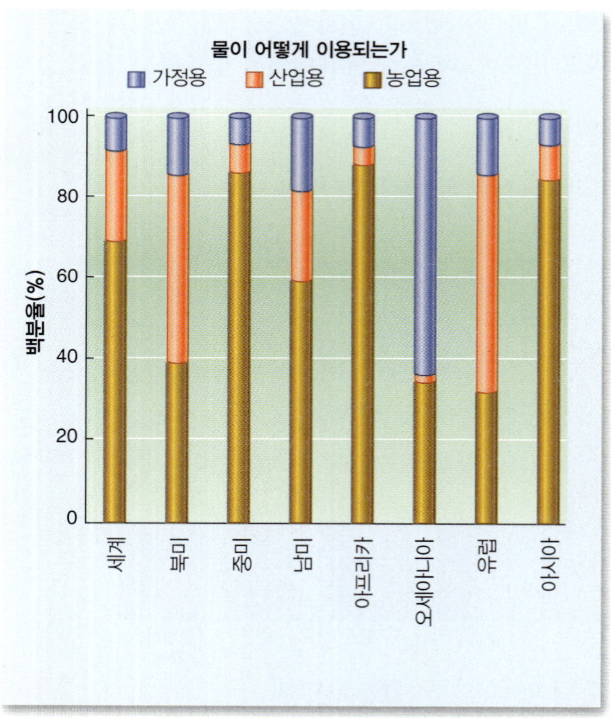

그림 13.7 물의 세계적 이용: 가정용, 산업용, 농업용 이용이 수자원의 할당을 지배한다. 그러나 이러한 자원이 어떻게 사용되는가에 대해서는 세계의 상이한 지역에 상당한 변화가 있다.

일반 국민이 물을 보존하도록 권장하는 것에 추가하여, 도시는 분배 시스템에서 발생하는 손실에 관심을 기울일 필요가 있다. 누수되는 수도관은 상당한 물의 손실을 가져온다. 선진국에서도 이러한 손실은 20%에 달할 수 있다. 빈곤한 국가는 일반적으로 이를 초과하며, 일부 국가는 물의 50% 이상을 누수로 손실한다. 물 손실의 또 다른 주요한 원인은 공공의 태도이다. 물이 무한하고, 저렴한 자원인 것으로 간주되는 한, 사람은 물을 보존하기 위하여 노력을 하지 않는다. 미국에서 수도요금은 최근에 매년 약 4%씩 인상되었다. 프랑스에 근거를 둔 세계 물 회의는 물 사용의 효율성에 따라 147개 국가의 순위를 매겼다. 미국이 맨 끝이었으며, 이는 가장 낭비하고 비효과적이라는 것이다. 이에 대한 하나의 설명은 역사적으로 미국에서 물은 매우 저렴하였다는 것이다. 예를 들어 1 m^3의 물에 독일인은 \$1.82를 지불하고, 프랑스인은 \$1.12, 영국인은 \$1.34를 지불한다. 미국에서 비용은 55센트이며, 이는 4인 가족 평균 월 \$15이다. 물 비용이 상승하고 물에 대한 태도가 변화하면서, 물의 이용과 보존하려는 노력도 변화할 것이다. 예를 들어 캘리포니아 도시 물 보존 회의는 EPA와 함께 인터넷 사용자들이 H_2OUSE 평면도의 다른 지역을 선택하여 물 절약에 대한 진실과 조언에 대하여 볼 수 있도록 하는 매우 혁신적인 가상 가정 여행을 착수하였다.

1990년 30개 주가 "물 압박" 상태를 보고하였다. 2011년의 숫자는 46개 주였다. 물 보존을 위한 수단을 집에 적용하는 것은 돈을 절약할 뿐 아니라, 더 큰 지역사회에도 이익이다.

가정에서 물을 절약하는 것은 상당한 비용 지출을 필요로 하지 않는다. 고비용의 빗물 통과 순간온수기 같은 물 절약 전기기구와 물 보존 시스템이 있지만, 대부분의 물 절약 방법은 매우 적은 비용으로 달성될 수 있다(그림 13.8). 예를 들어 실내 물 사용의 75%는 화장실에서 일어나며, 이의

집중 탐구

생수 붐

소비자는 생수에 수십억 달러를 소비하며, 세계의 많은 지역에서 가장 빠르게 성장하는 선택 음료로 만들고 있다. 어떤 사람은 생수를 다른 음료수의 대안으로서 마시며, 다른 사람들은 생수의 맛을 선호하거나 수돗물이 마시기에 항상 안전하지는 않기 때문에 생수를 마신다.

미국에서 환경보호청(EPA)과 식약청(FDA)은 음용수 기준을 설정하였다. EPA는 공공 물 공급자에 의하여 제공되는 수돗물의 기준을 정한다. FDA는 EPA 기준에 기초하여 생수의 기준을 정한다. FDA는 연방 식품, 의약품, 화장품 법에 의하여 생수를 포장식품으로서 규제한다.

미국에서 주 사이의 상업으로 판매되는 모든 생수는, 해외에서 유래한 제품을 포함하여, 모두 연방 기준을 충족하여야 한다. 생수는 물리적, 화학적, 미생물학적, 방사선적 오염에서 FDA 기준을 충족하여야 한다.

생수 제조업자는 물을 설명하기 위하여 FDA 규제에 의하여 규정된 표준 식별표지를 사용하지만, 의미는 여러분이 기대하는 것과 다를 수 있다. 용어는 물의 지질학적 공급원과 물에 적용된 처리 방법을 모두 가리킨다. 용어는 필연적으로 공급원의 지리학적 위치를 묘사하거나 수질을 결정하지는 않는다. 예를 들어 용천수(spring water)는 물이 지표면으로 자연적으로 흐르는 곳이나 지하수원에 천공된 시추공으로부터 채수될 수 있다. 공급원에 대한 표지에 사용되는 다른 용어인 *빙하수(glacial water)*와 *산악수(mountain water)*는 인식의 규제된 기준이 아니며 물이 반드시 원시의 지역에서 왔다는 것을 가리키지 않을 수도 있다. 마찬가지로 정화된(*purified*)이라는 용어는 화학물질과 병원체를 제거하는 과정을 가리킨다. 정화된 물은 그러할 수도 있지만 반드시 미생물이 없는 것은 아니다. 다음은 가장 흔히 사용되는 생수 용어이다.

자분수(artesian water), *지하수(groundwater)*, *용천수(spring water)*, *우물 물(well water)*—처리되거나 처리되지 않은 지하 대수층의 물. 우물 물과 자분수는 우물을 통하여 따라낸다. 용천수는 표면으로 흐를 때 또는 시추공을 통하여 채수한다. 지하수는 두 방법 모두 사용한다.

증류수(distilled water)—재응축되고 병에 담는 끓는 물의 증기. 물을 증류하는 것은 미생물을 사멸시키고 물의 자연 미네랄을 제거하여, 밋밋한 맛을 낸다.

음용수(drinking water)—안전하고 적합한 선택적인 소독제를 제외하고 다른 성분이 포함되지 않은 병이나 기타 용기에 밀봉한 인간의 소비를 위한 물. 불소는 생수 수질기준에 설정된 한도 내에서 추가될 수 있다.

광천수(mineral water)—자연적으로 총 용존 고형물을 250 ppm 이상 포함하는 지하수.

정제수(purified water)—어느 공급원에서든 기원하였던지 정제수에 대한 미국 *약전(Pharmacopeia)*의 정의를 충족하도록 처리된 물.

탄산수, 소다수, seltzer water, sparkling water, tonic water는 청량음료로 간주되며 생수로서 규제되지 않는다.

생수—여러분은 알고 있었나요?

- 수돗물이 생수에 비하여 훨씬 저렴하다.—어떤 경우에는 병 자체보다 조금 더 지불한다. 생수의 25%(일부 전문가는 40%까지라고 함)는 처리된 수돗물 이상 아무것도 아니다.
- 환경 비용이 있다.—단지 병의 플라스틱을 생산하기 위하여 병에 있는 물의 3~4배의 물이 사용되며, 이는 물을 상점으로 운반할 때 사용되는 기름과 생성되는 이산화탄소를 포함하지 않는다.
- 국내산을 구입한다.—생수 습관을 깰 수 없으면 세계를 가로질러 수송되지 않은 상표를 찾아라. 물이 짧은 거리를 이동할수록 더 적은 온실기체가 생산된다.
- 280억—미국에서 매년 구입되는 플라스틱 생수병의 숫자이며, 이중 16%만이 재사용된다. 1백50만 배럴—이러한 병을 제조하기 위하여 사용되는 석유. $110억—미국 사람이 매년 생수에 소비하는 금액.
- 2백50만—매시간 미국사람이 버리는 플라스틱 병의 숫자.

재사용을 권장하고 소비를 억제하기 위하여, Chicago 시는 생수에 5센트 세금을 부과하는 최초의 주요한 미국 도시가 되었다. 많은 다른 도시들이 비슷한 수단에 대하여 논쟁하고 있다.

25%는 변기에 사용된다. ULF(ultra-low flush; 극저 수세식) 변기와 저수류 샤워꼭지와 폭기장치를 설치하는 것은 물 사용을 상당히 감소할 수 있다.

저수류 폭기장치를 구입할 때는 실제 gpm(분당 갤런) 표지를 읽어야 한다. 종종 소매상들이 2.5 gpm을 저수류로 판촉하는데 이는 저수류 범위에서 가장 높은 것이다. 이는 부엌 싱크대에 필요할 수 있지만, 화장실 싱크와 대부분의 물 배출구에는 1.5 gpm의 폭기장치도 훌륭하게 작동할 것이다. 물 절약 특매품을 사용함으로써 여러분은 가정의 물 사용을 35% 감소할 수 있다.

물 절약 지침

보존적 사용은 물을 절약한다.		정상적 사용은 물을 낭비한다.
아래로 적시고, 위로 비누칠하고, 씻어냄 15리터	**샤워**	정상 샤워 95리터
샤워를 추천해도 될까요?	**욕조**	가득찬 욕조 135리터
수세를 최소화 수세시 20~25리터 소비 새로운 변기는 6리터를 사용함	**변기**	빈번한 수세는 매우 낭비적임
세면기를 채우기 4리터	**손 씻기**	수돗물을 흘려보냄 8리터
세면기를 채우기 4리터	**면도**	수돗물을 흘려보냄 75리터
칫솔을 적심, 짧게 헹굼 2리터	**이 닦기**	수돗물을 흘려보냄 38리터
필요한 만큼만 선택함	**얼음**	사용하지 않은 얼음은 배수구로 내려감
누수를 수선함	**누수**	작은 물방울 떨어지는 것도 일주일에 95리터를 낭비함

(a)

(b)

그림 13.8 물의 보존: (a) 사람이 물을 사용하는 방식의 사소한 변화도 가정 물 사용을 상당히 감소할 수 있다. 주석: 1갤런은 약 3.785리터이다. (b) 사진은 시민이 물을 절약하도록 권장하는 플로리다 주 중부의 광고판을 보여준다.

물의 농업적 이용

북미에서 지하수는 농업에 사용되는 물의 약 37%를 차지하며 표층수는 약 63%를 차지한다. **관개(irrigation)**는 세계의 대부분 지역에서 물의 주요한 소모적 사용이며 북미에서 사용되는 물의 약 80%를 차지한다. 하루에 5백억 리터의 물이 미국에서 관개에 사용된다. 관개와 가축에 사용되는 물의 양은 세계에 걸쳐 계속 증가한다. 장차 물의 농업적 수요는 관개에 필요한 물 비용; 농산물, 식량, 섬유에 대한 수요; 정부 정책; 새로운 기술의 발달; 증가하는 인구로부터의 물에 대한 경쟁에 의존할 것이다.

관개는 건조하거나 반건조한 지역에서 보편적이기 때문에, 지역적 물 공급이 종종 결여되거나, 작물에 물을 대기 위하여 장거리 수송이 필요하다. 이는 미국 서부에서 특히 사실인데, 그곳에서 약 1천4백만 ha의 토지가 관개된다.

4가지 관개 방법이 보통 이용된다. 표면 또는 범람 관개는 물이 경작지 위로 또는 밭고랑에 흐르게 하여 물을 공급하는 것이 관련된다. 이는 방대한 수로를 필요로 하며 모든 종류의 작물에 적합하지는 않다. 분무 관개는 작물 위에 물을 분무하기 위하여 펌프를 사용하는 것과 관련된다. 점적 관개(trickle irrigation)는 전략적으로 배치한 구멍을 가진 일련의 관을 사용하여 물이 직접 식물 뿌리로 배달되도록 한다. 지하 관개는 지하 관을 통하여 식물에 물을 공급하는 것과 관련된다. 종종 이 방법은 토양이 연중 특정한 시기에 배수를 필요로 하는 곳에 사용된다. 지하 관은 어느 때는 과잉의 물을 배수하고 다른 때는 물을 공급하는데 사용될 수 있다. 이러한 방법은 각각의 단점과 장점을 가지며 어느 조건하에서 잘 작용하는지가 다르다.

댐, 운하, 관, 펌프와 같은 관개 구조물의 건설과 유지는 고비용이다. 관개수의 비용은 전통적으로 낮았는데, 이는 많은 댐과 운하가 연방정부의 도움으로 건설되었기 때문이고, 농부들은 물을 헛되게 사용하였다. 부족한 수자원에 대한 도시지역과 농업 사이의 경쟁 증가로, 관개에 사용되는 물 비용의 인상에 대한 압력이 발생하였다. 물 비용을 인상하는 것은 자택소유자에 대한 것과 마찬가지로 농부가 절약하도록 자극할 것이다. 관개수의 수요를 감소하는 또 다른 방법은 건기에 물을 많이 요구하는 작물의 양을 감소하거나 또는 물 요구가 높은 작물에서 낮은 작물로 변경하는 것이다. 예를 들어 밀과 콩은 감자나 사탕무보다 물을 적게 요구한다. 또한 물을 적게 사용하도록 관개 관행을 변경하는 것도 더욱 중요해지고 있다(그림 13.9). 예를 들어 살수 관개와 분무 관개의 일부 변형은 전통적인 범람 관개 방법에 비하여 물을 더 효율적으로 사용한다.

대부분의 관개 형태는 많은 에너지를 필요로 한다. 이는 특히 작물에 물을 전달하기 위하여 펌프를 사용할 때 특히 사실이다. 네브래스카 주에서 농업에 충당되는 에너지의 40%가 관개에 사용되는 것으로 추산된다. 증가하는 에너지 비용은 일부 농부가 관개를 줄이거나 중단하게 할 수 있다. 추가하여 서부 네브래스카 주의 대부분은 관개를 위하여 지하수에 의존하며, 지하수면이 빠르게 내려가고 있다. 물 부족이 발생하면, 토지의 가치도 감소할 것이다. 토지 이용과 물 이용은 상호 연관되며 독립적으로 고찰될 수 없다. 농부들이 1930년대의 황진 지대 시기에 캔자스 주, 네브래스카 주, 텍사스 주의 농가를 버렸을 때, 그들은 북미의 가장 풍부한 지하 저수지의 하나인 고평원 대수층(Ogallala 대수층)의 바로 위에 있다는 것을 전혀 몰랐다. 20년 이후 대수층에서 양수된 물은 이 지역을 미국의 곡창지대로 변환시켰다. 오늘날 대수층에서 물을 양수하는 우물은 수십억 달러의 농업 경제를 살지게 한다. 그러나 물의 취수는 강우에 의한 대수층의 자연적 보충 속도를 크게 초월하였다. 1백년 이내에 대수층은 현재 속도의 관개를 지탱할 수 없을 것이며, 따라서 지역의 농업 기반을 위협할 것이다. Salinas 계곡에서 캘리포니아 주 중앙 해안을 따라, 농부들은 Monterey 지역 수질오염 제어청(MRWPCA)의 지역 폐수처리장의 재순환된 물로 경작지를 관개한다. 해수가 내륙으로 10 km까지 지하수에 침투하였기 때문에, 우물물은 농업에 이용하기에 너무 염분이 높았다. 이 문제가 지하수의 과다 펌프로 인하여 초래되었을 수 있다는 것을 인식하고, MRWPCA는 1980년대에 처리된 도시 폐수로 관개하는 가능성을 연구하기 시작하였다. MRWPCA는 재순환된 물로 관개된 작물이 병원체로 오염되지 않았다는 것을 보여주는 연구를 수행하였다. 그러자 캘리포니아 주는 지역 폐수처리장의 개선이 필요한 계획을 승인하였다. 전체 시스템에 걸쳐 75곳의 사용자에게 물을 공급하기 위하여 60 km의 도관이 건설되었으며, 이는 매년 4,900 ha의 연안 농경지를 관개할 수 있는 240억 리터의 물을 공급할 수 있는 용량을 가지고 있다. 이러한 시스템은 캘리포니아 주와 어쩌면 전 세계에 걸쳐 악

(a)

(b)

(c)

그림 13.9 관개의 유형: 많은 건조 지역은 경제적으로 농사를 짓기 위하여 관개를 필요로 한다. (a) 표면 관개 또는 범람 관개는 작물에 물을 전달하기 위하여 관개 운하와 도랑을 사용한다. 토지는 물이 공급원에서 경작지로 흐르도록 경사지게 한다. 물은 운하에서 작물 열 사이의 도랑으로 빨아올린다. (b) 분무 관개는 식물 위의 공기로 물을 분무하기 위하여 펌프를 사용한다. (c) 점적 관개는 식물의 뿌리로 직접 물을 전달하여 물을 보존하지만 광범위한 관의 네트워크를 필요로 한다.

화되거나 감소하는 지하수 공급 문제에 대한 보편적인 해결책이 될 수 있다.

물의 산업적 이용

물의 산업적 이용(industrial water use)은 미국에서 전체 물 취수의 거의 절반, 캐나다에서는 약 70%, 전 세계적으로는 약 23%를 차지한다. 대부분의 산업 공정은 열 교환과 연관되기 때문에, 산업에 의하여 이용되는 물의 90%는 냉각수이며 공급원으로 되돌려지기 때문에, 단지 소량만이 실제로 소비된다. 산업적 이용은 미국에서 소비되는 물의 20% 미만을 차지한다. 예를 들어 발전소는 증기를 냉각하기 위하여 물을 사용하기 때문에 다시 물로 변환된다. 많은 산업 특히 발전소는 염수를 냉각목적으로 실제로 사용할 수 있다. 발전소에서 사용되는 냉각수의 약 30%는 염수이다. 산업 공정에서 가열된 물이 직접 수로로 버려지면 수온에 상당한 변화를 가져온다. 이는 생물의 대사를 증가시키고 물이 용존산소를 함유할 수 있는 능력을 감소시켜 수서생태계에 영향을 미친다.

산업은 또한 폐기물을 분산시키고 운반하기 위하여 물을 이용한다. 사실상 많은 개울은 이 목적으로 남용되고 있으며, 특히 도시 중심에서 그렇다. 수로를 폐기물 처분에 사용하는 것은 수질을 악화시키고 다른 목적을 위한 물의 유용성을 감소시킬 뿐 아니라, 직접적으로 어류와 야생생물에 해를 끼친다. 이는 산업 폐기물이 독성일 때 특히 사실이다. 2010년 알루미나 제조 공장의 방대한 양의 독성 적색 슬러지를 저지하고 있던 헝가리의 한 댐이 붕괴되어, 4명이 사망하고 120명이 부상당했다. 70만 m^3으로 추산되는 독성 적색 슬러지가 7개 마을 위로 흘러서 수백 명의 지역 주민이 대피하도록 하였다.

역사적으로 산업 폐기물과 열은 오염의 주요한 원인이었다. 그러나 대부분의 산업화된 국가는 수로에 산업 폐기물과 가열된 물을 방출하는 것을 엄격하게 제한하는 법률을 통과하였다. 미국에서 수질을 유지하는데 연방정부의 역할은 연방 수질오염 관리법(PL 92-500)의 통과와 함께 1972년 시작되었다. 이 법안은 지역, 주, 주 사이의 수질 프로그램에 연방 자금과 기술적 지원을 제공하였다. 이 법안(차후에 1977년, 1981년, 1987년, 1992년 수정되었음)은 일반적으로 "수질 오염 방지법(Clean Water Act)"이라고 불린다. Clean Water Act는 포괄적이고 기술적으로 엄밀한 법안이다. 이 법안은 오염으로부터 미국의 물 보호를 추구한다. 이를 위하여 법안은 표층수의 수질 기준을 설정하고 물에 폐수 방출을 제한하는 2가지 개념을 실행하여, "항해할 수 있는 수역"에 오염물질의 배출을 명백히 규제한다.

흐름 내 물의 이용

흐름 내 물의 이용(in-stream water use)은 물을 제거하지 않고 운하와 유역 내에서 사용하는 것이다. 따라서 흐름 내 이용은 비소모적이다. 주요한 흐름 내 물의 이용은 수력발전, 휴양, 항해이다. 흐름 내 이용은 물을 제거하지 않지만, 흐름의 방향, 시간, 양의 변경을 필요로 할 수 있어서 수로에 부정적으로 영향을 미칠 수 있다.

수력발전소로부터의 전기는 중요한 에너지원이다. 현재 수력발전소는 미국에서 발전되는 전체 전기의 약 13%를 생

(a)

(b)

그림 13.10 댐은 물의 흐름을 방해한다. 대부분 큰 강의 물 흐름은 댐에 의하여 제어된다. 이러한 댐의 대부분은 전기를 제공한다. 추가적으로 댐은 범람을 방지하고 유원지를 제공한다. (a) 그러나 대규모 댐은 자연 강 수계를 파괴하지만, 작은 댐은 (b) 항상 심각한 영향을 미치지는 않는다.

과학, 정치, 정책

물 전쟁

거의 모든 사람이 깨끗한 물에 접근할 수 있는 것은 선진국에서는 당연한 일이다. 그러나 세계의 11억 명의 사람은 이러한 믿을만한 접근을 가지고 있지 않다. 그 결과는 냉혹하고 예측 가능하다. 깨끗한 물의 부족은 콜레라와 이질과 같은 예방할 수 있는 수인성 질병의 높은 발병을 직접적으로 이끌며, 이는 매년 2백20만 명을 사망하게 한다.

물 부족으로 인하여 많은 분쟁이 유발되거나 자극된다. 물 부족이 오염된 물로부터 작물의 실패, 죽어가는 가축, 극심한 빈곤, 절망과 사망까지를 초래하는 분쟁은 차드에서 수단의 Darfur까지, 에티오피아까지, 소말리아와 해적까지, 예멘을 가로질러, 이라크, 파키스탄, 아프가니스탄의 커다란 활 모양의 건조한 토지에서 발생한다.

탈레반과 같은 극단주의 집단은 이러한 가난한 지역사회에서 충분한 신병모집의 가능성을 찾는다. 정부가 주민에게 안전한 음용수, 안정적인 식량 작물, 지역사회가 생활을 의존하는 동물에 대한 사료와 물 같은 가장 기본적인 욕구를 보장할 수 없을 때 합법성을 상실한다.

물 공급은 특히 건조한 지역을 포함한 세계의 대부분 지역에서 압박이 증가하고 있다. 빠르게 증가하는 물 부족은 팽창하는 인구, 지하수의 고갈, 폐기물과 오염, 기후변화의 증가하는 악영향을 반영한다.

물 부족의 결과는 비참하다. 가뭄과 기근, 생계의 손실, 수인성 질병의 전파, 강요된 이주, 심지어는 공개적인 분쟁이다. 실질적인 해결책은 나은 물 관리, 물 이용의 효율성을 증가하기 위한 개선된 기술, 정부, 상업 분야, 시민 조직의 연합에 의하여 수행되는 새로운 투자 등 많은 요소를 포함할 것이다.

물 위기의 정확한 본질은 상이한 지역에서 상이한 문제가 생길 수 있는 곳을 가지기 때문에 다양할 것이다. 예를 들어 이미 건조한 국가인 파키스탄은 빠르게 성장하는 인구로 고통을 받게 될 것인데, 1950년의 4천2백만 명에서 2050년에는 3억6천3백만 명으로 추정된다. 농부들이 크게 우려하는 것은 과잉 양수에 의하여 고갈되는 지하수 의존이다. 추가적으로 파키스탄의 강에 물을 공급하는 히말라야 빙하는 기후변화에 의하여 2050년에는 녹을 수 있다.

물 위기에 대한 해결책은 지역사회의 관심으로부터 기후변화와 같은 지구적 문제까지 모든 수준에서 찾아야 할 것이다. 해결책은 정부, 상업, 시민사회 사이의 협력을 요구할 것이다. 이러한 협력은 중요하지만, 사회의 상이한 분야가 종종 서로 함께 일을 해본 경험이 거의 없고 서로 신뢰하지 않기 때문에 어려울 수 있다.

물 도전에 대하여 영구적인 해결책은 기후, 생태학, 농업, 인구, 공학, 경제학, 정치학, 지역 문화에 대한 광범위한 전문지식을 필요로 한다. 또한 문제에 대한 공통의 해결책을 찾기 위하여 물 부족 문제에 당면한 국가의 과학, 정치, 상업 지도자를 함께 모으는 것도 필요하다. 간단히 말해서 세계 사회는 익숙하지 않은 방식으로 협력해야 할 것이다. 세계는 도전을 감당할 수 있을까요?

산한다(그림 13.10). 수력발전소는 물을 소비하지 않고 폐기물을 추가하지 않는다. 그러나 발전소를 위하여 필요한 댐은, 건설의 고비용과 흐름과 주변 토지의 자연 서식지 파괴의 초래를 포함하는 명백한 단점을 가진다. 채워진 물을 갑자기 댐으로부터 방출하는 것은 하류 환경을 심각하게 변경할 수 있다. 배출이 저수지의 상부에서 이루어지면 흐름의 온도는 빠르게 상승할 것이다. 저수지의 저층에서 찬물을 방출하면 흐름의 수온을 급격하게 감소시킬 것이다. 이러한 변화는 둘 다 수서 생물에 해롭다. 물을 가두는 것도 흐르는 개울의 자연적인 침식 작용을 감소시킨다. 물이 자유롭게 흐르도록 하면, 강에 축적된 침니는 수위가 높을 때 하류로 운반된다. 이는 강 수로를 유지하고 영양분 물질을 강구로 운반한다. 그러나 댐이 건설되면, 침니는 댐 뒤에 퇴적되고, 궁극적으로 저수지를 채우게 된다. 많은 다른 댐들은 홍수를 통제하기 위하여 건설되었다. 댐은 범람을 감소시키지만 제거하지는 않는다. 사실상 댐의 건설은 종종 사람들이 범람원을 개발하도록 조장한다. 그 결과 범람이 일어나면 재산과 생명의 손실이 더 커질 수 있다.

2011년 Missouri 강의 대규모 범람은 좋은 사례이다. Missouri 강은 미국에서 가장 긴 강이다. Rocky 산맥의 몬태나 주 남서부에서 발원하여 북쪽으로 흐르다가 대체로 남동쪽으로 미국의 중심부를 가로 질러서, 미주리 주 St. Louis 바로 북쪽에서 Mississippi 강과 만나며, 총 길이가 4,023 km이다. 2011년 Missouri 강에는 미국 역사에서 최악의 범람이 일어났다. 그 범람은 몬태나 주 중부와 동부의 거의 기록적인 봄철 강우와 함께 몬태나 주와 와이오밍 주의 Rocky 산맥에 기록적인 강설량과 연관되었다. Missouri 강을 따라 위치한 6개 주요 댐의 범람에 의하여 초래되는 구조적 손상을 방지하기 위하여 2011년 봄과 여름에 기록적인 양의 물이 방출되었다. 이러한 대량의 물의 방출은 강 주변의 많은 농업지역, 마을과 도시에 심각한 범람을 초래하였다.

지난 세기에 "웅장한 미주리 강(Mighty Mo)"을 길들이기 위한 댐의 건설은 Missouri 강의 자연적 범람원이었던 곳의 개발과 농경을 조장하였다. 강 주변의 대중은 강의 자연적 범람원이 없이 범람에 대하여 보호하기 위하여 건설된 제방에 의존하게 되었다.

댐은 넓은 표면적을 가진 호수를 형성하기 때문에 증발이 증가한다. 건조한 지역에서 손실되는 물의 양은 심각할 수 있다. 이는 특히 뜨거운 기후에서 명백하다. 더 나아가 댐 아래의 흐름은 종종 간헐적이며, 이는 물의 산소 함량을 변화시키고 어류의 회유를 방해한다. 조류와 다른 작은 생물의 개체군 또한 변화한다. 이러한 모든 영향으로 인하여 댐의 건설에는 신중한 계획이 필요하다.

댐 건설은 종종 저수지가 뱃놀이, 캠핑, 관련된 휴양의 장소를 제공하기 때문에 새로운 휴양 기회를 창출한다(그림 13.11). 그러나 이러한 기회는 이전에 자유롭게 흐르던 강을 희생하여 온 것이다. 강 낚시와 같은 휴양의 추구는 상실되었다. 요트타기, 수상스키, 수영, 낚시, 캠핑은 모두 상당히 좋은 수질을 요구한다. 물은 자연적인 환경에서 휴양을 위하여 이용되며 종종 물리적으로 영향을 받지 않는다. 그렇다 하더라도 휴양에 이용하기 위한 계획이 필요한데, 이는 남용이나 분별없는 사용은 수질을 저하시킬 수 있기 때문이다.

대부분의 주요 강과 큰 호수는 항해에 이용된다. 북미는 현재 4만 km 이상의 상업적으로 항해 가능한 수로를 가지

그림 13.11 댐에 의하여 형성된 휴양 기회: 4백만 명 이상의 사람이 캘리포니아 주와 애리조나 주 사이 경계에 위치한 Havasu 호수에서 낚시와 뱃놀이를 즐긴다. Havasu 호수는 Colorado 강에 Parker 댐을 건설하여 형성되었다. 호수의 표면적은 19,300에이커이다. 댐과 호수의 주된 목적은 서부의 몇 개 주에 공급하는 2개의 도수관에 양수하기 위하여 물을 저장하는 것이다.

고 있다. 이러한 수로는 선박과 바지선의 통행을 보장하기 위한 충분한 수심을 가져야 한다. 충분한 수심이 제공되도록 보장하기 위하여 운하, 수문, 댐이 사용된다. 종종 적절한 수심을 유지하기 위하여 준설이 필요하다. 준설은 오염된 퇴적물을 재부유할 수 있다. 또 다른 문제는 퇴적물을 바닥에서 제거하여 어디에 오염된 퇴적물을 처리할지를 결정하는 것이다. 추가하여 수문학적 시스템 내의 흐름이 변경되면, 이는 결국 다른 사용을 위한 물의 가치에 영향을 미친다.

대부분의 대도시 지역은 자원을 수송하기 위하여 물에 의존한다. 최근에 미국의 내륙 수로 시스템은 곡물, 석탄, 광석, 석유와 같은 재화의 약 10%를 운반하였다. 북미에서 내륙 수로 시스템을 개선하기 위한 경비는 수십억 달러에 달하였다.

과거에 어떠한 항해 계획도 다른 사용에 미치는 영향과 관계없이 신속하게 승인되고 투자되었다. 그러나 오늘날 이러한 결정은 생태학적 영향이 분석되기 전까지는 내려지지 않는다.

13.6 수질오염의 종류와 근원

인간 활동에 의한 수질의 악화는 인간과 생태계의 건강에 지속적으로 해를 끼친다. 개발도상국에서 매년 3백만 명의 사람이 수인성 질병에 의하여 사망하며, 대부분은 5살 미만의 아동이다. 주요한 우려가 되는 오염물질은 미생물 병원체와 과잉의 영양분 부하를 포함한다. 미생물에 의하여 오

염된 물은 지구적 척도에서 질병과 사망의 가장 큰 단일 원인으로 남아있다. 높은 영양분 부하는 하류와 연안수의 부영양화를 초래하며 인간의 유익한 사용을 상실하게 한다. 육상 기원의 오염, 특히 농업과 도시 유출수는, 정부와 농업 분야의 긴급한 행동을 필요로 한다. 농약 오염과 부유 퇴적물도 제어하기 어렵다.

수질오염은 자연생태계를 변화시키거나 사회의 부분에 의한 물의 이용을 방해하는 어떤 것이 물로 들어갈 때 발생한다. 산업화된 사회에서 모든 배수구, 개울, 강, 호수의 물을 완전히 오염되지 않게 유지하는 것은 아마도 불가능하다(표 13.1). 그러나 우리는 수체의 수질을 평가하고 오염원을 제거하여 수질을 보전하거나 개선하기 위한 조치를 취할 수 있다. 일부 오염물질은 수질과 물의 가능한 이용에 심각한 영향을 미친다. 일반적으로, 수질오염은 몇 가지 넓은 범주로 구분할 수 있다.

독성 화학물질 또는 산은 생물을 사멸시키고 물을 인간의 이용에 부적합하게 만들 수 있다. 이러한 화학물질이 지속성일 경우, 그들은 개체 생물에 생물축적되고 먹이사슬에서 생물증폭될 수 있다.

용존 유기물은 물에서 부패하기 때문에 중요한 수질오염 문제이다. 물에 자연적으로 존재하는 미생물이 유기물을 분해하면서, 그들은 물에서 가용한 용존산소를 소모한다. 너무 많은 용존산소가 제거되면 수서생물은 사멸한다. 어떤 양의 유기물을 부패하는데 필요한 산소의 양을 **생화학적 산소요구량(biochemical oxygen demand; BOD)**이라고 한다(그림 13.12). 수체의 BOD를 측정하는 것은 물이 얼마나 오염되었는가를 측정하는 하나의 방법이다. 너무 많은 유기물이 물에 추가되면 가용한 모든 산소는 소모될 것이다. 그러면 혐기성(산소를 요구하지 않는) 세균이 폐기물을 분해하기 시작한다. 혐기성 호흡은 나쁜 냄새와 불쾌한 맛을 나

표 13.1 선택된 오염물질의 기원과 영향

오염물질	기원	인간에 미치는 영향	생태계에 미치는 영향
산	대기 침전; 광산 배수; 분해되는 유기물	어류와 패류의 이용도 감소; 어류의 중금속 증가	민감한 수서생물의 사멸; 토양, 암석, 송수관 같은 금속 표면에서 미량 금속의 방출 증가
염화물	얼음과 눈을 제거하기 위하여 처리된 도로의 유출수; 기름 추출에서 생성된 소금물; 채광	음용수 공급 이용도의 감소; 패류의 이용도 감소	높은 수중에서 담수생물에 독성
질병유발 생물	미처리 또는 부분적으로 처리된 하수의 투기; 사육장에서 동물 폐기물의 유출수	수처리 비용의 증가; 사망과 질병; 어류, 패류, 관련된 종의 이용도 감소와 오염	질병에 의한 수서생물의 생존과 번식 감소
온도 상승	도시에 포획된 열이 물로 전달; 노출된 개울; 저수지의 태양 가열; 발전소와 산업시설로부터 가열수의 방출	어류의 이용도 감소	어류와 패류의 냉수종 배제; 산소 감소; 열 스트레스 받은 동물의 질병에 취약; 부적당한 산란 행동
중금속	대기 침전; 도로 유출수; 하수처리시설과 산업 기원의 방출; 저수지의 형성; 산성 광산 배출수	수처리 비용의 증가; 질병과 사망; 어류와 패류의 이용도와 건강도 감소; 생물증폭	번식 실패로 어류 개체군 감소; 어류 먹이 감소를 가져오는 무척추 동물의 사망; 생물증폭
영양분 첨가	농경지, 목초지, 동물 사육장의 유출수; 조경된 도시지역; 미처리, 처리 하수와 산업 배출수의 투기; 인산염 세제	수처리 비용의 증가; 어류, 패류, 관련된 종의 이용도 감소; 조류 생장에 연관된 색과 냄새; 휴양 사용의 손상	조류 대증식 발생; 조류의 사멸은 낮은 산소 수준과 대형 식물의 다양성과 생장의 감소를 초래; 어류 사멸
유기분자	농경지와 목초지의 배출수; 조경된 도시지역; 벌목된 지역; 화학 제조와 기타 산업과정의 배출; 혼합 하수	수처리 비용의 증가; 어류, 패류, 관련된 종의 이용도 감소; 냄새	산소 감소; 어류 사멸; 수서생물의 수와 다양성 감소
퇴적물	농경지와 가축 사육장의 유출수; 벌채한 경사면; 퇴화한 개울 둑; 기타 토지의 부적당한 이용	수처리 비용의 증가; 어류, 패류, 관련된 종의 이용도 감소; 준설을 필요로 하는 호수, 개울, 저수지와 항구의 매몰	어류 산란 장소 덮기; 곤충 종 수의 감소; 식물 생장과 다양성 감소; 포식자의 먹이 감소; 아가미와 여과판의 막힘
독성 화학물질	도시와 농업 유출수; 도시와 산업 배출; 매립지와 광산 침출수; 대기 침전	수처리 비용의 증가; 특정한 암 위험의 증가; 어류와 패류의 이용도와 건강도 감소	어류 알과 치어의 생장과 생존도 감소; 어류 질병; 먹이사슬의 생물증폭으로 인한 육식동물의 사멸

출처: Data, in part, from World Resources Institute.

타내는 화학물질을 생산하며 일반적으로 인간의 안녕을 방해한다.

질병을 유발하는 생물은 대부분의 세계에서 매우 중요한 오염문제이다. 미처리 또는 부적절하게 처리된 인간 또는 가축의 폐기물은 종종 이러한 생물의 공급원이다. 선진국에서 하수 처리시설과 음용수 처리시설은 이러한 공중보건 문제를 크게 감소시킨다.

영양분도 또한 오염문제이다. 비료, 하수, 세제, 동물 폐기물의 질소와 인 화합물 형태의 추가적인 영양분은 수서식물과 조류의 성장률을 증가시킨다. 그러나 인산염과 질산염은 오염되지 않은 담수에 일반적으로 매우 제한된 양으로 존재하며, 따라서 수서식물과 조류의 생장에 제한요인이다. [**제한요인(limiting factor)**은 공급이 부족한 필수 물질이며, 따라서 부족하면 생물은 잠재적 생장에 완전히 도달할 수 없다. 4장 상호작용: 환경과 생물 참조.] 따라서 인산염 또는 질산염이 표층수에 추가되면, 그들은 비료와 같이 작용하여 원하지 않는 조류 개체군의 생장을 촉진한다. 추가된 영양분에 의한 조류와 수서식물의 과잉 생장을 **부영양화(eutrophication)**라고 한다. 조류와 대형 수서식물은 배의 프로펠러를 손상시키고, 입수관을 막히게 하고, 물의 맛과 냄새를 변화시키고, 바닥에 유기물이 축적되도록 하여 물의 사용을 방해할 수 있다. 이러한 유기물이 부패하면서 산소 수준이 감소하고, 어류와 다른 수서 종이 사멸된다.

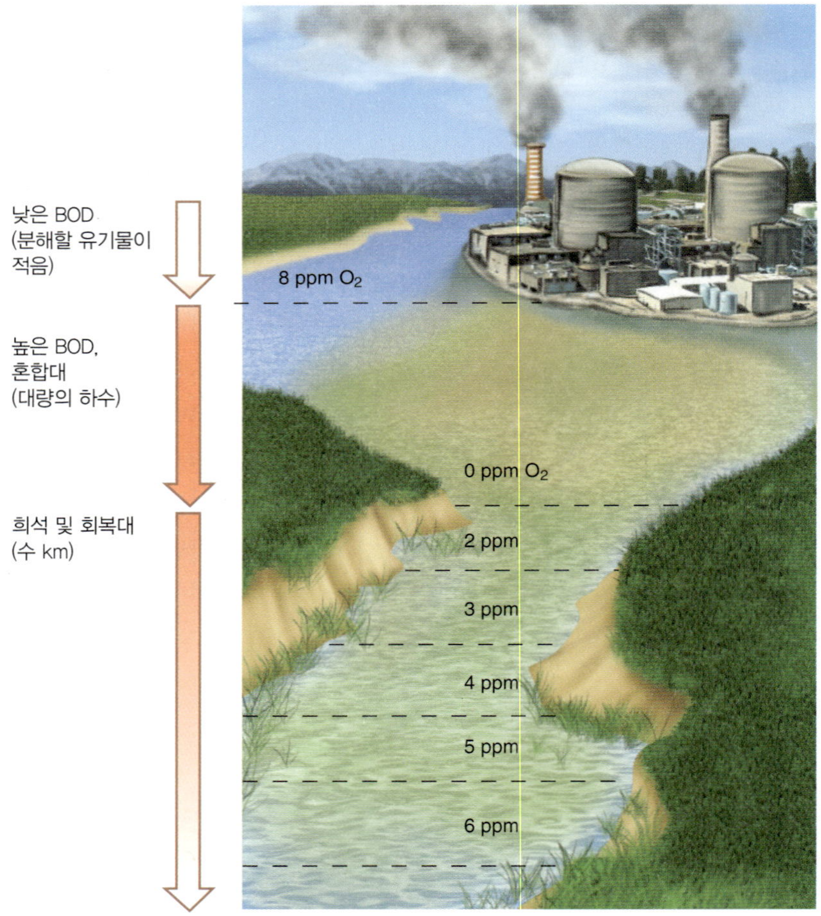

그림 13.12 용존산소에 대한 유기 폐기물의 영향: 하수는 고농도의 유기물을 포함한다. 유기물이 생물에 의하여 분해될 때, 산소가 물에서 제거된다. 이를 생화학적 산소요구량(BOD)이라고 한다. 물 속의 유기물질의 양과 산소 사이에는 역의 관계가 존재한다. BOD 값이 클수록 수서동물이 생존하기 더 어렵고 물도 인간의 사용에 덜 바람직하다. 유기오염이 클수록 BOD 값도 크다.

물리적 입자 또한 수질에 부정적인 영향을 끼칠 수 있다. 입자는 물의 투명도를 변화시키고, 산란지를 덮을 수 있으며, 생물을 다치게 하는 연마제로 작용하고, 독성 물질을 운반한다.

허용될 수 있는 수질을 결정하는 것은 경제적 고려와 관련된다. 물에서 마지막 수 ppm의 어떤 물질을 제거하는 것은 수질을 뚜렷이 개선하지 않고 경제적으로 타당하지 않을 수 있다. 이는 생분해성인 유기물질에 대하여 특히 사실이다. 그러나 생체 조직에서 축적될 수 있는 방사성 폐기물과 독소는 다른 문제이다. 이러한 물질을 제거하기 위한 활발한 시도는 인간과 다른 생물에 대한 잠재적 위험으로 인하여 종종 정당화된다.

오염원은 점오염원 또는 비점오염원으로 분류된다. 오염원이 명확한 공급원과 물로 들어가는 장소를 가져서 쉽게 확인될 수 있다면, 이는 **점오염원(point source)**에서 기원하였다고 한다. 도시와 산업 배수관이 점오염원의 좋은 예이다. 농경지와 도시 포장면과 같은 곳에서 오는 분산된 오염물질, 산성비, 유출수는 **비점오염원(nonpoint source)**에서 기원하였다고 하며 확인하고 제어하기가 훨씬 어렵다. 수질오염을 제어하기 위한 초기의 시도는 점오염원에 초점을 맞추었는데, 이는 쉽게 확인할 수 있고 경제적 압력과 불리한 평판이 점오염원으로부터 지속적으로 오염을 시키는 회사에 가해질 수 있기 때문이다.

수질오염의 비점오염원은 다루어지고 있지만, 훨씬 다루기 어려운데, 이는 많은 소규모의 개별적 인간 활동을 규제하는 것이 필요하기 때문이다.

여러분이 표면수와 지하수를 비점오염원으로부터 보호하기 위하여 할 수 있는 일이 많이 있다.

- 가정 주위에서 흔히 이용되는 많은 화학물질이 독성이라는 것을 인식한다. 가능하면 비독성 대체품을 사용한다.
- 여러분이 사용하리라 예상하는 양만큼만 화학물질을 구입하고, 지시된 대로만 사용한다.
- 불필요한 가정 화학물질을 유해폐기물 수집 센터로 가지고 가고, 배수구에 버리지 않는다.
- 불필요한 화학물질을 절대로 땅에 붓지 않는다. 토양은 대부분의 화학물질을 파괴할 수 없으며, 화학물질은 궁극적으로 유출수를 오염시킨다.
- 가능하면 수성 제품을 사용한다.
- 여러분의 마당을 조경할 때, 물, 비료, 농약의 요구가 적은 토종 식물을 선택한다.
- 비료를 사용하기 전에 토양을 검사한다. 과비옥화는 흔한 문제이며, 잉여량은 지하수로 녹아들거나 강 또는 호수를 오염시킨다.

도시 수질오염

도시는 적합한 음용수와 폐수 처리의 양날의 문제에 당면하고 있다. 이러한 폐수는 폭우 유출수, 산업 폐수, 가정과 상업 시설로부터 폐수 등으로 구성되어 있다. 가정의 폐수는 음식 쓰레기의 유기물, 취사, 세탁과 설거지, 인간의 폐기물 등으로 주로 이루어져 있다. 인간 폐기물은 대부분 소화되지 않은 음식물과 *Escherichia coli*와 *Streptococcus faecalis* 같은 세균의 농축된 개체군이다. 이러한 특정한 세균은 인간의 대장에서 정상적으로 생장하며 분변에 대량으로 존재하여, 일반적으로 **분변성 대장균(fecal coliform bacteria)**이라고 부른다. 분변성 대장균은 조류와 포유류 같은 다른 온혈동물의 폐기물에도 존재한다. 이러한 세균이 물에 작은 수 존재하는 것은 건강한 사람에게는 해롭지 않다. 그러나 분변성 대장균은 확인이 용이하기 때문에, 물에 존재하는 것은 인간과 다른 온혈동물의 분변성 폐기물에서 기원한 오염의 양을 지시하는데 사용된다. 이러한 종류의 세균이 물에 존재하는 수는 물에 유입되는 분변성 폐기물의 양과 직접 관련되어 있다.

수계에 인간 폐기물이 처분되면, 인간에서 온 잠재적으로 해로운 세균은 시료에서 탐지되기에는 너무 작은 양이 존재할 수 있다. 이러한 작은 수라도 이러한 해로운 세균은 유행병을 초래할 수 있다. 미국에서 분변 오염에 의하여 유발되는 감염으로 매년 150만 명이 앓게 되는 것으로 추산된다. 1993년 예를 들면 *Cryptosporidium*이라는 원생동물 병원체가 위스콘신 주 Milwaukee에서 확인되었다. 이는 40만 명 이상이 병들게 하였고 100명 이상이 사망하게 하였다. 이러한 질병의 전체 비용은 미국에서만 매년 수십억 달러에 달한다. 지진으로 황폐화된 아이티에서 오염된 물로 인하여 2010년 콜레라 창궐이 시작되었다. 2011년까지 콜레라로 인하여 2천 명 이상의 아이티 사람이 사망하였다. 물에 처분된 폐기물의 양이 많을수록, 질병을 유발하는 세균의 수도 많게 될 것이다. 따라서 분변성 대장균의 존재는 함께 존재할 수 있는 다른 더 해로운 생물의 지시자로 이용된다.

설거지와 세탁에서 오는 폐수는 식기와 옷에서 오염물질을 분리하도록 도와주는 비누와 세제와 함께 일부 유기물을 포함한다. 비누와 세제는 분자의 한쪽 끝이 때나 기름기에 용해되고 다른 쪽 끝은 물에 용해되기 때문에 유용하다. 비누나 세제가 물로 헹궈지면 때나 기름기도 함께 제거된다.

한때는 인산염이 화학적 조성의 일부로서 세제에 포함되었으며, 이는 부영양화에 기여하였다. 그러나 수서생태계에 대한 인산염의 환경영향으로 인하여, 1994년 이후 북미와 많은 선진국의 대부분의 주요한 세제 제조사는 세제 배합에서 인산염을 제거하였다. 오늘날 북미에서 물로 유입되는 인산염의 대부분은 인간 폐기물과 농경지와 축산에서의 유출수에서 온다. 미국 지질조사국(USGS)의 독성물질 수문학 프로그램에서 수행된 연구에 의하면 주거지, 산업, 농업 폐수에서 발견되는 넓은 범주의 화학물질은 집중적 도시화와 동물 생산 지역의 하류에서 일반적으로 낮은 농도로 발견된다. 화학물질에는 인간과 동물 약(항생제 포함), 자연적 그리고 합성 호르몬, 세제 대사물질, 가소제, 살충제, 방염제를 포함한다. 보고서에 의하면 카페인에 추가하여 가장 빈번하게 탐지되는 화합물은 콜레스테롤과 일반적인 방충제인 DEET의 부산물인 코프로스타놀이었다. 물에서 발견되는 화합물은 슈퍼마켓에서 판매되며, 농장과 공장은 물론 모든 약품 상자와 청소함에서 발견된다. 이러한 화합물은 매일 배수구로 씻겨 내리거나 헹궈져 내리지만, 사라지지 않는다.

미국 전체에 걸쳐 139개의 개울에 대한 연구에서, USGS는 채집한 개울의 80%에서 이러한 화학물질을 한 종류 이상 발견하였다. 개울의 절반은 7종류 이상의 화학물질을 포함하였으며, 약 1/3은 10종류 이상을 포함하였다. 이는 개울에서 이러한 유기 폐수 오염물질에 대한 최초의 전국적 조

집중 탐구

서구에서 제한된 물 공급에 대한 성장하는 수요

미국에서 가장 빠르게 성장하는 인구 중심으로서 Las Vegas는 물의 수요가 매일 증가하고 있다. 매달 새로운 사람이 은퇴하거나 직장을 찾아서 도착하며, 이미 팽창된 인구는 20~30년이 지나면 배가될 수 있다. 이는 Las Vegas가 Snake 계곡처럼 먼 곳에서 물을 찾도록 강요한다(지도 참조).

2005년 시는 수백 km 떨어진 카운티의 지하수 권리를 출원하였으며, 이는 메마르지만 인기 있는 미국 남서부를 가로질러 반복될 수 있는 물 전쟁을 시작하였다. 만약 Las Vegas가 이 요구를 성공한다면, 이는 캘리포니아 주의 Death Valley와 유타 주 서부까지 멀리 떨어진 곳까지 가로지르는 대수층의 복잡한 망을 교란할 수 있다.

Las Vegas가 실제적인 물 우려를 가지고 있다는 것은 부정할 수 없다. 시는 수십 년 전에 자체의 지하수 용량을 초과하였으며 현재는 분배가 빠르게 초과되고 있는 Colorado 강의 제한된 할당에 90%를 의존하고 있다. 이는 동떨어진 카운티의 물 권리를 청원하도록 시를 추진하게 하였지만, 서부 개발의 역사에서 한 가지 보여준 사실이 있다면, 이는 이러한 종류의 물 구입이 심각하게 잘못될 수 있다는 것이다. 20세기 초반에 Los Angeles는 유명하게 –또한 비밀리에– 캘리포니아 주 Owens 계곡의 수천 ha의 토지를 구입하였고 시가 이용하기 위하여 지표수와 지하수를 배수하기 시작하였다. 수십 년간 양수한 결과 Owens 계곡 샘이 수십 개가 말랐으며, 지하수면은 한때는 풍부하였던 토착 풀과 관목을 지탱하기에 너무 낮았다.

Las Vegas와 같은 동일하게 논란이 되는 계획이 다른 서부 시에서도 발생하고 있다. 십여 년의 가뭄 이후에, Powell 호수는 저수량이 절반이 안 된다. Rocky 산에서 Colorado 강을 통하여, 유타 주와 애리조나 주 사이에 위치한 Powell 호수로 흘러들어간다. 7개 주의 3천만 명이 넘는 사람이 작물을 재배하고, 발전소에 연료를 제공하고, Las Vegas와 같은 도시를 살리기 위하여 Colorado 강에 의존하고 있다. Las Vegas는 Mead 호수에서 대부분의 물을 얻지만, Powell 호수에서 물이 흐르지 않으면 Mead 호수의 물은 감소할 것이다. 십여 년의 가뭄은 Powell 호수로 물의 흐름을 심각하게 감소시켰다.

2013년 개척국(Bureau of Reclamation)은 미국 남서부 주의 사람들이 Powell 호수에서 취할 수 있는 물의 양을 10% 감소하였다. 다음 해의 물 배당에 대하여 주와 카운티가 다투면서, 수력발전소(Hoover 댐에 있는 것을 포함)는 놀게 되고, 농부는 잠재적으로 작물 생산의 감소를 보게 될 것이다.

미국에서 가장 건조한 대도시로 지칭되는 Las Vegas 보다 더 취약한 도시는 거의 없다. Las Vegas는 필요한 물의 90%를 Mead 호수에서 취하지만, 네바다 주는 Colorado 강에 접해있는 7개 주 가운데서 가장 적은 부분인 2%만을 취한다. Las Vegas는 주민들이 잔디를 사막 적합한 조경으로 대체하면 돈을 지급하는 방식으로 물을 보존하기 위한 노력을 하였다. 시의 전반적인 물 사용은 인구와 방문자 수가 꾸준히 증가하였음에도 불구하고 2002년 이래 감소하였다.

미국 남서부의 나머지 지역도 물을 더 효과적으로 사용할 수 있다면 앞으로 수십 년간 물이 충분할 것이다. 하나의 해결책은 Colorado 강물을 공급의 85%를 점유하는 농업에서 목마른 도시로 더 많이 전환하는 것을 포함할 수 있다. 이는 정치적으로 도전적이지만, 무엇인가는 주어야만 한다. Mead 호수는 용량의 40%로 축소되었지만, 방대한 저수지는 아직 14조 리터의 물을 저장하고 있다. 위의 건조한 하늘과 주변 전체의 암석은 이 토양이 사막이었고, 사막이고, 항상 사막일 것이라는 회피할 수 없는 사실을 강조한다. 탐험가인 아이브스(J.C. Ives)가 1857년 현재의 Hoover 댐이 위치하고 있는 곳을 방문하였을 때, 그는 토지가 "가치 없다"고 선언하였으며, "떠나는 것 이외에 아무 것도 없다."고 부연하였다. 오늘날의 주민은 다른 선택이 있기를 희망한다.

네바다 주 Las Vegas의 분수

녹색 행진

화장실 물에서 수돗물까지

폐수는 오랫동안 농업과 산업 목적으로 재순환되었다. 그러나 싱가포르를 포함한 일부 장소만 음용수 공급에 폐수를 추가할 정도로 대담하였다. 이 기술은 대중이 더 많이 수용한다면 미국, 베트남, 이집트 같은 잠재적인 물 권리 논쟁에 직면해있는 것을 변화시킬 수 있을 것이다.

재순환되는 폐수를 음용수로 사용하는 것을 지배하는 연방법은 없지만, 캘리포니아와 같은 주는 오염물질에 대한 추가적인 검사를 요구한다.

이 기술은 "화장실에서 수도꼭지로"라는 그다지 유쾌하지 못한 별명에도 불구하고, 가정 하수의 단지 10% 정도만이 일반적으로 화장실에서 오고, 나머지는 샤워, 싱크, 세탁기에서 온다.

처리된 하수는 보통 수도꼭지로 직접 가지 않고 땅, 호수, 저수지로 운반된다. 이는 다른 공급원의 물과 혼합되어 보통 수개월 이후에 소비자의 수도꼭지로 가기 전에 음용수 기준을 충족하기 위하여 더 깨끗하게 된다.

WHO와 UNICEF에 의하면, 세계 인구 8명 중 1명 정도인 약 8억8천4백만의 사람이 아직 깨끗한 물에 대한 접근이 결여되어 있다. 그 사이에 물의 사용은 지난 세기 동안 인구 증가율의 2배 이상 증가하였다.

나미비아의 Windhoek에서 마시기 위하여 하수를 정화하는 것은 수십 년간 생활방식이었다. Washington D.C. 외곽 버지니아 주 북부의 1백70만 명에 물을 공급하는 Fairfax Water 회사의 음용수 공급은 1970년대 이래 재순환 하수를 포함하였다. 이 지역 음용수의 약 5%는 정화된 하수에서 온다.

캘리포니아 주 Orange 카운티의 일부는 1970년대에 하수를 정화하기 시작하였지만, 수도사업부는 재순환된 하수의 용량을 상당히 늘려 이제는 재순환된 하수가 지역 내 240만 인구의 일일 물 수요의 1/5까지 공급한다. 싱가포르는 1일 물 수요의 거의 1/3을 충족하기 위하여 10년도 안되어 고도 하수재순환 시설을 건설하였다.

그러나 단지 지난 수년 사이에 처리 기술이 증가하는 수의 도시와 국가가 하수 정화 계획을 채택하는 것을 고려하도록 하는 수준으로 개선되었다. 물을 마실 수 있도록 하기 위하여 싱가포르와 Orange 카운티는 몇 단계를 사용한다. 첫 번째로, 미세여과라고 하는 과정에서 물을 인간의 머리카락의 수백분의 1인 미소한 구멍을 가진 막을 통과하여 세균을 포획한다. 그 이후 염, 바이러스, 의약품을 차단하는 두 번째 반투과성 막을 압력으로 통과시키는 역삼투 과정을 수행한다. 마지막으로 어떠한 미량의 유기물질도 파괴하기 위하여 물을 고강도 자외선과 과산화수소로 처리한다.

그러나 이러한 유형의 물 재순환을 둘러싼 논쟁으로 인하여, 실행하는지의 여부에 대한 일반 국민의 수용은 정치적 또는 비용 면에서 중요한 일이 되었다.

호주의 Brisbane 서쪽 약 100 km에 위치한 Toowoomba에서 주민들은 지역의 영속적인 물 부족에도 불구하고 음용수 공급에 재순환된 폐수를 추가하는 2006년의 제안을 무효로 하였다.

그러나 싱가포르는 폐수 재순환을 시행하는데 있어서 효율성으로 알려지게 되었다. 2060년에는 정화된 폐수가 국가 물 수요의 절반을 수용할 수 있을 것으로 예상한다. 싱가포르는 NEWater라고 하는 1천9백만 병의 생수를 운동 동호회와 지역사회 행사에 제공하였다. 싱가포르는 또한 폐수 정화 시범을 위하여 방문자 센터에 80만 명 이상의 방문자를 유치하였다.

모든 물은 어느 정도는 재순환된다. 강물은 종종 처리되어 한 도시가 이용하고, 폐수는 관으로 모아져서 하류로 방출된다. 일부 환경 단체는 폐수 재순환에 대한 지식이 커질수록 북미에서 이의 채택도 증가할 것으로 희망한다. 여러분의 생각은 어떠한가? 여러분은 재순환된 폐수를 마시는 것이 곤란한가요? 실제로 여러분은 그러한 물을 이미 마시고 있지 않나요?

사였다. 확인된 화학물질은 대부분 규제를 회피하고 도시하수처리 시설에 의하여 제거되지 않는다.

1970년대에 과학자들은 수로에서 약제 잔류물을 탐지하기 시작하였지만, 강이 산업 슬러지로 막혀 있던 시기에 미량의 약제는 큰 문제가 아니었다. 1990년대가 되어서야 관점이 바뀌기 시작하였다. 이는 주로 피임약에서 유래한 약제 에스트로겐이 물에서도 나타나기 시작하여, 수컷 어류가 암컷 같은 생식기관을 형성하였을 때이다. 놀랍게도 어류에 영향을 미치는 데는 호수 물 1리터 당 5~6 ng(10^{-9} g)의 소량만이 필요하였다.

농업용수 오염

농업활동은 수질오염 문제의 주요한 원인이다. 비료의 과도한 사용은 강우가 용존 영양분(질소와 인 화합물)을 개울과 호수로 운반하여 많은 수서 서식지에 부영양화를 초래하였다. 추가하여 지하수도 비료와 농약으로 오염될 수 있다. 토지가 침식에 노출되면 수로에 퇴적물의 양이 증가된다. 동물 사육장의 유출수는 영양분, 유기물, 세균을 운반한다. 토양의 과다한 염을 제거하기 위하여 관개된 땅을 씻어 내리는 물은 수체를 저하시키는 많은 염을 운반한다. 또한 농업 화학물질은 퇴적물과 수서생물의 오염을 초래한다. 수질오염의 가장 큰 문제 중 하나는 광대한 개활지에서 농업용수의 유출이다. 유출과 토양 침식을 감소하는 방법에 대해서는 11장 토양과 토양의 이용을 참고한다.

농부는 다양한 방식으로 유출을 감소할 수 있다. 보존 완충지라고 하는 교란되지 않고 영구적으로 식생이 있는 토양을 배수지나 개울 둑 주변에 남겨두는 것이다. 이는 식생이 피복된 토양이 물의 이동을 느리게 하고 침니가 개울로 들어가지 않고 토양 표면에 침전되도록 하여 표면 유출을 저지한다. 이는 소중한 경작지를 경작에 사용하지 않아야 하기 때문에 비용이 소용된다. 수질오염 방지법 계획의 한 가지 목적은 320만 km의 보존 완충지대를 설치하는 것이다. 유출을 저지하는 또 다른 방법은 토양을 작물로 최대한 오랫동안 피복하는 것이다. 비료 사용의 양과 시기를 신중하게 제어하는 것도 개울로 손실되는 영양분의 양을 감소할 수 있다. 이는 토양에서 유출되거나 용해되어 나가는 어떠한 비료도 작물 식물이 이용할 수 없으며 생산성의 감소를 초래하기 때문이다.

산업용수 오염

공장과 산업단지는 빈번하게 일부 또는 전체 폐기물을 도시 하수 시스템으로 방출한다. 관련된 산업의 유형에 따라 이러한 폐수는 유기물, 석유제품, 금속, 산, 독성물질, 생물, 영양분, 입자상 물질을 포함한다. 유기물과 기름은 물의 BOD를 증가시킨다. 금속, 산, 특정한 독성물질은 성질과 농도에 따라 특별한 처리를 필요로 한다. 이러한 사례에서 도시 하수처리장은 산업이 하수처리장으로 보내기 전에 폐수를 전처리할 것을 요구한다. 전처리가 되지 않으면, 도시 하수처리장은 이러한 산업 수요자를 고려하여 설계되어야 한다. 대부분의 경우 도시는 산업이 자신의 폐기물을 처리하는 것을 선호한다. 이는 산업계가 독성 폐기물을 분리하고 제어하도록 하고 그들의 특정한 요구를 충족하는 하수시설을 설계하도록 한다.

산업체는 점오염원이기 때문에, 오염원으로서 비교적 용이하게 식별되고, 강력하게 규제되고, 그들이 배출수를 정화하도록 하는 책임을 다하였다. 대부분의 회사는 그들의 설비를 개축할 때 산업시설의 필수적인 부분으로 하수처리를 포함한다. 그러나 일부 오래된 시설은 지속적으로 오염시킨다. 이러한 회사는 산, 입자상 물질, 온배수, 유해 기체를 물로 방출한다. 산업화된 세계의 산업용수 오염이 상당히 규제되었지만, 대부분의 개발도상국에서는 그렇지 않으며, 많은 호수, 개울, 항구가 중금속과 기타 독성물질, 유기물, 인간과 동물 폐기물로 심각하게 오염되어 있다.

산업용수 오염의 특별한 공급원은 채광이다. 본질상 채광은 지표면을 교란하고 퇴적물과 기타 물질이 표면수를 오염시키는 기회를 증가시킨다. 수력 채광은 일부 국가에서 시행되고 있으며 가치가 있는 광물을 이동하기 위하여 초고압수(water jet)를 산비탈에 분사한다. 종종 광석에서 가치 있는 금속을 분리하기 위하여 화학물질이 이용되고, 이러한 공정에서 나오는 물은 개울로 방출된다. 운용중이거나 폐기된 석탄광산의 배출수는 종종 매우 산성이다. 황철광(pyrite)은 많은 석탄 퇴적층과 연관된 광물이다. 황철광은 황을 포함하고 있으며, 풍화에 노출되면 황이 산소와 반응하여 황산이 형성된다. 추가적으로 미세한 석탄분진 입자가 물에 부유되어 물이 화학적, 물리적으로 서식지로서의 가치가 감소되게 한다. 철, 황, 아연, 구리의 용존 이온도 광산 배수에 존재한다. 제어에는 광산 배수를 수용하여 표층수에 방출하기 전에 처리하는 것이 포함된다. 광산이 폐쇄된 이후에 도로 메우고 토양의 복원을 요구하는 연방 법률 제정은 1990년 통과되었지만, 책임과 법 준수의 문제가 지속되고 있다.

열오염

1972년 연방 수질오염 방지법에 대한 개정안은 산업이 어떻게 물을 처리할지에 대한 변경을 명령하였다. 산업은 더 이상 물을 사용하고 나쁜 상태로 공급원으로 되돌리는 것이 허용되지 않는다. 기준의 하나는 공급원으로 되돌려지는 물의 온도를 규제한다. 많은 산업체가 냉각을 위하여 물을 사용하기 때문에, 열오염은 문제가 될 수 있다. **열오염(thermal pollution)**은 산업체가 공급원에서 물을 제거하고, 물을 냉각 목적으로 사용하고, 가열된 물을 공급원으로 되돌려 보낼 때 발생한다.

발전소는 물을 가열하여 수증기로 변환하며, 수증기는 전기를 발생하는 터빈을 구동한다. 증기 터빈이 효율적으로 기능하기 위해서는, 수증기는 터빈을 떠난 이후에 물로 응축되어야 한다. 이러한 응축은 열을 흡수하기 위하여 보통 호수, 개울, 해양에서 물을 취수하여 달성된다. 가열된 물을 배출하는 가장 저렴하고 쉬운 방법은 수서환경으로 되돌려 보내는 것이지만, 이는 수서생물에 문제를 생성할 수 있다. 단지 몇 도의 온도 증가는 심각하지 않게 보일 수 있지만, 일부 수서생물은 작은 온도변화에도 매우 민감하다. 많은 어류는 수온 증가에 의하여 산란하도록 자극되며, 다른 어류는 온도가 상승하면 산란이 저해된다. 예를 들어 호수 송어는 10℃(50℉) 이상에서는 산란하지 않는다. 호수 온도가 8℃(46℉)일 때, 호수 송어는 번식을 하지만, 3℃(5℉) 증가는 산란을 방해하고 궁극적으로 호수에서 송어가 배제되도록 한다. 수온 증가와 연관된 또 다른 문제는 물에 용해된 산소 양의 감소를 초래한다는 것이다.

해양의 하구는 매우 취약하다. 가열된 물이 하구로 방출되면 존재하는 식물의 유형이 변화할 수 있다. 그 결과 특정한 먹이 서식처를 가지는 동물은 따뜻한 물이 다른 종류의 먹이생물을 부양하기 때문에 제거될 수 있다. 하구의 전체 먹이그물은 약간의 온도 증가에 의해서도 변경될 수 있다.

산업에서 이용하는 냉각수는 수서생태계로 방출되지 않아도 된다. 산업화된 세계에서 현재 대부분의 냉각수는 수서생태계가 위협을 받는 방식으로 방출되지 않는다. 열을 배출하는 3가지 다른 방법이 보통 사용된다. 한 가지 방법은 넓고 얕은 연못을 건설하는 것이다. 뜨거운 물은 연못의 한쪽 끝으로 펌프되어 들어가고, 냉각된 물은 다른 쪽 끝에서 제거된다. 열은 연못에서 대기와 기질로 발산된다.

두 번째 방법은 냉각탑을 사용하는 것이다. 냉각탑에서 가열된 물은 공기 중으로 분사되고 증발에 의하여 냉각된다. 냉각탑과 얕은 연못의 단점은 증발에 의하여 대량의 물이 손실된다는 것이다. 대기 중으로 이러한 물의 방출은 국부적인 안개를 형성할 수 있다.

냉각의 세 번째 방법인 공랭식 탑은 대기 중으로 물을 방출하지 않는다. 이 방법에서 가열된 물은 관을 통하여 펌프되며 열은 공기 중으로 방출된다. 이는 자동차 방열기에서 사용되는 것과 동일한 원리이다. 공랭식 탑은 건설하고 운영하는데 가장 고비용이다.

해양 유류오염

해양 유류오염은 많은 출처를 가진다. 하나의 출처는 시추기 분출이나 유조선 사고와 같은 사고이다. 1989년 알래스카 주의 Prince William 해협에서 좌초된 *Exxon Valdez* 호는 4천2백만 리터의 석유를 방출하였고 1,500 km의 알래스카 주 해안선에 영향을 미쳤다. 그 사건은 해협의 조류와 동물 개체군에 커다란 영향을 미쳤으며, 지역 경제에 대한 경제적 효과도 심각하였다. 미국 해양대기국(NOAA)의 연구에 의하면 석유의 50%가 해안이나 물에서 생분해되었고; 20%는 증발하였고; 14%는 회수되었고; 12%는 대부분 알래스카 만의 저층에 침전되었고; 3%는 해안에 남아있고; 1% 미만이 아직 수층에 떠돌아다닌다고 추산되었다. 수달, 바닷새, 흰머리독수리 개체군은 1992년 유출사고 이전 수준으로 회복되었다. 많은 해양종의 번식과 질병 감수성에 대한 장기적 효과는 아직 연구 중에 있다. 이는 재앙적인 사고에 반응하고 회복되는 자연생태계의 엄청난 회복력을 가리킨다.

Exxon Valdez 호와 2010년 *Deepwater Horizon* 유출과 같은 사고는 놀랄만한 사건이지만, 훨씬 많은 석유가 다른 현저하지 않은 출처에서 소규모의 규칙적인 배출의 결과로 방출된다. 인간에 의해 초래되는 모든 해양 유류오염의 거의 2/3가 다음 3가지 출처에서 온다. (1) 차도로부터 유출, (2) 기계와 자동차 크랭크실에서 윤활유의 부적절한 처분, (3) 유조선의 선적과 하역과정에서 발생하는 의도적인 기름 배출이다. 마지막에 관련하여 오염은 유조선을 세척하거나 기름으로 오염된 평형수를 방출할 때 발생한다. 유조선은 석유를 하역한 다음에 선박의 균형을 잡기 위하여 균형수로서 해수를 사용한다. 이러한 기름으로 오염된 물은 유조선을 다시 채울 때 바다로 다시 배출된다. 인간에 의한 유류오염에 추가하여, 석유는 많은 장소에서 원유 매장층에서 물로 자연적으로 스며 나온다.

외해 유정의 수와 유조선의 수와 크기가 증가하면서, 유류오염의 잠재성도 증가하였다. 해양 유류오염을 제어하는 많은 방법들이 시도되었다. 일부 희망적인 방법은 자동차 정비소와 산업에서 사용된 기름과 윤활유를 재순환하거나 재처리하는 것, 외해 시추에 엄격한 규제를 시행하는 것이며, 1992년 모든 새로운 유조선은 2중의 선체로 건조되도록 요구하는 국제적 합의에 도달하였다. 이러한 2중 선체 선박은 파열되어 내용물을 유출할 가능성이 훨씬 낮다. 현재 유조선의 약 25%가 2중 선체이다.

지하수 오염

다양한 종류의 활동이 한때는 무해한 것으로 생각되었지만 지하수 오염의 잠재적인 기원으로 확인되었다. 사실상 인간에 의하여 유도된 지하수 오염의 가능한 출처는 사회적, 농

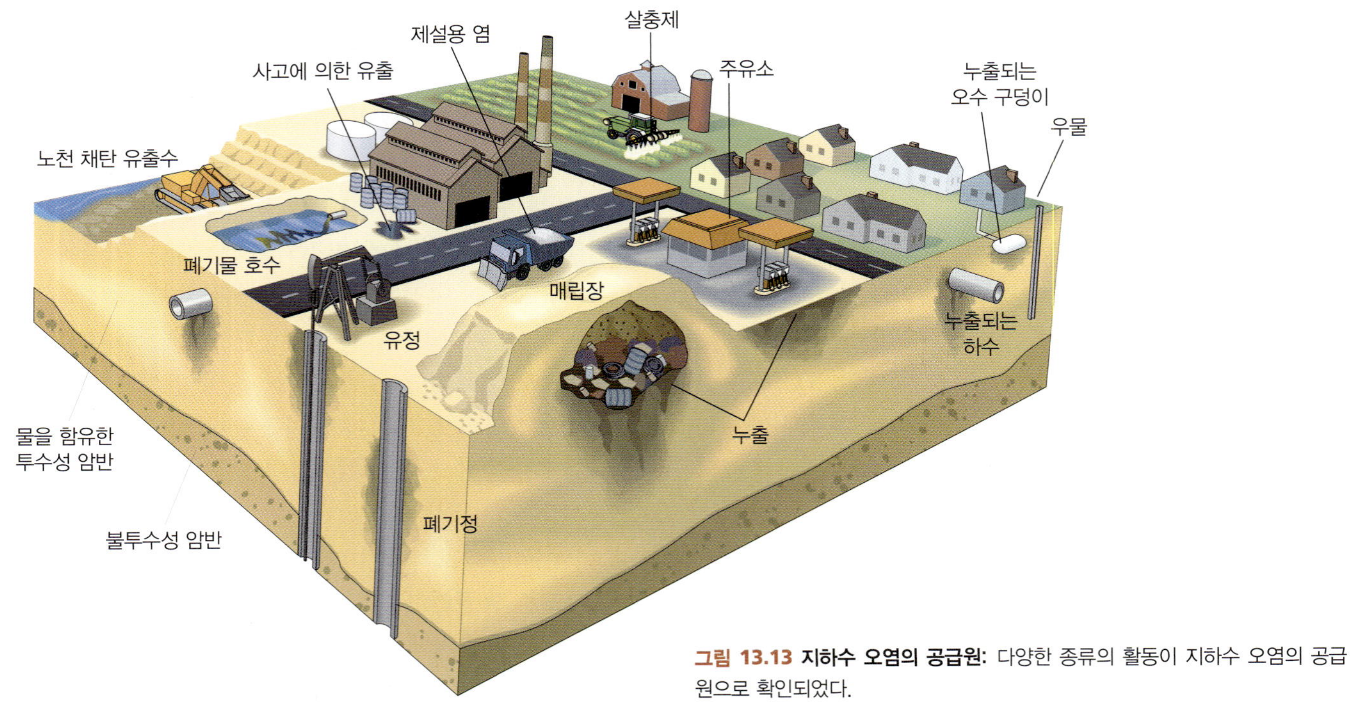

그림 13.13 지하수 오염의 공급원: 다양한 종류의 활동이 지하수 오염의 공급원으로 확인되었다.

업적, 산업적 활동의 모든 면에 걸쳐 있다(그림 13.13). 일단 지하수 오염이 발생하면, 개선하는 것은 극히 어렵다. 지하수를 양수하여 처리하는 것은 매우 느리고 비용이 많이 들고, 모든 오염된 물이 언제 제거되었는지를 알기 매우 어렵다. 지하수 오염 문제를 다루는 훨씬 나은 방식은 처음에 오염이 발생하지 않도록 방지하기 위하여 열심히 노력하는 것이다.

지하수 오염의 주요한 출처는 다음을 포함한다.

1. 농업 제품. 농약은 지하수의 유기오염에 대한 불안전한 수준에 기여한다. 캐나다와 미국에서 73종류의 상이한 농약이 탐지되었다. 농약의 우연한 유출이나 누출은 지하수를 10~20종류의 추가적인 농약으로 오염한다. 기타 지하수 오염에 기여하는 농업활동은 동물에 사료를 주는 작업, 비료 살포, 관개를 포함한다.
2. 지하 저장 탱크. 북미에서 여러 해 동안 휘발유와 기타 유해 물질을 포함하는 지하 저장 탱크가 누출되었다. 휘발유 4리터는 5만 명의 지역사회의 물 공급을 오염시킬 수 있다. 지하 저장 탱크의 누출을 대체하는 주요한 계획이 최근에 미국에서 완료되었다. 그러나 과거의 누출과 방치된 탱크는 여러 해 동안 문제가 될 것이다.
3. 매립지. 최근에 건설된 매립지는 특별한 라이너와 채수 시스템을 가지고 있지만, 북미 매립지의 90%는 지하수로 누출을 방지하는 라이너가 없으며, 96%는 매립지로부터 새나오는 침출수를 수집하는 시스템이 없다. 매립지의 60%는 수용되는 폐기물에 대한 제한이 없으며, 많은 매립지는 1년에 한 번도 검사되지 않는다.
4. 정화조. 잘못 설계되고 부적절하게 유지된 정화조는 지하수를 질산염, 세균, 독성 청정제로 오염시켰다. 미국에서 2천만 개소 이상의 정화조가 사용되고 있으며, 1/3 정도가 부적절하게 운영되는 것으로 나타났다.
5. 표면 저수지. 22만5천 개소 이상의 구덩이, 연못, 석호가 미국에서 물을 저장하거나 처리하는데 사용된다. 71%가 라이닝이 없으며, 단지 1%만이 플라스틱이나 기타 합성 비토양 라이너를 사용한다. 이러한 저수지의 99%는 누출 탐지 시스템이 없다. 73%는 저수지에 저장하는 폐기물에 대한 제한이 없다. 60%는 1년에 한 번도 검사되지 않는다. 이러한 연못의 대부분은 지하수 공급원 부근에 위치한다.

지하수 오염의 다른 공급원은 광산 폐기물, 도로 얼음을 제어하는 염, 처리된 폐수의 토양 적용, 개방된 쓰레기, 공동묘지, 방사능 물질 처리 장소, 도시 유출, 건설 굴착, 대기의 낙진, 동물 사육장이다.

13.7 물 사용계획 문제

과거에 폐기물은 초래되는 수질 악화에 의하여 다른 사용자에게 부과되는 비용에 거의 고려하지 않고 수로로 방출되었다. 더구나 인구가 성장하고 관개와 가정 용수에 대한 수요가 증가하면서, 세계의 많은 지역에서 모든 사람의 요구를 만족시키기에 충분한 물이 없게 되었다. 양질의 물에 대한 오늘날 수요의 증가로, 억제되지 않은 폐기물 처분과 무제한의 물 회수는 물 사용에 대한 심각한 분쟁을 초래할 수 있으며, 지역적 그리고 국제적 수준에서 모두 사회적, 경제적, 환경적 손실을 유발할 수 있다. (표 13.2는 세계에 걸친 물과 관련된 논쟁의 일부 분야를 요약하였다.)

대도시 지역은 다음의 3가지 기본적인 물 서비스를 제공하기 위하여 다양한 문제를 다루고 방대한 기반구조를 유지하여야 한다.

1. 인간과 산업 수요를 위한 물 공급
2. 폐수 수집과 처리
3. 빗물 수집과 관리

물 공급원은 반드시 확인되고 사용을 위하여 보전되어야 한다. 일부 도시는 모든 도시 물을 지하수에서 획득하며 그들이 사용하는 대수층의 크기와 특징에 대하여 철저히 이해해야 한다. New York 시와 같은 일부 도시는 시민이 필요로 하는 물을 공급하는 유역을 보전하여 음용수를 획득한다. 다른 도시는 주변을 흐르는 큰 강에 풍부한 물을 가지고 있지만 상류 사용자에 의하여 유발되는 오염 문제를 다루어야만 한다. 물의 공급이 부족한 많은 곳에서 물에 대한 도시와 산업-농업적 수요는 상충된다.

인간과 산업의 이용을 위한 물은 반드시 적절히 처리되고 정화되어야 한다. 물은 그 이후 일련의 관을 통하여 소비자에게 펌프된다. 물이 사용된 이후, 물은 하수관망을 통하여 폐수처리장으로 흘러가며, 방출되기 전에 처리된다. 관, 펌프, 처리장 등의 기반구조를 유지하는 것은 비용이 많이 든다.

대도시 지역은 홍수시의 대량의 과다한 물도 다루어야 한다. 이 물은 **빗물 유출수(stormwater runoff)**라고 한다. 도시 지역은 포장되었고 빗물이 거의 땅으로 흡수되지 않기 때문에, 빗물을 관리하는 것은 중요한 문제이다. 도시는 물이 거리를 따라 홍수 배수구로 흘러가기 때문에 심각한 지역적 범람을 나타낸다. 이러한 배수구가 과부하되거나 부스러기로 막히면, 물이 빠져나갈 수 없고 범람이 일어난다.

표 13.2 국제적 물 논쟁

강/호수	관련된 국가	문제
	아시아	
Brahmaputra, Ganges, Farakka	방글라데시, 인도, 네팔	충적토, 댐, 범람, 관개, 국제적 할당
Mekong	캄보디아, 라오스, 태국, 베트남	범람, 국제적 할당
Salween	티베트, 중국(윈난성), 버마	충적토, 범람
	중동	
Euphrates, Tigris	이라크, 시리아, 터키	국제적 할당, 염분 수준
West Bank Aquifer, Jordan, Litani, Yarmuk	이스라엘, 요르단, 레바논, 시리아	물 전환, 국제적 할당
	아프리카	
Nile	주로 이집트, 에티오피아, 수단	충적토, 물 전환, 범람, 관개, 국제적 할당
Lake Chad	나이지리아, 차드	댐
Okavango	나미비아, 앙골라, 보츠와나	물 전환
	유럽	
Danube	헝가리, 슬로바키아 공화국	산업오염
Elbe	독일, 체코	산업오염, 염분 수준
Meuse, Escaut	벨기에, 네덜란드	산업오염
Szamos (Somes)	헝가리, 루마니아	물 배당
Tagus	스페인, 포르투갈	물 배당
	아메리카 대륙	
Colorado, Rio Grande	미국, 멕시코	화학물질 오염, 국제적 할당, 염분 수준
Great Lakes	캐나다, 미국	오염
Lauca	볼리비아, 칠레	댐, 염분
Paran	아르헨티나, 브라질	댐, 토지의 범람
Cenepa	에콰도르, 페루	물 배당

1987년의 수질법은 지자체가 비점오염원이 제어되도록 빗물 유출수의 방출에 대한 허가를 획득하도록 규정한다. 과거에 많은 도시는 하수와 빗물 유출수를 함께 취급하는 단일 체계를 가지고 있었다. 폭우나 봄철 해빙기에, 가로의 유출수는 폐수처리장이 용량을 취급하지 못할 정도로 대량으로 발생할 수 있다. 이때 폐수는 처리되지 않고 바로 방류 유역으로 전환된다.

이러한 새로운 요구로 인하여, 일부 도시는 처리할 수 있을 때까지 잉여 물을 저장할 수 있는 지역을 조성하였다. 이는 비용이 많이 소요되며, 따라서 연방이나 주의 자금이 있을 때만 수행된다. 많은 도시는 오수 관거로부터 빗물 배수거를 분리하는 고비용의 과정을 겪었다. 하수구를 분리하는 장기간의 고비용 과정의 좋은 예는 오리건 주 Portland이다. 2011년까지 Portland는 빗물 배수거와 오수 관거를 분리하는 20년 계획의 절반만을 완료하였다. 최종 비용은 계획의 $10억 예산을 초과할 것으로 추산된다.

물 서비스를 제공하는 것은 비용이 많이 든다. 우리는 물 공급이 제한되었다는 것을 이해하여야만 한다. 또한 물이 오염물질을 희석하고 퇴화시키는 능력이 제한되어 있고 대도시 지역이 서비스를 제공하고 오염을 제한하기 위해서는 적절한 토지이용 계획이 필수적이라는 것도 이해하여야 한다.

이러한 목적을 추구하는데 있어 도시 계획자는 많은 장애물에 마주친다. 대도시 지역은 종종 기본적인 물 서비스 관리에 대한 책임을 분할하는 수백 개의 관할권(행정부와 관료 영역)을 가지고 있다. 시카고 대도시 지역이 좋은 사례이다. 이 지역은 6개의 county와 약 2천 개의 지역 행정부 단위로 구성되어 있다. 이 지역은 349개의 분리된 물 공급 시스템과 135개의 분리된 폐수 처리 시스템을 가지고 있다. 물 관리 계획을 실행하려는 노력은 그렇게 많은 층의 행정부가 관련되면 복잡하고 좌절감을 가져올 수 있다.

장래의 요구를 충족하기 위하여 도시, 농업, 국가적 관심은 다음과 같은 다양한 문제를 다루어야 할 필요가 있다.

- 물에 대한 수요의 증가는 물을 인구밀도가 높은 지역이나 관개영농이 가능한 지역으로 전환하도록 하는 압력을 야기할 것이다.
- 물에 대한 수요의 증가는 폐수처리의 증가와 기존의 물 공급을 재사용하도록 강요할 것이다.
- 물이 관개로 이용되는 많은 지역에서, 토양에서 여러 해에 걸친 물의 증발은 토양에 염분의 축적을 초래한다. 토양에서 염분을 씻어내기 위하여 사용된 물이 개울로 되돌아가면, 수질이 저하된다.
- 일부 지역에서 우물은 다양한 범주의 사용을 위한 물을 제공한다. 지하수가 대체되는 것보다 빨리 펌프되면, 지하수면은 하강한다.
- 연안역에서는 해수가 대수층으로 침투하여 물 공급을 황폐화시킬 수 있다.
- 물에 근거한 휴양 수요는 눈부시게 증가하고 있으며 양질의 물을 필요로 하며, 특히 수영과 같은 몸 전체의 접촉을 포함하는 활동이 그렇다.

물의 전환

물의 전환(Water diversion)은 한 지역에서 다른 지역으로 물을 물리적으로 운반하는 과정이다. 고대 로마의 도수관은 물 전환의 초기 예이다. 그 이후 수천 건의 물 전환 토목공사가 건설되었다. 예를 들면 New York 시는 물 공급의 90%를 Catskill 산(Schoharie와 Ashokan 저수지)과 Catskills 서부의 Delaware 강 지류의 물을 수집하는 4개의 저수지에서 받는다. 약 10%의 물은 Hudson 강 동쪽의 Croton 유역에서 온다. New York 시에 공급되는 가장 먼 유역은 약 200 km 떨어져 있다. Los Angeles는 또 다른 예이다. Los Angeles는 1913년부터 북쪽으로 400 km 떨어진 Owens 계곡에서 물을 가져오기 시작하였다.

물 전환은 세계의 많은 지역에서 필요한 것으로 보이지만, 종종 논란을 발생한다. 하나의 예는 노스다코타 주의 Garrison 전환 단위(Garrison Diversion Unit)인데, 이는 원래 관개를 위하여 Missouri 강 수계에서 물을 전환하기 위하여 계획되었다(그림 13.14). 대평원의 일부를 관개하기 위한 초기 계획은 1930년대의 더스트볼(Dust Bowl) 시대에 개발되었다. 1944년 연방 홍수 관리법(Flood Control Act)은 Garrison Diversion Unit의 건설을 인가하였다. 그러나 계획의 원래 의도 중 하나였던 Missouri 강에서 Red 강으로 물을 전환하는 것은 달성되지 못하였다. Red 강은 북쪽으로 캐나다로 흘러 들어가기 때문에 그 계획은 국제적인 협력을 필요로 하였다. 캐나다 정부는 Red 강에 추가적으로 물을 방출하는 것이 수질에 미치는 영향에 대하여 우려하였다. 야생생물 보호구역, 토착 초원, 물새 번식 습지 등이 손상되거나 파괴될 수 있다. 일부 주는 또한 Missouri 강에서 물을 전환하는 것에 대하여 우려를 표명하였는데, 그

여러분의 선택은?

물 공급원은 거의 폭력적인 분쟁이나 전쟁의 유일한 원인이 아니었지만, 다음 주요한 전쟁은 물 전쟁이 될 수 있다. 이는 수요 증가의 상황에서 세계에 걸쳐 겪고 있는 자연 자원에 대한 압력의 증가에 대한 반응이다. 국가 간에 공유하는 국제 수로의 많은 수로 인하여, 물과 물의 사용은 확실히 긴장을 초래하며 종종 국가 사이의 관계를 긴장시킨다. 물은 많은 국가의 안보상의 우려이다. 미래 "물 전쟁"의 가능성과 어느 곳에서 발생하리라고 느끼는지에 대한 의견서를 작성한다.

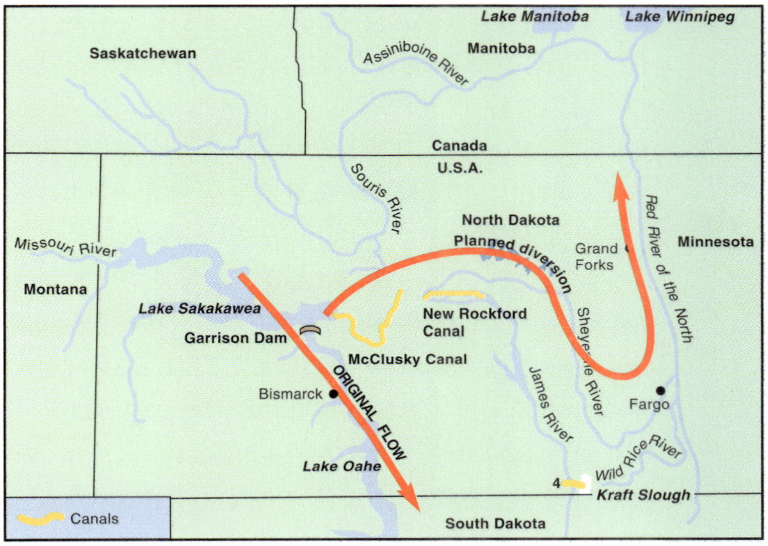

그림 13.14 Garrison 전환 단위: 이 계획의 원래 의도는 Missouri 강으로부터 McClusky 운하와 Sheyenne 강으로 그리고 궁극적으로는 Red 강을 통해 Winnepeg 호수로 전환하는 것이었다. 이 과정에서 추가적인 토지가 경작될 수 있으며, Red 강 계곡의 성장하는 인구는 충분한 물을 공급받을 수 있다. 계획은 반대에 부딪혀 중단되었으며 운하 시스템과 배수장의 일부만 완공되었다.

이유는 전환된 물은 Missouri 강 하류에서 사용할 수 없기 때문이다.

계획은 수차례 변경되었으며, 운하의 두 구간과 Sakakawea 호수의 배수장은 완성되었지만 사용되지 않았다. 찬성자들은 입법을 지속적으로 추진하여 도시에서 이용할 수 있도록 Red 강으로 전환할 수 있도록 하는 두 운하 사이의 연결을 완료하자고 주장한다. 관개를 위하여 물을 전환하는 원래의 의도는 가장 최근의 제안서에서는 제외되었다.

관개와 기타 목적을 위하여 물을 전환하는 주요한 결과 중 하나는 전환 지점 하류의 수역에서 물의 공급원이 박탈된다는 것이다. 이는 종종 주요한 생태적 영향을 나타낸다. 아프리카 Chad 호수의 수위는 가뭄과 관개수 수요의 증가로 감소하고 있다. 이는 어류와 다른 야생생물의 개체군에 영향을 미쳤다. 멕시코에서 물이 다른 목적으로 전환되어 2,500 km의 강이 고갈되었으며, 이는 15종의 어류의 절멸을 가져왔고 남아있는 종에도 위협을 초래하였다.

사람들이 야생생물 서식지의 중요성을 인식하면서, 사회적 요구와 야생생물 서식지를 유지하는데 필요한 물의 균형을 유지하기 위하여 계획이 수립되고 있다. 예를 들어 캘리포니아 주 중부 Sierra 산맥의 Mono 호수는 호수에 들어가는 물의 대부분이 Los Angeles로 전환된 1941년부터 축소되기 시작하였다. Mono 호수는 배수구가 없기 때문에, 호수 크기는 흘러들어오는 물과 호수 표면에서 증발되는 물 사이의 균형에 의하여 결정된다. 그 결과 호수의 수위는 13 m 감소하였으며, 부피는 절반으로 감소하였고, 염분은 2배가 되었다. 이러한 변화는 많은 오리와 기타 물새에 중요한 서식지의 상실을 초래하였다. 1994년 호수의 수위가 상승하도록 호수로 흘러가는 물의 양을 증가시키기 위한 합의에 도달하였다. 그 계획은 앞으로 20~30년 사이에 호수의 수위를 5 m 증가시키는 것이다.

호주의 New South Wales에서 Macquarie 습지로 알려진 지역이 물 전환에 의하여 영향을 받았다. 습지의 원래 면적은 관개수를 제공하기 위하여 습지로 흘러 들어가는 Macquarie 강에 댐을 막아서 약 50% 감소하였다. 1990년대 중반에 야생생물의 손실에 대한 우려로 인하여, 습지를 유지하고 물새의 번식 지역을 보호하기 위하여 추가적인 물을 제공하기 위한 합의에 도달하였다.

폐수 처리

물은 방출되기 전에 정화되어야 하기 때문에, 선진국에서

표 13.3 선택된 지역의 하수 처리율(%)

지역	백분율
북미	90
유럽	72
지중해	30
카리브 해 분지	10 미만
남동태평양	거의 0
남아시아	거의 0
남태평양	거의 0
서부와 중부 아프리카	거의 0

출처: World Resources Institute, 2010 자료.

대부분의 회사와 지자체는 폐수처리시설을 유지한다. 그러나 처리되는 하수의 비율은 세계적으로 크게 변화한다(표 13.3). 하수처리는 보통 1차, 2차, 3차 처리로 구분된다. **1차 하수처리(primary sewage treatment)**는 물을 커다란 격자에 통과시켜 큰 입자를 제거하고 작은 입자는 연못이나 석호에 침전되도록 하는 대부분 물리적 과정이다. 물은 침전 단계의 상층에서 제거하여 환경으로 방출되거나 다음 처리 단계로 운반된다. 물이 환경으로 방출되면, 모래나 잔모래는 없지만, 아직 유기물, 용존염, 세균, 기타 미생물이 많이 포함되어 있다. 미생물은 유기물을 먹이로 사용하며, 충분한 산소가 있으면 지속적으로 생장하고 번식한다. 받아들이는 수역이 넓고 미생물이 충분한 시간을 가진다면, 유기물은 분해될 것이다. 수 km 이내에서 여러 지자체가 물을 취수하고 호수와 개울로 되돌리는 붐비는 지역에서, 1차 하수처리는 충분하지 않으며 받아들이는 수역의 대부분이 영향을 받게 된다.

2차 하수처리(secondary sewage treatment)는 보통 1차 처리에 뒤따르는 생물학적 과정이다. 이는 유기물이 세균과 기타 미생물에 의하여 분해될 때까지 폐수를 수용하는 것이 관련된다. 2차 처리시설은 미생물의 생장을 촉진하도록 설계되었다. 이러한 작용을 촉진하기 위하여 폐수는 살수여상에서처럼 많은 양의 산소가 풍부한 물과 혼합하거나, 활성슬러지법처럼 직접 폭기된다. **살수여상법(trickling filter system)**에서 폐수는 용존산소 양을 증가시키기 위하여 암석이나 다른 표면에 살포된다. 암석은 또한 세균이나 다른 미생물 막이 부착할 수 있는 장소를 제공하고 물속의 유기물과 산소에 동시에 노출되도록 한다. 이러한 미생물은 용존 유기물과 작은 부유입자를 먹으며, 이는 세포 구조의 일부분으로 체내에 통합된다. 미생물의 몸체는 용존 유기물과 부유 유기물에 비하여 크기 때문에, 이 과정은 유기물을 침전에 충분한 크기의 입자로 농축한다. 이러한 생물과 기타 입자상 물질의 혼합물을 **하수 슬러지(sewage sludge)**라고 한다. 침전되는 슬러지는 살아있거나 죽은 미생물과 그들의 노폐물로 구성되어 있다.

활성슬러지 하수처리(activated-sludge sewage treatment) 시설에서 폐수를 수조에 유지하여 공기를 연속적으로 거품을 일으켜 통과시킨다. 슬러지는 궁극적으로 물과 슬러지가 분리될 수 있는 침전조로 이동된다. 유입되는 폐수가 적절한 종류와 양의 분해 미생물을 가지도록 하기 위하여 일부 슬러지는 폭기조로 되돌려져서 유입되는 폐수와 혼합된다. 이 종류의 과정은 살수여상에 비하여 토지를 적게 사용한다(그림 13.15). 두 공정 모두 물에서 침전되는 슬러지를 생성한다.

잔류하는 슬러지는 농축되고 종종 처분하기 전에 탈수(건조)된다. 슬러지 처분은 거대한 인구 중심에서 중요한 문제이다. San Francisco 만 지역에서 매일 2,500 ton의 슬러지가 생산된다. 이의 대부분은 매립지와 석호로 운반되며, 일부는 퇴비화되어 비료로서 토양으로 되돌려진다. 일부 지자체는 슬러지를 소각한다. 다른 지역에서는 슬러지가 토양의 생장이나 식품의 질과 안전성에 영향을 미칠 수 있는 중금속이나 기타 오염물질이 없으면, 비료나 토양 개선제로서 직접 농경지에 사용된다.

북미와 대부분의 선진국에서 폐수는 1차와 2차 처리를 거친다. 물이 입자와 용존 유기물이 제거되었어도 아직 해로운 미생물을 포함할 수 있다. 따라서 이러한 하수처리장에서 방출되는 물은 반드시 소독되어야 한다. 가장 저렴한 소독 방법은 염소화이다. 그러나 많은 사람들은 염소의 사용이 중단되어야 한다고 느끼는데, 그 이유는 염소 처리가 해로운 염소화 유기화합물을 생성하는 원인이 될 수 있기 때문이다. 따라서 미생물을 사멸시키는 다른 방법들이 탐구되고 있다. 오존 화학물질도 미생물을 사멸시키며 일부 시설에서 염소를 대체하였다. 자외선과 초음파 에너지 또한 사용될 수 있다. 예를 들면 밴쿠버와 워싱턴 주도 Columbia 강으로 처리수를 되돌려 보내기 전에 최종 처리로서 1998년부터 자외선 처리를 사용하고 있다. 그러나 염소는 저렴하고 매우 효과적이기 때문에, 주된 방법으로 계속 사용되고 있다.

더 많은 수의 대형 하수처리장은 3차 하수처리라고 하는

(a) (b) (c)

그림 13.15 **1차 하수처리와 2차 하수처리:** 1차 처리는 물리적이며, 폐기물의 여과와 침전을 포함한다. 사진 (a)는 입자가 바닥으로 침전되는 침전조이다. 2차 처리는 대부분 생물학적이며 미생물에 의한 용존 유기물의 농축이 포함된다. 2차 처리의 2가지 주요한 유형은 살수여상과 활성슬러지법이다. 사진 (b)는 살수여상 시스템이고, 사진 (c)는 활성슬러지 시스템을 보여준다.

추가적인 공정을 사용한다. **3차 하수처리(tertiary sewage treatment)**는 1차와 2차 처리 이후에 남아있는 무기 영양분을 제거하는 다양한 기술이 포함된다(표 13.4). 도시 폐수의 3차 처리는 종종 수서식물의 생장을 증가시킬 수 있는 인과 질소를 제거하는데 사용된다. 일부 지자체는 2차 하수처리장으로 역할을 하기 위하여 자연적 또는 인위적 습지를 사용한다. 다른 경우에는 처리시설의 배출수가 골프장, 도로변 식생, 경작지를 관개하는데 사용된다. 식생은 과잉 영양분을 제거하여 개울과 호수로 들어가서 오염문제를 나타내는 것을 방지한다. 산업폐수와 기타 특정한 폐수의 3차 처리는 특정한 문제 물질을 제거하기 위하여 특이한 화학적 처리를 필요로 하기 때문에 매우 고비용이다. 많은 산업은 자체적인 폐수설비를 유지하고 있으며 폐기물의 성질에 적합한 특이적인 3차 처리 공정을 고안한다.

세계의 많은 지역에서 물이 부족해지면서, 사람들은 다른 목적으로 폐수의 재사용을 찾게 되었다. 궁극적으로 폐수처리장의 배출물이 음용수 공급의 유입물이 되는 가정용수의 폐쇄회로를 보유하는 것이 가능하다. 물의 재사용은 이미 한 차례 유익하게 사용된 물을 사용하는 것이다. 재사용에는 직접적 재사용과 간접적 재사용의 2종류가 있다. 직접적 재사용은 폐수처리장에서 사용되는 장소로 직접 관으로 연결되는 배출수의 사용이다. 예를 들어 폐수를 처리하여 관개를 위하여 골프장으로 도관하는 것은 직접적 물의 재사용이다. 간접적 재사용은 보통 처리된 배출수를 강이나 개울

표 13.4 3차 처리 방법

3차 처리의 유형	문제 화학물질	방법
생물학적	인과 질소 화합물	1. 물이 배출되기 전에 물에서 질소와 인 화합물을 수서식물이 흡수할 수 있도록 대형 연못이 이용된다. 2. 질소 화합물을 대기 질소로 변환하기 위하여 탈질 세균을 포함하는 칼럼이 이용된다.
화학적	인산염과 산업 오염물질	1. 물은 탄산칼슘을 통과하여 여과될 수 있다. 인산염은 탄산이온을 대체하며, 인산칼슘은 제거될 수 있다. 2. 생분해가 되지 않는 특정한 산업 오염물질은 다양한 특정 화학적 공정에 의하여 제거될 수 있다.
물리적	주로 산업 오염물질	1. 증류 2. 물은 이온을 제거하기 위하여 전기로 대전된 판 사이를 통과될 수 있다. 3. 작은 공극 여과지를 통한 고압 여과 4. 이온교환 칼럼

로 되돌려서 하류에서 재사용될 수 있도록 전환하는 물의 사용이다. 간접적 재사용의 예는 폐수를 처리하고, 배출수를 강으로 방출하고, 강을 통하여 하류로 운반하여 골프장의 관개를 위하여 강으로부터 전환하는 것이다.

재사용은 장래 추가적인 물의 유망한 공급원이다. 도시 물 공급과 폐수 시설이 성장하는 소비자 기반을 지탱하기 위하여 확장되면서, 처리된 폐수의 양도 확장될 것으로 예상된다. 처리된 폐수는 종종 소비자에 인접하여 위치하기 때문에, 이러한 물 공급원의 운반은 다른 공급 대안에 비하여 훨씬 저렴할 수 있다. 많은 지역사회와 물 공급자는 직접적, 간접적 재사용을 위하여 처리된 폐수를 사용한다. 예를 들면 텍사스 주 El Paso의 Northwest Reclaimed Water Project는 학교, 공원, 골프장, 다세대 주택 개발과 거주자 소비자의 관개를 위하여 매년 1백만 리터 이상의 재생된 물을 제공한다.

물의 재사용과 연관된 기존의 공급량은 현재의 면허로 생산될 수 있는 물의 양과 기존의 기반 시설에 근거한다. 배출수의 양과 추가적인 물 공급의 수요가 증가하면서, 물의 재사용은 장래의 물 공급 수요를 충족하는데 중요한 역할을 가질 것이다. 그러나 이러한 물 관리 전략의 완전한 잠재력이 현실화되기 전에 허가와 환경에서의 흐름과 관련된 정책 문제가 다루어져야 한다.

염류화 작용

물 사용의 또 다른 문제는 **염류화(salinization)**에서 초래되는데, 이는 토양의 염분 농도의 증가에 의하여 염분이 증가하는 것이다. 이는 관개가 수 십 년 동안 실행된 지역에서 주로 문제가 된다. 토양에서 물이 증발하거나 식물이 필요로 하는 물을 추출하면서, 모든 자연수에 존재하는 염류가 농축된다. 관개는 증발률이 높은 덥고 건조한 지역에서 가장 보편적이기 때문에, 그 지역에는 토양과 토지를 흐르는 물에서 염분의 농도 증가가 나타난다. Colorado 강의 염분은 중북부 콜로라도 주와 애리조나 주 남서부의 Imperial 댐 사이의 관개되는 경작지를 통과하면서 20배가 증가한다(그림 13.16). 염분 문제는 관개가 증가하면서 계속하여 증가할 것이다.

지하수 채굴

지하수 채굴(groundwater mining)은 대수층에서 대체되는 것보다 더 빠르게 물이 제거되는 것을 의미한다. 이러한 관행이 오랜 기간 계속되면, 지하수면은 결국 하강한다. 지하수 채굴은 미국 서부와 전 세계에 걸쳐 보편적이다. 북미에서 이는 성장하는 도시와 증가하는 관개로 인하여 특히 문제이다. 재충전이 거의 없거나 전혀 없는 대수층에서, 사실상 어떠한 회수도 채굴의 요소가 되며, 지속적인 회수는 궁극적으로 공급을 고갈할 것이다. 이 문제는 가정 수요를 위하여 지하수에 크게 의존하는 지역사회에서 특히 심각하다.

그림 13.16 염류화: 토양 표면에서 물이 증발하면서, 물에 포함된 염분은 뒤에 남겨진다. 세계의 일부 지역에서 이는 경작지를 영구적으로 손상시켰다.

지하수 채굴은 지표면의 침강 또는 침하 문제를 초래할 수 있다. 물을 제거하면 토지가 치밀해지며, 커다란 함몰이 발생할 수 있다. 예를 들어 캘리포니아 주 San Joaquin 계곡에서 지하수는 1850년대부터 관개와 경작을 위하여 회수되었으며, 지하수 수준은 100 m 이상 감소하였다. 1,000 ha 이상의 지면이 침하되었으며, 일부 지역은 6 m까지 침하되었다. 현재 이 지역의 지표면은 매년 30 cm씩 침강한다. London, Mexico City, Venice, Houston, Las Vegas는 지하수 채굴로 인하여 침하를 겪은 다른 도시들이다. 표 13.5는 미국과 전 세계에서 특정 지역의 지하수 고갈의 추정량을 열거한다. 사람들이 문제의 심각성을 인식하면서, 공무원은 도시의 물 보존 계획을 개발하기 시작하고 있다. 뉴멕시코 주의 Albuquerque는 물 공급을 지하수에 의존하는데, 사람들이 물 소비를 감소하도록 권장하는 방대한 공공 교육 계획을 가지고 있다. 풀밭은 물을 요구하기 때문에, 사람들은 조경에 사막 식물을 사용하거나 자신의 잔디를 위한 빗물을 수집하도록 권장된다. 누수를 찾고 수리하고, 목욕에 이용하는 물의 양을 감소하고, 수영장에서 물을 재사용하는

표 13.5 세계 주요 지역의 지하수 고갈

지역/대수층	고갈의 추산
캘리포니아 주	지하수 초과인출은 매년 17억 m^3을 초과한다.
미국 남서부	애리조나 주의 일부에서 지하수면은 120 m 이상 하강하였다. 뉴멕시코 주의 일부에 대한 예측은 지하수면이 2020년까지 추가적으로 22 m 하강할 것으로 나타난다.
미국 High Plains 대수층계	Ogallala 대수층은 미국 전체 관개지의 거의 20%를 공급한다. 현재까지 대수층의 순 고갈은 3천5백억 m^3을 초과하며, 이는 Colorado 강의 연간 평균 유량의 약 15배이다. 고갈의 대부분은 텍사스 주 High Plains에서 일어났으며, 1979~1989년 사이에 관개지의 26%가 감소하였다. 현재의 고갈은 매년 130억 m^3을 초과하는 것으로 추산된다.
Mexico 시와 Mexico 계곡	사용이 자연적 재충전을 60~85% 초과하며, 지반 침하와 지하수면의 하강을 초래한다.
아프리카 사하라	북아프리카는 현재 연간 고갈이 120억 m^3을 초과하는 재충전되지 않는 방대한 대수층을 가지고 있다.
인도	인도의 생산성이 높은 농경지의 대부분에서 지하수면이 하강하고 있다. 인도의 일부에서 지난 20년 동안 지하수 수준은 90% 감소하였다.
중국 북부	Beijing 일부 지역 아래의 지하수면은 지난 40년 동안에 40 m 하강하였다. 중국 북부의 많은 지역도 상당한 지하수 과잉 인출이다.
아라비아 반도	지하수 이용은 재충전의 거의 3배가 된다. 예측되는 고갈률에 의하면 개발할 수 있는 지하수 매장량은 50년 이내에 고갈된다. 사우디아라비아는 물 사용의 약 75%를 재생불가능한 지하수에 의존한다. 이는 매년 2백만~4백만 톤의 밀을 관개하는 것을 포함한다.

것도 절약 전략이다.

미국에서 매일 평균적으로 3천2백억 리터의 지하수가 채수된다. 이러한 채수의 90% 이상은 관개, 공공 공급(가정, 상업, 산업), 자급하는 산업적 이용으로 사용된다. 관개는 전체 양의 2/3를 차지하는 가장 큰 사용처이다. 지하수에 의하여 제공되는 전체 관개 채수의 비율은 1950년에 23%에서 2010년 44%로 증가하였다. 지하수는 미국에서 음용수의 약 절반을 제공하며, 시골 지역은 지하수에 전적으로 의존한다.

지하수 사용의 빠른 확장은 많은 산업국가에서 1950~1975년 사이에 발생하였으며 그 후 대부분의 개발도상국에서 진행되었다. 건조 또는 반건조 국가에서 관개를 위한 지하수의 집중적인 이용은 세계의 수백만 자립농이 지하수 자원의 신뢰성에 더욱 의존하게 되고, 풍부한 사회적 경제적 혜택을 거둬들이지만 정부 물 관리기관의 매우 제한적인 관리 통제만을 받아서 "침묵의 혁명"으로 불렸다. 최소한 20억 명 이상의 사람이 세계적으로 지하수를 음용수로 직접 사용한다. 음용수로 지하수에 대한 의존도는 유럽에서 특히 높은데, 약 75%의 음용수 공급이 지하수에서 획득된다.

지하수 채굴은 연안 지역에서 특별한 문제를 일으킨다. 담수 지하수가 해안을 따라 우물에서 양수되면, 염수 지하수가 내륙으로 이동하여 담수 지하수를 사용할 수 없는 염수로 대체한다. 이 과정은 **염수 침입(saltwater intrusion)**이라고 하며 그림 13.17에 나타내었다. 염수 침입은 전 세계의 인구 밀집 지역에서 심각한 문제이다.

지하수 사용과 이의 장기적인 영향 사이의 허용되는 균형은 진화하는 지하수 지속가능성 개념의 중심 주제이다.

지하수 지속가능성은 지하수 자원을 수용할 수 없는 환경, 경제, 사회적 결과를 초래하지 않고 무한한 기간 유지될 수 있는 방식으로 개발하고 사용하는 넓은 개념으로 일반적으로 정의된다. 지하수 지속가능성 관리 전략은 다음을 포함하는 작은 수의 일반적 접근방법으로 구성된다.

- 물의 지역적 공급원을 (전체 또는 부분적으로) 지하수에서 지표수로 변경하거나 지역 물 체계 경계 외부에서 수입하여, 지역 지하수를 제외한 다른 물 공급원의 사용(캘리포니아 Central 계곡과 Houston은 이러한 접근방법을 실행하였음).
- 물 관리 당국에 의한 지침, 정책, 세금, 규제의 실행을 통하여 지하수 양수의 통제 또는 규제.
- 물 사용의 효율성을 개선하는 보존 실행, 기술과 함께 물 보존에 대한 공중 교육 프로그램의 수반.
- 작물, 잔디, 골프장의 관개와 같은 비음용수 목적으로 폐수(회색 물; grey water)와 처리된 폐수(재생수)의 재사용.
- 담수 지하수 공급원에 대한 의존도를 감소하기 위하여 기수성 지하수의 탈염 또는 다른 방식으로 훼손된 지하수의 처리.

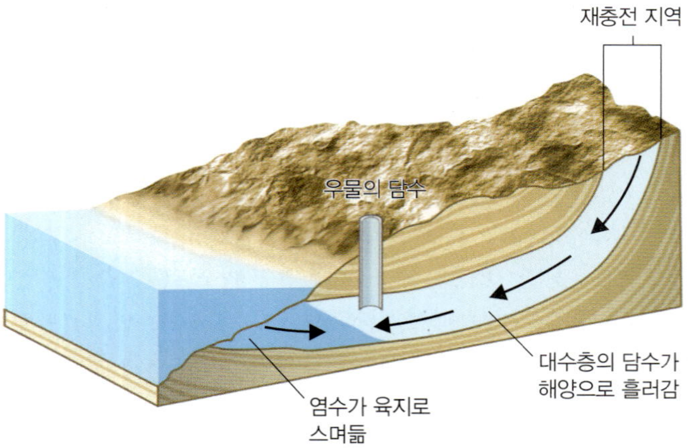

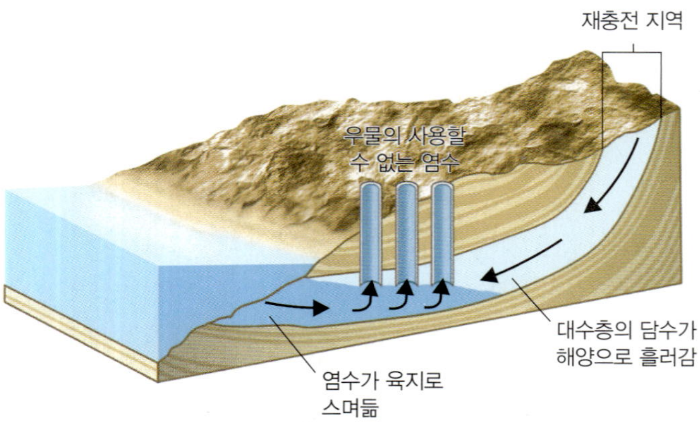

그림 13.17 염수 침입: 염수가 담수 지하수에 침투하면, 지하수는 인간의 소비와 많은 산업 공정에 사용할 수 없게 된다.

경관 수변지역과 야생생물 서식지의 보전

일부 수역은 독특한 경관적 가치를 지닌다. 이러한 자원을 보호하기 위하여, 물에 인접한 토지의 사용 방식은 이러한 경관 지역을 보전하는 것과 조화되어야 한다.

미국 연방 야생과 경관 강에 대한 법률(Wild and Scenic Rivers Act; 1968)은 개발로부터 야생과 경관 강을 보호하기 위한 시스템을 제정하였다. 모든 연방 기관은 강과 인접 토지의 사용과 개발을 계획할 때 특정한 강의 야생, 경관, 휴양 가치를 반드시 고려하여야 한다. 강이나 강의 일부를 야생 또는 경관으로 지정하는 과정은 복잡하다. 이는 종종 성장에 의존하는 상업으로부터 지역적 반대에 직면한다. 주와 연방 기관에 의하여 검토를 거친 후, 강은 의회나 내무장관의 결정에 의하여 야생 또는 경관으로 지정될 수 있다. 미국에서 약 1만2천 km에 달하는 150개 이상의 개울 구역이 야생 또는 경관으로 지정되었다.

많은 진기하고 경치가 좋은 수변 땅도 장래의 개발로부터 보호되었다. 최근까지 하구역과 수변 땅은 준설과 매립과 같은 상당한 물리적 변경을 받아 왔으며, 이는 항해와 건설을 위한 조건을 개선할 수 있지만 어류와 야생생물 서식지를 파괴한다. 북미 전체에 걸친 최근의 행동은 수변 땅의 개발을 제한하려는 시도이다. 개발은 매사추세츠 주의 Cape Cod 해변과 캐나다 대서양 지역의 Fundy 만과 같은 일부 특별한 경관지역에서 제한되었다.

역사적으로 배수가 빈약한 지역은 쓸모없는 것으로 간주되었다. 그 후 이러한 습지의 많은 지역이 건축 부지로 사용하기 위하여 매립되거나 배수되었다. 유럽인의 정착기에 현재 미국 본토의 지역에는 8천9백만 ha로 추산되는 습지가 있었다. 시간에 따라 습지는 배수되고, 준설되고, 매립되고, 땅을 골라서, 원래 습지 면적의 절반 이하까지 관개되었다. 그림 13.18은 습지 상실의 가장 최근 원인을 보여준다.

오늘날 미국에 남아있는 2천만 ha의 95%가 내륙 담수 습지이다. 나머지 5%가 염수 하구 환경이다. 담수 삼림 습지가 미국 본토의 모든 습지 중에서 가장 큰 범주를 이룬다. 최근까지 습지는 보통 불모지로 생각되었으며, 많은 습지가 산업, 주택, 농업과 같은 목적을 위하여 매립되고, 준설되고 개발되었다. 오늘날 우리는 습지가 홍수 보호, 퇴적물과 오염물질의 여과, 침식 보호, 가뭄에 방출하기 위한 물의 저장을 포함하는 중요한 기능을 한다는 것을 안다. 습지는 생명의 사슬에서 중요한 연결을 제공하고, 많은 식물, 동물, 미생물에 서식지와 먹이를 제공한다. 추가적으로 습지는 휴양, 교육, 연구에 경제적 혜택과 기회를 제공한다.

담수 습지 생태계는 연못, 소택지, 계절적으로 범람하는 목초지, 강기슭 지역을 포함한다. 이러한 시스템은 오염물질을 여과하고, 범람 제어를 도와주고, 어류, 조류, 곤충, 양

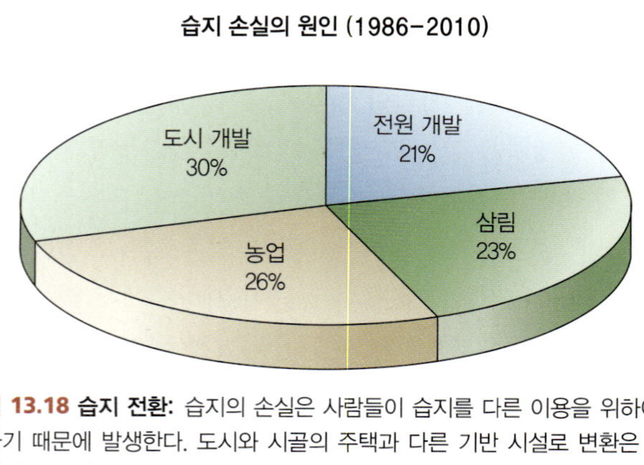

그림 13.18 습지 전환: 습지의 손실은 사람들이 습지를 다른 이용을 위하여 변환하기 때문에 발생한다. 도시와 시골의 주택과 다른 기반 시설로 변환은 습지 상실의 50%가 약간 넘는다. 농업 목적으로 습지를 배수하는 것은 추가적으로 26%를 차지한다.
출처: U.S. Geological Survey.

서류의 번식을 위한 서식지를 제공한다. 습지는 우림과 유사한 생물다양성을 지탱하는, 세계에서 생물생산성이 가장 높은 생태계 중 하나이다. 미국 어류 및 야생생물국(Fish and Wildlife Service)은 멸종위기 종의 43% 정도가 생존을 위하여 직접적, 간접적으로 습지에 의존한다고 추산한다. 습지 서식지의 상실은 궁극적으로 야생생물과 어류 개체군의 감소를 초래한다.

제방 축제, 준설, 농업, 도시화는 습지 상실의 주요한 원인이었다. 범람의 증가, 물 흐름의 감소, 야생생물 개체군의 감소는 부분적으로 습지 파괴의 결과이다.

유역의 낮은 비율의 습지도 매우 중요할 수 있다. 습지는 홍수 물을 느리게 하고 저장할 수 있다. 연구에 의하면 습지가 없는 유역에서 대규모 습지를 가지고 있는 유역에 비하여 범람이 80%까지 높을 수 있다는 것을 보여준다. 사실상 유역에 몇 개의 습지를 유지하는 것만으로도 범람 흐름을 감소하는데 어울리지 않는 긍정적인 효과를 보인다. 5%만의 면적을 습지로 가지는 유역도 습지가 없을 때에 비하여 50% 낮은 홍수 범람 최고치를 보일 수 있다.

매립이나 배수로부터 습지의 직접적인 손실에 추가하여, 습지 기능에 영향을 미치는 많은 간접적 영향이 있다. 개발지역에서 피해의 가장 큰 기원은 삼림의 전환과 불투수성 표면(포장 도로, 지붕 등)이다. 이러한 변화는 겨울철에 수위가 크게 변화하도록 하고 여름철 수위를 낮춘다.

하구 습지에 스파르티나(코드그래스)와 담수 습지에 털부처꽃 또는 갈풀과 같은 비토착종을 도입하는 것은 습지의 건강에 추가적인 위해를 나타낸다. 이러한 식물 종은 습지를 점령하고 너무 밀집되게 성장하여 다른 식물들이 생존할 수 없게 되며, 이는 차례로 먹이와 보호를 위하여 토착 식물에 의존하는 어류와 야생생물에 영향을 미친다(그림 13.19). 연안 하구역과 인접한 사구도 상당한 자연적인 먹이 제어를 제공한다. 사구는 장벽으로 작용하며 격심한 폭풍에 의하여 초래되는 피해를 입히는 파도를 흡수한다. 최근에 습지의 생태적, 사회적, 경제적 가치에 대한 일반 국민의 인식은 충분히 개선되었다. 유럽인의 정착 이래로 얼마나 넓은 면적의 습지가 손실되거나 피해를 입었는지 그리고 이러한 손실의 결과에 대한 자각의 증가는 많은 연방, 주, 지역 습지보호 계획과 법안의 개발을 가져왔다.

그림 13.19 습지의 가치: 습지는 수서생물과 동물을 부양하는 연중 대부분 물로 덮인 지역이다. 습지는 담수 또는 염수일 수 있으며 강, 호수, 해양을 따라 있는 고립된 웅덩이거나 광대한 지역일 수 있다. 우리는 한때 습지를 단지 모기의 번식지로서만 생각하였다. 오늘날 우리는 습지의 진정한 가치를 고맙게 여기고 있다.

이슈와 분석

저습지(에버글레이즈)의 회복

Everglades 국립공원은 독특한 아열대의 담수 습지이며, 매년 백만 명의 사람들이 방문한다. 이러한 독특한 생태계는 조건의 색다른 조합으로 인하여 존재한다. 플로리다 주 남부는 북쪽에서 남쪽으로 고도가 약간 감소하는 거의 평평한 풍경이다. 추가적으로 기질은 물이 비교적 쉽게 통과하여 흐를 수 있는 공극이 많은 석회암이다. 원래 물은 Okeechobee 호수에서 남쪽으로 플로리다만으로 넓은 면으로 배수되었다. 이러한 물의 일정한 흐름은 나무의 구획으로 산재된 광활하고 초원의 습지를 유지하였다.

1947년 Everglades 공원이 설립된 이후, 북쪽의 80만 ha의 습지가 농장과 도시개발을 위하여 변환되었다. 약 4백50만 명의 사람이 Everglades 주위의 말굽모양의 그믐달 지역에 살고 있으며, 새로운 거주민들이 매일 유입된다. 토지를 농장과 도시개발을 위하여 변환하는 것은 물의 자연적인 흐름에 변화를 가져온다. 댐, 배수 운하, 물의 전환은 인간의 지역 이용을 지지하고 보호하지만 Everglades로의 필수적이고 자연적인 담수의 흐름을 차단한다. Everglades로의 자연적인 물 흐름의 변화는 가뭄을 일으키고 이 독특한 습지 지역의 크기를 감소시켰다. Everglades 남부의 섭금류 새의 개체군은 그들의 이전 번식지와 보금자리가 메말라서 극적으로 감소하였다. 악어, 플로리다 표범, 달팽이 솔개, 황새의 일종인 wood stork와 같은 다른 야생동물도 가뭄이 일부 계절 동안 적합한 서식지를 감소시켜서 부정적인 영향을 받았으며 동물들은 남아있는 물 공급원 주위로 모이게 되었다. 수질 또한 중요하다. 원래의 습지 생태계는 영양분이 빈약하다. 농업 활동으로부터 영양분의 도입은 자연식생을 대체한 외래 식물의 생장을 촉진하였다.

사람들이 Everglades를 보전하는데 핵심적인 요소가 깨끗한 담수의 일정하고 확실한 공급원이라는 것을 인식하면서, Everglades를 보전하기 위하여 물의 사용을 변화하기 위한 몇 가지 단계가 취해졌다. Okeechobee 호수로 흘러들어가는 Kissimmee 강은 1960년대 후반에 경로가 직강화되었다. 이 토목공사는 소택지를 파괴하고 낙농장과 기타 농경활동의 영양분이 호수와 Everglades 공원을 오염시키도록 하였으며, 궁극적으로는 Okeechobee 호수의 물의 오염도 뒤따랐다. 이 문제를 해결하기 위하여 1990년 미국 공병대는 Kissimmee 강을 U자형의 곡류천과 방대한 습지를 가진 원래의 상태로 되돌리기 시작하였다. 이는 자연 습지의 식물이 영양분이 호수로 들어가기 전에 제거시키도록 하였다. 공원 주변의 더 이상의 개발 가능성을 감소시키기 위하여 1989년 의회는 공원의 동부지역에 43,000 ha를 구입하여 추가하는 것을 승인하였다. 플로리다 주는 공원에 추가적인 완충지대로 6만 ha를 추가로 획득하였다.

수년간 미국 공병단과 남부 플로리다 물 관리 사업소는 2002년에 완료된 포괄적인 복구계획의 개발을 위하여 협력하였다. 계획의 개발은 과학자, 정치가, 다양한 상업적 관심, 환경주의자의 생각의 제공이 관련되었다. 계획의 핵심적인 구성요소는 다음과 같다.

1. 필요할 때 방출될 수 있도록 표층수를 저장하는 시설을 개발하고 이를 대수층으로 양수함.
2. 영양분 부하가 감소되도록 도시 유출수와 농경 유출수를 처리하기 위하여 습지를 개발함.
3. Miami 지역의 수층을 재충전하고 습지에 물을 공급하기 위하여 깨끗한 물을 사용함.
4. 제방을 통하여 손실되는 물의 양을 감소하고 Evergrades로 물길을 바꿈.
5. Everglades를 통한 물의 자연적인 흐름에 대한 장애물을 제거함.

이 계획은 2001년 가을 의회의 강력한 지지를 받았으며, 계획의 실행을 시작하도록 $14억을 배당받았다. 이 계획은 계획의 모든 면을 달성하기 위하여 수십억 달러와 30년 정도를 필요로 할 것이지만, 계획이 앞으로 수십 년간 지속적으로 실행되면, Everglades 생태계는 더욱 안정적인 상태로 회복될 것이며 희망적인 미래를 가질 것이다.

2008년 플로리다 주와 미국 최대의 사탕수수 설탕 제조사인 U.S. Sugar 사이에 합의가 체결되었다. 이 합의에 의하면 플로리다 주는 U.S. Sugar를 $17억에 구입할 것이다. U.S. Sugar는 6년간 가동을 계속하고 그 이후에 플로리다 주에 760 m^3를 이전할 것이다. 새로 획득된 토지는 배수 이전의 상태로 회복되도록 개발되지 않을 것이다. 그 토지는 관리된 물 관리와 처리 시스템을 통하여 Okeechobee 호수와 Everglades 사이의 연결의 일부분을 회복하기 위하여 사용될 것이며, 동시에 St.Lucie와 Caloosahatchee 강과 하구를 보호할 것이다. 토지의 획득은 또한 매년 막대한 양의 영양분 인이 Everglades로 들어가는 것도 방지할 것이다. 인은 설탕 생산을 위한 비료로 사용된다. 인의 유출은 허용수준의 20배로 물을 오염시켜 야생생물에 위협을 준다.

인은 물의 화학적 성질을 변화시키고 많은 수서생물의 먹이원인 미생물 개체군을 파괴하여 번성하지 않게 한다.

- 여러분은 어떻게 생각하는가?
- Everglades를 복원하는 것이 가능한가?
- 복원 계획을 지지하는 자금은 어디에서 와야 하는가?
- Everglades의 개발은 더 줄여야 하는가?
- 인에 대한 더 강력한 법률이 있어야 하는가?

Everglades의 섭금류는 한때 1백만 개체 이상이었으나, 물 전환에 의한 오염과 가뭄은 그 수를 감소시켰다.

건설은 Everglades의 허약한 생태계를 파괴하도록 위협한다.

요약

물은 끊임없이 대기와 지구 표면 사이를 순환하는 재생가능한 자원이다. 수문학적 순환의 에너지는 태양에 의해 제공된다. 식물로부터 물의 손실을 증발산이라고 한다. 토양에 침투하여 암석 입자 사이의 작은 공간의 지하에 저장되는 물을 지하수라고 하며, 반면에 유출수로서 강으로 들어가는 물을 표면수라고 한다. 비피압 대수층은 바닥에 불투수층을 가지고 있으며 위에서 침투하는 물을 받아들인다. 피압 대수층은 두 층의 불투수층 사이에 끼어 있으며 종종 압력을 받는다. 재충전 지역은 대수층이 사용을 위하여 취수되는 곳에서 멀리 떨어질 수 있다. 토지가 이용되는 방식은 증발, 유출, 침투되는 속도에 상당한 영향을 미친다.

인간이 물을 이용하는 4가지는 가정, 농업, 흐름 내, 산업이다. 물 사용은 취수된 물의 양 또는 소비된 물의 양으로 측정된다. 가정에서의 사용은 많은 대도시 지역에서 공급이 부족하다. 대부분의 가정용수는 대부분 폐기물 처분과 세탁에 사용되며, 음용수는 매우 작은 양이다. 주요한 흐름 내 물의 사용은 수력발전, 휴양, 항해를 위한 것이다. 대부분의 산업적 물의 이용은 냉각과 폐기물의 확산과 운반을 위한 것이다.

수질오염의 주요한 출처는 도시 하수, 산업 폐수, 농업 유출수이다. 폐수처리장과 농업 유출수에서 오는 질산염과 인산염 같은 영양분은 물을 비옥하게 하고 조류와 수서식물의 생장을 자극한다. 물의 유기물은 분해를 위하여 산소를 필요로 하며, 따라서 큰 생화학적 산소요구량(BOD)을 가진다. 산소의 결핍은 어류의 사망과 정상적인 조류 군집을 변화시키며, 이는 시각 문제와 악취 문제를 초래한다.

점오염원은 확인과 해결이 쉽다. 농업 유출수와 광산 배수와 같은 비점오염원은 도시나 산업 오염원에 비하여 탐지와 제어가 더 어렵다.

열오염은 산업이 가열된 물을 공급원으로 되돌릴 때 발생한다. 물의 온도변화는 물에 서식하는 식물과 동물의 종류와 수를 변화시킨다. 열오염을 제어하는 방법에는 냉각연못, 냉각탑, 건식냉각탑이 있다.

폐수처리는 물리적 침전 공정인 1차 처리, 폐기물의 생물학적 분해인 2차 처리, 특별한 구성요소를 제거하기 위한 3차 처리로 구성된다. 2차 폐수처리의 2가지 주요한 유형은 살수여상법과 활성슬러지법이다.

지하수 오염은 농업, 매립지, 정화조를 포함하는 다양한 출처에서 온다. 해양 유류오염은 석유시추와 유조선 사고, 도로의 유출, 기계와 자동차 크랭크케이스, 유조선의 선적과 하역 과정으로부터 의도적인 방출 등에서 초래된다.

수질의 저하는 토지 이용과 현장에서 물의 이용을 심각하게 위협할 수 있다. 미국과 기타 국가에서 입법은 특정한 경관 수역과 야생생물 서식지를 보전하는 것을 도와준다. 수변과 습지는 완충지, 여과지, 저수지, 야생생물 서식지와 같은 귀중한 서비스를 제공한다. 물 관리에 대한 증가하고 있는 중요성은 지하수 채굴, 염분의 증가, 물의 전환, 도시 물 이용의 관리이다. 도시 지역은 환경적으로 건전한 방식으로 인간의 사용에 적합한 물의 공급, 폐수의 수집과 처리, 홍수 유출수의 취급과 같은 여러 문제에 직면한다. 물 계획은 정부의 여러 계층을 포함하기 때문에 효과적인 계획이 어렵다.

녹색 활동

1. 토착종 또는 가뭄에 내성이 있는 풀, 지피식물, 관목, 나무를 심는다. 이들은 일단 정착되면 물을 빈번하게 요구하지 않고 급수하지 않고도 건기에 생존할 수 있다. 물 요구도의 유사성에 기초하여 식물을 분류한다.
2. 새로운 물 절약 변기를 설치한다.
3. 물 관리 문제에 관여한다. 지방 정부나 물 관리국에 의하여 진행되는 공공 회의에서 질문과 우려에 대한 여러분의 목소리를 낸다.
4. 물을 절약하는 것이 옳은 일이기 때문에 절약한다. 호텔에서 머무를 때와 같이 다른 사람이 비용을 지불한다고 하여 물을 낭비하지 않는다.
5. 관개에 기타 이용에 재처리된 폐수를 더 많이 사용하도록 하는 계획을 지지한다.
6. 여러분의 친구와 이웃이 물 의식 공동체에 참여하도록 권유한다. 공동체 소식지, 게시판, 모범으로 물 보전을 장려한다.
7. 물 소비를 줄이기 위한 노력이 빠르게 대학 캠퍼스에 확산되고 있다. 이러한 프로그램은 노스캐롤라이나 주의 Duke 대학교, 뉴저지 주의 Princeton 대학교, 캘리포니아 주의 Cyuamaca 대학교의 세 곳에서 진행되고 있다.

Duke 대학 발의는 교수, 직원, 학교 외 학생에게 5천 개의 물 절약형 샤워기 머리를 분배하는 것을 포함하였다. 분당 1.5갤런의 샤워기 머리는 분당 2.5갤런의 표준형에 비하여 매년 7,300갤런을 절약할 수 있는 것으로 추산된다.

Princeton 대학의 기숙사는 구형 변기를 물을 절약하도록 고안된 새로운 이중 수세 시스템으로 교체하였다. 새로운 변기는 한쪽 방향으로 밀면 액체 폐기물을 위하여 물을 적게 사용하고 다른 방향으로 밀면 고체 폐기물을 위하여 물을 더 많이 방출한다.

Cuyamaca 대학은 대중을 교육하고 고취시키는 전시회와 프로그램을 통하여 남부 캘리포니아 주의 조경에서 물의 보존을 장려하고 있다. 계획 중 하나는 물 보존 정원이다. 5에이커의 정원은 테마 정원에서 토착 식물 정원과 야채 정원과 함께 뿌리 덮개와 관개 전시와 같은 물 보존 진열장을 보여준다. 여러분의 교정은 물을 보존하기 위하여 어떤 일을 하고 있는가?

연습문제

1. 수문학적 순환을 묘사하시오.
2. 물의 회수와 소비의 차이를 구분하시오.
3. 가정용수 사용과 산업용수 사용 사이의 유사성은 무엇인가? 그들은 흐름 내 사용과 어떻게 다른가?
4. 토지 이용은 수질과 수량에 어떻게 연관되는가? 여러분은 지역적인 사례를 제공할 수 있는가?
5. 생화학적 산소요구량은 무엇인가? 이는 수질과 어떻게 관련되는가?
6. 질산염과 인산염 같은 영양분의 추가가 어떻게 물에 용해되는 산소의 양을 감소시키는가?
7. 수질오염의 점오염원과 비점오염원을 구분하시오.
8. 산업폐기물은 대부분 어떻게 처분되는가? 이는 지난 25년에 걸쳐 어떻게 변화하였는가?
9. 열오염은 무엇인가? 이는 어떻게 제어될 수 있는가?
10. 1차, 2차, 3차 하수처리를 묘사하시오.
11. 농업과 연관된 폐기물의 종류는 무엇인가?
12. 우수(빗물) 관리는 왜 시골 지역보다 도시 지역에서 더 문제인가?
13. 지하수 채굴을 정의하시오.
14. 관개는 어떻게 염분을 증가시키는가?
15. 대도시 지역에서 제공되는 3가지 주된 물 서비스는 무엇인가?

비판적 사고 문제

1. 담수 분배 시스템으로부터 누수는 상당한 손실을 차지한다. 자원을 보전하기 위하여 정부가 누수를 최소화하는 시스템을 요구할 정도로 물이 중요한가? 어떠한 조건에서 여러분은 여러분의 평가를 변경할 것인가?
2. 농부가 아닌 사람은 물이 어떻게 관개에 사용되는지 흥미가 있는가? 어떠한 조건에서 일반 대중은 직접 관련된 농부들과 함께 이러한 결정을 하는데 관련될 것인가?
3. 미국은 미국에서 발원하여 멕시코로 흘러가는 Rio Grande와 Colorado 강에서 멕시코가 물을 채수하도록 허용해야 할까요?
4. 여러분은 화석연료를 연소하는 발전소의 대안으로 대규모 수력발전소가 장려되어야 한다고 믿는가? 이러한 결정을 위하여 여러분은 어떠한 기준을 사용하는가?
5. 제안된 Garrison 전환 단위의 비용과 이익은 무엇인가? 이 계획과 함께 무엇이 일어나야 한다고 여러분은 생각하는가?
6. 여러분은 일상생활에서 담수를 절약하는 것을 어떻게 도울 수 있는가? 절약은 그만한 가치가 있을까요?
7. 그림 13.3의 수문학적 순환을 살펴본다. 지구온난화가 전 세계적인 온도 상승을 가져온다면, 증가한 온도는 어떻게 직접적으로 수문학적 순환에 영향을 미칠까요?

chapter

14 대기질 문제

Air Quality Issues

▲ 대기는 태양에 의한 지구 표면의 불균등한 가열에 의하여 발생하는 바람에 의하여 끊임없이 혼합되는 기체를 포함하고 있다. 이러한 혼합과정을 인식하는 한 가지 방법은 기단(air mass)의 운동에 의하여 초래되는 날씨와 바람 패턴의 변화이다. 이 사진은 2012년 허리케인 Sandy와 연관된 구름의 형태이다.

CHAPTER OUTLINE

목적

이 장을 학습한 후 여러분은 다음을 달성하여야 한다.

- 대기의 대부분을 구성하는 기체를 열거한다.
- 대기가 몇 개의 뚜렷한 층으로 이루어져 있다는 것을 인식한다.
- 대기는 상당한 양의 오염물질을 수용하고 분산할 수 있다는 것을 인식한다.
- 6범주의 대기오염물질의 공급원과 영향을 열거한다.
- 대기오염물질의 기준은 정부와 단체에 의하여 결정된다는 것을 인식한다.
- 1차 대기오염물질과 2차 대기오염물질을 구분한다.
- 유해 대기오염물질이라고 알려진 특별한 범주의 대기오염물질이 있다는 것을 인식한다.
- 광화학적 스모그가 어떻게 형성되고 어떻게 인간에 영향을 미치는지 묘사한다.
- 기후와 지리가 광화학적 스모그에 어떻게 기여하는지 묘사한다.
- 열 역전(thermal inversion)을 설명한다.
- 청정 대기법의 결과로 EPA가 취한 행동과 이러한 행동이 대기질에 미친 영향을 열거한다.
- 산성비의 생성에 관련된 주요한 분자와 그 공급원에 대하여 묘사한다.
- 산성비가 구조물, 육상생태계, 수서생태계에 미치는 영향을 묘사한다.
- 염화불화탄소(CFC)의 사용과 오존결핍 사이의 연결을 묘사한다.
- 오존결핍의 영향에 대하여 묘사한다.
- 오존결핍의 문제가 어떻게 다루어졌는지 묘사한다.
- 경제적으로 발달한 국가의 대기오염원이 신흥 개발국의 대기오염원과 어떻게 다른지 묘사한다.
- 소음과 소음이 어떻게 측정되는지 확인한다.

멕시코 시의 대기질 개선

1992년 UN은 멕시코 시가 세계에서 최악의 대기오염을 나타낸다고 발표하였다. 멕시코 시는 1년에 양호한 대기질이 8일 밖에 되지 않는다. 몇 가지 요인이 이 문제에 기여한다.

- 지리—멕시코 시는 산으로 둘러싸인 분지의 바닥에 있기 때문에, 대기오염물질이 축적되는 경향이 있다. 멕시코 시의 고도는 해발 2,240 m(7,350 ft)에 위치하기 때문에 대기의 산소양은 해면보다 적다. 이는 자동차, 공장, 가정에서 연료의 불완전 연소를 초래하며, 이는 더 많은 오염물질을 생산한다.
- 인구—멕시코 시와 주변 교외는 2천만 명 이상의 인구를 가지고 있다. 인구는 전기, 수송, 직업, 서비스를 필요로 한다. 인구의 욕구를 충족시키기 위해서는 대기오염을 유발하는 연료의 연소를 필요로 한다. 6백만 대의 자동차의 배출이 도시의 대기오염의 주요한 원인이다.
- 경제 활동—멕시코 시는 멕시코의 주요한 산업과 상업 중심이다. 경제적 활동의 관점에서, 멕시코 시는 세계에서 상위 10개 도시에 속한다. 멕시코의 산업 생산의 약 절반이 멕시코 시 지역에서 생산된다. 중요한 산업 활동은 섬유, 화학, 가구, 플라스틱과 금속, 전자 조립, 그리고 의약품의 생산이다. 많은 공장이 심각한 오염원이다.

시와 연방 정부는 몇 가지 관점에서 대기오염 문제를 접근하였다.

- 산업 활동—산업 분야는 몇 가지 변화를 가져오도록 요구되었다.
  - 산업은 오염을 저감하거나 이전하도록 요구되었다.
  - 산업과 발전소는 황 함유량이 낮은 연료를 사용하도록 요구되었다.
  - 많은 산업은 석유에서 천연가스로 전환하였으며, 이는 오염을 저감하였다.
- 자동차 변화—수송에 대한 몇 가지 변화가 오염을 감소시켰다.
  - 1997년 이후 무연 휘발유가 요구되었다.
  - 자동차 연료는 멕시코 시의 높은 고도에서 깨끗하게 연소하도록 혼합되었다.
  - 오염 통제 장치의 효과성을 검증하기 위하여 차량의 검사가 요구되었으며, 사람들이 검사를 회피하기 어렵게 하였다.
  - 휘발성 유기 화합물(VOC)에 대한 증기 회수 장치가 주유소와 판매상에 설치되었다.
- 기타 활동—산업과 자동차에 대한 변화가 대기오염의 주요한 변화의 원인이지만, 다른 몇 가지 활동도 영향을 끼쳤다.
  - 대중교통의 개선(버스, 경전철, 택시)은 대기오염을 감소하였다.
  - 대기오염에 대한 대중의 정보는 문제를 저감하는 변화를 하도록 사람들을 장려하였다.

이러한 활동은 멕시코 시의 대기질을 뚜렷하게 개선하였다. 2012년 멕시코 시는 대기질이 양호한 날이 248일이었다. 1992년의 8일에 비하면, 이는 20년 사이에 주요한 개선이다.

14.1 대기

대기(공기)는 78.1%의 질소, 20.9%의 산소, 그리고 아르곤, 이산화탄소, 메탄, 수증기와 같은 많은 기체 약 1%로 구성되어 있다. 대기의 대부분은 중력에 의하여 지구 가까이에 보유되며, 따라서 지구에서 떨어질수록 대기가 희박해진다. 대기의 다양한 층에 걸쳐서, 높은 고도에서 분자가 희박하지만 질소와 산소가 가장 흔한 기체이다.

대기는 4개의 층으로 구성되어 있다(그림 14.1).

- **대류권**(*troposphere*)은 지구 표면에서 위로 10 km(6.2 마일)까지 뻗어있다. 실제로는 지구상의 위치와 계절에 따라 8~18 km 사이에서 변화한다. 대류권의 온도는 표면에서 올라가면서 매 km당 6°C 감소한다. 대류권은 대기 중 수증기의 대부분을 포함하고 있으며 날씨가 발생하는 층이다.
- **성층권**(*stratosphere*)은 대류권의 상층에서 50 km까지

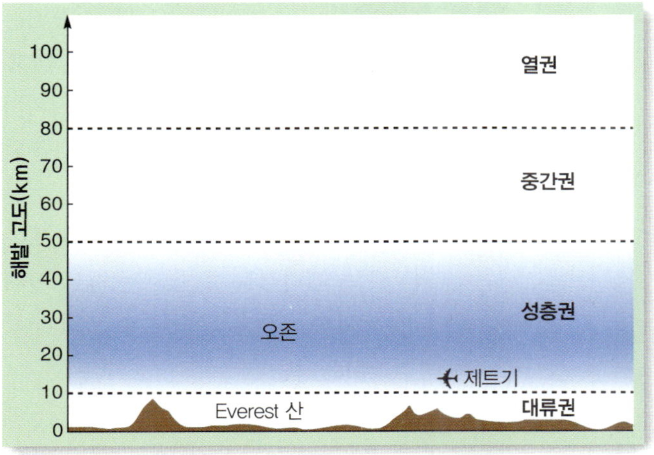

그림 14.1 대기: 대기는 지표면에서 가까운 비교적 밀도가 높은 기체의 층인 대류권; 유사한 기체이지만 밀도가 낮은 멀리 떨어진 성층권; 중간권; 열권으로 나뉜다. 날씨는 대류권에서 발생하며, 중요한 오존층은 성층권에 존재한다.

뻗어있으며 오존의 대부분을 포함한다. 오존은 지구 표면의 15~30 km 사이의 띠에 존재한다. 오존층은 태양광을 흡수하기 때문에, 성층권의 상층은 하층에 비하여 온도가 높다.

- 중간권(*mesosphere*)은 지구 상부 50~80 km 범위의 온도가 감소하는 층이다.
- 열권(*thermosphere*)은 지표면의 300 km까지 뻗어있는 온도가 증가하는 층이다.

중력이 대부분의 공기를 지구 가까이 유지하지만, 공기는 정지상태가 아니다. 공기가 지구에서 열을 흡수하면, 팽창하여 상승한다. 열 함량(엔탈피)이 공간으로 복사되면, 공기는 냉각되고, 더 무거워져서 지구로 흘러 내려온다. 가열과 냉각에 의하여 공기가 수직적으로 순환하면서, 또한 지구 자전으로 인하여 지구 표면에서 수평으로 이동한다. 이러한 모든 공기 운동의 조합은 지구의 다른 지역에 특징적인 바람과 날씨 양상을 생성한다.

14.2 대기의 오염

오염은 인간과 다른 생물의 환경을 저하시키는 어떠한 물질이나 에너지를 추가하는 것이다. 인간의 활동이 오염의 주요한 원인이기 때문에 우리는 오염을 예방하기 위하여 무언가를 할 수 있다. 대기질을 저하시키는 기체와 입자에는 화산에서 방출되는 물질, 바람의 침식에 의한 먼지, 죽은 식물과 동물의 분해에서 오는 기체 등 많은 자연적인 공급원이 있다. 이러한 사건은 인간에 의하여 유도되지 않기 때문에, 우리는 이를 통제하는 데 할 수 있는 일이 별로 없다. 그러나 자동차 배출, 화학적 냄새, 공장 연기, 그리고 유사한 물질이 대기오염으로 간주되며 이 장의 초점이 될 것이다.

대기오염 문제는 어느 지역에서 사는 사람의 수와 그들이 연관된 활동의 종류에 직접적으로 관련되어 있다. 인구가 적고 에너지 사용이 낮으며, 인간의 영향은 최소화된다. 공기 중으로 방출되는 오염물질은 희석되고, 바람에 의하여 멀리 날려가고, 비에 의하여 공기에서 씻어지고, 또는 공기 중의 산소와 반응하여 해가 없는 물질을 형성한다. 따라서 전반적인 부정적인 효과는 사소하다. 그러나 도시화되고 산업화된 문명은 제조, 수송, 가정 목적으로 대량의 화석연료를 사용하는 밀도가 높은 인구를 가지고 있다. 이러한 활동은 환경으로 대량의 오염을 일으키

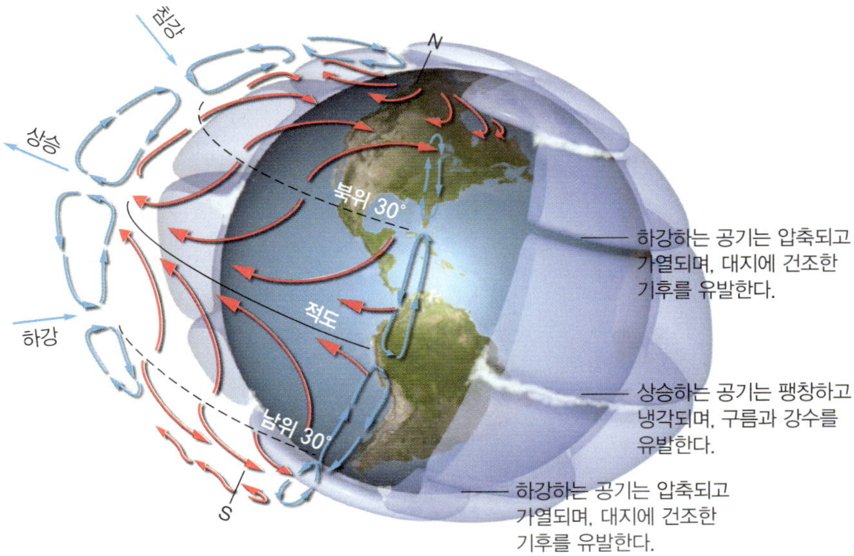

그림 14.2 지구의 바람 양상: 바람은 지구의 자전과 온도 차이에 의하여 발생하는 대기압의 변화에 의하여 유발되는 공기의 운동이다. 적도에서 공기는 가열되고 상승하여, 높은 고도에서 적도로부터 멀리 흘러간다. 지표면의 차갑고 밀도가 높은 공기는 적도 쪽으로 흘러간다. 따뜻한 공기가 상승하고 차가운 공기가 대체하는 것과 지구의 자정의 조합은 세계적인 공기 운동의 양상에 기여한다. 북미에서 대부분의 바람은 서풍이다(서쪽에서 동쪽으로).

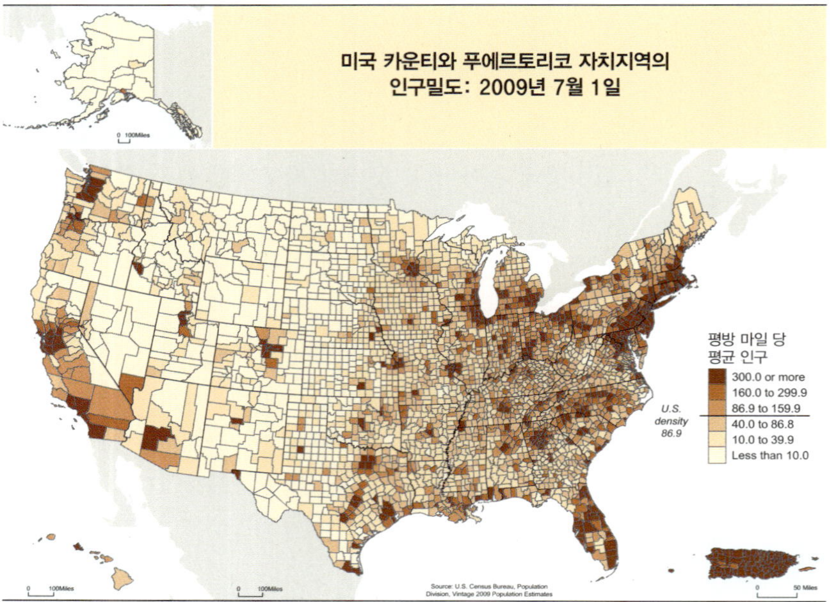

(a) 인구밀도

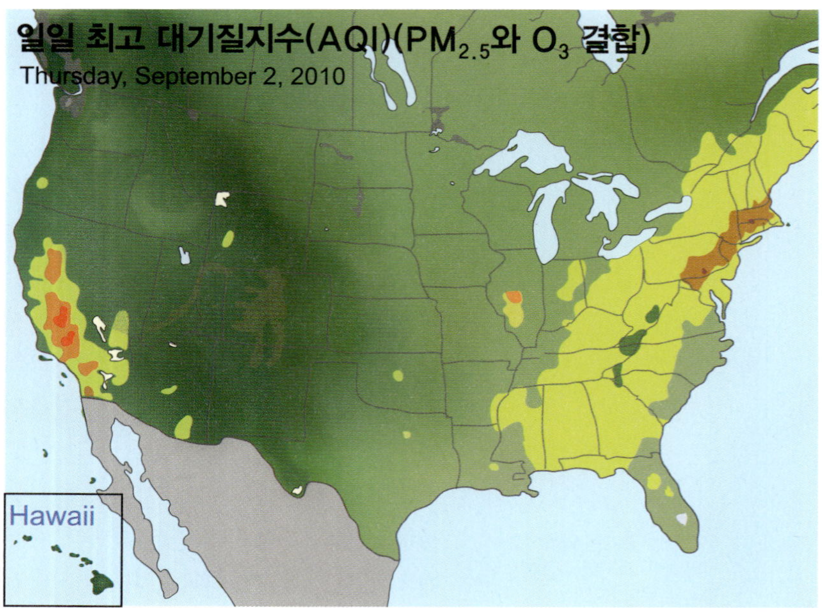

(b) 대기질

그림 14.3 대기오염과 인구 중심: 일반적으로 최악의 대기질을 보이는 지역은 높은 인구밀도를 보이는 지역이다. (a) 이 지도는 미국 카운티의 인구밀도를 보여준다. (b) 이 지도는 2010년 9월 오존으로 인하여 나쁜 대기질을 나타낸 지역을 보여준다. 일반적으로 대기질은 가장 인구밀도가 높은 지역에서 나쁘다.

출처: U.S. Environmental Protection Agency and U.S. Census Bureau.

는 부산물을 방출한다.

대기로 방출된 기체 또는 작은 입자는 중력에 의하여 지구 근처에 머무른다. 이들은 제거되지 않으며, 단지 희석되고 인접한 지역으로 이동해간다. 산업화된 도시지역에서, 오염물질은 다른 도시에 도달하기 전에 항상 충분하게 희석되지는 않는다. 시카고의 오염된 공기는 인디애나 주 Gary에 도달하면 더 오염되며, 디트로이트와 클리블랜드의 폐기물에 의하여 추가되고, 최종적으로 캐나다 남동부와 뉴잉글랜드 상공을 거쳐 대서양으로 이동한다. 모든 인구 중심이 동일한 종류 또는 동일한 양의 폐기물을 추가하는 것은 아니지만, 각각의 도시는 운반되는 총 오염 부하를 추가한다.

오염 수준에 대한 인구 중심의 영향을 예증하는 좋은 예는 지상 오존의 생산과 연관된다. 지상 오존은 자동차 이용의 부산물이다. (이 주제는 이 장의 뒤에서 매우 자세히 다룰 것이다.) 상부 대기의 오존은 지구를 자외선으로부터 보호하는데 중요하지만, 지상 오존은 허파 조직에 심각한 피해를 끼칠 수 있다. 그림 14.3의 지도는 2010년 9월의 인구 중심과 지상 오존의 최고치 그리고 미세 입자상 물질을 보여준다. 그날은 특히 나쁜 날이었지만, 이는 대기오염 문제의 지역적인 본질과 오염이 인구밀도와 관련되어 있다는 것을 가리킨다.

대기오염은 건강 문제를 초래한다. 세계의 산업화된 국가에서, 대기오염 문제에 대한 관심은 대기질을 상당히 개선하였다. 그러나 개발도상국에서 대기오염은 중요한 문제이다. 개발도상국의 많은 거대도시는 극히 나쁜 대기질을 보인다. 세계보건기구(WHO)는 대기오염으로 인하여 매년 3백만 명 이상이 사망하는 것으로 추산한다. 대기오염으로 인한 사망은 주로 고령자, 허약자, 어린 아이에서 발생한다. 이러한 대기오염의 원인은 덮개가 없는 불, 정비가 제대로 안된 많은 자동차, 규제가 잘 안된 산업시설 등이다. 이러한 도시의 나쁜 대기질은 사망률을 증가시킬 뿐 아니라, 전 주민의 일반적인 건강이 저하된다. 호흡기 질환의 약 20~30%가 대기오염에 의하여 초래되는 것으로 보인다.

14.3 대기오염물질의 범주

세계적으로 5종류의 주요한 유형의 물질이 건강 위해를 초래할 정도로 충분한 양이 변형되지 않은 형태로 대기로 직접 방출되는데 이를 **1차 대기오염물질(primary air pollutants)**이라고 한다. 이들은 일산화탄소, 휘발성 유기화합물(탄화수소), 입자상 물질, 이산화황, 그리고 질소산화물이다. 1차 대기오염물질은 태양광이 있을 때 서로 상호작용하여 오존과 같은 **2차 대기오염물질(secondary air pollutants)**로 알려진 새로운 화합물을 형성할 수 있다. 2차 대기오염물질은 또한 대기 중에 자연적으로 발생하는 물질과도 반응하여 형성된다. 추가적으로 미국 환경보호청(EPA)은 6가지의 주요한 대기오염물질에 대한 대기질 기준을 설정하였는데, 이를 **기준 대기오염물질(criteria air pollutants)**이라고 한다.

기준 대기오염물질은 일산화탄소(CO), 입자상 물질(PM), 이산화황(SO_2), 이산화질소(NO_2), 납(Pb), 오존을 포함한다. 이 중 4개의 오염물질(CO, SO_2, NO_2, Pb)은 다양한 기원에서 직접 방출된다. 오존은 직접 배출되지 않고 이산화질소, 다른 질소산화물, 휘발성 유기화합물(VOC)이 태양광이 있을 때 반응하여 형성된다. 입자상 물질은 농업, 건설, 산업으로부터 자연적으로 발생하는 먼지로 직접 배출될 수도 있고, 또한 질소산화물, 황산화물(SO_x; 주로 SO_2와 SO_3), 암모니아, 유기화합물, 다른 기체의 방출이 대기 중에서 반응하여 형성될 수도 있다(표 14.1). 추가적으로, 높은 독성을 가지는 특정한 화합물을 **유해 대기오염물질(hazardous air pollutants)** 또는 **공기독소(air toxics)**라고 한다.

일산화탄소

일산화탄소(Carbon monoxide; CO)는 불충분한 산소와 함께 휘발유, 석탄, 목재, 쓰레기와 같은 탄소를 포함하는 물질이 연소될 때 생산되는 화합물이다. 탄소를 포함하는 화합물이 충분한 산소가 존재할 때 연소되면 이산화탄소가 형성된다($C + O_2 \rightarrow CO_2$). 산소의 양이 제한되면 이산화탄소 대신에 일산화탄소가 형성된다($2C + O_2 \rightarrow 2CO$). 화석

표 14.1 대기오염물질 기준

대기오염물질	측정 기간	미국 국가 환경 대기질 기준	EU 대기질 기준
		EPA 기준 대기오염물질	
일산화탄소(CO)	8시간 평균 1시간 평균	9 ppm (10 mg/m^3) 35 ppm (40 mg/m^3)	10 mg/m^3
이산화질소(NO_2)	연평균 1시간 평균	0.053 ppm (100 μg/m^3) 0.1 ppm (190 μg/m^3)	40 μg/m^3 200 μg/m^3
오존(O_3)	8시간 평균	0.075 ppm (150 μg/m^3)	120 μg/m^3
납(Pb)	3개월 평균 연평균	0.15 μg/m^3	0.5 μg/m^3
입자상 물질(PM_{10})	연평균 24시간 평균	150 μg/m^3	40 μg/m^3 50 μg/m^3
입자상 물질($PM_{2.5}$)	연평균 24시간 평균	12 μg/m^3 35 μg/m^3	25 μg/m^3
이산화황(SO_2)	24시간 평균 1시간 평균	0.075 ppm (200 μg/m^3)	125 μg/m^3 350 μg/m^3
		기타 보편적인 대기오염물질	
벤젠	연평균	기준이 정해지지 않았지만, 현재 수준은 2.5 μg/m^3 미만	5 μg/m^3
휘발성 유기화합물		기준이 정해지지 않았지만, 지상 오존을 감소하기 위한 감소책이 필요	다환 방향족 탄화수소와 유기용매 규제 (1 ng/m^3)
수은		새로운 규제는 발전소로부터 수은의 방출을 90% 감소시킬 것이다.	수은의 산업적 이용과 배출이 규제됨

출처: U.S. Environmental Protection Agency and European Commission.

그림 14.4 일산화탄소: 일산화탄소의 주요한 공급원은 내연기관이며, 이는 수송의 대부분을 제공한다. 자동차의 수가 더 집중될수록, 오염물질도 농축된다. 수백 ppm의 일산화탄소 농도는 거대도시 지역의 교통 혼잡시에 흔하게 나타난다. 이러한 농도는 피곤, 현기증, 두통을 초래할만큼 충분히 높다.

연료의 연소와 관련된 어떠한 과정도 일산화탄소를 생산할 수 있는 잠재성이 있다. 일산화탄소의 가장 큰 공급원은 자동차이다(그림 14.4). CO의 약 60%는 도로를 운행하는 차량에서 오고 25%는 도로에서 사용되지 않는 차량(불도저와 같은 중장비, ATV, 눈자동차, 트랙터형 잔디 깎는 기계 등)에서 발생한다. 나머지의 대부분은 연소(불, 발전소, 산업, 화목 난로, 낙엽 태우기 등)와 연관된 다른 과정에서 온다.

연료 효율성의 증가와 촉매변환기의 사용은 주행거리 당 일산화탄소의 배출을 저감하였지만, 도로 위의 자동차 대수와 주행거리가 증가하여 이산화탄소는 아직 문제로 남아있다. 도시지역에서 일산화탄소의 90% 정도가 자동차에서 발생한다. 세계의 많은 지역에서 자동차 정비가 잘 안되고 작동하지 않는 오염통제 장치로 인하여 더 많은 일산화탄소의 배출을 초래한다.

일산화탄소는 혈액의 헤모글로빈과 결합하여 헤모글로빈이 산소를 제대로 운반하지 못하도록 하기 때문에 위험하다. 일산화탄소는 헤모글로빈에 장기간 부착되어 있고, 소량이라도 축적되어 혈액의 산소운반 용량을 감소시킨다. 단지 0.001%의 일산화탄소를 포함한 공기에 몇 시간 노출되더라도 사망할 수 있다. 일산화탄소는 폐쇄된 공간에서 가장 위험한데, 이는 공간으로 유입되는 신선한 공기에 의하여 희석되지 않기 때문이다. 교통 혼잡에 의하여 생산되는 일산화탄소는 두통, 졸림, 시력을 흐리게 할 수 있다. 흡연도 흡연자가 직접 흡입하기 때문에 일산화탄소의 중요한 공급원이다. 교통 혼잡에 갇힌 애연가는 2배로 노출되고 비흡연 운전자에 비하여 반응 시간이 심각하게 손상될 수 있다.

다행히 일산화탄소는 지속성 오염물질이 아니다. 일산화탄소는 공기에서 산소와 쉽게 결합하여 이산화탄소를 형성한다($2CO + O_2 \rightarrow 2CO_2$). 따라서 공기는 새로운 일산화탄소가 도입되지 않으면 일산화탄소가 제거된다. 미국에서 일산화탄소의 통제는 매우 양호하였다. 미국 EPA는 1990~2012년 사이에 일산화탄소 수준은 75% 감소하였으며, 모든 지역사회가 이제는 EPA가 설정한 기준을 충족한다. 이는 산업, 특히 자동차에 대한 다양한 통제를 통하여 성취되었다. 촉매변환기는 자동차 엔진에서 방출되는 일산화탄소 양을 감소하며, 일산화탄소 문제를 가진 많은 도시에서 일산화탄소를 적게 발생하는 특별히 조제된 연료가 사용된다. 종종 이러한 특별한 연료는 자동차 엔진이 비효율적으로 작동하고 더 많은 일산화탄소를 발생하는 겨울철에만 사용된다.

입자상 물질

입자상 물질(particulate matter)은 대기 중으로 분산되는 미세한 고체 입자와 액체 비말로 구성되어 있다. EPA는 10~2.5 μm 사이의 조립한 입자(**PM_{10}**)와 2.5 μm 미만의 입자(**$PM_{2.5}$**)에 대한 대기오염 기준을 설정하였다. 대부분의 조립한 입자(PM_{10})는 대기로 직접 방출되는 먼지와 탄소 입자와 같은 1차 오염물질이다. 자연적인 바람에 의한 침식에서 오는 먼지, 도로 여행, 농업 활동, 건설 현장, 산업 과정, 화재에 의한 연기 입자는 조립상 입자의 다른 주요한 공급원이다(그림 14.5). 미세한 입자($PM_{2.5}$)는 대부분 1차 대기오염물질의 상호작용으로부터 형성되는 2차 오염물질이다. 이산화황과 산화질소로부터 형성되는 황산염과 질산염이 그 예이다. 미세 입자의 다른 공급원은 화재와 도로 먼지이다.

입자(분진)는 가시도의 감소로 인한 곤란함과 뒤뜰 피크닉 테이블에 분진이 가라앉는 것부터 심각한 건강에 미치는 영향까지이다. 분진(특히 미세 입자)은 호흡기에 자극을 줄 수 있으며 폐 깊숙한 곳에 축적되어 기체의 교환능력을 감소시킬 수 있다. 이러한 폐 손상은 직업상 대량의 입자상 물질에 반복적으로 노출되는 사람에게서 보통 나타난다. 광부와 먼지가 많은 조건에서 일하는 사람이 주로 영향을 받게 된다. 비말과 고형입자도 대기로부터 다른 물질의 침전 중심으로 작용할 수 있다. 입자를 포함하고 있는 공기를 호흡하면, 입자 위에 축적된 잠재적으로 더 해로운 다른 물질과 접촉하게 된다. 호흡계의 내벽을 자극하는 황산, 질산, 탄산은 입자와 빈번하게 연관되어 있다. 석면과 같은 일부 입자는 암을 유발하는 것으로 알려져 있다.

미국 EPA에 의하면, 1990~2012년 사이에 PM_{10}의 양은 약 39% 감소하였다. EPA는 $PM_{2.5}$에 대한 기준을 더 짧은 기간 설정하였으며, 이는 이러한 입자에 의한 오염은 2000~2012년 사이에 약 33% 감소하였다. 아직 PM_{10} 기준을 초과하는 주요한 지역은 캘리포니아 주 일부, 네바다 주 남부와 애리조나 주를 포함한다. 몇 인구 중심지는 아직 $PM_{2.5}$에 대한 기준을 초과한다.

그림 14.5 입자상 물질: 차량에 의하여 생성되는 먼지는 입자상 물질의 주된 공급원이다. 석탄을 채광하고 트럭에 싣는 공정도 분진을 생산한다.

이산화황

이산화황(Sulfur dioxide; SO_2)은 황을 포함하는 화석연료가 연소될 때 생성되는 황과 산소로 이루어진 화합물이다($S + O_2 \rightarrow SO_2$). 석탄과 석유는 신체 분자의 일부분에 황을 구성성분으로 가지고 있는 생물로부터 생성되었기 때문에 황을 포함하고 있다. 황은 화석연료가 연소될 때 산소와 결합하여 이산화황을 형성한다. 오늘날 대기로 방출되는 이산화황의 70% 이상은 주로 석탄을 연소하는 발전소에서 발생된다(그림 14.6). 나머지의 대부분은 화석연료의 연소와 연관된 산업공정이나 다른 활동에서 유래한다.

이산화황은 톡 쏘는 냄새를 가지며, 호흡조직을 자극하고, 천식과 기타 호흡기 질환을 악화시킨다. 이산화황은 또한 공기 중의 물, 산소, 다른 물질과 반응하여 황을 포함한 산을 형성한다. 산은 입자에 부착될 수 있으며, 흡입되면 폐조직에 매우 부식성이다. 이러한 산을 포함하는 입자는 산성강하에도 관련되며, 이는 이 장의 산성강하 절에서 토의된다.

이산화황의 주요한 공급원이 발전소이고 이는 쉽게 모니터되기 때문에, 배출되는 이산화황의 양을 감소하기 위해서 많은 일이 이루어졌다. 미국에서 1990~2012년 사이에 SO_2 수준은 약 72% 감소되었으며 모든 지역사회가 EPA에 의하여 설정된 SO_2 기준을 충족한다.

그림 14.6 이산화황: 석탄을 연소하는 발전소는 이산화황의 주요한 공급원이다.

이산화질소

화석연료의 연소는 **질소산화물(oxides of nitrogen)** 또는 **산화질소(nitrogen oxides (NO_x)**로 보통 알려진 질소를 포함하는 혼합된 화합물을 생성한다. 이러한 화합물은 대기 중의 질소와 산소 분자가 연소 시 형성되는 고온에서 서로 결합하여 형성된다. 가장 보편적으로 생성되는 산화질소의 2가지는 **일산화질소(nitrogen monoxide; NO)**와 **이산화질소(nitrogen dioxide; NO_2)**이다. 일반적으로 연소반응은 일산화질소를 생성하지만($N_2 + O_2 \rightarrow 2NO$), 일산화질소는 공기 중에서 변환되어 NO와 NO_2의 혼합물을 생성한다. 따라서 NO_2는 대부분 2차 오염물질이다.

이산화질소는 적갈색이며 호흡기 문제를 유발하는 반응성이 큰 기체이며, 대부분의 도시 안개의 원인이 되며, 산성강하의 성분이다. 이산화질소는 또한 광화학적 스모그라고 알려진 2차 대기오염물질의 혼합물 생성에도 중요하며, 이는 이 장의 광화학적 스모그 절에서 토의된다.

이산화질소의 주된 공급원은 특히 내연기관에서의 화석연료의 연소이다. 자동차가 약 35%, 도로를 운행하지 않는 동력장비(건설장비, 농장 장비, 잔디 깎는 기계, 설상차 등)가 약 20%, 발전이 약 20%를 차지한다.

촉매변환장치는 내연기관에서 방출되는 일산화질소의 양을 상당히 감소시킨다. (자동차 엔진에서 생성되는 NO의

그림 14.7 이산화질소: 자동차와 사용되는 연료에 대한 기술적 변화는 이산화질소와 다른 질소산화물의 생산을 뚜렷하게 감소하였다.

약 75%는 촉매변환장치에 의하여 다시 N_2와 O_2로 변환된다.) 청정 연소 연료를 요구하고 비도로 차량의 산화질소와 황 배출의 감소를 요구하는 EPA 규정은 긍정적인 효과를 나타냈다(그림 14.7). 1990~2012년 사이에 이산화질소의 약 46%가 감소되었다. 모든 지역사회가 이제는 산화질소에 대한 EPA의 설정 기준을 충족하지만, 산화질소는 광화학적 스모그와 지상 오존의 발달에 기여하기 때문에 문제로 남아있다.

납

납(Pb)은 공기 중 입자를 흡입하거나 표면에 침적된 납을 소비할 때 체내로 들어갈 수 있는 금속이다. 납은 신체 내에 축적되며 정신지체와 신장 상해를 포함한 다양한 건강 영향을 초래한다.

한 때 공기 중 납의 주요한 공급원은 휘발유 첨가제에서 왔다. 납은 엔진이 효율적으로 작동하기 위하여 첨가되었다. 납 배출이 해롭다는 인식은 북미와 유럽에서 휘발유로부터 납 첨가제를 제거하도록 하였다. 오늘날 거의 대부분의 국가가 휘발유 첨가제로서 납을 단계적으로 제거하였으며 세계적으로 생산되는 휘발유의 거의 대부분은 무연(납이 제거된; unleaded)이다. 유연휘발유가 세계의 대부분에서 제거된 이후에 납 수준이 감소하였다. 미국에서 최대 납 배출량은 연간 258,000 ton이었다. 2007년 납 배출은 1,300 ton으로 99.5%의 감소이다. 오늘날 금속 제련소와 배터리 제작자가 납 배출의 80%를 차지한다. 미국 모든 지역에서 EPA에 의하여 설정된 기준을 충족한다.

납 오염의 또 다른 주된 공급원은 납 페인트이다. 많은 오래된 집은 납을 포함한 페인트가 있는데, 이는 다양한 납 화합물이 다채로운 색소이기 때문이다. 페인트를 벗길 때, 개축, 해체할 때 나오는 먼지 대기 중으로 방출된다. 납의 양이 작을지라도, 가정에 납이 존재하면 주민에게 상당한 노출을 초래할 수 있으며, 특히 페인트 칠 표면을 씹거나 종종 페인트 조각을 먹는 어린 아이에게 그렇다.

휘발성 유기화합물

휘발성 유기화합물(Volatile organic compounds; VOCs)은 쉽게 증발하고 공기 중 오염물질이 되는 유기화합물이다. VOC는 주로 탄소와 수소로 구성되어 있기 때문에 종종 **탄화수소(hydrocarbon)**로 불린다. 내연기관의 사용은 공기 중으로 방출되는 휘발성 유기화합물의 약 44%를 차지한다. 용제의 사용은 약 22%를 차지한다(그림 14.8). VOC는 스모그에서 나타나는 2차 대기오염물질의 생산을 초래하는 과정에 중요하다. 스모그는 이 장의 광화학적 스모그 절에서 논의될 것이다. 일부 VOC는 독성이 있으며 유해 대기오염물질로 알려져 있다.

자동차의 많은 변경을 통하여 대기 중으로 들어가는 VOC의 양이 뚜렷이 감소되었다. 일부 배기가스를 엔진에 다시 재순환시켜서 배출되기보다 연소시키고, 연료가 더 완

그림 14.8 휘발성 유기화합물(VOC): 휘발성 유기화합물의 주된 공급원은 사용할 때 증발하는 소비자 제품이다.

녹색 행진

용제를 사용하지 않기

좋은 환경 변화는 널리 퍼지기 때문에 거의 알아차리기 어렵다. 한때 VOC는 페인트, 인쇄 잉크, 세탁소, 사진 현상용액 등에 널리 사용되었다. VOC는 또한 용제와 에어로졸 추진제로 사용되었다. 오늘날 대부분의 가정용 기구, 자동차, 금속 제품의 제조에 건식이고 열로 경화시키는 분말 도장이 용제 기반의 페인트를 대체하였다. 다른 적용은 수성 페인트가 용제를 포함하는 유성 페인트를 대체하였다. 대부분의 인쇄 공정은 이제 용제를 사용하지 않는다. 사진을 현상하기 위하여 화학 용액을 필요로 하였던 전통적인 사진에서, 용제 없이 인쇄할 수 있는 디지털 사진으로의 변화는, 많은 용제를 제거하였다. 많은 세탁 제품과 접착제는 용제가 없는 제품이 가용하다. 매니큐어와 유화에 사용되는 미술용품도 용제를 사용하지 않는다.

에어로졸 캔은 종종 VOC인 제품과 추진제를 포함한다. 이들은 표면에 물질을 바르거나 환경으로 물질을 분산시키는 편리한 방법으로 판매되었다. 용기에 내용물이 인화성이라고 경고가 있으면 VOC를 포함하고 있을 가능성이 높다. 에어로졸의 몇 가지 대안이 있다. 펌프 분무기를 사용할 수 있다. 탈취제, 식용유, 페인트 등 제품도 다른 방식으로 쉽게 적용할 수 있다.

여러분은 소비자로서 여러분이 구입하는 제품의 선택을 통하여 VOC 방출을 감소시킬 수 있는 위치에 있다. 여러분은 진정으로 에어로졸 캔에 있는 제품을 원하나요? 여러분이 사용하는 제품에 용제가 없는 대안을 찾을 수 있나요? 여러분은 구입하는 제품의 라벨을 읽으면 용제가 없는지를 알 수 있다.

전히 연소되게 하기 위하여 연료-공기 혼합에서 산소의 비율을 증가시키고, 연료탱크와 크랭크실에서 기체가 탈출하는 것을 방지하는 기기의 사용이 이러한 변경의 3가지이다. 추가적으로 촉매변환장치는 배기가스의 연소되지 않은 유기화합물이 완전히 산화되도록 하여 VOC가 배기관으로 적게 방출되도록 한다. 산업원에서도 산업이 배출을 기록하는 것을 요구하고 VOC를 비휘발성 화합물로 대체하는 것을 권장하여 감소가 달성되었다. 예를 들어 유기용제를 필요로 하지 않는 페인트와 도료 사용의 증가는 산업원에서 방출되는 VOC의 양을 본질적으로 감소하였다.

VOC의 배출은 1990~2012년 사이에 45% 감소하였다.

유해 대기오염물질

앞에서 논의된 주요한 대기오염물질이 모두 환경적 건강의 우려를 나타내지만, 인간의 건강에 해를 끼치거나 공기 중으로 의도적으로 또는 사고로 방출되었을 때 환경에 피해를 주는 수백 종의 위험한 화학적 화합물이 있다. 이러한 화합물을 집합적으로 유해 대기오염물질(hazardous air pollutant; HAP) 또는 대기 독소라고 한다. 살충제는 벌레나 다른 해충을 죽이기 위하여 의도적으로 방출되는 독성 물질이다. 다른 위험한 물질은 소비자 활동의 결과로 방출된다. 휘발유의 벤젠은 휘발유를 주유할 때 방출되며, 접착제와 세제와 같은 일부 소비자 제품도 공기 중으로 독성 물질을 방출한다. 그러나 대부분의 대기 독소는 제조 공정의 결과로 방출된다. 퍼클로로에틸렌은 드라이클리닝 시설에서 방출되고, 독성 금속은 제련소에서 방출된다. 석유화학 산업은 유해 대기오염물질의 주요한 공급원이다. 대기 독소는 전체 공중에 유해하지만, 직업상 노출되는 사람에게 가장 심각한데, 그 이유는 높은 농도의 유해물질에 장기간 노출되기 때문이다.

14.4 광화학적 스모그

앞 절에서 토의된 오염물질은 공기 중으로 직접 방출되는 1차 대기오염물질이다. 2차 대기오염물질은 이미 존재하는 오염물질로부터 공기 중에서 생성되는 것이다. 광화학적 스모그는 2차 대기오염물질의 생산과 관련된다.

광화학적 스모그(photochemical smog)는 따뜻한 환경에서 태양광과 함께 이산화질소, 일산화질소, VOC의 상호작용에서 초래되는 오존, 알데히드, 질산과산화아세틸(PAN)을 포함한다. 광화학적 스모그의 2가지 가장 파괴적인 성분은 오존과 PAN이다. **오존(Ozone; O_3)**은 서로 결합된 3개의 산소원자로 구성된 분자이다. 지상 오존은 심각한 오염물질이다. 그러나 대기 상부에서 오존은 자외선을 차단한다. 자외선은 조직에 손상을 끼치고 유전적 돌연변이를 초래할 수 있다. 대기권 상부에서 오존의 역할은 이 장의

그림 14.9 광화학적 스모그: 탄화수소, 질소 산화물, 태양광은 사람에게 자극적인 새로운 화합물을 생성한다. 스모그의 시각적인 영향을 스모그가 형성된 날 중국 시안(Xi'an)에서 촬영한 이 사진에 나타냈다.

오존 결핍 절에서 토의될 것이다. 이러한 2차 대기오염물질은 둘 다 생명체에서 발견되는 것을 포함한 많은 다른 화합물에 파괴적인 변화를 초래하는 탁월한 산화제이다. 오존은 식물의 엽록소를 파괴하고 인간과 다른 동물의 허파 조직에 손상을 끼치기 때문에 특히 해롭다. PAN은 산화제이면서 눈을 자극하는 물질이다.

스모그는 어떻게 형성되는가

광화학적 스모그가 발달하기 위해서는 몇 가지 성분이 필요하다. 일산화질소, 이산화질소, VOC가 반드시 존재해야 하며, 태양광과 따뜻한 온도가 관련된 화학반응을 지지하기 위하여 중요하다. 광화학적 스모그의 발달을 초래하는 화학반응은 매우 복잡하지만, 몇 가지 핵심적인 반응을 설명하면 여러분이 과정을 이해하는 것을 도와줄 것이다.

대부분의 도시지역에서 일산화질소, 이산화질소, VOC는 차량과 산업공정에서 연료를 연소할 때 부산물로 존재한다. 태양광이 있을 때 이산화질소는 일산화질소와 원자상 산소로 분해된다.

$$NO_2 \xrightarrow{\text{태양광}} NO + O^*$$

원자상 산소는 반응성이 극히 강하며 공기 중에서 분자상 산소와 반응하여 오존을 형성한다.

$$O^* + O_2 \rightarrow O_3$$

오존과 원자상 산소는 VOC와 반응하여 매우 반응성이 높은 유기 자유 래디컬을 생성한다.

$$O^* \text{ or } O_3 + \text{유기분자} \rightarrow \text{유기 자유 래디컬}$$

자유 래디컬은 반응성이 매우 크고 일산화질소로부터 추가적으로 이산화질소의 형성을 초래한다.

$$NO + \text{자유 래디컬} \rightarrow NO_2 + \text{기타 유기 분자}$$

이 단계는 추가적인 NO_2가 오존의 생산을 그 이상 초래하기 때문에 중요하다. 유기 자유 래디컬도 이산화질소와 반응하여 PAN과 알데히드를 형성한다(그림 14.10).

인간 활동과 스모그 발달의 양상

어느 지역에서 광화학적 스모그의 발달은 다음과 같은 방식으로 기후, 하루 중 시간, 자동차 배기가 관련된다.

1. 아침 교통 혼잡시기에, 자동차의 배출은 대기 중 일산화질소(NO)와 휘발성 유기화합물(VOC)의 양이 증가되도록 한다.
2. NO와 VOC가 존재하면 NO_2의 양이 증가한다. 태양광과 따뜻한 온도는 이러한 반응을 지지한다. NO가 NO_2로 변환되기 때문에 오전 늦게 NO의 수준은 감소

공급원	필수 조건	대기 중에서 발생하는 반응	생성물
주로 자동차	휘발성 유기화합물(VOC)의 존재	VOC + O* 또는 O_3 → 반응성이 높은 유기 래디컬 + NO_2 →	질산과산화아세틸(PAN) 알데히드
주로 자동차	일산화질소(NO)의 존재	NO + 유기 래디컬 → NO_2	
자동차와 NO로부터 형성	이산화질소(NO_2)의 존재	O* + O_2 → O_3 (오존) NO_2 → NO + O* (원자상 산소) 태양광	오존
태양	태양광		
태양 (여름 온도)	열	고온에서 반응이 더 빠르게 일어난다.	

그림 14.10 광화학적 스모그 발달의 주요한 단계: 광화학적 스모그는 특정한 반응물과 조건이 존재할 때 발생한다. 필수적인 반응물은 휘발성 유기화합물, 일산화질소, 이산화질소이다. 이러한 화합물의 반응을 초래하는 조건은 따뜻한 온도와 태양광이다. 이러한 조건이 존재하면 오존과 스모그의 다른 성분이 2차 오염물질로서 형성된다.

하고 NO_2의 수준은 증가한다.

3. 오존, PAN, 알데히드가 VOC, NO, NO_2 사이의 화학반응에 의하여 생성된다. 이러한 화합물의 수준은 오전 늦게 증가하기 시작하며 낮 동안 내내 높게 유지된다.
4. 태양광과 따뜻한 온도가 광화학적 스모그의 생성을 지지하기 때문에, 저녁에는 해가 지고 온도가 감소하여 오존, PAN, 알데히드의 생성이 줄어든다. 추가적으로 오존과 다른 스모그 성분이 주변과 반응하여 파괴되기 때문에, 저녁에는 스모그의 파괴적 성분이 감소한다. 그림 14.11은 하루 동안에 이러한 다양한 분자들의 농도가 변화하는지를 보여준다.

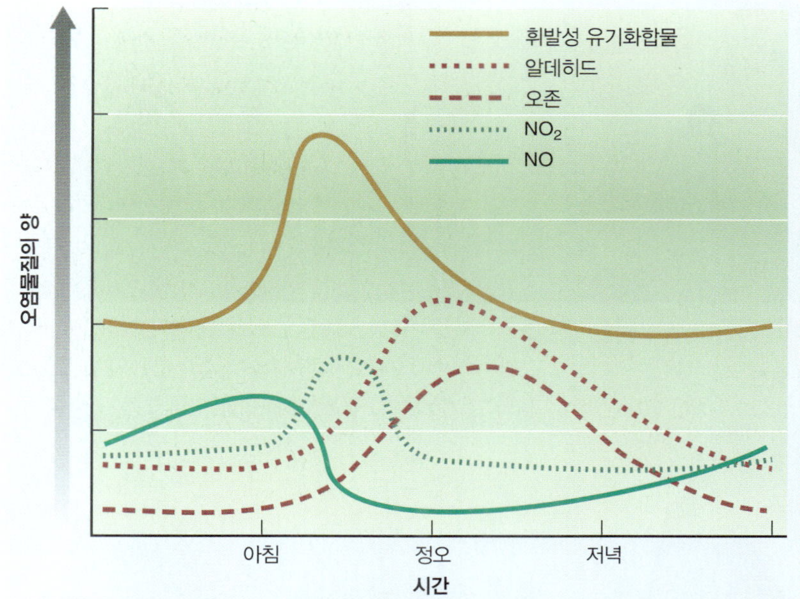

그림 14.11 광화학적 스모그 형성 시 오염물질의 하루 변화: 광화학적 스모그의 발달은 오전 교통체증 시에 자동차 이용과 연관된 질소산화물과 휘발성 유기화합물의 방출과 함께 시작된다. 태양이 떠오르고 날씨가 따뜻해지면서, 이러한 반응물질은 상호작용하여 오존과 기타 2차 오염물질을 형성한다. 오후 초기에 최대치를 나타내고 태양이 지면 감소한다.

기후와 지리의 역할

스모그는 어느 지역에서도 발달할 수 있지만, 일부 도시가 기후, 자동차 교통량, 지리적 특징으로 인하여 더 큰 문제를 보인다. 스모그의 원인이 되는 화학반응이 따뜻한 온도와 태양광에 의하여 지지되기 때문에, 따뜻한 기후를 가지고 태양 일조량이 많은 도시가 광화학적 스모그의 발달이 일어나기 쉽다. 유사하게 스모그는 높은 온도와 긴 낮 시간으로 인하여 여름철에 더 문제가 된다.

산맥에 인접해있거나 계곡에 위치한 도시가 오염물질이 열 역전에 의하여 포획될 수 있기 때문에 문제가 더 크다. 보통 공기는 지표면에서 따뜻하고 높은 고도에서 차가워진다(그림 14.12a). 어떤 경우에는 따뜻한 공기층이 지표면의 차가운 공기 위에 놓일 수 있다. 이러한 상태를 **열 역전(thermal inversion)**이라고 한다.

계곡에 위치한 도시에서, 지표면이 밤에 냉각되면, 계곡 측면의 차가운 공기가 계곡으로 흘러 내려와 열 역전을 형성할 수 있다(그림 14.12b). 차가운 공기가 계곡으로 흘러 들어 가면서, 따뜻한 공기를 위로 밀어낸다. 유사하게 Los Angeles와 같은 동쪽에 산이 있고 서쪽에 바다가 있는 도시에서는, 바다로부터 공기가 따뜻한 공기 아래로 밀고 들어와 열 역전을 생성할 수 있다(그림 14.12c). 어느 경우에서도 따뜻한 공기는 2층의 차가운 공기 사이에 끼어서 계곡에 뚜껑으로 작용한다. 따뜻한 공기의 뚜껑은 위에서 내리누르는 차갑고 밀도가 높은 공기층으로 덮여서 상승할 수 없다. 이는 산으로 인하여 그 지역에서 나갈 수 없다. 정상적인 공기의 순환이 일어나지 않아 스모그가 축적된다. 주요한 날씨 변화가 따뜻한 공기의 뚜껑이 상승하여 산 너머로 이동할 때까지 해로운 화학물질의 농도는 계속 증가한다. 그러면 아래의 차가운 공기는 순환을 시작할 수 있으며, 오염된 공기는 희석될 수 있다.

스모그 문제는 내연기관의 사용에 연관된 NOx와 VOC를 감소시키거나(또는 완전히 제거하거나) 열 역전이 발생하는 계곡으로부터 인구 중심을 이동하여 본질적으로 감소될 수 있다. 인구 중심을 이동하는 것은 매우 어렵지만, 스모그 생성을 초래하는 분자를 감소하는 것은 가능하다. 휘발유와 경유를 새롭게 제조하고, 비도로 차량의 배출을 규제하고, 용제의 VOC를 감소하고, NO_2와 VOC 방출량을 감소하는 장비를 설치하는 것은 유익하였다. 1990~2012년 사이에 VOC 수준은 45%, NO_2 수준은 46% 감소하였다. 그러나 동일한 기간에 오존 수준은 단지 12%만 감소하였으며 많은 지역이 아직도 EPA 기준을 충족하지 못한다. EPA는 2008년 더 엄격한 기준과 현재 시행되고 있는 기준을 충족시키는 새로운 방법을 포함하는 새로운 기준을 설정하였다.

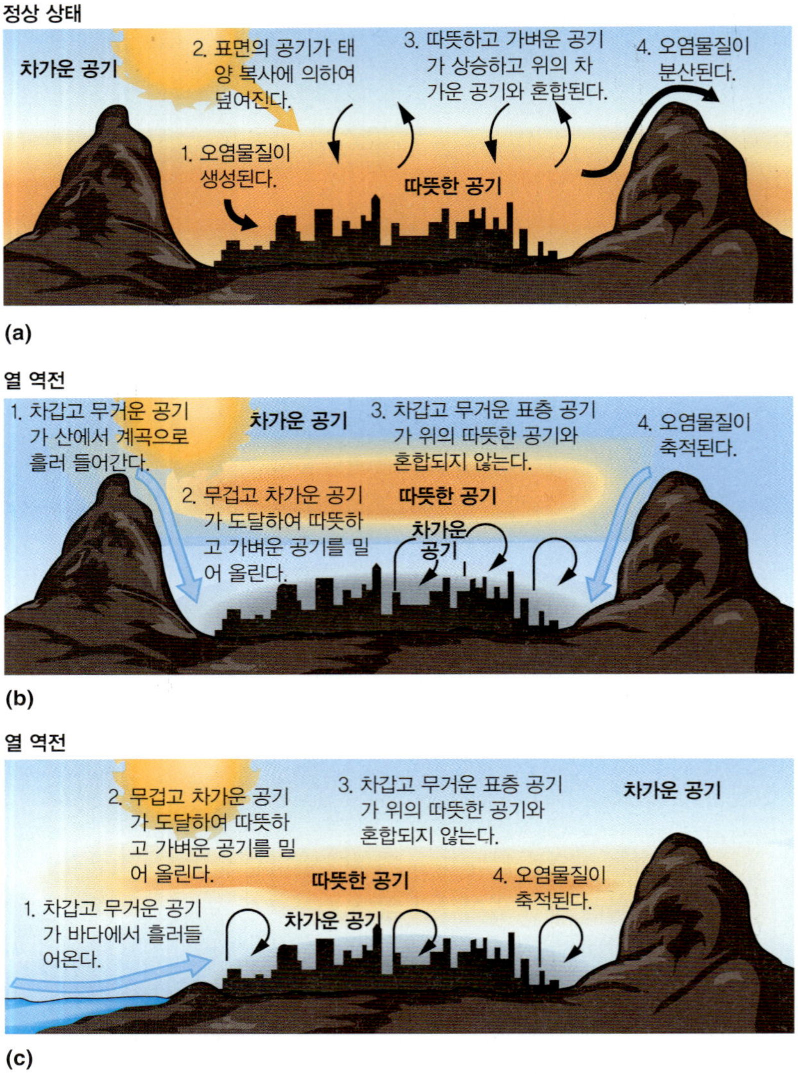

그림 14.12 열 역전: 정상적인 조건 하에서 (a) 지표면의 공기는 태양에 의하여 가열되어 위에 있는 차가운 공기와 혼합한다. 열 역전이 발생하면(b와 c), 무겁고 차가운 공기층이 계곡으로 흘러들어가 따뜻한 공기를 위로 밀어 올린다. 무겁고 차가운 공기는 위의 가볍고 따뜻한 공기와 혼합될 수 없으며 둘러싸고 있는 산으로 인하여 탈출할 수 없다. 차가운 공기는 때로는 여러 날 갇히고, 오염물질이 축적된다. 열 역전이 계속되면 오염 수준은 위험할 정도로 높아질 수 있다.

14.5 산성 강하

산성 강하(Acid deposition)는 표면에 산을 형성하는 입자가 축적되는 것이다. 산을 형성하는 입자는 비, 눈, 안개에 용해될 수 있으며 또는 건조한 입자로 가라앉을 수 있다. 건조한 입자가 퇴적될 때, 이러한 물질이 물과 혼합되기 전에는 산이 실제로 형성되지 않는다. 다른 방식으로 산이 형성되고 퇴적되지만, 산을 형성하는 입자의 모든 공급원을 보통 **산성비(acid rain)**로 지칭한다.

산성 강하의 원인

대기의 산은 식생, 화산, 번개와 같은 자연적 원인과 석탄의 연소와 내연기관의 사용과 같은 인간 활동으로부터 결과한다(그림 14.13). 이러한 연소과정은 이산화황(SO_2)과 질소산화물(NO_x)을 생성한다. 오존, 수산화물 이온, 과산화수소와 같은 산화제는 물과 함께, 이산화황 또는 질소산화물을 황산 또는 질산으로 변환하는데 필요하다. 따라서 산성 강하는 2차 대기오염물질이다.

산성비는 세계적인 문제이다. 산성비에 의한 커다란 피해는 캐나다, 영국, 독일, 프랑스, 스칸디나비아, 미국에서 보고되었다. 비는 보통 약간 산성(5.6~5.7의 pH)인데, 이는 대기 이산화탄소가 물에 용해되어 탄산을 생성하기 때문이다. 그러나 산성비는 정상에 비하여 천배 이상의 산 농도를 보이기도 한다. 1969년 뉴햄프셔 주에서 pH 2.1의 비가 내렸다. 1974년 스코틀랜드에서는 pH 2.4의 비가 내렸다. 현재 미국의 북동부의 대부분과 캐나다 온타리오의 일부에서 비의 pH는 4.6~5.1 사이를 보인다. 이는 1994년 pH 값이 4.2~4.6 사이를 보였던 것과 비교된다. 이는 주로 SO_2 배출의 감소와 적게는 NO_2 배출의 감소에 의한 상당한 개선이다.

구조물에 대한 영향

산성비는 여러 가지 방식으로 피해를 끼칠 수 있다. 건물과 기념물은 종종 석회암(탄산칼슘, $CaCO_3$)을 포함하는 재료로 만들어 지는데, 이는 석회암이 비교적 부드럽고 작업하기 편하기 때문이다. 황산(H_2SO_4)은 산성비의 주성분인데, 석회암을 석고($CaSO_4$)로 변환하는데, 석고는 탄산칼슘에 비하여 용해도가 높고 산성비와 여러 해 동안 접촉하면 침식된다(그림 14.14). 금속 표면도 산성비에 의하여 부식될 수 있다.

육상생태계에 미치는 영향

육상생태계에 대한 산성비의 영향은 종종 미묘하고 정량화가 어렵다. 산성비와 삼림의 쇠퇴 사이에 강한 연관성이 정립되었다. 세계의 여러 지역에서 산성비는 많은 삼림의 사

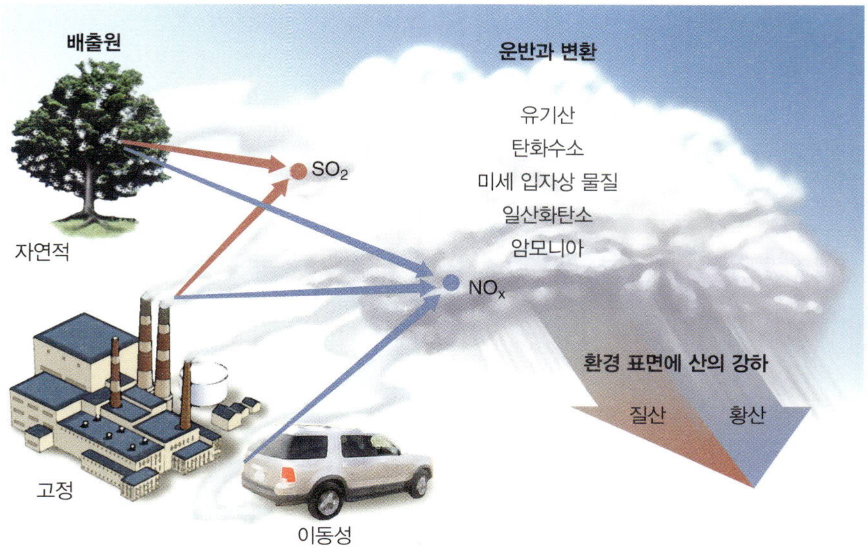

그림 14.13 산성 강하의 기원: 자연적인 공급원에서 오는 분자와, 발전소와 내연기관에서 오는 이산화황과 질소산화물이 반응하여 산성 강하의 원인이 되는 산을 생성한다.

그림 14.14 산성 강하에 의한 피해: 황산은 산성 강하의 주성분이며, 석회암($CaCO_3$)과 반응하여 석고($CaSO_4$)를 형성한다. 석고는 수용성이기 때문에 비에 의하여 씻겨 진다. 이 묘비에 대한 손상은 이러한 산이 석재와 반응한 결과이다.

멸을 초래하고 다른 삼림의 활력과 성장률을 감소시키는 것으로 의심되고 있다(그림 14.15). 중부 유럽에서 많은 삼림이 뚜렷하게 감소하였으며, 6백만 헥타르(1,480만 에이커)의 나무의 사멸이 초래되었다. 북미 북동부는 상당한 수의 나무의 사멸과 활력의 감소를 보였으며, 특히 높은 고도에 영향이 크다. 일부 지역에서는 붉은 가문비나무의 50%가 사멸되었다.

산의 침전은 토양이 추가적인 산을 완충할 수 없는 지역의 토양에 주요한 변화를 초래한다. 토양이 산성화되면서, 알루미늄이 결합 부위에서 방출되어 토양수의 부분이 되며, 식물 뿌리가 영양분을 흡수하는 능력을 방해한다. 뉴햄프셔주에서의 최근의 장기간의 연구는 여러 해 동안의 산성 침전이 식물의 생장에 필수적인 칼슘과 마그네슘의 양을 감소시켰다고 강력하게 시사한다. 산성비가 중지되더라도 칼슘을 보충할 수 있는 쉬운 방법이 없기 때문에, 삼림이 건강을 회복하기까지에는 여러 해가 걸릴 것이다. 토양 pH의 감소는 토양의 세균 종류를 변화시키고 식물의 영양분 가용도를 감소시킬 수도 있다. 이러한 요인들은 홀로 나무의 사멸을 필연적으로 초래하지는 않지만, 각각은 식물에 스트레스를 추가하여 벌레의 침입, 극한 기상 조건(특히 높은 고도에서), 가뭄과 같은 요인들이 나무를 더 약하게 하고 궁극적으로 사멸을 초래하도록 할 수 있다.

그림 14.15 삼림의 감소: 많은 삼림은, 특히 북미 북동부의 높은 고도에서, 뚜렷한 감소를 보여주었으며, 죽은 나무가 흔하다.

수서생태계에 대한 영향

수서생태계에 대한 산성비의 영향은 훨씬 명백하다. 몇 차례 실험에서, 호수는 의도적으로 산성으로 변화되었으며 생태계의 변화를 기록하였다. 실험은 호수가 산성이 될수록, 많은 종류의 생물이 점진적으로 소실되었다는 것을 보여주었다. 먹이그물은 덜 복잡해졌으며, 많은 생물이 번식에 실패하였고, 다른 많은 생물이 사멸하였다. 대부분의 건강한 호수는 pH가 6 이상이다. pH 5.5에서 유용한 어류의 종이 많이 제거되었으며, pH 5에서 소수의 굶주린 어류만이 발견되었고, 번식할 수 있는 어류는 전혀 없었다. pH 4.5의 호수는 거의 생명체가 없다.

이러한 변화에는 몇 가지 원인이 있다. 곤충과 어류의 초기 발생단계의 대부분은 성체에 비하여 산성 조건에 더 민감하다. 추가적으로 어린 생물은 얕은 물에서 생활하며, 이는 봄철 눈이 녹는 시기에 호수와 강으로 산의 범람에 크게 영향을 받는다. 눈과 눈의 산은 겨울철 축적되며, 눈 녹은 물은 일시에 대량의 산을 방출한다. 가재와 다른 갑각류는 외골격을 형성하기 위하여 칼슘을 필요로 한다. 물의 pH가 감소하면, 가재는 새로운 외골격을 형성하지 못하고 사멸된다. 칼슘 가용도의 감소는 일부 어류에서 기형 골격의 발달을 초래한다. 앞에서 언급하였듯이 산성도의 증가는 알루미늄의 방출을 초래하며, 이는 어류 아가미 기능을 손상한다. 캐나다의 14,000개 호수와 미국의 11,000개 호수는 산성화되어 심각하게 변경되었다. 스칸디나비아의 많은 호수도 유사하게 영향을 받았다.

산성 강하가 생태계에 미치는 영향의 정도는 그 지역의 기반암의 성질과 산을 형성하는 오염원의 근접성에 관계한다(그림 14.16). 화성암으로부터 유래한 토양은 산성 강하의 영향을 완충할 수 없지만, 석회암 같은 퇴적암에서 기원한 토양은 산의 효과를 중화시키는 염기를 방출한다. 이로 인하여 캐나다 동부와 미국 북동부는 산성비에 특히 취약하다. 이러한 지역은 화강암의 비율이 높으며 북미의 주요 대기오염원으로부터 바람이 불어가는 쪽에 위치한다. 스칸디나비아 국가는 유사한 지질학적 특성을 가지고 있으며 영국과 유럽의 산업지역에서 오염물질을 받는다.

발전소 배출에 대한 규제와 자동차 배기가스의 질소산화물 방출의 감소는 산성비를 극적으로 감소시켰다. 그림 14.17은 1994년과 2010년 비의 전형적인 pH 값을 보여준다. 공기의 질이 개선되었다는 것이 명백하다. 호수와 개울의 장기 모니터링도 개선을 보여주었지만, 정상으로 돌아가기까지는 여러 해가 소요될 것이다.

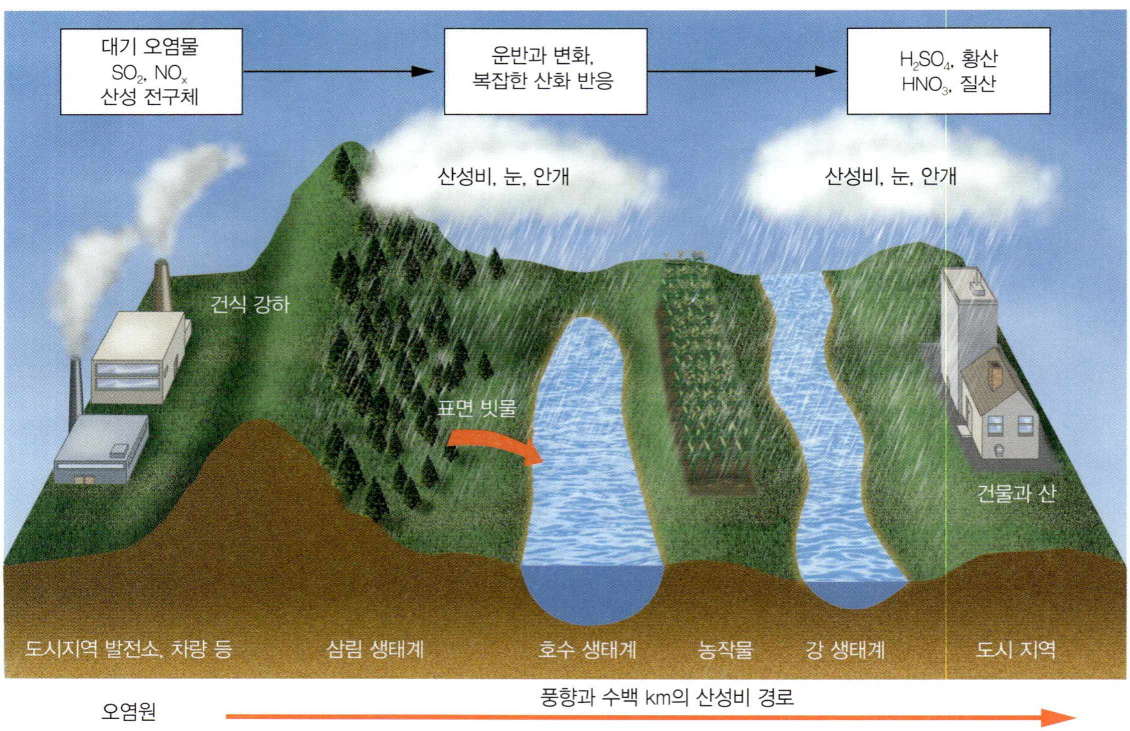

그림 14.16 산성비 피해에 기여하는 요인: 어느 수서생태계에서나 다음 요인들이 산성 강하에 의한 손상의 위험을 증가시킨다. (1) 주요 오염원으로부터 바람이 불어가는 쪽에 위치함; (2) 유역에 얇은 층의 비옥하지 않은 토양과 단단하고 불용해성 기반암을 가지고 있음; (3) 유역 토양의 완충능력이 낮음; (4) 호수 표면적 대 유역 비율이 낮음.

출처: U.S. Environmental Protection Agency, 산성비 자료.

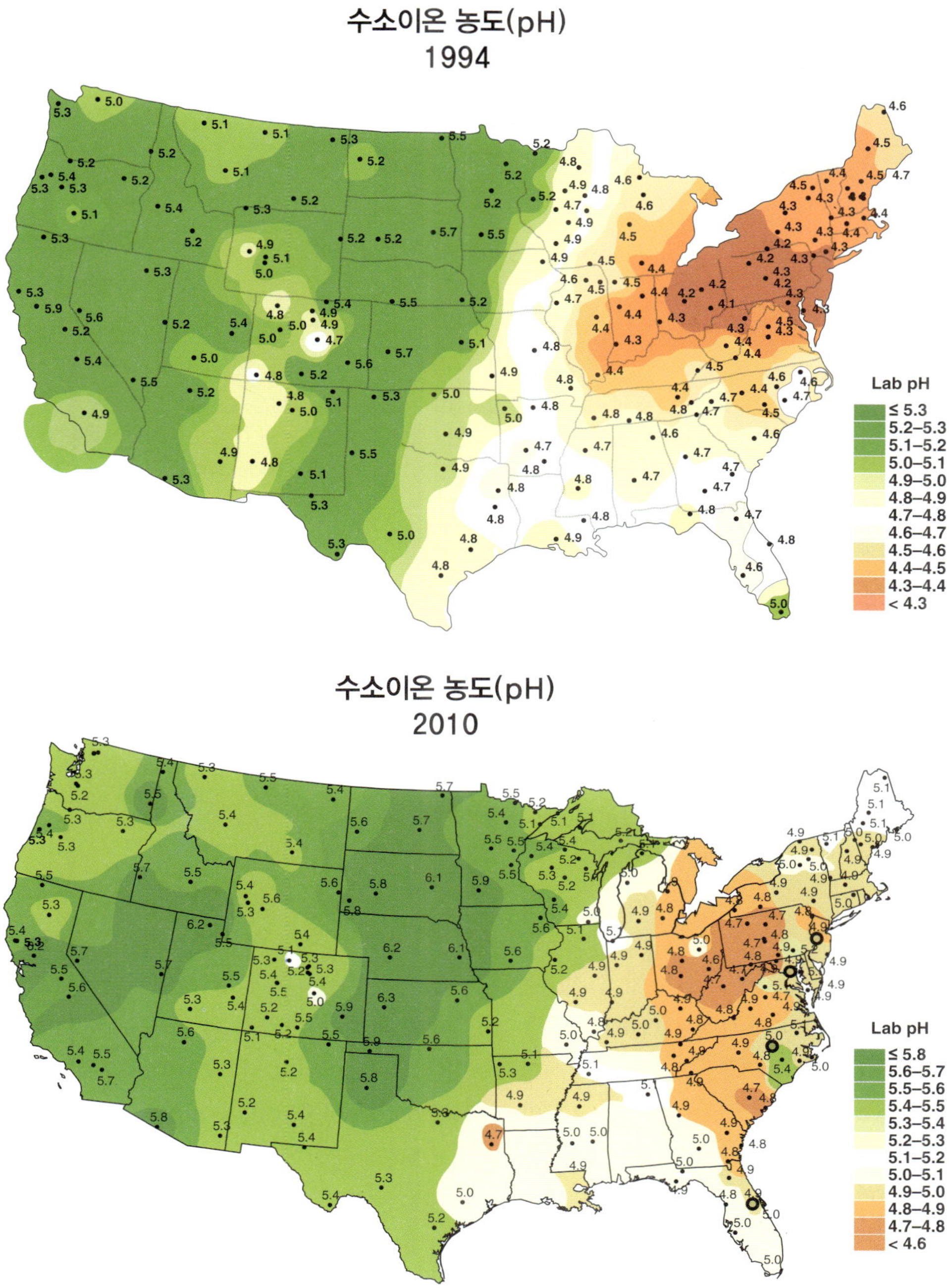

그림 14.17 산성비 개선: 발전소와 자동차로부터 오는 이산화황과 질소산화물의 배출에 대한 규제는 특히 문제가 가장 큰 미국 북동부에서 산성비를 크게 감소시켰다.
출처: EPA and the National Atmospheric Deposition Program.

14.6 오존 결핍

오존은 3개의 산소원자가 함께 결합된 분자이다(O_3). 1970년 과학계의 다양한 분야에서 지구 상층 대기(성층권)의 오존층이 감소될 가능성에 대하여 우려하게 되었다. 1985년 남반구 봄철(9월~11월) 남극 상공에 오존층의 뚜렷한 감소가 발견되었으며; 이 지역은 "오존홀"로 알려지게 되었다. 일부 지역의 오존층은 95% 결핍을 보였다. 오존 결핍은 과거에 기록된 것보다 훨씬 북쪽에서도 발생하는 것으로 발견되었다. 측정에 의하면 북극 지역에서도 오존이 희박해지고 있다는 것을 시사한다.

성층권 오존이 왜 중요한가

지표면 위 약 15~35 km의 대기권 외곽층의 오존은 지구를 자외선 복사의 해로운 영향으로부터 보호한다. 오존은 자외선을 흡수하며 산소분자와 산소원자로 분할된다.

$$O_3 \xrightarrow{\text{자외선}} O_2 + O$$

산소분자 또한 자외선에 의하여 산소원자로 분할된다.

$$O_2 \xrightarrow{\text{자외선}} 2O$$

산소원자와 산소분자의 재조합은 오존이 다시 형성되도록 하며 더 많은 자외선을 흡수할 수 있도록 한다.

$$O_2 + O \rightarrow O_3$$

이러한 일련의 반응은 태양에서 오는 자외선 에너지의 약 99%를 흡수하며 지구 표면에 도달하는 것을 방지한다. 대기권 상부에 오존이 감소하면 더 많은 자외선이 지구 표면에 도달하도록 한다. 자외선은 인간의 피부암과 백내장과 강하게 연관되어 있으며 모든 생명체의 돌연변이를 증가시킨다.

오존 파괴

염화불화탄소(CFC)는 대기권 상부의 오존 감소에 강력하게 연루되어 있다. CFC와 유사한 화합물은 염소 원자를 방출할 수 있으며, 이는 오존의 파괴를 초래할 수 있다. 염소는 존재하는 오존의 양을 감소시키기 위하여 다음과 같은 방식으로 작용한다.

$$Cl + O_3 \rightarrow ClO + O_2$$
$$ClO + O \rightarrow Cl + O_2$$

이러한 반응은 오존을 파괴하고 원자상 산소(O)도 제거되기 때문에 오존이 재형성되는 가능성을 감소시킨다. CFC 분자가 성층권에 도달하는데 10~20년이 소요될 수 있으며, CFC는 120년까지 오존과 반응할 수 있다는 것을 주목하는 것이 중요하다.

오존층을 보호하기 위한 활동

CFC가 대기권 상부의 오존층 결핍과 연결되었다는 것이 밝혀진 1970년대 이래, 에어로졸 캔에 CFC를 사용하는 것은 미국, 캐나다, 노르웨이, 스웨덴에서 금지되었으며, EU에서도 에어로졸 캔에 사용하는 것을 줄이기로 동의하였다. 오늘날 에어로졸 캔에는 CFC가 포함되어 있지 않다.

1987년 캐나다, 미국, 영국, 스웨덴, 노르웨이, 네덜란드, 소련, 서독을 포함하는 여러 산업화국가는 CFC와 할론(소화기에 사용됨)의 생산을 현 수준에서 동결하고 2000년까지 생산을 50%로 감소하기로 합의하였다. 몬트리올 의정서라고 하는 이 문서는 미국 상원에서 1988년 비준되었다.

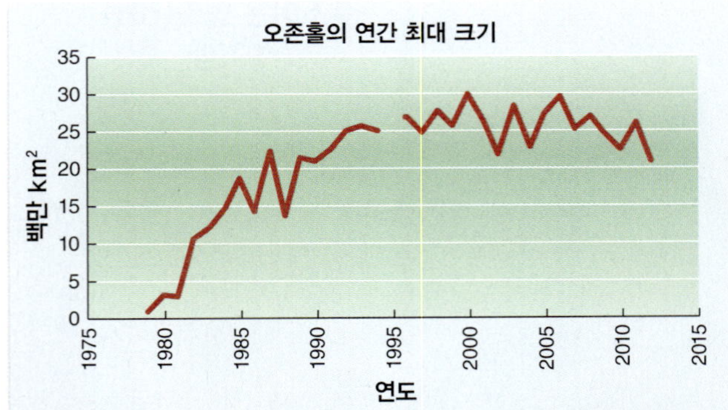

그림 14.18 남극 오존홀의 크기: 그래프는 1979~2000년 사이에 남극 오존홀의 크기가 뚜렷이 증가한 것을 보여준다. CFC와 다른 오존 파괴 화학물질의 금지는 긍정적인 효과가 있는 것으로 보인다. 2000년 이래 오존홀의 크기는 안정적이거나 감소하고 있다.

출처: NASA 자료.

CFC에 대한 최초의 우려는 오존 결핍의 문제와 연관되었지만, CFC를 감소하려는 노력은 온실기체를 제거하는 데에도 효과가 있었다. 1987년 몬트리올 의정서의 결과로, CFC 배출은 1988년의 최대치에서 극적으로 감소하였다.

1990년 런던에서 CFC의 사용을 추가적으로 감소하고 사염화탄소(CCl_4)와 메틸클로로포름($C_2H_3Cl_3$)의 사용도 제거될 것을 추가하는 국제적인 협의에 도달하였다. 이러한 협상에 대한 주요한 장벽은 저개발국가가 CFC를 사용하지 않고 냉장을 획득할 수 있도록 하는 기술을 실행하도록 돕는데 선진국이 기금을 제정하는데 대한 저항이었다. 1991년 DuPont사는 오존층에 피해를 미치지 않을 새로운 냉매의 개발을 선언하였다. 이제는 이와 함께 다른 대체 냉매가 미국을 포함한 많은 국가에서 냉장고와 에어컨에 사용되고 있다. 1996년 미국은 CFC의 생산을 중단하였다. 이러한 국제적 노력과 기술의 신속한 변화의 결과로 CFC의 사용은 급격히 감소하였으며, 대기 중의 CFC 농도는 다음 수십 년에 걸쳐서 서서히 감소할 것이다. 오존홀의 크기는 최근에 변동을 보였지만, 현재의 경향은 안정적이거나 감소하는 것으로 시사된다(그림 14.18).

14.7 대기오염의 통제

지금까지 조사한 모든 대기오염물질은 인간 활동의 결과였다. 이는 오염물질의 대기로의 방출이 통제될 수 있다는 것을 의미한다. 미국에서 대기오염 방지법(Clean Air Act) 요구사항의 실행은 대기오염을 통제하는 주요한 수단이 되었다.

여러분의 선택은?

중국 경제는 지난 30년간 지속적으로 성장하였다. 그러나 중국의 환경과 중국 사람은 험한 대가를 치르고 있다. 대기오염은 매년 1백만 중국인의 조기 사망에 책임이 있다. 다음 10년 동안 중국 소비자는 현재의 대기오염 문제를 악화시킬 수억대의 자동차를 구입할 것으로 예상된다. 중국 소비자는 서방의 사람과 동일한 생활수준을 향유하기를 원한다고 주장하며, 자신의 차를 소유하는 것은 목표의 일부이다. 중국 시민의 관점에서 차량 소유권에 대한 입장을 표명하는 논문과 일본(중국에서 바람이 불어오는 곳에 위치함) 또는 북미 시민의 관점에서 다른 논문을 개발하시오.

대기오염 방지법

대기오염 방지법으로 보통 불리는 것은 실제로는 여러 조항의 법률이다. 원래 1970년의 대기오염 방지법은 1977년 그리고 1990년 다시 수정되었다. EPA는 1970년의 원래 법안과 수정법안 하에 많은 책임을 가지고 있으며 이는 다음 사항을 포함한다.

- 대기질 기준의 설정, 기준을 충족하기 위한 전략을 개발, 기준이 충족되도록 보장함.
- 공중의 건강과 환경에 해로운 것으로 간주되는 대기오염물질 6가지 범주의 주기적인 검토를 수행함.
- 산성비를 유발하는 SO_2와 NO_x의 배출을 감소함.
- 국가의 가장 소중한 공원과 야생생물 지역을 포함한 넓은 지역을 가로질러 가시도를 감소시킬 수 있는 PM, SO_X, NO_X와 같은 대기오염물질을 저감함.
- 암과 인간 건강에의 악영향과 환경 영향을 유발하는 독성 대기오염물질의 공급원이 잘 통제되고 공중 건강과 환경에의 위해가 실질적으로 감소되도록 보장함.
- 해로운 자외선 조사 수준의 증가를 방지하기 위하여 성층권 오존층을 손상하는 화학물질의 사용을 제한함.

대기오염 방지법과 수정법안의 실행은 대기질 개선 목표를 충족하는데 일련의 상세한 통제 요구사항의 정립을 가져왔다.

1. 모든 산업은 대기 중으로 물질을 방출하는 허가를 획득하도록 요구된다.
2. 모든 신규의 그리고 기존의 대기오염 공급원은 이산화황(SO_2), 이산화질소(NO_2), 입자상 물질(PM_{10}과 $PM_{2.5}$), 일산화탄소(CO), 오존(O_3), 납(Pb)에 대하여 설정된 국가 대기 환경 질 기준(national ambient air quality standards; NAAQS)에 적용된다.
3. 새로 건설된 시설은 기존의 시설에 비하여 더 엄격한 통제 기술과 허용 요구사항이 적용된다.
4. 유해 대기오염물질은 특별히 확인되고(확인된 187종류의 물질이 있다) 규제된다. 연간 10 U.S. ton 이상의 등록된 물질, 또는 25 U.S. ton 이상의 연합된 물질을 배출하는 어떠한 공급원도 주요한 공급원으로 간주되며 엄격한 규제 대상이다.
5. 발전소는 이산화황 배출 허가권을 다른 회사에 판매하는 것이 허용된다. 이 프로그램은 그렇게 함으로써 발전소가 배출을 쉽게 감소할 수 있도록 권장한다. 발전소는 배출을 감소하는데 어려움을 겪고 있는 다른 발전소에 허가권을 판매할 수 있다. 이 프로그램의 최종적 결과는 이산화황 배출의 신속한 감소였다.
6. 오존 결핍 물질(CFC, 할론, 사염화탄소, 메틸클로로포름)의 제거를 위한 프로그램이 설립되었다.
7. 2007년 미국 대법원은 CO_2와 같은 온실기체가 오염물질로 간주될 수 있도록 판결하였으며 EPA가 대기오염 방지법에 의하여 그들을 규제하는 권한을 주었다.
8. 2011년 EPA는 수은과 몇 가지 다른 독성물질에 대한 새로운 규제를 설정하였다. (과학, 정치, 정책 참조.)

대기오염을 감소한 활동

대기오염 방지법의 제정 이래 대기질의 개선은 주요한 성공사례이다. 대기오염 방지법의 요구사항을 실행한 결과로, 다양한 오염통제 기작이 효과적으로 채택되었으며 대기질은 뚜렷이 개선되었다(그림 14.19).

자동차 배출

자동차는 일산화탄소, 휘발성 유기화합물(VOC), 질소산화물과 같은 몇 가지 중요한 대기오염물질의 주요한 공급원이

과학, 정치, 정책

수은 규제의 역사

수은은 실온에서 액체인 금속이다. 이는 수세기 동안 독성이 있는 것으로 알려져 왔다. 그러나 수은이 수서생태계로 들어가면 세균의 작용에 의하여 메틸수은으로 변환될 수 있다. 메틸수은은 수서 먹이사슬에서 농축되며 특정한 어류 종을 사람이 먹으면 인간 건강문제가 된다. 메틸수은의 독성 효과는 1930년 이래 알려져 왔다. 메틸수은은 두뇌의 발달을 해치며, 태아, 유아, 아동이 특히 감수성이 있다. 어류에 메틸수은과 다른 독성물질의 수준으로 인하여, 모든 주는 특정한 지역의 특정한 종류의 어류를 먹지 않도록 조언한다.

원소상 수은과 메틸수은의 알려진 영향으로 인하여, EPA는 시멘트 공장과 제조 공정에서 수은을 사용하는 산업과 같은 주요한 수은 배출원의 여러 곳을 성공적으로 규제하였다. 환경에 남아있는 수은의 주요한 공급원은 석탄이나 석유를 연소하는 발전소의 배출가스이다. 발전소에서 오는 수은은 대기 중으로 방출되어 배수지역으로 들어가서, 메틸수은으로 변환되어 생물의 신체에 통합된다.

부시(George W. Bush) 행정부는 본질적으로 발전소가 대기오염 방지법에서 면제되도록 하였으며, 이는 발전소가 수은 배출을 감소하기 위하여 시설을 개선하는 비용을 피할 수 있도록 하였다. 2008년 워싱턴 D.C.의 미국 순회 상소법원에 몇 환경 단체에 의하여 소송이 제기되었다. 상소법원은 부시 행정부의 수은 규제를 부결하였으며 EPA가 새로운 규정을 제정하도록 지시하였다. 2009년 전력산업 집단인 Utility Air Regulatory Group은 미국 대법원에게 상소법원 결정의 재심을 요청하였는데, 부시 행정부가 대기오염 방지법에 의하여 발전소를 규제하지 않기로 합법적으로 결정하였다고 주장하였다. 대법원은 이 요청을 기각하였다.

결국 EPA는 2011년 발전소에 대한 새로운 수은 기준을 발표하였다(다른 유해물질에 대한 규제와 함께). 신규 발전소와 기존의 발전소는 수은 배출을 궁극적으로 90% 이상 감소하는 새로운 엄격한 규제를 충족해야만 한다. 상이한 종류의 석탄과 다른 연료를 사용하는 여러 종류의 발전소가 있기 때문에, 규정의 설정은 복잡한 과정이었다. 일반적으로 신규 발전소는 기존의 발전소에 비하여 훨씬 더 엄격한 요구사항을 충족해야만 한다. 기존의 발전소는 규제를 충족하는데 필요한 변경을 하는데 최대 4년까지의 시간이 있다.

다. 추가적으로 오존은 자동차 사용의 2차 오염물질이다. 자동차 배출에 통제를 하는 것은 북미, 서유럽, 일본, 호주, 뉴질랜드의 대기질에 뚜렷한 개선을 초래하였다. 자동차의 많은 기술적 변화는 연료 탱크와 크랭크케이스에서 탈출하는 VOC의 양을 감소하였다. 주유소 펌프와 자동차 주유관의 변경도 VOC 배출을 감소하였다. 더 나은 연료효율과 일산화탄소와 불연소 유기화합물을 적게 생산하도록 특별히 배합된 연료도 대기질을 개선하였다. 촉매변환장치는 배기가스에서 일산화탄소, 질소산화물, VOC를 감소하였으며 무연연료의 사용을 필수적이 되도록 하였다. 이 무연연료 필요조건은 결국 대기 중의 납(그리고 다른 금속 첨가제)의 양을 크게 감소하였다. 그림 14.19는 일산화탄소, 이산화질소, 납의 수준이 뚜렷이 감소한 것을 보여준다. 오존 수준은 VOC와 NO_2 수준과 관계되는데, 어느 정도 감소하였지만, 특히 캘리포니아 주와 미국 북동부와 같은 일부 지역에서 아직 개선이 필요하다.

입자상 물질 배출

입자상 물질은 다양한 공급원에서 온다. 도로 먼지는 PM_{10} 입자의 주요한 공급원이다. 추가하여 많은 산업 활동은 먼지를 생산하는 공정이 관련되어 있다. 채광과 토공활동, 농경 작업, 한 용기에서 다른 용기로 곡물이나 석탄을 옮기는 작업은 모두 먼지를 생산한다.

화재(산림 화재, 초원 화재, 낙엽 태우기, 벽난로와 화목난로의 불 등)는 특히 $PM_{2.5}$와 같은 입자상 물질의 중요한 공급원이다. 화석연료의 연소는 입자상 물질의 또 다른 주요한 공급원이다. 대기질 규제로 인하여, 산업은 화석연료의 연소에서 방출되는 입자상 물질의 양을 감소하기 위하여 많은 일을 하였다. 입자가 굴뚝에서 탈출하지 못하도록 입자를 포집하기 위하여 다양한 종류의 도구가 사용될 수 있다. 이러한 도구는 매우 효과적이며, 화석연료의 연소에서 발생되는 입자상 물질이 크게 감소되었다. 그러나 기체상 배출(SO_2, NO_X)에서 형성되는 작은 입자는 아직 문제이다. 디젤기관은 입자상 물질의 상당한 공급원이며, 자동차로부터의 기체상 배출은 산업 배출원과 동일한 방식으로 작은 입자의 형성에 기여한다. 디젤기관에 대한 최근의 규제 변화는 방출되는 입자상 물질의 양을 감소시킬 것이다.

산업 활동, 자동차 이용, 토지 이용 관행이 입자상 물질의 주요한 공급원이지만, 많은 개인적 활동도 또한 중요하다. 세계의 많은 사람은 요리와 난방을 위한 연료의 주요 공급원으로 목재를 사용한다. 미국과 캐나다 같은 선진국에서 일부 사람은 벽난로와 화목난로를 난방의 주요한 공급원으로 사용하지만, 대부분은 이를 보조적 난방이나 심미적인 목적으로 사용한다. 그러나 많은 수의 화목난로와 벽난로의 사용은 심각한 대기오염 문제를 발생할 수 있다. 고효율 화목연소 난로는 분진 배출을 뚜렷이 감소시킨다. 대기오염 문제가 있는 일부 도시는 화목난로와 벽난로의 사용을 규제하거나 금지한다. 그림 14.19는 자료가 수집되기 시작한 이래 PM_{10} 수준이 약 40% 감소하였고 $PM_{2.5}$는 30% 감소하였다는 것을 나타낸다.

발전소 배출

발전소와 연관된 주요한 오염물질은 입자상 물질, 이산화황(SO_2), 질소산화물(NO_X), 수은이다. PM_{10} 배출의 대부분은 여과장치와 기타 기계적 수단에 의하여 통제되었다. 이산화황의 통제는 전기가 생산되는 방식에 근본적인 변화를 필요로 한다. EPA는 한도를 설정하고 전기회사가 어떠한 선택이 최선인지를 결정하게 하여 이 문제를 접근하였다. 전기회사는 배출 한도를 충족하기 위하여 몇 가지 전략을 사용하였다. 고유황 석탄에서 저유황 석탄으로 전환하는 것은 대기 중으로 방출되는 이산화황의 양을 66% 감소시킨다. 연소하기 전에 황을 제거하기 위하여 석탄을 화학적 또는 물리적으로 처리하는 것은 황의 거의 40%를 제거할 수 있다. 굴뚝에서 방출되는 기체를 제거하는 것은 세 번째 대안이다. 이 기술은 가용하지만, 이러한 통제 장치는 설치, 유지, 운영하는데 고가이다. 천연가스, 석유, 또는 핵연료로 전환하는 것은 이산화황 배출을 더욱 감소할 수 있다. 최근에 저가의 천연가스는 발전소에서 천연가스의 사용을 증가하도록 하였다.

질소산화물은 공기와 함께 고온의 연소가 일어나는 곳에서 생산된다. 질소산화물 방출의 통제는 일반적으로 화학적 공정을 사용하여 굴뚝에서 질소산화물을 제거하거나 질소산화물을 질소와 산소로 분해하는 것을 촉진하는 것과 관련된다. 이 공정은 기술적이며 고비용이다.

그러나 발전소로부터 입자상 물질, 이산화황, 질소산화물의 배출은 뚜렷이 감소하였다. 그림 14.19는 이산화황의 수준이 거의 80% 감소한 것을 보여준다. 일부 사례에서 이는 배출 통제 기술의 개선을 위한 비용이 소비자에게 요율

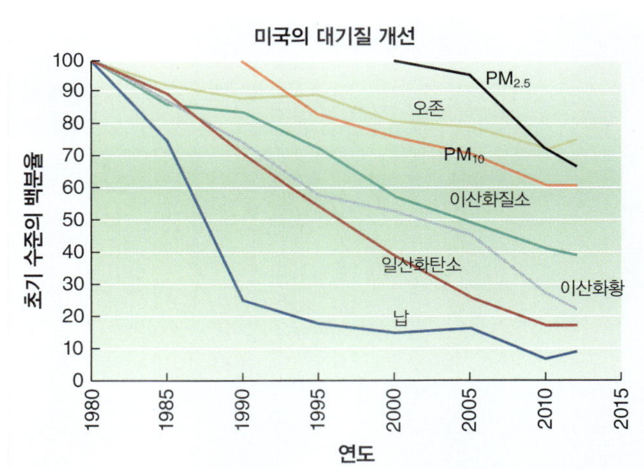

그림 14.19 대기질의 개선: 대기질을 개선하기 위한 많은 발의는 효과적이었다. 1980~2012년 사이에 모든 주요 대기오염물질은 뚜렷이 감소하였다. PM_{10} 자료는 1990~2012년 자료이며 $PM_{2.5}$ 자료는 2000~2012년 자료인데, 이는 EPA가 PM_{10}은 1990년까지 $PM_{2.5}$는 2000년까지는 수집을 시작하지 않았기 때문이다. 각 오염물질에 대한 실제 자료는 자료가 가용한 초기 수준에 대한 백분율로 변환되었다. 이는 모든 오염물질이 동일한 그래프에 의미 있는 방식으로 보여줄 수 있도록 한다.

출처: 미국 Environmental Protection Agency.

의 증가로 전달되어 소비자에게 비용의 증가를 초래하였다.

2011년 발전소로부터 수은 방출의 한도에 대한 요구가 설정되었고 기존의 발전소는 요구를 충족하기 위하여 4년까지의 시간이 있기 때문에, 수은 방출의 개선을 보기 위해서는 몇 년을 더 기다려야 할 것이다.

14.8 개발도상국의 대기오염

경제적 선진국의 대부분은 대기질의 개선에 커다란 진보를 하였지만, 이는 저개발국에서는 사실이 아니다. 2011년 세계보건기구(WHO)는 세계 건강에 실외 대기오염의 영향에 대한 연구를 출판하였다. WHO는 세계적으로 실외 대기오염에 기인한 조기 사망이 1백30만 명이라고 추산하였다. 이 조기 사망 중 80만 명은 많은 개발도상국을 포함하는 아시아와 지중해 동부지역에서 발생하였다. WHO는 국가가 제출한 도시의 연평균 PM_{10}이 기술된 자료를 이용하였다. 일부 국가는 많은 도시의 자료를 보유하였고 다른 국가는 소수 도시의 자료를 보유하였다. 그림 14.20은 도시와 존재하는 PM_{10} 오염의 수준을 보여준다. 지도는 경제적으로 선진 세계의 대부분이 낮은 PM_{10} 오염(29 $\mu g/m^3$ 이하)을 보여주고, 반면에 개발도상국의 대부분은 훨씬 높은 PM_{10} 수준을 보인다. 특히 동유럽, 인도, 중국, 중동의 신흥 산업국은 높은 PM_{10} 오염 수준을 보인다.

개발도상국 대부분의 대기오염은 경제의 적절히 규제되지 않은 산업과 수송부분에 의하여 지배된다. 경제개발의 정상적인 진보는 산업의 개발로부터 시작되는 것으로 보이며, 이는 제품을 저렴하게 제조하기 위하여 값싼 노동력과 느슨한 환경규제를 이용한다. 사람과 정부는 일자리와 경제개발을 열망하기 때문에 빈약한 환경상태와 연관된 위험을 기꺼이 감수한다. 오염은 단지 산업의 결과가 아니며, 사람들이 가정을 난방하고 음식을 요리하기 위하여 고체연료(석탄, 목재, 똥)를 사용하기 때문에, 가정에서 방출되는 연기가 입자상 물질 오염을 증가한다. 그러나 사람들이 경제적으로 풍요해지면서, 그들은 더 나은 생활조건을 요구하며, 이는 적은 노동시간과 고임금의 나은 작업조건과 오염이 적은 환경을 포함한다. 서두의 멕시코 시의 대기오염의 변화에 대한 이야기는 이러한 태도 변화의 예이다.

14.9 실내 대기오염

우리는 평균적으로 시간의 거의 90%를 실내에서 보내지만, 실내 대기오염을 감소하기 위한 운동은 실외 대기오염을 지배하는 규제에 비하여 뒤떨어져 있다. 미국에서 EPA는 개별 실내 오염물질이나 다중의 실내 오염물질의 혼합에서 초래되는 인간 건강 위해를 확인하고 순위를 매기기 위한 조사를 수행하고 있다.

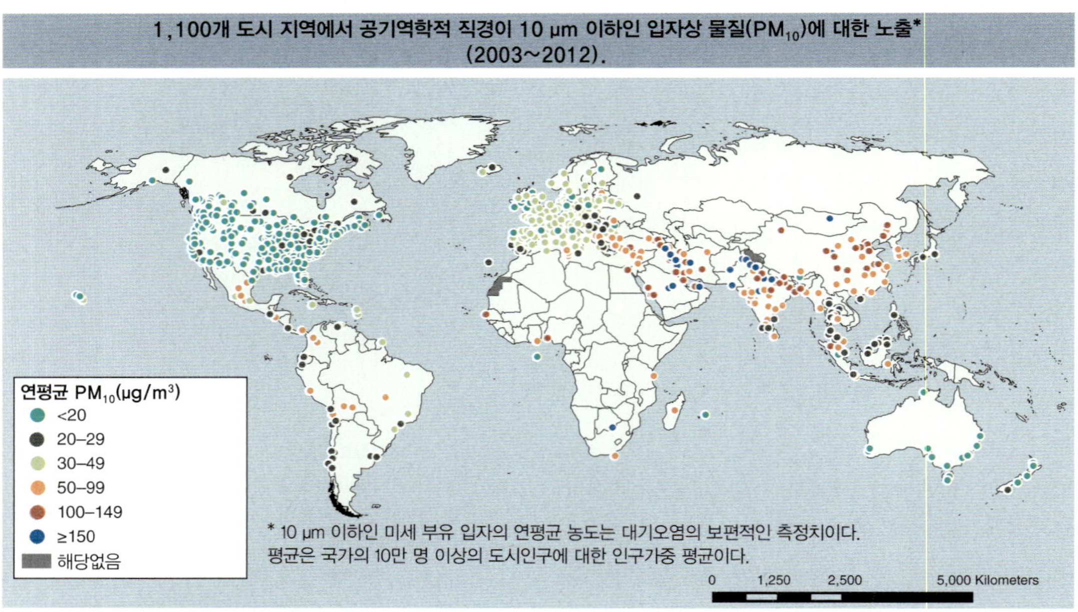

그림 14.20 세계 대기오염: 중국과 인도와 같은 빠른 경제발전을 경험하는 많은 국가는 높은 수준의 대기오염을 보인다.
출처: 세계보건기구(WHO) 자료.

증가하는 과학적 증거는 가정과 다른 건물 내부의 공기는 가장 산업화된 대도시에서도 실외 공기에 비하여 훨씬 심각하게 오염될 수 있다는 것을 가리킨다. 많은 실내 대기오염물질과 오염물질 공급원은 인간의 건강에 악영향을 미치는 것으로 생각된다.

실내 대기오염물질의 공급원

실내 대기오염물질은 다양한 공급원에서 온다.

- 오래된 천장과 바닥 타일 그리고 단열에서 오는 석면 섬유.
- 특정한 목재 제품과 비말을 포함하는 많은 소비자 제품과 연관된 포름알데히드.
- 적절한 지리적 조건을 갖춘 세계의 특정한 지역에서의 라돈.
- 오래된 가정에서 납 기반 페인트에서 오는 납.
- 대기 살충제 잔류물, 퍼클로로에틸렌((PCE; 특히 드라이 클리닝과 연관된), 파라디클로로벤젠(좀약과 공기청정제로부터 온), 세척제, 광택제, 페인트에서 유래한 기체와 같은 휘발성 유기화합물(VOC).
- 난로, 아궁이, 등유 난방기, 벽난로, 흡연에서 유래한 일산화탄소와 이산화질소.
- 연소하는 물질로부터 유래한 입자상 물질.
- 축축한 장소에서 생장하는 곰팡이에서 유래한 곰팡이 포자.
- 기타 질병 유발 또는 알레르기 발생 생물.

내기후성 건물의 중요성

실내 대기오염에 대한 우려에 기여하는 최근의 요인은 열손실을 감소하고 연료비를 절약하기 위한 건물의 내기후성화이다. 대부분의 오래된 가정에서 공기의 완전한 교환은 매 시간 일어난다. 이는 신선한 공기가 문과 창문 주변과 건물의 틈과 구멍을 통하여 새어든다는 것을 의미한다. 내기후성 가정에서는 완전한 공기교환은 5시간에 한번 일어난다. 이러한 가정은 에너지 효율이 높지만, 대기오염물질을 포집하는 경향도 있다.

간접흡연

흡연은 인간 건강의 면에서 미국에서 가장 중요한 대기오염물질 공급원이다. 공중위생국장은 미국에서 매년 443,000명이 흡연으로 유발되는 폐기종, 심장마비, 뇌졸중, 폐암, 또는 다른 질병에 의하여 사망한다고 추산한다. 흡연을 금지하는 것은 아마도 다른 어느 오염통제 수단보다도 많은 생명을 구할 수 있을 것이다.

수백만 명의 비흡연자들이 사람이 담배를 피우는 공간에서 생활하고 일하기 때문에 환경 흡연(간접흡연)에 노출된다. 미국 EPA는 간접흡연으로 인하여 초래되는 폐암과 심장마비로 인하여 매년 약 5만 명의 비흡연자가 사망한다고 추산한다. 부모의 흡연으로 인하여 약 18%의 아동이 간접흡연에 노출된다. 그들은 노출되지 않은 아동에 비하여 호흡기 감염에 훨씬 걸리기 쉽다.

1993년 7월 EPA는 실내 간접흡연에 노출되는 것으로부터 사람을 방지하기 위하여 다음을 포함하는 몇 가지 행동을 권장하였다.

- 가정에서 금연하거나 다른 사람이 흡연하도록 허용하지 않음.
- 아동을 다루는 모든 기관은 간접흡연으로부터 아동을 보호하기 위한 정책을 가짐.
- 모든 회사는 종업원을 간접흡연으로부터 보호하는 정책을 가짐.
- 식당과 술집의 흡연지역은 연기가 비흡연자와 접촉할 기회가 없도록 위치함.

오늘날 단지 10개 주만 주 전체의 공공장소에서 흡연을 금지하는 어떤 종류의 규정을 가지고 있지 않다. 간접흡연으로부터 사람을 보호하는 입법을 가지고 있지 않은 주에서도, 많은 도시와 기타 관할구역은 입법을 가지고 있다.

라돈

라돈(Rn)−222는 반감기가 3.8일인 비활성 방사성 기체인데, 우라늄(U)−238의 붕괴과정에서 형성되는 생성물의 하나이다. 우라늄−238은 지각의 3 ppm을 구성하는 자연적으로 출현하는 원소이다. 우라늄−238은 안정된 비방사성 납(Pb)−206으로 붕괴하는데 14단계를 통과한다. 중간 단계의 하나가 라돈−222이다.

라돈 기체가 암석에서 형성되면, 이는 암석과 토양을 통하여 확산되며 대기 중으로 무해하게 탈출한다. 이는 지하수로도 확산되어 들어간다. 라돈은 기초의 열린 공간을 통하여 가정으로 들어온다. 지하실 바닥이나 기초의 균열, 상하수도관의 틈, 배관 공간은 라돈이 집으로 들어오도록 허용한다. 라돈은 우물로부터 수도관을 통하여 진입할 수 있다.

라돈은 불활성 기체이기 때문에 신체 내의 어떠한 화학반응에도 진입하지 않지만, 흡입될 수 있다. 일단 폐에 들어가면 방사성 붕괴를 수행하여 라돈의 딸핵이라고 불리는 다른 종류의 원자를 생성한다. 이러한 라돈의 붕괴 산물은 3분의 반감기를 가진 플루토늄(Pu)-218, 27분의 반감기를 가진 납-214, 20분의 반감기를 가진 비스무스(Bi)-214, 천분의 1초의 반감기를 가진 폴로늄(Po)-214로서, 모두 폐에 머무르며 화학적으로 활성이 있는 고형물질이다.

표 14.2 라돈 위험성 평가표

라돈 수준 (pCi/L)	1천 명당 추산된 폐암 사망자 (비흡연자)	1천 명당 추산된 폐암 사망자 (흡연자)	주석
20 pCi/L	36/1,000	260/1,000	
10 pCi/L	18/1,000	150/1,000	
8 pCi/L	15/1,000	120/1,000	교통사고로 인한 평생 사망위험은 15/1,000
4 pCi/L	7/1,000	62/1,000	문제를 해결해야 함.
2 pCi/L	4/1,000	32/1,000	2 pCi/L 이하로 수준을 감소하는 것은 어려움.
1.3 pCi/L	2/1,000	20/1,000	평균 실내 라돈 수준
0.4 pCi/L		3/1,000	평균 실외 라돈 수준

폐암 발생의 증가가 라돈 붕괴 산물과 연관된 유일한 건강상의 영향이다. 라돈의 붕괴 산물은 미국에서 매년 2만 명의 폐암 사망의 원인이 되는 것으로 추산된다. 이는 폐암 사망의 약 10%에 해당한다. 라돈 위해도 평가표는 공기 1리터에 4 pCi 이상에 노출된 개인은 폐암의 발생 위험이 증가한다는 것을 지시한다(표 14.2).

미국 가정의 약 10%는 잠재적인 라돈 문제를 가지고 있다. 그림 14.21은 미국의 이러한 지역의 라돈 수준이 높다고 보여준다. 추가적으로 EPA와 미국 공중 위생국장은 모든 미국인은 (2층 이상의 아파트에서 사는 사람을 제외하고) 가정의 라돈을 측정할 것을 권장한다. 검사가 라돈 농도가 리터 당 4 pCi 이상을 나타내면, EPA는 자택 소유자가 라돈 수준을 낮추기 위한 행동을 취할 것을 권장한다. 이는 보통 비용이 많이 들지 않으며 라돈이 침투하는 장소를 차단하거나 라돈 공급원을 외부로 환기하는 것이다. 라돈에 대하여 우려하는 사람은 주 공중 보건과나 EPA에 연락한다.

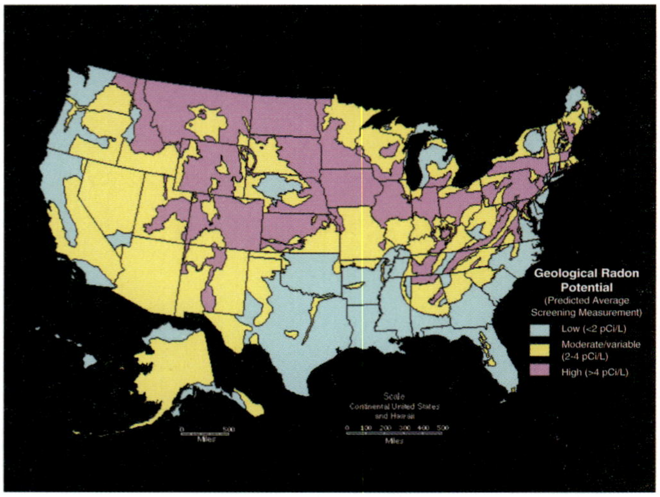

그림 14.21 미국의 일반적인 지질학적 라돈 잠재성: EPA는 사람들에게 가정의 라돈을 점검할 것을 권장한다. 분홍색으로 나타낸 지역은 증가한 라돈 수준의 가능성이 가장 높다.
출처: 미국 지질조사국(Geological Survey).

14.10 소음 공해

소음은 원하지 않는 소리로 언급된다. 그러나 소음은 단지 불쾌한 감각 이상이 될 수 있다. 연구에 의하면 소음에 노출되면 신체적 뿐 아니라 정신적 손상도 유발할 수 있다는 것을 보여준다(그림 14.22). 소음의 시끄러운 정도는 데시벨(db)로 측정된다. 데시벨 척도는 직선이 아니라 대수적이다. 따라서 20 db(도서관)에서 80 db(식기세척기나 음식물 찌꺼기 처리기)로 변화는 소리 크기의 1만 배 증가를 나

그림 14.22 청력 보호: 시끄러운 기계를 가지고 일하는 것이 요구되는 사람은 종종 청력 손실을 방지하기 위한 장비를 착용한다.

타낸다.

소리의 주파수 또는 고저도 또한 상해의 정도를 결정하는 요인이다. 고음의 소리는 가장 성가시다. 가장 고음의 소리에 대한 보편적인 음압 척도는 A 척도이며, 단위는 "dbA"로 표시된다. 청력의 손실은 80~90 dbA의 음압에 장기간(매일 8시간 이상) 노출로 시작된다. 140 dbA 부근에서 음압은 고통이 되며 180 dbA에서는 사망을 초래할 수 있다(표 14.3).

청력 손실에 추가하여, 소음 공해는 신경 긴장 두통에서 신경증(neurosis)까지의 다양한 다른 병과 연관된다. 연구에 의하면 소음은 혈관이 수축되게 하고(핵심적인 신체 부분으로 혈액의 흐름을 감소시킴), 태아를 교란하고, 때로는 간질의 발작을 초래한다는 것을 보여주었다. 미국 EPA는 소음이 약 4천만 명의 미국 시민에게 청력 손상이나 다른 정신적, 신체적 영향을 미친다고 추산하였다. 6천4백만 명의 사람이 항공기, 교통, 건설 소음의 영향을 받는 가정에서 생활하는 것으로 추산된다.

1972년의 소음 통제법(Noise Control Act)은 미국에서 치명적인 소음으로부터 공중 건강과 안녕의 보호를 위한 최초의 시도였다. 이 법안은 또한 소음 통제에서 연방 연구와 활동을 조정하고, 상업 제품의 연방 소음 배출 기준을 설정하고, 공중에게 정보를 제공하기 위하여 시도하였다. 소음 통제법의 통과 이후에, 미국의 많은 지역사회는 자체의 소음 조례를 제정하였다. 이러한 노력은 올바른 방향으로의 발걸음이지만, 미국은 많은 유럽 국가에 비하여 아직도 소음을 덜 통제하고 있다. 몇 유럽 국가는 강력하게 시행되는 소음 조례와 함께 조용한 건설 장비를 개발하였다. 독일과 스위스는 특정한 지역의 최대 주간과 야간 소음 수준을 설정하였다. 소음 공해의 경감에 대하여 북미는 유럽국가에서 많은 것을 배워야 한다.

표 14.3 소음의 강도

소리원	강도(데시벨; db)
제트기 이륙	145
통증 발생	140
수압 프레스	130
제트기(머리 위 160 m)	120
소음기를 제거한 오토바이	110
지하철	100
농업용 트랙터	98
휘발유 잔디 깎는 기계	96
요리용 믹서	93
대형 트럭(15 m 떨어진)	90
도시 교통 체증	90
진공청소기	85
장기간 노출 후 청력 손상	85
음식물 찌꺼기 처리기	80
식기세척기	65
창문형 에어컨	60
보통의 이야기	60

이슈와 분석

오염, 정책, 그리고 개인적 선택

북미에서 가장 개선이 되지 않은 대기오염 문제는 지상 오존의 통제이다. 일부 지리적 지역은 지상 오존을 발생하는 조건이 발달하기 쉬운 경향이 있으며, 질소산화물과 휘발성 유기화합물의 존재가 유해한 수준의 지상 오존의 발달을 유발하는 사건을 자극하는 것으로 알고 있다. 더 나아가 자동차가 휘발성 유기화합물과 질소산화물의 주요한 공급원이라는 것이 명백하다.

인구의 높은 비율이 유해한 수준의 오존에 정기적으로 노출되어 있으며 수백만 명의 사람이 나쁜 대기질의 직접적인 결과로 앓게 되거나 활동이 제한된다는 것도 명백하다.

이 문제를 공격하는 방식에는 여러 가지가 있지만, 모두 사람의 자동차 이용에 대한 자유를 제한하거나 그들이 운전하는 자동차의 종류를 제한하는 것과 관련된다. 다음의 목록은 사용되는 접근방법의 일부와 운전하는 대중에 대한 영향을 묘사한다.

1. *사람들이 구입할 수 있는 차의 종류를 오염을 덜 시키는 종류로 제한한다.* 배출을 줄이고 더 나은 주행거리를 획득하는 자동차에 대한 요구는 운행 거리에 대하여 오염을 성공적으로 감소하였다. 그러나 주행 거리의 증가는 고효율 차량에 기인한 이득을 일부 상쇄한다.
2. *적은 사람이 운전하도록 권장하는 동기를 제공한다.* 많은 대도시 지역은 2명 이상의 승객에게 제한된 카풀레인을 가지고 있다. 이러한 차선은 대부분 사용되지 않고 있다. 사람들은 단독으로 운전하는 것을 선택한다.
3. *자동차의 사용에 경제적 벌금을 부과한다.* 세계의 많은 도시에서 사람들은 도시의 일부 지역을 운전할 때 요금을 지불한다. 추가적으로 도로와 교량에 부과되는 통행료는 운전하지 않는데 대한 경제적 유인책이다. 그렇지만 이는 요금이 높고 사람들이 이용할 수 있는 무료 도로가 없을 때에만 교통량을 감소한다.
4. *수송에 대한 감당할 수 있고, 안전하고 편리한 대체 수단을 제공한다.* 미국에서 대중교통에 소비되는 1달러당 약 $6가 도로와 차량에 소비된다.

지상 오존을 취급하는 이러한 접근방식은 개인의 선택에 영향을 미치는 몇 가지 문제점을 제기한다.

- 자동차의 사용은 지상 오존 수준에 매우 민감한 사람들의 건강 보호를 위하여 제한되어야 할까요?
- 어떤 종류의 자동차가 허용되어야 할지 정부가 결정해야 할까요?
- 차를 사용하는 비용을 증가시키는데 요금, 세금, 또는 추징이 사용되어야 할까요?
- 일반적인 운전자는 휘발유에 연간 $1,000 이상을 소비한다. 여러분은 대중교통이 가용하다면 이를 사용하는데 $1,000의 요금을 지불할 것인가?

요약

대기는 오염물질을 확산하는 막대한 능력을 가지고 있다. 일산화탄소, 탄화수소, 입자상 물질, 이산화황, 질소산화물은 주된 대기오염물질이다. 이들은 다양한 건강문제를 유발할 수 있다. 미국 EPA는 기준 대기오염물질로 알려진 6종류의 오염물질에 대한 기준을 설정하였다. 이들은 일산화탄소, 이산화질소, 이산화황, 휘발성 유기화합물(탄화수소), 오존, 납이다. EPA는 또한 유해 대기오염물질도 규제한다.

광화학적 스모그는 2차 오염물질이며, 탄화수소와 질소산화물이 열 역전에 의하여 포획되고 태양광의 존재 하에서 서로 반응하여 질산과산화아세틸과 오존을 형성한다. 광화학적 스모그의 제거는 연료 효율적인 자동차, 탄화수소의 손실을 방지하기 위한 특별한 장치, 배기가스에서 탄화수소를 완전히 연소하기 위한 촉매변환장치와 같은 기술의 변화를 필요로 한다.

산성비는 대기 중으로 이산화황과 질소산화물의 배출에 의하여 유발되는데, 이는 비나 눈이 내릴 때 공기로부터 씻겨내려 지거나 표면에 입자로서 가라앉는다. 육상생태계에 대한 산성비의 직접적인 영향은 증명하기 어렵지만, 많은 삼림 지역의 변화는 산성비에 의하여 초래되는 추가적인 스트레스의 결과에 부분적으로 기인하는 것으로 의심된다. 최근의 증거에 의하면 토양으로부터 칼슘의 손실은 산성비와 연관된 주요한 문제라는 것을 시사한다. 수서생태계에 대한 산성비의 영향은 정량화하기가 용이하다. 물이 더 산성이 될수록 생태계의 복잡성은 감소하며, 많은 종이 번식에 실패한다. 산성비의 통제는 집진장치, 침전장치, 여과장치를 필요로 하며, 또는 연료에서 황의 제거를 필요로 한다. 그러나 질소산화물은 아직 문제이다.

우리의 건강, 숲과 다른 자연 지역의 생명력, 담수 공급의 분배, 농업 생산성에 미치는 심각한 영향은 기후변화의 가능한 결과이다. 염화불화탄소(CFC) 또한 대기 상부의 오존 파괴를 초래하며, 이는 지구에 도달하는 자외선 양의 증가를 결과한다. CFC의 영향에 대한 우려는 대기에 도달하는 이러한 물질의 양의 뚜렷한 감소를 초래한 국제적인 노력을 이끌었다. 많은 일반적으로 이용되는 물질은 폐쇄된 공간(실내 대기오염)으로 기체를 방출하며, 여기에서 건강 문제를 초래한다. 이러한 건강 문제의 가장 중요한 것은 흡연과 연관되어 있다. 라돈 기체도 세계의 특정한 부분에서 중요한 실내 대기오염물질이다.

녹색 활동

1. 여러분은 적게 운전하거나 카풀에 참여하여 자동차 배출을 감소할 수 있다.
2. 여러분은 전기에너지 사용을 감소하여 발전소로부터의 배출을 감소할 수 있다.
3. 오래된 CFC를 포함하는 에어컨, 냉장고, 냉동고, 제습기를 적절히 폐기한다.
4. 낙엽과 부스러기를 야외에서 태우지 않고 자연적으로 부패되도록 한다.
5. VOC를 방출하지 않는 수성 페인트만을 사용한다.
6. 도시 길가에 앉아서 2가지 지배적인 소리, 2가지 지배적인 광경, 2가지 지배적인 냄새를 기록한다. 공원, 자연 센터, 교외의 자연적인 장소를 방문한다. 유사한 목록을 작성하여 두 목록을 비교한다.

연습문제

1. 대기의 2가지 주요한 기체의 이름을 댄다.
2. 대류권과 성층권의 기체가 상이한 2가지 방식을 묘사한다.
3. 대기가 오염물질을 제거할 수 있는 2가지 방식을 묘사한다.
4. 대기 중으로 일반적으로 방출되는 5가지 대기오염물질과 그 공급원을 열거한다.
5. 대기오염물질의 6가지 범주, 공급원, 영향을 열거한다.
6. 2차 대기오염물질을 정의하고 예를 든다.
7. 다음 각각은 광화학적 스모그의 생성에 어떻게 관련되는가? 휘발성 유기화합물, 질소산화물, 열 역전, 태양광, 자동차, 오존.
8. 어떤 도시는 다른 도시에 비하여 왜 스모그에 대하여 더 큰 문제를 가지는가?
9. 대기질을 뚜렷이 개선한 EPA의 3가지 규제활동과 그들이 어떻게 대기질을 개선하였는지 묘사한다.
10. 어떠한 분자들이 산성비를 생성하고 이들은 어떻게 생성되는가?
11. 육생생태계와 수서생태계에 미치는 산성비의 주요한 영향은 무엇인가?
12. 성층권 오존은 왜 중요한가?
13. 성층권 오존을 보호하기 위하여 무엇이 실행되었는가?
14. 국가 환경 대기질 기준(National Ambient Air Quality Standards; NAAQS)이 무엇인가?
15. 유해 대기오염물질의 예를 든다.
16. 경제적으로 개발도상국의 대기오염 문제는 선진국의 대기오염 문제와 왜 상이한지 설명한다.
17. 라돈은 어떻게 가정으로 침투하는가?
18. 건물은 왜 나쁜 대기질을 보이는가?
19. 소음을 정의한다.

비판적 사고 문제

1. 여러분이 생성하는 대기오염을 제한하기 위하여 무엇을 할 수 있는가?
2. 국가로서 미국은 정책 결정자가 경제발전은 저렴한 에너지에 의존한다고 느끼기 때문에 에너지를 저렴하게 하기 위하여 많은 보조금을 지급한다. 만약 이러한 보조금이 철회되거나 에너지에 세금이 추가된다면, 이는 여러분 자신의 에너지 소비에 어떠한 영향을 미칠 것인가? 높은 휘발유 가격이 온실기체의 감소를 줄일 수 있다면, 많은 유럽 국가와 같이 갤런 당 \$7~\$10 범위의 높은 가격을 지지할 용의가 있는가?
3. 여러분은 대기오염이 왜 개발도상국에서 선진국보다 더 나쁘다고 생각하는가? 선진국은 만약 이에 대하여 할 수 있는 일이 있다면 무엇을 해야 할 것인가?
4. 여러분은 어떠한 보편적인 실내 대기오염물질에 노출되었는가? 이 노출을 제한하기 위하여 여러분은 무엇을 할 수 있는가?
5. 오염물질의 배출을 0으로 하는 것이 가능한가? 여러분은 어느 수준의 위험에서 생활할 용의가 있는가?

chapter 15 기후변화: 21세기 문제

Climate Change: A Twenty-first Century Issue

▲ 기후변화의 명백한 효과의 하나는 전 세계에 걸친 빙하의 후퇴이다. 이 사진은 알래스카 주 Kenai Fjords 국립공원의 Bear 빙하를 보여준다. Bear 빙하는 2002~2007년 사이에 3 km 후퇴하였다.

CHAPTER OUTLINE

목적

이 장을 학습한 후 여러분은 다음을 달성하여야 한다.

- 지질학적 과거에 기후가 변화하였다는 것을 인식한다.
- 인간 활동이 기후를 변화시킬 수 있는 방식으로 대기를 변화시킬 수 있다는 것을 이해한다.
- 지구가 온난해지고 있으며 기후가 변화한다는 개념을 지지하는 최소한 5종류의 증거를 열거한다.
- 온실기체가 존재하지 않을 때에 비하여 온실기체가 지구를 어떻게 더 따뜻하게 할 수 있는지 설명한다.
- 주요한 온실기체와 그들의 공급원을 열거한다.
- 기후변화의 결과로 발생할 수 있는 변화의 종류를 묘사한다.
- 온도가 지속적으로 상승하면 발생할 수 있는 수문학적 순환의 변화를 묘사한다.
- 대기의 이산화탄소 증가가 어떻게 해양을 변화시키는지 설명한다.
- 지구 온난화와 함께 해수면의 상승을 초래하는 2가지 요인을 서술한다.
- 지구의 온도 증가가 인간의 건강에 영향을 미치는 3가지 방식을 열거한다.
- 기후변화가 생태계와 농업에 어떻게 영향을 미치는지 설명한다.
- 온실기체의 방출을 감축할 수 있는 활동의 종류를 묘사한다.

방글라데시와 기후변화

방글라데시는 기후변화의 영향에 가장 취약한 국가 중 하나로 간주된다. 지리와 기후의 조합은 지속적인 기후변화에 의하여 유발될 수 있는 변화에 매우 민감한 위치에 놓이게 한다. 75%의 토지가 해수면 10 m 미만이다(10 m는 3층 건물의 높이임). Ganges (Padma), Brahmaputra (Jamuna), Meghna의 3개의 강과 700여개의 지류가 방글라데시의 지리를 지배하고 Bengal 만으로 흘러들어 간다. 육지의 약 80%가 범람원이다. 방글라데시의 육지 면적은 15만 km^2가 약간 안 되지만(아이오와 주의 크기), 방글라데시를 통과하여 흐르는 강은 150만 km^2를 배수한다. 이는 국가 면적의 10배에 해당하는 지역에 내리는 비가 궁극적으로 방글라데시를 통하여 집중된다는 것을 의미한다.

방글라데시는 6~11월 사이의 집중 강우와 12~2월 사이의 온난한 건기를 가지는 열대 몬순 기후를 보인다. 우기에는 국가의 일부 지역은 4,000 mm의 강우를 보인다. 추가하여 평균적으로 매년 하나의 열대 사이클론이 방글라데시에 영향을 미친다. 이러한 높은 강우량과 강에 의하여 지배되는 지리는 매년 범람을 초래한다. 이러한 범람은 일반적으로 국가의 20%에 영향을 미치며, 주요한 범람은 국가의 60%에 영향을 미칠 수 있다.

빠르게 성장하는 인구와 심각한 빈곤은 사람들이 변화하는 기후에 적응하기 어렵게 한다. 방글라데시는 1억5천7백만의 인구를 가지고 있으며 인구밀도는 km^2 당 약 1천명이다. 약 80%의 인구가 시골에 거주하고 약 60%가 농업에 직접 연관되어 있다. 더 나아가 인구의 약 절반이 하루에 US$1.25 미만으로 생활한다. 방글라데시 정부는 기후변화가 사람을 쫓아내고 농업을 붕괴시킬 수 있는 잠재력을 인식한다. 2009년 방글라데시는 기후변화 전략과 행동 계획(Bangladesh Climate Change Strategy and Action Plan)을 개발하였는데, 이는 기후변화가 사람과 경제에 미치는 영향을 감소하는 방법을 추구하는 것이다.

15.1 지구는 온실 행성이다

지구는 행성 중에서 물이 액체 상태로 존재할 수 있도록 하는 온도를 가진 유일한 행성이다. 모든 생명체는 주로 물로 이루어져 있고(인체는 50% 이상이 물이다) 모든 초기 생명 형태는 바다에서 발생하였기 때문에, 액체 물 존재는 우리가 아는 한 생명에 필수적이다. 지구의 온도는 다음 몇 가지 요인에 의하여 결정된다. 이는 태양으로부터 지구의 거리, 태양 에너지 출력의 변화, 대기 중의 이산화탄소의 존재이다. 태양에 대한 지구의 궤도는 태양과 지구 사이의 거리에 작은 변화를 초래하고 태양 에너지는 약 11년 주기로 약간 변화하지만, 이러한 차이는 지구의 온도에 영향을 미치지 않는 것으로 보인다. 그러나 대기 중의 몇 가지 기체는 자외선과 가시광선에는 투명하지만 적외선을 흡수한다. 이러한 기체는 태양광이 대기를 통과하여 지구 표면에서 흡수되도록 한다. 이 태양 에너지는 적외선(열)으로서 재방사되며, 이는 대기 중의 온실 기체에 의하여 흡수된다. 이 효과는 온실에서 발생하는 것과 유사하기 때문에(유리는 빛이 들어오도록 하지만 열 손실은 저해한다), 이러한 기체를 온실기체라고 하며, 이러한 기체의 존재로 인하여 따뜻해지는 것을 **온실효과(greenhouse effect)**라고 한다(그림 15.1).

이산화탄소는 온실기체이다. 대기 중 이산화탄소의 양은 작지만, 효과는 상당하다. NASA에 의하면 대기 중에 이산화탄소가 없다면, 지구의 온도는 현재의 15℃(60℉) 대신에 약 −18℃(0℉)일 것이다. 따라서 대기 중 이산화탄소의 존재에 의하여 초래되는 온실효과는 지구가 생명에 적합하도록 만든다. 금성은 지구에 비하여 태양에 가깝지만, 태양의 에너지를 반사하는 두꺼운 구름층을 가지고 있다. 그러나 금성은 96%가 이산화탄소인 대기를 가지고 있다. 금성의 대기에 이산화탄소가 없다면 표면 온도는 −42℃(−44℉)일 것이다. 그러나 이산화탄소 대기에 의하여 유발되는 온실효과는 460℃(860℉)가 되도록 한다. 어느 행성에서든 대기 중 이산화탄소 양의 증가는 명백히 행성이 더 따뜻하도록 할 것이다.

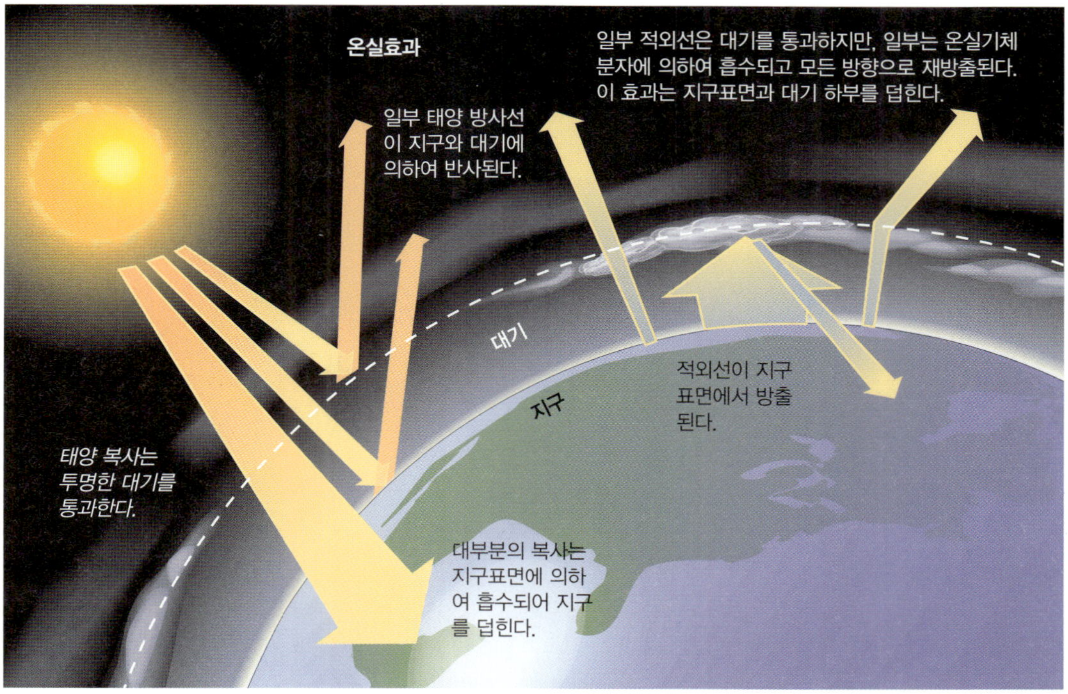

그림 15.1 온실효과: 대기 중에 존재하는 특정한 기체(이산화탄소, 메탄, 기타)는 온실기체로 알려져 있으며, 빛이 태양으로부터 지구에 도달할 수 있도록 하지만 지구로부터 방출되는 적외선을 흡수하고 일부를 다시 지구로 되돌려 보낸다. 이는 지구가 따뜻해지도록 한다. 온실효과가 없다면 지구는 훨씬 더 차가울 것이다.
출처: Data from Climate Change—State of Knowledge, October 1997, Office of Science and Technology Policy, Washington, D.C.

15.2 지구 온난화와 기후변화의 지질학적 증거

지구 온난화(*global warming*)와 **기후변화**(*climate change*)의 용어는 때로는 교환하여 사용되지만, 둘은 실제로는 동일한 문제의 상이한 모습이다. 지구 온난화는 지구 대기 온도의 평균적인 증가와 관련되며, 반면에 기후변화는 지구 온난화에 의하여 발생되는 많은 다른 변화를 가리킨다.

과학의 많은 아이디어와 마찬가지로, 인간의 활동이 지구 온도를 상승시키고 기후를 변화시킬 수 있다는 아이디어는 1세기 이전에 개발되었다. 지구 역사의 지질학적 연구는 기후가 시간에 따라서 상당히 변화하였다는 단서를 제공한다. 일부 지질학적 시기는 현재보다 온난했으며 다른 시기는 더 한랭하였다. 북미, 유럽, 아시아의 대부분을 뒤덮었던 대륙 빙하의 증거는 최근의 지질학적 과거에 기후변화가 일어났다는 것에 대한 인식을 가져다주었다(그림 15.2). 마지막 빙하기는 약 1만 년 전에 끝났다. 식물과 동물 잔해에 대한 연구는 빙하기 후퇴 시기의 기후가 현재에 비하여 차가웠다는 것을 보여준다. 추가하여 빙하에 묶인 물의 양은 해수면을 낮아지게 하였다. 과학자들이 기후변화를 유발할 수 있는 사건을 찾고 있었을 때, 그들은 화산, 태양 방사선의 변화, 온실효과를 확인하였다. 1800년대 후반에 수증기와 이산화탄소와 같은 대기 기체가 열을 포획할 수 있다는 개념이 잘 정립되었다.

그림 15.2 대륙 빙하: 지난 10만년 내에 거대한 빙하가 북미와 유럽의 대부분을 뒤덮었다. 이는 과거 기후가 현재와 달랐다는 증거이다.

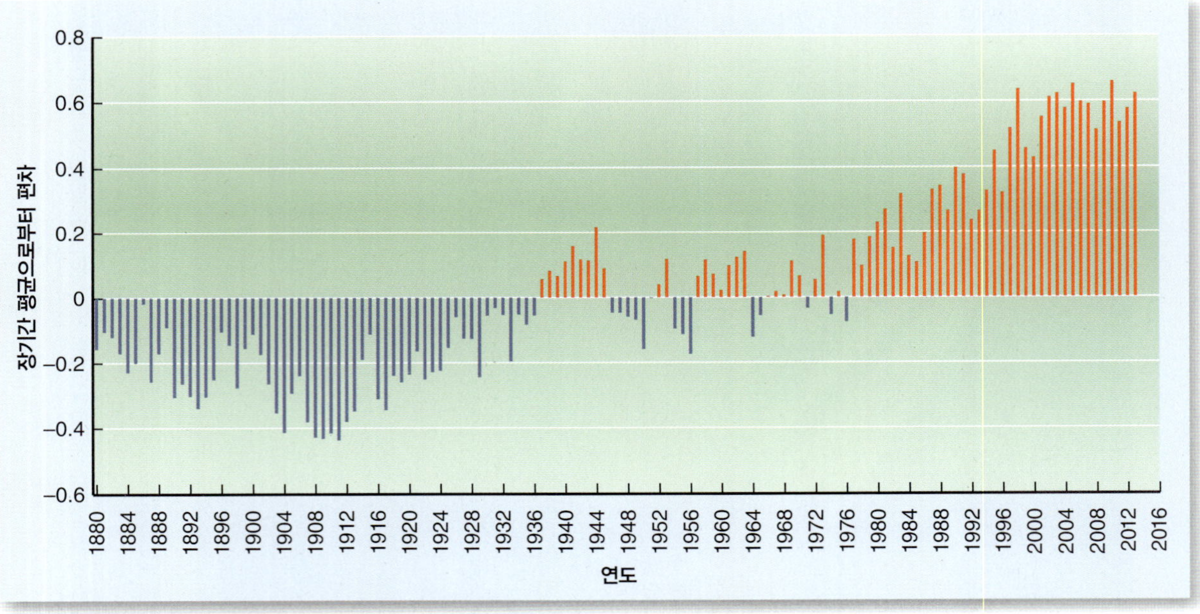

그림 15.3 지구 평균 온도의 변화: 도표는 지구의 평균 표면온도가 1880년 이래 장기간의 평균에서 어떻게 벗어나는지를 보여준다. 2001년 이래 온도는 장기간의 평균에 비하여 0.5℃ 이상 따뜻하였다.

출처: Data from NOAA Climate.gov.

15.3 기후변화에 대한 지식의 성장

1980년대에 과학자들은 지구의 평균 온도가 상승한다는 것을 인지하기 시작하였고 그러한 변화의 원인을 찾았다. 그러한 경향은 현재까지 지속되고 있다(그림 15.3). 인간이 존재하기 전의 지질학적 과거에 지구의 평균 온도가 여러 차례 변화하였다는 것이 명백하였다. 따라서 과학자들은 처음에는 온난화가 자연현상인지 아니면 인간 활동의 결과인지를 결정하기 위하여 노력하였다. 이산화탄소, 염화불화탄소, 메탄, 산화질소와 같은 몇 종류 기체는 태양광이 대기로 진입하도록 하지만 지구 표면으로부터의 손실을 더디게 하기 때문에 **온실기체(greenhouse gases)**로 알려져 있다. 16만 년 전까지의 과거 기후변화의 증거는 대기 중 온실기체와 지구 온도와의 사이에 밀접한 상관관계를 나타낸다. 기후의 컴퓨터 모의실험은 온실기체의 대기 농도가 증가하면 지구 온도가 상승한다는 것을 나타내며, 온도 상승에 의하여 예측되는 다른 많은 결과가 있다. 이러한 예측은 기후의 컴퓨터 모델에 기초를 두기 때문에, 일부 과학자들은 예측이 부정확하고 불완전한 자료로부터 구축되었다고 비평한다.

기후의 컴퓨터 모형을 구축하는 것은 극히 어렵다. 모형은 대기와 해양 사이의 열 흐름의 변화, 바람과 해류, 강우 양상, 기후에 미치는 화산폭발의 영향, 태양에서 오는 에너지양의 변화, 반사율(albedo), El Niño와 La Niña, 그리고 다른 많은 요인들을 포함하여야 한다. 모든 새로운 연구 분야와 마찬가지로, 모형은 새로운 정보가 발견되고 개선된 계산이 모델에 도입되면서 개선된다.

개선된 기후 모형에 추가하여, 기후변화의 원인과 효과를 이해하는데 중요한 자료가 많은 분야의 연구에 의하여 추가되었다(그림 15.4). 여기에는 다음 사항이 포함된다.

- 꾸준한 증가를 나타내는 대기 중의 이산화탄소 양에 대한 기록.
- 1700년대 중반에 시작된 산업혁명 이전의 대기가 어떠하였는지를 나타내는 빙하에 포획된 기포의 연구.
- 눈과 얼음 상태가 어떻게 변하는지를 보여주는 위성사진.
- 이주의 시기와 경로의 변화를 보여주는 육상동물과 해양동물의 이주 행동.
- CO_2 함량, pH 변화, 기타 화학적 변화에 대한 해양연구.
- 생육계절의 변화.
- 빙하의 후퇴와 대륙빙 두께의 물리적 측정.
- 광합성에 미치는 이산화탄소 증가의 영향.
- 바람 패턴

그림 15.4 기후변화와 연관된 연구: 기후변화가 심각한 우려라는 것을 인식하여 기후변화의 영향과 관련된 많은 분야의 연구가 이루어지도록 하였다.

- 해류
- 자연적(풍식, 화산)과 인간 활동으로부터 기원한 입자상 물질이 기후에 미치는 영향.
- 해수면 측정
- 열대 폭풍의 빈도와 강도.

기후변화와 관련된 모든 연구에 대한 중심은 주요한 온실기체와 온난화에 대한 기여도를 이해하는 것이었다.

15.4 주요 온실기체의 공급원과 영향

가장 중요한 온실기체는 이산화탄소(CO_2), 메탄(CH_4), 염화불화탄소(주로 CCl_3F와 CCl_2F_2), 아산화질소(N_2O)이다. 표 15.1은 이러한 기체의 지구 온난화 잠재력에 대한 상대적인 기여도를 열거하였다. **이산화탄소(CO_2)**는 온실기체 중 가장 풍부하며 지구 온난화의 64%에 기여한다. 이산화탄소는 생물의 호흡과 발효의 자연적인 결과로서 발생한다. 그러나 훨씬 많은 양이 에너지 생산의 폐기산물로서 대기 중으로 유입된다. 석탄, 석유, 천연가스, 바이오매스는 모두 산업공정, 가정 난방, 조리를 위한 열과 전기를 제공하기 위하여 연소된다. 모든 탄소를 포함하는 물질의 연소는 이산화탄소의 형성을 초래한다.

대기 중 이산화탄소의 농도 증가에 기여하는 또 다른 요인은 산림 벌채이다. 나무와 기타 식생은 공기에서 이산화탄소를 제거하여 광합성에 사용한다. 나무는 오래 생존하기 때문에 그들의 구조에 탄소를 효과적으로 결합한다. 삼림지를 다른 목적(주로 농업)으로 변환하기 위하여 나무를 베는 것은 탄소를 방출한다. 더 나아가 농업은 1년간 생존하여 장기간 탄소를 저장하지 않는 식물에 주로 의존한다. 따라서 산림의 감소는 대기로부터 이산화탄소를 제거하는 생태계의 능력을 감소시킨다. 이러한 요인들(화석연료 연소와 산림 벌채)은 대기 중 이산화탄소의 농도 증가를 초래하였다. 하와이 Mauna Loa 관측소에서 이산화탄소 수준의 측정은 1958년의 316 ppm에서 2013년 396.5 ppm으로 증가한 것을 보여준다(그림 15.5). 이는 약 25%의 증가이다. 일반적으로 산업혁명 이전의 이산화탄소 양은 약 280 ppm이었던 것으로 받아들여진다. 현재의 농도는 산업혁명 이전 농도에

표 15.1 주요한 온실기체

온실기체	1750년 이전 농도 (ppm)	2013년 농도 (ppm)	지구 온난화 기여도 (%)*	주요 공급원
이산화탄소 (CO_2)	280	396.5	64	• 화석연료의 연소 • 산림벌채
메탄 (CH_4)	0.70	1.8	18	• 습지, 논, 가축의 소화관에서 세균에 의하여 생산
염화불화탄소(CFC)	0	0.00083	8	• 거품, 에어로졸, 냉장고, 용매에서 방출
아산화질소(N_2O)	0.270	0.326	6	• 농업에서 비료와 퇴비의 사용 • 화석연료의 연소

** 전체 지구 온난화에 4% 정도를 차지하는 여러 미량 기체로 인하여 합이 100%가 되지 않는다.*
출처: Data from NOAA Earth System Research Laboratory.

비하여 40% 이상의 증가를 나타낸다. 대기 중 이산화탄소 수준의 변화는 인간 활동에 기인하기 때문에, 인간은 대기 중 이산화탄소를 안정화시키거나 감소시키는 변화를 가져올 수 있다. 필요한 행동은 뒤에서 논의될 것이다.

메탄(CH_4)은 두 번째로 풍부한 온실기체이며 지구 온난화의 18%에 기여한다. 메탄은 생물학적 공급원과 화석연료 사용의 부산물로서 기인한다. 습지와 논에 특히 풍부한 몇 종류의 미생물이 메탄을 대기 중으로 방출한다. 메탄 방출 미생물은 흰개미와 소와 같은 다양한 종류의 반추동물 소화관에서 발견된다. 따라서 이러한 동물은 대기 중으로 다량의 메탄을 방출한다.

천연가스는 주로 메탄이며, 석유와 석탄도 일부 메탄을 포함한다. 따라서 화석연료의 사용과 관련된 모든 활동은 메탄을 방출하는 잠재력이 있다. 석유 시추와 석탄 채광은 메탄의 방출을 초래한다. 석탄광산의 메탄은 종종 폭발의 원인이기 때문에, 광산에서 메탄을 제거하기 위하여 환기 시스템이 사용된다. 석유도 일반적으로 일부 메탄을 포함하며, 이는 종종 시추지역에서 연소된다. 메탄의 생물학적 공급원을 제어하는 것은 성공가능성이 낮은데, 그 이유는 변화가 매우 어려운 농업관행이 주요한 공급원으로 관련되기 때문이다. 예를 들면 국가들은 논을 다른 형태의 농업으로 변환해야 할 것이고 육류 생산을 위한 동물의 수를 과감하게 감소해야 할 것이다. 이는 세계 대부분 지역에서 식량 생산이 감소되는 것이 아니라 증가되어야 하기 때문에 둘 다 달성하기 어렵다.

화석연료로부터 메탄의 방출은 생산설비에서 소실을 방

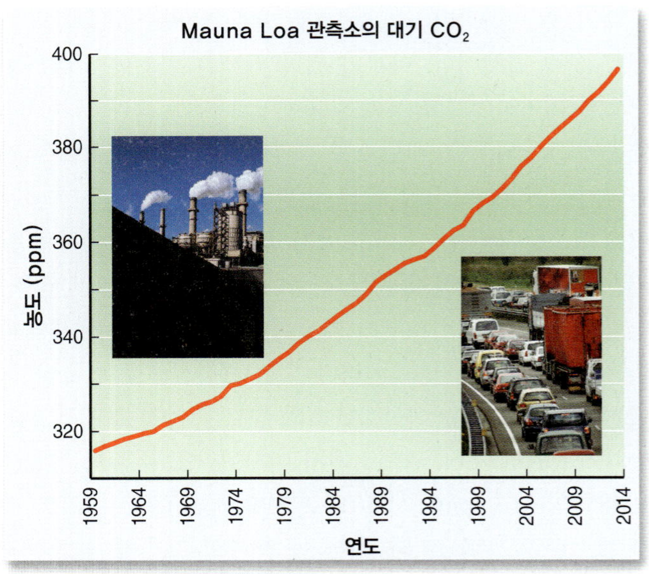

그림 15.5 대기 이산화탄소의 변화: 하와이 Mauna Loa 관측소에 이산화탄소 감시소가 설치된 이래, 대기 중 이산화탄소의 양은 매년 증가하였다.
Data from: NOAA Earth System Research Laboratory

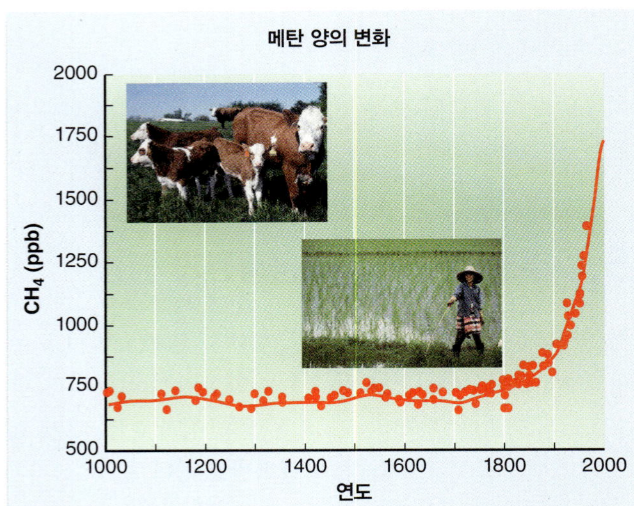

그림 15.6 대기 메탄의 변화: 메탄은 주로 소와 같은 반추동물의 소화관과 늪과 논에서 발견되는 습한 토양에 흔한 메탄생성 미생물에서 기원하지만, 일부는 화석연료 처리시설에서도 방출된다.
출처: Data from UN Intergovernmental Panel on Climate Change.

지하는 더 나은 시스템을 통하여 감소될 수 있다. 현재 대기 중의 메탄 양은 계속 증가하고 있다. 산업화 이전의 메탄 농도는 700 ppb였다. 현재의 농도는 약 1,800 ppb이다(그림 15.6). 이는 약 160% 증가이다. 다행히 이 농도는 이산화탄소 농도의 1% 미만이다.

아산화질소(N_2O)는 온실기체의 작은 성분인데 주로 비료와 화석연료를 통하여 대기로 들어간다. 농업 생산을 개선하기 위하여 사용되는 질소를 포함하는 비료와 동물 퇴비는 질소 화합물을 포함하고 있다. 특정한 토양 세균은 이러한 화합물을 아산화질소로 변환한다.

대기는 주로 질소와 산소이기 때문에, 이러한 혼합 기체가 화석연료의 연소에 관련되면 질소(N_2)와 산소(O_2)는 결합하여 부산물로 아산화질소(N_2O)를 생성한다. 대기 중 아산화질소의 양은 서서히 증가하고 있다. 아산화질소 방출량은 토양의 질소비료를 신중하게 관리하여 감소될 수 있다. 그러나 아산화질소는 지구 온난화에서 매우 사소한 성분이기 때문에, 우선적인 항목은 아니다.

염화불화탄소(Chlorofluorocarbons; CFCs)도 온실기체의 미량성분이며 특정한 목적을 위하여 생산되는 합성 화합물이다. CFC에는 자연적 공급원이 없다. CFC는 냉장고와 에어컨의 냉매 기체, 세탁용매, 에어로졸 용기의 추진제, 폼 제품의 팽창제로 널리 사용되었다.

CFC는 대기 중에 미소량 존재하지만, 극히 효과적인 온실기체이다(이산화탄소에 비하여 열손실을 방해하는데 15,000배 효과적임). CFC는 오존층 파괴의 주요한 원인이기 때문에, CFC의 생산과 사용은 뚜렷이 감소하였으며 2020년에는 배제되기로 계획되어 있다. 이러한 행동의 결과 대기 중 CFC 농도는 감소하기 시작하였다.

15.5 기후변화에 대한 지식의 현재 상태

기후 연구와 관련된 복잡성과 지구 온난화의 중요성에 대한 의견의 상위로 인하여, 1988년 유엔환경계획(UNEP)과 세계기후지구(WMO)는 문제를 연구하고 건의를 하기 위하여 기후변화에 대한 정부간 패널(IPCC)을 설립하였다. IPCC의 주요한 활동은 정기적으로 기후변화에 대한 지식 상태의 평가를 제공하는 것이다. IPCC는 몇 개의 특별 조사위원회로 조직되어 있다. 조사위원회 I은 기후변화와 관련된 자연과학을 다룬다. 조사위원회 II는 기후변화의 영향을 다룬다. 조사위원회 III은 기후변화의 영향을 어떻게 완화할지에 대하여 다룬다.

조사위원회 I은 "기후변화 2013년: 자연과학적 기초"라는 5차 평가보고서의 일부를 2013년 9월 출판하였다. 전 세계의 259명의 과학자들이 보고서의 작성에 참여하였다. 600명 이상이 보고서 자료에 기여하였다. 보고서는 이전의 보고서에서 몇 가지 중요한 결론을 다시 진술하였으며 몇 가지 새로운 관찰과 결론을 추가하였다.

1. 인간 활동은 명백하게 기후에 영향을 미친다.
2. 온실기체 특히 이산화탄소의 농도 증가는 온도 상승을 초래한다.
3. 온도 상승의 증거는 명백하다.
   - 지구의 평균 온도는 1880년 이래 0.65~1.06℃ (1.2~1.9℉) 증가하였다.
   - 봄철 눈과 빙하의 양은 북반구에서 감소하였다. 눈은 연중 이른 시기에 녹는다.
   - 추운 날의 수가 감소하였고 따뜻한 날의 수가 증가하였다.
   - 북극 지역이 세계의 다른 지역에 비하여 더 온난화된다.
   - 영구동토(permafrost) 온도는 2~3℃(3.6~5.4℉) 상승하였고, 영구동토층의 두께와 면적도 감소하였다.
   - 여름철의 말기(9월)에 북극 빙하의 면적이 감소하였다.
   - 그린란드와 남극의 대륙빙의 부피가 감소하였다.
   - 빙하가 녹고 있다.
   - 봄의 도래가 세계의 많은 지역에서 이르다.
4. 대기 중 이산화탄소의 증가와 온도의 상승이 해양에 영향을 미친다.
   - 이산화탄소 배출의 약 28%는 최종적으로 해양으로 간다.
   - 물에 용해된 CO_2의 증가는 pH를 0.1 감소시켰다. (수소이온 농도의 26% 증가)
   - 지구에 추가된 에너지의 약 90%는 해양에 저장되었고, 지난 40년간 상층 75 m의 온도가 0.44℃ 증가되었다.
   - 해수면은 1901년과 2010년 사이에 약 19 cm(7.5인치) 상승하였다.
   - 해수면 상승의 속도는 1993년에서 2010년 사이에 3.2 mm/yr(0.125인치/년)로 진행되었다.

15.6 기후변화의 결과

지구 평균 온도의 작은 상승이 하찮은 것으로 보일지 모르지만, 이러한 상승은 지구 주요한 지역의 기후를 뚜렷하게 변경시킬 수 있는 변화의 시작을 초래할 수 있다는 것을 인식하는 것이 중요하다. 컴퓨터 모델에 의하면 온도 상승이 수문학적 순환, 해수면, 인간의 건강, 생물의 생존과 분포, 인간에 의한 천연자원의 이용에 변화를 가져올 수 있다는 것을 시사한다. 더 나아가 일부 자연생태계나 인간 정착지는 변화를 견디거나 적응할 수 있지만, 나머지 생태계나 정착지는 그러지 못할 수 있다.

빈곤한 국가는 일반적으로 지구 온난화의 결과에 더 취약하다. 이러한 국가는 생계농업, 지구 온난화가 초래할 수 있는 변화에 적응이라는 경제적 자원의 결여와 같은 기후에 민감한 경제적 활동에 더 의존하는 경향이 있다. IPCC는 아프리카를 "광범위한 빈곤이 적응 능력을 제한하기 때문에 예상되는 변화의 영향에 가장 취약한 대륙"이라고 판정하였다.

IPCC의 조사위원회 II는 "기후변화 2014년: 영향, 적응, 취약성"이라고 하는 5차 평가보고서의 일부를 2014년 3월 출판하였다. 이 보고서는 기후변화에 기인한 8가지 주요한 위험을 열거한다. 저자들은 이러한 위험이 실제적이라고 크게 확신한다.

1. 연안 범람으로부터 사망과 상해의 위험
2. 내륙 범람으로부터 건강과 생계의 위험
3. 혹독한 기상이 기반시설과 공공서비스를 붕괴하는 위험
4. 폭서로 인한 사망과 질병의 위험
5. 온난화, 가뭄, 범람으로 인한 식량안보의 위험
6. 관개와 음용수의 부족으로 인한 농업생산성에 대한 위험
7. 해양과 연안 생태계 서비스 상실의 위험
8. 육상과 담수 생태계 서비스 상실의 위험

다음 절에서 기후변화의 위험에 대한 본질과 예상되는 부정적 영향에 대하여 자세하게 다룬다.

수문학적 순환의 붕괴

근본적인 방식에서 수문학적 순환(증발, 강수, 물의 흐름, 지하수 등)은 에너지에 의하여 추진된다. 에너지의 주된 공급원은 지구의 온도이며, 이는 태양으로부터의 에너지 입력과 온실기체에 의한 열 함정 효과에 의하여 결정된다. 따라서 지구 온도의 변화는 기상과 기후를 변화시킬 것으로 예상된다. 기상은 온도변화, 강우와 강설, 바람, 구름, 다른 요인과 같은 단기적인 활동을 포함한다. 기후는 기상 패턴의 장기적인 평균이다. 따라서 기후가 변화하면 기상 패턴도 변할 것으로 예상한다. 온도가 상승하면 증발이 증가하며, 이는 일부 지역은 더 건조하게 되지만, 다른 지역은 습도의 증가로 인하여 강우량이 증가할 것이다. 이는 일부 지역에서는 가뭄을 다른 지역에서는 범람을 초래하게 된다. 증발이 강우보다 더 많이 증가하는 지역에서는, 토양이 건조해지고, 호수 수면이 감소하고, 강물이 감소할 것이다. 강의 흐름과 호수 수면의 감소는 항해, 수력발전, 수질을 손상하고, 농업, 주거, 산업용으로 이용할 수 있는 물의 공급을 감소시킬 것이다. 비가 더 많이 내리는 지역은 범람이 일어나고, 토양이 더 습하게 되며, 강, 호수, 개울을 통한 물의 흐름이 증가할 것이다. 추가적으로 폭풍이 더 심해지고 주요한 열대 폭풍(허리케인, 태풍, 열대 사이클론 등으로 다양하게 불림)도 더욱 격심해질 것이다.

강설 경향도 변화하여 어느 지역은 눈이 많이 내리고 다른 지역은 적게 내릴 것이다. 어떤 경우에는 고온으로 인하여 강설이 감소하면서 강우가 증가할 것이다. 추가하여 온도가 상승하면 눈은 이른 계절에 녹거나 전혀 쌓이지 않을 것이다. 캘리포니아 주의 Central Valley의 예를 들면, 눈 녹은 물이 여름철 물 공급의 대부분을 제공하는데, 온도의 상승은 눈이 일찍 녹도록 하며 봄철 강우가 증가하더라도 여름철 물 공급을 감소시킬 것이다.

단기적인 기상 경향을 기후변화의 일반적 개념과 연관하여 해석하는 것이 어렵지만, 기상 경향이 변화한다는 일부 징후가 있다. 예를 들면 최근의 자료는 봄철 강설의 양이 감소하였고 눈이 이른 계절에 녹으며, 허리케인이 더 강력해지고, 더운 날이 더 많고 추운 날이 적으며, 봄이 일찍 도래한다는 것을 시사한다. 앞으로 몇 년간 더 많은 정보를 수집하면 이러한 기상 변화가 영구적인지 아니면 일시적인지를 명확히 해줄 것이다.

해수면의 상승

온난화된 지구는 2가지 상이한 이유로 해수면 상승을 초래할 것이다. 수온이 상승하면 물은 팽창하여 부피를 더 차지한다. 추가적으로 고온은 빙하가 녹도록 하며, 이는 해양에 더 많은 물을 추가한다. 해수면의 상승은 해변과 연안습지를 침식하고, 저지대를 침수시키고, 폭풍 해일과 폭우에 대한 연안역의 취약성을 증가시킨다(그림 15.7). 2100년에

집중 탐구

의심하는 사람, 부정하는 사람, 회의론자, 무시하는 사람

과학에서 새로운 이론, 개념, 발견이 이루어질 때는 항상 근저에 있는 진실을 찾기 위하여 새로운 사실을 분류하는 건강한 시기가 있다. 일부 사람은 새로운 아이디어를 받아들이는 것이 더디다. 다른 사람들은 새로운 아이디어가 현재의 문화를 교란할 수 있다고 우려한다. 또 다른 사람들은 정립된 종교적 교리나 문화적 규범에 대하여 반대하는 것을 어렵게 느낀다. 예를 들면 자연선택설이 출판되었을 때 소동이 일어났다. 일부 사람들은 그들의 생애에 진화적 변화가 일어나는 것을 볼 수 없다고 그 아이디어를 거부하였다. 다른 사람들은 그 아이디어가 성경의 가르침에 반하기 때문에 그 아이디어를 고려하는 것을 거부하였다. 일부 사람들은 아직도 그렇다. 그러나 시간이 지나고 새로운 정보가 산더미처럼 축적되면서, 자연선택을 통한 진화의 개념은 주류가 되었으며 이제는 모든 생물학적 사고의 중심이다.

유사하게 대륙이동설이 처음 공식화되었을 때에도 대부분의 지질학자들은 거부하였다. 그러나 그러한 운동이 어떻게 일어날 수 있는지에 대한 개념이 발달하고 대륙 사이의 거리 측정이 더 정확해지면서, 이 개념은 지진, 화산, 산맥의 형성과 같은 현상을 이해하는데 중심이 되었다.

기후변화의 개념은 현재 분류과정에 있지만, 지지하는 자료가 쌓이고 있다. 그러나 일부 연구자는 이 개념의 타당성을 부정하거나 최소한 이의 신빙성에 대한 의심을 제기하는 설득력 있는 이유를 가지고 있거나 신빙성에 대하여 최소한 의문을 제기한다.

- 에너지 회사는 화석연료를 제공하는 상업에 종사하며, 화석연료는 연소될 때 가장 중요한 온실기체인 이산화탄소를 방출한다. 대부분의 상업과 산업은 에너지의 사용과 관련되기 때문에, 에너지 정책의 어떠한 변화도 수지 결산에 대한 위협으로 간주한다. 탄소세는 연료의 가격을 상승시킬 것이다. 재생가능한 에너지 사용을 요구하는 것은 그들을 불안하게 만드는 미지수를 제공한다. 기후변화에 의하여 초래되는 실질적인 문제는 미래의 일이고 일반적인 경우 이외에는 특징짓기가 매우 어렵고, 대부분의 기업은 10년 미만의 시간 계획에서 기능하기 때문에, 많은 상업과 산업은 온실기체 감축을 할 수 있는 어려운 변화를 이루기가 어렵다. 이는 특히 일부가 변화를 희망하지만 경쟁자들이 배출을 감소하기 위하여 투자하지 않을 때 경제적으로 불리하기 때문에 특히 사실이다. 이러한 생각에는 국제적인 관점도 있다. 만약 미국 정부는 에너지 가격을 상승시키는 탄소세를 부과하고 중국과 인도는 부과하지 않는다면, 미국 비즈니스는 경제적으로 불리할 것이다.
- 정치적 보수성은 일반적으로 정부 규제의 증가에 반대한다. 온실기체 감축을 위한 어떠한 노력도 어떤 종류의 정부 규제를 필요로 한다. 따라서 온실기체 감축을 가져올 법률을 제정하려는 사람과 정부 규제를 혐오하는 사람 사이에 근본적인 경계가 있다.
- 일부 보수적 종교 집단은 진화의 개념을 거부하며 종교와 과학 사이에 그릇된 이분법을 설정한다. 그들은 과학에 대하여 본질적인 불신을 가지고 있으며 종종 과학적인 아이디어를 반종교적이라고 배척한다.
- 다른 사람들은 기후변화와 연관된 문제를 단순히 무시하기로 선택하고 그들이 생각하고 행동하는 방식을 전혀 변화하지 않는다.

이러한 모든 이유로 일부 개인은 기후변화의 아이디어를 지지하는 사실을 왜곡하고 기후변화가 문제라는 것을 부정하려고 한다. 그들의 주장은 몇 가지 방향을 취한다.

- 일부는 기후변화가 항상 발생하였던 자연적 사건이라는 아이디어를 사용한다. 지질학적 기록을 잘 살펴보라.
- 다른 사람은 기후가 변화한다는 아이디어를 지지하는 사실을 수용하지만 이것이 인간 활동의 결과라는 것을 인정하지 않는다.
- 다른 일부 기후학에 대한 의심을 일으키도록 하는 특정한 시기에 수집된 자료만 선택적으로 채택하면서 장기적인 경향은 무시한다. 과거 10년간의 온도 자료를 살펴보면, 평균 온도가 감소하고 있다는 주장을 할 수 있다. 그러나 이는 지난 10년이 기록상 매우 온난하였던 시기라는 사실을 무시한다.

IPCC는 해수면이 26~98 cm 상승할 것으로 예상한다. 50 cm의 해수면 상승은 북미, 특히 침강하고 있고 취약한 남부 대서양과 멕시코 만 해안을 따라, 연안 육지의 상당한 손실을 초래할 것이다. 많은 연안 도시는 해수면의 상승으로 특히 영향을 받을 것이다. 세계적으로 약 6억 명의 사람이 연안 저지대 지역에 거주하고 있다. 일부 도서 국가와 방글라데시 같은 나라의 육지는 범람이 발생하면 극적으로 변화할 것이다. 해양은 지구 평균온도의 상승이 중단된 이후에도 수 세기 동안 팽창할 것이다.

건강 영향

기후변화는 다양한 방식으로 인간의 건강에 영향을 미칠 것이다.

여러분의 선택은?

기후변화는 여러 가지 방식으로 범람의 발생을 증가시킬 것이다. 해수면의 상승은 연안 저지대를 위협할 것이다. 강력한 폭풍은 보통 범람원으로 간주되지 않는 지역에 영향을 미칠 수 있는 연안 폭풍 해일을 초래할 것이다. 심한 폭우는 개울과 강 수면이 상승하여 물길에 인접한 지역을 범람할 것이다. 대부분의 보험은 범람 피해를 보상하지 않는다. 연방정부는 범람의 위험이 있는 지역의 사람들에게 범람 보험이 가능하도록 하였지만, 대부분의 사람들은 비싸기 때문에 보험에 가입하지 않는다. 범람이 발생하면 희생자들은 정부 지원과 자선 단체의 도움을 구한다. 범람의 비용을 줄이는 한 가지 방법은 범람이 발생할 수 있는 지역에 건물을 짓는 것을 막는 것이다. 이는 연방법이나 주법 또는 지방 조례로 시행될 수 있다. 가정이나 사업에 대한 범람 피해를 감소하는 법률이나 조례를 제정한다. 범람에 취약한 지역에 건물을 짓는 것을 방지하는데 사용될 수 있는 기준을 3가지 이상 열거하고 각각의 기준을 선택한 여러분을 정당화하라.

열은 건강에 영향을 미친다 기후변화의 가장 직접적인 효과는 뜨거운 온도의 영향이다. 극도로 뜨거운 온도는 특정한 날 사망하는(다양한 원인으로) 사람의 수를 증가시킨다. 예를 들면 심장 문제를 가진 사람은 뜨거운 날씨에 신체를 냉각하기 위하여 심혈관계가 힘들게 작용해야 하기 때문에 취약하다. 열 탈진과 일부 호흡기 문제도 증가한다. 2010년 러시아의 기록적인 혹서는 정상온도 이상의 날씨를 52일간 연속적으로 나타냈으며, 모스크바에서 열로 인하여 1만1천 명이 사망하였다. 2013년 6월 미국 남서부의 혹서는 기록적인 온도와 여러 명의 사망자를 초래하였다. 미국 남서부의 온도는 러시아에 비하여 높았지만, 미국 건물은 대부분 에어컨이 설비되어 있고 러시아는 대부분 설비되어 있지 않아 미국의 사망자는 훨씬 적었다.

그림 15.7 **허리케인 Sandy로 인한 범람:** 2012년 10월 허리케인 Sandy로 인한 해수면의 상승과 폭풍 해일의 결합은 뉴욕 주와 뉴저지 주에 광범위한 범람 피해를 초래하였다.

열은 대기오염에 영향을 미친다 기후변화는 대기오염 문제도 악화시킨다. 높은 기온은 지면의 오존 농도를 상승시키며, 이는 폐조직의 손상을 초래하고 호흡기 질환, 천식, 알레르기의 발생을 증가시킨다. 어린이와 노인이 가장 취약하기 때문에, 그들은 고온과 대기질 악화로 인하여 불균형적으로 고통을 받게 된다.

열대성 질병은 과거 온대지역으로 이동할 수 있다 세계적으로 특정한 질병의 이환율은 지역적 기후와 주로 관계된다. 지구가 온난화되면서 이러한 열대성 질병의 일부는 현재 발생하지 않는 지역으로 전파될 수 있다. 모기와 다른 곤충에 의하여 전파되는 질병은 온난한 온도가 이러한 곤충이 더 북쪽에 정착될 수 있도록 하면 더 빈번하게 될 것이다. 이러한 매개체 전염병에는 말라리아, 뎅기열, 황열, 뇌염 등이 포함된다. 일부 과학자는 온도가 상승하면 특히 오염된 물에서 조류 대증식이 더 빈번하게 발생할 수 있으며, 이 경우 콜레라와 같은 조류 대증식에 수반되는 질병의 창궐이 더 빈번할 수 있다고 믿는다.

생태계의 변화

기후변화와 관련된 가장 극적인 구체화는 자연계의 변경을 포함한다.

- **생물의 지리학적 분포**는 기후변화에 의하여 뚜렷이 변경될 수 있다. 기후가 온난화하면서 과거 따뜻한 지역에 제한되었던 생물이 극지방 쪽으로 더 흔하게 된다. 툰드라 생물군계는 영구동토의 해동으로 가장 크게 영향을 받게 될 것이며, 이는 종들이 북쪽방향으로 이주하도록 허용할 것이다. 북극곰은 바다표범을 사냥하며 해빙의 감

집중 탐구

북극 해빙(sea ice)의 감소

1978년 이래 인공위성은 빙하로 덮여있는 북극해 지역의 연속적인 관찰을 하고 있다. 존재하는 빙하의 양에 영향을 미치는 몇 가지 요인이 있다. 여름철에는 기온과 수온의 상승은 빙하를 녹게 하며, 빙하로 덮인 면적이 9월에 최소로 수축된다. 1978년 이래 일반적인 경향은 북극 여름철의 말기에 해빙으로 덮인 면적이 감소한다는 것이다. 2012년 9월 북극 해빙 면적은 341만 km^2로 기록이 된 이래 최소로 감소하였다.

빙하가 녹는 속도에 영향을 미치는 몇 가지 요인이 있다.

- 장기적 경향은 빙하가 과거에 비하여 일찍 녹기 시작한다는 것을 보여준다. 따라서 녹는 기간이 더 장기간이 되어, 여름철 말기에 적은 면적의 해빙이 존재한다.
- 빙하의 성질 또한 중요하다. 겨울철에 형성된 빙하는 여름철 녹지 않고 유지된 빙하에 비하여 얇다. 이러한 얇은 빙하는 여러 해 지속되는 빙하에 비하여 쉽게 파괴된다. 이는 온전한 빙하가 태양광을 반사하고, 기온을 줄여주며, 빙하가 녹는 속도를 더디게 하기 때문에 중요하다. 반면에 빙하가 없는 물은 태양광을 흡수하여 가온되며, 빙하가 더 많이 녹도록 한다.
- 대서양과 태평양에서 북극해로 따뜻한 물을 도입하는 해류에 변화가 있다는 증거도 있으며, 이는 최근 관찰된 더 신속한 해빙에 기여할 수 있다.

해빙의 범위도 북극에 사는 사람과 야생생물에 중요하다. 해빙의 감소는 북극곰이 먹이를 획득하는 성공률을 감소하는 것으로 보인다. 유사하게 원주민은 일반적으로 빙하에서 사냥을 하며 이곳에서 저곳으로 여행하는데 빙하에 의존한다. 2012년은 기록상 가장 북극 해빙의 범위가 좁았으며, 2014년 이는 535만 km^2로 회복되었지만, 장기적인 경향은 해빙 범위가 감소하는 것이다(그래프 참조).

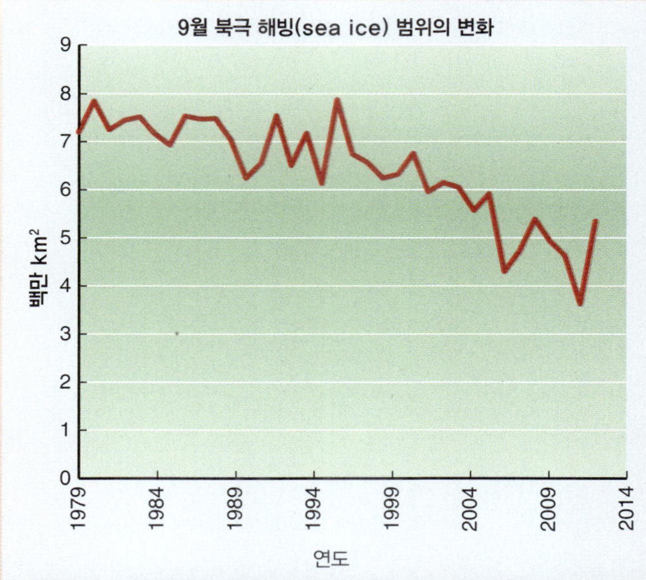

출처: Data from NOAA Climate.gov

소는 사냥지역을 제한하기 때문에 일부 지역에서 멸종위기종으로 명명되었다. 유사하게 산악지역은 눈이 적게 쌓이게 되고 겨울동안 축적되는 눈이 일찍 녹도록 할 것이다.

- **산호초는 특히 도전을 받게 되는데** 그 이유는 수온의 상승과 해양 산성도의 증가에 의하여 영향을 받게 되기 때문이다. 많은 산호 종은 좁은 온도 범위에 적응되어 있다. 온도가 너무 높아지면 산호초는 사멸된다. 이산화탄소가 물에 용해되면 산을 형성한다. 산성도의 증가는 산호의 골격과 다른 많은 생물의 패각이 용해되도록 한다. 이는 이러한 생물들이 골격과 패각을 형성하는 칼슘염을 해양으로부터 침전하는 것을 어렵게 한다.
- **저지대 섬과 해안선**은 해수면의 상승에 특히 영향을 받을 것이다. 맹그로브 숲(홍수림)은 극단적인 날씨와 폭풍 해일에 의하여 침수되고 영향을 받을 것이다.

농업에 대한 도전과 식량 공급

기후는 작물 산출에 크게 영향을 미친다. 가뭄과 열 스트레스가 증가하는 지역의 산출은 감소할 것이다. 강우량의 증가와 온도의 상승이 일어나는 지역에서는 산출이 증가할 것이다. 그러나 가혹한 날씨는 산출에 영향을 미치는 작물 손상을 초래할 것이다. 온난한 기후는 작물 분포의 유연성을 감소시키고 관개 수요를 증가할 것이다. 곤충 해충의 지리적 범위의 확장도 취약성을 증가시키고 농약의 사용을 증

표 15.2 온실기체 증가의 결과

주된 변화	지구적 영향	생태계적 결과	문화적 결과
특히 극지방으로 기후의 온난화	영구동토의 해동	영구동토의 해동으로 툰드라 생물군계의 변화	북극 원주민이 영향을 받음
	해빙의 감소	해빙에 의존하는 북극과 남극의 생물이 위협받음	해양생물을 사냥하는 북극 원주민에 부정적인 영향
	빙하의 녹음	강물 흐름의 부피와 시기의 변화	물의 공급원으로서 빙하의 신뢰성이 감소
	강설량과 적설의 감소	녹는 눈으로부터 물의 조기 방출과 방출량의 감소	인간이 사용할 수 있는 관개의 시기와 양에 영향
	식물과 동물 개체군의 변화	극지방으로 식물과 동물 분포의 이동	열대 질병이 온대 지역으로 이동할 수 있음
			농업의 양식에 변화가 필요
기상 양상의 변화	중위도와 일부 아열대 지역의 강우량 감소	사막의 건조화와 일부 지역의 가뭄	농업의 양식에 변화가 필요
			건조 기후의 물 부족
	극지방과 열대지방 일부의 강우량 증가	유출량의 증가는 침식과 강 유량의 증가를 초래	농업의 양식에 변화가 필요
	혹서의 증가	고온에 대처하지 못하기 때문에 일부 생물종의 감소	고온은 대기오염 문제를 더 심각하게 함
			고온은 건강에 부정적으로 영향을 미침
	폭풍의 증가	바람, 범람, 침식에 의하여 생태계의 변경	건물과 기반시설의 파괴
			도시와 농경지의 범람
해양의 온난화		따뜻한 물에 의하여 산호초의 위협	생물다양성과 해양 자원의 상실
		북극과 남극의 해양 먹이사슬의 변화	수산업에 영향
해수면 상승	따뜻한 물의 팽창은 해수면 상승을 초래	연안 범람은 맹그로브와 염습지에 영향	연안 범람은 도시와 농업에 영향을 미침
	빙하의 해빙은 해양의 부피를 추가하여 해수면 상승을 초래		범람에 대처하는 비용
해양 산성화	해수에 이산화탄소의 용해는 해양을 산성화	산호와 패각을 형성하는 생물이 위협을 받음	생물다양성과 해양 자원의 상실

가시킬 것이다. 이러한 영향에도 불구하고, 지구 전체의 식량 생산은 기후에 의하여 실질적으로 변화하지 않을 것으로 예상되지만, 지역적으로 부정적인 영향은 나타날 수 있다. 선진국의 농경시스템은 고도로 적응되었으며 산출에 극적인 감소가 없이 기후변화의 예상되는 범위에 대처할 수 있을 것이다. 이미 기아에 처해있는 빈곤한 국가가 농업생산성의 뚜렷한 감소로 인하여 고통을 받게 될 것이다. 표 15.2에 지구 온난화와 기후변화의 결과와 관련된 주요한 점을 요약하였다.

15.7 기후변화 대처

기후변화에 대처하는 접근방법에는 정치적 의지 및 경제적 현실과 결합된 기술적 변화가 포함된다.

에너지 효율성과 청정 에너지

화석연료의 연소는 가장 중요한 온실기체인 이산화탄소를 방출하기 때문에, 에너지 효율을 개선하는 것은 이산화탄소의 방출을 감소하고 감소하는 에너지 자원을 보존하는 이중의 효과를 가진다. 지구 온난화가 우려가 아니더라도 에너지 효율을 증가하는 것은 의미가 있다. 효율성을 증가시키는 방향으로 이동하도록 자극하는 한 가지 방법은 개인과 기업이 대기 중으로 방출하는 탄소의 양에 세금을 부과하는 것이다. 이는 연료비용을 상승시키고, 연료비용의 상승은 연료 효율적 제품의 수요를 자극할 것이다. 이는 또한 탄소 함량이 낮은 대체 에너지의 개발을 자극하고 연료 효율성과 대체 연료 기술의 다양한 관점에 대한 연구기금을 발생할 것이다.

에너지 효율의 증가와 온실기체 배출의 감소는 비용을 상쇄할 수 있는 중요한 연관된 이익을 가질 수 있다. 높은 에너지 효율은 대기오염의 감소를 가져오고, 이는 의료비용의 감소와 업무에서 손실되는 시간의 감소를 가져올 것이다. 중국의 대기오염에 대한 연구는 2010년 중국에서 120만 명의 조기사망이 있다고 밝혔다. 손실된 임금과 의료비용의 증가는 돈으로 환산될 수 있어서, 연료 효율성의 개선과 오염 감소에 소요된 비용은 의료비용의 감소와 노동 생산성의 증가로 상쇄될 수 있다. 에너지 효율성의 개선은 또한 새로운 발전소의 수요와 관련된 에너지 기반시설의 감소를 가져온다.

핵 발전과 함께 풍력, 태양, 수력발전과 같은 청정 에너지원은 이산화탄소를 방출하지 않는다. 따라서 청정 에너지원으로 전환하는 것은 이산화탄소 배출을 감소하는 가장 효과적인 방법이다.

바이오매스의 역할

탄소는 생명체의 중요한 구성요소이기 때문에, 바이오매스에 일어나는 일은 대기 중 이산화탄소를 결정하는데 중요한 역할을 한다. 삼림은 탄소를 수 세기 동안 묶어놓을 수 있는 오래 생존하는 나무로 구성되어 있다(그림 15.8). 삼림을 보전하는 것은 대기 이산화탄소 증가속도를 감소시킨다. 이는 특히 열대림에 대하여 사실인데 열대림은 세계에서 남아있는 주요한 변형되지 않는 삼림지역이며 이산화탄소를 포획하는데 매우 효율적이기 때문이다. 농경지나 목초지를 제공하기 위하여 열대우림을 태우는 것은 대기로 이산화탄소를 추가할 뿐 아니라, 열대우림이 대기로부터 이산화탄소를 제거하는 능력도 감소시키는데, 이는 조성된 초지나 농장이 열대우림만큼 효율적으로 이산화탄소를 제거하지 못하기 때문이다. 더 나아가 세계 이러한 지역의 목초지와 농장은 수년 후 종종 버려지며 원래의 삼림 상태로 돌아가지 않는다. 대기로 들어가는 추가적인 이산화탄소의 20%가 삼림벌채에 의한 것이라는 것이 일반적으로 인용되는 추정치이다.

그림 15.8 삼림은 탄소를 저장한다: 나무는 바이오매스를 생산하기 위하여 이산화탄소를 사용하고 오랜 기간 생존하기 때문에, 삼림은 대량의 탄소를 저장할 수 있다.

나무를 심는 것도 대기 이산화탄소를 감소하는 방법으로 지지되었다. 분명히 나무와 같은 오래 사는 식물은 풀이나 다른 짧은 기간 생존하는 식물에 비하여 오랜 기간 동안 탄소를 묶어둔다. 많은 민간단체와 함께 시, 주, 국가 행정부는 식목 프로그램을 시작하였다. 이러한 프로그램의 동기 중 최소한 하나는 지구 온난화에 대처하는 것이다.

많은 비평가들은 이러한 접근방법이 단지 단기적 이익을 제공한다고 주장하는데, 그 이유는 궁극적으로 나무는 성숙하여 죽고, 분해되면 나중에 대기 중으로 이산화탄소를 방출한다는 것이다.

기술적 접근

미국 에너지성은 이미 검증된 기술에 주로 의존해서도 미국은 매년 4억 톤의 탄소배출을 감소할 수 있으며, 이는 미국의 탄소배출을 1990년 수준으로 안정화시키는데 충분하다고 결론 내렸다.

대기 중으로 추가되는 이산화탄소의 양을 제한하는 방법으로 많은 다양한 종류의 기술적인 접근방법이 제시되었다.

과학, 정치, 정책

기후변화에 대한 정책 대응

과학자들은 사회에 영향을 미치는 많은 환경적, 기술적 문제에 대한 기본적인 지식을 가지고 있지만, 정치가와 사회단체는 정책에 영향을 미치는 힘을 가지고 있다. 본질상 과학은 스스로 수정하는 활동이다. 자연계의 활동을 설명하는데 한때는 적절하였던 이론은 새로운 발견이 나타났을 때 상이한 이해로 대체되었다. 따라서 확률의 형태로 아이디어를 설명하고 대안적인 설명에 문을 항상 열어두는 것이 과학자의 본성이다. 이러한 사고의 방식은 대중과 정책결정자에 의하여 정보의 신뢰도에 대한 신중한 설명이 아니라 이해의 부족으로 종종 오해된다. 더 나아가 과학적 지식은 정책결정자의 사고에 정보를 제공하는 단지 하나의 입력일 따름이다. 경제적, 정치적, 사회적 요인, 심지어는 개인적 편견과 야망도 중요하다.

과학과 정책 사이의 긴장은 기후변화에 대한 논쟁에서 매우 명확하다. 예를 들면 기후변화에 대한 세계적인 권위 기구인 IPCC는 "기후변화에 대한 과학적인 발견은 정책적으로 중립이어야 한다"라고 하는 것을 요구하는 선언에서 이러한 긴장을 인식한다. IPCC는 기후변화의 가능한 원인과 결과에 대한 정보와 정보의 신뢰성에 대한 정보를 제공하지만 문제에 대하여 어떻게 대처할지에 대하여는 정책결정자에게 이야기하지 않는다. 예를 들면 IPCC는 대기 중 이산화탄소 증가의 원인이 화석연료를 연소하는 인간 활동이라고 명백하게 주장한다. IPCC는 더 나아가 과학이 대기 중 이산화탄소의 양과 지구 기후변화 사이에 연결이 있고 지구가 더 워진다고 주장한다. 이러한 정보를 가지고 정책결정자들은 교란된 기후로부터 초래되는 문제를 다루는 정치적 지도력을 제공해야 하며, 여기에는 에너지 정책의 변화, 이산화탄소 배출의 제한, 범람을 방지하기 위한 제방의 강화와 높이기, 또는 저지대 마을의 이전 등이 포함된다.

1997년 교토의정서는, 1992년 UN의 기후변화에 대한 구조 협정에서 발전되었는데, 상당한 정책 혼란을 초래하였다. 예를 들면 의정서에는 전 세계 배출의 단지 1/3만이 지배를 받는다. 현재 세계 열 포획 기체의 주요한 생산자인 중국과 기타 개발도상국은 교토의정서에 의한 온실기체 배출 제한을 요구받지 않는다. 온실기체 배출은 지속적으로 증가하였다. 반면에 의정서는 지도력과 국제적 목표의 결합을 제공하였다. 조약에 서명한 국가에서(미국은 서명하지 않았음) 의정서는 재생가능 에너지 보조금의 격려, 에너지 효율성의 강화, 배출 신용의 배출권 거래 시장인 유럽 기후 거래소 (European Climate Exchange)의 박차를 가하였다.

미국에서 기후변화 정책이 상당 수 있지만 종종 협조와 일관성이 결여되어 있고 명백한 국가 정책이 없다. 예를 들면 다음과 같다.

- 건물은 에너지의 40%를 소비하지만, 에너지 효율의 건물 규칙은 지역적으로 제정되었고 어떠한 조정도 없다.
- 31개 주는 특정한 일시까지 전기의 일부를 재생가능한 공급원에서 구하도록 요구하는 재생가능한 에너지 포트폴리오 기준을 가지고 있다. 추가적으로 7개의 주는 의무적이 아닌 재생가능한 에너지 목표를 가지고 있다. 그러나 요구되는 재생가능한 에너지의 비율, 시행의 일시, 심지어는 무엇이 "재생가능"으로 간주되는가는 주에 따라 상이하다.
- 공익사업의 이윤으로부터 전기 소비를 분리하기 위하여 뒤범벅된 주의 노력은 공익사업이 전력을 더 많이 판매하기보다는 에너지를 절약하는 노력을 장려하도록 한다.

많은 사람들은 기후변화를 다루는 에너지 정책에 대한 조화된 연방의 노력이 미국에서 필요하다고 주장한다. 그들은 주요 연방 재정 장려금과 대출 보증은 새로 생겨나는 재생가능 에너지 산업을 크게 도와줄 수 있다고 믿는다. 에너지와 기후변화에 대한 명확한 국가 정책의 결여는 기업이 중요한 비즈니스 결정을 하기 어렵게 만든다.

녹색 행진

독일의 에너지 정책: 기후변화에 대한 대응

EU는 2002년 교토의정서를 비준하였다. 그 이후 많은 유럽 국가들은 주로 이산화탄소인 온실기체의 생산을 감소하기 위하여 주요한 노력을 하였다. 특히 독일은 이산화탄소 배출을 감소시킨 에너지 정책을 개발하였다.

다음은 독일 정부의 중요한 정책 발의의 일부이다.

- 재생가능 에너지 자원 법률은 2020년까지 전기의 20%를 재생가능 공급원에서 제공하는 것으로 목표를 설정하였다.
- 건물의 에너지 효율성을 개선하기 위하여 저금리 대출이 제공되었다.
- 건물에 에너지 사용 증명이 요구되었다.
- 석탄, 코크스, 갈탄의 사용에 세금이 부과되었다.
- 자동차 화물에 거리에 따른 세금이 부과되었다.
- 전기기구의 Blue Angel 환경 표지가 제정되었다.
- 이산화탄소 배출 거래법이 시행되었다.
- 태양 에너지 기술의 설치를 위하여 저금리 대출이 제공되었다.

이러한 정책들은 에너지 사용과 이산화탄소 배출에 뚜렷한 변화를 가져왔다. 독일은 태양광발전에 지리적으로 가장 유리한 지역이 아니지만, 독일은 2013년 전 세계 설치 용량의 약 25%를 차지하였다. 태양 에너지는 난방 목적으로도 사용된다. 태양 용량의 성장은 정부 에너지 정책의 일부분인 보조금에 의하여 주로 추진된다. 2013년 독일은 세계 풍력발전 용량의 11%를 차지하였다. 2013년 전기의 약 29%가 재생가능 에너지원에서 생산되었다. 이러한 정책의 결과로, 에너지 효율은 개선되었으며 이산화탄소 배출은 감소하였다.

이러한 발의의 성공과 목표가 계획보다 앞서 달성되었다는 사실은 독일 정부가 2010년 새로운 더 공격적인 다음의 목표를 발표하도록 하였다.

- 2020년까지 재생가능 공급원에서 에너지의 35%를 제공하고 2050년까지는 80%를 제공한다.
- 에너지 효율을 개선하여 전기 소비를 2050년까지 50% 감소한다.
- 모든 에너지의 18%를 2020년까지 재생가능 공급원에서 제공하고 2050년까지는 60%를 제공한다.

풍력, 태양, 수력, 지열, 핵 발전과 같은 대체 에너지원은 이산화탄소를 방출하지 않으며 현재의 화석연료 에너지 공급원을 대체할 수 있다. 그러나 화석연료는 현재 세계 에너지의 거의 90%를 제공하기 때문에, 비화석연료 에너지원으로 변환하는 것은 엄청난 새로운 건설과 기술적인 진보를 필요로 한다.

이산화탄소 문제에 대한 또 다른 접근방법은 대기 중으로 방출되는 것을 방지하는 것이다. 이산화탄소는 다른 화합물과 반응하여 매립지에 저장되어 이산화탄소 기체의 방출을 방지하는 고체 탄산염 광물(석회석은 탄산칼슘이다)을 생산할 수 있다. 또한 이산화탄소를 포획하여 염수 지하수 퇴적층과 고갈된 석유와 천연가스 생산 유정과 같은 지하에 이산화탄소를 저장하는 것도 가능하다.

그러나 이러한 모든 기술적 변화는 소비자에게 에너지 가격에 반영되는 비용이 소요된다. 따라서 에너지의 화석연료 공급원이 비화석연료 대안에 비하여 저렴하고 이산화탄소를 제거하는 것이 에너지 비용을 상당히 증가시키는 한, 이러한 기술의 전개를 자극하는 정부 정책이 필요하다. 산업화된 국가의 좋은 예를 들어보면 덴마크와 독일의 풍력 구입 프로그램, 일본의 1만개 지붕 광기전 프로그램, 미국과 유럽에서 청정에너지 기술로 생산된 전기에 온당한 할증 가격을 지불하려는 소비자의 자발성을 획득하기 위한 "청정 마케팅" 캠페인의 발전 등을 포함한다.

이슈와 분석

누가 CO_2 배출을 감소해야 하는가?

우측 도표는 2011년 CO_2 배출의 상위 10개 국가를 보여준다. 이 10개국은 세계 CO_2 배출의 67%를 차지한다. 따라서 이러한 국가들이 미래의 CO_2 배출과 대기 중 CO_2 양의 증가의 결과로 발생할 기후변화 영향의 심각성에 커다란 영향을 미칠 것이다. 중국은 세계 CO_2 배출의 25% 이상을 차지하고 미국은 약 17%를 차지한다. 그러나 중국과 미국은 인구가 많기 때문에 인구가 작은 국가에 비하여 더 많은 이산화탄소를 배출하리라 예상한다.

배출을 살펴보는 다른 방식은 1인당 생산되는 배출을 비교하는 것이다. 1인당 기준에서 미국은 중국에 비하여 2.3배의 CO_2를 더 배출한다. 일본과 독일과 같은 일부 선진국은 미국에 비하여 낮은 1인당 CO_2 배출을 나타낸다. 미국에 비하여 일본의 1인당 CO_2 생산은 60%이고 독일은 절반이다. 인도와 러시아는 1인당 CO_2 배출이 낮은 인구가 많은 국가이다. 이들이 중국과 비슷한 경제성장을 하면 세계의 CO_2 배출은 크게 증가할 것이다. 세계적인 CO_2 배출을 감소하기를 원한다면, 전체 배출의 큰 부분을 차지하는 국가들이 배출을 감소해야 한다는 것이 명백하다. 또한 경제적 성장을 원하는 국가들(러시아, 인도, 그리고 많은 국가들)은 이산화탄소 배출을 증가시키지 않고 성장해야만 한다.

- 이산화탄소 배출을 감소하기 위하여 미국과 중국은 어떠한 행동을 취할 수 있는가?
- 신흥 산업국이 이산화탄소 배출을 증가시키지 않고 경제적으로 발전하도록 장려하기 위하여 국제사회는 어떠한 행동을 취할 수 있는가?
- 여러분은 모든 국가에 탄소세를 부과하는 조약을 지지하는가?

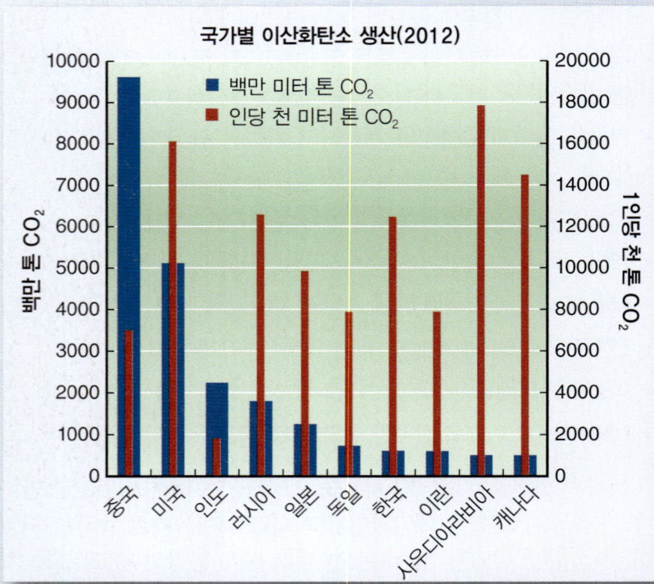

출처 : Data from Global Carbon Atlas

국제 협약

CFC가 자외선 조사로부터 우리를 보호하는 성층권 오존층을 파괴한다는 인식과 함께, 방출되는 CFC의 양을 뚜렷이 감소시키도록 하는 국제 협약이 체결되었다. CFC를 단계적으로 제거하는 것은 상당한 기술적 변화를 필요로 하였지만, 일단 광범위한 국제적 합의에 도달하고 계획이 수립되자 변화는 매우 빠르게 일어났다. 최근의 자료에 의하면 대기 중의 CFC가 감소하기 시작하였다는 것을 보여준다. CFC는 기후변화 시나리오에서 사소한 역할을 하지만, 오존층을 보호하기 위하여 형성된 변화는 강력한 온실기체를 감소하는 부수적인 이익도 가져왔다. 14장의 오존 결핍에 관한 절을 참고한다.

1997년 온실기체 배출에 대한 국제적 협약인 교토의정서는 문제를 경감하는 세계적인 접근방법으로의 첫 걸음이었다. 미국은 공식적으로 조약을 비준하지 않았지만, 최근에 열린 일련의 기후변화 회의에 적극적으로 참여하였다. 그러나 교토의정서 하에서는 경제적으로 선진국만 1990년 수준의 특정한 비율 이하로 온실기체 배출을 감소하도록 요구되었다. 선진국은 2012년까지 목표를 달성하도록 요구되었다. 거의 모든 라틴아메리카, 아프리카, 아시아 국가를 포함하는 개발도상국은 충족해야 할 구속력을 가진 목표가 없다. 2006년 중국이 세계 최대의 이산화탄소 배출국이 되었으며 미국은 두 번째이다. 유럽 국가들은 온실기체 배출을 감소하는데 가장 성공적이었다. 고도로 산업화된 국가들은 적극적으로 온실기체 감소를 가져오는 변화를 촉진한다. 다른 국가들은 많은 유럽 국가의 주요한 경제 침체로 인하여 목표를 달성하고 있다. 경제가 좋지 않을 때는 에너지 사용은 감소하고 이산화탄소 배출도 감소한다. 교토의정서는 2012년 종료되었으며, 2012년 12월 카타르 Doha의 회의에서 의정서를 2020년까지 연장하기 위한 합의에 도달하였다. 유럽은 일반적으로 온실기체 배출의 목표를 충족하였지만, 대부분의 개발도상국은 충족해야 할 목표가 없었으며 온실기체 배출은 지속적으로 증가하였다.

목표의 문제는 2013년 11월 폴란드 Warsaw에서 개최된 기후회의의 중심 문제가 되었다. 온실기체의 약 절반이 빈곤국에서 발생하고 그들은 충족해야 할 온실기체 배출에 대한 의무적인 목표가 없다는 사실에도 불구하고, 그들은 기후변화에 대처하는 것을 돕도록 부유한 국가에서 자금지원(매년 1천억 달러)을 지속적으로 요청하였다. Warsaw 회의는 개발도상국에 대한 재정지원이나 배출 감소에 대한 확실한 목표가 없이 종료되었다.

그러나 한 가지 긍정적인 결과는 달성되었다. 모든 국가는 2015년 파리 회담 전인 2015년 초까지 기후변화에 대처하기 위한 계획을 발표하도록 되었다. 2020년 새로운 목표들이 발효될 것이며 파리 회담은 이러한 목표를 설정하는 첫 단계가 될 것이다.

요약

기후변화의 개념은 새로운 것이 아니다. 지질학적 연구는 지구 역사를 통하여 기후가 크게 변화하였다는 것을 증명하였다. 오늘날의 기후변화는 인간 활동에 의하여 유발되는 가능성이 매우 높다는 점에서 상이하다. 주된 온실기체는 이산화탄소, 아산화질소, 메탄, CFC이다. 이러한 기체는 지구의 평균 온도 상승과 강하게 연관되어 있으며, 결과적으로 기후에 주요한 변화를 초래한다. 여기에는 지구의 온난화, 특히 극지방에서의 온난화가 포함된다. 온난화는 영구동토, 빙하, 해빙이 녹도록 하며; 강우와 강설 양상의 변화; 식물과 동물 분포의 이동; 강력한 혹서와 극심한 폭풍; 해수면의 상승; 해양 산성화를 초래한다. 기후변화의 다른 가능한 영향은 인간의 건강에 미치는 영향, 일부 식물과 동물의 절멸, 도시의 범람, 농업 생산성의 변화이다. 기후변화에 연관된 주요한 요인은 화석연료의 연소에서 방출되는 이산화탄소이다. 화석연료의 사용은 경제발전과 밀접하게 연관되기 때문에, 많은 개발도상국은 화석연료 사용의 제한을 받아들이지 않으려 한다.

녹색 활동

1. 육류를 적게 먹는다. 소는 메탄을 생산한다.

2. 전기 회사로부터 환경 친화적 에너지를 구입한다.

3. 에너지를 적게 사용하면 이산화탄소도 적게 방출된다.

4. 할 수 있는 한 자주 걷거나 자전거를 탄다.

복습문제

1. 기후변화를 이해하는데 지질학 연구가 왜 중요한가?
2. 다음은 우리가 기후변화를 이해하는데 어떻게 도움이 되는가?
   a. 식물의 개화시기에 대한 연구
   b. 해양의 pH 측정
   c. 어느 지역의 적설량에 대한 위성사진
   d. 해수면 측정
   e. 빙하에 포집된 기포
   f. 새의 이동 방식
3. 주요한 온실기체는 무엇이며 인간의 활동은 그들의 농도에 어떻게 영향을 미치는가?
4. 온실기체는 어떻게 지구의 온난화를 유발하는가?
5. 지구 온난화의 결과로 지구와 지구생태계에 발생하리라고 생각되는 5가지 변화를 열거한다.
6. 추가적인 온실기체의 방출을 감소하기 위하여 인간이 취할 수 있는 활동 3가지를 열거한다.
7. 대기 중 이산화탄소의 증가가 어떻게 해양을 변화시킬 수 있는지 설명한다.
8. 기후변화는 어떻게 인간의 건강에 영향을 미치는가?
9. 인간의 노력은 이산화탄소 방출을 제어하는데 얼마나 효과가 있었는가?
10. 온난한 기후의 결과로 수문학적 순환에 발생할 수 있는 5가지 변화를 열거한다.
11. 온난해지는 기후는 왜 해수면을 상승하게 하는가?

비판적 사고 문제

1. 기후변화가 문제라는 것을 부인하는 많은 사람은 장기적 자료가 아니라 특히 단기적 자료를 주시한다. 이는 지구 기후변화의 실제적 상황을 어떻게 왜곡하는가?
2. 일부 개발도상국은 온실기체 생산의 제한에서 제외되어야 하며 선진국이 지구 기후변화를 억제하는데 필요한 것으로 보이는 변화를 정면에서 맞서야 한다고 주장한다. 이러한 주장에는 어떠한 가치, 신념, 전망이 근저에 있는가? 여러분은 이러한 주장에 대하여 어떻게 생각하는가?
3. 중국과 미국은 온실기체 방출의 상위 2개 국가이다. 이는 왜 사실인가? 이러한 상태를 변화시키기 위하여 무엇을 할 수 있는가?

chapter 16

고형폐기물 관리와 처리

Solid Waste Management and Disposal

CHAPTER OUTLINE

◀ 우리는 일상생활에 물질을 사용하면서 폐기물을 생산한다. 폐기물의 대부분은 매립장으로 간다. 그러나 현재 형태로 더 이상 필요가 없는 많은 물질은 다른 방식으로 사용되기 위하여 재활용될 수 있다. 대부분의 지역사회는 매립장으로 보내지는 폐기물의 양을 감소하기 위한 재활용 프로그램을 가지고 있다.

목적

이 장을 학습한 후 여러분은 다음을 달성하여야 한다.

- 세계 전체에 걸쳐 고형폐기물이 왜 문제인지 설명한다.
- 도시 고형폐기물 관리는 경제, 기술의 변화, 시민의 의식과 참여에 의하여 직접적으로 영향을 받는다는 것을 이해한다.
- 폐기물 처분의 다양한 방법과 각 방법과 연관된 문제점을 서술한다.
- 새로운 도시 매립장을 개발하는데 있어서 어려움을 이해한다.
- 폐기물 처분방법으로서 소각과 연관된 문제점을 정의한다.
- 발생원 감소의 몇 가지 방법에 대하여 묘사한다.
- 퇴비화에 대하여 서술하고 어떻게 고형폐기물 처분에 적합한지 설명한다.
- 재활용의 몇 가지 장점과 단점을 열거한다.
- 전기폐기물의 증대하는 문제점을 이해한다.
- 매립장 기체가 어떻게 전기로 변환되는지 이해한다.
- 소비자 포장에 사용되는 상이한 수지 제품을 이해한다.

고형폐기물 문제에 대한 혁신적 접근방법

고형폐기물 처분은 모든 사회의 문제이다. 종종 틀에서 벗어난 생각을 하면 문제를 해결하는 혁신적인 방법을 찾을 수 있다.

1. *낡은 병에 새 포도주를*—영국은 세계에서 가장 포도주를 많이 수입하는 국가 중 하나이다. 포도주와 함께 수백만 개의 색깔 있는 유리병이 파생되며 이는 재순환되어야만 한다. 영국에는 색깔 있는 유리병의 시장이 없었다. 문제의 간단한 해결책은 커다란 통으로 포도주를 수입하여 색깔 있는 유리로 영국에서 만든 병에 채우는 것이다.
2. *재활용 점수*—RecycleBank는 지역 상인으로부터 보상받을 수 있는 점수를 주택 소유자에게 제공하여 재순환을 촉진하는 상업이다. 쓰레기를 수거하는 경로에 있는 모든 가족에게 컴퓨터 칩이 부착된 특별한 용기를 지급한다. 쓰레기차가 재활용 용기를 수집하면, 용기의 무게를 측정하여 각 가족이 얼마나 많은 무게를 재활용하였는지 기록하고 그들이 받게 될 점수를 계산한다. RecycleBank는 시와 서비스를 제공하기 위한 계약을 하며 시는 재활용률을 높여서 이익을 얻는다.
3. *생산자 책임 재활용*—독일과 스웨덴은 제조자가 제조시 발생하는 폐기물을 고려하고 제품의 유효기간이 지난 후 제품을 안전하게 처분하는 것을 보장하도록 요구하는 입법을 통과하였다. 이 생산자 책임 재활용(extended product responsibility) 제도는 회사가 폐기물 처분 비용을 대중에 전가하기 보다는 폐기물 발생을 줄이도록 하는 강력한 경제적 유인책을 제공한다. 이러한 활동의 결과와 폐기물 감소에 대한 일반적인 책무로 인하여 독일과 스웨덴은 1% 미만의 폐기물을 매립한다. 99% 이상은 재활용되거나 연소하여 열과 전기를 생산한다.
4. *주 전체의 가두 재활용*—델라웨어 주는 모든 상업이 포괄적인 재활용 프로그램에 참여하고 모든 폐기물 운송업자는 최소 2주에 한번 가두 재활용을 제공하도록 요구하는 획일적인 재활용법을 통과하였다. 재활용품은 거의 모든 종이제품, 병, 캔과 기타 용기, 단단한 플라스틱이다. 재활용품은 물질회수시설로 보내진다. 이 법안은 1982년부터 시행되었던 병 예치금법을 대체하였다.

16.1 고형폐기물의 유형

기술사회에 의하여 발생하는 폐기물의 여러 종류는 여러 가지 방식으로 범주화될 수 있다. 어떤 종류의 폐기물은 대기 중이나 물로 방출된다. 일부는 의도적으로 방출되는 반면에 어떤 것은 우연히 방출된다. 의도적으로 배출되는 많은 폐기물은 배출 전에 처리된다. 물과 대기 중으로 배출되는 폐기물은 각각 13장과 14장에서 논의된다. 핵폐기물, 의료폐기물, 산업유해폐기물, 가정유해폐기물과 같은 특히 위험한 특징을 가진 폐기물이 있다. 이 장은 고형폐기물에 초점을 맞춘다.

고형폐기물(solid waste)은 일반적으로 발생한 곳에서 운반되는 물 또는 대기운반 폐기물에 반하여 발생한 장소에 축적되는 물체 또는 입자로 이루어져 있다. 고형폐기물은 전형적으로 광업, 농업, 제조업, 도시와 같은 발생의 원인이 되는 경제 분야에 의하여 범주화된다.

엄격하게 규제되는 폐기물(유해폐기물, 도시 고형폐기물, 의료폐기물, 핵폐기물)의 흐름에 대해서는 정보가 매우 정확하지만 채광과 농업 폐기물과 같은 기타 유형의 많은 폐기물에 대해서는 일반적인 추정치만 가지고 있다.

1. 채광폐기물(mining waste)은 3가지 주요한 방식에 의하여 발생된다. 첫 번째로 대부분의 채광작업에서 가치 있는 광석을 얻기 위하여 대량의 암석과 토양이 제거되어야 한다. 이러한 폐기물은 일반적으로 채광 장소의 표면에 남겨진다. 두 번째로 제련작업은 광석에서 가치 있는 물질을 추출하기 위하여 다양한 기술을 사용한다. 이러한 기술은 비교적 간단한 분쇄와 분류에서부터 복잡한 화학적 분리과정 등 다양하다. 관련된 기술과 관계없이 가치 있는 물질이 일단 회수되면, 광물 부스러기(광미; tailing)라고 하는 잔존 폐기물은 처분되어야만 한다. 고형물질은 일반적으로 제련 장소 부근의 토지에 투기되며, 액상폐기물은 일반적으로 호지에 저장된다. 이러한 폐기암석과 광물 더미에서 식

생을 생장하는 것은 어려우며 따라서 보기에 좋지 않고 비바람에 노출된다. 마지막으로 광산에서 배수 또는 양수되거나, 폐기암석이나 광미의 더미로부터 흘러나오는 물은 봉쇄되거나 처리되어야 하는 유해물질(석면, 비소, 납, 방사능물질) 또는 고농도의 산을 종종 포함하지만, 처리되지 않는 경우가 빈번하다. 추가적으로 폐기물 호지를 형성하는데 사용되는 흙댐이 붕괴되면 지역의 개울로 오염된 물을 방출하게 한다. 2000~2013년 사이에 세계적으로 25개소 댐이 붕괴되었으며, 이 중 4곳은 미국이었다.

채광폐기물 발생량의 대략적인 추산 이상을 파악하는 것은 어렵지만, 미국 EPS는 미국에서 10억~20억 톤의 채광폐기물이 발생하는 것으로 추산한다. 발생된 총 폐기물 중에서 7억~8억 톤이 유해한 것으로 간주된다.

많은 유형의 채광작업은 채취과정에서 막대한 양의 물을 필요로 한다. 이러한 물의 수질은 저하되며 따라서 음용수, 관개수, 휴양 목적으로 부적합하다. 채광은 지역의 자연 식생을 교란하기 때문에 물은 개울로 토양입자를 운반하고 침식과 침니를 유발한다. 노천채굴과 같은 일부 채광작업은 토양 상부층을 재배열하며 오랜 기간 동안 토양의 생산성을 감소시키거나 배제한다. 노천채굴은 미국 토지의 75,000 km^2를 교란시켰으며, 이는 메인 주의 면적(대한민국 면적의 3/4)에 해당한다.

2. 농업폐기물(agricultural waste)은 두 번째로 흔한 형태의 폐기물이며 가축을 기르고 작물과 나무를 수확하고 처리하는 과정에서 발생하는 폐기물을 포함한다. 연간 발생하는 동물 분변은 약 12억4천만 톤으로 추산된다. 처리과정의 폐기물(벗긴 껍질, 씨앗, 짚, 줄기, 슬러지, 기타 유사한 물질 등)과 같은 농업과 연관된 기타 폐기물은 농업의 연간 총 폐기물을 15억 톤으로 증가시킨다. 대부분의 농업폐기물은 유기물이기 때문에 대략 90%는 비료나 기타 토양증진제로 사용된다. 기타 물질은 에너지원으로 소각되며 농업폐기물은 매립장으로 거의 가지 않는다. 그러나 한 장소에서 너무 많은 폐기물이 발생하면, 유출수와 연관된 수질오염이나 침투로 인한 지하수 오염을 초래하지 않고 농업폐기물을 수용하는데 필요한 농경지가 충분하지 않을 수 있다.

3. 산업 고형폐기물(industrial solid waste) 중에서 채광 이외의 출처는 연간 2억2천만~6억 톤으로 추산된다. 여기에는 해체폐기물, 주물공장 모래, 제조과정의 부스러기, 슬러지, 연소 재, 기타 유사한 물질들이 포함된다. 이러한 물질은 유해한지를 결정하기 위하여 검사된다. 만약 유해폐기물로 분류되면 특별한 유해폐기물 매립장에 처분하여야 한다. 고형폐기물에 추가하여 산업에서 연간 수십억 톤의 액상 폐기물이 발생한다. 물의 산업적 이용에 대해서는 13장에서 논의한다.

표 16.1 미국에서 매년 발생하는 고형폐기물 추정량

폐기물 범주	폐기물 양(백만 톤)
채광폐기물	1,000–2,000
농업폐기물	1,500
산업폐기물	200–600
도시 고형폐기물	230

출처: Estimates from U.S. Environmental Protection Agency, U.S. Geological Survey, and U.S. Department of Agriculture.

4. 도시 고형폐기물(municipal solid waste; MSW)은 부서지거나, 손상되거나, 더 이상 사용하지 않아서 그 지역의 사람들이 더 이상 원하지 않는 모든 물질이다. 이는 가정, 상업지구, 연구소, 일부 산업에서 발생하는 폐기물을 포함하며 연간 2억3천만 톤에 달한다. 표 16.1은 미국에서 발생하는 다양한 종류의 고형폐기물의 추정량을 요약하였다. 음식폐기물은 미국에서 우려가 증가하는 도시 고형폐기물의 한 예이다. 미국 농무성(DOA)에 의하면 국내 판매와 소비를 위하여 생산되는 모든 식품의 25% 이상이 매립장으로 간다. 이는 약 2천5백만 미터톤에 달한다. 미국 가정에서 구입하는 식품의 14%가 버려지는 것으로 추산된다. 일부 지역사회는 상업과 가정 건물에서 음식폐기물을 수집하여 집중적으로 퇴비화하여 영양분이 풍부한 토양을 도시 계획에 사용하거나 일반에게 판매한다. 이 장의 나머지는 도시 고형폐기물의 발생과 처분에 대하여 초점을 맞춘다.

16.2 도시 고형폐기물

사람이 존재하는 모든 곳에서 폐기물 처분이 문제이다. 일부 물품은 부서지거나 마모되면 폐기된다. 잡지, 카탈로그, 신문, 포장재료, 병, 캔은 일시적으로 사용되고 폐기된다. 일시적으로 사용되는 것이 고형폐기물 흐름의 대부분을 차지한다.

미국에서 매년 거의 2억3천만 톤의 도시 고형폐기물이 발생된다. 이는 1인당 매일 2 kg 또는 연간 0.73톤에 해당하는 쓰레기이다. 도시 고형폐기물의 발생량은 1960년 이후 배 이상 증가하였으며, 1인당 발생량은 동일한 시기에 거의

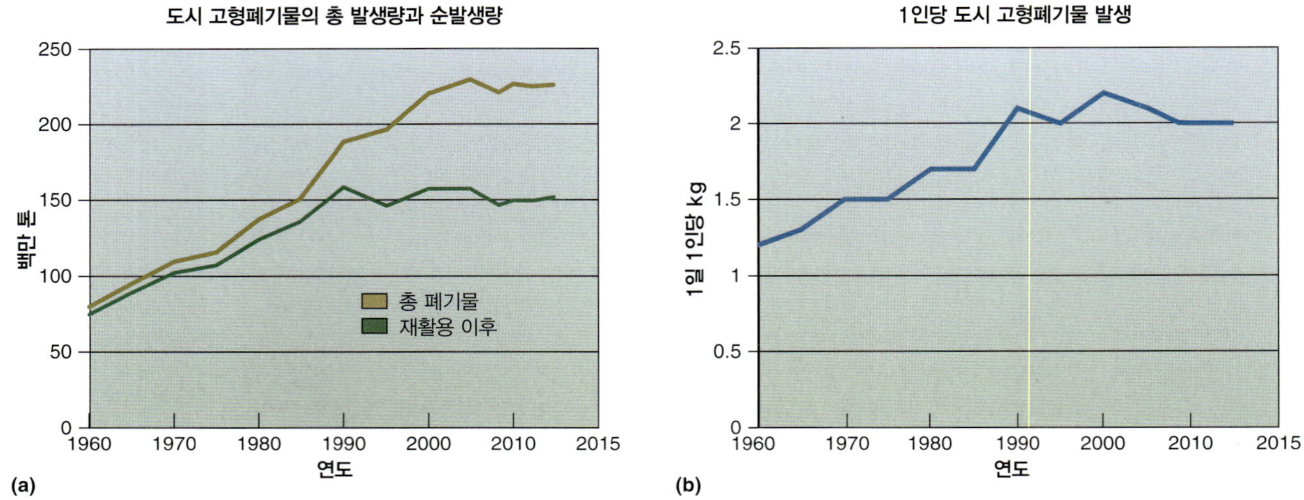

그림 16.1 도시 고형폐기물 발생률: 미국 도시 고형폐기물의 발생률은 2005년까지 꾸준히 증가하였다. 그러나 재활용률의 증가로 순발생률(재활용을 제외한)은 1990년 이후 약간 감소하였으며(a), 1인당 발생률은 안정화되었다(b).

출처: U.S. Environmental Protection Agency, Washington, D.C.

70% 증가하였지만, 1인당 발생량은 1990년 이후 안정화되었다. 총 폐기물 양에서 재활용을 제외하면 순 폐기물 발생량은 1990년 이후 실제로 감소하였다(그림 16.1).

생활수준과 생산성이 높은 국가는 후진국에 비하여 1인당 더 많은 도시 고형폐기물을 발생하는 경향이 있다(그림 16.2). 대도시 지역은 많은 물량과 도시 인근에 적합한 매립장 부지를 찾기 어려워 고형폐기물을 처리하는데 큰 어려움을 겪고 있다.

2011년 3월 New York 시는 Staten Island의 Fresh Kills 매립장을 폐쇄하였다. (이 매립장은 2011년 9월 11일 테러

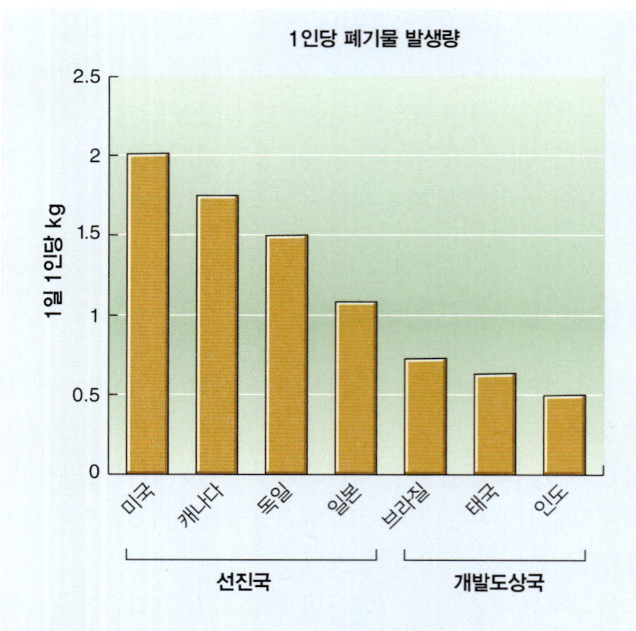

그림 16.2 폐기물 발생과 생활양식: 사람의 폐기물 발생률은 경제적 상태와 직접 관련되어 있다. 부유한 국가의 사람은 빈곤한 국가의 사람에 비하여 더 많은 쓰레기를 발생한다.

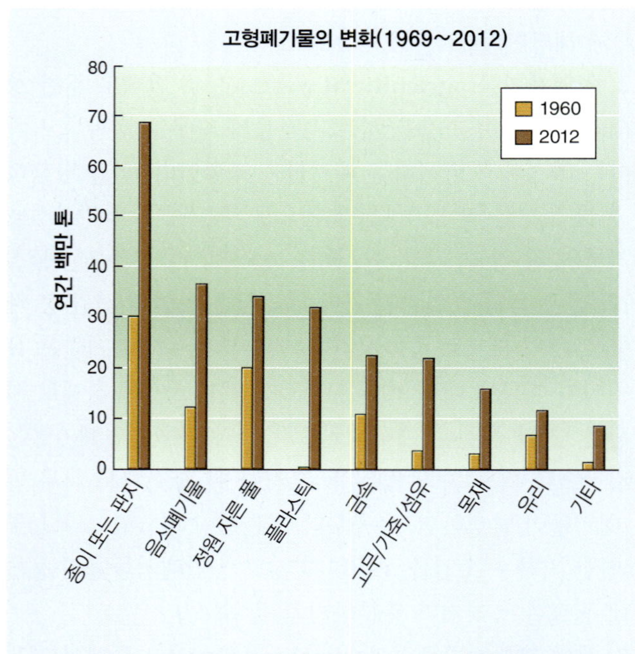

그림 16.3 쓰레기 성질의 변화: 종이 제품이 폐기물 흐름의 가장 큰 성분이다. 생활양식과 포장의 변화는 쓰레기의 성질에 변화를 가져왔다. 폐기물 흐름에서 플라스틱 양의 증가에 주목하시오. 현재 처분되는 것의 대부분은 재활용될 수 있다.

출처: Data from the U.S. Environmental Protection Agency.

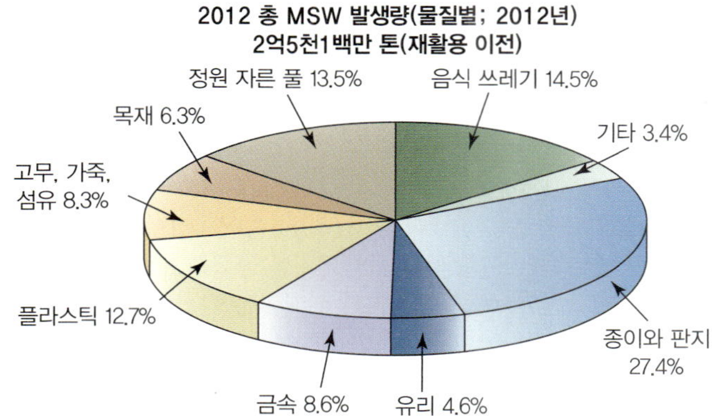

그림 16.4 미국의 쓰레기 조성(2012): 종이, 음식 찌꺼기, 정원 폐기물, 플라스틱이 가장 흔한 폐기물이며, 폐기물 흐름의 거의 70%를 차지한다.
출처: Data from the U.S. Environmental Protection Agency.

리스트들이 공격한 이후 세계무역센터의 폐기물을 처리하기 위하여 잠시 재개하였다.) 폐쇄 전 Fresh Kills 매립장은 세계에서 가장 큰 매립장이었으며 매일 12,600톤의 쓰레기를 수용하였다. 오늘날 New York 시는 폐기물을 펜실베이니아 주, 버지니아 주, 오하이오 주, 사우스캐롤라이나 주, 코네티컷 주, 뉴저지 주의 매립장으로 수출한다. New York 시는 현재 매일 45,000톤의 주거지 고형폐기물이 발생한다. 이러한 폐기물을 바지선, 철로, 트럭을 이용하여 원거리의 매립장으로 운반하는 데에는 비용이 많이 소요된다. 따라서 New York 시는 매립하는 폐기물의 양을 감소하기 위하여 방법을 찾고 있다. 2013년 시는 폐기물에서 발전을 하기 위하여 폐기물 에너지화 회사와 협약을 체결하였다. 시는 또한 시민들이 물질을 재활용하는 교육 프로그램과 식당이 음식폐기물을 감소하기 위한 프로그램도 개발하였다. 고고학자들은 고대 문명의 문화와 생활양식의 본질에 대하여 알기 위하여 과거 사회의 폐기물에 의존한다. 동일한 방식으로 오늘날 도시 고형폐기물은 우리 사회를 반영한다. 그림 16.3에 1960년 이후 미국의 쓰레기 조성이 어떻게 변화하였는지를 나타내었다. 폐기물 흐름의 가장 보편적인 물품은 종이제품, 음식폐기물, 정원 폐기물, 플라스틱이다(그림 16.4).

16.3 폐기물 처분 방법

선사시대부터 현재까지 선호된 처분 방법은 거주 지역 외부나 도시 또는 마을 경계에서 멀리 떨어진 곳에 고형폐기물을 단순히 투기하는 것이었다. 빈번하게 이러한 투기는 다른 목적으로는 소용없는 곳으로 간주된 습지대에 이루어졌

그림 16.5 소각되는 매립장: 과거에 부피를 줄이기 위하여 매립장에서 폐기물을 소각하는 것은 일반적인 관행이었다. 폐기물은 북미와 세계 다른 지역의 인구밀도가 낮은 곳에서 아직도 소각되고 있다.

녹색 행진

쓰레기의 친환경적 처리

쓰레기를 매립장에 매립하면, 존재하는 세균은 유기물을 분해하여 매립장 가스(landfill gas)라고 하는 혼합 기체를 방출한다. 매립장 가스의 약 50%는 이산화탄소(CO_2)이며 50%는 메탄(CH_4)이다. 추가적으로 소량의 다른 화합물이 존재하며 일부는 악취를 발생한다. 매립장 가스는 50%가 메탄이기 때문에 천연가스 절반 정도의 에너지를 가지고 있다. 발생되는 매립장 가스의 양은 매립장에 매립된 폐기물의 유형과 연령, 폐기물 내의 유기물 양과 유형, 폐기물의 수분함량과 온도에 의하여 영향을 받는다. 온도와 습도 수준은 지역 기후에 의하여 영향을 받는다.

탈출하는 매립장 가스는 대기오염물질이기 때문에 모든 매립장은 방출을 제어해야 한다. 추가하여 메탄과 이산화탄소는 온실기체이다. 가스의 이산화탄소 부분에 대하여는 아무것도 할 수 없지만 메탄은 연소될 수 있다. 일부 매립장은 메탄과 기타 악취를 유발하는 화합물을 제거하기 위하여 현장에서 매립장 가스를 단순히 소각한다. 이는 하나의 온실기체를 다른 온실기체로 단순히 변환하지만($CH_4 + O_2 \rightarrow H_2O + CO_2$), 이산화탄소는 메탄에 비하여 덜 강력한 온실기체이다. 그러나 매립장 가스가 연료로 사용되면 소비되는 화석연료의 양을 감소시키기 때문에 전체적인 온실기체 방출량을 감소시킨다.

2013년 미국에는 약 620개소의 매립장이 있었으며 열을 발생하거나 전력 또는 차량에 동력을 제공하는 약 1천억 입방 피트의 매립장 가스를 회수하였다. 이는 미국 총에너지 소비의 매우 작은 양이지만 1백만 이상의 가정에 전기를 공급하기에 충분한 에너지였다. 미국 EPA는 연료원으로서 매립장 가스를 사용할 수 있는 잠재력을 가진 450개소의 추가적인 매립장의 목록을 작성하였다.

매립장 가스 프로젝트의 약 75%는 전기를 생산하는데 이용된다. 그러나 다음의 목록은 매립장 가스가 사용되는 추가적인 방식을 서술한다.

Jackson County, 노스캐롤라이나 주—폐쇄된 매립장의 가스는 카운티가 공공 조경을 위하여 나무를 기르는 온실을 가열하기 위하여 연소된다.

Livermore, 캘리포니아 주—매립장 가스는 압축하여 천연가스를 만들어서 Waste Management, Inc.의 쓰레기 트럭의 연료로 사용된다.

Fargo, 노스다코타 주—Fargo 시는 초기에는 냄새를 감소하기 위하여 매립장 가스를 태웠다. 지역의 농산물 처리회사인 Cargill 사는 보일러에 매립장 가스를 사용하기로 시와 파트너가 되었다.

Greer, 사우스캐롤라이나 주—BMW Roadster를 제조하는 공장은 매립장 가스로 도장 부문(paint shop)에 동력을 공급한다.

다. 폐기물의 부피를 최소화하기 위하여 폐기물 더미는 종종 소각되었다. 불행하게도 이러한 방법은 세계의 원격지나 인구가 드문 곳에서 아직도 사용되고 있다.

더 나은 폐기물 처분기술이 개발되고 가치가 변화하면서, 환경과 삶의 질에 대한 강조가 증가하였다. 폐기물의 투기 또는 개방 연소는 환경 또는 건강 측면에서 더 이상 수용 가능한 관행이 아니다. 지난 수십 년 동안에 폐기물 처분기술은 진화하였지만, 우리가 선택할 수 있는 대안은 제한적이다. 본질적으로 다음 5가지 기술이 사용된다. (1) 매립장, (2) 소각, (3) 퇴비화, (4) 발생원 감소, (5) 재활용이다.

매립장

매립장은 이 방법이 저렴하고 편리하였고, 지하수 오염의 위협은 최초에 인식되지 않았기 때문에, 역사적으로 폐기물 처분의 주된 방법이었다. 불완전하게 설계된 매립장과 연관된 일부 문제를 인식하면서, 매립장으로 가는 물질의 양을 감소하기 위한 노력은 상당하였다. 폐기물 양은 증가하였지만, 퇴비화, 재활용, 에너지를 생산하기 위한 연소는 폐기물 흐름에서 상당한 양의 물질을 제거하였으며, 매립장으로 들어가는 물질의 양은 감소하였다(그림 16.6).

현대식 **도시 고형폐기물 매립장(municipal solid waste landfill)**은 전형적으로 불투수성의 진흙층 위에 건설된다. 매립장 부지의 선정은 적합한 진흙 기저토의 존재, 지하수 지질학, 토양 유형과 같은 지역의 지질학적 조건의 이해에 기초한다. 추가적으로 지역 시민의 우려를 다루는 것도 중요하다. 일단 부지가 선정되면, 사용 준비를 위하여 광범위한 건설 활동이 필요하다. 신규 매립장은 매립된 쓰레기 사이를 통과하여 새어나오는 **침출액(leachate)**이라고 하는 오염된 물을 포집하는 불투수성 안감(liner)과 복합적인 바닥

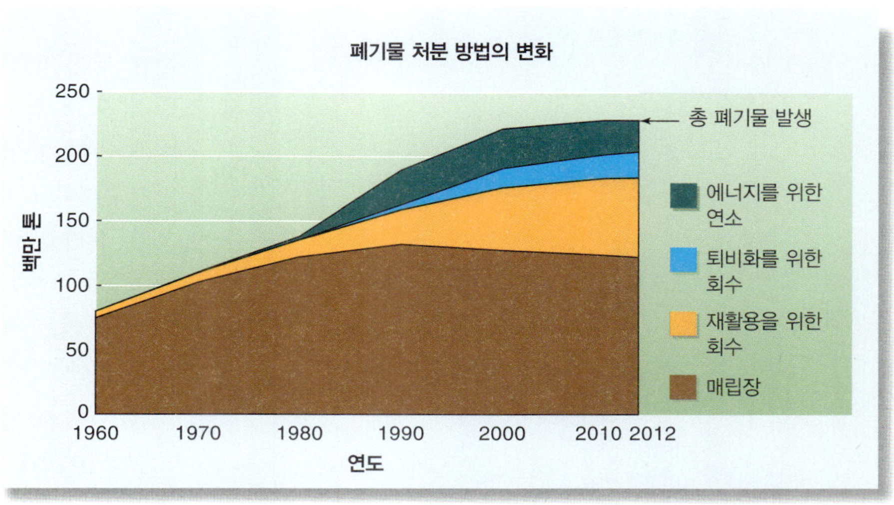

그림 16.6 미국의 폐기물 처분 방법 변화: 매립장은 아직까지 폐기물 처분의 주된 방법이다. 역사적으로 매립장이 처분의 가장 저렴한 수단이었지만, 이는 변하고 있다. 재활용, 퇴비화, 연소로부터 에너지 회수는 상당히 성장하였으며, 매립되는 폐기물의 양은 어느 정도 감소하였다. 이러한 변화의 주요한 이유는 특히 대도시에서 매립장 부지를 획득하는 비용의 증가이다.
출처: Data from the U.S. Environmental Protection Agency.

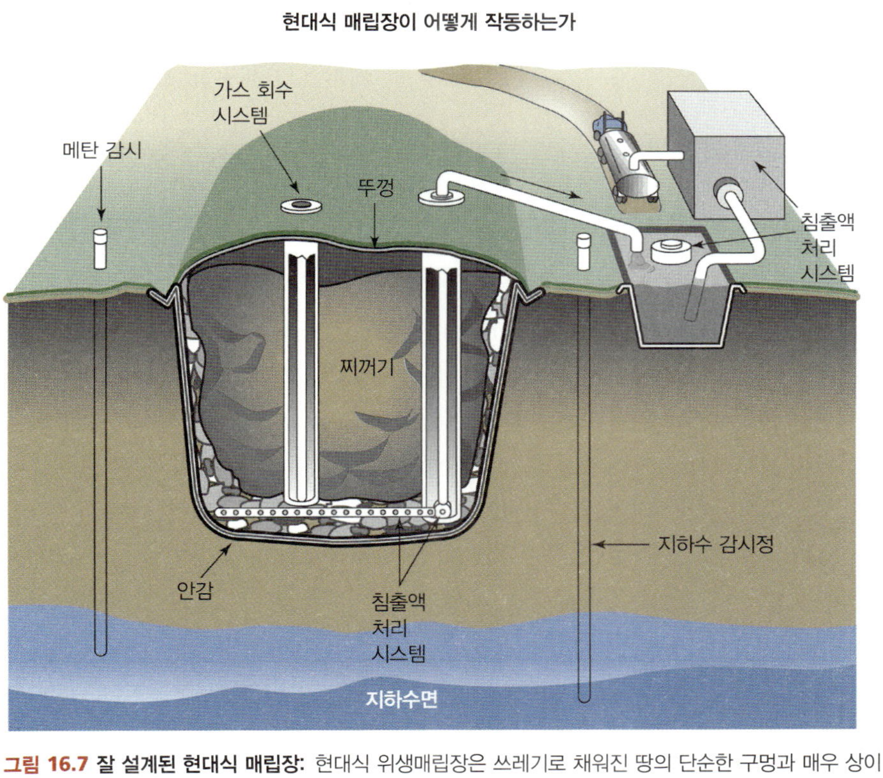

그림 16.7 잘 설계된 현대식 매립장: 현대식 위생매립장은 쓰레기로 채워진 땅의 단순한 구멍과 매우 상이하다. 현대식 매립장은 토양으로부터 불투수성 막으로 분리되고 채워지면 밀봉되는 독립적인 단위이다. 매립장 주위의 지역은 메탄가스와 지하수오염을 감시하여 폐기물이 대기나 지하수로 탈출하지 않도록 보장한다.
출처: National Solid Waste Management Association.

층을 가진다. 매립장으로 내리는 강우는 모든 투기된 액상 폐기물과 결합하여, 폐기물을 통과하여 아래로 이동하면서 수용성 화합물을 용해하고 입자상 물질을 운반한다. 매립장 부지를 통과하여 걸러지는 물은 수집되고 처리되어야 한다. 추가적으로 메탄가스의 생성과 지하수 오염을 탐지하기 위하여 감시 시스템이 필요하다. 어떤 경우에는 분해되는 폐기물에 의하여 생성되는 메탄은 수집되어 열이나 전기를 생산하기 위하여 사용된다. 관련된 기술의 결과로 신규 매립장은 더 복잡해지고 고가가 되고 있다. 현재 1 ha의 매립장을 준비하는데 1백만 달러까지 소요된다(그림 16.7).

오늘날 미국의 도시 고형폐기물의 약 50%가 매립장으로 간다. 매립장의 수는 감소하고 있다. 1988년 미국에는 약 8천 개소의 매립장이 있었지만, 2011년에는 1,908개의 위생매립장이 운용되고 있었다(그림 16.8). 많은 소규모의 어설프게 운영되는 매립장은 규제를 충족시키지 못하여 폐쇄되었다. 다른 매립장은 용량에 도달하여 폐쇄되었다. 그러나 총용량은 신규 매립장의 규모가 오래된 매립장에 비하여 훨씬 크기 때문에 비교적 일정하게 유지되었다.

신규 매립장의 부지를 선정하는 것은 극히 어려운데 그

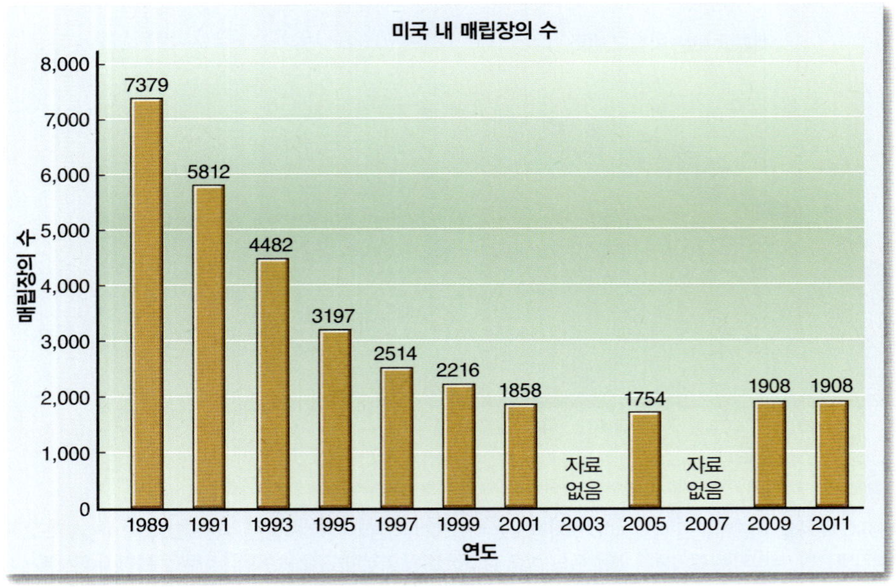

그림 16.8 매립장 수의 감소: 미국 내 매립장 수는 매립장이 가득 차거나 설계와 운영이 환경기준을 충족하지 못하여 폐쇄되어 감소하였다.
출처: Data from the U.S. Environmental Protection Agency.

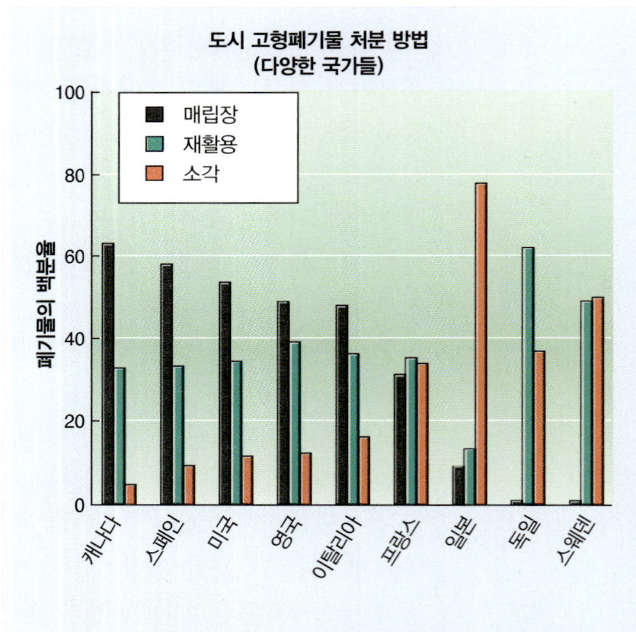

그림 16.9 다양한 국가에서 사용되는 처분 방법: 역사적으로 매립장은 폐기물 처분에 가장 보편적으로 사용된 방법이었지만, 이는 변화하고 있다. 유럽 국가는 생물폐기물(식품, 정원 폐기물 등)을 매립장에서 금지하기로 합의하였으며 매립장으로 가는 폐기물의 양이 감소되도록 퇴비화 프로그램을 제정하였다. 스웨덴과 독일은 도시 고형폐기물 처분 방법으로 매립장을 근본적으로 제외하였으며 높은 재활용률과 소각률을 보인다. 일반적으로 소각은 폐기물 에너지화 공장이다.
출처: Data from individual country sources.

이유는 (1) 지질학적으로 적합한 장소를 찾는 어려움과 (2) 지역의 반대인데, 이는 보통 NIMBY(not-in-my-backyard) 증후군이라 불리는 지역 이기주의이다. 대중의 저항은 지하수 오염, 설치류와 기타 질병 매개체, 냄새, 트럭 교통량에 대한 우려에서 온다. 공무원은 매립장 부지 선정에 대한 논쟁을 피하기 위하여 대안을 찾는다.

일본과 유럽 국가들은 토지의 부족과 연관된 환경 우려로 인하여 이미 주된 폐기물 처분 수단으로서 매립장으로부터 탈피하고 있다. 독일과 스웨덴은 처분 방법으로서 매립장을 제외하였다. 유럽연합 국가들은 매립장으로부터 생물폐기물을 제거하기 위한 계획을 진행하고 있으며, 이는 매립장의 필요를 감소시킨다. 대신에 재활용과 소각이 주된 방법이다(그림 16.9). 추가적으로 소각에 의하여 생산되는 에너지는 발전이나 난방에 사용될 수 있다.

소각

소각(incineration)은 제어된 방식으로 폐기물을 연소하는 과정이다. 오늘날 미국에서 약 12%의 도시 고형폐기물이 소각되며, 캐나다는 약 5%를 소각한다. 일부 소각로는 단지 쓰레기를 연소하는데 사용되지만, 대부분은 열을 포집하여 전기를 생산하기 위한 수증기를 만드는데 이용된다. 전기의 생산은 처분 비용의 일부를 상쇄한다. 미국에는 에너지 회수설비를 가진 소각로가 90여개 있다. 대부분의 소각시설은 처리되지 않은 도시 고형폐기물을 연소한다. 이는 종종 **전량 소각(mass burn)** 기술이라고 한다. 일부 소각로는 소각 전에 수집된 폐기물을 입상체(pellet)로 처리하는 폐기물 고형연료(RDF; refuse-derived fuel)를 사용한다. 이는 타이어와 같은 특정한 종류의 물질에 특히 유용하다.

소각로는 도시 고형폐기물의 양을 부피로는 90%까지 무게로는 75%까지 극적으로 감소시킨다. 그러나 소각의 주요한 위험은 대기질 문제와 재의 독성과 처분에 관련된다.

현대식 소각로는 발생한 오염물질을 거의 모두 포집하는 많은 오염방지 장치를 구비하고 있다. 그러나 특정한 금속,

산성 기체, 다이옥신과 푸란(furan)을 포함하는 미소량의 오염물질이 대기 중으로 방출되며, 이는 선천적 장애와 몇 종류의 암에 연루되어 있다. 배출로 인한 장기적인 위험은 아직 논쟁의 대상이다.

소각 재 또한 중요한 문제이다. 굴뚝에서 포집된 비산재(fly ash)와 이러한 시설에서 수집된 바닥재(bottom ash)에는 소량의 중금속이 존재한다. 재는 납, 카드뮴, 수은, 비소를 배터리, 조명기구, 염료 등으로부터 다양한 농도로 포함하기 때문에, 재는 유해폐기물로 지정여부를 결정하기 위하여 검사된다. 이는 독성물질이 원래 쓰레기보다 더 농축되고 빈약하게 밀폐된 매립장에서 지하수로 스며들 수 있기 때문에 우려이다. 거의 모든 경우에 재는 유해한 것으로 지정되지 않으며 매립되거나 도로와 기타 목적의 혼합재로 사용될 수 있다.

토지와 새로운 소각로를 건설하기 위한 비용도 많은 지역사회의 주요한 우려이다. 소각로 건설은 종종 지자체 채권 발행의 가장 큰 부분이다. 미국에서 2010년 소각로 건설에 5천만~4억 달러가 소요되었으며, 이는 감소하지 않을 것으로 보인다.

소각은 또한 대부분의 상황에서 매립장보다 훨씬 고비용이다. 매립장을 사용할 수 있는 한 매립장은 비용 면에서 유리하다. 시가 쓰레기를 지역 내에서 매립장에 처분할 수 없게 되고 원거리로 수송을 하게 되면, 소각로가 더 비용 효과적이 된다. 미국 EPA는 신규 폐기물 에너지화 시설을 우호적으로 보지 않았으며 고형폐기물 문제를 감소하는 더 효과적인 방법으로 재활용과 발생원 감소를 권장하였다. 비판자들은 도시들이 소각로에 우선을 두어 재원을 투입하여 폐기물 감소와 재활용을 방해하였다고 주장한다. 소각의 찬성자들은 발생원 감소에 반대한 것으로 알려졌다. 그들은 소각로를 운용하기 위해서는 대량의 도시 고형폐기물이 필요하며 발생되는 폐기물의 양을 감소하는 것은 소각을 비실용적이 되게 한다. 많은 지역사회는 활발한 폐기물 감소와 재활용 노력을 지지하기 때문에 소각을 반대하였다.

퇴비화

자연에서 식물과 동물이 잎, 가지, 깃털, 가죽을 벗거나, 생물이 죽으면, 곤충, 벌레, 미생물은 이들을 분해하여 습기를 유지하고 토양 성질을 개선하는 영양분이 풍부한 물질을 형성한다.

퇴비화(composting)는 이러한 자연적 분해 과정이 풀 자른 것, 잎, 식품 폐기물, 폐지와 같은 폐기된 유기물을 부식토 같은 물질인 퇴비(compost)로 변환하도록 하는 과정이며, 퇴비는 정원과 조림 주위에 영양분 공급원과 토양의 공극과 수분함유 용량을 개선하는데 사용된다.

퇴비화 작업에서 공기와 습기의 적절한 관리는 이러한 생물이 대량의 유기물을 수주일 내에 퇴비로 변환하도록 이상적인 조건을 제공한다. 좋은 소규모의 예는 뒤뜰의 퇴비더미이다. 녹색 물질(풀, 주방 야채 찌꺼기, 꽃 자른 것)과 갈색 물질(가지, 마른 잎, 더러운 종이타월)을 1:3 비율로 혼합하면 미생물이 이러한 물질을 효율적으로 분해하도록 돕는 질소와 탄소 균형을 제공한다.

대규모 도시 퇴비화 작업은 유기물 분해의 동일한 원리를

(a) 퇴비화를 하는 개인은 매립장으로 가는 정원 폐기물의 양을 감소시킨다.

(b) 퇴비 이랑의 기계적 혼합

그림 16.10 퇴비화를 통한 정원 폐기물의 전환: 정원 폐기물은 고형폐기물 흐름의 중요한 부분이고 퇴비로 변환될 수 있기 때문에, 많은 주는 정원 폐기물을 매립장에 처분하는 것을 금지하는 법을 통과하였다. 이는 매립장의 유효 수명을 연장할 것이다. 도시는 개인이 자신의 정원 폐기물을 퇴비화하는 것을 장려한다. 시민들의 편의를 도모하기 위하여 많은 지역사회가 아직 정원 폐기물을 수집하지만 자신들의 폐기물을 취급하기 위한 퇴비화 프로그램을 시행하였다.

과학, 정치, 정책

전자 폐기물의 취급

전자 폐기물(e-waste)은 부서진 컴퓨터와 기타 전자 장비가 폐기되면서 세계적으로 증가하는 문제이다. 매년 세계적으로 5천만 톤의 전자 폐기물이 발생한다. 전자 폐기물의 양은 중국, 인도, 기타 빠르게 발달하는 국가의 사람들이 휴대전화와 기타 전자제품을 구입하면서 빠르게 증가할 것으로 예상된다. 미국에서 매년 2백30만 톤의 전자 폐기물이 발생한다. 미국에서 약 20%의 전자 폐기물이 재활용된다. 나머지는 소각되거나, 매립되거나, 수출된다.

전자 폐기물은 구리, 금, 은, 납, 카드뮴, 크롬, 수은, 기타 몇 가지 금속을 포함하는 재활용될 수 있는 귀중한 물질을 포함한다. 이러한 금속의 대부분은 전자 폐기물에서 그들의 원광석에 비하여 높은 농도로 존재하며, 따라서 재활용은 경제적으로 일리가 있다. 이러한 금속은 귀중하지만 대부분은 또한 독성을 가진다. 전자 폐기물이 중국, 인도, 파키스탄, 코트디부아르(Ivory Coast), 나이지리아, 기타 개발도상국으로 수출되면, 재활용 센터로 간다. 노동자들은 파쇄, 용융, 산을 이용하는 것을 포함하는 다양한 조악한 기술로 귀중한 물질을 추출한다. 또 다른 보편적인 관행은 구리선을 얻기 위하여 선의 플라스틱 피복을 태우는 것이다. 이러한 규제되지 않은 관행은 일반적으로 개방된 지역에서 발생하며 환경으로 독소를 방출하여 작업자의 건강을 위협한다.

전자 폐기물과 처분에 의하여 발생하는 위협을 취급하기 위한 몇 가지 정책적 접근이 있었다. 유해폐기물에 대한 바젤 협약(*Basel Convention on the Control of Transboundary Movements of Hazardous Wastes and their Disposal*)은 UN 협약이며, 이는 개발도상국에서 유해폐기물의 투기를 방지하여 사람의 건강과 환경을 보호하기 위하여 고안되었다. 이는 1992년 발효되었다. 175개 국가에 의하여 승인되었지만, 거의 무시되고 있다.

EU는 2003년 전자제품 생산자가 중고 전자제품을 다시 회수하는 것을 요구하는 것과 함께 전자 폐기물의 수출을 금지하였다. 그러나 공식적으로는 폐기된 전자 폐기물의 단지 1/3만이 규정에 따라 취급되며, 많은 부도덕한 회사들이 금지령을 회피하여 개발도상국으로 전자 폐기물을 계속하여 선적하고 있다.

미국에 전자 폐기물의 수출에 영향을 미치는 정책이나 법이 거의 없다. 2010년 전자 폐기물의 수출을 금지하는 법이 하원에 도입되었다. 그러나 투표에는 결코 다다르지 못하였다. 2013년 유사한 법안이 도입되어 위원회에 심의되었다. 몇 개 주는 매립지에 전자 폐기물의 투기를 금지하였다.

다행히 몇 소비자 전자회사는 제품회수 프로그램을 실시하였다. *electronicstakeback.com* 웹사이트는 주요한 전자제품 제조사와 회수 정책을 열거한다. 추가적으로 *Earth911.com* 웹사이트는 미국에서 중고 전자제품을 적절하게 처분할 수 있는 가까운 장소를 찾을 수 있도록 도와준다.

EPA에 의하면 2011년 전자 폐기물의 약 25%가 재활용되었다.

집중 탐구

소비자 포장에 사용되는 수지

열가소성 플라스틱은 보통 특성에 매우 작은 변화만을 주면서 다시 용해되고 재처리될 수 있는 플라스틱이다. 열가소성 플라스틱 수지의 약 30%는 소비자 포장 적용에 사용된다. 가장 보편적으로 사용되는 수지는 다음과 같다.

1. 폴리에틸렌 테레프탈레이트(PET)는 특히 탄산음료의 음료수병과 의약품 용기와 같은 단단한 용기에 광범위하게 사용된다.
2. 고밀도 폴리에틸렌(HDPE)은 우유 또는 물 주전자, 가정용품 용기, 엔진오일 병과 같은 단단한 용기에 사용된다.
3. 염화폴리비닐(PVC)은 건설과 배관에 종종 사용되는 강한 플라스틱이다. PVC는 종종 식품, 샴푸, 기름, 가정용품 용기에도 사용된다.
4. 저밀도 폴리에틸렌(LDPE)은 필름과 가방에 종종 사용된다.
5. 폴리프로필렌(PP)은 요구르트 용기에서 배터리 케이스, 1회용 기저귀 안감까지 다양한 영역에 사용된다. 이는 빈번하게 폴리에틸렌이나 폴리스티렌으로 상호 교체된다.
6. 폴리스티렌(PS)은 스티로폼 컵, 접시, 음식 용기에 사용된다. 단단한 형태는 플라스틱 칼에 사용된다.
7. 기타. 이들은 보통 다양한 종류의 수지 층을 포함하며, 케첩에 사용되는 것과 같은 압착가능한 병에 가장 보편적으로 사용된다.

현재 HDPE와 PET는 이러한 수지로 만든 용기가 일반적으로 도시 재활용 프로그램에 의하여 회수되기 때문에 가장 흔히 재활용되는 2가지 수지이다. 다른 플라스틱은 덜 빈번하게 수용된다. 대부분의 재활용 LDPE는 LDPE로 포장된 대량의 선적을 수용하는 상업시설에서 이루어진다.

PET

HDPE

PVC

LDPE

PP

PS

기타

포장에 사용되는 플라스틱 수지의 재활용률(2012)

포장의 종류	재활용률
폴리에틸렌 테레프탈레이트(PET)	24.2%
고밀도 폴리에틸렌(HDPE)	16.0%
가방, 봉지, 포장(LDPE, LLDPE, HDPE)	11.5%
폴리스티렌(PS)	3.8
폴리프로필렌(PP)	2.1%
염화폴리비닐(PVC)	0

출처: Data from EPA Municipal Solid Waste (MSW) in the United States: 2012 Facts and Figures

대량의 유기물을 처리하는데 사용한다. 다양한 크기와 기술 수준의 복잡성을 가진 퇴비화 시설은 정원 자른 것, 식품 찌꺼기, 하수처리장의 생물고형물질, 대팻밥, 재활용할 수 없는 종이, 기타 유기물과 같은 물질을 수용한다. 이러한 물질은 파쇄, 뒤엎기, 혼합과 같은 처리를 거쳐서, 물질에 따라서 8~24주 기간에 퇴비가 될 수 있다. 약 3,800개소의 퇴비화 설비가 미국에서 운용되고 있다. 정원 자른 것의 거의 60%가 도시 프로그램을 통하여 미국에서 뿌리 덮개나 퇴비로 변환된다(그림 16.10). 대부분의 도시 프로그램은 이랑(windrow), 공기가 공급되는 더미, 밀폐된 용기와 같은 3가지 퇴비화 방법 중 하나와 관련된다.

- 이랑(*windrow*) 시스템은 퇴비화 할 물질을 이랑이라고 하는 긴 더미나 줄로 배치한다. 전면 적재 트랙터나 다른 종류의 전문화된 기계가 주기적으로 더미를 뒤엎는다. 뒤엎기는 다른 종류의 물질을 혼합하고 혼합물에 공기를 공급한다.
- 공기가 공급되는 더미(*aerated piles*)는 기계적 뒤집기나 교란이 필요하지 않도록 공기를 펌프하는(통기) 물질의 커다란 더미이다. 이는 적절한 온도를 유지하기 위하여 일반적으로 더미를 단열하는 숙성된 퇴비나 기타 물질로 덮는다.
- 밀폐된 용기(*enclosed vessels*) 또한 매우 신속하게(며칠 내에) 물질을 퇴비화하기 위하여 사용될 수 있다. 그러나 이러한 시스템은 기술적으로 훨씬 복잡하다. 이러한 시스템에서 퇴비화 할 물질을 환경 조건이 꼭 맞게 제어되는 드럼통, 사일로, 기타 구조물에 공급하고, 물질을 기계적으로 통기하고 혼합한다.

발생원 감소

폐기물을 감소하는 가장 단순한 방법은 처음부터 폐기물이 발생하는 것을 방지하는 것이다. **발생원 감소(source reduction)**는 폐기물의 양이나 독성이 감소되도록 물질의 설계, 제조, 구입, 사용, 재사용하는 관행이다.

설계(*design*) 변경은 발생원 감소의 좋은 예이다. 1977년 이래 2리터 플라스틱 청량음료 병의 무게는 68 g에서 51 g으로 감소되었다. 이는 폐기물 흐름에서 매년 1억1천4백만 kg의 플라스틱이 감소된 것이다. 플라스틱 우유 주전자의 무게는 30% 감소되었다.

제조(*manufacturing*) 과정은 발생하는 폐기물을 감소시키기 위하여 많은 산업에서 변화되었다. 폐기물을 감소하는 단순한 방법 중 하나는 제조 과정에서 누출, 유출, 사고를 면밀하게 주의하는 것이다. 위의 모든 사건은 폐기물을 발생하며, 이를 예방하는 것은 필요한 원재료의 양을 감소시키고 발생하는 폐기물의 양을 감소시킨다.

구매(*purchasing*) 결정은 발생하는 폐기물의 양을 상당히 감소시킬 수 있다. 많은 경우 소비자와 상업은 포장 폐기물이 감소된 물건을 사는 것을 선택할 수 있다. 여러분은 발생하는 폐기물의 양이 감소되도록 큰 크기로 제품을 사는 것을 선택할 수 있다. 추가하여 구입하는 양을 면밀하게 계획하는 것도 사용되지 않은 잉여물질이 폐기물 흐름의 일부가 되는 것을 방지할 수 있다.

폐기물이 발생하지 않도록 물질을 사용(*using*)하는 것도 폐기물을 억제하는 중요한 수단이다. 특정한 품목(예; 세정 제품과 농약 등)에 대하여 덜 유해한 대안의 사용, 유해화학물질을 포함하는 제품의 잔존물을 버리는 대신에 공유하기, 표지 지시사항을 신중하게 따르기, 필요한 최소량을 사용하기 등은 폐기물이나 독성을 감소하는 방법이다.

품목을 재사용(*reusing*)하는 것은 재사용된 품목이 폐기물 수집과 처분 시스템에 들어가는 것을 지연하거나 방지하기 때문에 발생원에서 폐기물을 감소하는 방법이다. 예를 들면 많은 산업은 한 산업의 폐기물이 다른 산업의 원료물질로 사용되도록 하는 폐기물 교환에 참여한다. 이러한 경우 폐기물 발생자는 폐기물 처분에 비용을 지불할 필요가 없고 폐기물을 사용하는 산업은 원료물질의 저렴한 공급원을 가지기 때문에 둘 다 혜택을 받는다.

대부분의 상업과 제조자는 그들이 운용에서 사용되는 모든 물질에서 최대한으로 얻는 것을 보장하기 위하여 강력한 경제적 유인책을 가진다. 발생하는 폐기물의 양을 감소하는 어떠한 활동도 폐기물 처분 비용, 필요한 원료물질, 발생되는 오염 양을 감소한다. 이러한 경제적 유인은 소비자 수준에서도 작용한다. 미국에서 4천 개 이상의 지역사회가 세금 기반이나 동일 요금이 아니라 처분하는 모든 캔이나 쓰레기 봉지에 대하여 시민이 지불하는 "쓰레기 종량제(pay-as-you-throw)" 프로그램을 제정하였다. 가정이 발생원에서 폐기물을 감소하면 쓰레기를 덜 처분하게 되고 쓰레기 요금을 적게 지불한다.

재활용

재활용(recycling)은 20세기 후반의 가장 성공적인 환경 이야기의 하나이다. 재활용의 혜택 중에는 자원의 보존, 오염의 감소, 에너지 절약, 직업 창출, 매립장과 소각로의 필요성 감소 등이다. 미국에서 퇴비화를 포함한 재활용은 매립장과 소각로로부터 2012년 약 35%의 고형폐기물 흐름을 전환하였으며, 이는 1990년의 16%에서 증가한 것이다(그림 16.11). 몇 종류의 프로그램이 재활용률을 증가시키는데 기여하였다. 그러나 재활용 프로그램에 사람들의 참여를 권장하기 위해서는 유인책이 필요하다. 몇 종류의 프로그램이 성공적이었다.

음료수 용기 예치금(*Beverage Container Deposit-Refund*) 제도는 재활용에 경제적 유인책을 제공한다. 일회용 용기는 증가하는 문제이다. 1990년 미국 시민은 평균적으로 550개의 음료수 용기를 버렸다. 2010년 이는 784개로 약 43% 증가하였다. 음료수 용기는 현재 가정쓰레기의 25%를 차지한다. 예치금 제도에서 유리, 알루미늄, 플라스틱 용기에 대하여 예치금 형식으로 화폐가치가 부과된다. 따라서 보상 가치를 위하여 소비자는 용기를 반환하려 동기를 가지게 된다. 캐나다의 모든 지방(province)과 대부분의 준주(territory) 그리고 유럽의 최소한 12개 국가는 병 예치금 법을 가지고 있다.

미국에서 캘리포니아 주, 코네티컷 주, 하와이 주, 아이오와 주, 메인 주, 매사추세츠 주, 미시간 주, 뉴욕 주, 오리건 주, 버몬트 주의 10개 주는 현재 음료수 용기 예치금 법을 가지고 있다. 이 주들은 법에 의하여 보상되는 용기에 대하여 70% 또는 그 이상의 재활용률을 보인다. 미국 평균은 약 35%이다. 재활용 용기의 혜택은 에너지 절약과 온실기체 방출을 감소시키는데 이는 생 원료보다 폐기물로부터 용기를 제조하는 것이 에너지를 적게 필요로 하기 때문이다. 도로에 쓰레기가 적은 것도 또 다른 장점이다. 오리건 주에서 병 법률을 통과시킨 2년 후 노변 쓰레기는 49% 감소하였다.

많은 사람들은 국가적인 병 예치금 법이 너무 늦었다고 주장한다. 국가적 병 예치금 법은 쓰레기를 줄이고, 에너지와 돈을 절약하고, 직업을 창출할 것이다. 이는 또한 천연자원을 보존하는 것을 도울 것이다. 탄산음료 산업과 양조산업의 로비활동이 매우 강력하여, 하원은 국가 용기법률을 통과시키는데 실패하였다.

의무적 재활용법(*mandatory recycling laws*)은 재활용에 대한 법적인 동기를 제공한다. 많은 주와 도시는 의무적 재활용법을 통과하였다(그림 16.12). 이들 법의 일부는 단순히 주민이 쓰레기에서 재활용품을 분리할 것을 요구한다. 다른 법은 음료수 용기와 같은 특정한 제품을 겨냥하여 재활용할 것을 요구한다. 일부는 상업을 겨냥하여 골판이나 배터리와 같은 특정한 종류의 물질을 재활용할 것을 요구한다. 마지막으로 일부 법안은 특정한 종류의 물질을 매립

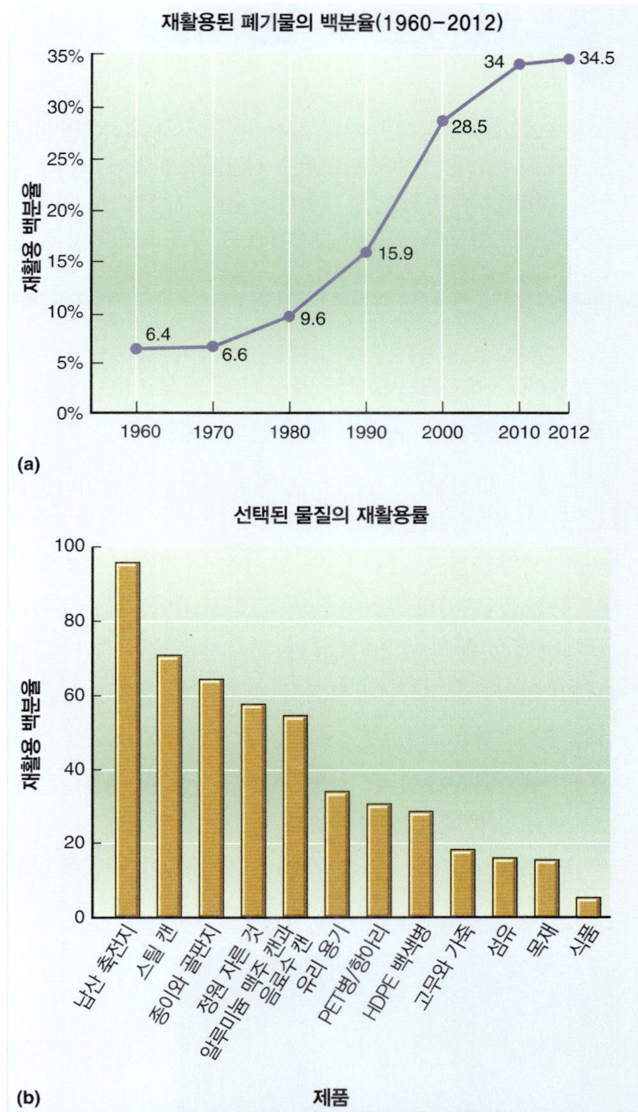

그림 16.11 재활용률: (a) 최근에 재활용률이 상당히 증가하였다. (b) 자동차 배터리와 같은 가치가 높은 물질의 재활용률은 매우 높다. 다른 물질은 매매하기가 더 어렵다. 기술과 시장의 발달로 한때 가치가 없는 것으로 간주되었던 물질의 용도를 찾게 되면서 현재의 재활용률은 과거에 비하여 훨씬 높다.

출처: Data from the U.S. Environmental Protection Agency, Municipal Solid Waste in the United States, 2012 Facts and Figures.

여러분의 선택은?

재활용 프로그램의 성장은 부분적으로는 도시의 폐기물을 감소하려는 요구와 재활용의 책임을 느끼는 사람들의 만족에 의하여 추진되었다. 이러한 두 가지 힘은 재활용이 종종 재정적으로 이익이 없다는 사실에도 불구하고 재활용률의 상승을 주도하였다. 사실상 점점 더 인기가 있어지는 도시 재활용 프로그램의 대부분은 경제적인 손실을 입으며 운용되고 있다. 현재 적자에서 운용되는 지역사회 재활용 프로그램의 존속을 정당화하는 주장을 명확하게 말하시오.

장에 처분하는 것을 금지한다. 따라서 물질은 일부 다른 방식으로 재활용되거나 취급되어야 한다. 예를 들면 매립장에 정원 폐기물을 금지하는 것은 광범위한 퇴비화 프로그램을 가져왔다.

의무적 재활용법을 가진 주와 도시는 이해할 수 있게 높은 재활용률을 보인다. 예를 들면 캘리포니아 주는 재활용과 기타 방법을 통하여 2001년까지 폐기물의 50% 전환을 강제하였다. 많은 도시들이 목표를 충족하지 못하였지만 주 전체의 재활용률은 2004년 49%에 달하였다. 2012년 캘리포니아 주는 2020년까지 도시 고형폐기물의 재활용률을 75%로 새롭게 목표를 설정하였다.

가두 재활용(*curbside recycling*)은 사람들이 재활용하는 편리한 방법을 제공한다. 1990년 수천 개의 미국 도시가 가두 재활용 프로그램을 도입하였다. 2011년에 그 수는 약 9,800개로 증가하였으며, 이는 미국 인구의 70%를 포함한다.

일부 대도시–오리건 주 Portland, 캘리포니아 주 San Jose, Los Angeles, 미네소타 주 Minneapolis–는 50% 이상의 재활용률을 달성하였다. 일반적으로 이 도시들은 정크 메일과 시리얼 상자(cereal box)를 포함하는 다양한 종류의 물질을 수용하는 도로변 재활용 프로그램을 가지고 있다. 대조적으로 도로변 재활용을 제공하지 않는 도시는 훨씬 낮은 재활용률을 보인다.

재활용의 도전

재활용 프로그램은 매립장으로 운반되거나 소각되어야 할 물질의 양을 성공적으로 감소시켰지만, 재활용과 관련된 많은 기술적, 경제적 문제가 있다. 기술적인 문제는 플라스틱의 재생시에 특히 우려가 된다(그림 16.13). 포장에 사용되는 플라스틱은 재생될 수 있지만, 플라스틱에 따라 재

그림 16.12 의무적 재활용: 많은 주와 도시는 의무적인 주거지 재활용 법률을 통과하였다.

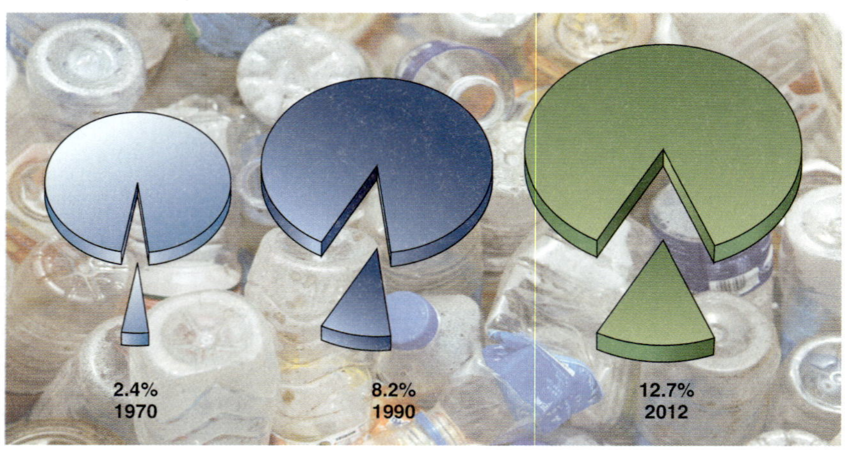

그림 16.13 쓰레기에서 플라스틱 양의 증가: 플라스틱은 북미의 도시 고형폐기물에서 증가하는 성분이다.

이슈와 분석

종이, 플라스틱, 또는 플라스틱세금?

플라스틱 자루는 편리하지만 귀찮은 환경 위해물이다. 상점에서 물건을 운반할 때 간편하다. 그러나 가벼운 자루는 쉽게 날리며 풍경에서 눈을 거슬린다. 플라스틱 자루는 배수구를 막히게 하여 범람 문제를 악화시키는 환경문제를 초래한다. 거북이, 고래, 새, 바다표범과 같은 많은 해양생물은 플라스틱 자루를 먹거나 얽히게 된다. 바다거북은 해파리를 먹으며 종종 플라스틱 자루를 오인하여 먹는다. 플라스틱 자루는 소화시킬 수 없기 때문에 종종 사망한다.

이는 플라스틱 자루의 사용을 규제하는 세계적 관심을 가져왔다. 일반적으로 노력은 명백히 사용을 금지하거나 세금이나 수수료를 징수하는 2가지 방법 중 한 가지를 취하였다. 플라스틱 자루에 세금을 부과하는 "플라스틱세금(plastax)"의 아이디어는 1999년 최초로 발표되었으며 2002년 환경성 장관은 프로그램을 개시하였고, 이는 세계에서 최초이다. 슈퍼마켓의 계산대에서 사용되는 모든 자루에 15유로 센트(약 25 US 센트)의 추징금이 부과되었다. 이는 구매자의 습관에 변화를 가져왔다. 고객들은 이제 자신의 자루를 가지고 온다.

2008년 중국은 상점과 슈퍼마켓에서 무료로 플라스틱 자루를 제공하는 것을 금지하였으며 또한 0.025 mm 미만 두께의 극히 얇은 자루의 제조와 사용을 금지하였다. 이 자루는 버스, 열차, 비행기와 모든 공항과 관광지를 포함한 모든 대중교통에서도 금지되었다. 중국인은 매일 30억 개의 플라스틱 자루를 사용하며, 이는 총 매립지 무게의 3~5%에 해당한다. 중국에서 필요한 모든 자루를 제조하는데 매년 3천7백만 배럴의 원유가 필요한 것으로 추정된다.

중국 13억 인구의 1/4 미만인 미국에서 매년 1천억 개의 플라스틱 자루가 폐기된다. 자루를 제조하는데 매년 1천2백만 배럴의 원유가 필요하며, 이중 일부만이 재활용통으로 들어간다. 2008년 San Francisco는 대형 식료품점과 잡화점 연쇄점에서 석유 기반의 플라스틱 자루의 사용을 금지한 최초의 주요한 미국 도시이다. 그 이후 100개 이상의 도시, 카운티, 마을이 플라스틱 자루 사용의 금지 또는 사용에 대한 수수료를 징수하고 있다.

다른 국가들은 다음과 같은 플라스틱 자루에 대한 다양한 제어나 금지를 실행하였다.

방글라데시: 플라스틱 자루가 배수시스템을 막고 국가의 2/3를 침수시킨 1988년과 1998년 범람의 주요한 문제였다는 것을 알게 된 이후 2003년 플라스틱 자루의 제조와 배포를 금지하였다.

덴마크: 2004년 덴마크는 환경세(Greentax)를 도입하였다. 이 세금은 플라스틱 자루와 종이 자루에 부과되며 주머니의 도매가에 포함되어 있고 소비자에게는 나타나지 않는다.

남아프리카: 남아프리카는 플라스틱 자루에 대한 세금을 통과시켰다. 플라스틱 자루가 수 없이 담벼락에 휘날리고 덤불에 걸려서 "국화(national flower)"로 별명이 붙여졌다.

인도: 배수구를 막히게 하는 것을 방지하기 위하여 0.02 mm 미만의 플라스틱 자루의 생산을 금지하였다.

이탈리아: 이탈리아는 2011년 플라스틱 자루를 금지하였다. 생분해성 제품만이 허용된다.

모리셔스: 모리셔스는 비분해성 플라스틱 자루의 수입이나 제조를 금지하였으며, 산소생분해성 제품만 분해성으로 특징지었다.

바베이도스: 바베이도스는 비분해성 플라스틱 자루에는 60%의 관세를 부과하지만 산소생분해성 제품에는 15%만 부과한다.

- 여러분은 여러분의 지역사회가 이러한 세금을 지지해야 한다고 생각하나요?
- 여러분은 플라스틱 봉지에 세금을 선호하나요?
- 플라스틱 봉지의 금지는 여러분의 생활양식을 어떻게 변화할 것인가?

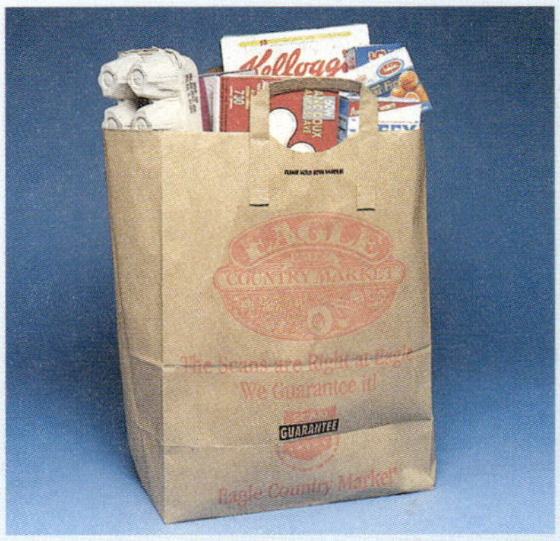

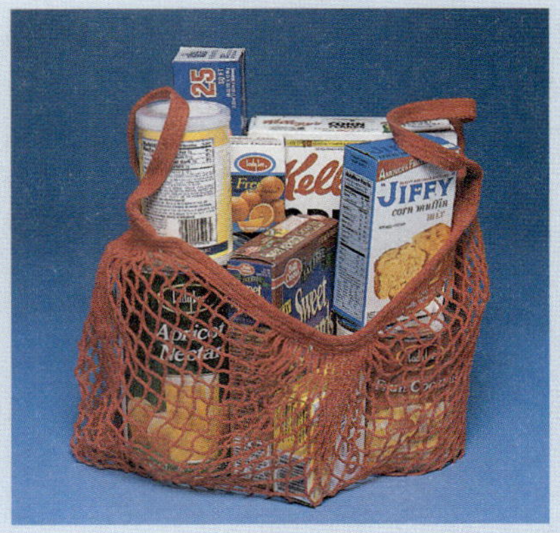

생 기술이 상이하다. 플라스틱 중합체에는 많은 상이한 유형이 있다. 각각의 유형은 자신의 화학적 조성을 가지고 있기 때문에, 상이한 플라스틱은 함께 재생될 수 없다. 우유상자는 고밀도폴리에틸렌(HDPE)이고, 반면에 계란 용기는 폴리스티렌(PS), 음료수 병은 폴리에틸렌 테레프탈레이트(PET)이다.

재활용의 경제성도 고려대상이다. 알루미늄과 같은 일부 재생제품은 광석으로부터 새로운 알루미늄을 제조하는 것이 재생 알루미늄으로부터 제조하는 것보다 훨씬 고비용이기 때문에 가치가 높다. 그러나 유리를 재생하는 것은 더 어려우며, 특히 재생되는 물질이 장거리 수송될 경우에는 더욱 그렇다. 유리는 무겁고 유리의 원재료(모래)는 쉽게 얻을 수 있다. 그러나 최근에 재생과 관련한 많은 상업이 발달되었으며, 폐기물의 국제적 거래도 있다.

정부 정책 또한 중요하다. 정부가 광업, 임업, 화석연료 산업을 보조하면 이러한 원재료의 사용을 인위적으로 저렴하게 만든다. 예를 들면 목재를 채취하는 도로의 건설을 보조하고, 삼림 토지의 세금을 낮게 하고, 연방 토지로부터 나무를 저가에 판매하는 것은 다양한 종류의 종이제품을 생산하는데 재생물질에 비교하여 생목재의 비용을 인위적으로 낮춘다.

요약

도시 고형폐기물은 매립장, 소각, 퇴비화, 폐기물 감소, 재활용에 의하여 관리된다. 매립장은 처분의 주된 수단이지만, 현대의 매립장은 과거의 지면의 단순한 구덩이에 비교하여 매우 더 복잡하고 고비용이다. 적합한 매립장 부지의 가용도 또한 대도시 지역에서 문제이다.

미국에서 도시 고형폐기물의 12% 정도가 소각된다. 소각은 도시 고형폐기물의 양을 감소시키지만, 재의 처분과 대기질 문제는 지속적으로 주요한 우려가 되고 있다. 유기 폐기물이 매립장으로 가는 것을 방지할 수 있는 몇 가지 형태의 퇴비화가 있다.

폐기물을 감소하는 가장 근본적인 방법은 최초에 폐기물이 발생하는 것을 방지하는 것이다. 포장재를 적게 사용하고 정원 폐기물을 퇴비화 하는 것은 모두 발생원 감소의 예이다. 개인 차원에서 우리는 모두 우리가 발생하는 폐기물의 양을 감소하도록 시도할 수 있다.

북미에서 발생하는 폐기물의 약 35%가 재활용을 통하여 취급된다. 재활용 발의는 지난 수년간 북미에서 빠르게 성장하였다. 알루미늄과 같은 일부 재활용 가능한 물질은 가치가 높지만 유리와 같은 다른 것은 가치가 낮다. 가치가 낮은 물질의 시장은 개발하기가 어렵다. 플라스틱의 재활용은 상이한 종류의 플라스틱의 분리를 필요로 한다.

도시 고형폐기물의 미래 관리는 매립장, 소각, 퇴비화, 발생원 감소, 재활용을 포함하는 통합 접근방법이 될 것이다. 어떠한 방법이 선택되는지의 정도는 경제, 기술의 변화, 시민의 의식과 참여에 의존할 것이다.

녹색 활동

1. 오래 사용되는 물건을 구입하고, 가능한 오래 유지하고, 가능하면 수선한다.
2. 재사용하거나 재활용할 수 있는 물건을 구입하고, 재사용하고 재활용한다.
3. 플라스틱이나 금속 점심 도시락을 사용하고 버리는 플라스틱 안감이 없는 금속이나 플라스틱 쓰레기 용기를 사용한다.
4. 재충전 가능한 배터리를 사용한다.
5. 우유 한 통, 빵 한 덩어리, 그리고 손으로 운반할 수 있는 모든 것을 구입할 때는 봉지를 사용하지 않는다.
6. 모든 신문, 유리, 알루미늄, 지역사회에서 재활용을 받아주는 다른 모든 물건을 재활용한다.
7. 여러분이 받는 정크 메일의 양을 감소한다. 이는 우체국에 연락하여 달성할 수 있다. 여러분의 이름이 대용량 메일 목록회사에서 판매되지 않을 것을 요청한다. 받는 정크 메일 중에서 가능한 많은 종이를 재활용한다.
8. 여러분의 지역사회와 학교에 의무적인 쓰레기 분리수거와 재활용 프로그램에 참여하도록 압력을 가한다.
9. 여러분의 정원 폐기물과 음식폐기물을 퇴비화 하고, 지방 공무원에게 지역사회 퇴비화 프로그램을 제정하도록 압력을 가한다.

복습문제

1. 생활양식은 도시 고형폐기물 발생량에 어떻게 연관되는가?
2. 어떠한 조건이 매립에 비하여 소각을 선호하는가?
3. 현대식 매립장과 연관된 일부 문제를 서술한다.
4. 소각과 연관된 4가지 우려는 무엇인가?
5. 발생원 감소의 예를 설명한다.
6. 가정 고형폐기물 재활용의 중요성을 서술한다.
7. 재활용의 성장을 권장하도록 도울 수 있는 몇 가지 전략의 이름을 말한다.
8. 다양한 유형의 퇴비화와 고형폐기물 관리에서 퇴비화의 역할에 대하여 서술한다.
9. 전자 폐기물이 왜 중요한 문제가 되고 있는지 서술한다.
10. 음식폐기물은 왜 증가하는 우려인가? 일부 지역사회가 음식폐기물 문제를 어떻게 다루는지 서술한다.
11. 매립장 가스는 어떻게 전기로 변환되는가?

비판적 사고 문제

1. 고형폐기물 문제를 해결하는데 여러분은 어떻게 도울 수 있는가?
2. 여러분의 시간이 제한되어 있을 때, 여러분은 예를 들면 재활용 조정자로서 여러분의 시간을 지역 활동을 위하여 사용할까요, 아니면 국가 차원에서 폐기물 문제를 해결할 수 있는 변화인 커다란 정치적, 경제적 변화에 기여하는데 사용해야 할까요?
3. 여러분의 학교나 시는 고형폐기물 문제를 어떻게 다루나요? 고형폐기물 발생은 여러분의 단체나 시에 제한될 수 있나요? 어떻게 가능한가요? 고형폐기물 발생을 제한하는 것을 어렵게 하는 어떠한 장애물이 존재하나요?
4. 북미나 서유럽처럼 높은 생활수준을 유지하면서 대량의 고형폐기물을 생산하지 않는 것이 가능한가요? 이는 어떻게 가능한가?
5. 고형폐기물의 소각에는 논란이 많다. 여러분은 일반적으로 고형폐기물의 소각을 지지하나요? 여러분은 여러분의 인근에 소각시설을 지지하나요?

Periodic Table of the Elements

Traditionally, elements are represented in a shorthand form by letters. For example, the formula for water, H_2O, shows that a molecule of water consists of two atoms of hydrogen and one atom of oxygen. These chemical symbols for each of the atoms can be found on any periodic table of the elements. Using the periodic table, we can determine the number and position of the various parts of atoms.

Notice that atoms numbered 3, 11, 19, and so on are in column one. The atoms in this column act in a similar way, since they all have one electron in their outermost layer. In the next column, Be, Mg, Ca, and so on act alike because these metals all have two electrons in their outermost electron layer. Similarly, atoms numbered 9, 17, 35, and so on all have seven electrons in their outer layer.

Knowing how fluorine, chlorine, and bromine act, you can probably predict how iodine will act under similar conditions. At the far right in the last column, argon, neon, and so on all act alike. They all have eight electrons in their outer electron layer. Atoms with eight electrons in their outer electron layer seldom form bonds with other atoms.

9 **F** Fluorine 19.00	Atomic number Atomic mass

1 1A	2 2A	3 3B	4 4B	5 5B	6 6B	7 7B	8 8B	9 8B	10 8B	11 1B	12 2B	13 3A	14 4A	15 5A	16 6A	17 7A	18 8A
1 **H** Hydrogen 1.008																	2 **He** Helium 4.003
3 **Li** Lithium 6.941	4 **Be** Beryllium 9.012											5 **B** Boron 10.81	6 **C** Carbon 12.01	7 **N** Nitrogen 14.01	8 **O** Oxygen 16.00	9 **F** Fluorine 19.00	10 **Ne** Neon 20.18
11 **Na** Sodium 22.99	12 **Mg** Magnesium 24.31											13 **Al** Aluminum 26.98	14 **Si** Silicon 28.09	15 **P** Phosphorus 30.97	16 **S** Sulfur 32.07	17 **Cl** Chlorine 35.45	18 **Ar** Argon 39.95
19 **K** Potassium 39.10	20 **Ca** Calcium 40.08	21 **Sc** Scandium 44.96	22 **Ti** Titanium 47.88	23 **V** Vanadium 50.94	24 **Cr** Chromium 52.00	25 **Mn** Manganese 54.94	26 **Fe** Iron 55.85	27 **Co** Cobalt 58.93	28 **Ni** Nickel 58.69	29 **Cu** Copper 63.55	30 **Zn** Zinc 65.39	31 **Ga** Gallium 69.72	32 **Ge** Germanium 72.59	33 **As** Arsenic 74.92	34 **Se** Selenium 78.96	35 **Br** Bromine 79.90	36 **Kr** Krypton 83.80
37 **Rb** Rubidium 85.47	38 **Sr** Strontium 87.62	39 **Y** Yttrium 88.91	40 **Zr** Zirconium 91.22	41 **Nb** Niobium 92.91	42 **Mo** Molybdenum 95.94	43 **Tc** Technetium (98)	44 **Ru** Ruthenium 101.1	45 **Rh** Rhodium 102.9	46 **Pd** Palladium 106.4	47 **Ag** Silver 107.9	48 **Cd** Cadmium 112.4	49 **In** Indium 114.8	50 **Sn** Tin 118.7	51 **Sb** Antimony 121.8	52 **Te** Tellurium 127.6	53 **I** Iodine 126.9	54 **Xe** Xenon 131.3
55 **Cs** Cesium 132.9	56 **Ba** Barium 137.3	57 **La** Lanthanum 138.9	72 **Hf** Hafnium 178.5	73 **Ta** Tantalum 180.9	74 **W** Tungsten 183.9	75 **Re** Rhenium 186.2	76 **Os** Osmium 190.2	77 **Ir** Iridium 192.2	78 **Pt** Platinum 195.1	79 **Au** Gold 197.0	80 **Hg** Mercury 200.6	81 **Tl** Thallium 204.4	82 **Pb** Lead 207.2	83 **Bi** Bismuth 209.0	84 **Po** Polonium (209)	85 **At** Astatine (210)	86 **Rn** Radon (222)
87 **Fr** Francium (223)	88 **Ra** Radium (226)	89 **Ac** Actinium (227)	104 **Rf** Rutherfordium (267)	105 **Db** Dubnium (268)	106 **Sg** Seaborgium (271)	107 **Bh** Bohrium (272)	108 **Hs** Hassium (270)	109 **Mt** Meitnerium (276)	110 **Ds** Darmstadtium (281)	111 **Rg** Roentgenium (280)	112 **Cn** Copernicium (285)	113 **Uut** Ununtrium (284)	114 **Fl** Flerovium (289)	115 **Uup** Ununpentium (288)	116 **Lv** Livermorium (293)	117 **Uus** Ununseptium (293)	118 **Uuo** Ununoctium (294)

58 **Ce** Cerium 140.1	59 **Pr** Praseodymium 140.9	60 **Nd** Neodymium 144.2	61 **Pm** Promethium (147)	62 **Sm** Samarium 150.4	63 **Eu** Europium 152.0	64 **Gd** Gadolinium 157.3	65 **Tb** Terbium 158.9	66 **Dy** Dysprosium 162.5	67 **Ho** Holmium 164.9	68 **Er** Erbium 167.3	69 **Tm** Thulium 168.9	70 **Yb** Ytterbium 173.0	71 **Lu** Lutetium 175.0
90 **Th** Thorium 232.0	91 **Pa** Protactinium 231.0	92 **U** Uranium 238.0	93 **Np** Neptunium (237)	94 **Pu** Plutonium (244)	95 **Am** Americium (243)	96 **Cm** Curium (247)	97 **Bk** Berkelium (247)	98 **Cf** Californium (251)	99 **Es** Einsteinium (252)	100 **Fm** Fermium (257)	101 **Md** Mendelevium (258)	102 **No** Nobelium (259)	103 **Lr** Lawrencium (262)

Metals

Metalloids

Nonmetals

Appendix 2

Metric Unit Conversion Tables

The Metric System

Standard metric units				Abbreviations
Standard unit of mass		Gram		g
Standard unit of length		Meter		m
Standard unit of volume		Liter		L
Common prefixes				**Examples**
Tera (T)	one trillion	1,000,000,000,000	10^{12}	A terawatt is 10^{12} watts.
Giga (G)	one billion	1,000,000,000	10^{9}	A gigawatt is 10^{9} watts.
Mega (M)	one million	1,000,000	10^{6}	A megagram is 10^{6} grams.
Kilo (k)	one thousand	1,000	10^{3}	A kilogram is 10^{3} grams.
Centi (c)	one-hundredth	0.01	10^{-2}	A centimeter is 10^{-2} meter.
Milli (m)	one-thousandth	0.001	10^{-3}	A milliliter is 10^{-3} liter.
Micro (μ)	one-millionth	0.000001	10^{-6}	A micrometer is 10^{-6} meter.
Nano (n)	one-billionth	0.000000001	10^{-9}	A nanogram is 10^{-9} gram.
Pico (p)	one-trillionth	0.000000000001	10^{-12}	A picogram is 10^{-12} gram.

Units of Length

Unit	Abbreviation	Equivalent
Kilometer	km	1,000 m
Meter	m	———
Centimeter	cm	10^{-2} m
Millimeter	mm	10^{-3} m
Micrometer	μm	10^{-6} m
Nanometer	nm	10^{-9} m
Angstrom	Å	10^{-10} m

Length conversions

1 in. = 2.54 cm	1 mm = 0.0394 in.
1 ft = 30.5 cm	1 cm = 0.394 in.
1 ft = 0.305 m	1 m = 39.4 in.
1 yd = 0.914 m	1 m = 3.28 ft
1 mi = 1.61 km	1 m = 1.094 yd
	1 km = 0.621 mi

Units of Area

Unit	Abbreviation	Equivalent
Square meter	m^2	1 m^2
Square kilometer	km^2	1,000,000 m^2
Hectare	ha	10,000 m^2

Area conversions

1 ft^2 = 0.093 m^2	1 m^2 = 10.76 ft^2
1 yd^2 = 0.84 m^2	1 m^2 = 1.19 yd^2
1 acre = 0.4 ha	1 ha = 2.47 acre
1 mi^2 = 2.6 km^2	1 km^2 = 0.386 mi^2
1 mi^2 = 259 ha	1 km^2 = 247 acres

Units of Volume

Unit	Abbreviation	Equivalent
Liter	L*	1
Milliliter	mL	10^{-3} L (1 mL = 1 cm^3 = 1 cc)
Microliter	μL	10^{-6} L

Volume conversions

1 tsp = 5 mL	1 mL = 0.034 fl oz
1 tbsp = 15 mL	1 L = 2.11 pt
1 fl oz = 30 mL	1 L = 1.057 qt
1 cup = 0.24 L	1 L = 0.265 gal
1 pt = 0.474 L	1 L = 33.78 fl oz
1 qt = 0.946 L	1 cubic meter (m^3) = 61,000 cubic inches
1 gal = 3.77 L	1 cubic meter (m^3) = 35.3 cubic feet
	1 cubic meter (m^3) = 0.00973 acre-inch

*Note: Many people use an uppercase "L" as the symbol for liter to avoid confusion with the number one (1). Similarly, milliliter is written mL.

Units of Weight

Unit	Abbreviation	Equivalent
Tonne (metric ton)	t	10^3 kg
Kilogram	kg	10^3 g
Gram	g	1
Milligram	mg	10^3 g
Microgram	μg	10^6 g
Nanogram	ng	10^{-9} g
Picogram	pg	10^{-12} g

Weight conversions

1 oz = 28.4 g	1 g = 0.0352 oz
1 lb = 454 g	1 kg = 2.205 lb
1 lb = 0.454 kg	
1 U.S. ton = 0.91 metric ton	1 metric ton = 1.102 U.S. tons

Temperature conversions

$$°C = \frac{(°F - 32)}{9} \times 5$$

$$°F = \frac{(°C \times 9)}{5} + 32$$

Some equivalents

0°C = 32°F

37°C = 98.6°F

100°C = 212°F

Glossary

A

abiotic factors Nonliving factors that influence the life and activities of an organism.

absorbed dose The amount of energy absorbed by matter, measured in grays or rads.

abyssal ecosystem The collection of organisms and the conditions that exist in the deep portions of the ocean.

acid Any substance that, when dissolved in water, releases hydrogen ions.

acid deposition The accumulation of potential acid-forming particles on a surface.

acid mine drainage A kind of pollution, associated with coal mines, in which bacteria convert the sulfur in coal into compounds that form sulfuric acid.

acid rain (acid precipitation) The deposition of wet acidic solutions or dry acidic particles from air.

activated-sludge sewage treatment Method of treating sewage in which some of the sludge is returned to aeration tanks, where it is mixed with incoming wastewater to encourage degradation of the wastes in the sewage.

activation energy The initial energy input required to start a reaction.

active solar system A system that traps sunlight energy as heat energy and uses mechanical means to move it to another location.

acute toxicity A serious effect, such as a burn, illness, or death, that occurs shortly after exposure to a hazardous substance.

age distribution The comparative percentages of different age groups within a population.

agricultural waste Waste from the raising of animals and harvesting and processing of crops and trees.

air toxics See **hazardous air pollutants.**

alpha radiation A type of radiation consisting of a particle with two neutrons and two protons.

alpine tundra The biome that exists above the tree line in mountainous regions.

alternative agriculture All nontraditional agricultural practices.

animal rights/welfare A movement that makes an ethical commitment to the well-being of nonhuman animals.

anthropocentrism A theory in ethics that views human values as primary and the environment as solely a resource for humankind.

aquiclude An impervious confining layer of an aquifer.

aquifer A porous layer of earth material that becomes saturated with water.

aquitard A partially permeable layer in an aquifer.

artesian well The result of a pressurized aquifer being penetrated by a pipe or conduit, within which water rises without being pumped.

asthenosphere Part of Earth's mantle capable of plastic flow.

ASTM International Phase I Environmental Site Assessment Standard E-1527 A voluntary standard which involves environmental assessment before beginning a project.

atom The basic subunit of elements, composed of protons, neutrons, and electrons.

auxin A plant hormone that regulates growth.

B

base Any substance that, when dissolved in water, removes hydrogen ions from solution; forms a salt when combined with an acid.

benthic Describes organisms that live on the bottom of marine and freshwater ecosystems.

benthic ecosystem A type of marine or freshwater ecosystem consisting of organisms that live on the bottom.

beta radiation A type of radiation consisting of electrons released from the nuclei of many fissionable atoms.

bioaccumulation The buildup of a material in the body of an organism.

biocentrism A theory in ethics that acknowledges the value of all living organisms.

biochemical oxygen demand (BOD) The amount of oxygen required by microbes to degrade organic molecules in aquatic ecosystems.

biocide A kind of chemical that kills many different types of living things.

biodegradable Able to be broken down by natural biological processes.

biodiversity A measure of the variety of kinds of organisms present in an ecosystem.

biogeochemical cycles The movement of matter within ecosystems, which involves living organisms, geological forces, and chemical reactions. The cycling of nitrogen, carbon, sulfur, oxygen, phosphorus, and water are examples.

biomagnification The increases in the amount of a material in the bodies of organisms at successively higher trophic levels.

biomass The weight of living material in a trophic level.

biome A kind of plant and animal community that covers large geographic areas. Climate is a major determiner of the biome found in a particular area.

biotechnology Inserting specific pieces of DNA into the genetic makeup of organisms.

biotic factors Living portions of the environment.

biotic potential The inherent reproductive capacity.

birth rate The number of individuals born per thousand individuals in the population per year.

black lung disease A respiratory condition resulting from the accumulation of large amounts of fine coal-dust particles in miners' lungs.

boiling-water reactor (BWR) A type of light-water reactor in which steam is formed directly in the reactor and is used to generate electricity.

boreal forest A broad band of mixed coniferous and deciduous trees that stretches across northern North America (and also Europe and Asia); its northernmost edge is integrated with the Arctic tundra.

brownfields Buildings and land that have been abandoned because they are contaminated and the cost of cleaning up the site is high.

brownfields development The concept that abandoned contaminated sites can be cleaned up sufficiently to allow some specified uses without totally removing all of the contaminants.

bush meat Meat from wild animals.

C

carbamate A class of soft pesticides that work by interfering with normal nerve impulses.

carbon cycle The cyclic flow of carbon from the atmosphere to living organisms and back to the atmospheric reservoir.

carbon dioxide (CO_2) A normal component of the Earth's atmosphere that is the most important greenhouse gas.

carbon monoxide (CO) A primary air pollutant produced when organic materials, such as gasoline, coal, wood, and trash, are incompletely burned.

carnivores Animals that eat other animals.

carrying capacity The maximum sustainable population for a species in an area.

catalyst A substance that alters the rate of a reaction but is not itself changed.

cause-and-effect relationship A relationship between two events or things in which a change in the first leads to a change in the second.

chemical bond The physical attraction between atoms that results from the interaction of their electrons.

chemical weathering Processes that involve the chemical alteration of rock in such a manner that it is more likely to fragment or to be dissolved.

chlorinated hydrocarbons A class of pesticides consisting of carbon, hydrogen, and chlorine; these pesticides are very stable.

chlorofluorocarbons (CFCs) Stable compounds containing carbon, hydrogen, chlorine, and fluorine. They were formerly used as refrigerants, propellants in aerosol containers, and expanders in foam products. They are responsible for destroying ozone in the upper atmosphere and are a minor contributor to climate change.

chronic toxicity A serious effect, such as an illness or death, that occurs after prolonged exposure to small doses of a toxic substance.

clear-cutting A forest harvesting method in which all the trees in a large area are cut and removed.

climax community Last stage of succession; a relatively stable, long-lasting, complex, and interrelated community of plants, animals, fungi, and bacteria.

coevolution Two or more species of organisms reciprocally influencing the evolutionary direction of the other.

combustion The process of releasing chemical bond energy from fuel.

commensalism The relationship between organisms in which one organism benefits while the other is not affected.

community All the interacting groups of different species in an area.

competition An interaction between two organisms in which both require the same limited resource, which results in harm to both.

competitive exclusion principle A theory that no two populations of different species will occupy the same niche and compete for exactly the same resources in the same habitat for very long.

compost A humus-like material produced by the decomposition of organic material.

composting The process of allowing natural processes of decomposition to transform dicarded organic materials into compost, a humus-like material.

compound A kind of matter composed of two or more different kinds of atoms bonded together.

Comprehensive Environmental Response, Compensation, and Liability Act (CERCLA) The 1980 U.S. law that addressed the cleanup of hazardous-waste sites.

confined aquifer An aquifer that is bounded on the top and bottom by impermeable confining layers.

conservation To use in the best possible way so that the greatest long-term benefit is realized by society.

conservationist approach An approach that seeks a balance between the development and preservation approaches.

conservation tillage A tillage method in which 30 percent or more of the soil surface is left covered with crop residue following planting.

consumers Organisms that use other organisms as food.

contour farming A method of tilling and planting at right angles to the slope, which reduces soil erosion by runoff.

controlled experiment An experiment in which two groups are compared. One, the control, is used as a basis of comparison and the other, the experimental, has one factor different from the control.

coral reef ecosystem A tropical, shallow-water, marine ecosystem dominated by coral organisms that produce external skeletons.

corporations Business structures that have a particular legal status.

corrosiveness Ability of a chemical to degrade standard materials.

cost-benefit analysis A formal process for calculating the costs and benefits of a project or course of action to decide if benefits are greater than the costs.

cover A term used to refer to any set of physical features that conceals or protects animals from the elements or their enemies.

criteria air pollutants Those air pollutants for which specific air quality standards have been set by the U.S. Environmental Protection Agency.

crust The thin, outer, solid surface of the Earth.

cultural relativism The view that right and wrong are to be determined from within a particular society or cultural group.

D

death phase The portion of the population growth curve of some organisms that shows the population declining.

death rate The number of deaths per thousand individuals in the population per year.

debt-for-nature exchange The purchase of a nation's debt by a third party that requires conservation on the part of the debtor nation in exchange for relief from the debt.

deceleration phase A part of the population growth curve in which the rate of population increase begins to decline.

decibel A unit used to measure the loudness of sound.

decommissioning Decontaminating and disassembling a nuclear power plant and safely disposing of the radioactive materials.

decomposers Small organisms, such as bacteria and fungi, that cause the decay of dead organic matter and recycle nutrients.

deep ecology The generally ecocentric view that a new spiritual sense of oneness with the Earth is the essential starting point for a more healthy relationship with the environment.

deferred cost Costs that are ignored, not recognized, or whose effects accumulate over time; that eventually must be paid.

deforestation Activities that destroy forests.

demand Amount of a product that consumers are willing and able to buy at various prices.

demographic transition The hypothesis that economies proceed through a series of stages, beginning with growing populations with high birth and death rates and low economic development and ending with stable populations with low birth and death rates and high economic development.

demography The study of human populations, their characteristics, and their changes.

denitrifying bacteria Bacteria that convert nitrogen compounds into nitrogen gas.

density-dependent limiting factors Those limiting factors that become more severe as the size of the population increases.

density-independent limiting factors Those limiting factors that are not affected by population size.

desert A biome that receives less than 25 centimeters (10 inches) of precipitation per year.

desertification The conversion of arid and semiarid lands into deserts by inappropriate farming practices or overgrazing.

detritus Tiny particles of organic material that result from fecal waste material or the decomposition of plants and animals.

development approach An approach that encourages humankind to transform nature as it pleases to satisfy human needs.

dioxins A general term for a group or family of chemicals containing hundreds of members (some of which are toxic) that are persistent in the environment and that are unintentionally formed by-products of industrial processes that involve chlorine and/or incineration.

dispersal Migration of organisms from a concentrated population into areas with lower population densities.

domestic water Water used for domestic activities, such as drinking, air conditioning, bathing, washing clothes, washing dishes, flushing toilets, and watering lawns and gardens.

dose equivalent The absorbed dose times a quality factor.

E

ecocentrism A theory in ethics that considers the value of ecosystems and larger wholes to be primary.

ecofeminism The view that there are important theoretical, historical, and empirical connections between how society treats women and how it treats the environment.

ecological or environmental economics An approach to economic accounting that incorporates environmental goods and harms as part of the cost of economic activity.

ecological footprint The area of the Earth's productive land and water required to supply the resources that an individual or population demands as well as to absorb the wastes that the individual or population produces.

ecology A branch of science that deals with the interrelationship between organisms and their environment.

economic growth The increase in a country's total output of goods and services.

economics The study of how people choose to use resources to produce goods and services and how these goods and services are distributed to the public.

ecosystem A group of interacting species along with their physical environment.

ecosystem diversity A measure of the number of kinds of ecosystems present in an area.

ecosystem services Beneficial effects of functioning ecosystems for people and society.

ectoparasite A parasite that is adapted to live on the outside of its host.

electron The lightweight, negatively charged particle that moves around at some distance from the nucleus of an atom.

element A form of matter consisting of a specific kind of atom.

Emergency Planning and Community Right-to-Know Act (EPCRA) An act that required certain industries in the United States to report the release of toxic chemicals into the environment.

emergent plants Aquatic vegetation that is rooted on the bottom but has leaves that float on the surface or protrude above the water.

emigration Movement out of an area that was once one's place of residence.

endangered species Those species that are present in such small numbers that they are in immediate jeopardy of becoming extinct.

endoparasite A parasite that is adapted to live within a host.

endothermic reaction Chemical reaction in which the newly formed chemical bonds contain more energy than was present in the compounds from which they were formed.

energy The ability to do work.

entropy The degree of disorder in a system. All systems tend toward a high degree of disorder or entropy.

environment Everything that affects an organism during its lifetime.

environmental aesthetics The study of how to appreciate beauty in the natural world.

environmental cost Damage done to the environment as a resource is exploited.

environmental justice The social justice expression of environmental ethics. Fair application of laws designed to protect the health of human beings and ecosystems; that no groups suffer unequal environmental harm.

environmental pragmatism An approach to environmental ethics that maintains that a human-centered ethic with a long-range perspective will come to many of the same conclusions in environmental policy as an ecocentric ethic.

Environmental Protection Agency (EPA) U.S. government organization responsible for the establishment and enforcement of regulations concerning the environment.

environmental resistance The combination of all environmental influences that tend to keep populations stable.

environmental science An interdisciplinary area of study that includes both applied and theoretical aspects of human impact on the world.

enzymes Protein molecules that speed up the rate of specific chemical reactions.

erosion The processes that loosen and move particles from one place to another.

estuaries Marine ecosystems that consist of shallow, partially enclosed areas where freshwater enters the ocean.

ethics A discipline that seeks to define what is fundamentally right and wrong.

euphotic zone The upper layer in the ocean where the sun's rays penetrate.

eutrophication The enrichment of water (either natural or cultural) with nutrients.

eutrophic lake A usually shallow, warm-water lake that is nutrient rich.

evapotranspiration The process of plants transporting water from the roots to the leaves, where it evaporates.

evolution A change in the structure, behavior, or physiology of a population of organisms as a result of some organisms with favorable characteristics having greater reproductive success than those organisms with less favorable characteristics.

executive branch The office of the president of the United States.

exothermic reaction Chemical reaction in which the newly formed compounds have less chemical energy than the compounds from which they were formed.

experiment An artificial situation designed to test the validity of a hypothesis.

exponential growth phase The period during population growth when the population increases at an ever-increasing rate.

extended product responsibility The concept that the producer of a product is responsible for all the negative effects involved in its production, including the ultimate disposal of the product when its useful life is over.

external costs Expenses, monetary or otherwise, borne by someone other than the individuals or groups who use a resource.

extinction The death of a species; the elimination of all the individuals of a particular kind.

extrinsic limiting factors Factors that limit population size and that come from outside the population.

F

fecal coliform bacteria Bacteria found in the intestines of humans and other animals, often used as an indicator of water pollution.

first law of thermodynamics A statement about energy that says that under normal physical conditions, energy is neither created nor destroyed.

fissionable The property of the nucleus of some atoms that allows them to split into smaller particles.

floodplain Lowland area on either side of a river that is periodically covered by water.

floodplain zoning ordinances Municipal laws that restrict future building in floodplains.

food chain The series of organisms involved in the passage of energy from one trophic level to the next.

food web Intersecting and overlapping food chains.

fossil fuels The organic remains of plants, animals, and microorganisms that lived millions of years ago that are preserved as natural gas, oil, and coal.

free-living nitrogen-fixing bacteria Bacteria that live in the soil and can convert nitrogen gas (N_2) in the atmosphere into forms that plants can use.

freshwater ecosystems Aquatic ecosystems that have low amounts of dissolved salts.

friable A soil characteristic that describes how well a soil crumbles.

fungicide A pesticide designed to kill or control fungi.

G

gamma radiation A type of electromagnetic radiation that comes from disintegrating atomic nuclei.

gas-cooled reactor (GCR) A type of nuclear reactor that uses graphite as a moderator and carbon dioxide or helium as a coolant.

gene A unit of heredity; a segment of DNA that contains information for the synthesis of a specific protein, such as an enzyme.

genetically modified organisms Organisms that have had their genetic makeup modified by biotechnology.

genetic diversity A term used to describe the number of different kinds of genes present in a population or a species.

genetic engineering Inserting specific pieces of DNA into the genetic makeup of organisms.

geothermal energy The heat energy from the Earth's molten core.

greenhouse effect The property of carbon dioxide (CO_2) that allows light energy to pass through the atmosphere but prevents heat from leaving; similar to the action of glass in a greenhouse.

greenhouse gas Gas in the atmosphere that allows sunlight to enter but retards the outward flow of heat from the Earth.

Green Revolution The introduction of new plant varieties and farming practices that increased agricultural production worldwide during the 1950s, 1960s, and 1970s.

gross national income (GNI) An index that measures the total goods and services generated within a country as well as income earned and sent home by citizens of the country who are living in other countries.

groundwater Water that infiltrates the soil and is stored in the spaces between particles in the Earth.

groundwater mining Removal of water from an aquifer faster than it is replaced.

H

habitat The specific kind of place where a particular kind of organism lives.

habitat management The process of changing the natural community to encourage the increase in populations of certain desirable species.

hard pesticide A pesticide that persists for long periods of time; a persistent pesticide.

hazardous All dangerous materials, including toxic ones, that present an immediate or long-term human health risk or environmental risk.

hazardous air pollutants Certain airborne compounds with high toxicity.

hazardous materials or substances Substances that can cause harm to humans or the environment.

hazardous wastes Substances that could endanger life if released into the environment.

heavy-water reactor (HWR) A type of nuclear reactor that uses the hydrogen isotope deuterium in the molecular structure of the coolant water.

herbicide A pesticide designed to kill or control plants.

herbivores Primary consumers; animals that eat plants.

horizon A horizontal layer in the soil. The top layer (*A* horizon) has organic matter. The lower layer (*B* horizon) receives nutrients by leaching. The *C* horizon is partially weathered parent material.

host The organism a parasite uses for its source of food.

humus Partially decomposed organic matter typically found in the top layer of the soil.

hydrocarbons (HC) Group of organic compounds consisting of carbon and hydrogen atoms that are evaporated from fuel supplies or are remnants of the fuel that did not burn completely and that act as a primary air pollutant.

hydrologic cycle Constant movement of water from surface water to air and back to surface water as a result of evaporation and condensation.

hydroxide ion A negatively charged particle consisting of a hydrogen and an oxygen atom, commonly released from materials that are bases.

hyperaccumulators Plants that thrive when exposed to soil toxins and accumulate high levels of soil pollutants within their bodies.

hypothesis A logical statement that explains an event or answers a question that can be tested.

I

ignitability Characteristic of materials that results in their ability to combust.

immigration Movement into an area where one has not previously resided.

incineration Method of disposing of solid waste by burning.

industrial ecology A concept that stresses cycling resources rather than extracting and eventually discarding them.

Industrial Revolution A period of history during which machinery replaced human labor.

industrial solid waste A wide variety of materials such as demolition waste, foundry sand, scraps from manufacturing processes, sludge, ash from combustion, and other similar materials produced by industry.

industrial water uses Uses of water for cooling and for dissipating and transporting waste materials.

infrastructure Permanent structural foundations of a society such as highways and bridges.

insecticide A pesticide designed to kill or control insects.

in-stream water uses Use of a stream's water flow for such purposes as hydroelectric power, recreation, and navigation.

integrated pest management A method of pest management in which many aspects of the pest's biology are exploited to control its numbers.

International Organization for Standardization An organization that sets standards. One of their standards, known as ISO 14000, is for environmental management systems.

interspecific competition Competition between members of different species for a limited resource.

intraspecific competition Competition among members of the same species for a limited resource.

intrinsic limiting factors Factors that limit population size that come from within the population.

ion An atom or group of atoms that has an electric charge because it has either gained or lost electrons.

ionizing radiation Radiation that can dislodge electrons from atoms to form ions.

irrigation Adding water to an agricultural field to allow certain crops to grow where the lack of water would normally prevent their cultivation.

isotope Atoms of the same element that have different numbers of neutrons.

J

judicial branch That portion of the U.S. government that includes the court system.

K

keystone species One that has a critical role to play in the maintenance of specific ecosystems.

kinetic energy Energy of moving objects.

kinetic molecular theory The widely accepted theory that all matter is made of small particles that are in constant movement.

K-strategist Large organisms that have relatively long lives, produce few offspring, provide care for their offspring, and typically have populations that stabilize at the carrying capacity.

L

lag phase The initial stage of population growth during which growth occurs very slowly.

land The surface of the Earth not covered by water.

land disposal The placement of unwanted materials on the surface in landfills or impoundments or by injecting them below the surface of the land.

land-use planning The process of evaluating the needs and wants of the population, the characteristics and values of the land, and various alternative solutions before changes in land use are made.

latent heat Heat transfer that occurs when a substance is changed from one state to another—solid to liquid, gas to liquid—in which heat is transferred but the temperature does not change.

law of conservation of mass States that matter is not gained or lost during a chemical reaction.

laws Acts passed by a legislature or similar body that regulate the behavior of the public.

LD_{50} A measure of toxicity; the dosage of a substance that will kill (lethal dose) 50 percent of a test population.

leachate Contaminant-laden water that flows from landfills or other contaminated sites.

leaching The movement of minerals from the top layers of the soil to the B horizon by the downward movement of soil water.

legislative branch That portion of the U.S. government that is responsible for developing laws.

less-developed countries Countries of the world that typically have a per capita income of less than US $15,000.

life cycle analysis The process of assessing the environmental effects associated with the production, use, reuse, and disposal of a product over its entire useful life.

limiting factor The primary condition of the environment that determines the population size for an organism.

limnetic zone Region that does not have rooted vegetation in a freshwater ecosystem.

liquefied natural gas Natural gas that has been converted to a liquid by cooling it to $-162°C$.

lithosphere A combination of the crust and outer layer of the mantle that forms the plates that move over the Earth's surface.

litter A layer of undecomposed or partially decomposed organic matter on the soil surface.

littoral zone Region with rooted vegetation in a freshwater ecosystem.

loam A soil type with good drainage and good texture that is ideal for growing crops.

M

macronutrient A nutrient, such as nitrogen, phosphorus, or potassium, that is required in relatively large amounts by plants.

mangrove swamp ecosystems Marine shoreline ecosystems dominated by trees that can tolerate high salt concentrations.

mantle The layer of the Earth between the crust and the core.

marine ecosystems Aquatic ecosystems that have high salt content.

marsh Area of grasses and reeds that is flooded either permanently or for a major part of the year.

mass burn A method of incineration of solid waste in which material is fed into a furnace on movable metal grates.

matter Substance with measurable mass and volume.

mechanical weathering Physical forces that reduce the size of rock particles without changing the chemical nature of the rock.

Mediterranean shrublands Coastal ecosystems characterized by winter rains and summer droughts that are dominated by low, woody vegetation with small leaves.

megacity A metropolitan area with a total population of over ten million people.

megalopolis A large, regional urban center.

methane (CH_4) An organic compound produced by living organisms that is the second most abundant greenhouse gas.

micronutrient A nutrient needed in extremely small amounts for proper plant growth; examples are boron, zinc, and magnesium.

migratory birds Birds that fly considerable distances between their summer breeding areas and their wintering areas.

mining waste Waste from the processing of rock from mining operations. It includes solid materials that are typically dumped on the land near the mining site and liquid wastes typically stored in ponds.

mixture A kind of matter consisting of two or more kinds of matter intermingled with no specific ratio of the kinds of matter.

molecule Two or more atoms chemically bonded to form a stable unit.

monoculture A system of agriculture in which large tracts of land are planted with the same crop.

more-developed countries Countries of the world that typically have a per capita income that exceeds US $15,000. Europe, Canada, United States, Australia, New Zealand, and Japan.

mortality The number of deaths per year.

mountaintop removal A mining method in which the top of a mountain is removed to get at a coal vein and the unwanted soil and rock is pushed into the adjacent valley.

multiple land use Land uses that do not have to be exclusionary, so that two or more uses of land may occur at the same time.

municipal solid waste landfill A waste storage site constructed above an impermeable clay layer that is lined with an impermeable membrane and includes mechanisms for dealing with liquid and gas materials generated by the contents of the landfill.

municipal solid waste (MSW) All the waste produced by the residents of a community.

mutualism The association between organisms in which both benefit.

mycorrhizae Symbiotic soil fungi, present in most soils, that attach themselves directly onto the roots of most plants. They help the host plants to absorb more water and nutrients while the host plants provide food for the fungi.

N

natality The number of individuals added to the population through reproduction over a particular time period.

National Priorities List A listing of hazardous-waste dump sites requiring urgent attention as identified by Superfund legislation.

natural resources Those structures and processes that can be used by humans for their own purposes but cannot be created by them.

natural selection A process that determines which individuals within a species will reproduce more effectively and therefore results in changes in the characteristics within a species.

nature centers Teaching institutions that provide a variety of methods for people to learn about and appreciate the natural world.

negligible risk A point at which there is no significant health or environmental risk.

neutron Neutrally charged particle located in the nucleus of an atom.

niche The total role an organism plays in its ecosystem.

nitrifying bacteria Bacteria that are able to convert ammonia to nitrite.

nitrogen cycle The series of stages in the flow of nitrogen in ecosystems.

nitrogen dioxide A compound composed of one atom of nitrogen and two atoms of oxygen; a secondary air pollutant.

nitrogen-fixing bacteria Bacteria that are able to convert the nitrogen gas (N_2) in the atmosphere into forms that plants can use.

nitrogen monoxide A compound composed of one atom of nitrogen and one atom of oxygen; a primary air pollutant.

nitrogen oxides (NO_x) A mixture of compounds that have nitrogen and oxygen in their composition.

nitrous oxide (N_2O), A nitrogen-containing compound that is a minor greenhouse gas.

nonpersistent pesticide A pesticide that degrades in a short period of time.

nonpersistent pollutants Those pollutants that do not remain in the environment for long periods.

nonpoint source Diffuse pollutants, such as agricultural runoff, road salt, and acid rain, that are not from a single, confined source.

nonrenewable energy sources Those energy sources that are not replaced by natural processes within a reasonable length of time.

nonrenewable resources Those resources that are not replaced by natural processes, or those whose rate of replacement is so slow as to be noneffective.

nontarget organism An organism whose elimination is not the purpose of pesticide application.

northern coniferous forest See **Boreal forest.**

nuclear breeder reactor Nuclear fission reactor designed to produce radioactive fuel from nonradioactive uranium and at the same time release energy to use in the generation of electricity.

nuclear chain reaction A continuous process in which a splitting nucleus releases neutrons that strike and split the nuclei of other atoms, releasing nuclear energy.

nuclear fission The decomposition of an atom's nucleus with the release of particles and energy.

nuclear reactor A device that permits a controlled nuclear fission chain reaction.

nucleus The central region of an atom that contains protons and neutrons.

O

observation Ability to detect events by the senses or machines that extend the senses.

oil shale A rock material that contains a high viscosity mixture of hydrocarbons that must be heated to extract the oil.

oligotrophic lakes Deep, cold, nutrient-poor lakes that are low in productivity.

omnivores Animals that eat both plants and other animals.

opportunity costs The costs associated with lost opportunities that occur when a decision precludes other potential uses for a resource.

organic agriculture Agricultural practices that avoid the use of chemical fertilizers and pesticides in the production of food, thus preventing damage to related ecosystems and consumers.

organophosphate A class of soft pesticides that work by interfering with normal nerve impulses.

overburden The layer of soil and rock that covers deposits of desirable minerals.

oxides of nitrogen (NO, N_2O, and NO_2) Primary air pollutants consisting of a variety of different compounds containing nitrogen and oxygen.

ozone (O_3) A molecule consisting of three atoms of oxygen that absorbs much of the sun's ultraviolet energy before it reaches the Earth's surface.

P

parasite An organism adapted to survival by using another living organism (host) for nourishment.

parasitism A relationship between organisms in which one, known as the parasite, lives in or on the host and derives benefit from the relationship while the host is harmed.

parent material Material that is weathered to become the mineral part of the soil.

particulate matter Minute solid particles and liquid droplets dispersed into the atmosphere.

passive solar system A design that allows for the entrapment and transfer of heat from the sun to a building without the use of moving parts or machinery.

patchwork clear-cutting A forest harvest method in which patches of trees are clear-cut among patches of timber that are left untouched.

pelagic Referring to those organisms that swim in open water.

pelagic ecosystem A portion of a marine or freshwater ecosystem that occurs in open water away from the shore.

periphyton Attached organisms in freshwater streams and rivers, including algae, animals, and fungi.

permafrost Permanently frozen ground.

persistent pesticide A pesticide that remains unchanged for a long period of time; a hard pesticide.

persistent pollutant A pollutant that remains in the environment for many years in an unchanged condition.

personal ethical commitment A determination of ethical right and wrong made by an individual.

pest An unwanted plant or animal that interferes with domesticated plants and animals or human activity.

pesticide A chemical used to eliminate pests; a general term used to describe a variety of different kinds of pest killers, such as insecticides, fungicides, rodenticides, and herbicides.

pH The negative logarithm of the hydrogen ion concentration; a measure of the number of hydrogen ions present.

pheromone A chemical produced by one animal that changes the behavior of another.

photochemical smog A yellowish-brown haze that is the result of the interaction of hydrocarbons, oxides of nitrogen, and sunlight.

photosynthesis The process by which plants manufacture food. Light energy is used to convert carbon dioxide and water to sugar and oxygen.

phytoplankton Free-floating, microscopic, chlorophyll-containing organisms.

phytoremediation The use of specialized plants to clean up polluted soil.

pioneer community The early stages of succession that begin the soil-building process.

plankton Tiny aquatic organisms that are moved by tides and currents.

plate tectonics The concept that the outer surface of the Earth consists of large plates that are slowly moving over the surface of a plastic layer.

plutonium-239 (Pu-239) A radioactive isotope produced in a breeder reactor and used as a nuclear fuel.

PM_{10} Particulate matter that is between 10 and 2.5 microns in diameter.

$PM_{2.5}$ Particulate matter that is 2.5 microns or less in diameter.

point source Pollution that can be traced to a single source.

policy Planned course of action on a question or a topic.

pollution Any addition of matter or energy that degrades the environment for humans and other organisms.

pollution costs The private or public expenditures to correct pollution damage once pollution has occurred.

pollution prevention Action to prevent either entirely or partially the pollution that would otherwise result from some production or consumption activity.

pollution-prevention costs Costs incurred either in the private sector or by government to prevent, either entirely or partially, the pollution that would otherwise result from some production or consumption activity.

pollution-prevention hierarchy Regulatory controls that emphasize reducing the amount of hazardous waste produced.

polyculture A system of agriculture that mixes different plant species in the same plots of land.

polyploidy A condition in which the number of sets of chromosomes increases.

population A group of individuals of the same species occupying a given area.

population density A measure of how close organisms are to one another, generally expressed as the number of organisms per unit area.

population growth rate The rate at which additional individuals are added to the population; the birth rate minus the death rate.

porosity A measure of the size and number of spaces in an aquifer.

potable waters Unpolluted freshwater supplies suitable for drinking.

potential energy The energy of position.

prairies Temperate grasslands.

precipitation Removal of materials by mixing with chemicals that cause the materials to settle out of the mixture.

precision agriculture The use of computer technology and geographic information systems to automatically vary the chemicals applied to a crop at different places within a field.

predation The act of killing and feeding by a predator.

predator An animal that kills and eats another organism.

preservationist approach An approach that seeks to ensure that large areas of nature together with their ecological processes remain intact.

pressurized-water reactor (PWR) A type of light-water reactor in which the water in the reactor is kept at high pressure and steam is formed in a secondary loop.

prey An organism that is killed and eaten by a predator.

price The monetary value of a good or service.

primary air pollutants Types of unmodified materials that, when released into the environment in sufficient quantities, are considered hazardous.

primary consumer An animal that eats plants (producers) directly.

primary sewage treatment Process that removes larger particles by settling or filtering raw sewage through large screens.

primary succession Succession that begins with bare mineral surfaces or water.

probability A mathematical statement about how likely it is that something will happen.

producer An organism that can manufacture food from inorganic compounds and light energy.

profitability The extent to which economic benefits exceed the economic costs of doing business.

proton The positively charged particle located in the nucleus of an atom.

pseudoscience A deceptive practice that uses the appearance or language of science to convince, confuse, or mislead people into thinking something has scientific validity, when it does not.

R

radiation Energy that travels through space in the form of waves or particles.

radioactive Describes unstable nuclei that release particles and energy as they disintegrate.

radioactive half-life The time it takes for half of the radioactive material to spontaneously decompose.

range of tolerance The ability organisms have to succeed under a variety of environmental conditions. The breadth of this tolerance is an important ecological characteristic of a species.

reactivity The property of materials that indicates the degree to which a material is likely to react vigorously to water or air, or to become unstable or explode.

recycling The process of reclaiming a resource and reusing it for another or the same structure or purpose.

reduced tillage A tillage method that generally leaves 15 to 30 percent of the soil surface covered with crop residue following planting.

reforestation The process of replanting areas after the original trees are removed.

rem A measure of the biological damage to tissue caused by certain amounts of radiation.

renewable energy sources Those energy sources that can be regenerated by natural processes.

renewable resources Those resources that can be formed or regenerated by natural processes.

replacement fertility The number of children per woman needed just to replace the parents.

reproducibility A characteristic of the scientific method in which independent investigators must be able to reproduce the experiment to see if they get the same results.

reserves The known deposits from which materials can be extracted profitably with existing technology under present economic conditions.

Resource Conservation and Recovery Act (RCRA) The 1976 U.S. law that specifically addressed the issue of hazardous waste.

resource exploitation The use of natural resources by society.

resources Naturally occurring substances that can be utilized by people but may not be economic.

respiration The process that organisms use to release chemical bond energy from food.

ribbon sprawl Development along transportation routes that usually consists of commercial and industrial building.

risk The probability that a condition or action will lead to an injury, damage, or loss.

risk assessment The use of facts and assumptions to estimate the probability of harm to people or the environment from particular environmental factors or conditions.

risk management Decision-making process that uses the results of risk assessment, weighing possible responses to the risk, and selecting appropriate actions to minimize or eliminate the risk.

rodenticide A pesticide designed to kill rodents.

r-strategist Typically, a small organism that has a short life span, produces a large number of offspring, and does not reach a carrying capacity.

runoff The water that moves across the surface of the land and enters a river system.

S

salinization An increase in salinity caused by growing salt concentrations in soil.

saltwater intrusion The movement of saltwater into aquifers near oceans when too much water is pumped from aquifers.

savanna Tropical biome having seasonal rainfall of 50 to 150 centimeters (20–60 inches) per year. The dominant plants are grasses, with some scattered fire- and drought-resistant trees.

science A method for gathering and organizing information that involves observation, asking questions about observations, hypothesis formation, testing hypotheses, critically evaluating the results, and publishing information so that others can evaluate the process and the conclusions.

scientific law A uniform or constant fact of nature that describes *what* happens in nature.

scientific method A way of gathering and evaluating information. It involves observation, hypothesis formation, hypothesis testing, critical evaluation of results, and the publishing of findings.

secondary air pollutants Pollutants produced by the interaction of primary air pollutants in the presence of an appropriate energy source.

secondary consumers Animals that eat animals that have eaten plants.

secondary sewage treatment Process that involves holding the wastewater until the organic material has been degraded by bacteria and other microorganisms.

secondary succession Succession that begins with the destruction or disturbance of an existing ecosystem.

second law of thermodynamics A statement about energy conversion that says that whenever energy is converted from one form to another, some of the useful energy is lost.

selective harvesting A forest harvesting method in which individual high-value trees are removed from the forest, leaving the majority of the forest undisturbed.

semiconfined aquifer An aquifer in which water can pass in and out of the confining layer (aquitard).

sensible heat The heat energy stored in a substance as a result of an increase in its temperature.

seral stage A stage in the successional process.

sere The entire sequence of stages in ecological succession.

sewage sludge A mixture of organic material, organisms, and water in which the organisms consume the organic matter.

sex ratio Comparison between the number of males and females in a population.

social ecology The view that social hierarchies between groups of people are directly connected to patterns of behavior that cause environmental destruction.

soil A mixture of mineral material, organic matter, air, water, and living organisms; capable of supporting plant growth.

soil profile The series of layers (horizons) seen as one digs down into the soil.

soil structure Refers to the way that soil particles clump together. Sand has little structure because the particles do not stick to one another.

soil texture Refers to the size of the particles that make up the soil. Sandy soil has large particles, and clay soil has small particles.

solid waste Unwanted objects or particles that accumulate on the site where they are produced.

source reduction Reducing the amount of solid waste generated by using less, or converting from heavy packaging materials to lightweight ones.

speciation The process of developing a new species from a previously existing species.

species A group of organisms that can interbreed and produce offspring capable of reproduction.

species diversity A measure of the number of different species present in an area.

stable equilibrium phase The phase in a population growth curve in which the death rate and birth rate become equal.

standard of living An abstract concept that attempts to quantify the quality of life of people. Several factors included in an analysis of standard of living are: economic well-being, health conditions, and the ability to change one's status in the society.

steppe A grassland.

stormwater runoff Stormwater that runs off of streets and buildings and is often added directly to the sewer system and sent to the municipal wastewater treatment facility.

strip farming The planting of crops in strips that alternate with other crops. The primary purpose is to reduce erosion.

submerged plants Aquatic vegetation that is rooted on the bottom and has leaves that stay submerged below the surface of the water.

subsidy A gift given to private enterprise by government when the enterprise is in temporary economic difficulty and is viewed as being important to the public.

succession Regular and predictable changes in the structure of a community, ultimately leading to a climax community.

successional stage A stage in succession.

sulfur dioxide (SO_2) A compound containing sulfur and oxygen produced when sulfur-containing fossil fuels are burned. When released into the atmosphere, it is a primary air pollutant.

Superfund The common name given to the U.S. 1980 Comprehensive Environmental Response, Compensation, and Liability Act, which was designed to address hazardous-waste sites.

supply Amount of a good or service available to be purchased.

supply/demand curve The relationship between the available supply of a commodity or service and its demand. The supply and demand change as the price changes.

surface mining (strip mining) A type of mining in which the overburden is removed to procure the underlying deposit.

survivorship curve A graph that shows the proportion of individuals likely to survive to each age.

sustainability "Development that meets the needs of the present without compromising the ability of future generations to meet their own needs."

sustainable agriculture Agricultural methods used to produce adequate, safe food in an economically viable manner while enhancing the health of agricultural land and related ecosystems.

sustainable development Using renewable resources in harmony with ecological systems to produce a rise in real income per person and an improved standard of living for everyone.

swamp Area of trees that is flooded either permanently or for a major part of the year.

symbiosis A close, long-lasting physical relationship between members of two different species.

symbiotic nitrogen-fixing bacteria Bacteria that grow within a plant's root system and that can convert nitrogen gas (N_2) from the atmosphere to nitrogen compounds that the plant can use.

synergism The interaction of materials or energy that increases the potential for harm.

T

taiga Biome having short, cool summers and long winters with abundant snowfall. The trees are adapted to winter conditions.

target organism The organism a pesticide is designed to eliminate.

tar sands A combination of clay, sand, water, and a thick oil called bitumen. (Also referred to as oil sands.)

temperate deciduous forest Biome that has a winter-summer change of seasons and that typically receives 75 to 150 centimeters (30–60 inches) or more of relatively evenly distributed precipitation throughout the year.

temperate grasslands Areas receiving between 25 and 75 centimeters (10–30 inches) of precipitation per year. Grasses are the dominant vegetation, and trees are rare.

temperate rainforest Areas where the prevailing winds bring moisture-laden air to the coast. Abundant rain, fertile soil, and mild temperatures result in a lush growth of plants.

terrace A level area constructed on steep slopes to allow agriculture without extensive erosion.

tertiary sewage treatment Process that involves a variety of different techniques designed to remove dissolved pollutants left after primary and secondary treatments.

theory A unifying principle that binds together large areas of scientific knowledge.

thermal inversion The condition in which warm air in a valley is sandwiched between two layers of cold air and acts like a lid on the valley.

thermal pollution Waste heat that industries release into the environment.

threatened species Those species that could become extinct if a critical factor in their environment were changed.

threshold level The minimum amount of something required to cause measurable effects.

tight oil An oil that consists of a mixture of hydrocarbons with low viscosity which cannot flow because the rock containing it (shale or tight sandstone) is nonporous (tight).

total fertility rate The number of children born per woman per lifetime.

toxic A narrow group of substances that are poisonous and cause death or serious injury to humans and other organisms by interfering with normal body physiology.

toxicity A measure of how toxic a material is.

tract development The construction of similar residential units over large areas.

trickling filter system A secondary sewage treatment technique that allows polluted water to flow over surfaces that harbor microorganisms.

triple bottom line A method of gauging corporate success on three fronts: financial, social, and environmental.

trophic level A stage in the energy flow through ecosystems.

tropical dry forest Regions that receive low rainfall amounts, as little as 50 centimeters (20 inches) per year, and are characterized by species well adapted to drought. Trees of tropical dry forests are usually smaller than those in rainforests, and many lose their leaves during the dry season.

tropical rainforest A biome with warm, relatively constant temperatures where there is no frost. These areas receive more than 200 centimeters (80 inches) of rain per year in rains that fall nearly every day.

tundra A biome that lacks trees and has permanently frozen soil.

U

unconfined aquifer An aquifer that usually occurs near the land's surface, receives water by percolation from above, and may be called a water table aquifer.

underground mining A type of mining in which the deposited material is removed without disturbing the overburden.

uranium-235 (U-235) A naturally occurring radioactive isotope of uranium used as fuel in nuclear reactors.

urban growth limit A boundary established by municipal government that encourages development within the boundary and prohibits it outside the boundary.

urban sprawl A pattern of unplanned, low-density housing and commercial development outside of cities that usually takes place on previously undeveloped land.

V

vadose zone A zone above the water table and below the land surface that is not saturated with water.

variable Things that change from time to time.

vector An organism that carries a disease from one host to another.

volatile organic compounds (VOC) Airborne organic compounds; primary air pollutants.

W

waste minimization A process that involves changes that industries could make in the way they manufacture products that would reduce the waste produced.

water diversion The physical process of transferring water from one area to another.

water table The top of the layer of water in an aquifer.

waterways Low areas that water normally flows through.

weathering The physical and chemical breakdown of materials; involved in the breakdown of parent material in soil formation.

weed An unwanted plant.

wetlands Areas that include swamps, tidal marshes, coastal wetlands, and estuaries.

windbreak The planting of trees or strips of grasses at right angles to the prevailing wind to reduce erosion of soil by wind.

Z

zero population growth The stabilized growth stage of human population during which births equal deaths and equilibrium is reached.

zoning Type of land-use regulation in which land is designated for specific potential uses, such as agricultural, commercial, residential, recreational, and industrial.

zooplankton Weakly swimming microscopic animals.

찾아보기

■ 한글 찾아보기 ■

ㅅ

ㅇ

ㅈ

ㅊ

ㅋ

ㅌ

ㅍ

■ 영문 찾아보기 ■

M

N

O

P

R

S

T

U

V

W

Z

■ 기타 찾아보기 ■

환경과학 14th Edition
Environmental Science

정가 24,000원

발 행 2017년 4월 20일 초판 1쇄
저 자 Eldon D. Enger · Bradley F. Smith
역 자 환경과학교재편찬위원회
발행인 정우용
발행처 도서출판 **동 화 기 술**
경기도 파주시 광인사길 201(문발동, 파주출판도시)
Tel (031)955-4211~6 donghwapub@nate.com
Fax (031)955-4217 www.donghwapub.co.kr
(등록) 1977년 12월 19일/9-16호

Printed in Korea
ISBN 978-89-425-9052-0